監修❖水田紀久・橋爪節也

木村蒹葭堂全集

第二巻

本草・博物学（辰馬考古資料館所蔵）

藝華書院

はじめに

大阪大学教授　**橋爪節也**

青松つらなる風光明媚な夙川は、閑静な住宅街で、春は桜の名所として賑わう。阪神電鉄香櫨園駅から川沿いに公園を散策すると、すぐに望まれる白堊の建物が公益財団法人辰馬考古資料館である。京都帝国大学で考古学を学んだ辰馬悦蔵（たつうまえつぞう）（一八九二～一九八〇）が、灘の銘酒・白鷹の三代目として家業に勤しみながら、貴重な考古資料の散逸、湮滅や海外流出を嘆いて同館を設立したのは昭和五十一年（一九七六）であった。二年後の昭和五十三年、展示室をともなう現在の建物が開館する。二〇一八年は開館四十年目の記念の年にあたった。

収蔵品は、日本屈指の銅鐸コレクションをはじめ、銅鏡、土偶、縄文土器、玉など重要文化財二十一件を含む考古学資料五百件余のほか、初代辰馬悦蔵と親しかった文人画家富岡鉄斎の名品百五十点など多彩だが、異色と言うべきものが木村蒹葭堂資料である。大半は一括資料として木箱に収められているが、浪華の考える葦――江戸時代最大の「知の巨人」であった蒹葭堂の実像を具体的に伝える資料であり、内容も多岐にわたり貴重である。本全集の一巻として同館蒹葭堂資料を収録できたことは、学術研究上も、蒹葭堂顕彰上も喜ばしい限りであり、全面的にご協力いただいた辰馬考古資料館に深く御礼を申し上げたい。

収録したうち「蒹葭堂記々」「蒹葭堂甲申稿」「蒹葭堂詩集」「蒹葭堂随筆」「蒹葭堂雑記」「蒹葭堂日抄」「蒹葭堂剳記」「蒹葭堂贈編」「蒹葭堂詩」「薩州蟲品 附日向大隅琉球諸島」「本草」「奇貝圖譜」「本草稿本」「秘物産品目」は、大半が蒹葭堂自筆と目され、冊子に綴じられている。刊行を目的に体裁を整えつつあった「奇貝圖譜」もあるが、多くは蒹葭堂の個人的な手控え的な性格が強く、若い蒹葭堂がどんな好奇心で何に関心を抱いたかが伝わる。これらは鹿田文庫、永田文庫、富岡鉄斎の旧蔵書などから成り、伝来や辰馬考古資料館が収蔵する由来は、本巻の青木政幸氏の論攷に詳しい。蒹葭堂旧蔵とされる同館所蔵の銅鏡も本巻に収録した。

なお、同館所蔵の「攷古質疑目録」「心喪集語」「検蠹随筆」は蒹葭堂蔵書印のある筆写本であるが、蒹葭堂による註釈などの書き込みが認められず、他著者の刊行本の写しでもあることから、本全集の他巻に収録するものとして本巻には収録しなかった。蒹葭堂蔵板の『六物新志巻之下　一角纂考』『沈氏畫麈』『大同類聚方』『心喪集語』『攷古質疑目録』『煎茶畧説』『産家達生編』など板本類も同館は所蔵するが、原則として書誌的に善本を選んで別の巻に収録することにした。また、多様な分野の研究に資するため、資料を活字に起こさず、すべて写真図版で掲載し、簡単な解説を各資料に附した。詩文や絵画資料もあるが、博物学関係が多いことから、全集構成上、「本草・博物学編」とした。

辰馬家所蔵資料に関する研究史では、野間光辰氏が右資料をもとに、片山北海を盟主とする混沌社の前身としての蒹葭堂会の存在を提起したのが有名である（野間光辰「蒹葭堂會始末」、大谷篤蔵編『大阪芸文叢書』所収、中尾松泉堂、昭和四十八年）。大規模な展覧会では、蒹葭堂没後二百年を記念した平成十五年の大阪歴史博物館「なにわ知の巨人 木村蒹葭堂展」に出品され、同時刊行の『なにわ

知の巨人　木村蒹葭堂』（思文閣出版、平成十五年）に図版掲載されている。しかし、図録の性格上、各資料ともに二、三カットの掲載にとどまり、解説も十分に内容を検証したものではなかった。辰馬考古資料館所蔵の自筆と目される蒹葭堂資料の全容が明らかになるのは、今回がはじめてである。

蒹葭堂と同時代の文人や画人、学者、医者などに言及する際、『蒹葭堂日記』への登場が当該人物の問題を解く万能のブラックボックスとして扱われがちなことを、これまで私は危惧してきたが、辰馬考古資料館所蔵資料が広く公開されることによって、蒹葭堂の実像が少しでも明らかになり、実証的な形で各分野の研究が進展することを期待する。

最後に、編集を進めていた平成二十八年十二月、共同監修者の水田紀久先生が逝去された。本草博物学から物産学、地誌や歴史、詩書画など文理に輻輳する内容と複雑さで近世の個人全集として困難の多い企画だが、この巨人の全貌に迫ることは学術研究にたずさわる者の見果てぬ夢であり、先生は自ら先端に立たれていた。ひとかたならぬ御指導を受けた学恩を感謝し、水田紀久先生の御霊前に本巻を捧げたい。

なお本書は、二〇一七〜二〇一九年度、科学研究費補助金　基盤研究(B)「木村蒹葭堂〝知〟のネットワークの解析―絵画・本草学資料から探る歴史文化の再構成―」（研究代表者・橋爪節也、研究課題／領域番号 17H02293）の研究成果による。資料整理においては中村真菜美氏の尽力を得た。

目次

図版篇

論攷篇

【凡　例】

一、本巻は、公益財団法人辰馬考古資料館が所蔵する木村蒹葭堂関係資料のうち、原則として蒹葭堂の筆記で冊子にまとめられた著述や記録、備忘録と、蒹葭堂が編纂にかかわった「奇貝圖譜」「薩州蟲品」などの肉筆資料を収録した。

二、但し「攷古質疑目録」「心喪集語」「検蠹随筆」は蒹葭堂蔵書印のある筆写本であるが、蒹葭堂による註釈など書き込みが認められず、別の著者の刊行本の写しであることから、他巻に収録するものとして本巻には収録しなかった。

三、『一角纂考』『甘氏印正』『沈氏畫麈』など、蒹葭堂蔵板を含む約十種の板本は目録と書影等の掲載にとどめ、他図書館・博物館等所蔵本との比較で善本を選び、他巻に収録することとした。但し稿本の「奇貝圖譜」とは別に、『奇貝圖譜』（板本）は、蒹葭堂の所蔵印が捺されることと富岡鉄斎旧蔵であること、同じく富岡鉄斎旧蔵「方格規矩鏡」も、蒹葭堂旧蔵の考古資料として本巻に収録した。

四、資料の表記に関して、刊行物は『　』で括り、自筆本と肉筆資料、並びに原本は刊行物であっても写本は「　」で括った。

五、掲載資料には書誌情報と解題を付した。書誌情報は大阪大学大学院文学研究科日本東洋美術史研究室（当時在籍）の袴田舞、中村真菜美、波瀬山祥子が担当し、解題は右三名と、橋爪節也、有坂道子、嘉数次人、青木政幸が執筆した。

六、書誌情報は、①外題（表紙題簽の記載、内題の有無等）、②装丁、③表紙（紙色と文様の有無）／寸法（縦×横、単位糎）、④丁数、⑤序跋（有無）、⑥刊記／奥書（有無）、⑦書入（欄外等への補注などの書き込み、張り込みや挟み込みの有無など）、⑧蔵書印、⑨伝来、⑩備考（上記以外に記載すべき特色）の順で記した。

七、書誌情報の⑨伝来について、蒹葭堂旧蔵であることは記載を省略した。また、所蔵者の移動を示す矢印は、両者の間に別の所蔵者がいる可能性もあり、必ずしも直接の移動を表したものではない。ただし、辰馬悦蔵から辰馬考古資料館への移動は全資料に共通するものとして記載した。本巻所収の青木政幸の論攷を参照されたい。

八、影印には、写真の下に「表紙」「裏表紙」等の記載と丁数を付した。丁数は各丁の表を「オ」、裏を「ウ」とし、丁数は「一オ」「一ウ」のように表し、解題もその略称で統一した。別に序文があり、本編とは別に丁数を打ったものは、「序一オ」「序一ウ」とし、本編からは「一オ」「一ウ」で表した。

九、貼り込みのある頁は、貼り込まれた状態の写真を最初に掲載し、貼り込みの資料を捲ることが可能な場合は、次の図版として下に隠れた部分の写真を掲載した。

十、挟み込まれた資料は、当初の位置から移動している可能性もあるが、原則として、最初に本編に挟み込まれた当該頁に挟み込まれた状態の写真を掲載し、次に挟み込みを取った状態の頁の写真、続いて挟み込み資料そのものの写真の順で掲載した。

十一、複数頁にわたって白紙が続く場合は、何丁から何丁が白紙であるかを明記して、写真の掲載を割愛した。

図版篇

1

「蒹葭堂記々」

【書誌情報】

①外題：蒹葭堂記々（題簽貼付）内題：無　②装丁：袋綴　③表紙：色／茶、文様／有、寸法／22・8×16・2　④丁数：三十七丁　⑤序跋：無　⑥刊記：無　奥書：無　⑦書入：有　⑧蔵書印：表紙裏…「鹿田文庫」（朱文長方印）一オ…「静」「逸」（白文方印）　⑨伝来：裏表紙裏に「明治十九年六月山中信天翁旧蔵ヲ求ルノ内　松雲堂静」とあり。山中信天翁→鹿田静七→辰馬悦蔵→辰馬考古資料館　⑩備考：二十オ〜二十五ウ「蒹葭堂蔵」用箋

【解題】

蒹葭堂の序跋文、碑文や書簡文などの下書・控、蒹葭堂が定めた「草堂規条」「草堂課条」「蒹葭堂会約」、詩篇の写し、その他が雑記的にまとめられたもの。複数の用箋が使われており、蒹葭堂以外の筆跡も混じる。表紙裏に別筆で「墨付三十七枚」と書き込みがある。また裏表紙の見返しに、明治十九年六月、山中信天翁旧蔵の本書を鹿田静七が求めた旨の朱書がある。主な内容は、丁数、題、解説、の順に以下の通り。

一「書画人名捷索序」浅野弘篤（星文堂藤屋弥兵衛）によるこの「書画人名捷索」に該当する書は、『元明清書画人名録捷索』の書名で安永七年（一七七八）十月に新板開板願が出ているが、寛政二年（一七九〇）時点で未刻である（『大坂本屋仲間記録』）。前年の安永六年六月に刊行された彭城百川纂修、高芙蓉・木村蒹葭堂・鳥羽台麓補訂『元明清書画人名録』の後に続けて刊行の予定であったか。字句訂正・頭書には墨と朱の両方が用いられている。

二オ「梅里先生墓誌銘」梅里先生は徳川光圀。光圀の「常山文集」巻二十に収められたものと同文。

三「慈済軒方跋」「慈済軒方」は江戸前期の黄檗渡来僧の澄一道亮（号慈済軒）が著した医学書。澄一（一六〇八〜九一）は長崎興福寺の中興二代住持で、医に優れたとされる。跋には蒹葭堂が本書を入手するまでの経緯が書かれており、九島禅院の蘭州和尚から方書のことを聞いた安永丙申は五年（一七七六）で、「慈済軒方」六冊を入手した丁酉年はその翌年安永六年となる。このことは尾崎雅嘉が『群書一覧』の中で借覧書として挙げた「慈済軒方」の説明文にも記されているほか、内閣文庫が所蔵する文化四年（一八〇七）写本の丹波（多紀）元簡による奥書にも記される。内閣本の奥書には「予一覧ヲ見テ此書ヲ渇望スル事久シ、然レトモ世粛已ニ逝ヌ、遺書ノ目録官ニ出レトモ此書ヲ載セス、亦如何トモスル事ナシ、幸ニ前冬平賀信州大阪ニ尹タリ、因テ此ヲ誘ス、今日信州ノ書到リ并テ此書ヲ寄贈ス、予カ喜況ル所ヲ知ラス、遂ニ歳月ヲ後ニ係ケ永ク家ニ伝フ」とあることから、多紀元簡が、大坂町奉行として赴任する平賀貞愛に入手を依頼して得た写本であることがわかる。

四「旭山先生之碑」明和六年（一七六九）二月二十八日に没した戸田旭山のため、翌年の春に法巌寺に建てたとする碑の碑文。旭山は本草学に優れた医家で、蒹葭堂は本草学の師であった津島恒之進（如蘭）が没した後、同社中であった旭山と書を通じて考索を重ねた（「蒹葭堂自筆自伝」）。

五「浪華名妓彤管麗藻引」末尾の年記「丁丑」は宝暦七年（一七五七）。

六オ「跋飲中八仙歌小帖」明和七年（一七七〇）一月「蒹葭主人木孔恭識」とあり。

七「万年明府」あて返信文下書。閏五月の日付から天明元年（一七八一）の書簡とわかる。

九「海籌集序」『海籌集』は巌渓（岩渓）嵩台の漢詩集で、明和五年戊子（一七六八）八月刊。嵩台は江戸時代中期の京都の医者・儒者で、名は恭、字は敬甫、通称は帯刀。のち丹波福知山藩に招かれた。刊本に収められた蒹葭堂の序文（後序）には明和五年六月の年記があり、成立年が判明する。字句修正および修正文の貼り紙があり、刊本の序文はこの修正に従って改められている。

十オ「十句観音経跋　一謂夢授経」。

十ウ「茶龕裏面」「龕背」「都籃」。

十一「沈綸渓老先生」あて書簡文。

十二「比干銅盤銘」比干は、中国殷の紂王の叔父。
十三「汪伯光老先生」あて書簡文。
十四「蒹葭堂即伝」元重挙は宝暦十四年（一七六四）の朝鮮通信使に随行した書記。
十五～十六オ　祇白玉「富士行」。
十七～十九　宝暦十四年の朝鮮通信使帰国の途上、大坂で起こった都訓導の崔天淙殺害一件に関し、通信使側が作成した文書の一部。
二十～二十一「仲鯤溟老先生」あて書簡文と七言律詩。
二十二～二十三「草堂規条」蒹葭堂を訪れる客に求めた決まり。末尾「癸未春　主人木弘恭識」。癸未年は蒹葭堂二十八歳にあたる宝暦十三年（一七六三）。
二十四「草堂課条」蒹葭堂自身の生活の定め。末尾「癸未春　主人木弘恭識」。
二十五「草堂会約」作詩文の会である蒹葭堂会の決まり。末尾「癸未春　木弘恭識」。
二十六～三十一「□文名称式」。
三十二～三十三「岳陽楼」の詩集。後欠。
三十四～三十六オ「皇帝勅諭日本国平秀吉」万暦二十三年（一五九五）正月二十一日付、文禄の役の講和交渉で明皇帝から秀吉にもたらされた勅書の写し。
三十七　竺常は相国寺の梅荘顕常。

（有坂道子）

「蒹葭堂記々」影印

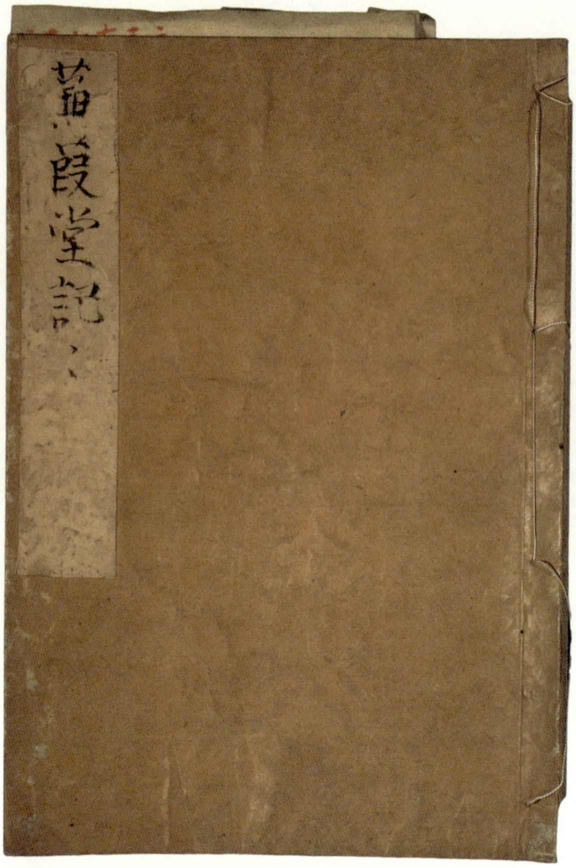

表紙

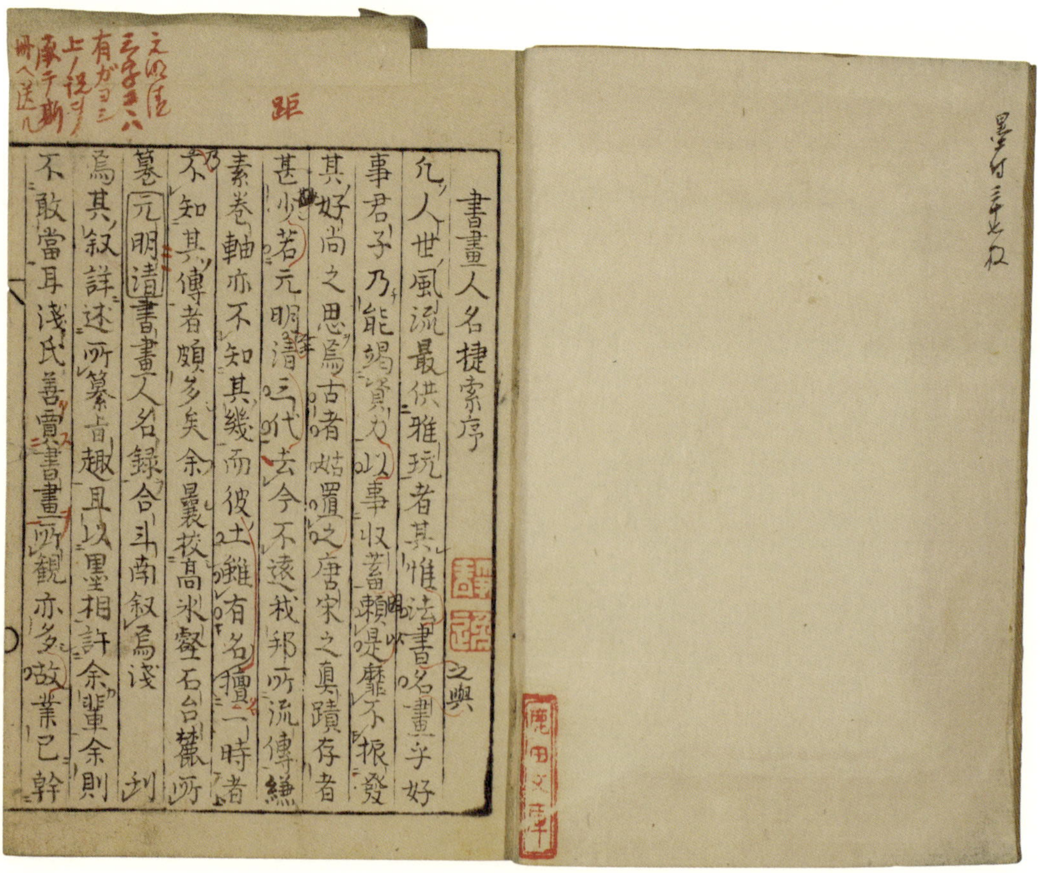

書畫人名捷索序

凡人世風流最供雅玩者其惟法書名畫之好
事君子乃能竭貲力以事收蓄頼是靡不振發
其好尚之思爲古者始置之唐宋之眞蹟存者
甚少若元明清三代去今不遠我邦所流傳纔
素卷軸亦不知其幾而彼土雖有名擅一時者
不知其傳者頗多矣余曩於高氷壑石台龝所
纂元明清書畫人名録合斗南叙爲淺　刻
爲其叙詳述所纂旨趣且以墨相許余輩余則
不敢當耳淺氏善賞書畫所觀亦多故業已幹

一オ　　（表紙裏）

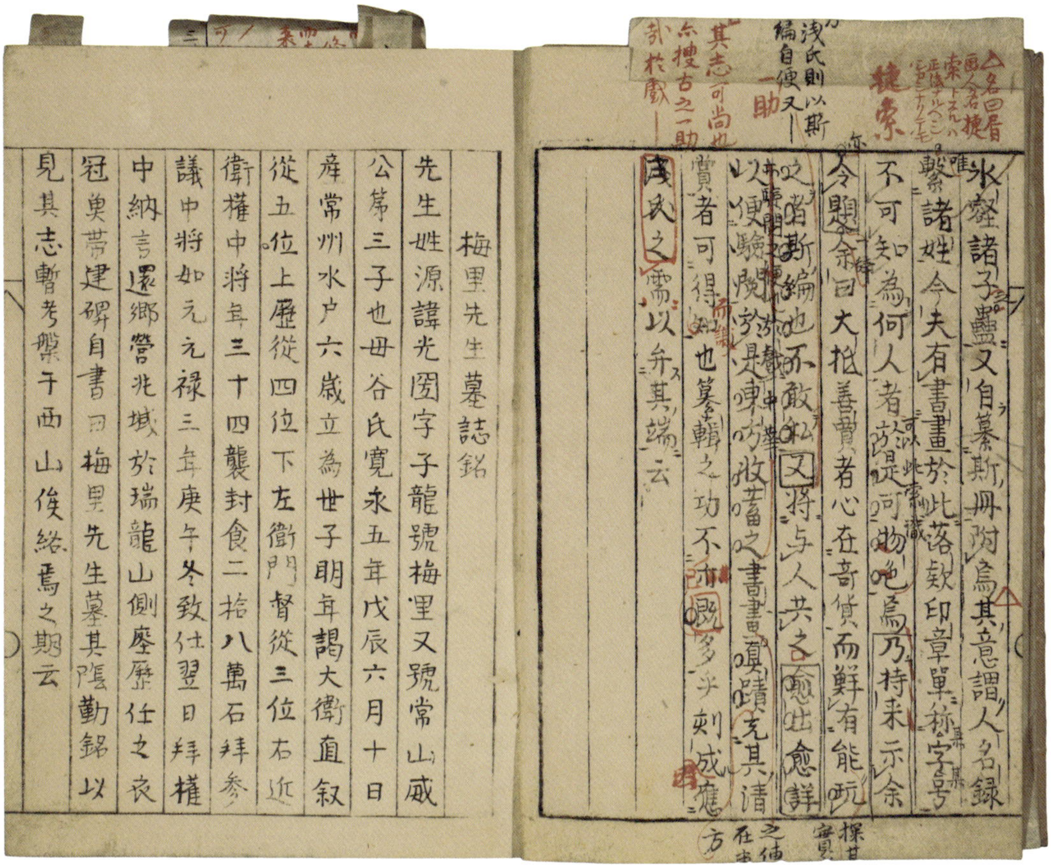

梅里先生墓誌銘

先生姓源諱光圀字子龍號梅里又號常山威公第三子也母谷氏寛永五年戊辰六月十日産常州水戸六歳立為世子明年謁大猷直叙従五位上歴従四位下左衛門督従三位右近衛権中将年三十四襲封食二拾八萬石拝参議中将如元元禄三年庚午冬致仕翌日拝權中納言還郷營兆域於瑞龍山側瘞歴任之衣冠魚帯建碑自書曰梅里先生墓其陰勒銘以見其志暫考槃于西山俟終焉之期云

二オ

水癸諸子盡又自纂斯冊附爲其意謂人名録繋諸姓今夫有書畫於此落款印章單稱字号不可知爲何人者故提何物也爲乃持来示余令題余曰大抵善賞者心在奇貨而鮮有能玩之者斯編也不敢私又将与人共之庶出愈詳以便驗既於是□□□□之書畫□□竟其清賞者可得知也纂輯之功不亦多乎□□□□氏之需以弁其端云

一ウ

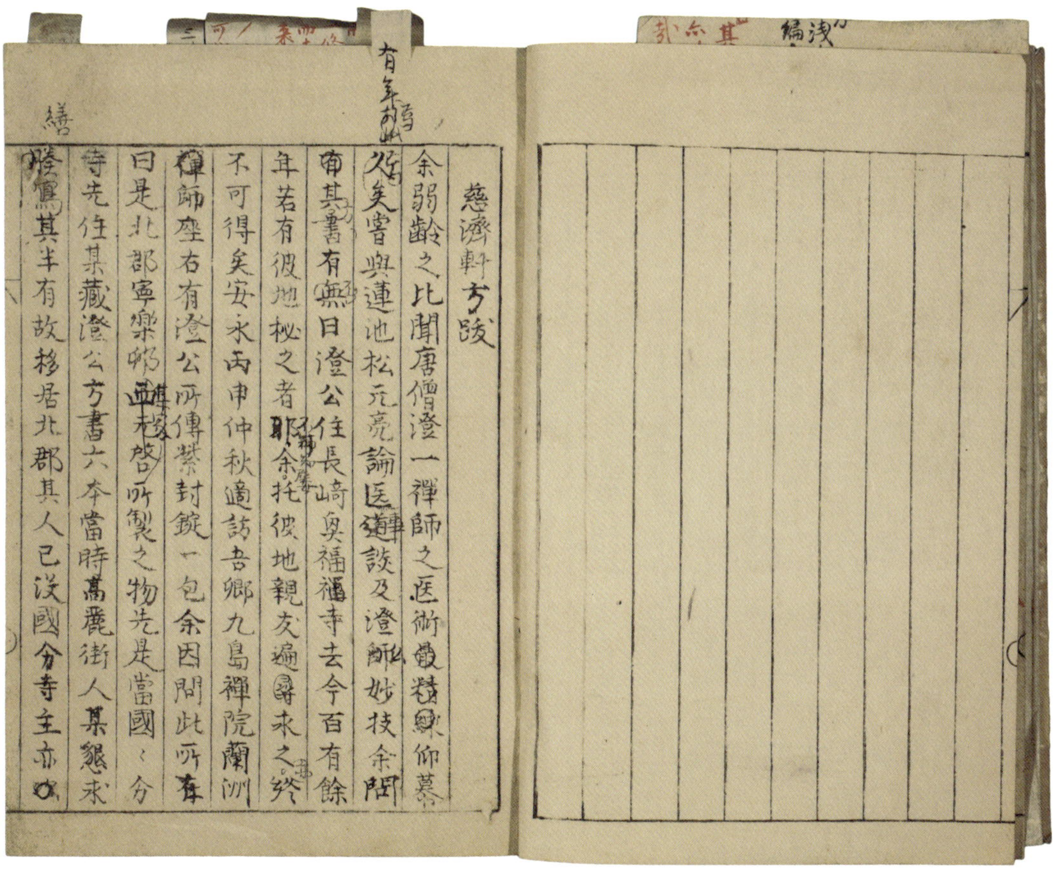

慈濟軒方䟦

余弱齢之比聞唐僧澄一禪師之医術最精衆仰慕焉矣嘗與蓮池松元亮論医談及澄師妙技余問其書有無曰澄公住長崎吳福寺去今百有餘年若有彼地秘之者耶余托彼地親友遍尋求之然不可得矣安永丙申仲秋適訪吾郷九島禪院蘭洲禪師座右有澄公所傳紫封錠一包余因問此所在曰是北部寧樂郡□□所製之物先是當國々分寺先住某藏澄公方書六本當時高麗街人某懇求□寫其半有故移居北郡其人已没國分寺主亦□

三オ

二ウ

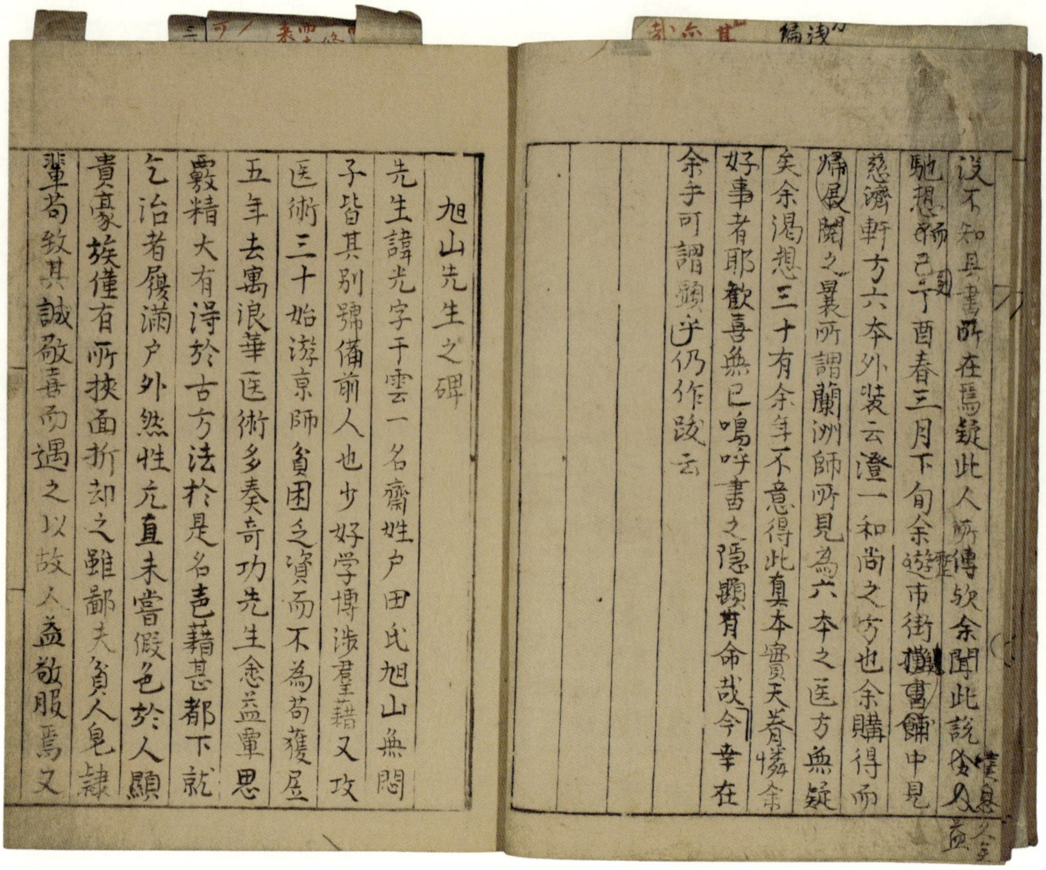
歟不知其書所在焉疑此人所傳歟余聞此説
馳想觸己丁酉春三月下旬余遊市街攤書舗中見
慈濟軒方六本外裝云澄一和尚之方也余購得而
帰展閲之曩所謂蘭洲師所見為六本之医方無疑
矣余渴想三十有余年不意得此真本實天脊憐余
好事者耶歓喜無已嗚呼書之隱顕有命哉今幸在
余手可謂顕乎仍作跋云

旭山先生之碑
先生諱光字于雲一名齋姓戸田氏旭山無悶
子皆其別號備前人也少好学博渉群籍又攻
医術三十始游京師貧困乏資而不為苟獲居
五年去寓浪華医術多奏奇功先生念益覃思
穀精大有得於古方法於是名声藉甚都下就
乞治者履満戸外然性亢直未嘗假色於人顕
貴豪族僅有所挟面折却之雖鄙夫貧人皂隷
輩苟致其誠敬喜而遇之以故人益敬服焉又

四オ　　三ウ

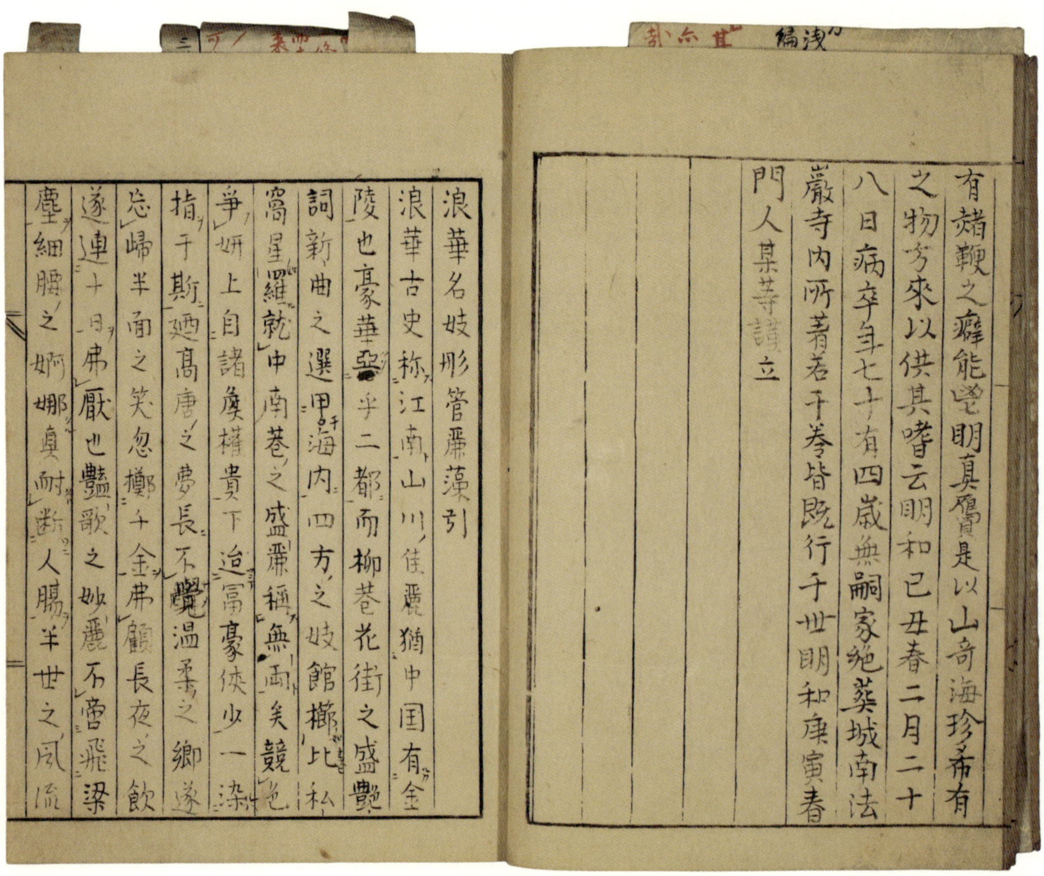
有蠟鞭之癖能鑒明真贋是以山奇海珍希有
之物多來以供其嗜云明和己丑春二月二十
八日病卒年七十有四歳無嗣家絶葬城南法
巌寺内所著若干巻皆既行于世明和庚寅春
門人某等謹立

浪華名妓彤管叢藻引
浪華古史称江南山川佳麗猶中国有金
陵也豪華発乎二都而柳巷花街之盛艶
詞新曲之選甲乎海内四方之妓館櫛比私
窩星羅就中南巷之盛叢稱無両矣競色
争妍上自諸侯搢貴下迨富豪侠少一染
指于斯廼高唐之夢長不覚温柔之郷遂
忘帰半面之笑忽擲千金弗顧長夜之飲
遂連十日弗厭也艶歌之妙麗不啻飛梁
塵細腰之婀娜真耐断人腸半世之風流

五オ　　四ウ

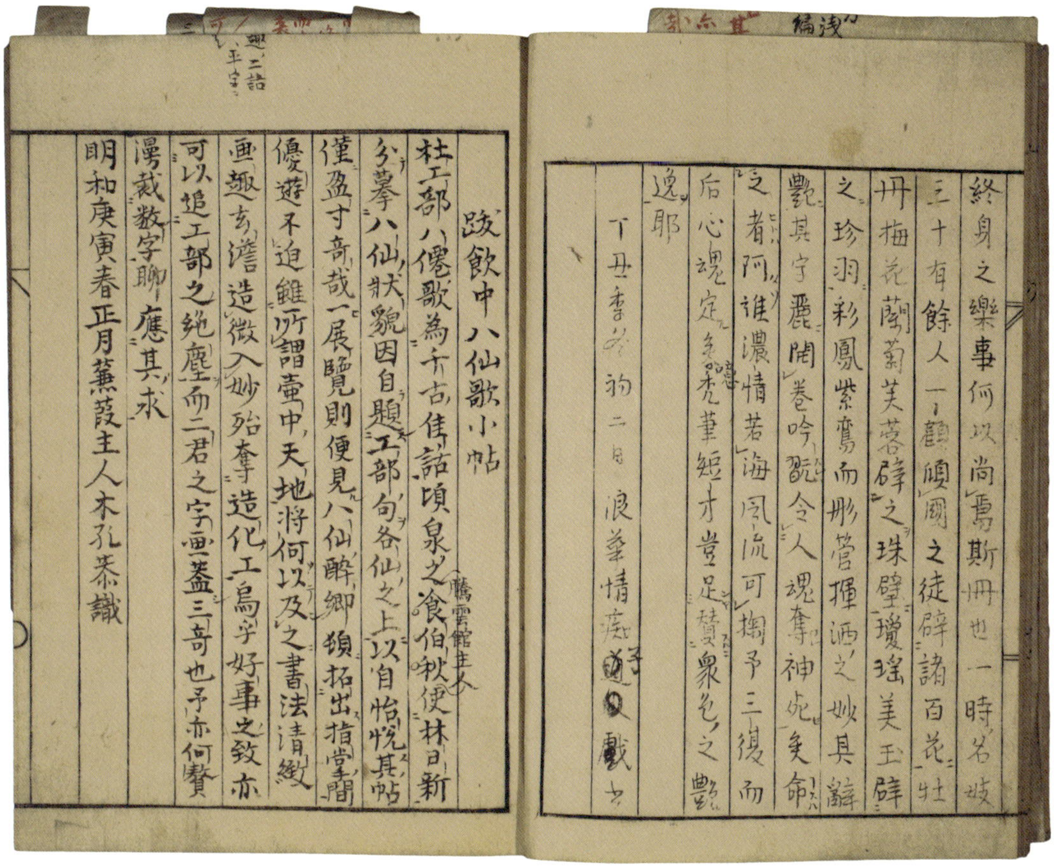

終身之樂事何以尚焉斯冊也一時名妓
三十有餘人一顰一嚬之徒辟諸百花牡
丹梅花蘭菊芙蓉辟之珠璧瓊瑤美玉辟
之珍羽彩鳳紫鸞而彤管揮洒之妙具辭
艷其字麗閑巻吟玩令人魂奪神先失命
之者阿誰濃情若海風流可掬予三復而
后心魂定矣記其短才豈足賛衆色之艷
逸耶
丁丑季冬初二日　浪華情痴道人戯書

跋飲中八仙歌小帖
杜工部八僊歌爲千古佳話頃泉之倉伯秋使林日新
分摹八仙狀貌因自題工部句各仙之上以自怡悦其帖
僅盈寸竒哉一展覽則便見八仙醉郷領拓出指掌間
優游不迫雖所謂壷中天地將何以及之書法清緻
画趣玄澹造微入妙殆奪造化工焉乎好事之致亦
可以追工部之絶塵而二君之字画蓋三竒也予亦何贅
漫裁数字聊應其求
明和庚寅春正月蒹葭主人木孔恭識

六オ　　五ウ

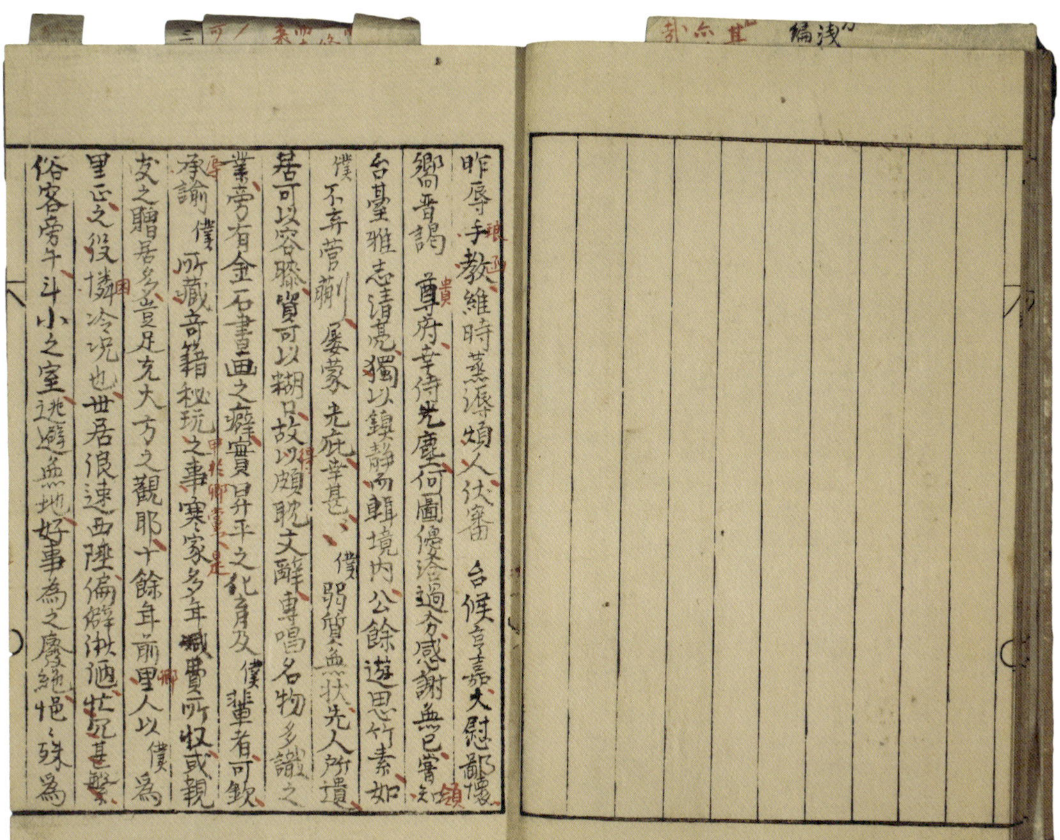

昨辱手教維時蕤賓炯人状審
卿昔謁　尊府幸侍　先慶何圖僕凌邁分感謝無已嘗
台臺雅志清亮獨以鎮靜而轄境内公餘遊思竹素如
僕不啻管蒯屢蒙光庇幸甚　僕弱質無状先人所遺
居可以容膝貲可以糊口故以頗耽文辭專唱名物多識之
業旁有金石書画之癖實昇平之化育及僕輩者可欽
承諭　僕所藏竒籍秘玩之事寔家多年職貴所收或親
友之贈書多豈足充大方之觀耶十餘年前里人以僕爲
里正之役協冷况也世居浪速西陲偏僻湫隘牡況甚繁
俗客旁午斗小之室逃避無地好事爲之靡絶悒々殊爲

七オ　　六ウ

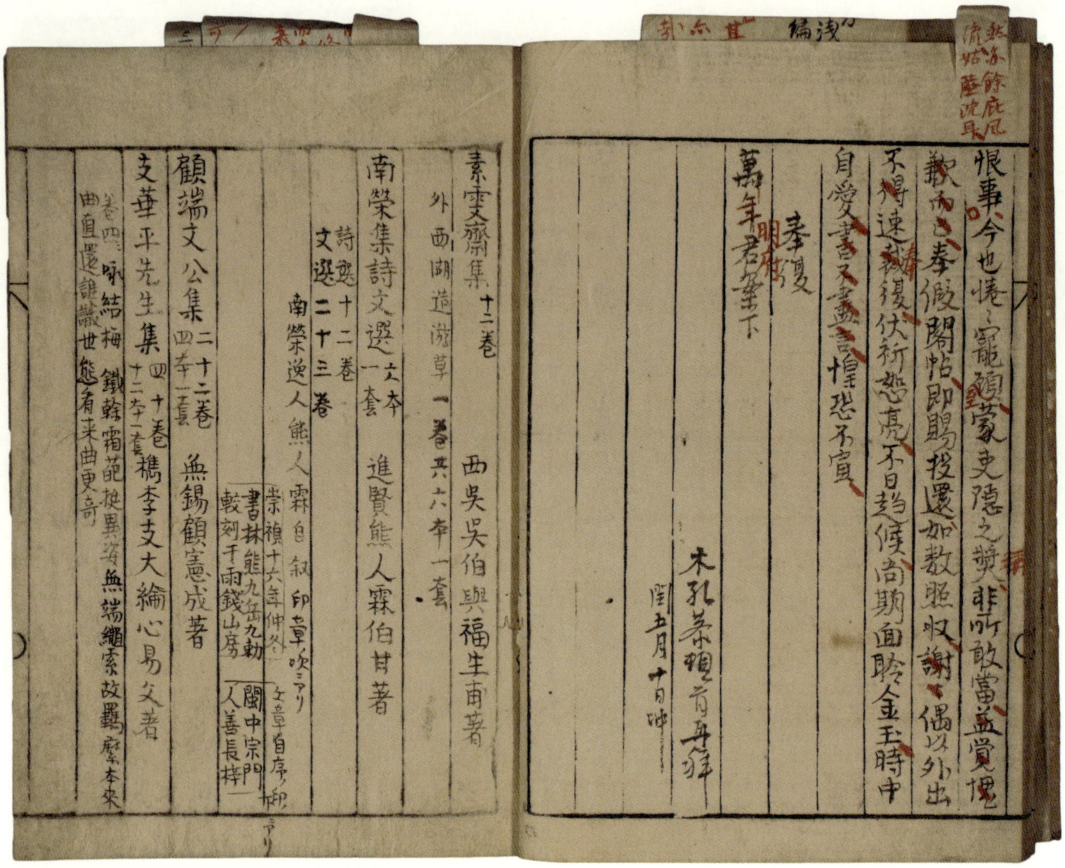

恨事今也倦〻寵頒蒙吏隱之嫌非所敢當益覺愧
歉而已奉假閣帖即賜投還如数照收謝〻偶以外出
不得速報復伏祈恕亮不日趋候尚期面聆金玉時中
自愛書不盡言惶恐不宣
孝（明府）復
萬年君案下
木孔恭頓首再拜
閏五月十日申

素雲文齋集 十二巻
外西湖道游草一巻 共六本 一套　西吳吳伯與福生甫著
南榮集詩文選 一套 大本　進賢熊人霖伯甘著
詩選十二巻
文選二十三巻
南榮逸人熊人霖自叙
崇禎十六年仲冬
書林熊九岳九勅較刻于雨錢山房　閩中宗門人善長梓
顧端文公集 二十二巻 四本 一套　無錫顧憲成著
文華平先生集 四十巻 十二本 二套　檇李支大綸心易父著
卷四 咏結梅 鐵幹霜葩挺異姿 無端纏索故羈縻 本來曲直還誰識 世態看來曲更奇

八オ

七ウ

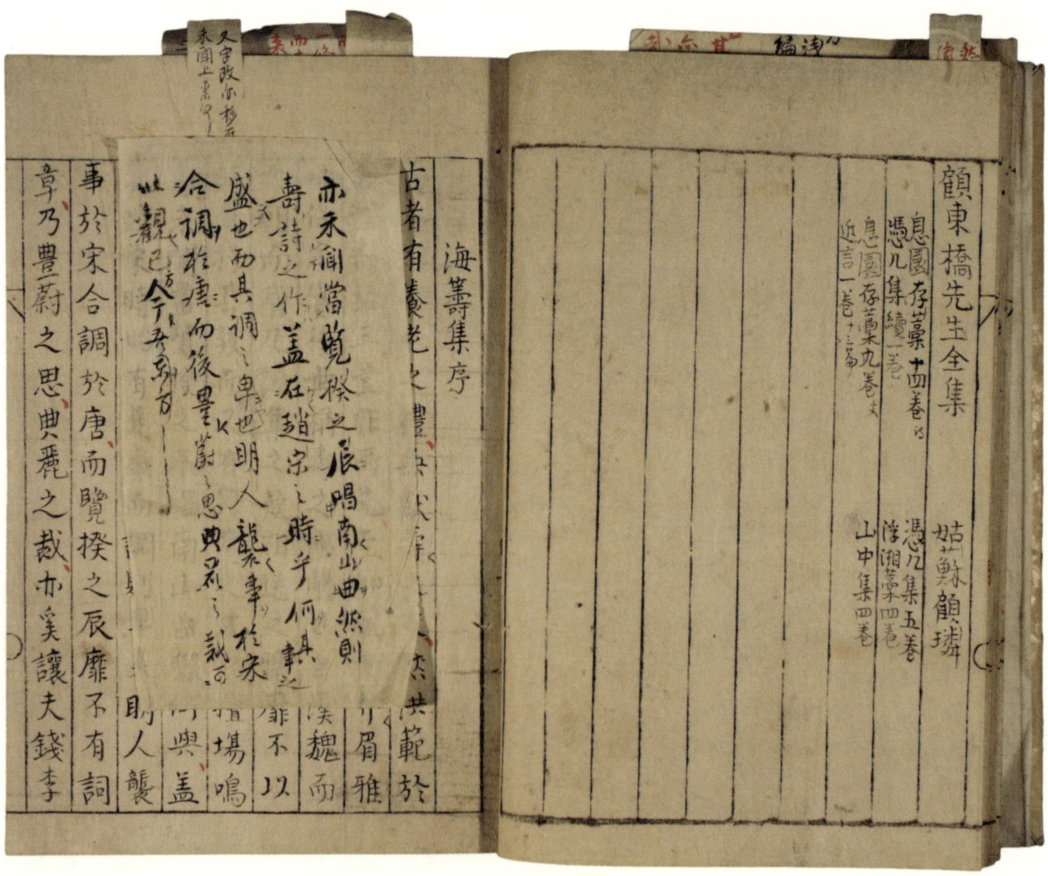

顧東橋先生全集　姑蘇顧璘
息園存藁 十四巻　憑几集 五巻
憑几集續 二巻　浮湘藁 四巻
息園存藁 九巻 文　山中集 四巻
近言 一巻 十二篇

海壽集序
古者有養老之禮……共範於……
事於宋合調於唐而覽揆之辰靡不有詞
章乃豊蔚之思典麗之哉亦奚讓夫錢李

亦未獲當覧揆之辰唱南山曲然則
壽詩之作蓋在趙宋之時乎何其
盛也而其調〻卑也明人襲事於宋
合調於唐而後豊蔚〻思典麗〻哉

九オ（貼り込み２種 大小あり）

八ウ

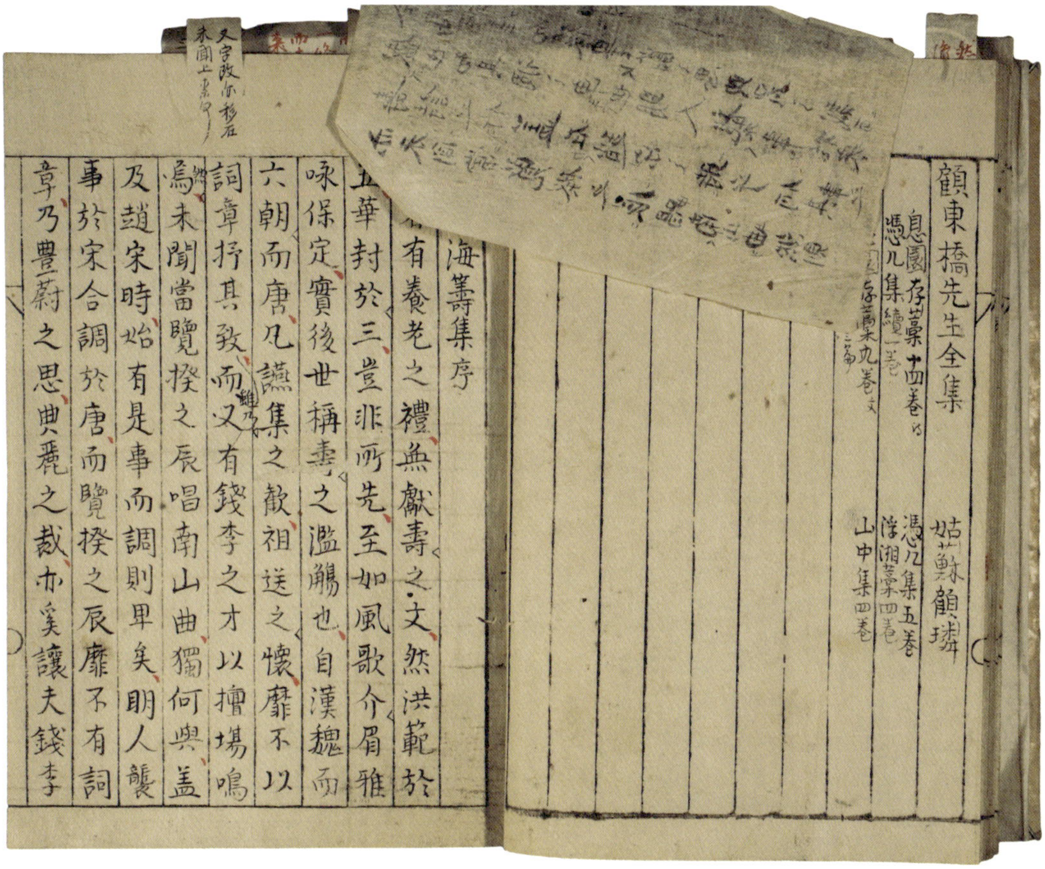

九オ　（左上に貼り込み［小］）　八ウ

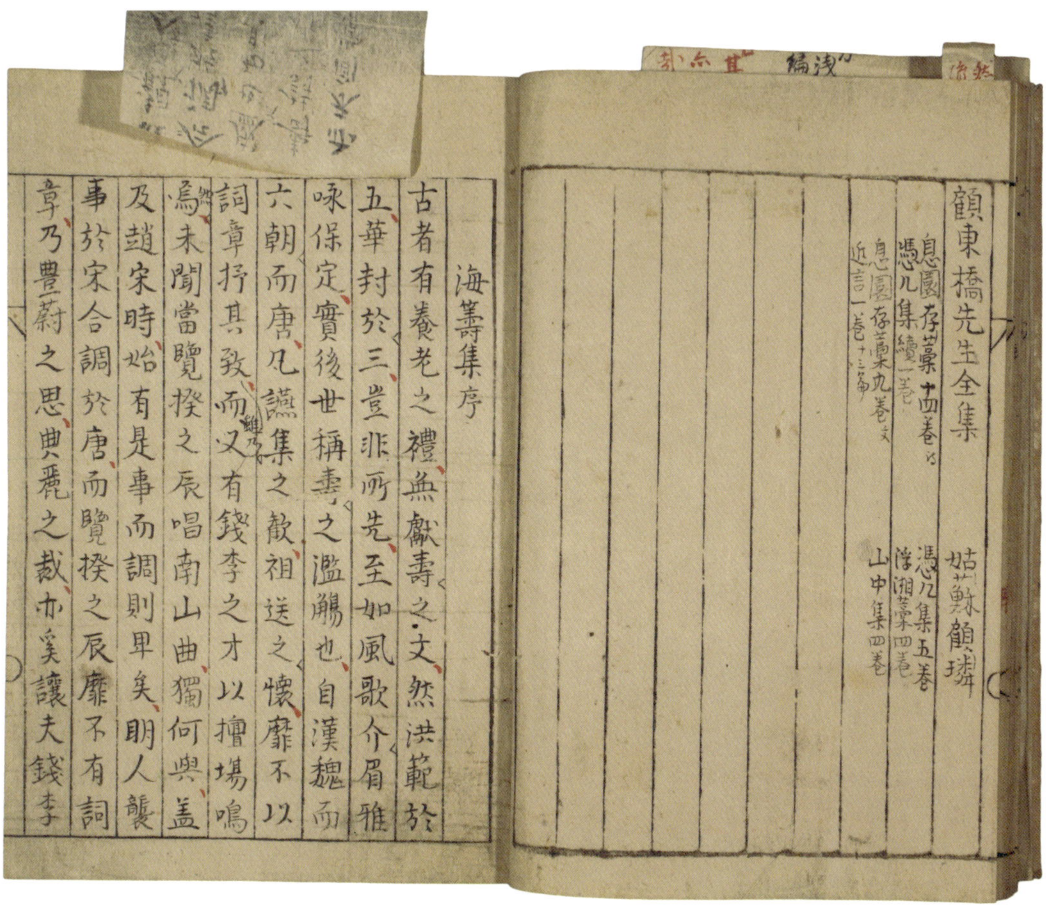

九オ　（貼り込みを上にあげた状態）　八ウ

之擅場為方今吾　東方人文之盛覃及
四海諸風雅之士毎値父老之覽揆必乞
言四方以張皇仙釀之供以縁飾斑衣之
舞則彼婆娑藝苑鋪藻競才亦必於是而
初学者或苦無所便附則擒人岩君敬甫頃就
明人名家之文纂輯稱壽之什名曰海籌
集昌黎氏有言和平之音淡薄而愁思之
声要妙謹愉之辭難工而窮苦之言易好
也是斯集之所為作與初学者於是取則
焉喈明登庸所謂擅場之伎其庶幾乎　六

九ウ

持

十句観音経跋　一謂夢授経

此経宋王玄謨有罪将見殺夢神告曰若誦此
典千遍罪当免仍口授之既覚諷而不輟忽停
刑又齊孫敬徳先造観音像後中罪当就死夢
聖教持此経臨刑刀三折主者以聞詔赦之還家
見像頂上有三刀痕遂刊世目曰高皇観音経
且宋嘉祐中梅摯妻失目禱于上竺一夕沙
門授此経然誦満千遍眼立明矣上件三験紀
在手典籍予偶閲之作奇異之思故上梓以告
勧敬施布信此至簡文受将不怠豈啻岳苦
果如此後来華報孰後言時嘱々

十オ

茶籠裏面　釋大潮
置爐堪護炭換銚好烹茶荷是琅玕徳仙窠到處
誇　仙窠蓋桑為渓所題也賣茶翁求余
詩曰賦貽之　大潮

合籠背　釋紫石
匱括宛囊同尓消息茶籠之施滚々無畜
坤六四括囊無咎無誉啣蔵其知若結嚢口也

都籃　釋百拙
泉石良友　楷書

十ウ

弘恭
謹啓久聞　先生屢到長崎名聲藉甚但恨未獲
覩眉宇景慕瞻馳耳茲陳　僕　闕書堂顔以薫葭一時
騒客題咏既積成軸矣嚮也介譯司樊生懇求館中諸
君子製作而辱　先生俯恵佳篇感戴何極遄欲修
謝無由音便荏苒經年惟恃　先生海涵客歳友人平
房文自長崎東上屢口　先生誼甚高不置因聞　先生
與沈帰愚夫子者有舊　僕嘗讀帰愚全集七子詩
選等書欽仰其高風久矣乃七君子者崛起於呉中正
始之音亦明於清世何等愉快今　僕僻在海外異域而
同世與聞盛事不勝黙止敢冒　高明奉扣　先生

十一オ

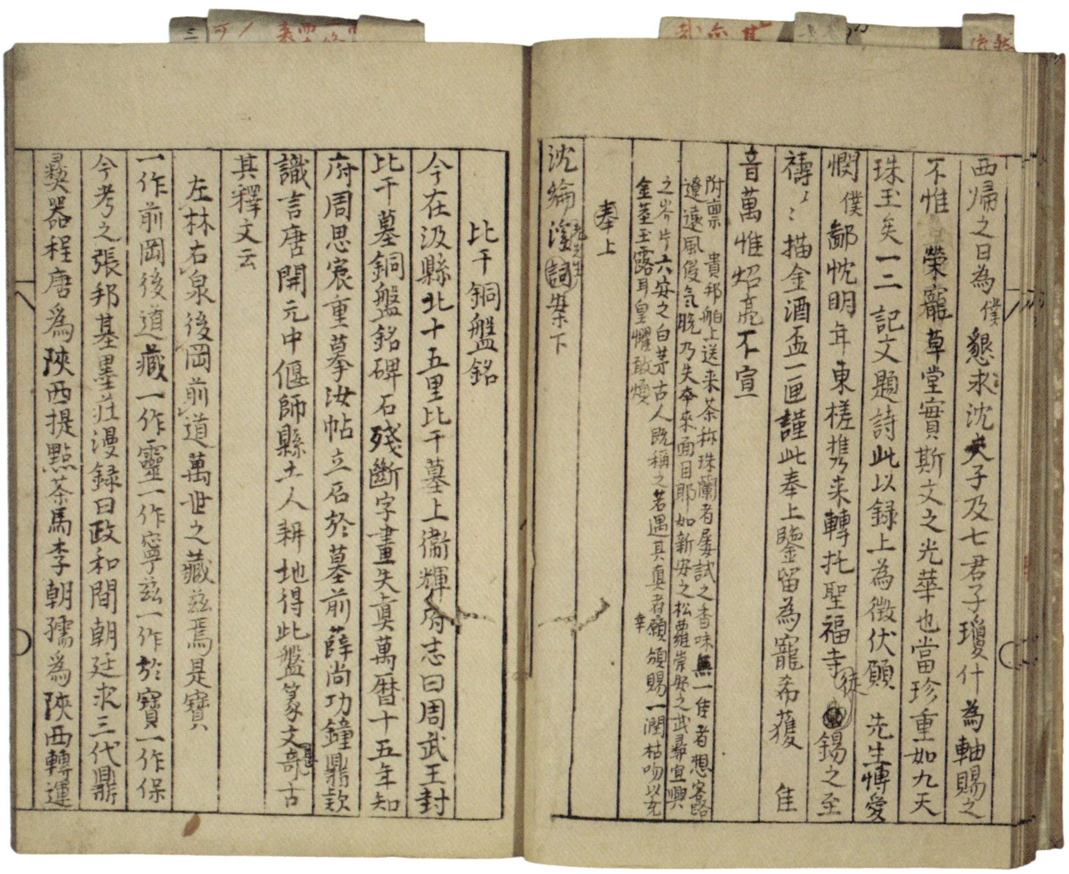

十一ウ

西帰之日為僕懇求沈夫子及七君子瓊什為軸賜之
不惟榮寵草堂實斯文之光華也當珍重如九天
珠玉矣 一二記文題詩此以録上為微伏願 先生博愛
憫僕鄙忱明年東槎携来轉托聖福寺徒 錫之至
禱々々 描金酒盃一匣謹此奉上賜留為寵希獲 隹
音萬惟炤亮不宣
附啓 貴邦舶上送来茶拆珠蘭者屢試之香味無一存者 想客路遼遠風露気餒乃失本来面目耶 如新安之松蘿岕之武夷宜興之岕片六安之白芽古人既稱之茗遇其真者願賜一瀾 枯吻以充金莖玉露耳 皇懼敢煩 幸
奉上
沈綸溪詞案下

十二オ

比干銅盤銘
今在汲縣北十五里比干墓上衞輝府志曰周武王封
比干墓銅盤銘碑石殘斷字畫失真萬暦十五年知
府周思宸重摹汝帖立石於墓前薛尚功鐘鼎款
識言唐開元中偃師縣土人耕地得此盤篆文奇古
其釋文云
左林右泉後岡前道萬世之藏茲焉是寶
一作前岡後道藏一作靈一作寧茲一作於寶一作保
今考之張邦基墨荘漫録曰政和間朝廷求三代鼎
彝器程唐為陝西提點茶馬李朝孺為陝西轉運

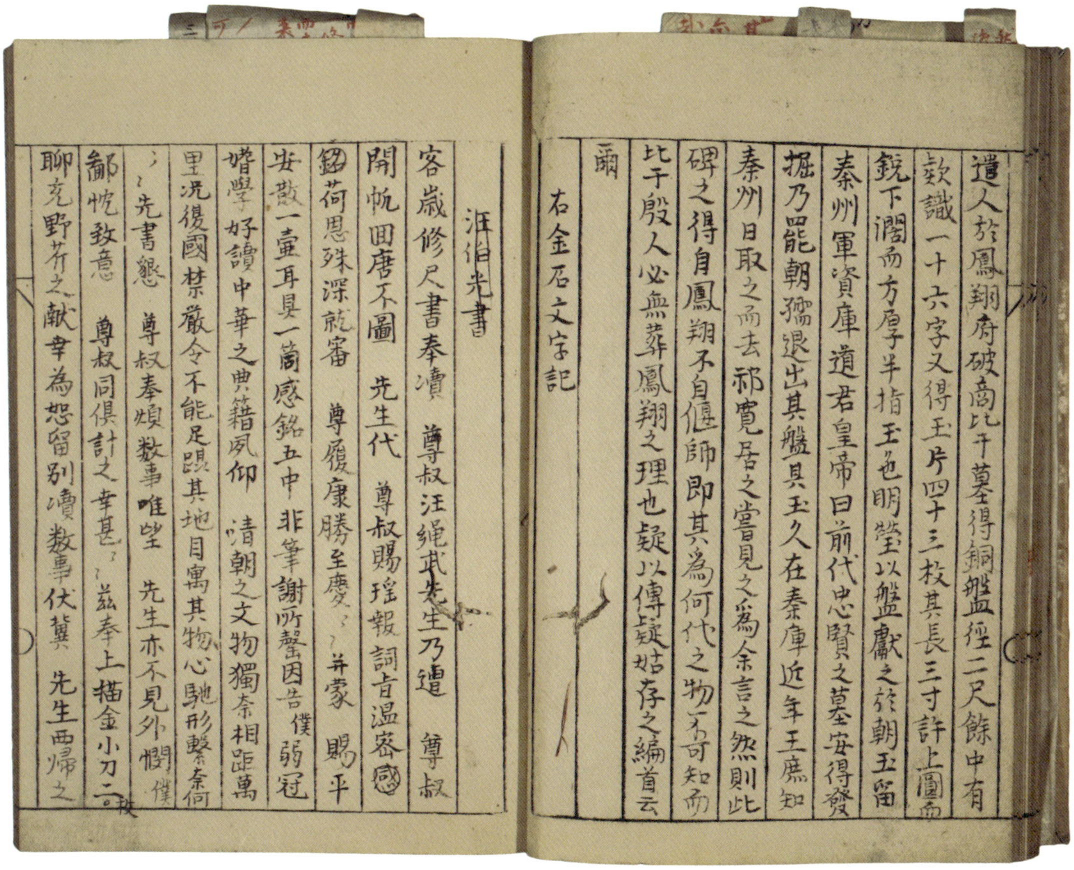

十二ウ

遣人於鳳翔府破商比干墓得銅盤徑二尺餘中有
款識一十六字又得玉片四十三枚其長三寸許上圖而
鋭下闊而方厚半指玉色明瑩以盤獻之於朝玉留
秦州軍資庫道君皇帝曰前代忠賢之墓安得發
掘乃罷朝孺退出其盤具玉久在秦庫近年王庶知
秦州日取之而去祁寛居之嘗見之爲余言之然則此
碑之得自鳳翔不自偃師即其爲何代之物亦不可知而
比干殷人必無葬鳳翔之理也疑以傳疑姑存之編首云
爾
右金石文字記

十三オ

汪伯光書
客歳修尺書奉讀 尊叔汪繩武先生乃遣 尊叔
開帆回唐不圖 先生代 尊叔賜瑆報詞旨温密感
銘荷思殊深就審 尊履康勝至慶々々并蒙 賜平
安散一壺耳旻一筒感銘五中非筆謝所罄因告僕弱冠
嗜學好讀中華之典籍夙仰 清朝之文物獨奈相距萬
里況復國禁嚴令不能足跟其地目寓其物心馳形繫奈何
々々先書懇 尊叔奉煩數事唯望 先生亦不見外憫僕
鄙悃致意 尊叔同倶計之幸甚々々茲奉上描金小刀二枚
聊充野芹之献幸為想留別讀數事伏冀 先生西帰之

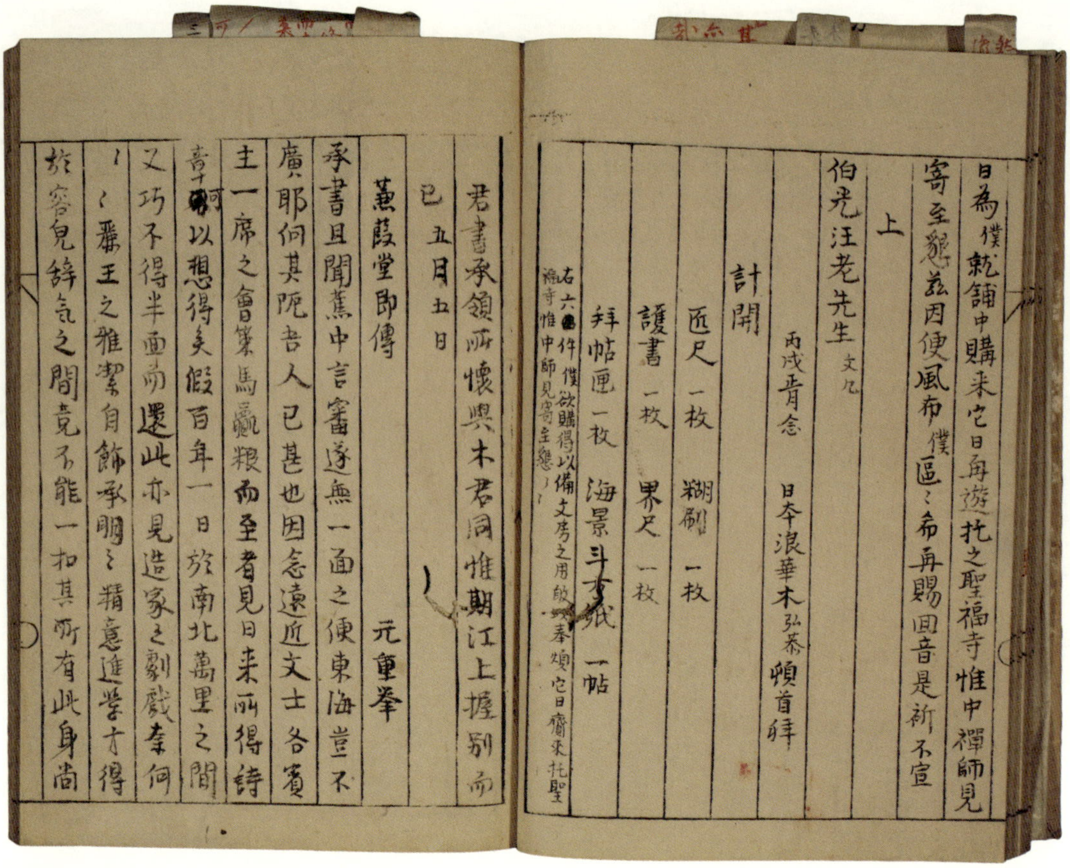
日為僕就舗中購来它日再遊抵之聖福寺惟中禪師見
寄至懇茲因便風希僕區々希再賜回音是祈不宣
上
伯先汪老先生 文几
丙戌五月念 日本浪華木弘恭頓首拜
計開
匹尺 一枚 糊刷 一枚
護書 一枚 界尺 一枚
拜帖匣 一枚 海景斗方紙 一帖
右六件僕欲購得以備文房之用敢奉煩它日齎来抵聖福寺惟中師見寄至懇々

君書承領所懷與木君同惟期江上握別而
巳五月五日
蒹葭堂即傳 元章拳
承書且聞蕉中言審遂無一面之便東海豈不
廣耶何其阨吾人已甚也因念遠近文士各賓
主一席之會筆馬驫粮而至者見日来而得詩
章何以想得矣假百年一日於南北萬里之間
又巧不得半面而還此亦見造家之劇戯奈何
々々羅王之雅潔自飾承明々精意進學寸得
於容皃辞氣之間竟不能一扣其所有此身尚

十四オ　　十三ウ

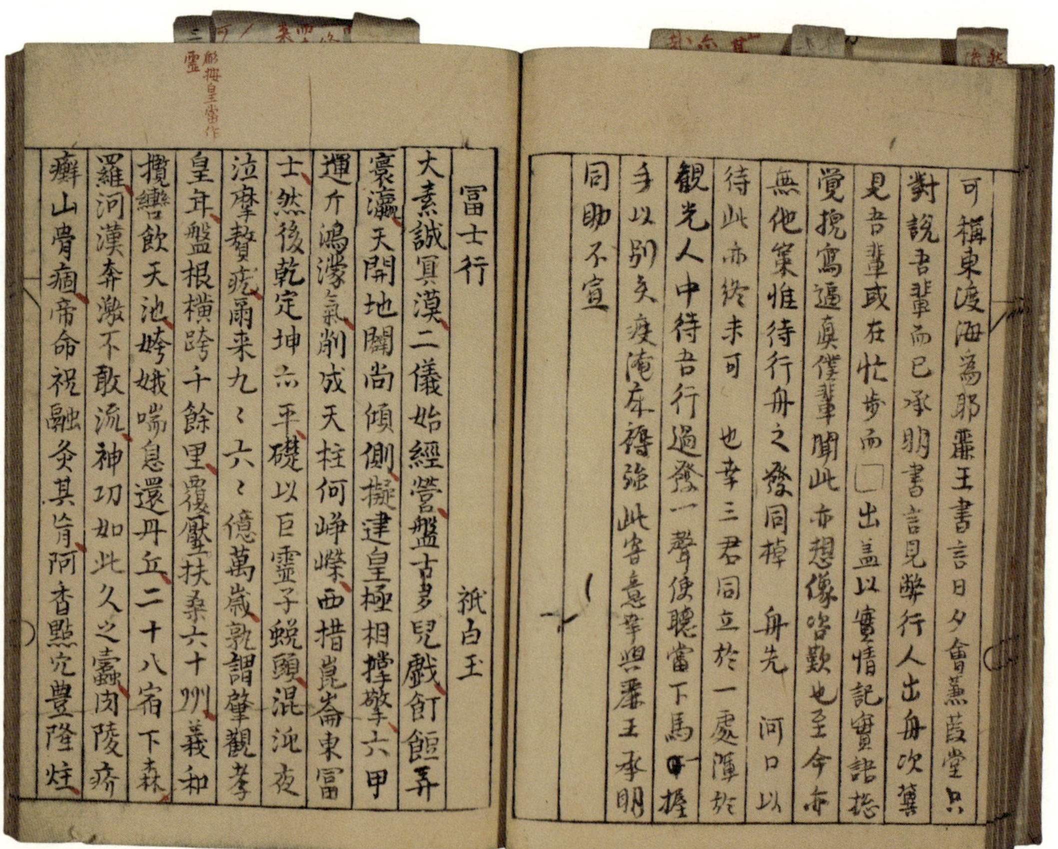
可稱東渡海為耶羅王書言日夕會蒹葭堂只
對説吾輩而已承明書言見擧行人出舟次葉
見吾輩或在忙步而□出盖以實情記實諸德
覺攪寫逼真僕輩聞此亦想像咨歎也至今亦
無他策惟待行舟之發同棹 舟先 河口以
待此亦終未可 也幸三君同立於一處渾於
觀光人中待吾行過發一聲使聽當下馬一握
手以別矣疾淹未得強此寄意幸與羅王承明
同助不宣

彫梅皇當作靈
冨士行 祇白玉
大素誠冥漠二儀始經營盤古多兒戯飣餖弄
寰瀛天開地闢尚傾側擬建皇極相撐擎六甲
運斤鴻濛氣削成天柱何崢嶸西措崑崙東冨
士然後乾定坤亦平礎以巨靈子蜿蜒混沌夜
泣摩聱疣爾来九々六々億萬歳孰謂肇觀孝
皇年盤根横跨千餘里覆壓扶桑六十州羲和
攬轡飲天池嫦娥喘息還丹丘二十八宿下森
羅河漢奔激不敢流神功如此久之蠱肉陵痏
癬山骨痼帝命祝融灸其肯阿香點究豊隆炷

十五オ　　十四ウ

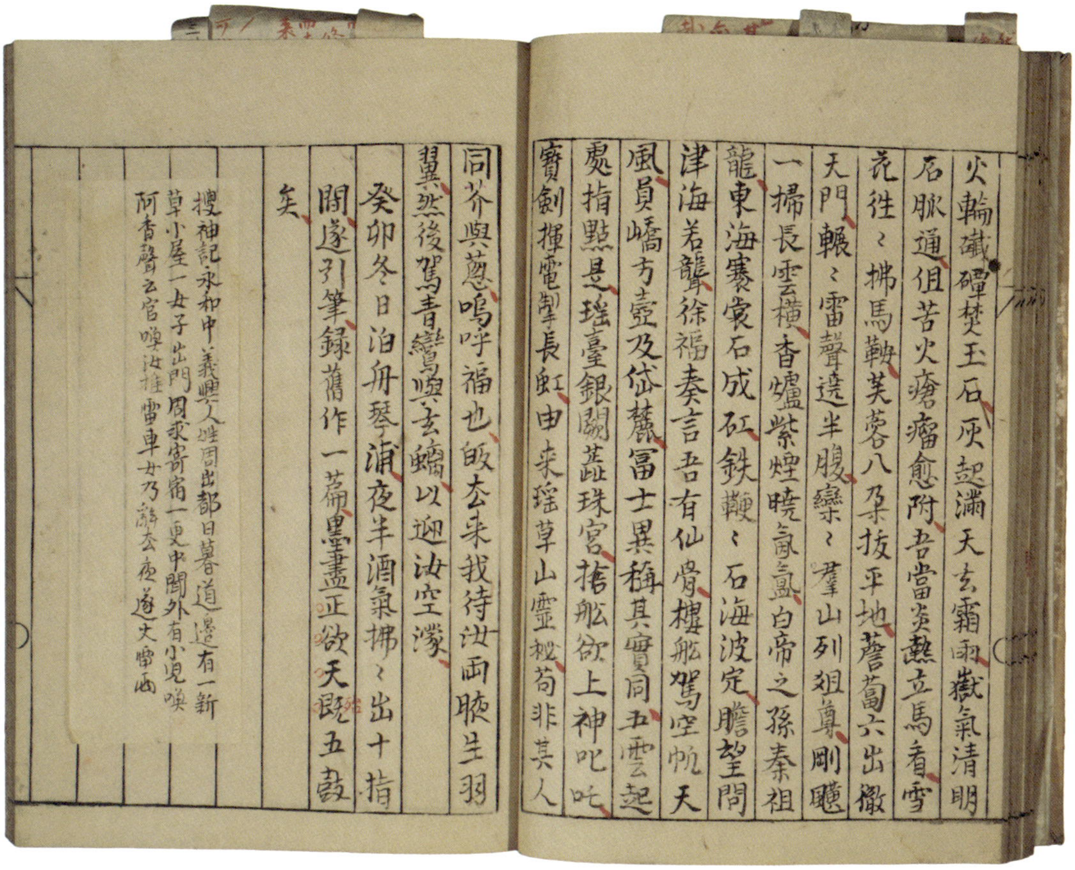
火輪熾礋焚玉石灰起滿天玄霜雨嶽氣清明
石脉通但苦火瘴瘤愈附吾當炎熱立馬看雪
花往々拂馬鞍芙蓉八朶抜平地蒼蔔六出徹
天門轆々雷聲遶半腹欒々羣山列祖尊剛聽
一掃長雲横香爐紫煙曉氤氳白帝之孫秦祖
龍東海褰裳石成矼鉄鞭々石海波定膽望問
津海若聾徐福奏言吾有仙骨樓船駕空帆天
風員嶠方壺及岱蘇富士異稱其實同五雲起
處指點是瑤臺銀闕蝱珠宮擔舩欲上神叱吒
寶劍揮電掣長虹由来瑤草山靈秘苟非其人

同斧與蔥嗚呼福也飯太来我待汝両腋生羽
翼然後駕青鸞與玄鶴以迎汝空濛
癸卯冬日泊舟琴浦夜半酒氣拂々出十指
間遂引筆録舊作一幕墨畫正欲天既五鼓
矣

搜神記永和中義興人姓周出都日暮道邊有一新
草小屋一女子出門周求寄宿一更中聞外有小兒喚
阿香聲云官喚汝推雷車女乃辭去夜遂大雷雨

十六オ　　十五ウ

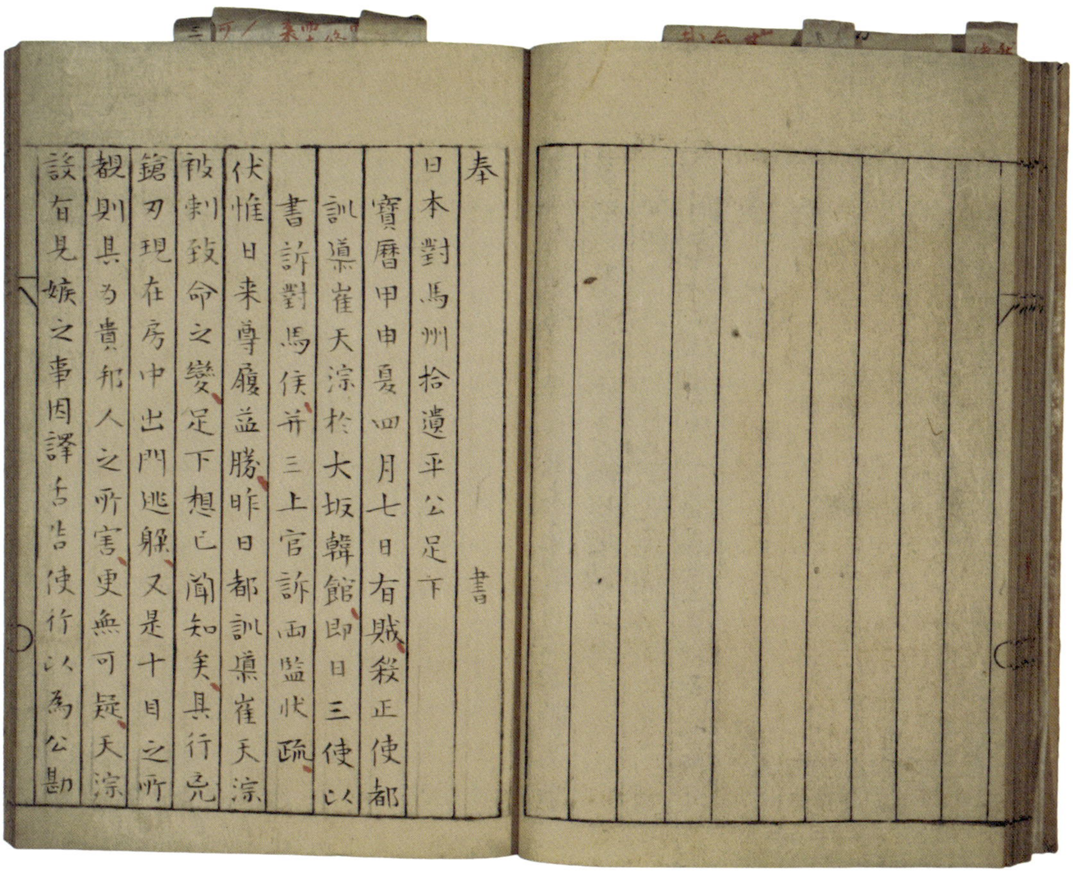
奉　書
日本對馬州拾遺平公足下
寶暦甲申夏四月七日有賊殺正使都
訓導崔天淙於大坂韓館即日三使以
書訴對馬侯并三上官訴両監状疏
伏惟日来尊履益勝昨日都訓導崔天淙
被刺致命之變足下想已聞知矣具行兇
鎗刃現在房中出門逃躲又是十日之所
覩則具為貴邦人之所害更無可疑天淙
詃有見嫉之事因譯舌告使行以為公勘

十七オ　　十六ウ

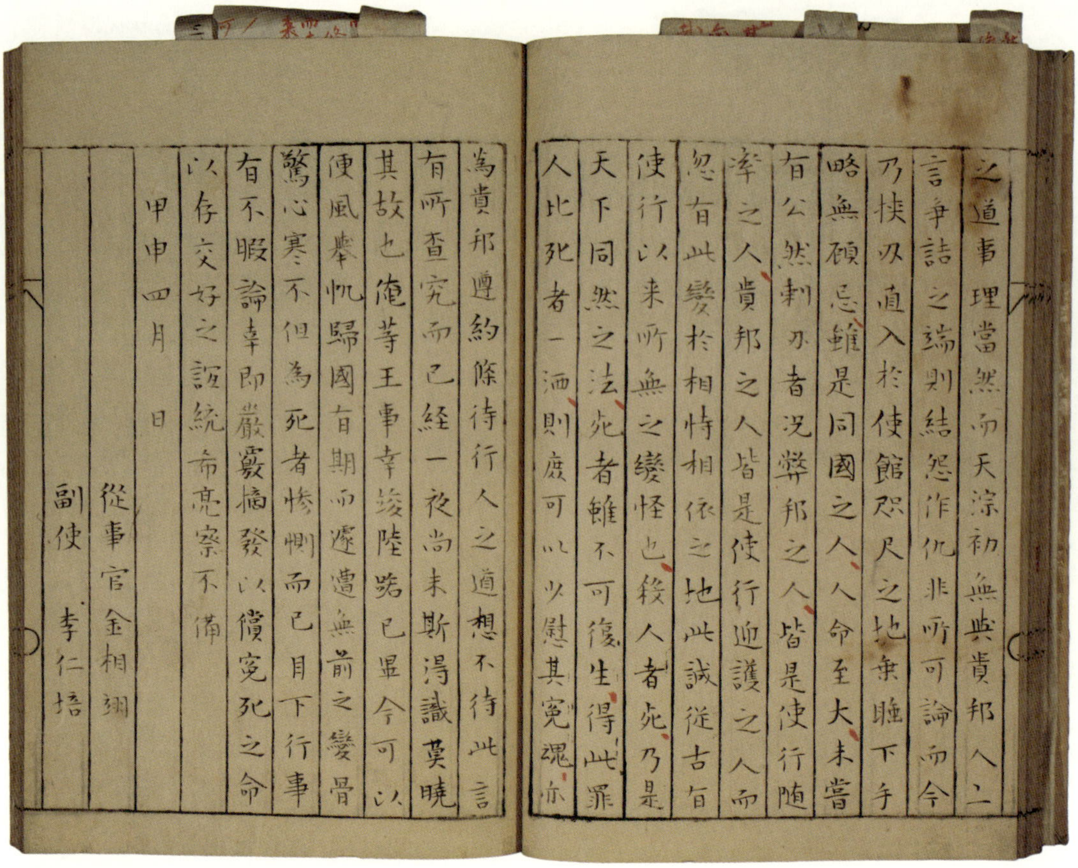
之道事理當然而天淙初無與貴邦人之
言爭詰之端則結怨作仇非所可論而今
乃挾刃直入於使館咫尺之地乘睡下手
略無顧忌雖是同國之人人命至大未嘗
有公然刺刃者況弊邦之人皆是使行隨
率之人貴邦之人皆是使行迎護之人而
忽有此變於相恃相依之地此誠從古有
使行以來所無之變怪也殺人者死乃是
天下同然之法死者雖不可復生得此罪
人比死者一洒則庶可以少慰其冤魂亦

十七ウ

為貴邦遵約條待行人之道想不待此言
有所查究而已經一夜尚未斯得識莫曉
其故也俺等王事幸竣陸路已畢今可以
便風擧帆歸國有期而遽遭無前之變骨
驚心寒不但為死者慘惻而已目下行事
有不暇論幸即嚴覈摘發以償冤死之命
以存交好之誼統希亮察不備

甲申四月　日

從事官金相翊
副使李仁培

十八オ

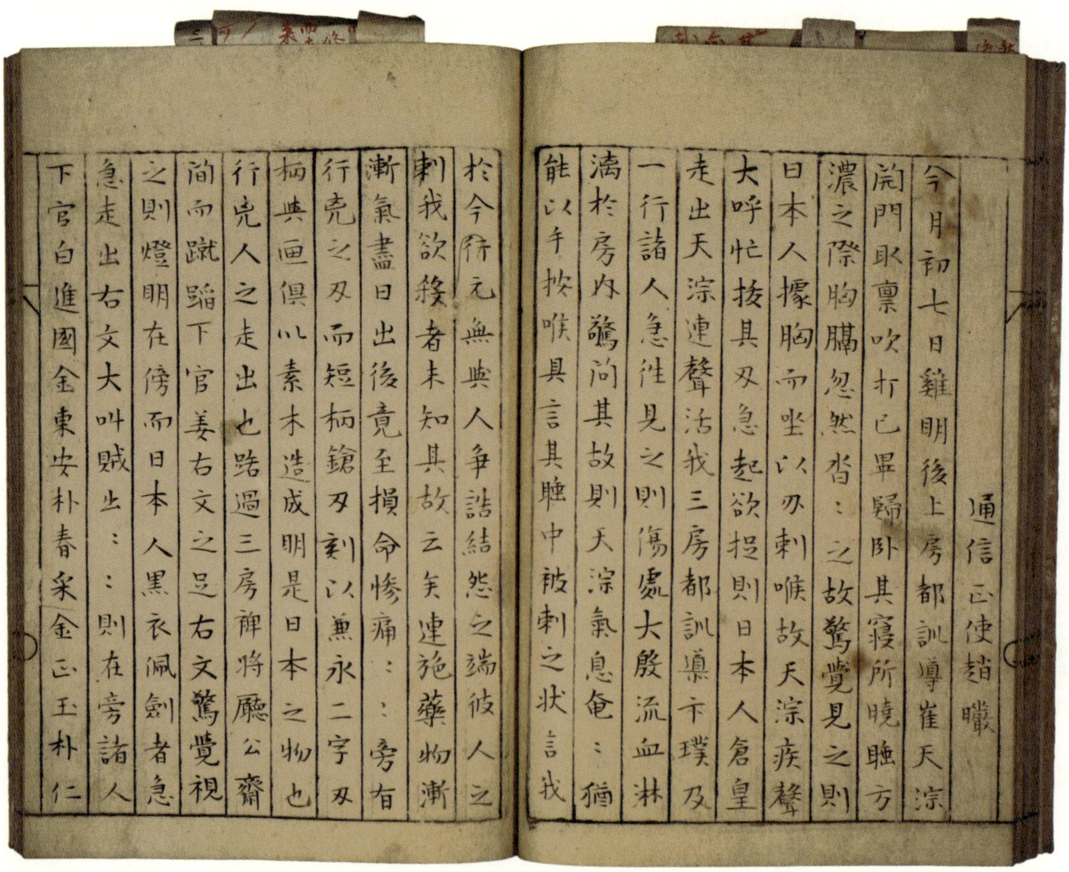
通信正使趙曮
今月初七日雞明後上房都訓導崔天淙
開門取稟吹打已畢歸卧其寢所曉睡方
濃之際胸膈忽然沓〻之故驚覺見之則
日本人據胸而坐以刃刺喉故天淙疾聲
大呼忙接其刃急起欲捉則日本人倉皇
走出天淙連聲活我三房都訓導卞璞及
一行諸人急往見之則傷處大殷流血淋
漓於房内驚問其故則天淙氣息奄〻猶
能以手按喉具言其睡中被刺之狀言我

十八ウ

於今行元無與人爭詰結怨之端彼人之
刺我欲殺者未知其故云矣連施藥物漸
漸氣盡日出後竟至損命慘痛〻〻旁有
行兇之刃而短柄鎗刃刻以魚永二字刃
柄與匣俱以素木造成明是日本之物也
行兇人之走出也路過三房裨將廳公齋
間而蹴蹈下官姜右文之足右文驚覺視
之則燈明在傍而日本人黑衣佩劍者急
急走出右文大叫賊出〻〻則在旁諸人
下官白進國金東安朴春采金正玉朴仁

十九オ

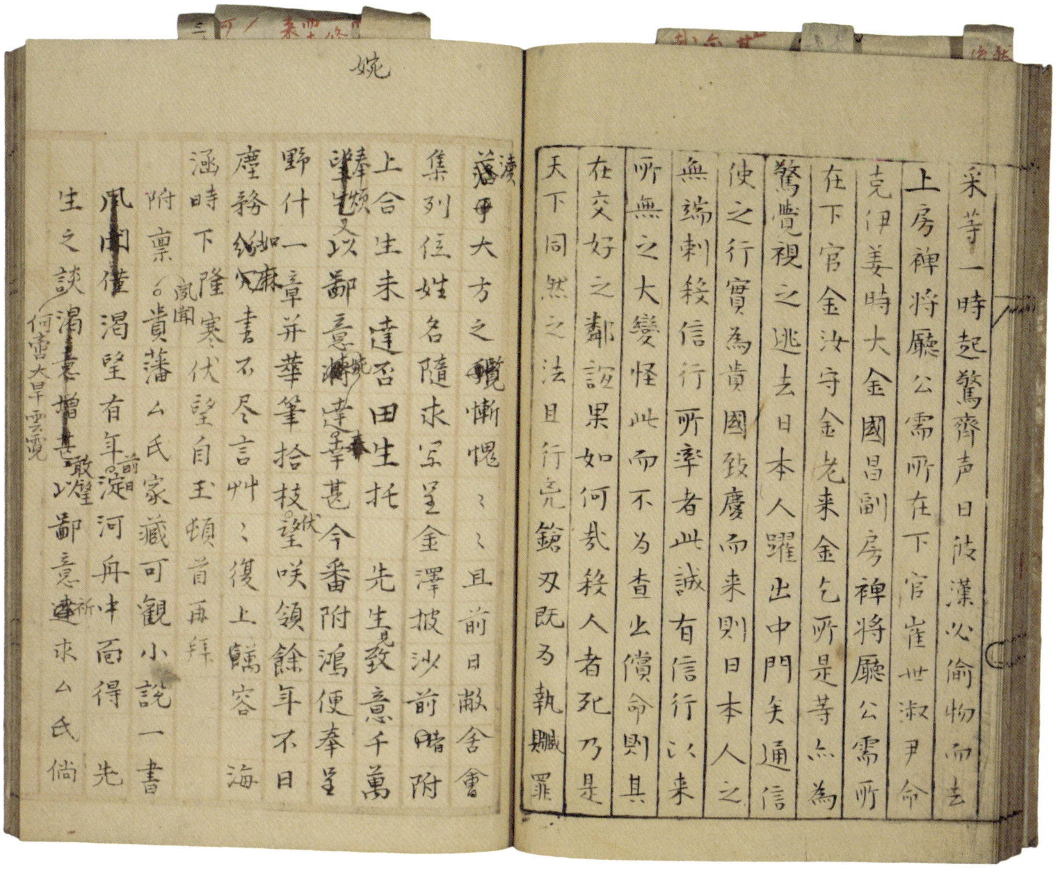
釆等一時起驚齊声曰彼漢必偷物而去
上房禅将廳公需所在下官崔世淑尹命
克伊善時大金國昌副房禅将廳公需所
在下官金汝守金先来金乞所是等点為
驚覺視之逃去日本人躍出中門失通信
使之行實為貴國致慶而来則日本人之
無端刺殺信行所率者此誠有信行以来
所無之大變怪此而不為查出償命則其
在交好之誼訶果如何哉殺人者死乃是
天下同然之法且行兇鎗刃既為執贓罪

[illegible]大方之覽慚愧〻〻且前日敝舍會
集列位姓名隨求呈呈金澤披沙前階附
上合生未達否田生托　先生致意千萬
[illegible]以鄙意[illegible]甚今番附鴻便奉呈
野什一章并華筆拾枝望咲領餘年不日
塵務[illegible]書不尽言艸〻復上餘容　海
涵時下隆寒伏望自玉頓首再拜
附稟ム貴藩ム氏家藏可觀小説一書
風聞僅渴望有年[illegible]河舟中而得　先
生之談渴[illegible]鄙意[illegible]求ム氏借

二十オ　　十九ウ

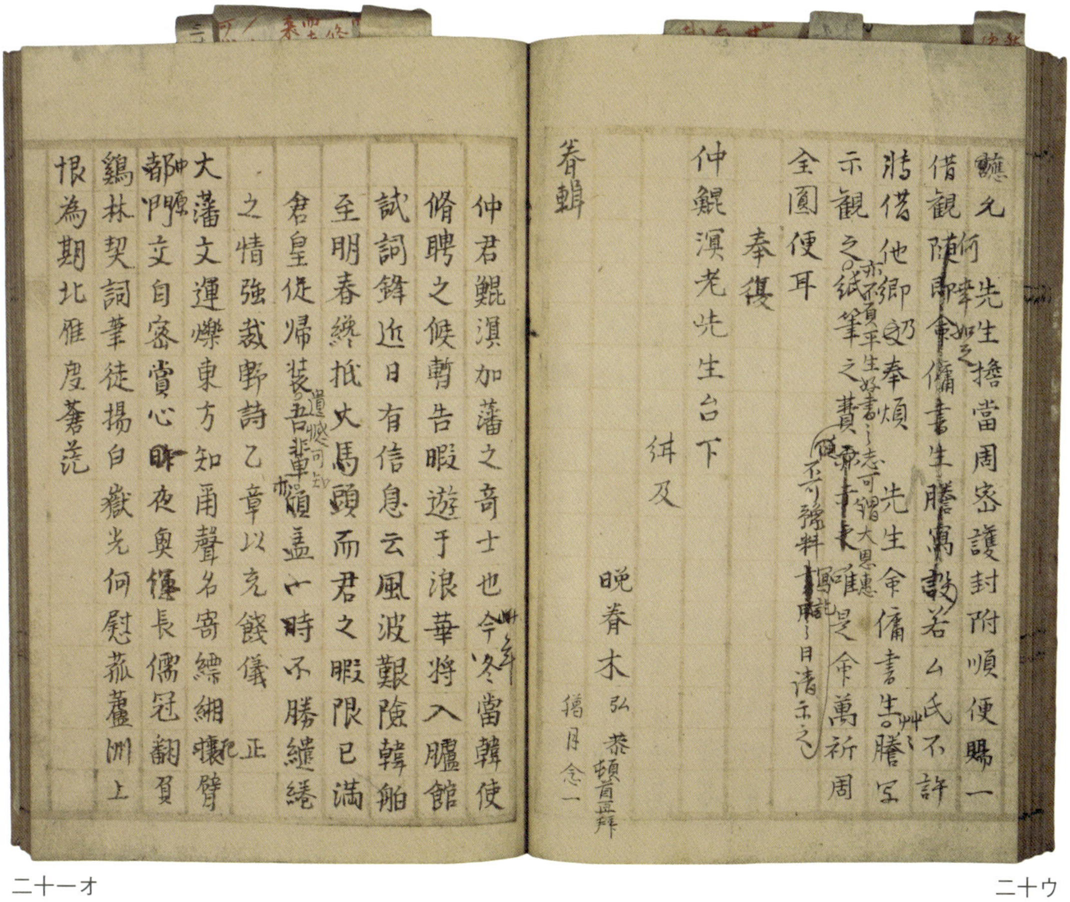
[illegible]先生擔當周密護封附順便賜一
借觀隨即命備書生謄寫[illegible]若ム氏不許
則借他郷ム奉煩　先生命備書生謄寫
示觀之紙筆之費[illegible]是余萬祈周
全圖便耳
奉復
仲鯤溟老先生台下
併及
晩眷木弘　恭頓首再拜
臘月念一
眷輯

仲君鯤溟加藩之奇士也今冬當韓使
脩聘之候暫告暇遊于浪華将入臚館
試詞鋒近日有信息云風波艱險韓船
至明春纔抵丈馬頭而君之暇限已満
君皇促帰装吾輩[illegible]盍一時不勝繾綣
之情強裁鄙詩乙章以充餞儀　正
大藩文運爍東方知甬聲名寄縹緗[illegible]臂
鄙[illegible]文自容賞心昨夜奧儺長儒冠翻負
鶏林契詞華徒揚白嶽光何慰菰蘆洲上
恨為期北雁度蒹葭

二十一オ　　二十ウ

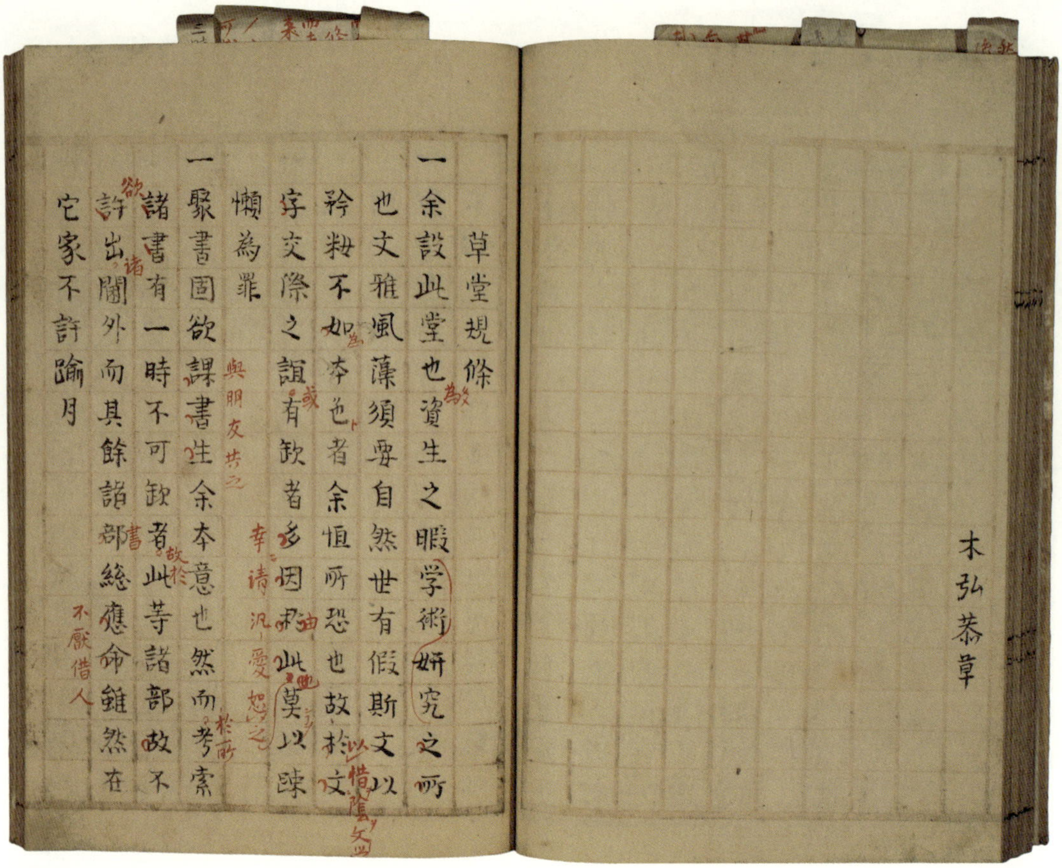
木弘恭草

草堂規條
一余設此堂也資生之暇学術研究之所也文雅風藻須要自然世有假斯文以衒粉不如本色者余恒所恐也故於文字交際之誼有欲者多因弗此莫以疎懶為罪
一聚書固欲課書生余本意也然而考索諸書有一時不可缺者此等諸部故不許出閣外而其餘諸部總應命雖然在它家不許踰月

二十二オ　　二十一ウ

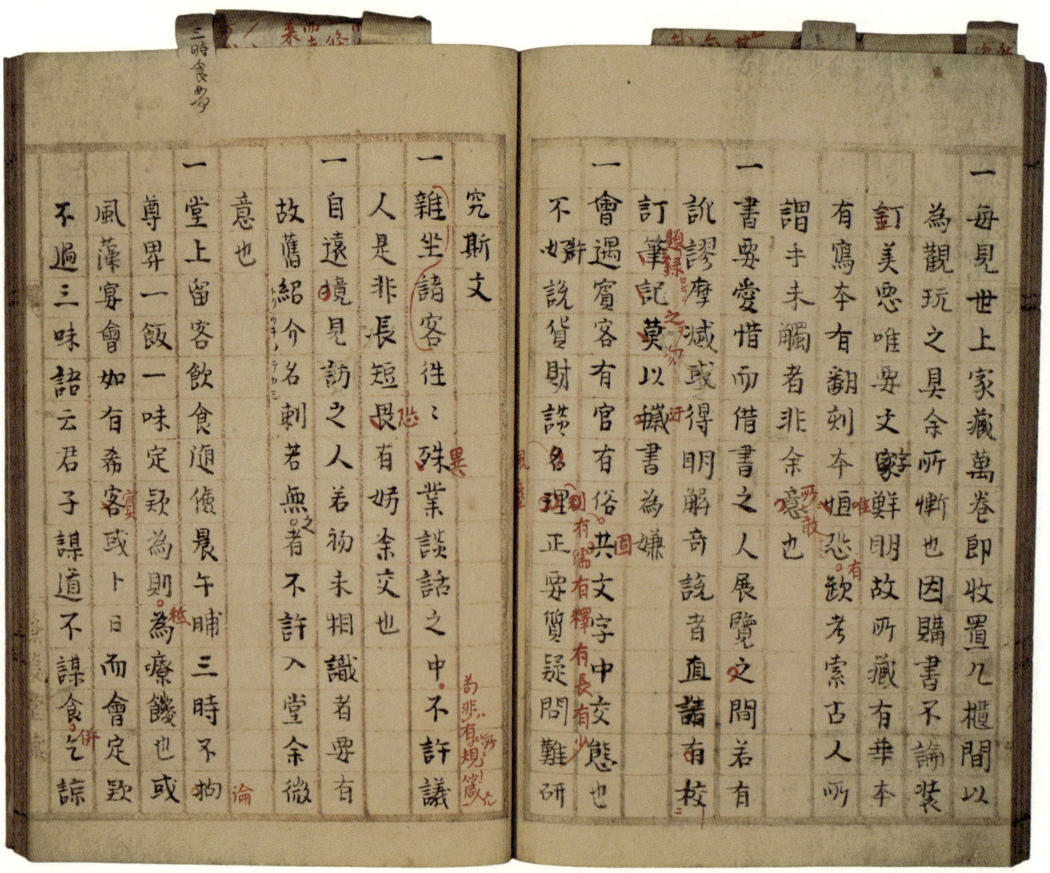
一毎見世上家藏萬巻即収置几櫃間以為觀玩之具余所慚也因購書不論裝釘美悪唯要文字鮮明故所藏有异本有寫本有翻刻本恒恐欲考索古人所謂手未觸者非余意也
一書要愛惜而借書之人展覽之間若有訛謬摩滅或得明解奇説者直諸有校訂筆記莫以織書為嫌
一會遇賓客有官有俗共文字中交態也不許説貨財論名理正要質疑問難研究斯文
一雜坐諸客往々殊業談話之中不許議人是非長短恐有妨余交也
一自遠境見訪之人若初未相識者要有故舊紹介名刺若無者不許入堂余微意也
一堂上留客飲食隨俵晨午晡三時不拘尊卑一飯一味定以為則為療饑也或風藻宴會如有希客或卜日而會定以不過三味諺云君子謀道不謀食乞諒

二十三オ　　二十二ウ

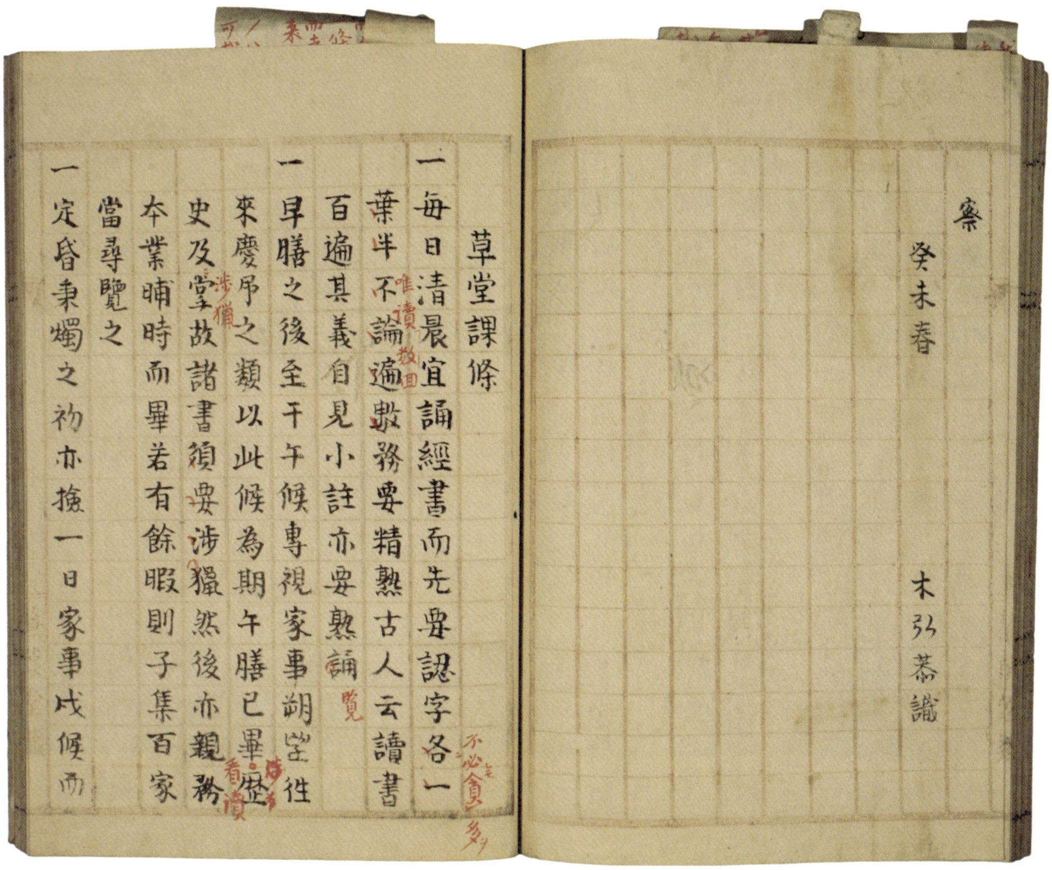
[illegible]
癸未春
木弘恭識

草堂課條
一每日清晨宜誦經書而先要認字各一葉半不論遍數務要精熟古人云讀書百遍其義自見小註亦要熟誦
一早膳之後至于午候專視家事朝堂往來慶弔之類以此候為期午膳已畢經史及掌故諸書須要涉獵然後亦觀務本業晡時而畢若有餘暇則子集百家當尋覽之
一定昏秉燭之初亦援一日家事戌候而

二十四オ　　二十三ウ

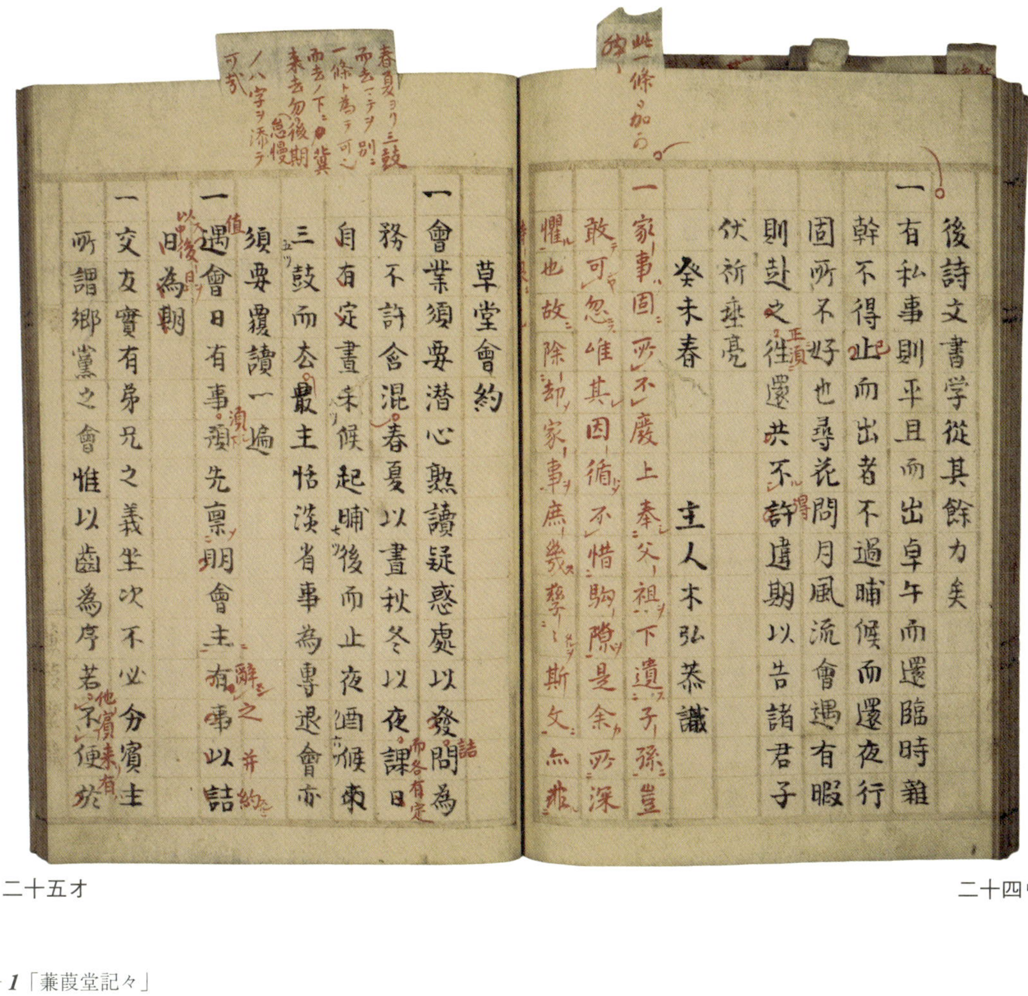
後詩文書学從其餘力矣
一有私事則平旦而出早午而還臨時雜幹不得止而出者不過晡候而還夜行固所不好也尋花問月風流會遇有暇則赴之往還共不許違期以告諸君子
伏祈垂亮
癸未春　主人木弘恭識
一家事固所不廢上奉父祖下遺子孫豈敢可忽唯其因循不惜駒隙是余所深懼也故除却家事庶幾斯文亦非[illegible]

草堂會約
一會業須要潜心熟讀疑惑處以發問為務不許含混春夏以晝秋冬以夜課日自有定晝未候起晡後而止夜酉候束三鼓而去最主恬淡省事為專退會亦須要覆讀一過
一遇會日有事須先稟朔會主有事以詰日為期
一交友實有弟兄之義坐次不必分賓主所謂鄉黨之會惟以齒為序若不便於

二十五オ　　二十四ウ

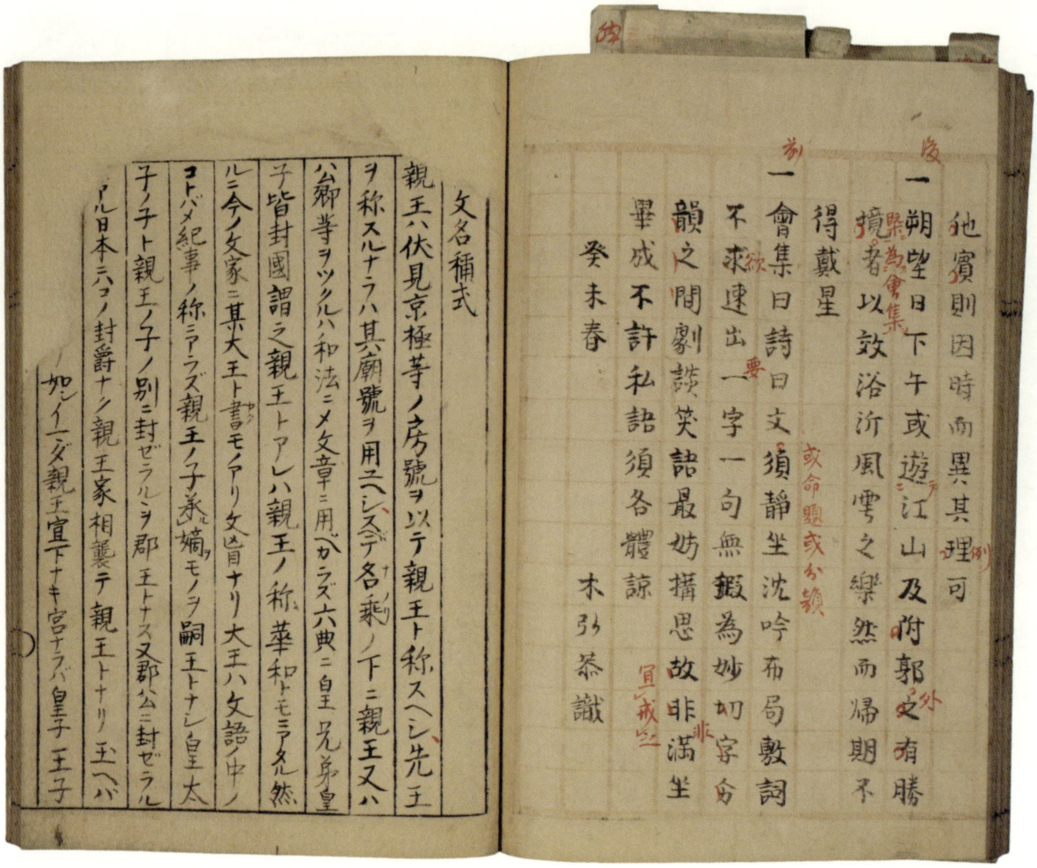
他賓則因時而異其理可
一朔望日下午或遊江山及附郭之有勝
境者以效浴沂風雩之樂然而帰期不
得戴星
一會集日詩日文須静坐沈吟布局敷詞
不求速出一字一句無鍜為妙切字分
韻之間劇談笑諧最妨攤思故非満坐
畢成不許私語須各體諒
癸未春　木弘恭識

文名稱式
親王ハ伏見京極等ノ房號ヲ以テ親王ト称スヘシ先王
ヲ称スルナラハ其廟號ヲ用ユヘシ又ハ名諱ノ下ニ親王又ハ
公卿等ヲツクルハ和法ニメ文章ニ用ベカラズ六典ニ皇兄弟皇
子皆封國謂之親王トアレハ親王ノ称ハ華和トモニアル然
ルニ今ノ文家ニ某大王ト書モノアリ文旨ナリ大王ハ文語ノ中ノ
コトバメ紀事ノ称ニアラズ親王ノ子ノ承嫡スルモノヲ嗣王トナシ皇太
子ノ子ト親王ノ子ノ別ニ封ゼラルヽヲ郡王トナス又郡公ニ封ゼラル
アル日本ニハコノ封爵ナシ親王家相襲テ親王トナリ玉ヘバ
如シイマダ親王宣下ナキ宮ナラバ皇子王子

二十六オ　二十五ウ

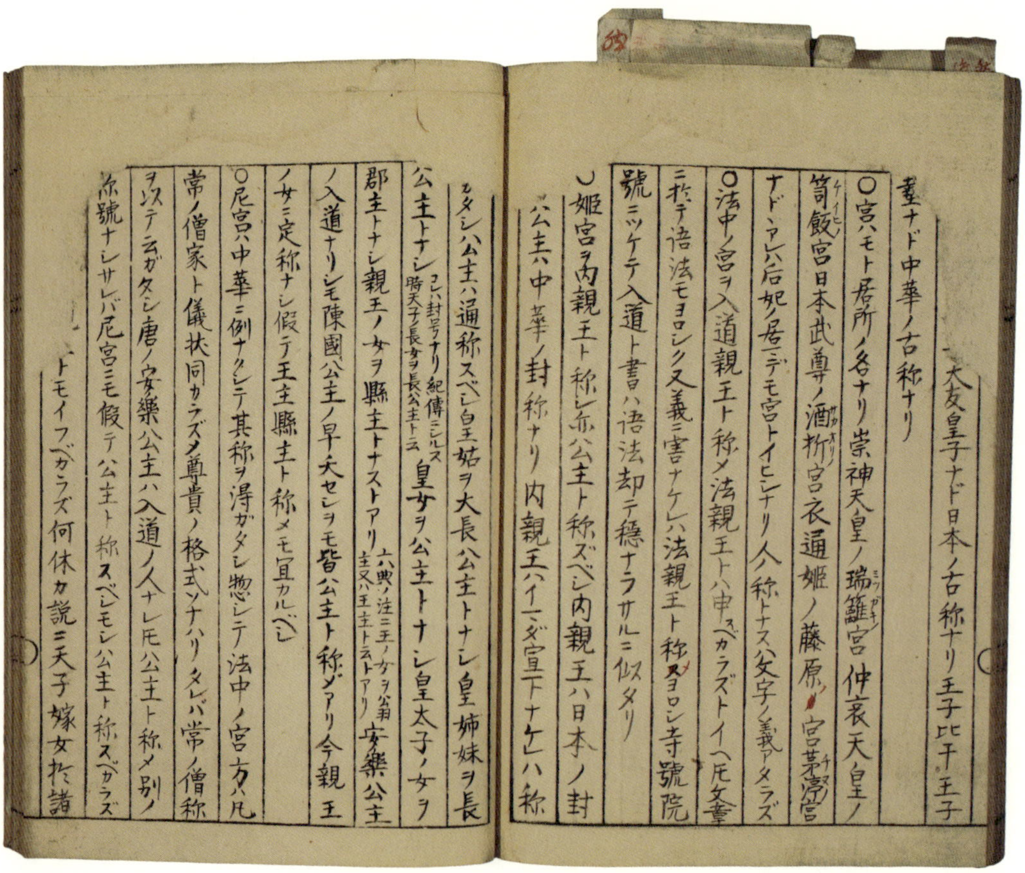
一大友皇子ナド日本ノ古称ナリ王子比干王子
喬ナド中華ノ古称ナリ
○宮ハモト居所ノ名ナリ崇神天皇ノ瑞籬宮仲哀天皇ノ
笥飯宮日本武尊ノ酒折宮衣通姫ノ藤原ノ宮茅渟宮
ナドアレハ后妃ノ居ニテモ宮トイヒシナリ人ノ称トナスハ文字ノ義アタラズ
○法中ノ宮ヲ入道親王ト称メ法親王トハ申スベカラズトイヘ圧文章
ニ於テ語法モヨロシク又義ニ害ナケレハ法親王ト称メヨロシ寺號院
號ニツケテ入道ト書ハ語法却テ穏ナラサルニ似タリ
○姫宮ヲ内親王ト称シ亦公主ト称ズベシ内親王ハ日本ノ封
公主ハ中華ノ封称ナリ内親王ハイマダ宣下ナケレハ称

カタシハ公主ハ通称スベシ皇王姑ヲ大長公主トナシ皇姉妹ヲ長
公主トナシ（コレハ封号ナリ紀傳ニシルス時天子ノ長女ヲ長公主トモ云）皇女ヲ公主トナシ皇太子ノ女ヲ
郡主トナシ親王ノ女ヲ縣主トナストアリ（六典ノ注ニ王ノ女ヲ公主又ハ王主トモ云トアリ）安樂公主
ノ入道ナリシモ陳國公主ノ早夭セシヲモ皆公主ト称メアリ今親王
ノ女ニ定称ナシ假テ王主縣主ト称メモ宜カルベシ
○尼宮ハ中華ニ例ナクシテ其称ヲ得ガタシ惣シテ法中ノ宮方ハ凡
常ノ僧家ト儀状同カラズメ尊貴ノ格式ソナハリタレバ常ノ僧称
ヲ以テ云ガタシ唐ノ安樂公主ハ入道ノ人ナレ圧公主ト称メ別ノ
尼號ナシサレバ尼宮ニモ假テ公主ト称スベシモシ公主ト称スベカラズ
トモイフベカラズ何休カ説ニ天子嫁女於諸

二十七オ　二十六ウ

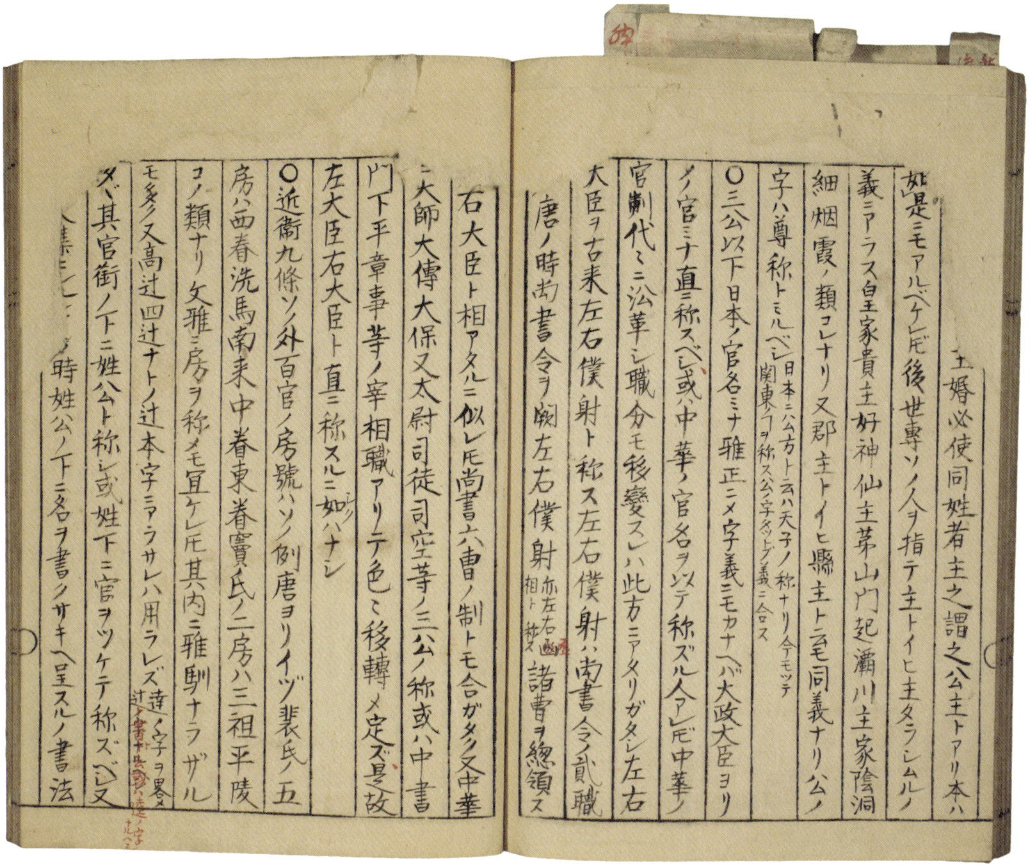

主婚必使同姓者主之謂之公主トアリ本ハ
如是ニモアルベケレドモ後世專ソノ人ヲ指テ主トイヒ主タラシムルノ
義ニアラス皇家貴主好神仙主茅山門起瀟川主家陰洞
細烟霞ノ類コレナリ又郡主トイヒ縣主ト云モ同義ナリ公ノ
字ハ尊称トミルベシ 日本ニ公方ト云ハ天子ノ称ナリ今モッテ関東ヲコヲ称ス公ノ字タツトブ義ニ合ス
○三公以下日本ノ官名ミナ雅正ニメ字義ニモカナヘバ大政大臣ヨリ
メノ官ミナ直ニ称スベシ或ハ中華ノ官名ヲ以テ称ズル人アレドモ中華ノ
官制代々ニ沿革シ職分モ移變スレバ此方ニアタリガタシ左右
大臣ヲ古来左右僕射ト称ス左右僕射ハ尚書令ノ貳職
唐ノ時尚書令ヲ闕左右僕射 亦左右丞相ト称ス 諸曹ヲ總領ス

右大臣ト相アタルニ似レドモ尚書六曹ノ制トモ合ガタク又中華
ニ大師大傅大保又太尉司徒司空等ノ三公ノ称或ハ中書
門下平章事等ノ宰相職アリテ色々ニ移轉メ定ズ是故
左大臣右大臣ト直ニ称スルニ如ハナシ
○近衛九條ソノ外百官ノ房號ハソノ例唐ヨリイヅ裴氏ノ五
房ハ西眷洗馬南来中眷東眷實氏ノ二房ハ三祖平陵
コノ類ナリ文雅ニ房ヲ称メモ宜ケレドモ其内ニ雅馴ナラザル
モ多ク又高辻四辻ナドノ辻本字ニアラサレハ用ラレズ 違ノ字ヲ畧メ
メバ其官銜ノ下ニ姓公ト称シ或姓下ニ官ヲツケテ称ズベシ又
[illegible]時姓公ノ下ニ名ヲ書クサキヘ呈スルノ書法

二十八オ

二十七ウ

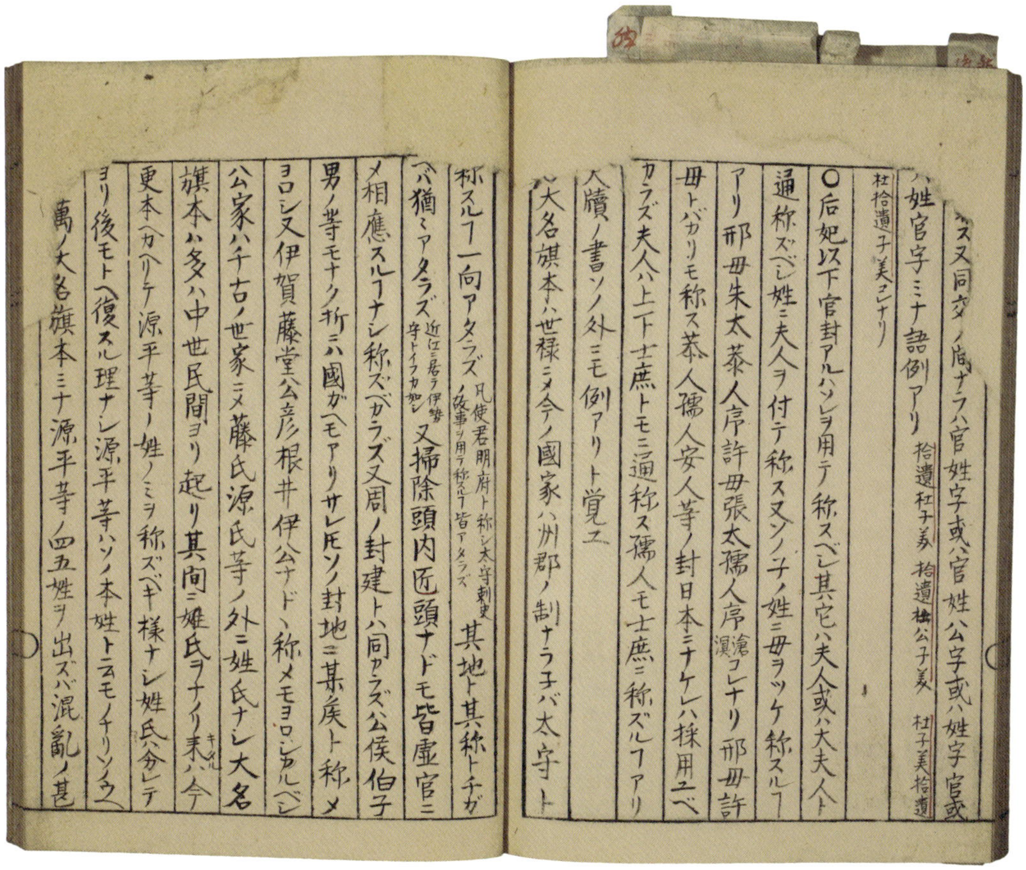

称ス又同姓ノ席ナラハ官姓字或ハ官姓公字或ハ姓字官或
ハ姓官字ミナ語例アリ 拾遺杜子美 拾遺杜公子美 杜子美拾遺
杜拾遺子美コレナリ
○后妃以下官封アルハソレヲ用テ称スベシ其宅ハ夫人或ハ大夫人ト
通称ズベシ姓ニ夫人ヲ付テ称ス又ソノ子ノ姓ニ母ヲツケ称スルヿ
アリ邢母朱太恭人亭許母張太孺人亭濵滄コレナリ邢母許
母トバカリモ称ス恭人孺人安人等ノ封日本ニナケレハ採用ユベ
カラズ夫人ハ上下士庶トモニ通称ス孺人モ士庶ニ称ズルヿアリ
大牘ノ書ソノ外ニモ例アリト覚ユ
○大名旗本ハ世禄ニメ今ノ國家ハ州郡ノ制ナラネバ太守ト

称スルヿ一向アタラズ 凡使君明府ト称シ太守刺史ノ故事ヲ用テ称スルヿ皆アタラズ 其地ト其称トチガ
ヘバ猶々アタラズ 近江ニ居テ伊勢守トイフカ如シ 又掃除頭内匠頭ナドモ皆虚官ニ
メ相應スルヿナシ称ズベカラズ又周ノ封建トハ同カラズ公侯伯子
男ノ等モナク折ニハ國ガヘモアリサレドモソノ封地ニ某侯ト称メ
ヨロシ又伊賀藤堂公彦根井伊公ナドヽ称メモヨロシカルベシ
公家ハ千古ノ世家ニメ藤氏源氏等ノ外ニ姓氏ナシ大名
旗本ハ多ハ中世民間ヨリ起リ其間ニ姓氏ヲナイリ末ハ今
更本ヘカヘリテ源平等ノ姓ノミヲ称ズベキ様ナシ姓氏ハ分レテ
ヨリ後モトヘ復スル理ナシ源平等ハソノ本姓ト云モノチリソウ
萬ノ大名旗本ミナ源平等ノ四五姓ヲ出ズバ混亂ノ甚

二十九オ

二十八ウ

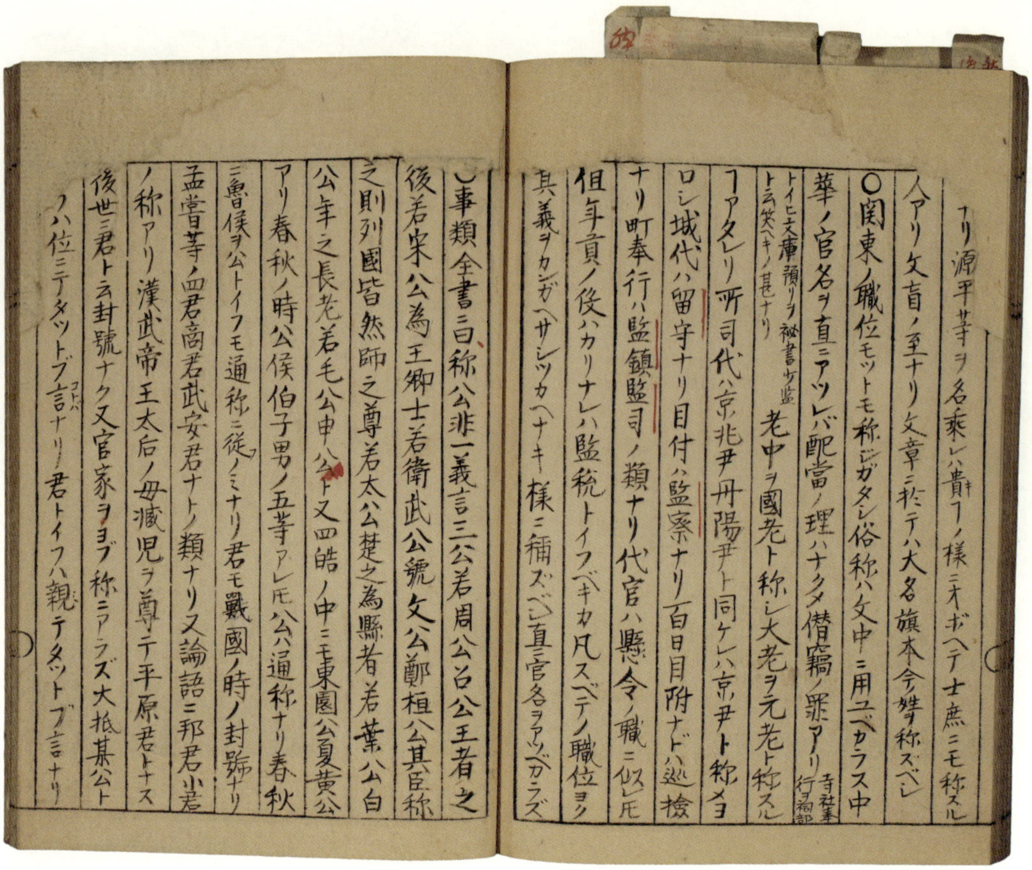
ナリ源平等ヲ名乘レハ貴キノ様ニオボヘテ士庶ニモ称スル
人アリ文盲ノ至ナリ文章ニ於テハ大名旗本今姓ヲ称ズベシ
○関東ノ職位モツトモ称ジガタシ俗称ハ文中ニ用ユベカラス中
華ノ官名ヲ直ニアツレバ配當ノ理ハナクメ僭竊ノ罪アリ寺社奉行ヲ祠部
トイヒ大庫頭リヲ秘書少監トス笑ベキノ甚ナリ老中ヲ國老ト称シ大老ヲ元老ト称スル
コアタレリ所司代ハ京兆尹丹陽尹ト同ケレハ京尹ト称メヨ
ロシ城代ハ留守ナリ目付ハ監察ナリ百日目附ナドハ巡検
ナリ町奉行ハ監鎮監司ノ類ナリ代官ハ縣令ノ職ニ似レ圧
但年貢ノ後ハカリナレハ監税トイフベキカ凡スベテノ職位ヨク
其義ヲカンガヘサレツカヘナキ様ニ稱ズベシ直ニ官名ヲアツベカラズ

○事類全書ニ曰称公非一義言三公若周公召公王者之
後若宋公為王卿士若衛武公虢文公鄭桓公其臣称
之則列國皆然師之尊若太公楚之為縣者若葉公白
公年之長老若毛公申公又四皓ノ中ニモ東園公夏黄公
アリ春秋ノ時公侯伯子男ノ五等アレ圧公ハ通称ナリ春秋
ニ魯侯ヲ公トイフモ通称ニ従フノミナリ君モ戰國ノ時ノ封號ナリ
孟嘗等ノ四君高君武安君ナトノ類ナリ又論語ニ邦君小君
ノ称アリ漢武帝王太后ノ母臧児ヲ尊テ平原君トナス
後世ニ君ト云封號ナク又官家ヲヨブ称ニアラズ大抵某公ト
コハ位ニテタツトブ言ナリ君トイフハ親テタツトブ言ナリ

三十オ　二十九ウ

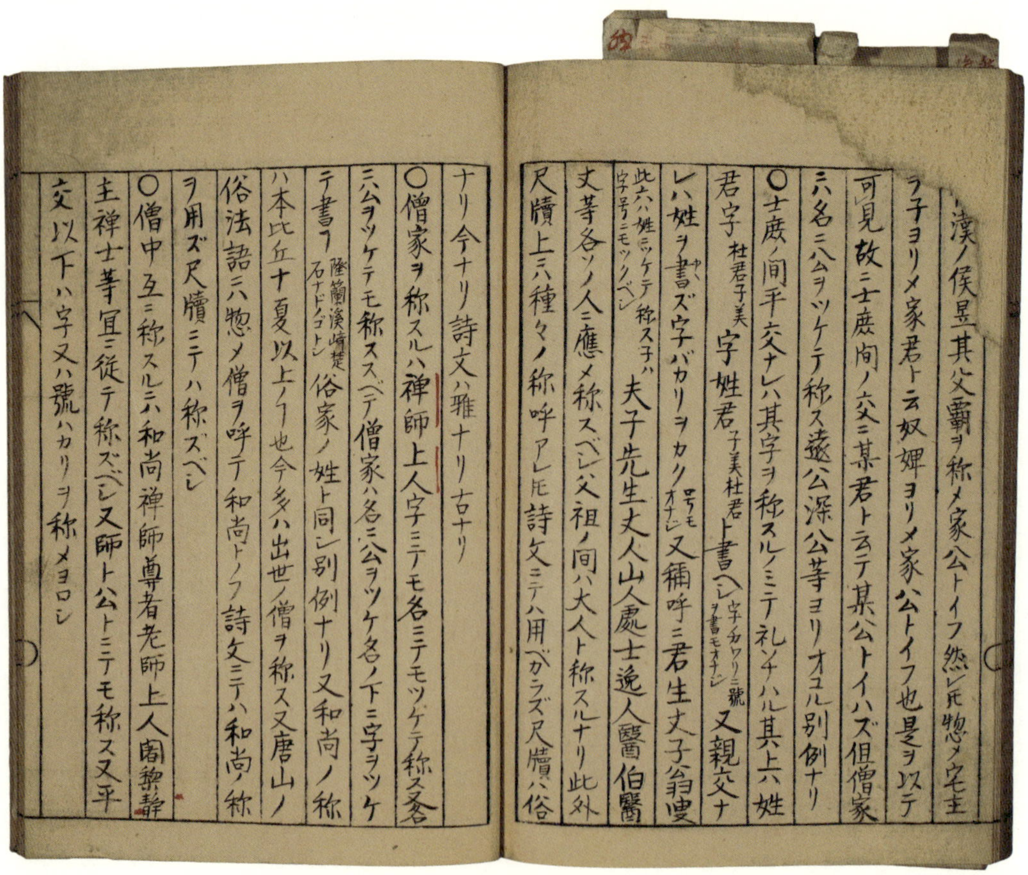
漢ノ侯是其父覇ヲ称メ家公トイフ然レ圧惣メ家主
ヲ子ヨリメ家君ト云奴婢ヨリメ家公トイフ也是ヲ以テ
可見故ニ士庶間ノ交ニ某君ト云テ某公トイハズ但僧家
ニハ名ニハ公ヲツケテ称ス遠公深公等ヨリオコル別例ナリ
○士庶ノ間平交ナレハ其字ヲ称スルノミテ礼ソチハル其上ハ姓
君字杜君子美字姓君子美杜君上書ヘシ字カワリニ號ヲ書モオナジ又親交ナ
レハ姓ヲ書ズ字バカリヲカク號モオナジ又稱呼ニ君生丈子翁叟
此六ハ姓ニツケテ称ス子ハ字號ニモツクベシ夫子先生丈人山人處士逸人醫伯醫
丈等各ソノ人ニ應メ称スベシ父祖ノ間ハ大人ト称スルナリ此外
尺牘上ニハ種々ノ称呼アレ圧詩文ニテハ用ベカラズ尺牘ハ俗

ナリ今ナリ詩文ハ雅ナリ古ナリ
○僧家ヲ称スルハ禅師上人字ニテモ名ニテモツケテ称ス各
ニ公ヲツケテモ称ススベテ僧家ハ名ニ公ヲツケ名ノ下ニ字ヲツケ
テ書ク隆蘭溪崎楚石ナドノゴトシ俗家ノ姓ト同シ別例ナリ又和尚ノ称
ハ本比丘十夏以上ノヿ也今多ハ出世ノ僧ヲ称ス又唐山ノ
俗法語ニハ惣メ僧ヲ呼テ和尚トイフ詩文ニテハ和尚ノ称
ヲ用ズ尺牘ニテハ称ズベシ
○僧中互ニ称スルニハ和尚禅師尊者老師上人闍黎靜
主禅士等宜ニ従テ称ズベシ又師ト公トニテモ称ス又平
交以下ハ字又ハ號ハカリヲ称メヨロシ

三十一オ　三十ウ

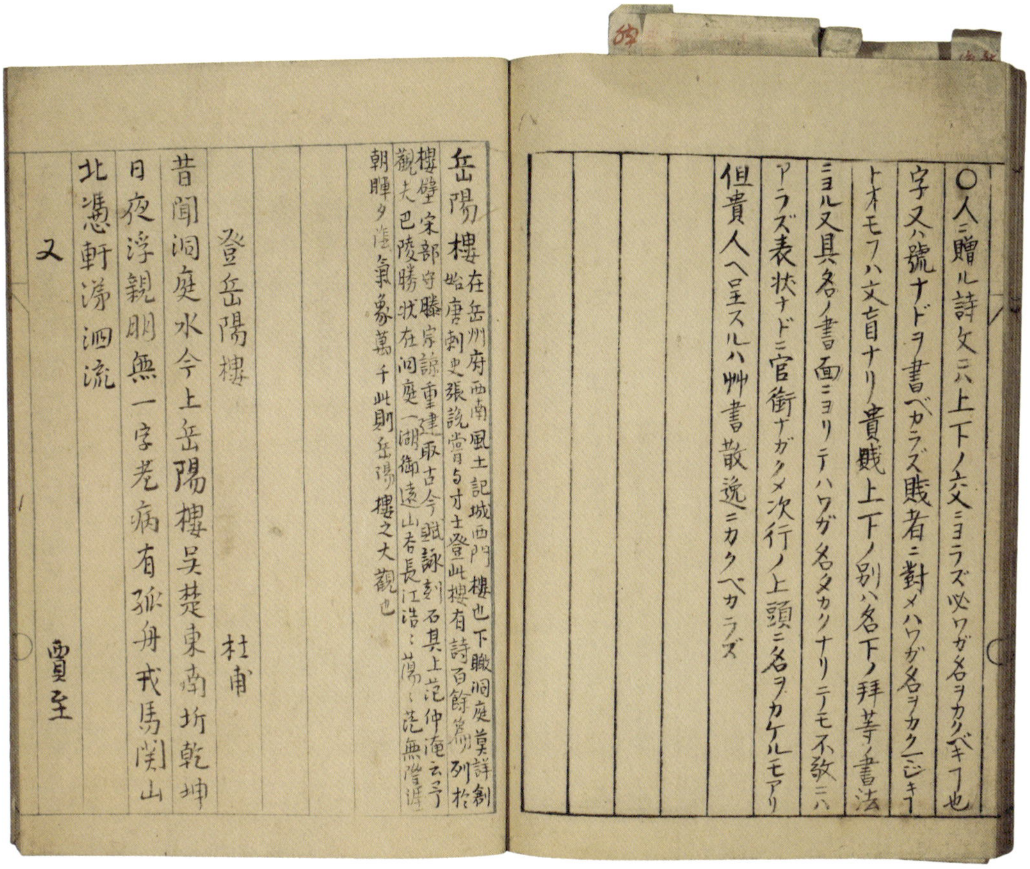

○人ニ贈ル詩文ニハ上下ノ交ニヨラズ必ワガ名ヲカクベキ也
字又ハ號ナドヲ書ベカラズ賤者ニ對メハワガ名ヲカクニジキヿ
トオモフハ文盲ナリ貴賤上下ノ別ハ名下ノ拜等ノ書法
ニヨル又具名ノ書面ニヨリテハワガ名タカクナリテモ不敬ニハ
アラズ表状ナドニ官銜ナガクメ次行ノ上頭ニ名ヲカケルモアリ
但貴人ヘ呈スルハ艸書散逸ニカクベカラズ

三十一ウ

岳陽樓 在岳州府西南風土記城西門樓也下瞰洞庭莫詳創始唐刺史張說嘗与才士登此樓有詩百餘篇列於樓壁宋部守滕宗諒重建取古今賦詠刻石其上范仲淹云予觀夫巴陵勝狀在洞庭一湖御遠山呑長江浩〻蕩〻范無際涯朝暉夕陰氣象萬千此則岳陽樓之大觀也

登岳陽樓　杜甫
昔聞洞庭水今上岳陽樓呉楚東南坼乾坤
日夜浮親朋無一字老病有孤舟戎馬關山
北憑軒涕泗流

又　賈至

三十二オ

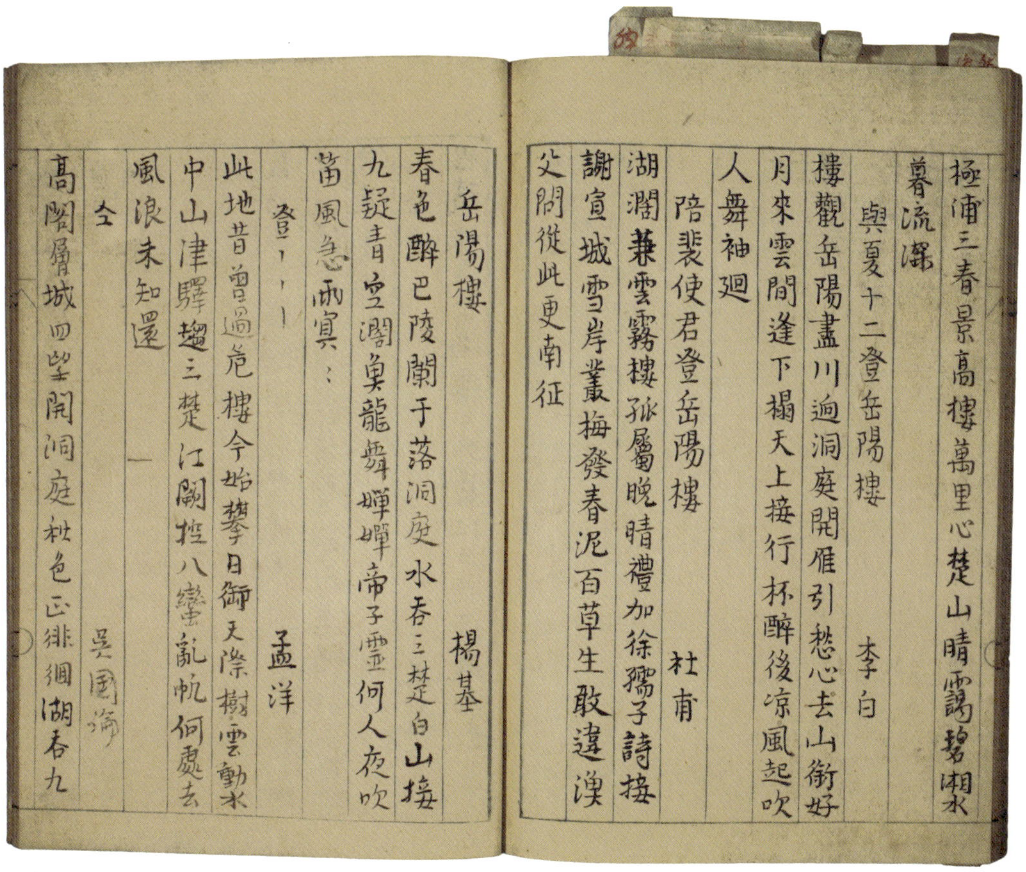

極浦三春景高樓萬里心楚山晴露碧湘水
暮流深

與夏十二登岳陽樓　李白
樓觀岳陽盡川迥洞庭開雁引愁心去山銜好
月來雲間逢下榻天上接行杯醉後凉風起吹
人舞袖廻

陪裴使君登岳陽樓　杜甫
湖闊兼雲霧樓孤屬晚晴禮加徐孺子詩接
謝宣城雪岸叢梅發春泥百草生敢違漁
父問從此更南征

三十二ウ

岳陽樓　楊基
春色醉巴陵闌干落洞庭水呑三楚白山接
九疑青空闊魚龍舞娉婷帝子靈何人夜吹
笛風急雨冥〻

登〻〻〻　孟洋
此地昔曾過危樓今始攀日御天際樹雲動水
中山津驛趨三楚江關控八蠻亂帆何處去
風浪未知還

仝　呉國倫
高閣層城回望開洞庭秋色正徘徊湖呑九

三十三オ

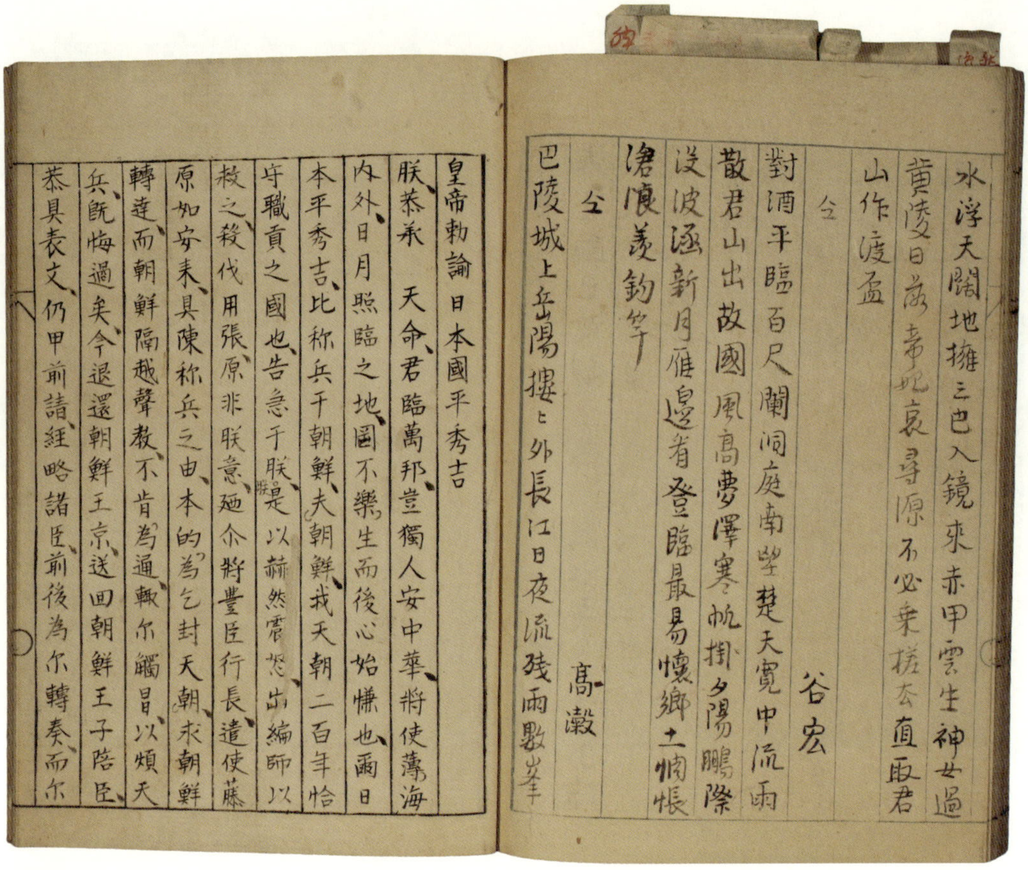

水浮天闊地擁三巴入鏡來赤甲雲生神女過
黄陵日落帝妃哀尋源不必乘槎去直取君
山作渡盃
仝　谷宏
對酒平臨百尺闌洞庭南望楚天寛中流雨
散君山出故國風高夢澤寒帆掛夕陽鵬際
没波涵新月雁邊看登臨最易懷鄉土惆悵
滄浪羨釣竿
仝　高瀫
巴陵城上岳陽樓〻外長江日夜流殘雨數峯

皇帝勅諭日本國平秀吉
朕恭承　天命君臨萬邦豈獨人安中華將使薄海
内外日月照臨之地罔不樂生而後心始慊也爾日
本平秀吉比称兵干朝鮮夫朝鮮我天朝二百年恪
守職貢之國也告急于朕是以赫然震怒出編師以
救之殺伐用張原非朕意廼尒將豊臣行長遣使藤
原如安来具陳称兵之由本的為乞封天朝求朝鮮
轉達而朝鮮隔越聲教不肯為通輙尒觸冒以煩天
兵既悔過矣今退還朝鮮王京送回朝鮮王子陪臣
恭具表文仍申前請經略諸臣前後為尒轉奏而尒

三十四オ　三十三ウ

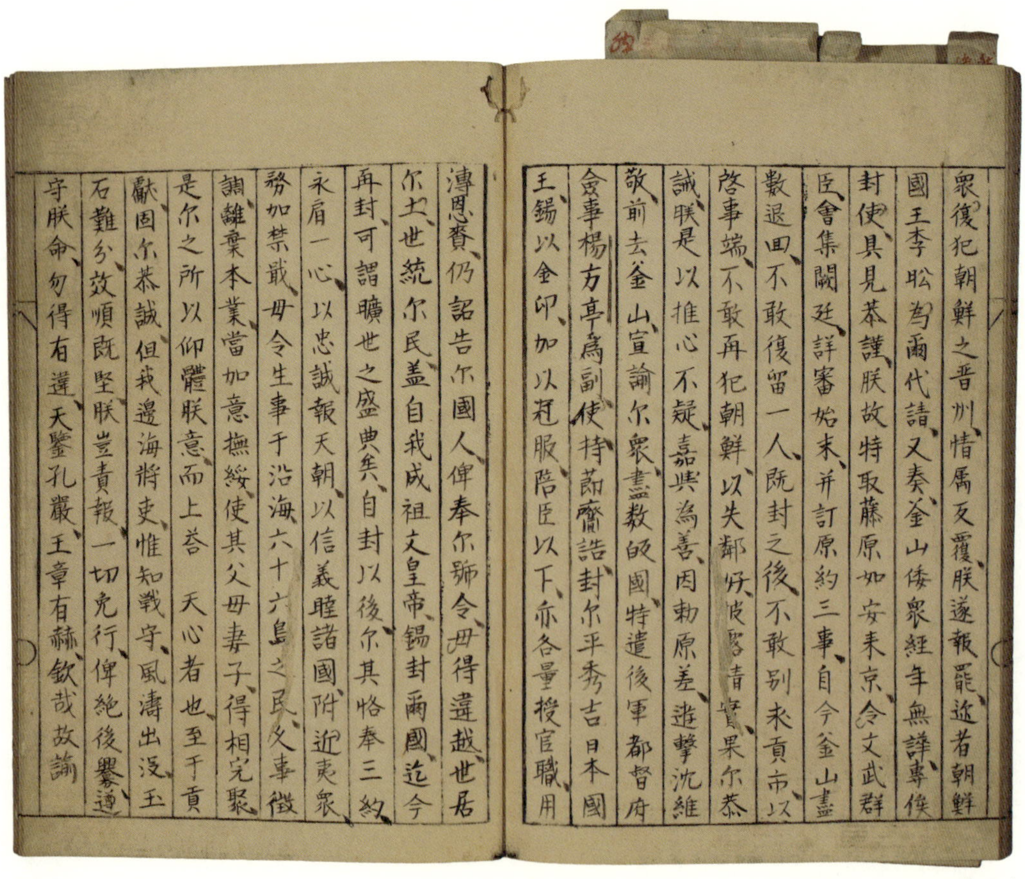

衆復犯朝鮮之晋州情属反覆朕遂報罷迨者朝鮮
國王李昖為爾代請又奏釜山倭衆經年無譁專候
封使具見恭謹朕故特取藤原如安来京令文武群
臣會集闕廷詳審始末并訂原約三事自今釜山盡
數退回不敢復留一人既封之後不敢别求貢市以
啓事端不敢再犯朝鮮以失鄰好彼罄言實果尒恭
誠朕是以推心不疑嘉與為善因勅原差遊擊沈維
敬前去釜山宣諭尒衆盡數皈國特遣後軍都督府
僉事楊方亨為副使持節齎誥封尒平秀吉日本國
王錫以金印加以冠服陪臣以下亦各量授官職用

溥恩賚仍詔告尒國人俾奉尒號令毋得違越世居
尒土世統尒民盖自我成祖文皇帝錫封爾國迄今
再封可謂曠世之盛典矣自封以後尒其恪奉三約
永肩一心以忠誠報天朝以信義睦諸國附近夷衆
務加禁戢毋令生事于沿海六十六島之民久事徵
調離棄本業當加意撫綏使其父母妻子得相完聚
是尒之所以仰體朕意而上荅　天心者也至于貢
獻固尒恭誠但我邊海將吏惟知戰守風濤出没玉
石難分效順既堅朕豈責報一切免行俾絶後釁遵
守朕命勿得有違　天鑒孔嚴王章有赫欽哉故諭

三十五オ　三十四ウ

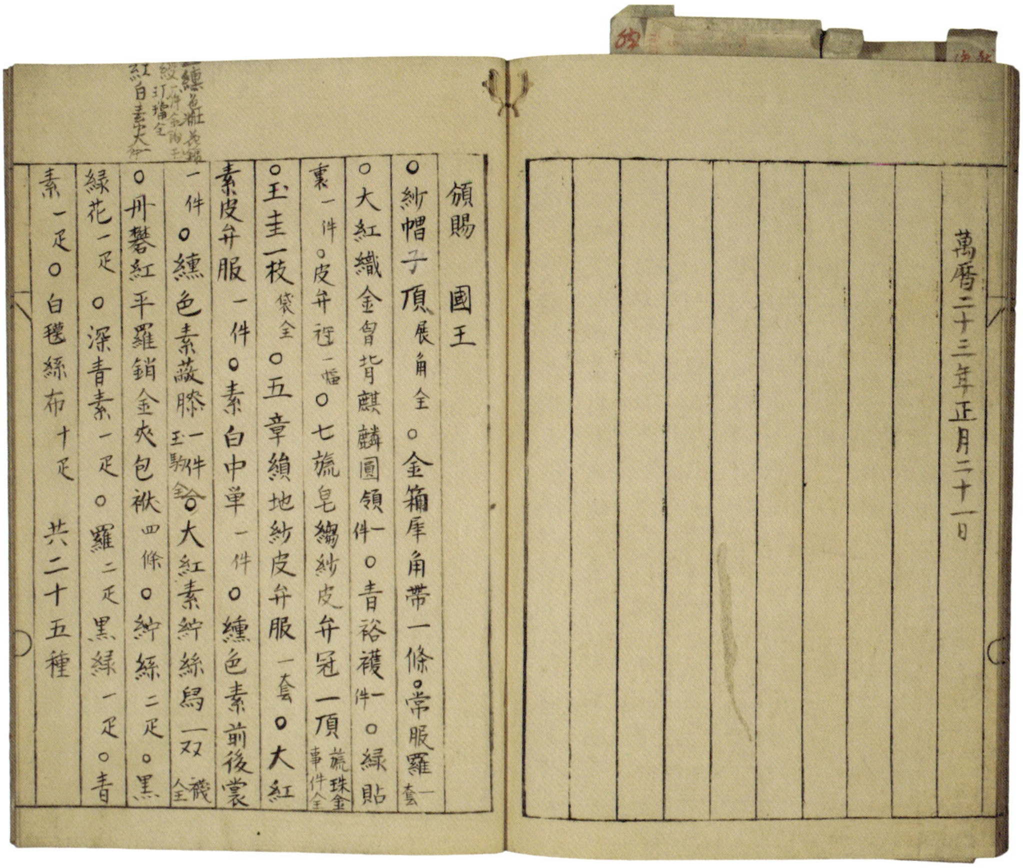

三十六オ　　三十五ウ

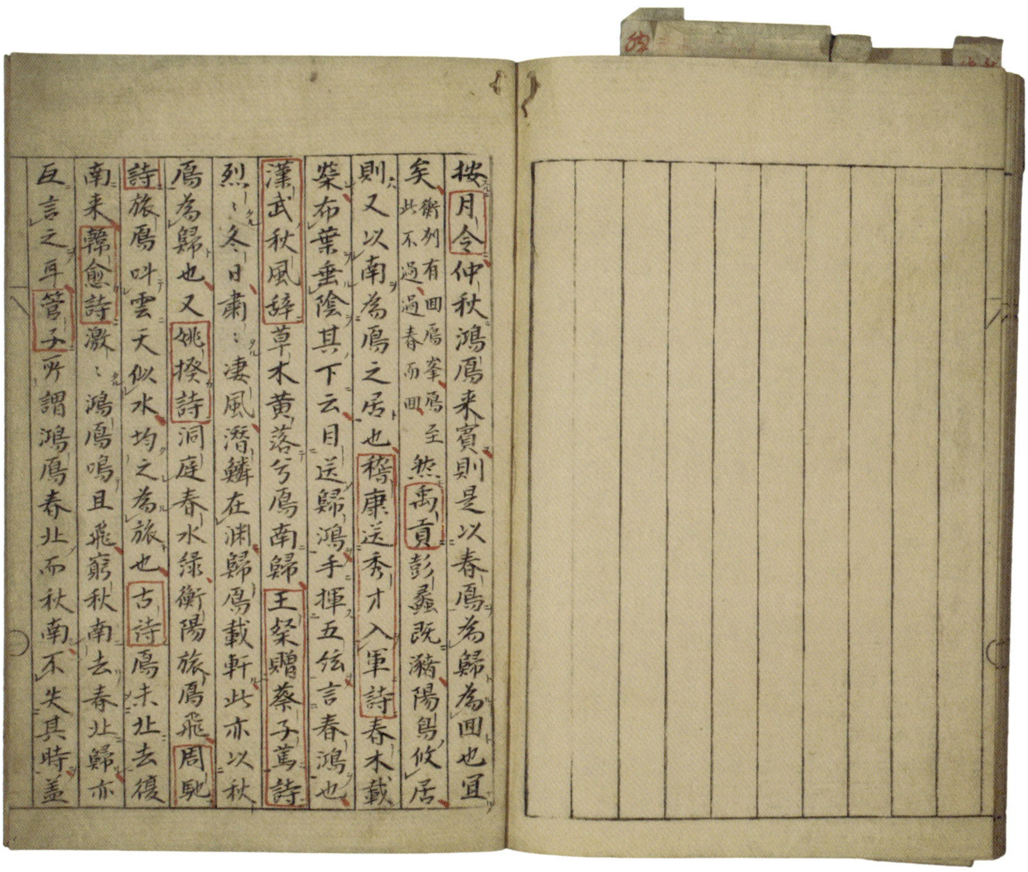

三十七オ　　三十六ウ

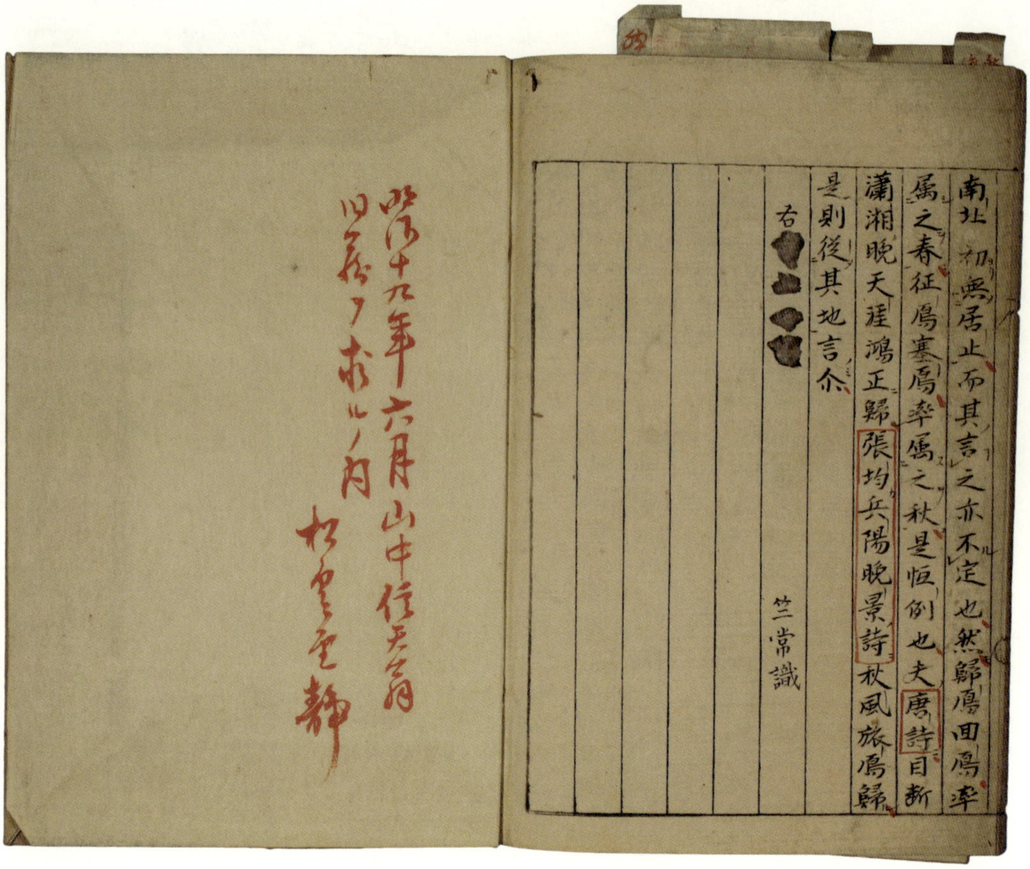

（裏表紙裏）　三十七ウ

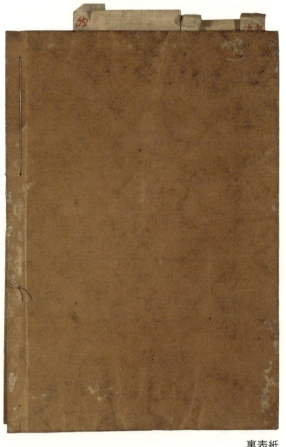

裏表紙

2

「蒹葭堂甲申稿」

【書誌情報】

①外題：蒹葭堂甲申稿　内題：蒹葭堂甲申稿　②装丁：袋綴　③表紙：色／茶、文様／無、寸法／22・6×16・2　④丁数：九丁　⑤序跋：無　⑥刊記：無（宝暦十四年〔一七六四〕頃）奥書：有　⑦書入：有　⑧蔵書印：表紙裏…「鹿田文庫」（朱文長方印）一オ…「信天翁」（白文方印）⑨伝来：山中信天翁→鹿田静七→辰馬悦蔵→辰馬考古資料館

【解題】

宝暦十四年甲申（六月改元、明和元年〔一七六四〕）、蒹葭堂二十九歳のころの詩文を集めた自筆稿本。所々に字句の訂正跡があり、朝鮮通信使随行員への詩文に加えられた字句訂正等は朱筆。表紙裏に別筆で「紙員九枚」と書き込みがあり、巻末にも別筆で「右冊蒹葭堂老人手筆」と書き込みがある。なお、『なにわ知の巨人 木村蒹葭堂』展図録では、この部分について付箋貼付の説明があるが、直接の書き込みである。

一オ「春雪寄懐　那波（魯堂）・冨野（義胤）二詞丈」「次韻奉謝古道禅師見贈」に続いて、一ウから五ウまではこの年来朝した朝鮮通信使一行の学士・書記・医員・写字官・画員へ蒹葭堂が奉呈した詩文である。「大学士南公」は製述官の南玉（字時韞、号秋月）、「正使官記室成公」は書記の成大中（字士執、号龍淵）、「副使官記室元公」は書記の元重挙（字子才、号玄川）、「従事官記室金公」は書記の金仁謙（字士安、号退石）、「良医李聖甫」は李佐国（字聖甫、号慕庵）、「医員南天章」は南斗旻（字天章、号丹崖）、「医員成大深」は成灝（字大深、号尚庵）、「写字官洪景魯」は洪聖源（字景魯、号景斎）、「写字官李公弼」は李彦佑（字公弼、号梅窩）、「画員金仲玉」は金有声（字仲玉、号西巌）である。三使に随行した学士一名、書記三名、医員三名、写字官二名、画員一名の全てに奉呈している。

五ウの末尾「西照庵集席上贈羽文虎（丹羽嘯堂）得歌韻」からは、詩会などで文人たちへ贈った詩が続く。南士長（南川金渓）、独魯禅師、桂洲（道倫）禅師、寰海尊者、悟心（元明）和尚、合麗王（細合斗南）、橘時中（「哭故人橘時中」）、五岳道人（福原五岳）、蕉中禅師（梅荘顕常）、片山北海ら、蒹葭堂と近しい文人たちとの詩文交流の様子がうかがえる。

（有坂道子）

「蒹葭堂甲申稿」影印

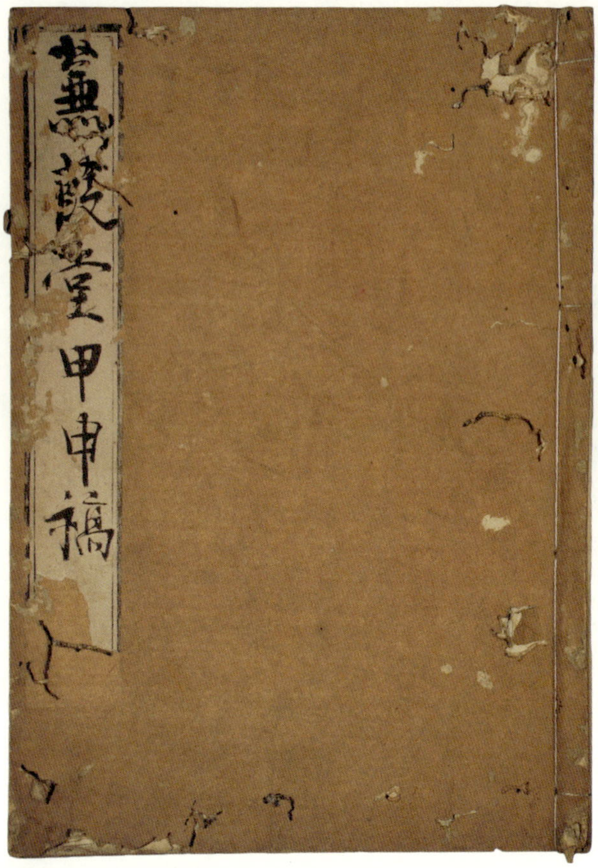

表紙

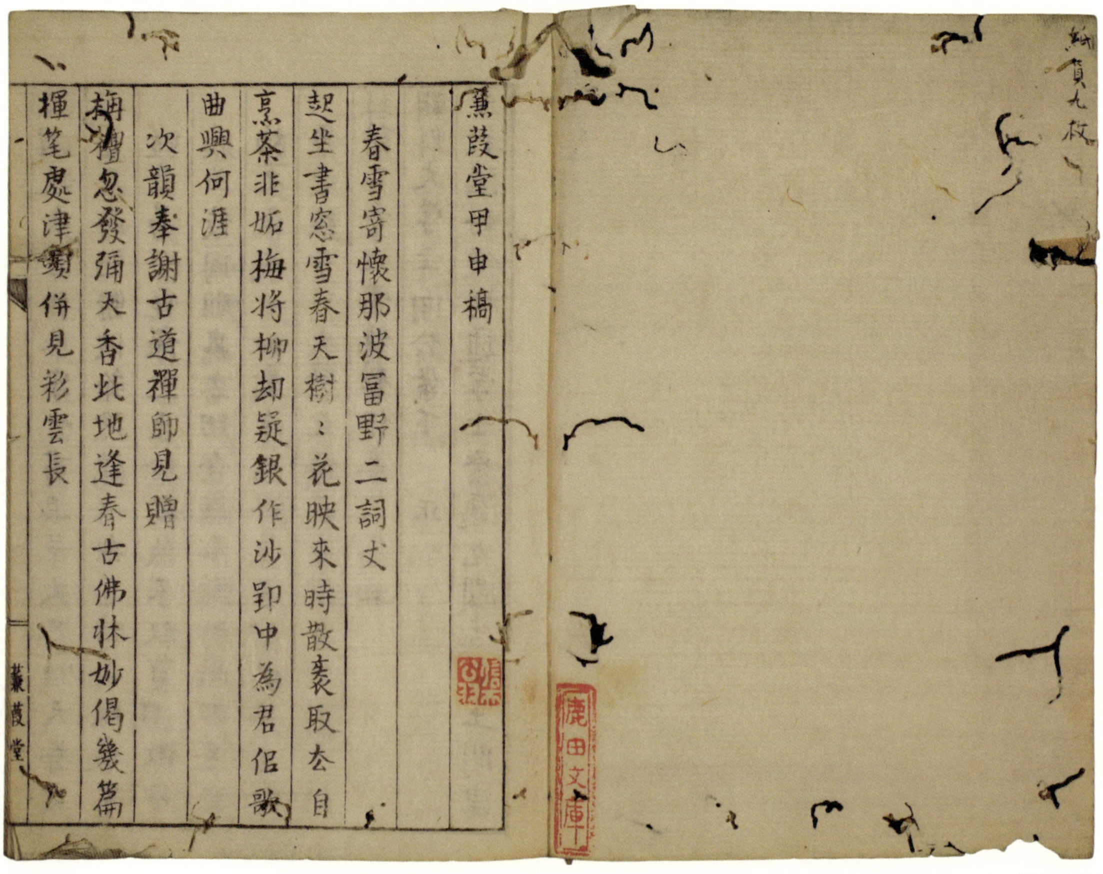

蒹葭堂甲申稿

春雪寄懐那波冨野二詞丈

起坐書窓雪春天樹〻花映来時散裹取去自
烹茶非姤梅将柳却疑銀作沙郢中為君侶歌
曲興何涯

次韻奉謝古道禪師見贈

栴檀忽發彌天香此地逢春古佛林妙偈幾篇
揮筆處津頭併見彩雲長

蒹葭堂

一オ　（表紙裏）

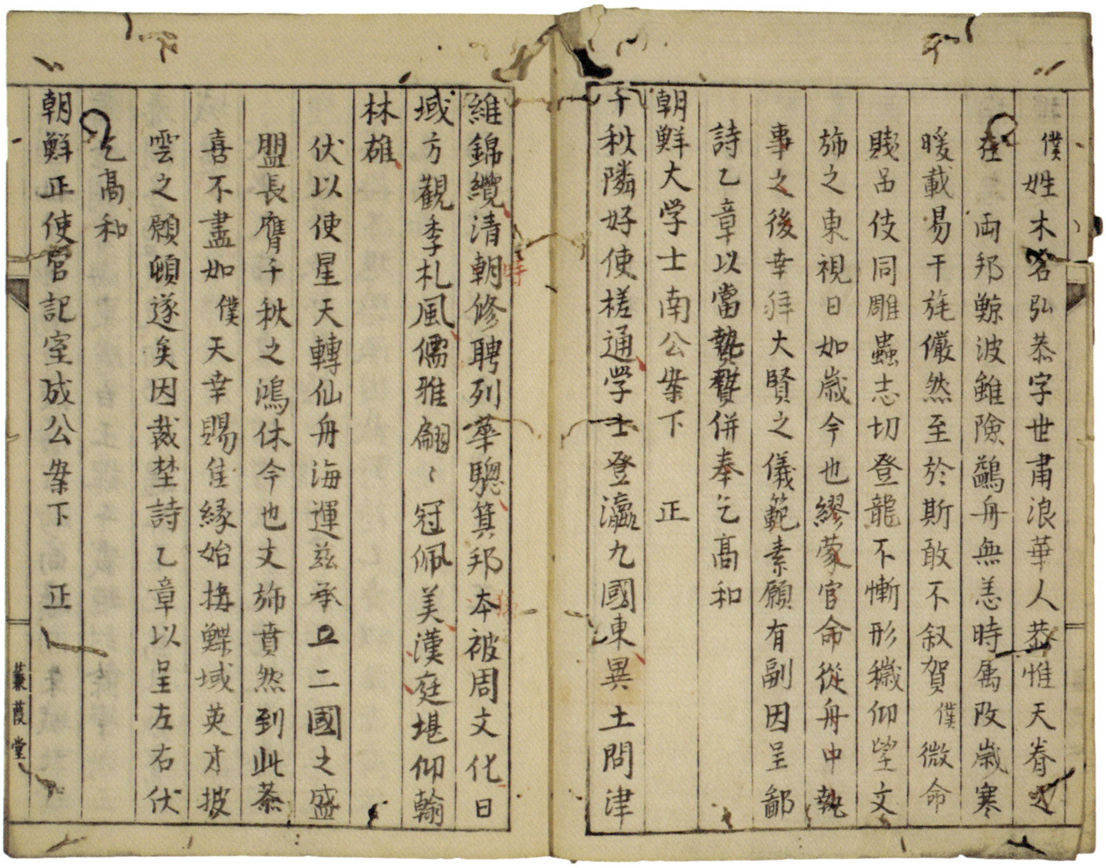
僕姓木名弘恭字世肅浪華人恭惟天眷文
在兩邦鯨波雖險鷁舟無恙時屬改歲寒
暖載易于旋儀然至於斯敢不叙賀僕微命
賤品使同雕蟲志切登龍不慚形穢仰望文
旆之東視日如歲今也繆蒙官命從舟中執
事之後幸拜大賢之儀範素願有副因呈鄙
詩乙章以當贄贄併奉乞高和
朝鮮大学士南公案下　正
千秋隣好使槎通学士登瀛九國東異土問津

維錦纜清朝修聘列華驄箕邦本被周文化日
域方觀季札風儒雅翩々冠佩美漢庭堪仰翰
林雄
伏以使星天轉仙舟海運茲承兩二國之盛
盟長賡千秋之鴻休今也丈旆貴然到此恭
喜不盡如僕天幸賜佳緣始接鮮域英才披
雲之覩頓遂美因裁埜詩乙章以呈左右伏
乞高和
朝鮮正使官記室成公案下　正
蒹葭堂

二オ　一ウ

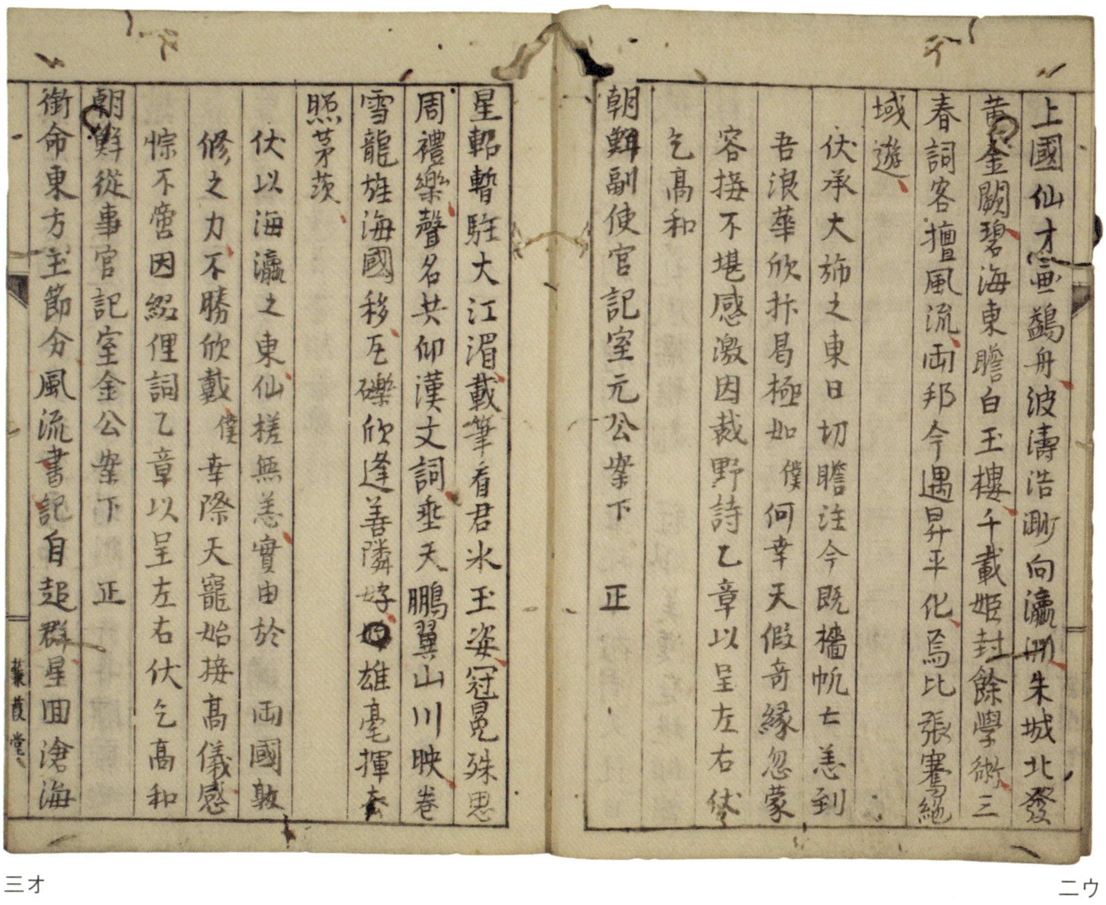
上國仙才畫鷁舟波濤浩瀚向瀛洲朱城北聳
黄金闕碧海東瞻白玉樓千載姬封餘學術三
春詞客擅風流兩邦今遇昇平化爲比張騫絕
域遊
伏承大旆之東日切瞻注今既檣帆亡恙到
吾浪華欣抃曷極如僕何幸天假奇緣忽蒙
容接不堪感激因裁野詩乙章以呈左右伏
乞高和
朝鮮副使官記室元公案下　正

星軺暫駐大江湄載筆看君氷玉姿冠冕殊恩
周禮樂聲名共仰漢文詞垂天鵬翼山川映卷
雪龍旌海國移石礫欣逢善隣好〇雄毫揮奏
照茅茨
伏以海瀛之東仙槎無恙實由於兩國敦
脩之力不勝欣戴僕幸際天寵始接高儀感
悰不啻因綴俚詞乙章以呈左右伏乞高和
朝鮮從事官記室金公案下　正
銜命東方主節分風流書記自超群星回滄海
蒹葭堂

三オ　二ウ

懸清影客過名山多彩雲霞旆曉臨新歲色錦
囊月積遠遊文芳聲一振蜻州裡先喜津頭始
識君

奉呈良醫李聖甫
曾聞醫國擅家聲遊歷海東千載名淪世良方
今可授逢君療却世塵情

奉呈醫員南天章
鳴術看君追漢槎青囊掩映赤城霞煉丹幾歲
東溟御肘後方成自作家

三ウ

奉呈醫員成大深
似是蓬瀛採藥遊隨使天際出青丘胸中攜得
龍宮秘多病人間遍可求

奉呈寫字官洪景魯
文獻堪知用筆人相逢認得墨池春應期此地
飛毫日鐵畫銀鉤轉見新

奉呈寫字官李公弼
海國追隨使者軺憐君椽筆綺春霄刻藤寧問
東方價爲識太湖精彩饒

蒹葭堂

四オ

奉呈畫員金仲玉
人道三韓金畫師化工堪奪壯遊時春雲描出
山川異此去毫端興可知

次韻奉謝李　見贈

次韻奉謝洪　見贈

四ウ

恭奉徵題詩小引
列位諸先生各案　展覽
僕嘗搆書堂扁曰蒹葭雖無景勝之可賞而堂
中四壁典籍滿架北牕通亮塵囂不污所役亦
唯筆硯與紙墨耳小庭數畝環以雜樹叢竹雖
不敢效秦風之高致而尚古之志未嘗不少存
也蓋浪華之地古多生蒹葭故吾邦振古歌謠
所詠賞浪華之蒹葭嘖々不已因併取以名焉
友人記文一篇及中土諸君子題詠若干篇今

蒹葭堂

五オ

併録呈伏冀列位先生特垂紺及辱賜寄題蒹
葭堂集篇則使敝居更生光輝永以為家寶感
佩曷極敢祈
席上奉賦奉呈大学士南宮書記成元金三
公
西照茅集席上贈羽丈虎得歌韻
南地幽亭載酒過晴光無恙舊山川尋盟何問

五ウ

蘭芳歩擒藻寧論霞彩多沈醉裴佪憑竹塢清
香馥郁繞梅柯陽春頼有揮毫會興洽共憐越
容歌
席上次韻奉送南士長還伊勢
南浦風驂宴豈知折柳勞浮雲惜暮樹別意醉
春醪五瀨君遼遠三津我欝陶驪歌不堪促慘
憺強揆毫
奉和獸曇禪師瓊韻
琳宮開士辭京城衣裏繫珠光自明占得燈前

蒹葭堂

六オ

方外契山雲海月愜幽情
疊和奉謝獸曇禪師見訪
岫雲飛去入江城四壁翩翩詩彩明十載風塵
湫溢地草堂暫慰暴然情
奉和獸曇禪師見贈
西山一出勝遊多移玉堪慚蒹葭話盡玄言
春晝永津頭誰道似行窩
春夜獨曇尊者留宿草堂時同社諸子過集
分韻得山字

六ウ

南天飛錫出西山顧我浪華江水間試見知音
兩三子搖笙玉笛似仙班
漫賦一絶謝諸君
茆堂寧討海門春鷽觴為迎方外賓鶯鶴嬌鶯
弄清韻曲中五色入詩新
次韻奉送獨曇禪師帰山背
精盟一自約鶯花來往人間不厭遐縱向桃源
仙跡去烟霞寞負隱淪家
奉賀田夫人八袠壽誕為仲與醫伯

蒹葭堂

七オ

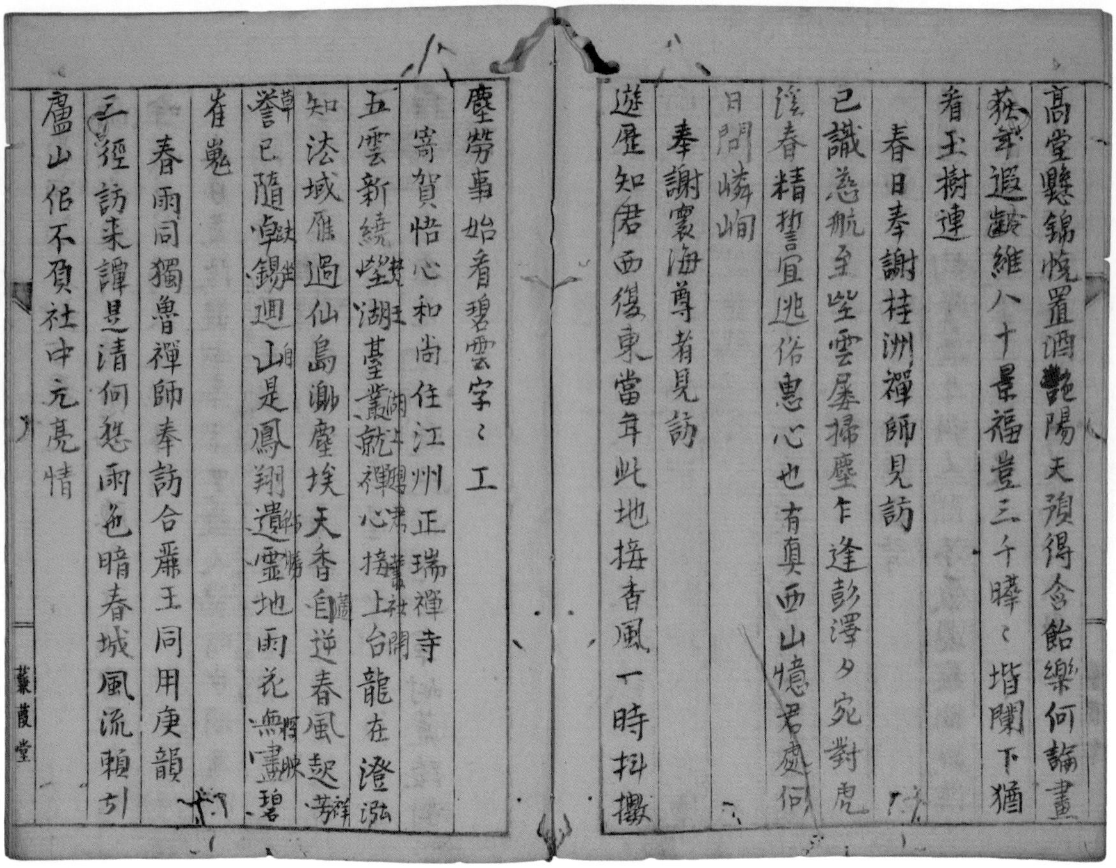

高堂懸錦幌置酒艷陽天復得含飴樂何論畫
蘇年遐齡維八十景福豈三千疇々指闌下猶
看玉樹連

春日奉謝桂洲禪師見訪

已識慈航至空雲屡掃塵乍逢彭澤夕究對虎
渓春精埜宜逃俗惠心也有真西山憶君處何
日問崚峋

奉謝寰海尊者見訪

遊歷知君西復東當年此地挹香風一時抖擻

塵勞事始看碧雲字々工

寄賀悟心和尚住江州正瑞禪寺

五雲新繞𨻶湖臺叢就禪心接上台龍在澄泓
知法域雁過仙島澥塵埃天香自逆春風起芳
譽已隨卓錫迴山是鳳翔遺靈地雨花無盡碧
崔嵬

春雨同獨曾禪師奉訪合靡王同用庚韻

三徑訪來譚是清何愁雨色暗春城風流頼引
廬山侶不負社中元亮情

八オ　七ウ

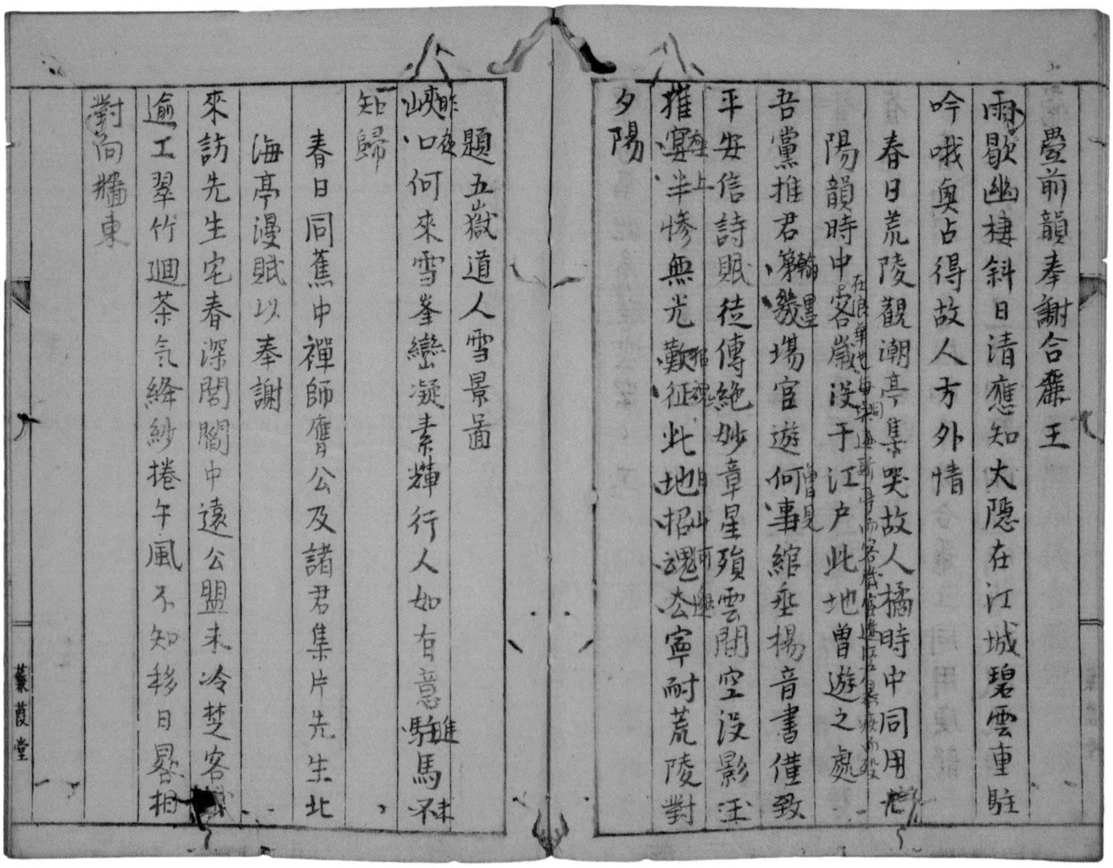

疊前韻奉謝合靡王

雨歇幽棲斜日清應知大隠在江城碧雲重駐
吟哦處占得故人方外情

春日荒陵觀潮亭集哭故人橋時中同用巷
陽韻時中客歳没于江戸此地曾遊之處

吾黨推君擅驚場宦遊何事絶垂揚音書僅致
平安信詩賦徒傳絶妙章星殞雲閑空没影汪
摧寶半惨無光歎征此地招魂去寧耐荒陵對
夕陽

題五嶽道人雪景圖

峽口何來雪峯巒凝素輝行人如有意驢馬不
知歸

春日同蕉中禪師膺公及諸君集片先生北
海亭漫賦以奉謝

來訪先生宅春深閑閣中遠公盟未冷楚客
逾工翠竹迴茶氣絳紗捲午風不知移日晷相
對向牆東

九オ　八ウ

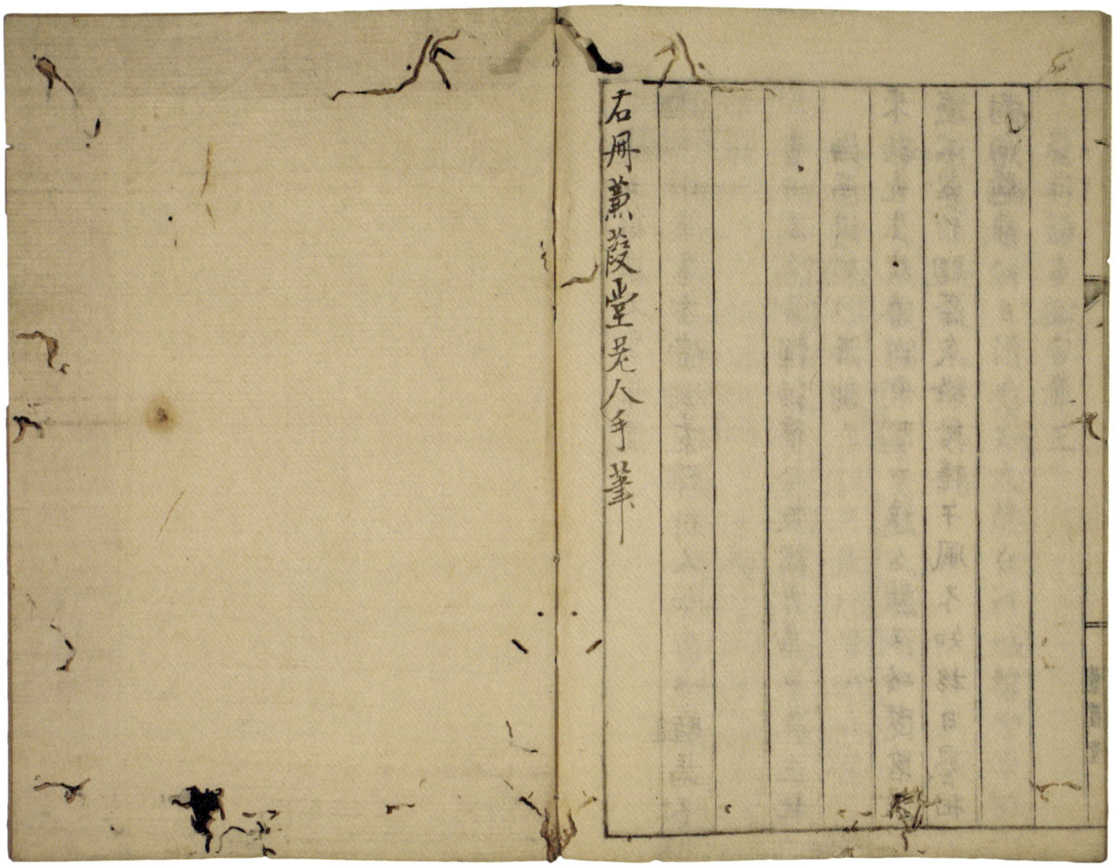

（裏表紙裏）　九ウ

裏表紙

3

「蒹葭堂雑記」

【書誌情報】

①外題：蒹葭堂雑記　内題：無　②装丁：袋綴　③表紙：色／茶、文様／無、寸法／23・8×16・3　④丁数：五十二丁（二十四ウ～二十八オ、三十ウ～三十六ウ、四十四ウ～四十九オ、五十ウ～五十二オ白紙）⑤序跋：無　⑥刊記：無　奥書：無　⑦書入：有　⑧蔵書印：表紙裏…「鹿田文庫」（朱文長方印）一オ…「信天翁」（白文方印）⑨伝来：山中信天翁→鹿田静七→辰馬悦蔵→辰馬考古資料館　⑩備考：小口に墨書「劄記」

【解題】

蒹葭堂が知友の詩文を書き写したもの。主に宝暦年間の中ごろから後半の詩文を集めているとみられ、年記がある中では宝暦四年（一七五四）が早いが、宝暦九年のものが多く含まれている。後年になって詩集などに再録された詩文と比較すると、字句が異なるものも多い。複数の用箋が使われており、蒹葭堂以外の筆跡も混じる。表紙裏に別筆で「紙員五十二枚」と書き込みがある。内容の概略は、丁数、題、解説、の順に以下の通り。

一オ「菡萏居印譜序」菡萏居（高芙蓉）の印譜に寄せた梅荘顕常の序文で、宝暦九己卯年（一七五九）正月の成立。「菡萏居印譜」二冊は葛子琴、園田湖城旧蔵。

一ウ「鉄如意銘」は清絢（清田儋叟）が宝暦四甲戌年（一七五四）冬に記したもの。

二　片孝秩（片山北海）「答田子明（田中鳴門）」。

三オ　狄子元（荻野元愷）「謝篠士明（武田梅龍）清君錦（清田儋叟）咸伯恭（皆川淇園）過訪」、田晋卿「答子琴葛君」。

四オ　片孝秩「答田子明」。

五～六「梅花十絶」、「客舎花樹詠十首」。

七～八　管子旭（菅甘谷）「此君亭記」。

九オ　藤宣季（小倉宣季）「寄贈浪華淡翠」、坂倉通貫（澹水）「奉和小倉公見恵厳韻」。

九ウ～十オ　塩川鞏（字子固、号秋水）「次广懐古」「独酌」。

十一　合麗王（細合斗南）「寄葛子琴兼簡狄子元」、葛子琴「早春小園集麗王不到有詩見寄用韻答之」、源忠躬（酒井忠起、出羽松山藩酒井忠英の次子）「送大乙山人」、この詩の後に置かれた「弱冠初遊学…」の五言絶句には、「宝暦九己卯（一七五九）秋七月八日平安合離麗王題并書」とある。

十二　江君錫（江村北海）「贈大雅道人」、清君錦「白雪魚歌」、江大器（名璋、年十四）「伏陽賞桃」。

十三～十四　懐英「春雨中与篠安道（篠崎三島）同遡江作」「右舟中作」「右菟水遇雨」、篠安道「春雨与兄先生遡江作」「逢雨」「菟堤」「菟水」七言律詩一首。

十五～十七オ　合離（細合斗南）「東都雑詠　余遊東都月余将去因疾留滞客舎無聊漫成雑詠廿首」は丁丑（宝暦七年）冬十一月の作。

十七～十八　秋儀（秋山玉山）「芙蓉峰」、高籍（字孟典）「偶作」、池無名（大雅）「寄高氷壑（高芙蓉）」、合麗王「八橋故地」、葛子琴「寄狄子元」、合麗王「寄人看京」「暮雨」「観松島図」、岡公翼（元鳳）「春雨偶作」、合離「観象汚図」。

十九　兄蔵宗（楽郊）「泉州伊端君士孝居聖善憂初君聞不例…」。

二十～二十一「高子書斎説」明の高濂撰・鍾惺校『遵生八牋』巻之七「起居安楽牋」に所載の「高子書斎説」の文を一部省略してある。

二十二オ「集木世粛」の題のみ。

二十二ウ～二十四オ　龍公美（草廬）「応召将移家于彦城述懐留別平安諸子」、芥元章（芥川丹丘）「呈栗斎内山君」、篠安道「灯火読野史」、子琴「安道夜訪」、芥元章「雪裡梅」「冬日海雲楼小集得青字」「大光寺庭池看鴛鴦」、江琳（字琅卿）「晩秋寄葛子琴」。

二十八ウ～三十オ　暘谷（高暘谷）「得松廬田子書却寄詩」「寄懐岡君山田松

廬」、知礼（長柄光明寺）「夏日遊円山」、葛湛（子琴）五言律詩、「即席」、顕常（梅荘顕常）「鎌倉懐古」。

三十七オ　岡白駒「閨怨」（柱刻部分に「岡ノ詩」と書き込みあり）。

三十八～四十四オ「己卯（宝暦九年）試毫　木弘恭世粛父輯」、僧東明（萬仭）「歳首」、葛湛「歳杪寄田晋卿」「立春前一日田子明邀集城南余有故不果」、合離「酬田仲子歳暮見贈」、滕韜「客中感懐」、武成章（武谷豹卿）「人日麗王至分得霞字」、高応（象外）「元日詠雨」、五岳山人（福原五岳）「早春」、田章（田中鳴門）「歳杪贈片先生」、武泉（武谷雲庵）「歳晩書懐」、直指主人（釈如深、字馬含）「元日」「訪万安閣主偶賦一絶」、田融（三谷東亭）「春寒」、塩川鞏「題瓶梅」、篠安道「春行寄興」「王孫遊」「梅花屋元日」、福原素（五岳）「早春寄香山上人」、田章「春台望」「春雪」「青春対酒」「東龍子明」、葛湛「郊行」、岡「首春简池貸成（大雅）」「寄賀高堯侯新居迎春」、菅子旭「観桃源図」「夏日睡起」、兄蔵宗「眺望」、合麗王「三日墨江潮乾」、葛湛「晩経桃岡」、合離「寄題初島水雲居」。

四十三ウ　岡公翼「秋日訪田子明」、田章「奉酬公翼秋日見訪敝廬之韻」林君義「小集疎字」。

四十九ウ～五十オ　合離「九日寄懐葛陂先生」「大真薬樹二公過臨云将卜廬野里」「奉賀龍文学従彦城君侯奉東后使入京」「得草廬先生書却奉寄」。

五十二ウ　甘露八十三翁大潮（元皓）「送玄鱗侍者重遊京畿」。

（有坂道子）

「蒹葭堂雜記」影印

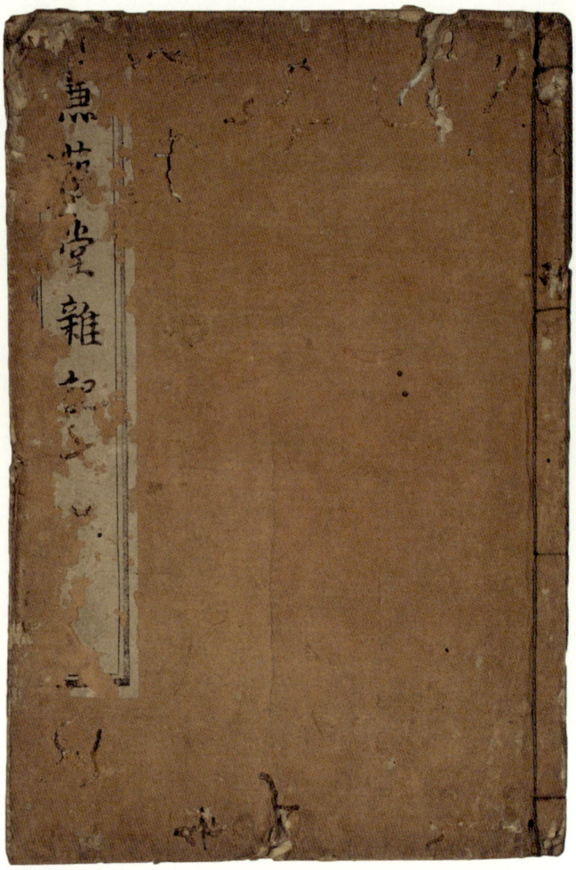

表紙

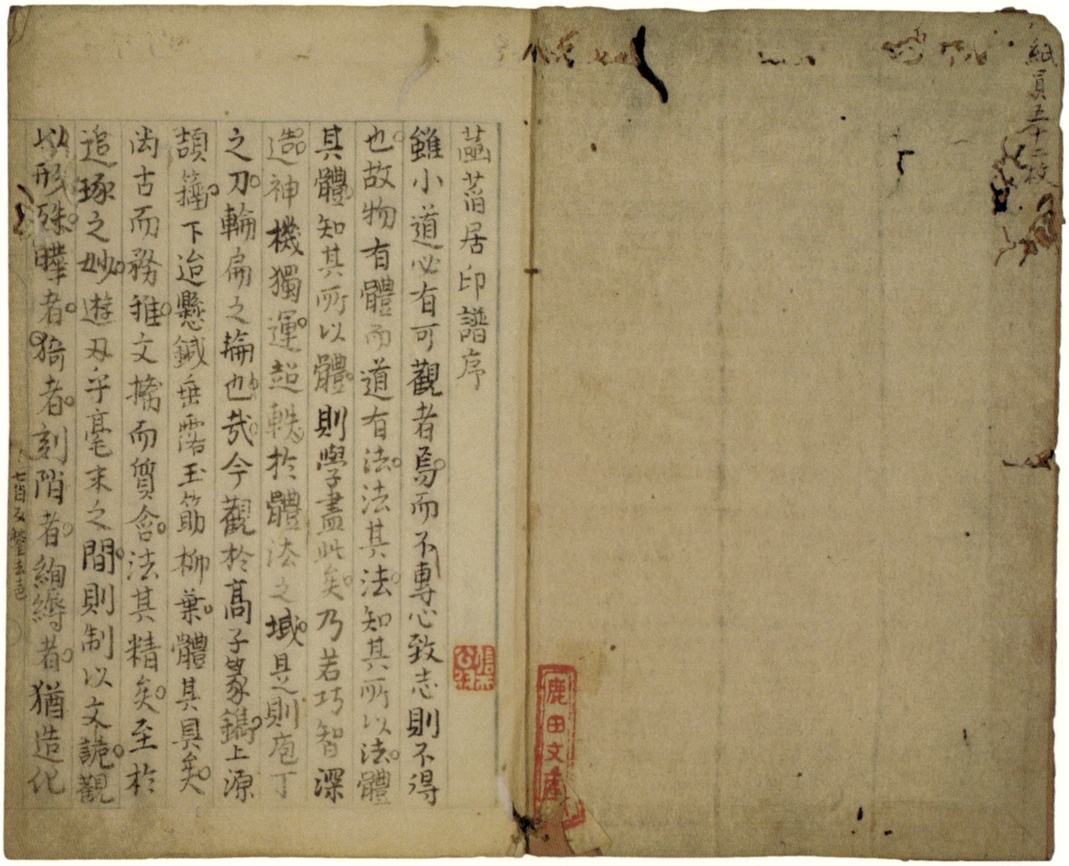

一オ

（表紙裏）

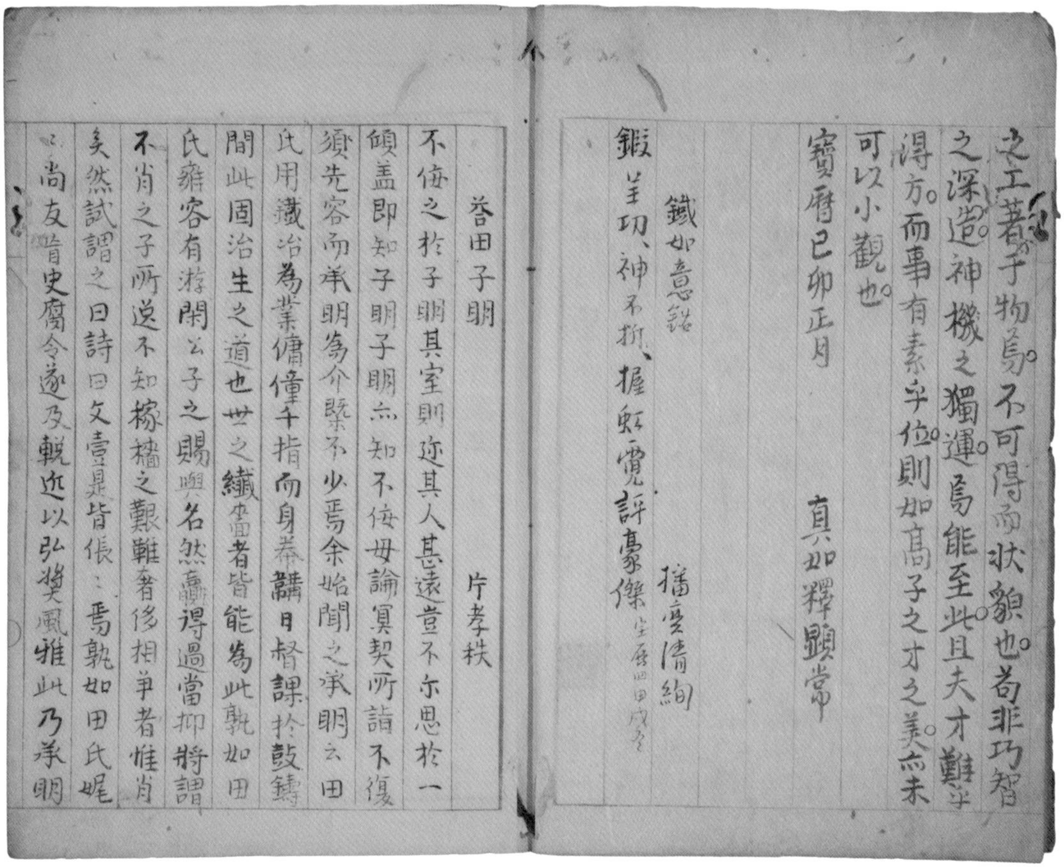
之工藝於物焉。不可得而狀貌也。苟非巧智
之深造。神機之獨運。焉能至此。且夫才難乎
得方。而事有素乎位。則如高子之才之美。亦未
可以小觀也。
寶暦己卯正月
真如釋顯常

鐵如意銘
鍛并功、神不拆、握虹霓評豪傑　宝暦四甲戌冬
播磨清絢

答田子明
片孝秩
不侮之於子明其室則邇其人甚遠豈不亦思於一
傾蓋即知子明子明亦知不侮毋論冥契所詣不復
須先容而承明爲介槩不少焉余始聞之承明云田
氏用鐵冶爲業傭僮千指而身恭講日督課於鼓鑄
間此固治生之道也世之纖嗇者皆能爲此孰如田
氏雍容有游閑公子之賜與名然竊得過當抑將謂
不肖之子所送不知稼穡之艱難奢侈相爭者惟肖
矣然試謂之曰詩曰文壹是皆倀〻焉孰如田氏崌
〻尚友皆史腐令遂及輓近以弘奬風雅此乃承明

二オ

一ウ

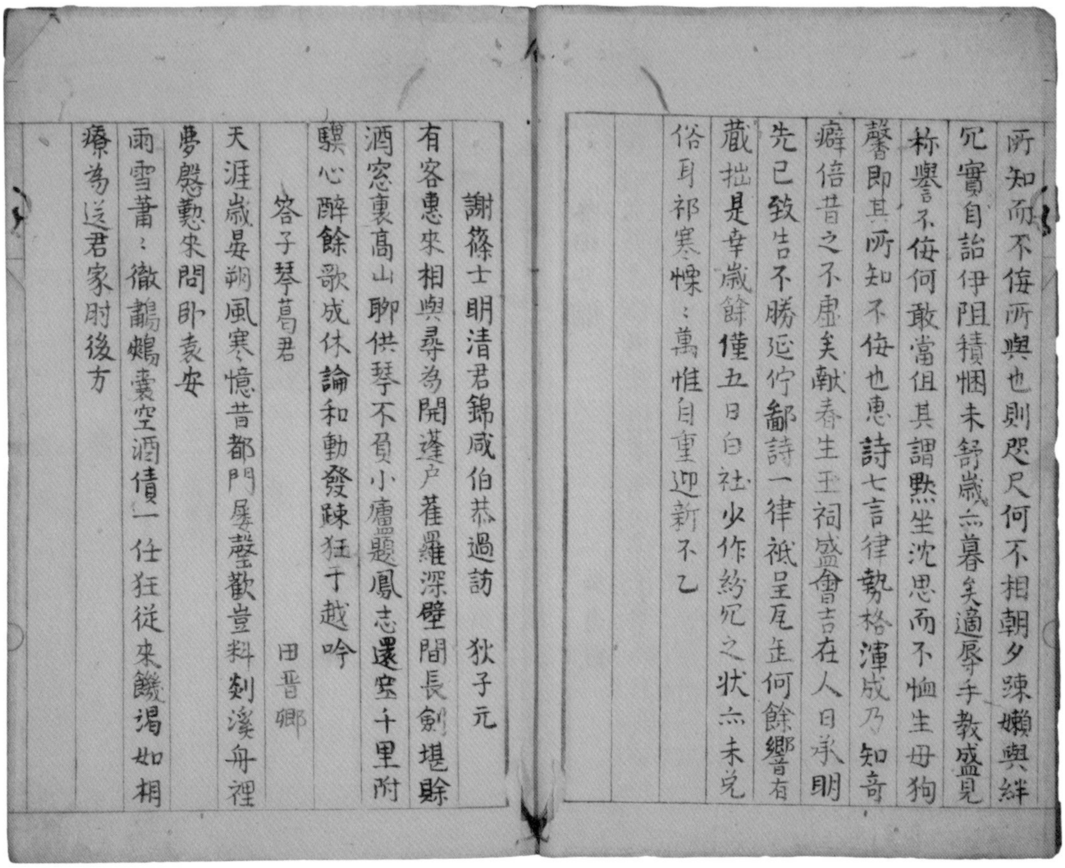
所知而不侮所與也則咫尺何不相朝夕疎嬾與絆
冗實自詒伊阻積悃未舒歲亦暮矣適辱手教盛見
称譽不侮何敢當但其謂默坐沈思而不恤生毋狗
聲即其所知不侮也惠詩七言律勢格渾成乃知奇
癖倍昔之不虛矣獻春生玉祠盛會吉在人日承明
先已致告不勝延佇鄙詩一律祗呈尾坐何餘嚮有
蔵拙是年歲餘僅五日白社少作紛冗之狀亦未免
俗耳祁寒慄〻萬惟自重迎新不乙

謝篠士明清君錦咸伯恭過訪
狄子元
有客惠來相與尋爲開蓬戶藿羅深壁間長劍堪賒
酒窓裏高山聊供琴不負小廬題鳳志還空千里附
驥心醉餘歌成休論和動發疎狂于越吟
答子琴葛君
田晋卿
天涯歲晏朔風寒憶昔都門屢謦歡豈料剡溪舟裡
夢慇懃來問卧袁安
雨雪蕭〻徹鷫鷞囊空酒債一任狂從來饑渴如相
療爲送君家肘後方

三オ

二ウ

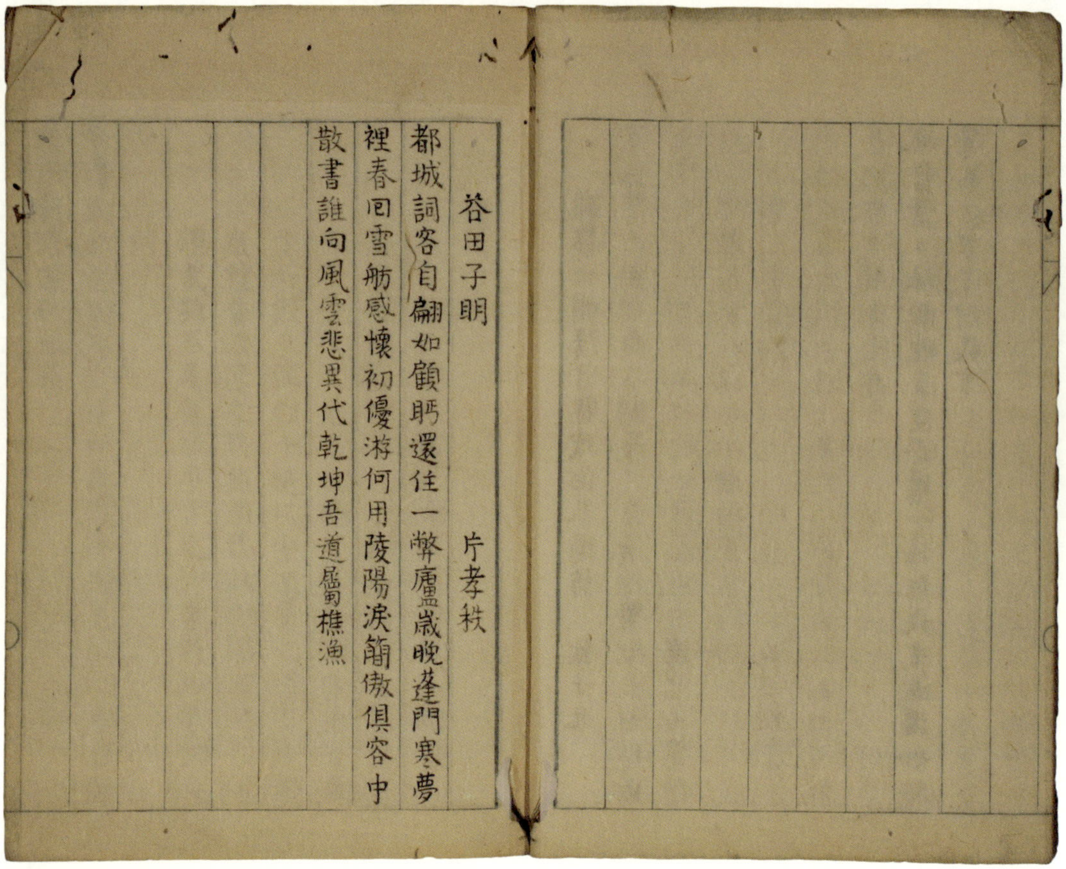
谷田子明　　片孝秩
都城詞客自翩如顧眄還住一弊廬歳晩蓬門寒夢
裡春回雪舫感懐初優游何用陵陽涙簡傲俱容中
散書誰向風雲悲異代乾坤吾道屬樵漁

四オ　　三ウ

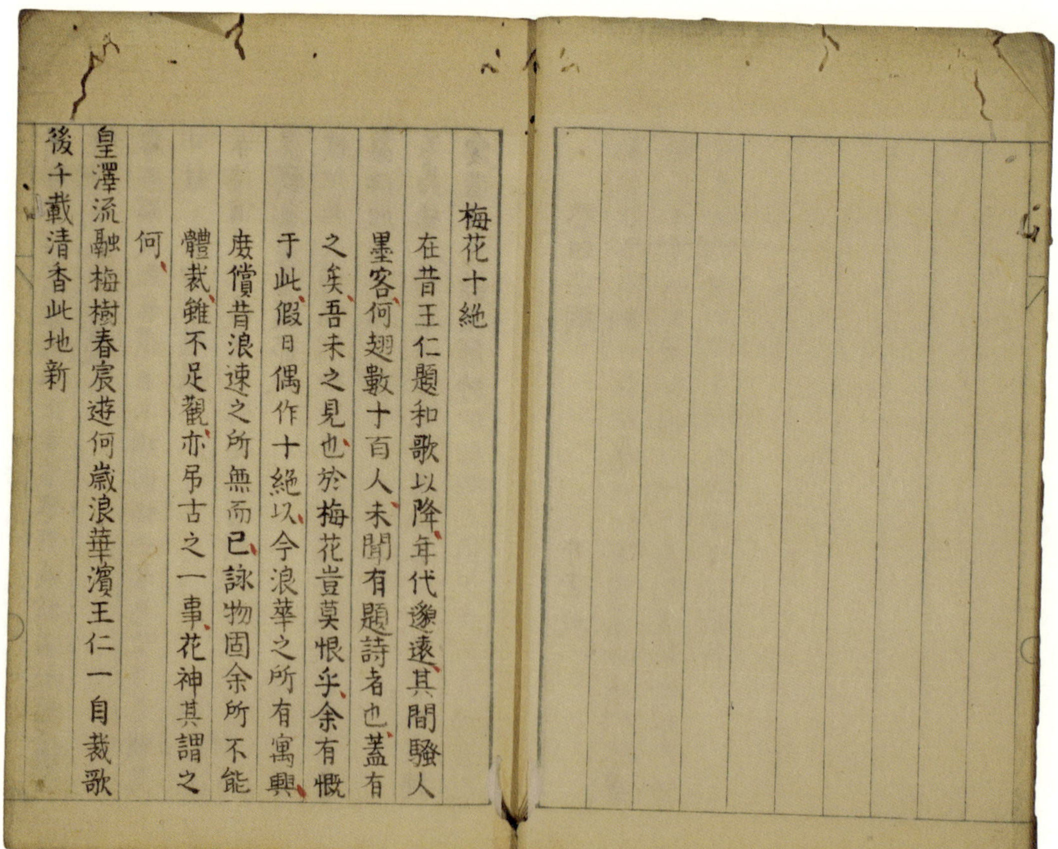
梅花十絶
在昔王仁題和歌以降年代邈遠其間騷人
墨客何翅數十百人未聞有題詩者也蓋有
之矣吾未之見也於梅花豈莫恨乎余有慨
于此假日偶作十絶以今浪華之所有寓興
庻償昔浪速之所無而已詠物固余所不能
體裁雖不足觀亦弔古之一事花神其謂之
何
皇澤流融梅樹春宸遊何歳浪華濱王仁一自裁歌
後千載清香此地新

五オ　　四ウ

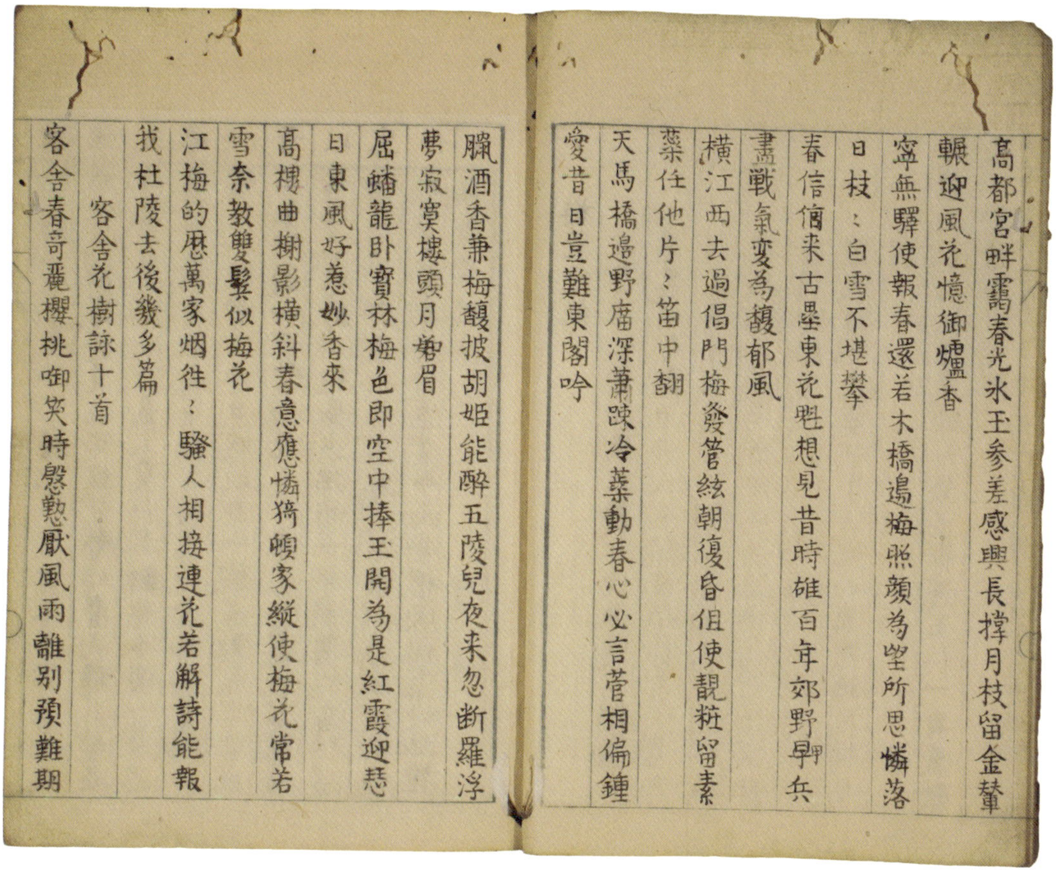

高都宮畔靄春光氷玉参差感興長撑月枝留金輦
輾迎風花憶御爐香
寧無驛使報春還若木橋邉梅照顔為望所思憐落
日枝〻白雪不堪攀
春信傳来古壘東花開想見昔時雄百年郊野曾兵
燼戰氣変為馥郁風
横江西去過倡門梅發管絃朝復昏但使靚粧留素
蘂任他片〻笛中翻
天馬橋邉野店深蕭疎冷蘂動春心必言菅相偏鍾
愛昔日豈難東閣吟

臘酒香兼梅馥披胡姫能醉五陵兒夜来忽断羅浮
夢寂寞樓頭月畫眉
屈蟠龍卧寶林梅色即空中捧玉開為是紅霞迎瑟
日東風好惹妙香来
高樓曲榭影横斜春意應憐猗頓家縦使梅花常若
雪奈教雙鬢似梅花
江梅的歴萬家烟往〻騒人相接連花若解詩能報
我杜陵去後幾多篇

客舎花樹詠十首

客舎春奇巖櫻桃御笑時慇懃厭風雨離別預難期

六オ　五ウ

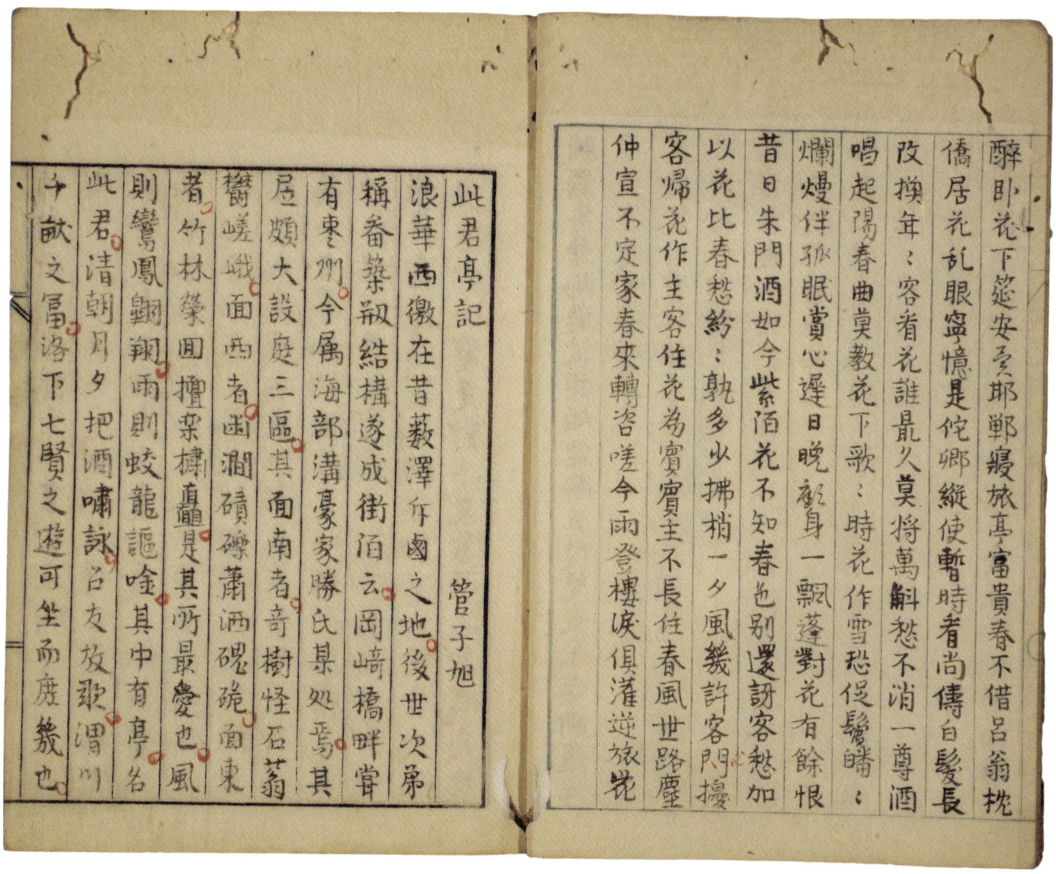

醉卧花下筵安忘耶鄲寢旅亭富貴春不借呂翁枕
僑居花乱眼寧憶是他郷縦使暫時看尚傳白髮長
改換年〻客看花誰最久莫將萬斛愁不消一尊酒
唱起陽春曲莫教花下歌〻時花作雪恐促鬢皤〻
爛熳伴孤眠賞心遲日晩轉身一飄蓬對花有餘恨
昔日朱門酒如今紫陌花不知春色別還訪客愁加
以花比春愁紛〻孰多少拂梢一夕風幾許客門擾
客帰花作主客住花為賓〻主不長住春風世路塵
仲宣不定家春來轉咨嗟今雨登樓涙俱灌逆旅花

此君亭記　　菅子旭

浪華西徼在昔藪澤斥鹵之地後世次第
稱番築敘結構遂成街陌云岡崎橋畔嘗
有東洲今属海部溝豪家勝氏某処焉其
居頗大設庭三區其面南者奇樹怪石蓊
欝嵯峨面西者幽澗磧礫蕭洒磈硊面東
者竹林叢围攢菉䔩矗是其所最愛也風
則鸞鳳翶翔雨則蛟龍謳唫其中有亭名
此君清朝月夕把酒嘯詠召友放歌渭川
千畝之富洛下七賢之遊可坐而應幾也

七オ　六ウ

七ウ

頃因所識某謁余一言余未諳主人為人
又不可知其所適則何以得能當意而增
此亭之美哉抑自古愛竹者王猷張廛之
外世不數人則知主人亦非庸衆人也才
今治平百年文運大開則將僕絲花結子
瑞鳥之來啄乎或而溟萬里番舶所出沒
萬一有事西州御給于此則將豫慮不虞
他日備官用貯孱頭為陶侃所為乎抑將
殺青韋編摸寫蝌蚪字倣古之所為乎亦
惟素封之資是計乎是皆恐不然也夫竹

八オ

之為物好生丘陵山谷不流世之塵垢凌
雪防霜雖歲寒不諭色高節貞心介立耿
潔自然抱賢人君子之操故衛風詠之離
騷賦之今主人所適是之取乎雖然人之
好尚有他人不可訾者王張所適王張自
知耳某者曰主人性非常嫌流俗之習凡
百玩器他衆華奚物最愛書畫不讓故人
也余曰果非庸衆人然則不可一日無此
君也

八ウ

九オ

寄贈浪華淡翠　藤宣季
江南佳麗古皇州知爾此間避俗流不屑
富豪猗頓侶只憐山水郭文通絲毫雲遶
紫潭色玉塵月臨白社遊莫問青霄曳裾
處披襟太憶桂叢幽
奉和小倉公見惠嚴韻　坂倉通貫
紫極重々日月遲九天文露值明時韶鈞
響谷人何處仙翰垂雲心却疑渭水餘波
通率土南山積翠厭溟池塵中自乏藝園
雅肯許謂言黃雀癡

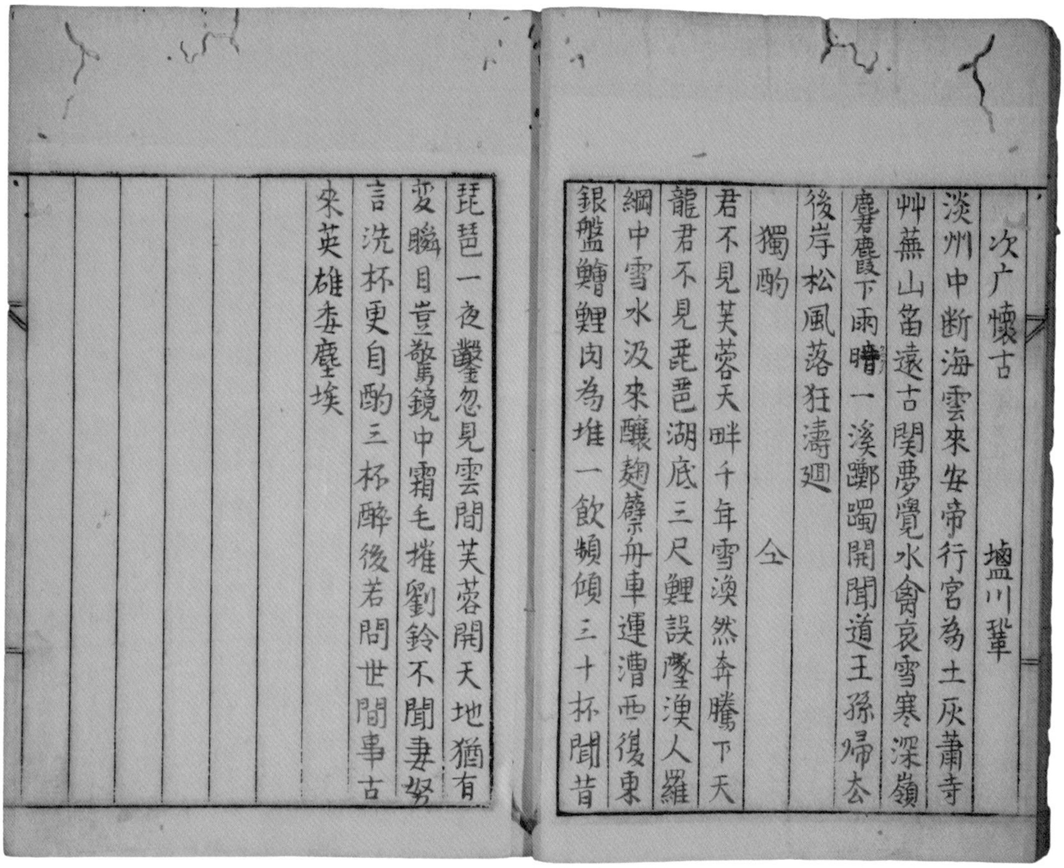

次广懐古　　壚川輩
淡州中断海雲来安帝行宮為土灰蕭寺
艸蕪山留遠古関夢覚水會哀雪寒深嶺
聲聲下雨時一溪鄭躅閒聞道王孫帰太
後岸松風落狂濤廻
獨酌　　仝
君不見芙蓉天畔千年雪渙然奔騰下天
龍君不見琵琶湖底三尺鯉誤墜漁人羅
綱中雪水汲来釀麹糵舟車運漕西復東
銀盤鱠鯉肉為堆一飲頻傾三十杯聞昔
琵琶一夜鑿忽見雲間芙蓉開天地猶有
変瞬目豈驚鏡中霜毛摧劉鈴不聞妻努
言洗杯更自酌三杯酔後若問世間事古
来英雄委塵埃

十オ　九ウ

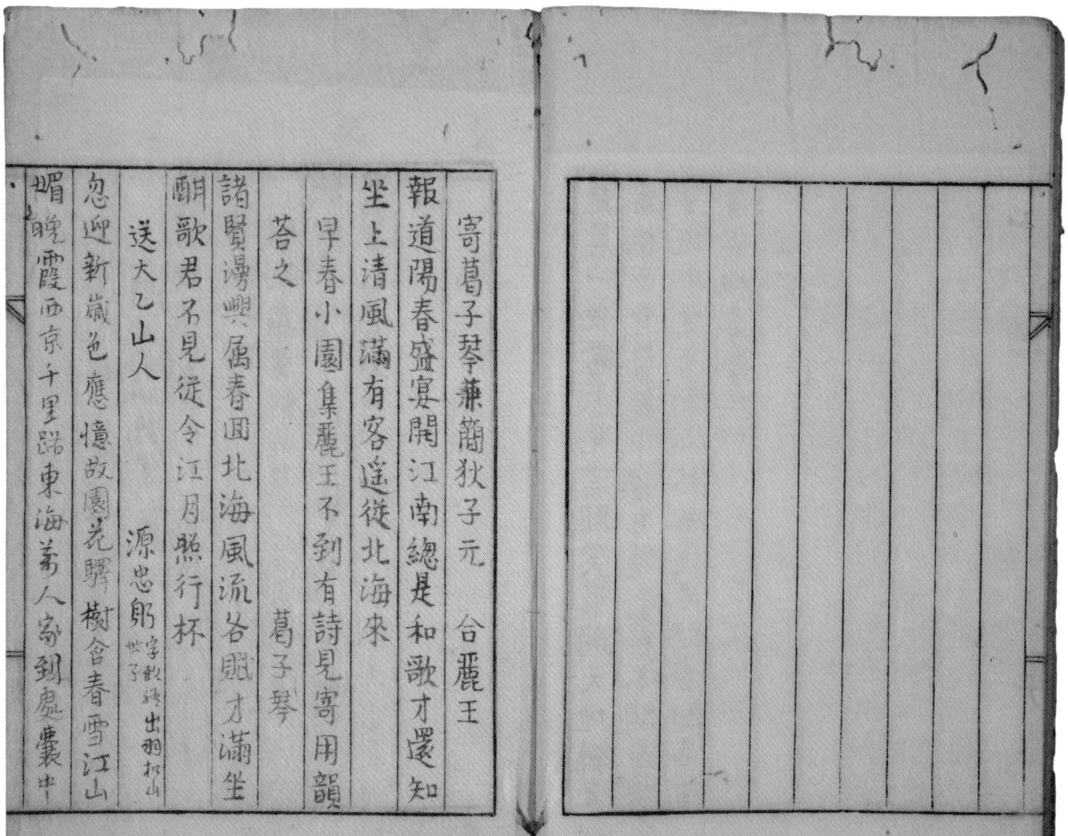

寄葛子琴兼簡狄子元　合麗王
報道陽春盛宴開江南總是和歌才還知
坐上清風満有客遥従北海来
早春小園集麗王不到有詩見寄用韻
答之　　葛子琴
諸賢濁興属春囲北海風流各賦才満坐
酣歌君不見従令江月照行杯
送大乙山人　　源忠郎 字敬猷 出羽松山世子
忽迎新歳色應憶故園花驛樹含春雪江山
媚晩霞西京千里路東海美人寄到處嚢中

十一オ　十ウ

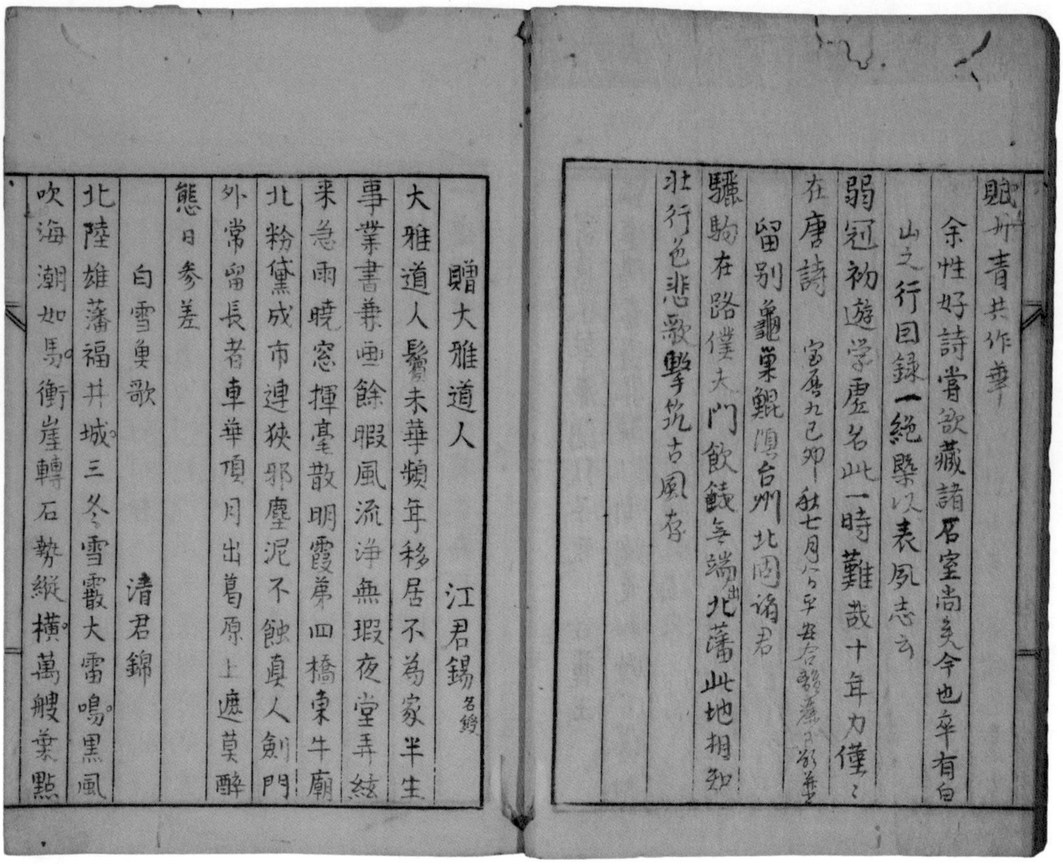
賦册青共作華
余性好詩嘗欲藏諸名室尚矣今也卒有白
山之行因録一絶繋以表夙志云
弱冠初遊学虚名此一時難哉十年力僅々
在唐詩　宝暦九己卯秋七月念平安右齡源子彩華
留別龜巣鯢湏台州北園諸君
驪駒在路僕夫門飲餞無端出北藩此地相知
壮行色悲歌擊筑古風存

贈大雅道人　江君錫 名鈞
大雅道人鬢未華頻年移居不為家半生
事業書兼画餘暇風流浄無瑕夜堂弄絃
来急雨曉窓揮毫散明霞第四橋東牛廟
北粉黛成市連狹邪塵泥不蝕真人劍門
外常留長者車華頂月出葛原上遮莫酔
態日参差
白雪奥歌　清君錦
北陸雄藩福井城三冬雪霰大雷鳴黒風
吹海潮如馬衝崖轉石勢縱横萬艘業點

十二オ　十一ウ

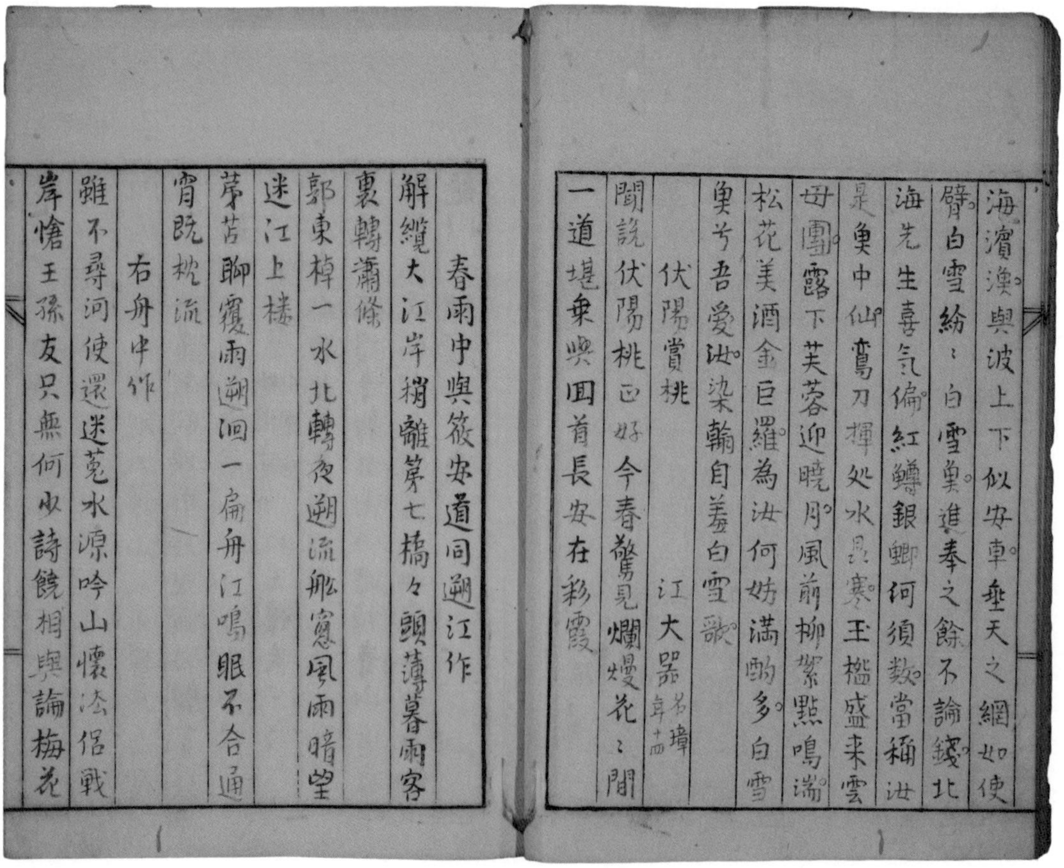
海濱漁與波上下似安車垂天之網如使
臂白雪紛々白雪奥進奉之餘不論錢北
海先生喜気偏紅鱒銀鯽何須数當補泄
是奥中仙鸞刀揮処水晶寒玉樒盛来雲
母團露下芙蓉迎曉月風前柳絮點鳴端
松花美酒金巨羅為汝何妨満酌多白雪
奥兮吾愛汝染翰自差白雪歌
伏陽賞桃　江大器 名璋 年十四
聞説伏陽桃正好今春驚見爛熳花々間
一道堤乗興回首長安在彩霞

春雨中與筱安道同遡江作
解纜大江岸梢離第七橋々頭薄暮雨客
裏轉蕭條
郭東棹一水北轉夜遡流舩窓風雨暗望
迷江上樓
茅苫聊禦雨遡洄一扁舟江鳴眠不合通
宵既枕流
右舟中作
雖不尋河使還迷菟水源吟山懐法侶戦
岸憎王孫友只無何必詩饒相與論梅花

十三オ　十二ウ

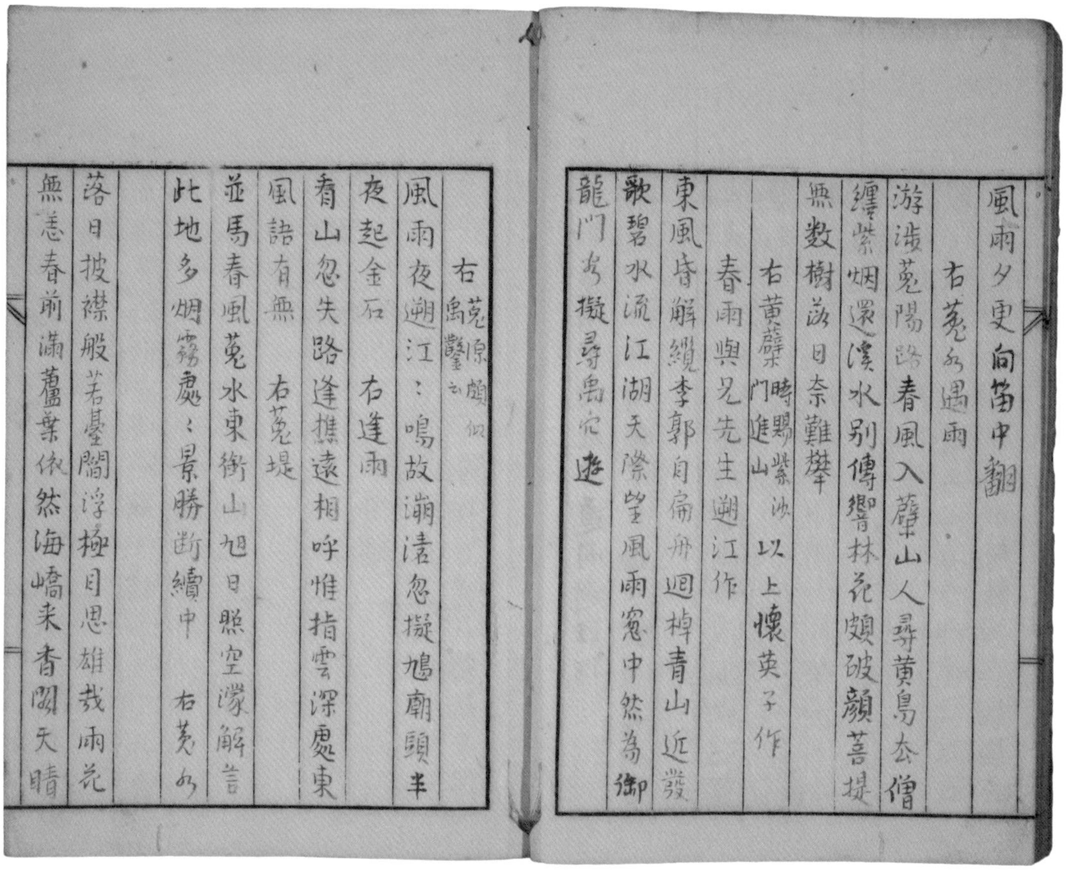

風雨夕更向笛中翻
右菟裘遇雨
游渉菟陽路春風入薜山人尋黄鳥谷僧
纒紫烟還渓水別傳響林花頻破顔菩提
無数樹落日奈難攀
右黄檗時賜紫沙門進山 以上懐英子作
春雨與兄先生遡江作
東風昏解纜李郭自扁舟迴棹青山近發
歌碧水流江湖天際望風雨窓中然為御
龍門客擬尋禹穴遊
右菟原頗似禹鑿云
風雨夜遡江〻鳴故瀬湍忽擬鳩廟頭半
夜起金石 右逢雨
看山忽失路逢樵遠相呼惟指雲深處東
風語有無 右菟堤
並馬春風菟水東衡山旭日照空濛解言
此地多烟霧處〻景勝断續中 右菟外
落日披襟般若臺闍浮極目思雄哉雨花
無恙春前満蘆葉依然海嶠来香閣天晴

十四オ

十三ウ

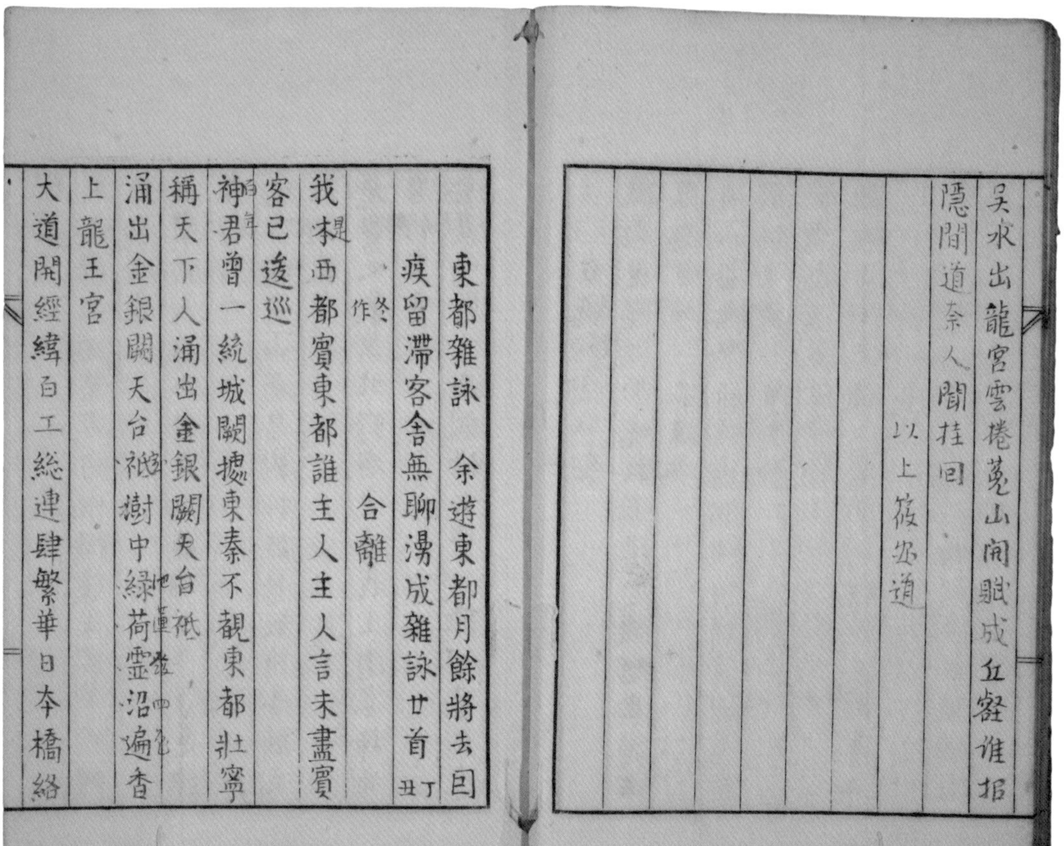

十五オ

十四ウ

繹都人士
夫士将浮海東方好奉祠應居君子國何
有陋東夷
文學雖天性山東才漸難滔ゝ者皆是總
作避人看
歳寒飛鳥山飛鳥樹杪語應欲待春歸天
上街花去
飛鶩又觀魚北野與東海我王遊宴稀尚
有行宮在
莫是愛賢才西園修文學讌明月夕追

十五ウ

隨飛蓋客
攀磴白雲丘一望閲八州滄溟如指掌欲
挾羽仙遊
城下諸侯邸棟梁相接鄰朝聘通輿馬縱
觀列国人
自知盟主令寶地墓田開妙音歌舞駐時
上望淩臺
車馬水龍是閑雅諸公子賓從鬱如雲中
有異能士
墨水朝滄海夫容對筑波津梁通兩國

十六オ

艇向三义
公子墓頭柳中郎橋下鷗停舟將弔古處
歎飄遊
倡家窈窕女宛在蒹葭洲金龍山上月載
去釣舟
士俗多輕薄黄金交態親飽從吾意生
涯不道貧
歌弦習鄭衛家賀出姬姜元欲充嬪多
投遊冶郎
百里荒原上凉秋明月孤艸際光如皦天

十六ウ

風未掃初
客中憂脚疾五柳幾時休郭門多種柳綰
送武昌舟 丁丑冬十一月秦一山人合麓纂書於柳塘僑門寓舎
芙蓉峰
試探山東勝芙蓉最奇絶不看芙蓉高但
見天半雪
同　秋儀 字子羽肥後儒官秋山儀右衞門
帝擲崑崙雪置此東海峯落ゝ三千丈碧
空挾芙蓉
偶作　高籍 字孟典

十七オ

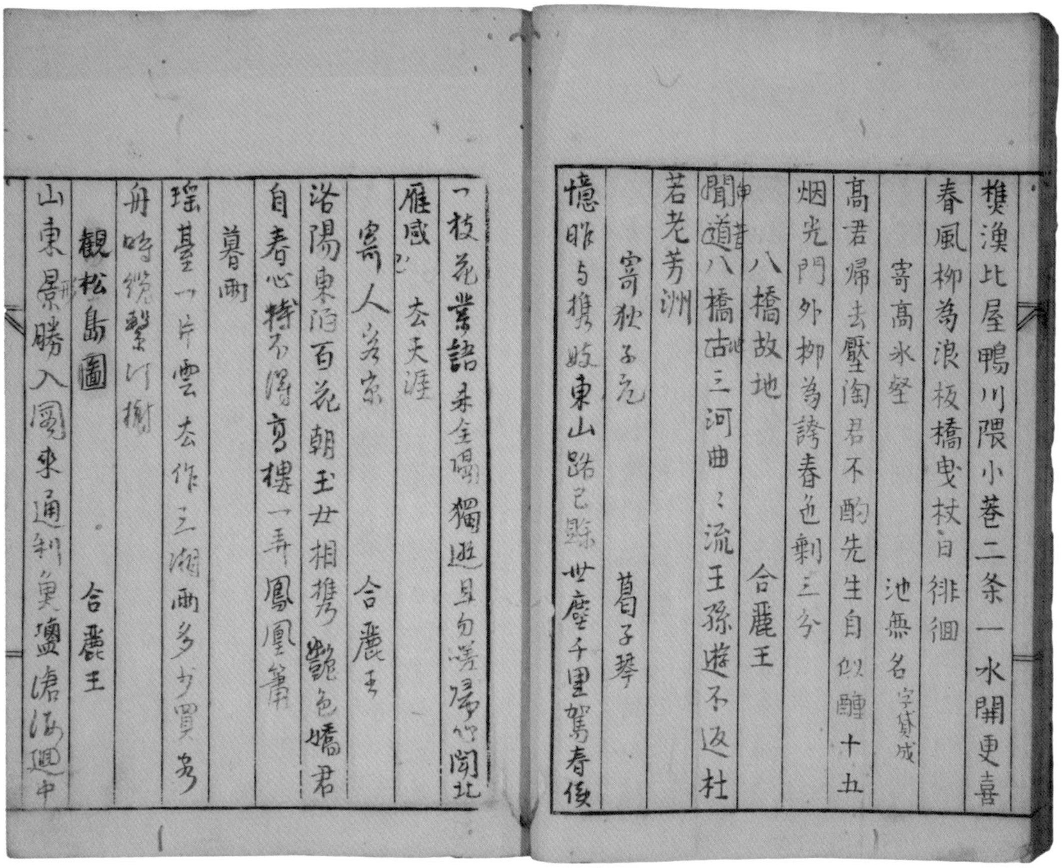
樊漁比屋鴨川隈小巷二条一水開更喜
春風柳為浪板橋曳杖日徘徊
寄高氷壑　池無名 字貸成
高君帰去壓陶君不酌先生自似醉十五
烟光門外柳為誇春色剰三分
八橋故地　合麗王
聞道八橋古三河曲〻流王孫遊不返杜
若老芳洲
寄狄子元　葛子琴
憶昨与携岐東山路已跡世塵千里駕春傍

一枝花葉語未全偶獨遊且勿遙傷竹閣比
雁感也　去天涯
寄人省家　合麗王
洛陽東陌百花朝玉女相携艶色嬌君
自春心持不得高樓一弄鳳凰簫
暮雨
瑤臺一片雲去作三湘雨多少買多
舟吟傍繋汀樹
観松島圖　合麗王
山東景勝入圖来通判奥壇濃海廻中

十八オ　十七ウ

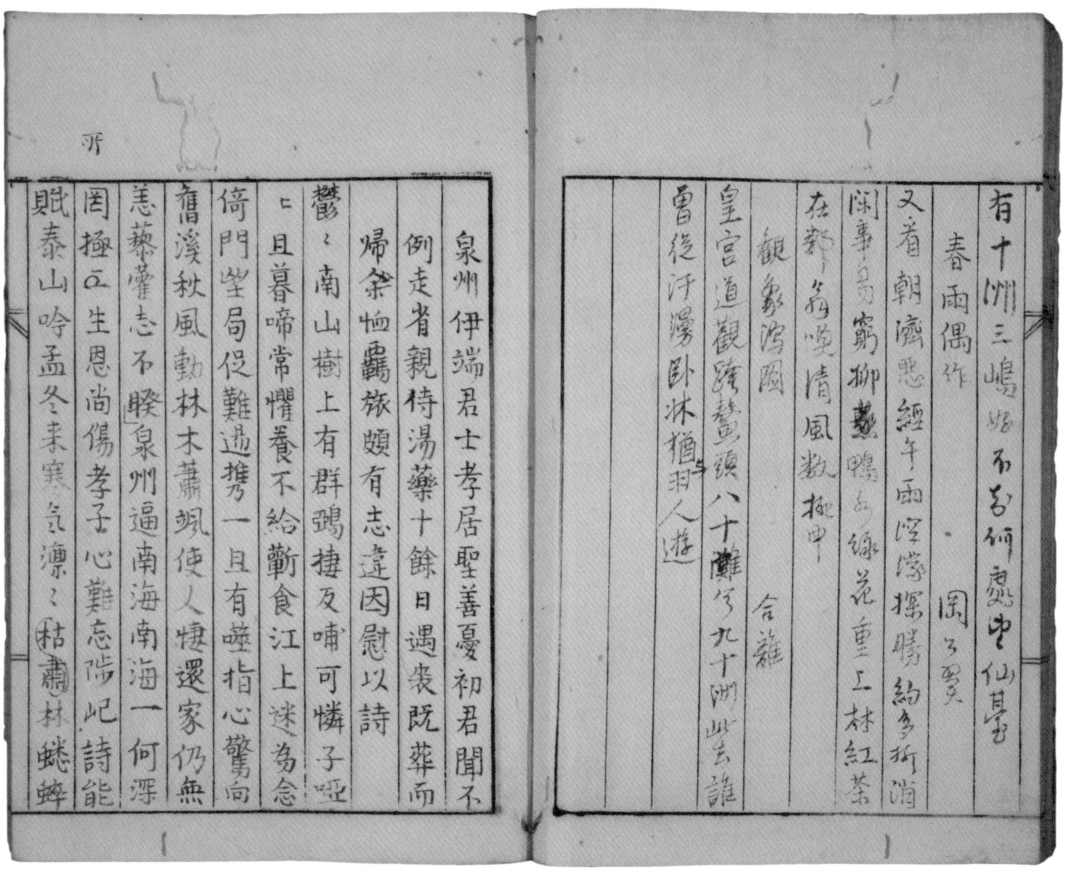
有十洲三嶋好不多何處也仙臺
春雨偶作　岡子翼
又看朝濃無經年雨淫淫探勝約多折消
閑事多窮柳然鴨水緑花重上林紅茶
在鄰多為喚清風欲拠中
観象潟圖　合離
皇宮道觀蹟鼇頭八十離行九十洲誰
曾從汗漫臥林猶羽人遊

所
泉州伊端君士孝居聖善憂初君聞不
例走省親侍湯藥十餘日遇喪既葬而
帰余恤羈旅頗有志達因慰以詩
鬱〻南山樹上有群鴉捷反哺可憐子啞
〻且暮啼常懼養不給勤食江上迷為念
倚門望局促難逃携一且有噬指心驚向
舊溪秋風動林木蕭颯使人悽還家仍無
恙藜藿志不睽泉州逼南海南海一何深
罔極正生恩尚傷孝子心難忘陟屺詩能
賦泰山吟孟冬未寒氣凛〻枯肅林蛛蟀

十九オ　十八ウ

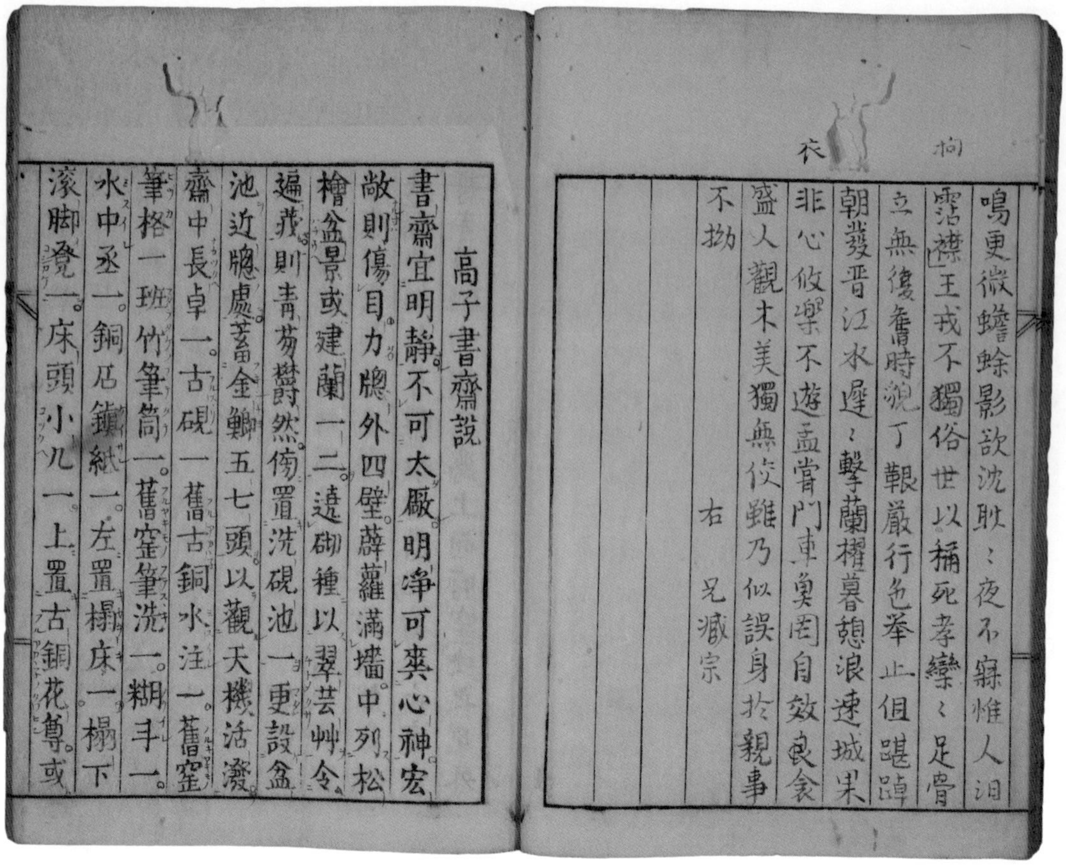

嗚更微蟾蜍影欲沈耿〻夜不寐惟人泪
霑襟王戎不獨俗世以稱死孝欒〻足骨
立無復舊時貌丁親厳行色举止但踸踔
朝發晋江水遅〻撃蘭櫂暮憩浪速城果
非心攸樂不遊孟嘗門車奠囨自效良食
盛人觀木美獨無伎雖乃似誤身於親事
不拗　右　兄藏宗

十九ウ

高子書齋説

書齋宜明靜。不可太敞。明淨可爽心神。宏
敞則傷目力。牕外四壁。薜蘿滿墻。中列松
檜盆景。或建蘭一二。遶砌種以翠芸艸。令
遍茂。則青葱鬱然。傍置洗硯池一。更設盆
池近牕處。蓄金鯽五七頭。以觀天機活潑。
齋中長桌一。古硯一。舊古銅水注一。舊窰
筆格一。班竹筆筒一。舊窰筆洗一。糊斗一。
水中丞一。銅石鎮紙一。左置榻床一。榻下
滾脚凳一。床頭小几一。上置古銅花尊。或

二十オ

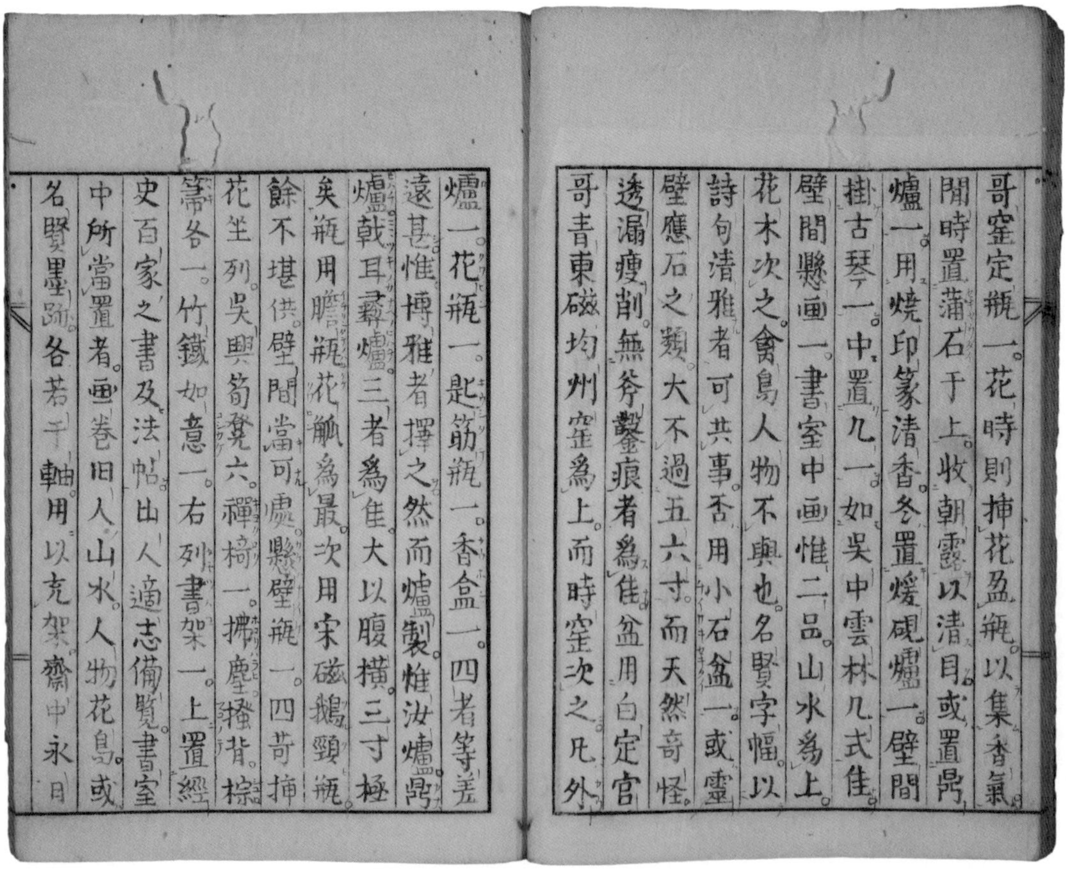

哥窰定瓶一。花時則插花盈瓶。以集香氣。
閒時置蒲石于上。收朝露以清目。或置鼎
爐一。用燒印篆清香。冬置煖硯爐一。壁間
掛古琴一。中置几一。如吳中雲林几式佳。
壁間懸畫一。書室中畫惟二品。山水為上。
花木次之。禽鳥人物不與也。名賢字幅。以
詩句清雅者可共事。香用小石盆一。或靈
壁應石之類。大不過五六寸。而天然奇怪。
透漏瘦削。無斧鑿痕者為佳。盆用白定官
哥青東磁均州窰為上。而時窰次之。几外

二十ウ

爐一。花瓶一。匙筯瓶一。香盒一。四者等差
遠甚。惟博雅者擇之。然而爐製惟汝爐鼎
爐戟耳彝爐三者為佳。大以腹橫三寸極
矣。瓶用膽瓶花觚為最。次用宋磁鵝頸瓶。
餘不堪供。壁間當可處懸壁瓶一。四時插
花坐列。吳興筍凳六。禪椅一。拂塵搔背棕
箒各一。竹鐵如意一。右列書架一。上置經
史百家之書及法帖出人適志備覽。書室
中所當置者。畫卷旧人山水人物花鳥。或
名賢墨跡。各若干軸。用以充架。齋中永日

二十一オ

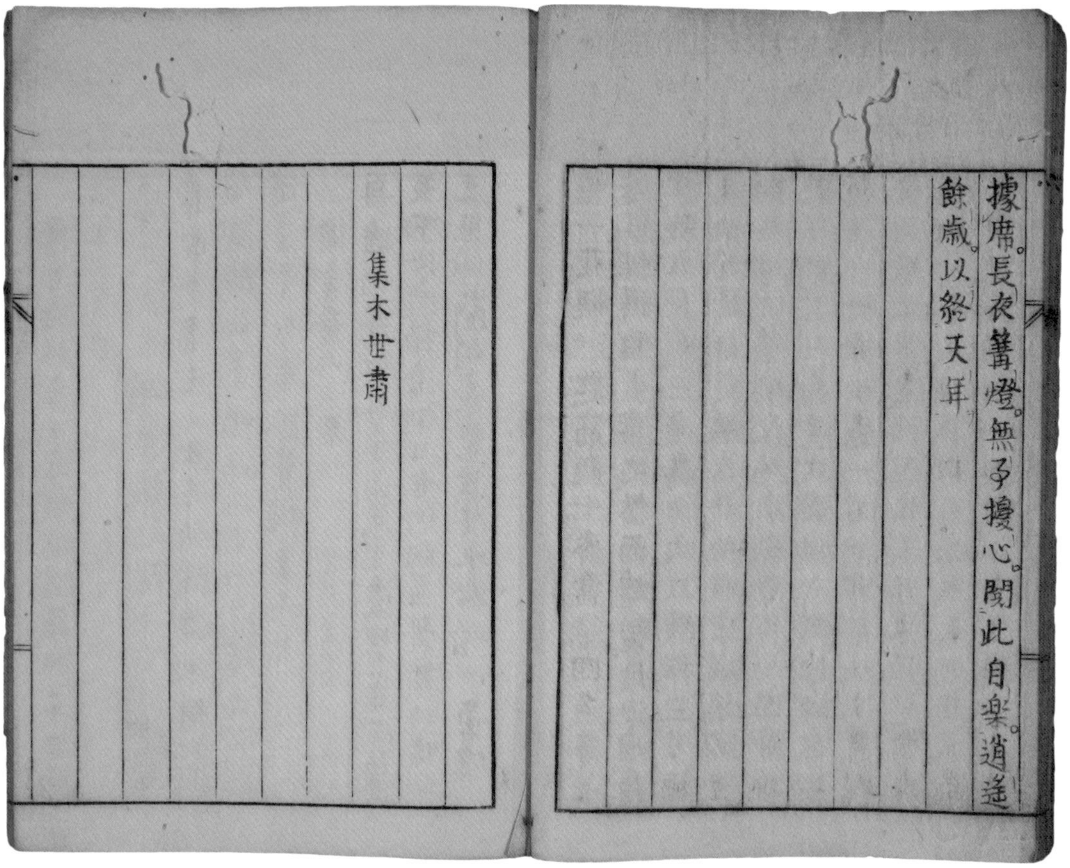
據席。長衣篝燈。無予擾心。閲此自樂。逍遙
餘歳。以終天年

集木世粛

二十二オ　　　　二十一ウ

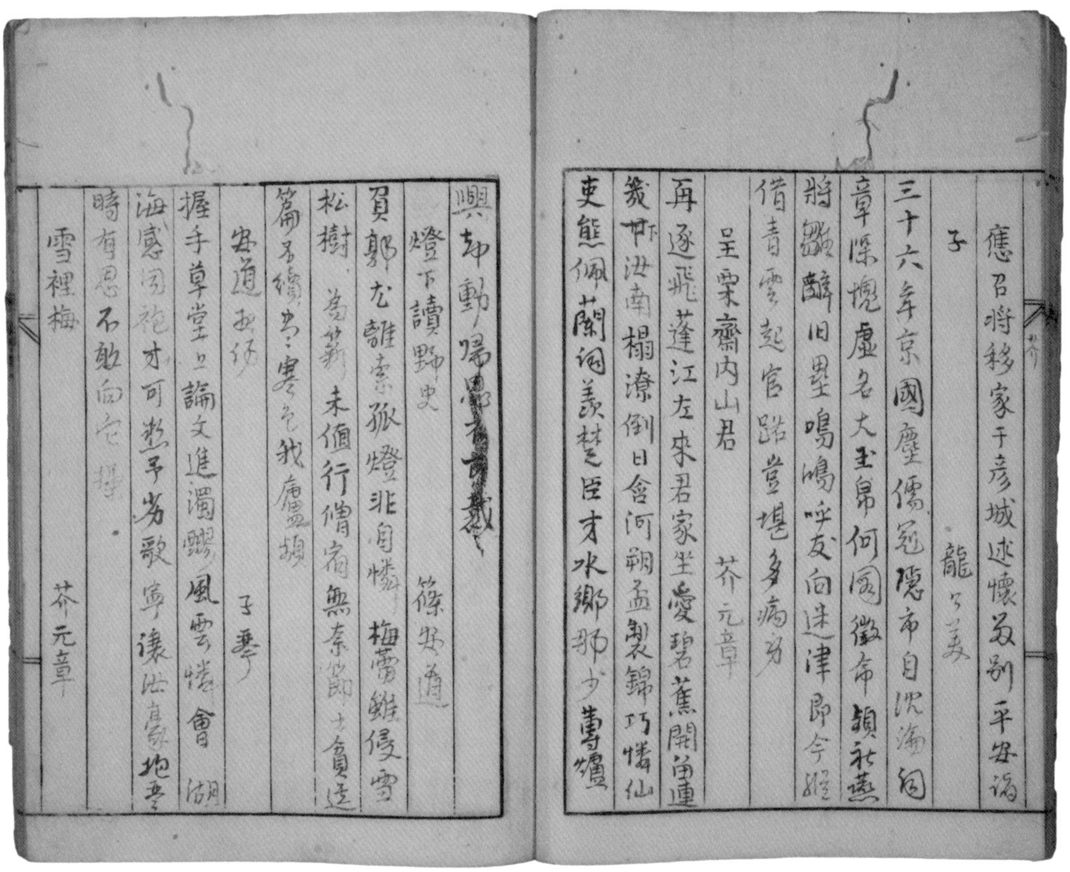
應召將移家于彦城述懷爲別平安福
子　龍子美
三十六年京國塵儒冠隱市自沈淪
章縫愧虛名大玉帛何圖徵命頻秋燕
將辭旧壘鳴鳴呼友向迷津郎今經
借青雲起官路豈堪多病身
呈粟齋内山君　芥元章
再逐飛蓬江左來君家坐愛碧蕉開首蓮
幾甘洲南榻潦倒日會河朔盃製錦巧憐仙
吏態佩蘭詞羨楚臣才水鄉那步壽爐
興卻動帰[illegible]哉
燈下讀騒史　篠安道
負郭尤離索孤燈非自憐梅需雖侵雪
松樹爲薪未値行僧宿無奈節士負逆
篇多續出寒色我廬頭
安道兄侶　子琴
握手草堂上論文進濁醪風雲憐會湖
海感同袍才可抵予劣歌寧讓法高地
時有思不能向它拂
雪裡梅　芥元章

二十三オ　　　　二十二ウ

江干梅樹動清香積雪瓊花兩鬪光試比漢
宮傾國貌衛家姊妹倚新粧
冬日海雲樓小集得青字
城南勝地俯郊坰梵宇鐘声響晚汀松間
海静波瀾白鴎畔雲晴山嶽青家難思
如摧累卵羈遊身似轉浮萍把酒話窮
千里目蒼烟落照自冥々
大光寺庭池看鴛鴦
蓮池彩羽錦為裳雨々浮波映夕陽漫道
禅心憐駿馬寧如浄域養鴛鴦

晩秋寄葛子琴　江琳字琅卿
揺落寒砧響半空憶予坐對鱏魚風高卑
無跡紫門外塵榻徒懸茅屋中佳節偏
疑交友少清談何得故人同病来江淹才
難進南國文章誰最雄

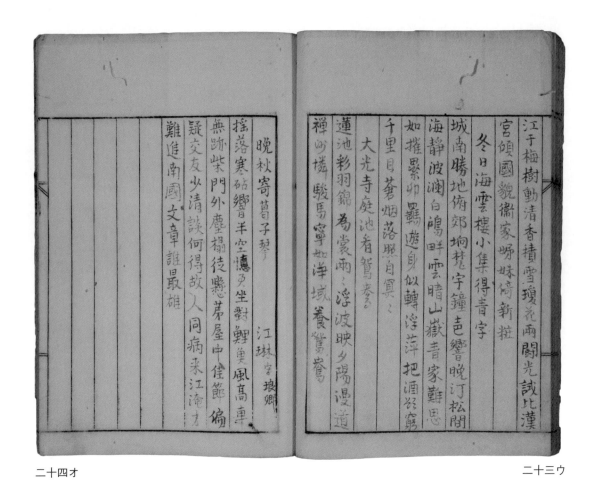

二十四オ

二十三ウ

二十四ウ～二十八オ
白紙

二十四ウ～二十八オ　白紙

二十四ウ

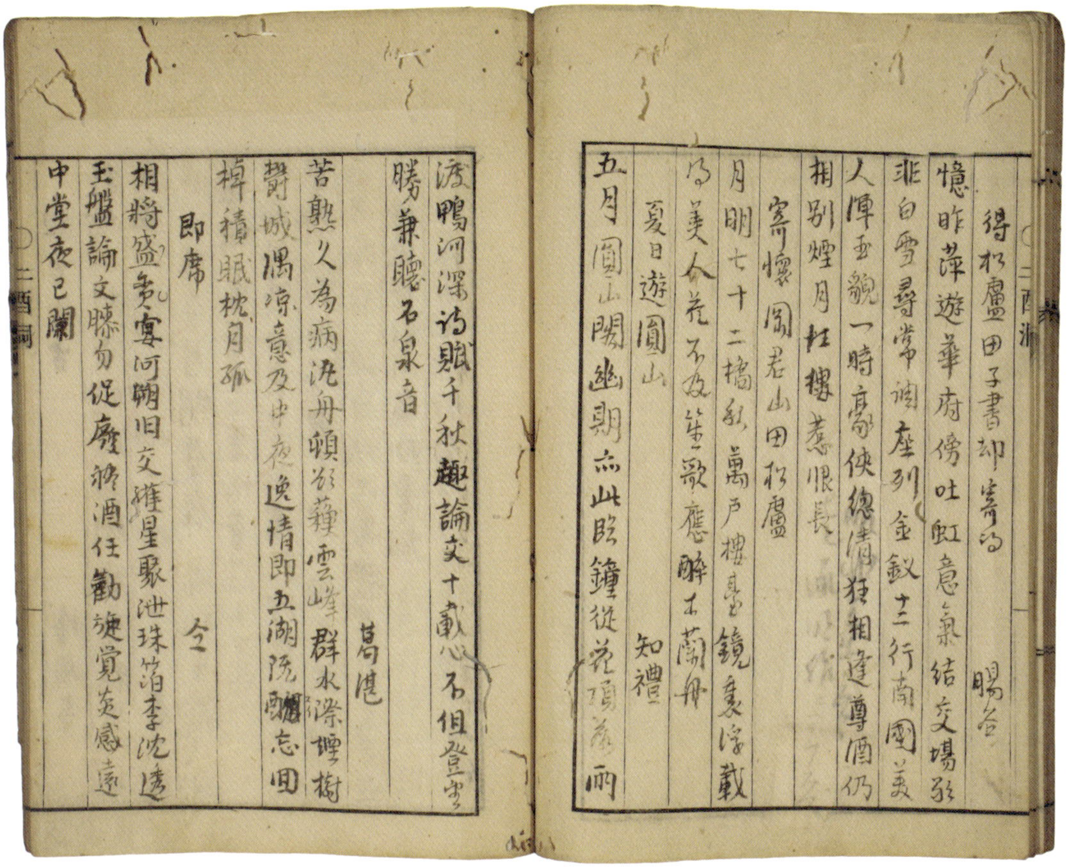
得杉盧田子書却寄以　暘谷
憶昨萍遊華府傍吐虹意氣結交場豁
非白雪尋常詞座列金釵十二行南國美
人渾玉貌一時豪俠總清狂相逢尊酒仍
相別煙月柱樓惹恨長
寄懷岡君山田杉盧
月明七十二橋秋萬戸樓臺鏡裏浮載
得美人花不夜笙歌應醉木蘭舟
夏日遊圓山　知禮
五月圓山陽幽期亦此臨鐘從花頂落雨
渡鴨河深詩賦千秋趣論文十載心不但登臨
勝兼聽石泉音
葛湛
苦熱久爲病泛舟頓㶟蘋雲峰群水際蟬樹
對城隅涼意及中夜逸情即五湖誰醺忘回
棹積眠枕月弧
即席　令
相將盛氣宴河朔旧交雒星聚泄珠箔李沈透
玉盤論文勝句促廢飲酒任勸旋覺遊感遠
中堂夜已闌

二十九オ　二十八ウ

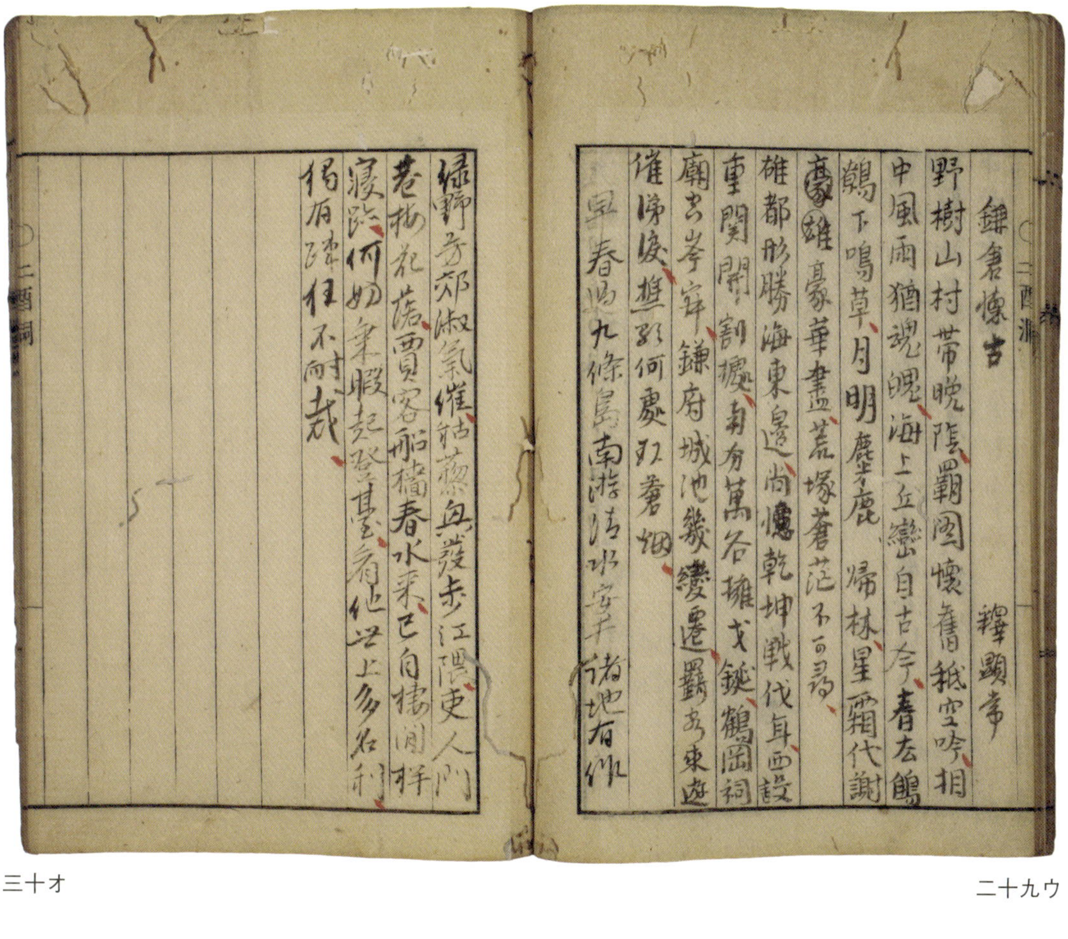
鎌倉懷古　釋顯常
野樹山村帯晩陰霸圖懷舊暁空吟相
中風雨猶魂魄海上丘巒自古今春去鵑
鵑下鳴草月明麋鹿歸林星霜代謝
豪雄豪華盡荒塚蒼苔不可尋
雄都形勝海東邊尚憶乾坤戰伐年西設
重關開割據南方萬谷擁戈鋋鶴岡祠
廟出峯岸鎌府城池幾變遷覇氣東遊
催涕淚堪疑何處弔蒼烟
早春過九條島南遊清水寺諸地有作
綠野芳郊淑氣催結蕪魚蔆赤江隈吏人門
巷梅花落賈客船檣春水來已自樓閣拝
寢跡何如象暇起登臺看他世上多名利
揭有蹤往不耐哉

三十オ　二十九ウ

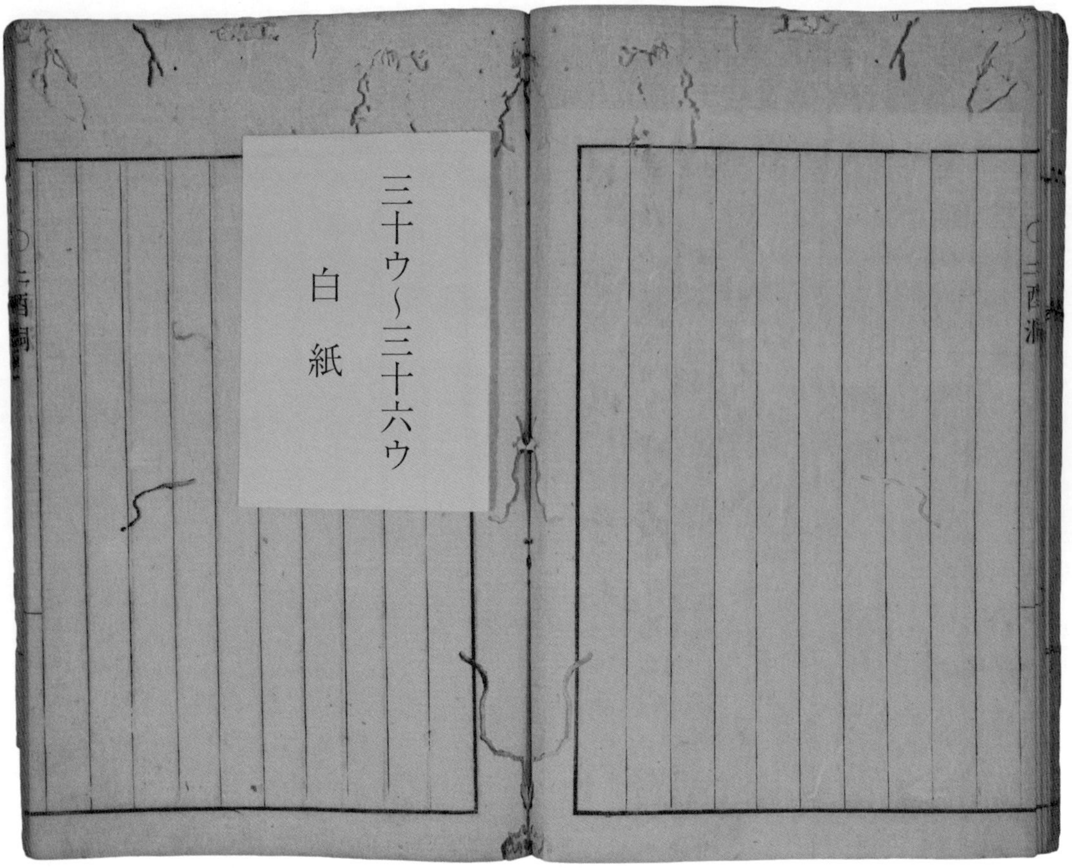

三十ウ～三十六ウ　白紙　　三十ウ

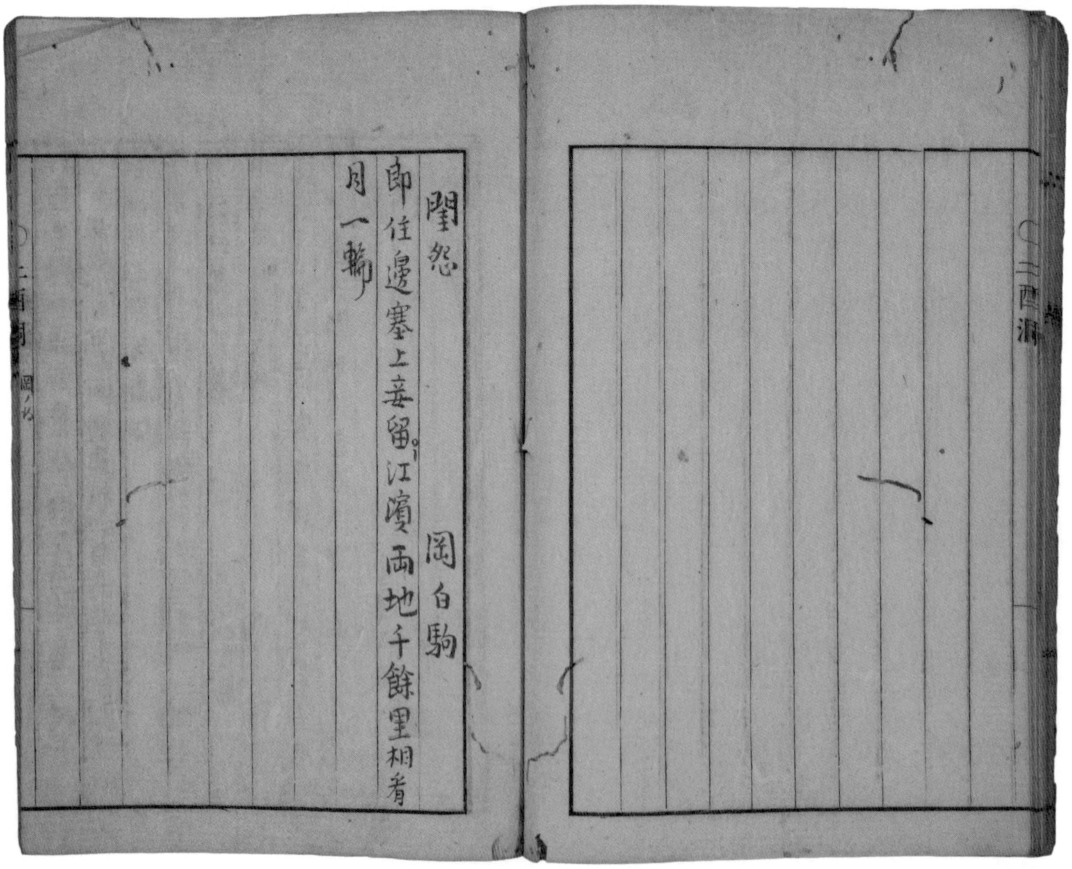

三十七オ　　三十六ウ

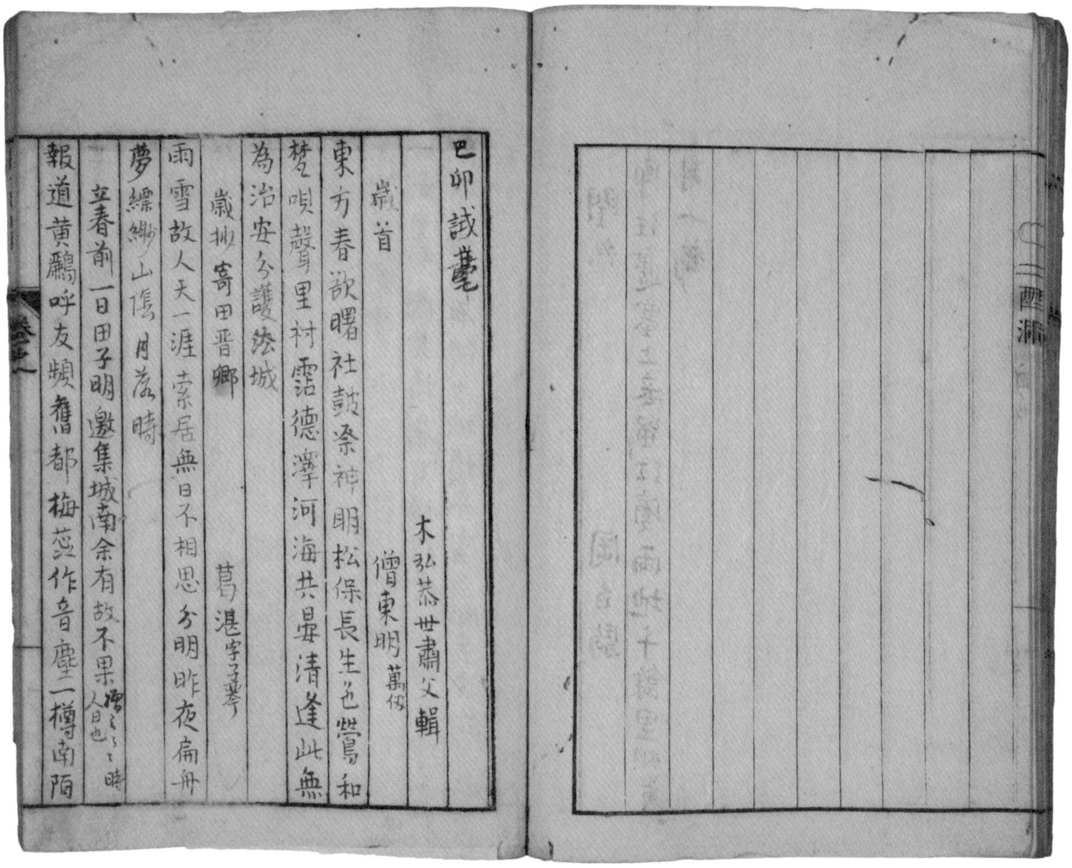

巳卯試毫
木弘恭世肅父輯
歳首
僧東明 萬仭
東方春欲曙社鼓祭神明松保長生色鶯和
梵唄聲里村雲德澤河海共晏清逢此無
為治安兮護浛城
歳抄寄田晋卿
葛湛字子琴
雨雪故人天一涯索居無日不相思分明昨夜扁舟
夢縹緲山陰月落時
立春前一日田子明邀集城南余有故不果
報道黄鸝呼友頻舊都梅蕊作音塵一樽南陌

三十八オ　　三十七ウ

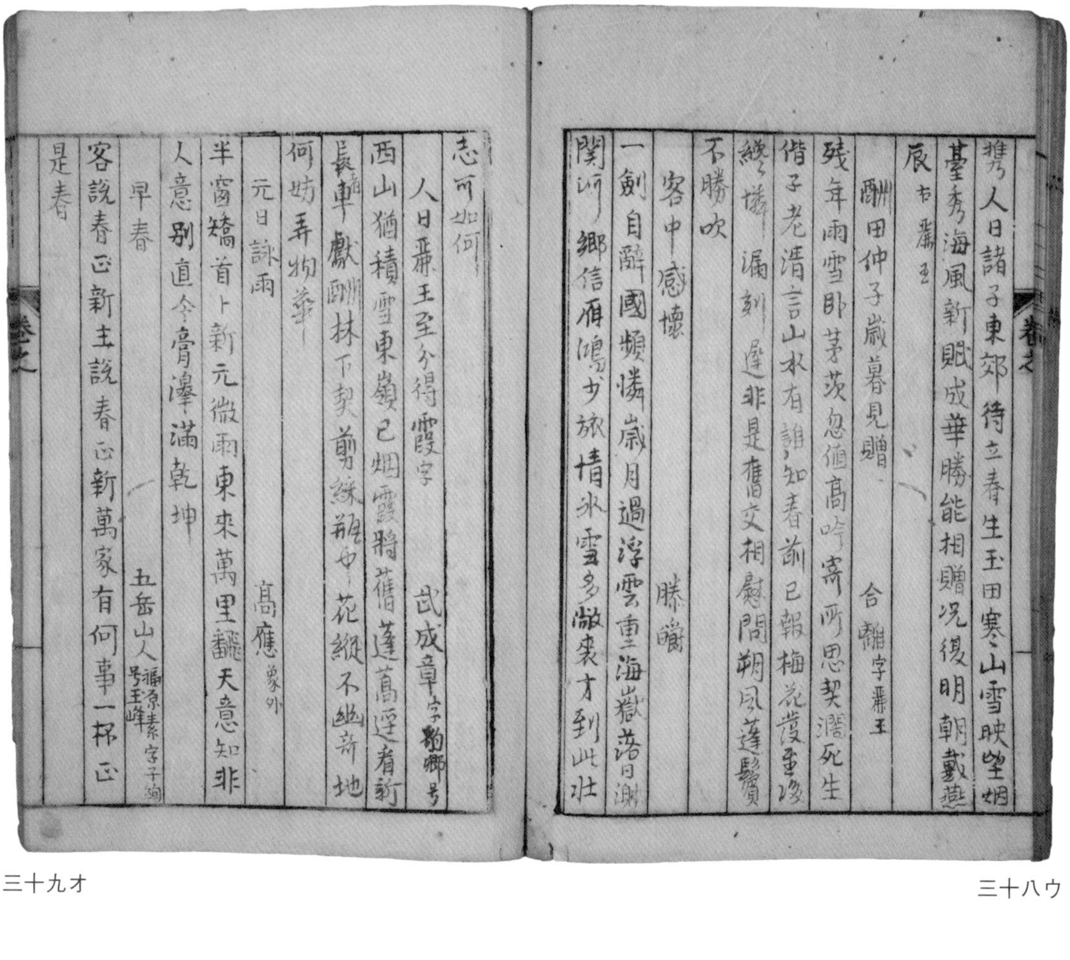

三十九オ　　三十八ウ

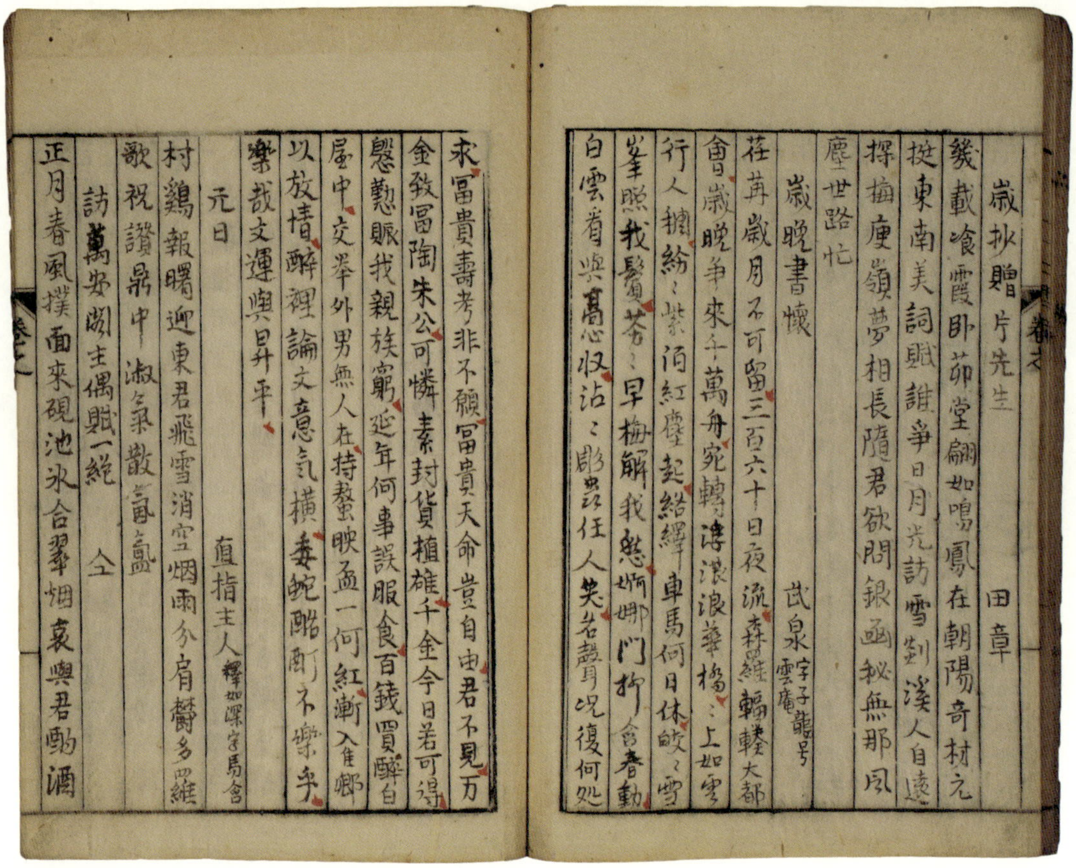
歳抄贈片先生　田章
幾載飡霞卧茆堂翩如鳴鳳在朝陽奇材元
挺東南美詞賦誰争日月光訪雪剡溪人自遠
探梅庾嶺夢相隨君欲問銀函秘無那風
塵世路忙
歳晩書懐　武泉 字子龍号雲庵
荏苒歳月不可留三百六十日夜流森羅轆轤大都
會歳晩争來千萬舟宛轉浩浪華橋〻上如雲
行人總紛〻紫陌紅塵起絡繹車馬何日休皎〻雪
峯照我鬢蒼〻早梅解我愁嫦娥門拆含春動
白雲看與高心牧詁〻彫蟲任人哭若聾況復何処

三十九ウ

求富貴壽考非不願富貴天命豈自由君不見万
金致富陶朱公可憐素封貨殖雄千金今日若可得
慇懃賑我親族窮延年何事誤服食百銭買醉白
屋中交拳外男無人在持螯映盃一何紅漸入佳郷
以放情醉裡論文意氣横委蛇酩酊不樂乎
樂哉文運與昇平
元日　直指主人 釋如深字馬含
村鶏報曙迎東君飛雪消空烟雨分肩簪多羅
歌祝讃鼎中淑〻氣散氤氳
訪萬安関主偶賦一絶　仝
正月春風撲面来硯池氷合翠烟哀與君酌酒

四十オ

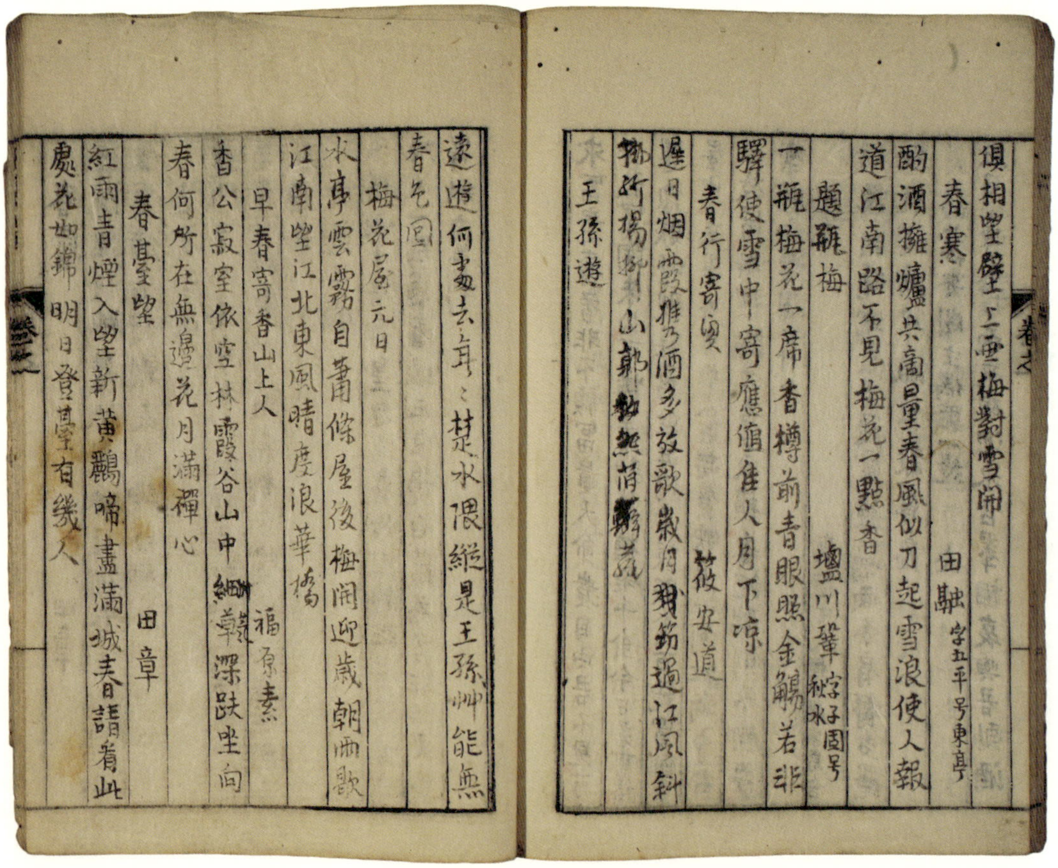
倶相望壁上画梅對雪開
春寒　田駛 字五平号東亭
酌酒擁爐共商量春風似刀起雪浪使人報
道江南路不見梅花一點香
題瓶梅　壚川肇 字子固号秋水
一瓶梅花一席香樽前青眼照金觴若非
驛使雪中寄應値佳人月下涼
春行寄奥　筱安道
遅日烟霞携酒多放歌歳月鞭筋過江風斜
拂折楊柳山郭動無消鬱蒸
王孫遊

四十ウ

遠遊何処去年〻楚水隈縦是王孫艸能無
春色回
梅花屋元日
水亭雲霧自蕭條屋後梅開迎歳朝而歌
江南望江北東風晴度浪華橋
早春寄香山上人　福原素
香公寂室依空林霞谷山中細艸深趺坐向
春何所在無邊花月満禪心
春臺望　田章
紅雨青煙入望新黄鸝啼盡満城春請看此
處花如錦明日登臺有幾人

四十一オ

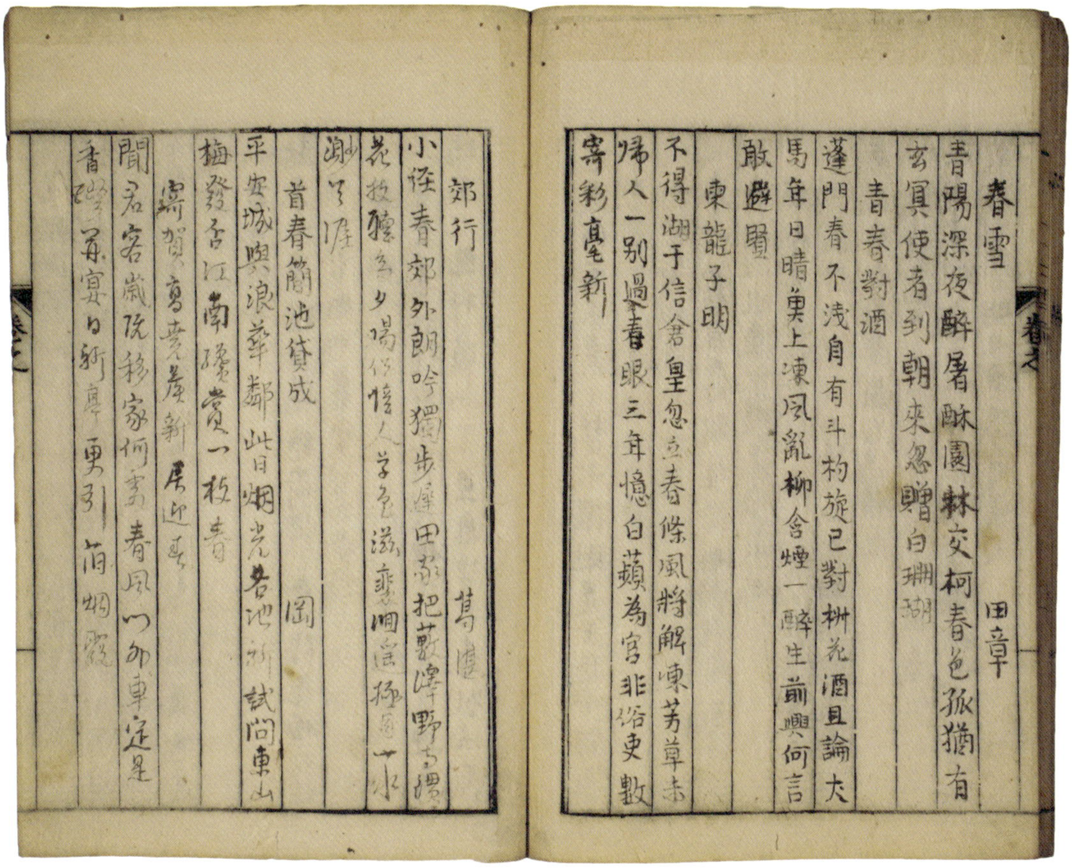

春雪　田章

青陽深夜醉屠酥園林交柯春色孤猶有

玄冥使者到朝来忽贈白珊瑚

青春對酒

蓬門春不浅自有斗杓旋已對椒花酒且論大

馬年日晴奥上凍風亂柳含煙一醉生前興何言

敢避醫

東龍子明

不得湖于信倉皇忽立春條風將解凍芳草未

帰人一別過春眼三年憶白蘋為客非俗吏數

寄彩毫新

郊行　葛湛

小径春郊外朗吟獨歩田家把蔌澤野[illegible]

花放聴[illegible]夕陽[illegible]人[illegible]色滋悲[illegible]極目一水

洲[illegible]涯

首春簡池貸成　圖

平安城與浪華都此日烟光若池新試問東山

梅發否江南猶賞一枝春

寄賀[illegible]新居近[illegible]

聞君容歳晩移家何處春風门外東庭是

香[illegible]無宴日新亭更引[illegible]霞

四十二オ　四十一ウ

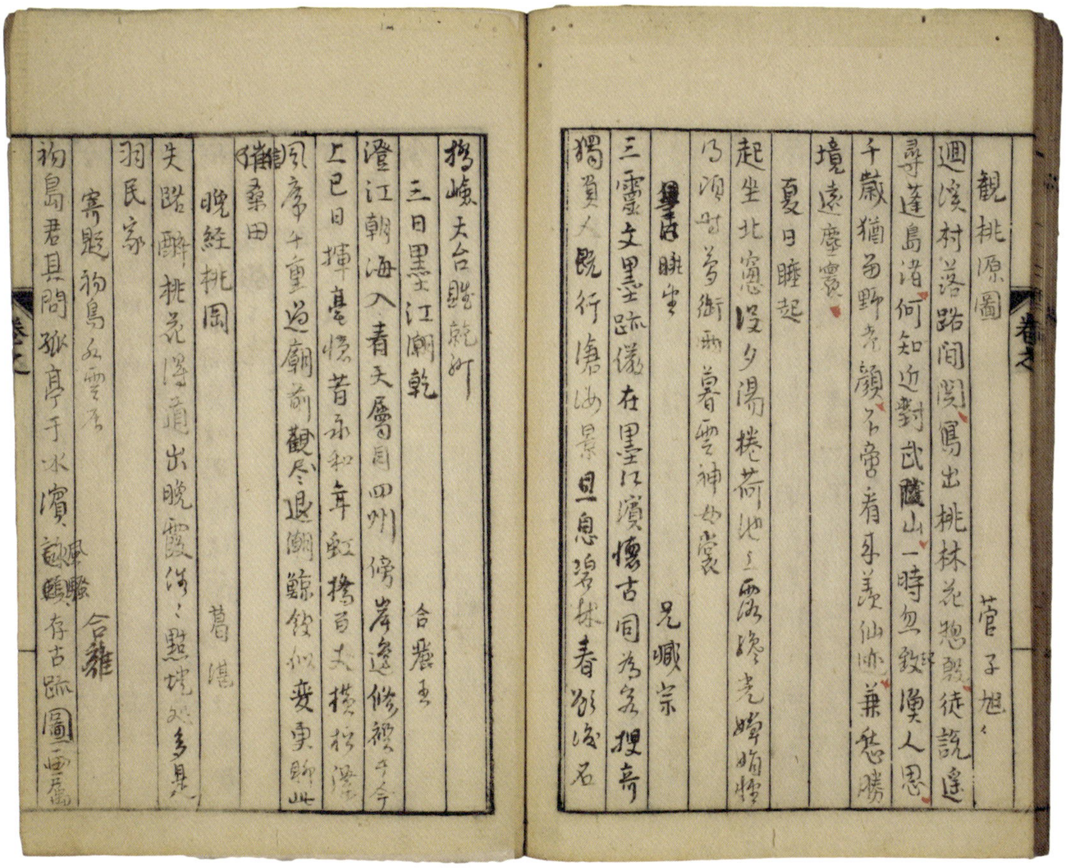

觀桃源圖　菅子旭

迴溪村落路間関寫出桃林花[illegible]徒説還

尋蓬島渚何知近對武藏山一時忽致漢人思

千歳猶為野老顔不啻看来美仙迹兼愁勝

境遠塵寰

夏日睡起

起坐北窓没夕陽捲荷池上露猶光[illegible]

乃須对芳衛兩暮雲神女裳

墨江晩望　兄[illegible]宗

三靈文墨跡儀在墨江濱懐古同為客捜奇

獨負人既行[illegible]景且息[illegible]春影[illegible]名

[illegible]天台[illegible]

三日墨江潮乾　合麗王

澄江朝海入青天層周四州傍岸遊修禊今

上巳日揮毫憶昔永和年虹橋百丈横[illegible]

風亭千重過潮前觀尽退潮鯨[illegible]似変更[illegible]

[illegible]桑田

晩経桃園　葛湛

失路醉桃花[illegible]出晩霞[illegible]多見

羽民家

寄題祠島五雲居　合雜

祠島君具問孤亭于氷濱[illegible]存古跡圖[illegible]

四十三オ　四十二ウ

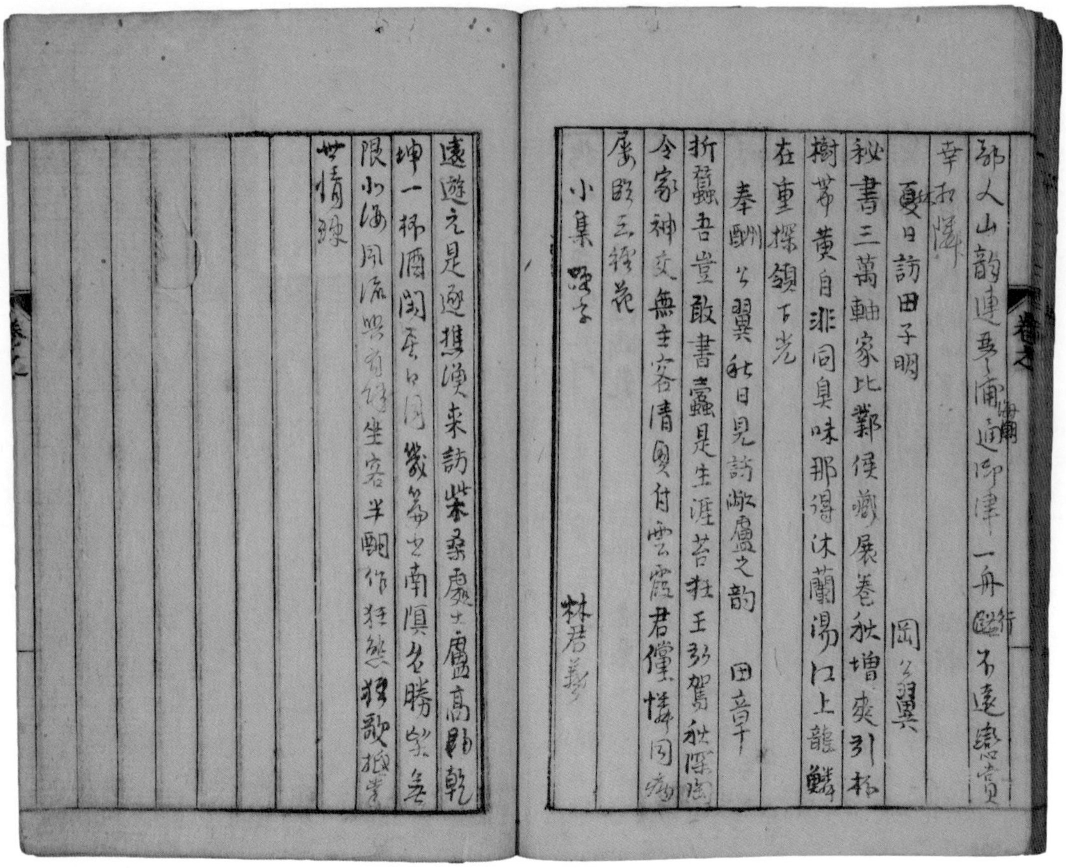

四十四オ　　四十三ウ

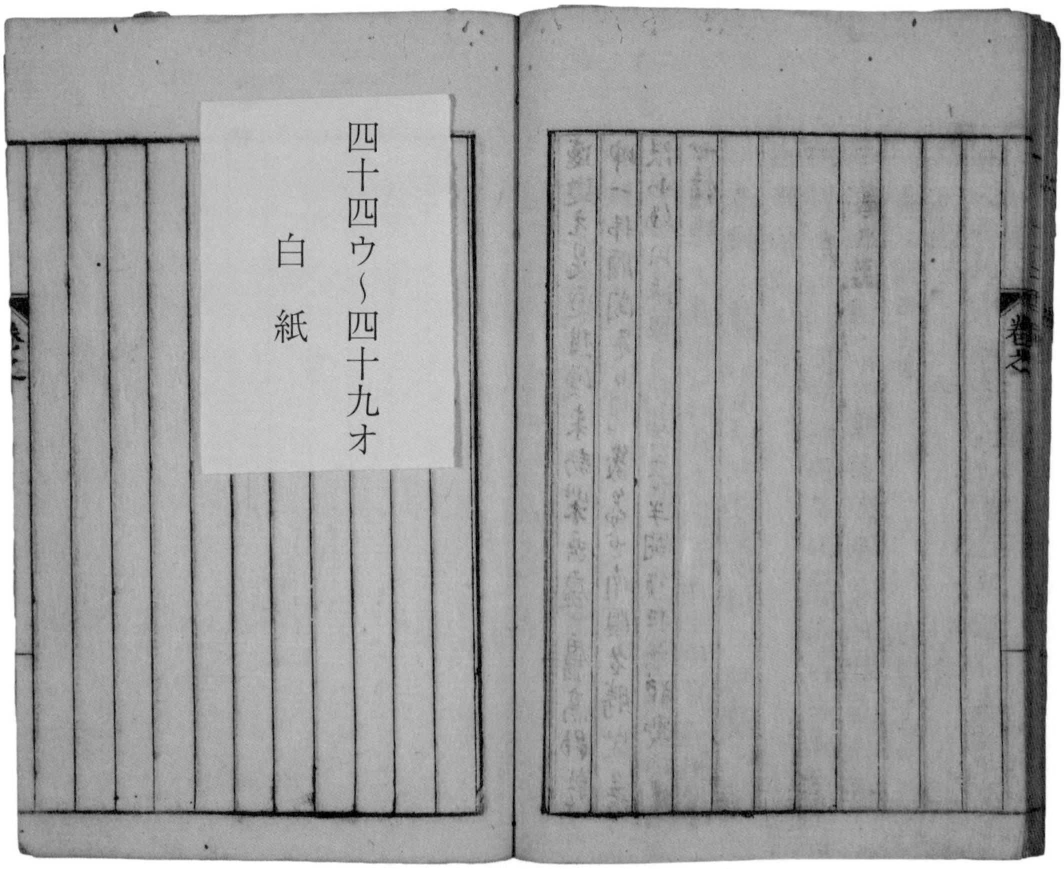

四十四ウ～四十九オ　白紙　　四十四ウ

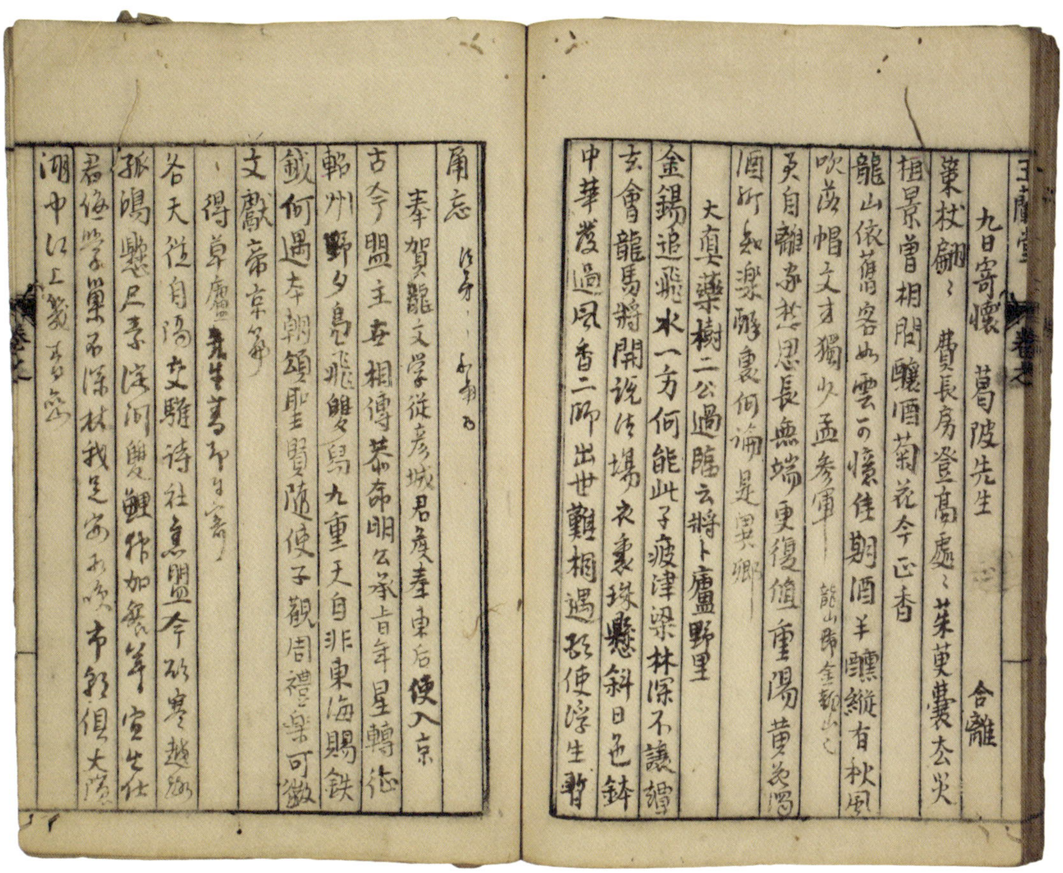

五十オ　　四十九ウ

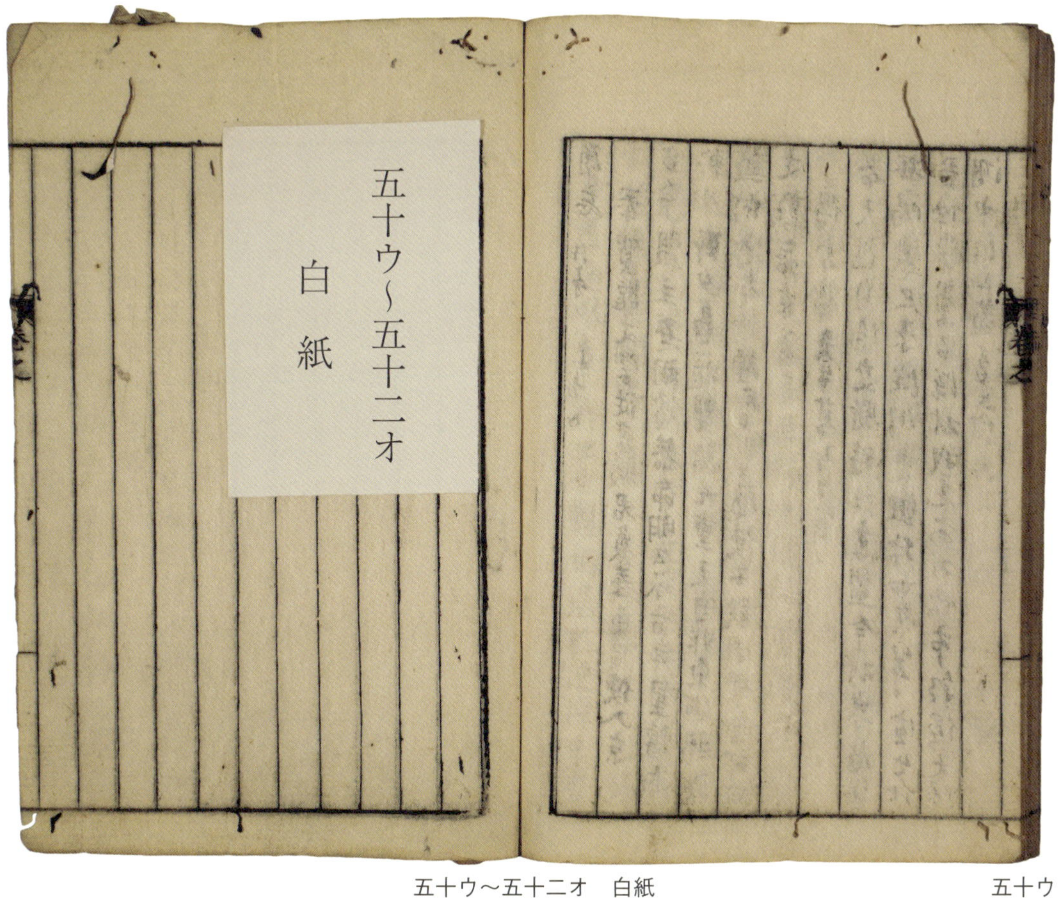

五十ウ～五十二オ　白紙　　五十ウ

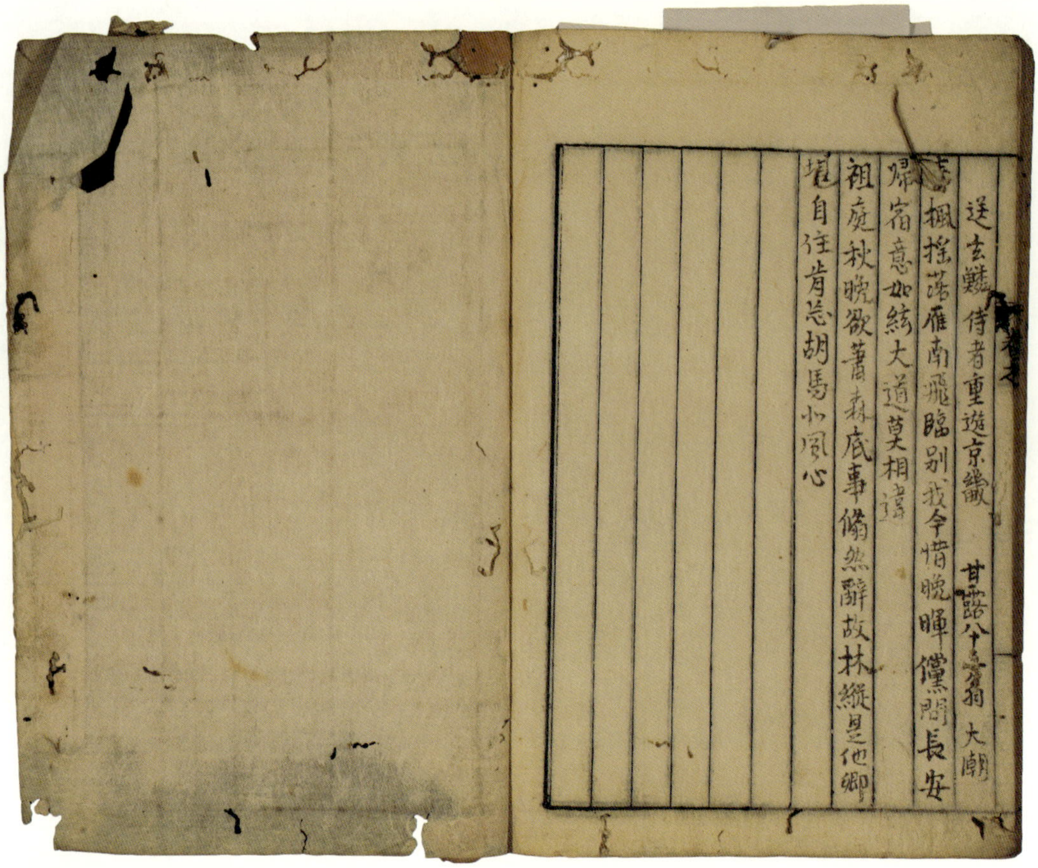
送玄魁侍者重遊京畿　甘露八十三翁　大潮
霜楓搖落雁南飛臨別我今惜晩暉儻問長安
歸宿意如絃大道莫相違
祖庭秋晩欲蕭森底事翛然辭故林縱是他鄉
堪自住肯忘胡馬北風心

（裏表紙裏）　五十二ウ

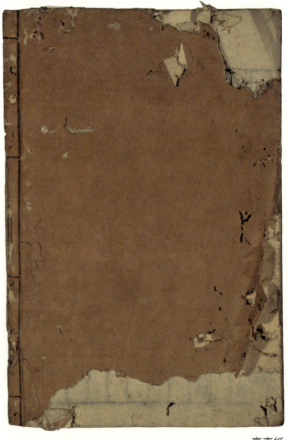

裏表紙

4「蒹葭堂詩集」

【書誌情報】

①外題：蒹葭堂詩集　全　内題：無　②装丁：袋綴　③表紙：色／茶、文様／無、寸法／21・9×15・9　④丁数：四十九丁（遊紙一丁を含む）、二十七ウ、四十一オ、四十二オ、四十三オは紙の切断あり　⑤序跋：無　⑥刊記：無　奥書：無　⑦書入：有　⑧蔵書印：遊紙ウ…「鹿田文庫」（朱文長方印）一オ…「信天翁」（白文方印）　⑨伝来：山中信天翁→鹿田静七→辰馬悦蔵→辰馬考古資料館　⑩備考：「蒹葭堂」用箋

【解題】

蒹葭堂へ寄せた諸家の題詠と、蒹葭堂会稿（三十四丁～）、それに続く数篇の蒹葭堂記を合綴した稿本。ただし、落丁や乱丁、破損がある。表紙裏に別筆で「墨付四十八枚」と書き込みがある。表紙の次に遊紙が一丁あるが、本来は表紙裏であったものが外れた可能性がある。

本冊の前半は蒹葭堂の手元に寄せられた題咏を集めたもので、巻頭の欄外右に柱刻や割付の指示と思われる「蒹葭堂題咏　巻之二」「下ヨリ八字アケ」などの書き込みがあり、詩文の上に△や○の印が付けられていることから、刊行を企図していたことがうかがえる。「蒹葭堂詩集」収録の題咏は、一部が天理図書館所蔵「寄題蒹葭堂新築」に含まれる詩である。また、水田紀久氏所蔵の写本「蒹葭堂題咏」（原題は無し）は、蒹葭堂が松江藩儒の桃白鹿（ももはくろく）に寄題を依頼した際に、見本として渡したものと推定されているが（水田紀久『近世日本漢文学史論考』付録『蒹葭堂題咏』、汲古書院、一九八七年）、これに収録されている漢詩はすべて「蒹葭堂詩集」に含まれている。

本冊の後半の「蒹葭堂会稿」は、蒹葭堂会での詩作を録したものである。この「蒹葭堂詩集」に収められている「蒹葭堂会稿」とは別に、筆録清書した一冊本があり、野間光辰「蒹葭堂会始末」の中で紹介されている（辰馬悦蔵氏の所蔵であったようだが現在の所在は不明）。それによると、宝暦八年（一七五八）八月半ば（おそらく十六日）の蒹葭堂会での詩作を、同月十七日に筆録清書したもので、「擬登岳陽楼」・「席上分韻」・「席上分題」の三部からなる四十九首が収められていたようである。「蒹葭堂詩集」収録の「蒹葭堂会稿」は、「擬登岳陽楼」の一部に落丁があり（細合斗南から岡公翼までの六首）、「席上分韻」最後の葛子琴の詩が途中までとなっており、「席上分題」は収録されていない。

（有坂道子）

「蒹葭堂詩集」影印

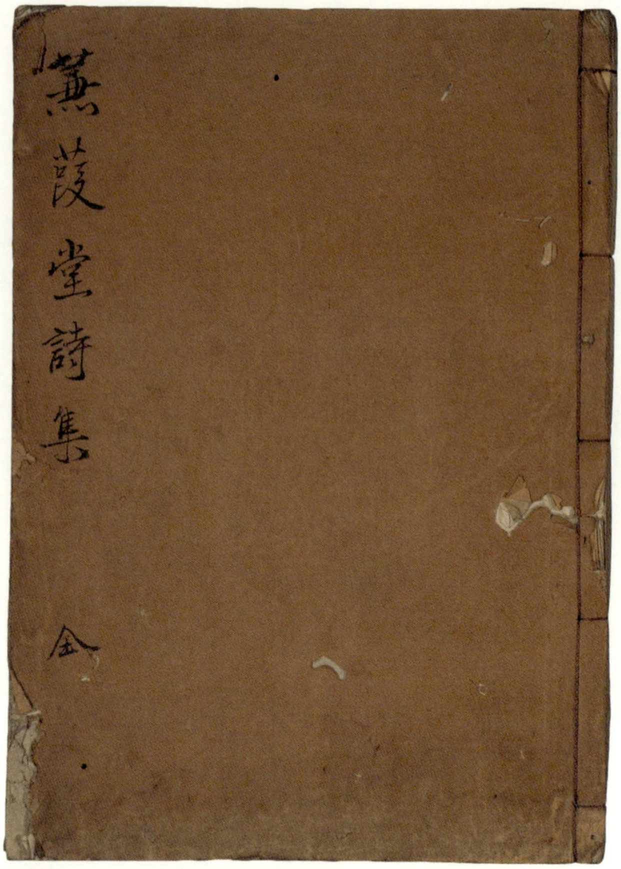

表紙

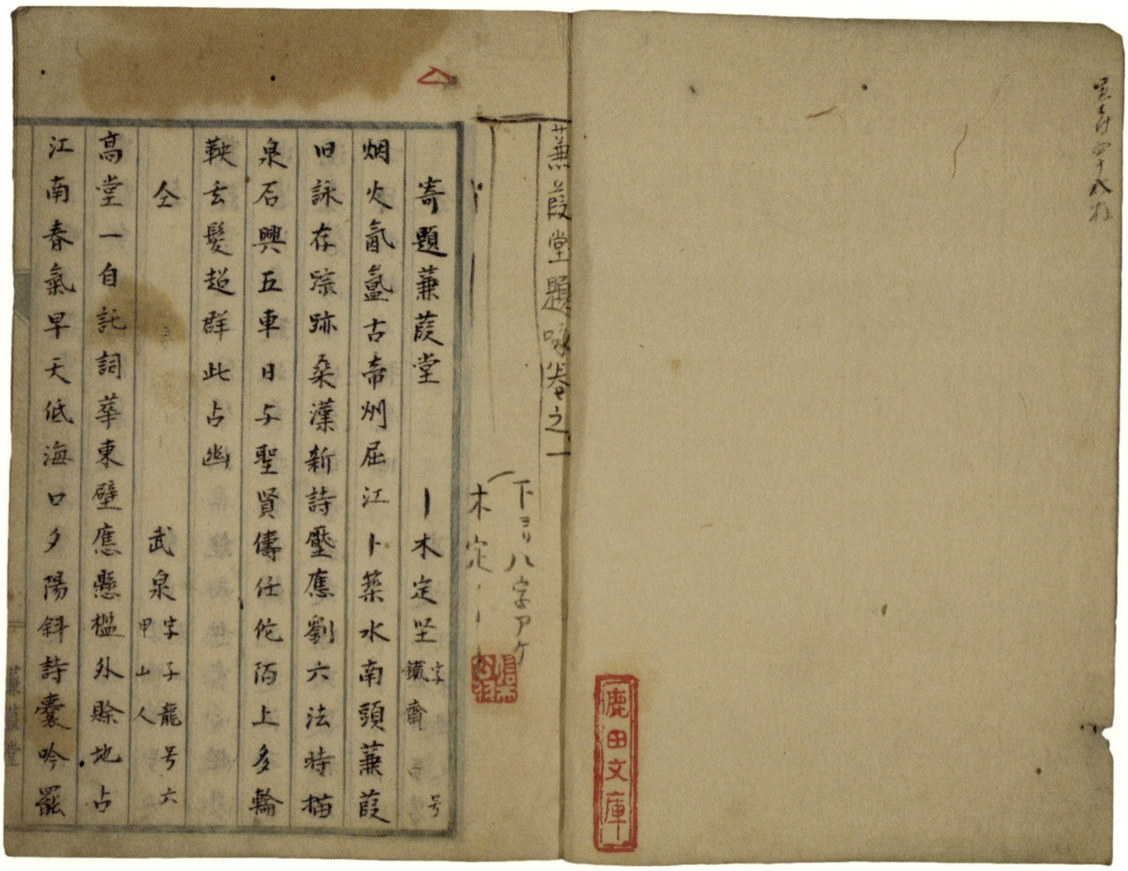

一オ

遊紙ウ（本来は表紙の裏ヵ）

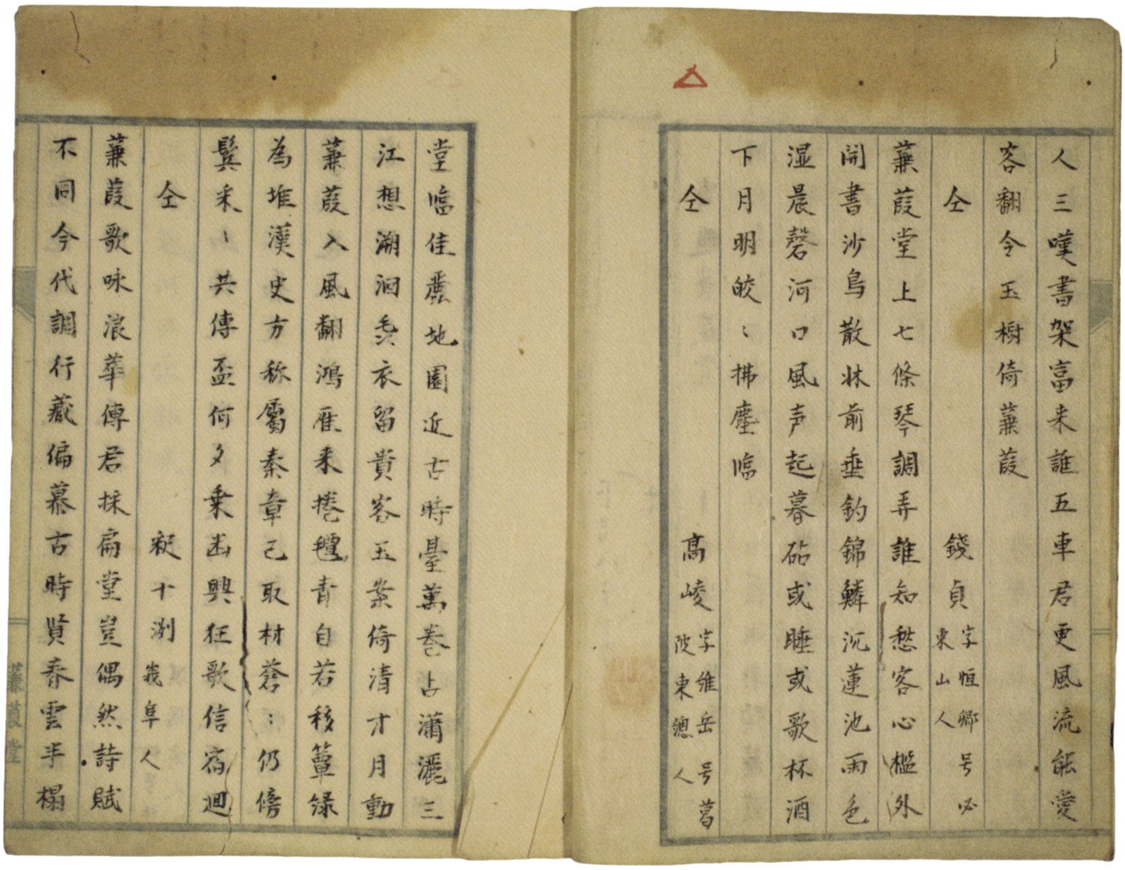

人三嘆書架富来誰五車君更風流能愛
客翻令玉樹倚蒹葭
仝　錢貞　字恒卿号必東山人
蒹葭堂上七條琴調弄誰知愁客心檻外
閑書沙鳥散林前垂釣錦鱗沉蓮池雨色
湿晨磬河口風声起暮砧或睡或歌杯酒
下月明皎々拂塵喧
仝　高崚　字維岳号蒿陂東總人

堂臨佳麗地園近古時臺萬巻占瀟灑三
江想瀰洄吳衣留貴客玉案倚清才月動
蒹葭入風翻鴻雁来捲纏青自若移簞緑
為堆漢史方称蜀秦章已取材蓉々仍傍
鬓来々共傳盃何夕乗酒興狂歌信寫廻
仝　釈十洲　我阜人
蒹葭歌咏浪華傳君抹扁堂豈偶然詩賦
不同今代調行藏偏慕古時賢春雲手榻

二オ

一ウ

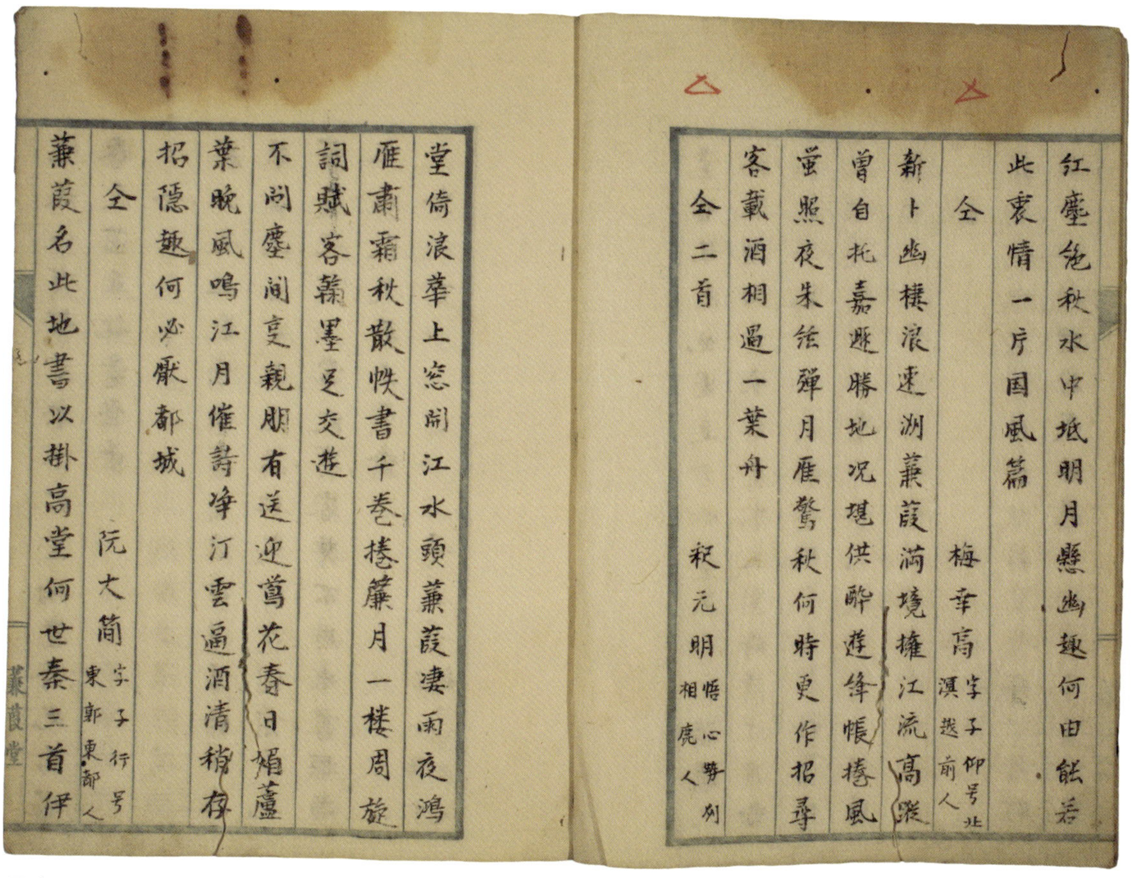

紅塵絶秋水中坻明月懸幽趣何由能若
此衷情一片国風篇
仝　梅辛高　字子仰号北溟選前人
新卜幽棲浪速洲蒹葭満境擁江流高蹤
曾自托嘉遯勝地况堪供醉遊絳帳捲風
蛍照夜朱絃彈月雁驚秋何時更作招尋
客載酒相過一葉舟
仝二首　釈元明　悟心号列相虎人

堂倚浪華上窓閑江水頭蒹葭凄雨夜鴻
雁粛霜秋散帙書千巻捲簾月一楼周旋
詞賦客翰墨足交遊
不問塵間事親朋有送迎鶯花春日娟蘆
葉晩風鳴江月催詩浄汀雲過酒清稍存
招隠趣何必厭都城
仝　阮大簡　字子行号東郭東都人
蒹葭名此地書以掛高堂何世秦三首伊

三オ

二ウ

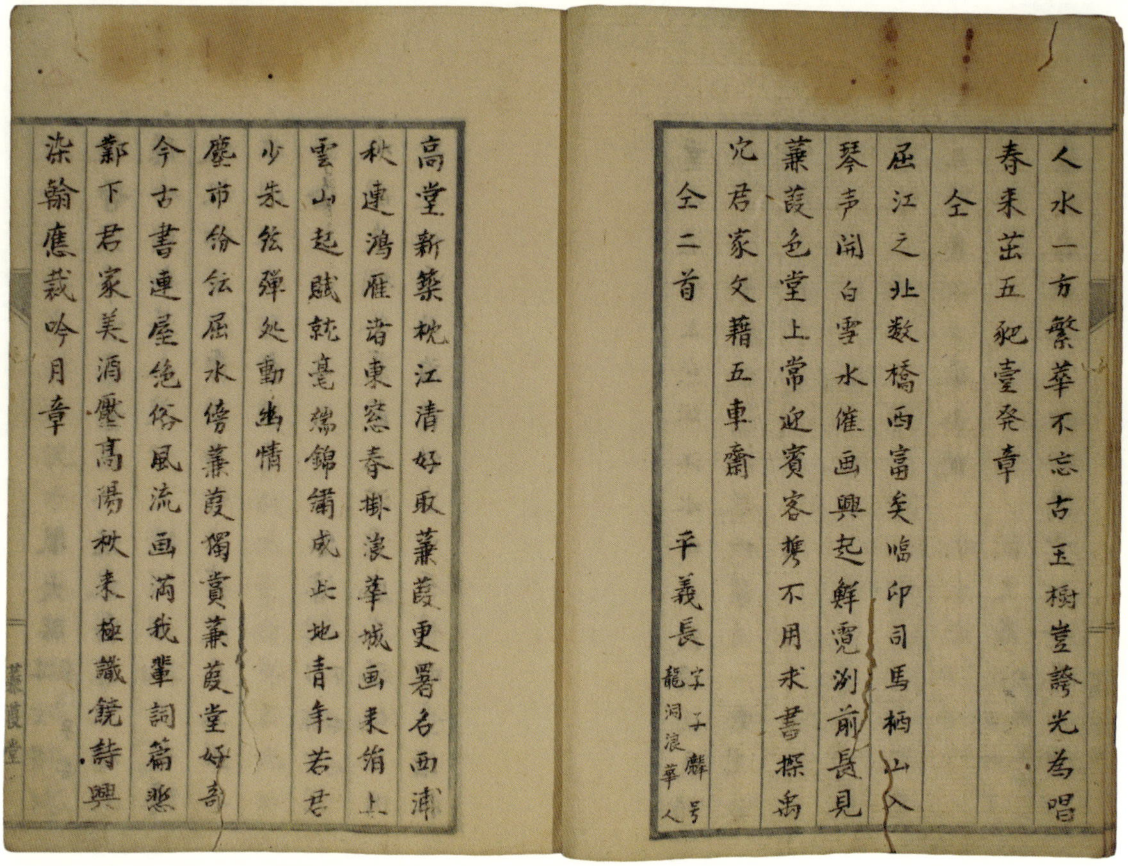

人水一方繁華不忘古玉樹豈誇光為唱
春来茁五䆀臺発章
仝
凪江之北数橋西富矣嗚印司馬栖山入
琴声閑白雪水催画興起鮮霓洌前長見
蒹葭色堂上常迎賓客携不用求書探禹
冘君家文藉五車齋
仝二首　平義長 字子麟号龍洞浪華人

三ウ

高堂新築枕江清好取蒹葭更署名西濤
秋連鴻雁沓東窓春掛浪華城画来悄上
雲山起賦就毫端錦繍成此地青年若君
少朱絃弾処動幽情
廛市紛紜凪水傍蒹葭獨賞蒹葭堂好奇
今古書連屋絶俗風流画満我輩詞篇悉
鄴下君家美酒壓高陽秋来極識饒詩興
染翰應裁吟月章

四オ

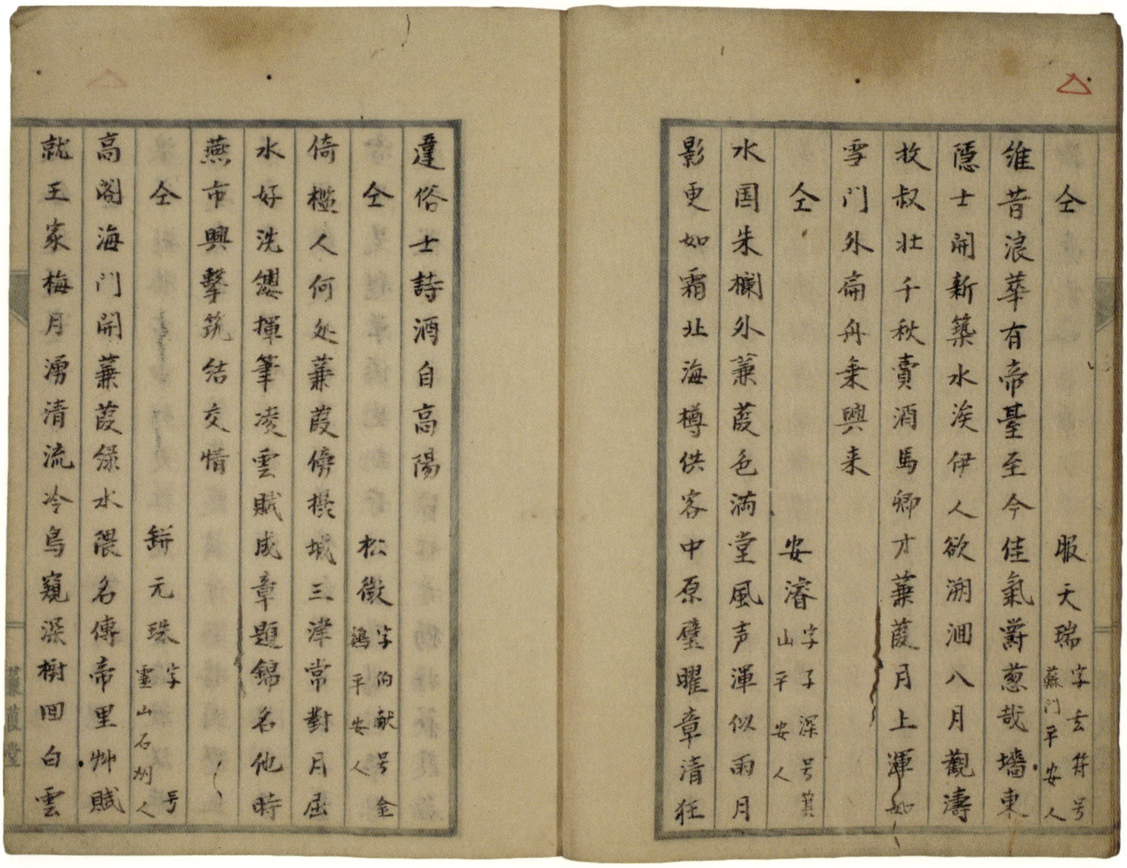

仝　服天瑞 字玄符号蘇门平安人
維昔浪華有帝臺至今佳氣欝葱哉墻東
隠士開新築水涘伊人欲溯洄八月觀濤
枚叔壮千秋賣酒馬卿才蒹葭月上渾如
雪门外扁舟乗興来
仝　安濬 字子深号眞山平安人
水国朱欄外蒹葭色満堂風声渾似雨月
影更如霜北海樽供客中原壁曜章清狂

四ウ

達俗士詩酒自高陽
仝　松徴 字向献号金鴻平安人
倚檻人何処蒹葭傍椴城三津常對月屈
水好洗纓揮筆凌雲賦成章題錦名他時
燕市興撃筑結交情
仝　錐元珠 字号 靈山石州人
高閣海門開蒹葭緑水隈名傳帝里艸賦
就王家梅月澪清流冷鳥窺深樹回白雲

五オ

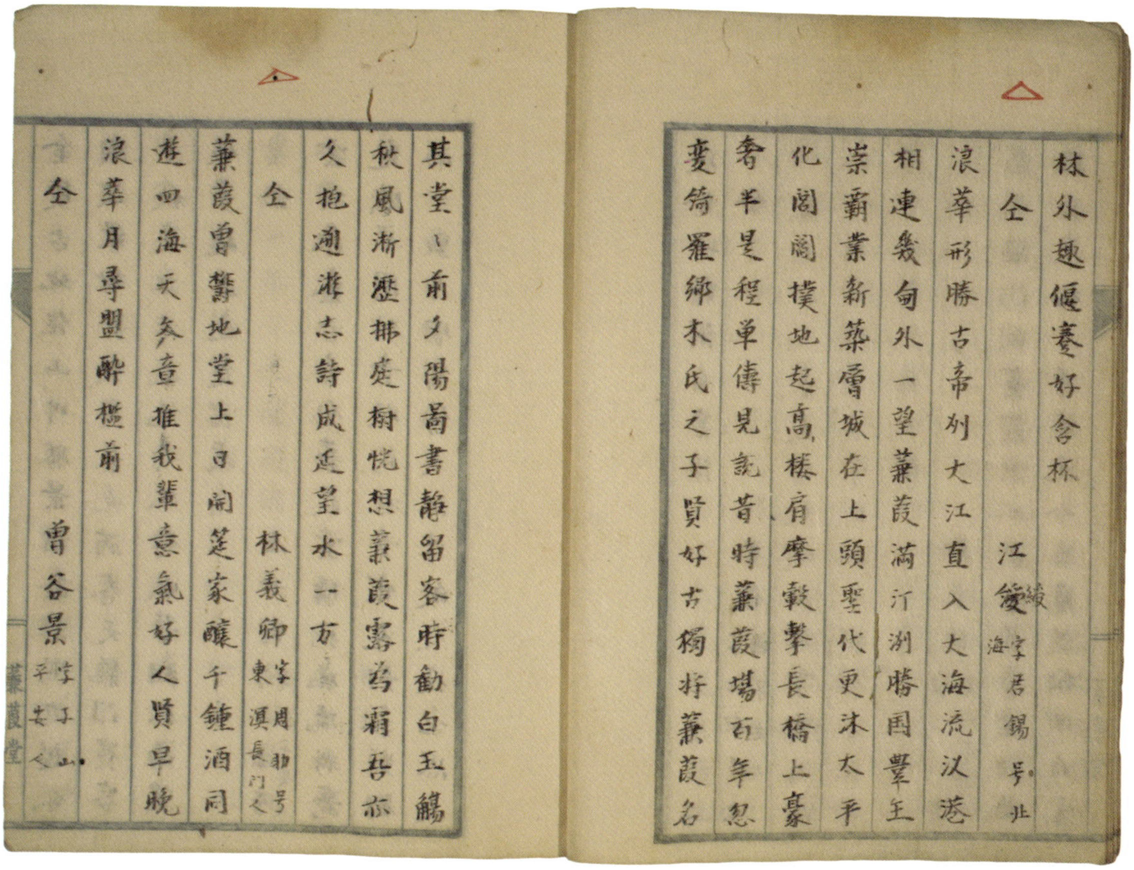

林外趣偃蹇好含杯
仝　江綾 字君錫号北海
浪華形勝古帝州大江直入大海流汊港
相連幾旬外一望蒹葭満汀洲勝国豐王
崇覇業新築層城在上頭聖代更沐太平
化閭閻撲地起高楼肩摩轂撃長橋上豪
奢半是程単傳見説昔時蒹葭場百年忽
変倚羅綺木氏之子賢好古獨将蒹葭名

其堂々前夕陽尚書龍留客時勧白玉觴
秋風漸瀝排庭樹恍想蒹葭露為霜吾亦
久抱溯游志詩成延望水一方
仝　林義卿 字周翰号東溟長門人
蒹葭曾聲地堂上日開楚家醸千鍾酒同
遊四海天奔章推我輩意氣好人賢早晩
浪華月尋盟酔檻前
仝　曾谷景 字子山平安人
蒹葭堂

六オ　　五ウ

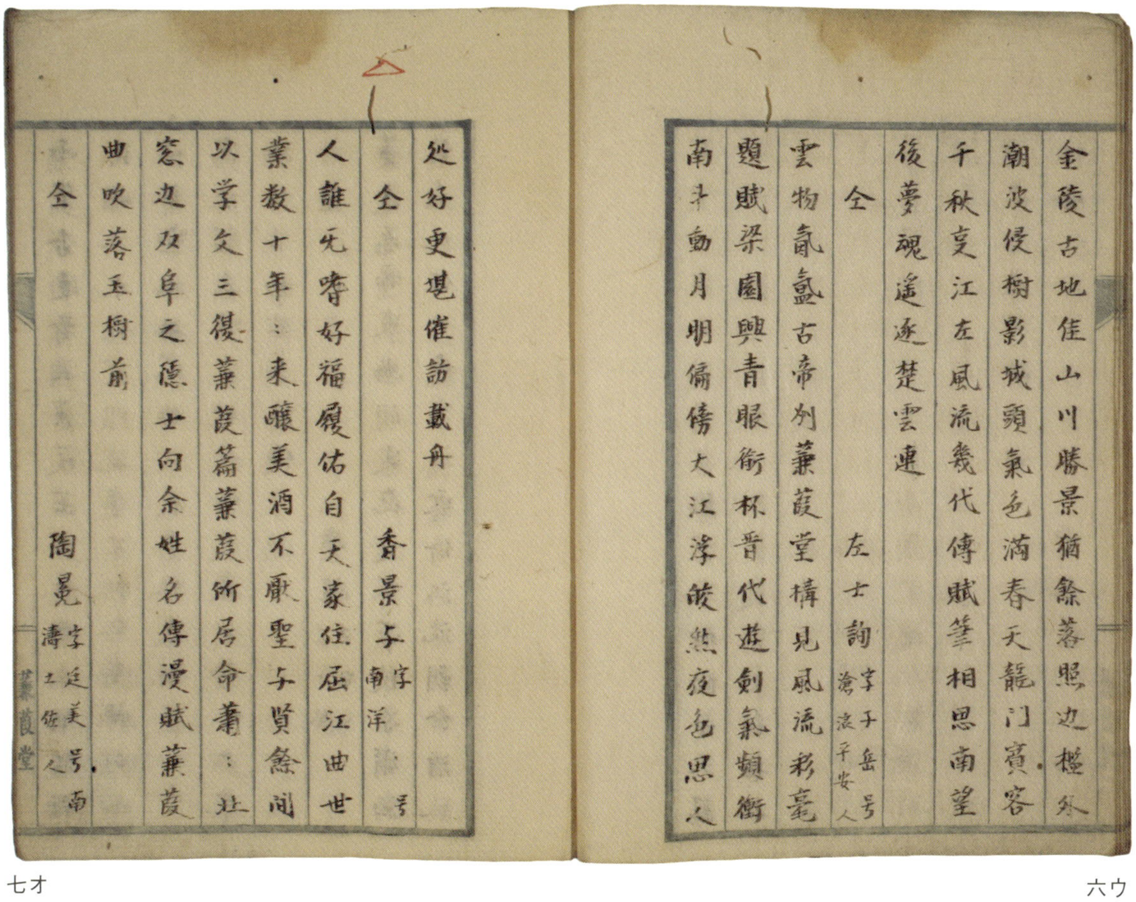

金陵古地佳山川勝景猶餘暮照辺檻外
潮波侵樹影城頭氣色満春天龍門賓客
千秋会江左風流幾代傳賦筆相思南望
後夢魂遥逐楚雲連
仝　左士詢 字子岳号滄浪平安人
雲物氤氳古帝州蒹葭堂構見風流彩毫
題賦梁園興青眼衘杯晋代遊剣氣頻衝
南斗動月明偏傍大江浮誰然夜色思人

処好更堪催訪戴舟
仝　香景与 字南洋号
人誰无嗜好福履祐自天家住巫江曲世
業数十年々来醸美酒不厭聖与賢餘閒
以学文三復蒹葭篇蒹葭所居命蕭々壮
窓辺双阜之隠士向余姓名傳漫賦蒹葭
曲吹落玉樹前
仝　陶晃 字廷美号南濤土佐人
蒹葭堂

七オ　　六ウ

西望杳連滄海蒹葭茁古帝州人烟随阡
陌闤江水長望门流塵不到紅塵裡何如
必林壑幽撫琴時又展巻終歳須不知憂
寓意留名書室棲遅好度幾秋蒼々白露
漸結唯勧君為霜偃
仝　廣麟 字士瑞 平安人
蒹葭為物寂幽閒寒花更憐帯秋凉瀟洒
佳色比伍竹瘦容濇露倚江流朝夕清風

七ウ

声寂々夕迎明月影蒼々往昔繙紳称此
草今日主人始名堂壮観客多浪華口感
慨賦成古帝州孤棹問君百里路歌　移
時如旧朋満楼青標尽觴手天下楽寔寓
意長渺茫波色可隠欄漁竿秉興時泛舟
摛藻揮筆誰相　野客蕭然此把觴
仝　田章 字子明 号鳴门 近江人
蒹葭洲畔蒹葭堂々上吹笙集鳳凰園後

八オ

青筠随意聳檻前緑水入看長薫風倚席
人如玉伏暑閑庭月似霜瀟洒才流久欽
慕更期共酔縛陰傍
仝　高彝 字君秉 号鳴谷 緩浦人
天寒白露結為霜倦客投来酔此堂鳴雁
秋高風瑟々蒹葭月上夜蒼々鷗馴自有
滄洲趣玉振翻歌秦国章最恨忽々分袂
去溯洄宛在水中央

八ウ

夕題風作戦佳人朝来露初晞臨门車轅
清香駐過肆船分翠色飛吾亦市中聊避
世溯洄日々莫相違
仝　釈高應 号象外
蒼々佳色蒹葭州卜築知君秉暇游屋後
寒梅非北地江边明月憶南楼譚経夷甫
頻揮塵有酒謫仙宜換裘借問高堂諸客
裡何人亦自接風流

九オ

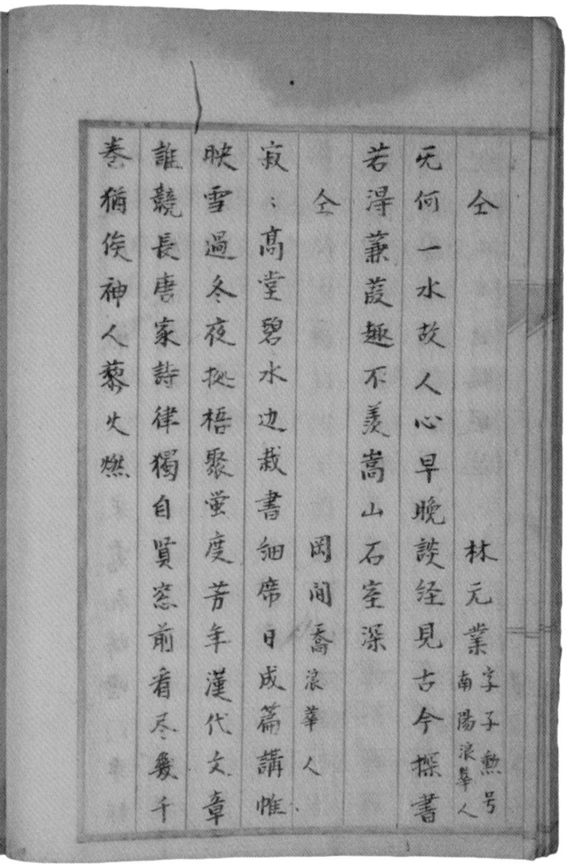

仝　林元業 字子勲号南陽浪華人
无何一水故人心早晩談経見古今探書
若淂蒹葭趣不羨嵩山石室深
仝　岡聞喬 浪華人
寂〻高堂碧水边裁書細席日成篇講帷
映雪過冬夜拠梧聚蛍度芳年漢代文章
誰競長唐家詩律獨自賢窓前看尽幾千
巻猶侯神人藜火燃

九ウ

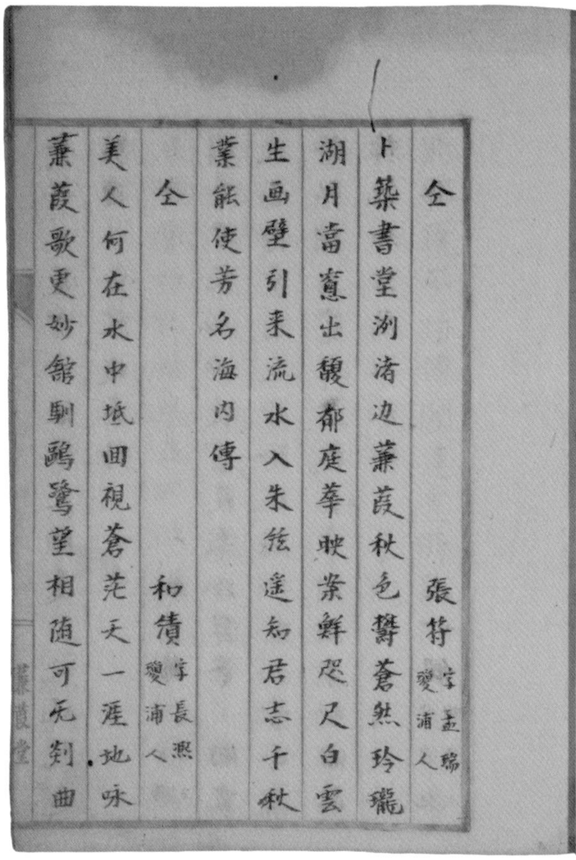

仝　張符 字孟瑞雙浦人
卜築書堂洲渚边蒹葭秋色欝蒼然玲瓏
湖月當窻出馥郁庭華映紫鮮咫尺白雲
生画壁引来流水入朱絃遥知君志千秋
業能使芳名海内傳
仝　和債 字長淵雙浦人
美人何在水中坻回視蒼茫天一涯地咏
蒹葭歌更妙舘馴鷗鷺望相随可无剡曲

蒹葭堂

十オ

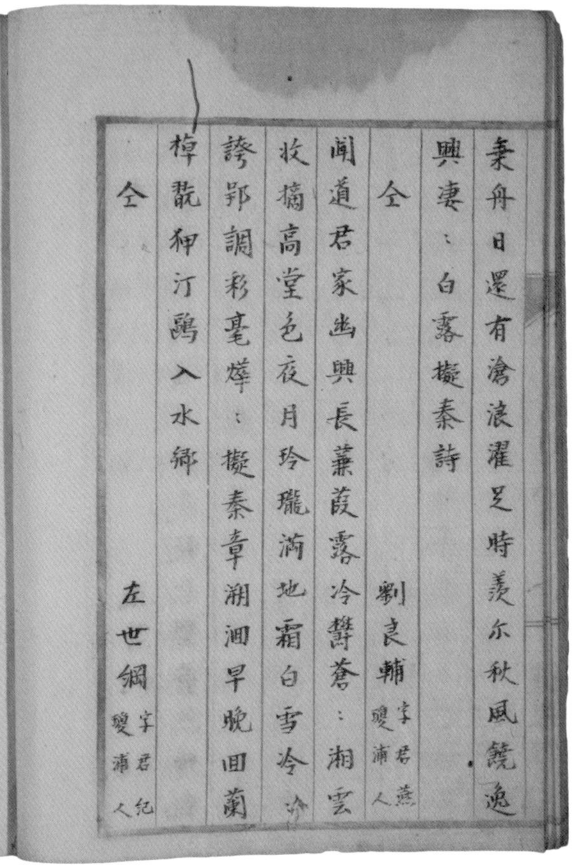

棄舟日還有滄浪濯足時羨尓秋風饒逸
興凄〻白露擬秦詩
仝　劉良輔 字君燕雙浦人
聞道君家幽興長蒹葭露冷欝蒼〻湘雲
妝摘高堂色夜月玲瓏满地霜白雪冷冷
誇郢調彩毫焞〻擬秦章溯洄早晩田蘭
棹艤狎汀鷗入水郷
仝　左世綱 字君紀雙浦人

十ウ

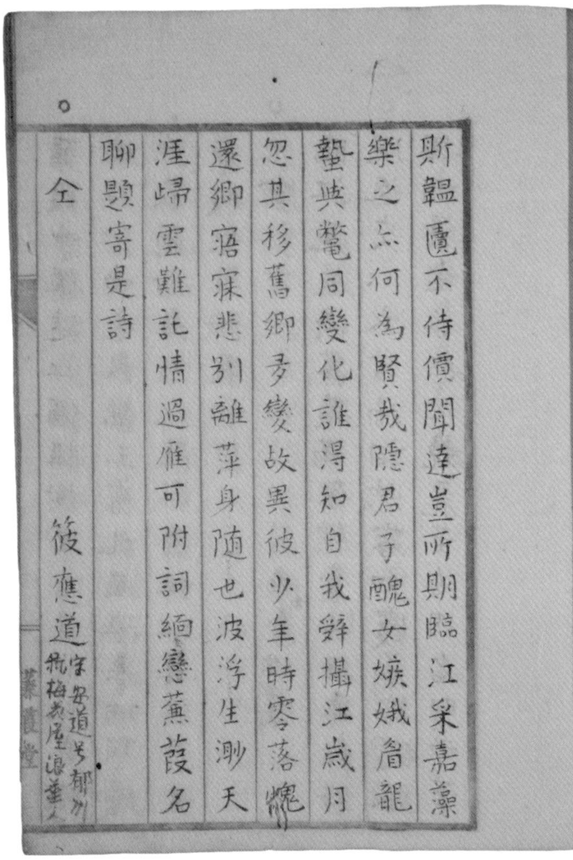

斯韞匵不待價闡達豈所期臨江采嘉藻
樂之亦何為賢哉隱君子醜女嫉娥眉龍
蟄與鼈同變化誰淂知自我辭攝江歳月
忽其移舊郷多變故異彼少年時零落愧
還郷寤寐悲別離萍身随世波浮生渺天
涯帰雲難託情過雁可附詞緬戀蒹葭名
聊題寄是詩
仝　筱應道 字安道号郁州秋梅書屋浪華人

蒹葭堂

十一オ

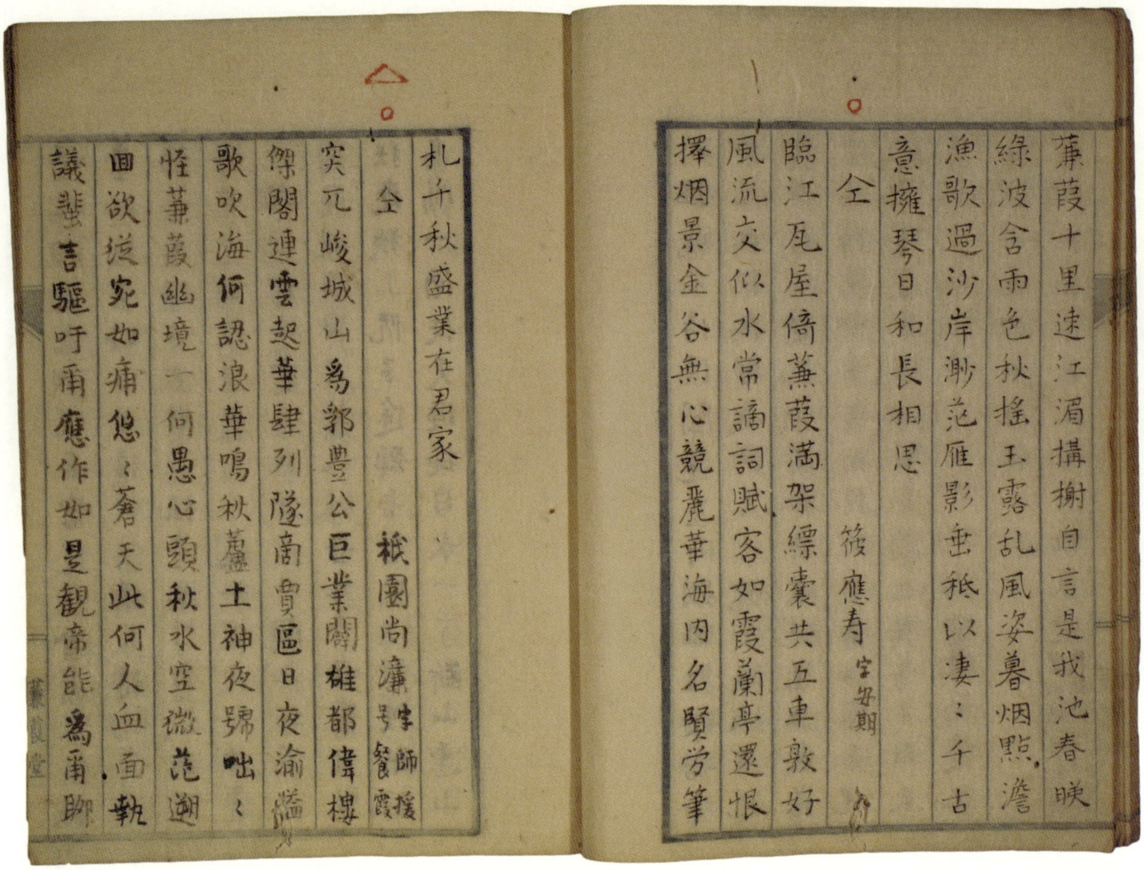

十一ウ

十二オ

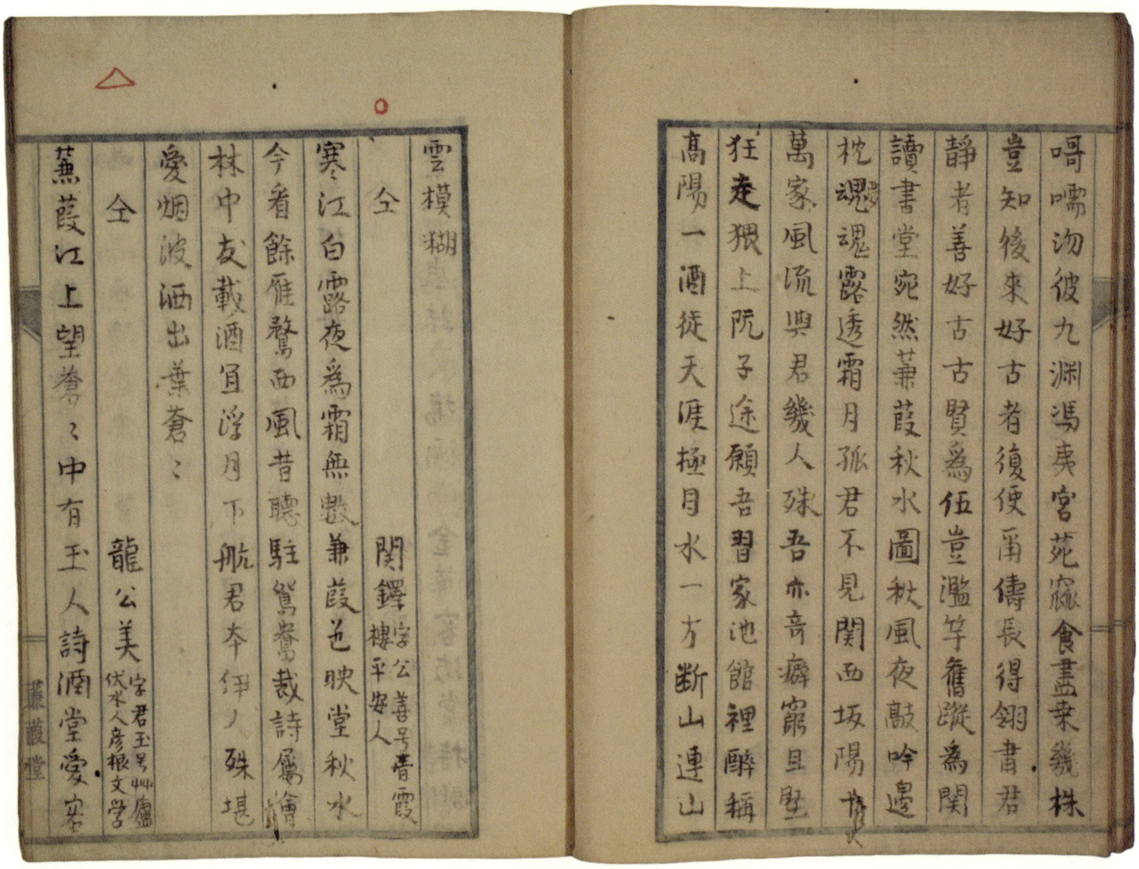

十二ウ

十三オ

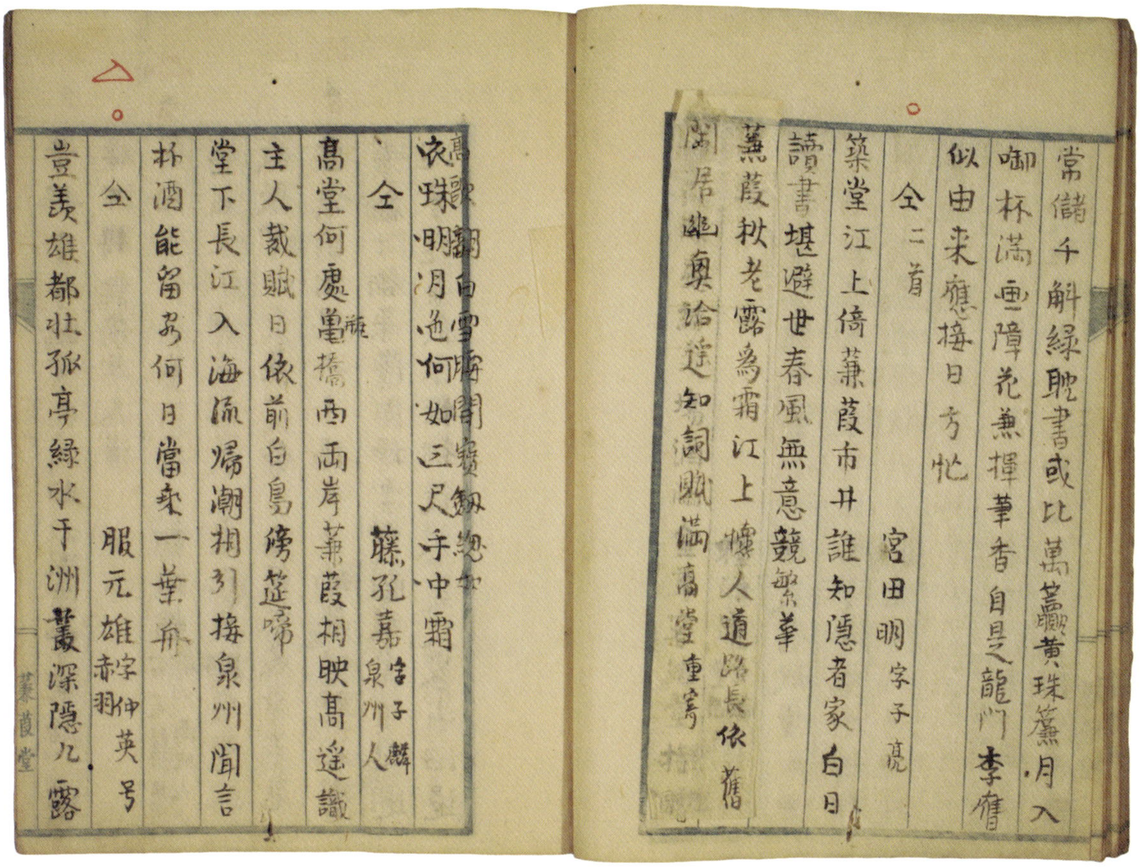

常儲千斛緑醽書或比萬籤黄珠簾月入
啣杯満雪障花兼揮筆香自是龍門 李膺
似由来應接日方忙
仝 二首　宮田明 字子亮
築堂江上倚蒹葭市井誰知隠者家白日
讀書堪避世春風無意競繁華
蒹葭秋老露為霜江上憐人道路長 依舊
閑居幽興捨逢知詞賦満高堂 重寄

衣珠明月色何如三尺手中霜
仝　藤孔嘉 字子麟 泉州人
高堂何處畫橋西両岸蒹葭相映高逢識
主人裁賦日依前白鳥傍筵啼
堂下長江入海流帰潮相引接泉州聞言
杯酒能留客何日當乘一葉舟
仝　服元雄 字仲英 号赤羽
豈羨雄都壮孤亭緑水千洲叢深隠几露

十四オ　（貼り込みあり）　十三ウ

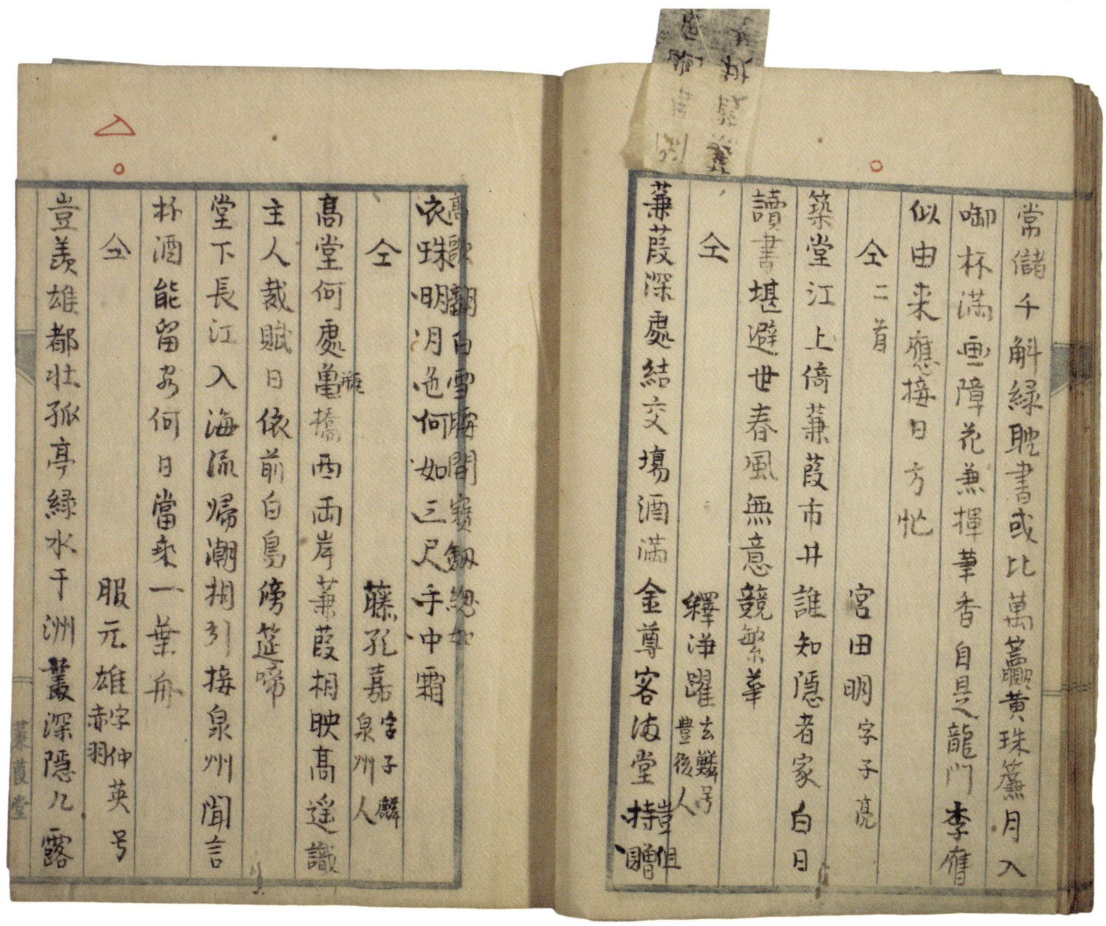

仝
蒹葭深處結交場酒満金尊客滿堂
釋浄曜 玄蠖 号 豊後人

十四オ　（貼り込みを上にあげた状態）　十三ウ

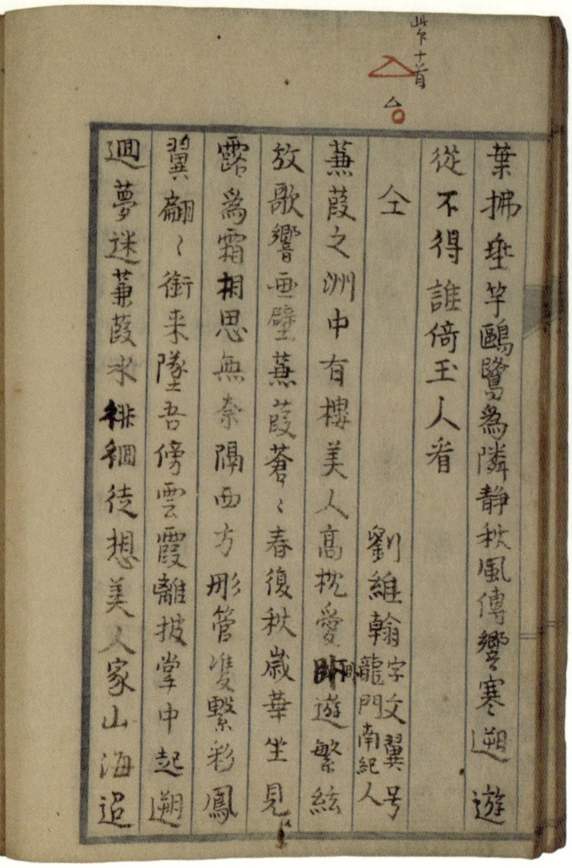
葉拂垂竿鷗鷺為隣静秋風傳響寒迴遊
從不得誰倚玉人看
仝　劉維翰 字文翼号龍門南紀人
蒹葭之洲中有樓美人高枕愛晰遊繁絃
放歌響画壁蒹葭蒼々春復秋歳華坐見
露為霜相思無奈隅西方彤管凄繫彩鳳
翼翩々銜来墜吾傍雲霞離披掌中起遡
迴夢迷蒹葭水徘徊徒想美人家山海逈

十四ウ

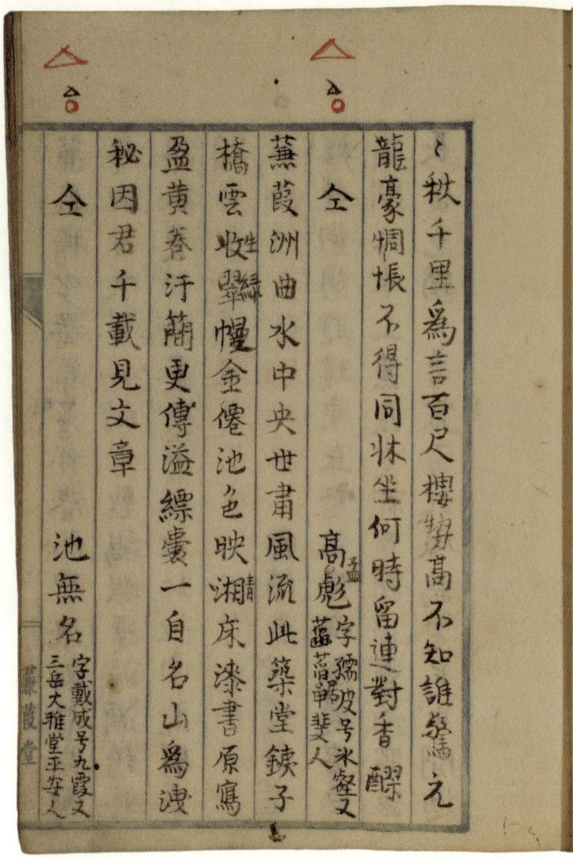
々秋千里為言百尺樓𨻶高不知誰鶩元
龍豪惆悵不得同牀坐何時留連對香醪
仝　高彪 字孺皮号氷壑又蘿蔔翁斐人
蒹葭洲曲水中央世肅風流此築堂鋏子
橋雲收鬟幔金僊池色映湘床漆書原寫
盈黄巻汗簡更傳溢縹嚢一自名山為洩
秘因君千載見文章
仝　池無名 字載成号九霞又三岳大雅堂平安人

十五オ

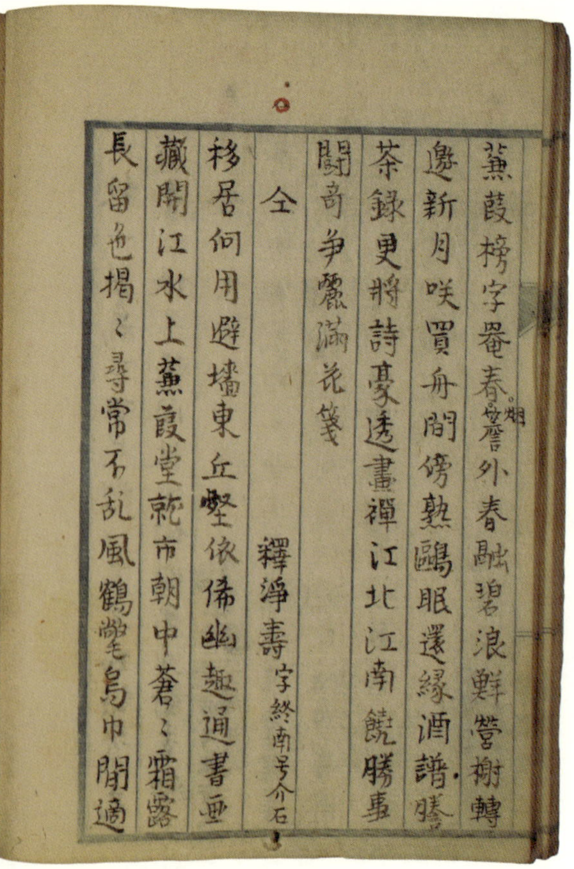
蒹葭榜字罨春烟簷外春融碧浪鮮營樹轉
遷新月咲買舟閒傍熟鷗眠還縁酒譜
茶録更將詩豪透畫禪江北江南饒勝事
關奇争麗滿花箋
仝　釋淨壽 字終南号介石
移居何用避墻東丘壑依俤幽趣通書画
藏閑江水上蒹葭堂乾市朝中蒼々霜露
長留色揭々尋常不乱風鶴鸞鳥巾閒過

十五ウ

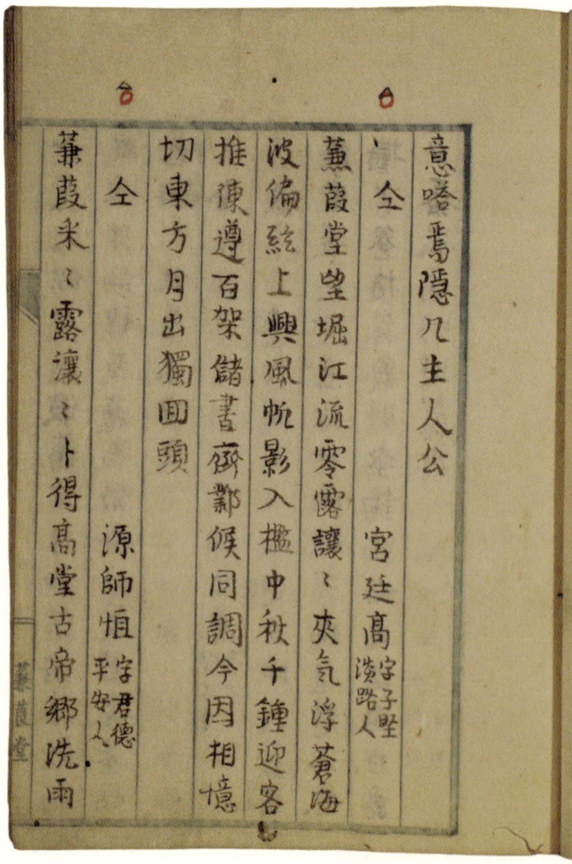
意嗒焉隱几主人公
仝　宮廷高 字子堅淡路人
蒹葭堂堂堀江流零露讓々爽氣浮蒼海
波偏絃上興風帆影入檻中秋千鍾迎客
推陳遵百架儲書齊鄴侯同調今因相憶
切東方月出獨回頭
仝　源師恒 字君德平安人
蒹葭采々露瀼々卜得高堂古帝鄉洗雨

十六オ

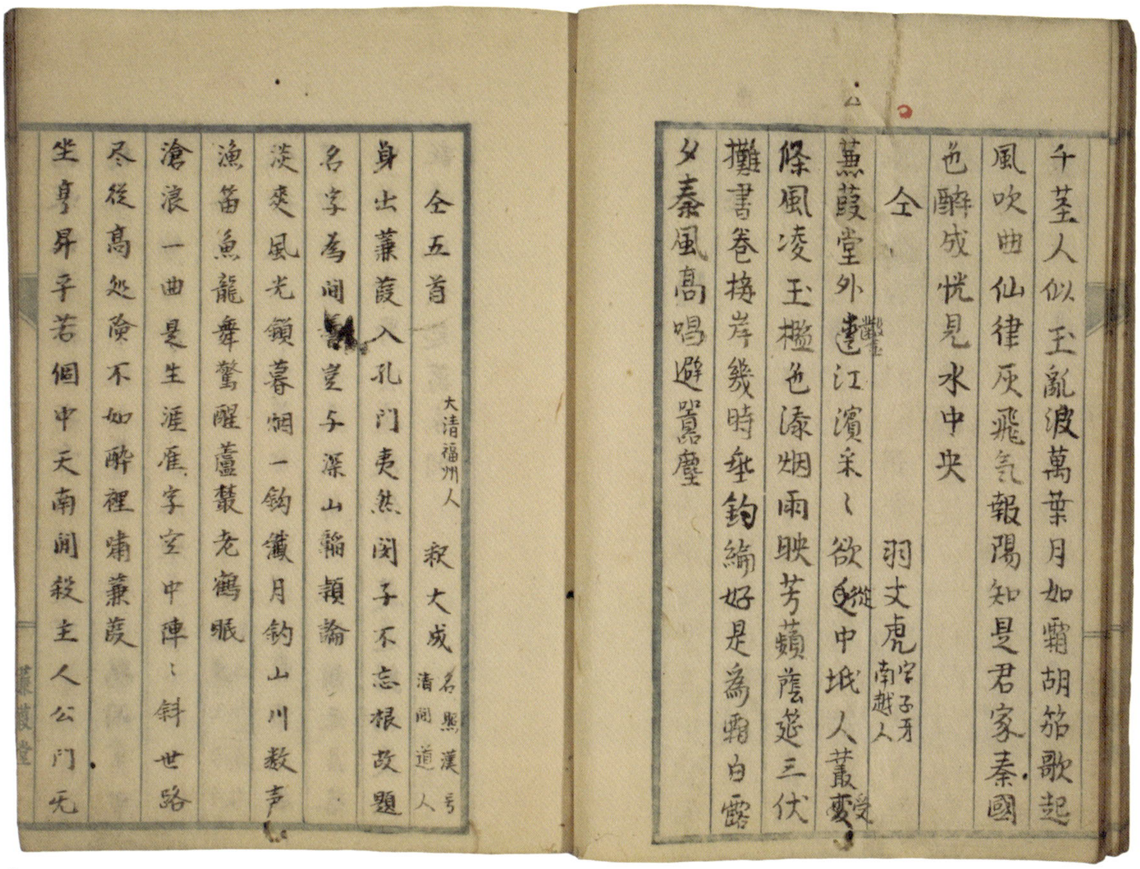

千茎人似玉亂波萬葉月如霜胡笳歌起
風吹曲仙律灰飛氣報陽知是君家秦國
色酔成恍見水中央

仝　羽丈虎 字子牙 南越人
蒹葭堂外遶江濱采采欲從中坻人叢處
條風凌玉檻色漆烟雨映芳蘋蔭巡三伏
攤書卷捲岸幾時垂釣綸好是蒹葭白露
夕秦風高唱避囂塵

仝五首
大清福州人　寂大成 名照漢 号清閒道人
身出蒹葭入孔門夷然閔子不忘根故題
名字為閒■堂子深山循韻論
淡爽風光鎮暮烟一鈎纖月釣山川数声
漁笛魚龍舞驚醒蘆叢老鶴眠
滄浪一曲是生涯底事空中陣陣斜世路
尽從高処険不如酔裡靖蒹葭
坐亨昇平若個中天南閒殺主人公門无

蒹葭堂

十六ウ　十七オ

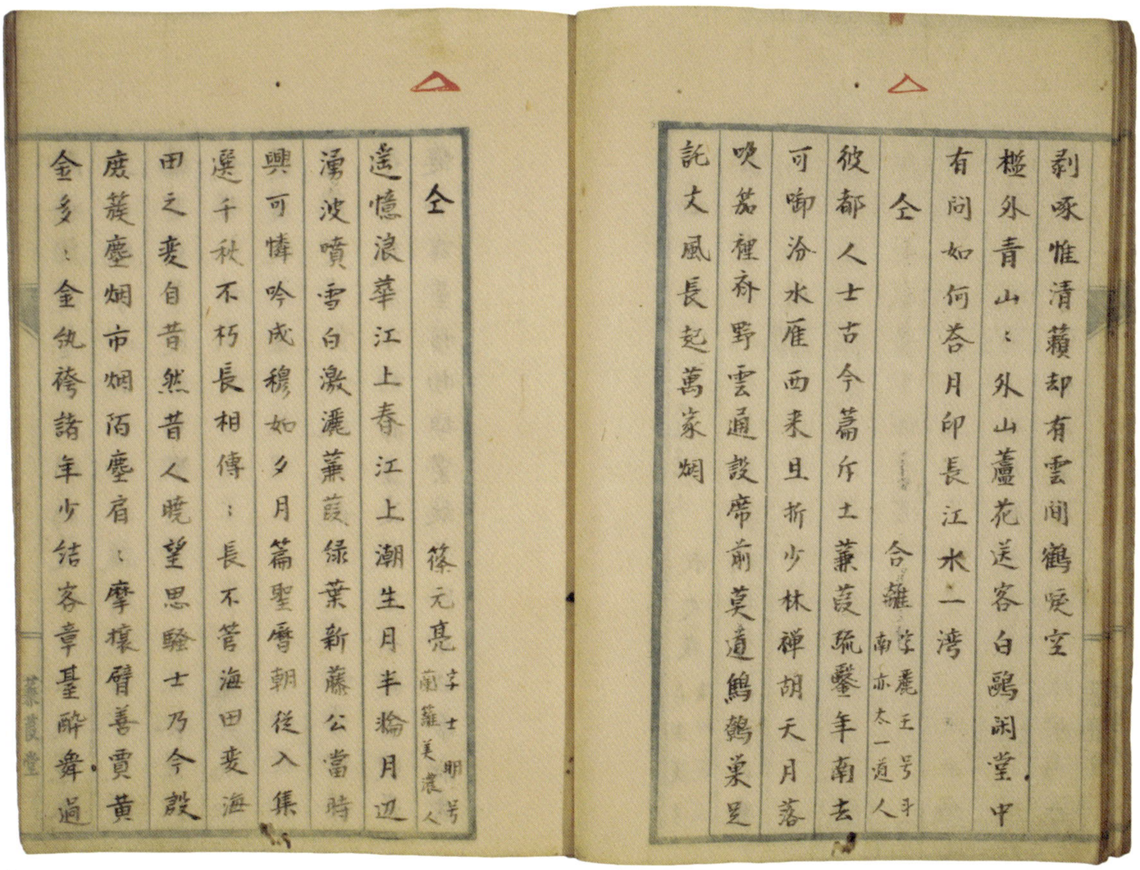

剝啄惟清蘋却有雲間鶴冤室
檻外青山山外山蘆花送客白鷗閑堂中
有問如何答月印長江水一灣

仝　合雛 字麗元 号子南 赤太一道人
彼都人士古今篇斥土蒹葭号鬐年南去
可啣洽水雁西来且折少林禪胡天月落
吹笳裡齊野雲通設席前莫道鵷鷞巣是
託大風長起萬家烟

仝
篠元亮 字士明 号蘭蘿美濃人
遥憶浪華江上春江上潮生月半輪月辺
瀟波噴雪白激灑蒹葭緑葉新藤公當時
興可悵吟成穗如夕月篇聖膺朝從入集
選千秋不朽長相傳傳長不管海田変海
田之変自昔然昔人晩望思騒士乃今設
度蒹塵烟市烟陌塵宿宿摩壌臂善賈黄
金多多金執夸諸年少结客章臺酔舞過

蒹葭堂

十七ウ　十八オ

十八ウ

醉舞浮遊餐五昜鬪鷄從博雍七娥嘻木
生白眼于此出群好古殷詩歌書堂茨蘂
耡其傍蒹葭移植號其堂宜雨宜風宜夕
飲操觚摛藻遺世忙学山藝海採其濆取
道漢魏若盛唐我唱尓和珠音走相視相
笑蘭契長鄰下風流競俊英竹林彦會籍
今名識君不朽存虚㝎識君千秋蜚駿声
從今有星移物換業教光與白日争壮歳

十九オ

志業才亦奇々才壮志一何偉又憶披蓁
間尋日瓊琚忽投美人貽欲答謝之慚木
李欲往謝之寄化児早晩一葦湖游去子
兮遠在江南涯
仝　大江資衡 字稺圭号玄圃平安人
書堂高倚鐵橋前欄外蒼々結水烟葉動
秋声疑牧笛影浮春浪逐漁船于今津国
裁新賦維昔秦風入舊篇珍重主人餘雅

蒹葭堂

十九ウ

興盃盤會客日周旋
仝　葛湛 字子琴号小園浪華人
昔在蒹葭渚翻為喧閙場国風傳諷詠今
古感滄桑酒肆幾年隱圖書萬巻蔵千秋
采々色獨属此華堂
仝　田中和 字文平号道齋南阿人
雨後秋光映晩空海濱明月更玲瓏蒹葭
露吟秦時色玉樹影清漢代風座上青尊

二十オ

迎客満人間文藻入堂衆即今頼有同志
應意気求采興自雄
仝　松正楨 字柏堂号平安人
[redacted]一架書曲肱忘缺蝶莫
意義遊奐
仝　松明之 字茂叔号黛来居浪華人
江南華麗地憂屋傍蒹葭最好秋邀月還
無春對花琴尊陶令牖書策恵施車此裏

蒹葭堂

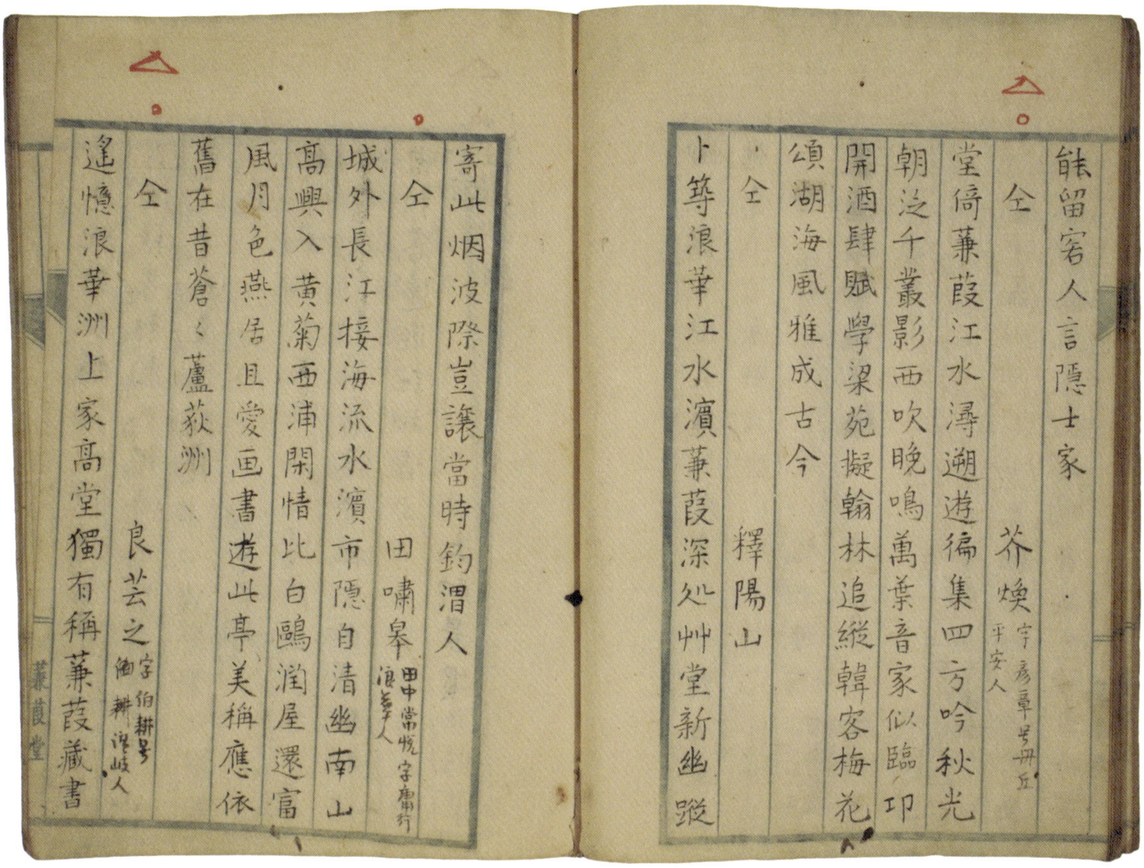

能留客人言隱士家
仝　芥煥 字彥章号丹丘 平安人
堂倚蒹葭江水潯遡遊徧集四方吟秋光
朝泛千叢影西吹晩鳴萬葉音家似臨卭
開酒肆賦學梁苑擬翰林追縦韓客梅花
頌湖海風雅成古今
仝　釋陽山
卜築浪華江水濵蒹葭深処艸堂新幽蹤
寄此烟波際豈譲當時釣渭人
仝　田嘯皋 田中常悅 字庸行 浪華人
城外長江接海流水濵市隱自清幽南山
高興入黄菊西浦閑情比白鷗潤屋還富
風月色燕居且愛画書遊此亭美稱應依
舊在昔蒼々蘆荻洲
仝　良芸之 字伯耕号佃耕 讃岐人
追憶浪華洲上家高堂獨有稱蒹葭藏書
蒹葭堂

二十一オ　　二十ウ

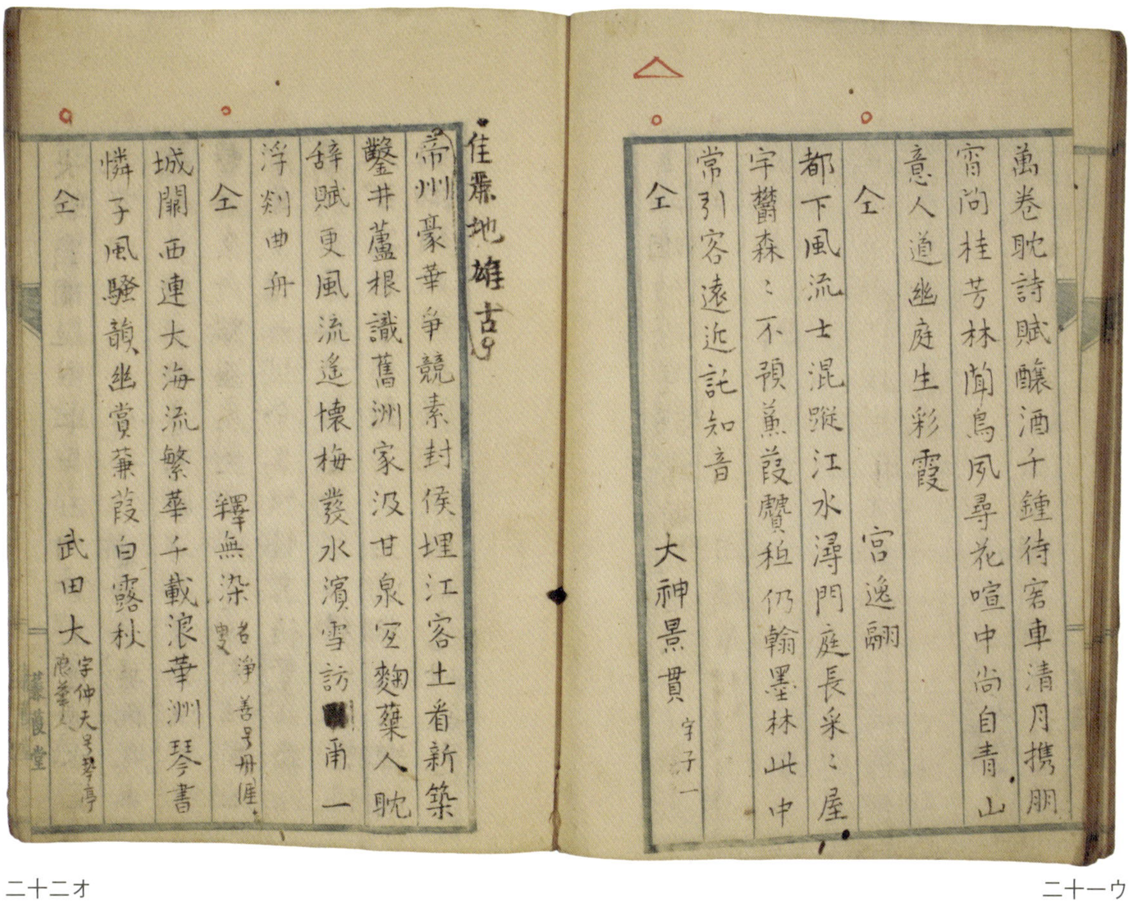

二十二オ　　二十一ウ

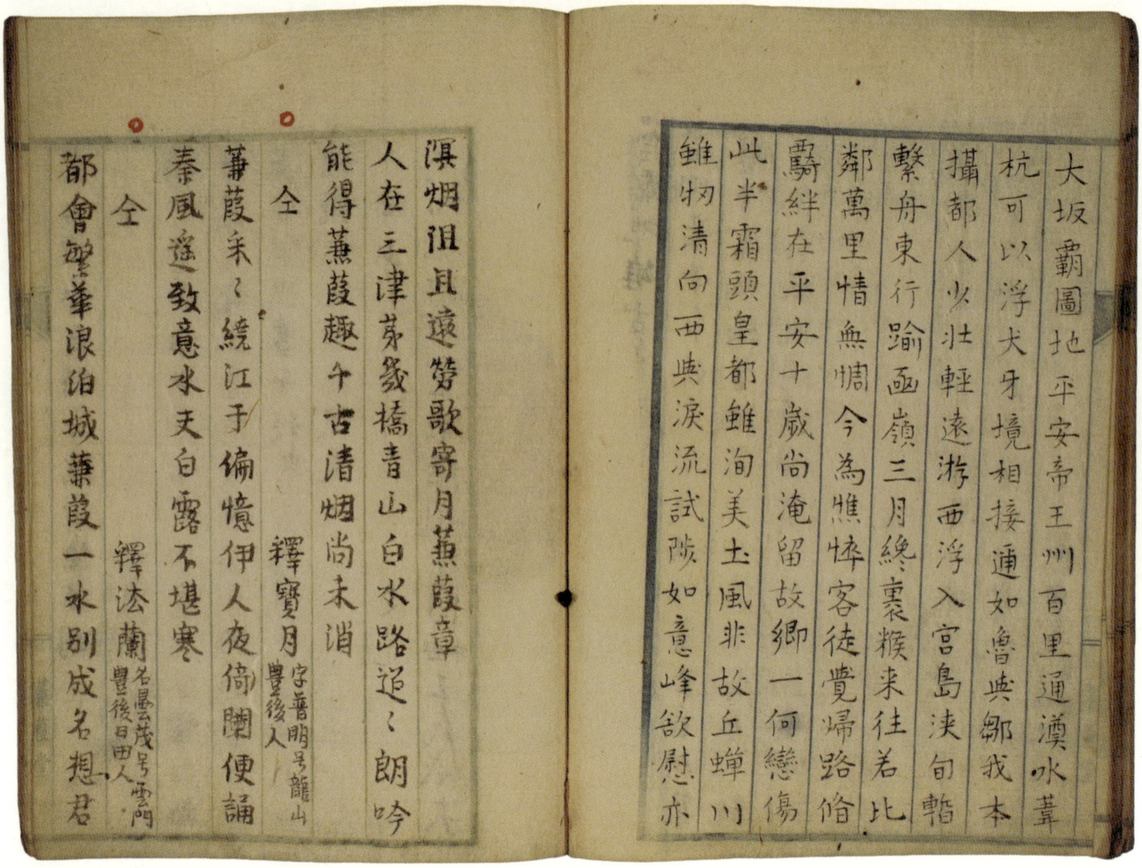
大坂覇圖地平安帝王州百里通漢水葦
杭可以浮犬牙境相接通如魯與鄒我本
攝都人少壯輕遠游西浮入宮島浃旬轄
繫舟東行踰函嶺三月幾裏猴来往若比
鄰萬里情無惆今為憔悴客徒覺帰路脩
覊絆在平安十歳尚淹留故郷一何戀傷
此半霜頭皇都雖洵美土風非故丘蟬川
雖物清向西典涙流試陟如意峰欲慰亦

溟烟沮且遠勞歌寄月蕪葭章
人在三津第幾橋青山白水路迢迢朗吟
能得蒹葭趣千古清烟尚未消
仝　釋寶月 字普明号龍山 豊後人
蒹葭采采繞江干偏憶伊人夜倚闌便誦
秦風遥致意水天白露不堪寒
仝　釋添蘭 名曇茂号雲門 豊後日田人
都會繁華浪泊城蒹葭一水別成名想君

三十二オ　二十二ウ

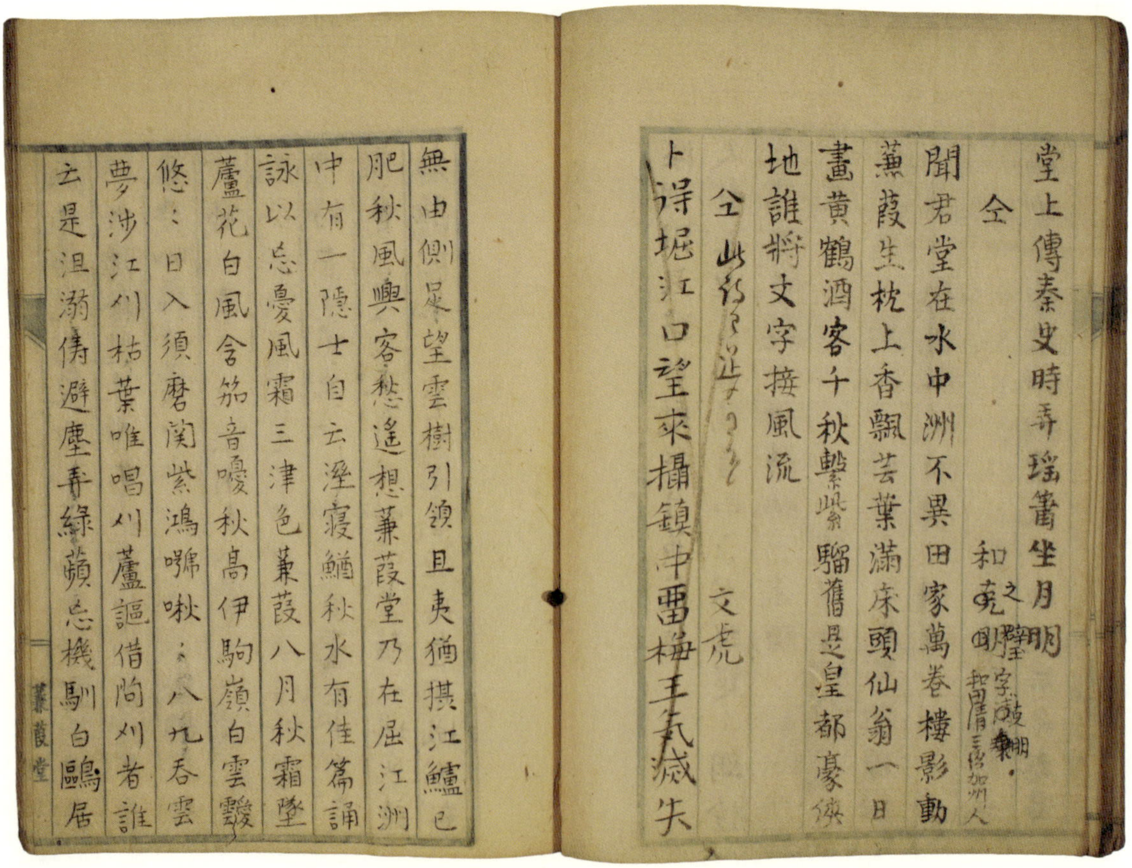
堂上傳秦史時弄瑤簫坐月明
仝　和克明之璧 字[illegible] [illegible]加州人
聞君堂在水中洲不異田家萬巻樓影動
蒹葭生枕上香飄芸葉滿床頭仙翁一日
畫黄鶴酒客千秋繫紫騮舊是皇都豪俠
地誰將文字換風流
仝　文虎
卜得堀江口望來攝鎮中雷梅王氣滅失

無由側足望雲樹引領且夷猶撰江鱸已
肥秋風興客愁遥想蒹葭堂乃在屈江洲
中有一隠士自云巠寝鰌秋水有佳篇誦
詠以忘憂風霜三津色蒹葭八月秋霜墜
蘆花白風含笳音嘎秋高伊駒嶺白雲𩅦
悠悠日入須磨関紫鴻嚦啾啾八九吞雲
夢涉江川枯葉唯唱川蘆謳借問川者誰
云是沮溺儔避塵尋緑蘋忘機馴白鷗居
蒹葭堂

二十四オ　二十三ウ

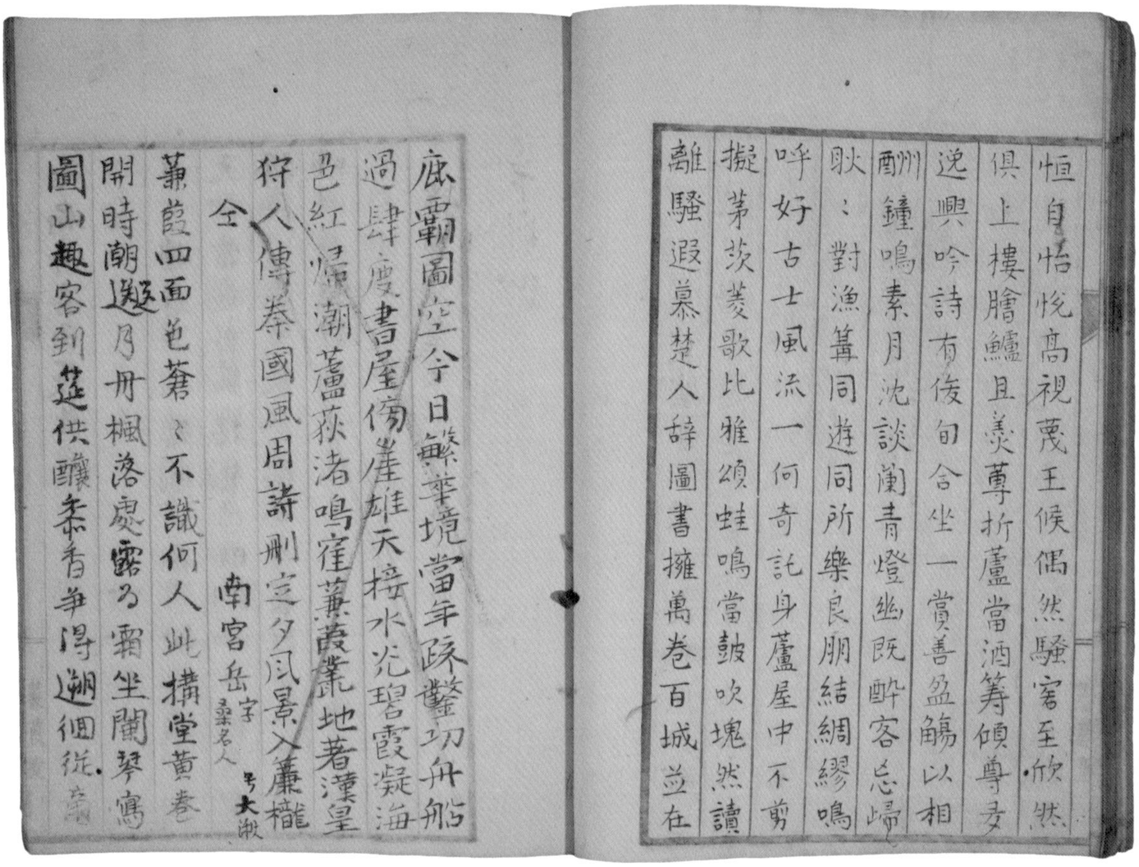
恒自怡悦高視蔑王侯偶然騒客至欣然
俱上樓瞻矚且羨蓴折蘆當酒籌傾尊旁
逸興吟詩有俊句合坐一賞善盈觴以相
酬鐘鳴素月沈談蘭青燈幽既酔客忘歸
耿々對漁篝同遊同所樂良朋結綢繆嗚
呼好古士風流一何奇託身蘆屋中不剪
擬茅茨蓼歌比雅頌蛙鳴當鼓吹塊然讀
離騒遐慕楚人辞圖書擁萬卷百城並在

底霸圖空今日繁華境當年蹂蹩功舟船
過肆廛書屋傍崖雄天接水光碧霞凝海
邑紅帰潮蘆荻渚鳴雀蒹葭叢地著漢皇
狩人傳秦國風周詩删定夕凤景入蒹權
仝　南宮岳 字喬卿 号大湫
蒹葭四面色蒼々不識何人此構堂黄卷
閑時潮退月舟楓落處露乃留坐閣琴寫
圖山趣客到蓮供釀茶香争得𨗈徊従

二十五オ　　二十四ウ

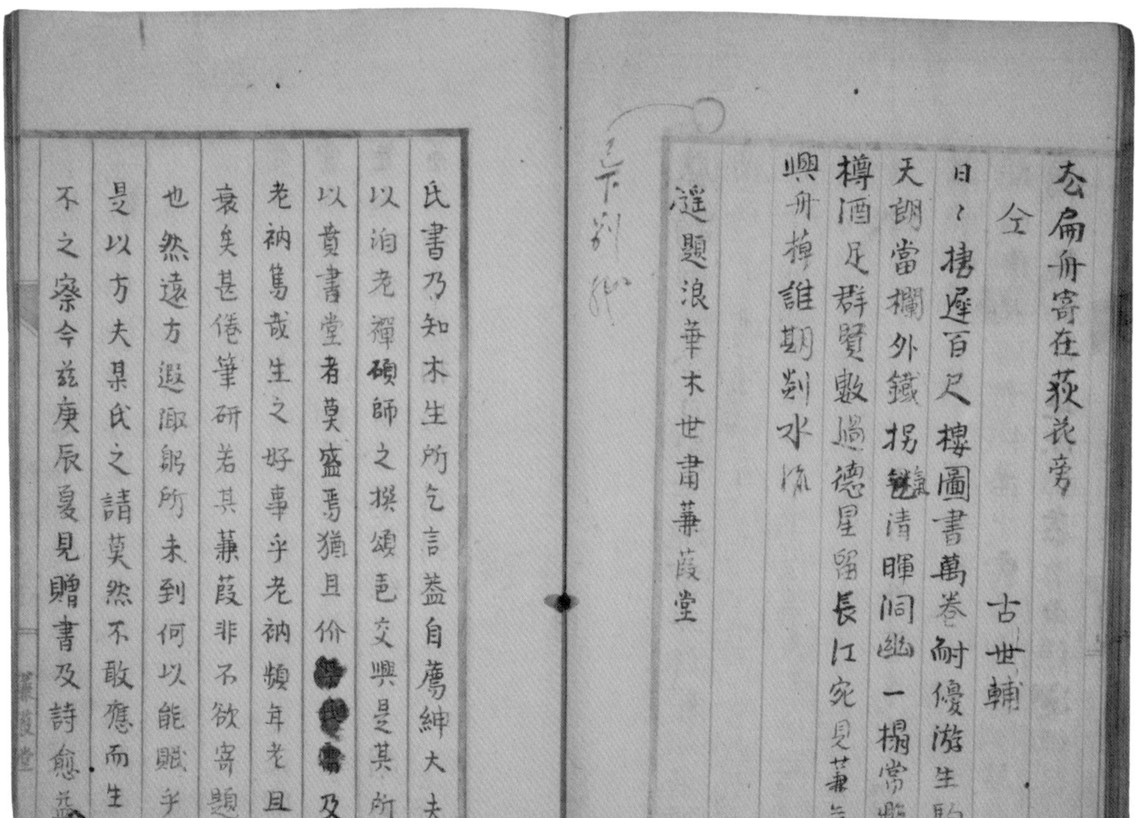
太扁舟寄在荻花旁
仝　古世輔
日々棲遅百尺樓圖書萬卷耐優游生駒
天朗當欄外鐵拐峰清暉間幽一榻常懸
樽酒足群賢数過徳星留長江究見蒹葭
興舟棹誰期剡水流

蓮題浪華木世肅蒹葭堂

氏書乃知木生所乞言盖自薦紳大夫
以洎老禪碩師之撰頌色交興是其所
以貴書堂者莫盛焉猶且价[illegible]及
老衲蔦哉生之好事乎老衲頻年老且
衰矣甚倦筆研若其蒹葭非不欲寄題
也然遠方遐陬郎所未到何以能賦乎
是以方夫某氏之請莫然不敢應而生
不之察今茲庚辰夏見贈書及詩愈益

二十六オ　　二十五ウ

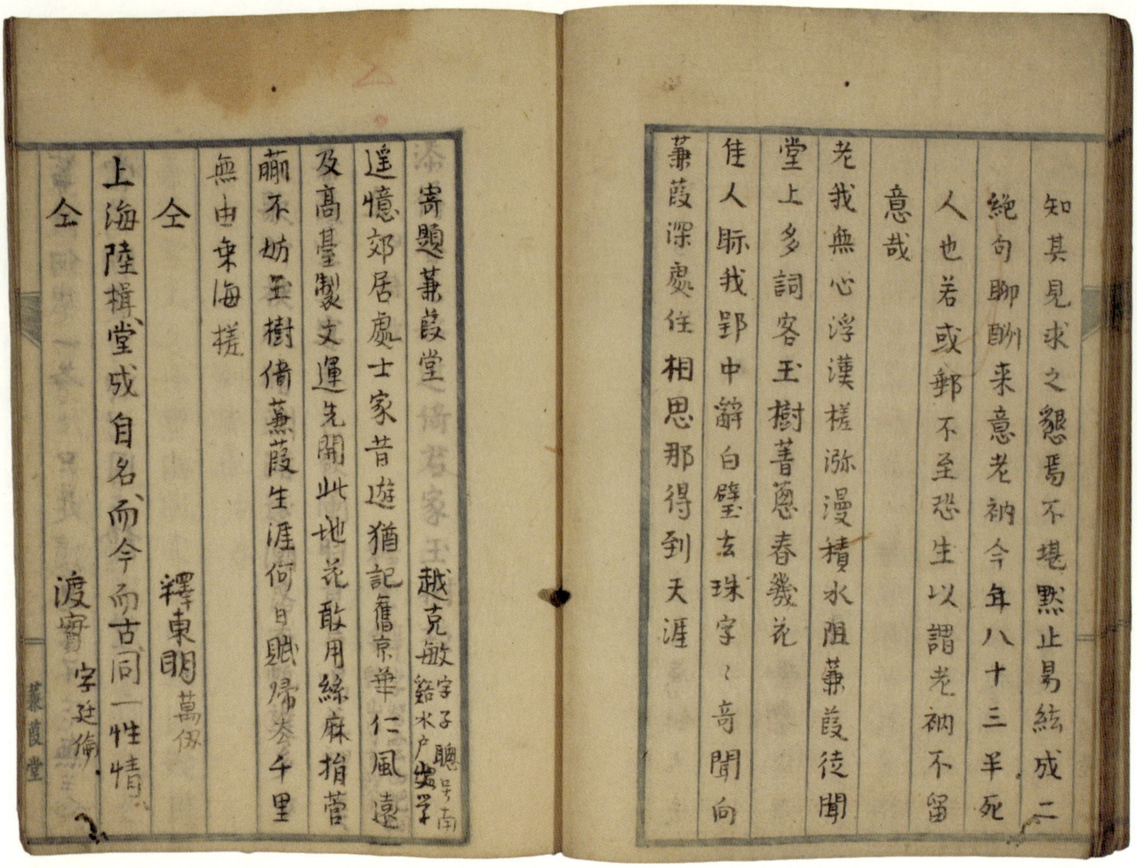

知其見求之懇焉不堪默止易綴成二
絶句聊酬来意老衲今年八十三半死
人也若或鄭不至恐生以謂老衲不留
意哉
老我無心浮漢槎瀰漫積水阻蒹葭徒聞
堂上多詞客玉樹著葱春幾花
佳人販我郢中辭白璧玄珠字〻奇聞向
蒹葭深處住相思那得到天涯

寄題蒹葭堂　越克敏字子聰号南郭水戸学
逢憶郊居處士家昔遊猶記舊京華仁風遠
及高臺製文運先開此地花敢用綵麻楷營
薊不妨玉樹倚蒹葭生涯何日賦帰去千里
無由乗海槎
仝　釋東明萬仭
上海陸楫堂成自名、而今而古同一性情
仝　渡寧字廷倫

二十七オ　　二十六ウ

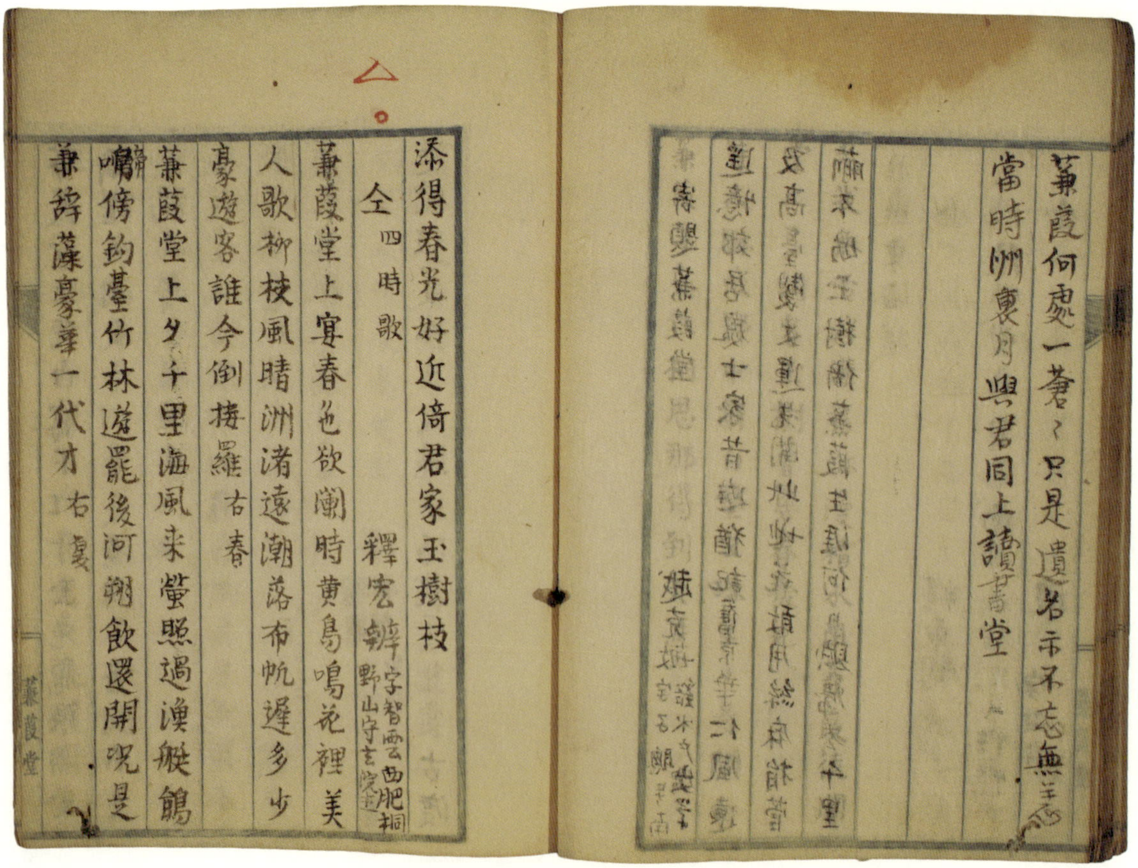

蒹葭何處一蒼〻只是遺名示不忘無辛所
當時洲裏月與君同上讀書堂

添得春光好近倚君家玉樹枝
仝四時歌　釋宏鏄字智雲西肥桐野山守玄望
蒹葭堂上宴春色欲闌時黄鳥鳴花裡美
人歌柳枝風晴洲渚遠潮落布帆遲多少
豪遊客誰今倒接羅古春
蒹葭堂上夕千里海風来螢照過漁艇鶴
鳴傍釣臺竹林遊罷後河朔飲還開况是
兼辞藻豪華一代才右夏

二十八オ　（二十七ウは４行目まで残存、５行目以下は切り取られている）　二十七ウ

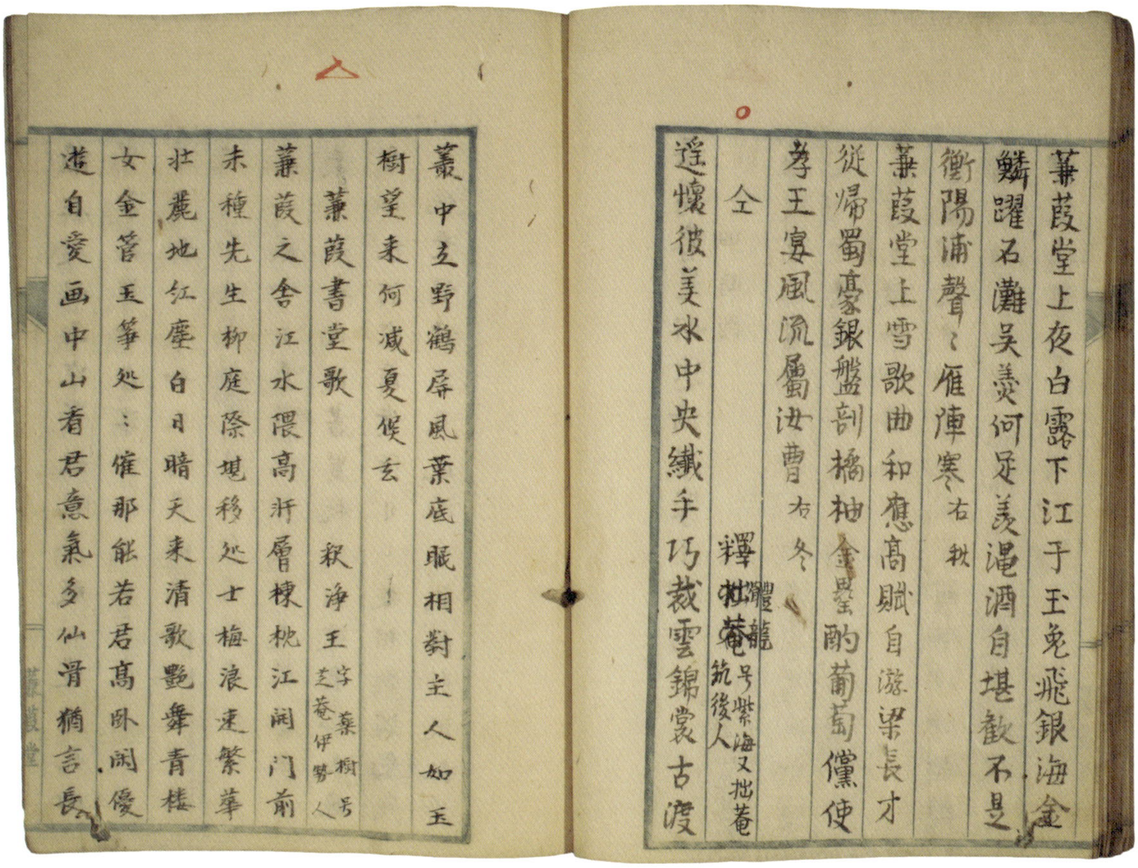
蒹葭堂上夜白露下江于玉兔飛銀海金
鱗躍石灘吴羨何足羨渇酒自堪歡不是
衡陽浦聲〻雁陣寒　右秋
蒹葭堂上雪歌曲和應高賦自遊梁長才
従帰蜀豪銀盤剖橘柚金罍酌葡萄黛使
孝王宴風流屬汝曹　右冬
仝　釋拙菴 龍躍 号紫海又拙菴 筑後人
送懐彼美水中央纖手巧裁雲錦裳古渡

二十八ウ

叢中立野鶴屛風葉底眠相對主人如玉
樹望来何減夏侯玄
蒹葭書堂歌　釋浄王 字芝菴 葉樹号 伊勢人
蒹葭之舎江水環高斬層棟枕江開门前
未種先生柳庭際堤移処士梅浪速繁華
壮麗地紅塵白日暗天来清歌艶舞青楼
女金管玉箏処〻催那能若君高卧閑優
遊自愛画中山看君意氣多仙骨猶言長

二十九オ

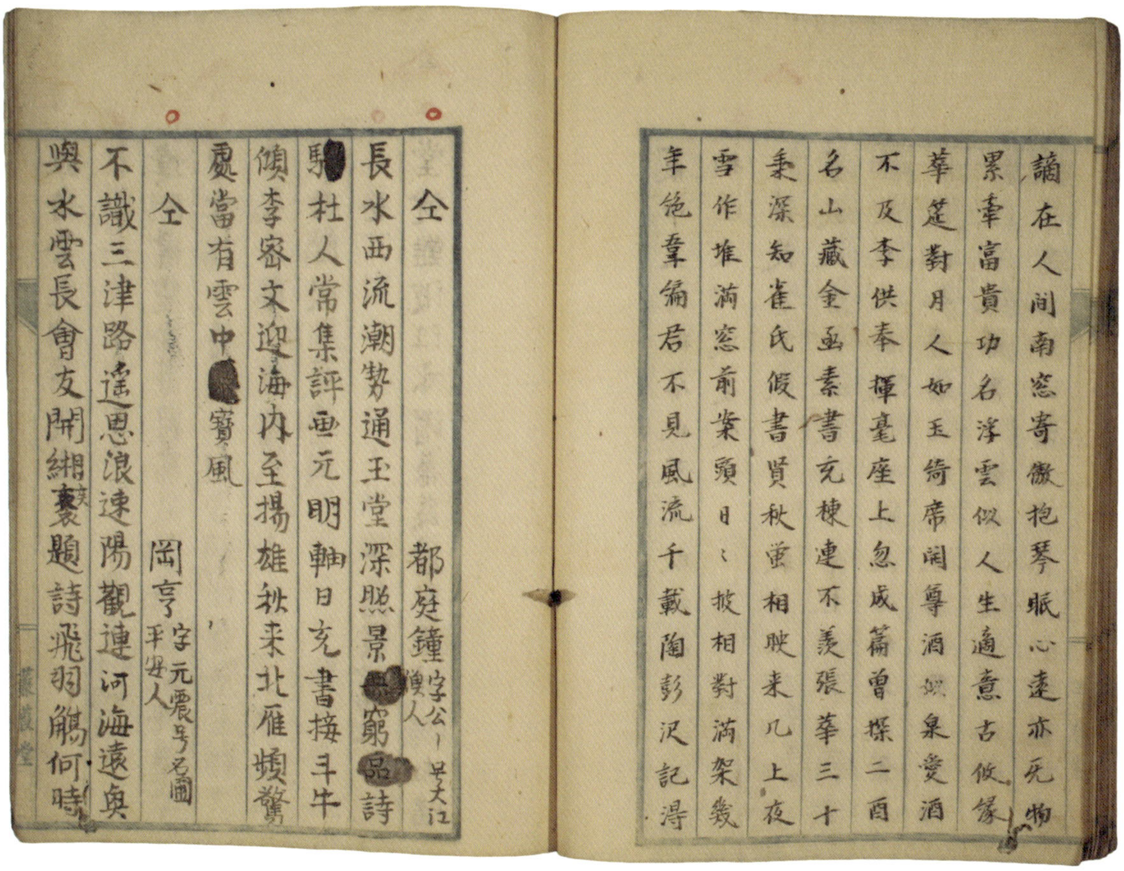
謫在人間南窓寄傲抱琴眠心遠亦无物
累牽富貴功名浮雲似人生適意古彼豪
華筵對月人如玉綺席開尊酒然泉愛酒
不及李供奉揮毫座上忽成篇曽探二酉
名山藏金函素書充棟連不羨張華三十
乗深知崔氏假書賢秋螢相映来几上夜
雪作堆満窓前案頭日〻披相對満架幾
年絶韋編君不見風流千載陶彭沢記渇

二十九ウ

仝　都庭鐘 字公一 号大江 漁人
長水西流潮勢通玉堂深照景[illegible]窮邑詩
驛杜人常集評画元明軸日充書挼斗牛
傾李容文迎海内至揚雄秋来北雁頻驚
夢當有雲中[illegible]寶風
仝　岡亨 字元震 号名岡 平安人
不識三津路遠思浪速陽觀連河海遠奥
與水雲長會友開緗帙題詩飛羽觴何時

三十オ

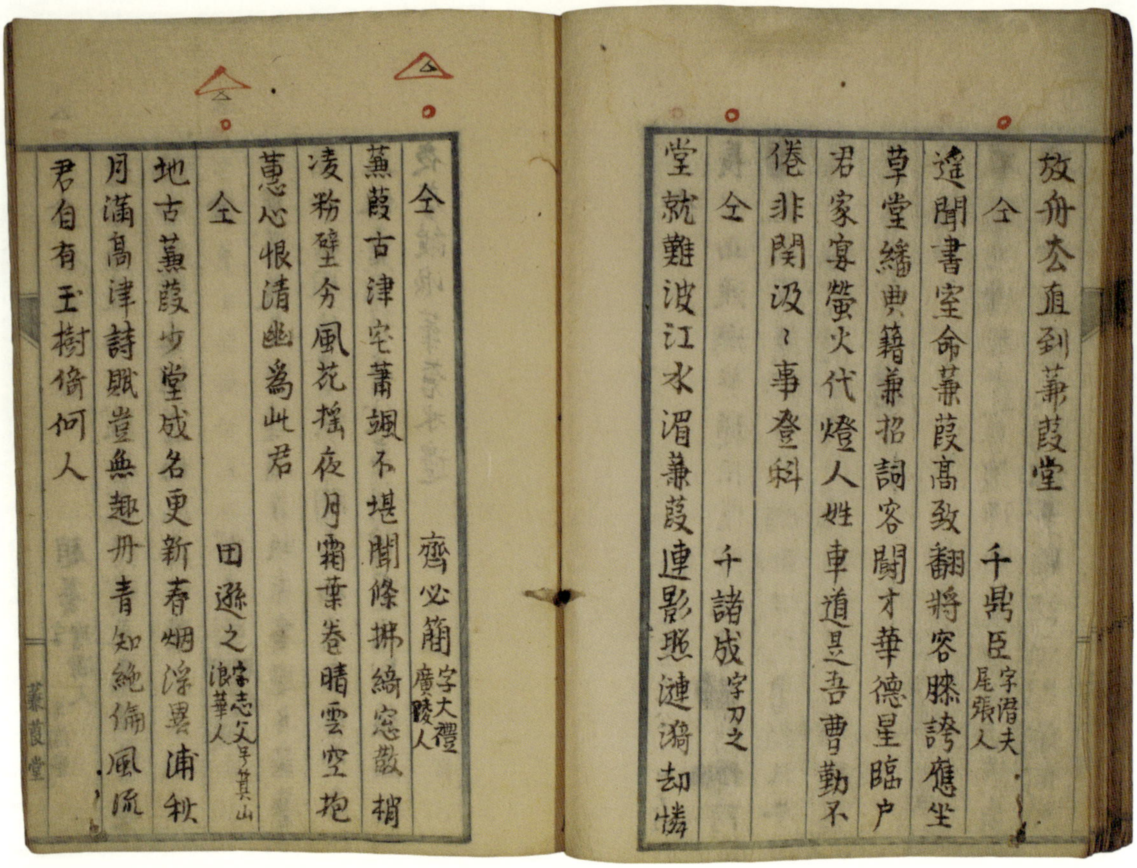

放舟太直到蒹葭堂
仝　千呉臣 字潜夫 尾張人
遙聞書室命蒹葭高致翻將容膝誇應坐
草堂繙典籍兼招詞客闘才華德星臨户
君家宴螢火代燈人姓車道是吾曹勤不
倦非閑汲〻事登科
仝　千諸成 字刀之
堂就難波江水湄蒹葭連影照漣漪却憐

仝　齋必簡 字大禮 廣陵人
蒹葭古津宅蕭颯不堪聞條拂綺窓敵梢
凌粉壁分風花搖夜月霜葉巻晴雲空抱
蕙心恨清幽爲此君
仝　田遜之 字志文 号箕山 浪華人
地古蒹葭步堂成名更新春烟浮畧浦秋
月滿高津詩賦豈無趣册青知絶倫風流
君自有玉樹倚何人
蒹葭堂

三十一オ

三十ウ

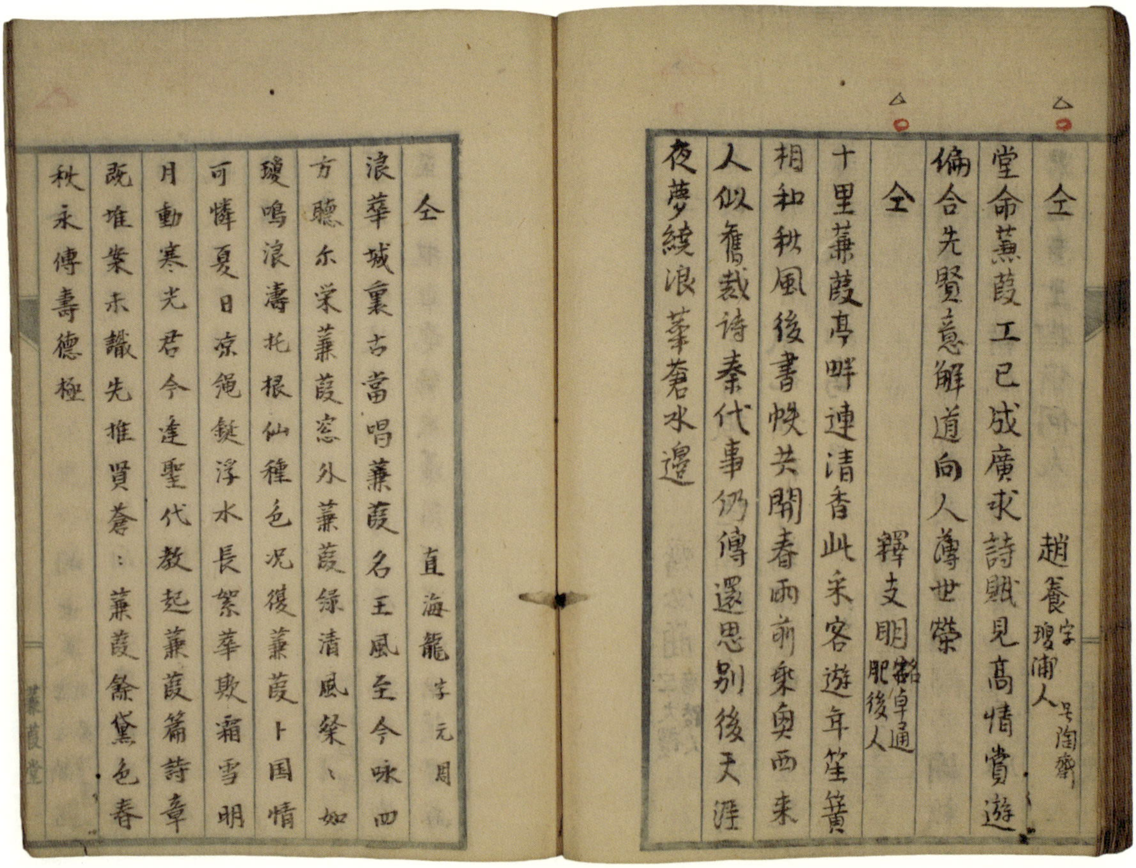

仝　趙養 字瓊浦人 号陶齋
堂命蒹葭工已成廣求詩賦見高情賞遊
倫合先賢意解道向人傳世榮
仝　釋支明 字卓通 肥後人
十里蒹葭亭畔連清香此采客遊年筐篚
相知秋風後書帙共開春雨前衆奥西来
人似舊裁詩秦代事仍傳還思別後天涯
夜夢繞浪華蒼水邊

仝　直海龍 字元周
浪華城裏古當唱蒹葭名王風至今咏四
方聽亦栄蒹葭窓外蒹葭緑清風聲〻如
瓊鳴浪濤托根仙種色況復蒹葭卜国情
可憐夏日凉飈鍵浮水長繁華敗霜雪明
月動寒光君今逢聖代教起蒹葭篇詩章
既堆案未識先推賢蒼〻蒹葭餘黛色春
秋永傳壽德極
蒹葭堂

三十二オ

三十一ウ

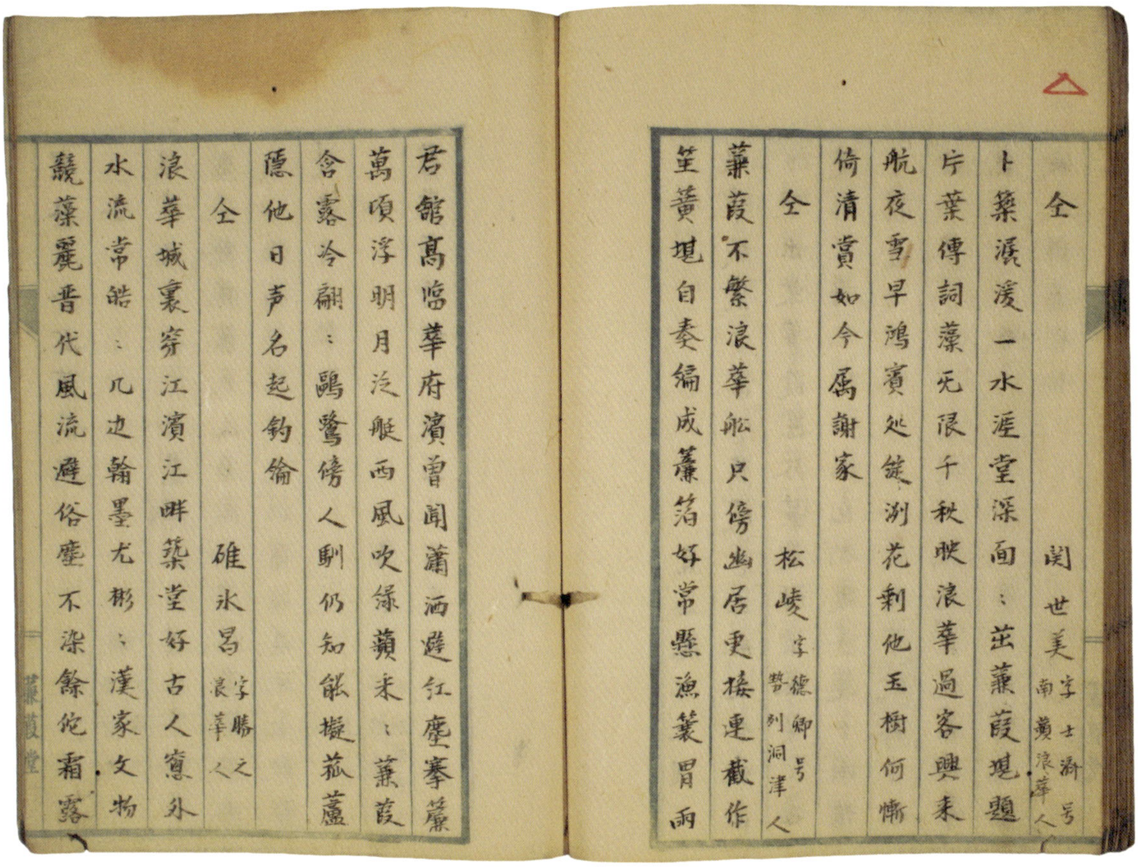
仝　閔世美 字士瀞 号南黄 浪華人
卜築濱溪一水涯堂深面々茁蒹葭堤題
片葉傳詞藻无限千秋映浪華過客興来
航夜雪早鴻賓処旋渕花剰他玉樹何慚
倚清賞如今属謝家
仝　松崚 字徳卿 号砦列 洞津人
蒹葭不繋浪華舩只傍幽居更椄連截作
笙簧堤自奏編成籬落好常懸漁簑冒雨

三十二ウ

君舘高臨華府濱曽聞蕭洒避紅塵峯巒
萬頃浮明月泛艇西風吹緑蘋来々蒹葭
含露冷翩々鷗鷺傍人馴仍知能擬菰蘆
隠他日声名起釣綸
仝　碓氷昌 字勝之 浪華人
浪華城裏穿江濱江畔築堂好古人窻外
水流常皓々几边翰墨尤彬々漢家文物
競藻麗晋代風流避俗塵不染餘他霜露

三十三オ

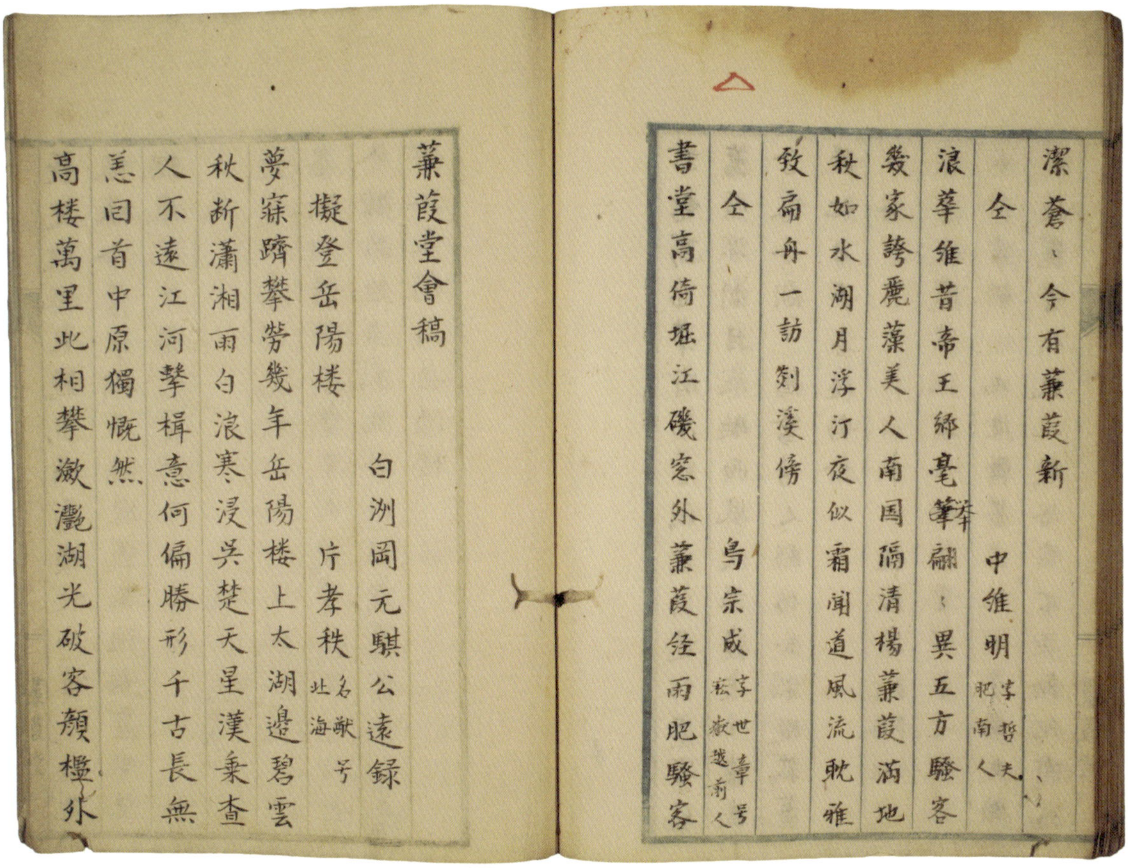
潔蒼々今有蒹葭新
仝　中維明 字哲夫 肥南人
浪華維昔帝王郷毫筆翩々異五方騷客
發家誇麗藻美人南国隔清楊蒹葭満地
秋如水湖月浮汀夜似霜蘭道風流耽雅
致扁舟一訪剡溪傍
仝　烏宗成 字世章 号崧嶽 越前人
書堂高倚堀江磯窓外蒹葭経雨肥騷客

三十三ウ

蒹葭堂會稿
白洲岡元駿公遠録
擬登岳陽楼　片孝秩 名猷 号北海
夢寐躋攀勞幾年岳陽楼上太湖邉碧雲
秋断瀟湘雨白浪寒浸呉楚天星漢乗査
人不遠江河撃楫意何偏勝形千古長無
恙回首中原獨慨然
高楼萬里此相攀激灔湖光破客顔樓外

三十四オ

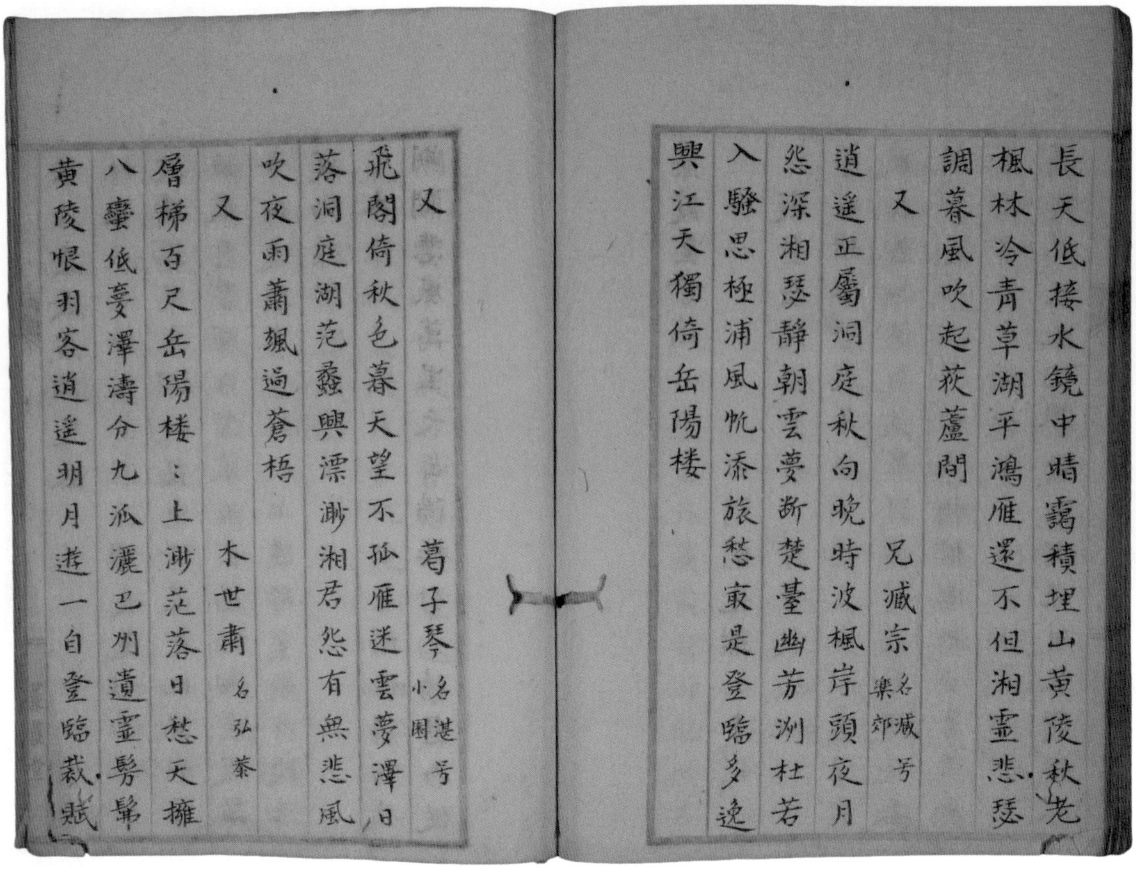

長天低接水鏡中晴靄積埋山黄陵秋老
楓林冷青草湖平鴻雁還不但湘霊悲瑟
調暮風吹起荻蘆間
又　兄滅宗　名臧 号楽郊
逍遥正屬洞庭秋向晩時波楓岸頭夜月
悠深湘瑟静朝雲夢断楚臺幽芳洲杜若
入騒思極浦風帆添旅愁東是登臨多逸
興江天獨倚岳陽楼

又　葛子琴　名湛 号小園
飛閣倚秋色暮天望不孤雁迷雲夢澤日
落洞庭湖范蠡興漂渺湘君怨有無悲風
吹夜雨蕭颯過蒼梧
又　木世粛　名弘恭
層梯百尺岳陽楼〻上渺茫落日愁天擁
八臺低夢澤濤分九派灑巴州遺霊髣髴
黄陵恨羽客逍遥明月遊一自登臨賦

三十五オ

三十四ウ

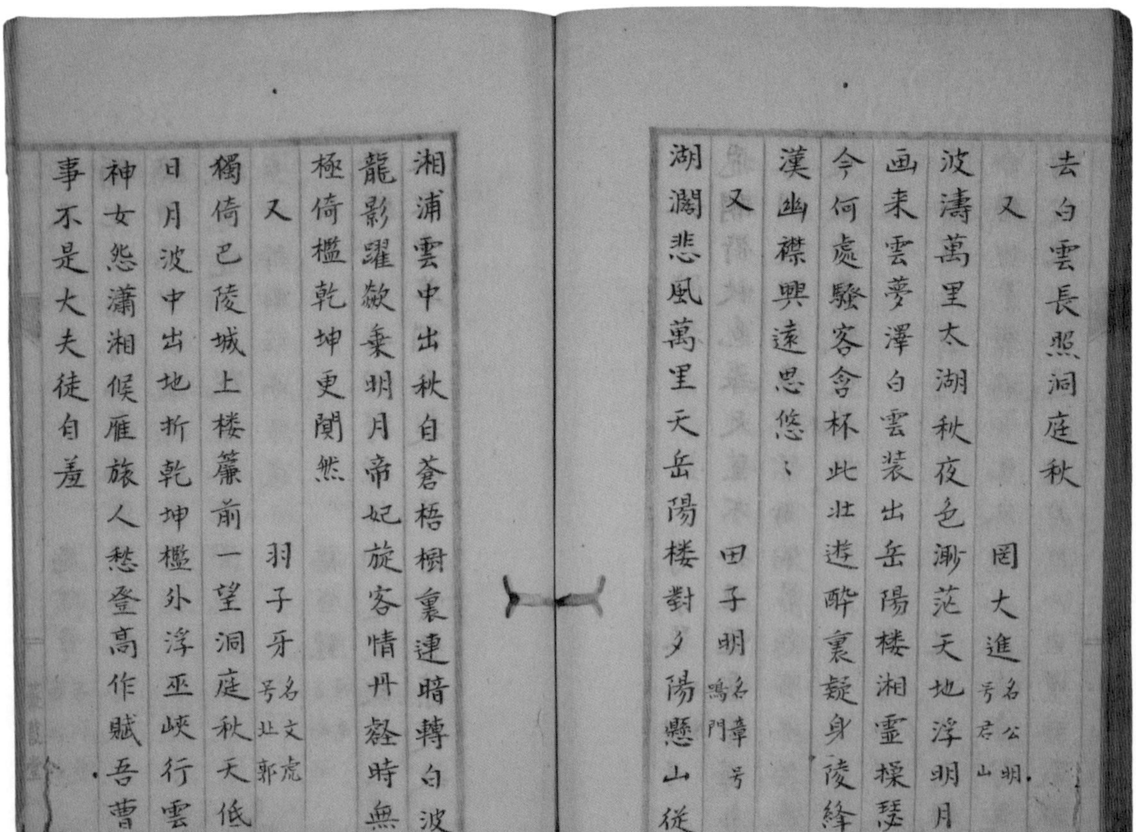

去白雲長照洞庭秋
又　岡大進　名公明 号君山
波濤萬里太湖秋夜色渺茫天地浮明月
函来雲夢澤白雲装出岳陽楼湘霊操瑟
今何處騒客含杯此壮遊酔裏疑身陵絳
漢幽襟興遠思悠〻
又　田子明　名章 号鳴門
湖濶悲風萬里天岳陽楼對夕陽懸山従

湘浦雲中出秋自蒼梧樹裏連暗轉白波
龍影躍歛乗明月帝妃旋客情丹砮時無
極倚檻乾坤更闃然
又　羽子牙　名文虎 号壮郭
獨倚巴陵城上楼簾前一望洞庭秋天低
日月波中出地折乾坤檻外浮巫峡行雲
神女怨瀟湘候雁旅人愁登高作賦吾曹
事不是大夫徒自羞

三十六オ

三十五ウ

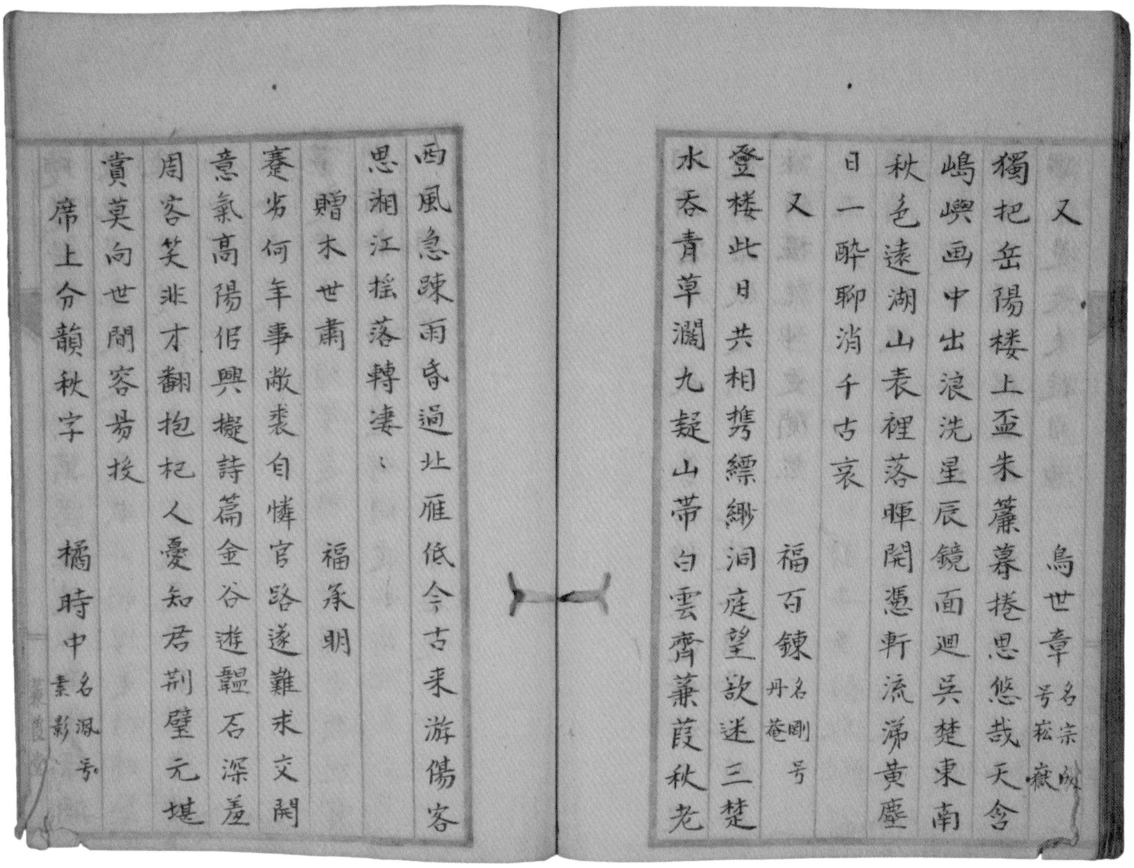
又　烏世章 名宗訓 号菘嶽
獨把岳陽楼上盃朱簾暮捲思悠哉天含
嶋嶼画中出浪洗星辰鏡面迴呉楚東南
秋色遠湖山表裡落暉開憑軒流涕黄塵
日一酔聊消千古哀
又　福百錬 名剛 号丹菴
登楼此日共相携縹緲洞庭望欲迷三楚
水香青草濶九疑山帯白雲齊蒹葭秋老
西風急疎雨昏過北雁低今古来游傷客
思湘江揺落轉凄々
贈木世粛　福承明
蹇步何年事散衆自憐官路遂難求文閣
意氣高陽侶興擬詩篇金谷遊驅石深羞
周客笑非才翻抱杞人憂知君荊璧元堪
賞莫向世間容易投
席上分韻秋字　橘時中 名淑 号素影

三十六ウ　三十七オ

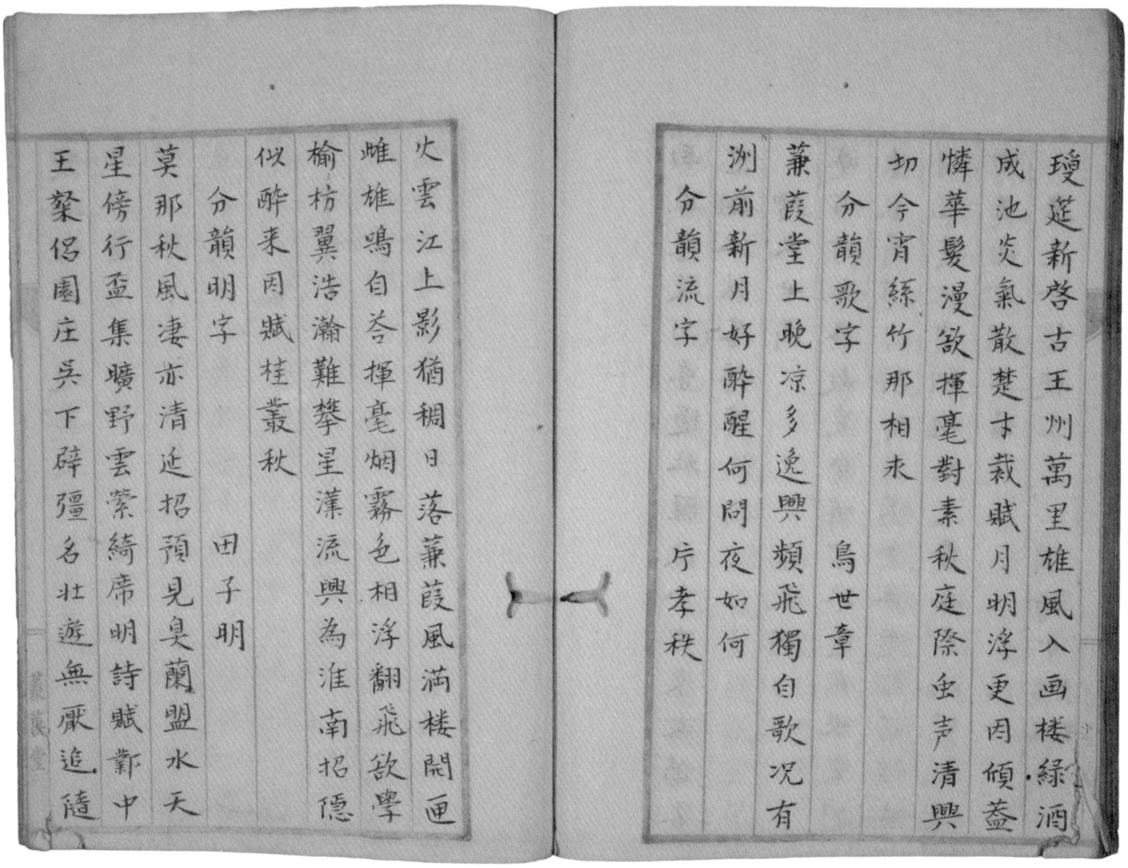
瓊筵新啓古王州萬里雄風入画楼緑酒
成池炎氣散楚才裁賦月明浮更因傾盞
憐華髪漫欲揮毫對素秋庭際虫声清興
切今宵絲竹那相求
分韻歌字　烏世章
蒹葭堂上晩凉多逸興頻飛獨自歌況有
洲前新月好酔醒何問夜如何
分韻流字　片孝秩
火雲江上影猶稠日落蒹葭風満楼開匣
雌雄鳴自吝揮毫烟霧色相浮翻飛欲學
楡枋翼浩瀚難攀星漢流興為淮南招隠
似酔来因賦桂叢秋
分韻明字　田子明
莫那秋風凄亦清延招預見臭蘭盟水天
星傍行盃集曠野雲縈綺席明詩賦叢中
王粲侶園庄呉下辟彊名壮遊無厭追随

三十七ウ　三十八オ

飲酩酊不辭過五更

分韻天字　羽文虎

高閣盍簪夕雲晴星聚天操觚同作賦揮塵各談言主是推徐子客元似謫仙四筵歌白雪巴調獨堪憐

分韻情字　福承明

西山雲樹外爽氣襲衣生露泫明珠散風吹素月晴聚星臨戸照繍虎入堂清孤劍

毫進處杯尊慰我情

淂陰字

歡樂清秋會相逢生夜陰賦難欺白雪文易失黄金酒伴憑君厚蘭盟於我深高歌醒亦醉何必歎浮沈

分韻筵字　岡大進

雨歇蒹葭堂水邊中天奎壁滿詩筵揮毫恰似西園集賦就自誇七歩篇

分韻詩字　清玄道

假日堂前開宴時蒹葭秋色入新詩殷懃投轄斜暉減酩酊持螯談笑移揮筆雲霞碧空落論交風雨半天垂寒光相照九淵下燕石珍重獨自悲

分韻危字　武豹卿

折簡招呼到相看新舊知交都來染翰客或倍牽危庭夕蟲声急堂明暝色遲恨将

秋晩日不及蒹葭時

分韻新字　合麗王

蒹葭秋水繞南隣客宴高堂詠入秦遠嶂千重涼雨霽長橋一半夕暉新鮮顔唯有杯中物把袂寧無席上珍君自遺珠明月色滿天霜露下江津

分韻　葛子琴

江亭聞桂席落日早涼歸欲雨迎山色聞

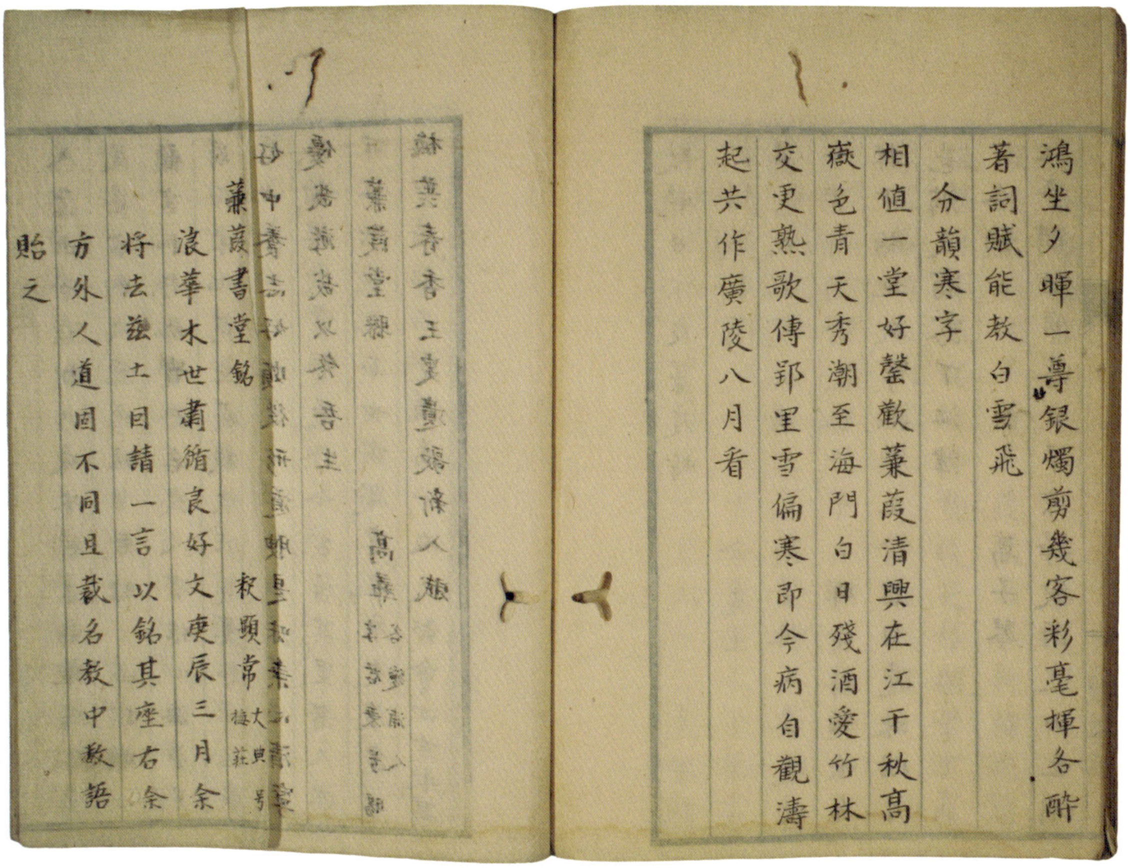

鴻坐夕暉一尊銀燭剪幾客彩毫揮各酢
著詞賦能教白雪飛
分韻寒字
相値一堂好罄歡蒹葭清興在江干秋高
嵐色青天秀潮至海門白日殘酒愛竹林
交更熟歌傳郢里雪偏寒即今病自觀濤
起共作廣陵八月看

蒹葭書堂銘　釈顕常（大典梅荘号）
浪華木世肅儲良好文庚辰三月余
将去茲土曰請一言以銘其座右余
方外人道固不同且載名教中教語
貽之

四十一オ　（四十一オは柱より右５行が残存）　四十ウ

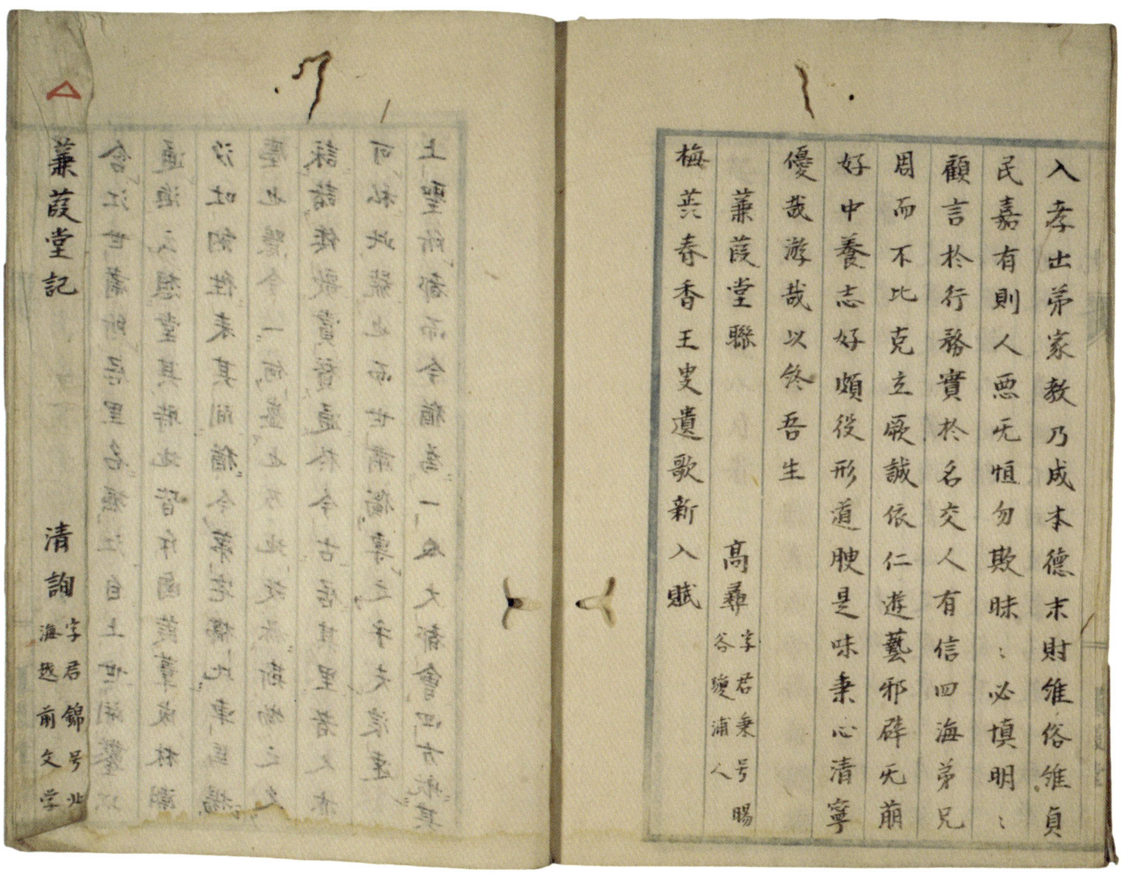

入孝出弟家教乃成本德末財維俗維貞
民嘉有則人悪无恒勿欺昧〻必慎明〻
顧言於行務實於名交人有信四海弟兄
周而不比克立厥誠依仁遊藝邪辟无崩
好中養志好頤後形道腴是味秉心清寧
優哉游哉以終吾生
蒹葭堂聯　高彝（字君秉号賜谷瓊浦人）
梅荘春香王叟遺歌新入賦

蒹葭堂記　清詢（字君錦号北海越前文学）

四十二オ　（四十二オは柱より右１行が残存）　四十一ウ

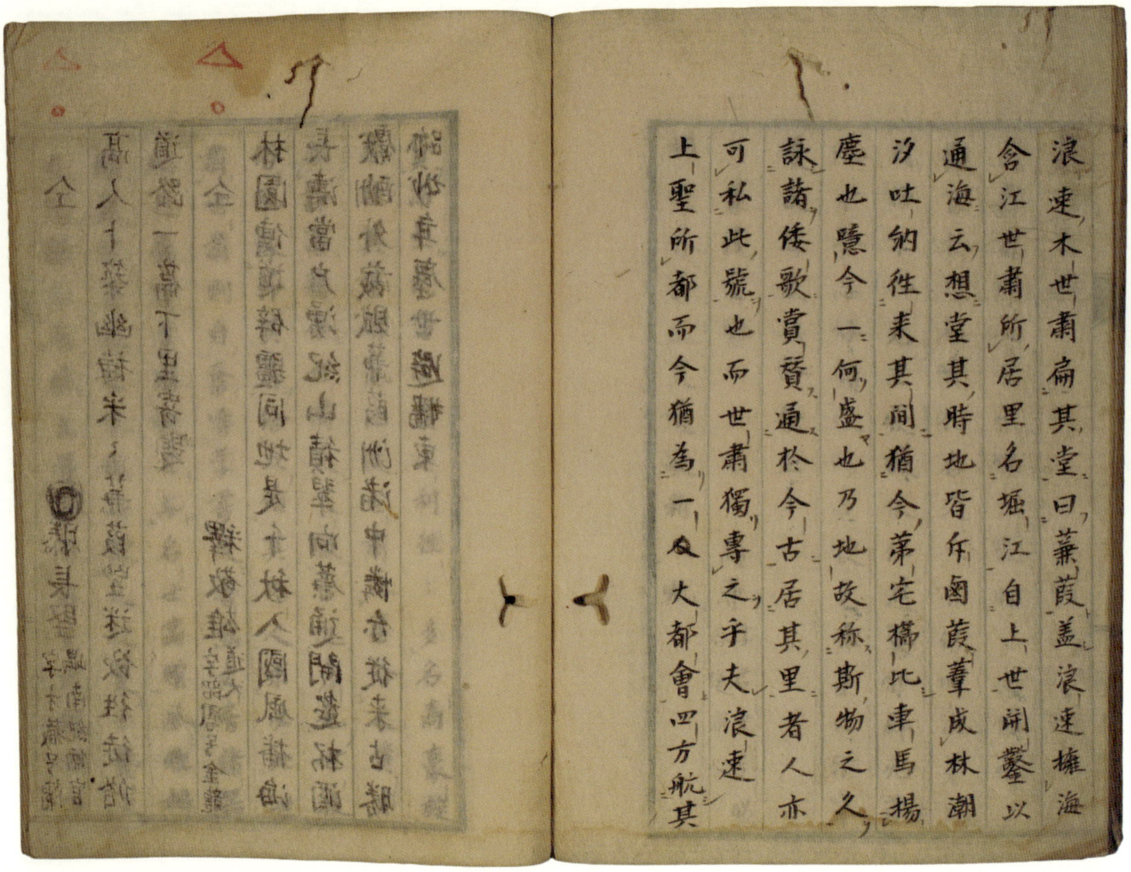
浪速木世粛扁其堂曰蒹葭蓋浪速擁海
含江世粛所居里名堀江自上世開鑿以
通海云想當其時地皆斥鹵葭葦成林潮
汐吐納往来其間猶今茅宅櫛比車馬揚
塵也隱今一何盛也乃地故称斯物之久
詠諸倭歌賞賛通於今古居其里者人亦
可私此號也而世粛獨專之乎夫浪速
上聖所都而今猶為一大都會四方航其

(四十三オ　切り取られて欠)　　四十二ウ

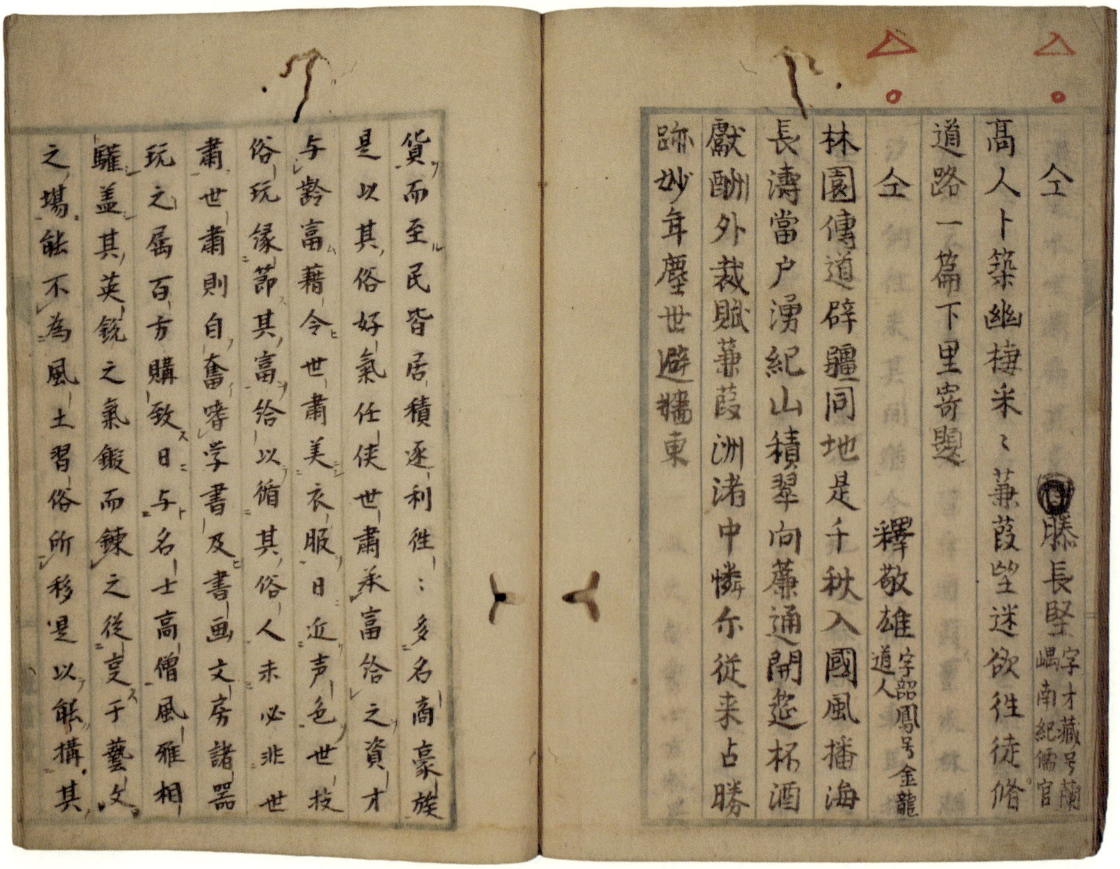
仝　　滕長堅 字才藏号蘭嵎南紀儒官
高人卜築幽棲来々蒹葭望迷欲往徒脩
道路一篇下里寄嬰
仝　　釋敬雄 字韶鳳号金龍道人
林園傳道辟疆同地是千秋入國風播海
長濤當戸湧紀山積翠向簾通開匙杯酒
獻酬外裁賦蒹葭洲渚中憐尓従来占勝
跡妙年壓世避攜東

貨而至民皆居積逐利往々多名商豪族
是以其俗好氣任侠世粛承富給之資才
与齢富舊今世粛美衣服日近声色世技
俗玩縁節其富給以循其俗人未必非世
粛世粛則自奮寄学書及書画文房諸器
玩之屬百方購致日与名士高僧風雅相
驩盖其英鋭之氣鍛而錬之従事于藝文
之場能不為風土習俗所移是以能構其

四十四オ　　四十三ウ

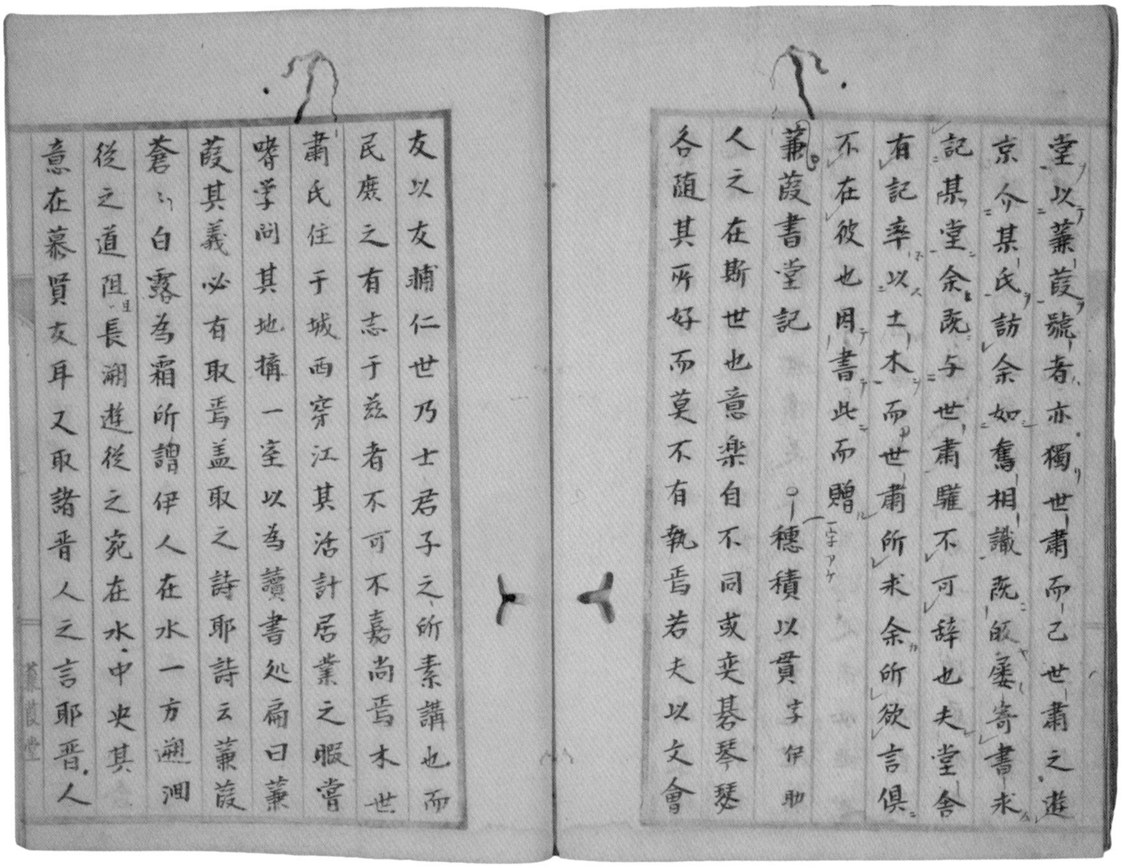
堂以蒹葭號者亦獨世肅而已世肅之進
京介其氏訪余如舊相識既餞宴寄書求
記其堂余既与世肅雖不可辞也夫堂舎
有記率以土木而世肅所求余所欲言俱
不在彼也用書此而贈
蒹葭書堂記　　○一德積以貫　字伊助
人之在斯世也意楽自不同或奕碁琴瑟
各随其所好而莫不有執焉若夫以文會

友以友輔仁世乃士君子之所素講也而
民庶之有志于茲者不可不嘉尚焉木世
肅氏住于城西穿江其活計居業之暇嘗
嗜学問其地構一室以為讀書処扁曰蒹
葭其義必有取焉蓋取之詩耶詩云蒹葭
蒼々白露為霜所謂伊人在水一方遡洄
従之道阻且長遡遊従之宛在水中央其
意在慕賢友耳又取諸晋人之言耶晋人

四十五オ　　四十四ウ

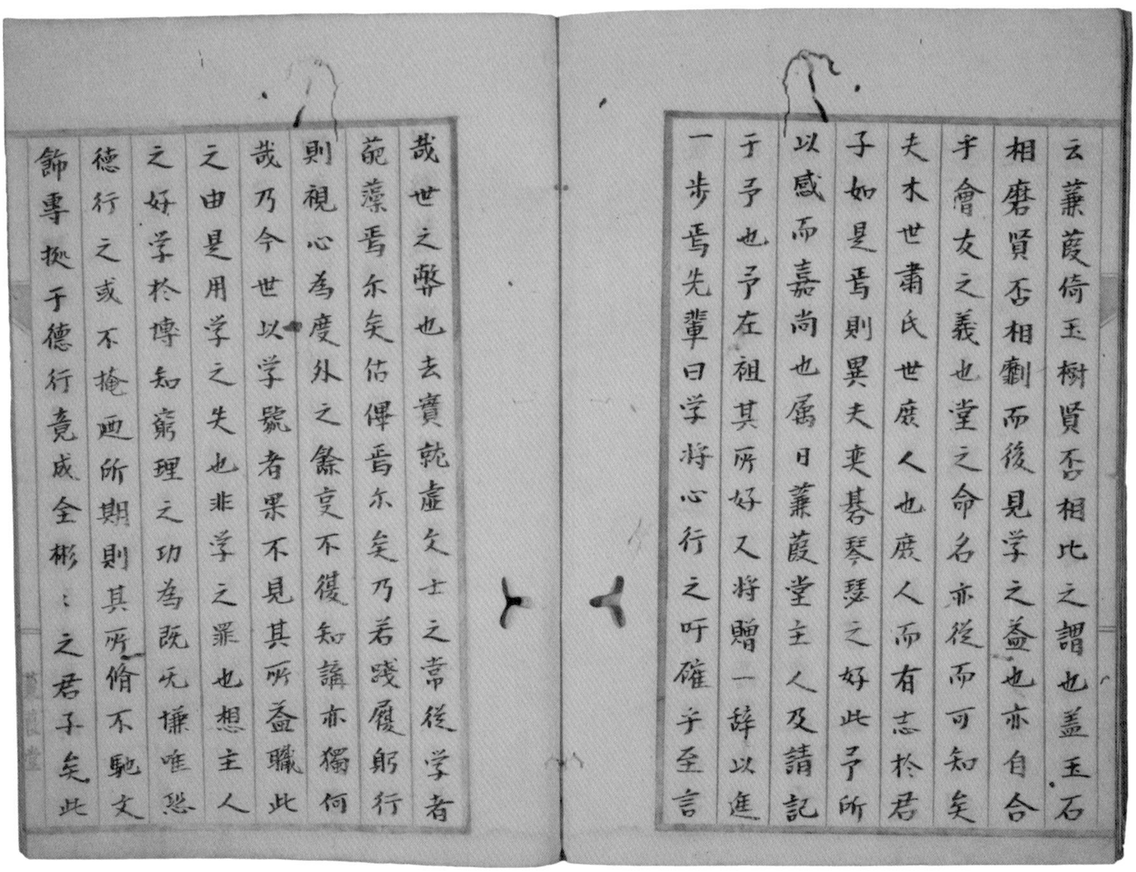
云蒹葭倚玉樹賢否相比之謂也蓋玉石
相磨賢否相劘而後見学之益也亦自合
乎會友之義也堂之命名亦従而可知矣
夫木世肅氏世庶人也庶人而有志於君
子如是焉則異夫奕碁琴瑟之好此予所
以感而嘉尚也屬日蒹葭堂主人及請記
于予也予在祖其所好又将贈一辞以進
一歩焉先輩曰学将心行之吁確乎至言

哉世之弊也去實就虚文士之高從学者
葩藻焉尔矣佔僤焉尔矣乃若踐履躬行
則視心為度外之條更不復知譲亦獨何
哉乃今世以学號者果不見其所益職此
之由是用学之失也非学之罪也想主人
之好学於博知窮理之功為既无慊唯恐
德行之或不掩匝所期則其所脩不馳文
飾專擬于德行竟成全彬々之君子矣此

四十六オ　　四十五ウ

予所望於将来也木世肅子其為何如也
欽
蒹葭堂記　　吁名咏吾 字子馭号彫壁
浪華江之蒹葭者國風之所咏歌也友人
世肅木君取以名其堂云予好地理一日
披浪華之古圖則君家正直其地且聞君
家之艸牕庭中尚餘小池生蒹葭焉物換
星移幾度秋大江變成繁華之境烏呼君

四十六ウ

之風流生數百歳之下邁數百歳之上所
名雖小馳情於彼不亦大乎世之名堂者
衆矣不及君之古雅也遠矣哉君請予記
謝不敏不可因聊陳所見聞記之
蒹葭堂記　　吁皆川愿 字伯恭号淇園平安人
浪速堀江里人木世肅作堂以蒹葭名焉
而凡四方之士以善筆翰名者世肅皆渉
求以致之辭庚辰夏其所善有峡人高儒

蒹葭堂

四十七オ

皮與余相識乃亦為来謁求作之記余時
者未果書也會世肅来遊京師身自来謁
其請益懇於是余知世肅也好學而嗜文
辭也乃揣其旨設其辭試以導其意適其
所以名之也遂乃書之曰夫蒹葭之稱乎
浪速者古時其地蓋多海濱廣斥故此特
以其饒蔄迄于今矣今以其益侵塞地形
皆異民屋大起而里乃故海濱之地謠俗

四十七ウ

亦多聲色之嬉而已矣尚何曽睹夫蕭然
叢植者哉其藉以名其堂者何哉夫人抱
文埶而出華藻者孰肯百載之後乃獨朽
而無聞焦其心殫其精日夜厲苦以錬其
辭而積之數萬言欲人傳之耳然古賢豪
之士其名泯然者不可勝數也至若幸以
傳者雖為草木時或不朽是衆人之所不
免感也然君子疾没世而名不稱焉其實

蒹葭堂

四十八オ

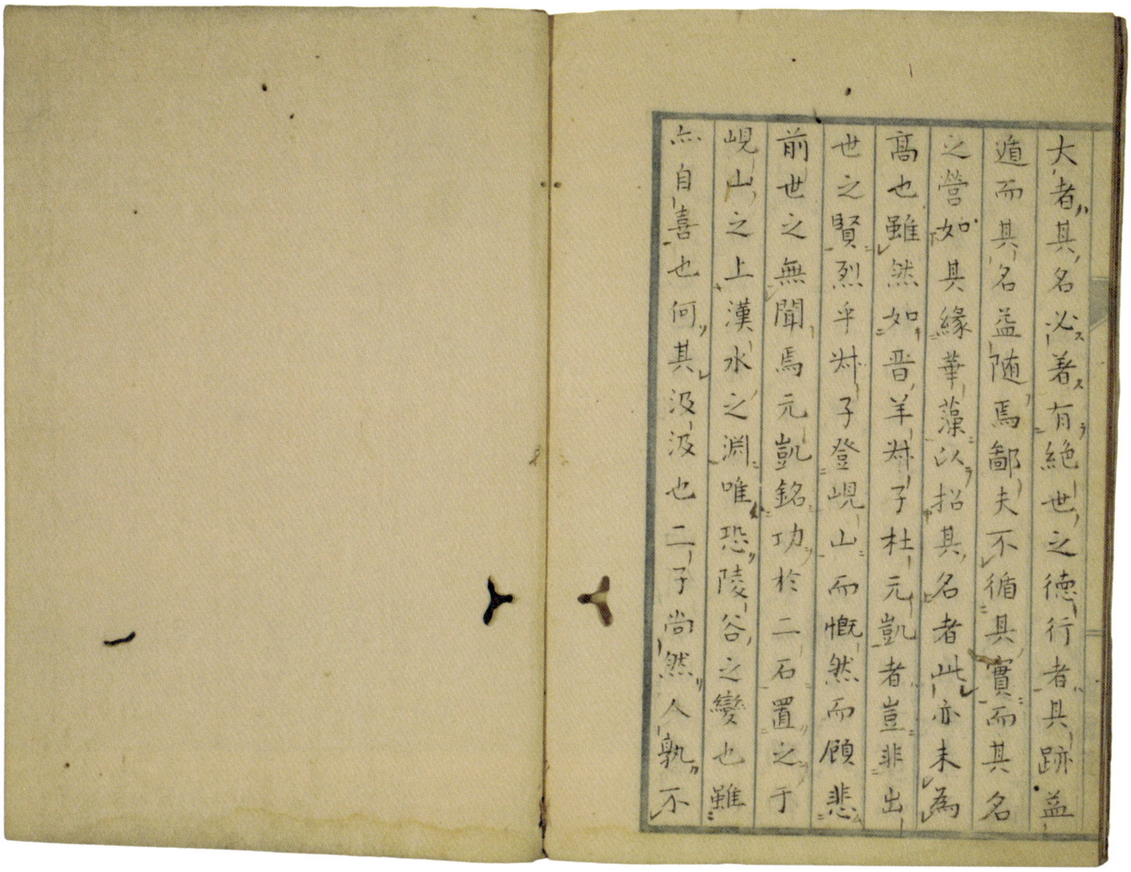

大者其名必著有絶世之德行者其跡益
遁而其名益隨焉鄙夫不循其實而其名
之營如其緣華藻以招其名者此亦未爲
高也雖然如晉羊祜子杜元凱者豈非出
世之賢烈乎祜子登峴山而慨然而顧悲
前世之無聞焉元凱銘功於二石置之于
峴山之上漢水之淵唯恐陵谷之變也雖
亦自喜也何其汲汲也二子尚然人孰不

（裏表紙裏）　　四十八ウ

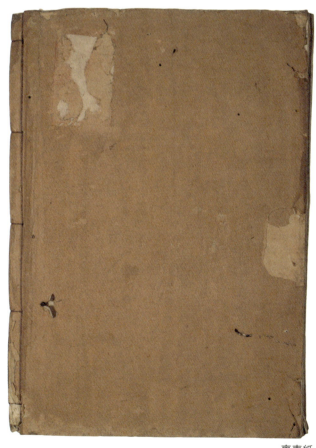

裏表紙

5

「蒹葭堂随筆」

【書誌情報】

①外題：蒹葭堂随筆　内題：蒹葭堂随筆　②装丁：袋綴　③表紙：色／茶、文様／無、寸法／22・5×16・3　④丁数：四十三丁　⑤序跋：無　⑥刊記：無　奥書：無　⑦書入：有　三十一ウと三十二オの間に挟み込み有り　⑧蔵書印：表紙…無　表紙裏…□（明ヵ、朱文方印）、「橋」（朱文方印）、「鹿田文庫」（朱文長方印）、一オ…「蒹葭堂」（朱文瓢印）　⑨伝来：鹿田静七→辰馬悦蔵→辰馬考古資料館　⑩備考：小口に墨書「蒹葭堂随筆」

【解題】

題簽は「蒹葭堂随筆」だが、抜き書きや聞き書きなどを集め、手控え的な性格が強い。篆刻の話にはじまり、本多忠統撰の荻生徂徠墓碑、『類聚国史』にある神泉苑での琴歌、慎懋官『華夷花木鳥獣珍玩考』、七絃琴の弾法や琴に関する書誌、呂維祺『音韻日月灯』、李献吉の端硯銘などを書き留める。

宇野明霞『明霞遺稿』の書名を記す一方、七ウから太宰春台、荻生徂徠、伊藤仁斎、五井蘭州らの著述を列記し、特に徂徠については、約四十種の書名を挙げており、蒹葭堂の古文辞への関心が確認できる。李攀龍の尺牘「報劉都督」にある「投枚記里」の意味を、老儒の意見や『春秋左氏伝』を引用して解説し、「此古文辞ノ用ルコト高邁ナリ」と評したり、杜甫「戯作花卿歌」（二十四ウ）、米芾「西園雅集記」（二十五ウ）、李元中「廬山十八賢圖記」（二十七オ）など中国詩文を筆写したなかに古文辞派の王世貞「金魚賦」（二十三ウ）が認められる。

文人趣味では、祝允明、唐寅についての記述や、漢詩では、大雅堂「軒霜」（七オ）、片猷（片山北海）「三扇炉」、烏石「王羲之讃」、蕉中「筆套銘」（以上三十七オ）などの詩句を記録し、「烏有先生集銘」、元明（悟心ヵ）の名がある篆刻の項目、近衛家熙「文房四賢傳」関連の詩文、文房具である毛筆の種類名称などを列挙し、『秘苑』から「逡巡碑（ハヤイシズリ）」「畫山水人物設色法」を引用する。本草博物学や天学への関心では、李時珍の引用や胖金石（カナノウル）、紫雲英、「北極出地」として畿内、江戸、北京、南京の緯度を記す。

在坂文人が所蔵する書画の記録も克明で、本町（最初は田簑橋北詰）の北山七僧の定武閣（十二オ）に張瑞図、藍田洲（叔ヵ）、米芾など、京町堀の九鬼習庵の書斎と思われる考槃堂（十ウ）に、文衡山、盛茂曄、沈南蘋、伊孚九、李用雲など、蓼莪書屋（十三オ）に南蘋、董其昌、唐寅などの書画があったと記載する。扁額や新年の札の図示も中国趣味を伝え、池北なる人物との偶談に、彫竹、螺甸、嘉奥銅爐、宣興泥壺、浮梁流霞盞、江寧扇、装潢書画を製作する中国の名手をあげているのは煎茶関係の話題だろう。

成立年代だが、三十五オから三十六オに、南禅寺帰雲院にある堀南湖（一六八四〜一七五三）と、徂徠とも親しかった堀景山（ほりけいざん）（一六八八〜一七五七）の墓石・墓碑銘（宝暦八年）を記録するほか、裏表紙内側に、景山墓碑銘の翌年に歿した服部南郭の命日と墓所を「乙卯六月二十一日卒、二十四日葬于城南東海寺」と記して最後に「此冊蒹葭堂手書也」と書き込む。蒹葭堂の手書とすることの書き入れを本人の筆跡とするかは検討を要するが、蒹葭堂号はすでに宝暦六年に命名されており、南郭の葬儀の月日まで備忘的に記す点で、南郭の歿した宝暦九年（一七五九）と近い時期に得た情報を手控えたと想像される。南郭歿年時に蒹葭堂は二十三歳であり、この時期に記録されたとするならば、「蒹葭堂随筆」は蒹葭堂の若い日の勉強ぶりや好奇心の所在を示すものと解され、片山北海の「三扇炉」を朱で書き留めているのも、後に北海を盟主とする混沌社へ発展する蒹葭堂会を、この頃に結成した精神的昂揚を反映しているのかも知れない。

なお、現状の三十五オから三十五ウの部分に三丁分を綴じていたのを切り取った跡がある。三十一ウの挟み込みは、一行目を一字分下げるために、貼られていたもののようである。

（橋爪節也）

「蒹葭堂随筆」影印

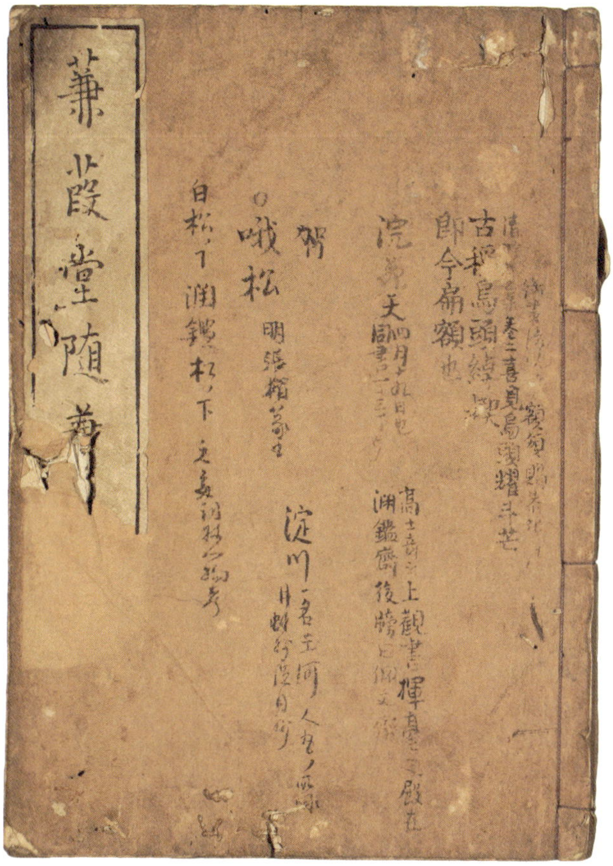
蒹葭堂随筆

表紙

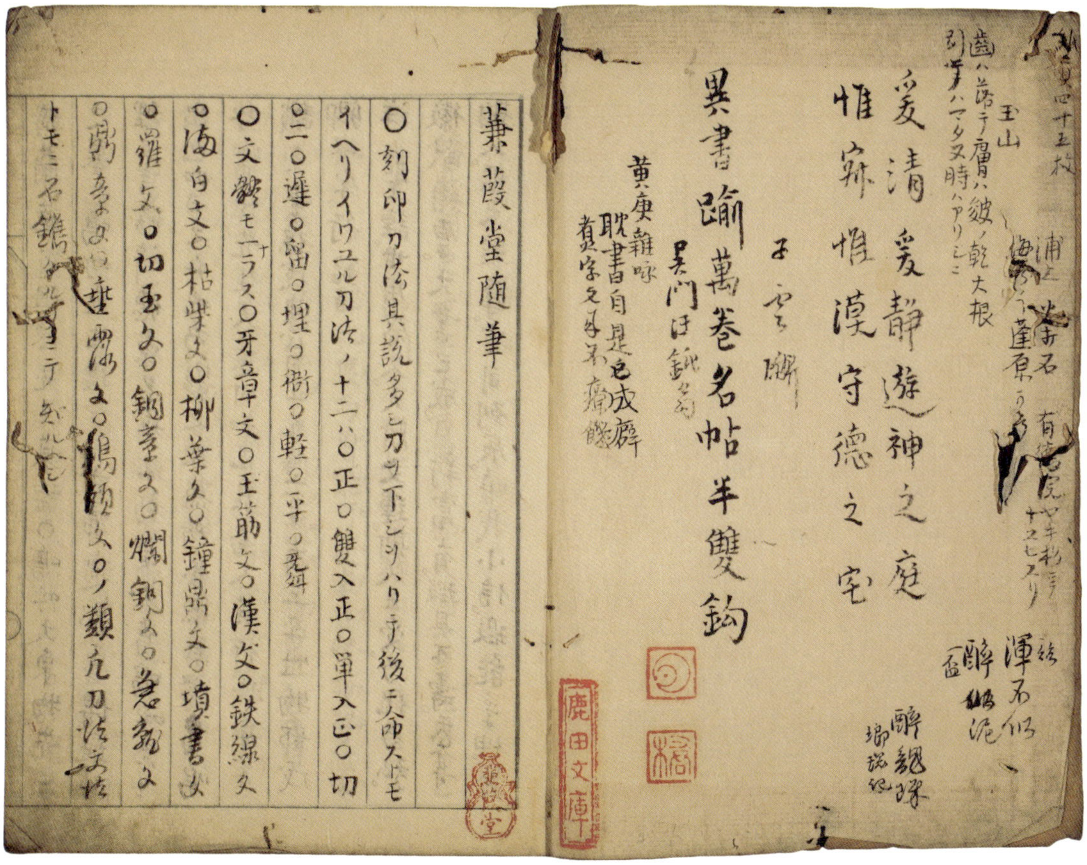
異書蹁萬巻名帖半雙鈎

爰清爰静遊神之庭
惟寂惟漠守徳之宅

鹿田文庫

蒹葭堂随筆

一オ

表紙裏

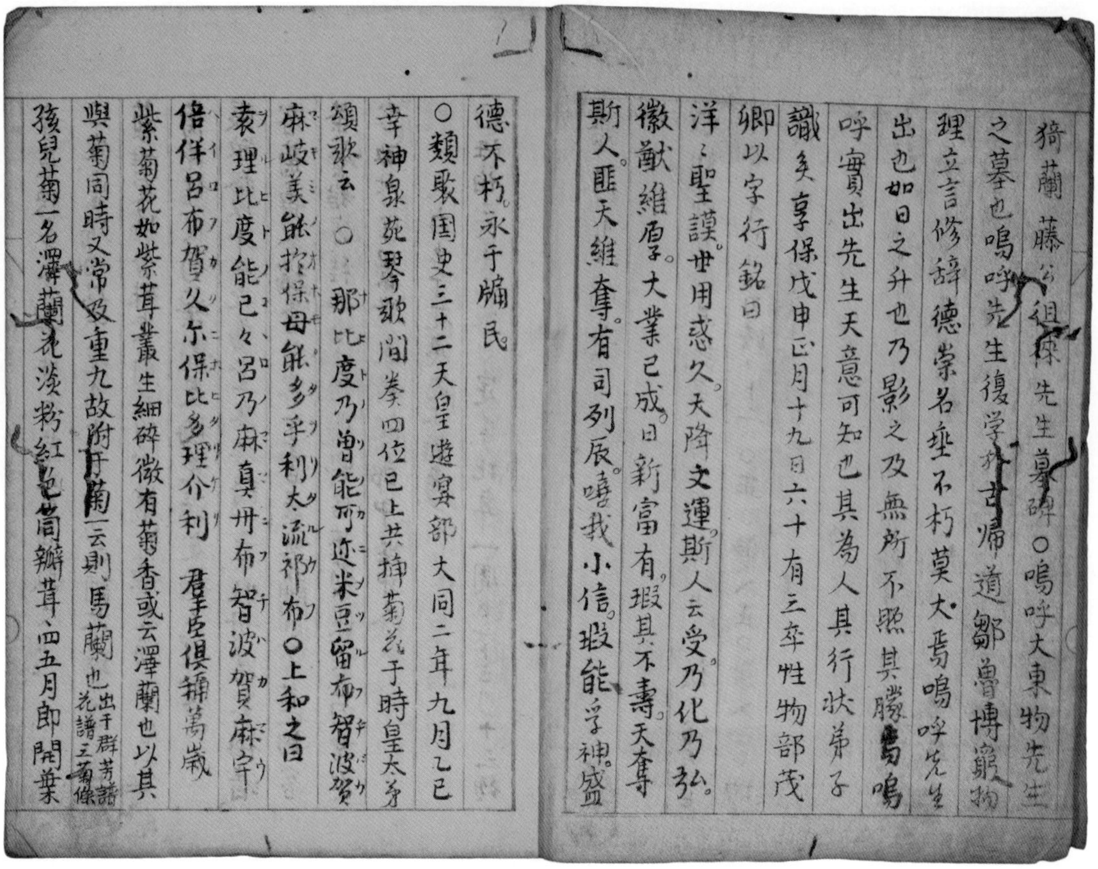
猗蘭藤公徂徠先生墓碑○嗚呼大東物先生
之墓也嗚呼先生復学於古帰道鄒魯博窮物
理立言修辞徳崇名垂不朽莫大焉嗚呼先生
出也如日之升也乃影之及無所不照其騰焉嗚
呼實出先生天意可知也其為人具行状弟子
識矣享保戊申正月十九日六十有三卒姓物部茂
卿以字行銘曰
洋々聖謨世用惑久天降文運斯人云受乃化乃弘
徽猷維厚大業已成日新富有瑕其不壽天奪
斯人匪天維奪有司列辰嘻我小信瑕能学神盛

一ウ

徳不朽永于脩民
○類聚国史三十二天皇遊宴部大同二年九月乙巳
幸神泉苑琴歌間奏四位已上共挿菊花于時皇太弟
頌歌云○那比度乃曽能可迩米豆留布智波賀
麻岐美能於保母能多乎利太流祁布○上和之曰
袁理比度能己々呂乃麻爾麻爾布智波賀麻宇
倍伴呂布賀久尓保比多理介利　君臣俱稱萬歳
紫菊花如紫茸叢生細碎微有菊香或云澤蘭也以其
與菊同時又常及重九故附于蘭一云則馬蘭也出于群芳譜花譜三菊條
孩兒菊一名澤蘭花淡粉紅色筒瓣茸々四五月即開葉

二オ

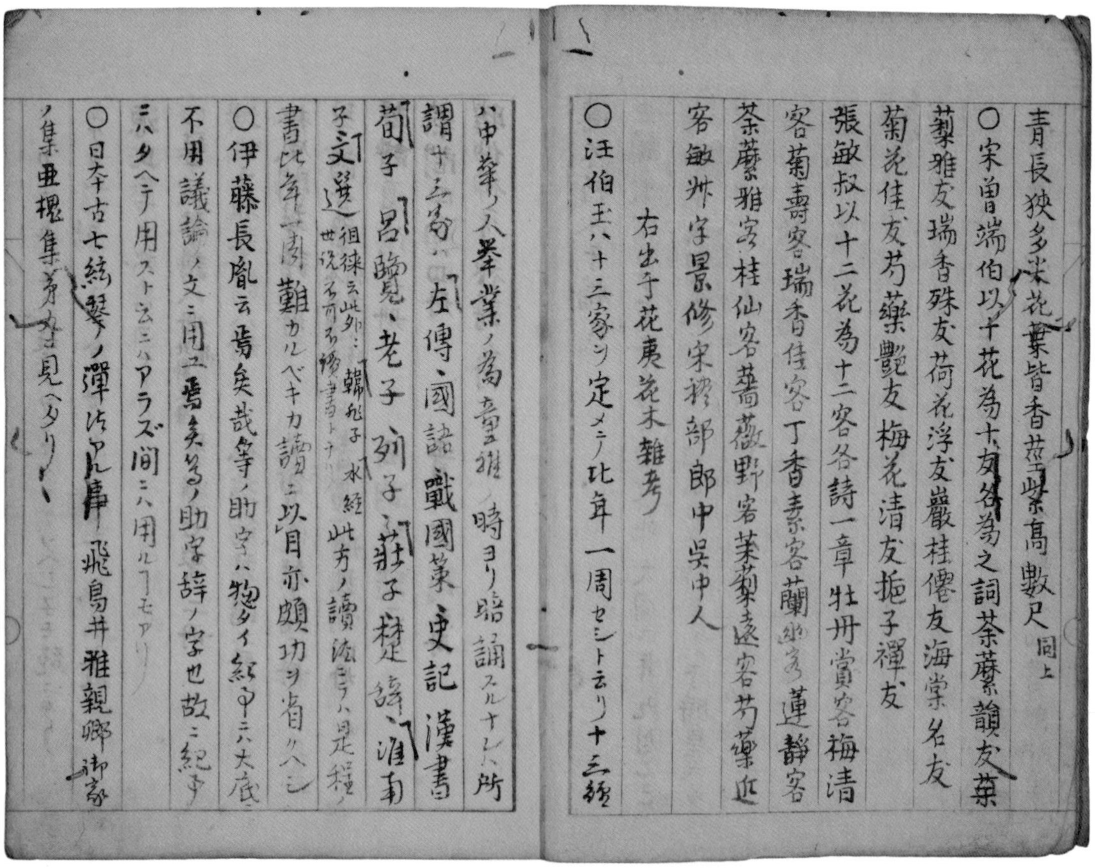
青長狹多尖花葉皆香莖紫高數尺　同上
○宋曽端伯以十花為十友各為之詞荼蘼韻友茉
莉雅友瑞香殊友荷花浮友巌桂僊友海棠名友
菊花佳友芍藥艶友梅花清友梔子禪友
張敏叔以十二花為十二客各詩一章牡丹賞客梅清
客菊壽客瑞香佳客丁香素客蘭幽客蓮靜客
荼蘼雅客桂仙客薔薇野客茉莉遠客芍藥近
客敏州字景修宋禮部郎中呉中人
右出于花庚花木雜考
○汪伯玉八十三家ヲ定メテ比年一周セシトヱリ十三經

二ウ

ハ中華ノ人挙業ノ為童稚ノ時ヨリ暗誦スルナレハ所
謂十三家ハ左傳国語戦国策史記漢書
荀子呂覧老子列子荘子楚辞淮南
子文選徂徠云此外ニ世説不可不讀書トナリ韓非子水經此方ノ讀法ニテハ足程ノ
書此年一周難カルベキカ讀ニ以目亦頗功ヲ省クヘシ
○伊藤長胤云焉矣哉等ノ助字ハ總タイ紀中ニハ大底
不用議論ノ文ニ用ユ焉矣等ノ助字辞ノ字也故ニ紀中
ニハ夕ヘテ用ストムニハアラズ間ニハ用ルヿモアリ
○日本古七絃琴ノ彈法アル事飛鳥井雅親卿御家
ノ集亜槐集第五ニ見ヘタリ

三オ

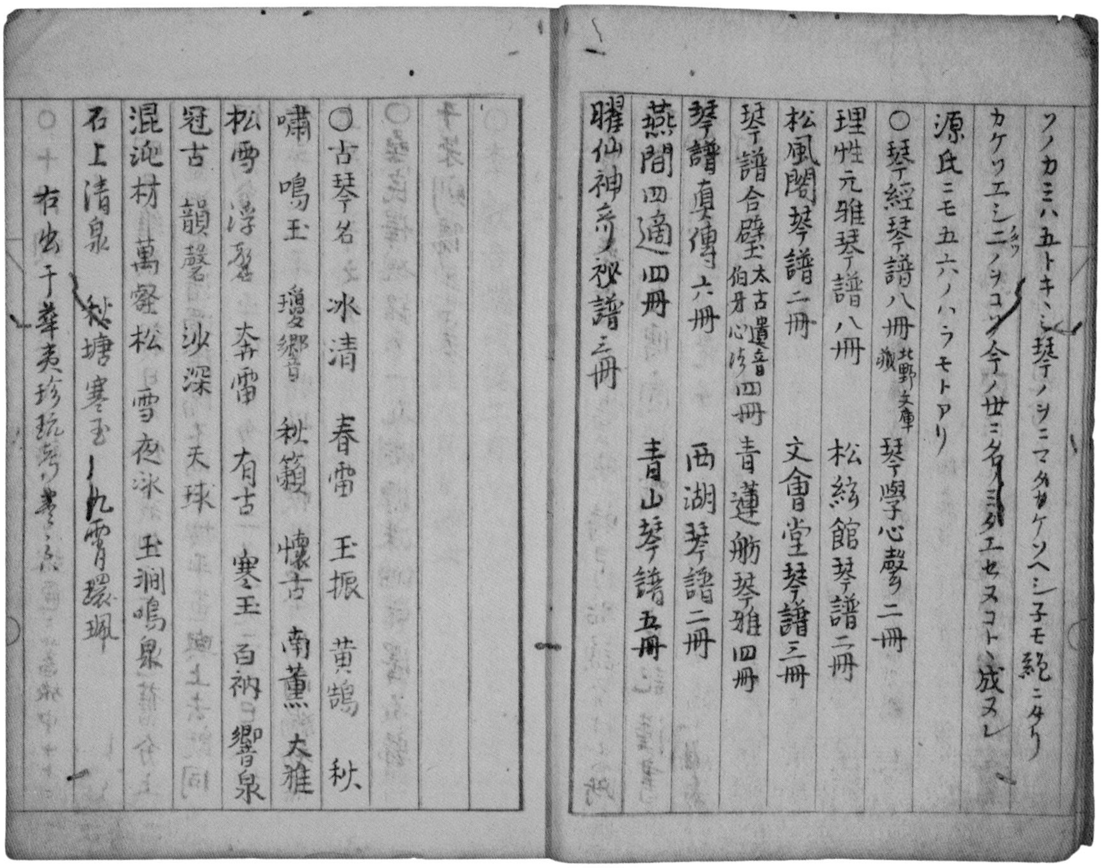

ソノカミハ五トキ、ミ琴ノシニマタタケンヘシ子モ絶ニタリ
カケツエシニノヲコツ今ノ世ニ名ノミタエセヌコト、成ヌレ
源氏ニモ五六ノハラモトアリ
○琴經琴譜八冊 北野文庫 琴學心聲二冊
理性元雅琴譜八冊 松絃館琴譜二冊
松風閣琴譜二冊 文會堂琴譜三冊
琴譜合璧 太古遺音 伯牙心法 四冊 青蓮舫琴雅四冊
琴譜真傳六冊 西湖琴譜二冊
蕉閣四適四冊 青山琴譜五冊
臞仙神奇秘譜三冊

○古琴名 冰清 春雷 玉振 黄鵠 秋
嘯 鳴玉 瓊響 秋籟 懷古 南薫 大雅
松雪 浮磬 奔雷 有古 寒玉 百衲 響泉
冠古 韻磬 泳深 天球
混沌材 萬壑松 雪夜冰 玉澗鳴泉
石上清泉 秋塘寒玉 九霄環珮
右出于華夷珍玩考書

四オ　　三ウ

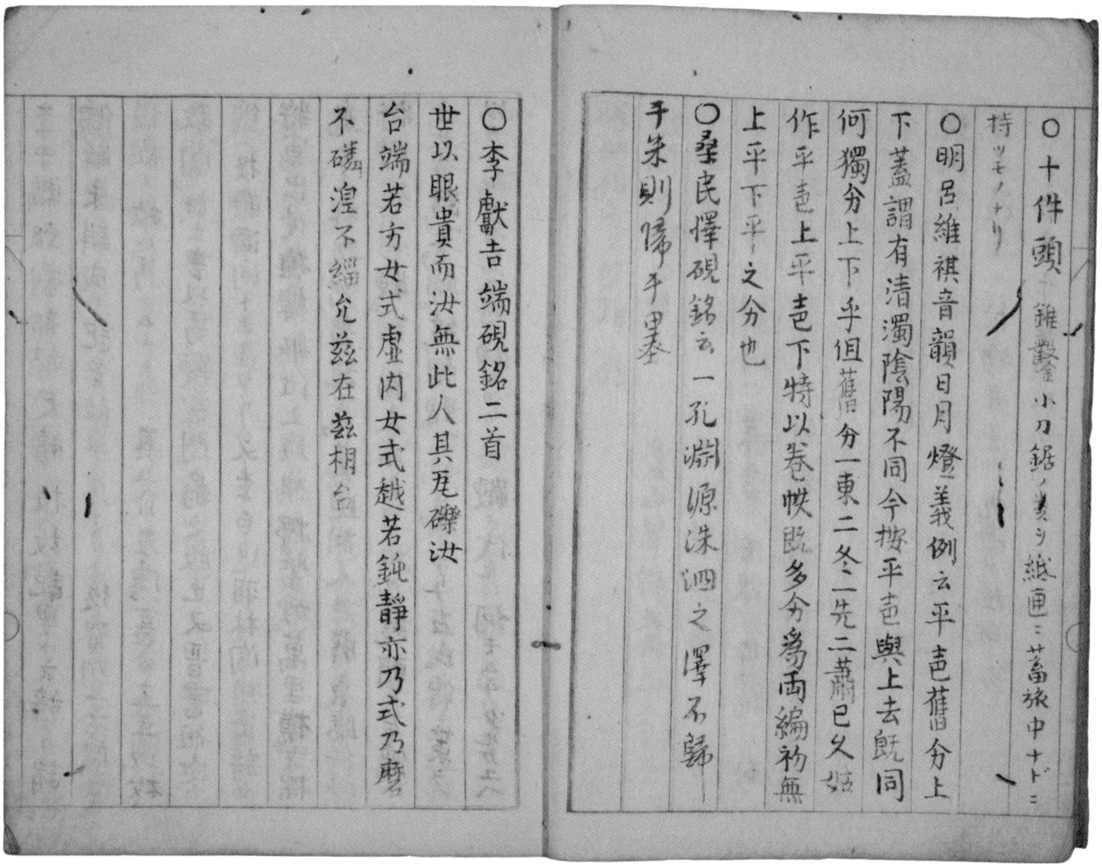

○十件頭 雑鑿 小刀 鋸ノ類ヲ紙匣ニ蓄旅中ナドニ
持ツモノナリ
○明呂維祺音韻日月燈義例云平声舊分上
下蓋謂有清濁陰陽不同今按平声與上去既同
何獨分上下乎但舊分一東二冬一先二蕭已久姑
作平声上平声下特以巻帙既多分為両編初無
上平下平之分也
○桑民懌硯銘云一孔淵源洙泗之澤不歸
于朱則帰于墨

○李獻吉端硯銘二首
世以眼貴而汝無此人具尾礫汝
台端若方女式虚内女式越若鈍静亦乃式乃磨
不磷湟不緇允茲在茲相台

五オ　　四ウ

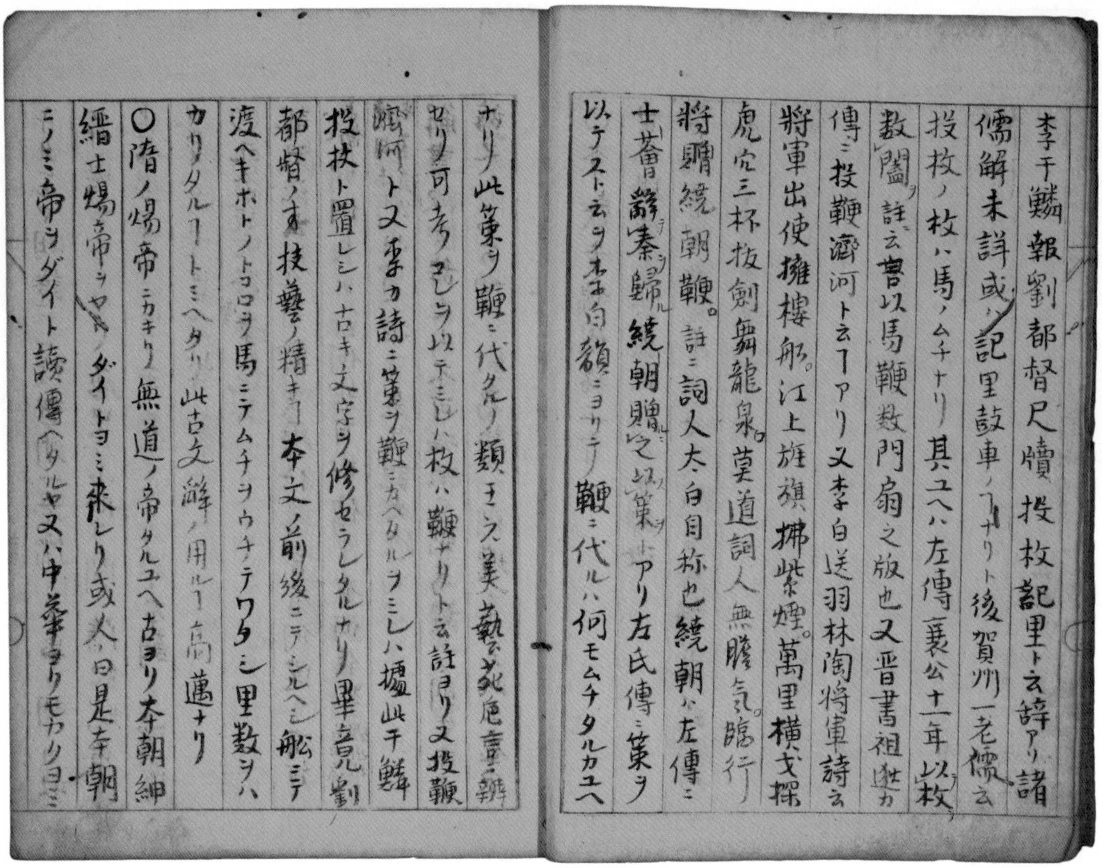
李于鱗報劉都督尺牘投枚記里ト云辞アリ諸
儒解未詳或ハ記里鼓車ノ事ナリト後賀州一老儒云
投枚ノ枚ハ馬ノムチナリ其ユヘハ左傳襄公十八年以枚
数闔ヲ註云書以馬鞭数門扇之数也又晋書祖逖カ
傳ニ投鞭済河ト云フアリ又李白送羽林陶将軍詩云
将軍出使擁樓船。江上旌旗拂紫煙。萬里横戈探
虎穴三杯抜剣舞龍泉。莫道詞人無膽氣。臨行
將贈繞朝鞭。註ニ詞人太白自称也繞朝ハ左傳ニ
士會辭秦歸ルニ繞朝贈ルニ之以テスト策ヲトアリ左氏傳ニ策ヲ
以テストス云ヲ李白頷ニヨリテ鞭ニ代ルハ何モムチタルカユヘ
ナリ此策ヲ鞭ニ代タルノ類モ又美執ト危言ニ辨
セリ可考コレヲ以テミレハ枚ハ鞭ナリト云註ヨリ又投鞭
済河ト又李カ詩ニ策ヲ鞭ニカヘタルヲミレハ擅此于鱗
投枚ト置レシハ古キ文字ヲ修セラレタルナリ畢竟劉
都督ノ才技藝ノ精キフ本文ノ前後ニテシルヘシ舩ニテ
渡ヘキホトノトコロヲ馬ニテムチヲウチテワタシ里数ヲハ
カリタルフトミヘタリ此古文辭ノ用ルフ高邁ナリ
○隋ノ煬帝ニカキリ無道ノ帝タルユヘ古ヨリ本朝紳
縉士煬帝ヲヤダイトヨミ来レリ或人ノ曰是本朝
ニノミ帝ヲダイト讀傳ヘタルヤ又ハ中華ヨリモカクヨミ
六オ　五ウ

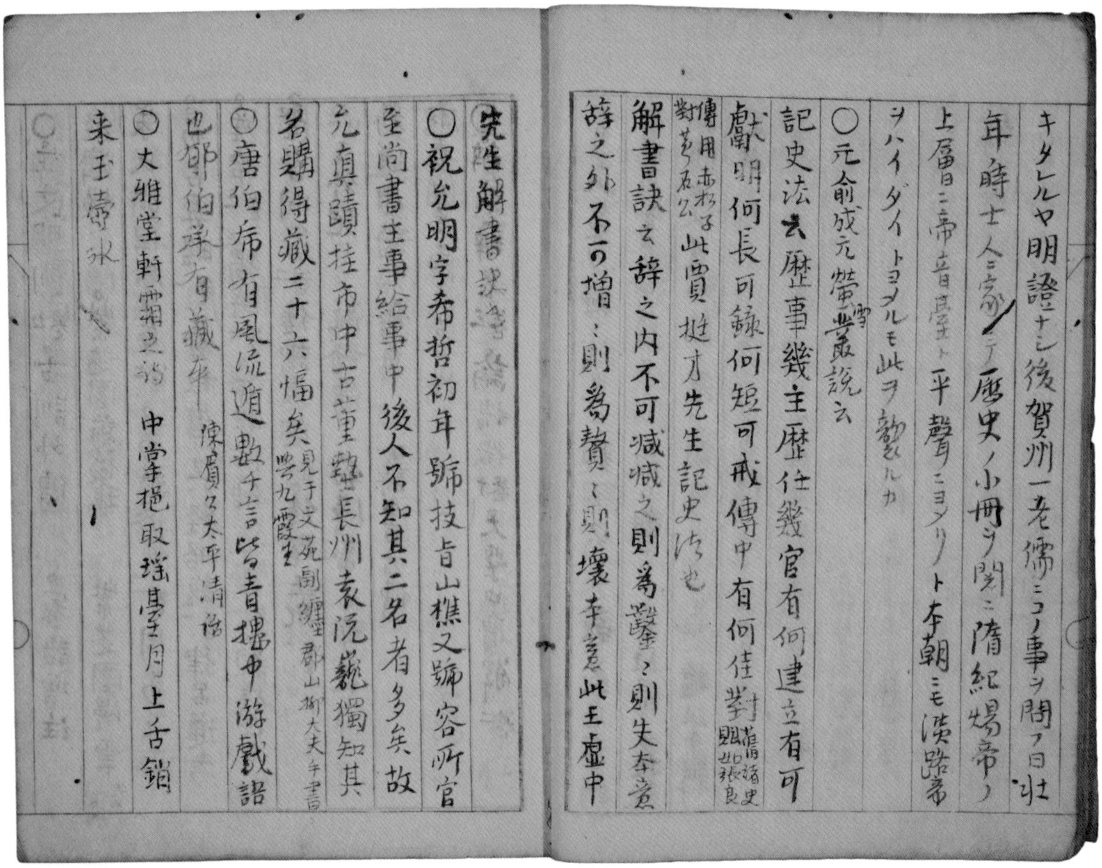
キタレルヤ明證ナシ後賀州一老儒ニコノ事ヲ問フ曰壮
年時士人ニ家ニテ歴史ノ小冊ヲ閲ニ隋紀煬帝ノ
上層ニ帝音臺ト平聲ニヨメリト本朝ニモ漢路帝
ヲハイダイトヨメルモ此ヲ證ルカ
○元俞成元螢雪叢説云
記史法云歴事幾主歴仕幾官有何建立有可
獻明何長可録何短可戒傳中有何佳對 猶諸史 賜出張良
傳用赤松子對蕭何公 此實挺才先生記史法也
解書訣云辭之内不可減減之則為鑿ニ則失本意
辭之外不可増ニ則為贅ニ則壊本意此王虛中
先生解書訣
○祝允明字希哲初年歸技旨山樵又歸容所官
至尚書主事給事中後人不知其二名者多矣故
允真讀桂布中古董幾長州袁沅藏獨知其
名購得藏二十六幅矣 見于文苑副纓 郡山御大夫字君吉 墨九霞生
○唐伯虎有風流遺数千言皆青樓中遊戲語
也鄭伯洋有藏本 陳眉公太平清話
○大雅堂軒霜之韵 中掌捲取瑶臺月上舌鎖
来玉壺氷
七オ　六ウ

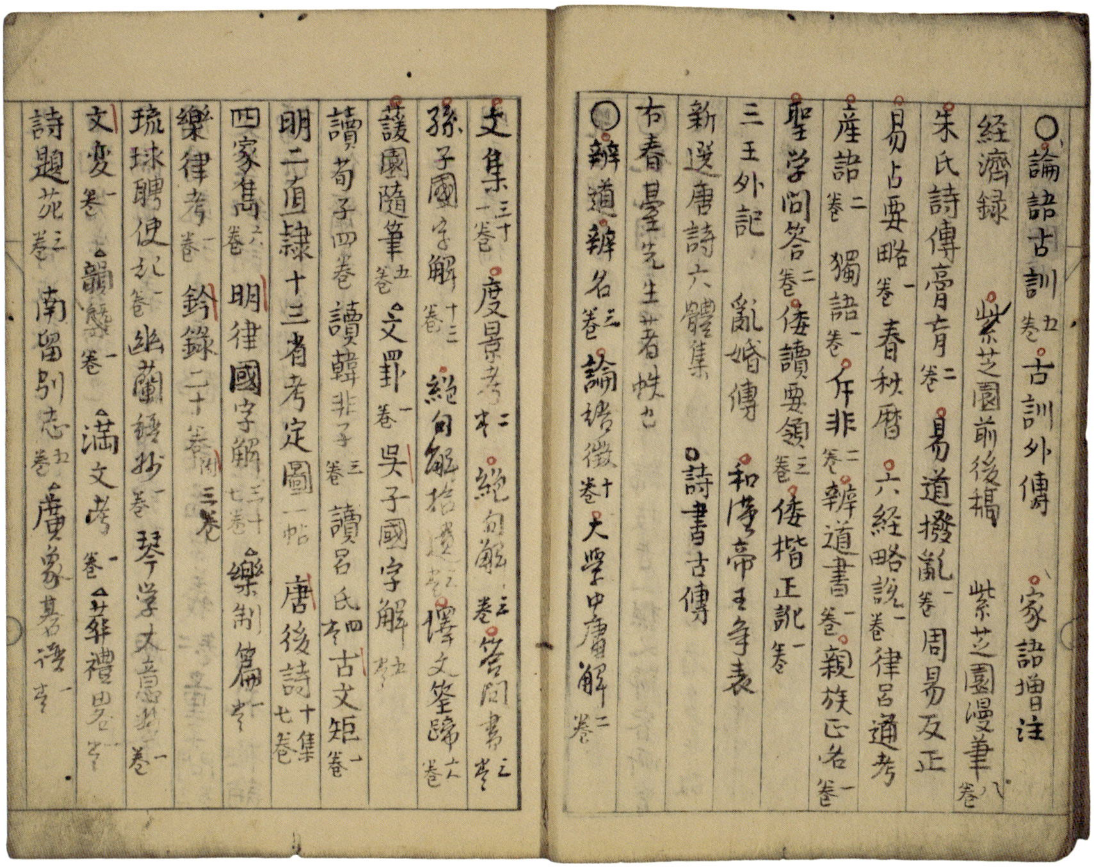

○論語古訓 五巻 古訓外傳 家語増注
経濟録 紫芝園前後稿 紫芝園漫筆 八巻
朱氏詩傳膏肓 二巻 易道撥亂 一巻 周易反正
易占要略 一巻 春秋曆 六経略説 一巻 律呂通考
産語 二巻 獨語 一巻 斥非 二巻 辨道書 一巻 親族正名 一巻
聖学問答 二巻 倭讀要領 三巻 倭楷正訛 一巻
三王外記 亂婚傳 和漢帝王年表
新選唐詩六體集 詩書古傳
右春臺先生著述也
○辨道 辨名 三巻 論語徴 十巻 大學中庸解 二巻

文集 三十巻 度景考 一巻 絶句解 二巻 答問書 三巻
孫子國字解 十三巻 絶句解拾遺 一巻 譯文筌蹄 六巻
蘐園随筆 五巻 文罫 一巻 呉子國字解 一巻
讀荀子 四巻 讀韓非子 三巻 讀呂氏 四巻 古文矩 一巻
明二直録 十三巻 考定圖 一帖 唐後詩 十集七巻
四家雋 六巻 明律國字解 三十七巻 樂制篇 一巻
樂律考 一巻 鈐録 二十巻 (?) 三巻
琉球聘使記 一巻 幽蘭譜抄 一巻 琴学大意抄 一巻
文変 一巻 韻概 一巻 満文考 一巻 葬禮略 一巻
詩題苑 三巻 南留別志 五巻 廣象棊譜 一巻

八オ　　　七ウ

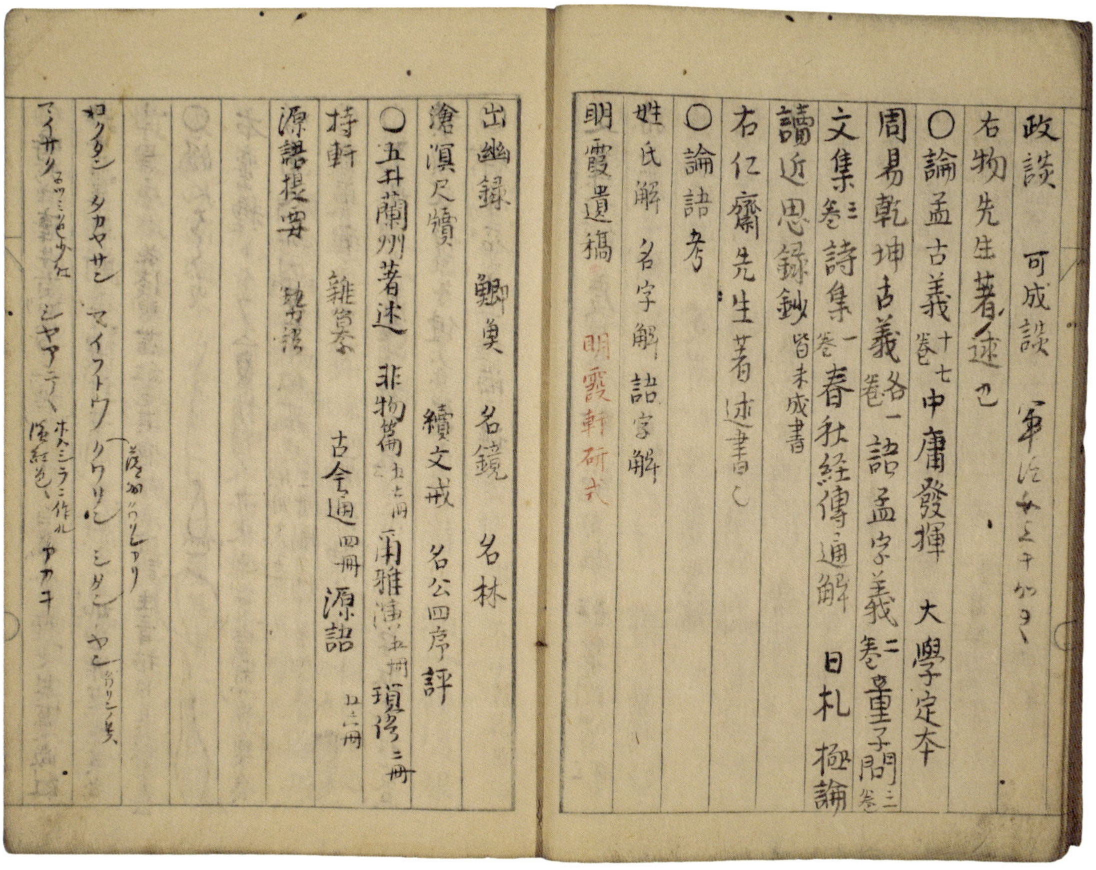

政談 可成談
右物先生著述也
○論孟古義 十七巻 中庸發揮 大學定本
周易乾坤古義 各一巻 語孟字義 二巻 童子問 三巻
文集 三巻 詩集 一巻 春秋経傳通解 日札 極論
論近思録鈔 皆未成書
右仁齋先生著述書也
○論語考
姓氏解 名字解 語字解
明霞遺稿 明霞軒研究

出幽録 鯽魚 名鏡 名林
滄溟尺牘 續文戒 名公四序評
○五井蘭州著述 非物篇 五冊 爾雅(?) 五冊 瑣語 二冊
持軒 雜字 古今通 四冊 源語 二十二冊
源語提要

九オ　　　八ウ

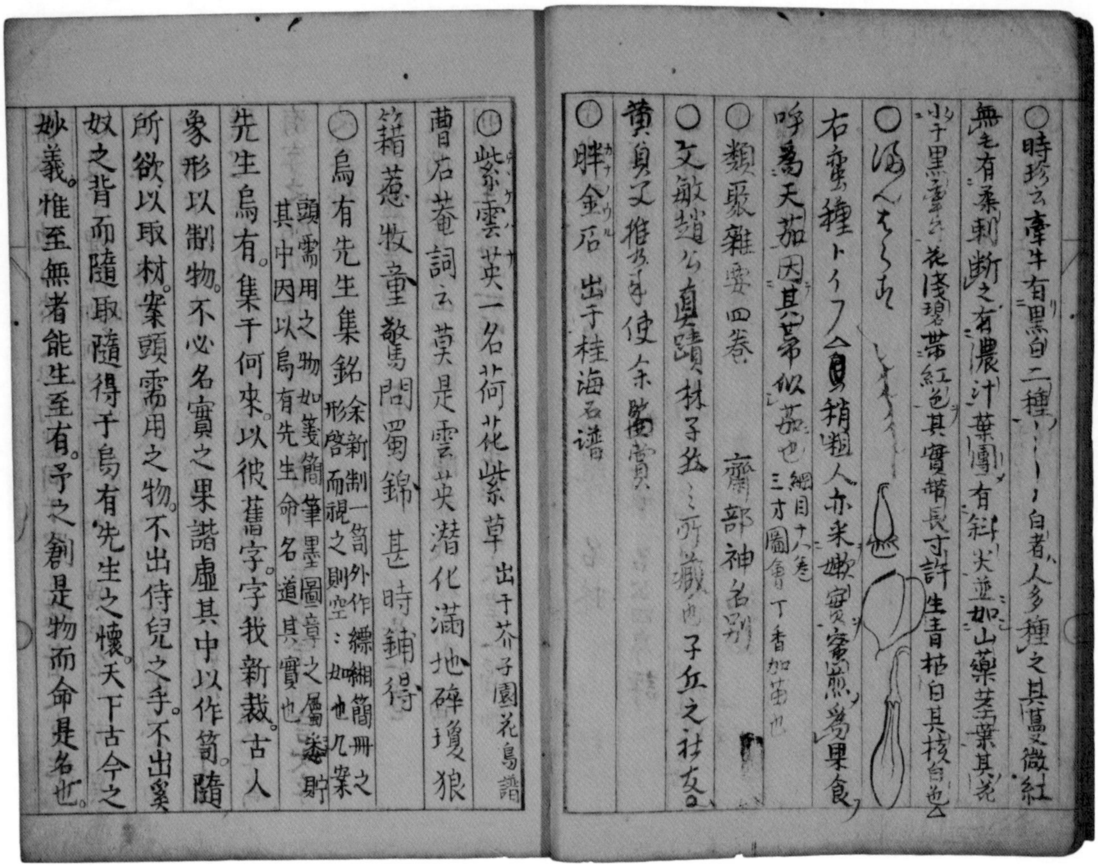
○時珍云牽牛有黒白二種白者人多種之其蔓微紅無毛有柔刺断之有濃汁葉團有斜尖並如山薬茎葉其花小于黒牽牛花浅碧帯紅色其實蔕長寸許生青枯白其核白色
○[illegible]
右蛮種トイフ食貝稍類人亦采嫩實蜜煎為果食呼為天茄因其蔕似茄也 細目十八巻 三才圖會丁香加茄也
○類聚雑要四巻 齋部神名別
○文敏趙公真蹟林子丝之所蔵也子丘之社友黄貞父推使余鑒賞
○胖金石 出于桂海石譜

九ウ

○紫雲英一名荷花紫草 出于芥子園花鳥譜
曹右菴詞云莫是雲英潜化満地碎瓊狼籍惹牧童驚問蜀錦甚時鋪得
○烏有先生集銘 余新制一筒外作縹緗簡冊之形啓而視之則空空如也凡案頭需用之物如箋簡筆墨圖章之屬悉貯其中因以烏有先生命名道其實也
先生烏有。集于何来。以彼舊字。字我新裁。古人象形以制物。不必名實之果諧。虚其中以作筒。随所欲以取材。案頭需用之物。不出侍兒之手。不出奚奴之背。而随取随得于烏有先生之懐。天下古今之妙義。惟至無者能生至有。予之創是物而命是名也。

十オ

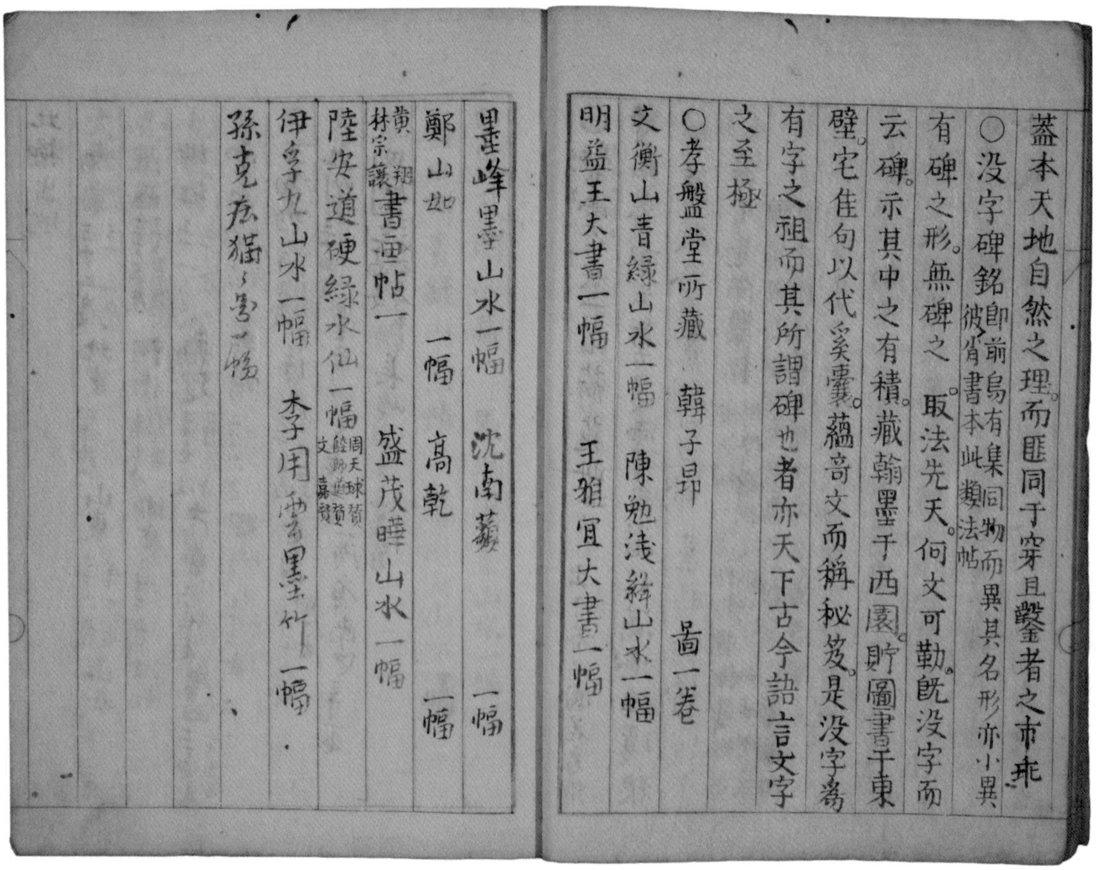
蓋本天地自然之理。而匪同于穿且鑿者之市兆。
○没字碑銘 即前烏有集同物而異其名形亦小異 彼省書本此類法帖
有碑之形。無碑之。取法先天。何文可勒。既没字而云碑。示其中之有積。藏翰墨于西園。貯圖書于東壁。宅佳句以代奚嚢。蘊奇文而稱秘笈。是没字為有字之祖。而其所謂碑也者。亦天下古今語言文字之至極
○孝盤堂所蔵 韓子昂 畫一巻
文衡山青緑山水一幅 陳勉浅絳山水一幅
明益王大書一幅 王稚宜大書一幅

十ウ

墨峰墨画山水一幅 沈南蘋 一幅
鄭山如 一幅 高乾 一幅
黄翔 林宗譲 書画帖一 盛茂曄山水一幅
陸安道硬緑水仙一幅 周天球賛 陸師道賛 文嘉賛
伊孚九山水一幅 李用雲墨竹一幅
孫克弘猫々図一幅

十一オ

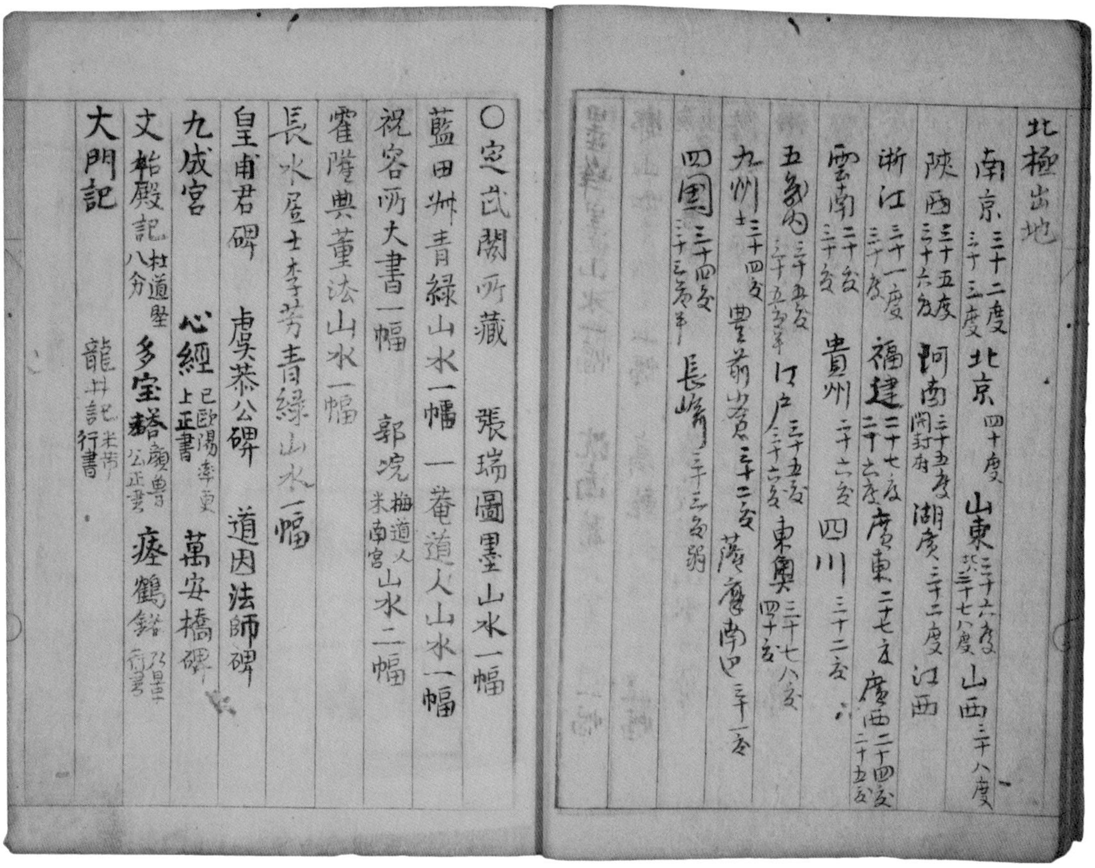

十二オ　十一ウ

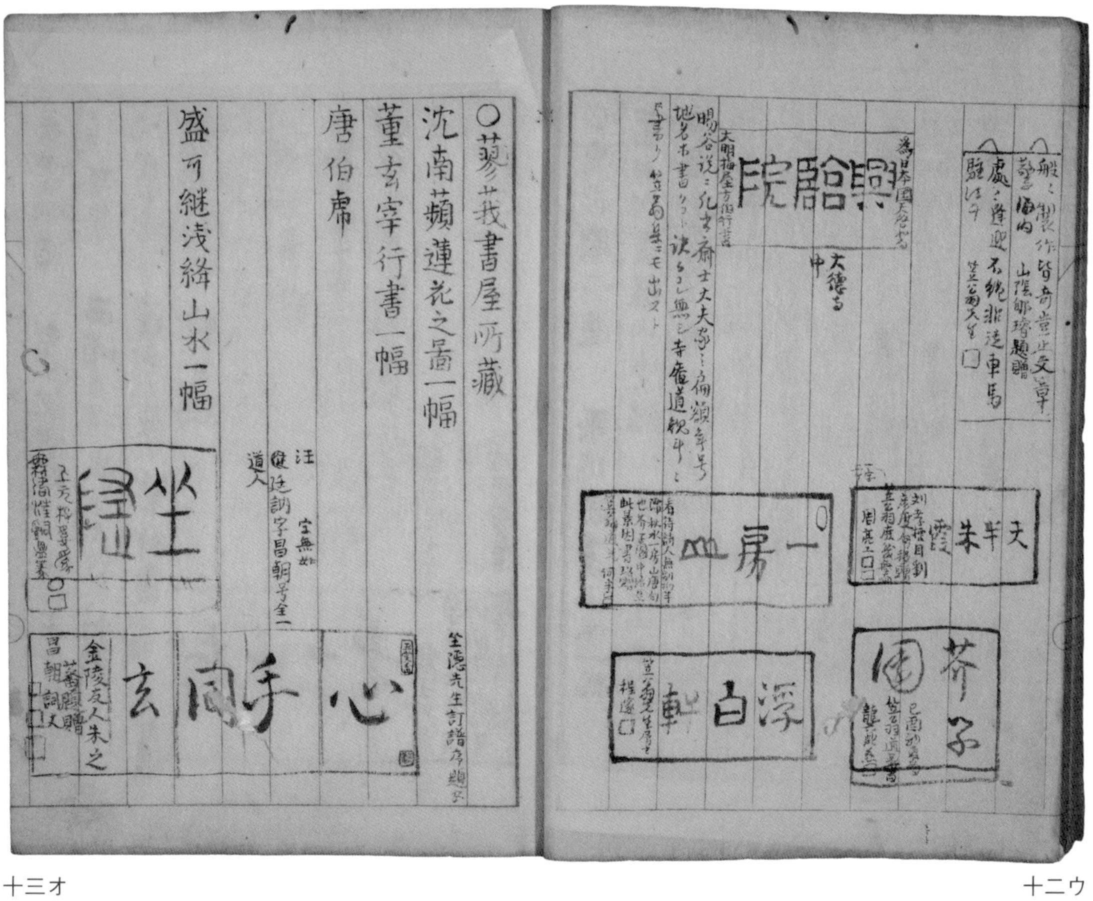

十三オ　十二ウ

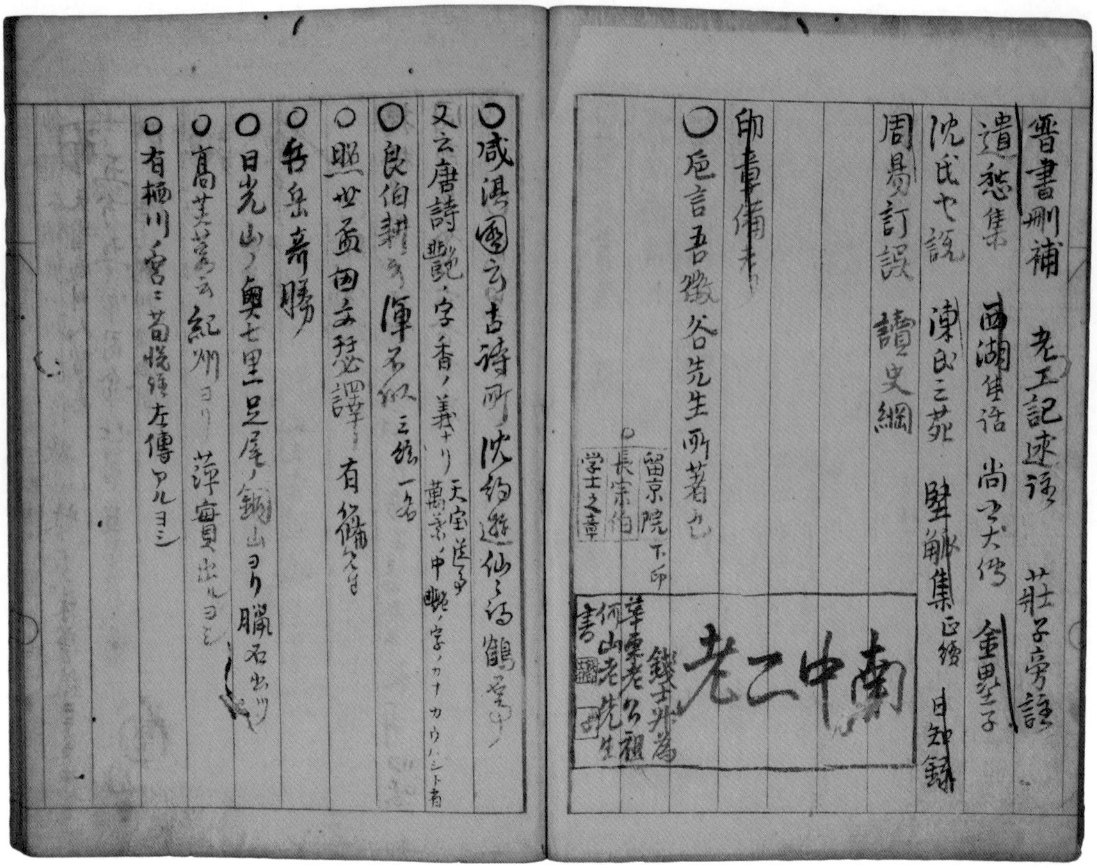

晉書刪補　考工記述註　莊子旁註
遺愁集　西湖佳話　尚書大傳　金壺子
沈氏弋説　陳氏三苑　堅瓠集 正續　日知録
周易訂誤　讀史綱
印章備考
○危言　吾嶽谷先生所著也
留京院下所
長宗伯
學士之章
南中二老
錢士升為
華亭老公祖
何山老先生
書

○咸淳圖云　古詩所沈約遊仙之詩　鶴…
又云唐詩艶字香ノ義ナリ　天寶遺事　萬宗中艶ノ字ノカナ カウハシト有
○良伯耕ノ傳　名紱　三縣一名
○照世盃四女ノ訳　有備
○岳岳斎勝
○日光山ノ奥七里ニ足尾ノ銅山ヨリ臘石出ツ
○高芙蓉云　紀州ヨリ萍寶出ルヨシ
○有栖川ノ宮ニ蓄幾錦左傳アルヨシ

十四オ　十三ウ

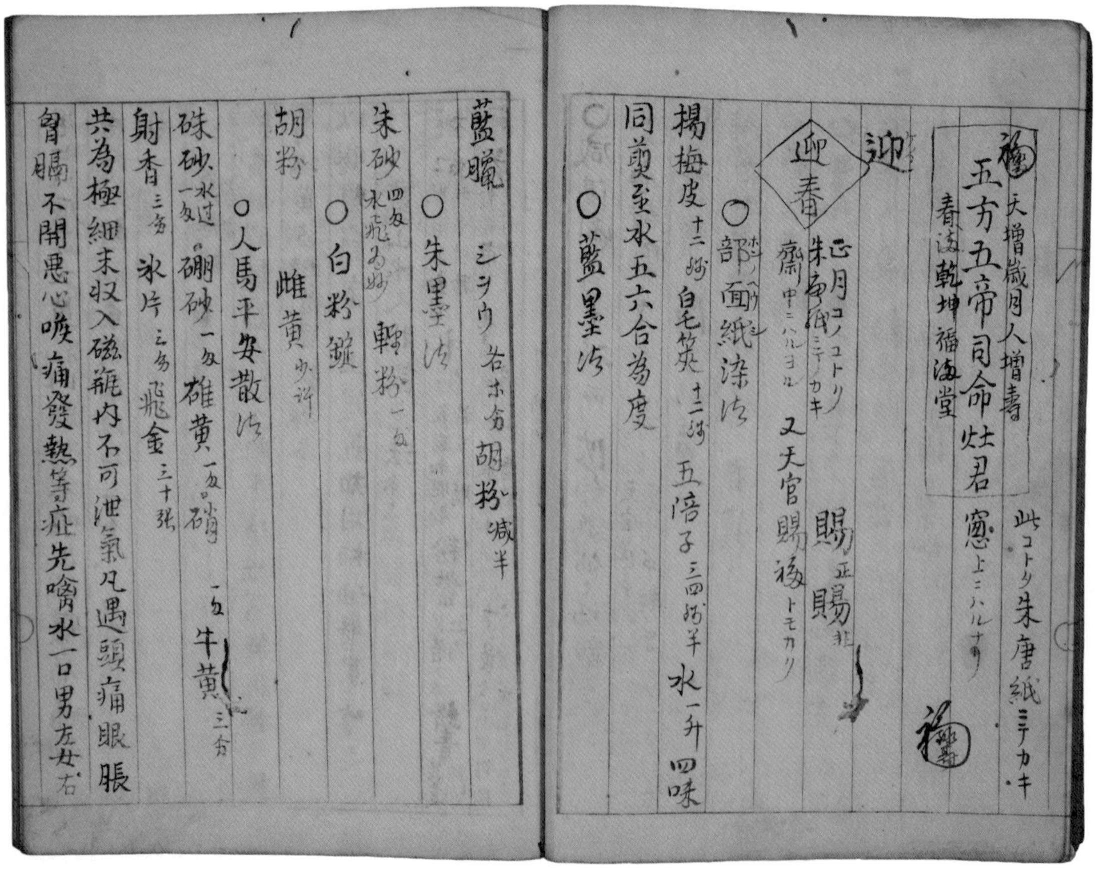

福
天増歳月人増壽
五方五帝司命灶君
春滿乾坤福滿堂
竈上ニハルナリ
此コトリ朱唐紙ミテカキ
迎　迎春　正月コノコトリ朱唐紙ミテカキ　竈中ニハルヨシ
○部面紙涂法　又天官賜福トモカク　賜 正　賜 非
楊梅皮 十二両　白毛苑 十二両　五倍子 三四両半　水一升　四味
同煎至水五六合為度
○藍墨法

藍臘　三ヨウ　各ホ合　胡粉 減半
○朱墨法
朱砂 四匁 水飛ス為　輕粉 一匁
○白粉錠
胡粉　雌黄 少許
○人馬平安散法
硃砂 一匁 水过　硼砂 一匁　雄黄 一匁　硝 一匁　牛黄 三分
射香 三分　氷片 三分　飛金 三十張
共為極細末收入磁瓶内不可泄氣凡遇頭痛眼脹
曾瞞不開悪心喉痛發熱等症先噙水一口男左女右

十五オ　十四ウ

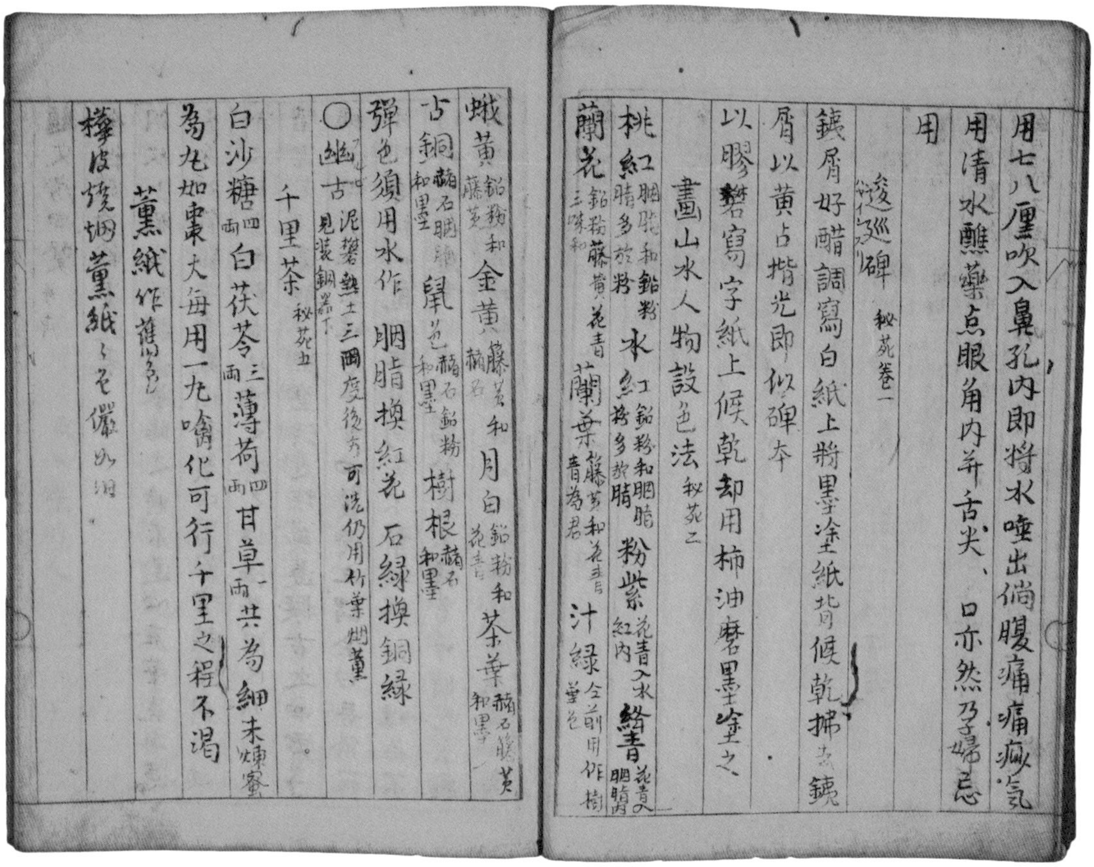

用七八厘吹入鼻孔内即将水噀出倘腹痛痛癒気
用清水醮藥点眼角内并舌尖、口亦然孕婦忌
用
餸巡碑 秘苑巻一
鏃屑好醋調寫白紙上将墨塗紙背候乾拂去鏃
屑以黄占揩光即似碑本
以膠礬寫字紙上候乾却用柿油磨墨塗之
畫山水人物設色法 秘苑之二
桃紅 胭脂和鉛粉臙多於粉 水紅 鉛粉和胭脂粉多於臙 粉紫 花青入水紅内 緒青 花青入胭脂内
蘭花 鉛粉藤黄花青三味和 蘭葉 藤黄和花青青為君 汁緑 仝前用作樹葉色

蛾黄 鉛粉和藤黄 金黄 藤黄和赭石 月白 鉛粉和花青 茶華 赭石藤黄和墨
古銅 赭石胭脂和墨 鼠色 赭石鉛粉和墨 樹根 赭石和墨
彈色須用水作 胭脂換紅花 石緑換銅緑
○幽古 泥礬熱土三兩度後方可洗仍用竹葉烟薫 見装銅器下
千里茶 秘苑五
白沙糖四兩 白茯苓三兩 薄荷四兩 甘草一兩 共為細末煉蜜
為丸如棗大毎用一丸噙化可行千里之程不渇
薫紙 作舊紙色
樺皮烟薫紙ゝ色儼如舊

十六オ　十五ウ

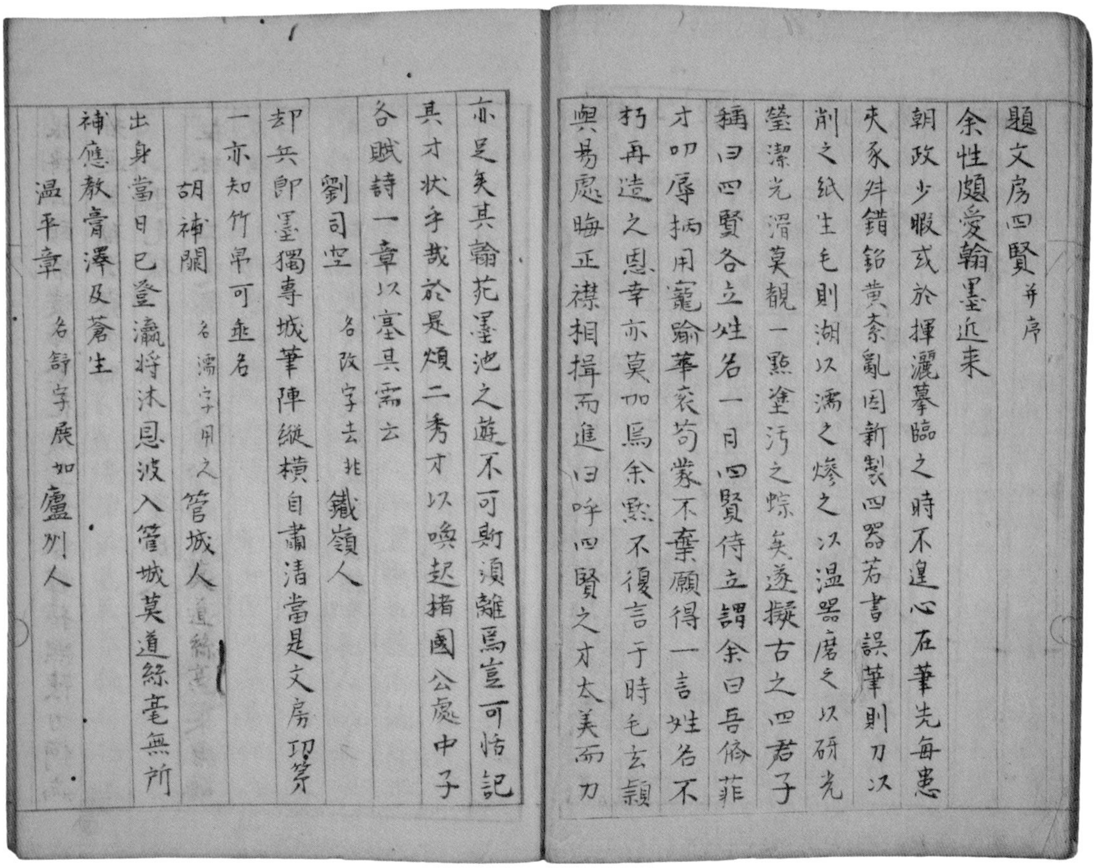

題文房四賢 并序
余性頗愛翰墨近来
朝政少暇或於揮灑摹臨之時不遑心在筆先毎患
夫豕亥錯鉛黄紊亂因新製四器若書誤筆則刀以
削之紙生毛則湖以濡之燦之以温器磨之以研光
瑩潔光滑莫覩一點塗污之蹤矣遂擬古之四君子
稱曰四賢各立姓名一日四賢侍立謂余曰吾儕菲
才叨辱抦用寵踰華袞苟蒙不棄願得一言姓名不
朽再造之恩幸亦莫加焉余默不復言于時毛玄穎
與易處晦正襟相揖而進曰吁四賢之才太美而刀

亦足矣其翰苑墨池之遊不可斯須離焉宣可恬記
其才狀乎哉於是煩二秀才以喚起楮國公處中子
各賦詩一章以塞其需云
劉司空 名攺字去非 鐵嶺人
却兵郎墨獨專城筆陣縱横自肅清當是文房功第
一亦知竹帛可垂名
胡神閬 名濡字用之 管城人
出身當日已登瀛将沐恩波入管城莫道絲毫無所
補應教膏澤及蒼生
温平章 名舒字展如 盧州人

十七オ　十六ウ

銀博山頭帯暖帰金花城上報春暉和煕陳力何為
若遜莫糊塗露未晞
牙光禄　名磨字子華象郡人
桂林才子建高牙好是騒壇功不誇楮國平来磨礪
力詎辞表徳獨稱華
右
従一位前摂政大政大臣家煕公撰

十七ウ

文房四賢傳　一
劉改鐵嶺人生而區鋭有勇疾悪如仇自以去非命
字胡濡字用之管城人為人糊塗務蓋藏然能好施
澤物温舒盧州人字展如志常為人伸屈人慕其有
仁多就親炙牙磨象郡人姿手消潔以其先賄敗被
焚而死為羞力自功嗟徳運夙著其字乃子華四人
共仕楮國未甚任用退居硯海之濱楮文國也傳有
言氏孽子曰呉曰化曰比曰琴兄弟竊據陶陰以術
誑衆過者輙為錯惑不省傳染滋甚至春秋時推其
長僭稱門王夏五以郭公師来襲陥數州楮以大亂

十八オ

政乃挙兵討之毎戦執才挺進所向潰散遂壮收趙
斬其将省東掠齊殪其将立轉而攻魯将魚及孔氏
卒五十就陣降呉化比琴等度勢迫倉皇騎三豕渡
河而逃方是時廓清之力政為第一然自用兵田土
荒廢衆仰鋳於官嗷々毛起濡計就海採草煮以為
糒沿水運輸所至頒槖給被寇州郡民始霑足咕然
案堵而舒特馳詣爐峰神祝融灰首懇祈所済神告
曰楮雖足食未可猝用尓其悪之舒還専以息意煦
嫗撫按久之民心如受　毒熨蒙陽唏無不悦懌楮
於是召磨諮次政磨曰安有飽煖之民而無砥礪之

十八ウ

教哉同任磨先以切劘継以温勧又従発揮而潤色
之不發化成則楮人面皆胼焉自後方内調句物選
其素得文治更張雖鄙界相類不謂其章経亂至四
人所施為益無稱也楮論其賞授政司空濡補闕舒
平章事磨光禄卿並儀同四友直天禄閣分掌校讎
識者曰有功無踪子孫其奕
大史氏曰工欲善其事必先利其器信乎言也當楮
被禍微四人施其材焉能撥乱而反正後世或政従
回循徒事粉飾太平而憚于興役除蠧不然求速貪
成急于用兵自至破國乃藉殘胡設牙軍務耀其威

十九オ

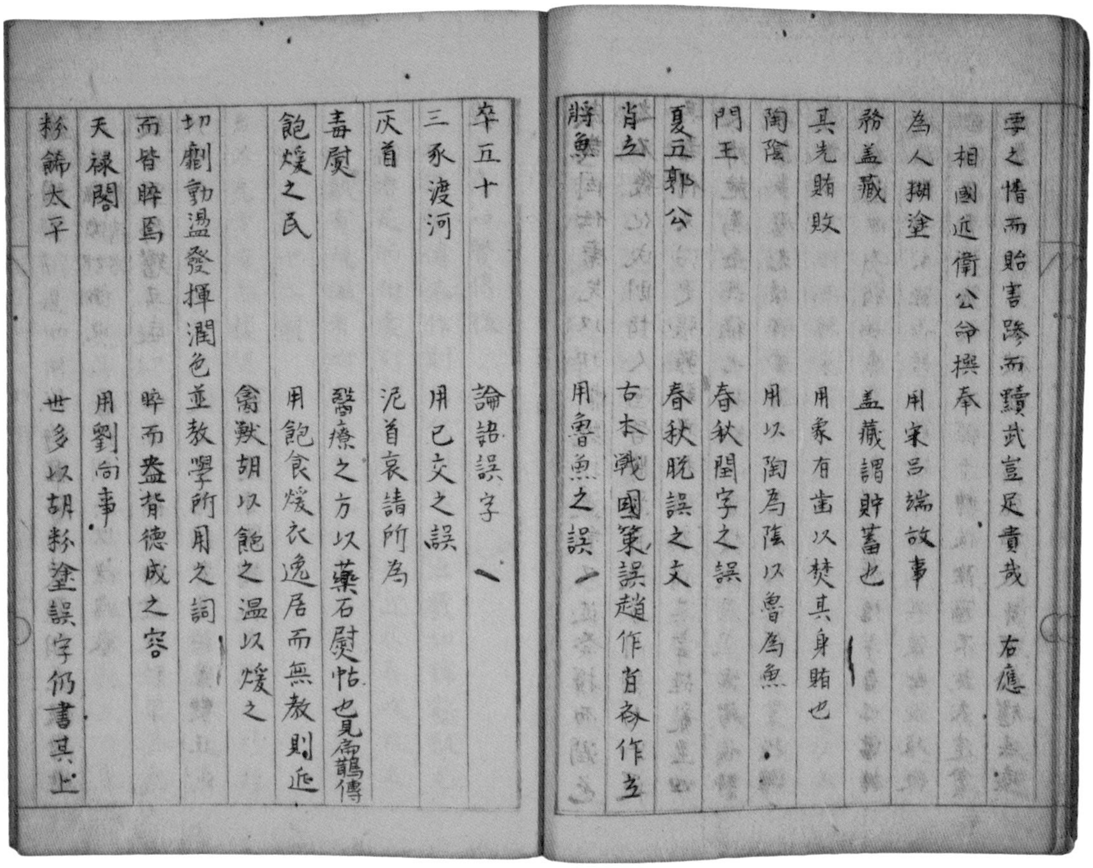
季之惜而貽害踐而續武宣足責哉　右應
相國近衛公命撰奉
為人糊塗　用宋呂端故事
務蓋藏　蓋藏謂貯蓄也
其先賄敗　用象有齒以焚其身賄也
陶陰　用以陶為陰以魯為魚
門王　春秋閏字之誤
夏五郭公　春秋脱誤之文
肖立　古本戰國策誤趙作肖齊作立
將魚　用魯魚之誤

卒五十　論語誤字
三豕渡河　用己亥之誤
厌首　泥首哀請所為
毒熨　醫療之方以藥石熨帖也見扁鵲傳
飽煖之民　用飽食煖衣逸居而無教則近
禽獸胡以飽之溫以煖之
切劇勁温發揮潤色並教學所用之詞
而皆睟焉　睟而盎背德成之容
天祿閣　用劉向事
粉飾太平　世多以胡粉塗誤字仍書其上

二十オ　十九ウ

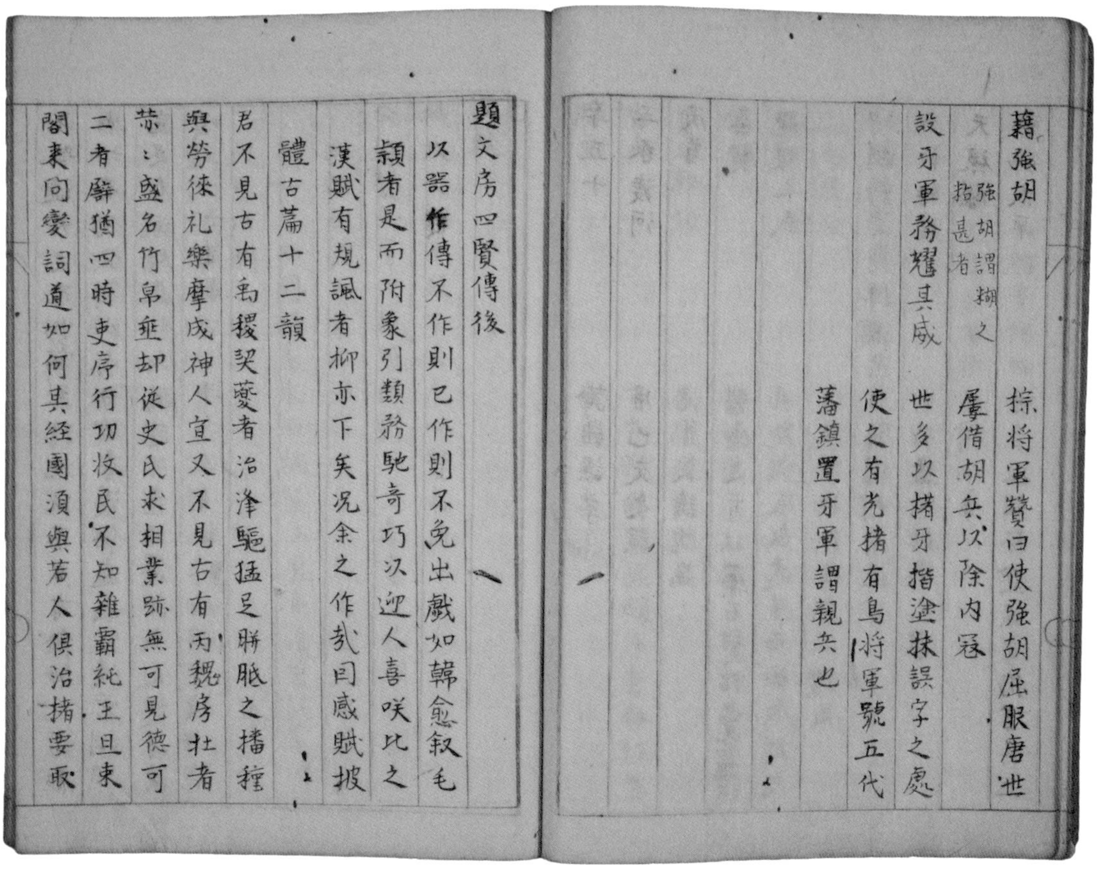
藉強胡　掠將軍贊曰使強胡屈服唐世
強胡謂糊之拙者　屢借胡兵以除內寇
設牙軍務耀其威　世多以揩牙揩塗抹誤字之處
使之有光揩有鳥將軍號五代
藩鎮置牙軍謂親兵也

題文房四賢傳後
以器作傳不作則已作則不免出戲如韓愈敘毛
穎者是而附象引類務馳奇巧以迎人喜咲比之
漢賦有規諷者抑亦下矣况余之作哉曰感賦披
體古篇十二韻
君不見古有禹稷契夔者治洚驅猛足胼胝之播種
與勞徠礼樂摩成神人宜又不見古有丙魏房杜者
恭恭盛名竹帛垂却從史氏求相業跡無可見德可
二者辟猶四時吏序行功收民不知雜霸純王且東
閣東向變詞道如何其經國須與若人俱治搖要取

二十一オ　二十ウ

此器随天生百物寓至理把玩半日有餘師几案廊
廟均為政欲割社肉分卿者漢儒逸氣空凌雲謌賦
豈足存諷規益信大雅趨凋悪能優詔成足蹙眉莫
嗔文士之為戯它日平淮記者誰事　二句用裴度韓愈

二十一ウ

謹賦
摂政大相國殿下文房四賢之詩
公新製文房四器所謂劉司空者書刀也胡神䚏者
法糊也温平章者温器也牙光禄者研光也其刀
製如斤而圓揩鳥木曲柄鑲以鹿角適筆誤墨浮
則可以刮之者其糊煮海藻製之束以紅紙形如
筆管而短用時湯漬其頭則和柔而粘可以搨平
其刀痕不起毛也温器以黄鍮作之大如拇指爐
内爆而温之熨其搨温處使莫之沾且離也研光
以象牙作之製與温器大同小異、二器亦以鳥木

二十二オ

堂

為柄以鹿角為鑲四器皆有雅致可観而
公命之以賢者蓋視有真賢者之能也
賓鐵凝霜兎膽寒青萍一片月晃團研池雲起龍蛇
出走紙風雨黒漫〻宋斤魯削已遷地却勝郢人劉
臯端鳥鰂墨痕何足滅蒼蝇屌上不須彈碧海珊瑚
拔尚短金莖沆瀣露初乾豹毛自澤斑〻色獺髓能
瑿黙〻瘢香爐峰頂煙篭日鈷鉧潭水不瀾玄錫磨
瑩玻璃鏡明珠走轉瑪瑙盤天朝上公周冢宰當今
居攝総六官吐握躬勞天下士敬賢常得萬人懽玉
堂新様瑚　器乃成字〻燦琅玕太平

二十二ウ

天子多暇日為寫小人豫擣難
筑後守従五位下源朝臣君美

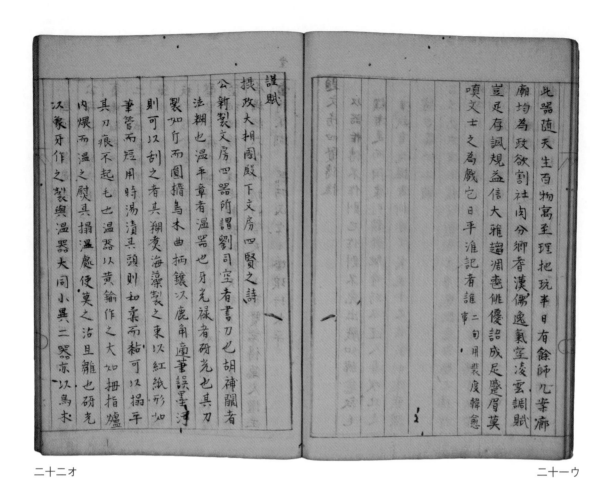

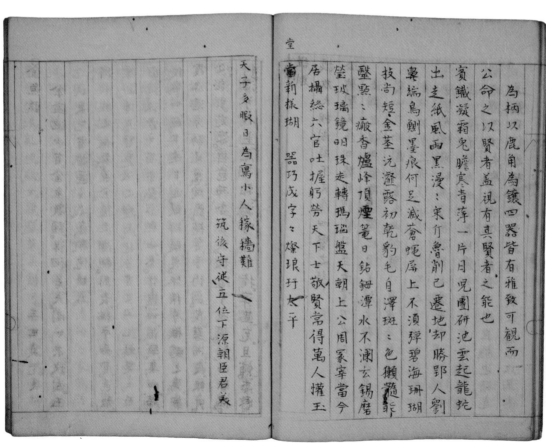

二十三オ

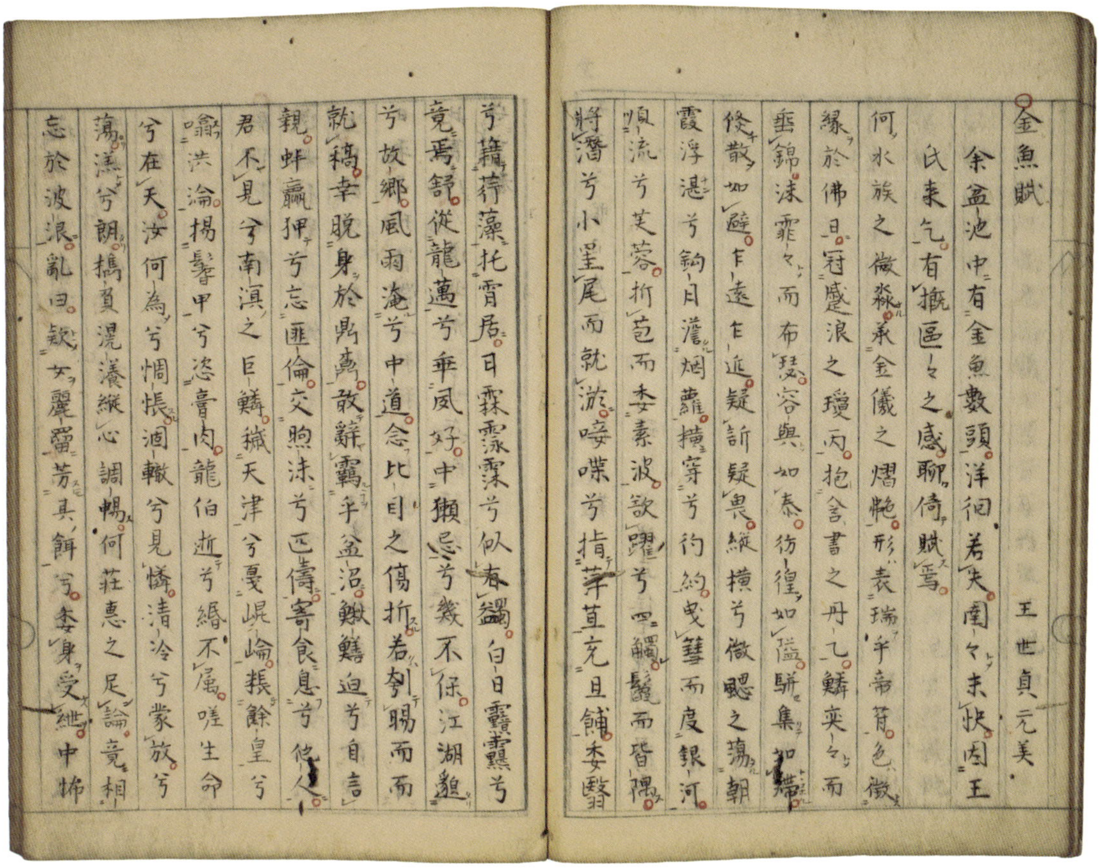
金魚賦　王世貞元美
余盆池中有金魚數頭洋徊若失圉々未快囿王氏来乞有撫區々之感聊倚賦焉
何水族之微𧰼承金儀之熠艶形表瑞乎帝胄色徽縁於佛日冠處浪之瓊丙抱含書之丹乙鱗奕々而垂錦沫霏々而布琹容與如泰彷徨如謚騈集如芾倏散如避乍遠乍近疑訴疑畏縦横兮微颸之蕩朝霞浮湛兮鉤月灌烟蘿擿穿兮彴約曳彗而度銀河順流兮芙蓉折芭而委素波歘躍兮罒綱鬣而昏隅將潛兮小星尾而就游喋喋兮指萍苴充且餔委翳
兮籍荇藻托宵居日霖霪淥霂兮似春靄白日靉靆兮竟焉歸從龍邁兮乗風好中獺忌兮幾不保江湖邈兮故郷風雨淹兮中道念比目之傷折若刳腸而雨就穢幸脱身於鼎鬲敢辭羈乎盆沼鰍鱔迫兮自言親蚌蠃狎兮忘匪倫交㖒沫兮匹儔寄食息兮佗人君不見兮南溟之巨鱗織天津兮戛崐崘振餘皇兮噏洪淪揭鬐甲兮恣嚼肉龍伯逝兮緡不屬嗟生命兮在天汝何為兮惆悵洄輾兮見憐清泠兮蒙放兮蕩漾兮朗攜負滉瀁縦心調暢何莊惠之足論竟相忘於波浪亂曰欽女麗留芳其餌兮委身受紲中怫

二十四オ　　二十三ウ

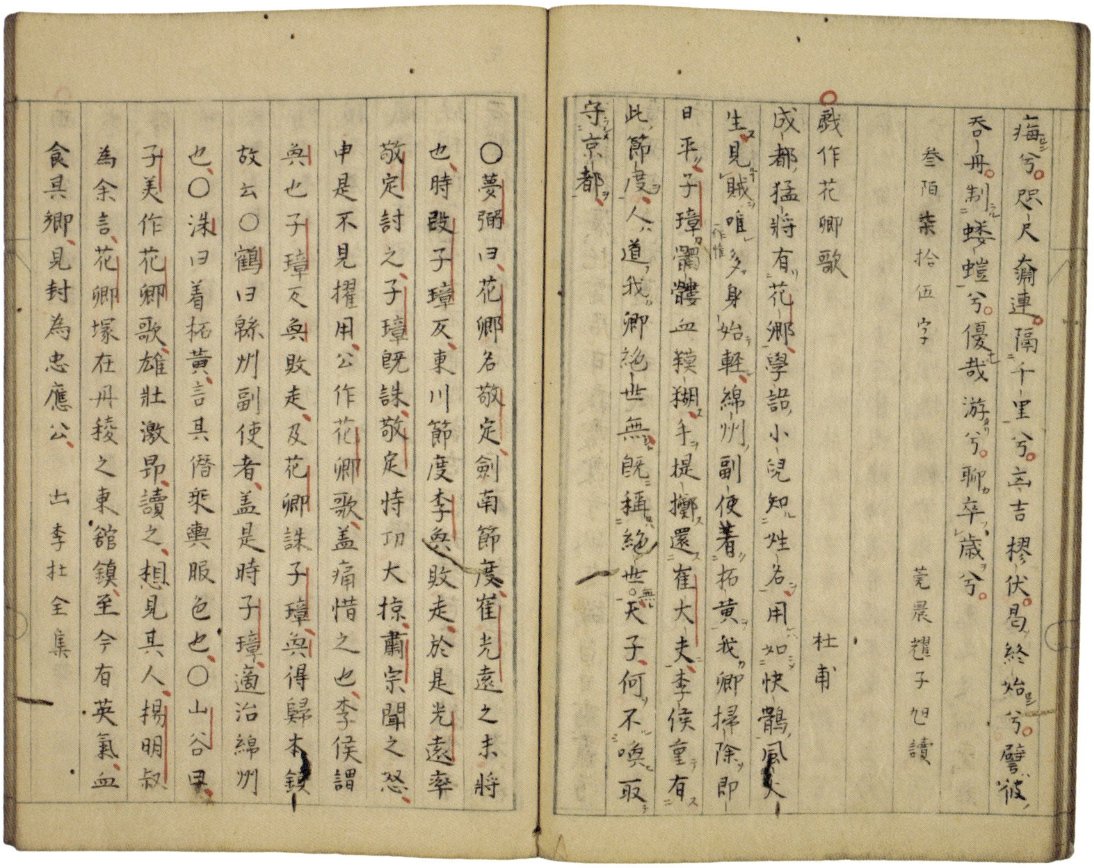
痗兮咫尺窮連隔千里兮卒吉摎伏烏終始兮譬彼呑舟制螻蟻兮優哉游兮聊卒歳兮
叁佰柒拾伍字　莞晨趯子旭讀
戲作花卿歌　杜甫
成都猛將有花卿學語小兒知姓名用如快鶻風火生見賊唯多身始輕綿州副使著柘黄我卿掃除即日平子璋髑髏血糢糊手提擲還崔大夫李侯重有此節度人道我卿絶世無既稱絶世無天子何不喚取守京都
○夢弼曰花卿名敬定剣南節度崔光遠之末將也時段子璋反東川節度李奐敗走於是光遠率敬定討之子璋既誅敬定恃功大掠肅宗聞之怒申是不見擢用公作花卿歌蓋痛惜之也李侯謂奐也子璋反奐敗走及花卿誅子璋奐得歸本鎮故云○鶴曰緜州副使者蓋是時子璋適治綿州也○洙曰着柘黄言其僭乗輿服色也○山谷曰子美作花卿歌雄壯激昂讀之想見其人揚明叔為余言花卿塚在丹稜之東舘鎮至今有英氣血食其郷見封為忠應公　出李杜全集

二十五オ　　二十四ウ

左

西園雅集圖記　米芾
李伯時傚唐小李將軍為着色泉石雲物艸木花竹
皆妙絶動人而人物秀發各肖其形自有林下風味
無一點塵埃氣不為凡筆也其烏帽黄道服捉筆而
書者為東坡先生仙桃巾紫裘而坐觀者為王晉卿
幅巾青衣據方機而凝竚者為丹陽蔡天啓捉椅而
視者為李端叔後有女奴雲鬟翠飾侍立自然富貴
風韻乃晉卿之家姫也孤松盤欝後有凌霄纏絡紅
緑相間下有大石案陳設古器瑤琴芭蕉圖繞坐于
石盤傍道帽紫衣右手倚石左手執卷而　者為

二十五ウ

蘇子由團巾繭衣手秉蕉箑而熟視者為黄魯直幅
巾野褐據横卷畫淵明歸去来者為李伯時披巾青
服撫肩而立者為晁無咎跪而捉石觀画者為張文
潛道巾素衣按膝而俯視者為鄭靖老後有童子執
靈壽杖而立二人坐于盤根古檜下幅巾青衣袖手
側聽者為秦少游琴尾冠紫道服摘阮者為陳碧虚
唐巾深衣昂首而題石者為米元章袖手而仰觀者
為王仲至前有鬅頭頑童捧古硯而立後有錦石橋
竹逕繚繞于清溪深處翠陰茂密中有袈裟坐蒲團
而説無生論者為圓通大師傍有幅巾褐衣而諦聽

二十六オ

者為劉巨濟二人並坐于怪石之上下有激湍潨流
於大溪之中水石潺湲風竹相呑爐烟方裊艸木自
馨人間清曠之樂不過于此嗟乎洶湧于名利之域
而不知退者豈易得此耶自東坡而下凡十有六人
以文章議論博學辨識英辭妙墨好古多聞雄豪絶
俗之資高深羽流之傑卓然高致名動四夷後之覧
者不獨圖画之可觀亦足彷彿其人耳
西園一集儼然未散圖耶記耶固知
襄陽筆意勝于伯時
叩之聲極清越客有談及猥俗之語

二十六ウ

者則急起撃玉磬數聲曰聊代清耳
此文清古之韻亙然可掬

廬山十八賢圖記　宋李元中書
龍眠李伯時為余作蓮社十八賢圖追寫當時事按
十八賢行狀沙門恵遠初為儒因聽道安講般若經
豁然大悟乃與其弟恵持倶棄儒落髮太元中至廬
山時沙門恵永先居香谷遠欲駐錫是山一夕山神
見夢轡首留師忽於後夜雷電大震平旦地皆坦夷
材木委積江州刺史桓伊表奏其異為師建寺是為

二十七オ

東林因歸其殿為神運時有彭城遺民劉程之豫章
雷次宗雁門周續之南陽宗炳張詮張野凡六人皆
名重一時棄官捨緣来依遠師復有沙門道昺曇常
惠叡曇詵道敬道生曇順凡七人又有梵僧佛䭾跋
陀羅佛䭾耶舍二尊者相結為社號盧山十八賢時
陳郡謝靈運以才自負少所推與及来社中見遠師
心悅誠服乃為開池種白蓮求預淨社遠師以其心
亂拒而不納陶潛時棄官居栗里每来社中或時纔
至便攢眉迴去遠師愛之欲留不可得道士陸脩靜
居簡寂觀亦常来社中與遠相善遠自居東林足不

二十七ウ

越虎溪一日送陸道士忽行過溪相持而笑又嘗令
人沽酒引淵明来故詩人有愛陶長官醉兀送陸道
士行遲沽酒過溪俱破戒彼何人斯師如斯又云陶
令醉多拈不得謝公心亂去還来者皆其事也此圖
初為入路與清流激湍縈帶曲折踰石橋溪迴路轉
石巖一又繚而上石嵓一二巖之間有方石池種白
蓮花嵓之傍有石撐度山迤邐而去不知所窮當圖
窮處攢為長雲蔽覆樹要日巖頂其高深遠近蓋莫
得而見也傍石池有高崖懸泉下瀦為潭支流貫池
下注大溪激石而湍浪者溪也嵓之外遊行而来者

二十八オ

二人一人登嶺出半身者宗昺也一人躡石磴而下
者曇順也嵓中為經筵會講者六人一人踞床憑几
揮麈而講說者道生也一人持羽扇目注懸瀑而意
在深聽者雷次宗也一人合掌坐於床下者道敬也
一人相向而坐者曇詵也一人執經卷跪聽於其□
童子一跣足捲首有倦聽之意蓮池之上環石臺上
而箋經校義者五人石上列香爐筆研之具一人凭
石而坐者劉程之也一人手開經軸倚石而回視者
張詮也一人正倚而閱經者惠叡也一人回坐拱手
傍視而沈思者惠持也一人持如意而指經笈与童

二十八ウ

子持如意立其後又童子跪而司火持鉄向爐而吹
一人俯爐而方烹捧茶盤而立者一人傍有石置茶
器又一巖中有文殊金像環坐其下為佛事者三人
一人執炉跪而歌唄者曇常也一人坐而拳拳者道
昺也一人執經卷而坐者周續之也臨溪偶坐者二
人皆梵僧一人袒肩持短錫者跋陀羅也一人舉如
意據膝而坐者耶舍也童子一卷髮胡面持羽扇立
其後一人露頂坦腹仰視懸泉坐而濯足者張野也
童子持巾立其側又蹲而汲者一人石橋之傍峭壁
崛起前有僧與道士相提而笑者遠公送陸道士過

二十九オ

虎溪也一人貌怪雄視捉中瓶而立者抻虵辯也堂
子負杖却立而侍一人乘藍輿者淵明之迴去也淵
明有足疾嘗以竹籃為輿其子与門生肩之前者若
欲憩而不得後者若弭負而忘倦倦蓋門人與其子
也童子負酒瓢從之一人持貝葉騎而方來者謝靈
運也傍一人持曲笠童子負笈前騎而行凡為人
千有八馬一猿一鹿一器用草木不復以數計人物
灑落泉石秀潤追千載於筆下萃群賢於掌中閲圖
恍然若与之接揮麈而談者如欲懸河吐屑肆辯而
未傳默坐而聽者如欲屏息杜意審諦而冥沉思者

二十九ウ

欲鈎

如欲鈎深味遠叩玄關宅靈府而遊乎恍忽之庭梵
唄者如欲轉喉鼓舌而有雲雷之響與海潮之聲行
往來如御風而返舉生臨水者如騎鯨而將去笑執
手者斬渠絶倒達於衣冠蓋其心手相忘筆與神會
而妙出意表故能奴隷顧陸臺僕張吳跨千載而獨
步非十八人者不足以發伯時之筆非伯時者不足
以寫十八人之趣豈非泉石膏肓煙霞痼疾其臭味
相似故形容之工若同時而共處者也伯時於余為
從兄實山林莫逆之友為此圖凡三十八日而成余
得之遊居寢餘其下客來觀者或未知蓮社事因記

三十オ

其後覽者當自得之也圖成於元豐庚申十二月二
十五日越明年辛酉正月二十六日龍眠李沖元元
中記

○戲作花卿歌　杜詩集註

花卿名敬定劍南節度崔光遠之牙將時梓州刺
使段子璋反東川節度李奐敗走光遠率敬定討
平之子璋既誅敬定恃功大掠肅宗聞之怒由是
不見擢用花卿塚在丹稜東館鎮至今血食其鄉
宋朝封為宗應公　詩見前

三十ウ

賦也風火生南史曹景宗謂所親曰我昔在鄉里
騎快馬如龍覺耳後生風鼻尖出火此樂使人忘
死不知老之將至身始輕漢光武見大敵則勇也
綿州副使即段子璋著柘黃僭天子服色也崔大
夫即光遠也童有謂段子璋攻東川則李奐既走
節度矣令子璋伏誅則李侯復得節度也守京都
雖譏其剽掠亦傷之也○花卿有功而不能有終
公深惜之言花卿為猛將故小兒皆知其名用兵
如神見大敵勇方段子璋僭擬乘輿花卿即日掃
平提敵之首擲還主將遂使李侯復得其官猛勇

三十一オ

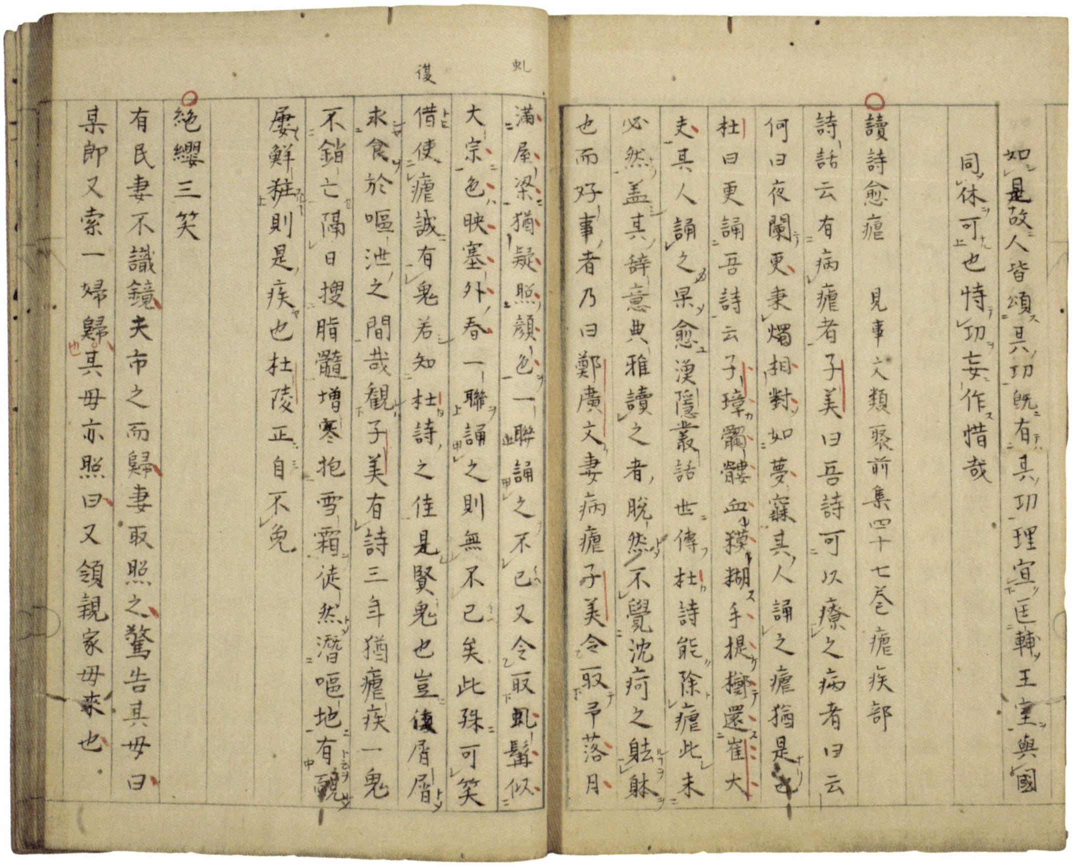
如是故人皆須其功既有其功理宜匡輔王室與國
同休可也恃功妄作惜哉
○讀詩愈瘧　見事文類聚前集四十七巻瘧疾部
詩話云有病瘧者子美曰吾詩可以療之病者曰云
何曰夜闌更秉燭相對如夢寐其人誦之瘧猶是
杜曰更誦吾詩云子璋髑髏血模糊手提擲還崔大
夫其人誦之果愈漫隠叢話世傳杜詩能除瘧此未
必然蓋其辭意典雅讀之者脱然不覺沈痾之去躰
也而好事者乃曰鄭廣文妻病瘧子美令取予落月
滿屋梁猶疑照顔色一聯誦之不已又令取虬鬚似
大宗色映塞外春一聯誦之則無不已矣此殊可笑
借使瘧誠有鬼若知杜詩之佳是賢鬼也豈逡屑屑
求食於嘔泄之間哉觀子美有詩三年猶瘧疾一鬼
不銷亡隔日搜脂髓增寒抱雪霜徒然潛嘔地有魑
魎鮮粧則是疾也杜陵正自不免
○絶纓三笑
有民妻不識鏡夫市之而歸妻取照之驚告其母曰
某郎又索一婦歸其母亦照曰又領親家母來也

三十二オ　　現状（挟み込みあり 三十一ウ１行目）　　三十一ウ

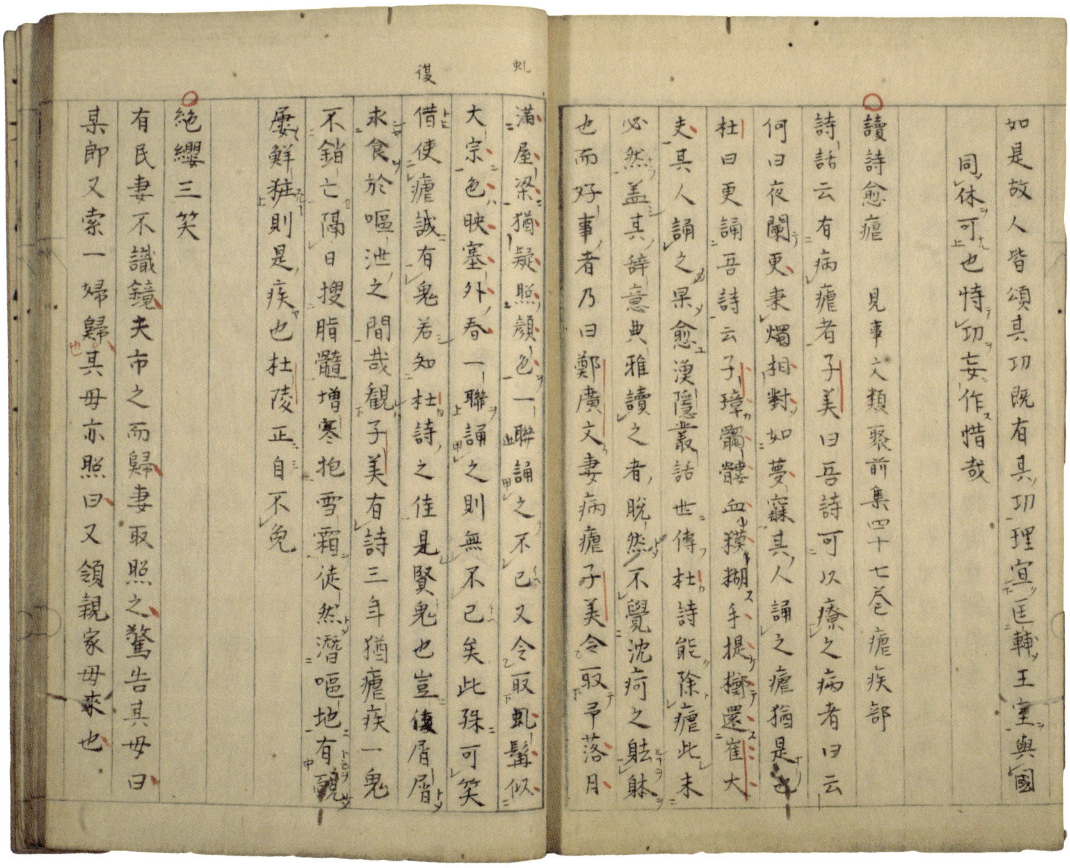
如是故人皆須其功既有其功理宜匡輔王室與國
同休可也恃功妄作惜哉
○讀詩愈瘧　見事文類聚前集四十七巻瘧疾部
詩話云有病瘧者子美曰吾詩可以療之病者曰云
何曰夜闌更秉燭相對如夢寐其人誦之瘧猶是
杜曰更誦吾詩云子璋髑髏血模糊手提擲還崔大
夫其人誦之果愈漫隠叢話世傳杜詩能除瘧此未
必然蓋其辭意典雅讀之者脱然不覺沈痾之去躰
也而好事者乃曰鄭廣文妻病瘧子美令取予落月
滿屋梁猶疑照顔色一聯誦之不已又令取虬鬚似
大宗色映塞外春一聯誦之則無不已矣此殊可笑
借使瘧誠有鬼若知杜詩之佳是賢鬼也豈逡屑屑
求食於嘔泄之間哉觀子美有詩三年猶瘧疾一鬼
不銷亡隔日搜脂髓增寒抱雪霜徒然潛嘔地有魑
魎鮮粧則是疾也杜陵正自不免
○絶纓三笑
有民妻不識鏡夫市之而歸妻取照之驚告其母曰
某郎又索一婦歸其母亦照曰又領親家母來也

三十二オ　　（挟み込みをはずした状態）　　三十一ウ

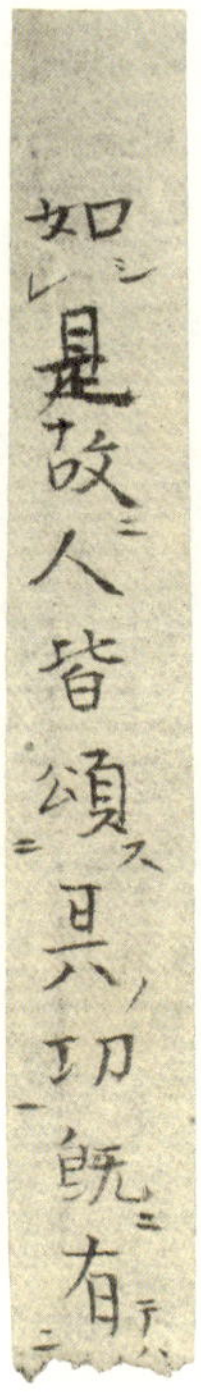
如是故人皆頌其功既有

（三十一ウ　挟み込み）

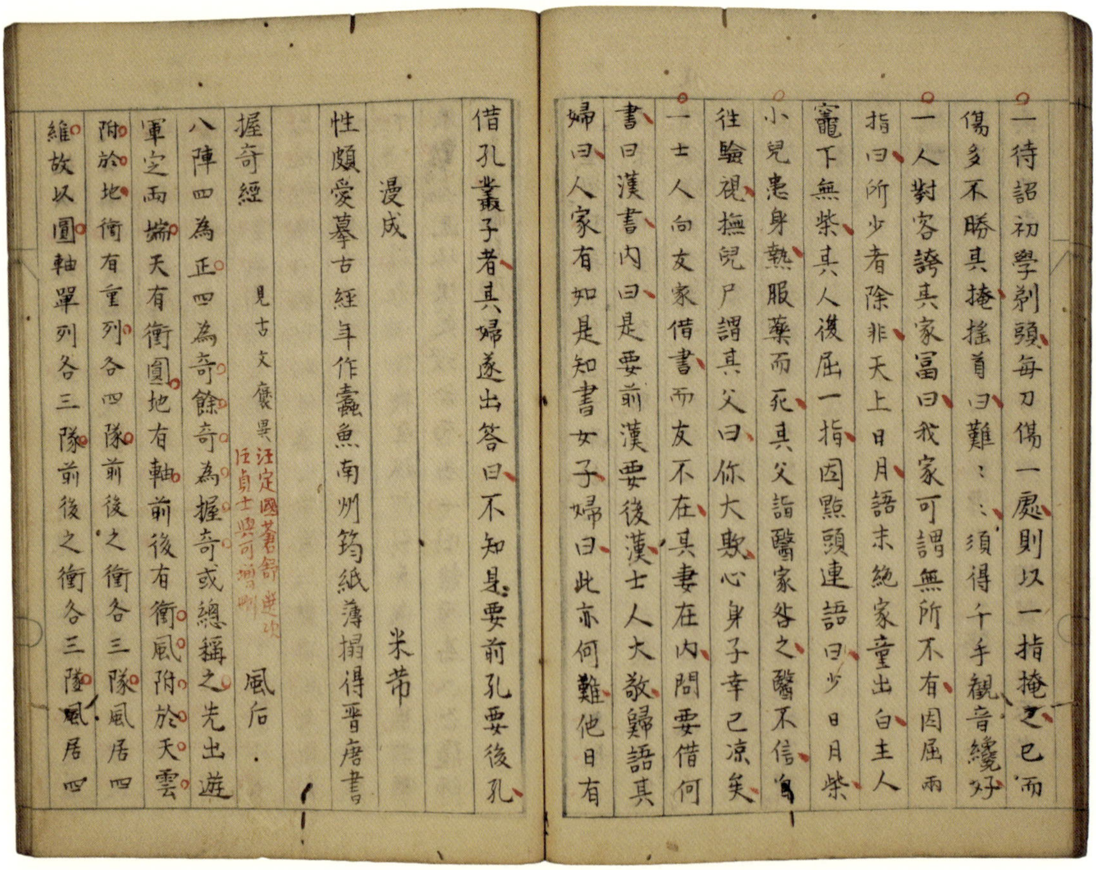
一待詔初學剃頭每刀傷一處則以一指掩之已而
傷多不勝其掩搖首曰難ゝゝ須得千手觀音纔好
一人對客誇其家富曰我家可謂無所不有因屈兩
指曰所少者除非天上日月語未絶家童出白主人
竈下無柴其人復屈一指因點頭連語曰少日月柴
小兒患身熱服藥而死其父詣醫家咎之醫不信自
往驗視撫兒尸謂其父曰你大敗心身子幸已涼矣
一士人向友家借書而友不在其妻在内問要借何
書曰漢書内曰是要前漢要後漢士人大驚歸語其
婦曰人家有如是知書女子婦曰此亦何難他日有
借孔叢子者其婦遂出答曰不知是要前孔要後孔

漫成　米芾
性頗愛摹古經年作蠹魚南州笋紙薄搨得晉唐書

握奇經　見古文襃異　汪定國著舒逆次　任貞士與可增刪　風后
八陣四為正四為奇餘奇為握奇或總稱之先出遊
軍定兩端天有衡圓地有軸前後有衡風附於天雲
附於地衝有重列各四隊前後之衝各三隊風居四
維故以圓軸單列各三隊前後之衝各三隊風居四

三十三オ　　三十二ウ

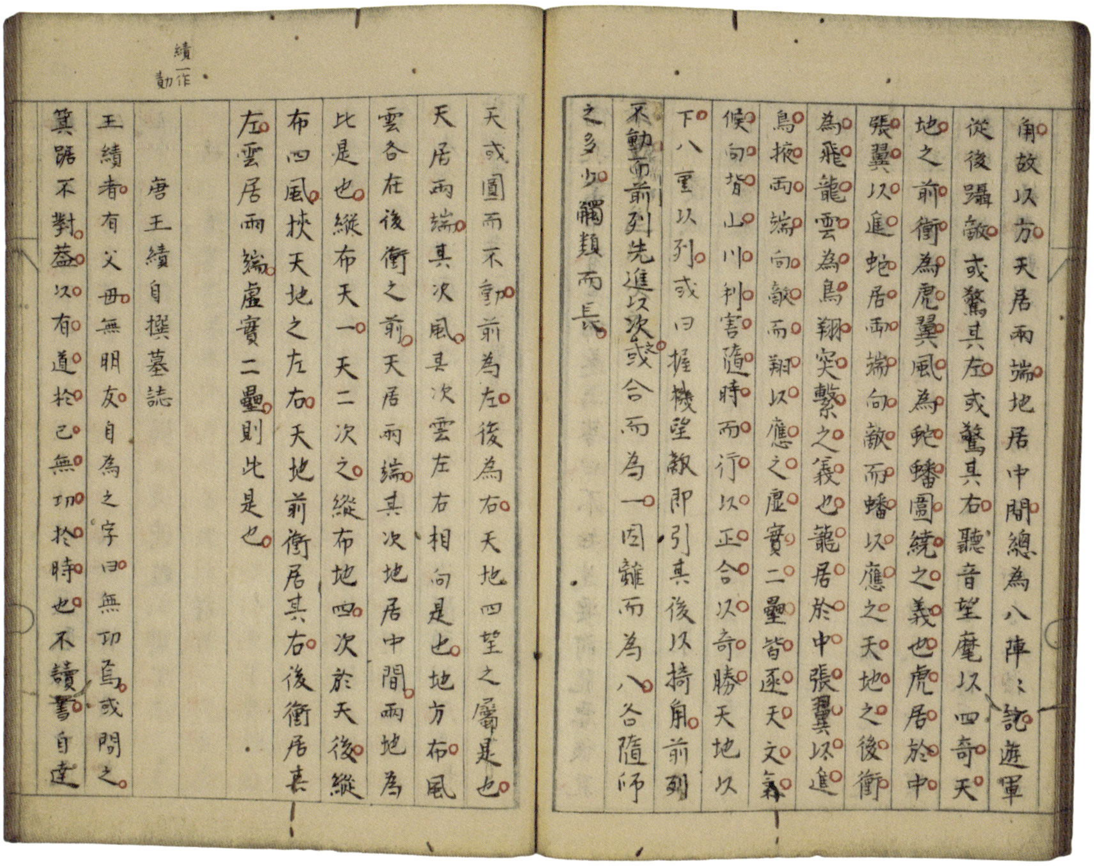
三十三ウ

角故以方天居兩端地居中間總為八陣〻訖遊軍
從後躡斂或驚其左或驚其右聽音望麾以四奇天
地之前衝為虎翼風為蛇蟠圍繞之義也虎居於中
張翼以進蛇居兩端向斂而蟠以應之天地之後衝
為飛龍雲為鳥翔突擊之義也龍居於中張翼以進
鳥掩兩端向斂而翔以應之虛實二壘皆逐天文氣
候向背山川利害隨時而行以正合以奇勝天地以
下八重以列或曰握機望敵即引其後以掎角前列
不動而前列先進以次之或合而為一因離而為八各隨師
之多少觸類而長

三十四オ

績一作勣

天或圓而不動前為左後為右天地四望之屬是也
天居兩端其次風其次雲左右相向是也地方布風
雲各在後衝之前天居兩端其次地居中間兩地為
比是也縱布天一天二次之縱布地四次於天後縱
布四風挾天地之左右天地前衝居其右後衝居其
左雲居兩端虛實二壘則此是也

唐王績自撰墓誌

王績者有父母無朋友自為之字曰無功焉或問之
箕踞不對葢以有道於己無功於時也不讀書自達

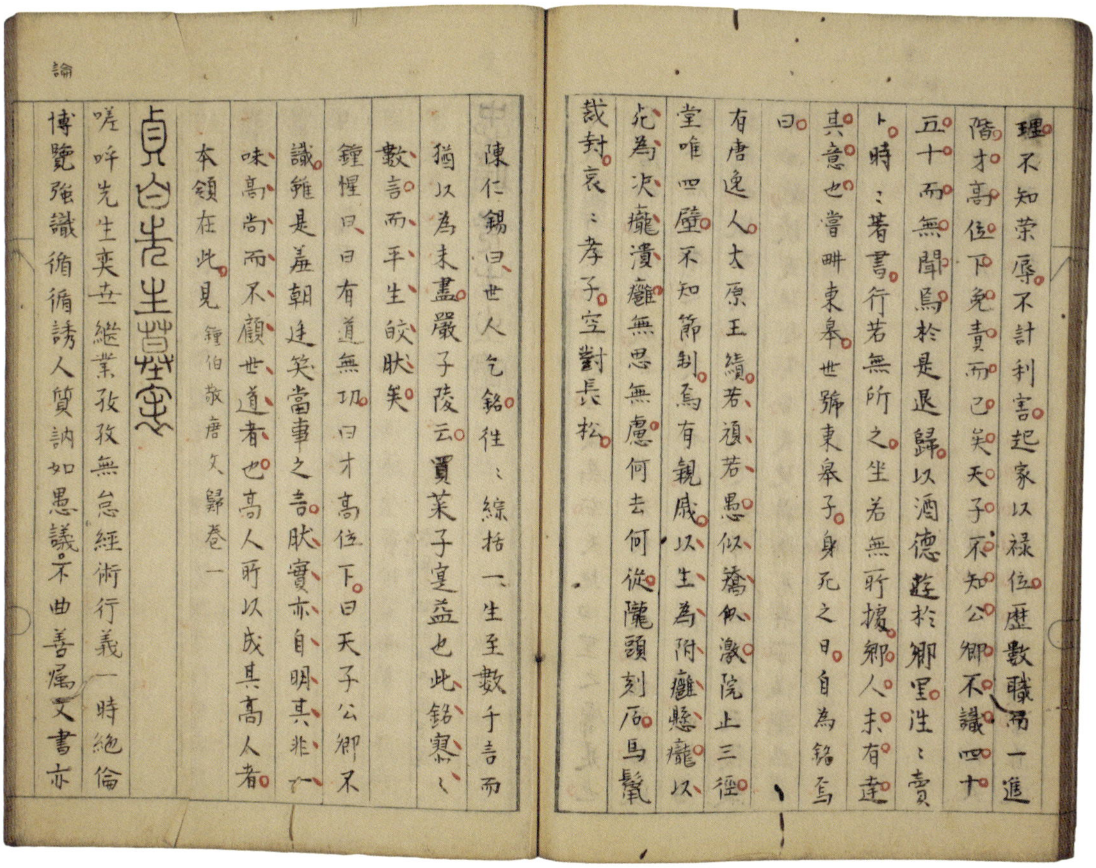
三十四ウ

理不知榮辱不計利害起家以祿位歷數職而一進
階才高位下免責而已矣天子不知公卿不識四十
五十而無聞焉於是退歸以酒德游於鄉里往〻賣
卜時〻著書行若無所之坐若無所據鄉人未有達
其意也嘗耕東皐世號東皐子身死之日自為銘焉
曰
有唐逸人太原王績若頑若愚似驕似激院止三徑
堂唯四壁不知節制焉有親戚以生為附贅懸疣以
死為決癰潰癰無思無慮何去何從壟頭刻石馬鬣
裁封哀〻孝子空對長松

三十五オ

論

陳仁錫曰世人乞銘往〻綜括一生至數千言而
猶以為未盡嚴子陵云買菜子塞益也此銘寡〻
數言而平生皎然矣
鍾惺曰曰有道無功曰才高位下曰天子公卿不
識雖是蔑朝廷笑當事之言然實亦自明其非一
味高尚而不顧世道者也高人所以成其高人者
本領在此見 鍾伯敬唐文歸巻一

貞白先生墓志

嗟呼先生奕世繼業孜孜無怠經術行義一時絶倫
博覽強識循循誘人質訥如愚議不曲善屬文書亦

（三十五オは柱より３行が残存）

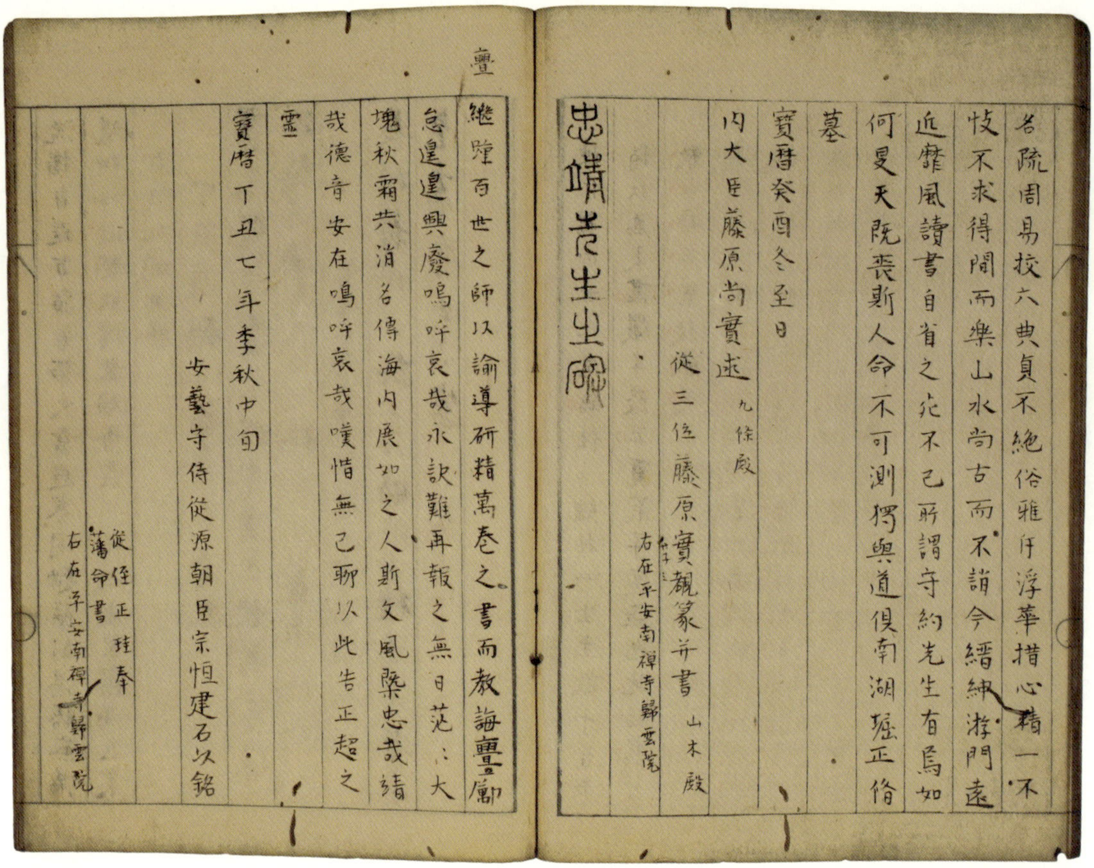

名蹟周易校六典貞不絶俗雅斥浮華措心精一不
忮不求得間而樂山水尚古而不詣今縉紳游門遠
近靡風讀書自省之行不已所謂守約先生有焉如
何旻天既喪斯人命不可測獨與道俱南湖堀正脩
墓
寶暦癸酉冬至日
内大臣藤原尚實述　九條殿
從三位藤原實觀篆并書　山本殿
右在平安南禅寺歸雲院
忠靖先生碑

豐
繼蹤百世之師以諭導研精萬卷之書而教誨豐嗣
急遑遑興廢嗚呼哀哉永訣難再報之無日茫茫大
塊秋霜共消名傳海内庶如之人斯文風檗忠哉靖
哉德音安在嗚呼哀哉嘆惜無已聊以此告正超之
靈
寶暦丁丑七年季秋中旬
安藝守侍從源朝臣宗恒建石以銘
從侄正珪奉
藩命書
右在平安南禅寺歸雲院

三十六オ　　三十五ウ

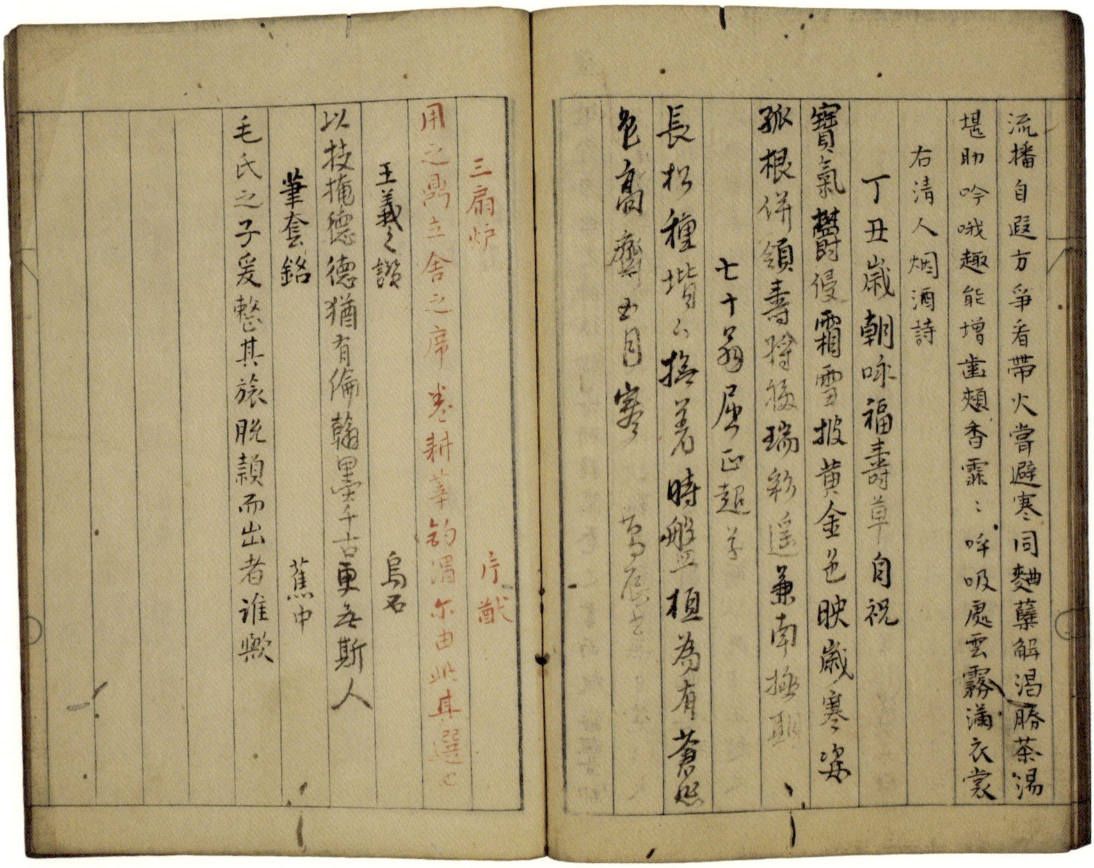

流播自遐方爭看帶火嘗避寒同麯蘗解渇勝茶湯
堪助吟哦趣能增畫類香霏霏呼吸處雲霧滿衣裳
右清人烟酒詩
丁丑歳朝咏福壽草自祝
寶氣欝侵霜雪披黄金色映歳寒姿
孤根併領壽齡緣瑞彩遥兼南極輝
七十翁屋正超拜
長松種階砌擬為時盤桓為有蒼龍色高齋五月寒
葛庵正

三扇炉
用之鼎立舎之序　老耕萃韵渇尓由此其選也　片猷
王羲之讃
以技掩德德猶有倫翰墨千古更無斯人　烏石
筆套銘
毛氏之子爰整其旅脱穎而出者誰歟　蕉中

三十七オ　　三十六ウ

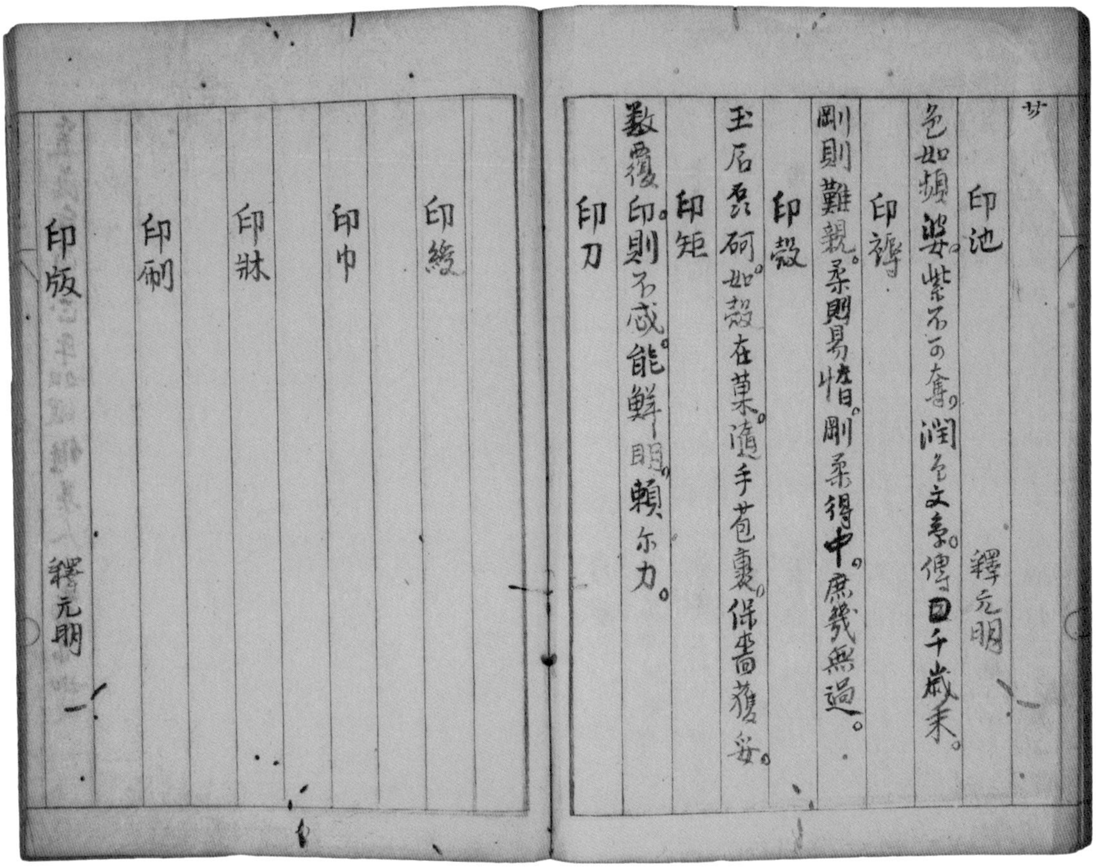

廿

印池　釋元明

色如頻婆。紫不可奪。潤色文章。傳四千歳来。

印褥

剛則難親。柔則易惰。剛柔得中。庶幾無過。

印殻

玉居石硐。如殻在菓。適手苞裹。保當獲安。

印矩

數覆印。則不成。能鮮明。頼尓力。

印刀

印綬

印巾

印牀

印刷

印版　釋元明

三十七ウ

三十八オ

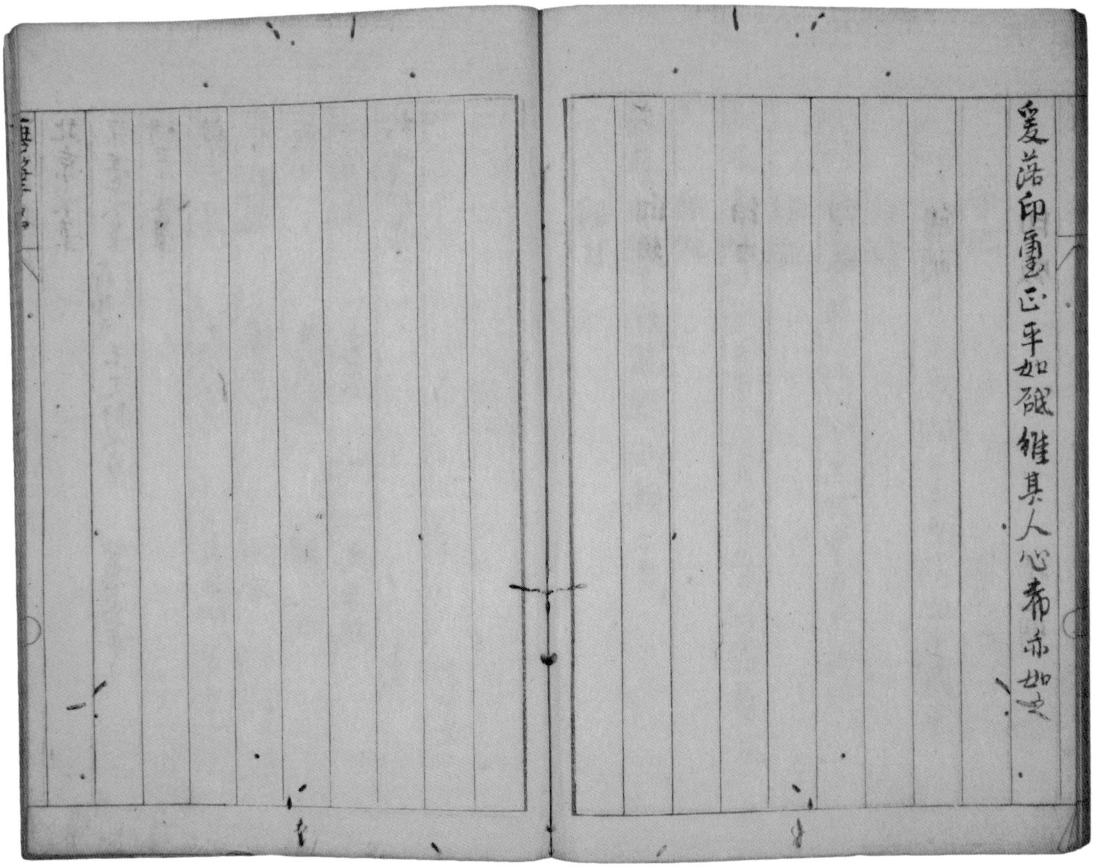

受落印璽正乎如砥維其人心希亦如之

三十八ウ

三十九オ

唐筆名

北京水筆

京毫水筆 蔣瑞元 王文軒水筆 如意水筆

珊毫水筆

蘭亭選 大得意 大巨細

千秋光 鳳毛 柳條

龍爪 其猶龍 擎天柱

五鳳書 文章 大玉柱

松雪法筆

三十九ウ

太乙精行艸妙筆 蔣開文 行字筆 快心筆

小文筆 一番土筆 大武筆

天地人和

彫名 一色杏花紅十里 文從心上織天機 掌然弦 池上千今有鳳毛

保合太和 王樹臨風 文英選 安樂書

四十オ

賬書筆 王文熚 勤學筆 唐草筆

四十ウ

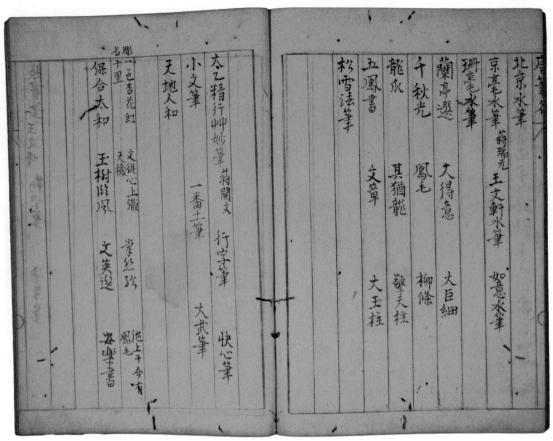

四十一オ

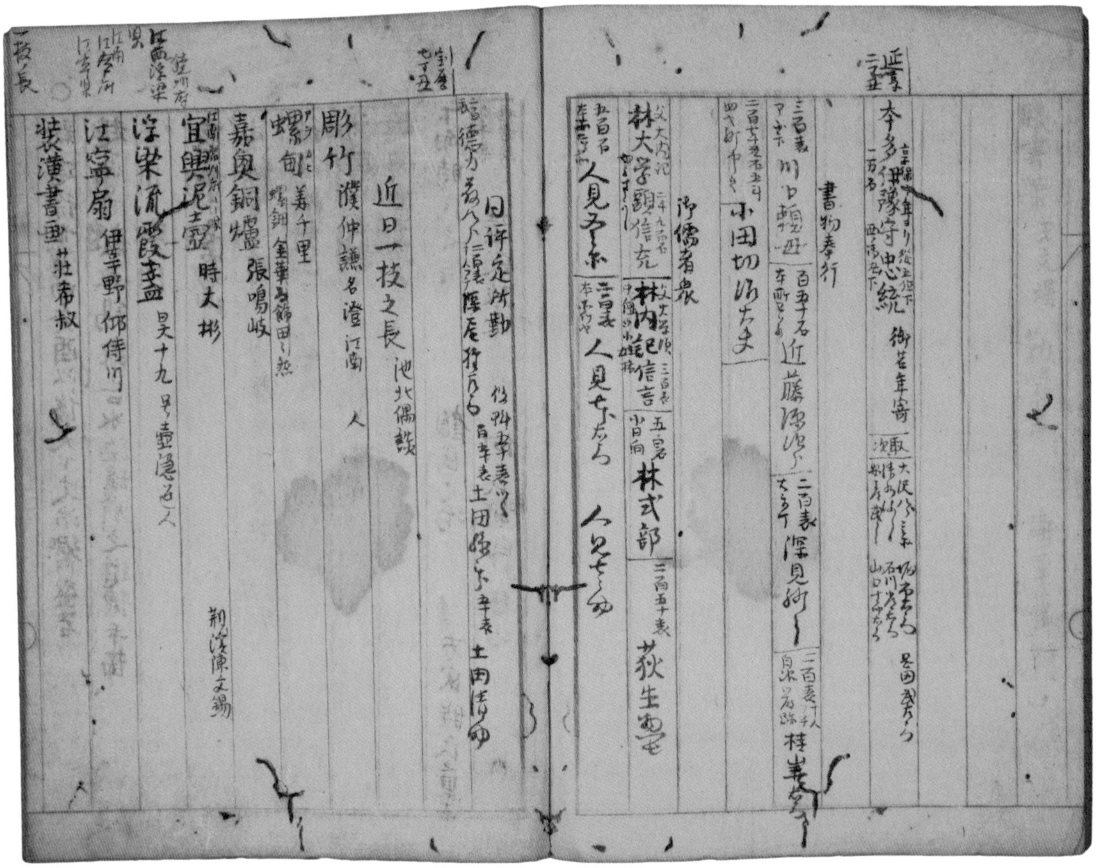
近日一技之長 池北偶談
彫竹 濮仲謙名澄 江南人
螺甸 姜千里
嘉興銅爐 張鳴岐
宜興泥壺 時大彬
浮梁流霞盞 昊十九 号壺隠老人
江寧扇 伊三野
装潢書画 荘希叔

四十二オ

四十一ウ

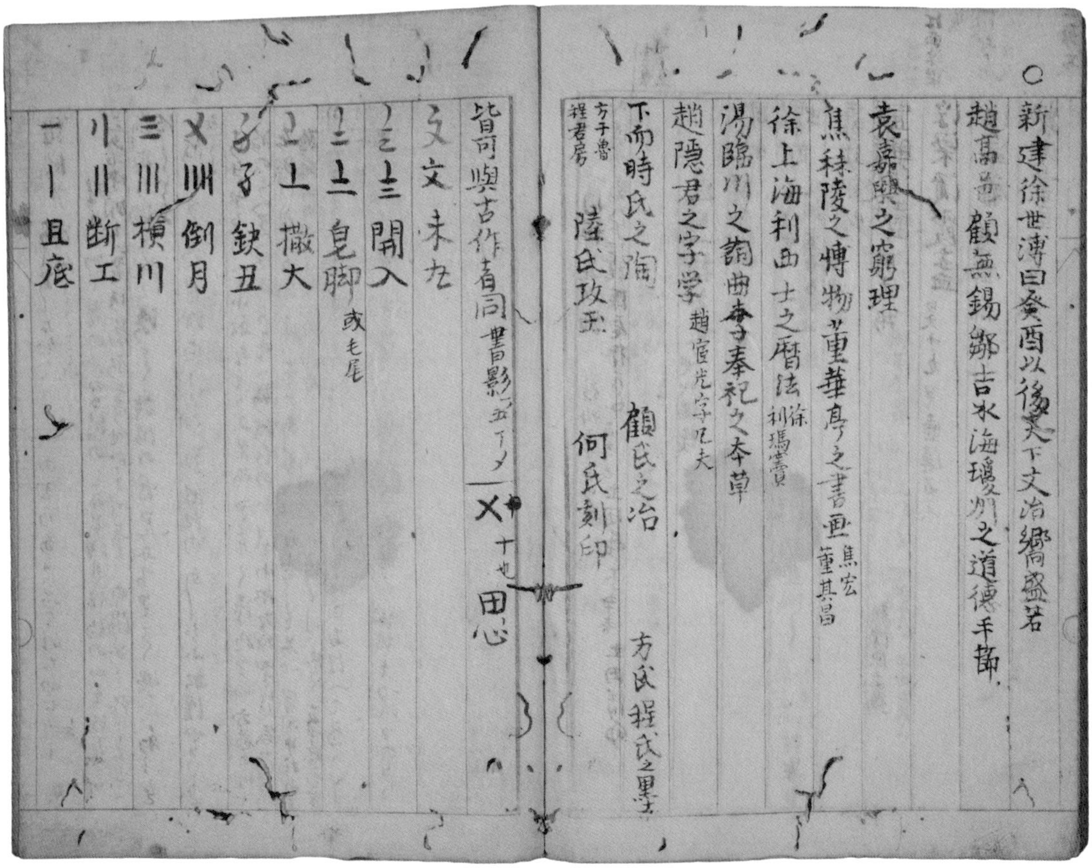
新建徐世溥曰癸酉以後天下文治嚮盛若
趙高邑顧無錫鄒吉水海瓊州之道德手節
袁嘉興之窮理
焦秣陵之博物董華亭之書画 焦竑 董其昌
徐上海利西士之暦法 徐 利瑪竇
湯臨川之詞曲李奉祀之本草
趙隠君之字学 趙宧光字凡夫
下而時氏之陶 顧氏之冶 方氏 程氏之墨
陸氏攻玉 何氏刻印

皆可與古作者同 書影

四十三オ

四十二ウ

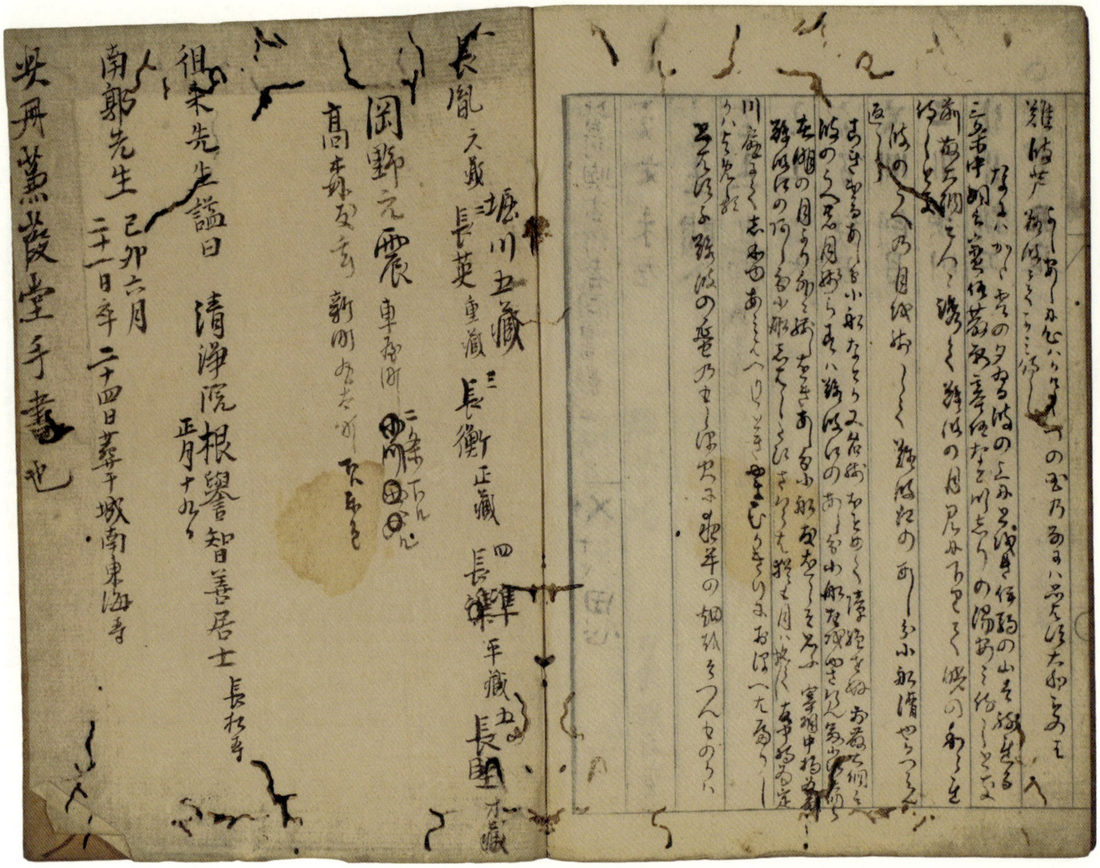

（裏表紙裏）　　四十三ウ

裏表紙

6

「蒹葭堂劄記」

【書誌情報】

①外題：蒹葭堂劄記　内題：無　②装丁：袋綴　③表紙：色／茶、文様／無、寸法／23・5×16・6　④丁数：十丁（四オ、四ウ、五オ、八オ、九オ、裏表紙に貼り込み有）⑤序跋：無　⑥刊記：無　奥書：無　⑦書入：有　⑧蔵書印：表紙…印文不明（白文方印）、表紙裏…□（明ヵ、朱文方印）、「橋」（朱文方印）、「鹿田文庫」（朱文長方印）　一ウ…「蒹葭堂」（朱文瓢印）　⑨伝来：山中信天翁→鹿田静七→辰馬悦蔵→辰馬考古資料館

【解題】

表紙裏面に高君乗「白石研銘」、宇野明霞「百花軒聯」などを書き写し、蔵書印として珍しい朱文瓢印「蒹葭堂」を捺す。

「江行雜録」を典拠に杜牧の妓楼巡りに牛僧孺が護衛を付けた逸話をはじめ、王世貞の七言絶句「揚州訪張有功不值」の註や楽府にある懊儂歌、子夜歌などに触れる。しかし、何よりも本資料の特色は、製品に付されたと思われる中国の文房具店の由来や商標などを数多く記録することである。

列挙すると三ウから四オに「停雲舘(ママ)熊方耀精製雅扇」（挟み込み）や「五明舘専辨進呈宮扇」（貼り付け）など扇箱付随と思われる印刷物がある。停雲館は陶淵明の詩語による文徴明の書斎号、五明舘は、古代の舜帝が用いたとされ、王侯や公卿が用いる儀仗扇となった五明扇を踏まえるのだろう。

「胡官定倣長方雀香合」として「雀ノ画ノ香盒(ママ)」を描いた図や、枠線を引いた内に「本堂今求名公詩篇隨得即刊難以人／品歯爵爲序四方吟壇士友幸勿責其／錯綜之編倘有佳章毋惜附示庶無滄／海遺珠之嘆云　古杭勒徳書堂謹　咨」（／は改行箇所）として欄外に「皇元風雅後集」と記したもの、「研光色唐紙」の題に、蘇州の長春老舘と推測される「加重［解題者註／人物図アリ］／上上色薛濤宮牋／姑蘇閶門越城内皷／楼前長春老舘監製」の記載と方鼎印を写したものがある。

「金粉色唐紙」には、「官上上頂魁加色　檀箋」の商品名に「雲林／快然字號督／造本廠選料／放筐紙發行」「李貞生號選／料荊川太史」の札二種を写し、盆の図には「箔繪廣盆ノ裏ニアリ」として、建寧の「至誠号／建寧雙科硃器発行」の札を記す。「十錦瓷杯ノ箱裏」には「文寳齋」の店名と「無錫南門内水缺巷北首袁徳明向馳名堅固無」がある。

名製墨家である玉映堂詹成圭の墨を扱う「苑芳齋」の蔵煙墨の記載には、「徽州詹成圭監／製徽墨湖筆今／在姑蘇閶門大／城内發兌不誤」とあるほか、「江華齋」は「王永間向住縣西自／造精選純狼毫冊筆」と記される。「狼毫」は鼬の毛の筆で、「冊筆」について「蒹葭堂劄記」は「近此来ル水筆ナルヘシ」とする。「玉映堂詹成圭謹白」として詹成圭の文を載せるほか、「閩浦姚華亭」「姑蘇陳天順」の店名や、「湖州張瑞英」の十数種に及ぶ筆の目録も興味深い。

「劄記」とは書物から引用して編輯したものの意味だが、本資料は書物の引用以上に、文房具の制作者や商標などを克明に記す。商品目録は別として長崎や唐物屋での手控えの可能性もあるが、実見先を明記しておらず、蒹葭堂の所蔵品から写した可能性を考えたい。

最後の十ウに「清客新話／瓊浦佳話／長崎譯官雜字簿　六冊」と記し、このうち「長崎譯官雜字簿」は、小野蘭山蔵本を栗本丹洲が写し、文化初年、頼山陽が伊沢蘭軒のために書写した「訳官雜字簿」一冊（西尾市岩瀬文庫蔵）に該当するかも知れないが、憶測を出ない。裏表紙の見返しには「細纏枝菊様」として菊花模様が描かれ、趙松陽真蹟と記す。

（橋爪節也）

「蒹葭堂劄記」影印

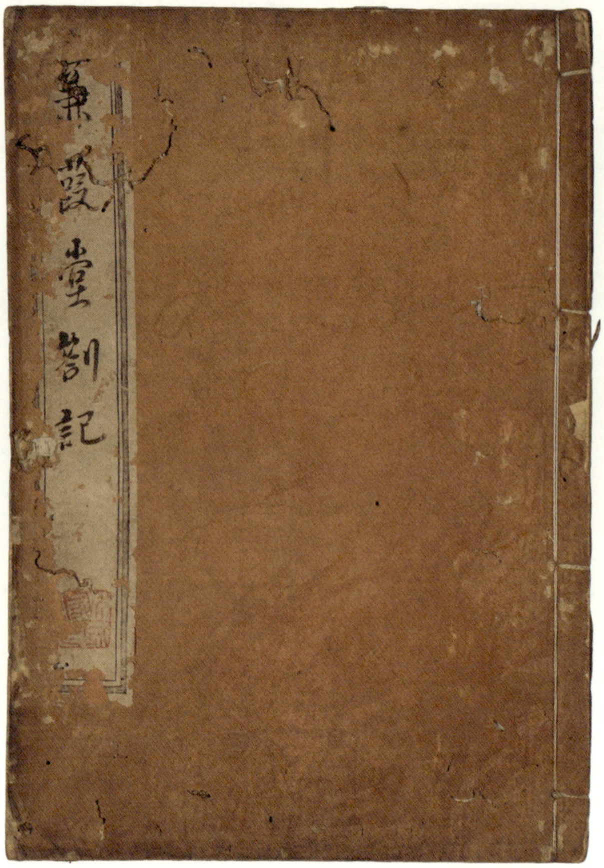

表紙

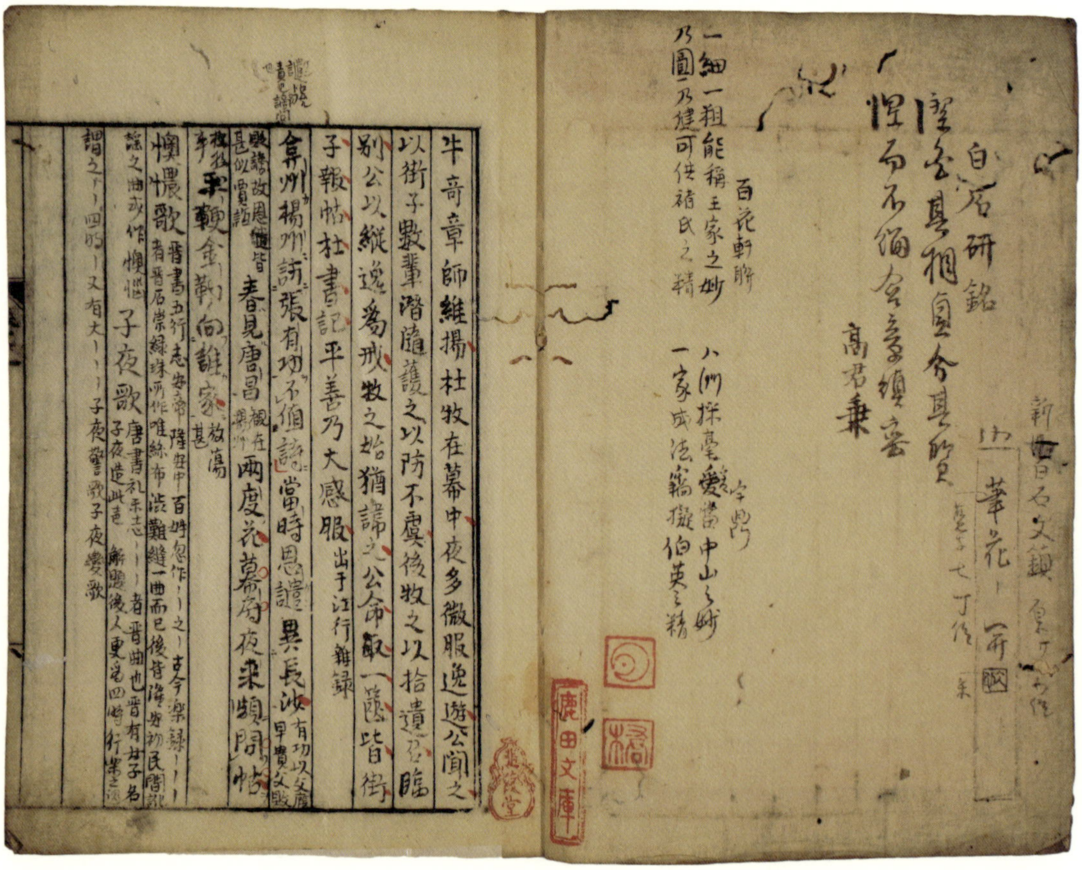

一オ　　　　　　　　（表紙裏）

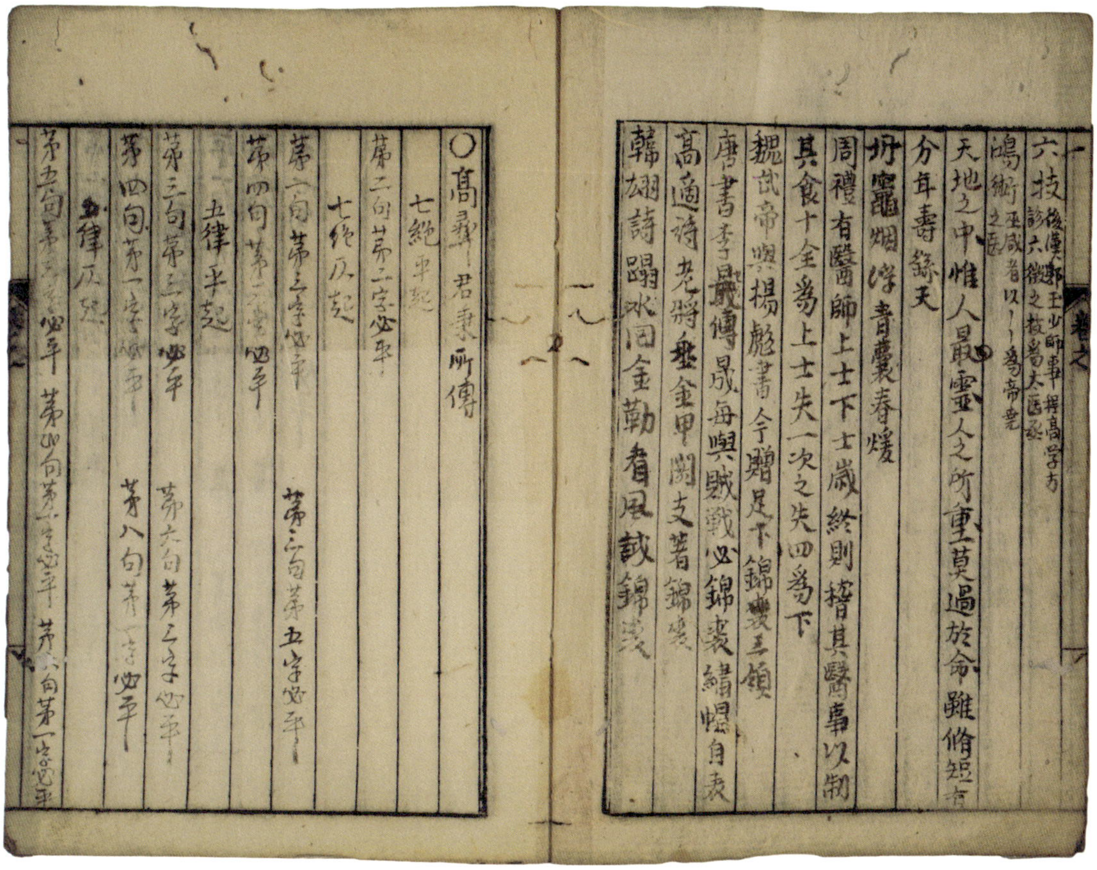
六技 後漢郭玉少師事程高学方診六微之技當大医丞
鴆術之医 玉咸帝以ㄧㄧ為帝尭
天地之中惟人最靈人之所重莫過於命雖脩短有
分年壽繇天
丹竈烟浮青嚢春煖
周禮有醫師上士下士歳終則稽其醫事以制
其食十全為上士失一次之失四為下
魏武帝與楊彪書今贈足下錦裘二領
唐書李晟傳晟每與賊戰必錦裘繡帽自表
高適詩老將垂金甲閼支著錦裘
韓翃詩蹋水回金勒看風試錦裘

〇高彝ㄧ君秉所傳
七絶平起
第二句第二字必平
七絶仄起
第一句第三字必平 第三句第五字必平
第四句第三字必平
五律平起
第三句第三字必平 第六句第二字必平
第四句第一字必平 第八句第一字必平
五律仄起
第五句第三字必平 第四句第一字必平 第六句第一字必平

二オ　　一ウ

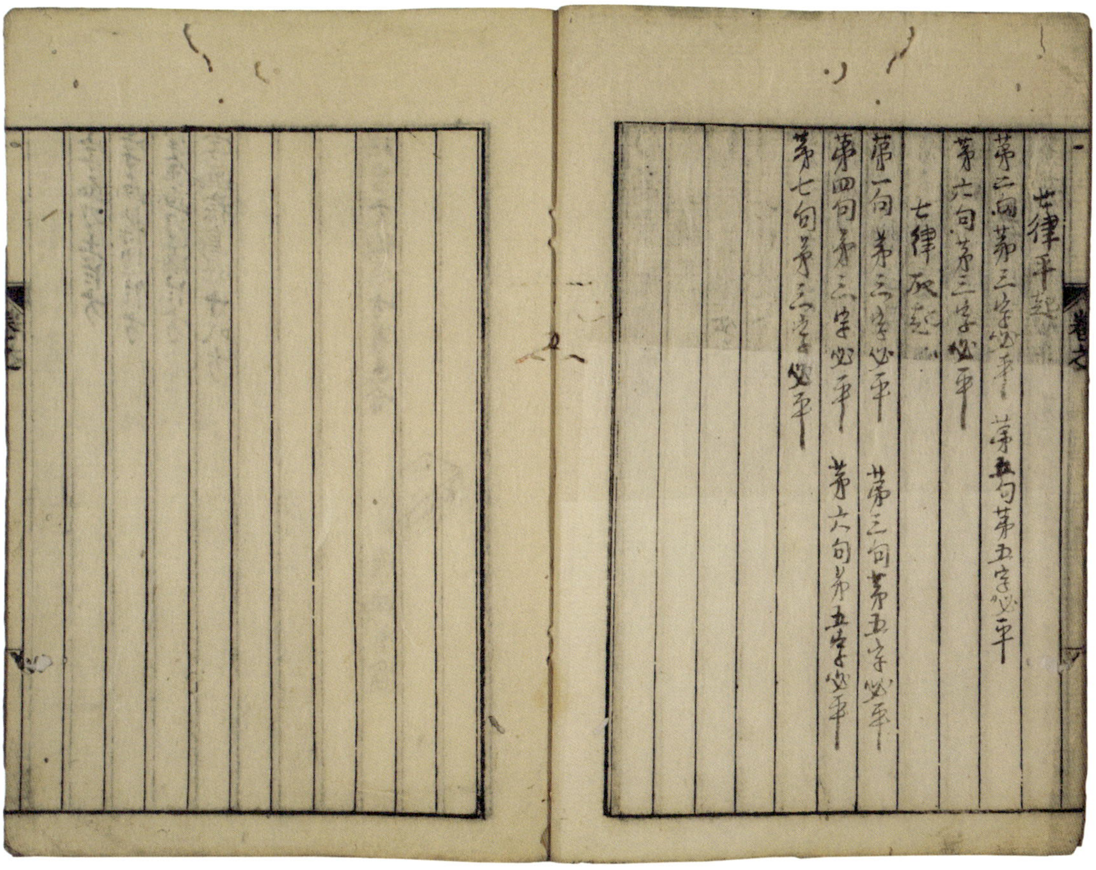
七律平起
第二句第三字必平 第五句第五字必平
第六句第三字必平
七律仄起
第一句第三字必平 第三句第五字必平
第四句第三字必平 第六句第五字必平
第七句第三字必平

三オ　　二ウ

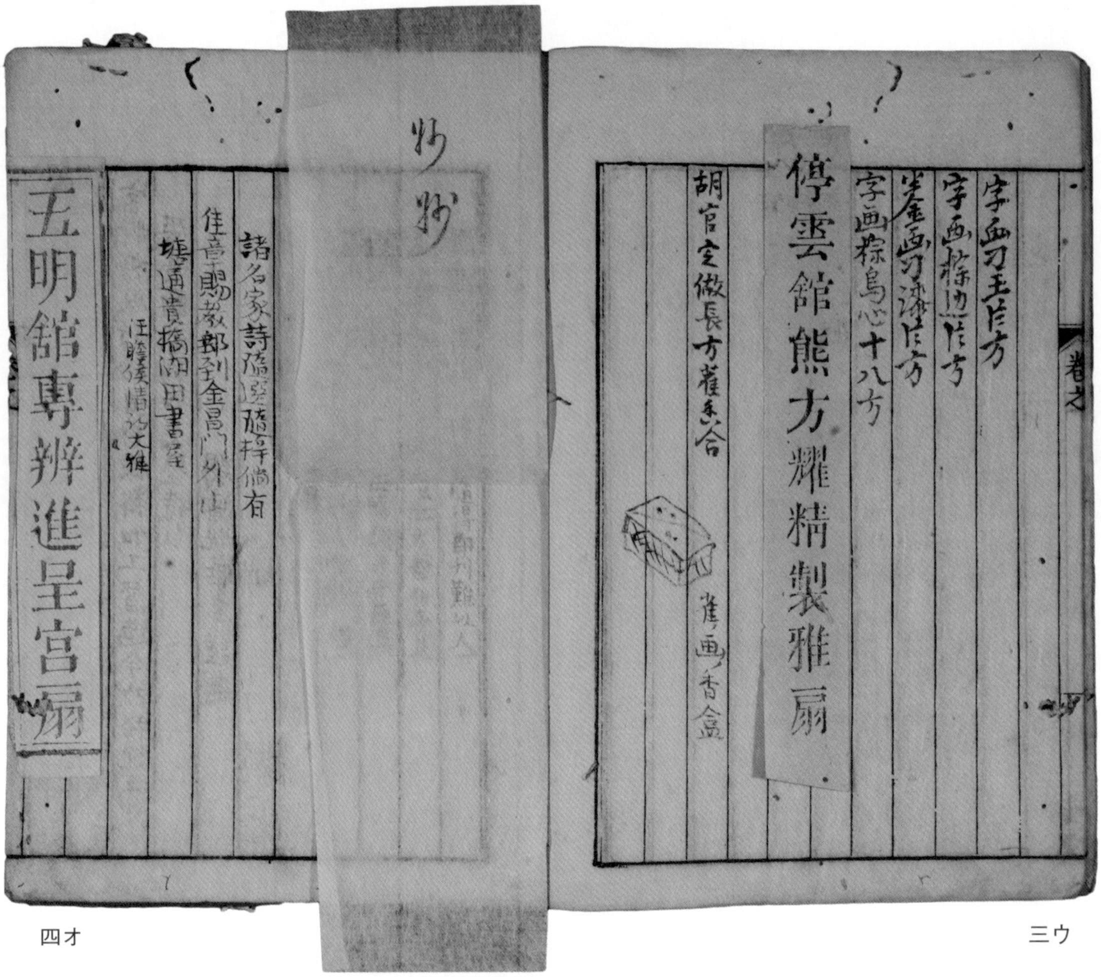

四オ　　三ウ

現状（挟み込み２種あり）

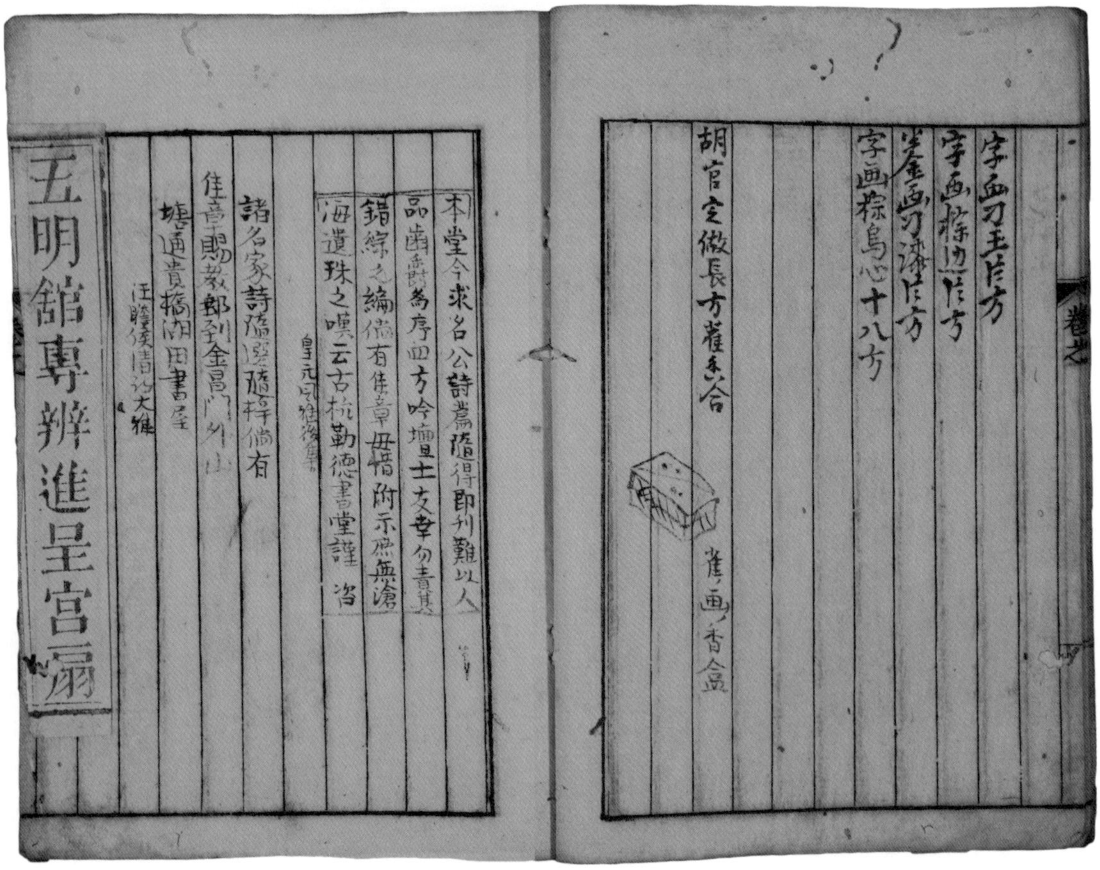

四オ　　（挟み込みをはずした状態）　　三ウ

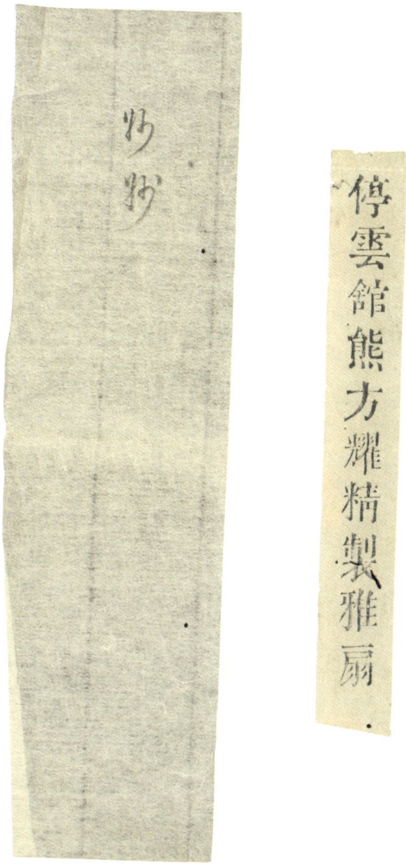

（三ウ、四オ　挟み込み）

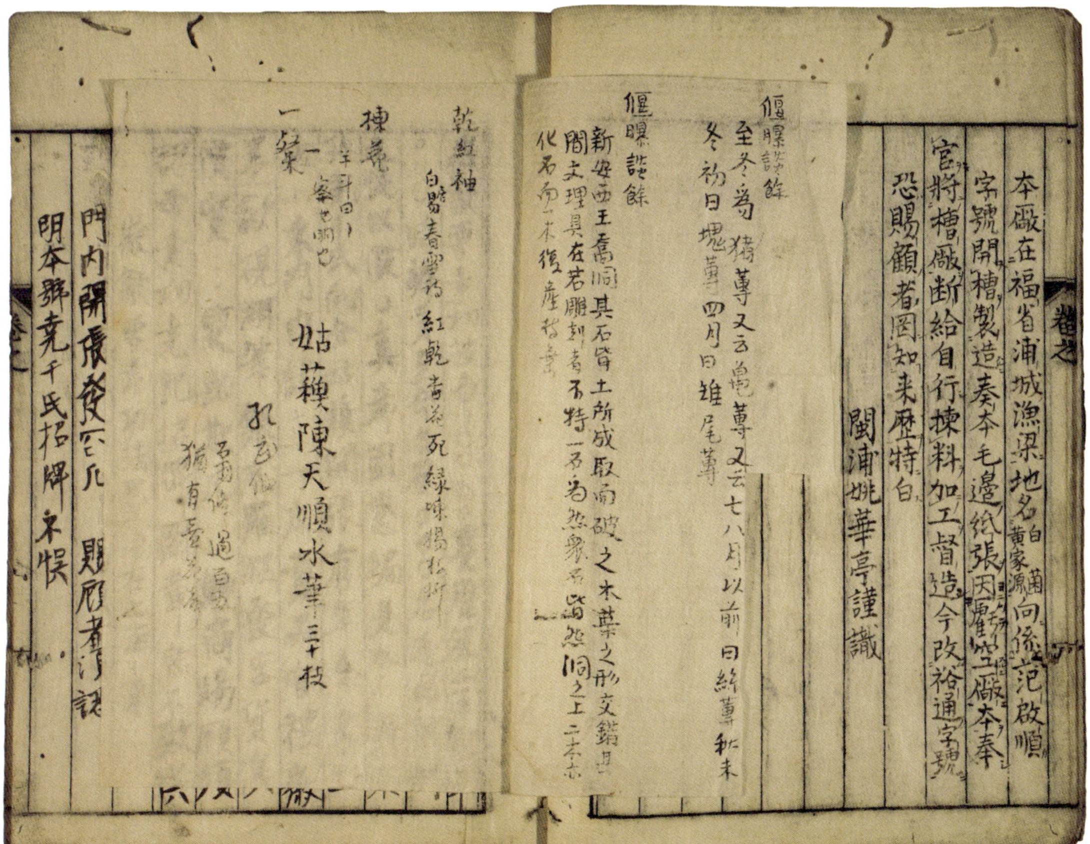

五オ　　現状（貼り込みあり）　　四ウ

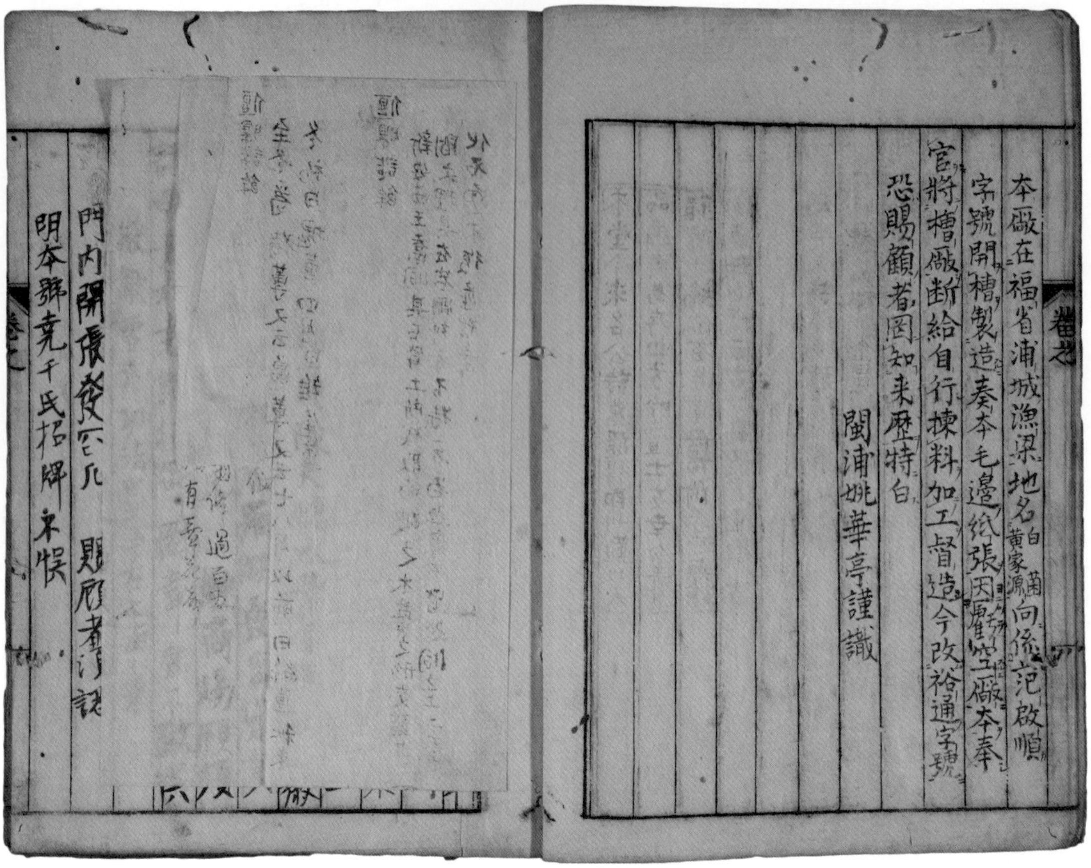
本廠在福省浦城漁梁地名黄家源向係范啟順
字號開槽製造奏本毛邊紙張因 廠本奉
官將槽廠斷給自行揀料加工督造今改裕通字號
恐賜顧者罔知來歷特白
閩浦姚華亭謹識

門内開張發兌 賜顧者須認
明本號堯千氏招牌毋悞

五オ　　　（貼り込みを左にたたんだ状態）　　　四ウ

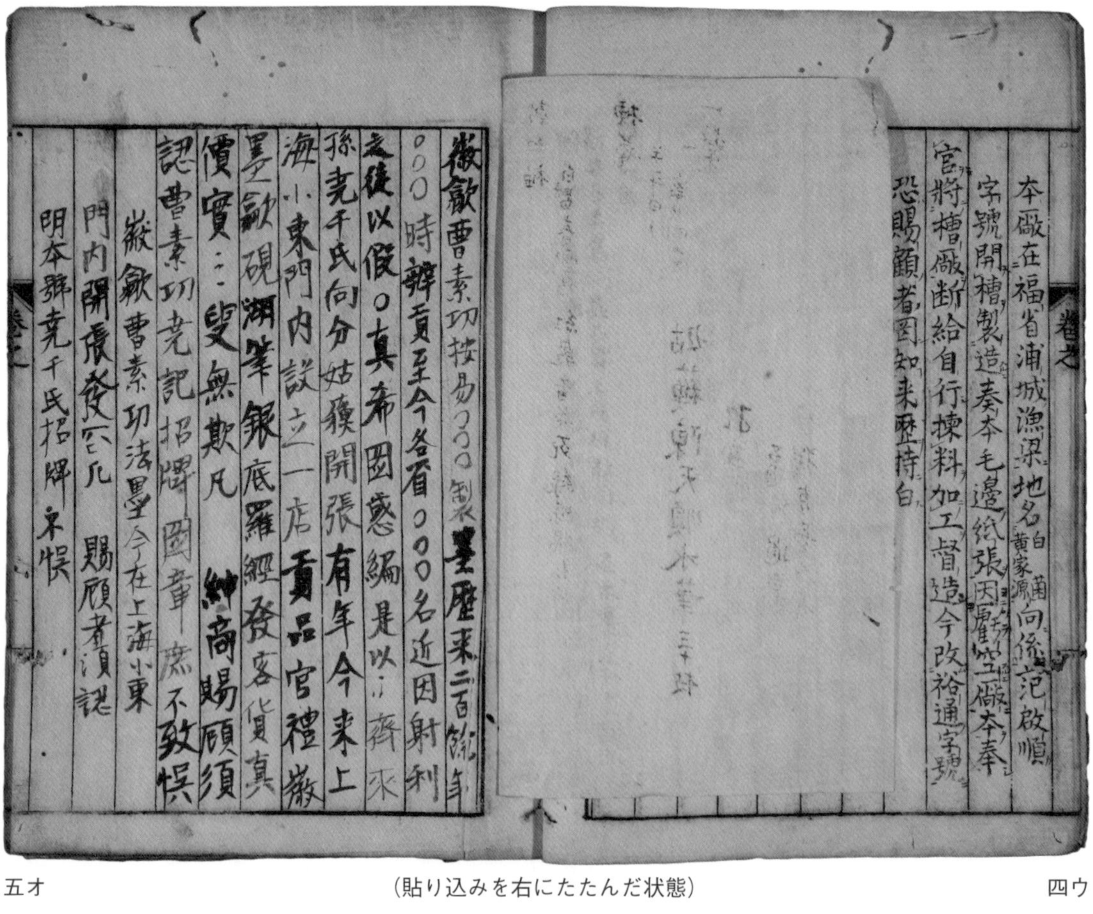
本廠在福省浦城漁梁地名黄家源向係范啟順
字號開槽製造奏本毛邊紙張因 廠本奉
官將槽廠斷給自行揀料加工督造今改裕通字號
恐賜顧者罔知來歷特白

徽歙曹素功按易○○○製墨歷來二百餘年
○○○時辦貢至今各省○○○名近因射利
之徒以假○真希圖惑騙是以兹
孫堯千氏向分姑獲開張有年今来上
海小東門内設立一店貢品官禮徽
墨歙硯湖筆銀底羅經發客貨真
價實二叟無欺凡紳商賜顧須
認曹素功堯記招牌圖章庶不致悞
徽歙曹素功法墨今在上海小東
門内開張發兌 賜顧者須認
明本號堯千氏招牌毋悞

五オ　　　（貼り込みを右にたたんだ状態）　　　四ウ

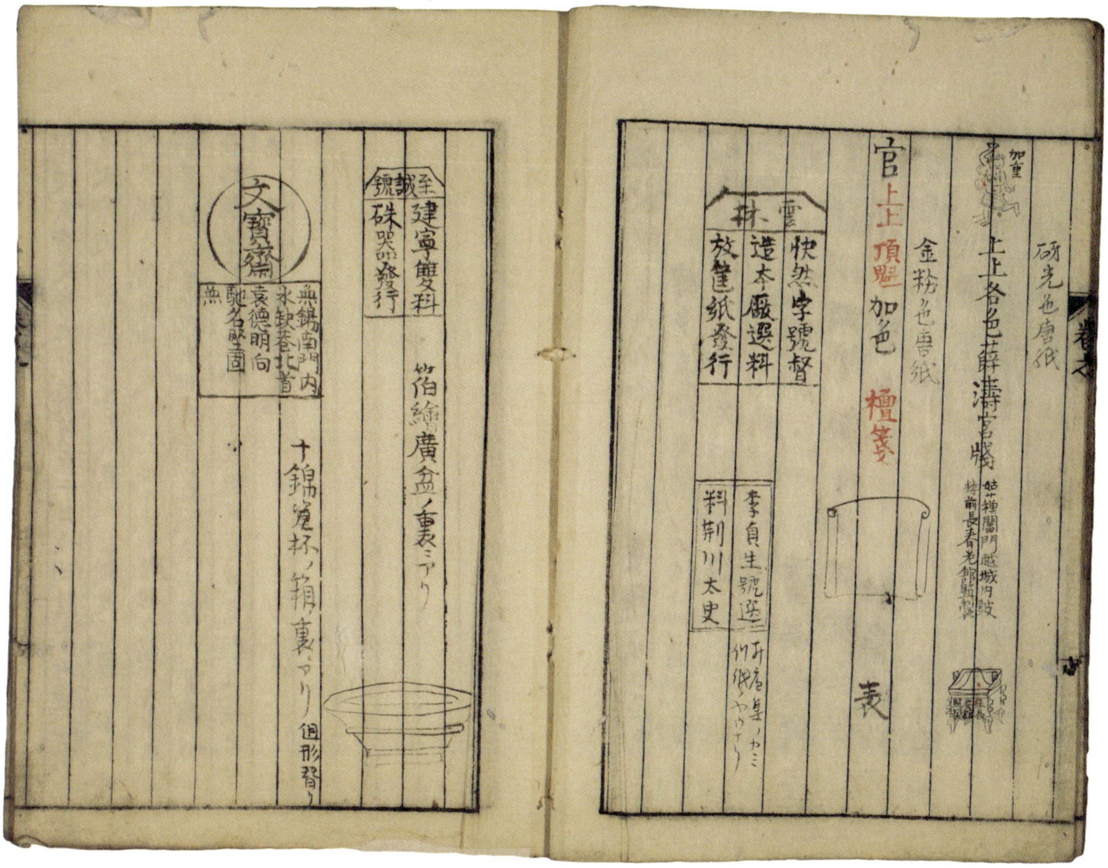

研光色唐紙
加重
上上各色薛濤宮牋
姑蘇閶門越城内鼓樓前長春光館監製
金粉色唐紙
官 上上頂髻 加色 檀箋
表
雲林
快然字號督
造本廠選料
放進紙發行
李自生號選
料荊川太史
右唐墨ノカミ竹紙ヤウナリ

至誠號
建寧雙料
硃器發行
箔繪廣盒ノ裏ニアリ
文寶齋
無錫南門内
永欽巷北首
袁德明向
馳名監園
無
十錦窯杯ノ箱裏ニアリ 但形替リ

六オ　　　　五ウ

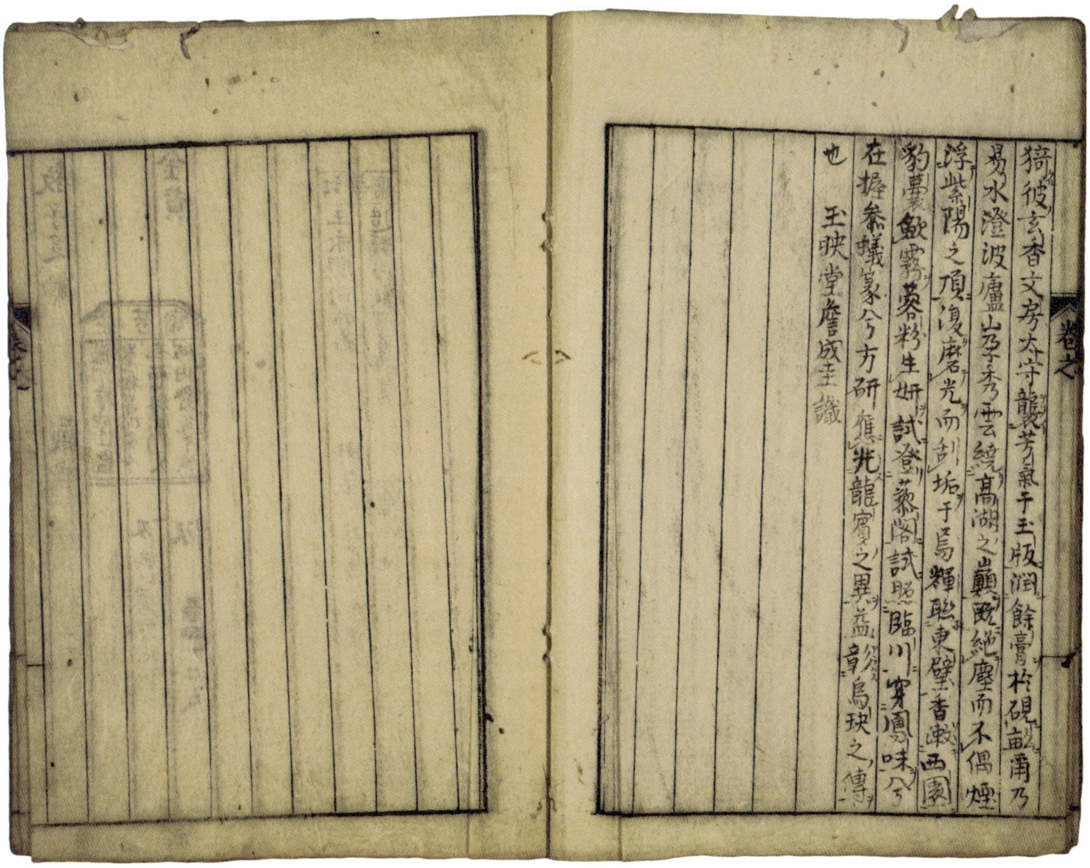

猗彼玄香文房太守龍䕫芳氣于玉版潤餘膏於硯函甫乃
易水澄波廬山孕秀雲繞高湖之巔霞綣塵而不偶煙
浮紫陽之頂復磨光而刮垢于烏犨耻東壁香傲西園
豹囊斂霧蒸粉生妍試登藜閣試照臨川寄鳳味兮
在攝參蟻篆兮方研焦光龍賓之畀蓋章烏玦之傳
也
玉映堂詹成圭識

七オ　　　　六ウ

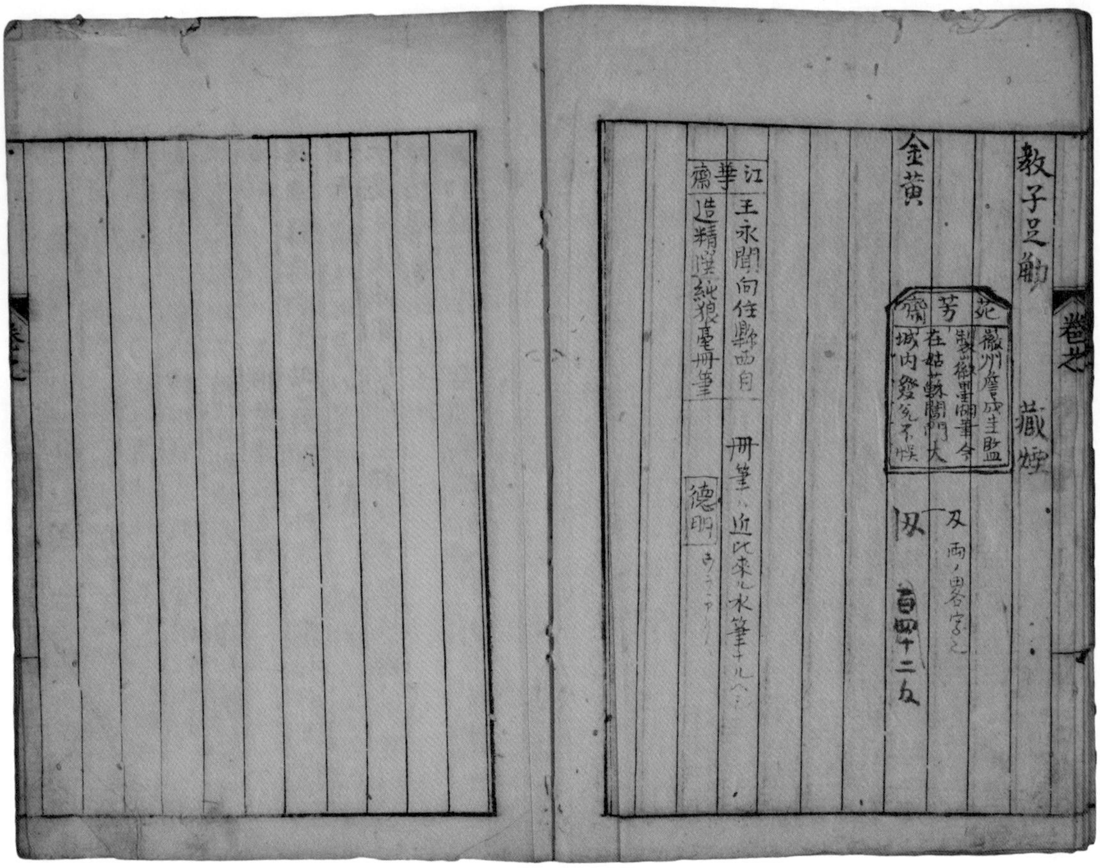

教子足觔　藏煙

苑芳齋
徽州詹成圭監製徽墨湖筆今在姑蘇閶門大城内發兌不悞

金黄

又 両ノ畧字ノ

㕛 百四十二文

江華齋
王永聞向住縣西自造精選純狼毫册筆

册筆ハ近比来ノ水筆ナルべシ

德明

八オ　七ウ

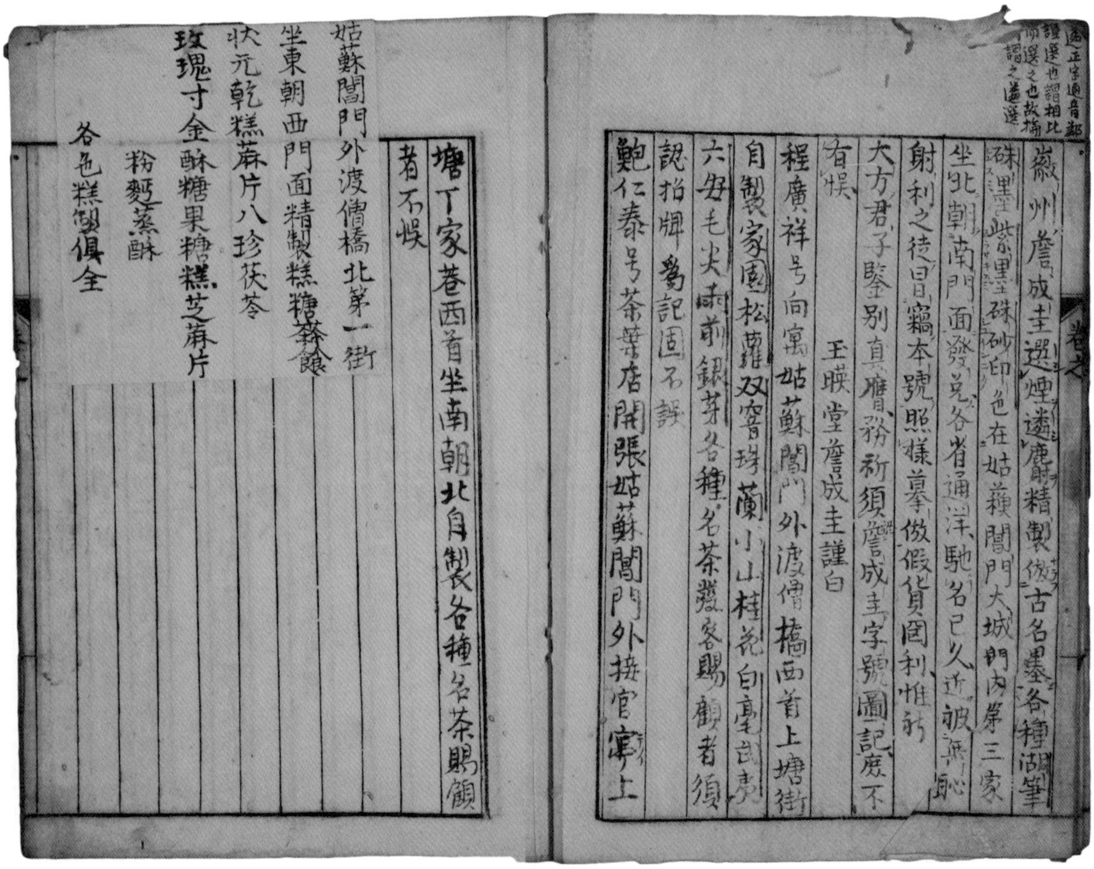

遴正字通音鄰謹選也謂相比而選之也故犄謂之遴選

徽州詹成圭選煙遴麝精製倣古名墨各種湖筆
硃墨紫墨硃砂印色在姑蘇閶門大城門内第三家
坐北朝南門面發兌各省通洋馳名已久近被無恥
射利之徒冒竊本號照樣摹倣假貨罔利惟祈
大方君子鑒別真贋務祈須詹成圭字號圖記庶不
有悞　王瞨堂詹成圭謹白
程廣祥号向寓姑蘇閶門外渡僧橋西首上塘街
自製家園松蘿双窨珠蘭小山桂花白毫武夷
六安毛尖雨前銀芽各種名茶發客賜顧者須
認招牌爲記固不誤
鮑仁泰号茶葉店開張姑蘇閶門外接官亭上
塘丁家巷西首坐南朝北自製各種名茶賜顧
者不悞

姑蘇閶門外渡僧橋北第一街
坐東朝西門面精製糕糖蜂餞
状元乾糕蔴片八珍茯苓
玫瑰寸金酥糖果糖糕芝蔴片
粉麪蒸酥
各色糕製俱全

九オ　（貼り込みあり）　八ウ

張瑞英祖傳純毫科場名筆兼製潟法画筆向
在湖州遷住姑蘇閶門内申衙前歴有年矣但
今[illegible][illegible]料數倍往時且加工選擇務令尖齊圓健
諸美畢備然後敢售一昔
紳士先生成舊屬相識或聞聲遠来具蒙青鑒
歴錫品題因列筆單以供
巨賞賜顧者須認書画日齋招牌庶不有悞
画筆目開後
項號大點花毎帖壹兩　帖八十本也
項号蘭筆毎帖陸錢
人物鼠鬚毎帖五錢

九ウ

頂号竹筆毎帖肆錢
大蟹爪毎帖四錢
小狼毫毎帖四錢
上号兼毫毎帖壹錢五分
小着色毎帖壹錢
二号點花毎帖柒錢
頂大通天毎帖五錢
二号通天毎帖四錢
頂號兼毫水筆毎帖四錢
中蟹爪毎帖貳錢
小蟹爪毎帖壹錢五分

十オ

大着色毎帖壹錢
上號白描毎帖壹錢
以上諸項照單紋銀玖折　書家所用名目
繁多不及備載
湖州張瑞英謹識

清客新話
瓊浦佳話　長崎譯官雜字簿　六冊

十ウ

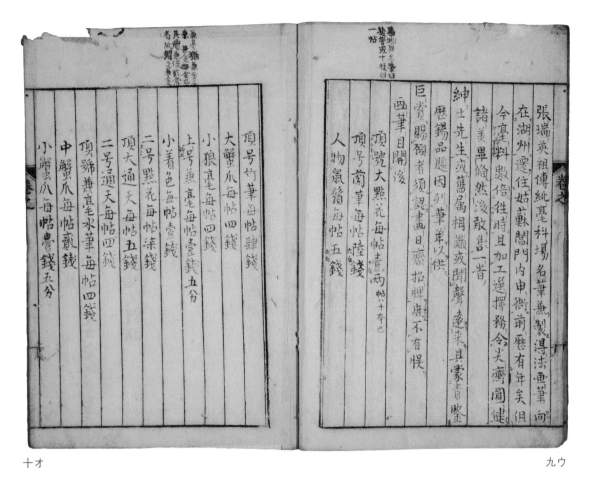

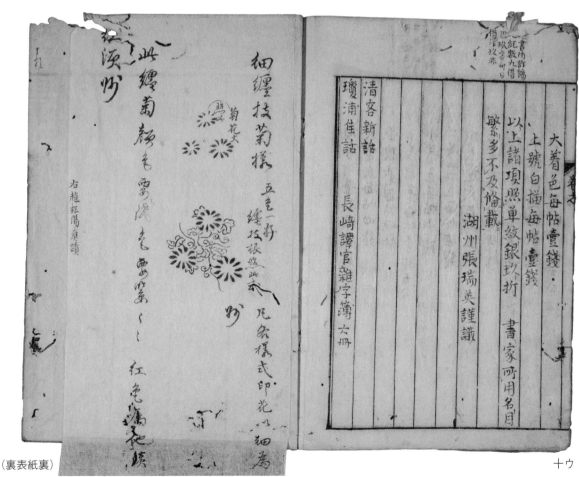

（裏表紙裏）

裏表紙

7 「蒹葭堂日抄」

【書誌情報】

①外題：蒹葭堂日抄　内題：無　②装丁：袋綴　③表紙：色／茶、文様／無、寸法／23・4×16・6　④丁数：十一丁　⑤序跋：無　⑥刊記：無　奥書：無　⑦書入：無　⑧蔵書印：表紙…「蒹葭堂蔵書印」（朱文長方印）表紙裏…「鹿田文庫」（朱文長方印）一ウ…「静逸」（白文方印）⑨伝来：山中信天翁→鹿田静七→辰馬悦蔵→辰馬考古資料館

【解題】

唐船や紅毛船の漂着、中国の文物、本草博物学的な内容が多い。紙数は少ないが年代的に幅のある情報を書き留める、二オに甲申十一月廿一日「野田氏答出」と付記する蒹葭堂二十九歳の明和元年（一七六四）の記事が古く、下限は八オに「丁未在館ノ唐人ニ費晴湖ト云モノ画ヲナス　費漢源ノ縁者ナリト」とある蒹葭堂五十二歳の天明七年（一七八七）となる。野田氏が「蒹葭堂日記」に登場する「野田吉」「野田ヤ」と同一かは不明。

右の明和元年「野田氏答出」では、緒魁（植物の根）は乾燥しているので「商賣向き」ではないが、交趾（コウチ）、咬𠺕吧（カルパ）、占城（チャンパー）、広東、暹羅（シャム）から少量の持ち渡りがあること、広東人参（北米原産）は、享保年中に広東の船で運ばれ命名されたなどを記す。また同年十二月二十六日「渡邊氏」より、宝暦十一年（一七六一）に蒹葭堂蔵板で刊行された大典「昨非集」を游樸菴が読み、「万庵集」と比較したこと、江蘇省太倉にあった王世貞の庭園・弇（山）園の跡の近くに住み、園跡の現状を知る謝三官の話を伝える。樸菴は明和から安永に中国船主として長崎に数度渡来し、長久保赤水「長崎行役日記」（明和四年）に登場する。

別の「野田氏出状」には、丙戌（明和三年［一七六六］）、難風で甑島に漂流した唐船（乗組員十九人、船は長さ九間五尺、幅一丈、積荷は大豆、豆ノ油、黍、防風など）があり、その積荷の入札があったが、うまくいかず「解崩」したので船が出帆したことや、中国官府の升と日本の升の計測量の違い、蘇州より山東へ通商の船が屋久島へ漂流したことなどを記す。

四オの「奈良九出状」とする記事では、「蝦夷人ノ小袖」に、「オヒョウ」（ニレ科）の繊維を用いた糸で織ったアイヌの織物があり、蝦夷人は「アツシ」（アットゥシ）と呼ぶこと、「シナ」（シナノキ）の皮の繊維の糸、トドの皮を薄く切った縄の「トナリ」などが記される。「奈良九」は、『難波丸綱目』に「奥州問屋」（延享版・安永版）、「松前問屋」（寛延版）として載る大坂・近江町の奈良屋九郎兵衛と思われ、蝦夷や奥州に関する情報交換をしていたことが推察される。

九郎兵衛こと宇野宗明は、朽木昌綱の依頼で『続化蝶類苑』を著した古銭収集家で安永三年（一七七四）に歿している。「蒹葭堂日記」天明六年（一七八六）十二月二十四日などに「古銭持参取引」等と記される「奈良九」は次代の九郎兵衛か。

子年（明和五年か）に唐船が持渡した白鶴三羽が、狩野家の画にある鶴とは違う水鳥の一種「鸏[童鳥]（ボウトウ）」であること（五オ）、辛卯六月（明和八年［一七七一］）中旬頃に紅毛人の船が漂着し、阿波国日和佐浦の川口に滞船した一件（同）、乾隆四十六年（一七八一）に斬罪に処された清の王亶望の話を、和暦で同年にあたる天明元年に長崎からの書状で知ったことも記す。亶望の処刑は中国の最新情報が蒹葭堂に早くに伝わっていた証左の一つであろう。

亶望につづけて、蒹葭堂の蜜柑酒に賛詞を呈した来舶清人の一人で（『蒹葭堂雑録』）、天明三年に長崎で死去する汪鵬（竹里山人）の名も登場する。汪鵬は安永四年に「四庫全書」を伝え、蒹葭堂編『翻刻清版古文孝経序跋』（関西大学図書館蔵）に「余就親友、尋討其事」と記す（六ウ）。

その他、高麗鶯の別名で黄鸝（コウリ）、中国での「画身紙」の枚数の数え方と価格、チョウザメなどの浮き袋を干した「魚肚」、煎服法である「沖服」、「サッサフラス」（香料原料）や「ルサラシ」、「水山吹」「椿餅」など菓子の材料、禅寺の役職などを手控えている。

（橋爪節也）

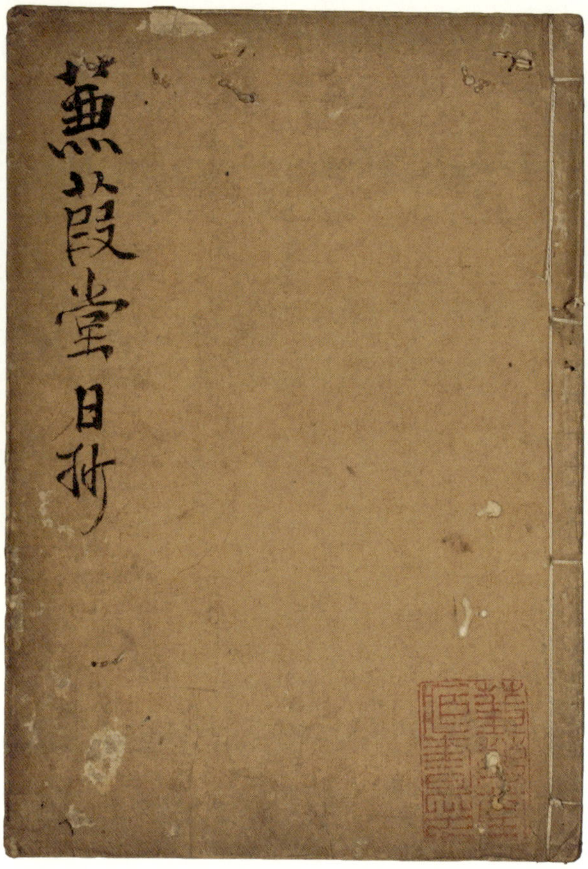

表紙

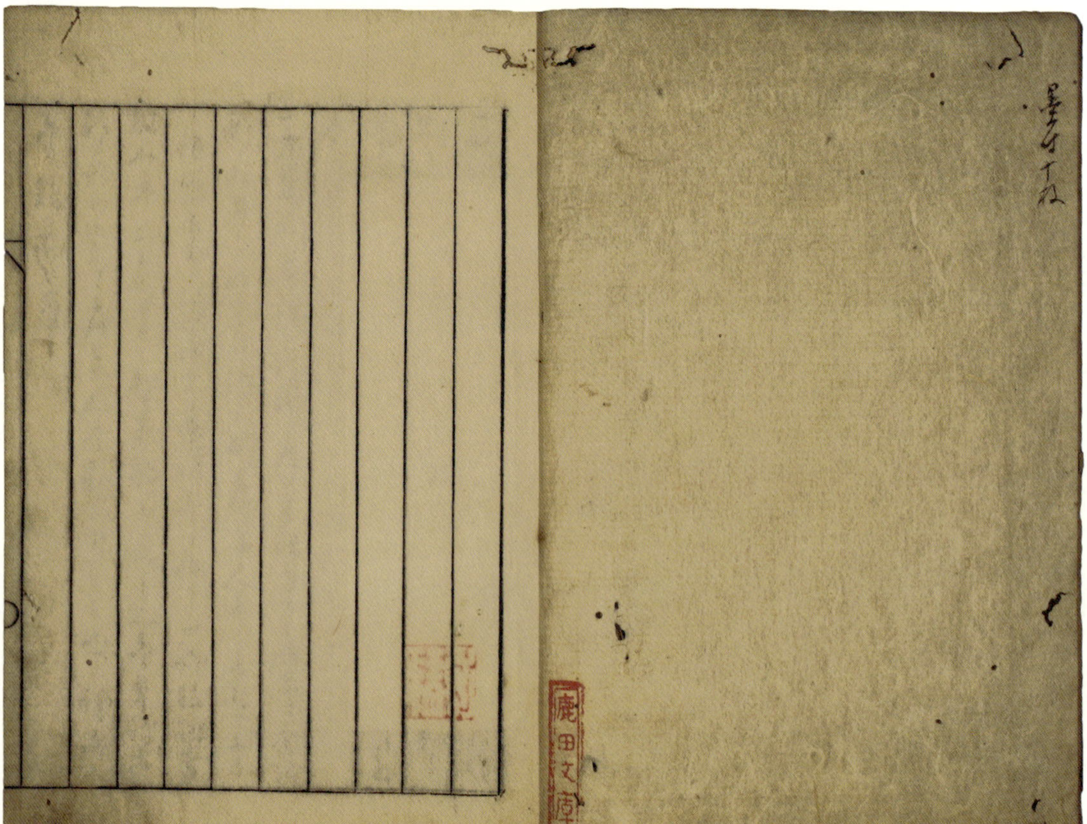

一オ

（表紙裏）

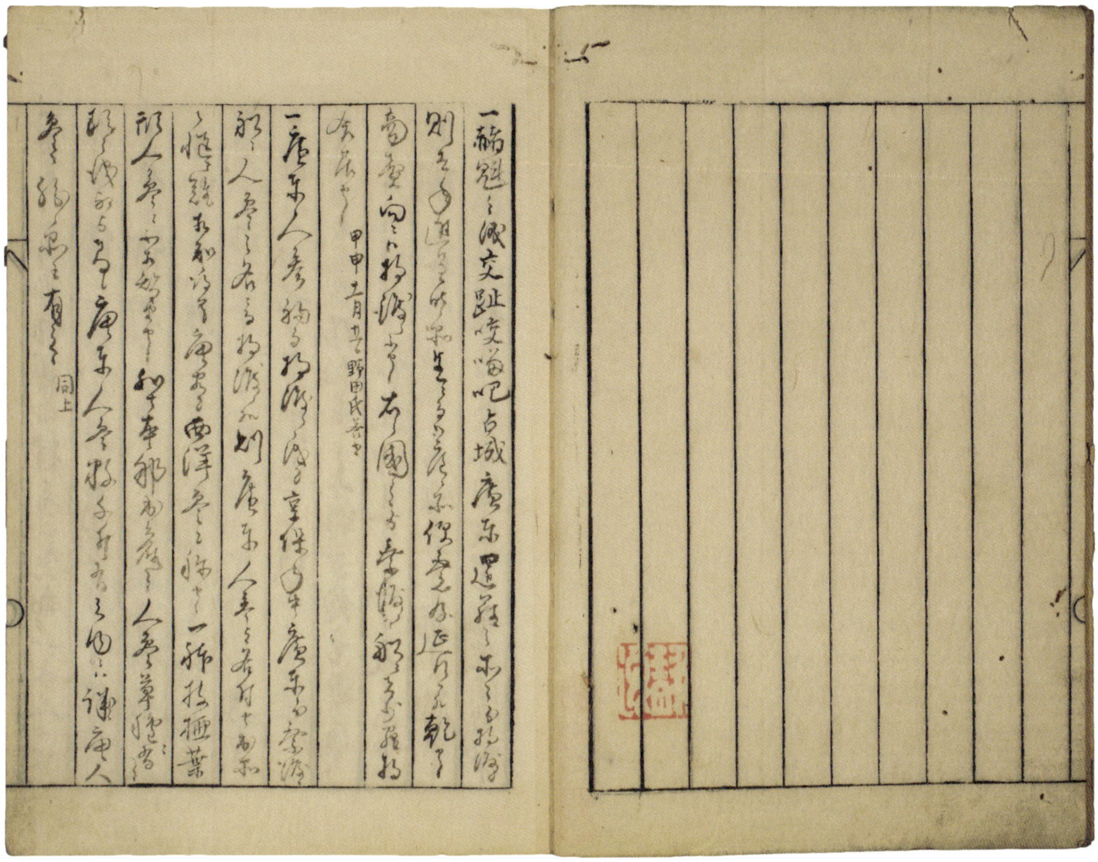

二オ　　一ウ

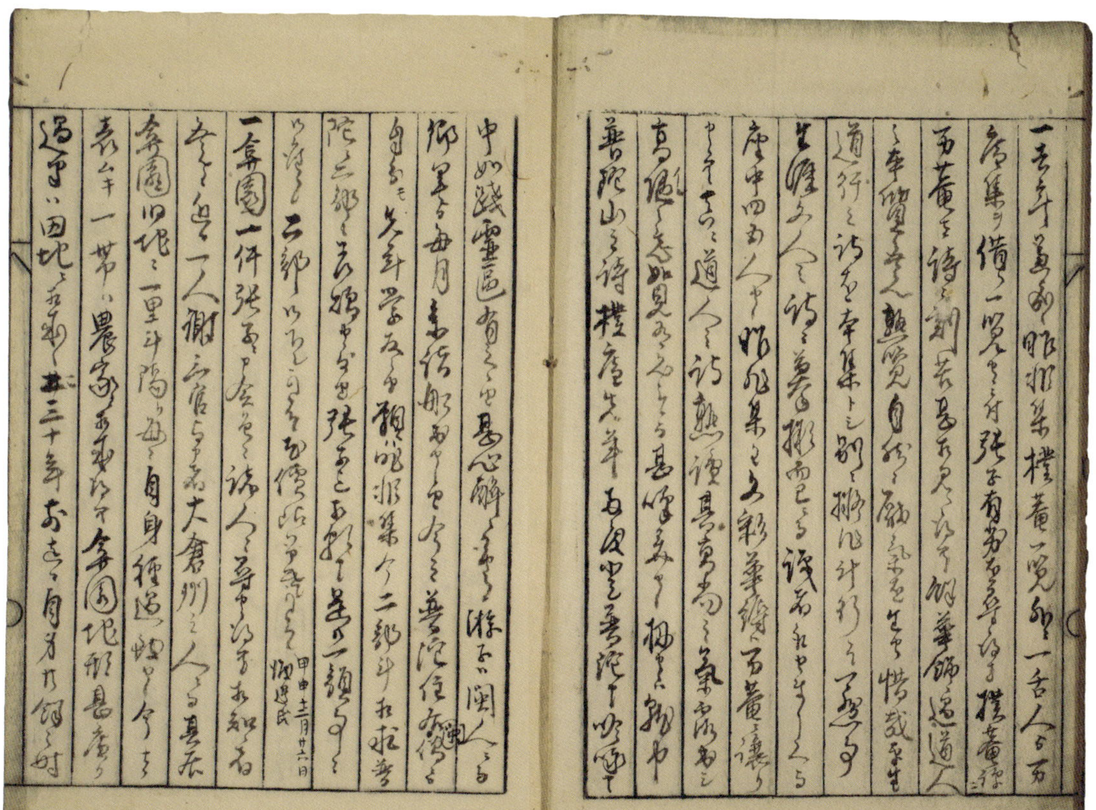

三オ　　二ウ

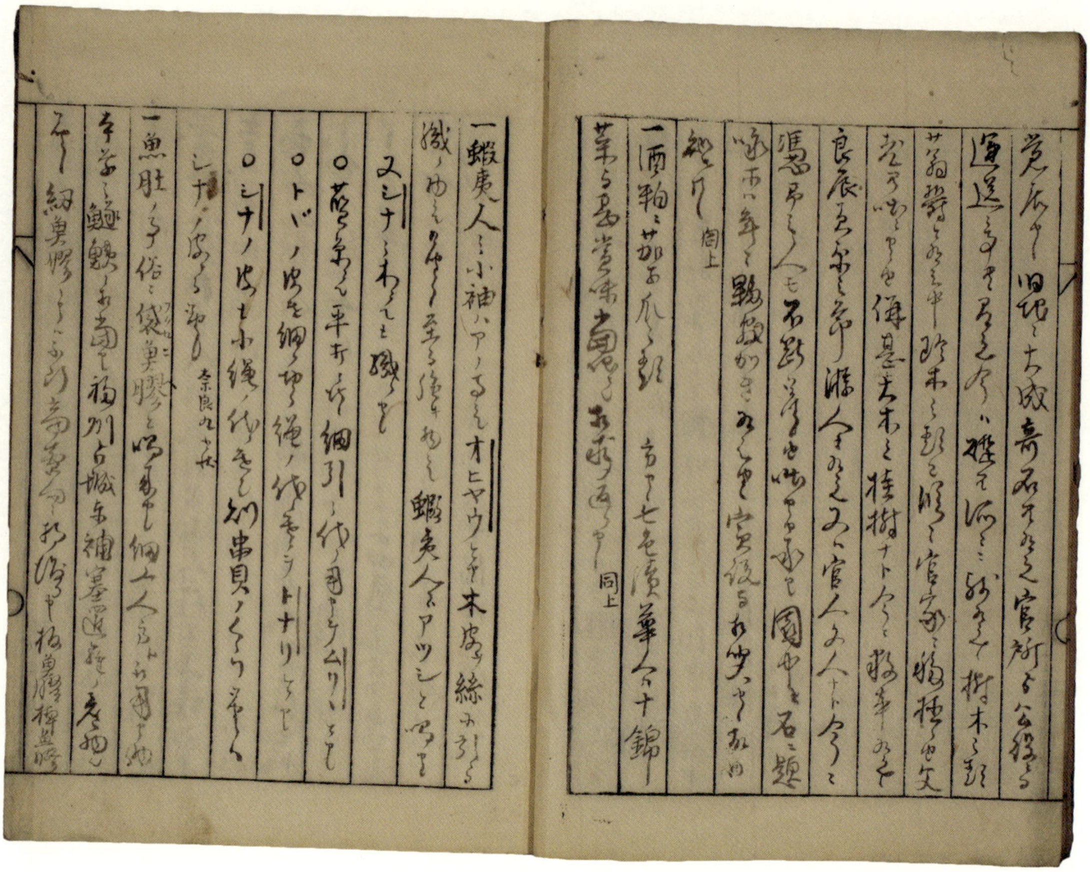

四オ　三ウ

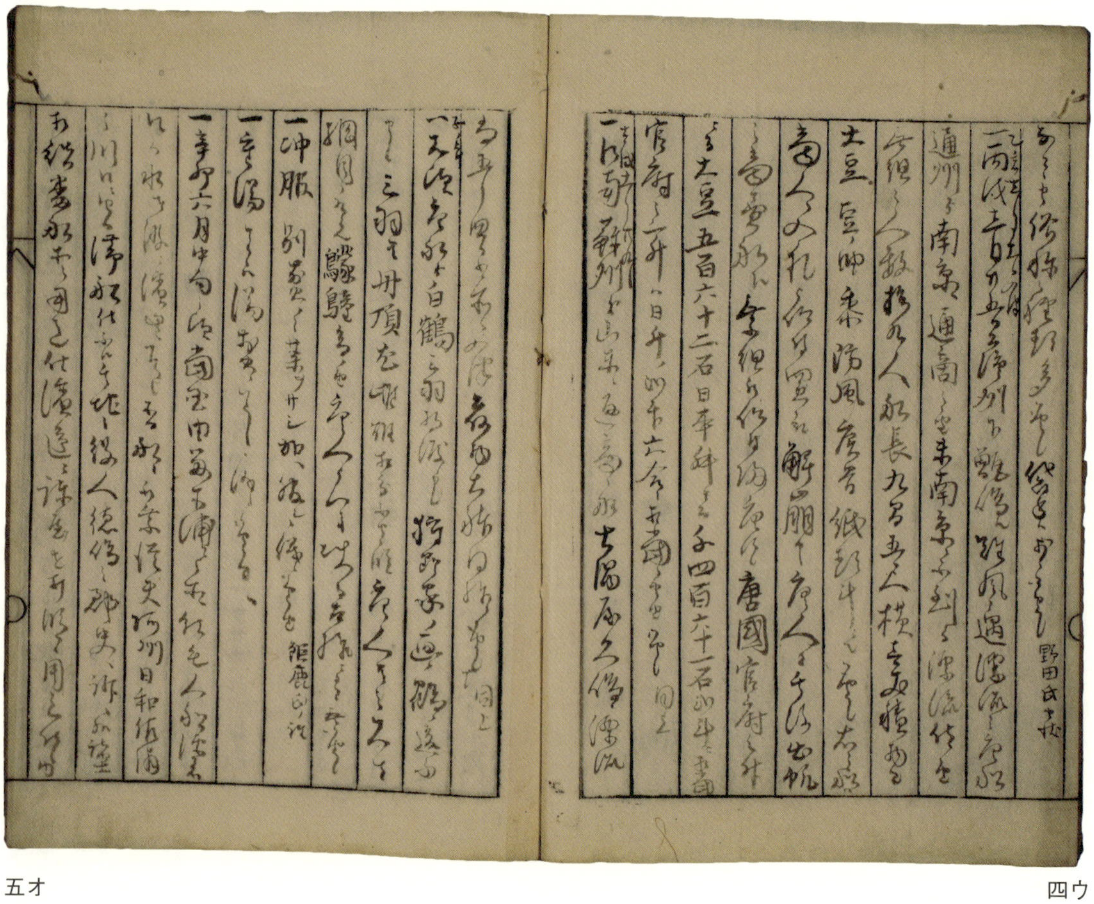

五オ　四ウ

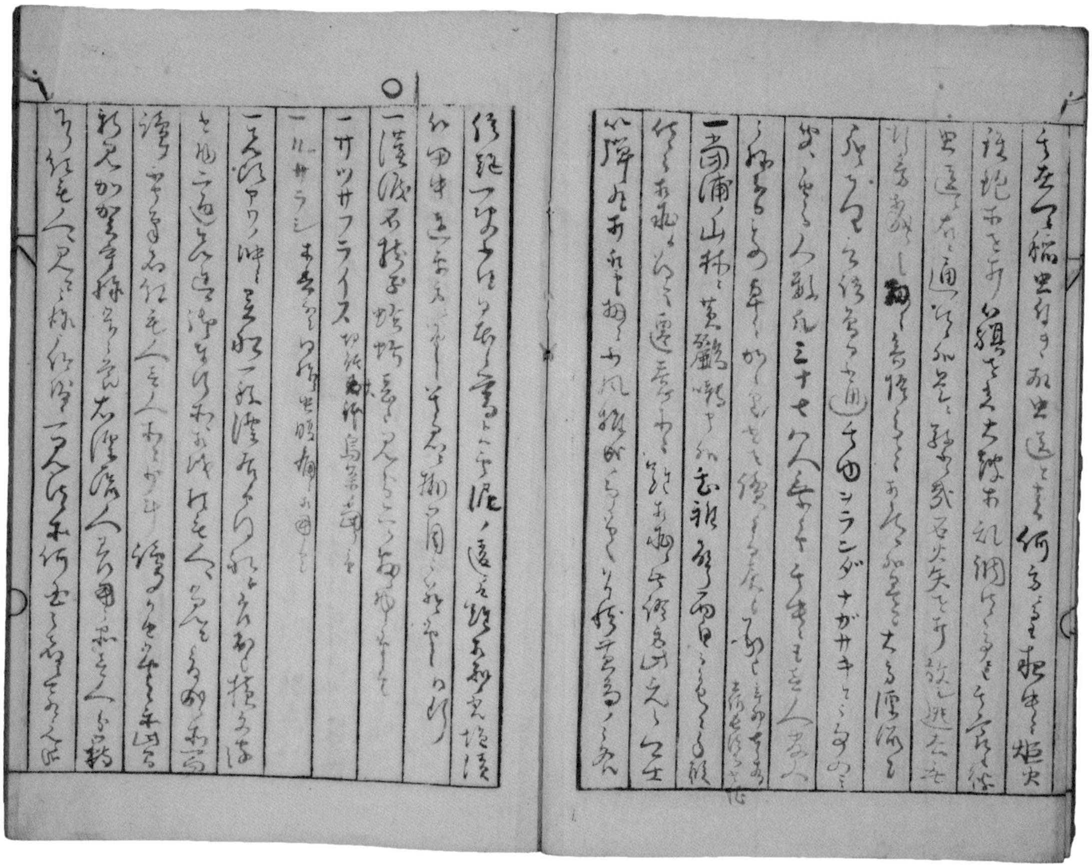

六オ　五ウ

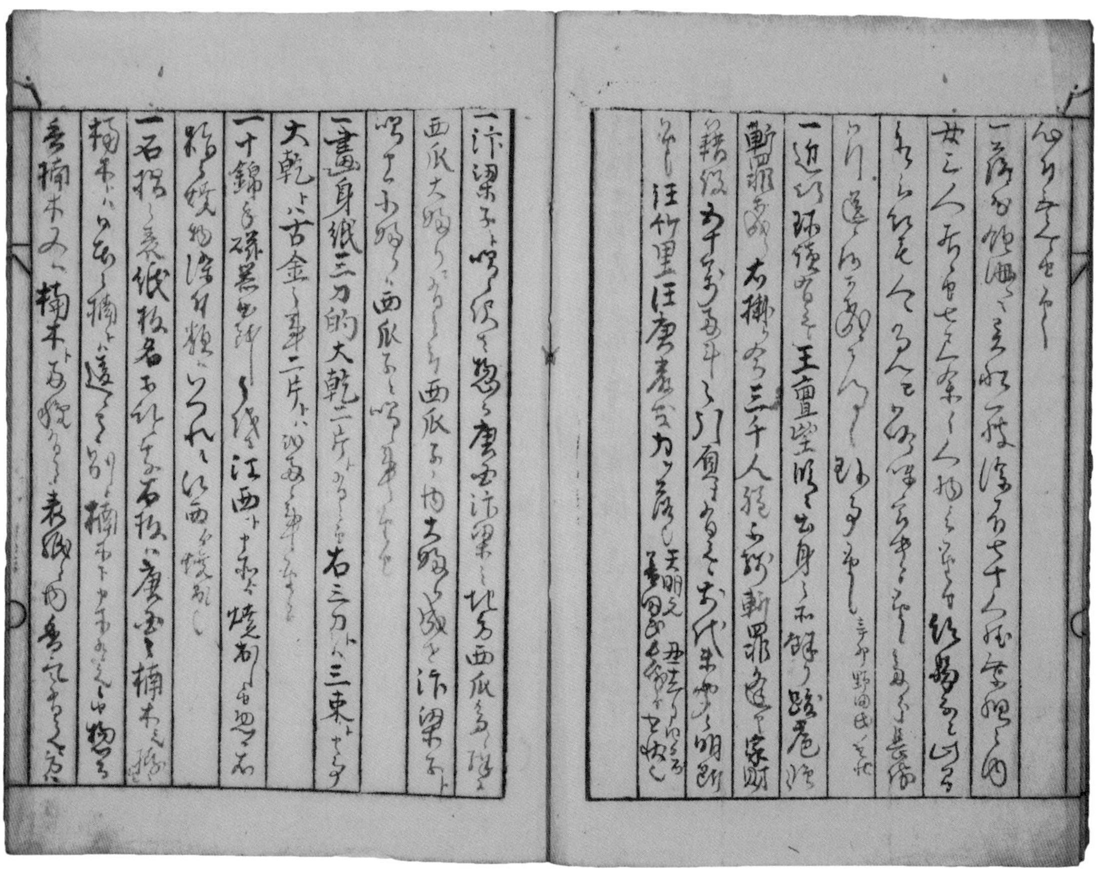

七オ　六ウ

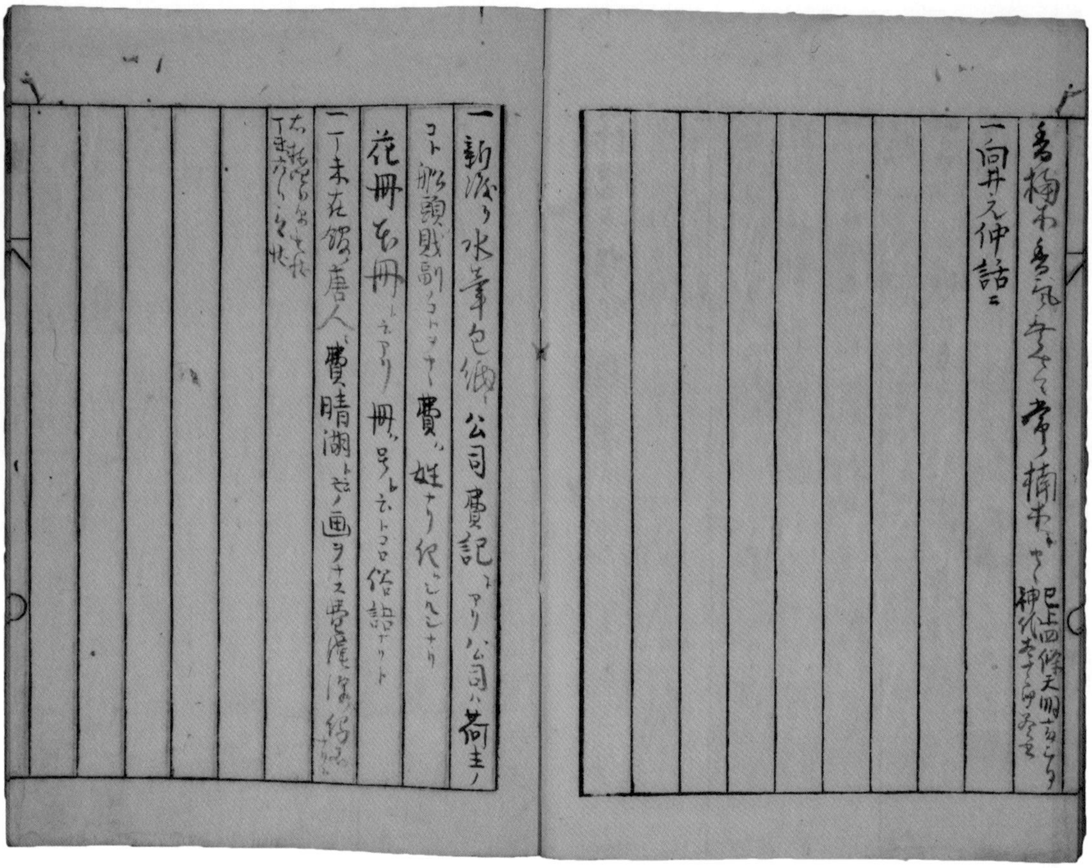

八オ　七ウ

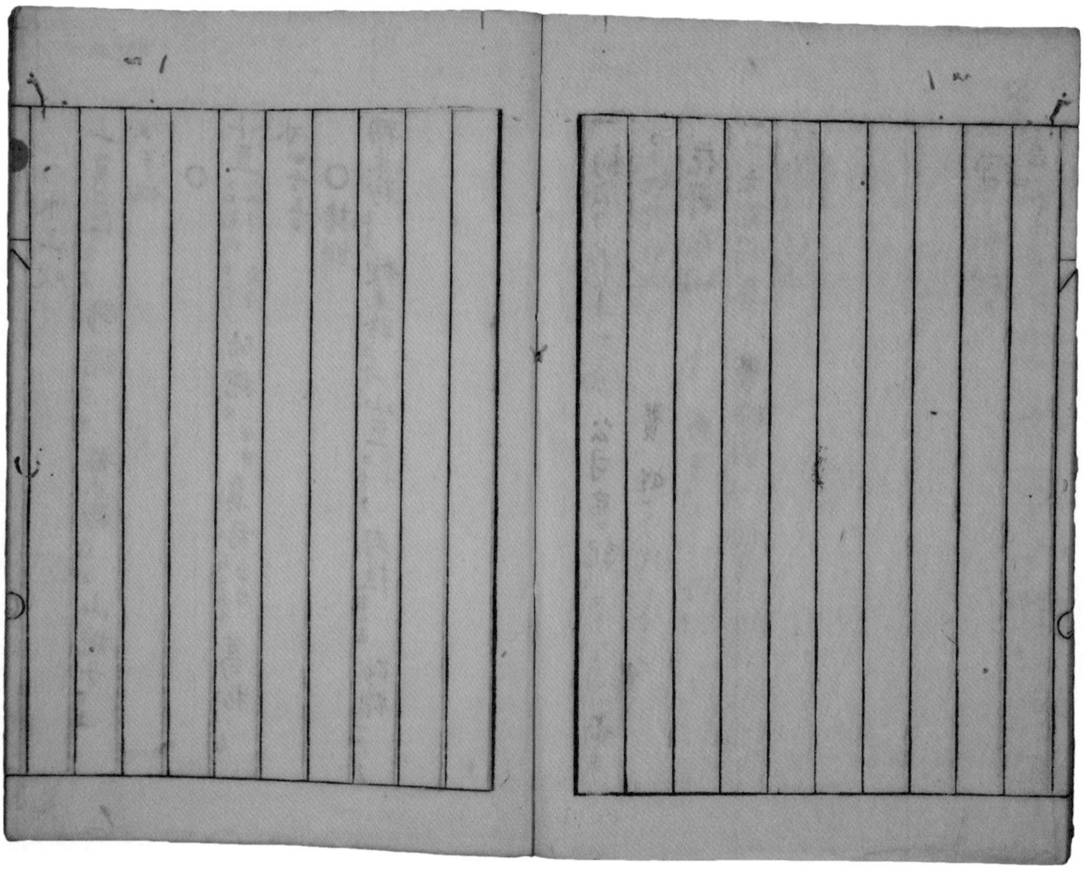

九オ　八ウ

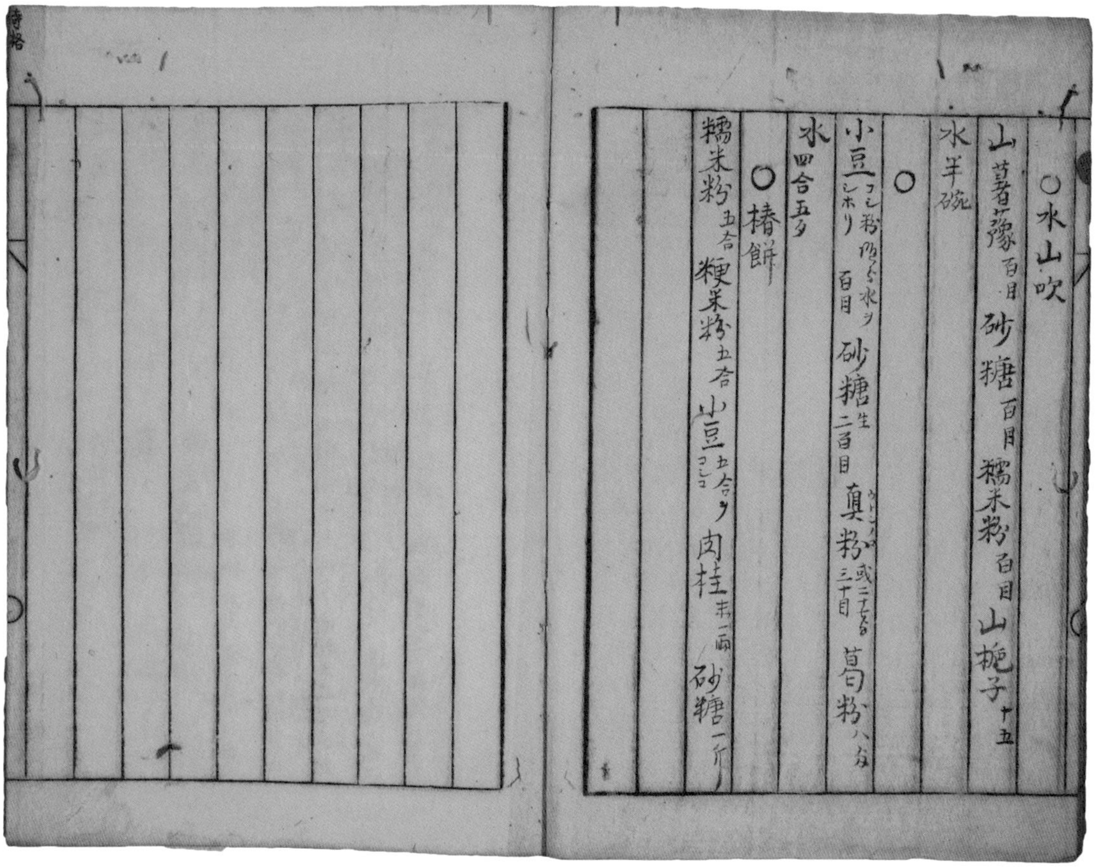

○水山吹
山薯蕷百目　砂糖百目　糯米粉百目　山梔子十五
水羊碗
○
小豆コシ粉ニシホリ百目　砂糖生二百目　真粉三十目　葛粉八分
水四合五勺
○椿餅
糯米粉五合　粳米粉五合　小豆五合ヲ　肉桂末一両　砂糖一斤

十オ　　九ウ

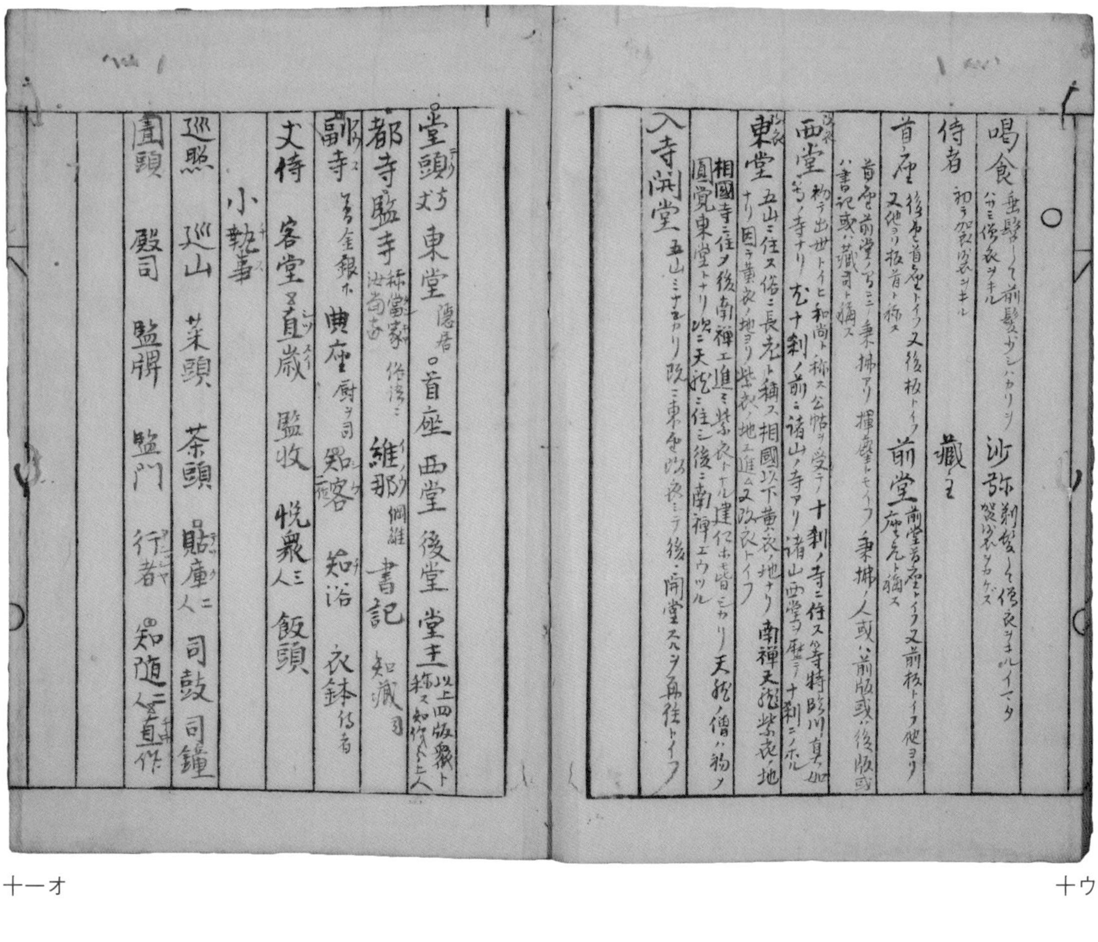

喝食　垂髪ニシテ前髪ヲサシハカリシ僧衣ヲキル
沙弥　剃髪シテ僧衣ヲキルイマタ袈裟ヲカケス
侍者　初テ袈裟ヲキル
蔵主
首座　後ニ首座トイフ又後板トイフ又他ヨリ板首ト称ス
前堂　前堂首座トイフ又前板トイフ他ヨリ座元ト称ス
首座前堂ノ前ニ秉払アリ揮塵トモイフ秉払ノ人或ハ前版或ハ後版或ハ書記或ハ蔵司ト称ス
西堂　初テ出世トイヒ和尚ト称ス公帖ヲ受テ十刹ノ寺ニ住ス
東堂　五山ニ住ス僧ニ長老ト称ス相国以下黄衣ノ地ナリ南禅天龍紫衣ノ地ナリ
入寺開堂

堂頭　方丈　東堂　隠居　首座　西堂　後堂　堂主　以上四版衆ト称ス
都寺　監寺　維那　書記　知蔵
副寺　典座　知客　知浴　衣鉢
丈侍　客堂　直歳　監収　悦衆　飯頭
小勤事
巡照　巡山　菜頭　茶頭　貼庫　司鼓　司鐘
園頭　殿司　監碑　監門　行者　知随

十一オ　　十ウ

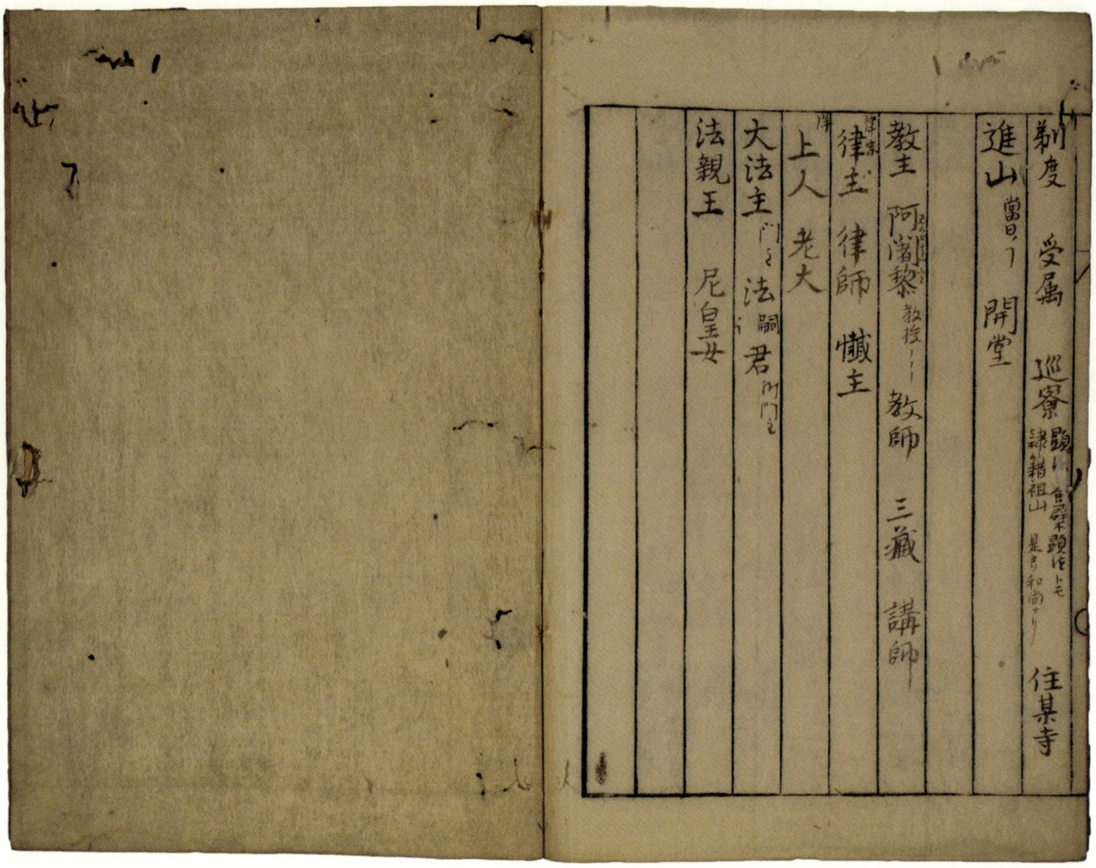
剃度　受屬　巡寮　住某寺
進山　開堂
教主　阿闍黎　教師　三藏　講師
律主　律師　懺主
上人　老大
大法主　法嗣　君
法親王　尼皇母

（裏表紙裏）　十一ウ

裏表紙

8

「奇貝圖譜」稿本

【書誌情報】

①外題：奇貝圖譜　蒹葭堂藏　内題：無　②装丁：袋綴　③表紙：色／茶、文様／無、寸法／24・3×16・7　④丁数：五十八丁　⑤序跋：無　⑥刊記：無　奥書：無　⑦書入：有　四ウと五オの間に挟み込み貝の図・墨書（同筆ヵ）、三十四ウと三十五オの間に挟み込み紙片・墨書　⑧蔵書印：表紙右下…「藿斎珍蔵」（白文長方印）、「玄昌堂圖書記」（朱文長方印）　一オ匡郭内…「蒹葭堂」（朱文長方印）　一オ匡郭外…「永田文庫」（朱文長方印）　⑨伝来：岩永文楨（藿斎）→永田有翠→鹿田静七→辰馬悦蔵→辰馬考古資料館　⑨備考：八オ〜十二ウ「蒹葭堂」用箋

【解題】

貝の特徴や分類、産地による名称の違いや味、また標本の所蔵者等について、前半は図を主体に、後半は箇条書のリストを主体にして記した稿本。

本書の用紙は四種に分類でき、内容もおおむねそれに従って分けられる。一種類目の用紙は、一丁〜七丁と十三丁〜十六丁に用いられ、四周単辺、版心上部に白魚尾が一つ、版心下部にはマル印があり、界線はない。この用紙を用いた部分には主に図を描く。一丁〜七丁には貝を色鮮やかに描いた薄紙を貼り付け、十三丁〜十六丁は本紙に直接無彩色の図を描き説明を添えている。二種類目の用紙は、八丁〜十二丁に用いられ、四周単辺、版心上部に黒魚尾が一つあり、版心下部に「蒹葭堂」と記される。半葉につき七本の界線が上下のみに薄く引かれるが、界線がほとんどない部分や、匡郭の中を四つに区分けする部分もある。この用紙には、貝の名を書いた付箋と無彩色の図とが貼られている。三種類目の用紙は、十七丁〜三十四丁に用いられるもので、一種類目とほぼ同じ体裁をとりつつ、半葉につき九本の界線を加える。このうち十七丁〜二十六丁には、小さな図や注記を入れつつ楷書で貝の名を記す。貝を「蚌類」など九種類に分け、記すべき貝の名の多寡にかかわらず、必ず一丁につき一分類とする。二十七丁〜三十四丁では、同じく貝の分類や名称、産地や方言、味について記すが、書体は行書が多く、記載する貝の名称は、一丁につき一分類に限らなくなっている。四種類目の用紙は、三十五丁〜五十八丁に用いられ、匡郭や界線のない白紙である。主に楷書で貝の名称などを記し、挿図を織り交ぜる。

このように、一冊の中に異なる用紙が混在し、界線にも手書きの部分があることから、本書は未定稿を仮に装丁したものと考えられる。特に十七丁以降は、登場する貝に重複があるものの分類基準や体裁は少しずつ異なり、編集に際する蒹葭堂の模索の跡が窺えるようで興味深い。

本書には、蒹葭堂、岩永文楨（いわながぶんてい）（一八〇二〜六六）、永田有翠（ながたゆうすい）（一八六七〜一九二一）の蔵書印が捺される。蔵書印とあわせて、大正十一年十月の永田有翠氏旧蔵品入札目録および辰馬考古資料館が所蔵する大正十一年十月消印のはがきを参照すると、本書は永田有翠の後に、有翠蔵書の売り立てを取りしきった鹿田静七（松雲堂）に渡り、その後辰馬悦蔵の手に渡ったことがわかる。ただし「永田文庫」印は、『蒹葭堂遺物』（蒹葭堂会、大正十五年［一九二六］）に載る「奇貝圖譜」の影印には見られない。『蒹葭堂遺物』のあとがきには、「故辰馬悦叟氏愛蔵の奇貝図譜」とあって、本書が有翠の手に渡る前に、悦叟の元にあった可能性も皆無ではない。しかし、『蒹葭堂遺物』が刊行された大正十五年には悦叟・有翠両者とも没している。その時までには少なくとも一度、永田有翠の手に渡って「永田文庫」印が捺されていたはずであり、『蒹葭堂遺物』に「永田文庫」印が載らない事情はにわかには断じ難い。伝来についての詳細は、本書論攷篇・青木政幸「辰馬考古資料館所蔵の木村蒹葭堂資料」を参照されたい。

（袴田　舞）

「奇貝圖譜」稿本影印

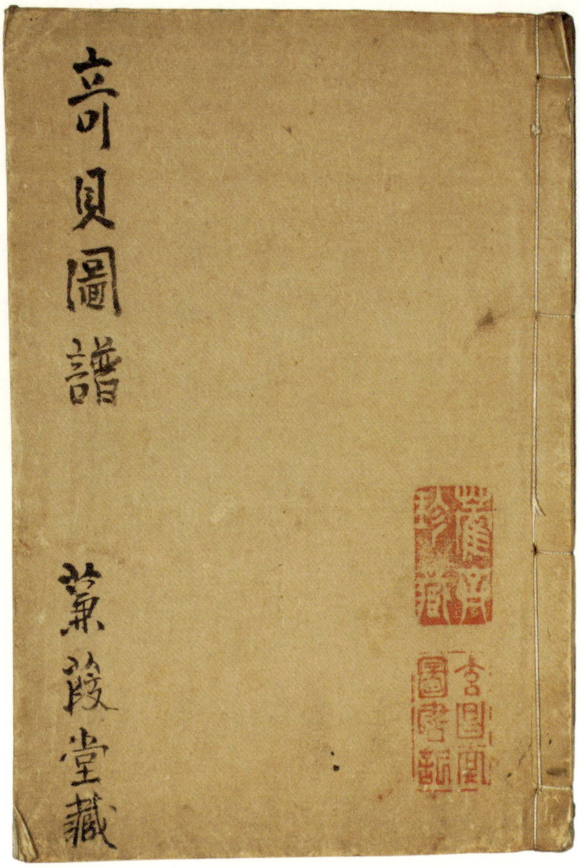

表紙

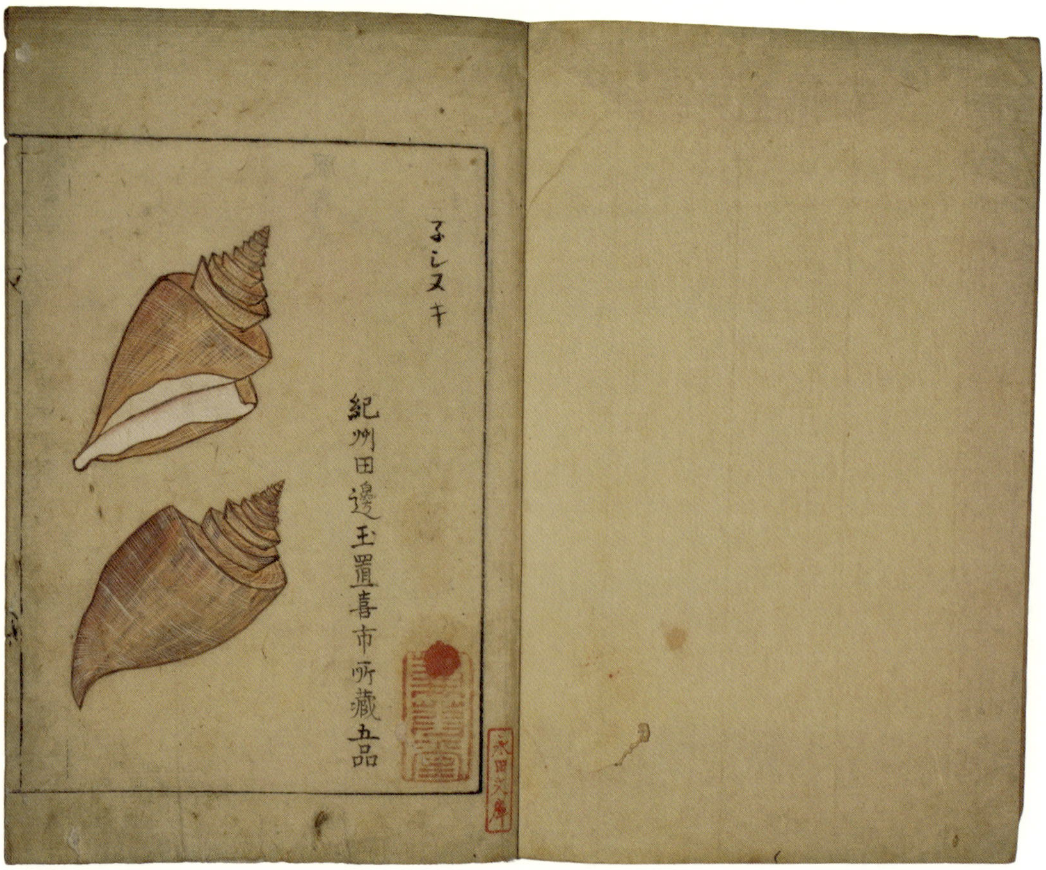

一オ

（表紙裏）

二オ　一ウ

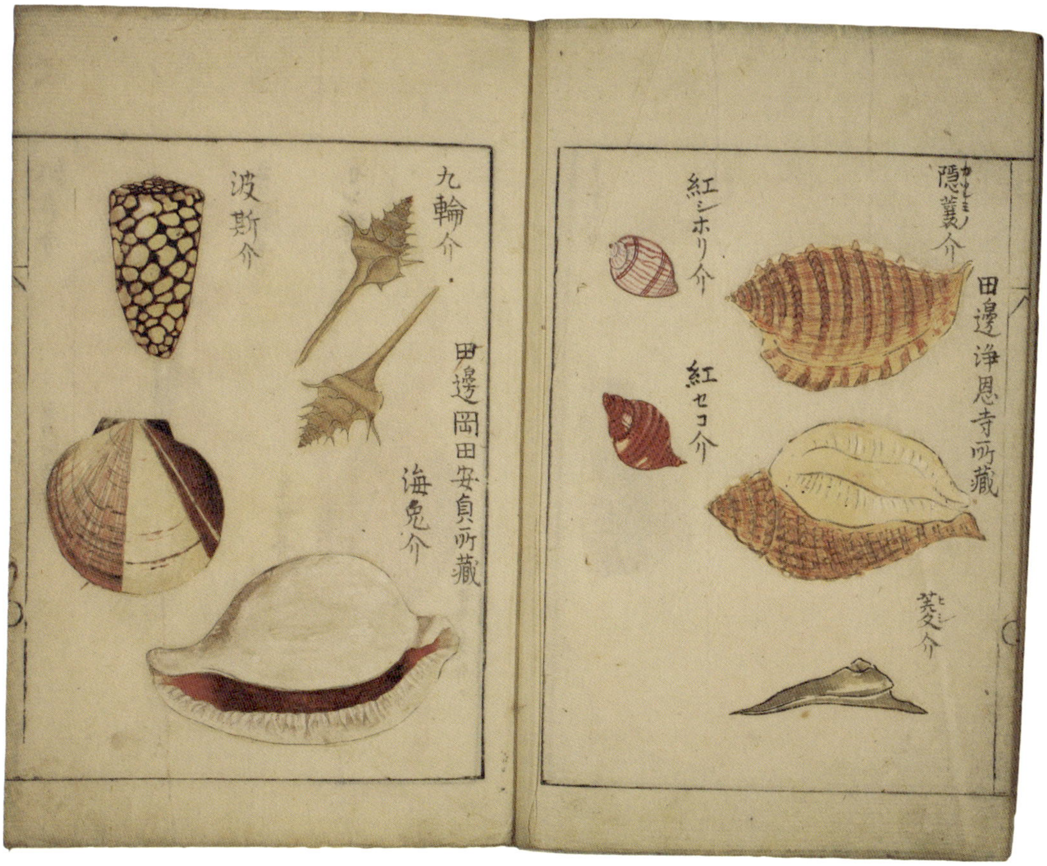

三オ　二ウ

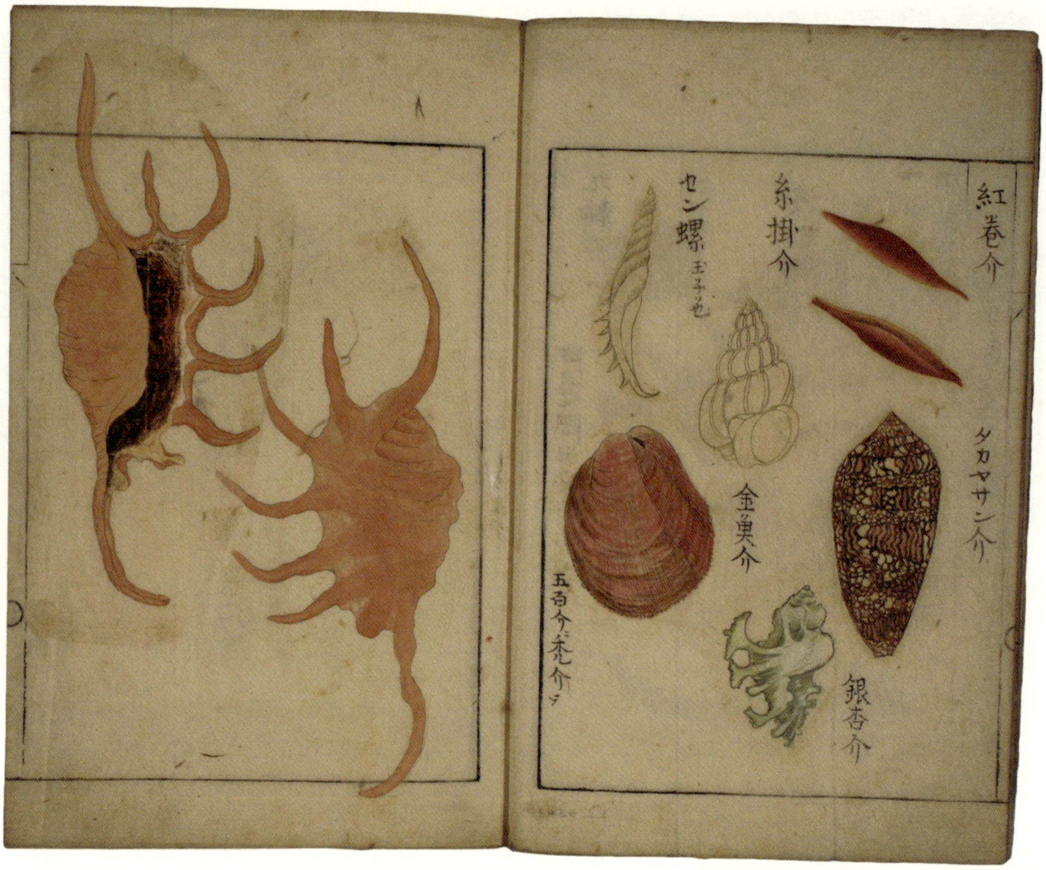

四オ　三ウ

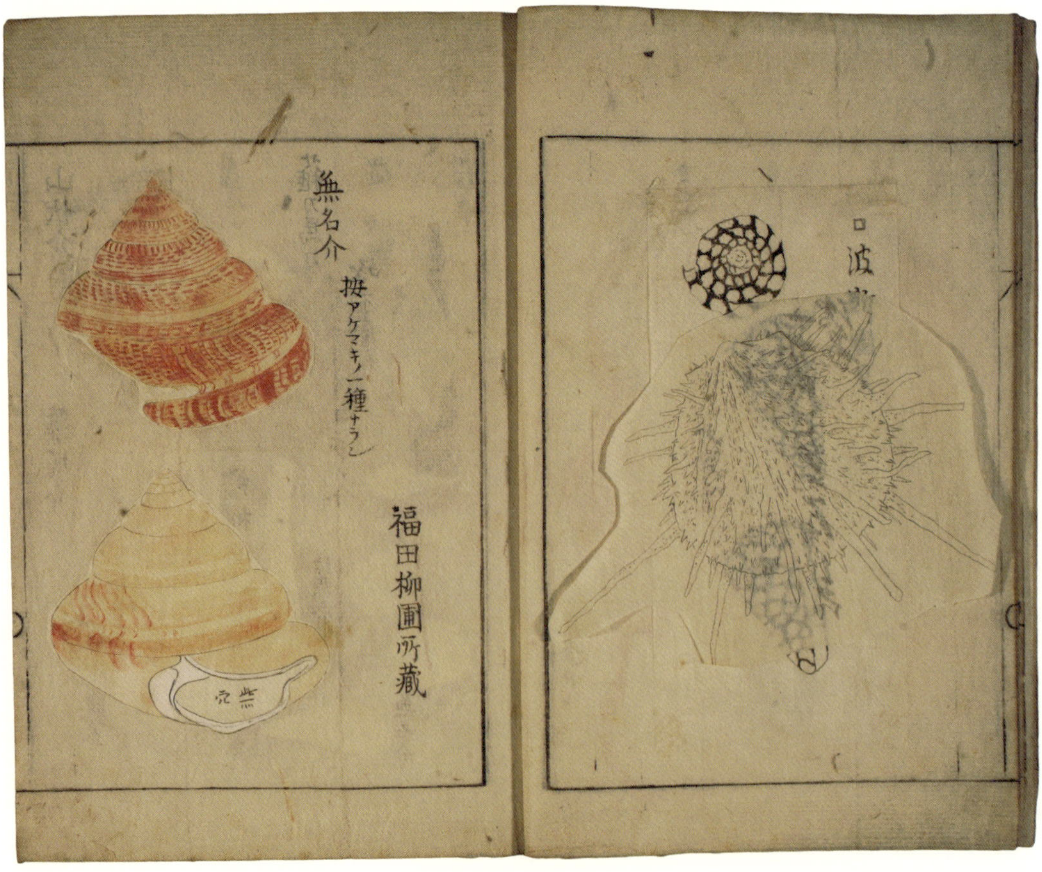

五オ　現状（挟み込みあり）　四ウ

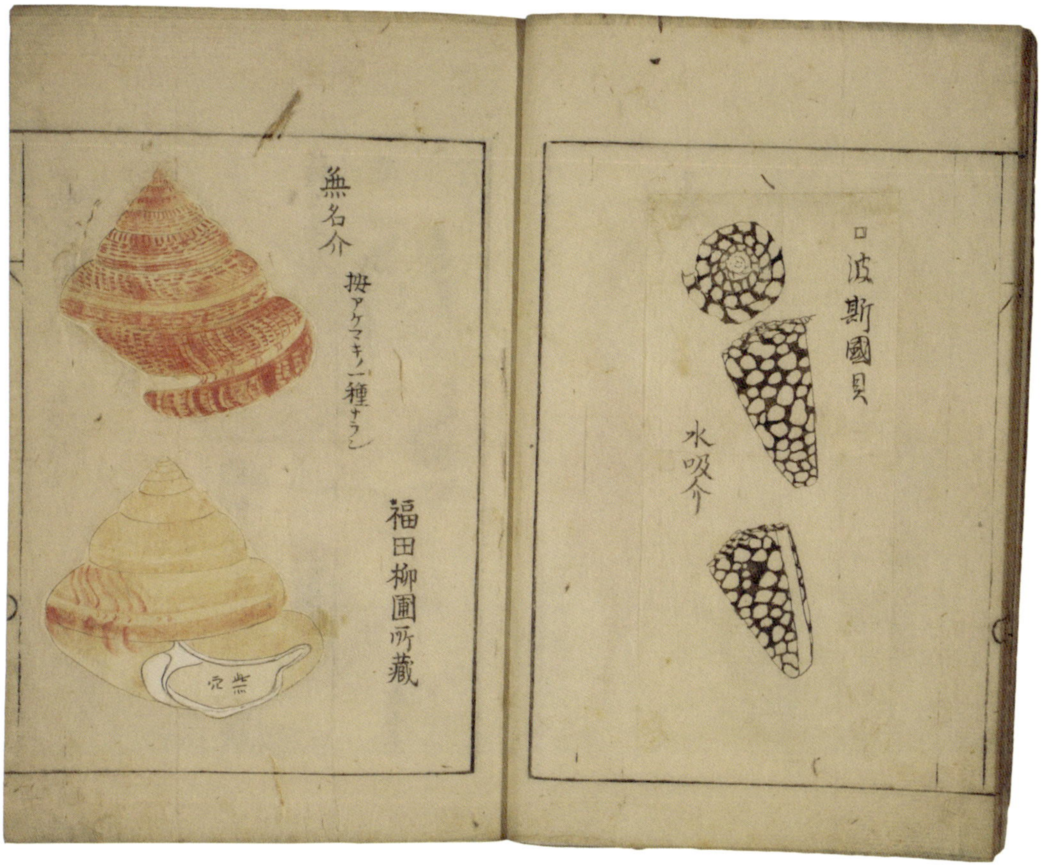

五オ　（挟み込みをはずした状態）　四ウ

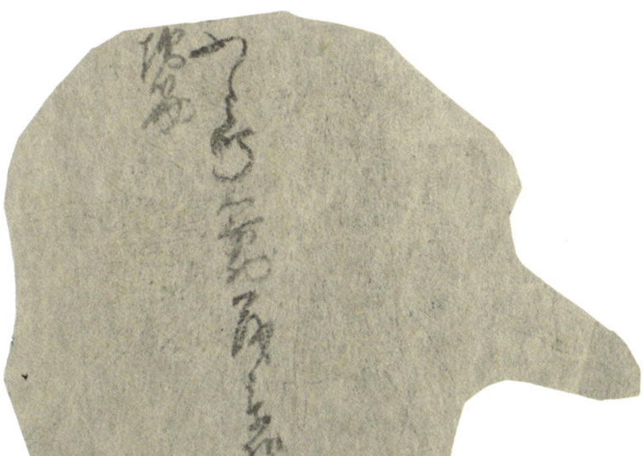

挟み込み（裏）

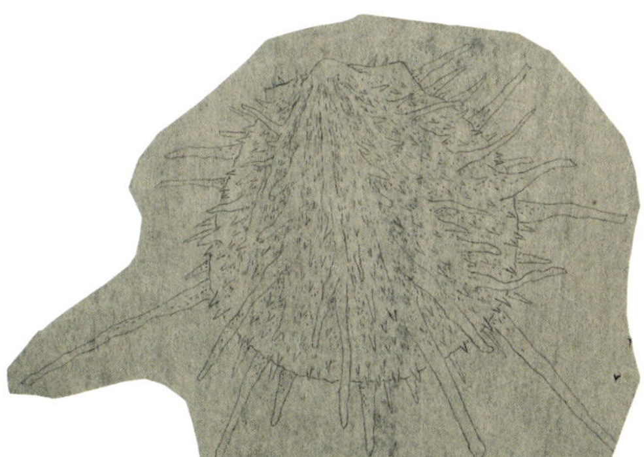

挟み込み（表）

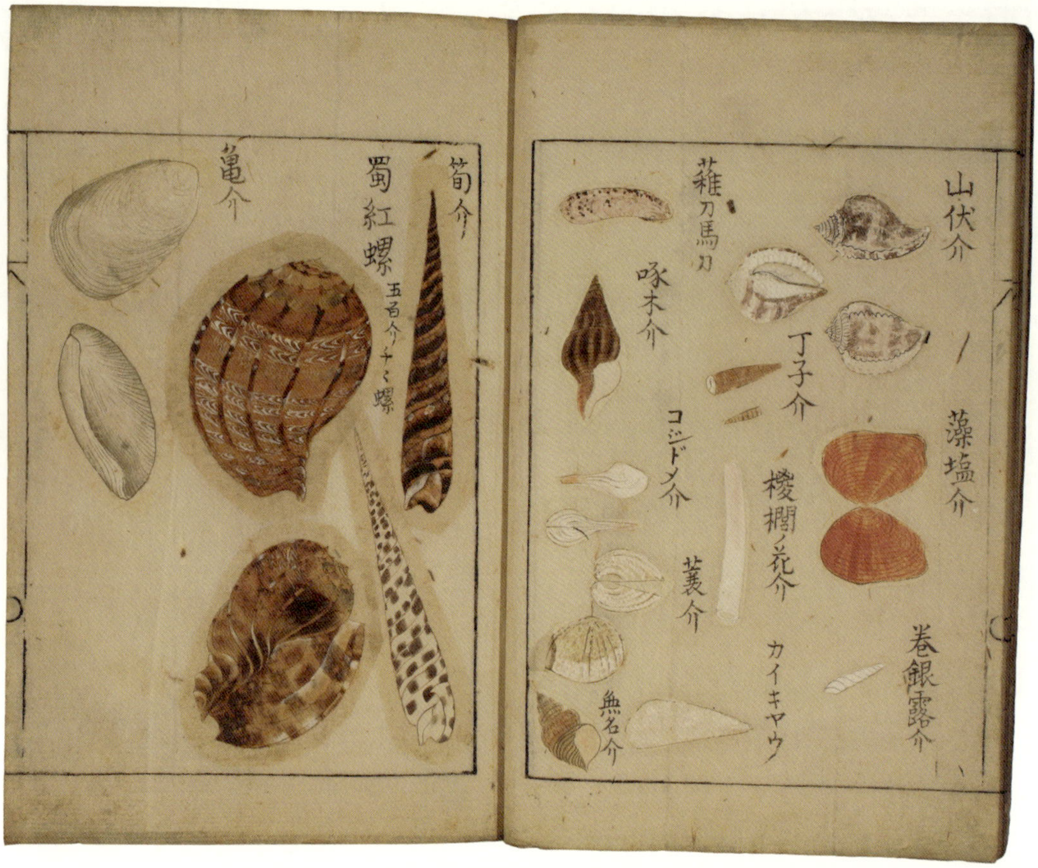
山伏介
藻塩介
巻銀露介
丁子介
椶櫚ノ花介
カイキヤウ
咏木介
コシドメ介
蓑介
無名介
筍介
蜀紅螺
亀介

六オ　五ウ

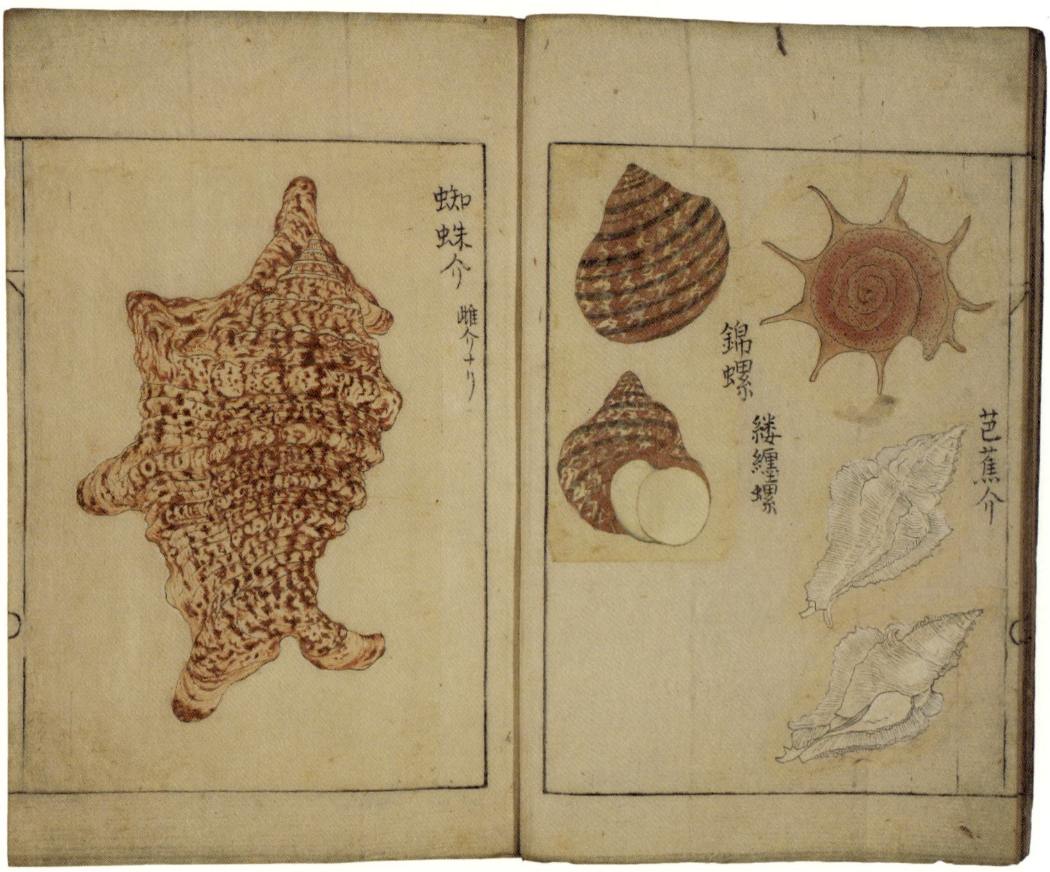
蜘蛛介
雌介ナリ
錦螺
芭蕉介

七オ　六ウ

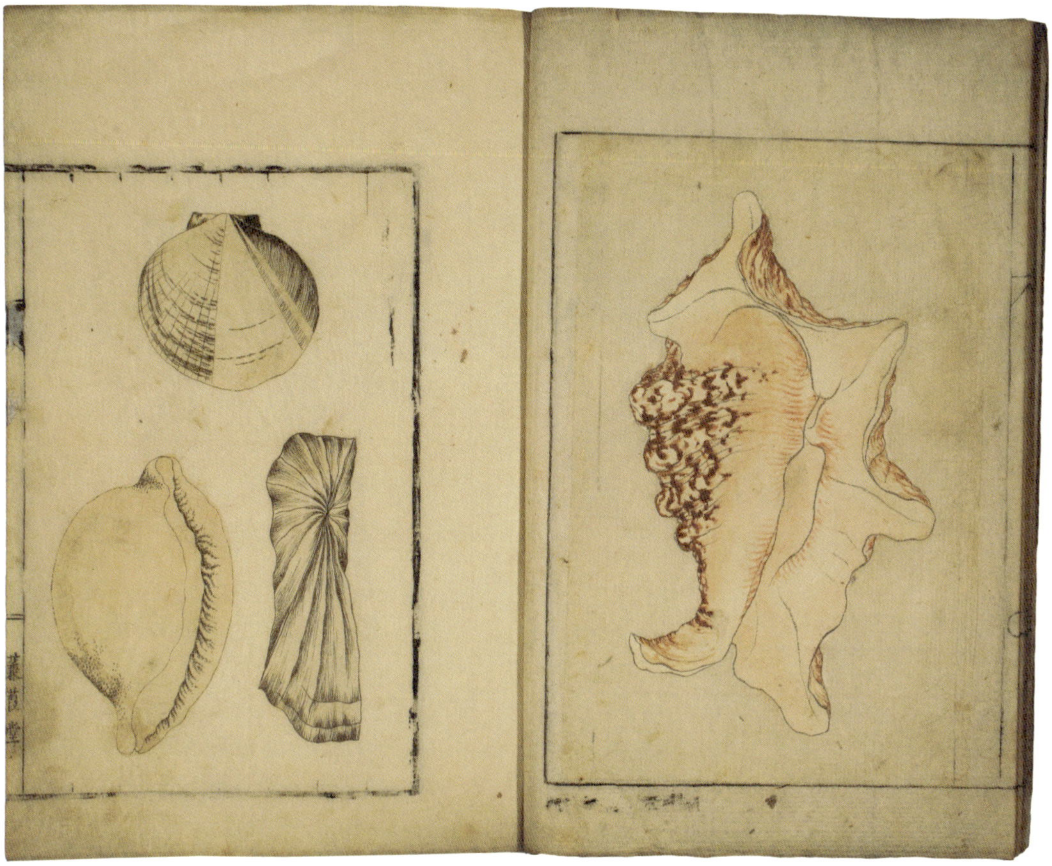

八オ　七ウ

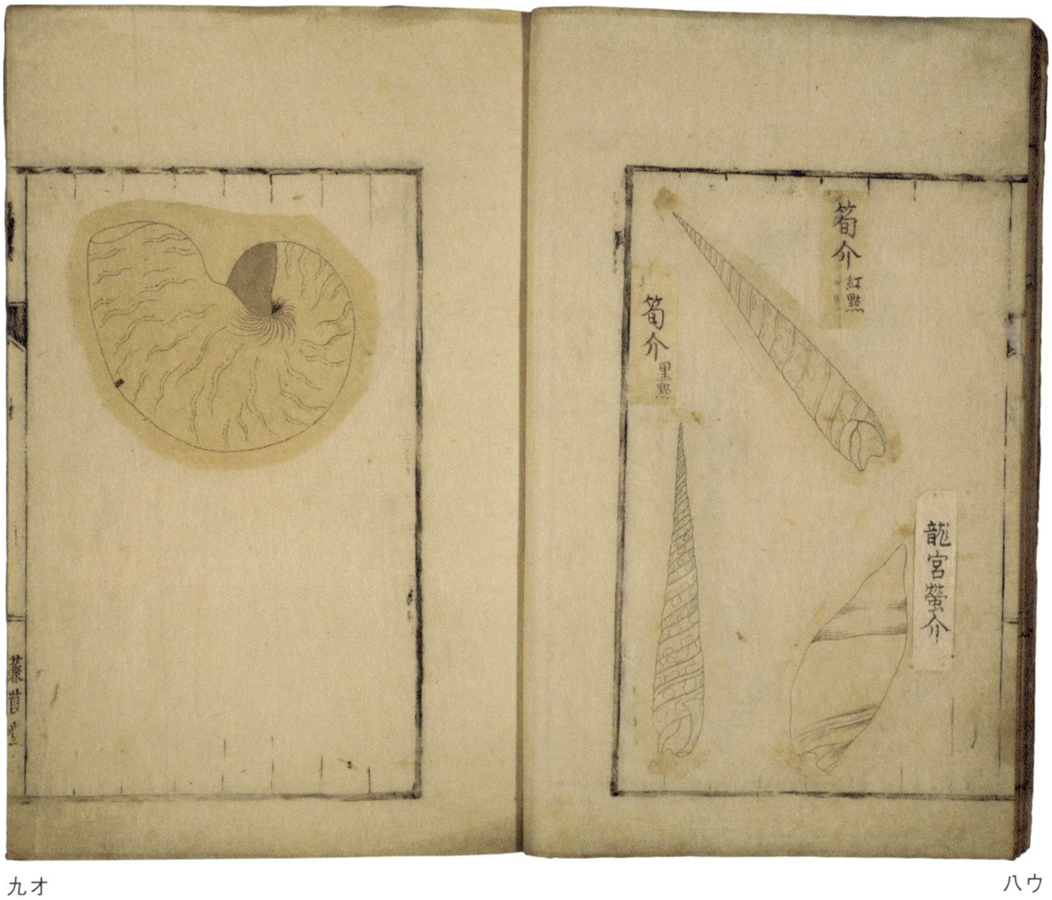

九オ　八ウ

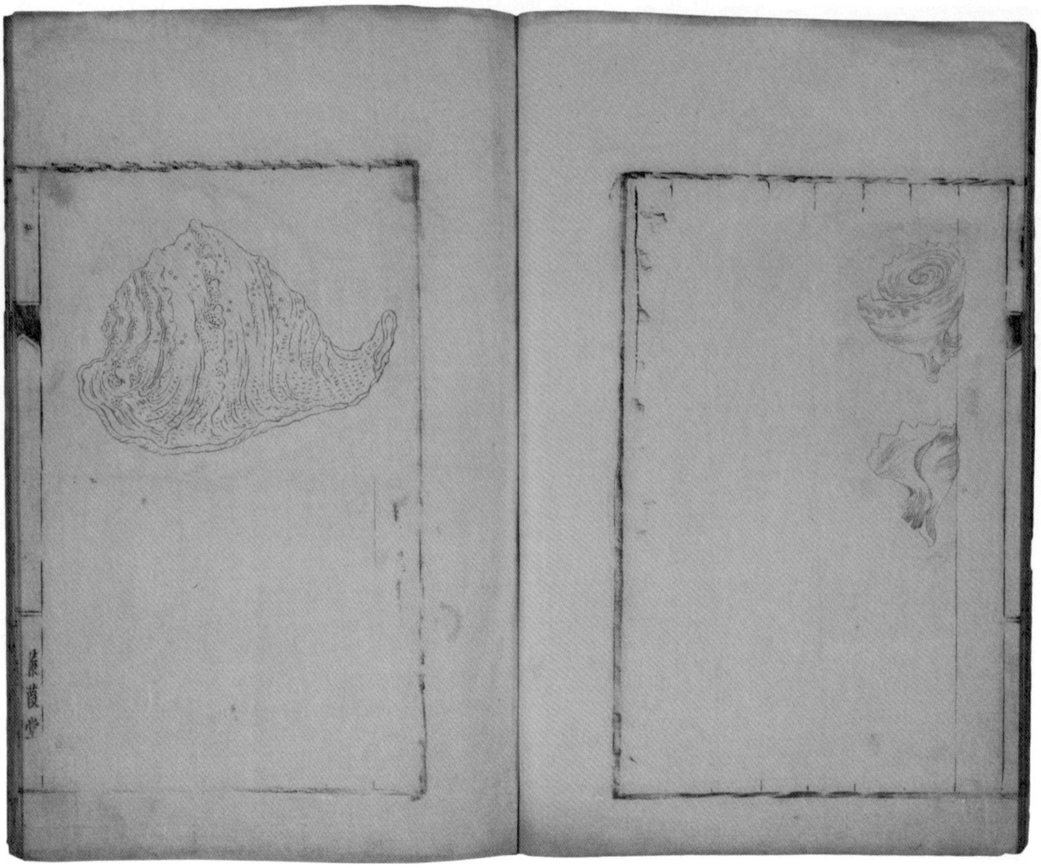

十オ　九ウ

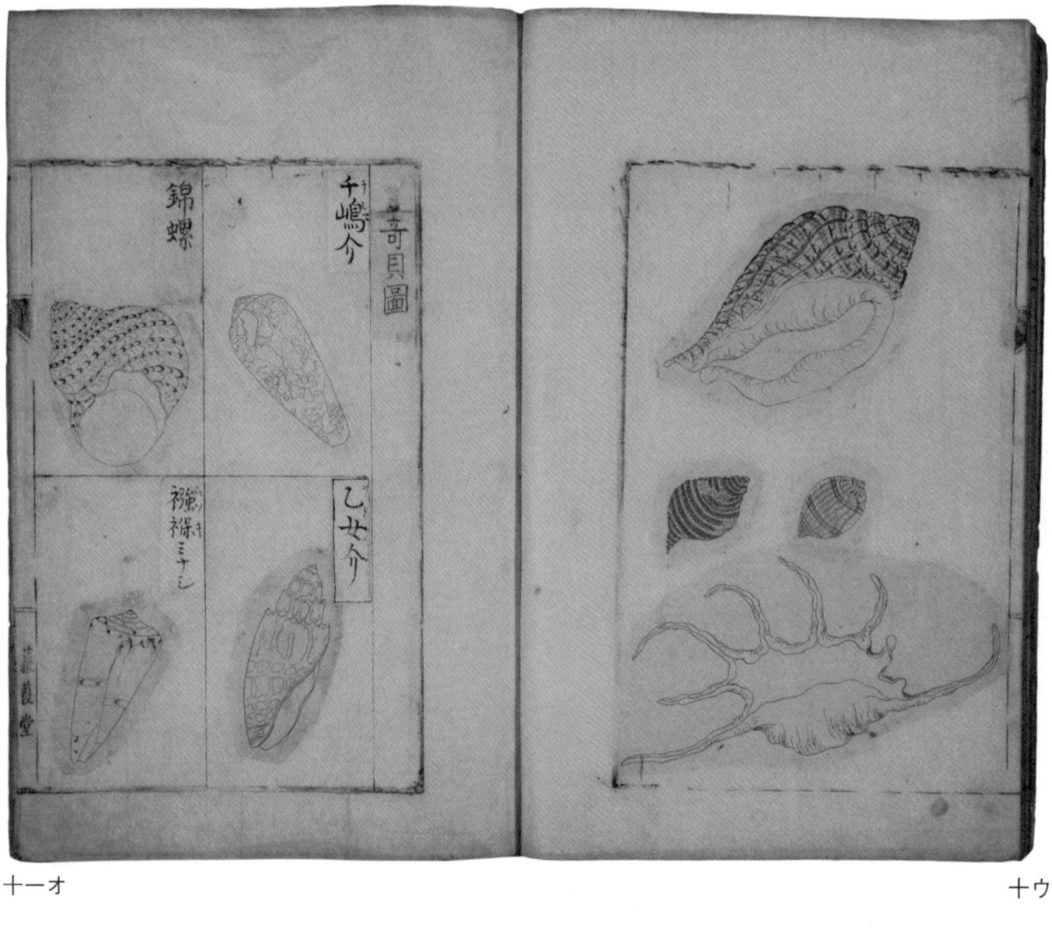

十一オ　十ウ

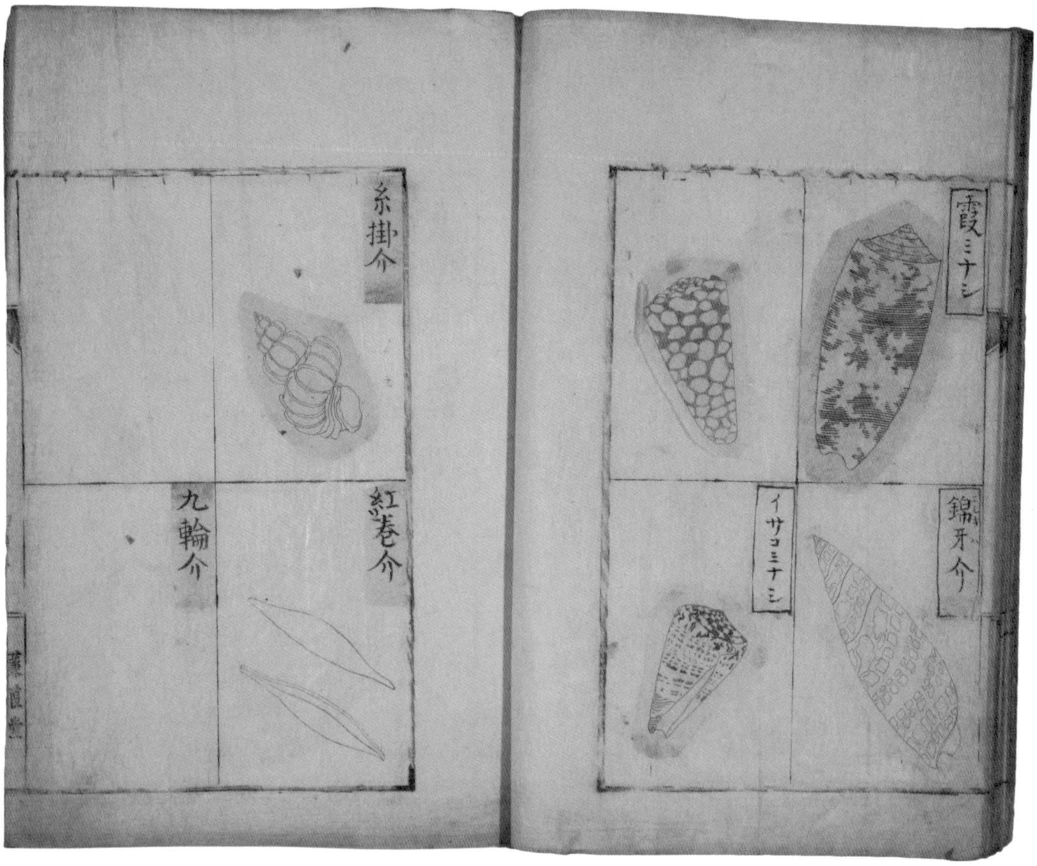

十二オ　　十一ウ

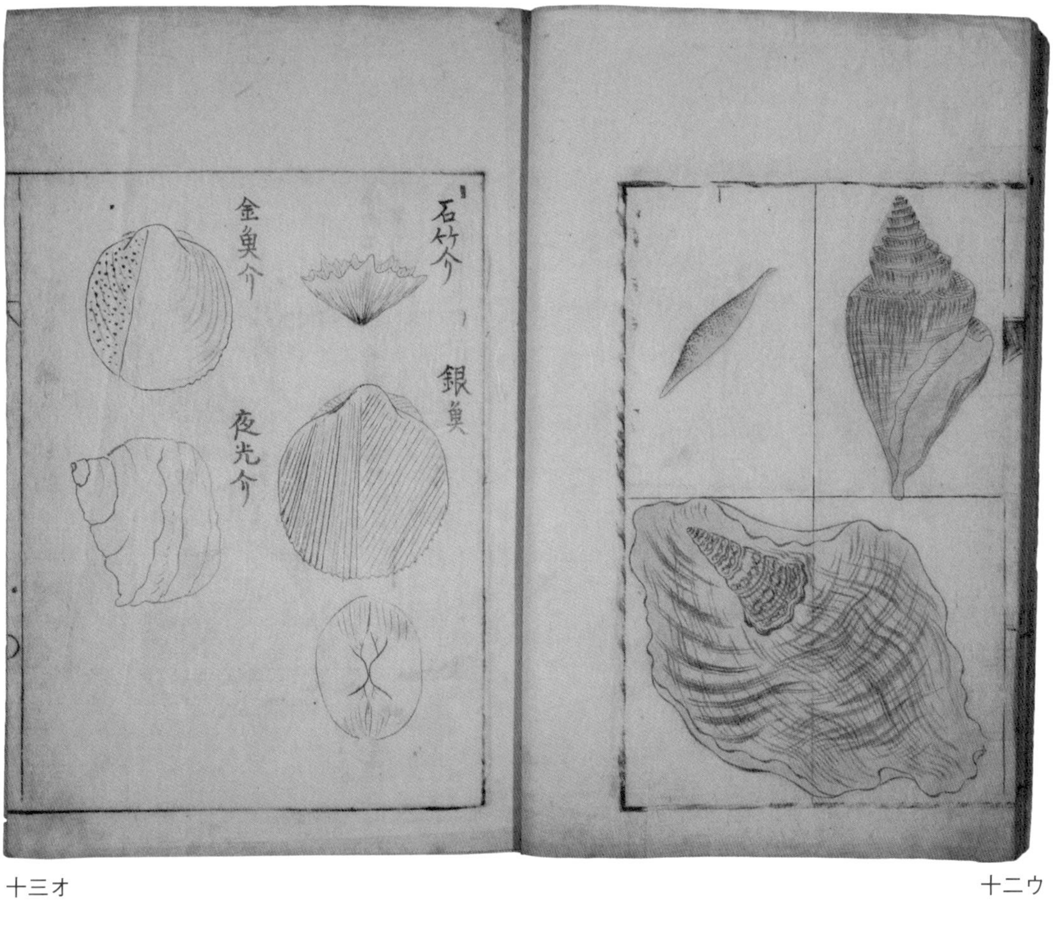

十三オ　　十二ウ

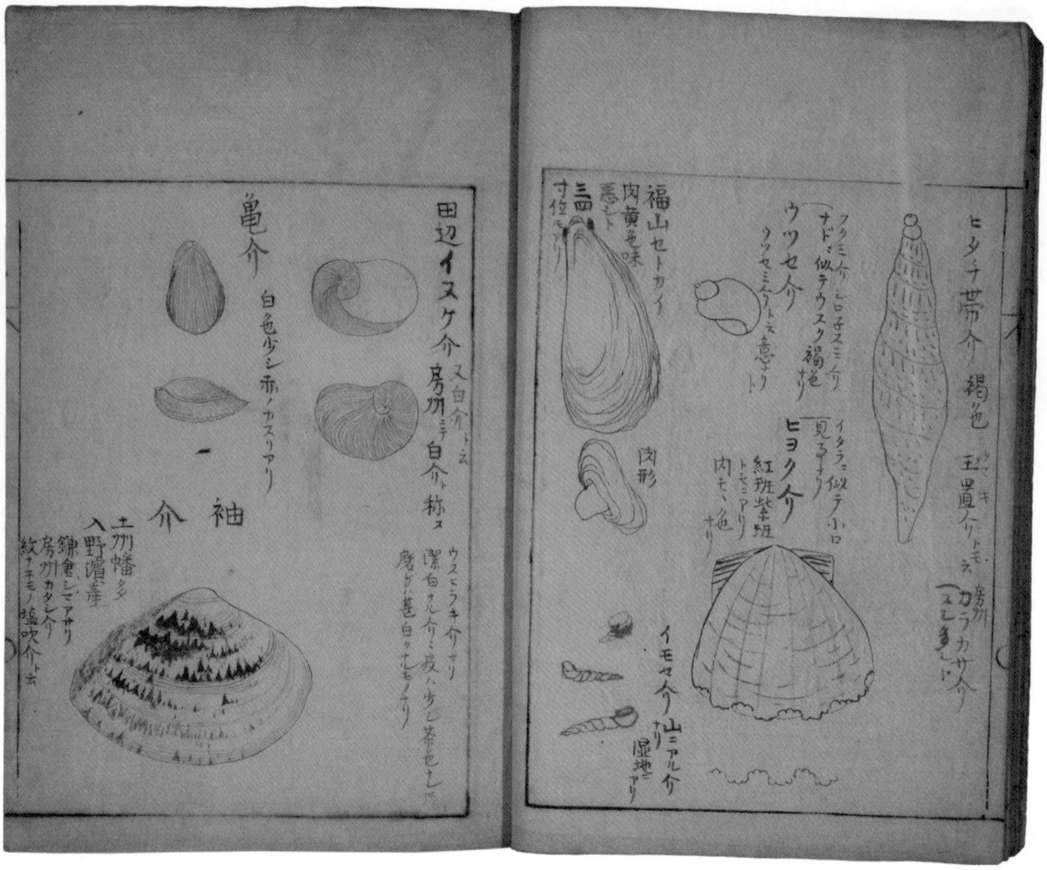

十四オ

十三ウ

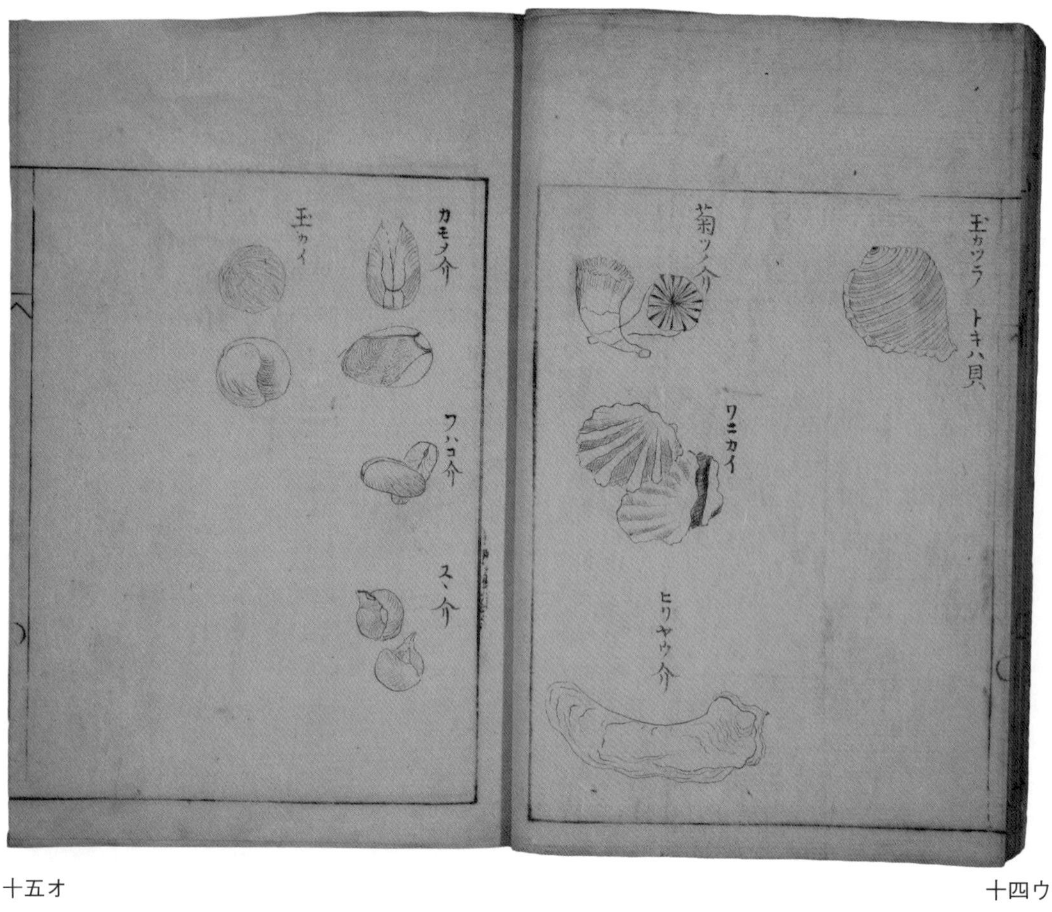

十五オ

十四ウ

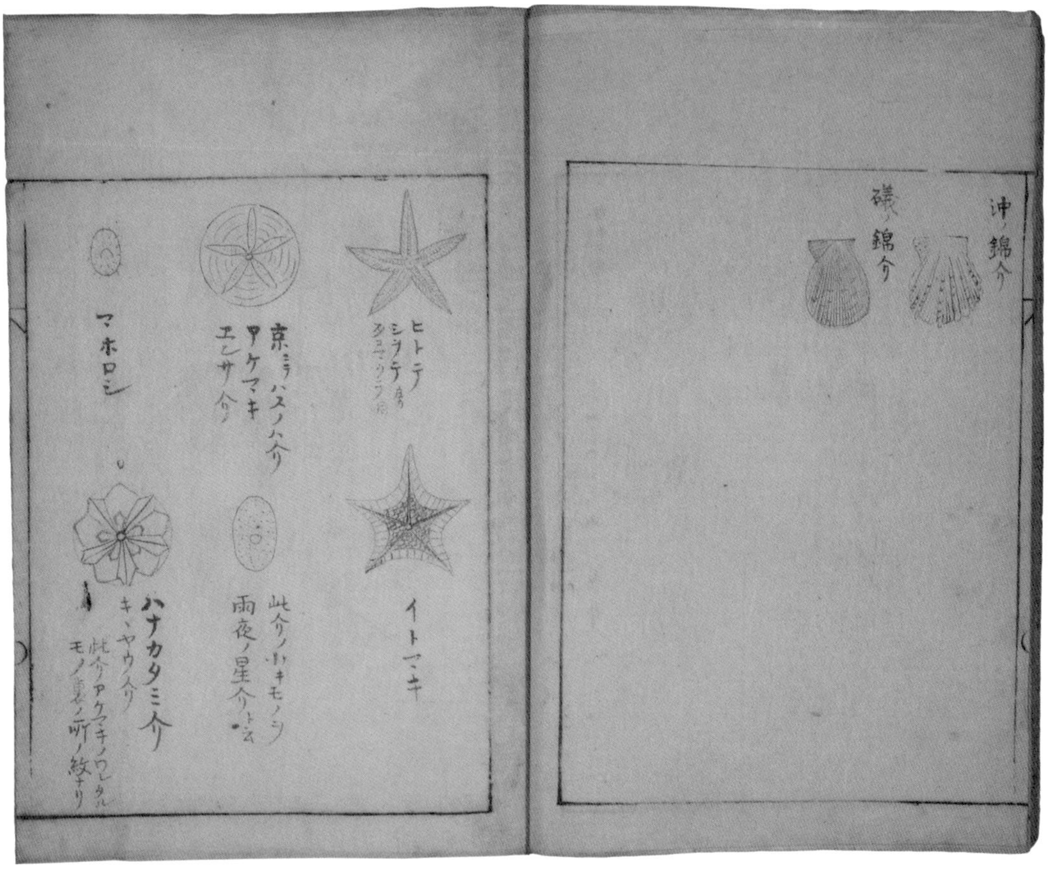

十六オ　　十五ウ

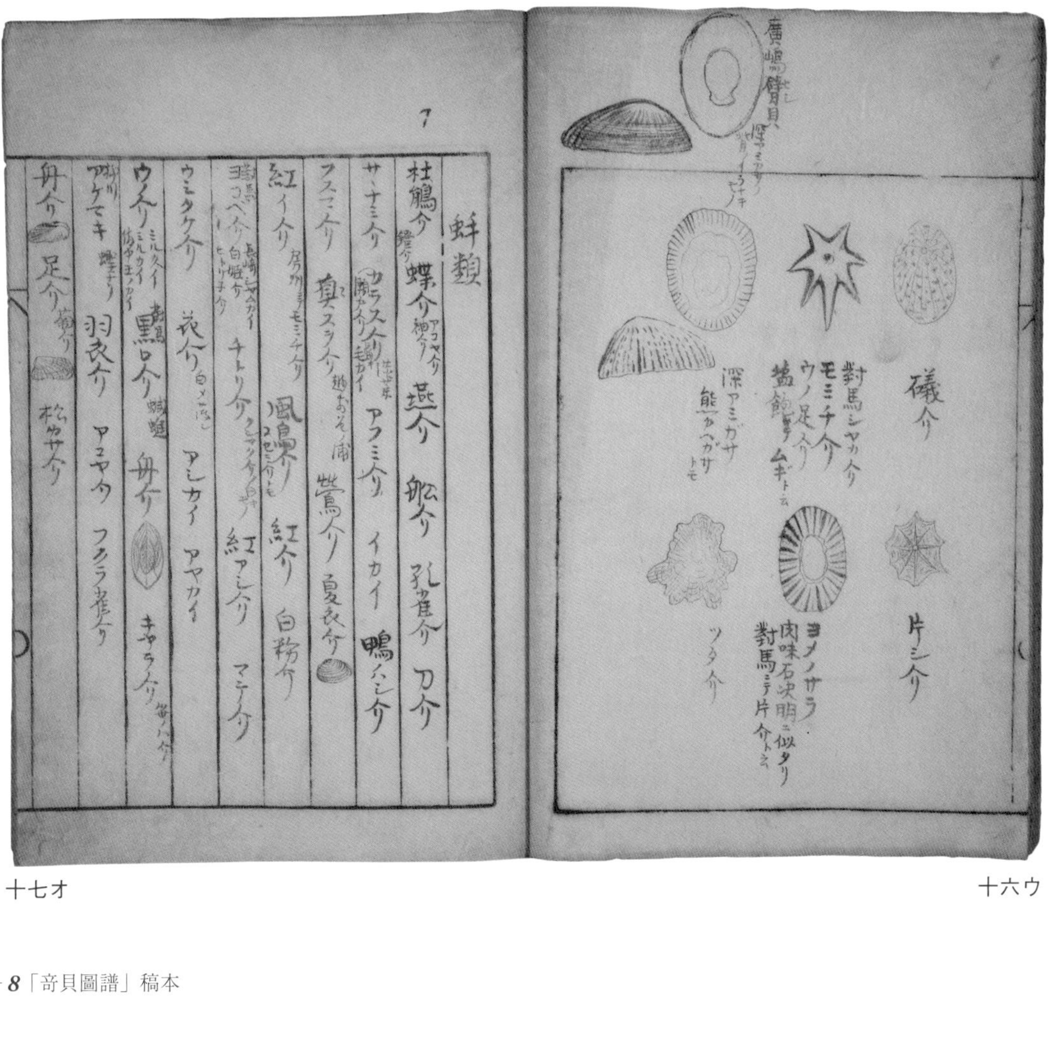

十七オ　　十六ウ

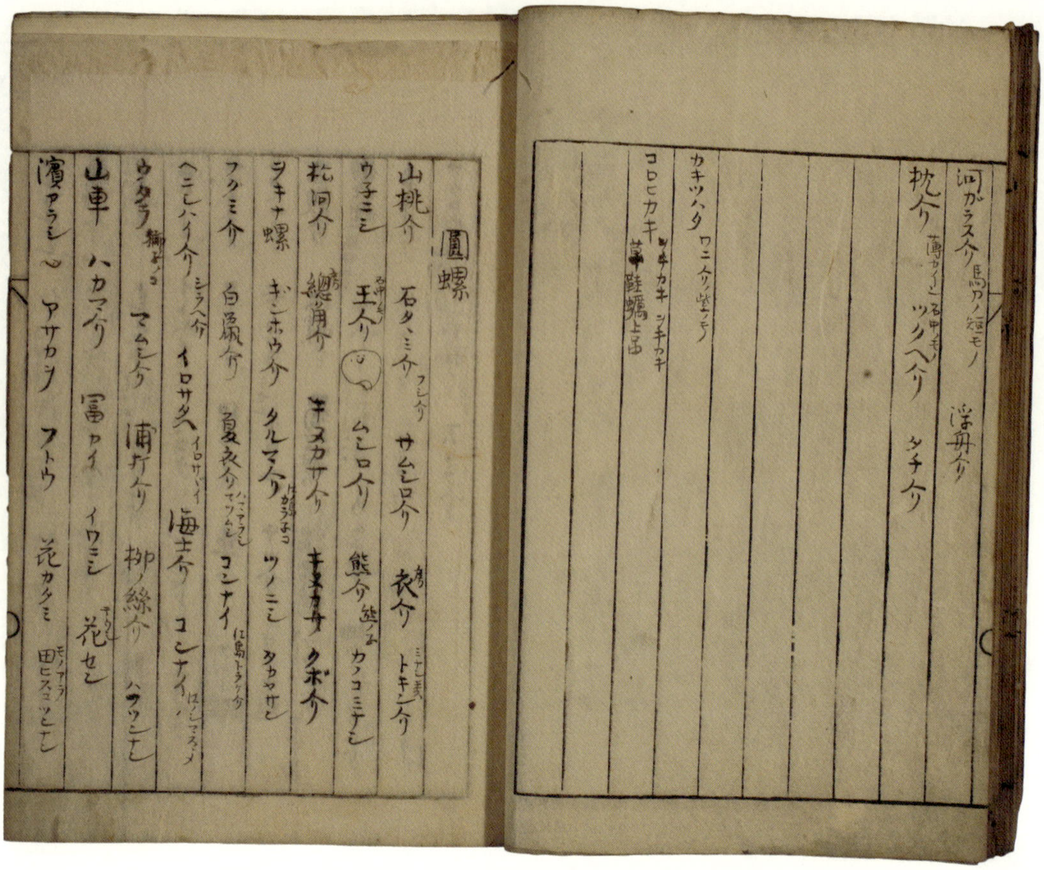
河ガラス介 馬刀ノ短キモノ 浮舟介
枕介 ツクヘ介 タチ介
カキツハタ ワニ介ノ紫ナルモノ
コロヒカキ ツキカキ シキカキ

圓螺
山桃介 石タヽミ介 フシ介 サムシロ介 衣介 トキン介
ウ子ニシ 玉介 ムシロ介 熊介 カノコミナシ
杭同介 總角介 キヌカサ介 クボ介
ヲキナ螺 ギンホウ介 クルマ介 ツノニシ
フクミ介 白氷介 夏衣介 コシナイ
ヘニシハイ介 シラス介 イロサタヘ 海士介 コシナイ
ウタラ マムシ介 浦介 柳ノ絲介 ハツウシナシ
山車 ハカマ介 冨カイ イワニシ 花セシ
濱アラシ アサカシ フトウ 花カタミ

十八オ

十七ウ

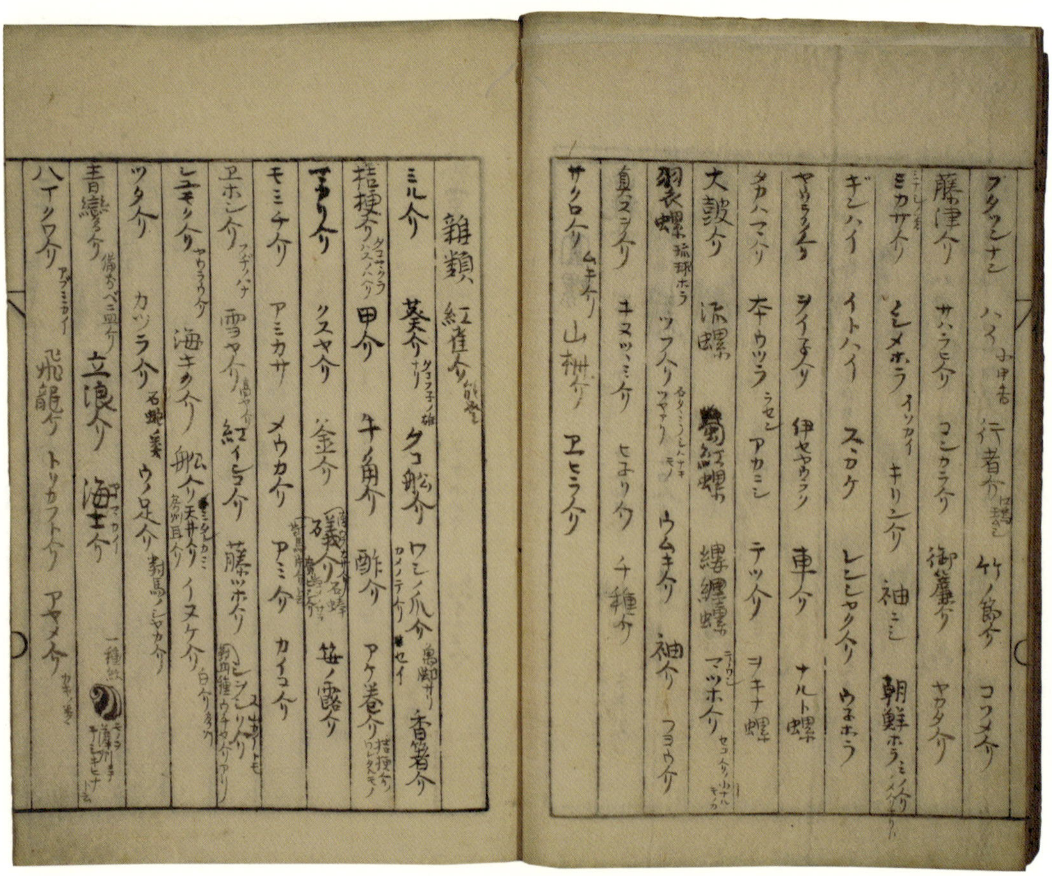
フタツシナシ 行者介 竹ノ節介 コフメ介
藤津介 サハラヒ介 コシカラ介 御簾介 ヤカタ介
ミカサ介 ヒメホラ イツカイ キリシ介 袖ニシ 朝鮮ホラ
ギシハイ イトハイ スカケ レシヤク介 ウネホウ
ヤウラク介 ヲイ子介 伊セヤウラク 車介 ナルト螺
タカハマ介 本ウツラ アカニシ テツ介 ヲキナ螺
大皷介 流螺 蜀紅螺 マツホ介
羽衣螺 琉球ホラ ツフ介 ウムキ介 袖介 フヨウ介
真スミ介 キヌツヽミ介 ヒヨリ介 千種介
サクロ介 ムキ介 山椒介 エヒラ介

雑類 紅雀介
ミル介 葵介 タコ船介 ワシノ爪介 香箸介
桔梗介 甲介 牛ノ角介 酢介 アケ巻介
マリ介 クスヤ介 釜介 蟻介 笹ノ露介
モミチ介 アミカサ メウカ介 アミ介 カイコ介
ヱホシ介 雪ヤ介 紅イシコ介 藤ツボ介
レモリ介 海キク介 船介 天井介 イヌケ介
ツタ介 カツラ介 ウノ足介
青繪介 立浪介 海士介
ハイクワ介 飛龍介 トリカフト介 アヤメ介

十九オ

十八ウ

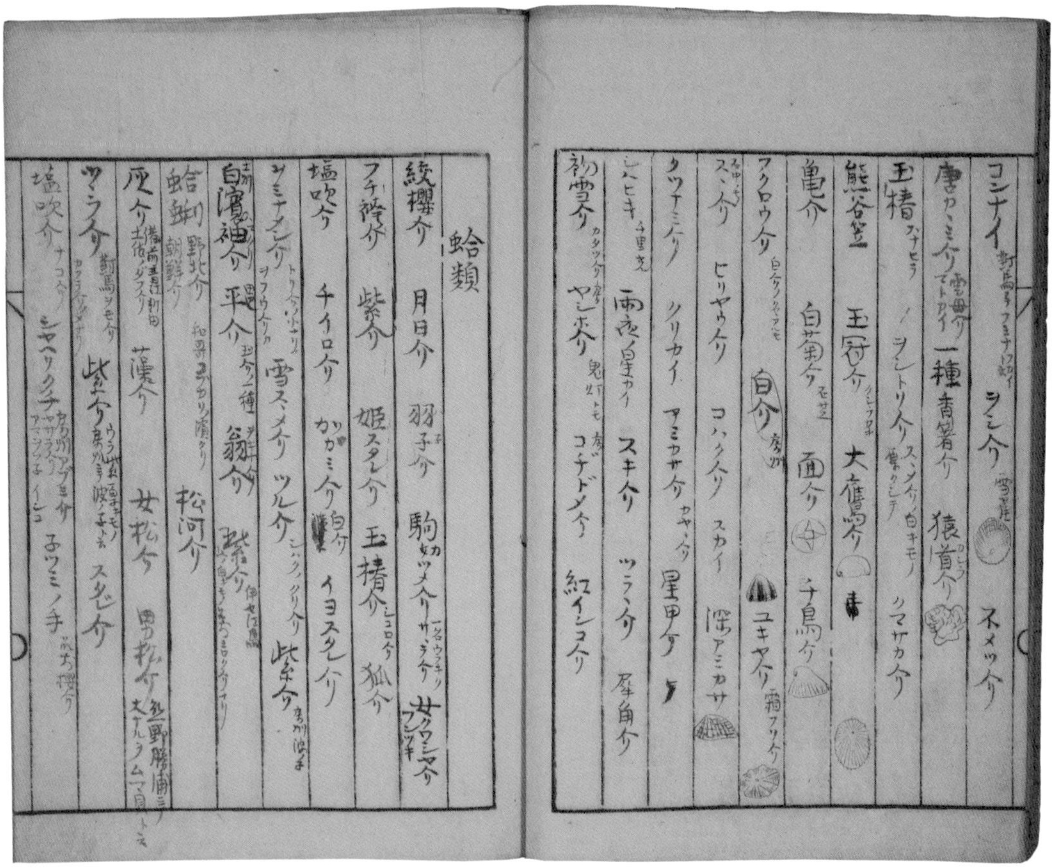

二十オ　　十九ウ

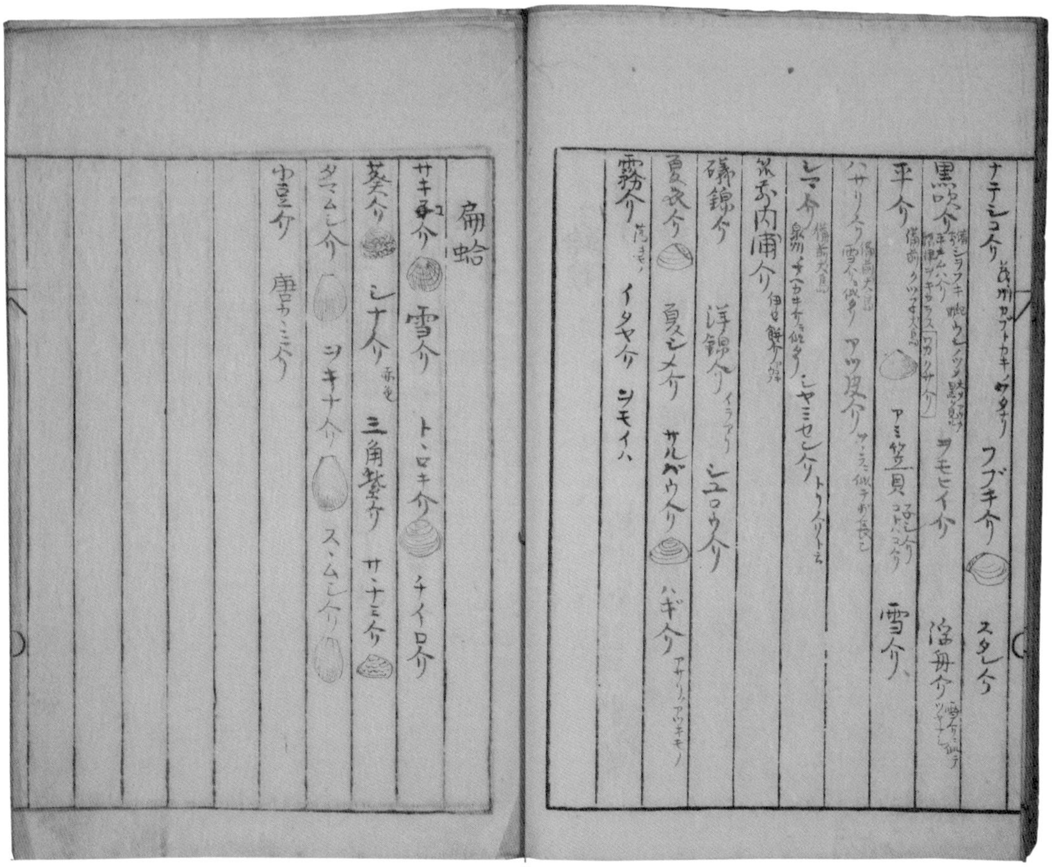

二十一オ　　二十ウ

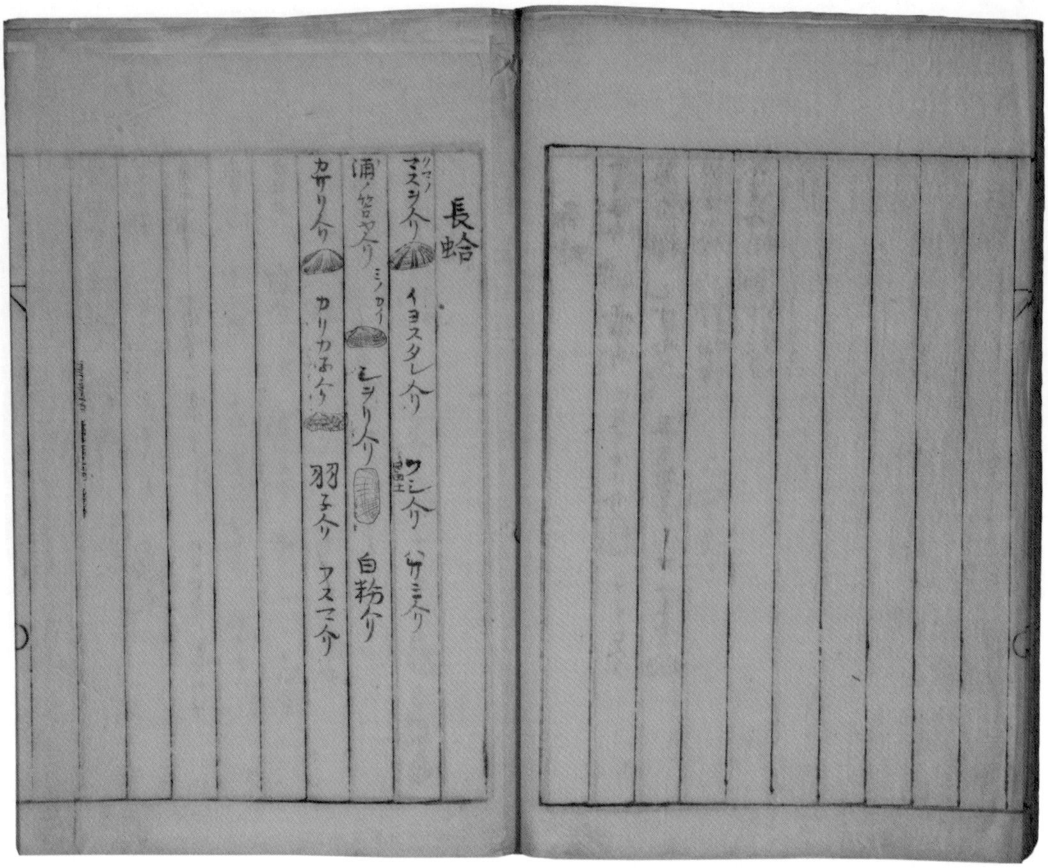

二十二オ　　二十一ウ

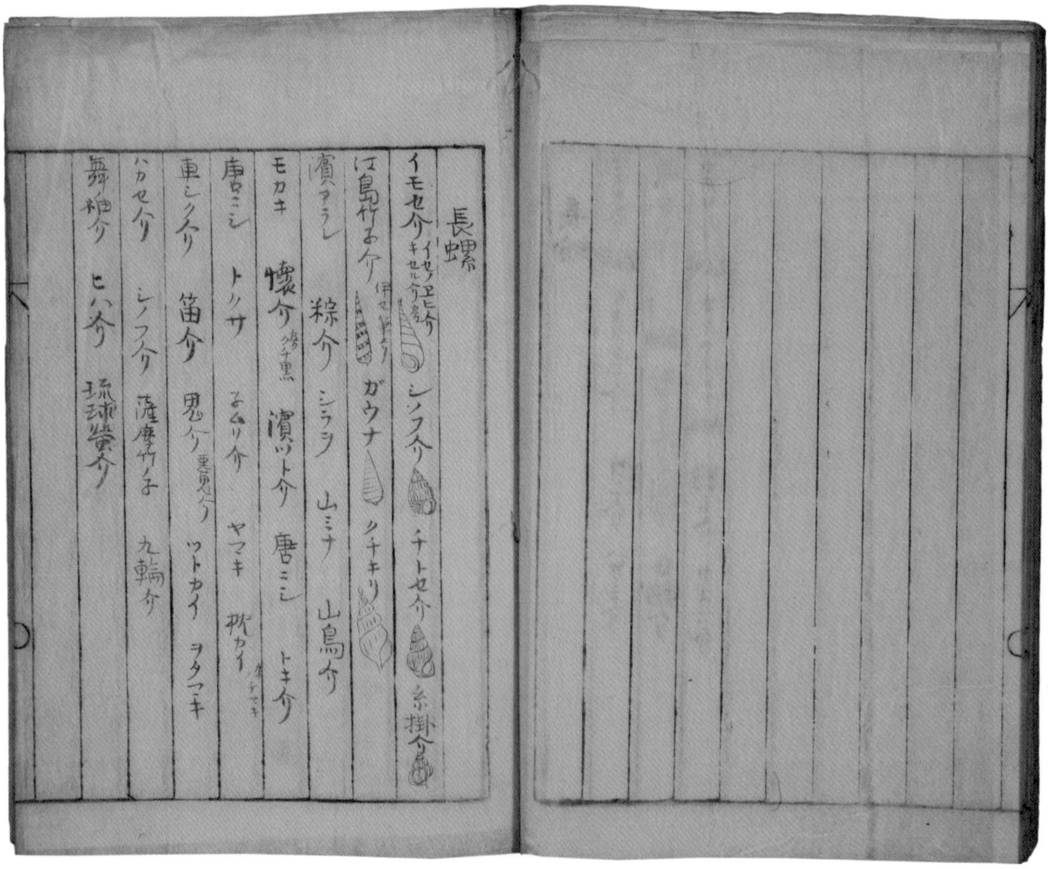

二十三オ　　二十二ウ

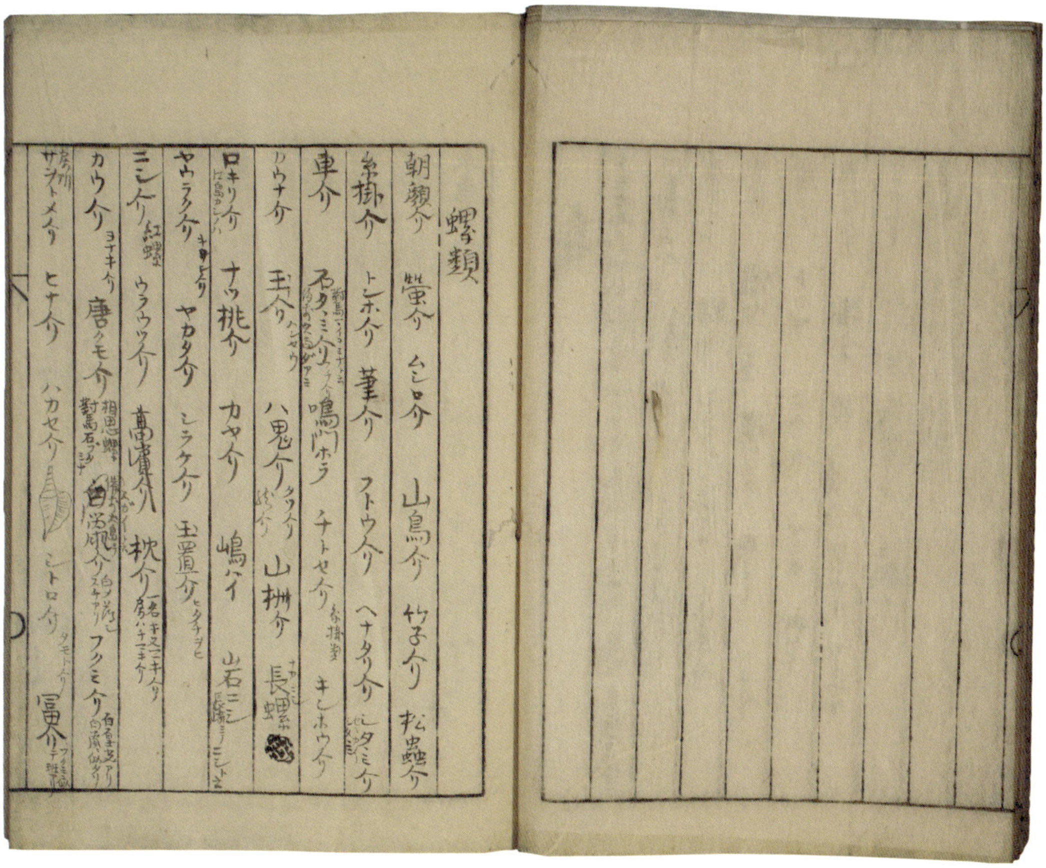

二十四オ　　二十三ウ

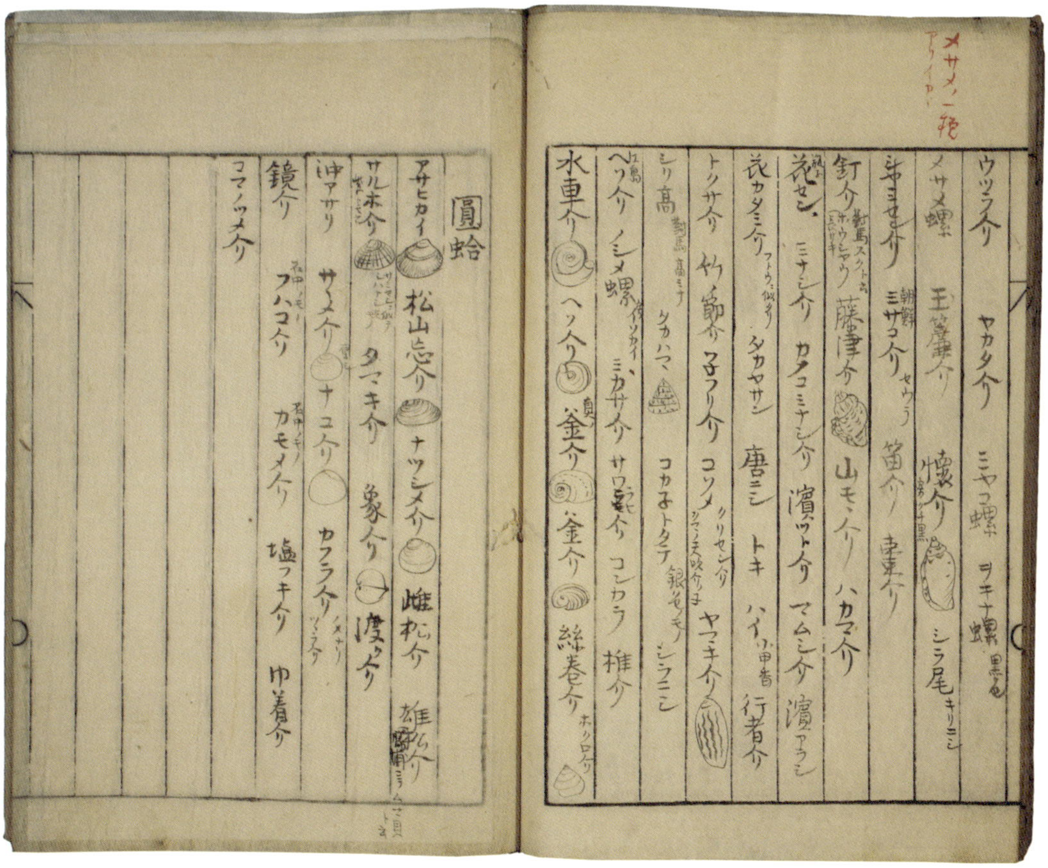

二十五オ　　二十四ウ

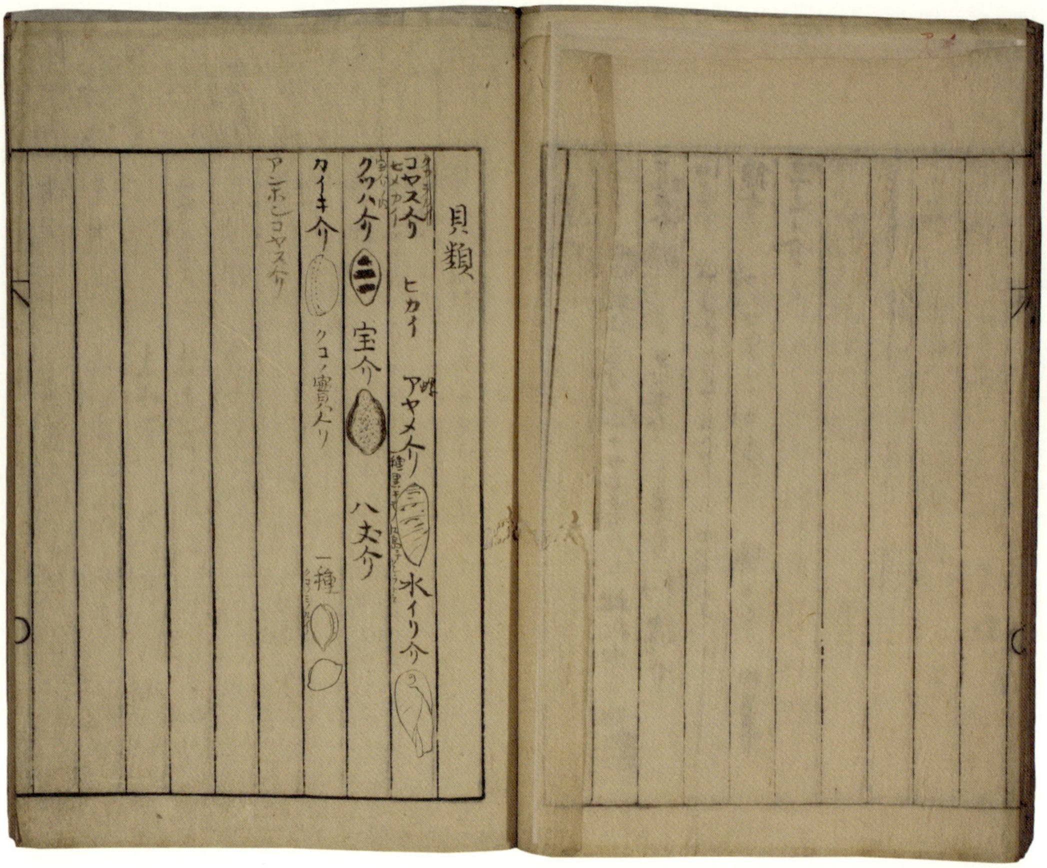

二十六オ

二十五ウ

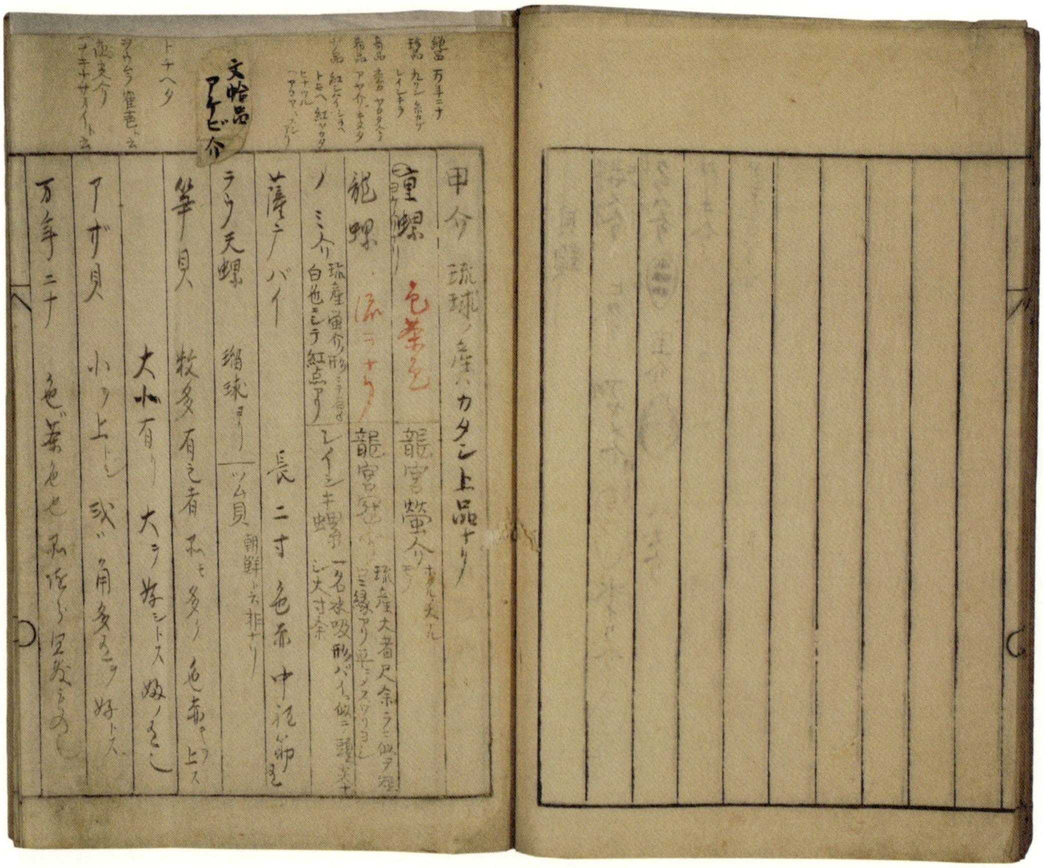

二十七オ

（貼り込みあり）

二十六ウ

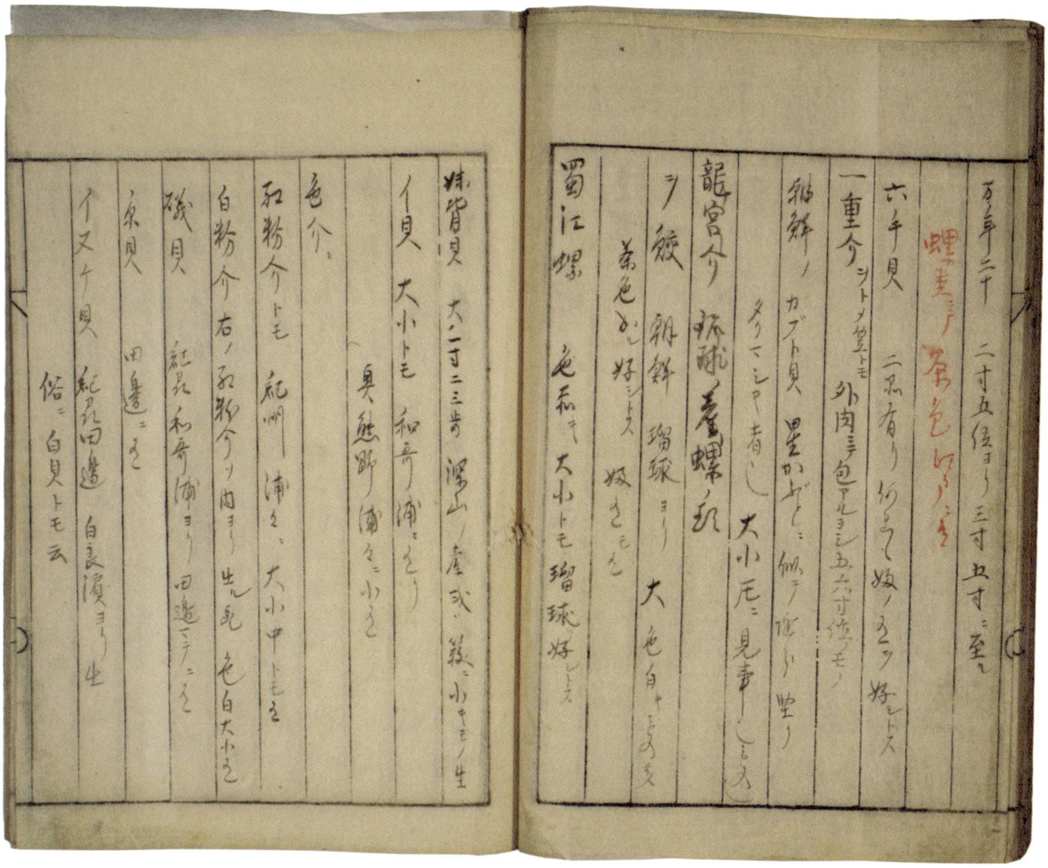

二十八オ　　二十七ウ

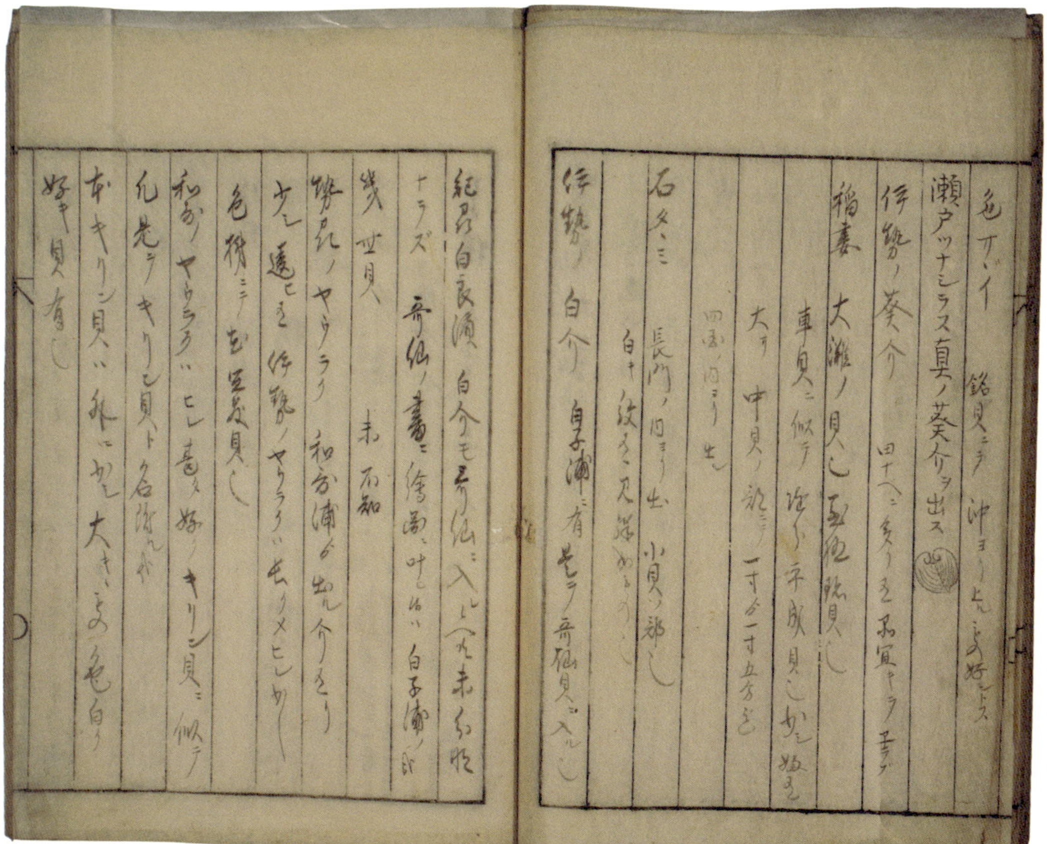

二十九オ　　二十八ウ

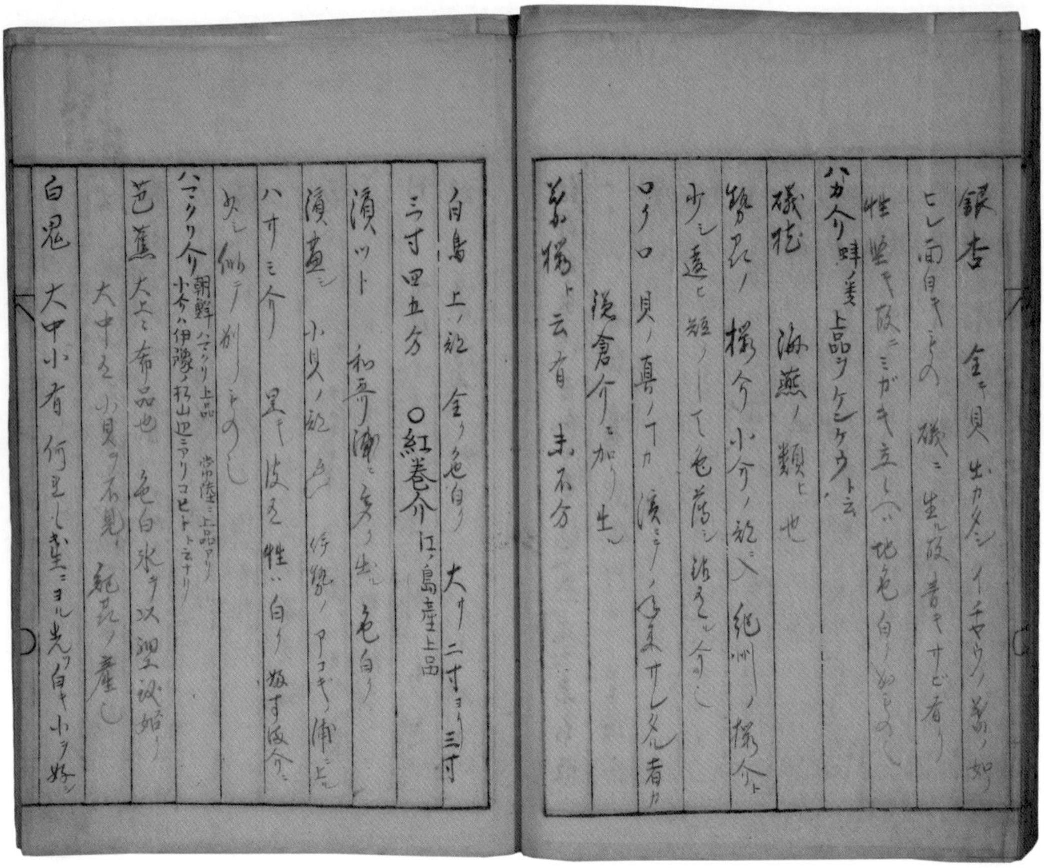

三十オ　　二十九ウ

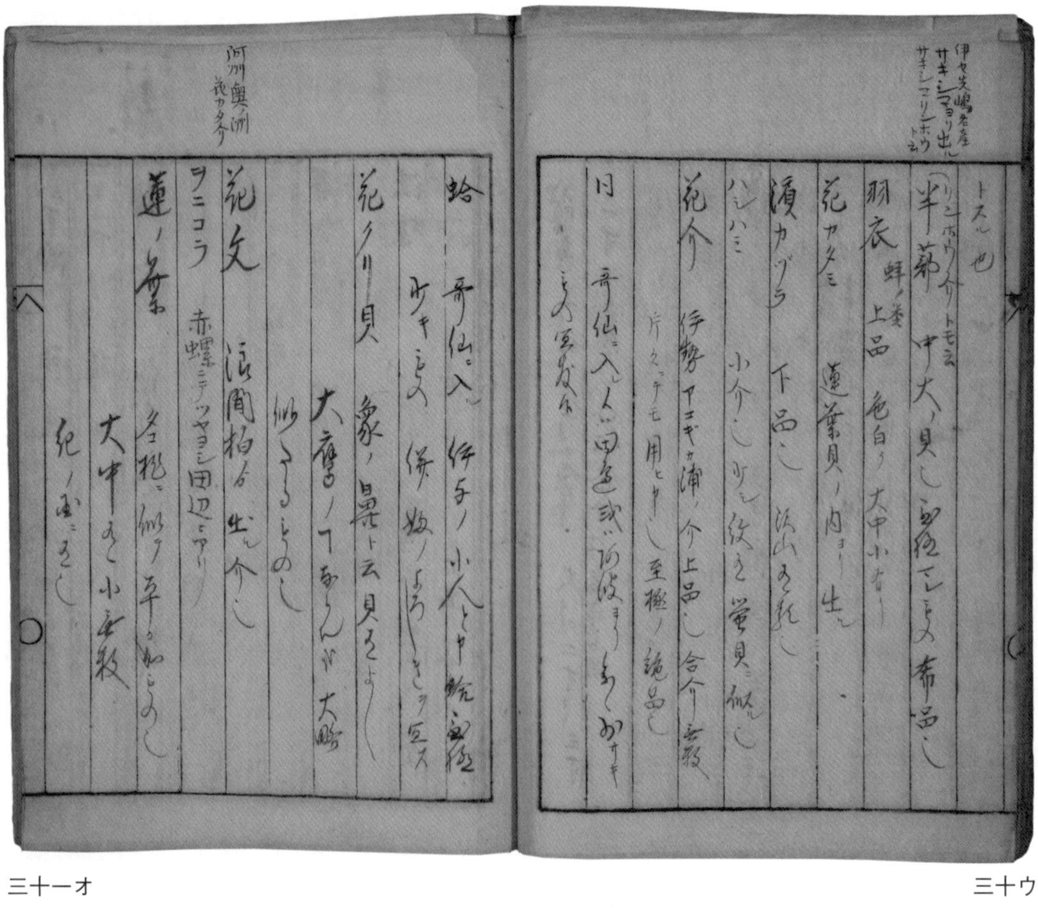

三十一オ　　三十ウ

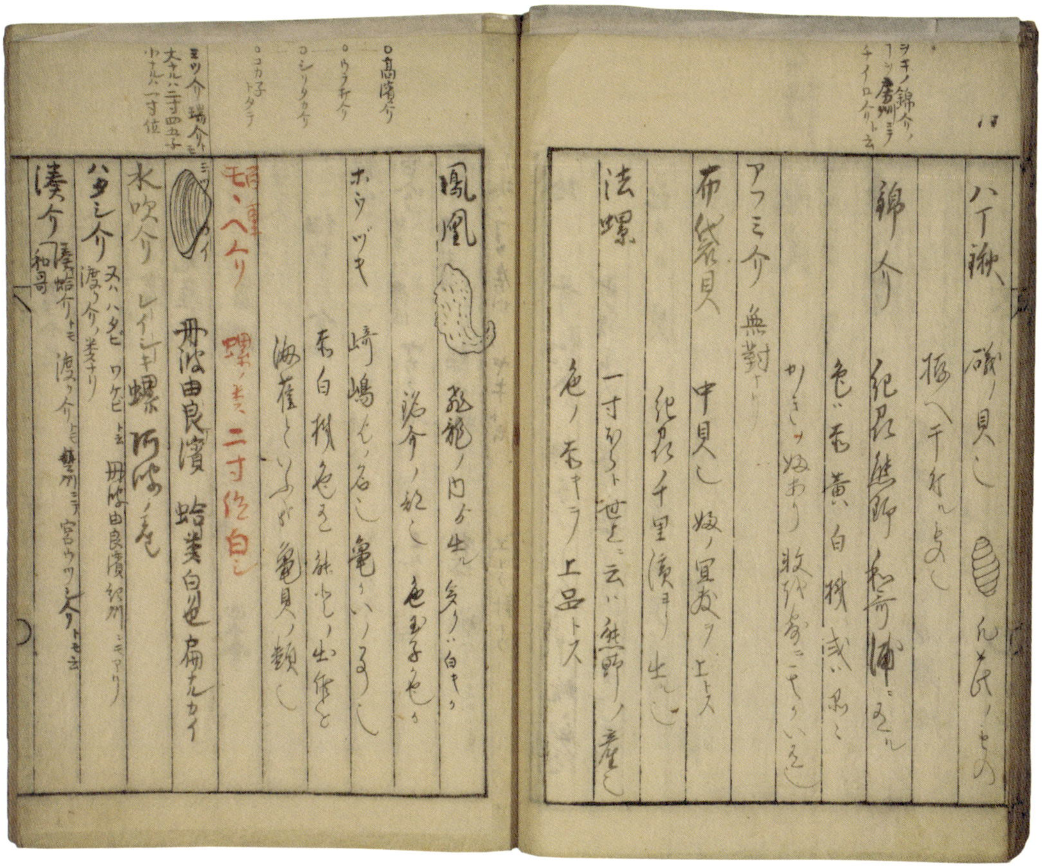

三十二オ　三十一ウ

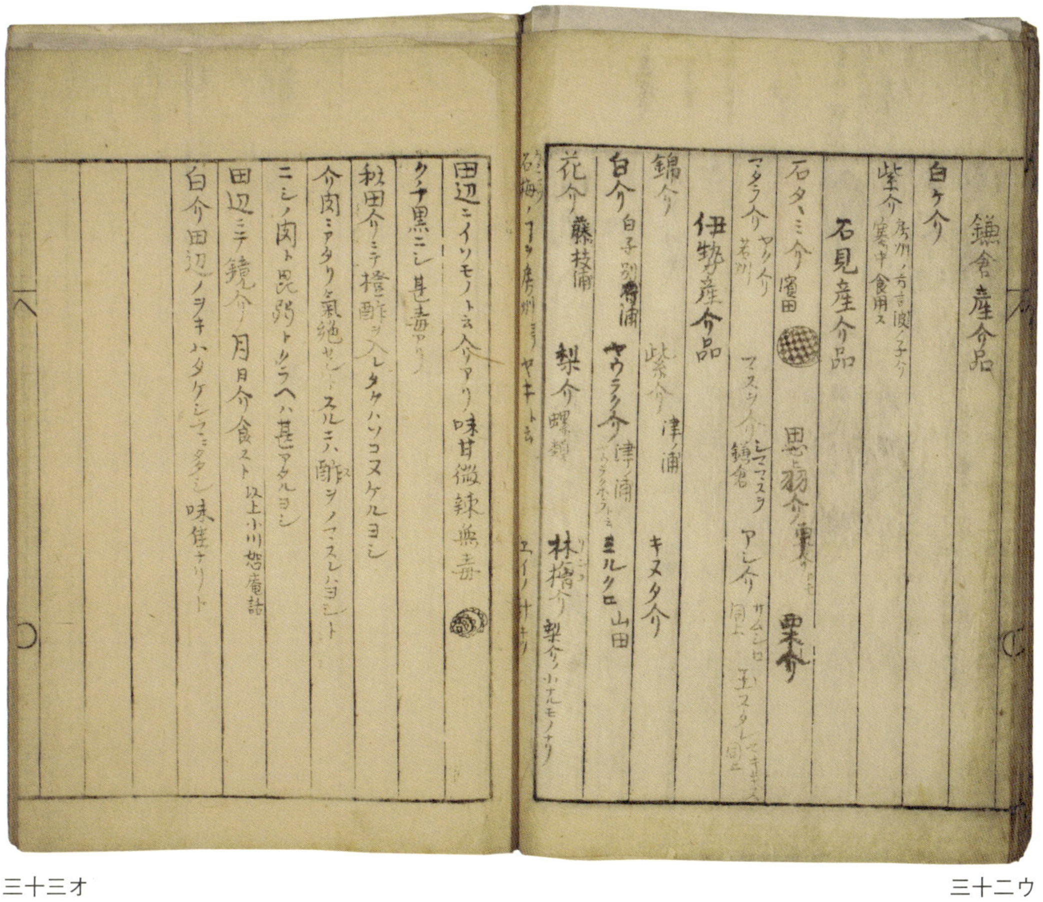

三十三オ　三十二ウ

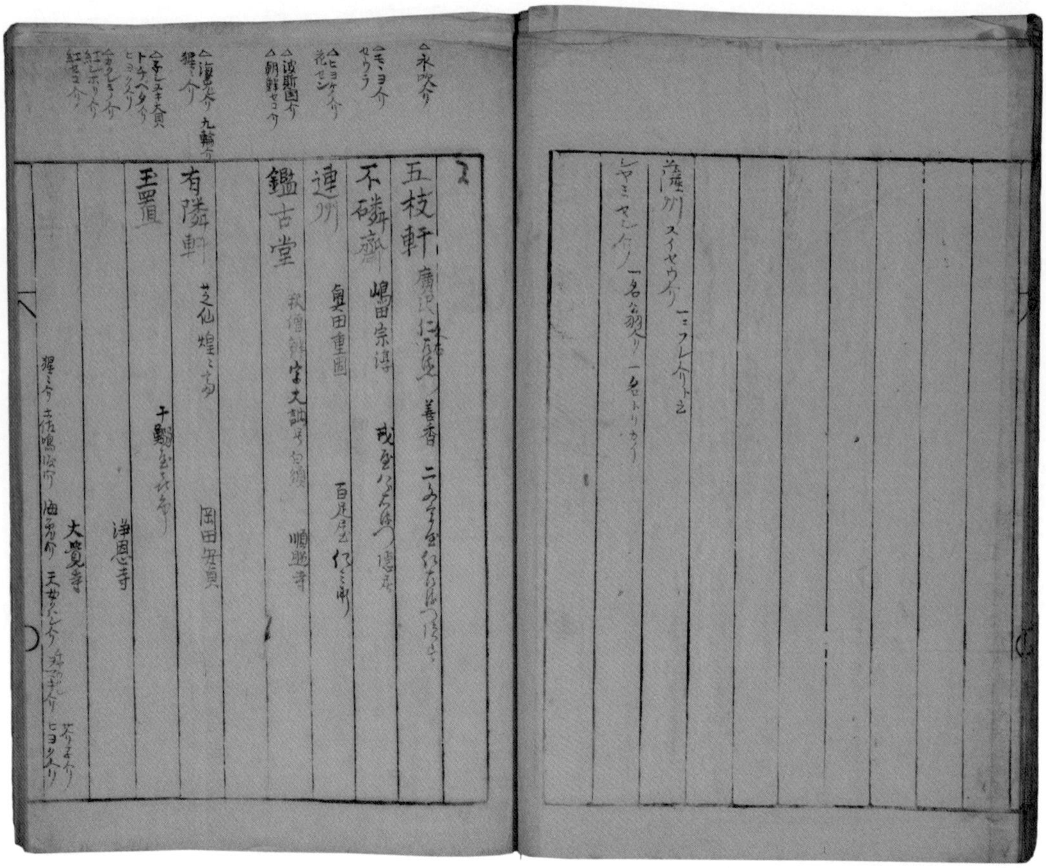

三十四オ　　三十三ウ

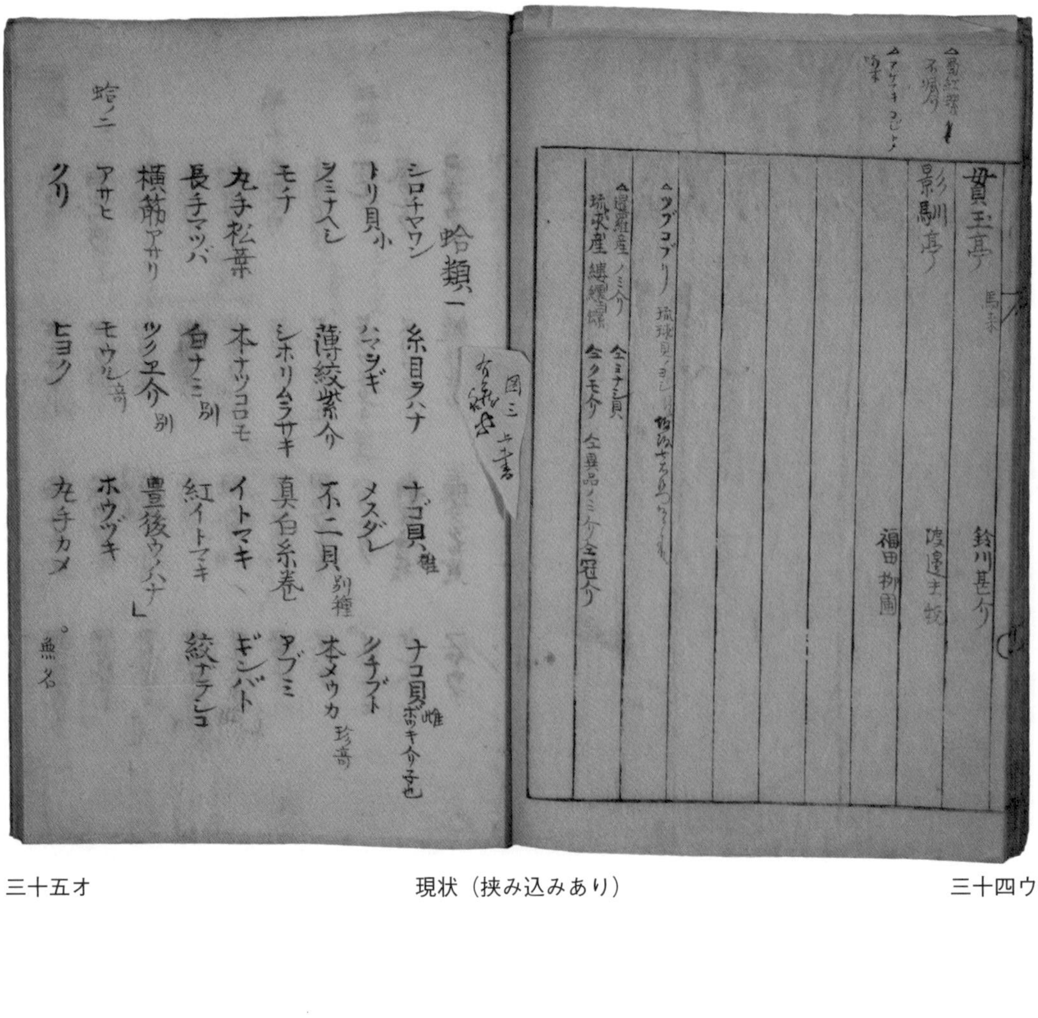

三十五オ　　現状（挟み込みあり）　　三十四ウ

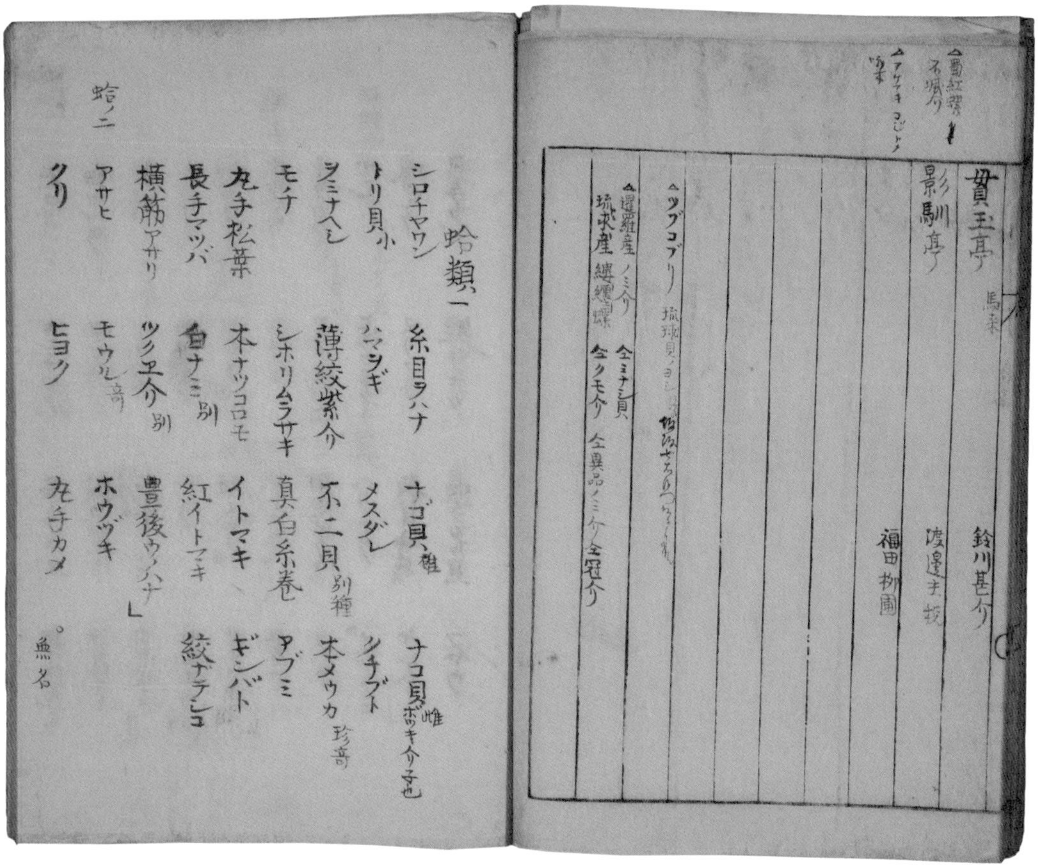

三十五オ　(挟み込みをはずした状態)　三十四ウ

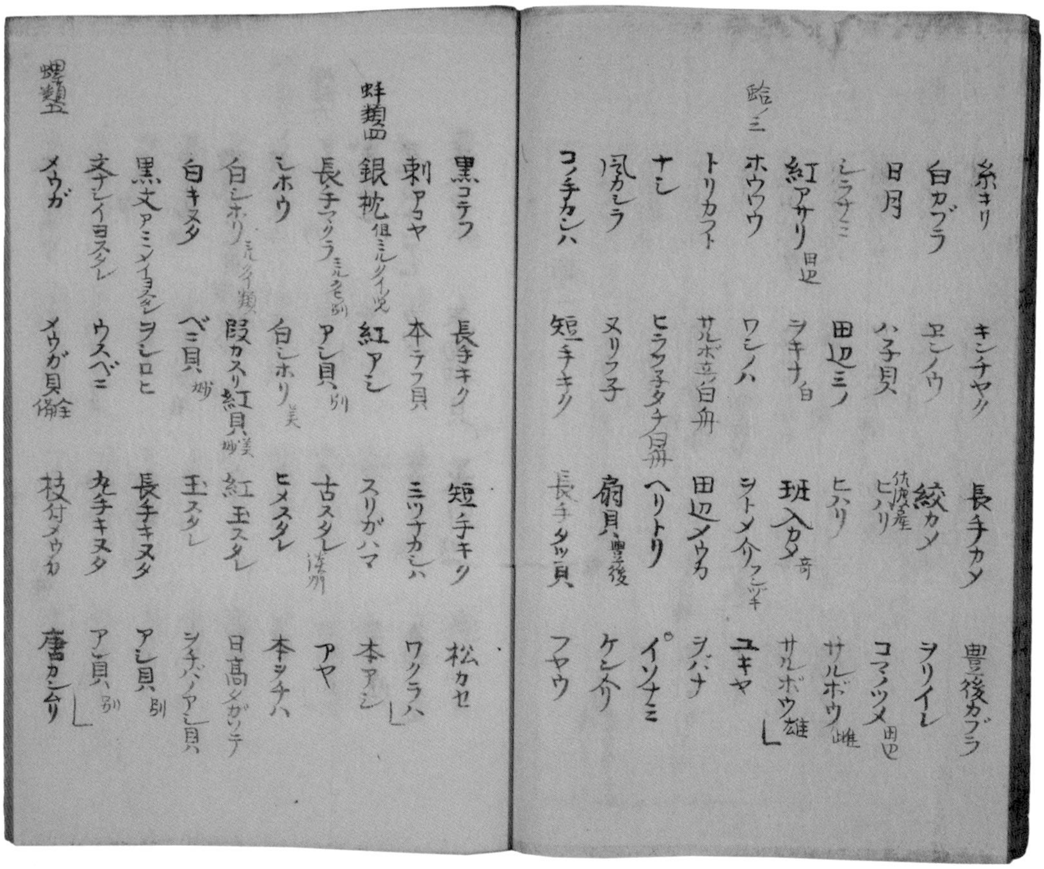

三十六オ　三十五ウ

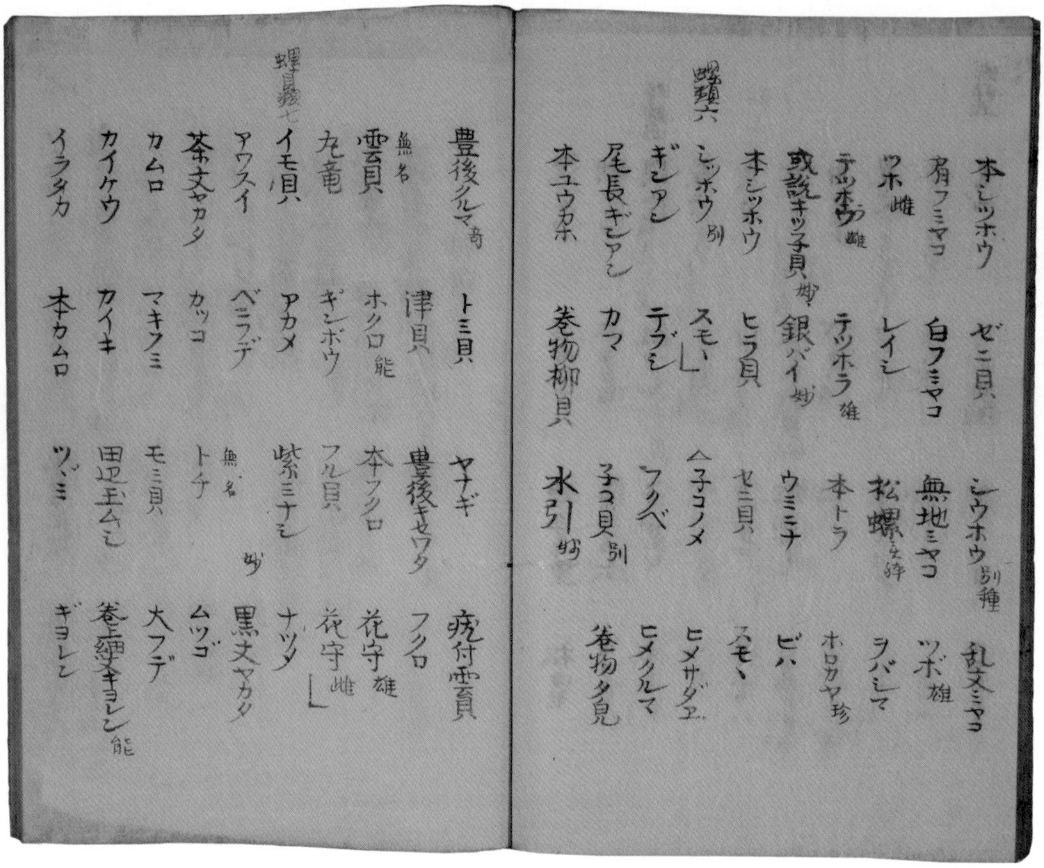
本シツホウ　ゼニ貝　シウホウ別種　乱文ミヤコ
有フミヤコ　白フミヤコ　無地ミヤコ　ツボ雄
ツボ雌　レイシ　松螺　ヲバシマ
テツホウ雌　テツホラ雄　本トラ　ホロカヤ珍
或説キツ子貝妙　銀バイ妙　ウミニナ　ビハ
本シツホウ　ヒラ貝　ゼニ貝　スモヽ
螺類六
シツホウ別　スモヽ　△子コノメ　ヒメサザヱ
ギシアシ　テブシ　フクベ　ヒメクルマ
尾長ギシアシ　カマ　子コ貝別　巻物夕見
本ユウカホ　巻物柳貝　水引妙

螺貝類七
豊後クルマ奇　ト三貝　ヤナギ　疣付雲貝
無名　津貝　豊後キセワタ　フクロ
雲貝　ホクロ能　本フクロ　花守雄
九竜　ギンボウ　フル貝　花守雌
イモ貝　アカメ　紫ミナシ　ナツメ
アウスイ　ベニフデ　無名 妙　黒文ヤカタ
茶文ヤカタ　カツコ　トチ　ムツゴ
カムロ　マキフミ　モミ貝　大フデ
カイケウ　カイキ　田辺玉ムシ　巻上細文キヨレシ能
イラタカ　本カムロ　ツヾミ　ギヨレシ

三十七オ　三十六ウ

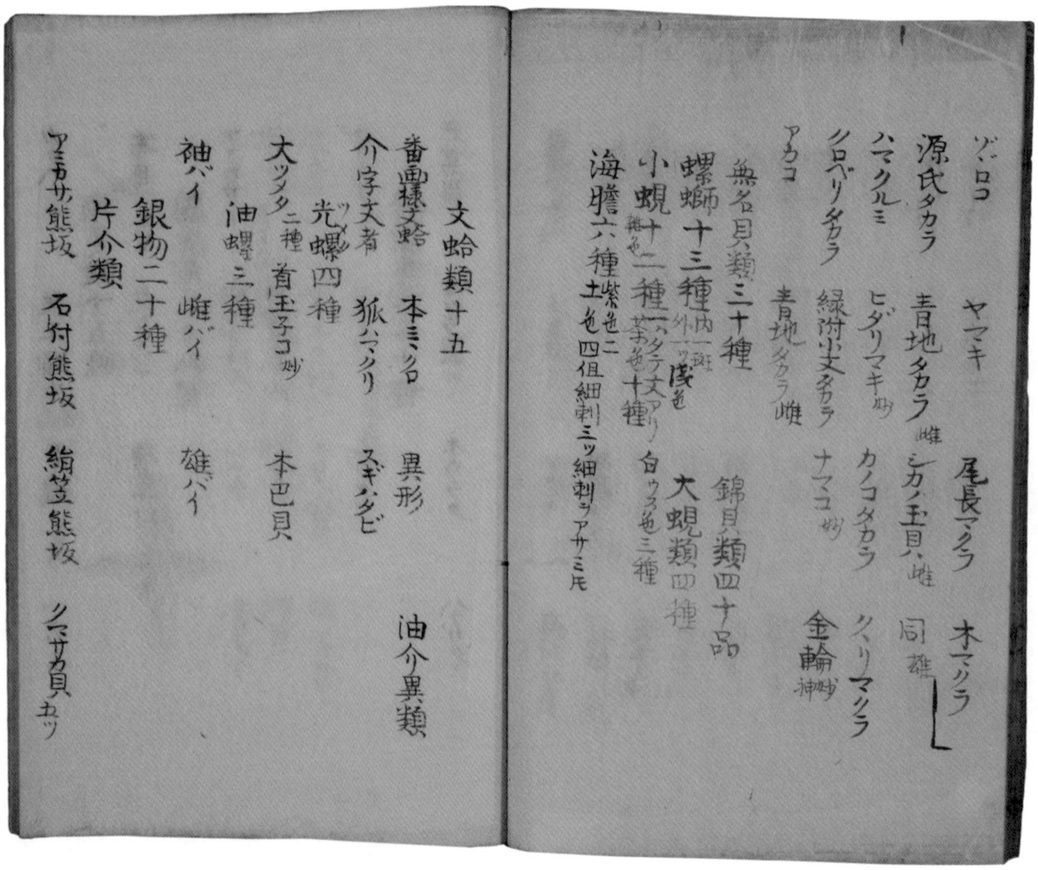
ゾヾロコ　ヤマキ　尾長マクラ　木マクラ
源氏タカラ　青地タカラ雌　シカノ玉貝雌　同雄
ハマクルミ　ヒダリマキ妙　カノコタカラ　クヽリマクラ
クロベリタカラ　緑附小文タカラ　ナマコ妙　金輪神妙
アカコ　青地タカラ雄
無名貝類三十種　錦貝類四十品
螺螄十三種内一斑外一ツ浅色　大蜆類四種
小蜆十二種一ハタテ文アリ茶色十種　白ウス色三種
海膽六種紫色二土色四但細刺三ツ細刺ヲアサミ氏

文蛤類十五
番画様文蛤　本ミヽ名　異形　油介異類
介字文者　狐ハマクリ　スギノタビ
光螺四種
大ツメタ二種　首玉子コ妙　本巴貝
油螺三種
神バイ　雌バイ　雄バイ
銀物二十種
片介類
アミカサ熊坂　石付熊坂　絹笠熊坂　クマサカ貝五ツ

三十八オ　三十七ウ

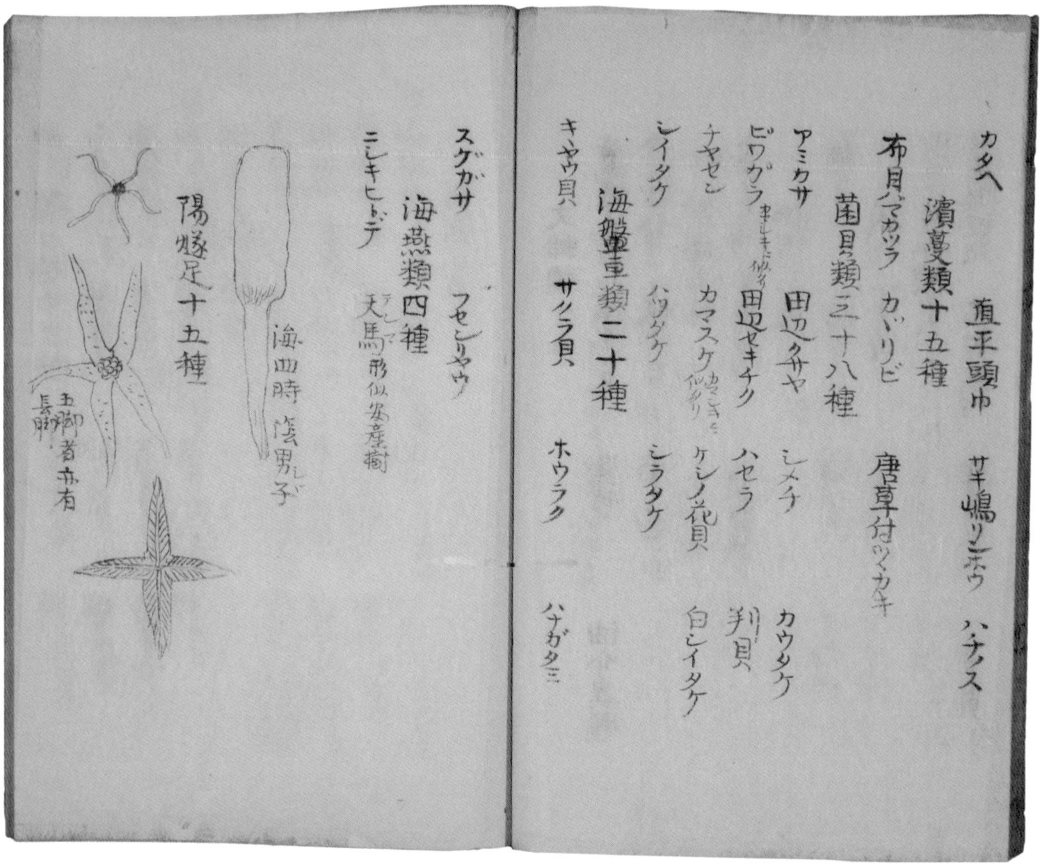

三十九オ　三十八ウ

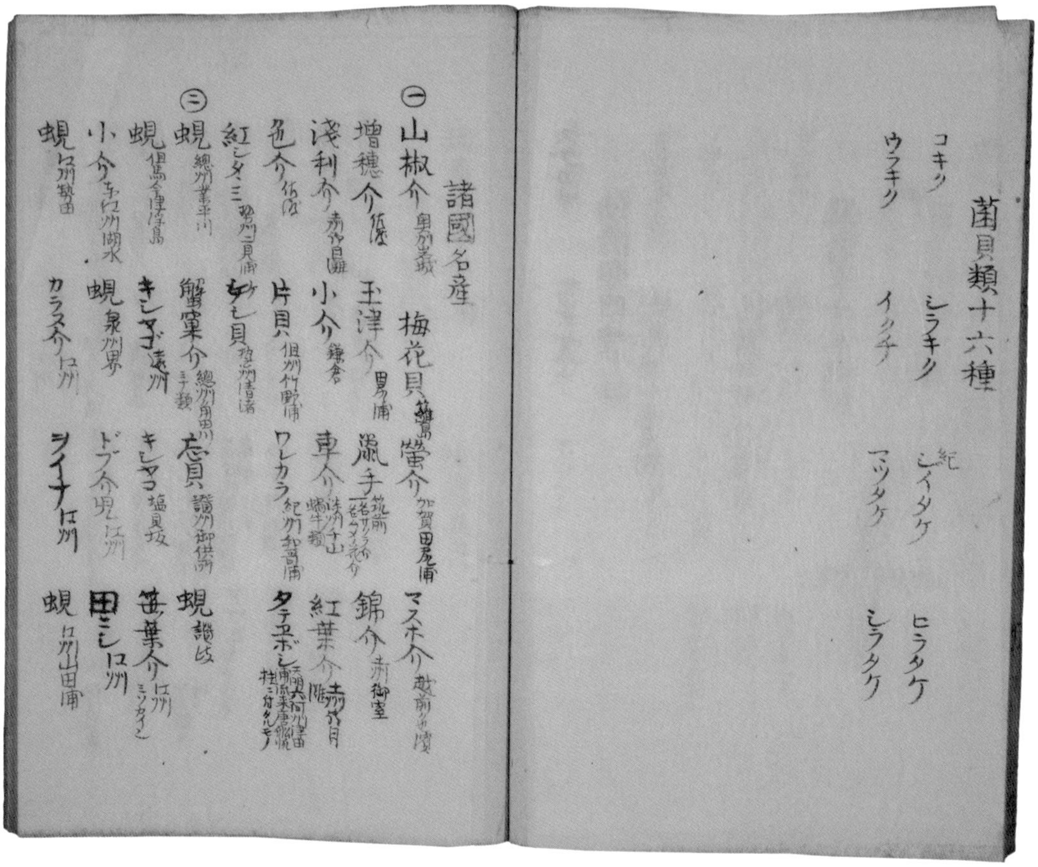

四十オ　三十九ウ

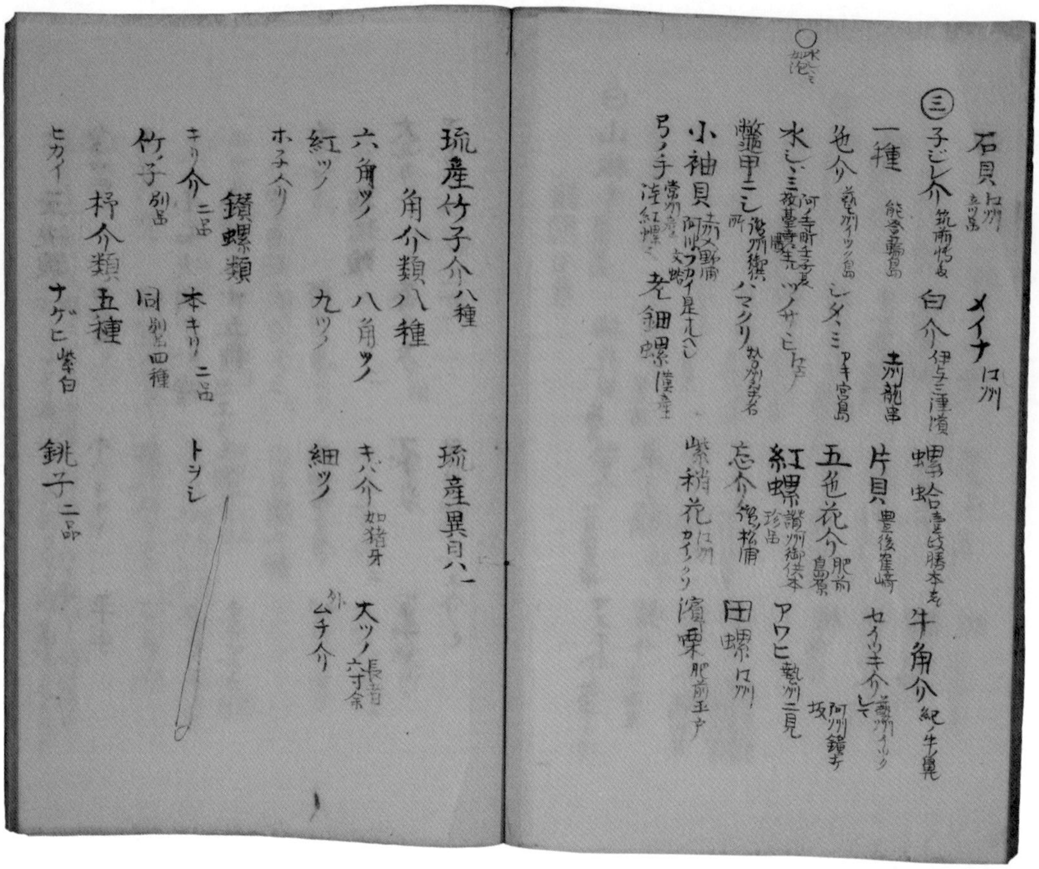

四十一オ　　四十ウ

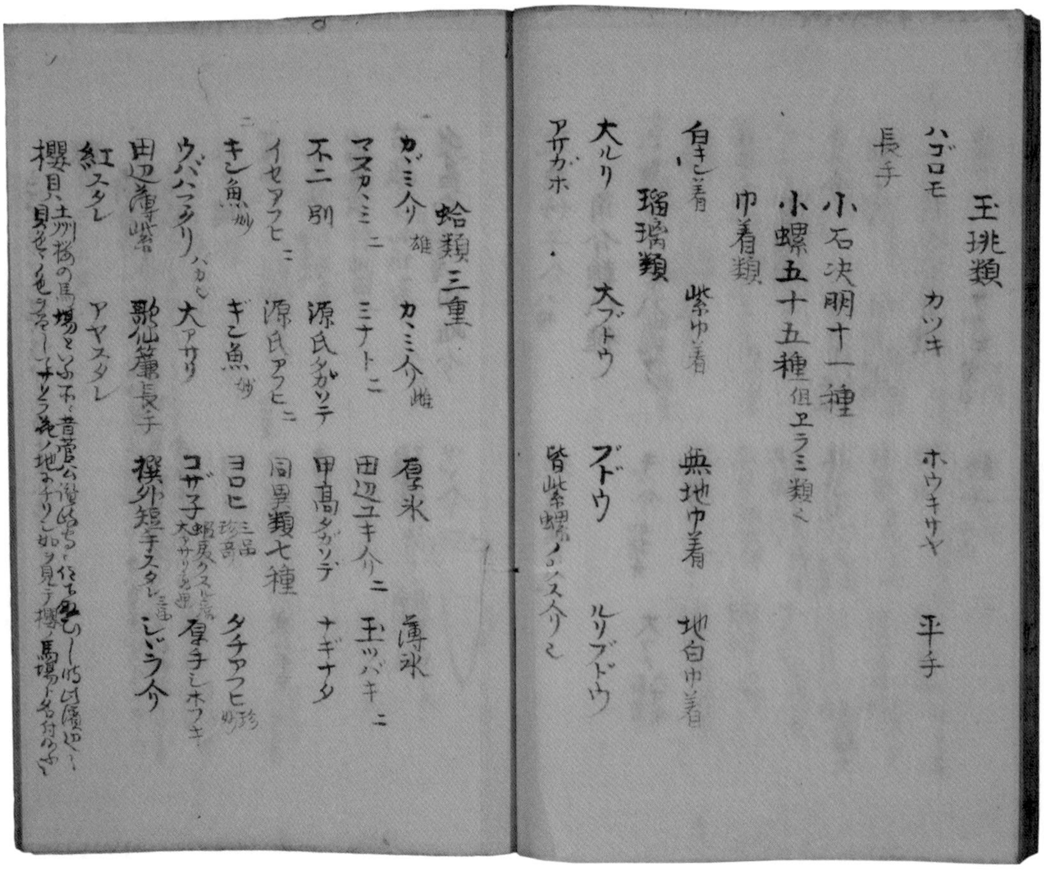

四十二オ　　四十一ウ

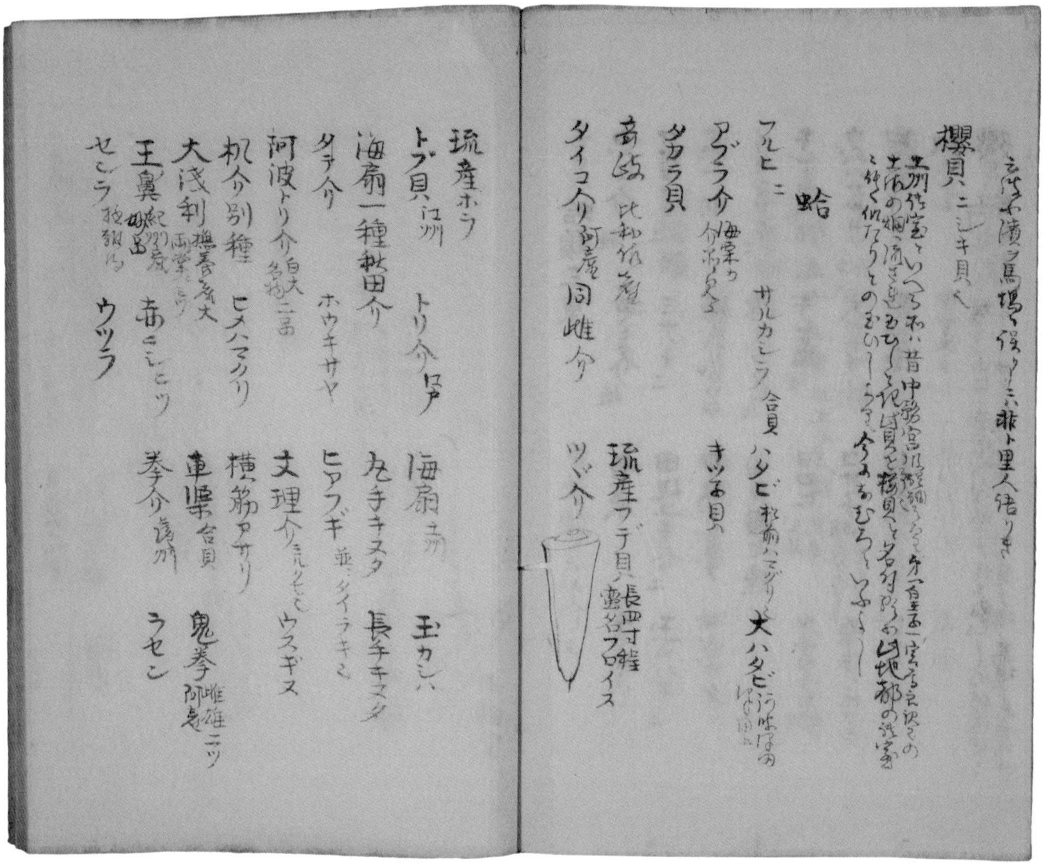

四十三オ　　四十二ウ

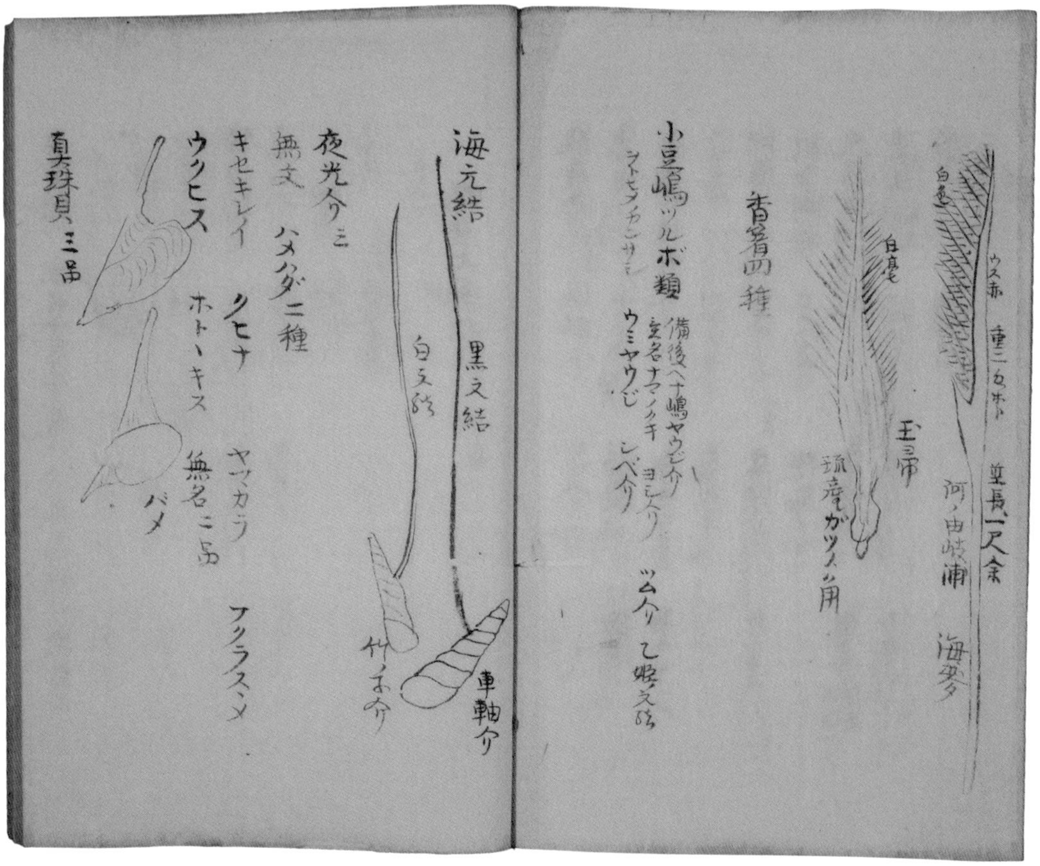

四十四オ　　四十三ウ

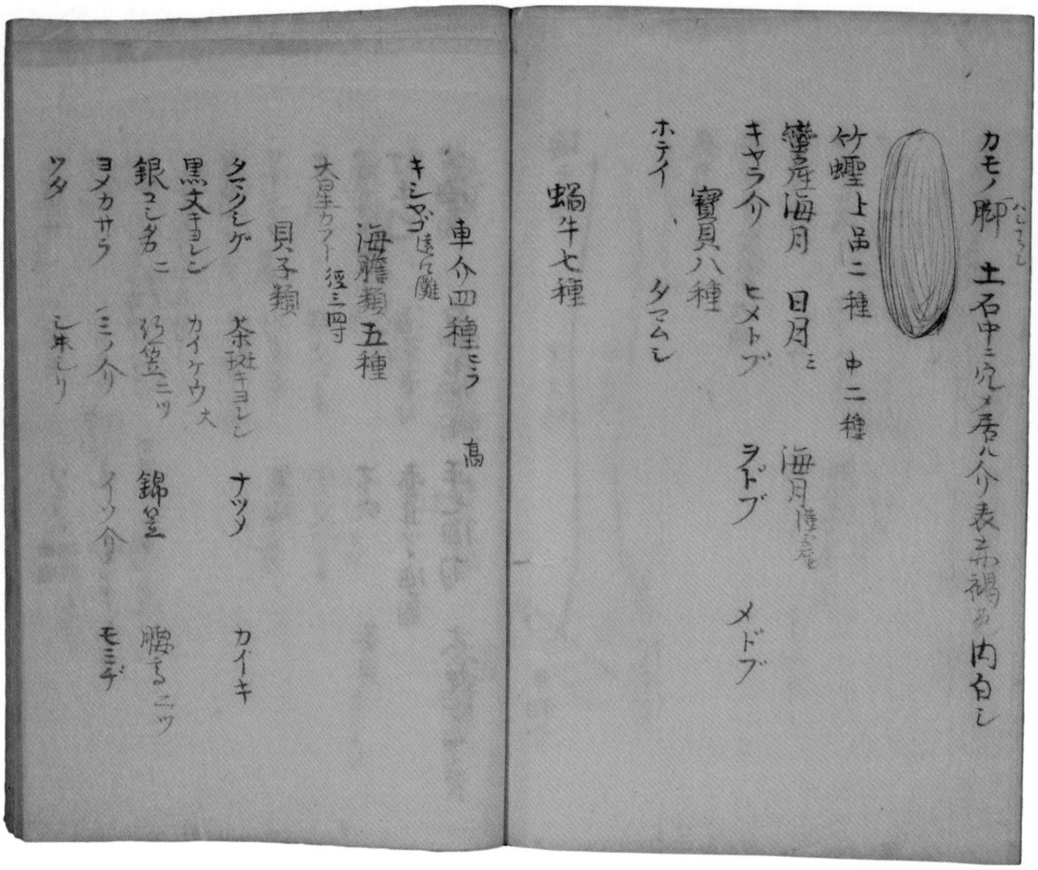

カモノ脚 土石中ニ穴メ居ル介表赤褐ニ肉白シ
竹蟶上品二種 中二種
鸞産海月 日月三 海月陸産
キサラ介 ヒメトブ ヲドブ メドブ
寶貝八種
ホテイ タマムシ
蝸牛七種

車介四種 ヒラ 高
キシヤゴ遠く離
海膽類五種
大星ウアー 徑三四寸
貝子類
タマクシゲ 茶斑チヨレン ナツメ カイキ
黒文チヨレン カイケウ大
銀コシ高二 紫笠二ツ 錦笠 腰高二ツ
ヨメカサラ ミノ介 イソ介 モミヂ
ツタ シボリ

四十五オ 四十四ウ

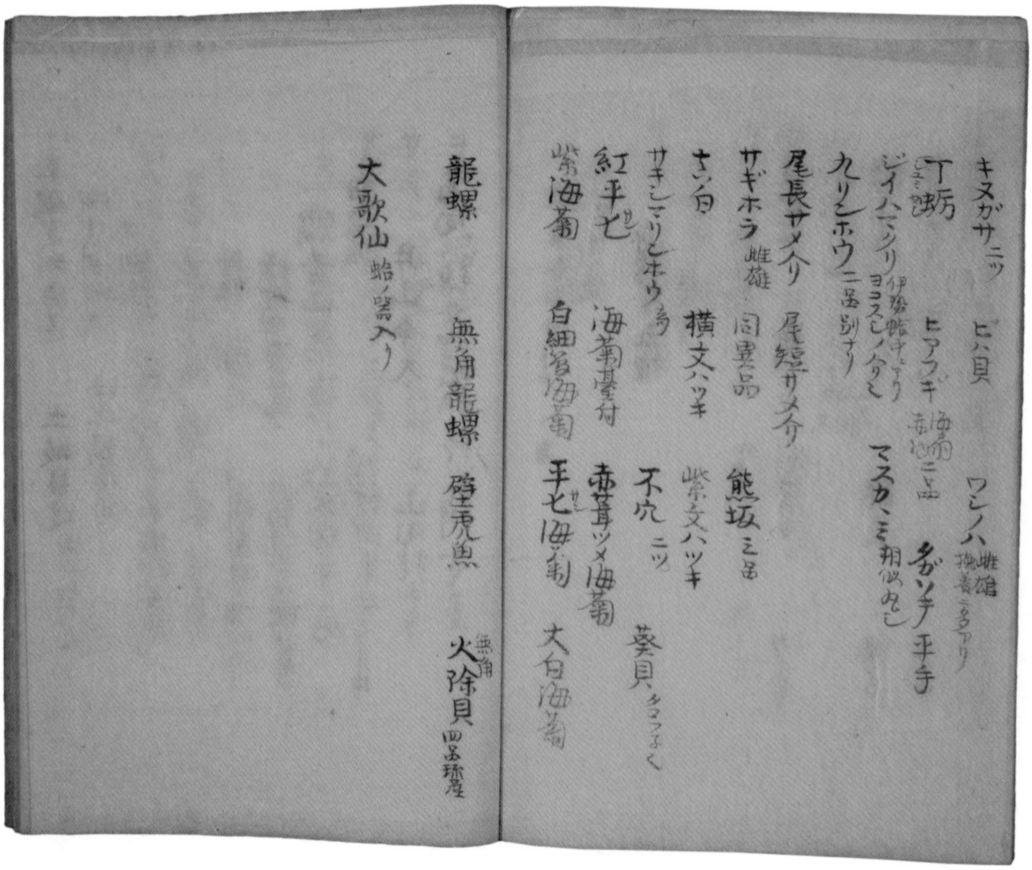

キヌガサ二ツ ヒハ貝 ワシノハ雌雄 機著ニ多アリ
丁斑 ヒアブギ 海扇 海扇二品 ダツ手 平手
ジイハマグリ 伊勢蛤中ニアリ ヨコスジノ介ニ
九リシホウ二品別ナリ マスカヽミ 相似タリ
尾長サメ介 尾短サメ介
サギホラ雌雄 同異品 熊坂三品
さゞ白 横文ハツキ 紫文ハツキ
サキシマリシホウ多 不穴 二ツ 葵貝 タコフネ
紅手七 海菊墨付 赤草ツメ海菊
紫海菊 白細海菊 手七海菊 大白海菊

龍螺 無角龍螺 壁虎魚 無角火除貝 四品琉産
大歌仙 蛤ノ器入り

四十六オ 四十五ウ

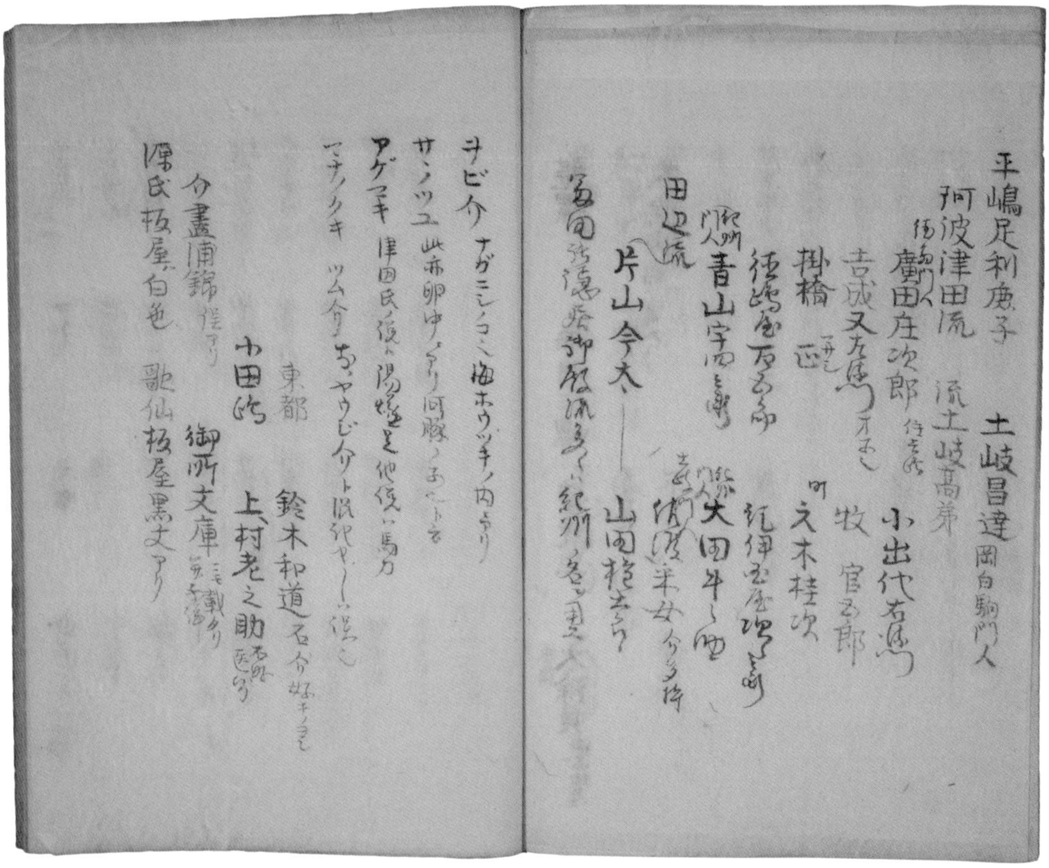

四十七オ　　四十六ウ

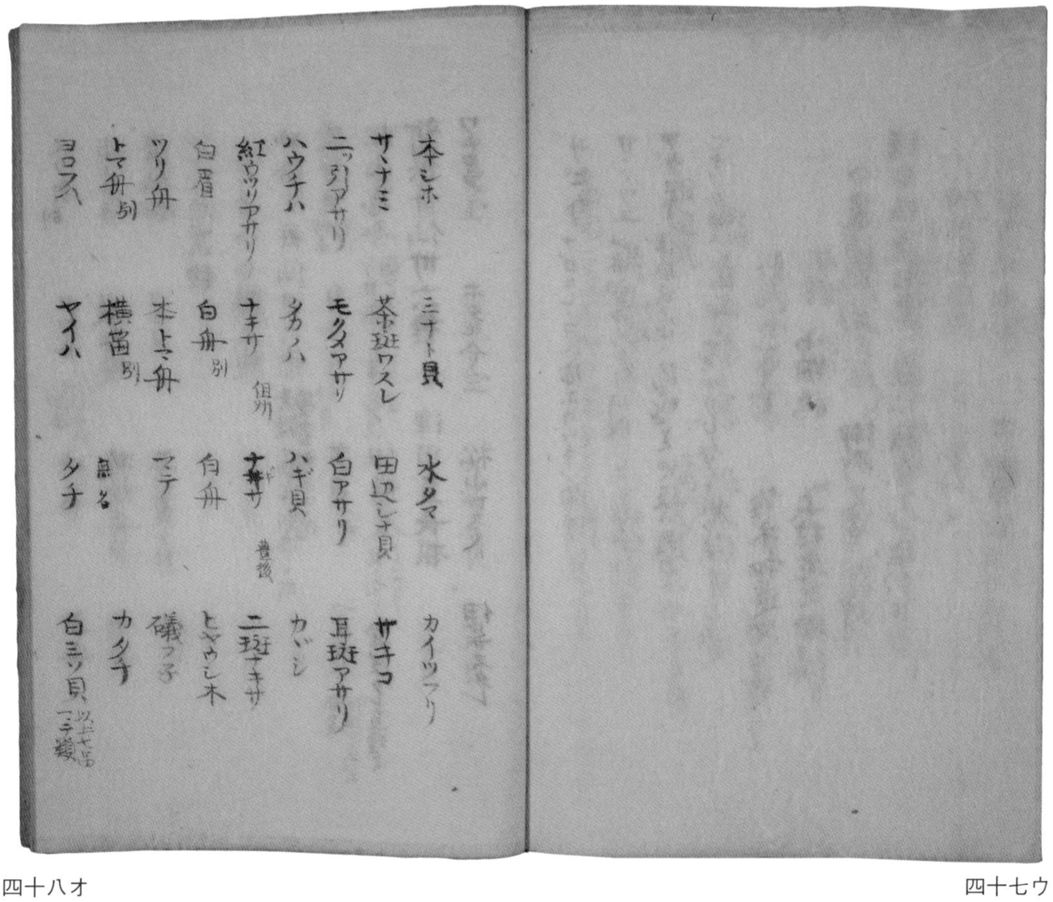

四十八オ　　四十七ウ

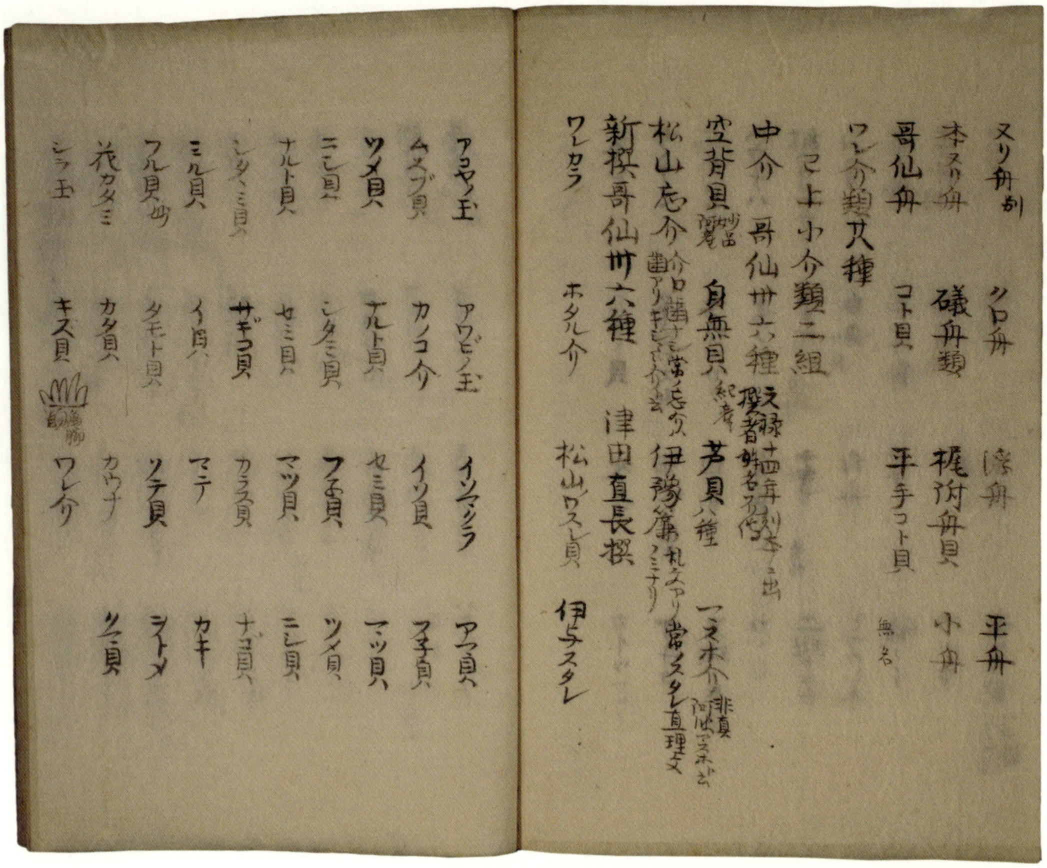
ヌリ舟 別　クロ舟　漆舟　平舟
本ヌリ舟　礒舟類　梶附舟貝　小舟
哥仙舟　コト貝　平手コト貝　無名
ワレ介類八種
已上小介類二組
中介　哥仙卅六種　元禄十四年刊本ニ出 撰者好名不傳
空背貝 妙品　自無貝 紀産　芦貝 八種　一ヌ木介ノ非真 阿州ヌ木ト云
松山忘介 介口歯アリ　伊豫簾　常ノスタレ直理文
新撰哥仙卅六種　津田直長撰
ワレカラ　ホタル介　松山ワスレ貝　伊与スタレ

四十八ウ

アコヤノ玉　アワビノ玉　イソマクラ　アマ貝
ムスブ貝　カノコ介　イソ貝　ス子貝
ツメ貝　ナルト貝　セミ貝　マツ貝
ニシ貝　シタミ貝　フネ貝　ツノ貝
ナルト貝　セミ貝　マツ貝　ニシ貝
シタヾミ貝　サザエ貝　カラス貝　ナゴ貝
ミル貝　イ貝　マテ　カキ
フル貝 妙　タモト貝　ソデ貝　シトメ
花カタミ　カタ貝　カウナ　タニ貝
シラ玉　キス貝　ワレ介

四十九オ

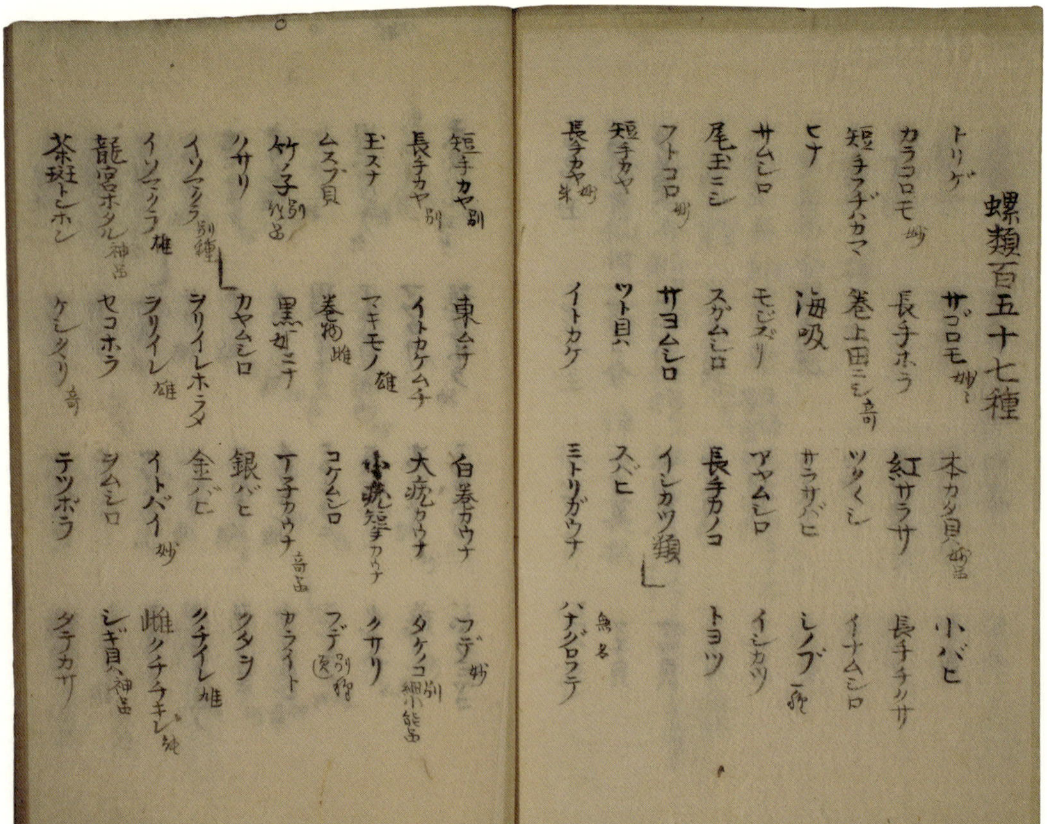
螺類百五十七種
トリゲ　サゴロモ 妙　本カタ貝 妙品　小バヒ
カラコロモ 妙　長手ホラ　紅サラサ　長手チリサ
短手フチハカマ　巻上田ニシ 奇　ツタクシ　イナムシロ
ヒナ　海吸　サラサバヒ　シノブ
サムシロ　モジズリ　アヤムシロ　イシカツ
尾玉ニシ　スガムシロ　長手カノコ　トヨツ
フトコロ 妙　サヨムシロ　イシカツ類
短手カヤ　ツト貝　スベヒ　無名
長手カヤ 妙　イトカケ　ミトリガウナ　ハナグロフテ

四十九ウ

短手カヤ 別　東ムナ　白巻カウナ　フデ 妙
長手カヤ 別　イトカケムチ　大疣カウナ　タケノコ 別 細小能品
玉スナ　マキモノ 雄　小疣短拳カウナ　クサリ
ムスブ貝　巻物 雌　コケムシロ　フデ 別種
竹ノ子 別 絶品　黒ニナ　丁子カウナ 奇品　カライト
ノサリ　カヤムシロ　銀バヒ　クタシ
イソマクラ 別種　シリイレホラタ　金バヒ　クチイレ 雄
イソマクラ 雄　シリイレ 雄　イトバイ 妙　雌クチラキレ
龍宮ホタル 神品　セコホラ　シムシロ　シギ貝 神品
茶斑トシホシ　ケシタリ 奇　テツホラ　タテカサ

五十オ

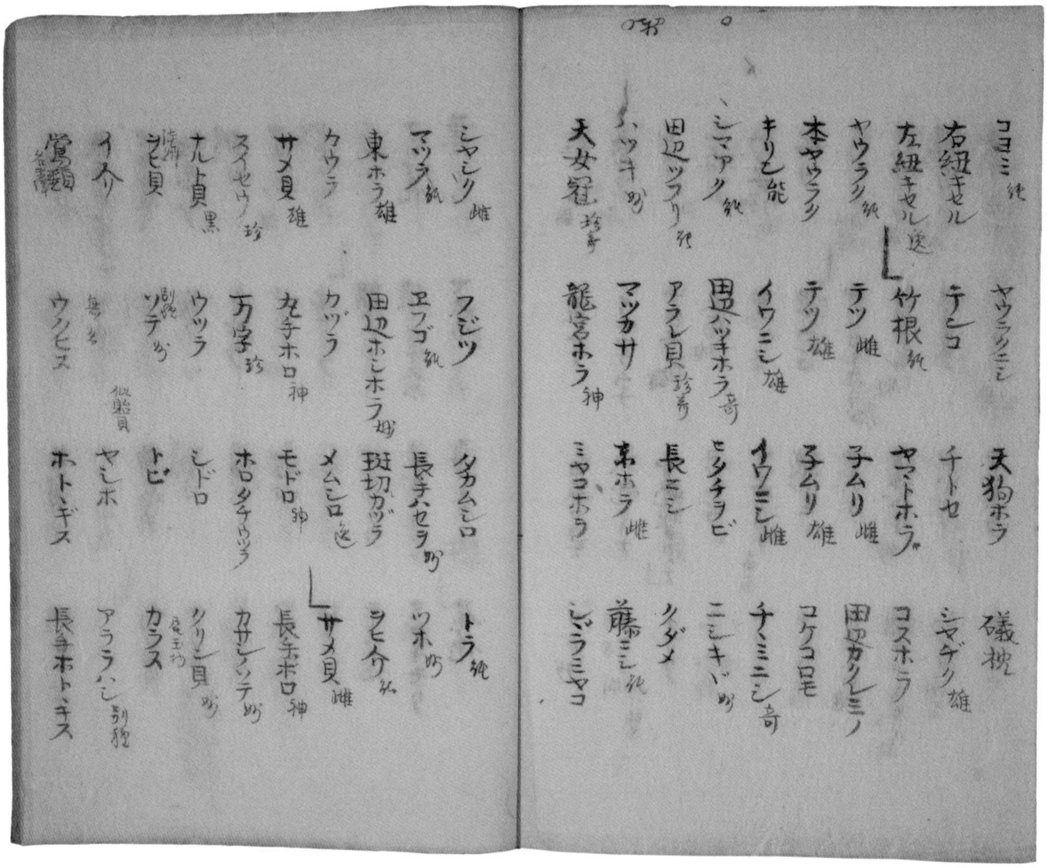
ココミ 純　ヤウラクニシ　天狗ホラ　礒枕
右紐キセル　テシコ　チトセ　シマヂク 雄
左紐キセル 逆　竹根 純　ヤマトホラ　コスホラ
ヤウラク 純　テツ 雌　ナムリ 雌　田辺カクレミノ
本ヤウラク　テツ 雄　ナムリ 雄　コケコロモ
キリシ 能　イワニシ 雄　イワニシ 雌　チヽミニシ 奇
シマアク 純　田辺ハツキホラ 奇　ヒタチナビ　ニシキバ 妙
田辺ツブリ 純　アラレ貝 珍奇　長ニシ　クダメ
ハツキ 妙　マツカサ　東ホラ 雌　藤ニシ 純
天女冠 珍奇　龍宮ホラ 神　ミヤコホラ　シラミヤコ

シヤシク 雌　フジツ　タカムシロ　トラ 純
マツラ 純　エブゴ 純　長手ハセラ 妙　ツホ 妙
東ホラ 雄　田辺ホシホラ 妙　斑切カツラ　シヒ介
クウラ　カツラ　メムシロ 逆　サメ貝 雌
サメ貝 雄　丸手ホロ 神　モドロ 神　長手ホロ 神
スイセウ 珍　万字 珍　ホロタチウツラ　カサレソテ 妙
ナル貝 黒　ウツラ　シドロ　クリ貝 妙
琉球シヒ貝　別名ソテ 妙　トビ　カラス
イス介　異名　似鮑貝　ヤシホ　アラヽハシ 別種
鶯　ウノヒス　ホトヽギス　長手ホトヽギス

五十一オ　　五十ウ

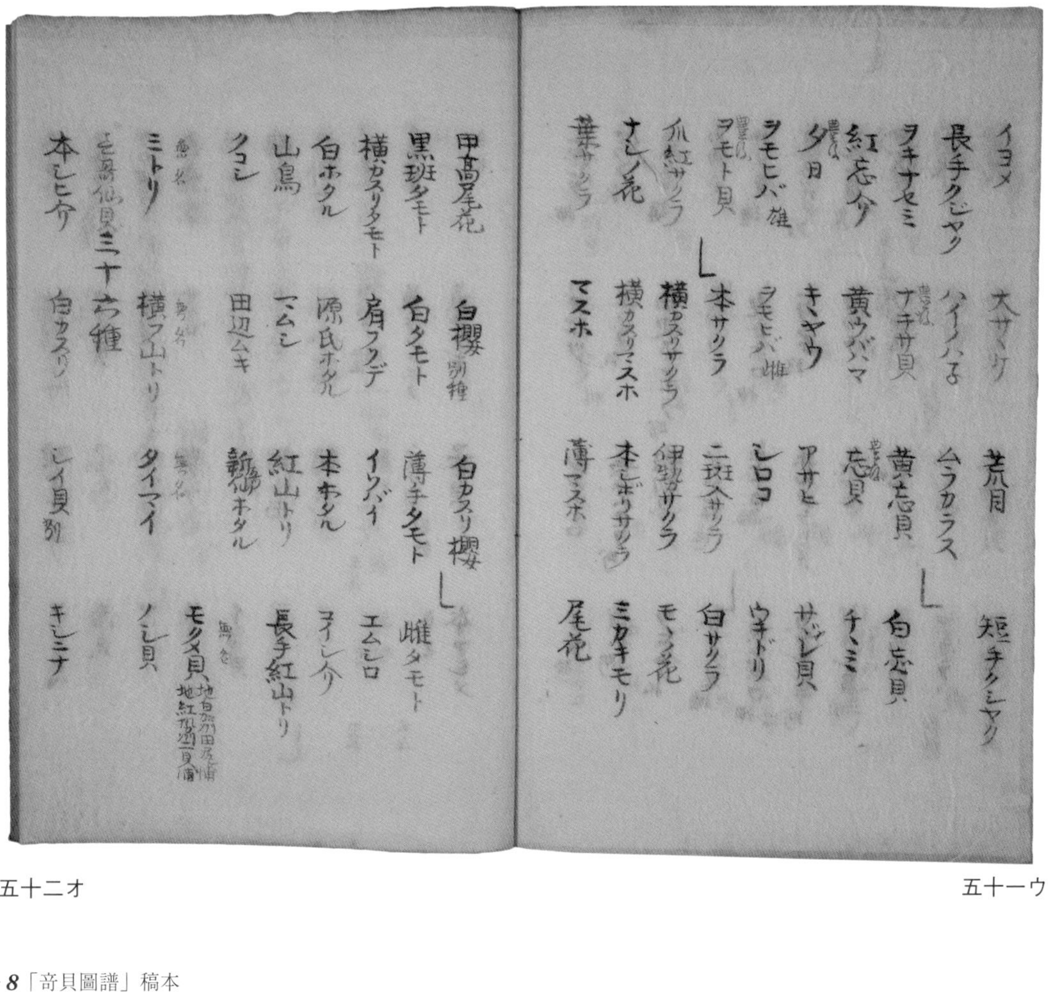
イヨメ　大サヽケ　荒月　短手クシヤク
長手クシヤク　ハイノハ子　ムラカラス　白忘貝
ヲキナセミ　ナキサ貝　黄忘貝　チヽミ
紅忘介　黄ウバヽマ　忘貝　サヾレ貝
夕日　キヤウ　アサヒ　ウキドリ
ヲモヒバ 雄　ヲモヒバ 雌　シロコ　白サクラ
ヲモト貝　本サクラ　二斑介サクラ　モミヂ花
爪紅サクラ　横カスリサクラ　伊勢サクラ　ミカキモリ
ナシノ花　横カスリマスホ　本シボリサクラ　尾花
葉サクラ　マスホ　薄マスホ

甲高尾花　白櫻 別種　白カスリ櫻　雌タモト
黒斑タモト　白タモト　薄手タモト　エムシロ
横カスリタモト　肩フリデ　イクバイ　ヲイシ介
白ホタル　源氏ホタル　本ホタル　長手紅山トリ
山鳥　マムシ　紅山トリ
クヽシ　田辺ムキ　新渡ホタル　モクズ貝
ミトリ　横フ山トリ　タイマイ　ノシ貝
巳上奇似貝三十六種
本シヒ介　白カスリ　シイ貝 別　キシヒナ

五十二オ　　五十一ウ

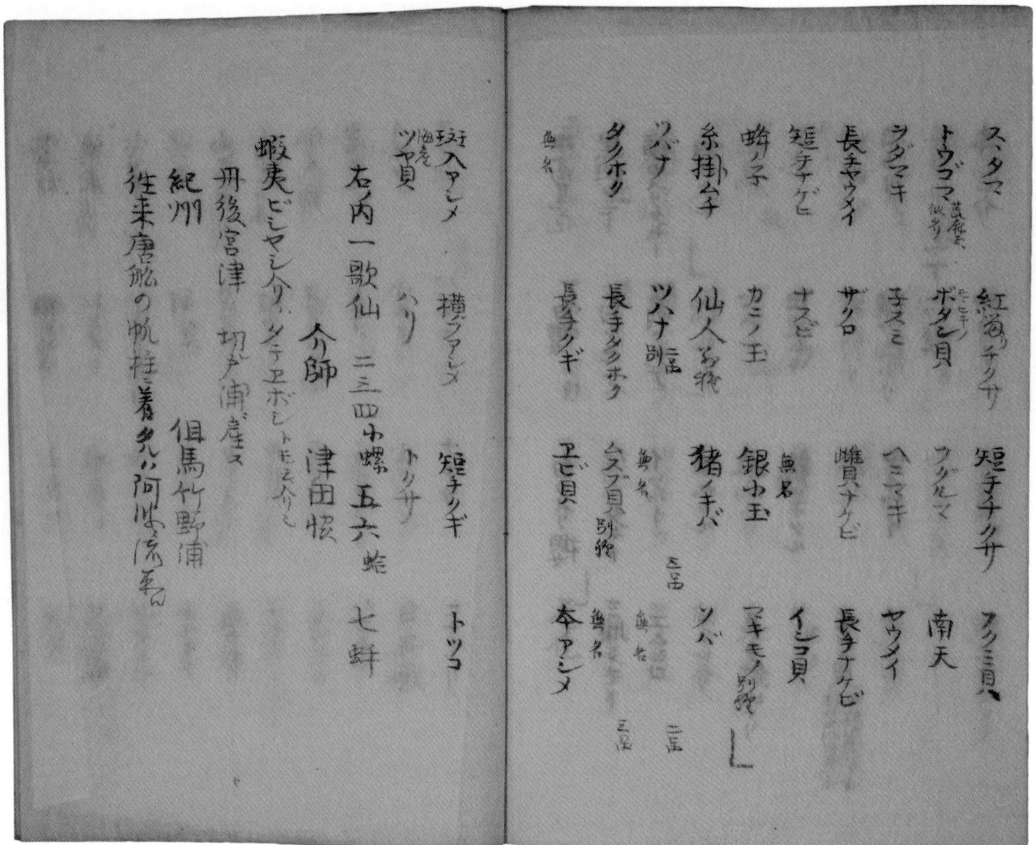
ス、タマ 紅嵩ノチクサ 短手チクサ アクミ貝ハ
トウゴマ 莨麻ニ似タリ ボタン貝 ウグルマ 南天
ラグマキ 子スミ ヘミマキ ヤウメイ
長手ヤウメイ ザクロ 雌貝ナケビ 長手ナケビ
短手ナケビ ナスビ 無名 イシコ貝
蜷ノ子 カミノ玉 銀小玉 マキモノ別稱
糸掛介 仙人別稱 猪ノキバ ツバ
ツバナ ツバナ別 三品 三品 無名 三品
タクホク 長手タクホク 無名 ムスブ貝別稱 無名 三品
無名 長手クギ エビ貝 本アシメ

斑入アシメ 摘ブアシメ 短手クギ トツコ
ツヤ貝 ハリ トリサ
右内一歌仙 二三四小螺 五六蛤 七蚌
介師 津田恨
蝦夷ビシヤシ介リ、タテエボシトモ云介リ也
丹後宮津 切戸浦産ス
紀州 但馬竹野浦
往来唐船の帆柱ニ着多ク八阿州流ル

五十三オ

五十二ウ

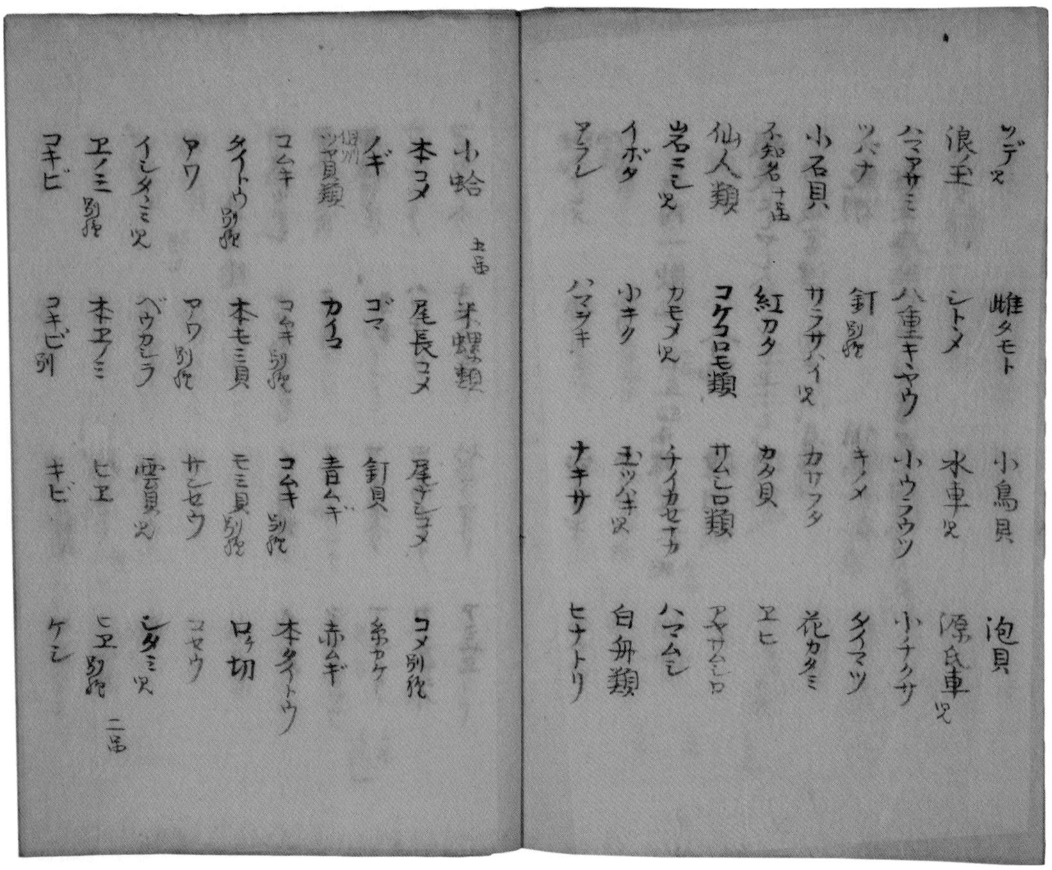
ツデ貝 雌タモト 小鳥貝 泡貝
浪玉 シトメ 水車貝 源氏車貝
ハマアサミ 八重キヤウ 小ウラウツ 小ナクサ
ツバナ 釘別稱 キノメ タイマツ
小石貝 サラサバイ貝 カサフタ 花カタミ
不知名十品 紅カタ カタ貝 エヒ
仙人類 コケコロモ類 サムシロ類 アヤサムシロ
岩ミミ貝 カモメ貝 チイカセナカ ハマムシ
イボタ 小キク 玉ツバキ貝 白舟類
アラレ ハマツキ ナキサ ヒナトリ

小蛤 十品 羊螺類
本コメ 尾長コメ 犀手コメ コメ別稱
ノギ ゴマ 釘貝 糸カケ
但州ツヤ貝類 カイコ 青ムギ 赤ムギ
コムキ コムキ別稱 コムキ別稱 本タイトウ
タイトウ別稱 本モミ貝 モミ貝別稱 ロキ切
アワ アワ別稱 サヒセウ コセウ
イシタミ貝 ベウカヒラ 雲貝 シタミ貝
エノミ別稱 本エノミ ヒエ ヒエ別稱 二品
コキビ コキビ別 キビ ケシ

五十四オ

五十三ウ

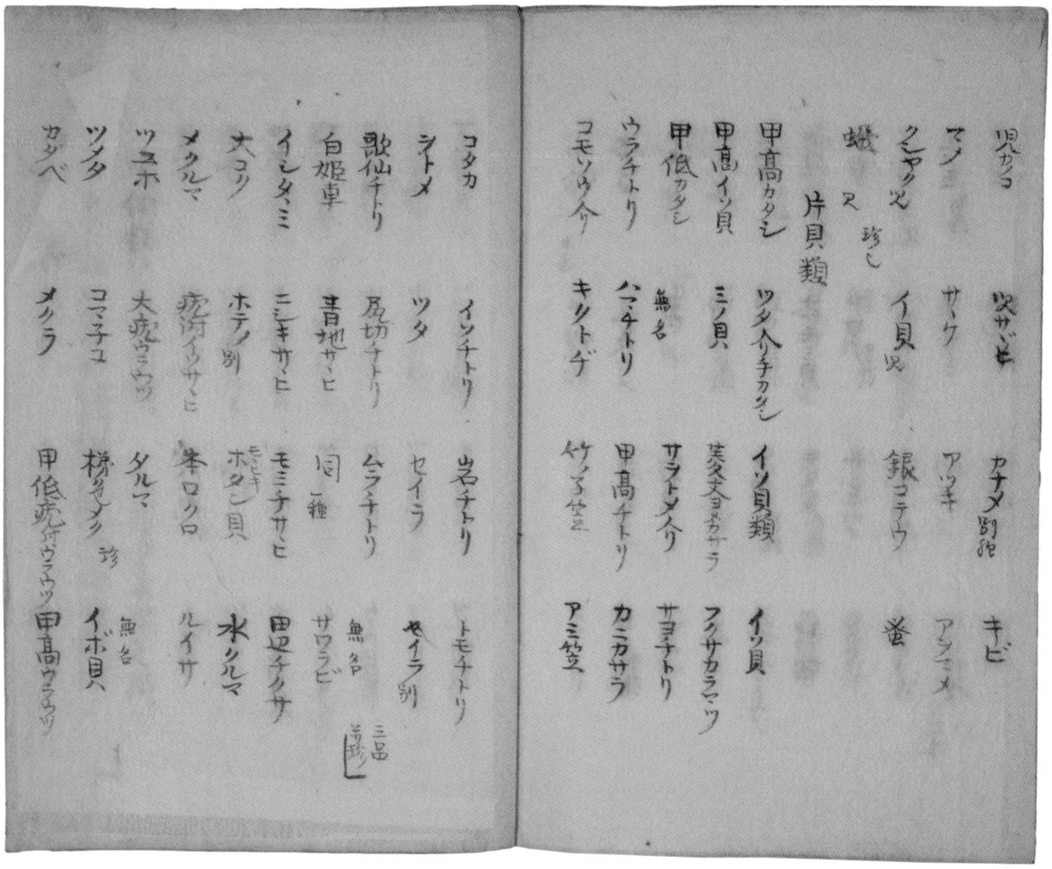
児カラ　児サゞヱ　カナメ別種　キビ
マノ　サーク　アツキ　アラミメ
クシヤク児　イ貝児　銀コテウ　巻
蠘 又 珍し
片貝類
甲高カタシ　ツタ介チカタシ　イソ貝類　イソ貝
甲高イソ貝　ミノ貝　[illegible]ヨメカサラ　フクサカラマツ
甲低カタシ　無名　サラトメ介　サヨチトリ
ウラチトリ　ハマチトリ　甲高チトリ　カニカサラ
コモソウ介　キクトゲ　竹ノ子笠　アミ笠

コタカ　イソチトリ　岩チトリ　トモチトリ
シトメ　ツタ　セイラ　セイラ別
歌仙チトリ　尾切チトリ　ムラチトリ　無名
白姫車　青地サゝヒ　同一種　サワラビ　三品珍
イシタゝミ　ニシキサゝヒ　モミヂサゝヒ　田辺チクサ
大コリ　ホテノ別　ホタシ貝　水クルマ
メクルマ　疣付イソサゝヒ　本ロクロ　ルイサ
ツユホ　大疣ウラウツ　タルマ　無名
ツメタ　コマチユ　梯子メクラ 珍　イボ貝
カタベ　メクラ　甲低疣付ウラウツ　甲高ウラウツ

五十五オ

五十四ウ

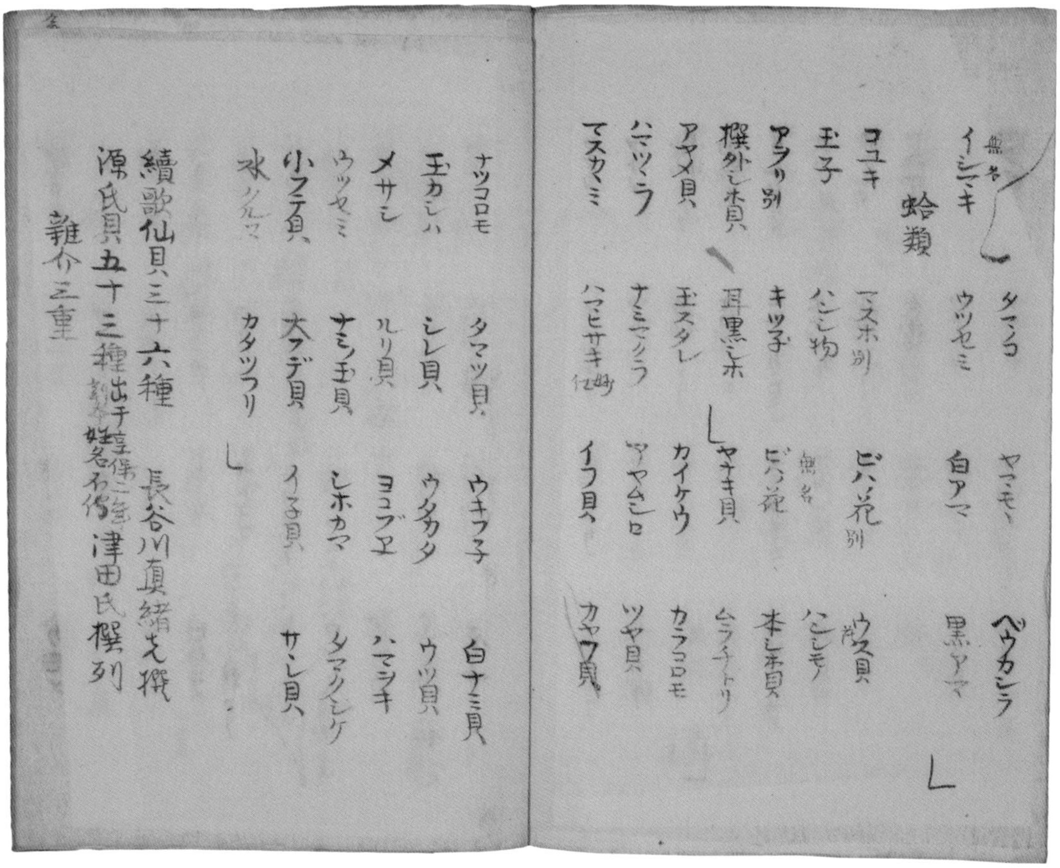
タマコ　ヤマモゝ　ベウカシラ
無名 イシマキ　ウツセミ　白アマ　黒アマ
蛤類
コユキ　マスホ別　ビハノ花別　ウス貝
玉子　ハシ物　無名　ハシモノ
アラリ別　キツ子　ビハノ花　本シホ貝
撰外シ貝　耳黒シホ　ヤナギ貝　ムラチトリ
アアメ貝　玉スダレ　カイケウ　カラコロモ
ハマツラ　ナミマクラ　アヤムシロ　ツヤ貝
マスカゝミ　ハマヒサキ　イフ貝　カヤウ貝

ナツコロモ　タマツ貝　ウキフ子　白ナミ貝
玉カシハ　シレ貝　ウタカタ　ウツ貝
メサシ　ルリ貝　ヨコブエ　ハマシキ
ウツセミ　ナミ玉貝　シホカマ　タマクシゲ
小フデ貝　大フデ貝　イ子貝　サゝレ貝
水クルマ　カタツフリ
續歌仙貝三十六種　長谷川眞緒光撰
源氏貝五十三種 出于享保三年刻本 姓名不傳 津田氏撰列
雜介三重

五十六オ

五十五ウ

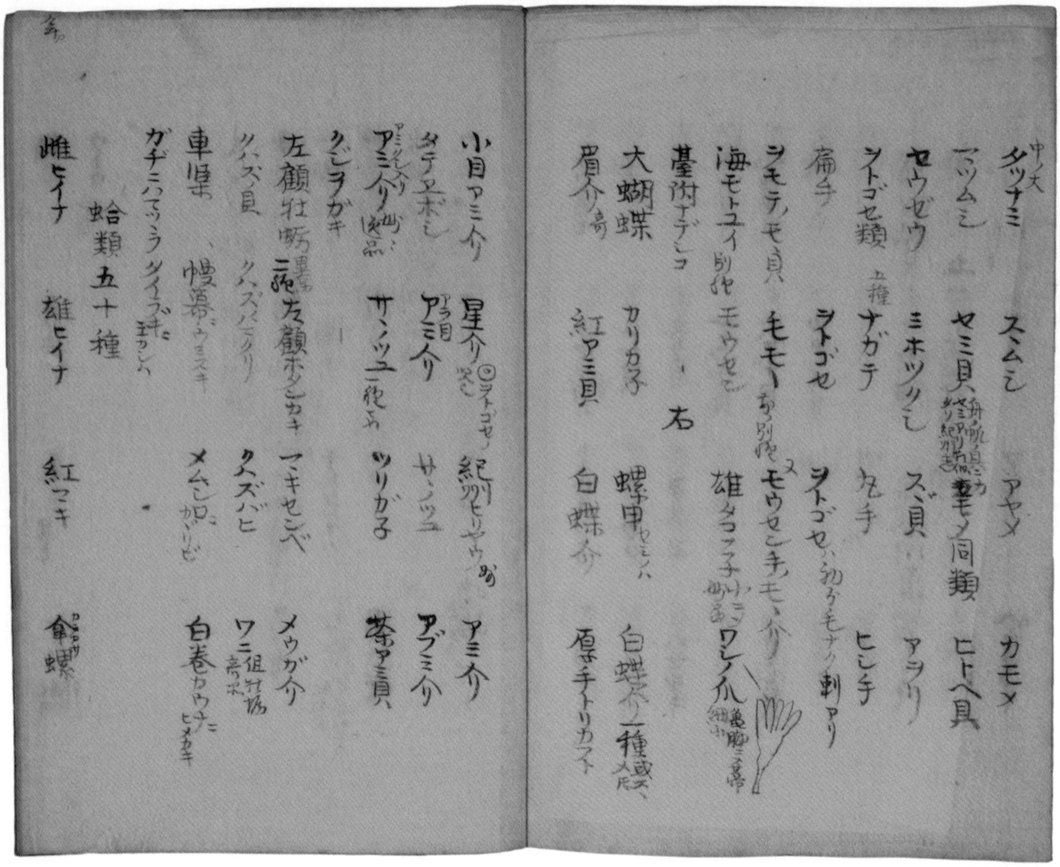

ダツナミ　スムシ　アヤメ　カモメ
マツムシ　ヤミ貝　ヒトヘ貝
セウゼウ　ミホツクシ　ズ貝　アラリ
シトゴセ類 五種　ナガテ　乞手　ヒレ手
扁手　シトゴセ
シモテノモ貝　モモ一
海モトユイ　雄タコノ子　ワレノ爪
臺附テデコ　右
大蝴蝶　カリカ子　螺甲　白蝶介一種
眉介　紅アミ貝　白蝶介　厚手トリカフト

小目アミ介　星介　アミ介
タテエボシ　アミ介　サノツユ　アブミ介
アミ介　ツリカ子　茶アミ貝
クビヲガキ
左顧牡蠣　左顧ホシガキ　メウガ介
クハズ貝
車渠　白巻
蛤類五十種
雌ヒイナ　雄ヒイナ　紅マキ　傘螺

五十七オ　五十六ウ

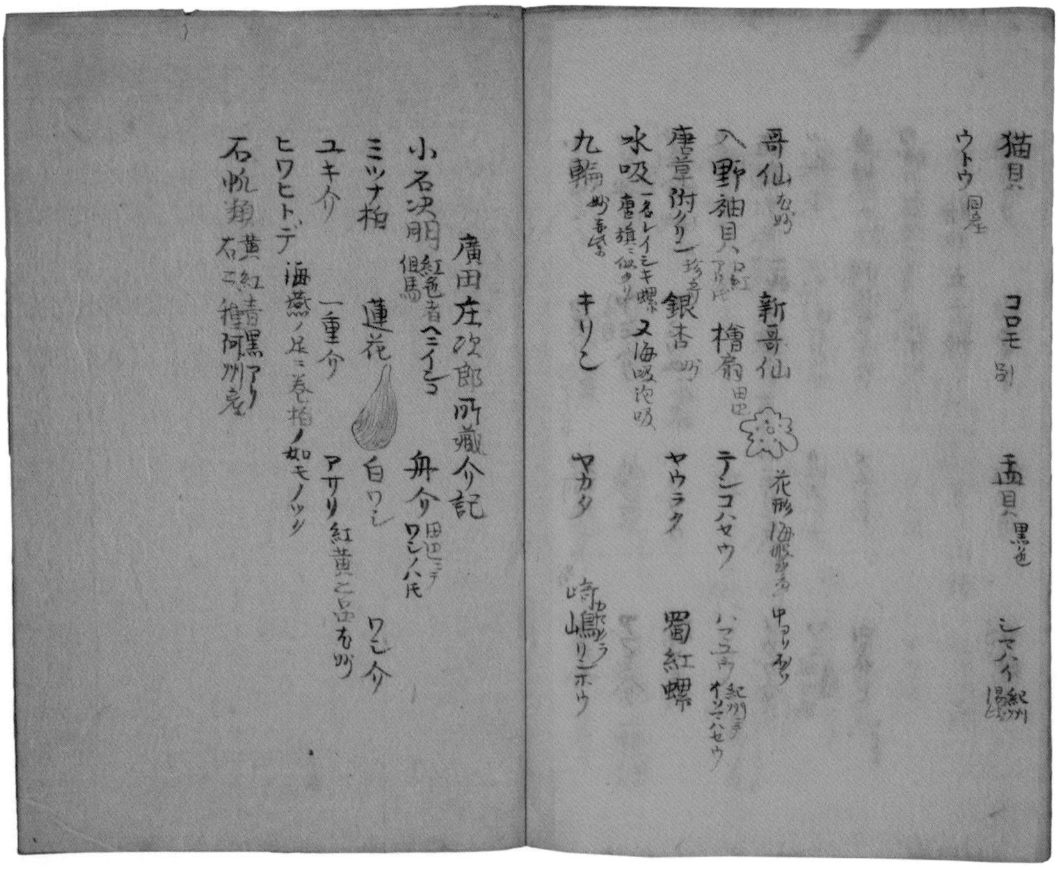

猫貝　コロモ　盂貝
ウトウ
哥仙　新哥仙　テンコハセウ
入野細貝　檜扇　ヤウラク　蜀紅螺
銀杏
水吸
九輪　キリシ　ヤカタ

廣田庄次郎所蔵介記
小石決明　舟介
ミツナ柏　蓮花　白ワレ　ワレ介
ユキ介　一重介
石帆類

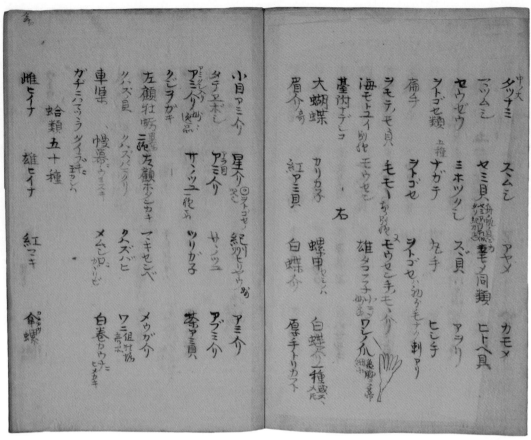

五十八オ　五十七ウ

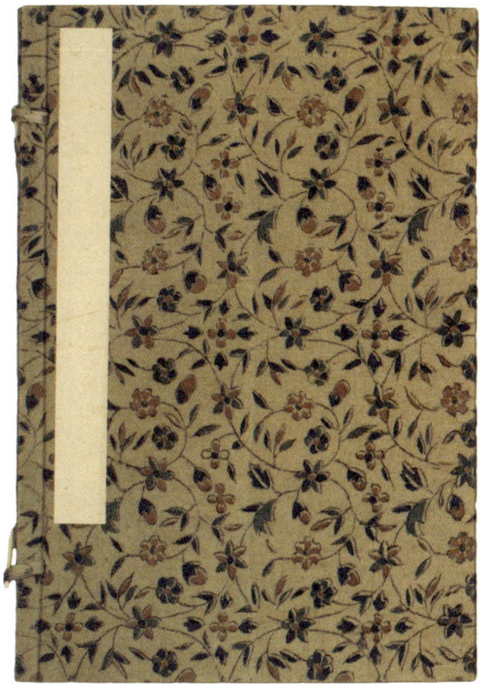

帙（表）

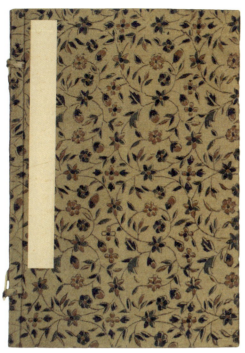

裏表紙（五十八ウおよび裏表紙裏は白紙のため省略）

9 『奇貝圖譜』板本

【書誌情報】

①外題：奇貝圖譜（題簽） 内題：無（柱題：奇貝圖譜） ②装丁：袋綴 ③表紙：色／鼠色、文様／有、寸法／22・2×16・2 ④丁数：三十二丁 ⑤序跋：有 序：年時／安永四年（一七七五）三月、序者／静舎宇万伎（加藤美樹） ⑥刊記：無 奥書：無 ⑦書入：無 ⑧蔵書印：表紙裏…「蒹葭堂」（朱文長方印） 一オ…「鉄老斎」（朱文長方印） ⑨伝来：富岡鉄斎→鹿田静七→辰馬悦蔵→辰馬考古資料館

【解題】

貝の賞玩や収集について、日本や中国の古今の書物や、一部オランダの書物を引いて考証した板本。「奈伎左乃玉」と見出しの付く本文冒頭部には、大枝流芳が寛延二年（一七四九）に上梓した『貝尽浦の錦』に載らないものを拾った書なので、催馬楽の詞を取って本書を「渚の玉」と名付けた、と記される。

用紙は全て四周短辺、版心上部に「奇貝図譜」の書名と黒魚尾がつき、下部に「蒹葭堂」とある。序文は無界、本文は界線七本。序文のみ版心に「序」と入り、序文と本文で丁数を仕切り直す。本文の二十六丁目からは丁数が彫られない。

巻頭の二丁には、歌人・国学者である加藤宇万伎（一七二一～七七）が、「静舎宇万伎」の名で序文を記す。三丁目からの本文は八部構成となる。それぞれ、「奈伎左乃玉」（一オ～二ウ）、「一之源」（二ウ～三ウ）、「二之事」（三ウ～五ウ）、「三之品」（五ウ～七ウ）、「四之證」（七ウ～十二ウ）、「古語古歌引證」（十三オ～二十五ウ）、「拾貝乃記」（二十六オ～二十九ウ）の見出しが付き、三十オ～同ウには法眼昌迪の和歌を載せる。二十九ウまでは、明治期に前川善兵衛（文榮堂）より名前を改めて再刊される『貝よせの記』にも載るが、三十丁の法眼昌迪和歌は掲載されない。

本書は大田南畝（一七四九～一八二三）や上田秋成（一七三四～一八〇九）の証言から、蒹葭堂没後に、養子の木村石居（一七七六～一八三八）が出版したものと判明する（多治比郁夫「蒹葭堂版」『杏雨』武田科学振興財団、一九九八年）。大田南畝『蜀山余録』によれば、蒹葭堂は『奇貝図説』なる書を出版予定で、晩年の享和元年（一八〇一）頃にはおおかた印刷ができていたものの、図の部分が未完成で出版に至らなかったという。本書と「奇貝圖譜」稿本の内容はほぼ重複せず、「奇貝圖譜」稿本は、本書の図解部分の未定稿であったと思われる。

本書の表紙裏には「蒹葭堂」朱文長方印が捺され、表紙左側に「奇貝圖譜」と墨書した題簽、右側に「稀本蒹葭堂／旧蔵印」と墨書した朱色の別紙が貼られる。別紙の特徴的な筆跡は、宇万伎序一オの「鉄老斎」朱文長方印と併せて、幕末から大正期の文人・富岡鉄斎（一八三六～一九二四）のものと判断される。本書には富岡文庫入札会の入札票が挟み込まれている。入札票の番号は『富岡文庫御蔵書第二回入札目録』（昭和十四年（一九三九））と一致しており、本書が富岡鉄斎旧蔵品であることを裏付ける。入札票には「鹿田」との書き入れがあることから、本書は富岡家蔵書第二回売立会の際に、辰馬悦蔵が鹿田松雲堂を介して入手した可能性がある。悦蔵の資料収集方法や傾向については、本書論攷篇・青木政幸「辰馬考古資料館所蔵の木村蒹葭堂資料」を参照されたい。

（袴田　舞）

『奇貝圖譜』板本影印

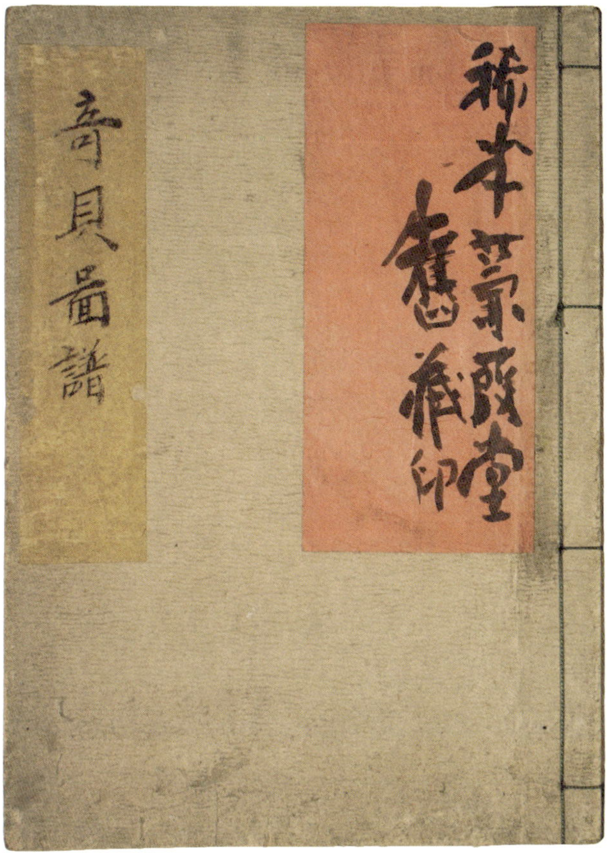

表紙

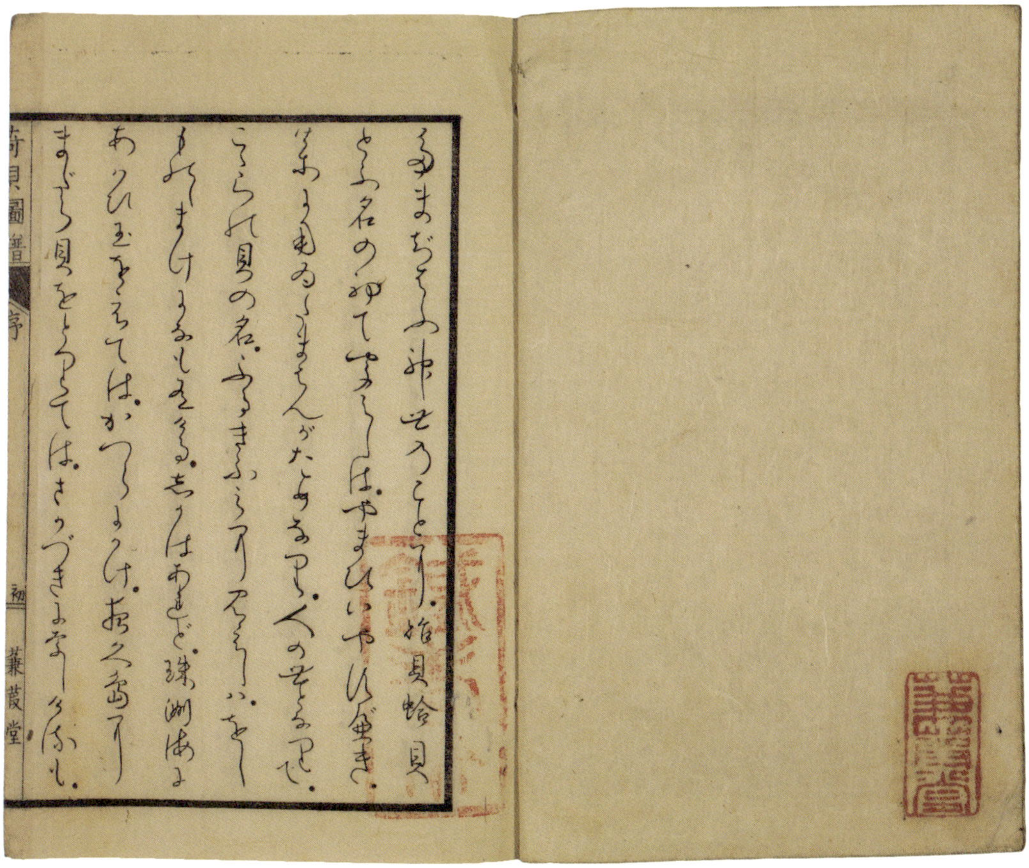

宇万伎序一オ

（表紙裏）

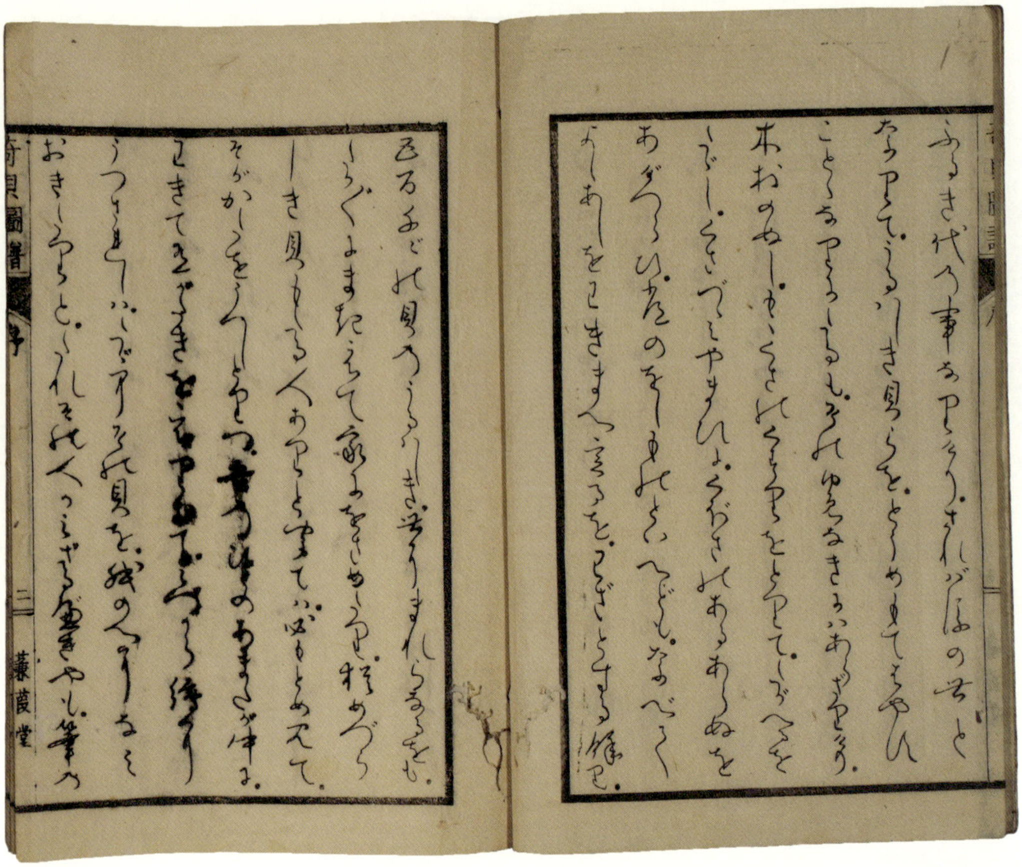

宇万伎序二オ　　宇万伎序一ウ

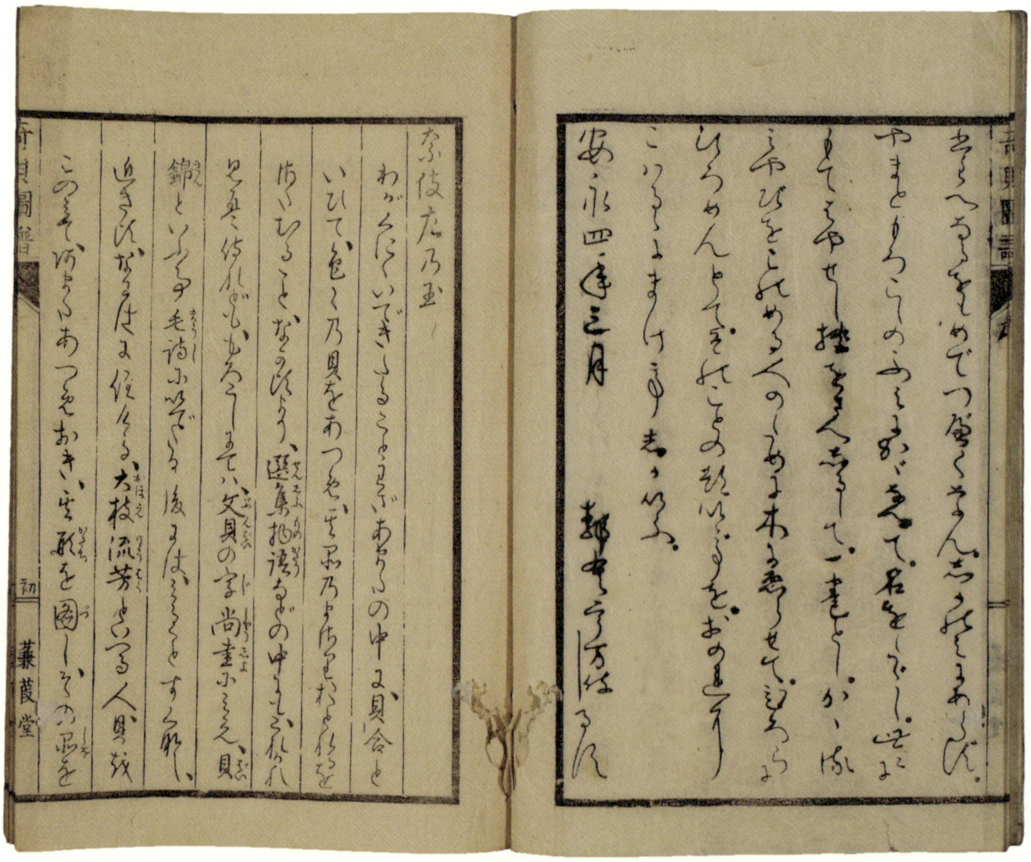

一オ　　宇万伎序二ウ

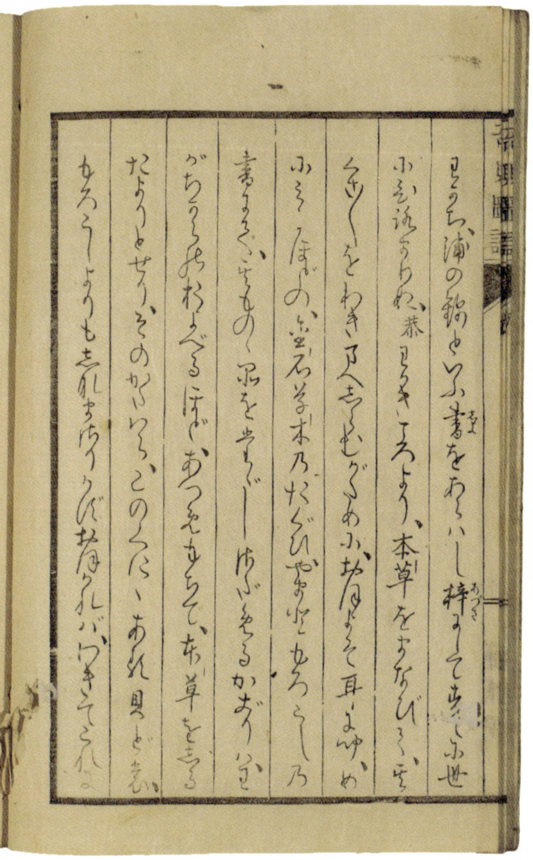

一ウ

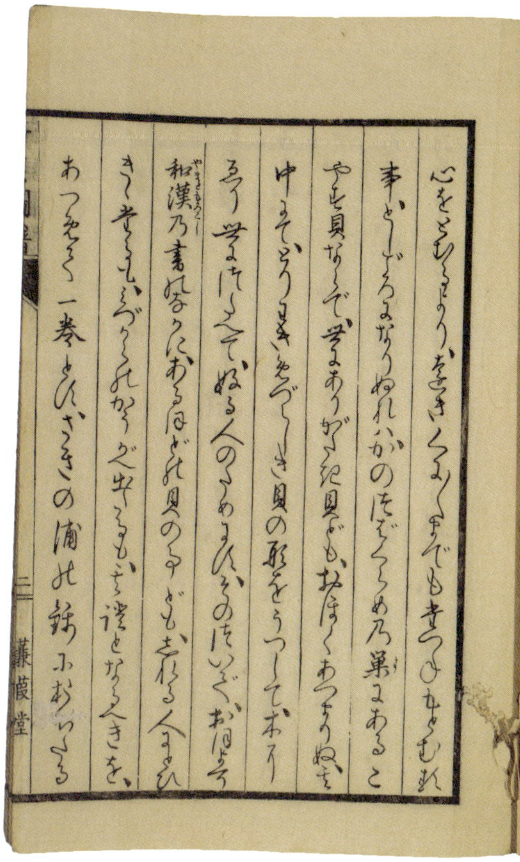

二オ

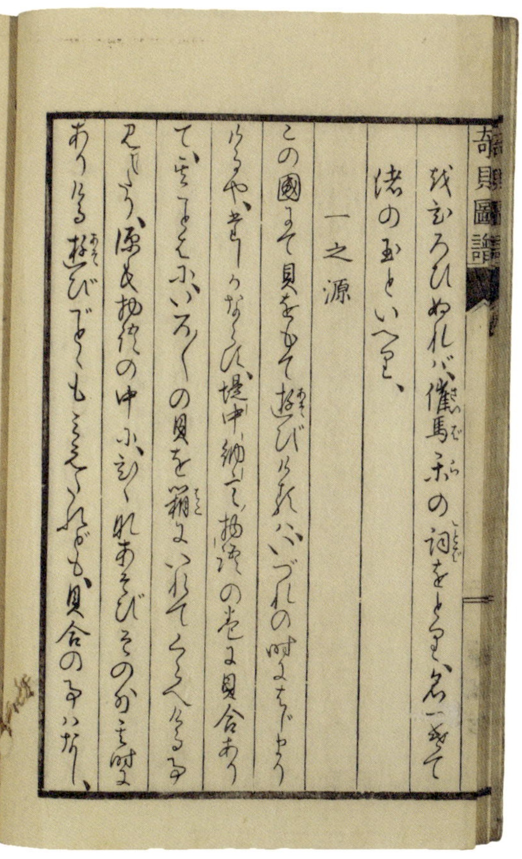

二ウ

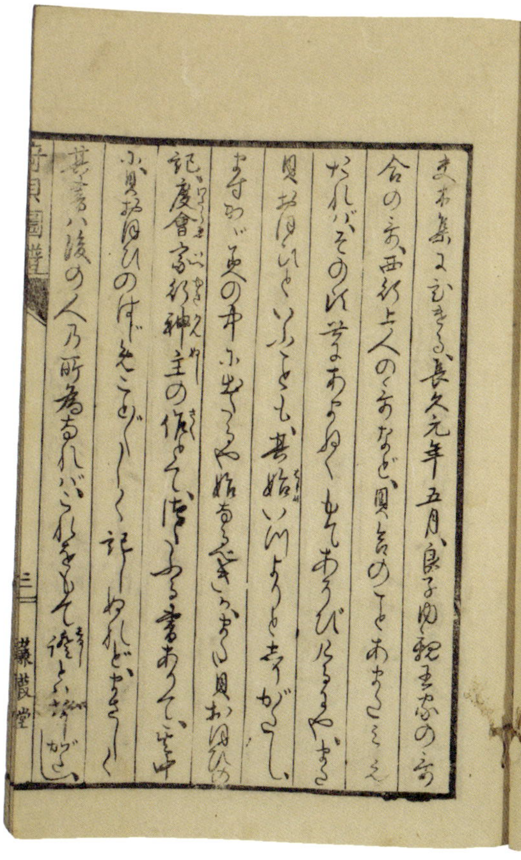

三オ

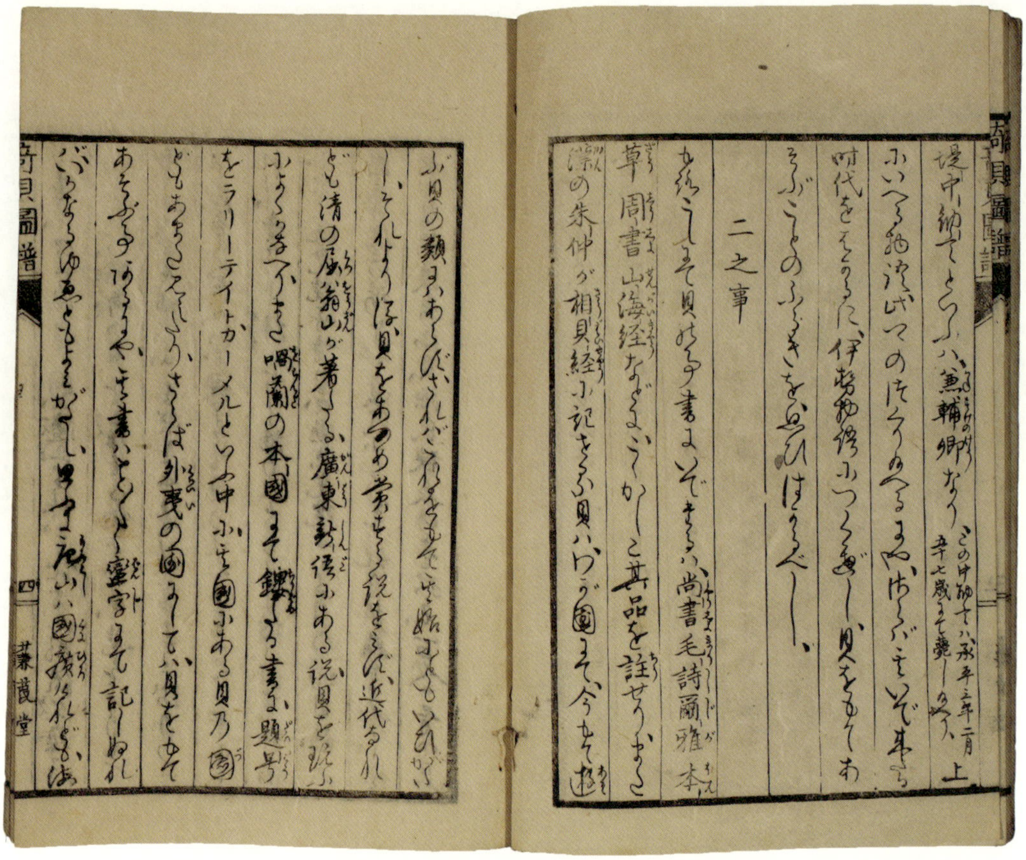

四オ　三ウ

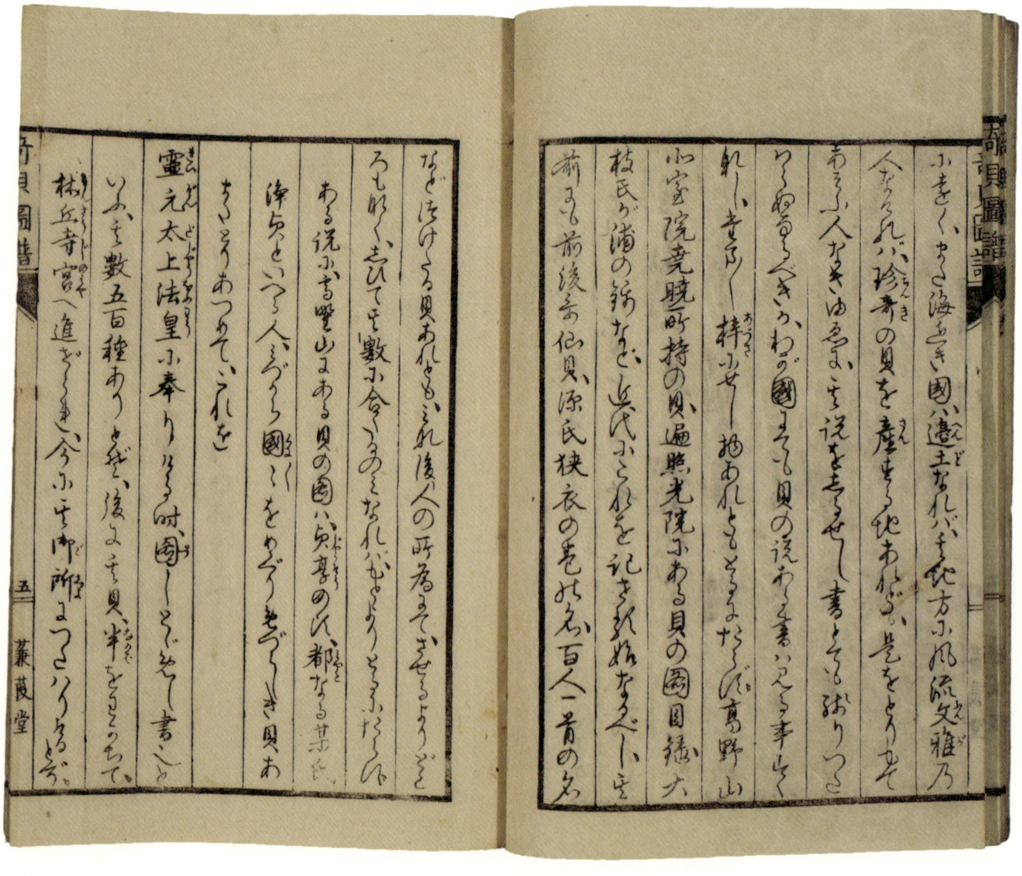

五オ　四ウ

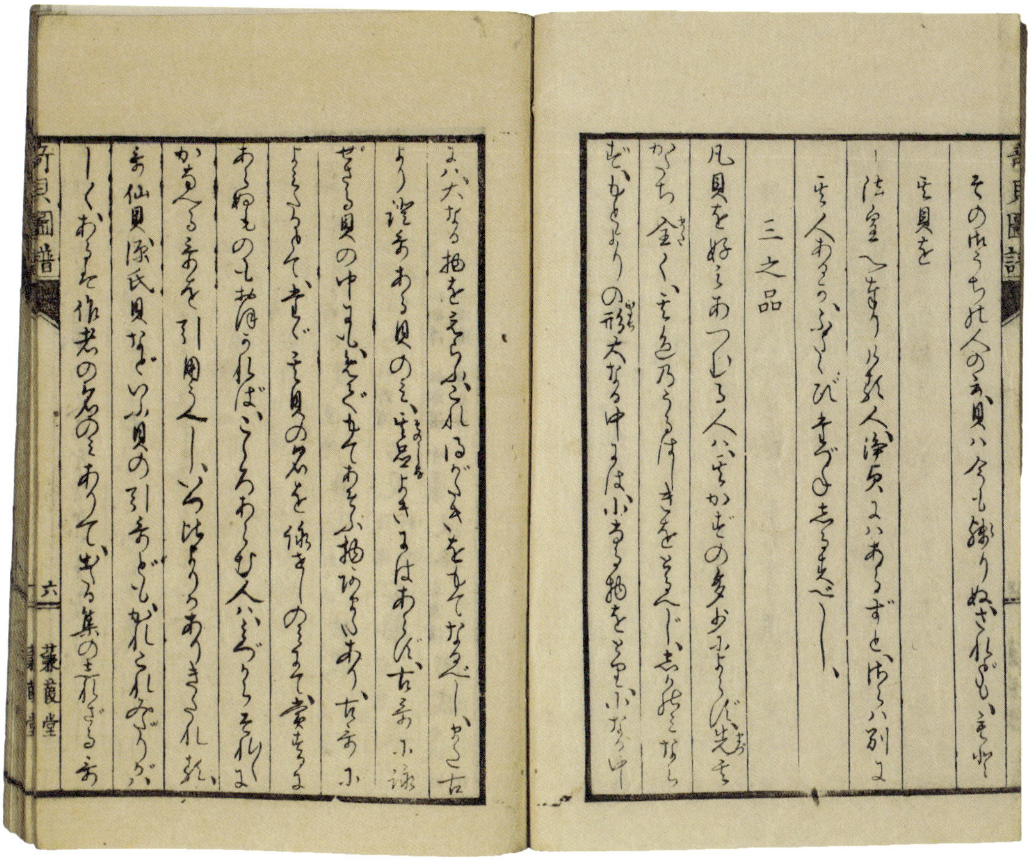
奇貝圖譜
六
蒹葭堂
三之品

六オ　　五ウ

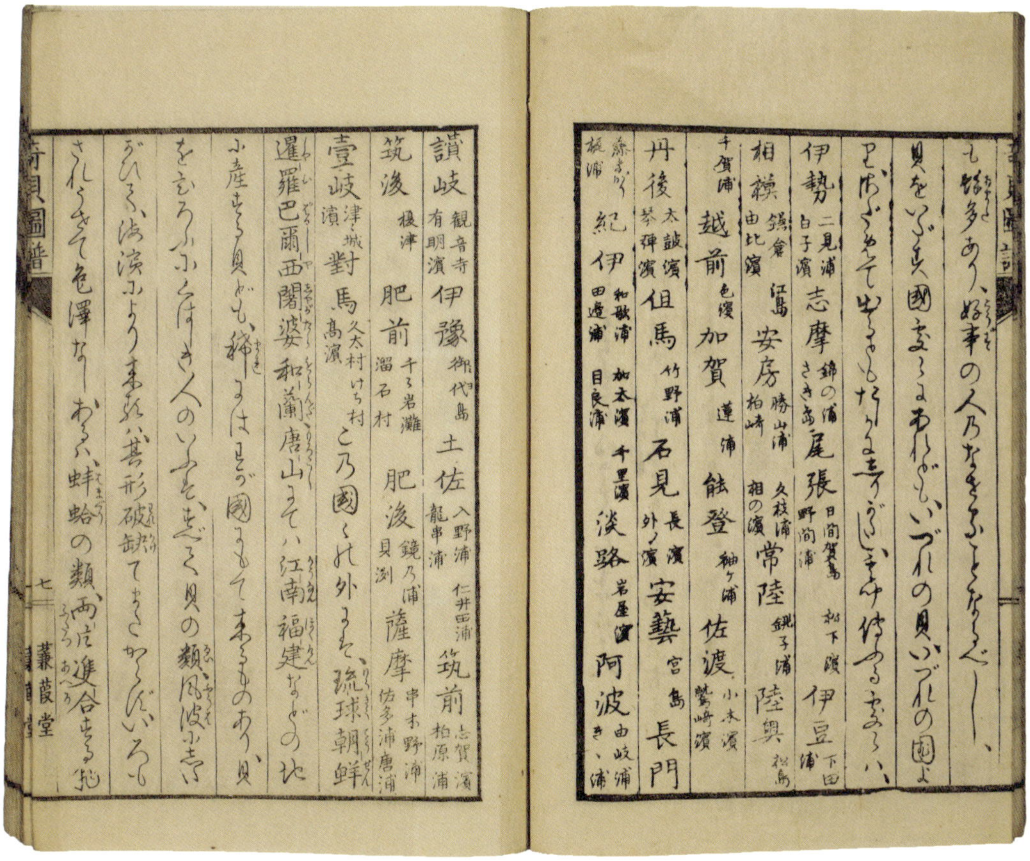
奇貝圖譜
七
蒹葭堂
伊勢　志摩　尾張　伊豆
相模　安房　常陸　陸奥
越前　加賀　能登　佐渡
丹後　但馬　石見　安藝　長門
紀伊　淡路　阿波
讃岐　伊豫　土佐　筑前
筑後　肥前　肥後　薩摩
壹岐　對馬

七オ　　六ウ

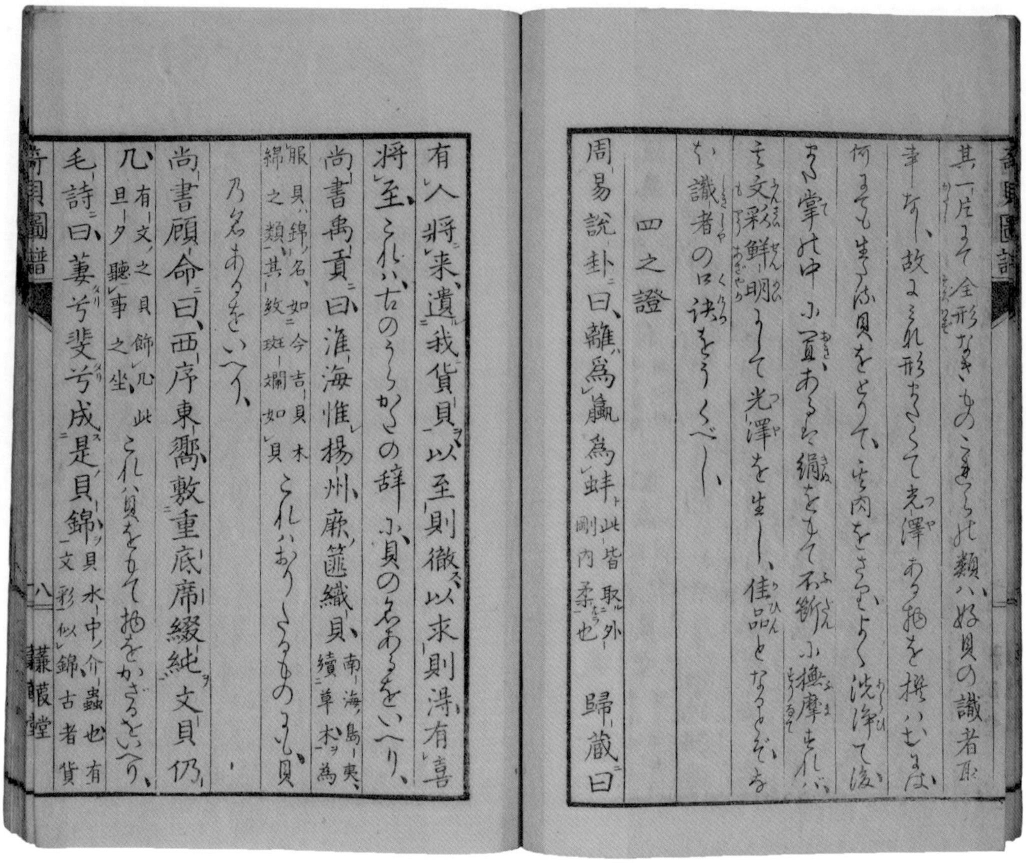

奇貝圖譜

其一片まて全形なきものこまかなれ類ハ好貝の識者取らなし、故よこれ形なくて光澤ある物を撰ハむれは何まても生なる貝をとりて其肉をさりよく洗浄て後ある掌の中ニ置あるひ絹をもて不断ニ撫摩すれハ、文彩鮮明にして光澤を生し、佳品となるなりと或識者の口訣をうくへし

四之證

周易説卦曰、離為蠃為蚌 此皆取外剛内柔也 歸藏曰

七ウ

有人将来遺我貨貝以至則徹以求則得有喜将至 これハ古のうらかたの辞ニ貝の名あるをいへり、

尚書禹貢曰淮海惟揚州厥篚織貝 南海島夷草服貝ハ錦ノ名、如今吉貝木綿之類其紋斑斕如貝 これハおりものの名ニ貝乃名あるをいへり、

尚書顧命曰西序東嚮敷重底席綴純文貝仍几 有文之貝飾几、旦夕聴事之坐 此これハ貝をもて机をかざるをいへり、

毛詩曰萋兮斐兮成是貝錦 貝水中介蟲也有文彩似錦古者貨貝

奇貝圖譜 八 蒹葭堂

八オ

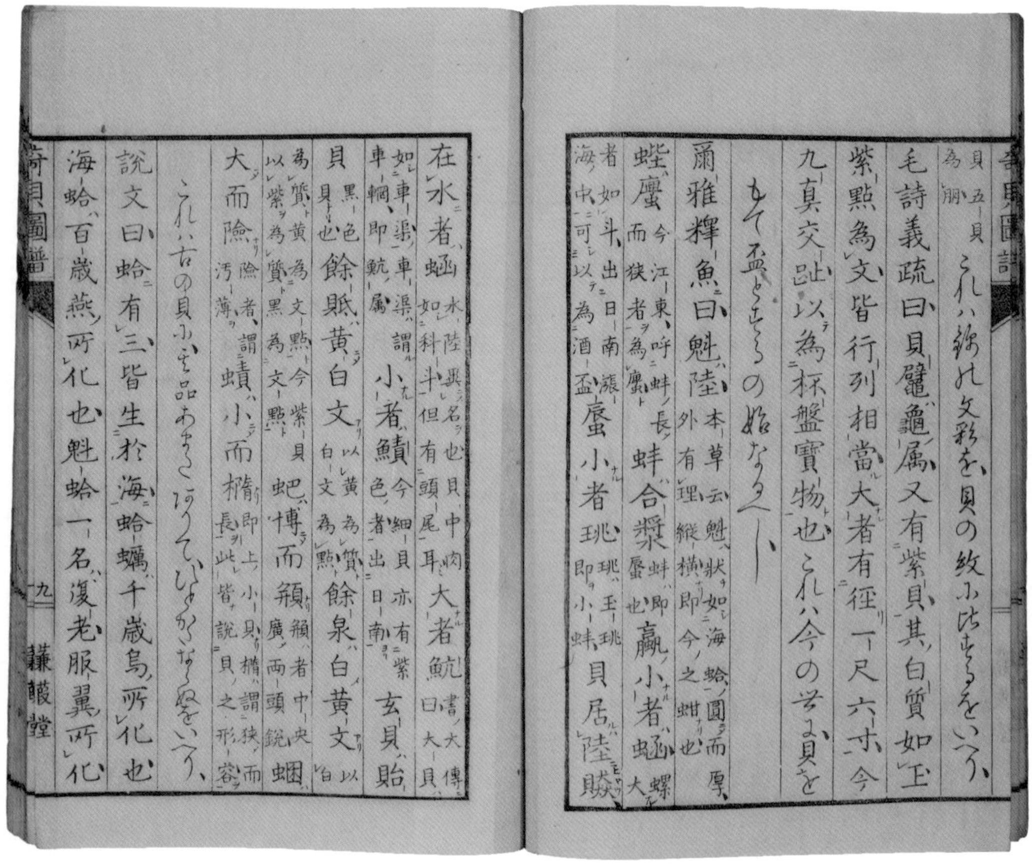

奇貝圖譜

貝五貝為朋 これハ錢の文彩を貝の紋ニ比するをいへり、

毛詩義疏曰貝龜鼈属又有紫貝其白質如玉紫點為文皆行列相當大者有徑一尺六七寸今九真交趾以為杯盤寶物也 これハ今の世ニ貝をもて盃とせるの始なるべし

爾雅釋魚曰魁陸 本草云魁状如海蛤圓而厚外有理縦横即今之蚶也 蜌螷 今江東呼蚌長而狭者為螷 蚌合漿 蚌ハ即蜃也 蠃小者蜬 螺大者如斗出日南漲海中可以為酒盃 蜃小者珧 珧ハ玉珧即小蚌 貝居陸贆

八ウ

在水者蜬 水陸異名也貝中肉如科斗但有頭尾耳 大者魧 書大傳曰大貝如車渠車渠謂車輞即魧属 小者鰿 今細貝亦有紫色者出日南 玄貝貽貝 黒色貝也 餘貾黄白文 以黄為質以白文為點 餘泉白黄文 以白為質以黄為文點今紫貝以紫為質黒為文點 蚆博而頯 頯者中央廣両頭鋭 蜠大而険 険者謂汚薄 蟦小而椭 即上小貝椭謂狭而長此皆説貝之形容

これハ古の貝ニ其品あまたありてしなかはなるをいへり、

説文曰蛤有三皆生於海蛤蠣千歳鳥所化也海蛤ハ百歳燕所化也魁蛤一名復老服翼所化

奇貝圖譜 九 蒹葭堂

九オ

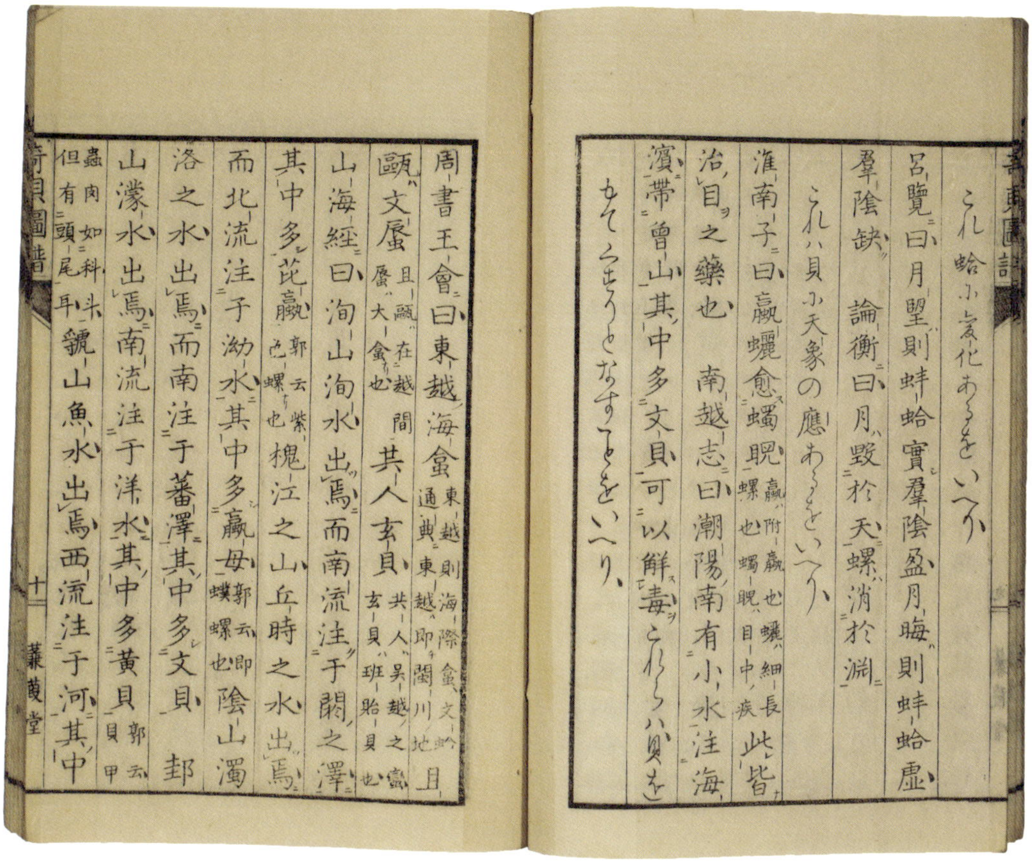

これ蛤に変化あることをいへり
呂覧曰月望則蚌蛤実群陰盈月晦則蚌蛤虚群陰缺　論衡曰月毀於天螺消於淵
これハ貝に天象の応あることをいへり
淮南子曰蠃蠬愈蠲睍（蠃附蠃也蠬細長螺也蠲睍目中疾）此皆治目之薬也　南越志曰潮陽南有小水注海濱帯曾山其中多文貝可以解毒　これらハ貝をもてくすりとなすことをいへり

九ウ

奇貝圖譜

周書王会曰東越海蛤（東越則海際蛤文蛤通典東越即閩川地）且甌文蜃（且甌在越間蜃大蛤也）共人玄貝（共人呉越之蛮玄貝班貽貝也）
山海経曰洵山洵水出焉而南流注于閼之澤其中多茈蠃（郭云紫色螺也）槐江之山丘時之水出焉而北流注于泑水其中多蠃母（郭云即蝶螺也）陰山濁浴之水出焉而南注于蕃澤其中多文貝　邽山濛水出焉南流注于洋水其中多黄貝（郭云貝甲蠃肉如科斗但有頭尾耳）虢山魚水出焉西流注于河其中

十一
蒹葭堂

十オ

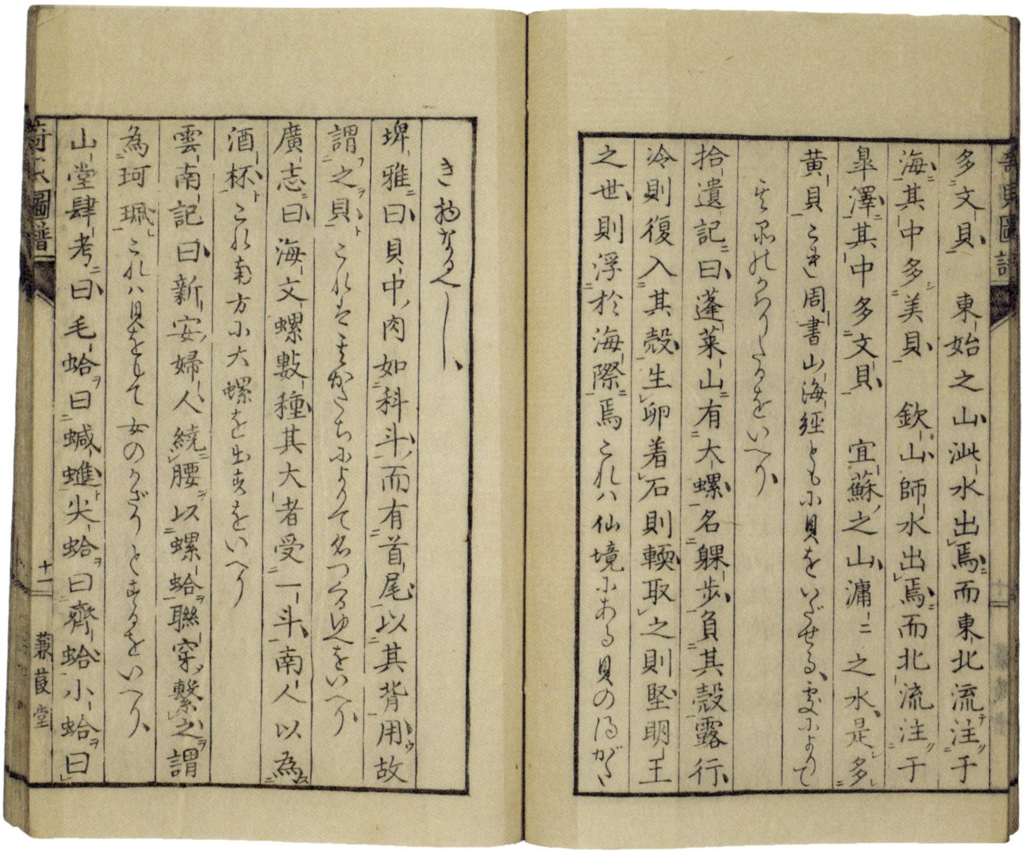

奇貝圖譜

多文貝　東始之山泚水出焉而東北流注于海其中多美貝　欽山師水出焉而北流注于皋澤其中多文貝　宜蘇之山滽滽之水是多黄貝　これ周書山海経ともに貝をいだせる處によりてことなれるよしをいへり
拾遺記曰蓬萊山有大螺名躶歩負其殻露行冷則復入其殻生卵着石則軟取之則堅明王之世則浮於海際焉　これハ仙境にある貝のゐかく

十ウ

奇貝圖譜

きおなるをしるし
埤雅曰貝中肉如科斗而有首尾以其背用故謂之貝　これを音かよふよりて名つくるよしをいへり
廣志曰海文螺数種其大者受一斗南人以為酒杯　これは南方に大螺を出すをいへり
雲南記曰新安婦人繞腰以螺蛤聯穿繋之謂為珂珮　これハ貝をもて女のかざりとするをいへり
山堂肆考曰毛蛤曰蠘蛑尖蛤曰齊蛤小蛤曰

十二
蒹葭堂

十一オ

蠯薄蛤曰蚌稜蛤曰蚶蓋其形殊故其名亦不
一也　本草綱目曰蚪與蛤同類而異形長者
通曰蚌圓者通曰蛤故蚌從丰蛤從合皆象形
也これらも貝の種類をわかさるのかゝりあるをいへり
續文獻通考曰暹羅在占城極南濱海貿易以
貝子代錢　正字通曰今雲南邊夷貨多用貝
呼為海𧈫以一為庄四庄為手四手為苗五苗
為索これも貝をもて錢貨に代る國あるをいへり

十一ウ

廣東新語曰徐聞之西每天霽海水清澈見底
渾然砥平皆石也石上多有石欄杆海菜鐵樹
雲根石菌靈栖土芝等物砂中復有蠃蛾蜃蜊
蠔蚶蛸蚌之屬有容嘗摭拾之凡得貝類三百
餘蠃類五百餘蛤類二百餘石類一百餘樹類
五十餘其最精麗纖巧如相思子甲香指甲蠃
石蠃石蟹石燕硨磲璚瑁等有六十餘種一一
不同是皆所謂貝也

奇貝圖譜　十二　蒹葭堂

十二オ

ことなりとしるして、いろいろの貝をあつめたまひしをなを
事、まかくにて同しからざるをいつくしめたり、
いにしへ等をあらはし説おかる、大枝氏の補の詳にお
きかふすいは其書をゆづりて考へしめんとはかるをあ
つめて、窮ぬるを補ふ意をもあらはさんとするを、されどもなほせ
るもあるにあまるを打くべし、後に志を同しくする
人あらば、おちたるをおぎなふことあれかし、

十二ウ

古語古歌引證
時乃遣蟚貝比賣與蛤貝比賣命作活爾蟚貝
比賣岐佐宜集而蛤貝比賣待承作持承一本作待水而
塗母乳汁者成麗壯夫而出遊行　神代條
按蟚字字書無所見遣蟚貝舊事記作造訓
黒貝蓋今誤合書訓黒二字為蟚歟倭名鈔
爾雅註云貽貝一名黒貝倭名伊加比白貝
唐韻云蛤今按蛤當作蜬古三反下音含辨色立成

奇貝圖譜　十三　蒹葭堂

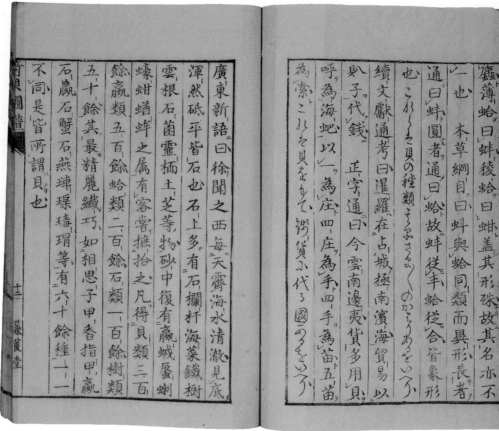

十三オ

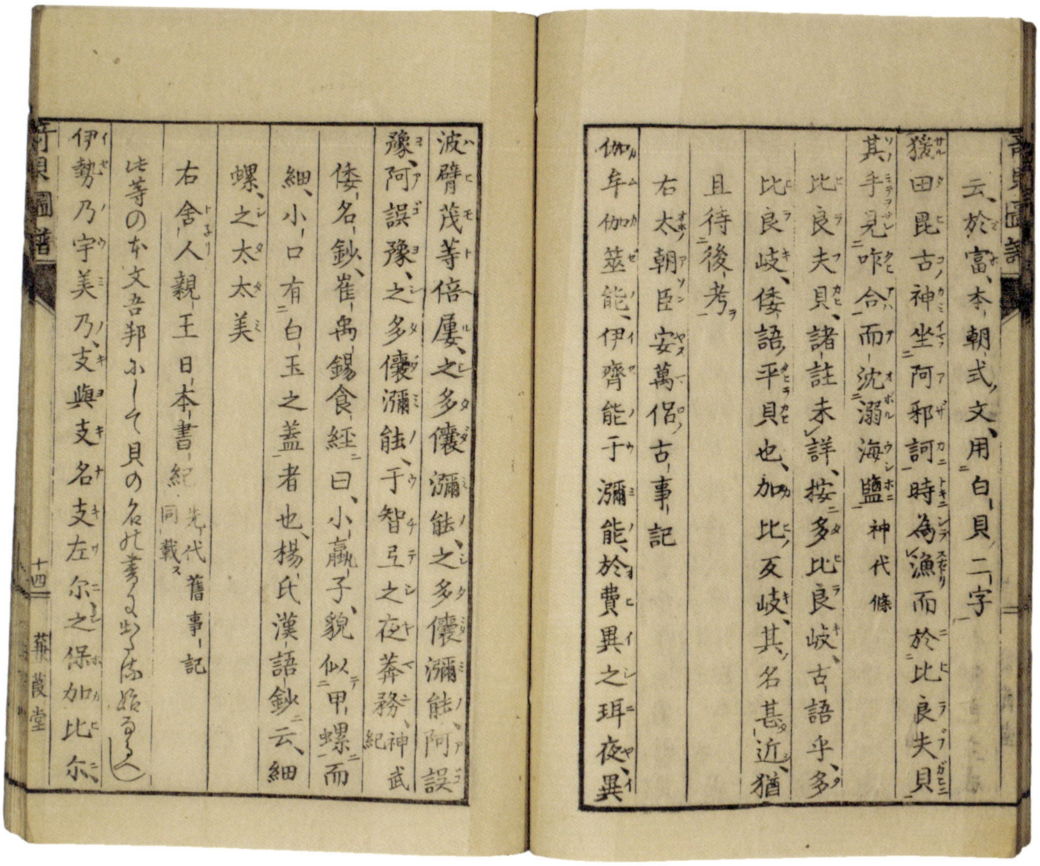
云於富本朝式文用白貝二字
猨田毘古神坐阿邪訶時為漁而於比良夫貝
其手見咋合而沈溺海鹽 神代條
比良夫貝諸註未詳按多比良岐古語乎多
比良岐倭語平貝也加比反岐其名甚近猶
且待後考
右太朝臣安萬侶古事記
伽牟伽筮能伊齊能于灑能於費異之珥夜異

波臂茂等倍屢之多儴灑能之多儴灑能阿誤
豫阿誤豫之多儴灑能于智弖之夜莽務 神武紀
倭名鈔崔禹錫食經曰小蠃子貌似甲螺而
細小口有白玉之蓋者也楊氏漢語鈔云細
螺之太太美
右舍人親王日本書紀 先代舊事記同載
此等の本文吾邦にして貝の名の書に出たる始なるべし
伊勢乃宇美乃支與支名支左尓之保加比尓

奇貝圖譜 十四 蒹葭堂

十四オ　　十三ウ

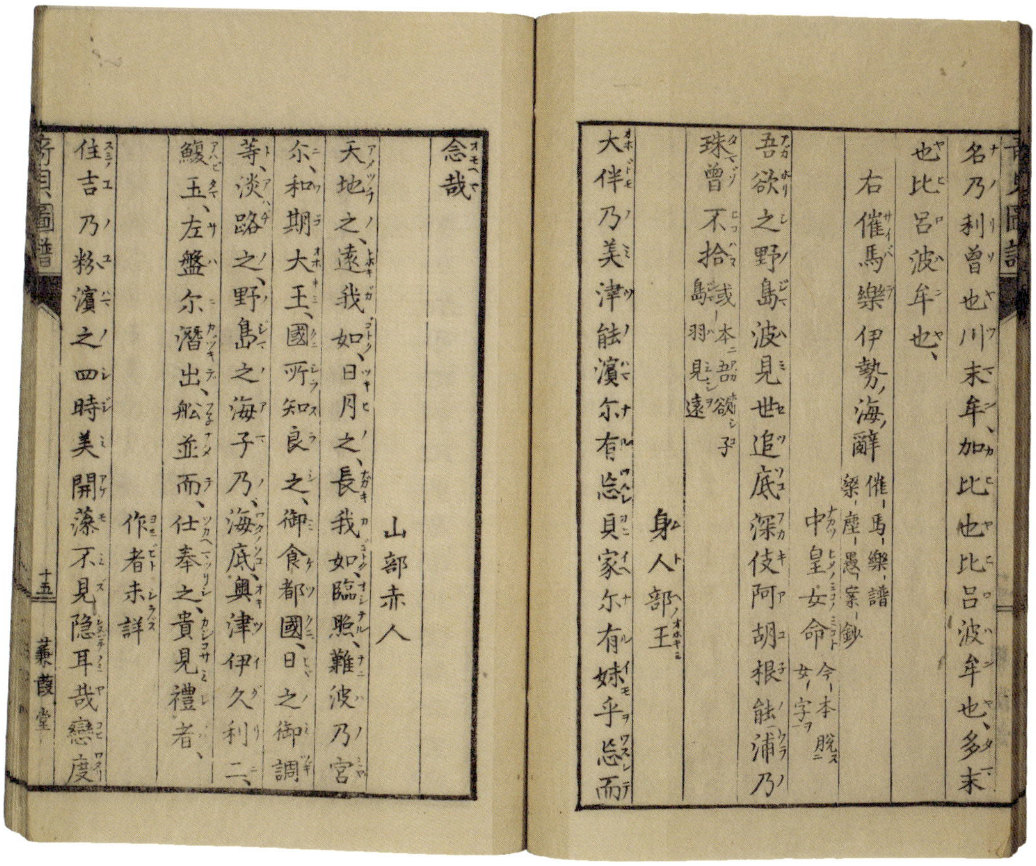
名乃利曾也川末年加比也比呂波年也多末
也比呂波年也
右催馬樂伊勢海辭 催馬樂譜 梁塵愚案鈔
中皇女命 今本脱女字
吾欲之野島波見世追底深伎阿胡根能浦乃
珠曾不拾 或本哥曰 吾欲子島羽見遠
身人部王
大伴乃美津能濱尓有忘貝家尓有妹乎忘而

念哉
山部赤人
天地之遠我如日月之長我如臨照難波乃宮
尓和期大王國所知良之御食都國日之御調
等淡路之野島之海子乃海底奥津伊久利二
鰒玉左盤尓潜出船並而仕奉之貴見禮者
作者未詳
住吉乃粉濱之四時美開藻不見隠耳哉戀度

奇貝圖譜 十五 蒹葭堂

十五オ　　十四ウ

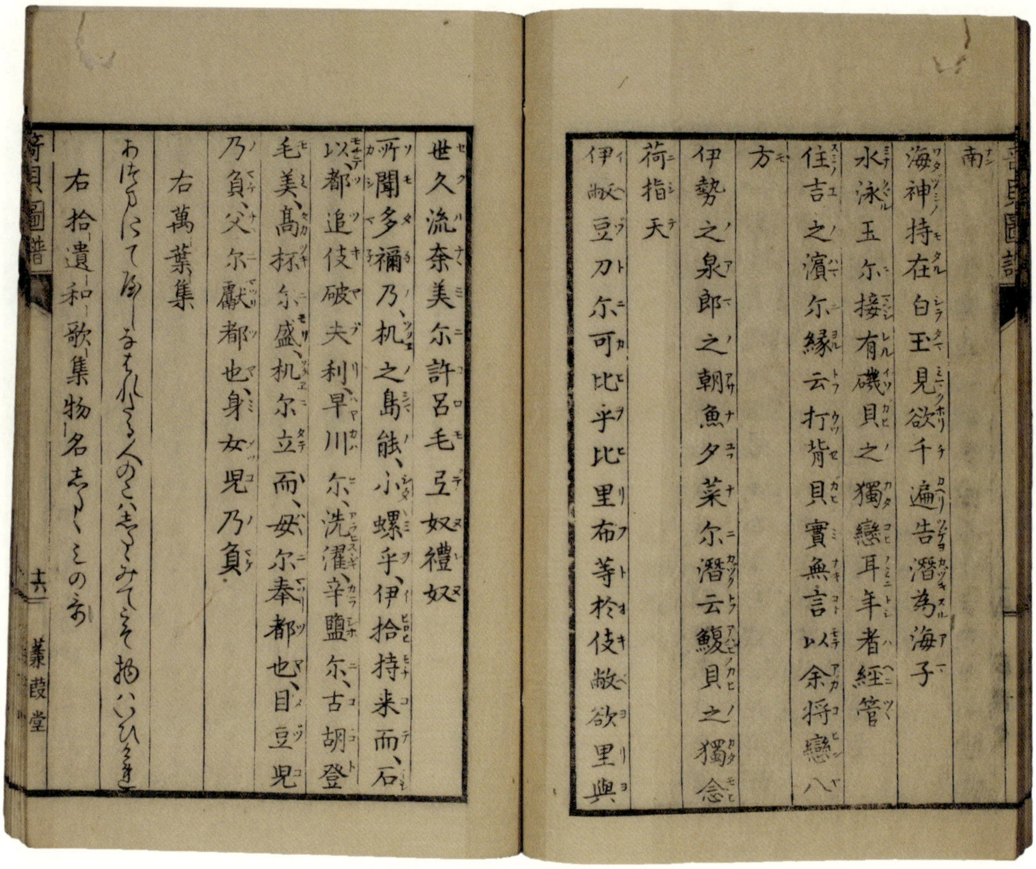
奇貝圖譜

南
海神持在白玉見欲千遍告潜為海子
水泳玉尓接有磯貝之獨戀耳年者経管
住吉之濱尓縁云打背貝實無言以余将戀八
方
伊勢之泉郎之朝魚夕菜尓潜云鰒貝之獨念
荷指天
伊敝豆刀尓可比乎比里布等於伎敝欲里與

世久流奈美尓許呂毛弖奴禮奴
所聞多禰乃机之島能小螺乎伊拾持来而石以都追伎破夫利早川尓洗濯辛塩尓古胡登毛美高杯尓盛机尓立而母尓奉都也目豆兒乃負父尓獻都也身女兒乃負
右萬葉集
[illegible]
右拾遺和歌集物名[illegible]

奇貝圖譜 十六 蒹葭堂

十六オ

十五ウ

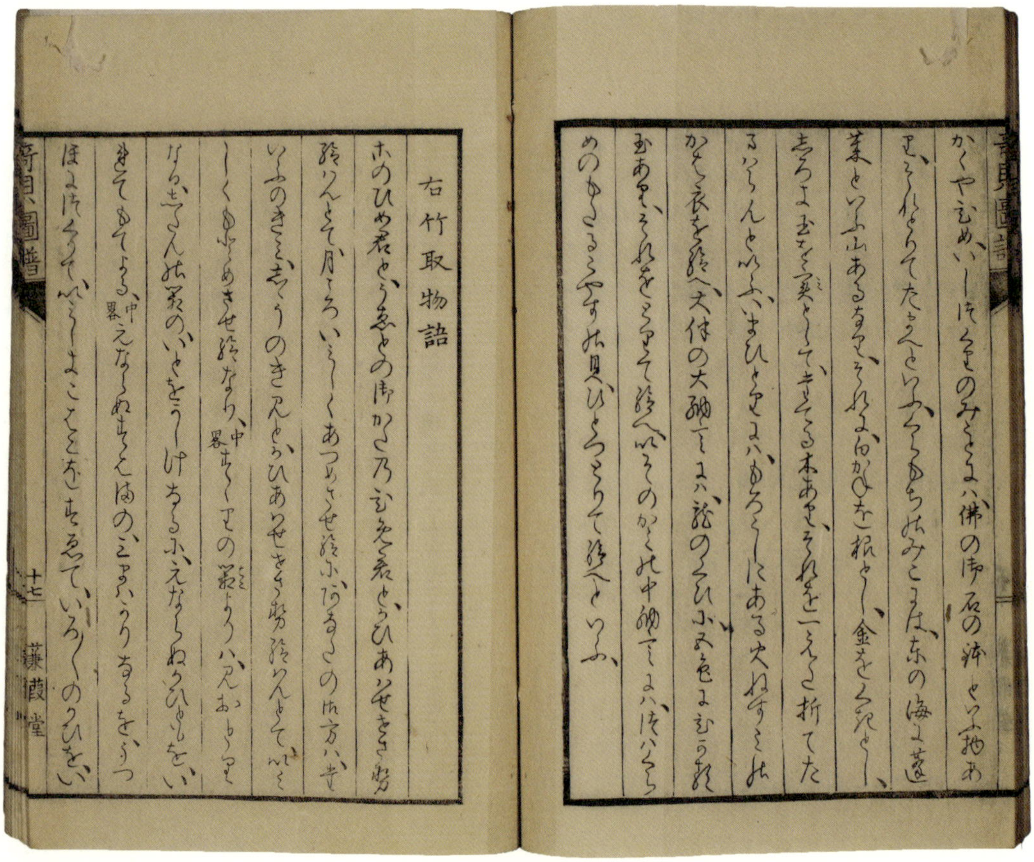
奇貝圖譜

かくやひめいしつくりのみこには佛の御石の鉢といふ物あ
り、それをとりてたまへといふ、くらもちのみこには東の海に蓬
莱といふ山あるなり、それに白かねを根とし、金をくきとし、
しろき玉を実としてたてる木あり、それ一えたを折てた
まはらんといふ、いまひとりには、もろこしにある火ねずみの
かはきぬを給へ、大伴の大納言には、龍のくびに五色にひかる
玉あり、それをとりて給へ、いそのかみの中納言には、つはくらめ
のもたるこやす貝ひとつとりて給へといふ、

右竹取物語
[illegible]のひめ君と、[illegible]の御かた乃むすめ君と、かひあはせをさせ給
はんとて月ころいみしくあつめさせ給ふに、かの[illegible]の北方は、[illegible]
いふのきみにちうのきみとかひあはせをさせ給ふとて、[illegible]
しくもとめさせ給ふなり、中略 よくその貝よりハ、みなおとらぬを
[illegible]ぬ貝のいとをかしけなるに、えならぬかひともをい
れてまてける、中略 えならぬすはまのこゝろはへありけるをうつ
ほにいれて、[illegible]ことをあはせて、いろいろのかひをい

奇貝圖譜 十七 蒹葭堂

十七オ

十六ウ

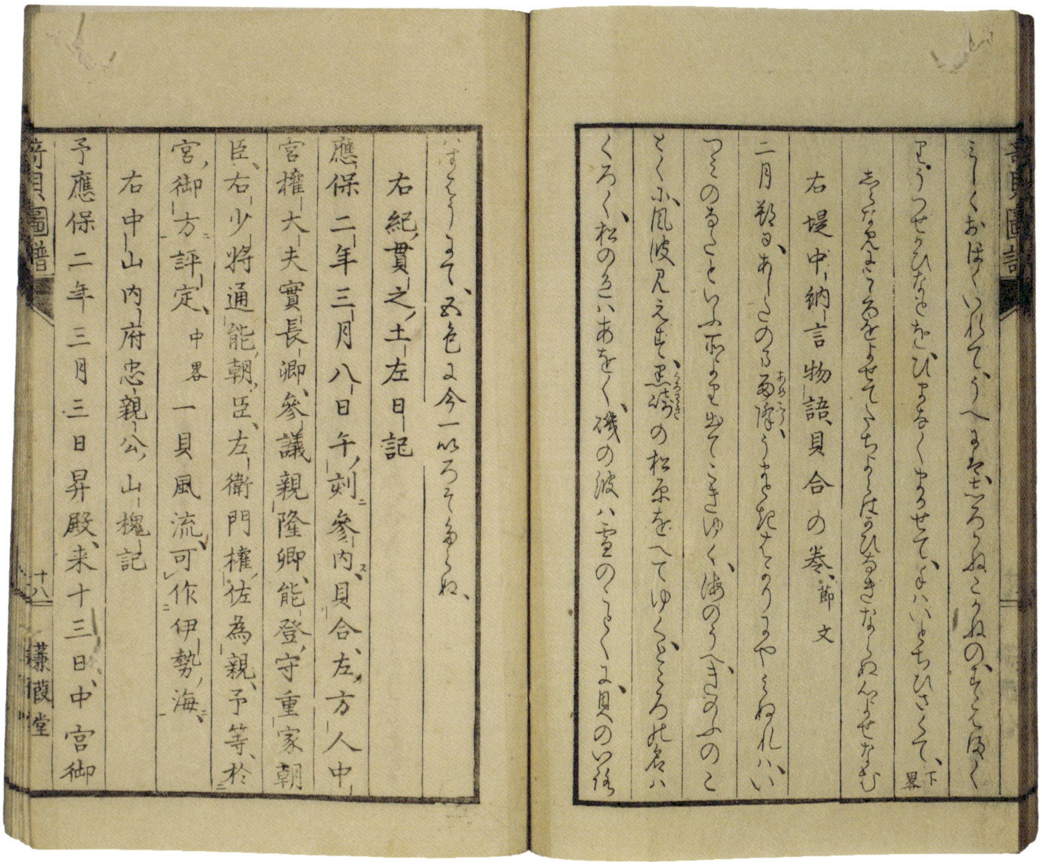

[illegible]

右堤中納言物語貝合の巻 節文

[illegible]

はすくろうまて、五色ニ今一いろそたらね、

右紀貫之土左日記

應保二年三月八日午剋参内、貝合、左方人中宮権大夫實長卿、参議親隆卿、能登守重家朝臣、右少将通能朝臣、左衛門権佐為親、予等、於宮御方評定、中畧 一貝風流可作伊勢海、

右中山内府忠親公山槐記

予應保二年三月三日昇殿、来十三日中宮御

十八オ

十七ウ

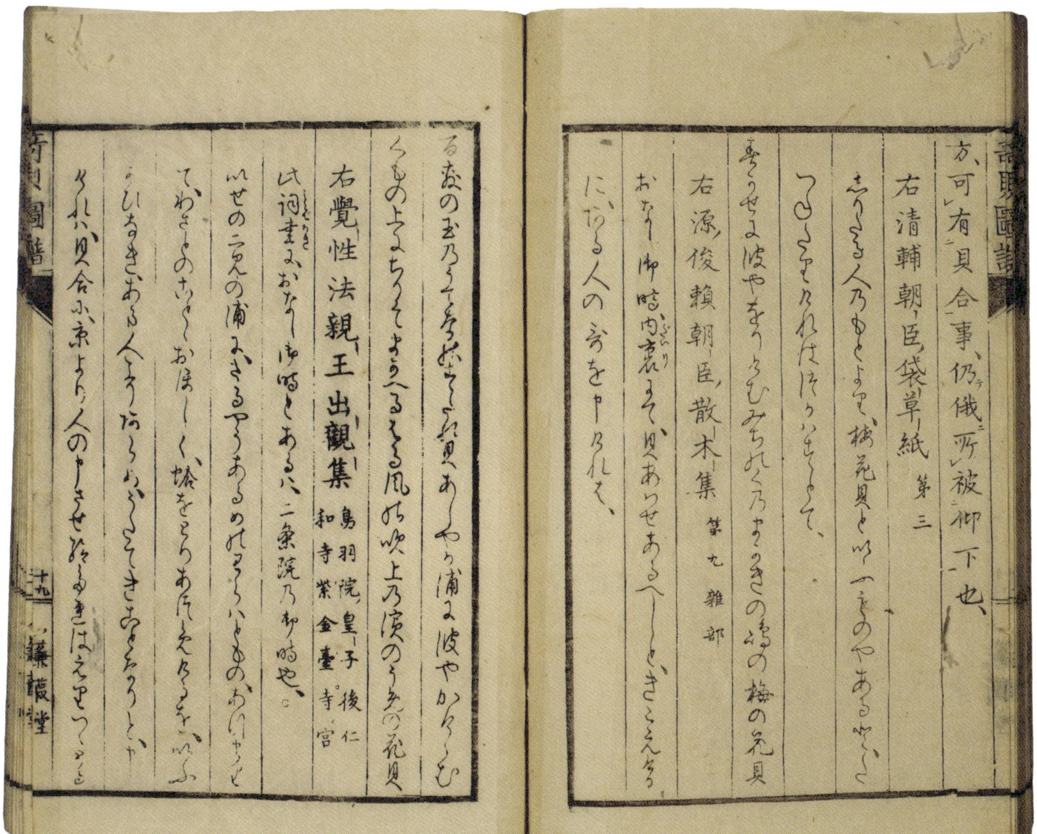

方、可有貝合事、仍儀所被仰下也、

右清輔朝臣袋草紙 第三

[illegible]

右源俊頼朝臣散木集 第九雑部

[illegible]

右覺性法親王出観集 鳥羽院皇子 後仁和寺紫金臺寺宮

[illegible]

十九オ

十八ウ

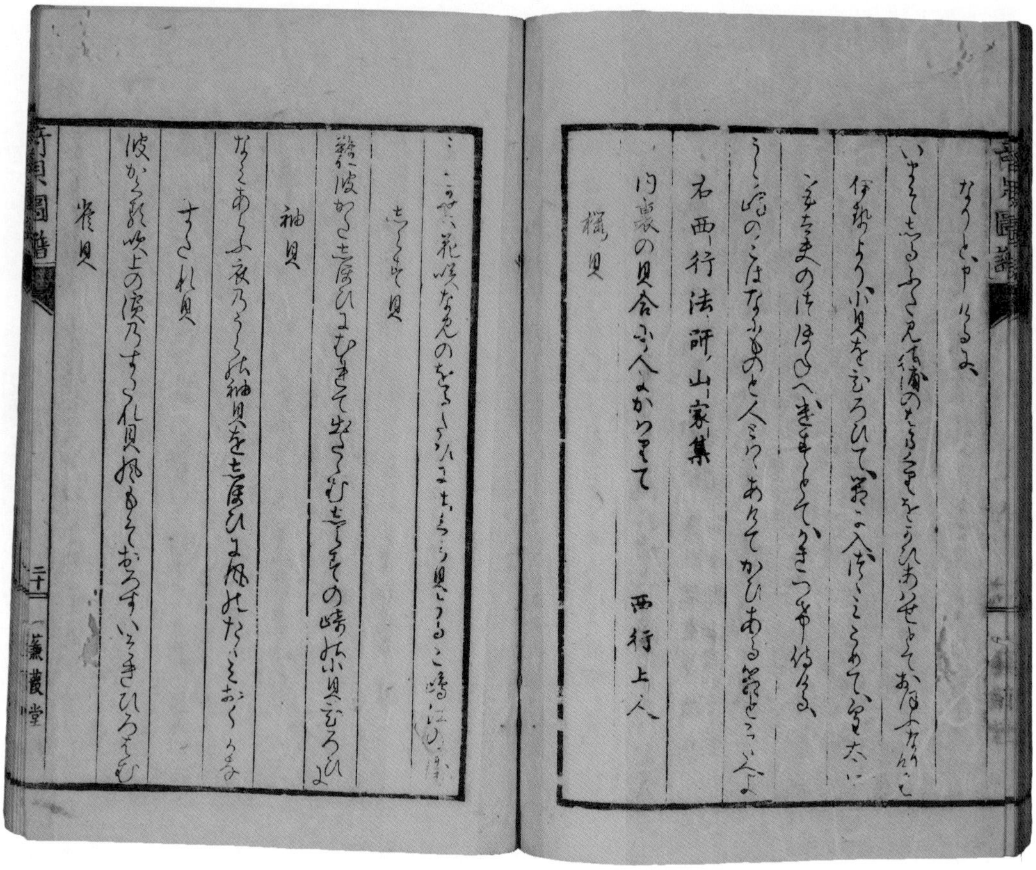
奇貝圖譜

右西行法師山家集

内裏の貝合ふ人々にかはりて

西行上人

桜貝

袖貝

すだれ貝

巻貝

二十

蒹葭堂

二十オ　　十九ウ

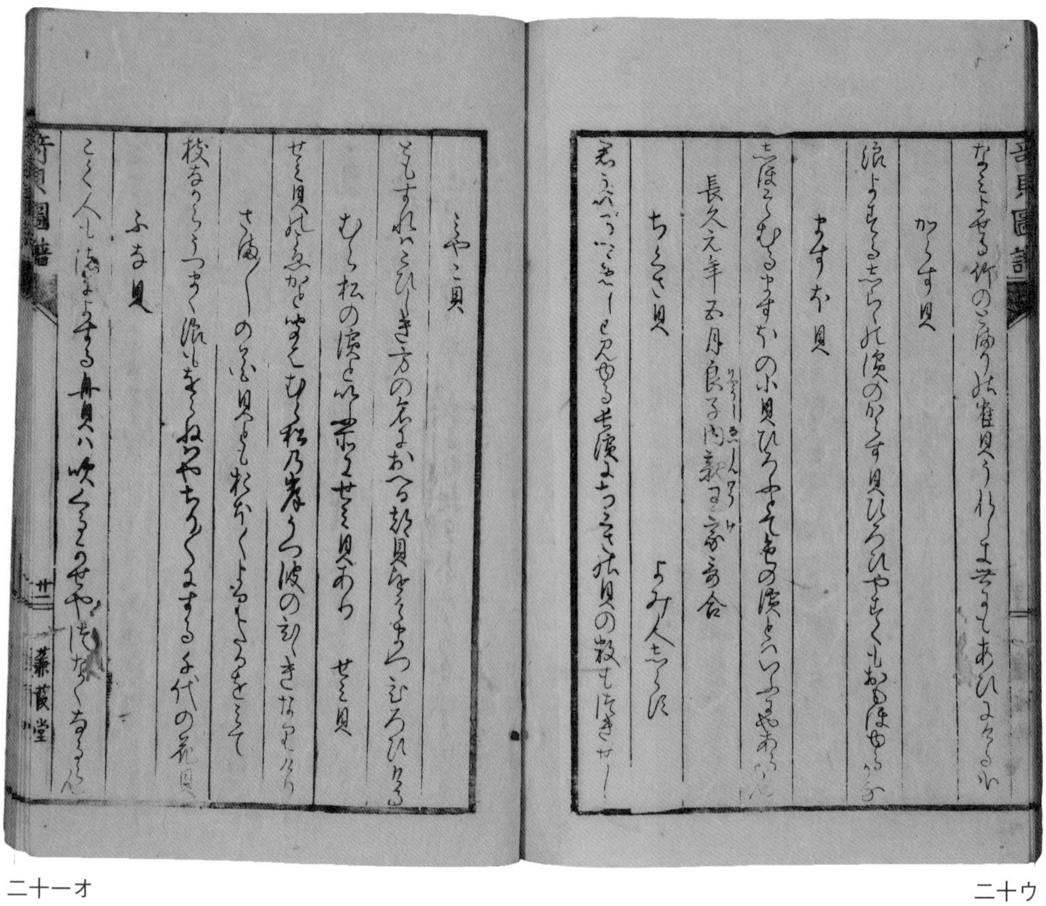
奇貝圖譜

ますほ貝

しほそむるますほの小貝ひろふとて色の浜とはいふにやあるらん

長久元年五月良子内親王家歌合

ちくさ貝

よみ人しらず

ふな貝

廿一

蒹葭堂

二十一オ　　二十ウ

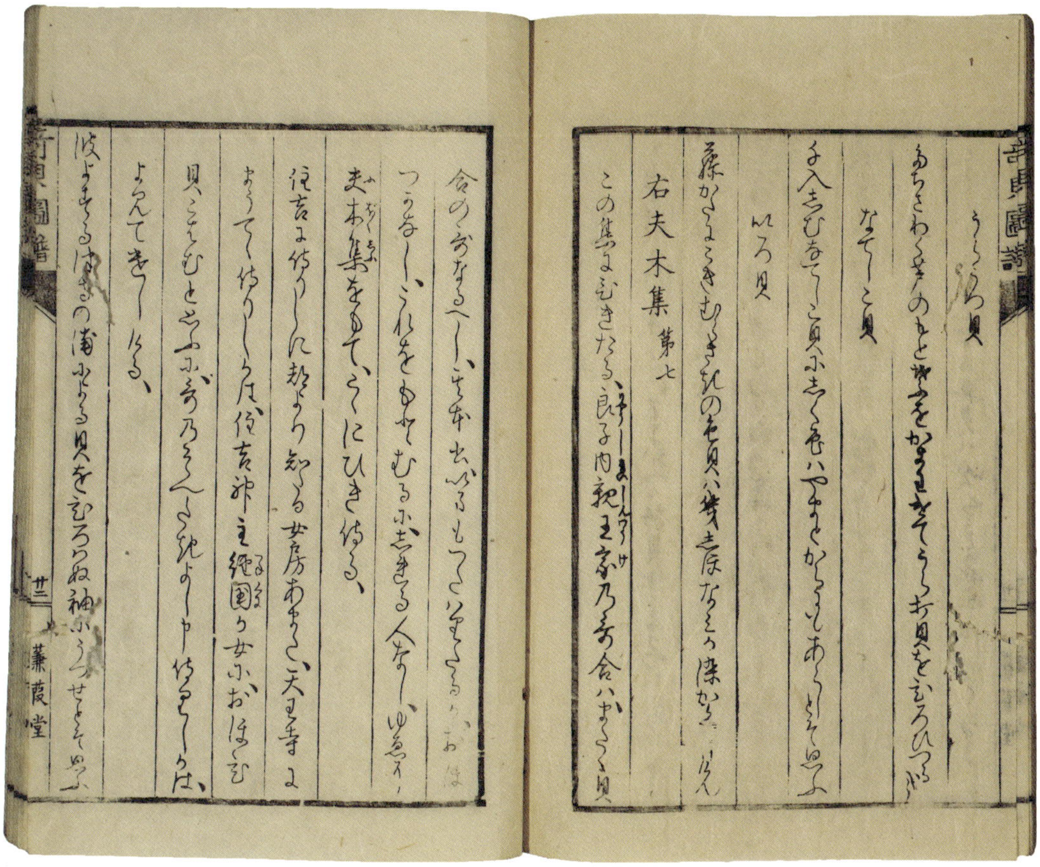

二十二オ

二十一ウ

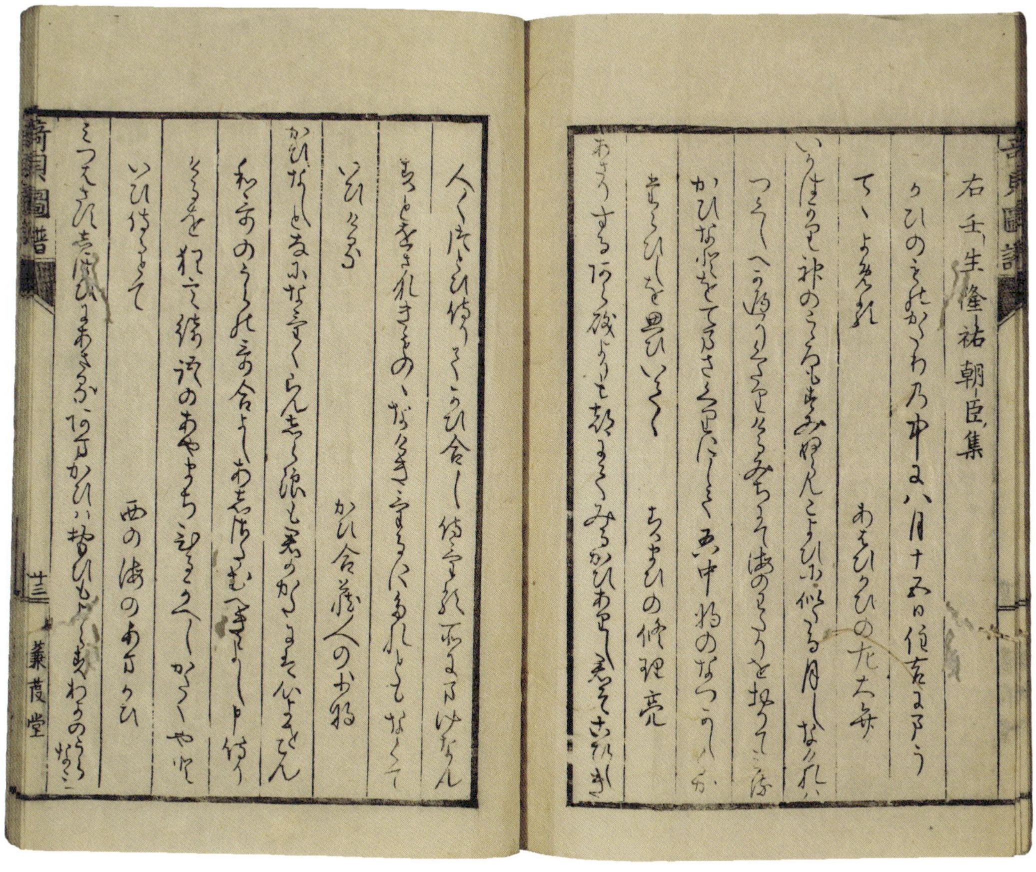

二十三オ

二十二ウ

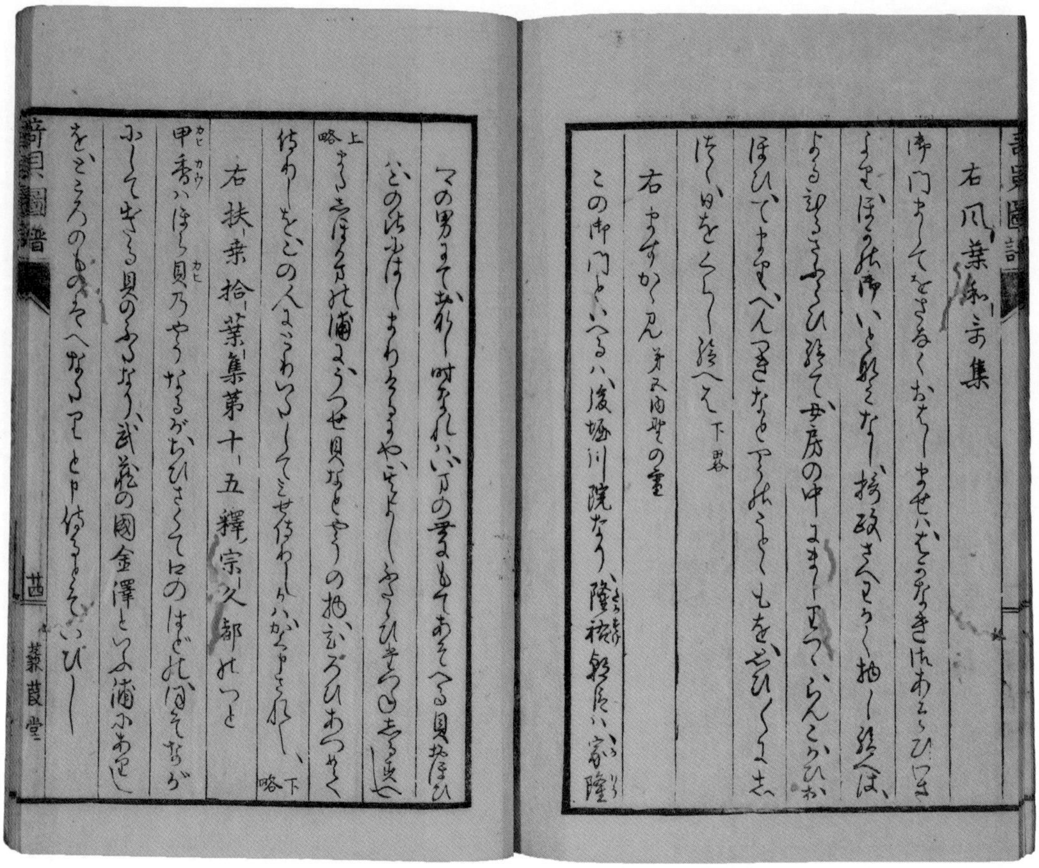

二十四オ　　二十三ウ

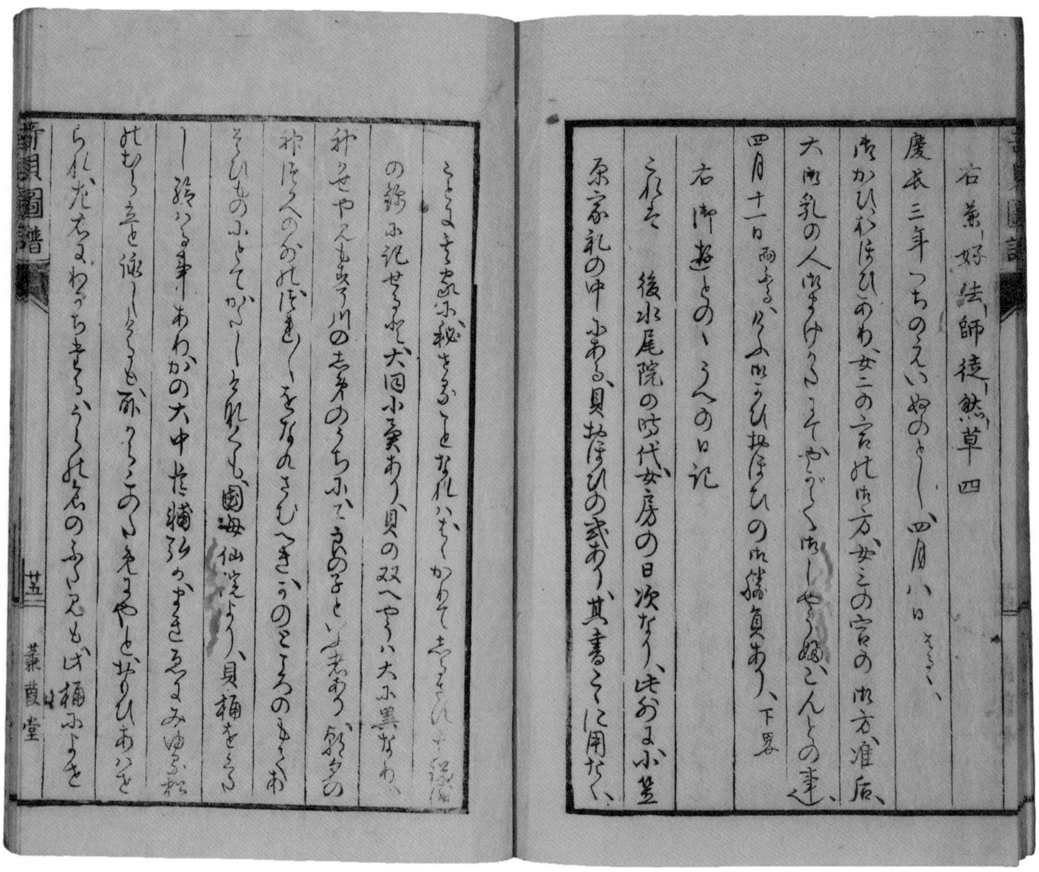

二十五オ　　二十四ウ

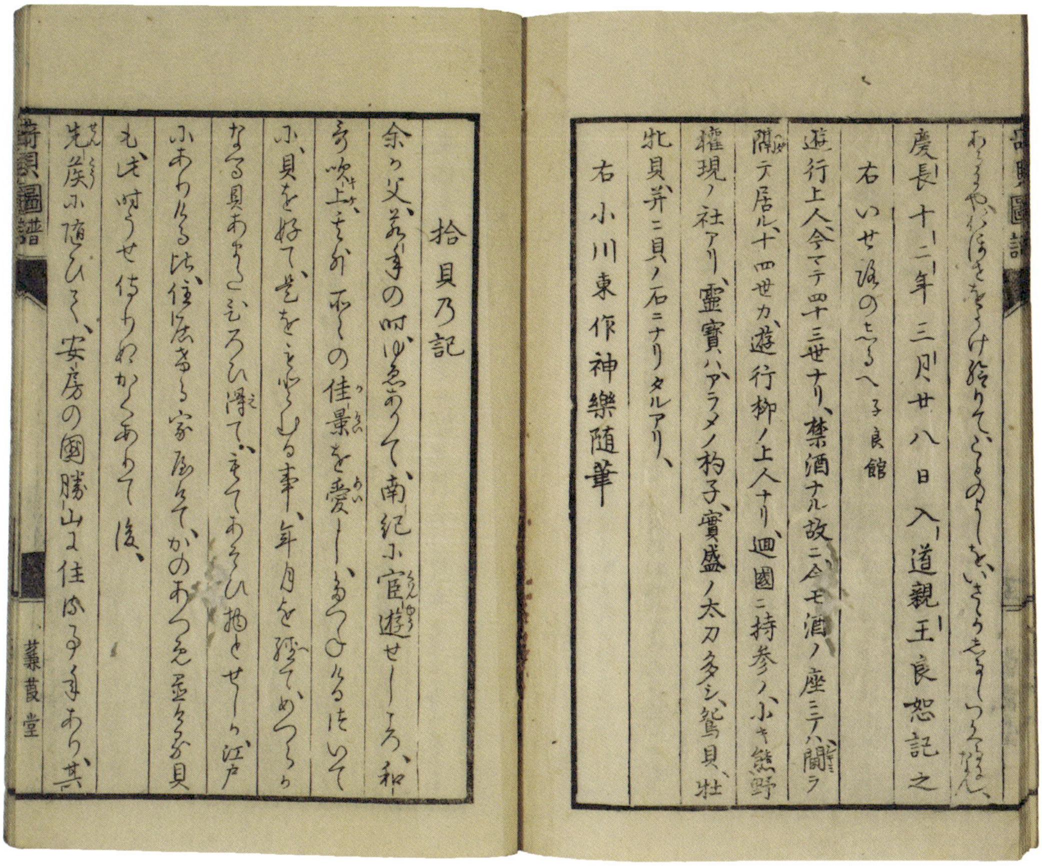

わするゝやかはほをきゝけ給りてこゝろのしをいさゝかもしるしつゝおくりたまはん、
慶長十二年三月廿八日入道親王良恕記之
右いせ路のとをへ子良館
遊行上人今マテ四十三世ナリ、禁酒ナル故ニ今モ酒ノ座ニテハ蛤ヲ
開テ居ル、十四世カ遊行柳ノ上人ナリ、廻國ニ持参ノ小キ熊野
權現ノ社アリ、霊寶ハアラメノ杓子、實盛ノ太刀多シ、鴛貝、牡
牝貝并ニ貝ノ石ニナリタルアリ、
右小川東作神樂随筆

二十五ウ

奇貝圖譜

拾貝乃記
余が父若年の頃思ありて、南紀に宦遊（くわんいう）せしころ、和
哥吹上（ふきあげ）をはじめ所々の佳景（かけい）を愛（あい）しめでつゝ名たゝる
に、貝を好て是をひろひあつむる事、年月を經てめづら
なる貝あまたひろひ得（え）て、まてあつかひ抱とせしが江戸
にありける時、住居せる家焼てかのあつめ置たる貝
も此頃うせ侍りぬかくありて後、
先侯（せんこう）に随ひて、安房の國勝山に住居し侍りける、其

奇貝圖譜　蒹葭堂

二十六オ

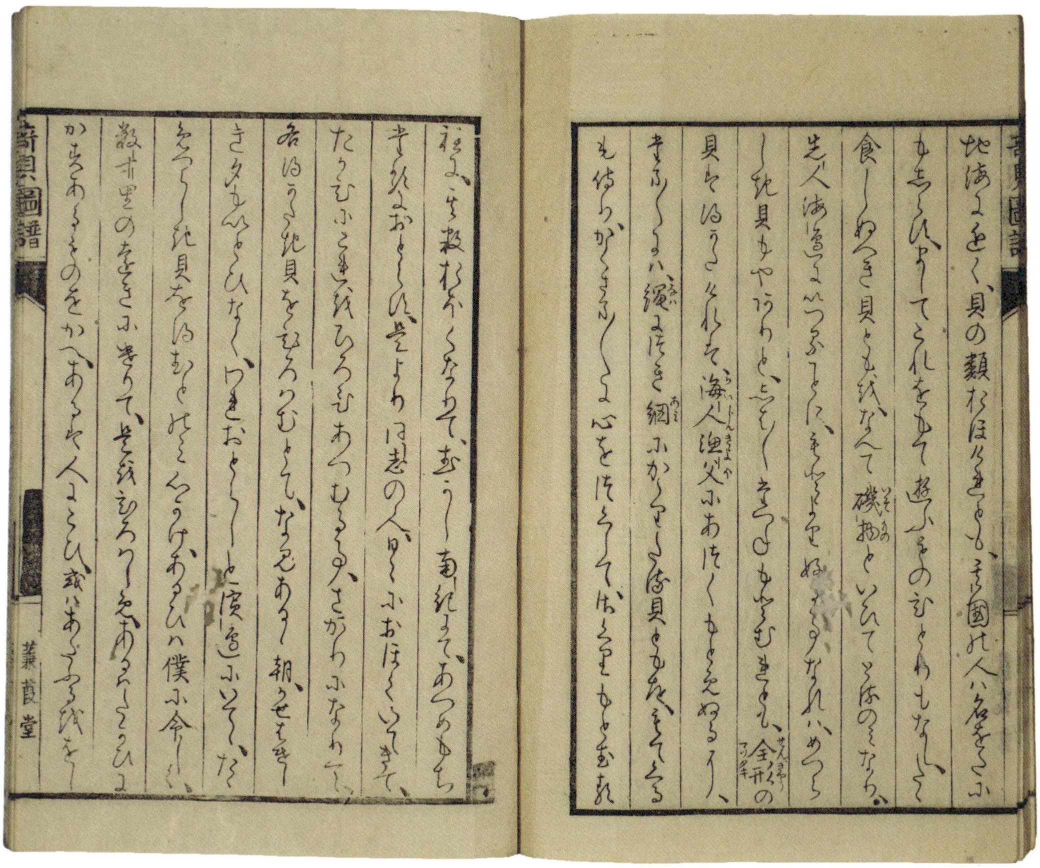

奇貝圖譜

地海にちかく、貝の類おほく寄りくるに、其國の人ハ名をもしらに
まれにえらびてこれをもて遊ぶ人もなし、たゞ
食しぬべき貝どもを拾ひなんて、磯物（いそもの）といひて一种のさかなとす、
土人海邊にひろふことにハ、おもしろきをぬけるなれハ、めづら
しき貝もやうやうとゞめしまゝにもやりあつむる事もなく、全形（ぜんけい）の
貝とぬうるもの稀なり、海人漁父（かいじんぎよほ）にあつらへしもあらぬ、
まづしきハ縄（なわ）に付き網（あみ）にかゝりたる貝もあるは、えりてくる
も侍りかくまゝしつゝ心をつくしてひろひ集め

二十六ウ

袖にいつ数おほくなりけて、あつしく南紀にてあつめたる
よりもおほくなりしぞ、是よりは志の人に見せんにおほくなりて、
たゞむかしのあつめしにもひろひあつむるに、さがらになりて、
名のある貝をひろひあつめとて、なにとある朝夕をおくり
きゝもなく、すきおもしろしと演遊にいでて、な
ぞらへし貝をものせしもあるけるを、あるひハ僕に命じて
数十里のかなたにいきて、是をひろひしめ、あるはとかひよ
かへあるものをかへ、あるは人にこひ、或はあがなふてこれを

奇貝圖譜　蒹葭堂

二十七オ

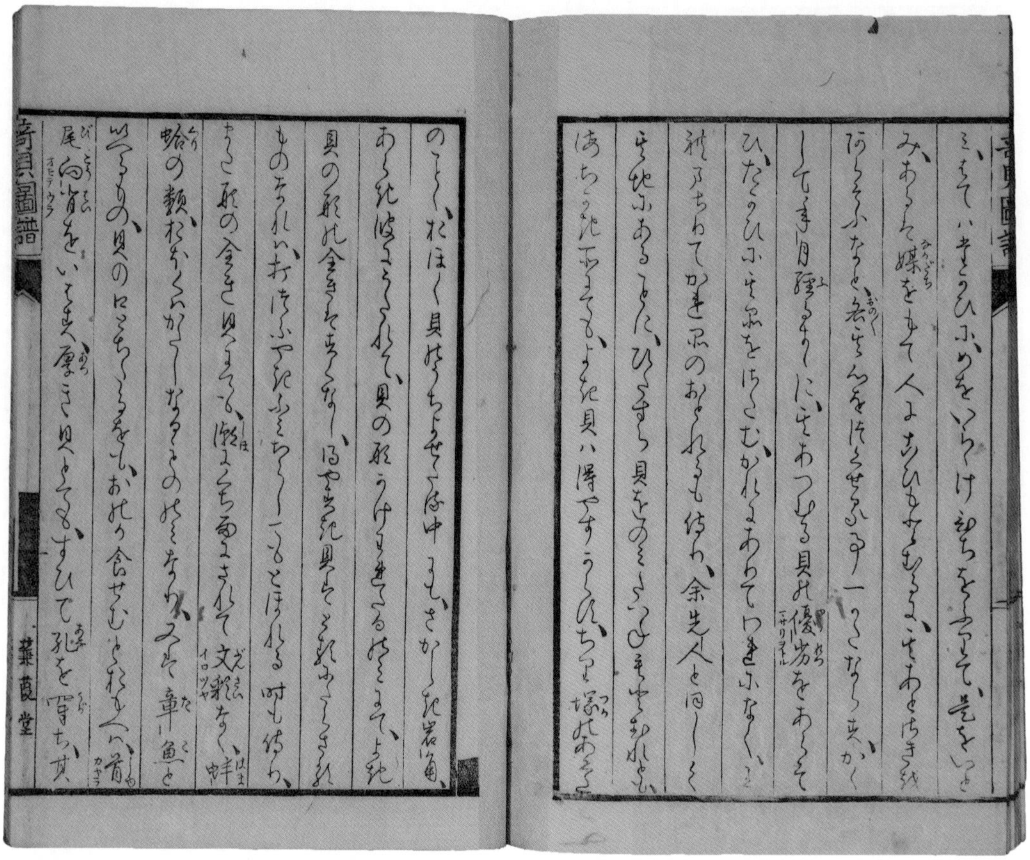

二十八オ　二十七ウ

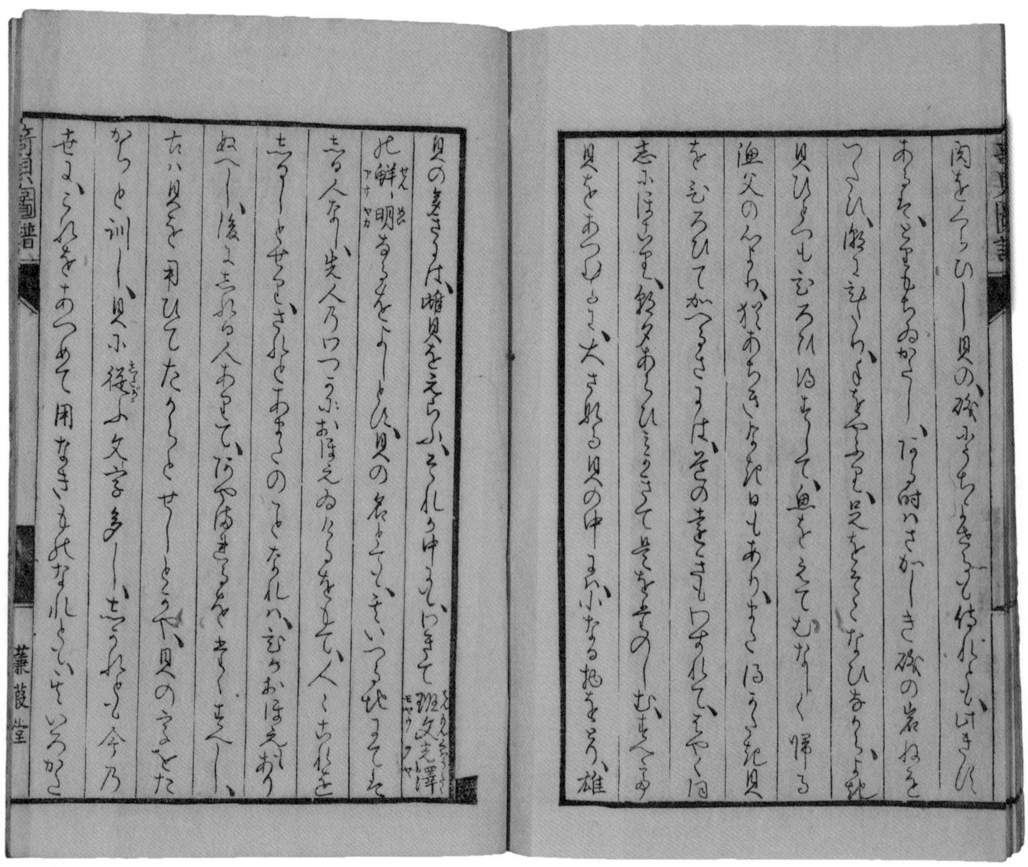

二十九オ　二十八ウ

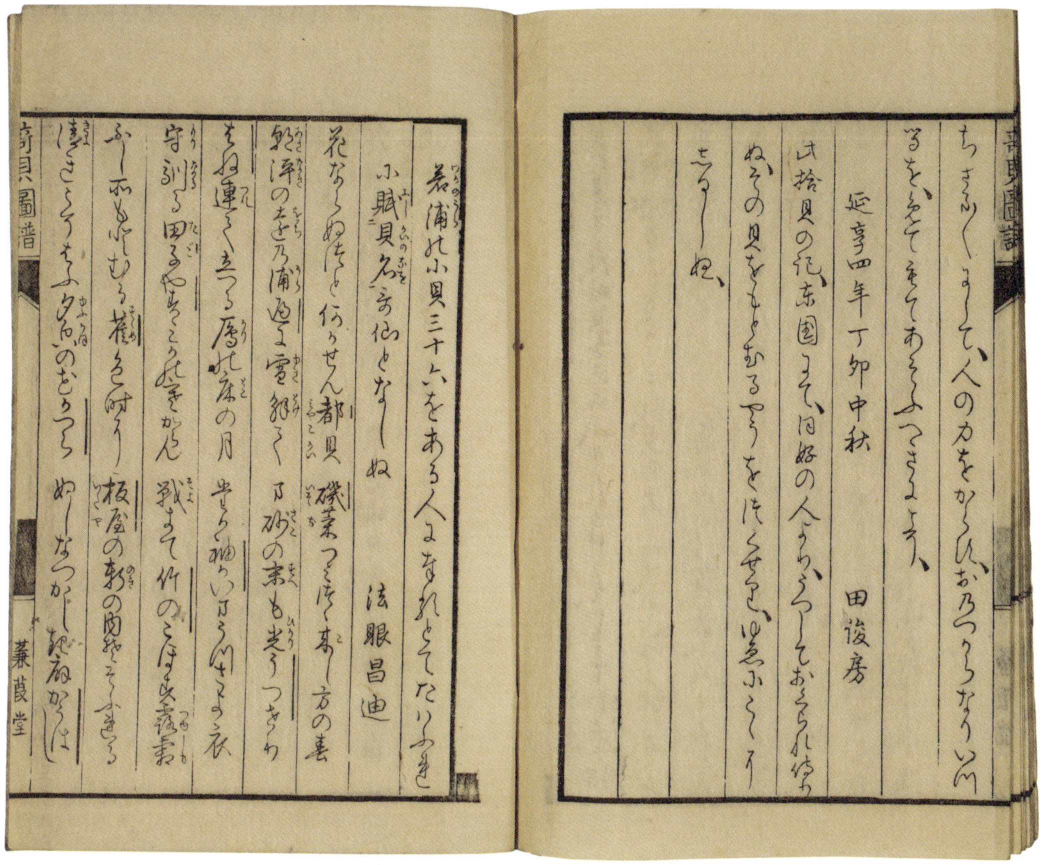

三十オ　　二十九ウ

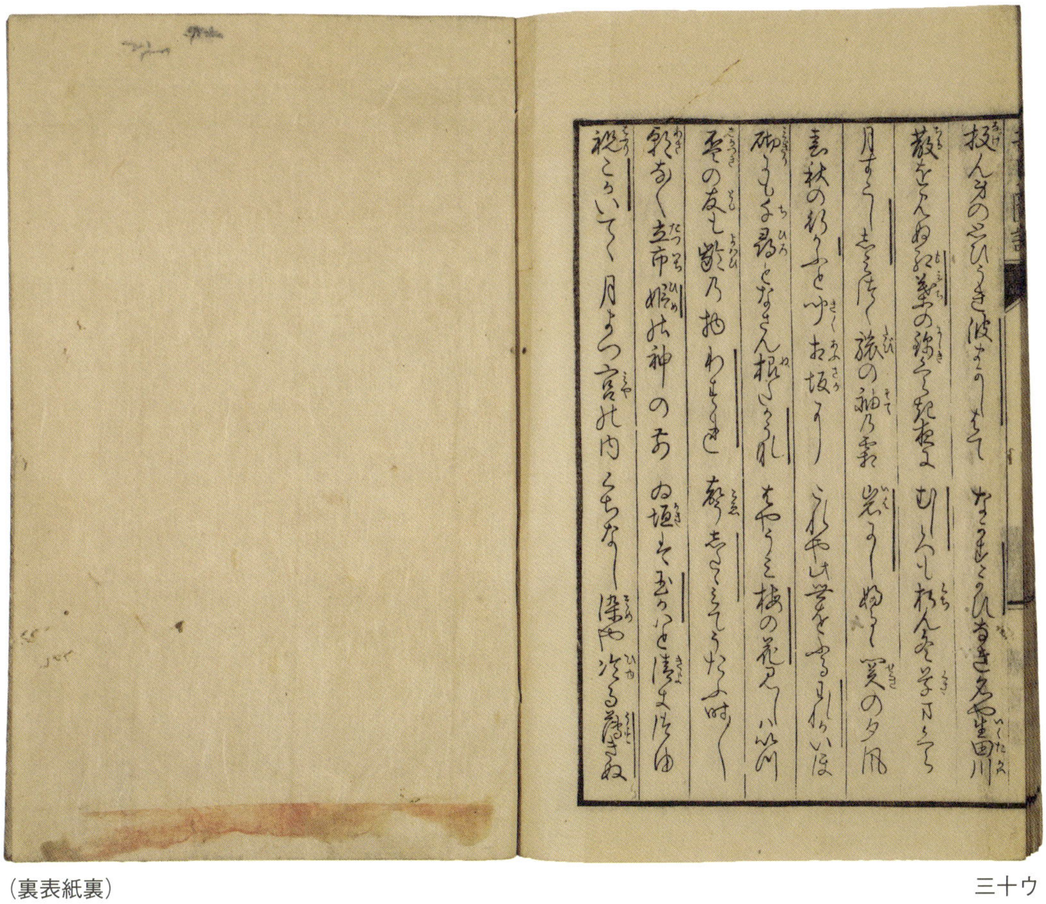

（裏表紙裏）　　三十ウ

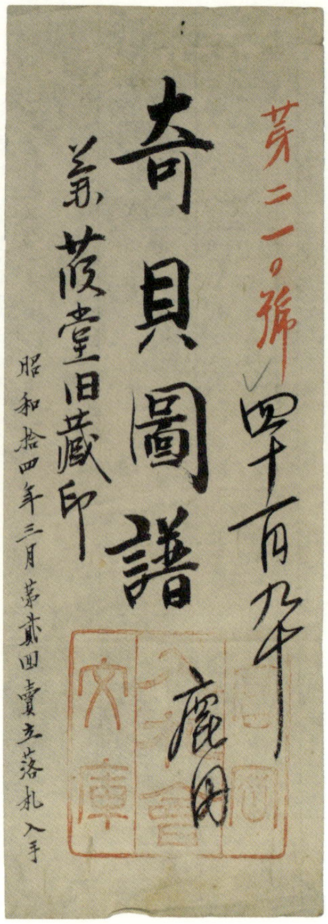

富岡文庫入札会・入札票

裏表紙

10

「薩州蟲品　附日向大隅琉球諸島」

【書誌情報】

①外題：薩州蟲品　附日向大隅琉球諸島　内題：薩摩州蟲品　附日向大隅琉球諸島　②装丁：袋綴　③表紙：色／藍、文様／有、寸法／27・5×19・3　④丁数：十六丁　⑤序跋：無　⑥刊記：無　奥書：無　⑦書入：有　⑧蔵書印：表紙…「蒹葭堂」（朱文長方印）　一オ…「蒹葭堂」（朱文長方印）　⑨伝来：辰馬悦蔵→辰馬考古資料館

【解題】

蒹葭堂旧蔵本。表紙表に外題「薩州蟲品　附日向大隅琉球諸島」、一オに内題「薩摩州蟲品　附日向大隅琉球諸島」を墨書する。表紙および一オに蒹葭堂の蔵書印「蒹葭堂」（朱文長方印）を捺す。公刊された様子はなく、管見の限り、写本は五種伝わる。辰馬考古資料館所蔵本は蒹葭堂所蔵本として、原本に最も近いものと推定できる。

本書は、薩摩藩支配の薩摩・大隅・日向・琉球・奄美大島・喜界島で採取された虫類の図に名称や色、大きさ、採集場所等を記載した博物図譜で、全三七六品を収録する。江戸時代には、動植物や鉱物の種類のことを品類といい、その中の小グループの「品類」を「蟲品」「魚品」などと称したのであるが、学術的に現在、昆虫（節足動物門汎甲殻類六脚亜門昆虫綱）と定義される以外に、当時の分類概念では、カエルやヘビ、ムカデ、クモ、サソリ等も「蟲品」に含まれる。各頁に縦・四マス、横・三マスの格子線を引き、一マスごとに一匹の虫を描くが、名称のみの記載で図を伴わないものも多い。方言での名称記載もあり、蝶は「ハヘル」、蜻蛉は「イス」などと記す。当時の呼称が確認でき、方言学の観点からも貴重な資料である。

辰馬考古資料館所蔵本には、著者名の記載がなく、また描写力や筆遣いなどを根拠とした図の筆者の特定も難しい。しかし、杏雨書屋に所蔵される紀伊の博物・本草学者、畔田翠山（一七九二～一八五九）による写本の巻末には「蟲品図蒹葭堂所図也」と記され、蒹葭堂が図したものと見做している。また、大坂の本草家、岩永文楨（一八〇二～六六）による写本「重修本草綱目啓蒙増補抄録」（国立国会図書館蔵）に、蒹葭堂が薩摩藩主・島津重豪（一七四五～一八三三）より日向大隅琉球三国の虫類の標本を賜り、その形状を自写して「蟲品」という名の一冊にまとめたと注記される（矢野宗幹「蒹葭堂の『薩州蟲品』」『大阪史談』二号、一九五七年）。

蒹葭堂と薩摩藩との親密さは、薩摩藩儒・赤崎海門（一七三九あるいは一七四二～一八〇二あるいは一八〇五）ほか藩関係者との交流や、大坂藩邸での紫水晶拝見（享和元年四月十六日）など「蒹葭堂日記」における諸記録からも裏付けられる。寛政八年（一七九六）十一月には、蒹葭堂は江戸参府途次の琉球使節と大坂の薩摩藩邸で対面し、薩摩藩を通じ、さらに遠方である琉球やその周辺に対する関心を深めていったと想像される。

重豪も江戸の本草家、田村藍水（一七一八～七六）に琉球の植物標本百余種を与え「琉球産物志」（明和七年序）にまとめさせるなど、琉球研究をすすめていた。重豪の昆虫標本の保存への興味もシーボルト『江戸参府紀行』に伝わる。文楨の証言通り、重豪から贈られた標本を用いて、蒹葭堂自ら「薩州蟲品」を編じた可能性は十分に考えられる。詳細については本書論攷篇の拙稿を参照していただければ幸いである。

（中村真菜美）

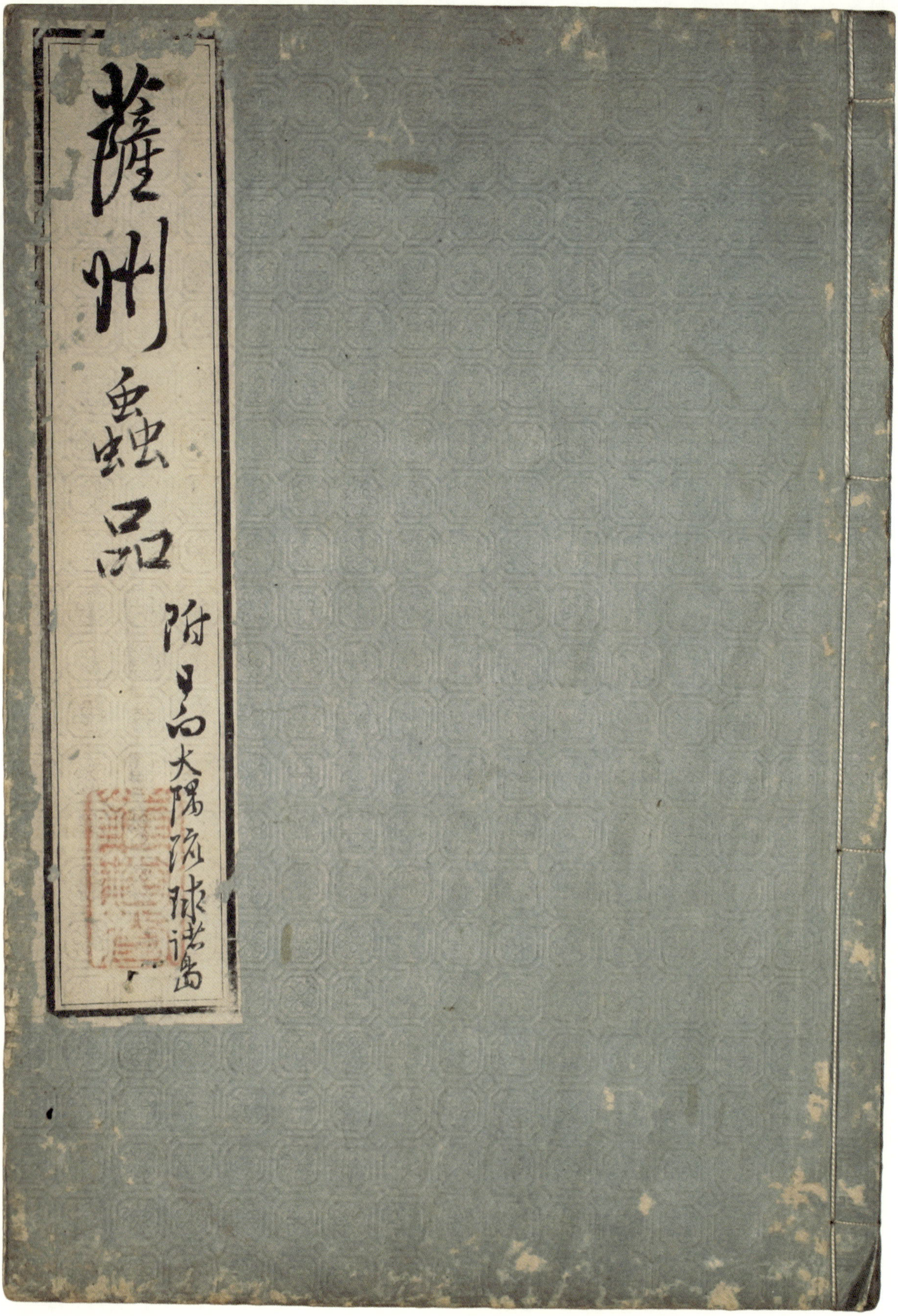

表紙

（表紙裏）

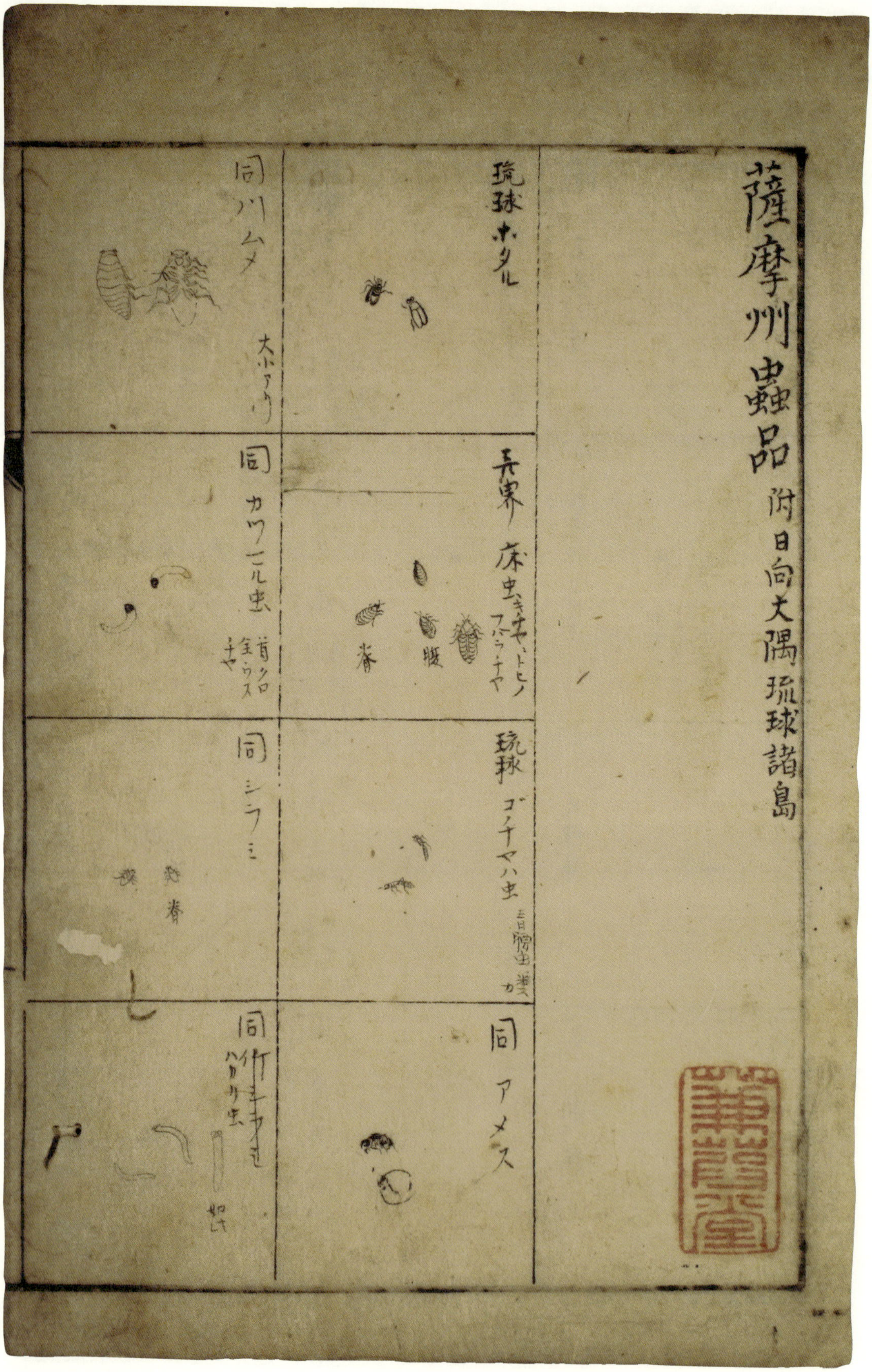

一オ

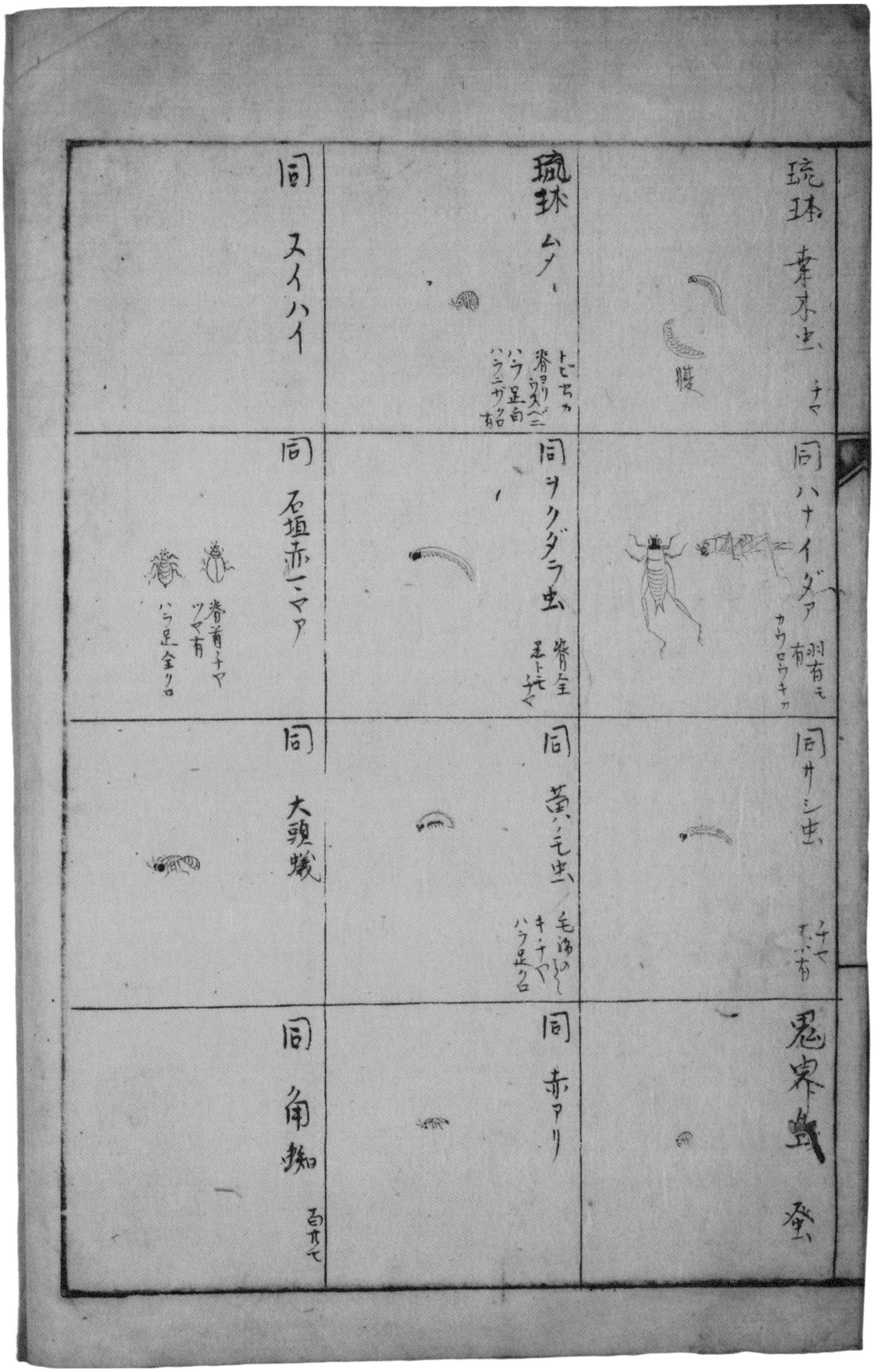
琉球 桑木虫
腹
同 ハナイダア
同 サシ虫
鬼界島
蚕
琉球
同 シクダラ虫
同 黄ハ毛虫
同 赤アリ
同 スイハイ
同 石垣赤一マア
脊首チヤ
ツマ有
ハラ足全クロ
同 大頭蟻
同 角蜘

一ウ

同 キシマノ木虫

脊鼠色

同石垣 アヤニヤア 如螢

鬼界 ハイ

首赤 尻黄

同 川ハイ

同 尾ウジ

琉球 バンダ亡虫

同 サテカワラ虫

鬼界 ウシハイ

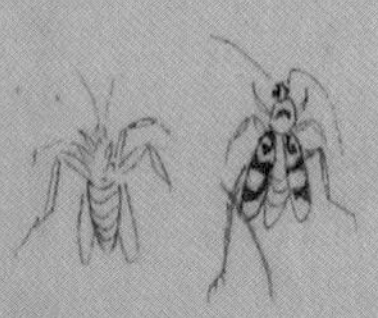

同 根木虫

頭尾カキ色 ウスリ全 鼠ノ文クロ アシカキ

同 スコブヒイラア

琉球 蚊

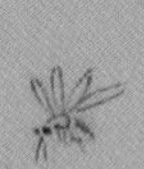

同 ハイ

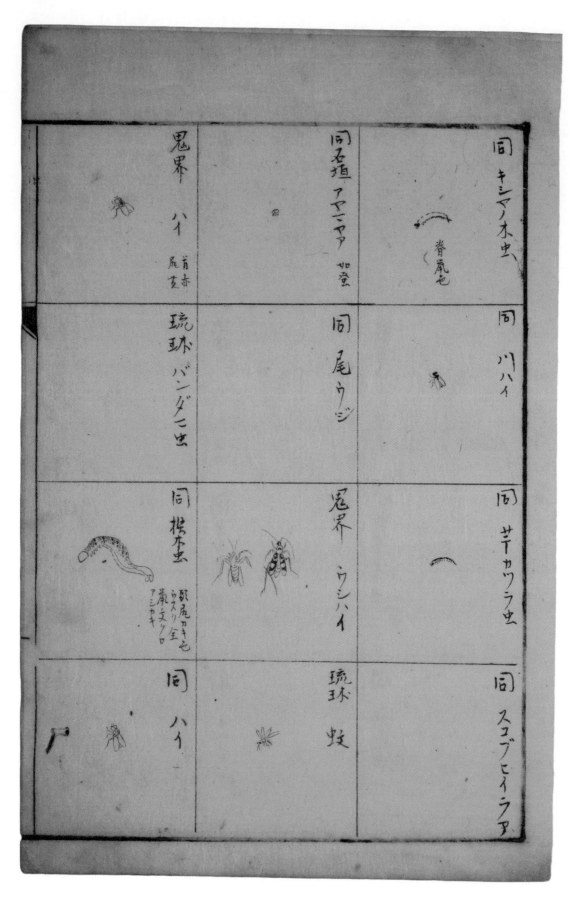

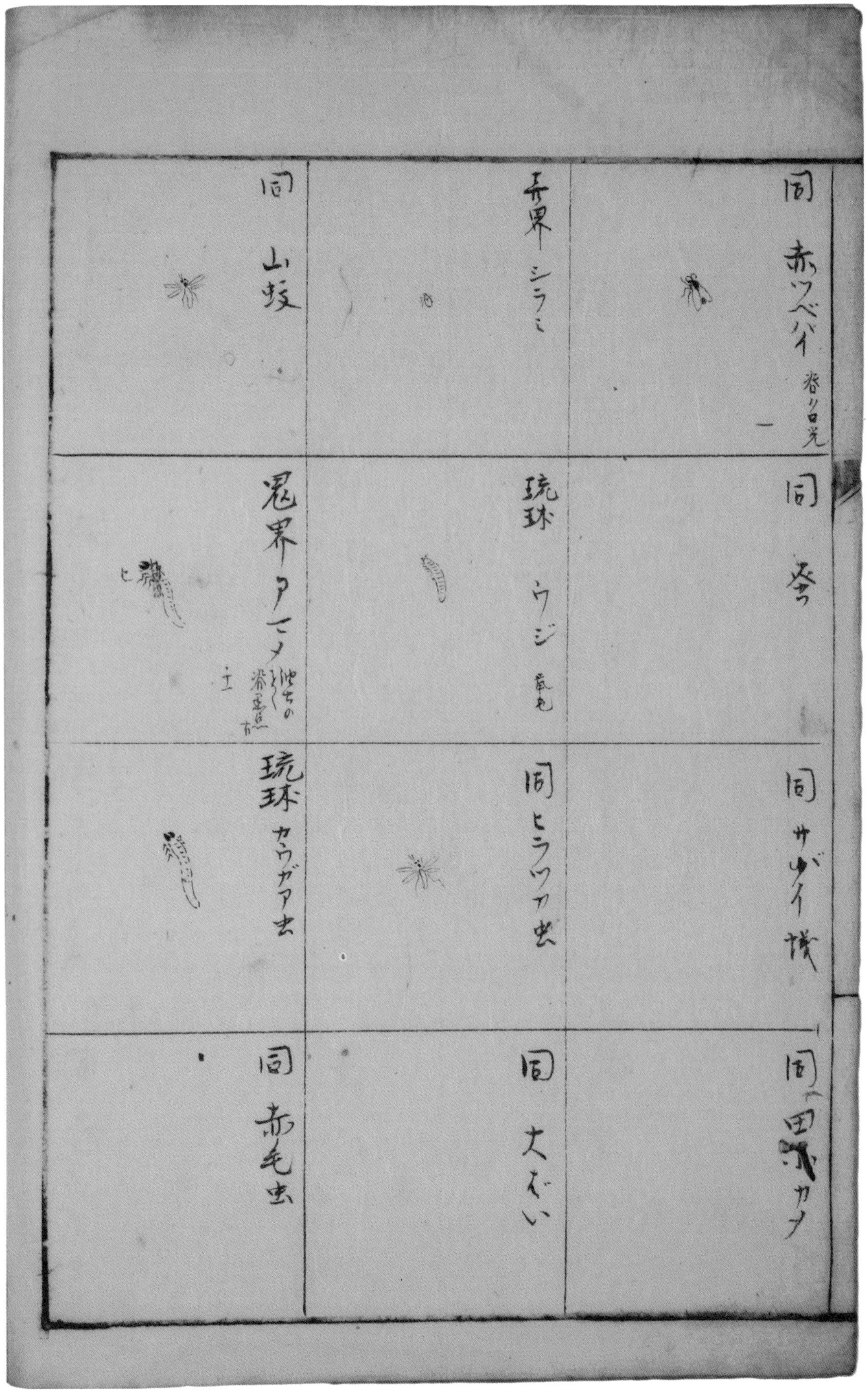

同 赤ツベバイ
喜界 シラミ
同 山蚊
同 蚕
琉球 ウジ
喜界 アセメ
同 サガイ
同 ヒラツカ虫
琉球 カウガア虫
同 大だい
同 赤毛虫

ニウ

琉球 竹シラミ

同 蜂

同 スイキマ 小也

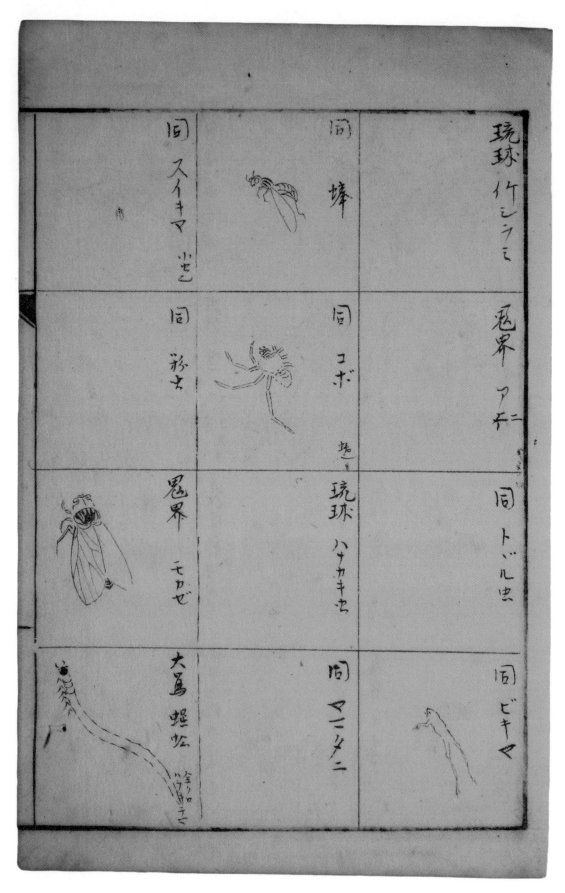

喜界 アニ

同 コボ

同 形虫

同 トゞル虫

琉球 ハナカキ虫

喜界 セカゼ

同 ビキヤ

同 マニメニ

大島 蜈蚣 全クロ ハラ赤テヽ

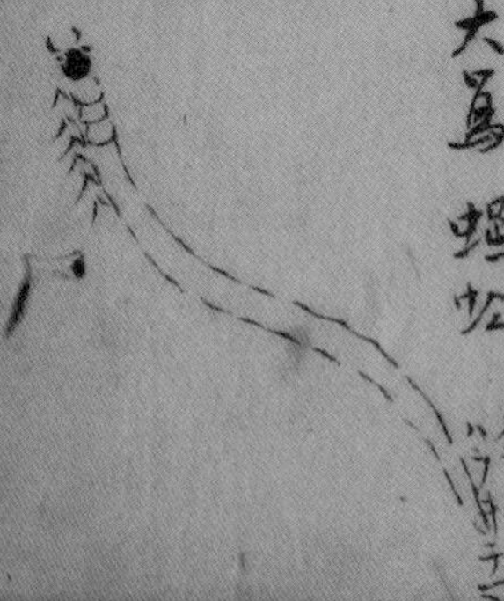

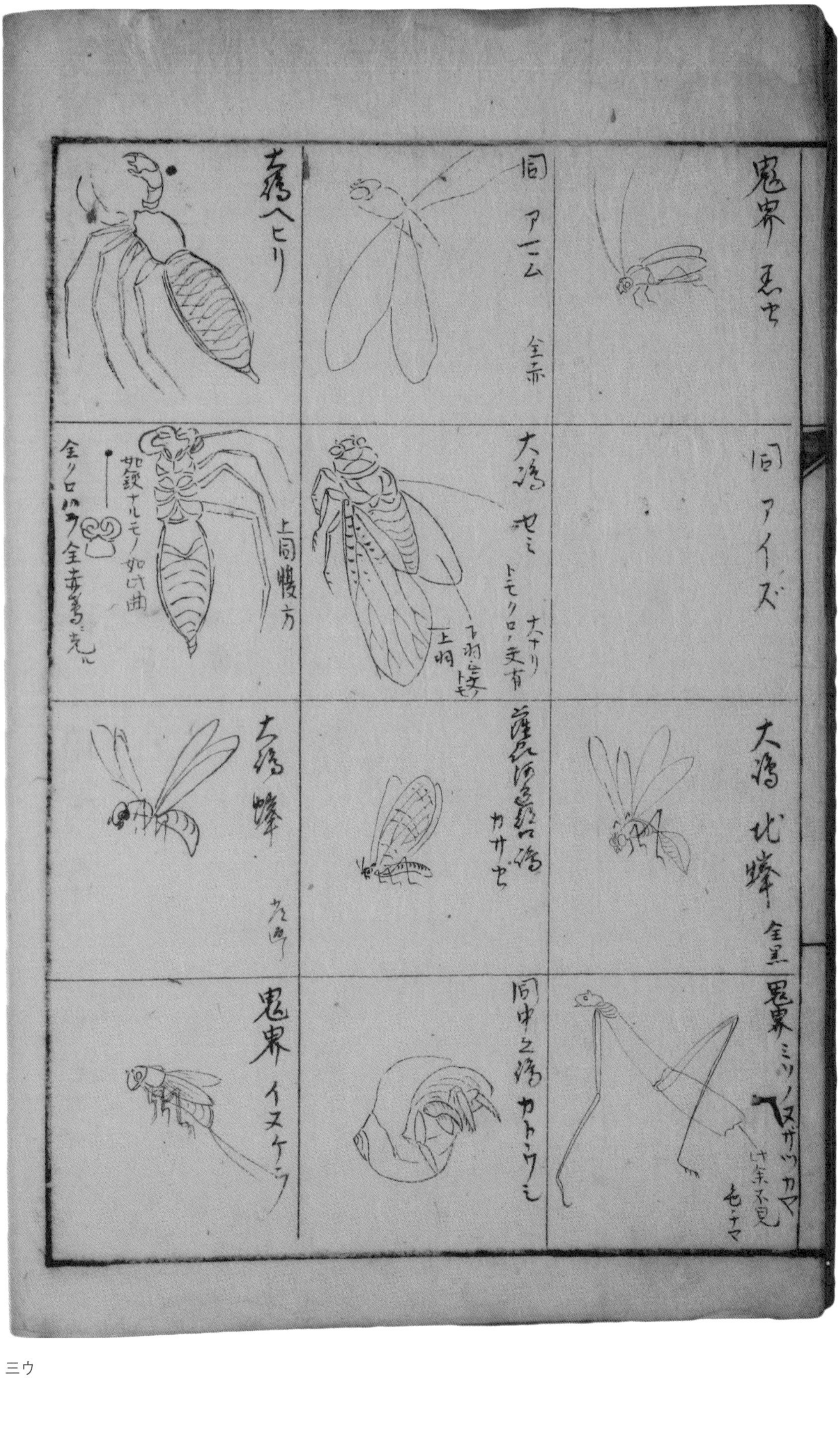

三ウ

産所ゟ西北ノ地村 全長八 イ口 首ニモリ

同 黒鴇 ヨブ虫

大鴇 アタン 蝿

同河邊 黒鴇 ヤキリアブ

大鴇 ツンクタリ

黒鴇 ハツ

同 中鴇 カカセ

同 キリムシ コカネ虫ニ同 ハラアシ白 セカシラ羽 ミドリコク セイシウノ如 光ル

王北界 カアクタ ハツタリ加 羽細モツ

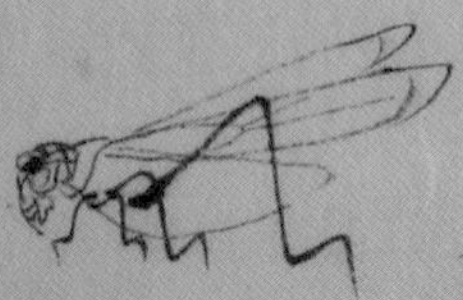

鬼界 ヘツコ

鬼界 戸カギリ

同 ミミヅス

四オ

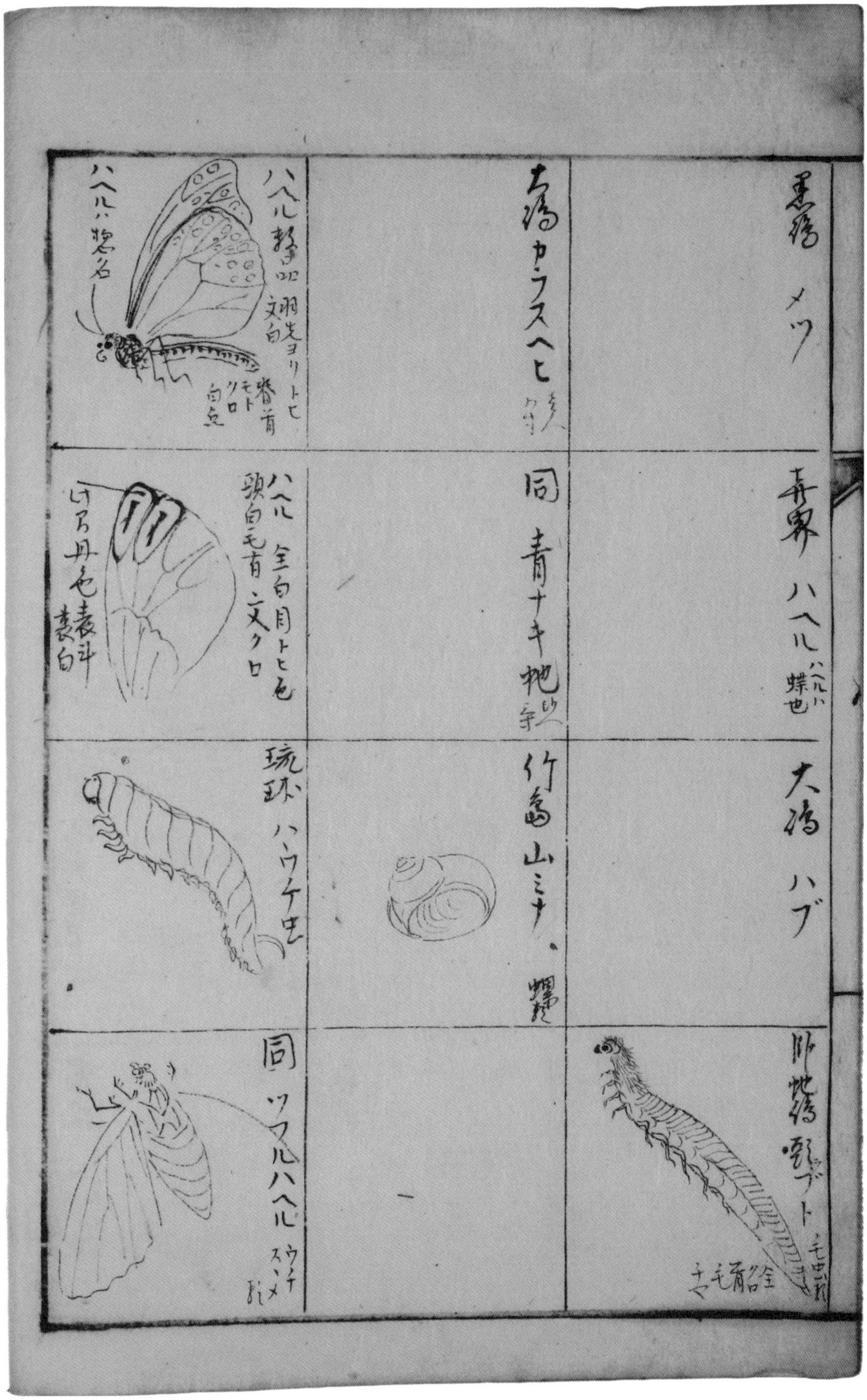

四ウ

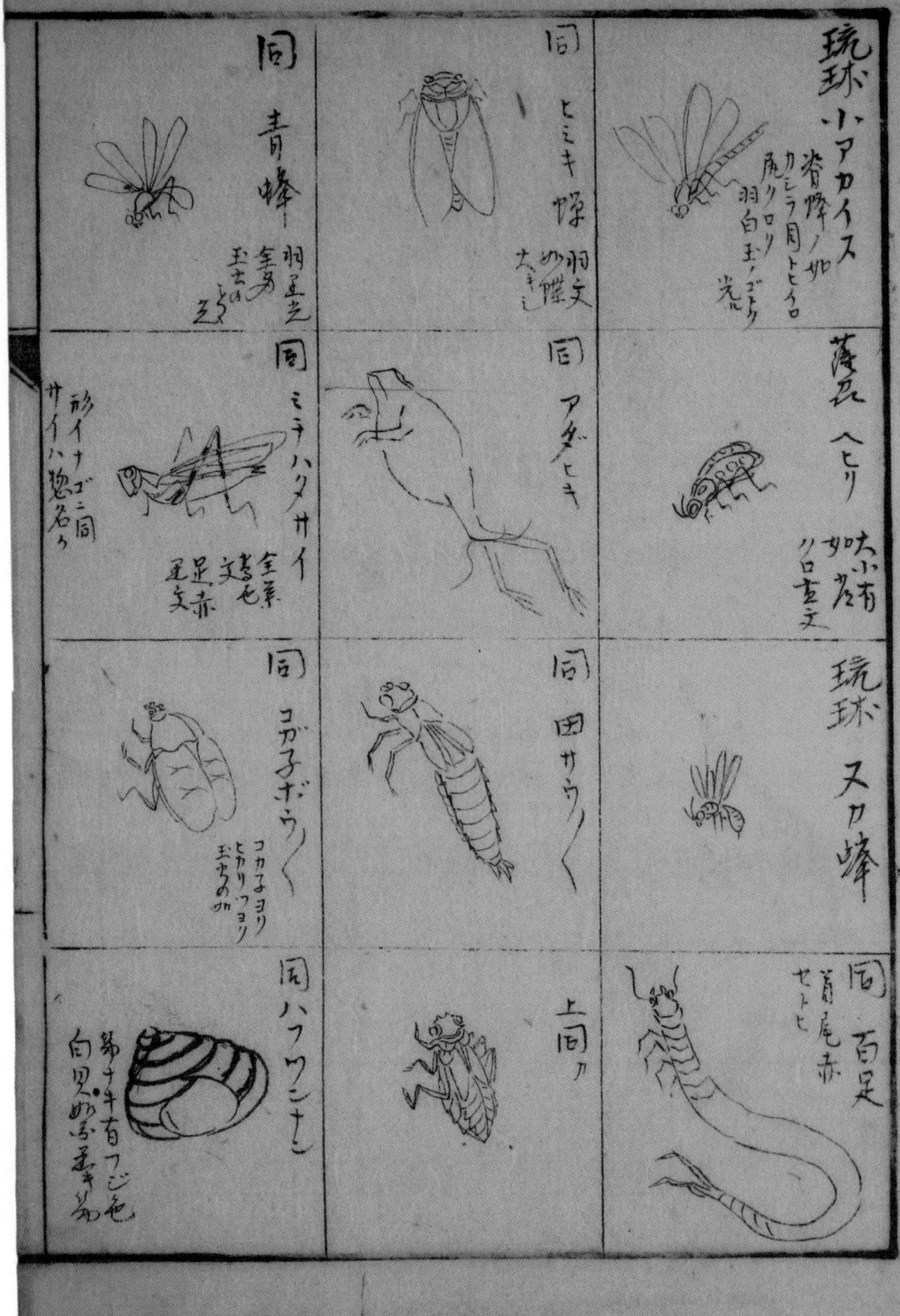
琉球 小アカイス
同 ヒミキ蝶
同 青蜂
薄衣 ヘヒリ
同 アダヒキ
同 ミチハタサイ
形イナゴニ同 サイハ惣名ク
琉球 スカ蜂
同 田サウく
同 コガ子ボウく
コカ子ヨリ ヒカリツヨリ 玉虫の如
同 百足
首尾赤
上同カ
同 ハフウシナ

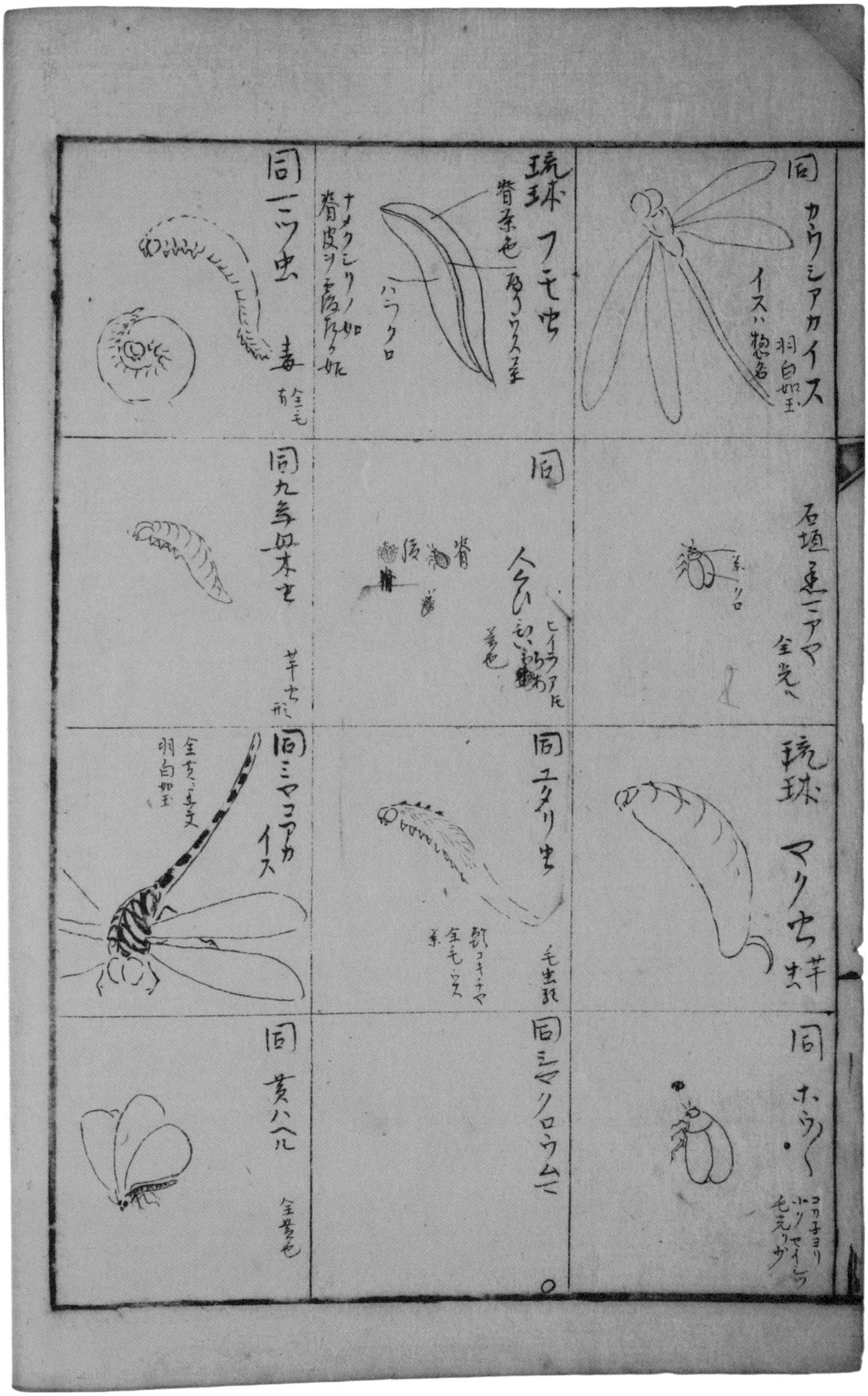

五ウ

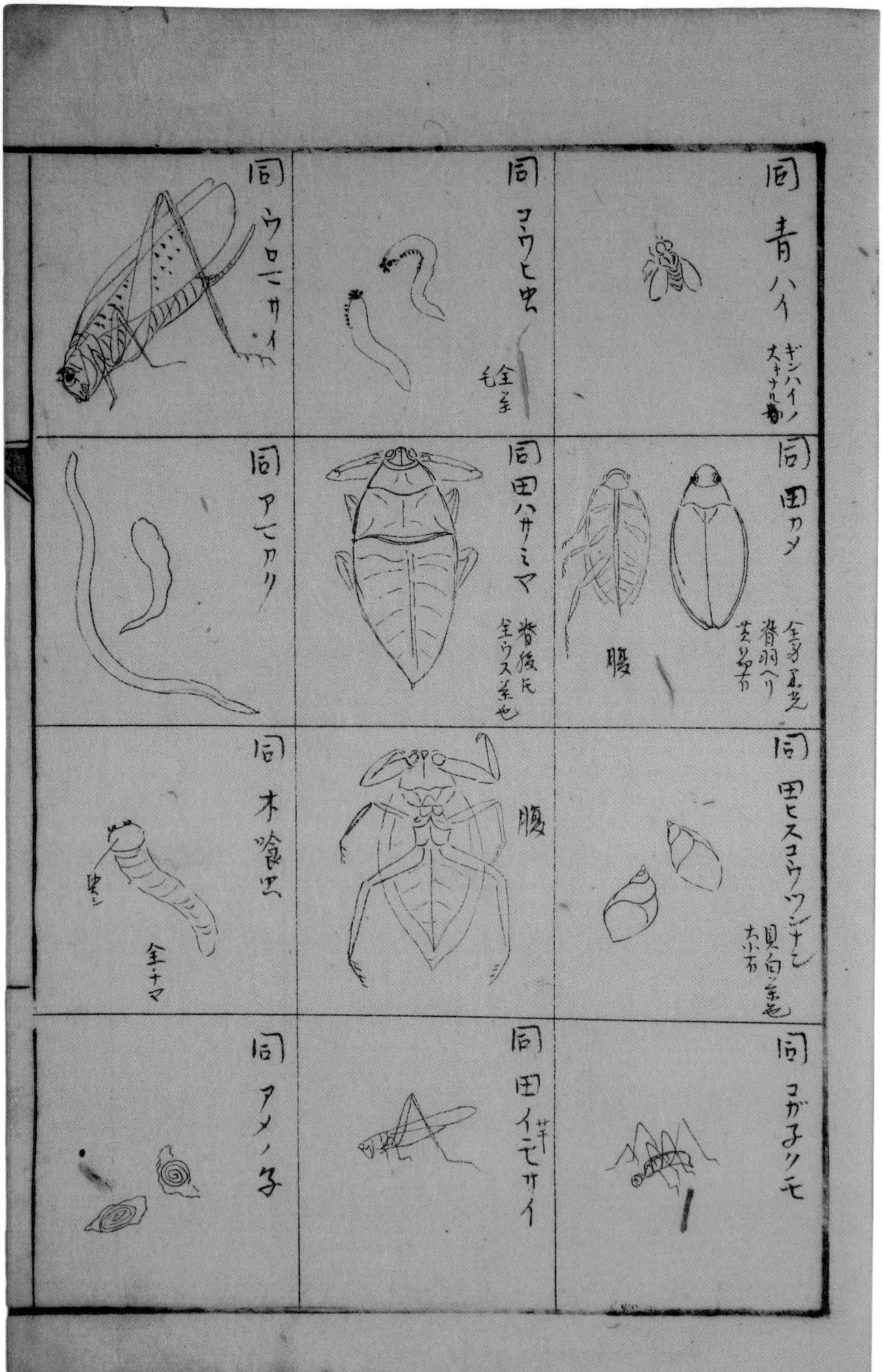

六オ

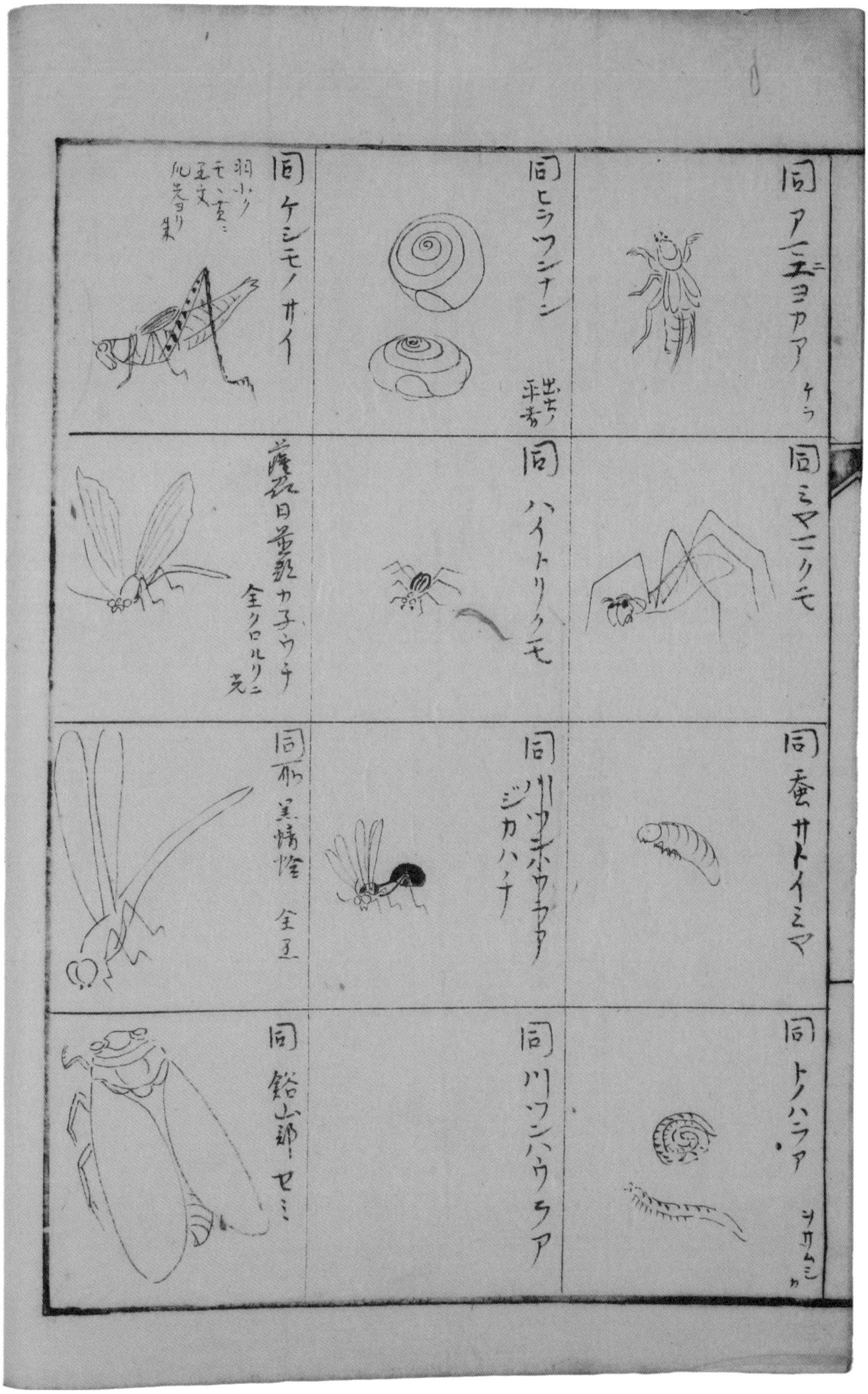
同 ケラ
同 ヒラワシナン
同 ケシモノサイ
同 ミヤニクモ
同 ハイトリクモ
同 蚕 サトイミヤ
同 ジカハナ
同 トノハラア
同 川ワンハウラア
同 セミ

六ウ

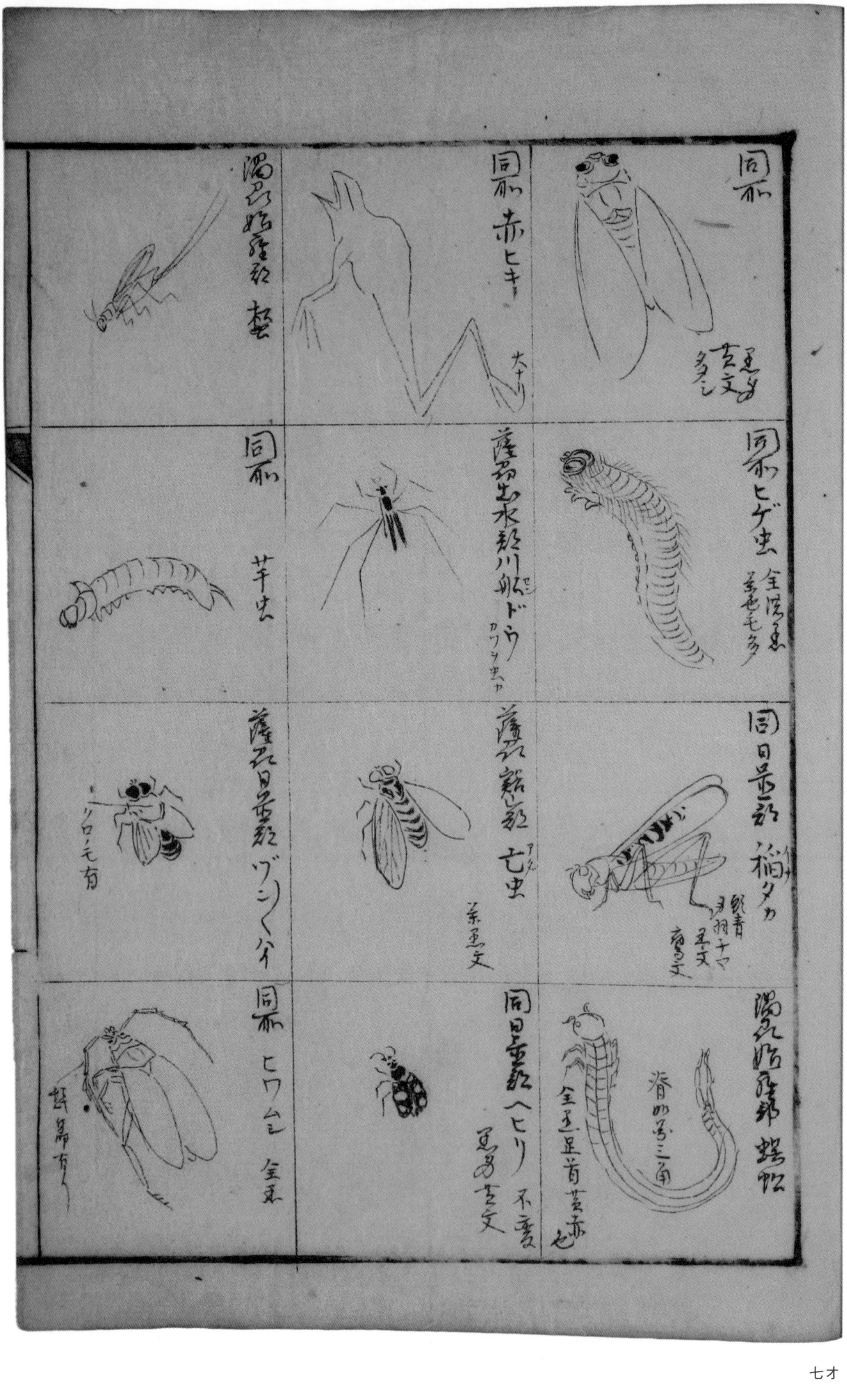

七オ

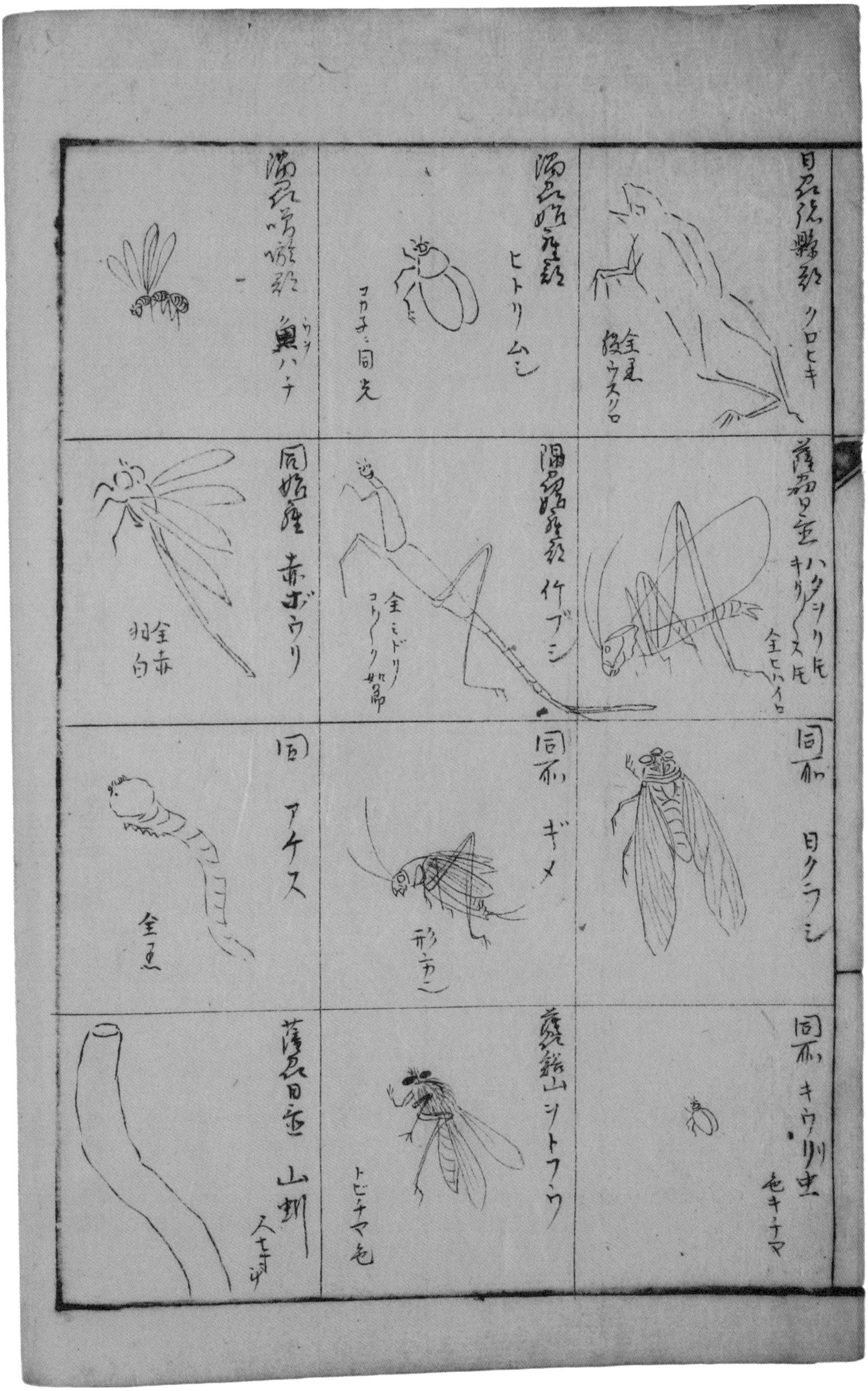

セウ

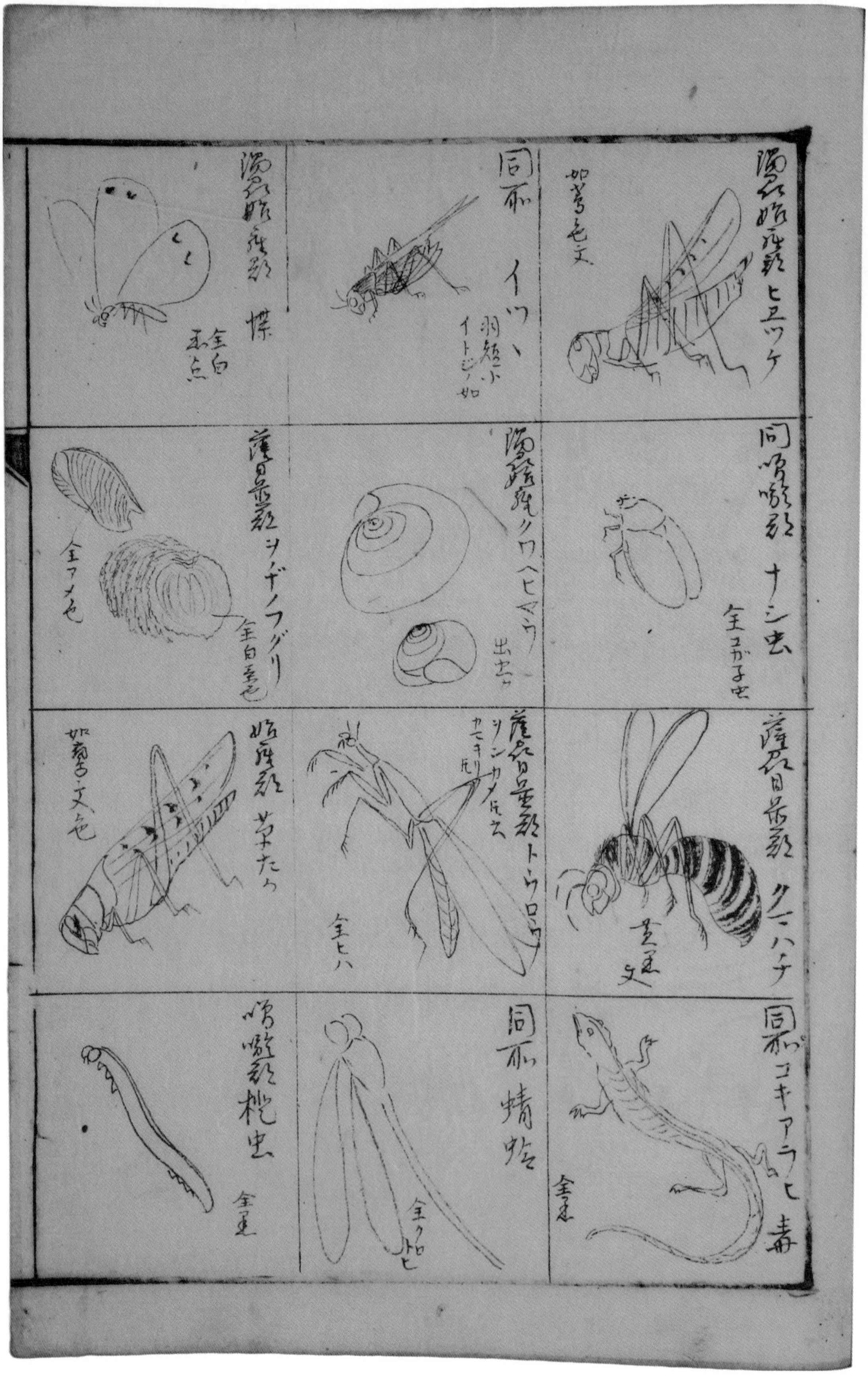

八オ

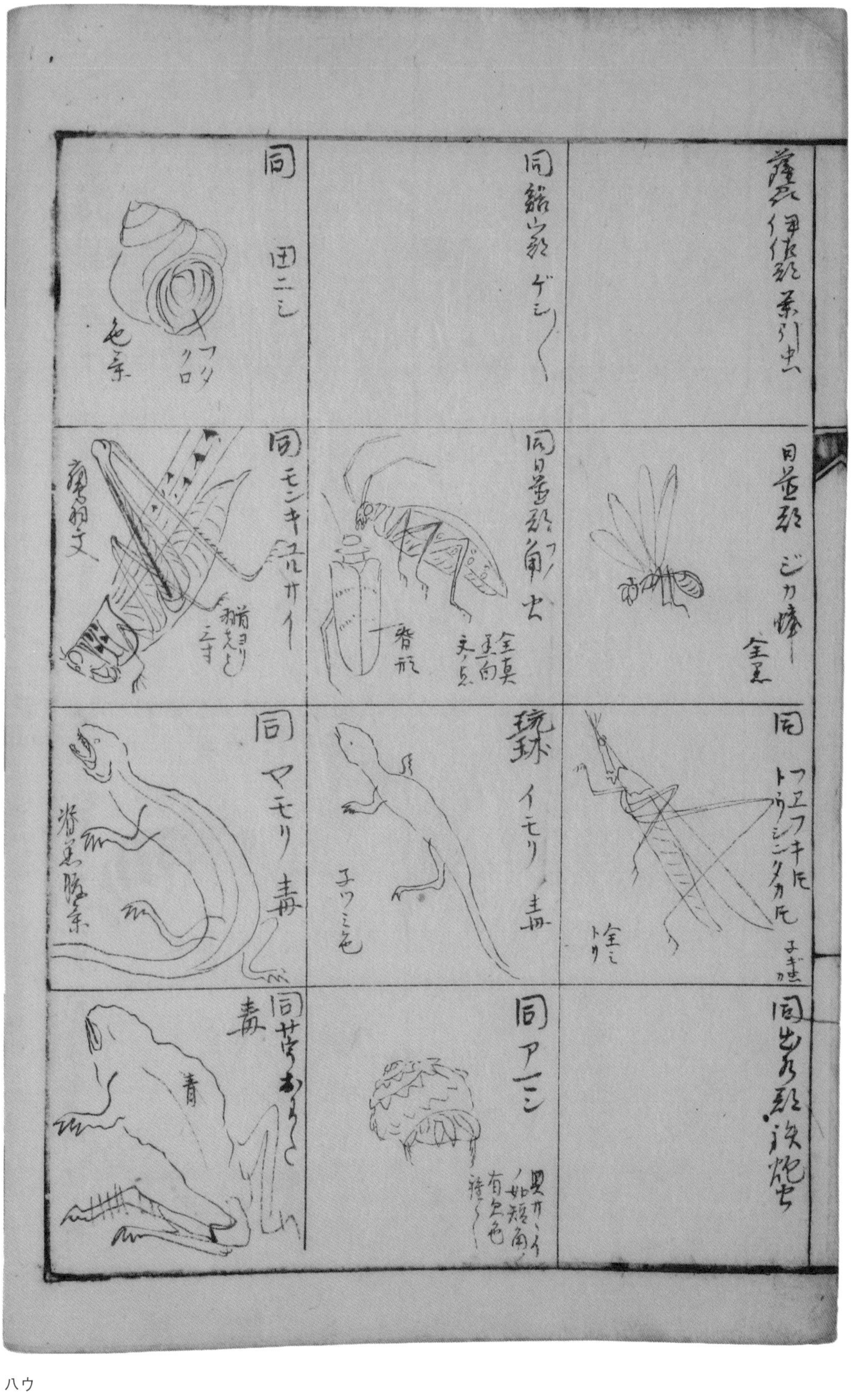

ハウ

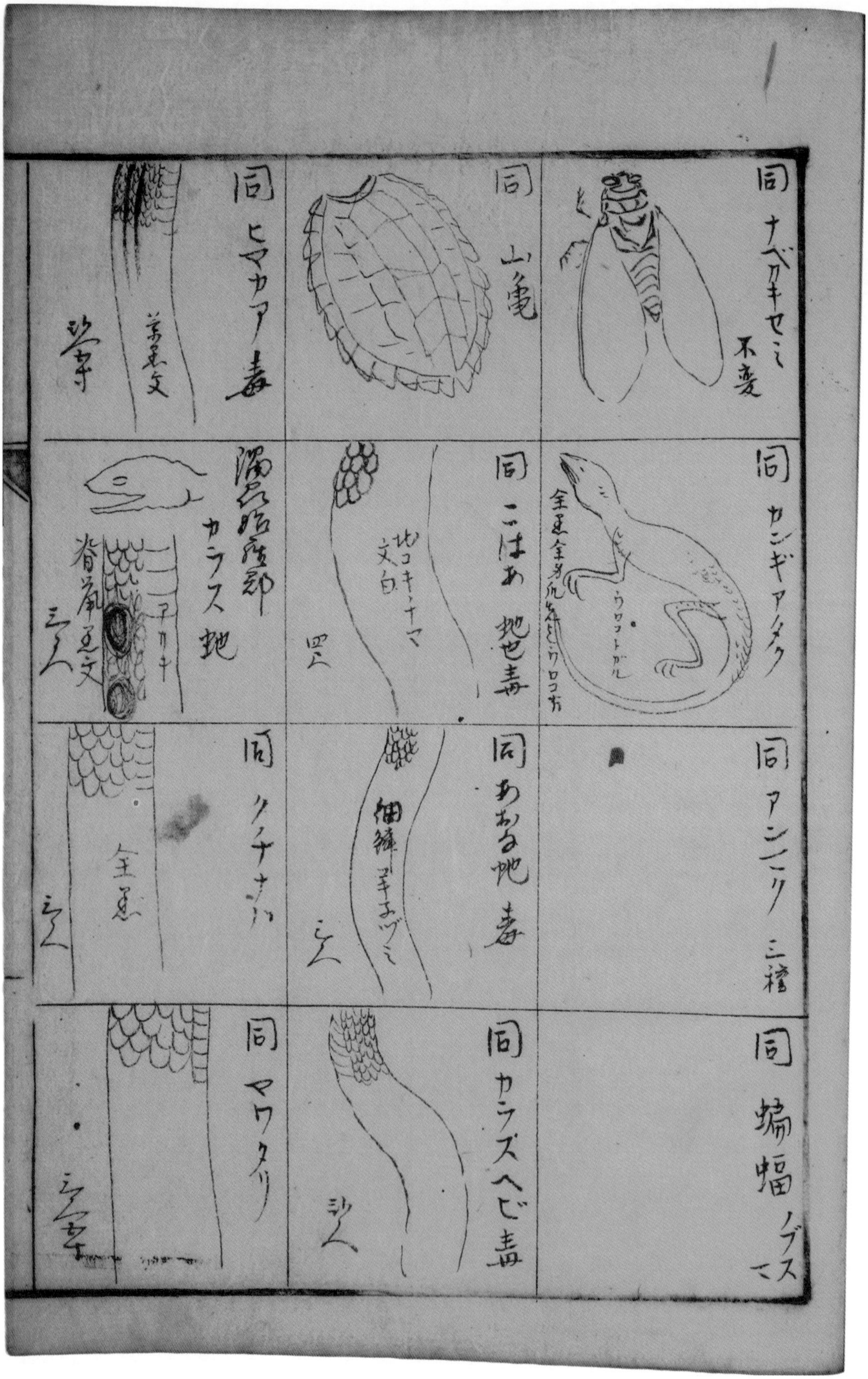
同 ナベカキセミ
不変
同
山亀
同 ヒマカア毒
同 カンギアメク
同 こはあ
同 アンニク
三種
同
同 蝙蝠
同 カラスヘビ毒
同 ヤワクリ

九オ

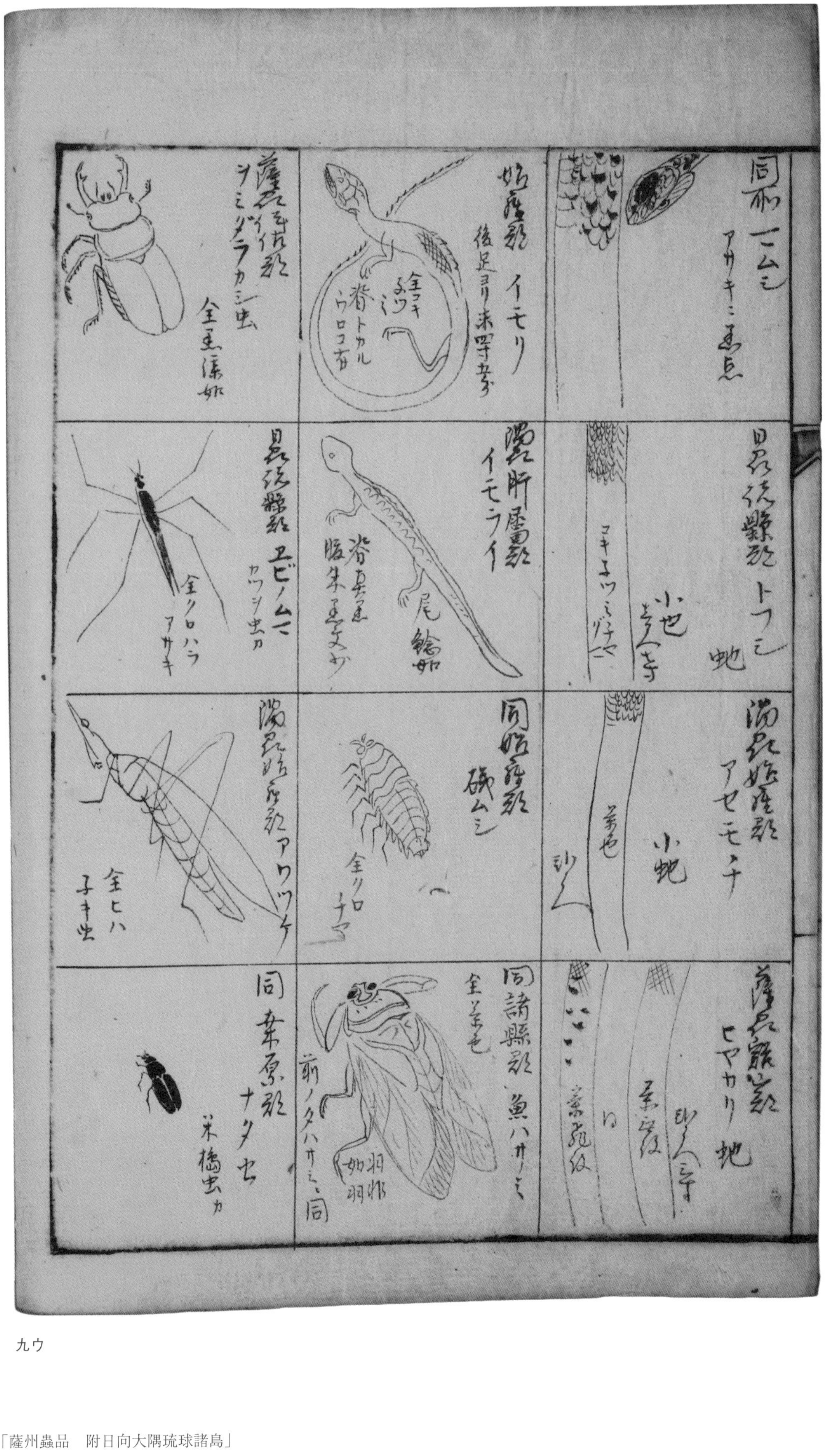

九ウ

薩州出水郡 平浙虫有

平脊カ
平戌虫之

全茶トビゲイ

薩州揖宿郡 ゴキ虫

黒色

日州諸県郡

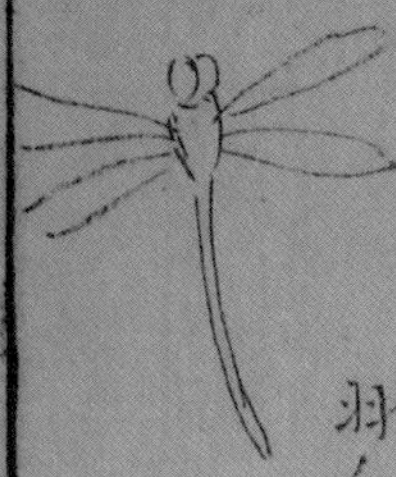

赤トンボウ
全赤
羽白

同 谿山郡 アブラ虫

諸県郡 コウロギ

隅州始羅郡

糠トウ虫

日州諸県郡 セムシ

薩州谿山郡 シリハサミ

薩州川辺郡 蜘蛛

隅州熊毛郡 葉切虫

隅州始羅郡 クサキ虫

老若

日州諸県郡 庭ハラウ 少毒

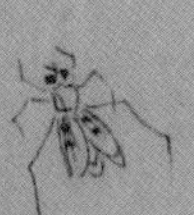

アイ子ツミ色
目赤羽黒足

十オ

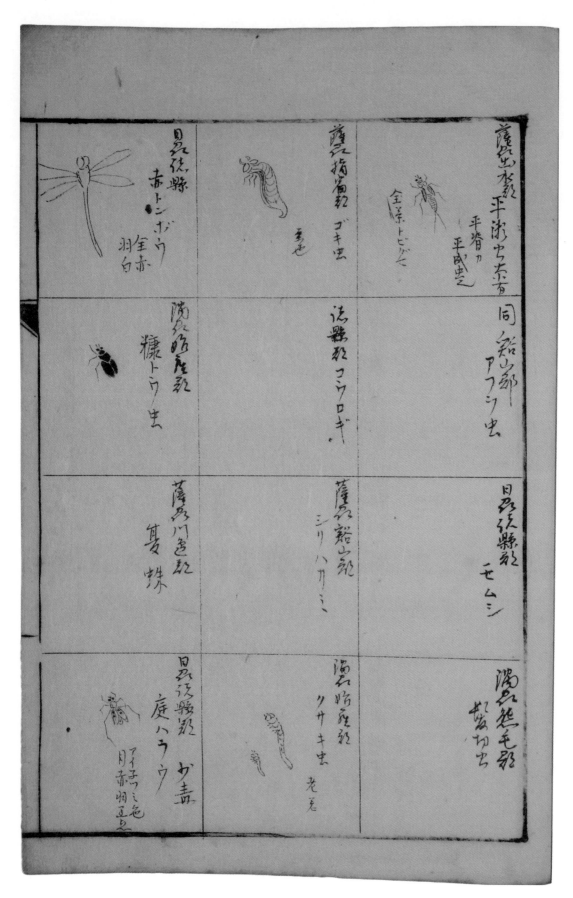

薩州伊佐郡ゟ毒
蔦ミミヅ

隅州熊毛郡
毒虫

同
アシタテ蛛

同
胡摩虫

同
フツミ

同
田蜂

日州諸縣郡
トウカルイ

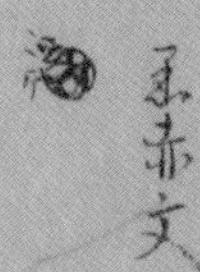

薩州川辺郡
夕蛛

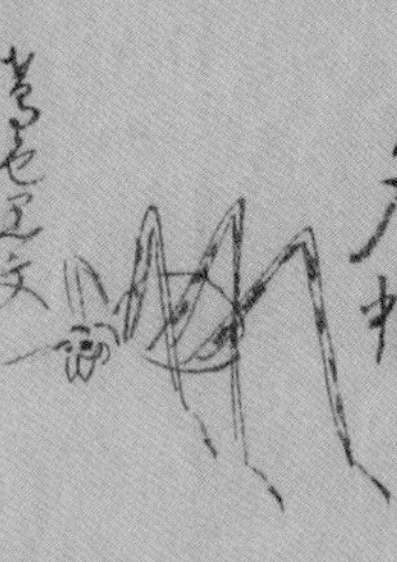

同
川百足

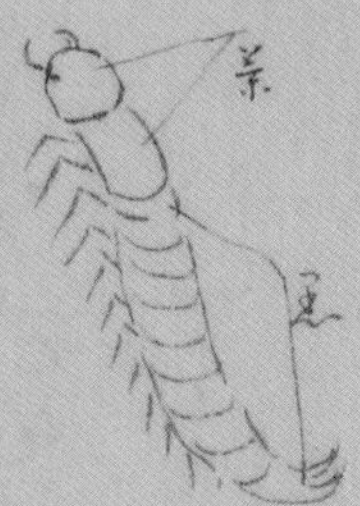

同
トカキ

同
ハエトリ蛛

同
テヤ虫

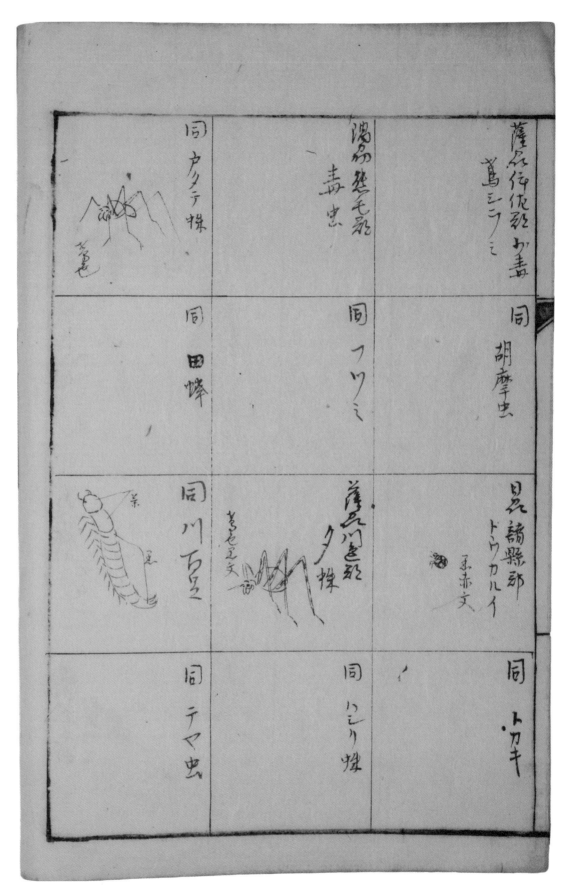

十ウ

同 鏡虫

同 竹虫

同 カノウバ
蒼色
カトンボウ類

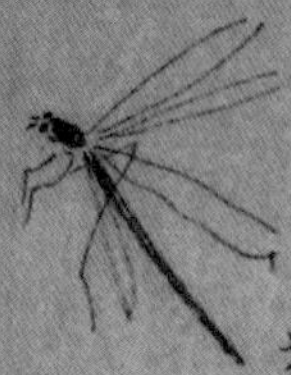

同 白蛛

同 人サシ蛾
カ蟲

日見流蠓類
カスヒル

蠮螉類
玉虫

同 イヒコ

同 クワワ虫
羽トビ

同 サバイ
白ニ蒼色文
細虫

同 イチトシキ

同 漱虫

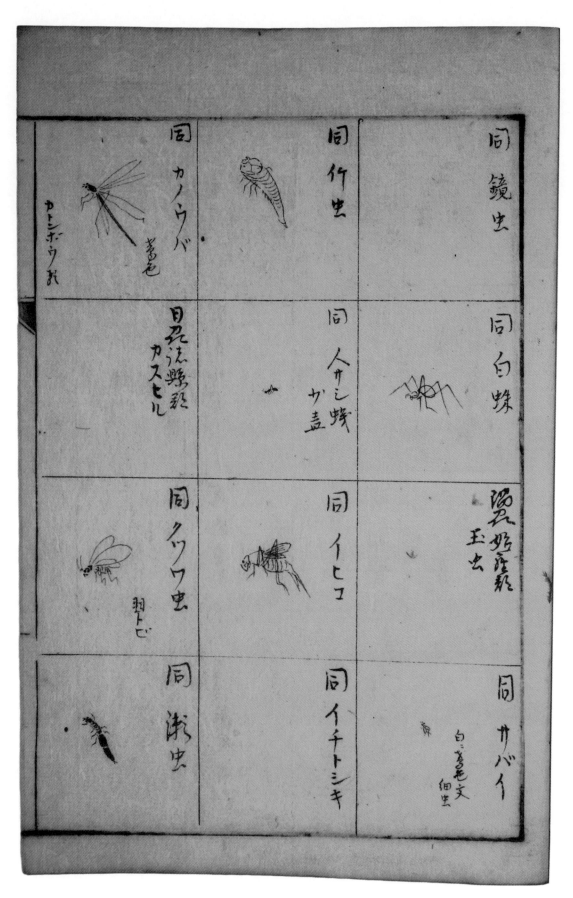

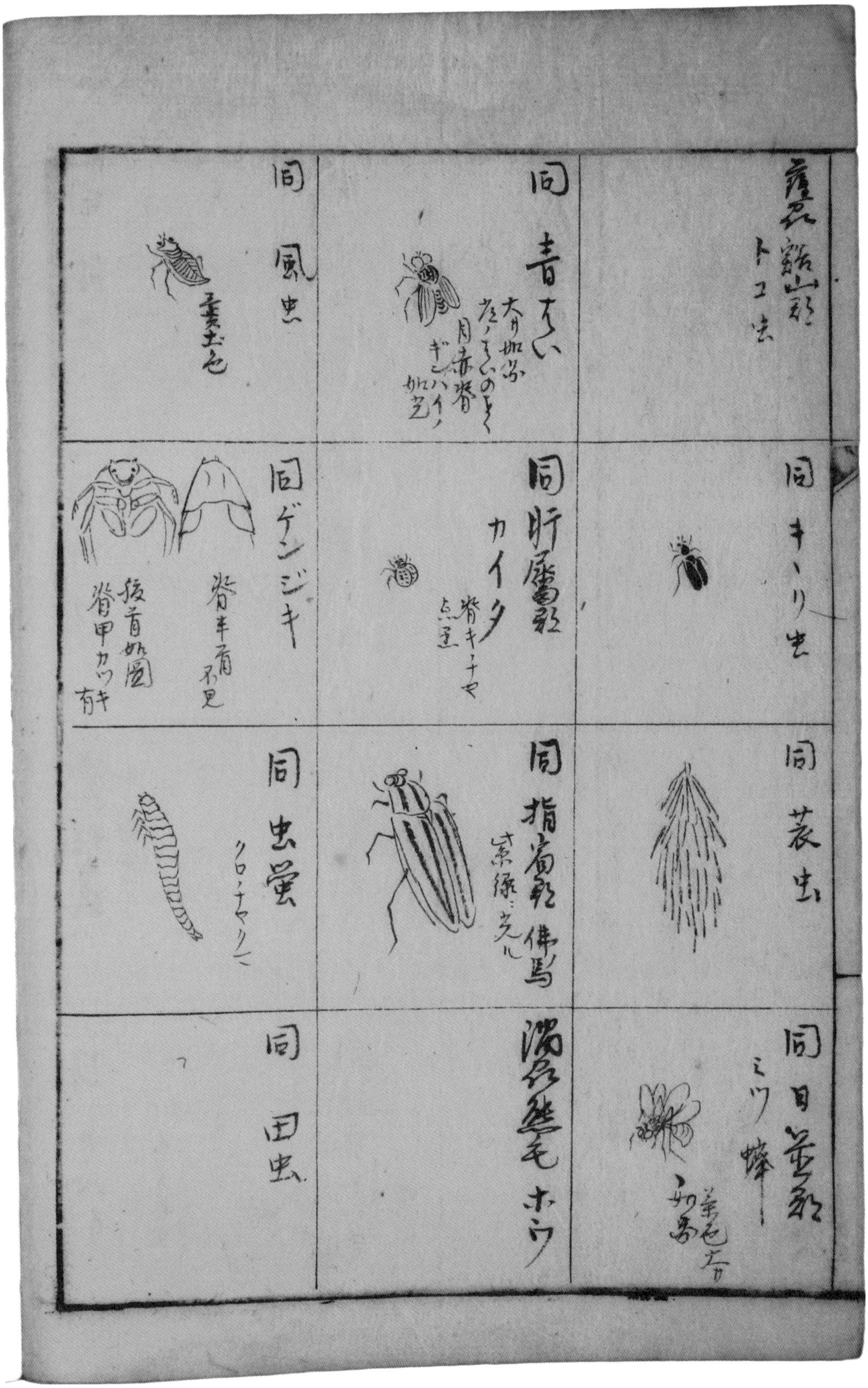

十一ウ

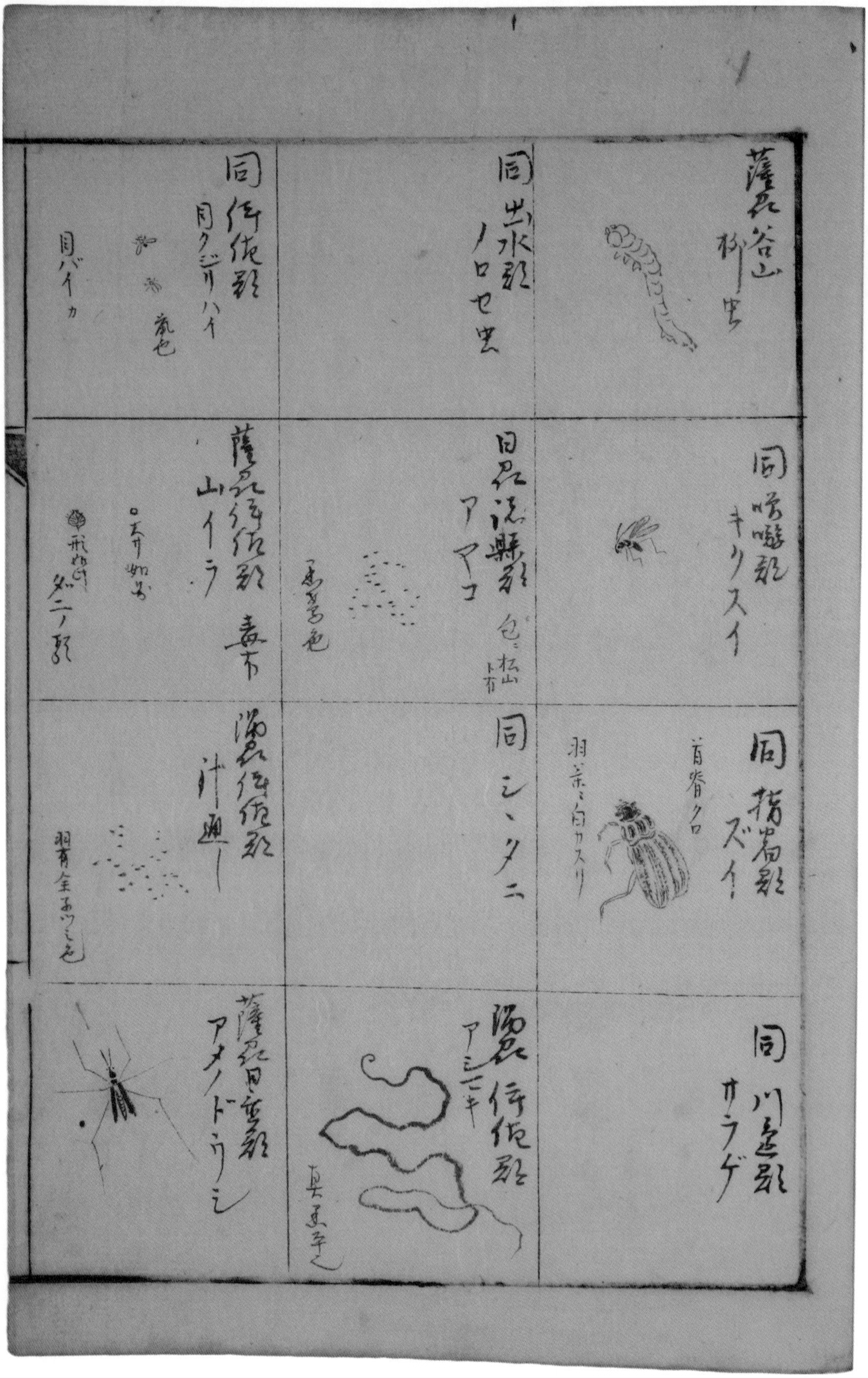

薩摩谷山
柳虫
同 噌唹郡
キリスイ
同 揖宿郡
ズイ
首脊クロ
羽茶ニ白カスリ
同 川辺郡
ホラゲ
同 出水郡
ノロセ虫
日州諸県郡
アアコ
同
ミヽタニ
隅州
アミニキ
同
目クジリハイ
目バイカ
山イラ
アメノドウシ

十二オ

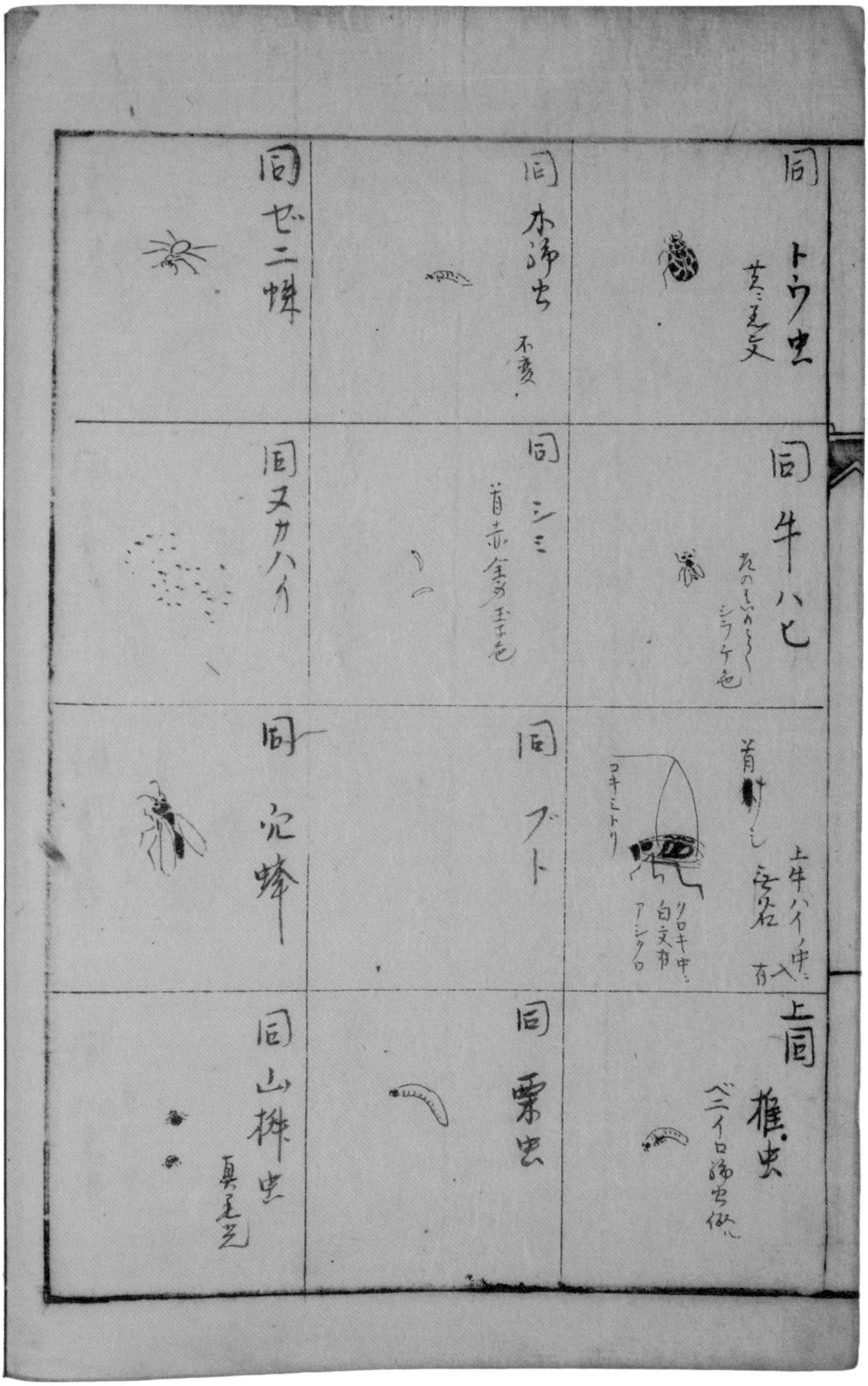

十二ウ

同テントウノ蛁
毒虫

同ナカコサシ

同大コシ虫
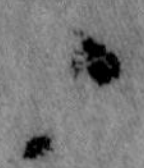
頭黒足

同
蜉蝣

頭黒羽白

[illegible]
ヒケ白

同アニクロウ
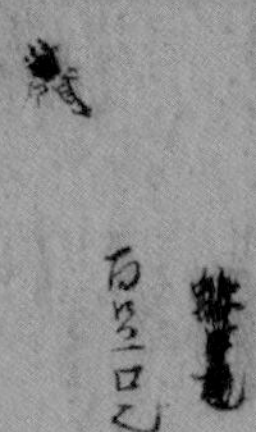
頭黒口乙

同
ス虫
首赤身ナマ

同
ムシ蛭

同
ヌリ

同
ダニ

同
ソウリ虫

同
ホタル

十三オ

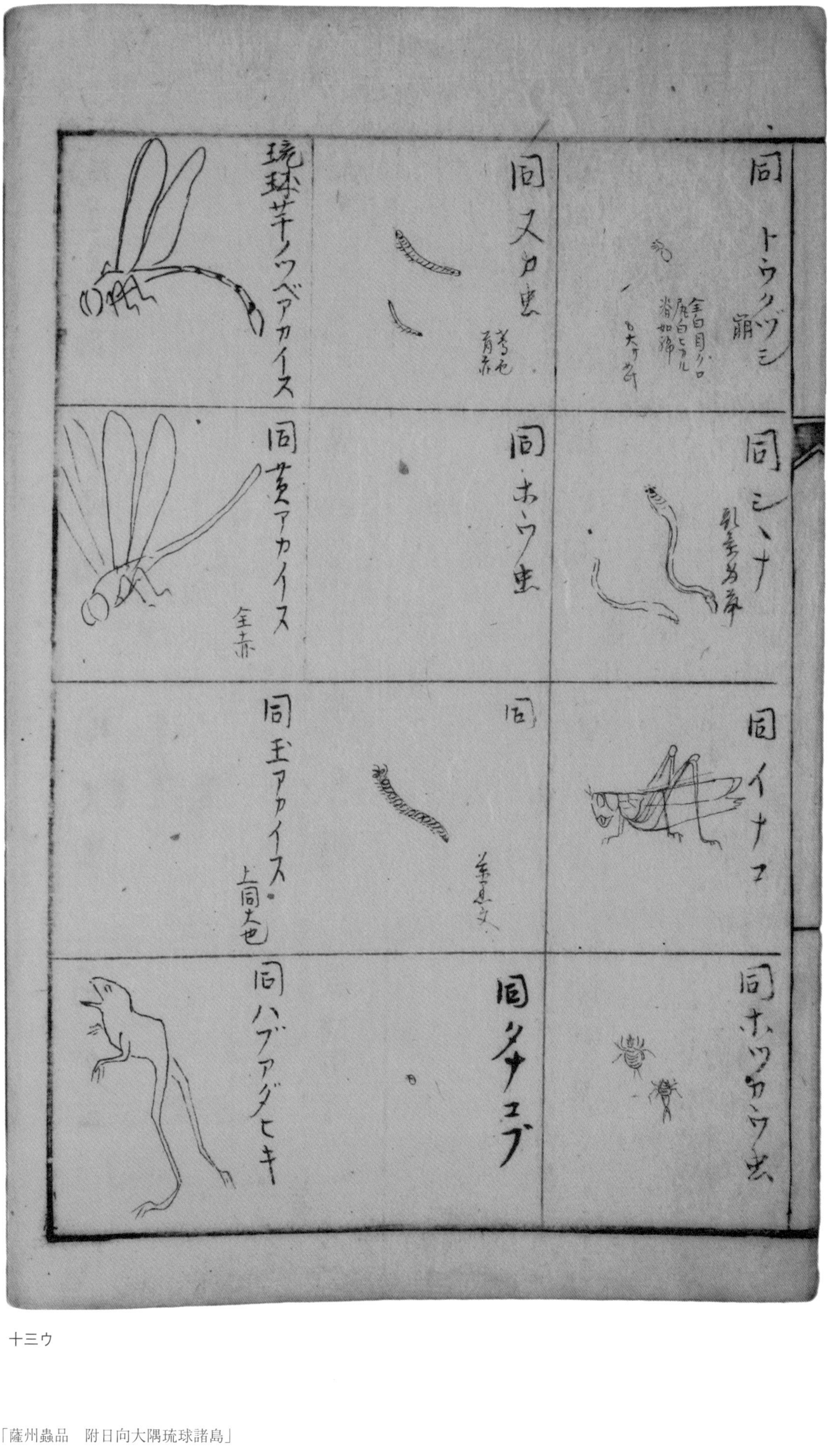
同
トウクヴシ
蛹
同
又カ虫
琉球芋ノウベアカイス
同
シハナ
同
ホウ虫
同
黄アカイス
全赤
同
イナコ
同
同
玉アカイス
上同大也
同
ホツカウ虫
同
タナユブ
同
ハブアグヒキ

十三ウ

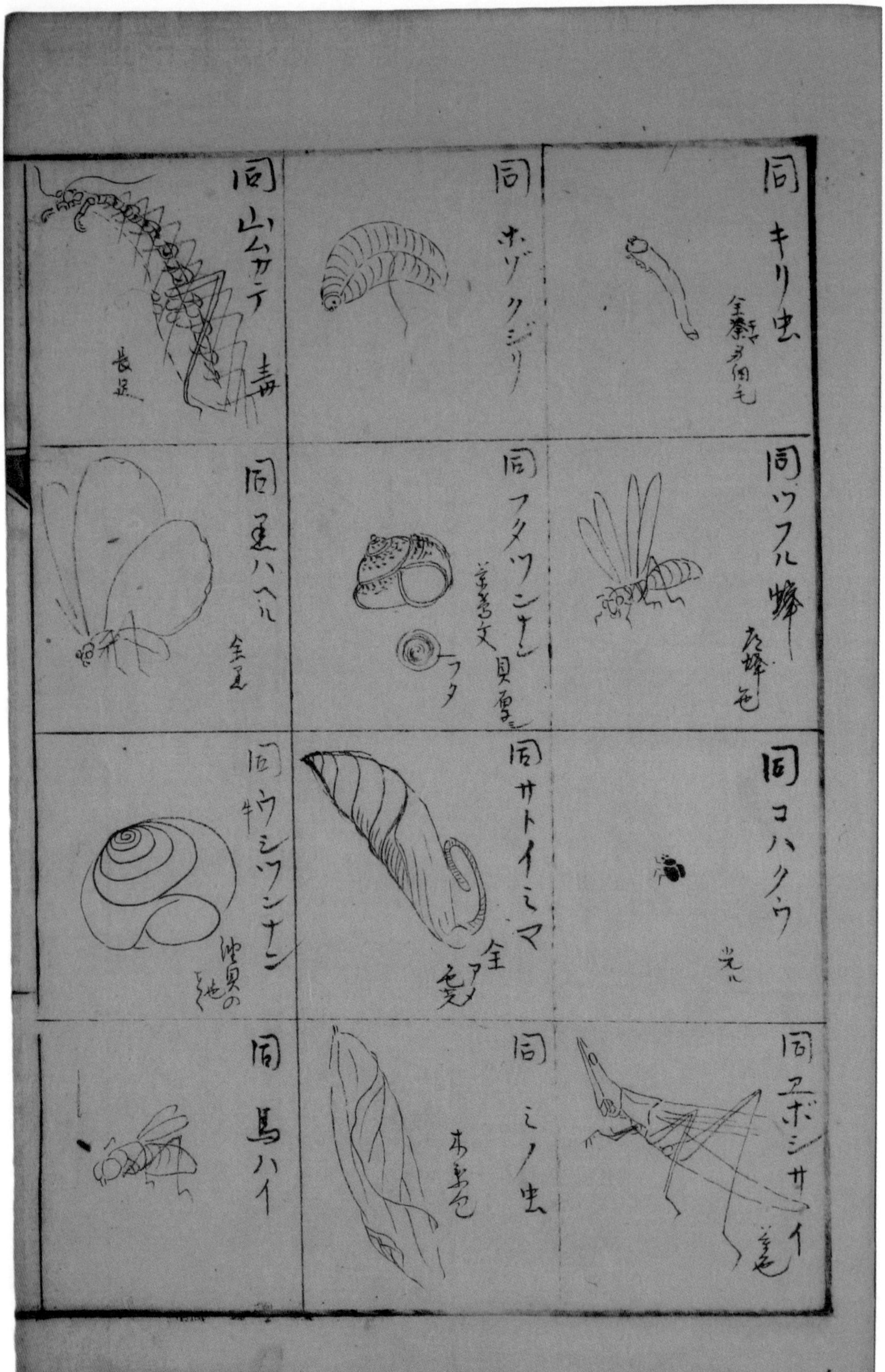

十四オ

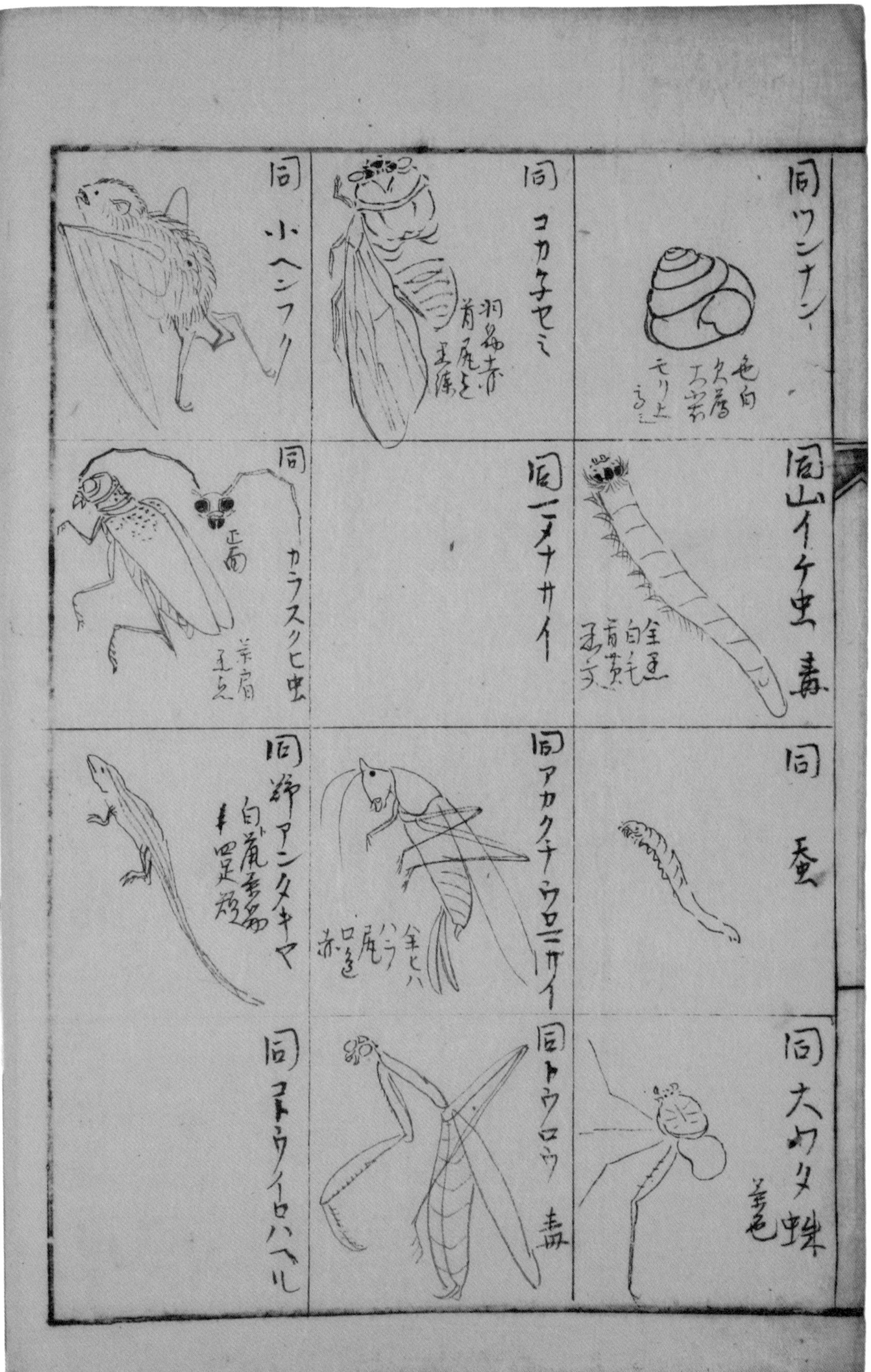
同ツンナン
同 コカ子セミ
同 小ヘンフク
同山イケ虫 毒
同 一ヌナサイ
同 カラスクヒ虫
同 蚕
同アカクチウロニサイ
同トウロウ 毒

十四ウ

同アシダキヤ　毒

同イナクラサイ

同山蛛

同牛ダニ

同クチナシ虫

嵐色

同アシハイ

嵐茶色

同松ボウく

如玉虫色
黒茶有

同蜂　毒

黄色〆
コリ
光黄
毛全黒
羽有

同シベリ虫

形平也
首染リ
足向黒

同佃芋虫

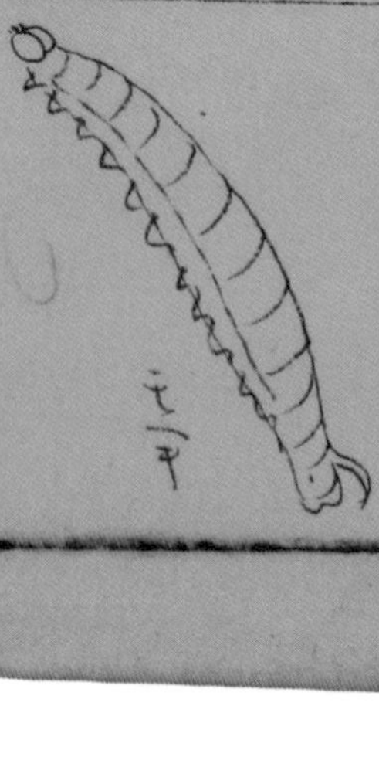

モヘヤ

同たバイ

キクロシモ

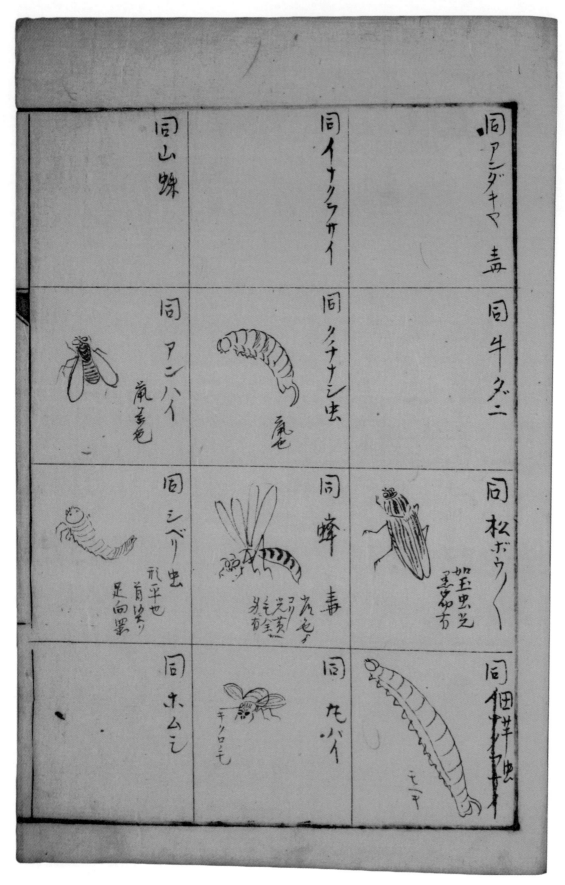

同ホムシ

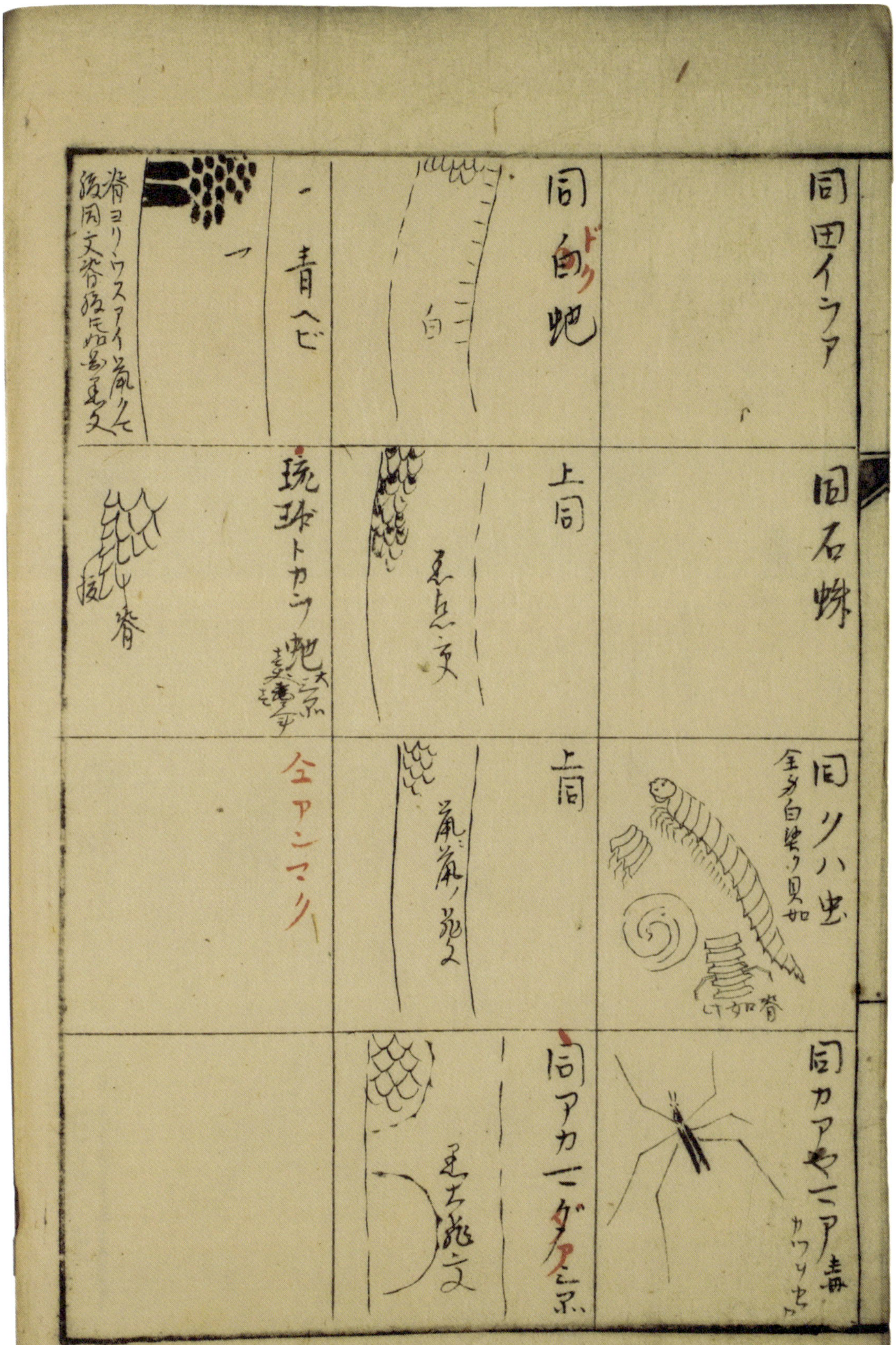

同田イラア
同白蛇
ドク
白
青ヘビ
同石蜂
上同
琉球トカラ蛇
脊
同ソハ虫
上同
仝アンマク
同カアヤニア
毒
同アカニダア

十五ウ

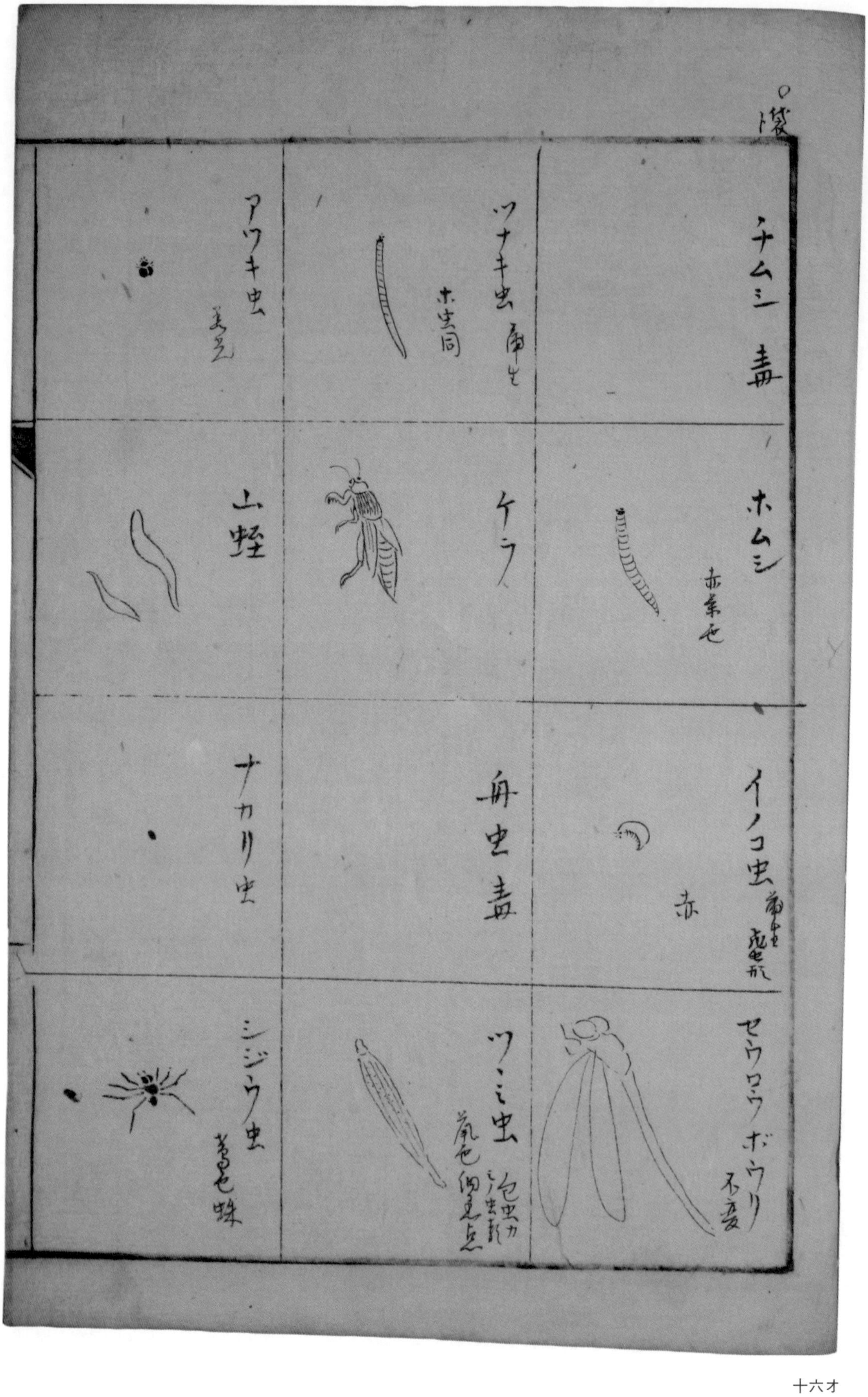
○懐
チナムシ 毒
ホムシ 赤条也
イノコ虫 赤
セウロウボウリ
ツナキ虫 木虫同
ケラ
舟虫 毒
ツミミ虫
アウキ虫
山蛭
ナカリ虫
シジウ虫 蜘蛛

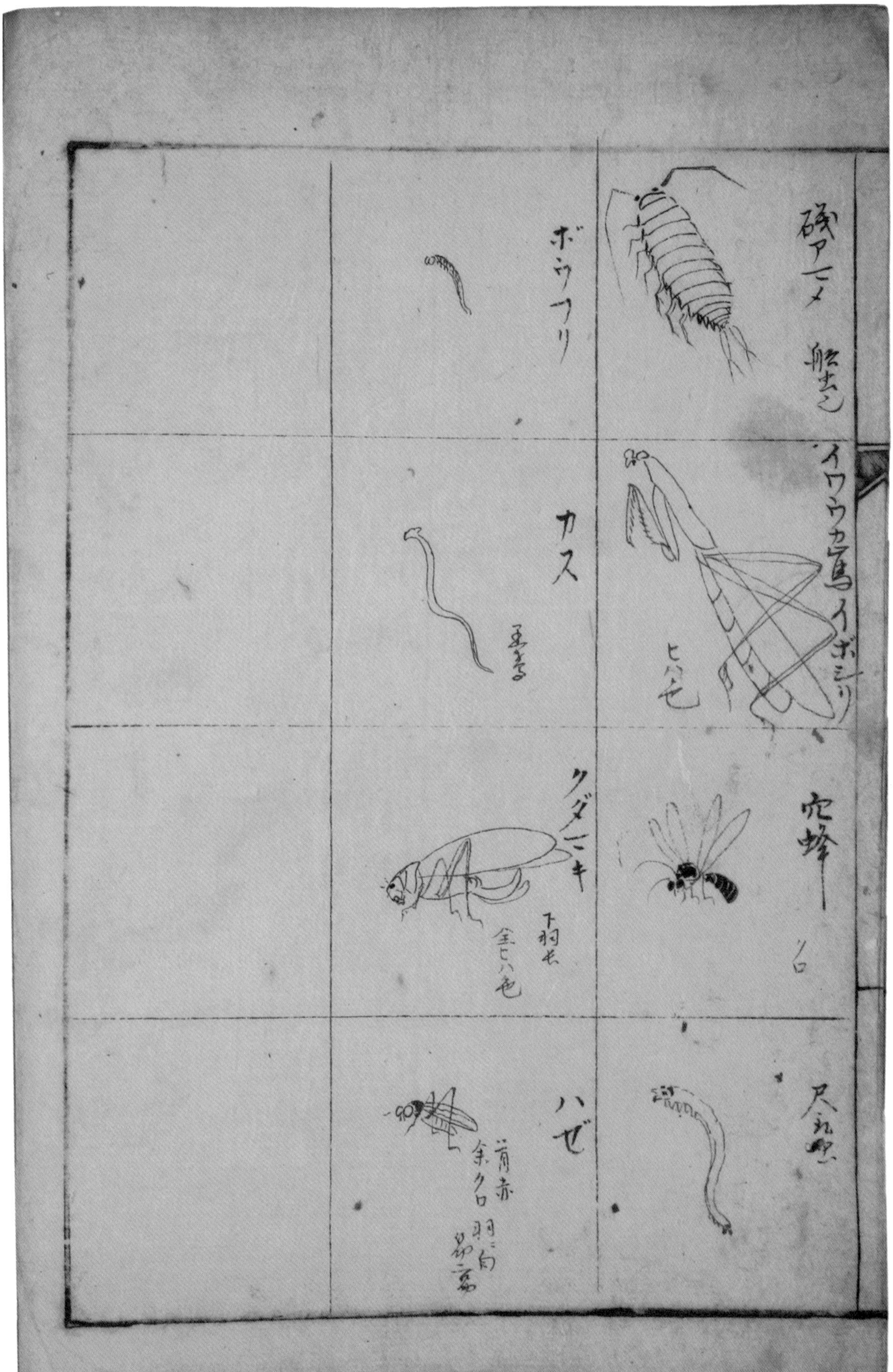

十六ウ

（裏表紙裏）

裏表紙

11

「秘物産品目」

【書誌情報】

①外題：秘物産品　全　内題：秘物産品目　②装丁：袋綴　③表紙：色／茶、文様／無、寸法／23・1×16・4　④丁数：二十六丁　⑤序跋：無　⑥刊記：無　奥書：無　⑦書入：有　七ウと八オの間に挟み込み有り　⑧蔵書印：表紙…「蒹葭堂蔵書印」（朱文長方印）　⑨伝来：辰馬悦蔵→辰馬考古資料館

【解題】

蒹葭堂旧蔵書。表紙にある題箋は破れがひどいが、蒹葭堂自筆の墨書で「秘物産品□（ムシ）全（ママ）」とあるのが読める。また、表紙右下には「蒹葭堂図書記」という蒹葭堂蔵書印が捺されている。

本文の筆跡を見ると、蒹葭堂に加えて、別に二人程度の手によって書かれていることが伺える。蒹葭堂の指図のもとで、何人かで手分けして写本を作成したのであろうか。

本書の構成であるが、一オが目録、二オから十八ウは「秘物産品目」、十九オから二十一ウまでは「怡顔齋蘭譜」、二十二オから二十三ウまでは「橘譜」、二十四オから二十五ウまでは「柿譜」、二十六オが「附録」となっている。これらのうち、目録と附録以外は、いずれも冒頭に「恕庵松岡成章　著」、「平安恕菴松岡成章　著」などとあるから、本草学者松岡恕庵の著作を集めたものであることが知られる。そして本文とは別に、表紙見返しや一ウ、二十六ウ、裏表紙見返しには蒹葭堂によるメモ的な書き込みが見られる。

次にそれぞれの記述を見ていこう。本書一オは目録となっていて、各タイトルと、それぞれに挙げられた品種の数が記されている。

「秘物産品目」は、目録によると草木類八十三種（増二十五種）、魚貝類五十八種、禽鳥類五種（増十一種）の合計百四十六種の名称が記されている。それぞれは、まず名称が記され、続いて和名や別名、それぞれの出典、そして産地をはじめとした考察を記すスタイルが基本形となっている。一つの品目に対する記述の量は、大半は一行ないしは二行に収められているが、まれに三行以上あるものも見られる。そして、本編の最後には、「至秘」として丹青樹木、丹實艸など六品が挙げられているが、これらは松岡恕庵が独自の研究としてまとめ、秘伝として門人以外には伝えなかったものと考えられる。

続く「怡顔齋蘭譜」（怡顔齋は松岡恕庵の号）は蘭の種類十四品、「橘譜」は橘の種類十六品、「柿譜」は柿の種類十五品、また巻末の附録は四品が、それぞれ「秘物産品目」と同じスタイルで記載されている。

本書を概観すると、黒以外に朱墨や緑墨による書き込みが多数ある。それらを見ると、挙げられた品目についての誤字や脱字の校正、記述に対する考察などがあり、蒹葭堂が細部に至るまで読み込み、考察を行った様子が伺える。次に、この中の一、二の書き込みを見てみよう。例えば、七オの「金絲梅（ヒヨウヲトキリ）」には「（前略）巽齋按圃史作金梅嘉奥縣志作金絲梅」とあり、巽齋つまり蒹葭堂が独自に考察した内容を書き込んでいる。また、八オにある「海帯（ミチヒジキ）」には、「蘭山云奥劦ニテカチメト云…」とあり、小野蘭山の意見も書き込まれている。これら以外にも二人による考察が複数書き込まれているから、本書は蒹葭堂が小野蘭山のもとで本草学を学んだ時期に作られたことが伺える。そして本書の知識が松岡恕庵から小野蘭山に伝えられ、さらに蒹葭堂に伝授されたことを物語っている。

本書は、本文以外の書き込みの量の多さから、蒹葭堂の本草学研究の様子を伺うことができる資料と位置付けられ、今後の研究が俟たれる。

（嘉数次人）

「秘物産品目」影印

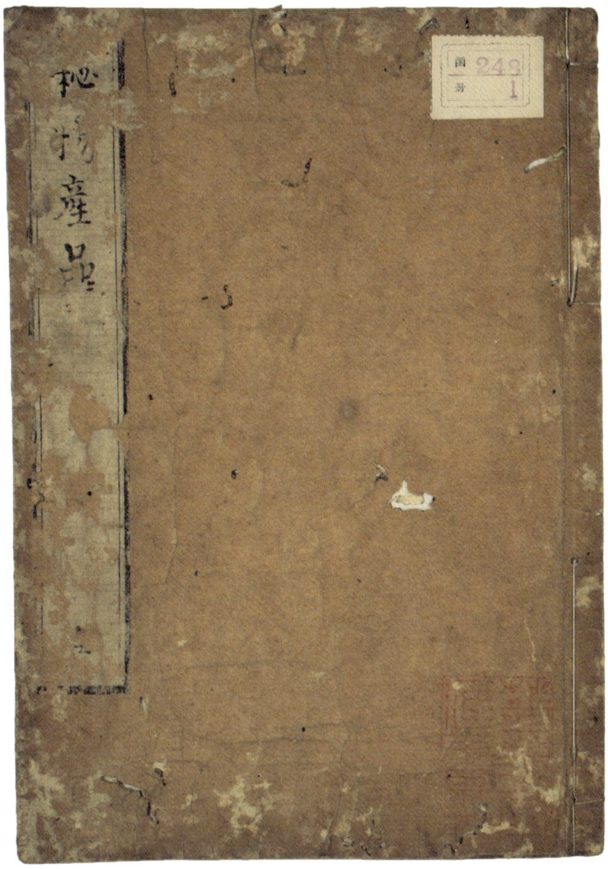
秘物産品目

表紙

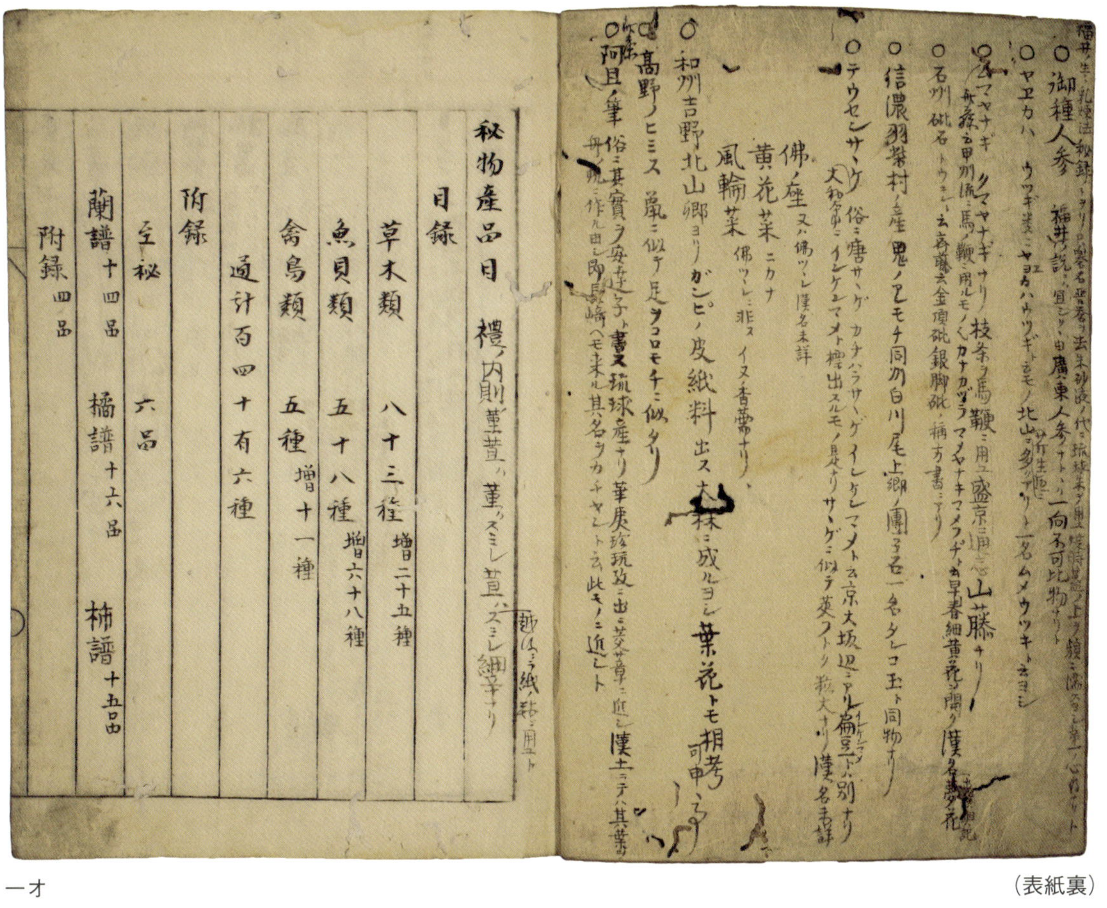
秘物産品目

禮ノ内則菫荁ハ菫ハスミレ荁ハスミレ細辛ナリ

目録

草木類　八十三種　増二十五種

魚貝類　五十八種　増六十八種

禽鳥類　五種　増十一種

通計百四十有六種

附録

至秘　六品

蘭譜十四品　橘譜十六品　柿譜十五品

附録四品

一オ

（表紙裏）

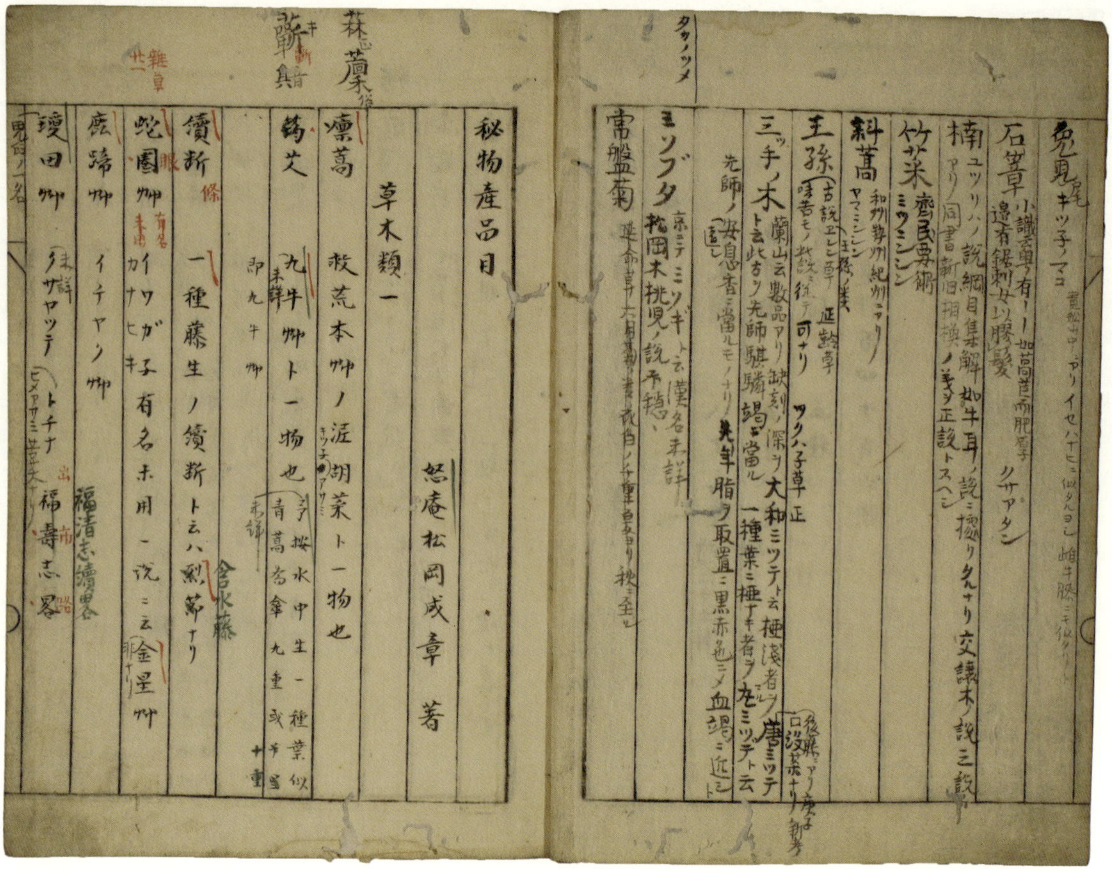

兔兒尾 キツ子ノマコ

石葦 小識云葦ノ有ニ一如萵苣而肥厚 クサアタシ

楠 ユツリハノ説綱目集解 如牛耳ノ説ニ據リ名ナリ

竹菜 齊民要術 ミツミシン

斜蒿 ヤマミシン 和州并州紀州ニアリ

王孫 古説エビ草 延齢草

三ッ手ノ木 蘭山云數品アリ

ミソブタ 京ニテミツギト云 漢名未詳

常盤菊

秘物産品目

草木類一

怒庵松岡成章 著

凜蒿 救荒本艸ノ泥胡菜ト一物也

鵞丈 九牛艸ト一物也

續断 一種藤生ノ續断ト云

蛇園艸 イワガ子 有名未用

鹿蹄艸 イチヤク艸

瓊田艸

二オ

一ウ

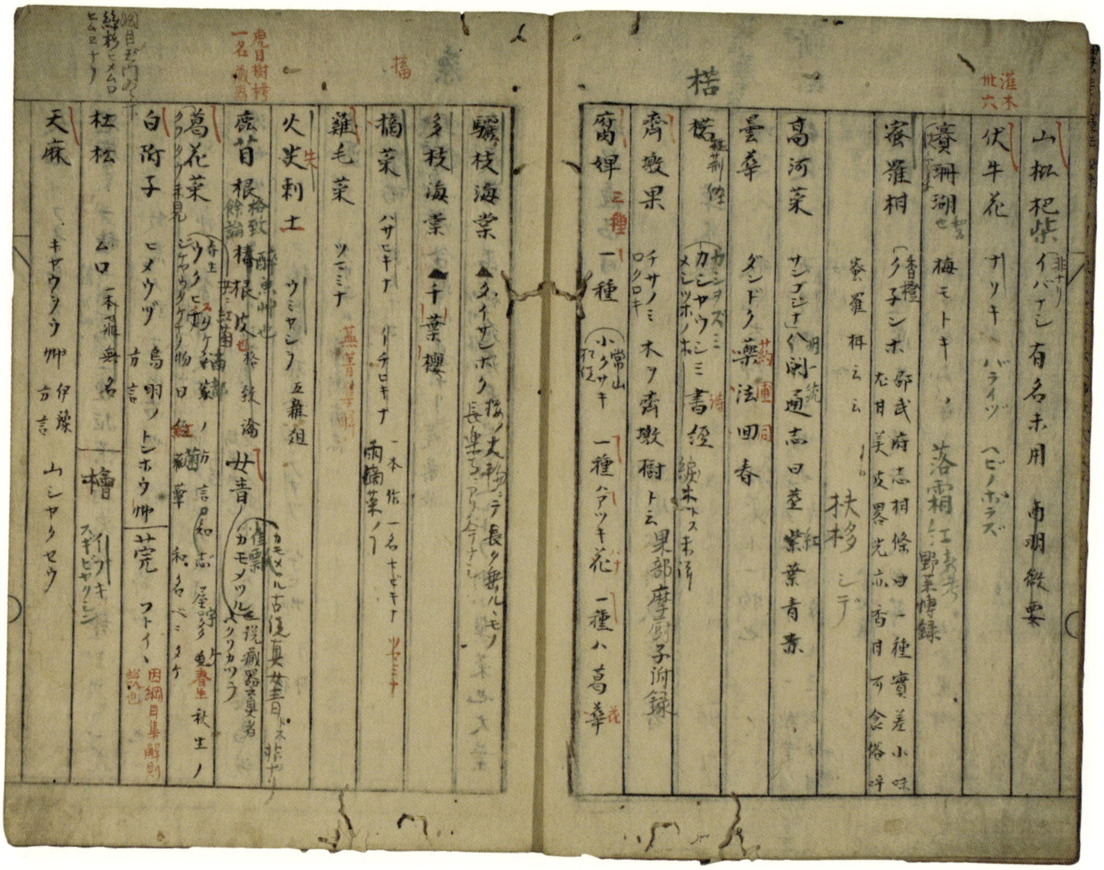

三オ

ニウ

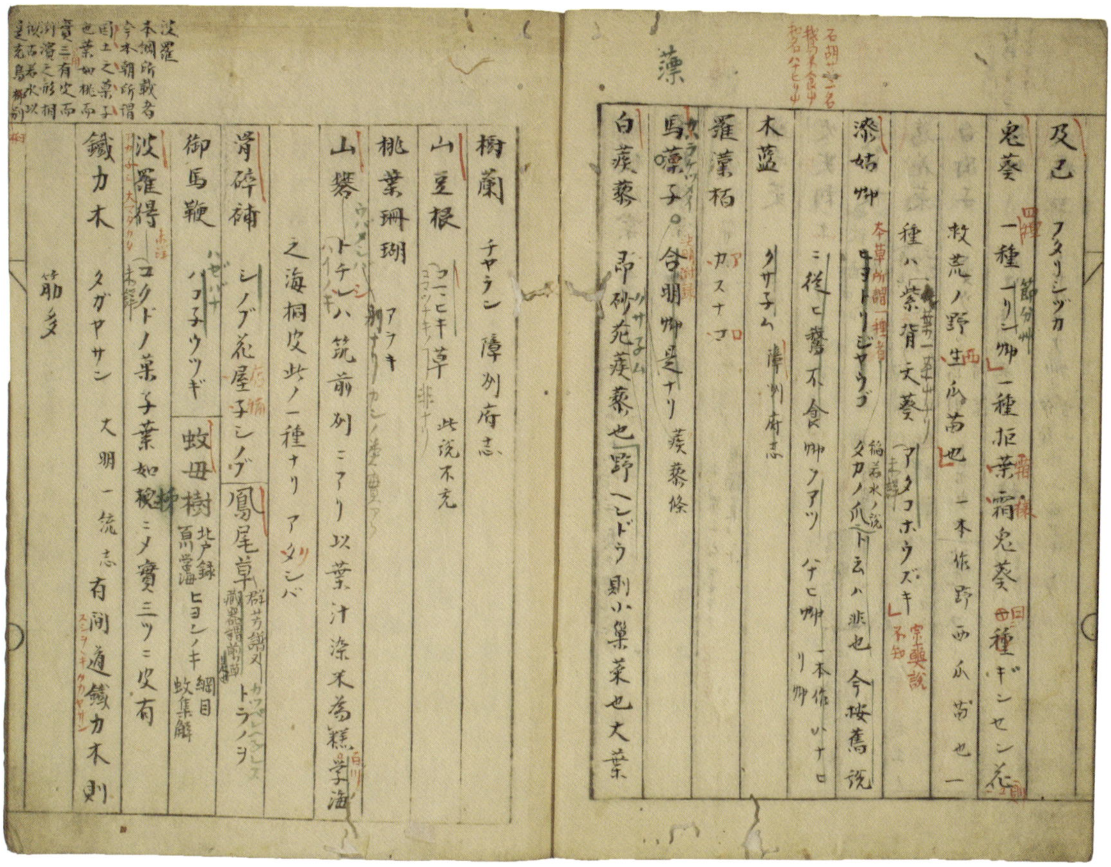

及己 フタリシヅカ
鬼葵 一種一リン艸 一種拒葉 雨鬼葵 種ギンセン花
枚荒ノ野生瓜苗也 一本作野西瓜苗也 一種ハ紫背天葵
漆姑艸
木藍 クサフヂ 漳州府志
羅漢柘 カスナコ
馬藻子 合明艸是ナリ 菱藜條
白蒺藜 即砂苑蒺藜也 野ヘビドウ 則小巣菜也 大葉

樹蘭 チャラン 漳州府志
山豆根
桃葉珊瑚 アヲキ
山礬 トチシバ 筑前州ニアリ 以葉汁染 之海桐皮 此ノ一種ナリ アタシバ
骨砕補 シノブ花屋子シノブ 鳳尾草
御馬鞭 ハコネウツギ 蚊母樹
波羅得
鐵力木 タガヤサン 大明一統志 有開遁鐵力木 則 筋多

四オ

三ウ

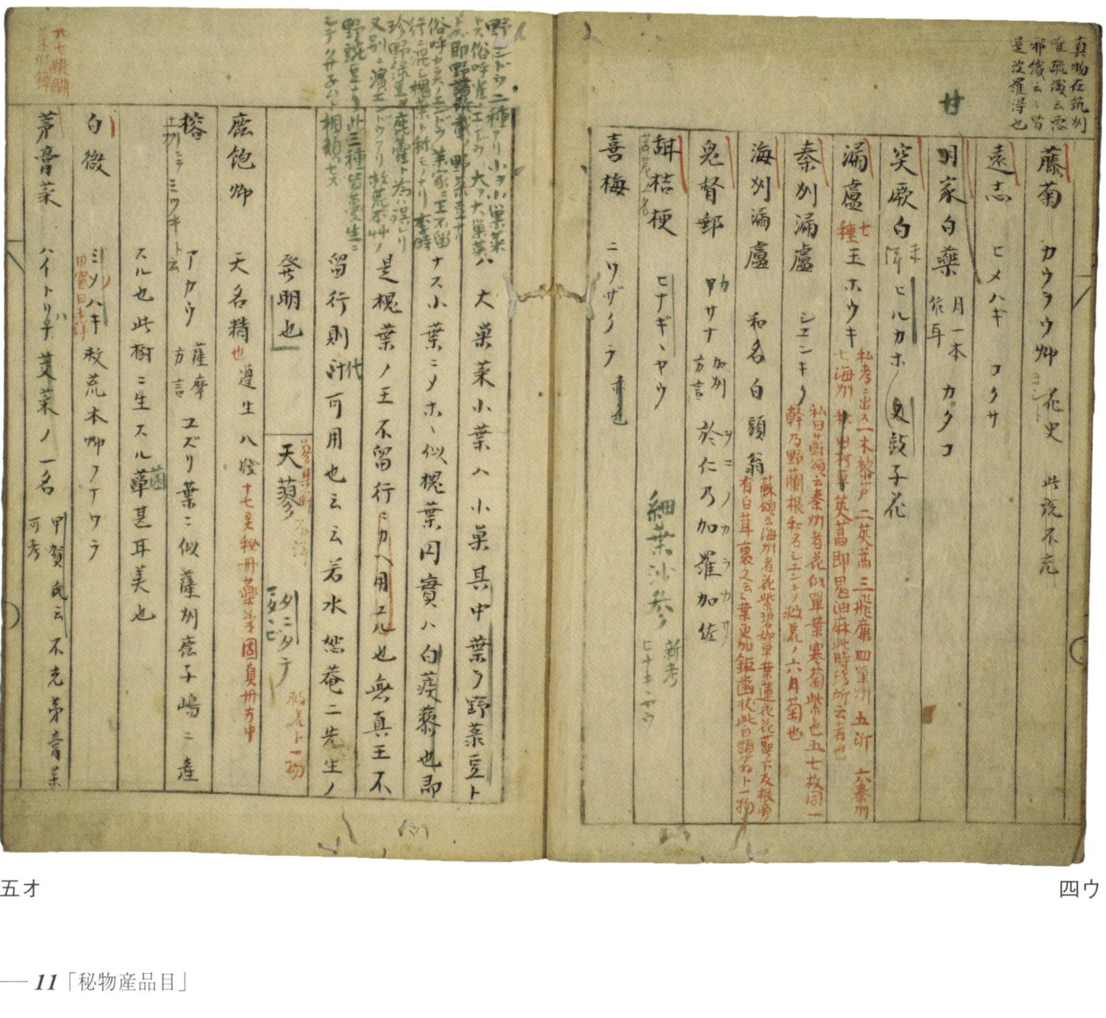

藤菊 カウラウ艸 花史 此説不充
遠志 ヒメハギ
明家白藥
突厥白 ヒルカホ 見鼓子花
漏盧
秦州漏盧
海州漏盧 和名白頭翁
鬼督郵
桔梗
喜梅 ニワザクラ
細葉沙参

大巣菜 小巣菜
天蓼
鹿飽艸 天名精
椿 ユズリ葉ニ似 薩州鹿子嶋ニ産
白微
茅膏菜 ハイトリナ

五オ

四ウ

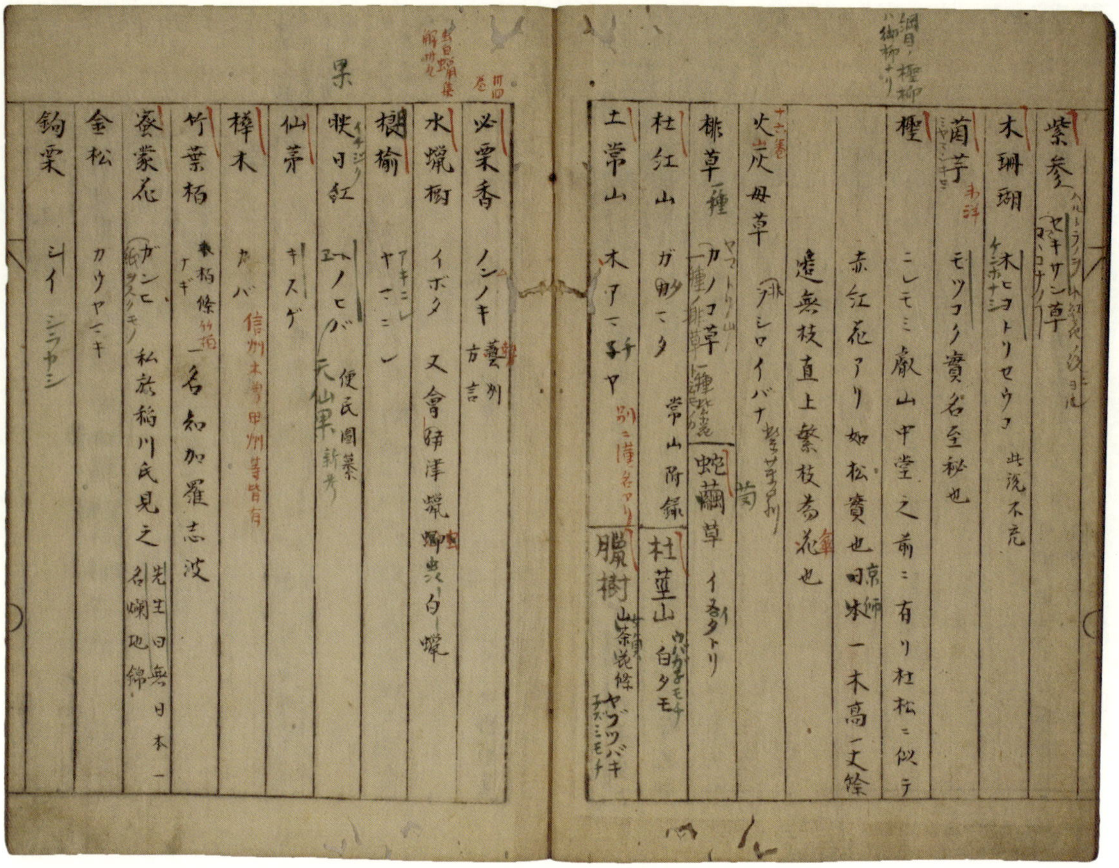

紫参
木珊瑚　キホヒヨトリセウコ　此説不充
蒟芋　モツコク　賚名至秘也
檉　ニレモミ　叡山中堂之前ニ有リ杜松ニ似テ
赤紅花アリ如松賚也　明ノ京師一木高一丈餘
遶無枝直上繁枝為花也
火炭母草　アシロイバナ
排草一種　カノコ草
蛇繭草　イヌタトリ
杜紅山　ガンピ　常山所録
杜茎山　白タモ
土常山　木アマチヤ
臘樹　山茶花條　ヤブツバキ

果
必栗香　ノシノキ　藝州方言
水蠟樹　イボタ　又會稽津蠟蠟虫白蠟
櫻榆　ヤニニレ
映日紅　ノヒガ　使氏圖纂
仙茅　キスゲ
樺木　カバ
竹葉栢　一名知加羅志波
蚕蒙花　ガンヒ　私於稲川氏見之
金松　カウヤマキ
鉤栗　シイ

六オ

五ウ

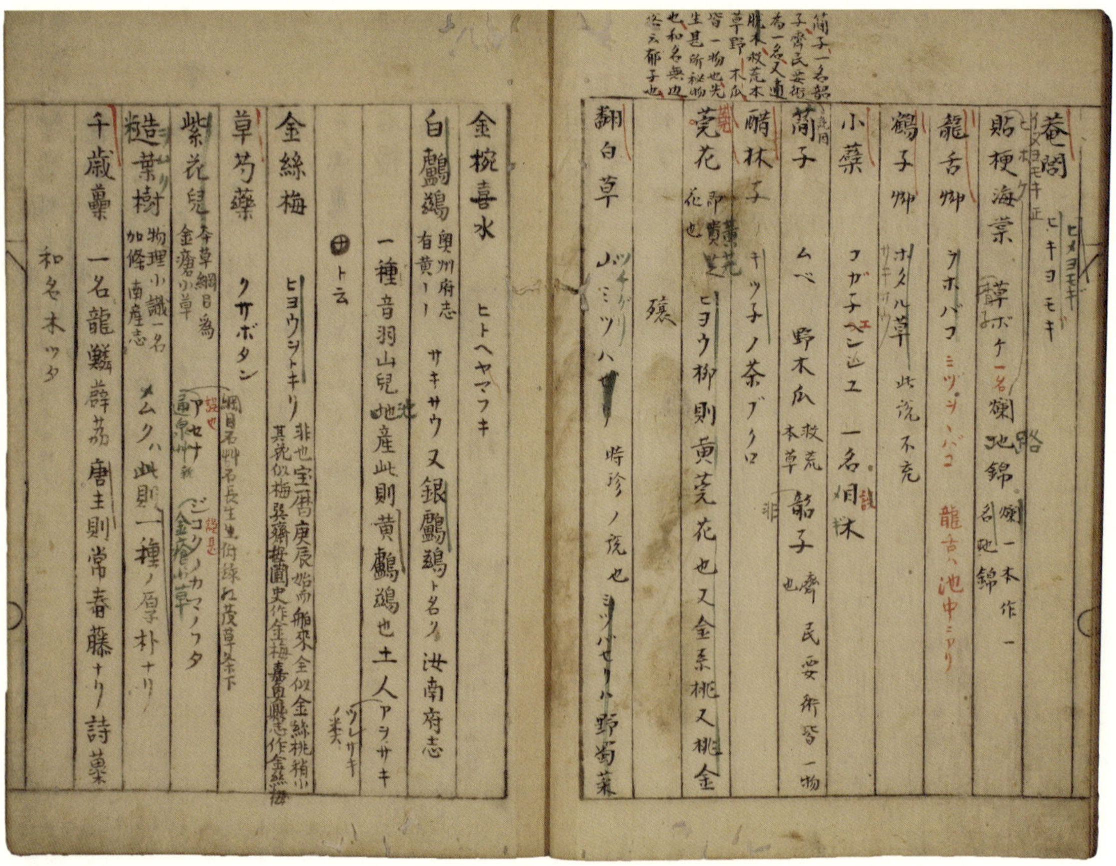

菴閭
貼梗海棠　一名爛地錦
龍舌艸　ヲホバコ　龍舌ハ池中ニアリ
鶴子艸　ホタル草　此説不充
小蘗　コガネエンジユ　一名山石榴
蒴子　ムベ　野木瓜　救荒本草
醋林子　キツネノ茶ブクロ
荛花　ヒヨウ柳則黄荛花也又金系桃又桃金
翻白草　ミツバ　時珍ノ説也

金椀喜水　ヒトヘヤマフキ
白鸝鷀　奥州府志有黄ーー　サキサウ又銀鸝鷀ト名ク　汝南府志
一種音羽山兒地産此則黄鸝鷀也土人アヲサキ
金絲梅　ヒヨウシトキリ
草芍藥　クサボタン
紫花兒　本草綱目為金瘡小草
糙葉樹　物理小識一名　メムクハ此則一種ノ厚朴ナリ
千歳虆　一名龍鬚藤　唐主則常春藤ナリ詩藥
和名木ツタ

七オ

六ウ

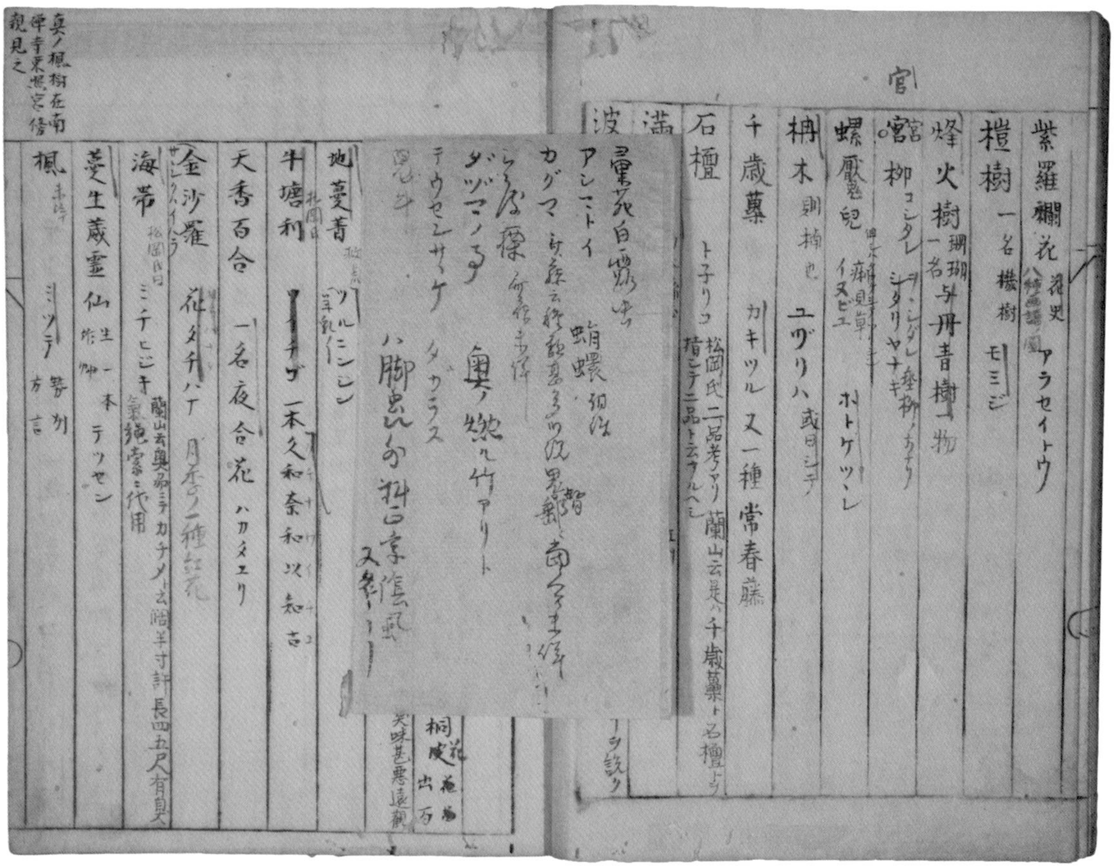

八オ　現状（挟み込みあり）　七ウ

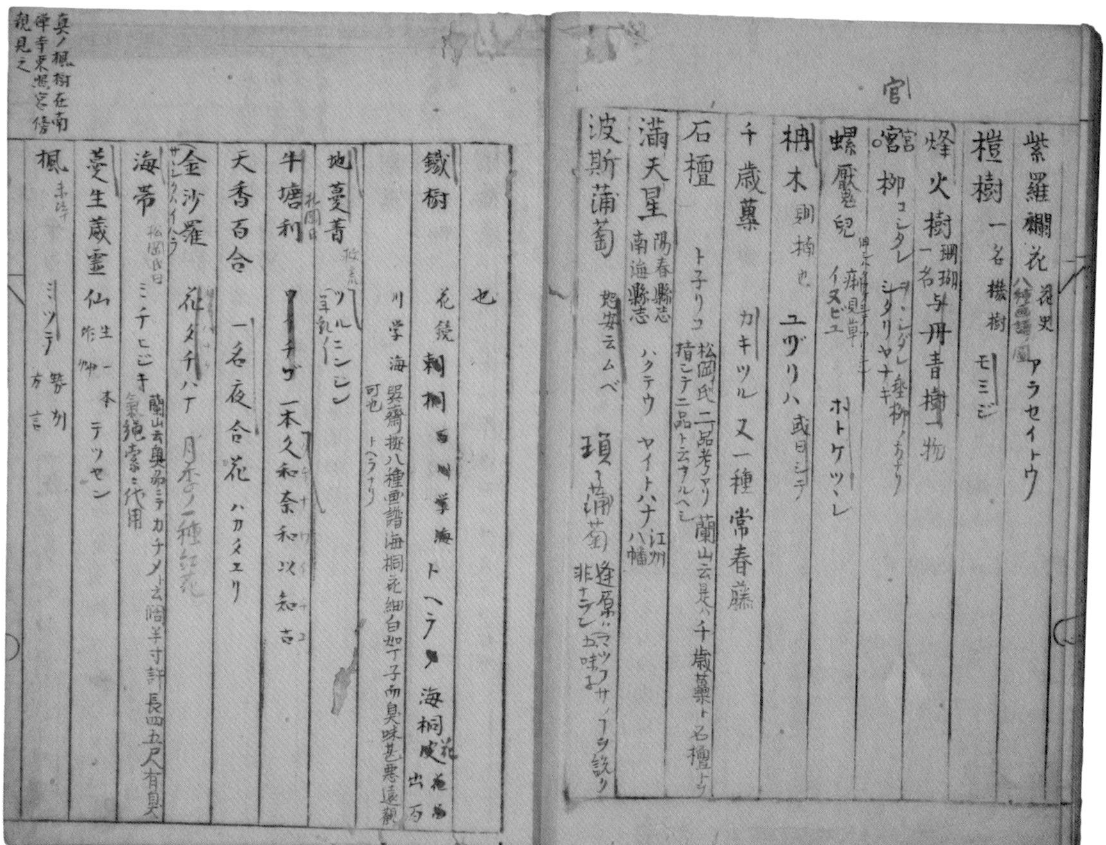

八オ　（挟み込みをはずした状態）　七ウ

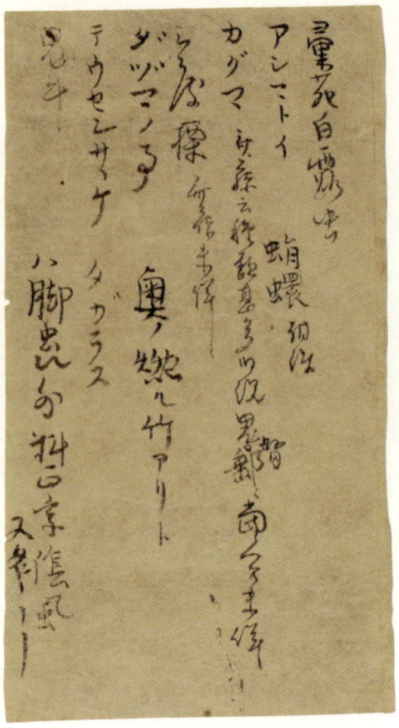

（七ウ、八オ　挟み込み）

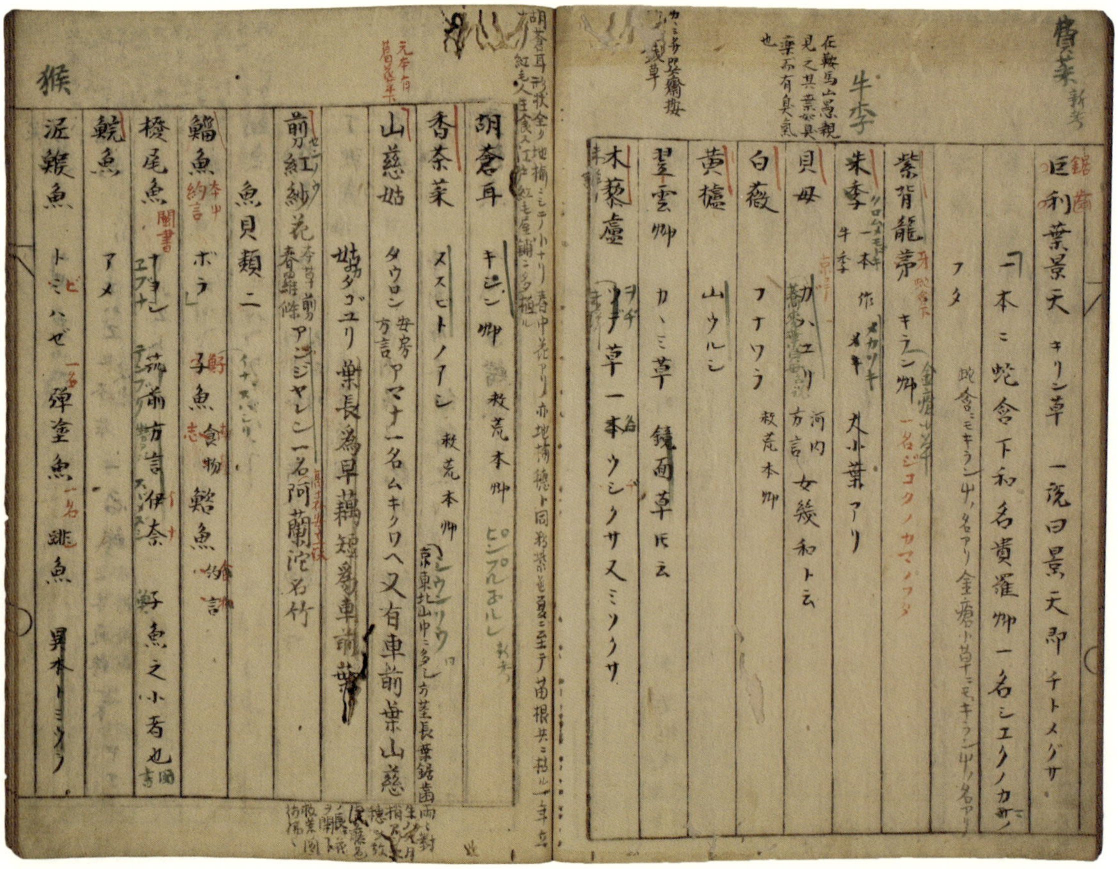

唐菜 新考

巨利葉景天　キリン草　一説曰景天即チトメグサ

紫背龍芽　キラン卿　一名ジゴクノカマノフタ

朱季　メカツキ　丸小葉アリ

貝母　河内方言

白薇　フナワラ　救荒本卿

黄櫨　山ウルシ

星雲卿　カヽミ草　鏡面草ト云

木藜盧

胡蒼耳　救荒本卿

香茶菜　ヌスビトノアシ　救荒本卿

山慈姑

剪紅紗花

魚貝類　二

鯔魚　ボラ　子魚　食物

棱尾魚

鮠魚　アメ

泥鰍魚　トビハゼ　弾塗魚　跳魚

九オ　　　　ハウ

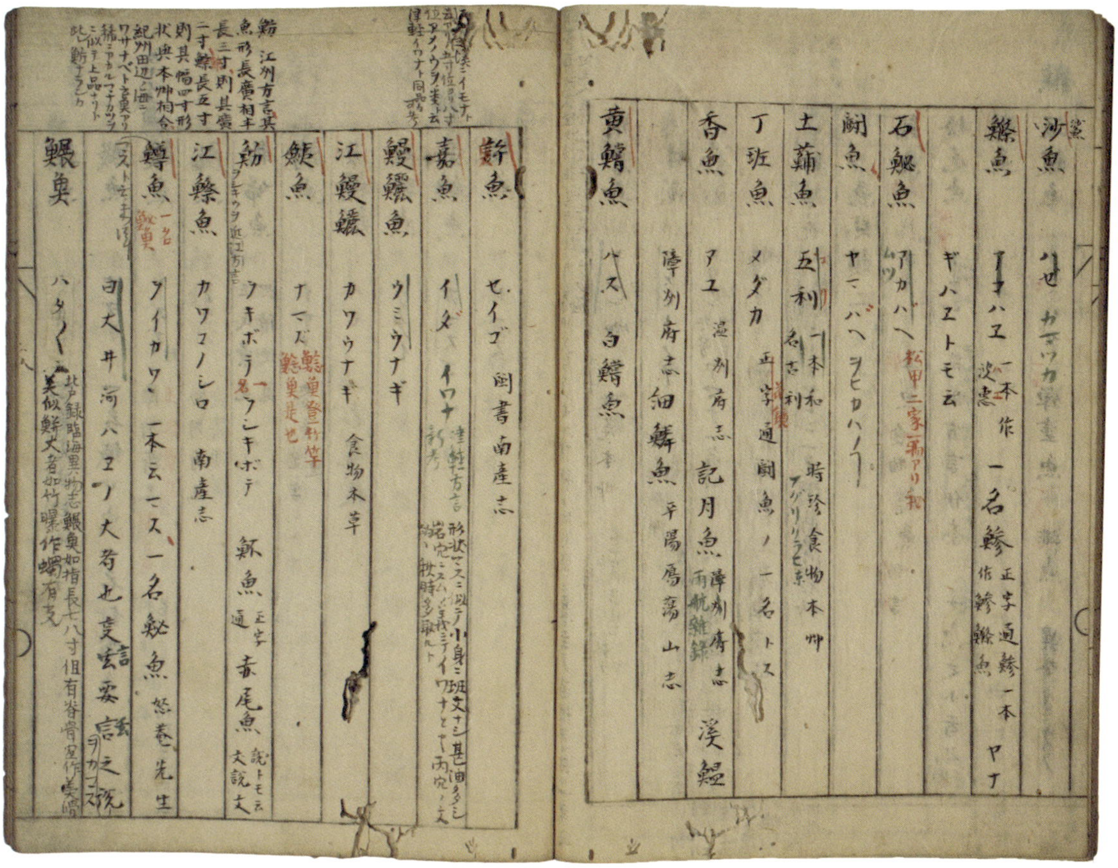

十オ　　九ウ

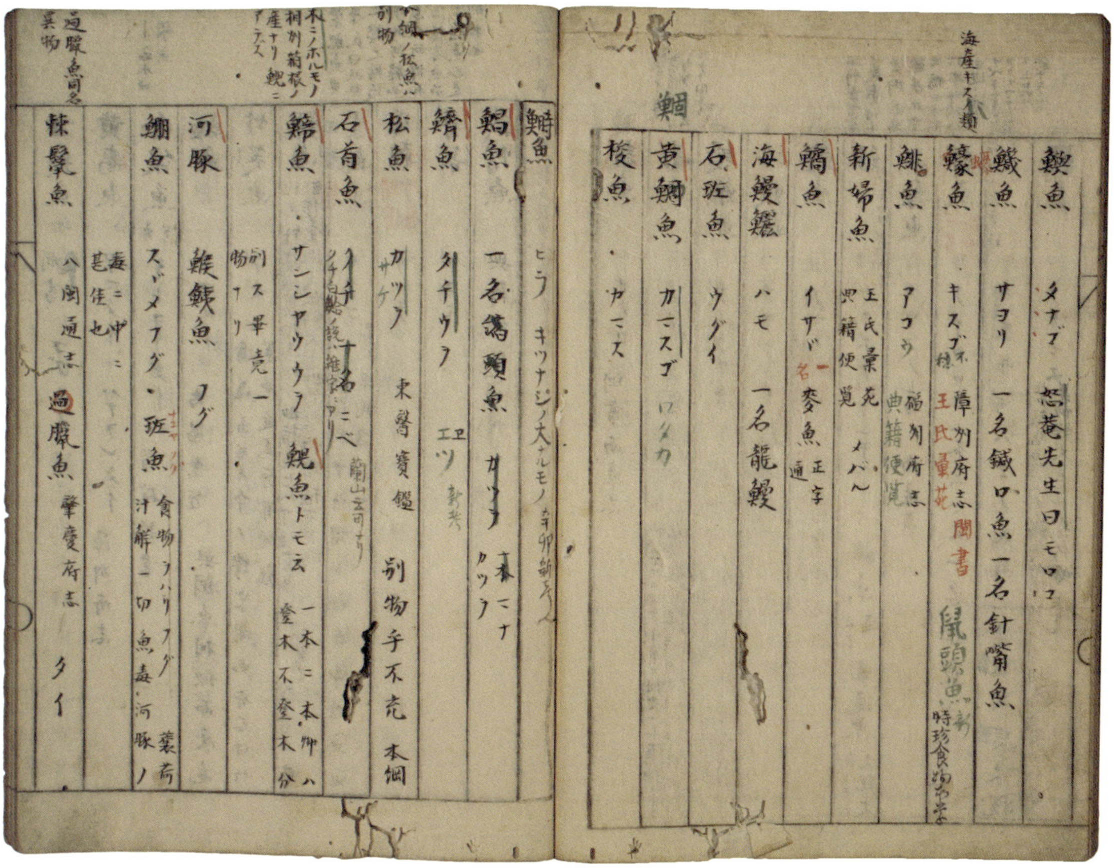

十一オ　　十ウ

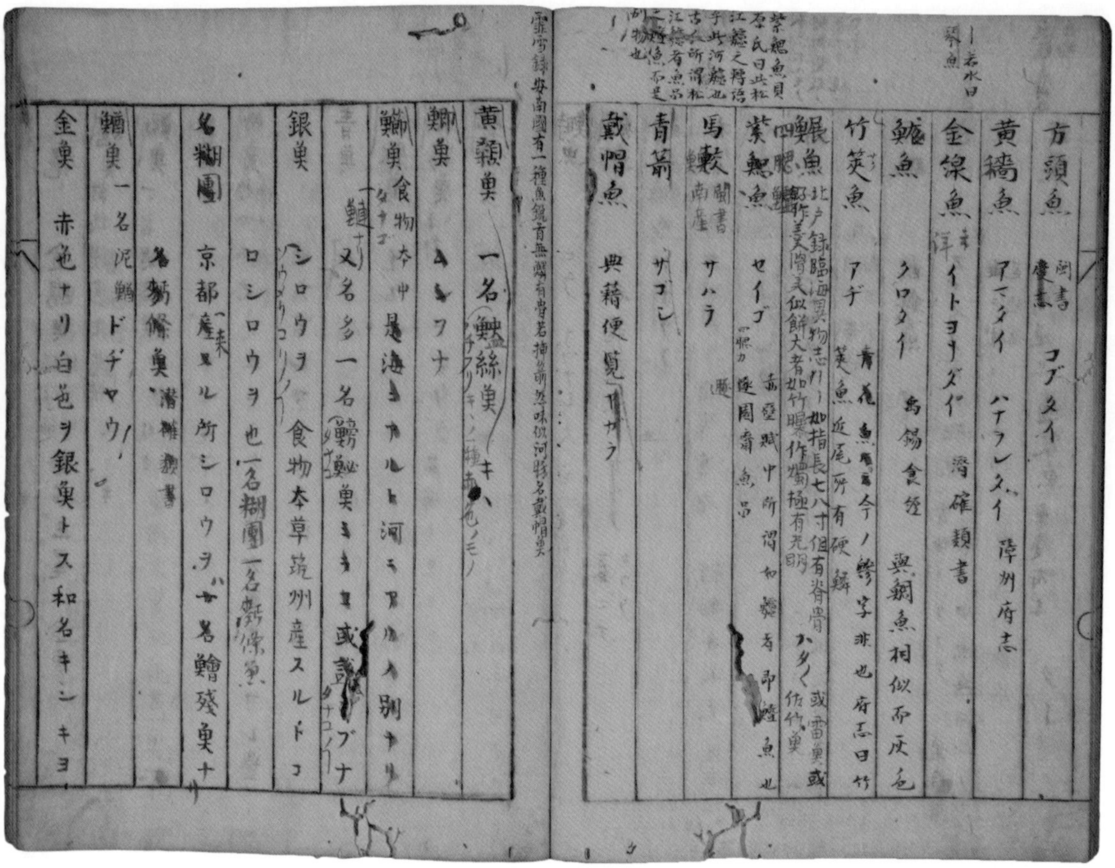

霏雪録安南國有一種魚鏡首無鱗有骨若揷箭然味似河豚名戴帽魚

方頭魚 閩書 慶志 コブタイ

黄鱛魚 アマダイ ハナフレダイ 漳州府志

金線魚 イトヨリダイ 潜確類書

鯮魚 クロダイ 島錫食経 與鯛魚相似而灰色

竹筴魚 アヂ 青花魚 筴魚近尾所有硬鱗 字非也 府志曰竹

鰛魚 北戸録臨海異物志ニ

紫鰓魚 セイゴ 遊閩齋魚品

馬鮫 閩書 南産 サハラ

青箭 サゴシ

戴帽魚 典籍便覧

黄顙魚 一名䱀絲魚

鯽魚 フナ

鰤魚 食物本草中是海ニアルト河ニアルヘ別ナリ 又名多一名鰟魮魚 或說ブナ

銀魚 シロウヲ 食物本草蘇州産スルトコロシロウヲ也一名麪條魚

京都産スル所シロウヲハ名鱠殘魚ナリ

鰌魚 一名泥鰍 ドヂヤウ

金魚 赤色ナリ白色ヲ銀魚トス和名キンキヨ

十二オ

十一ウ

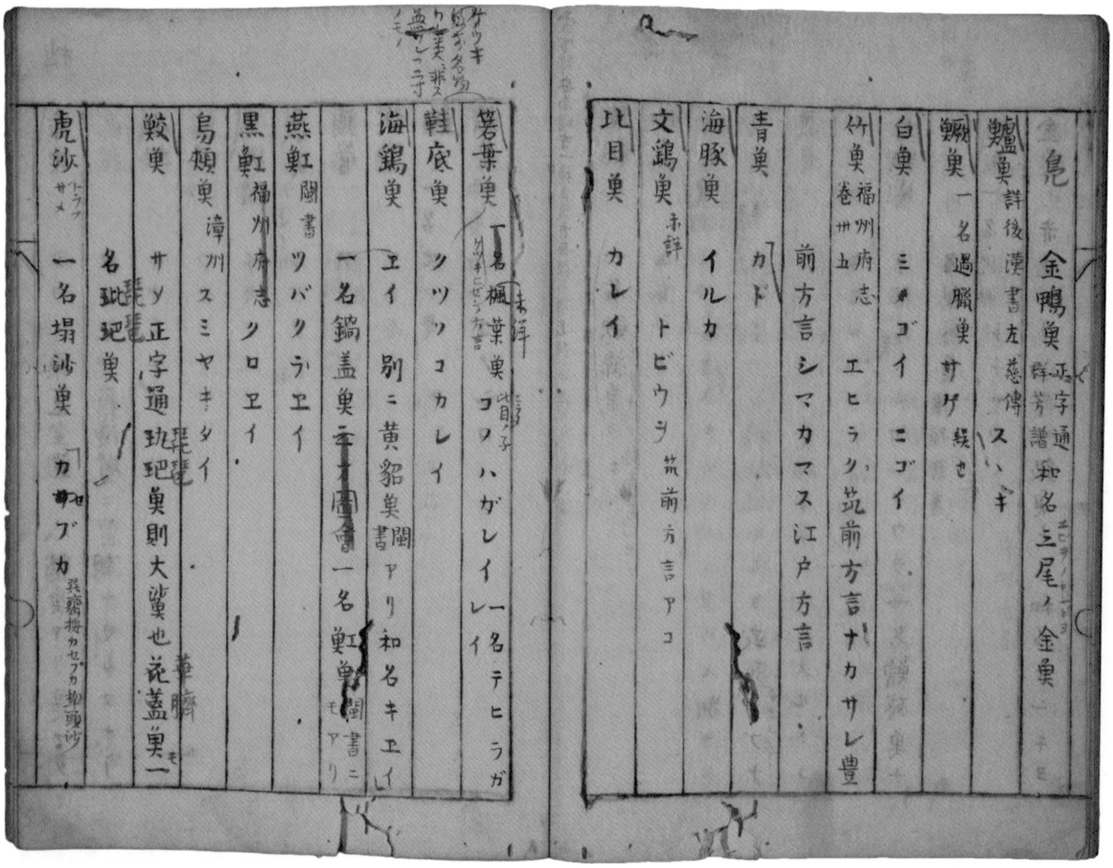

金鴨魚 正字通 和名 三尾ノ金魚

鱸魚 詳後漢書左慈傳 スヽキ

鰣魚 一名過臘魚 サゲ

白魚 ミゴイ ニゴイ

竹魚 福州府志巻卅五 エヒラク筑前方言ナカサレ豊前方言シマカマス江戸方言

青魚 カド

海豚魚 イルカ

文鷂魚 未詳 トビウヲ 筑前方言アコ

比目魚 カレイ

箬葉魚 一名楓葉魚 コノハガレイ 一名テヒラガレイ

鞋底魚 クツゾコカレイ

海鷂魚 エイ 別ニ黄貂魚閩書アリ 和名キエイ

一名鍋蓋魚 三才圖會 一名魟魚 閩書ニモアリ

燕魟 閩書 ツバクラエイ

黒魟 福州府志 クロエイ

烏頬魚 漳州 スミヤキダイ

鮻魚 正字通 琵琶魚則大鯊也 蓋魚一名琵琶魚

虎沙 一名塌沙魚 カセブカ

十三オ

十二ウ

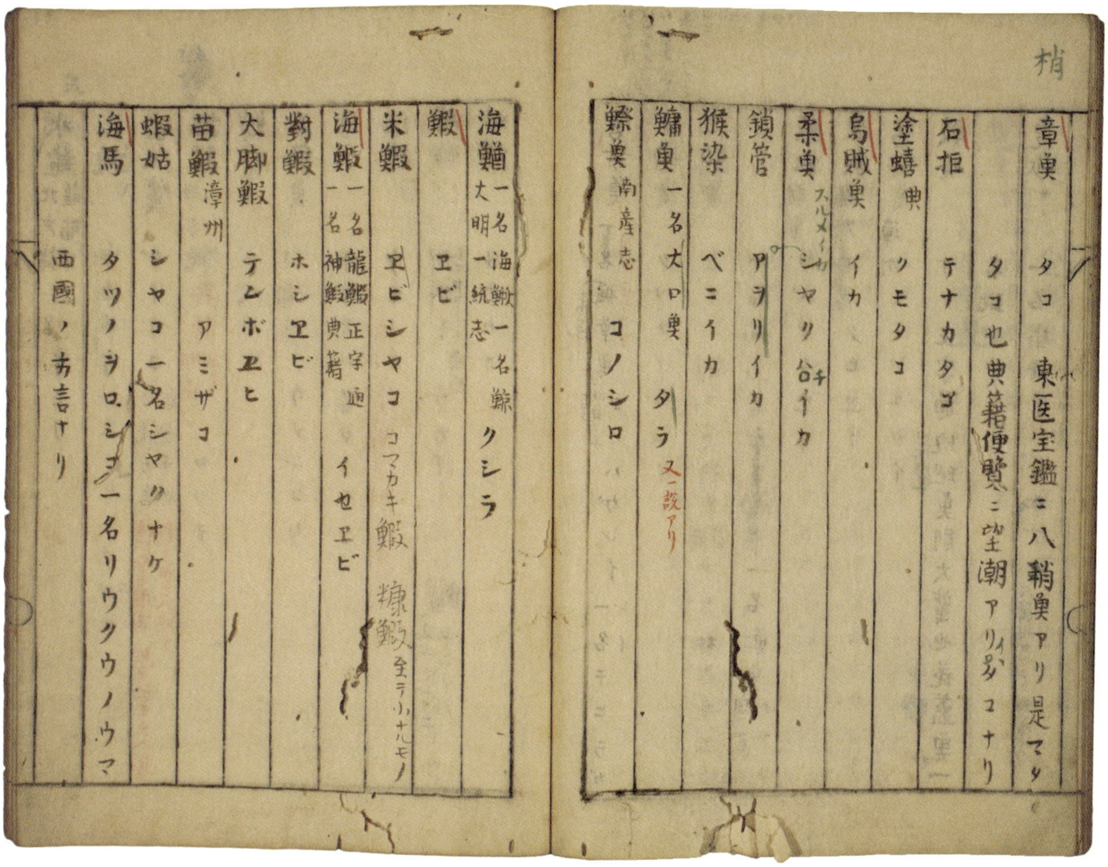

十三ウ

章魚 タコ 東医宝鑑ニ八梢魚アリ是マタタコ也 典籍便覧ニ望潮アリイヒダコナリ
石拒 テナカタコ
塗蟢魚 クモタコ
烏賊魚 イカ
柔魚 スルメ シヤクハチイカ
鎖管 アヲリイカ
猴染 ベニイカ
鱆魚 一名大口魚 タラ 又一説アリ
鰶魚 南産志 コノシロ

十四オ

海鰌 一名海鰍 一名鯨 大明一統志 クシラ
鰕 エビ
米鰕 エビシヤコ コマカキ鰕 糠鰕 至テ小ナルモノ
海鰕 一名龍鰕 正字通 一名神鰕 典籍 イセエビ
對鰕 ホシエビ
大脚鰕 テムボエヒ
苗鰕 漳州 アミザコ
蝦姑 シヤコ 一名シヤクナケ
海馬 タツノヲトシゴ 一名リウクウノウマ
西國ノ方言ナリ

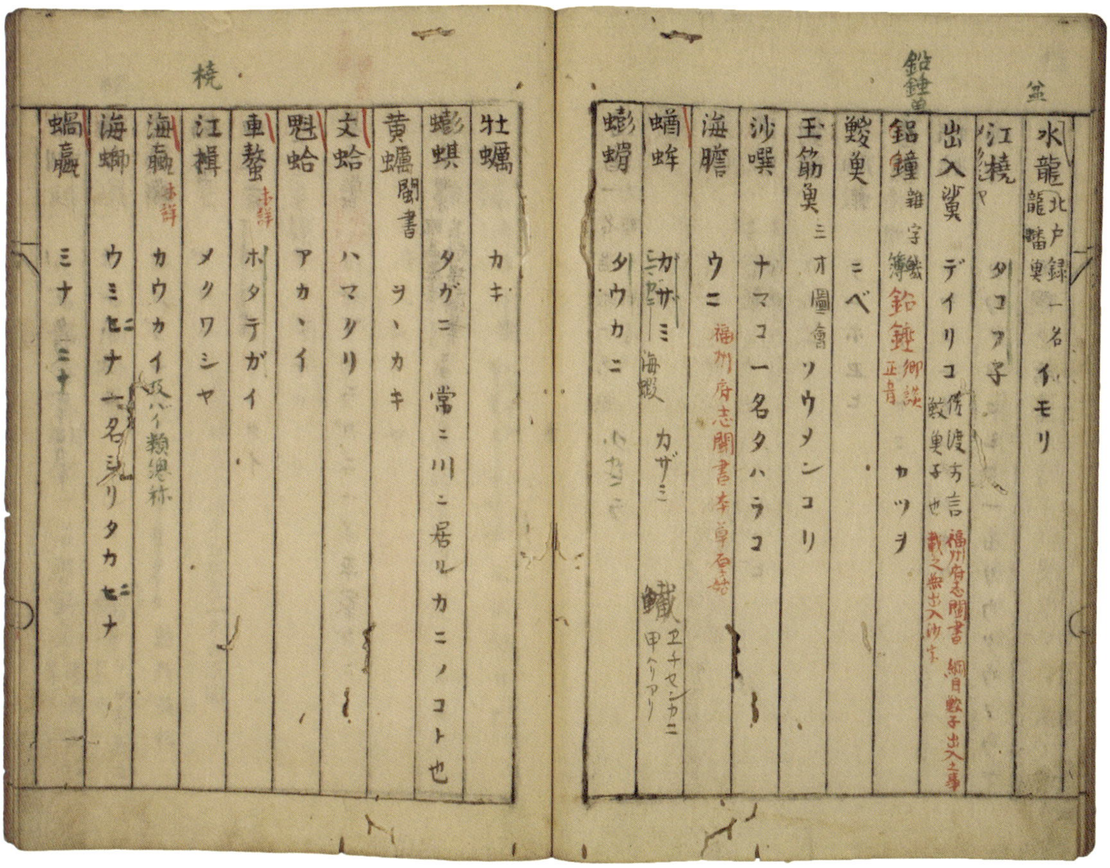

十四ウ

水龍 北戸録 龍蟠魚 一名 イモリ
江𧊧 タコブ子
出入蟆 デイリコ 佐渡方言 蚊母子也 福州府志聞書 細目蚊子出入之事
鉛錘 雑字簿 鉛錘 郷談正音 カツヲ
鯼魚 ニベ
玉筋魚 三才圖會 ソウメンコリ
沙噀 ナマコ一名タハラコ
海膽 ウニ 福州府志聞書本草原始
蝤蛑 ガザミ 海蝦 カザミ 蠘 エナヤンカニ 甲ヘリアリ
蟛蜞 タウカニ

十五オ

牡蠣 カキ
蟛蜞 タガニ 常ニ川ニ居ルカニノコト也
黄蠣 閩書 ヲヽカキ
文蛤 ハマクリ
魁蛤 アカヽイ
車螯 未詳 ホタテガイ
江珧 メクワシヤ
海𧊧 未詳 カウカイ 及ハイ類總称
海螄 ウミヒナ 一名ニシ リタカヒナ
蝸蠃 ミナ ニナ

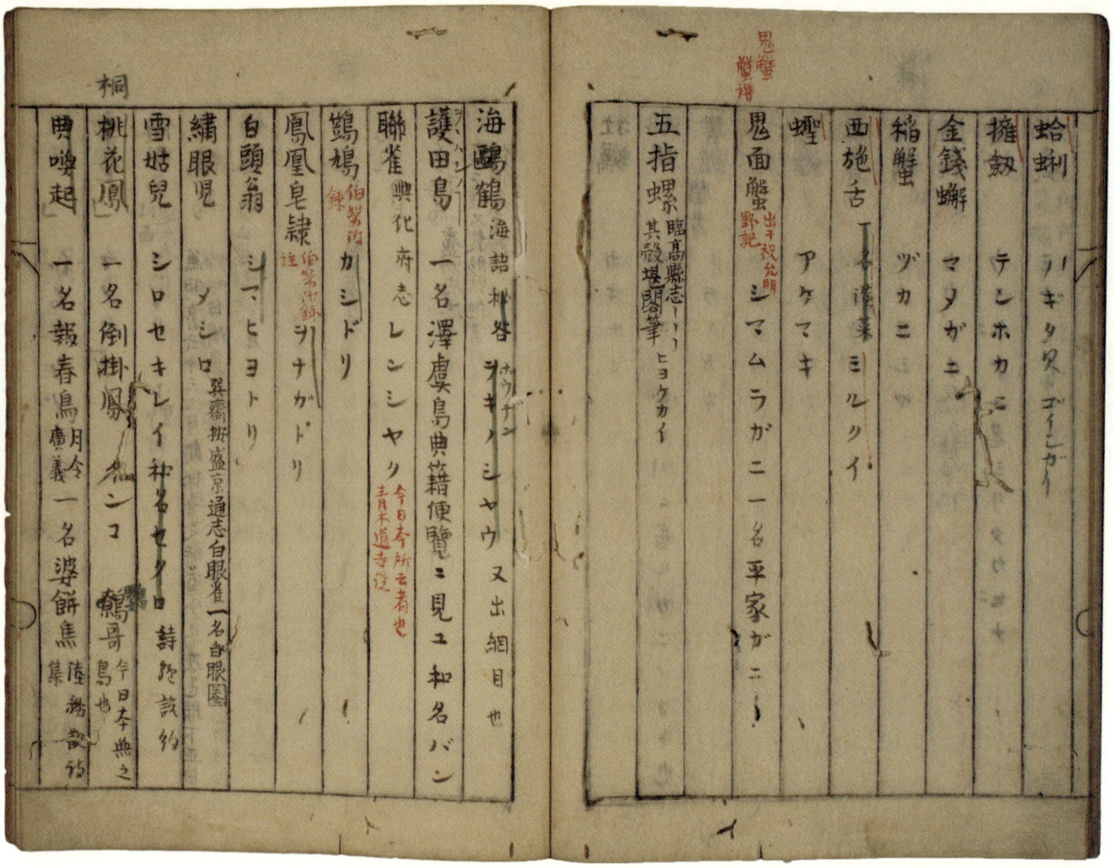

鬼蟹 蟹譜

蛤蜊 ハギタ貝 ゴイニカイ
擁劔 テンホカニ
金錢蟹 マメガニ
稻蟹 ツカニ
西施舌 [illegible] ミルクイ
蟶 アケマキ
鬼面蟹 出于役允明野記 シマムラガニ 一名平家ガニ
五指螺 臨高縣志 其殼堪閣筆 ヒヨクカイ

桐

海鷗鶴 海語 ヲキノシヤウ 又出綱目也
護田鳥 一名澤虞 鳥典籍便覽ニ見ユ 和名バン
聯雀 興化府志 レンジヤク 今日本所云者也 青木道寺說
鵁鶄 伯督[illegible]録 カシドリ
鳳凰皂隷 伯督[illegible]録註 ヲナガドリ
白頭翁 シマヒヨドリ
繡眼兒 メジロ 吳[illegible] 盛京通志白眼雀一名白眼圈
雪姑兒 シロセキレイ 和名セグロ 詩經說約
桃花鳳 一名倒掛鳳 [illegible]シコ 鷯哥 鳥也 今日本無之
興喚起 一名報春鳥 月令廣義 一名婆餅焦 陸務觀集

十六オ

十五ウ

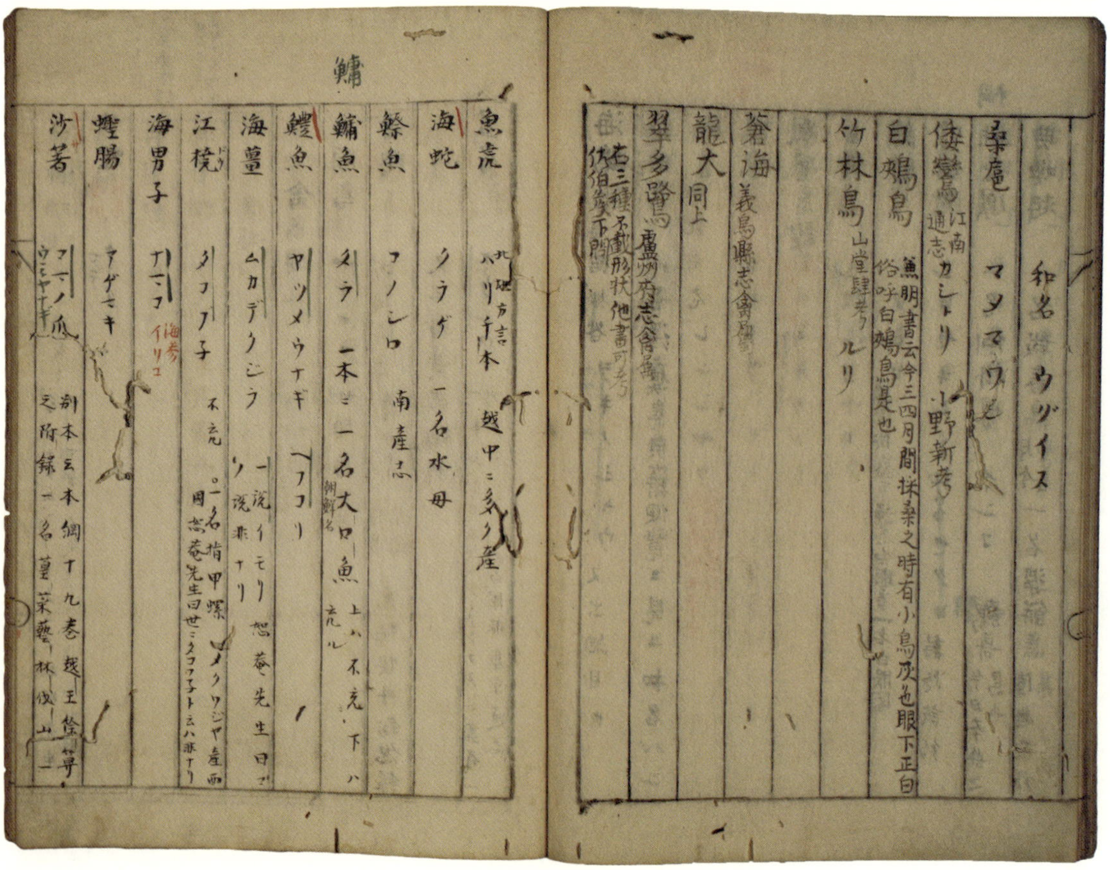

和名ウグイス
桑扈 マメマワシ
倭鸞鳥 江南通志 カシトリ 小野新考
白鴿鳥 魚明書云令三四月間採桑之時有小鳥灰色眼下正白 俗呼白鴿鳥是也
竹林鳥 山堂肆考 ルリ
蒼海 義烏縣志禽部
龍大 同上
翠多鷺鳥 盧州府志禽部
右三種不載形狀他書可考 俟伯英下問

鯆

魚虎 九州方言 ハリセンボン 越中ニ多ク産
海蛇 クラゲ 一名水母
鰶魚 コノシロ 南産志
鱅魚 タラ 一本ニ一名大口魚 朝鮮名 上ハ不充 下ハ
鱧魚 ヤツメウナギ [illegible]
海鰻 ムカデクジラ 一說イモリ 恕菴先生曰 一說非ナリ
江[illegible] タコノコ 不充 一名指甲螺 田恕菴先生曰世ニタコノ子トス八非ナリ
海男子 ナマコ 海参 イリコ
蟶腸 アゲマキ
沙箸 ウミヤナギ 別本云本綱十九巻越王餘算之附録一名蓬茉藜 林似山[illegible]

十七オ

十六ウ

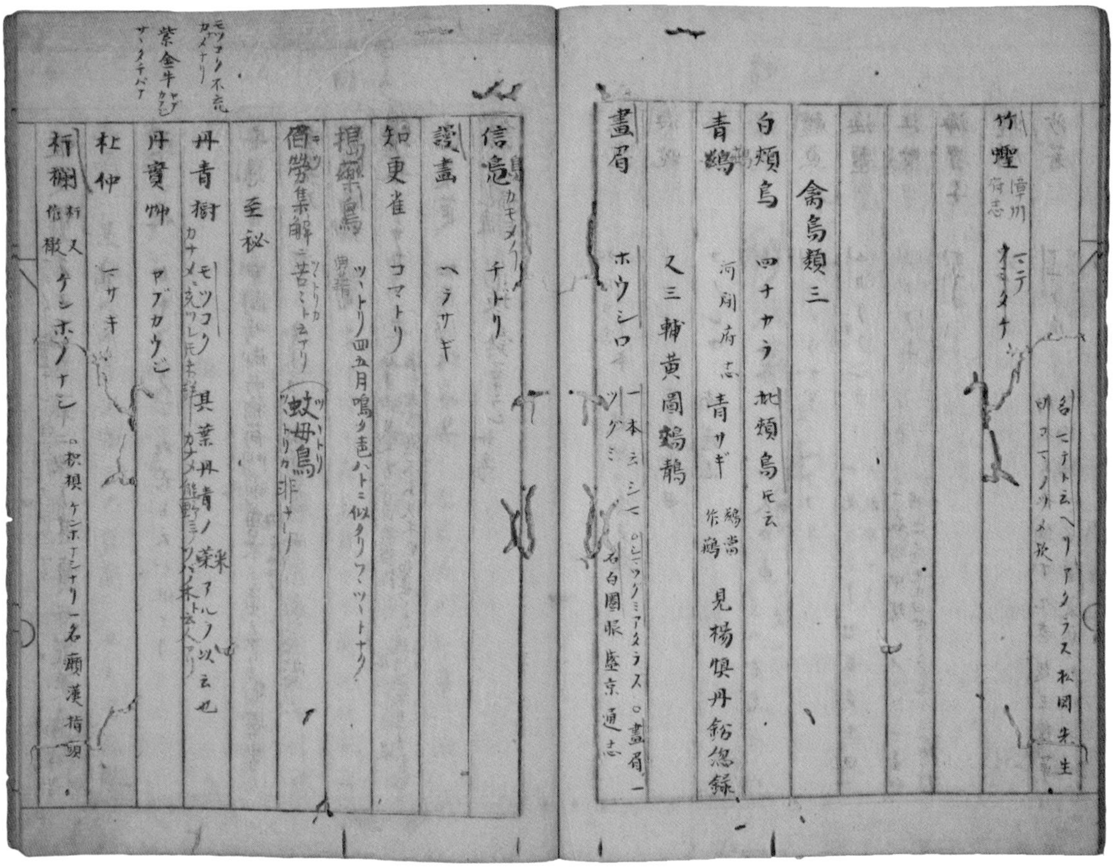

白頰鳥　四十カラ　批頰鳥ト云　河間府志

青䳘　河間府志　青サギ

畫眉　ホウシロ

信鳧　カモメ　チドリ

知更雀　コマトリ

丹青樹　モツコク

丹寶　ヤブカウジ

杜仲

十八オ

十七ウ

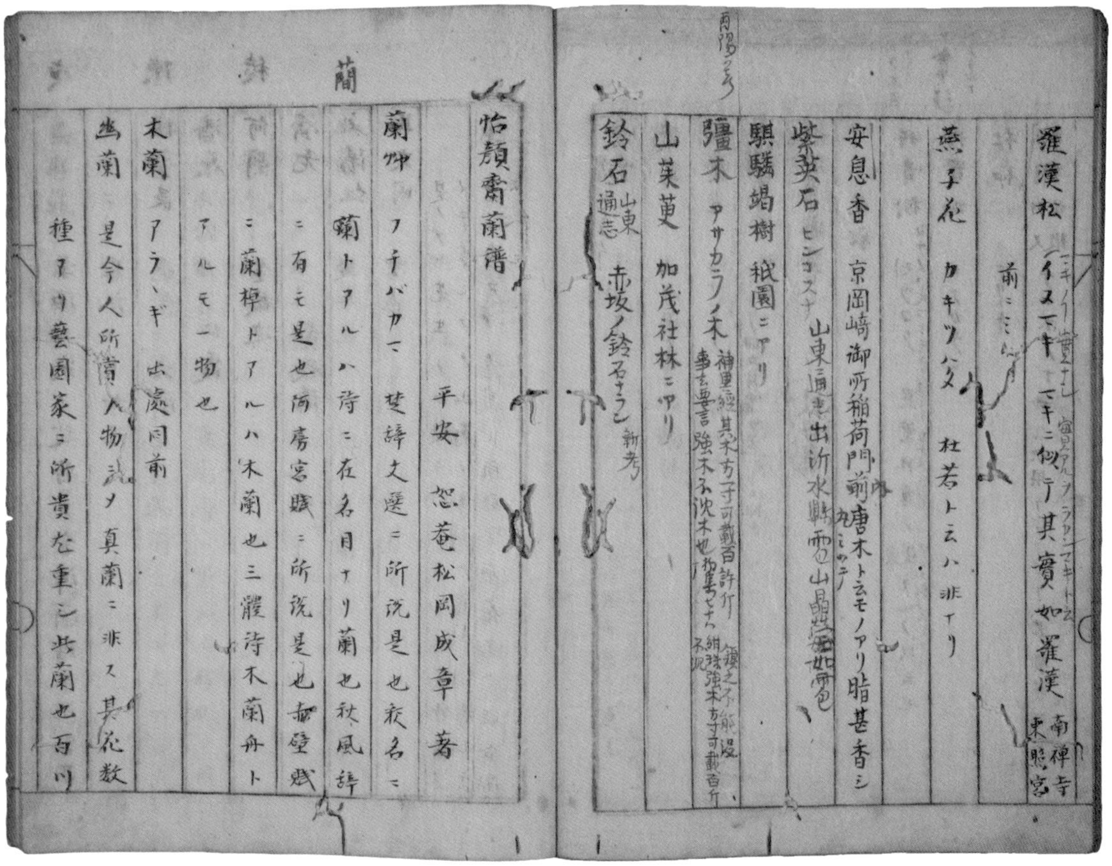

羅漢松　其實如羅漢　南禅寺　東照宮

燕子花　カキツバタ　杜若ト云ハ非ナリ

安息香　京岡崎御所稲荷門前ニ唐木ト云モノアリ甚香シ

紫英石　山東通志

騏驎竭樹　祇園ニアリ

山茱萸　加茂社林ニアリ

鈴石　山東通志　赤坂ノ鈴石ナラン

怡顔齋蘭譜　平安　恕菴松岡成章著

蘭　フヂバカマ　楚辞文選ニ所説是也

木蘭　アララギ　出處同前

幽蘭　是今人所賞ノ物ニシテ真蘭ニ非ズ

十九オ

十八ウ

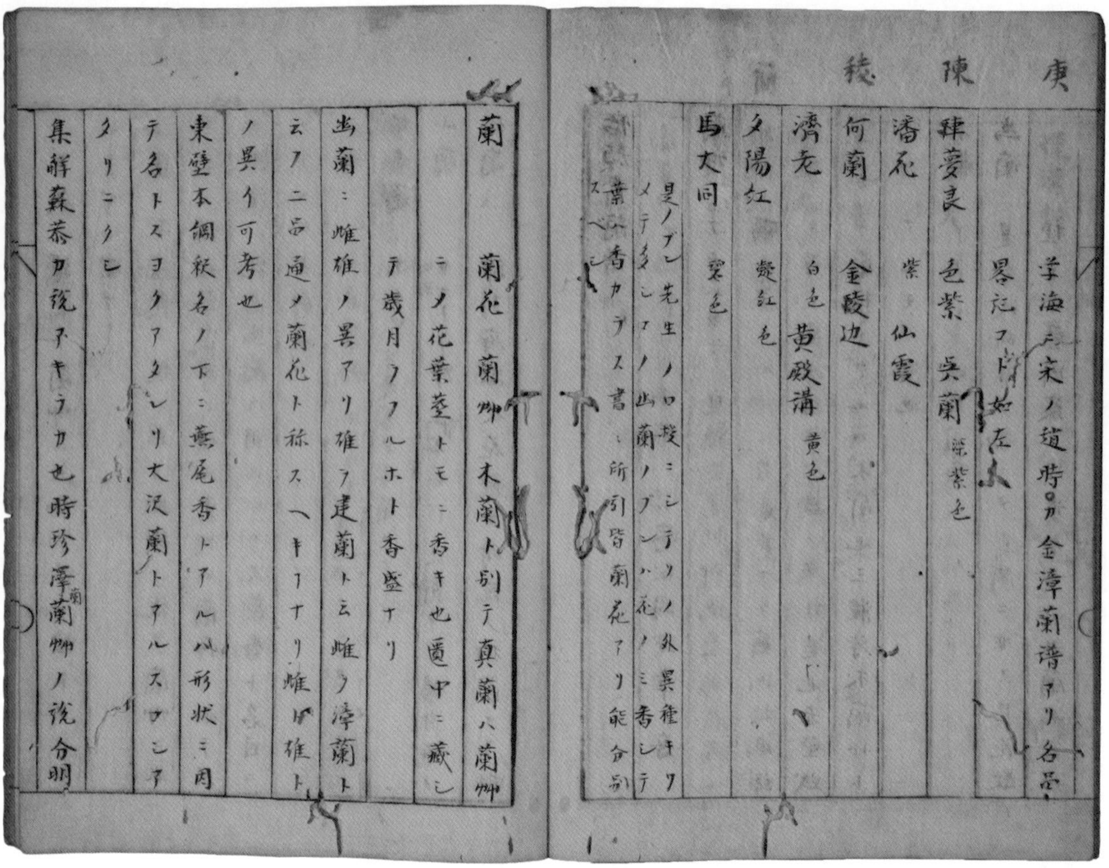

庚　陳　秇

芋海ニ宋ノ道時カ金漳蘭譜アリ名品
略記スル如左
肆夢良　色紫　呉蘭　深紫色
潘花　紫　仙霞
何蘭　金陵边
濟老　白色　黄殿講　黄色
夕陽紅　淡紅色
馬大同　碧色
是ノブレ先生ノ口授ニシテソノ外異種キワ
メテ多シ又ノ出蘭ノブンハ花ノミ香シテ
葉ハ香カラス書ニ所引皆蘭花アリ能分別
スヘシ

十九ウ

蘭　蘭花　蘭草　木蘭ト別テ真蘭ハ蘭草
ニテノ花葉茎トモニ香キ也匱中ニ蔵シ
テ歳月ヲフルホト香盛ナリ
幽蘭ニ雌雄ノ異アリ雄ヲ建蘭ト云雌ヲ漳蘭ト
云フ二品通メ蘭花ト称スヘキナリ雌雄ト
ノ異イ可考也
東壁本綱秋名ノ下ニ燕尾香トアルハ形状ニ因
テ名トスヨクアタレリ大沢蘭トアルスカニア
タリニクシ
集解蘇恭カ説アキラカ也時珍澤蘭蘭草ノ説分明

二十オ

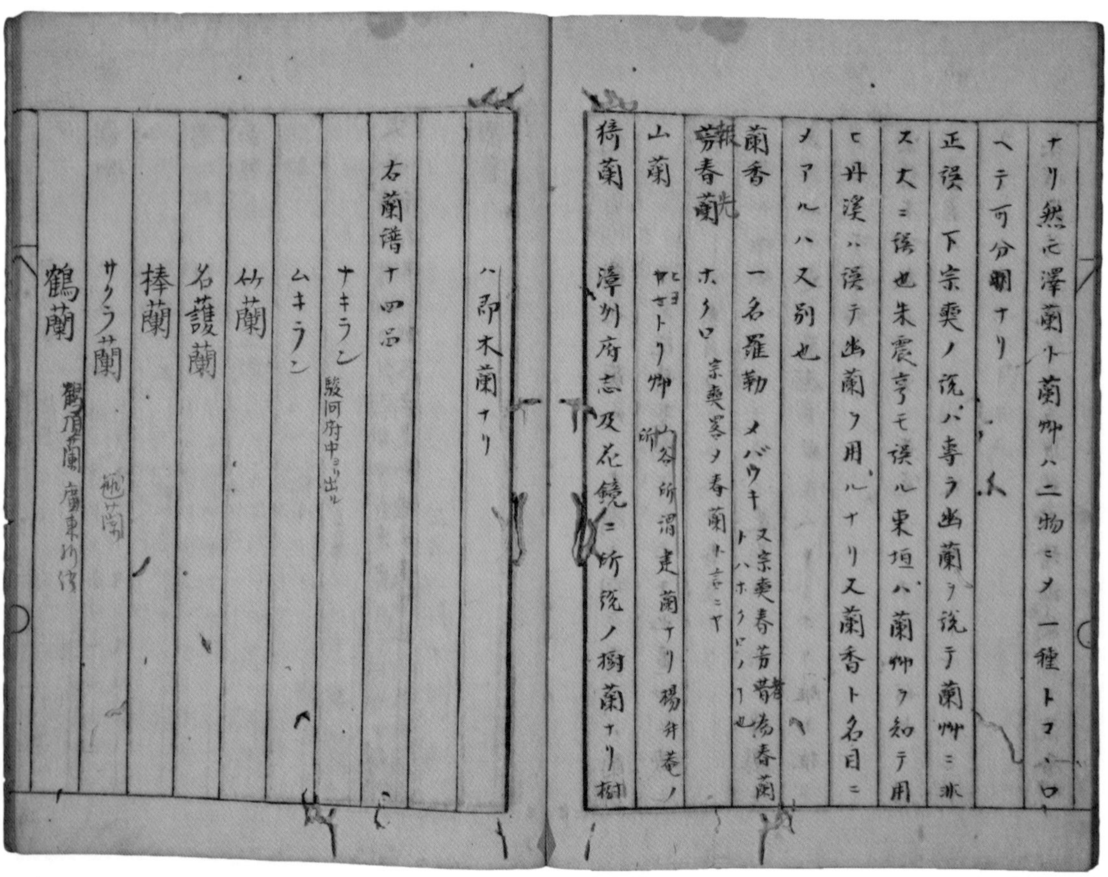

ナリ然ニ澤蘭ト蘭草ハ二物ニメ一種トコ、ロ
ヘテ可分明ナリ
正誤下宗奭ノ説ハ専ラ幽蘭ヲ説テ蘭草ニ非
ス大ニ誤也朱震亨モ誤ル東垣ハ蘭草ヲ知テ用
ヒ丹渓ハ誤テ幽蘭ヲ用ルナリ又蘭香ト名目ニ
メアルハ又別也
蘭香　一名羅勒　メバウキ　又宗奭春芳蕙為春蘭トハホクロノコト也
芳春蘭　ホクロ　宗奭寇メ春蘭トモ云ヤ
山蘭　ヒヨドリ草　所謂建蘭ナリ楊升菴ノ
猗蘭　漳州府志及花鏡ニ所説ノ猗蘭ナリ樹

二十ウ

ハ即木蘭ナリ
右蘭譜十四品
ナキラン　駿河府中ヨリ出ル
ムキラン
竹蘭
名護蘭
棒蘭
サクラ蘭　插蘭
鶴蘭　鶴頂蘭　廣東府

二十一オ

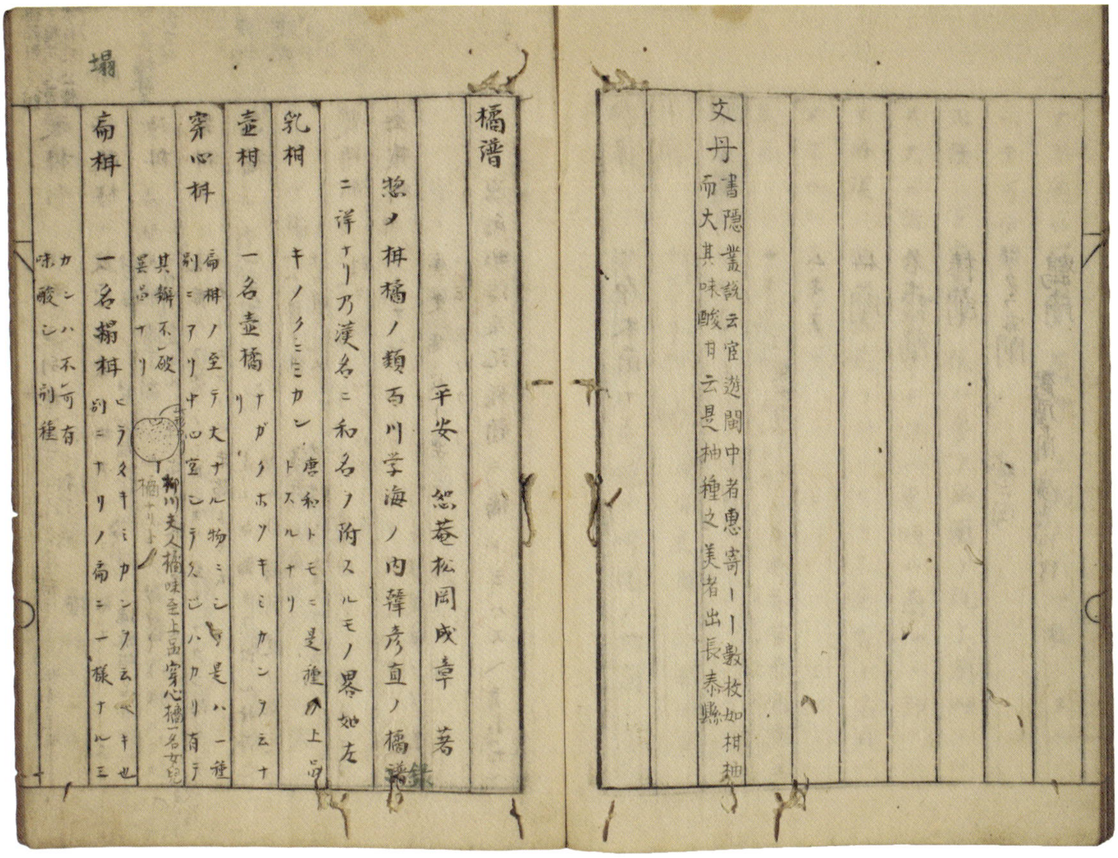

文丹 書隠叢説云宦遊閩中者恵寄一二數枚如柑柚而大其味酸甘云是柚種之美者出長泰縣

橘譜 平安 恕菴松岡成章 著

總ノ柑橘ノ類石川学海ノ内韓彦直ノ橘譜ニ詳ナリ乃漢名ニ和名ヲ附スルモノ畧如左

乳柑 キノクニミカン 唐和トモニ是種ヲ上品トスルナリ

壺柑 一名壺橘 ナガクホウキミカンヲ云ナリ

穿心柑 扁柑ノ至テ大ナル物ミユ是ハ一種別ニアリ中心空ニテ久ヒハカリ有テ其瓣不破 甚品ナリ

扁柑 一名蝸柑 ヒラタキミカンヲ云ヘキ也

味酸ニシテ不可食 カンハ別種

二十二オ　　二十一ウ

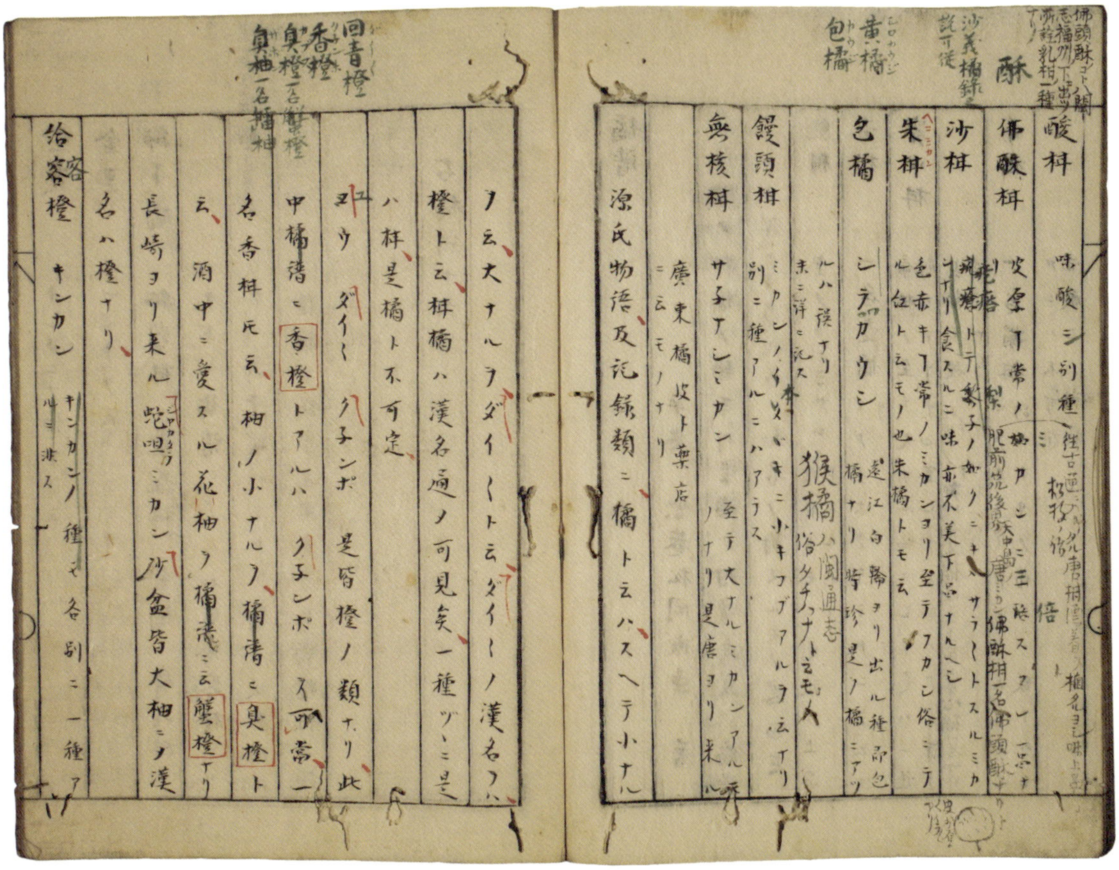

酸柑 味酸ニシテ別種

佛酥柑

沙柑

朱柑 色赤キ丁常ノミカンヨリ至テフカシ

包橘 シテ包ミカウシ 近江白輪ヨリ出ル種

饅頭柑 別ニ種アルニハアラス

猴橘 俗タチハナトモ云

無核柑 サネナシミカン 至テ大ナルミカンアル ノナリ是唐ヨリ来ル

涼氏物語及記録類ニ橘トニハスヘテ小ナル

回青橙 香橙 臭橙一名蟹橙 臭柚一名播柚

ノ云大ナルヲダイ〳〵ト云ダイ〳〵ノ漢名ヲハ橙ト云柑橘ハ漢名適ノ可見矣一種ヅヽニ是ハ柑是橘ト不可定

ヌツ ダイ〳〵 クネンボ 是皆橙ノ類ナリ此中橘譜ニ香橙トアルハ クネンボ 不可當 一名香柑ト云 柚ノ小ナルヲ橘譜ニ臭橙ト云 酒中ニ愛スル花柚ヲ橘譜ニ云蟹橙ナリ 長崎ヨリ来ル蛇噛ミカン沙盆皆大柚ニノ漢名ハ橙ナリ

給客橙 キンカン キンカンノ種モ各別ニ一種ア

二十三オ　　二十二ウ

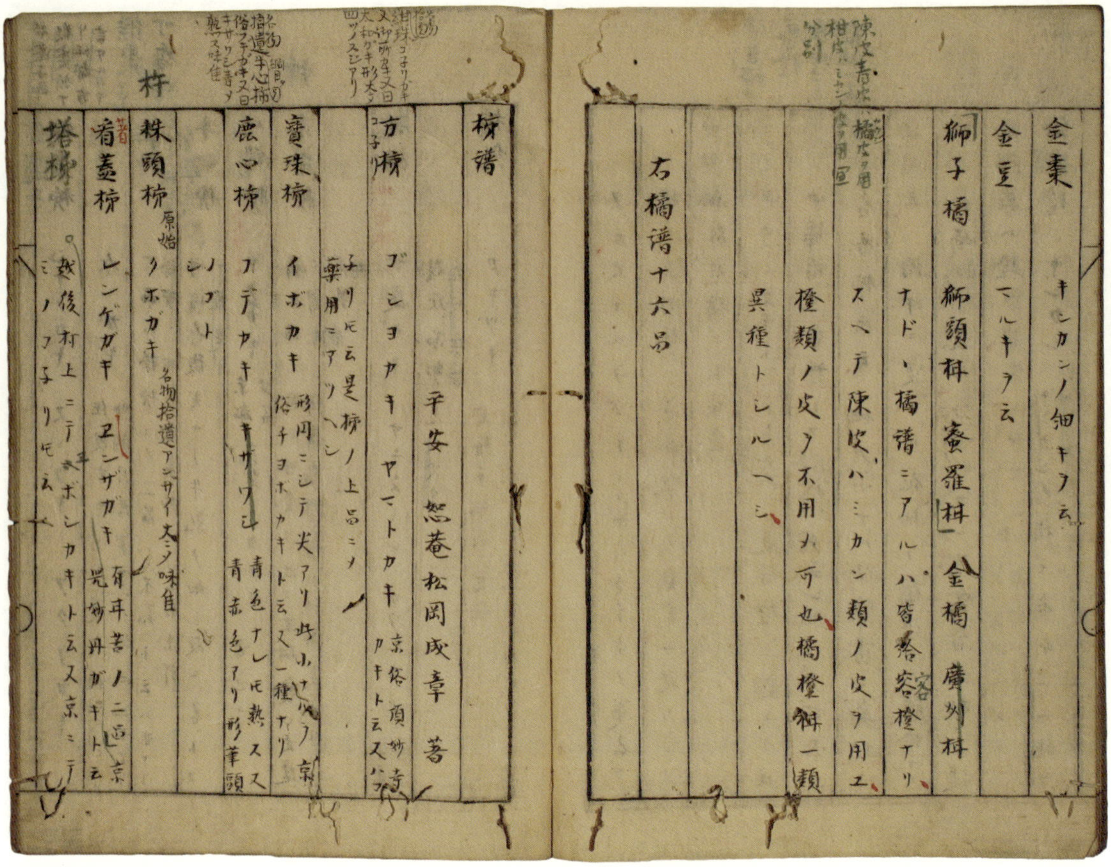

二十四オ　二十三ウ

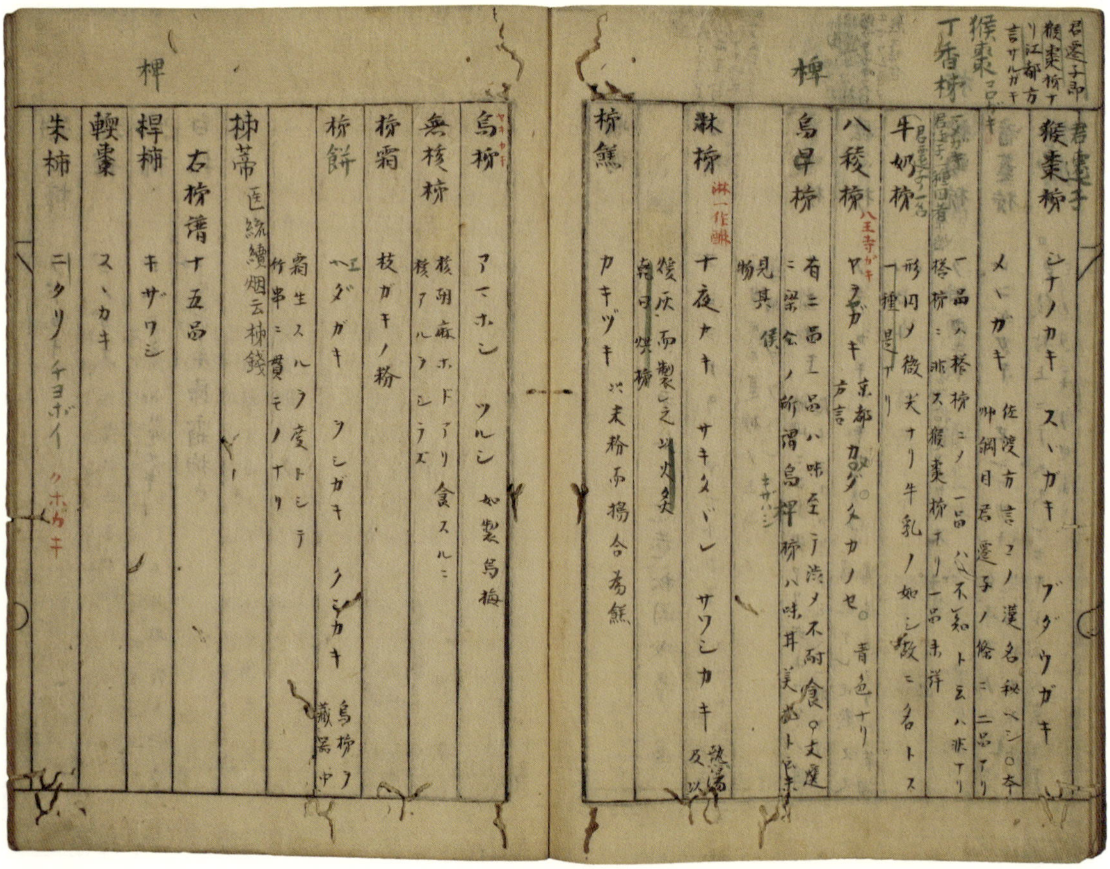

二十五オ　二十四ウ

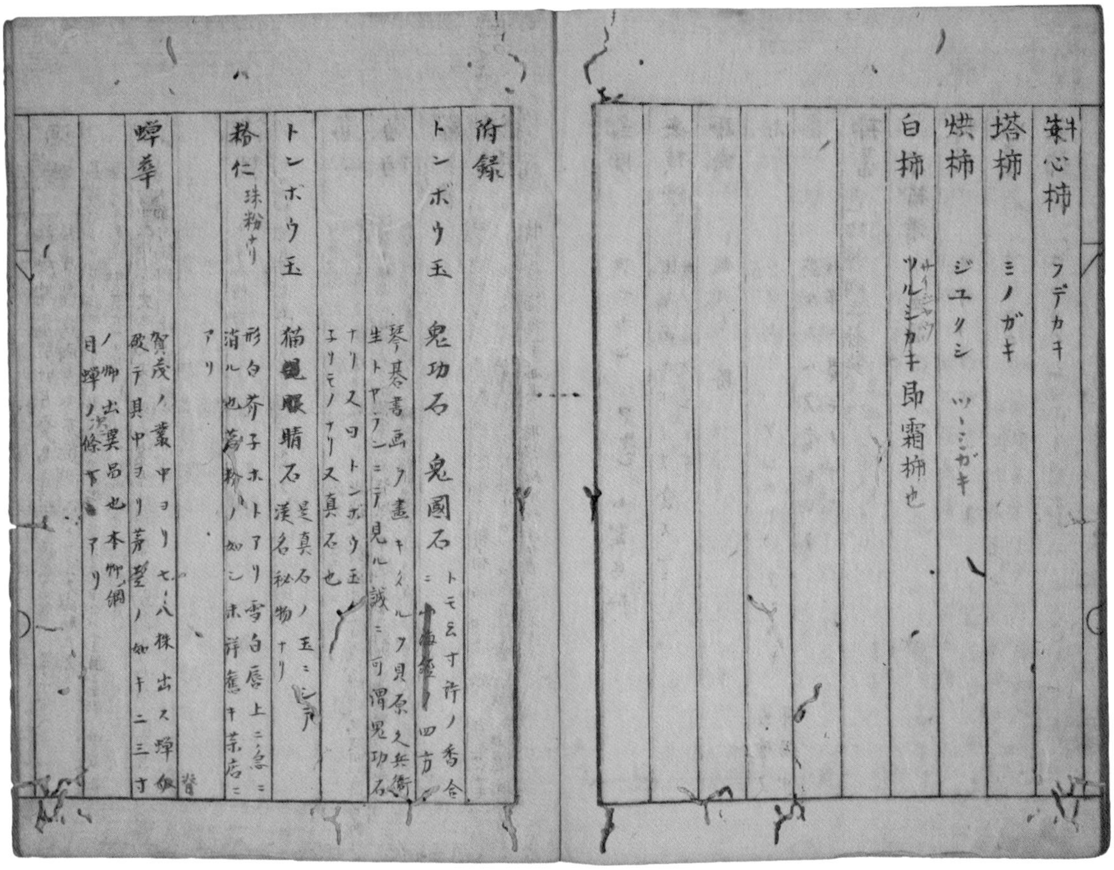

料心柹　フデカキ
塔柹　ミノガキ
烘柹　ジユクシ　ツヽミガキ
白柹　ツルシガキ即霜柹也

附録
トンボウ玉　鬼功石　鬼國石
琴碁書画ノ畫キタルノ貝原益軒生トヤラニテ見ル誠ニ可謂鬼功石ナリ又ロトンボウ玉ヨリモノアリ又真石也
トンボウ玉　猫睛眼睛石　是真石ノ玉ニシテ渓名秘物ナリ
椿仁　珠粉ナリ　形白芥子ホトアリ雪白唇上ニ急ニ消ル也薬粉ハ如シホ洋意キ茶店ニアリ
蟬華　賀茂ノ叢中ヨリ七八株出ス蟬ノ殻ニテ其中ヨリ芽茎ノ如キ二三寸ノ御出異品也本草綱目蟬ノ條下ニアリ

二十六オ

二十五ウ

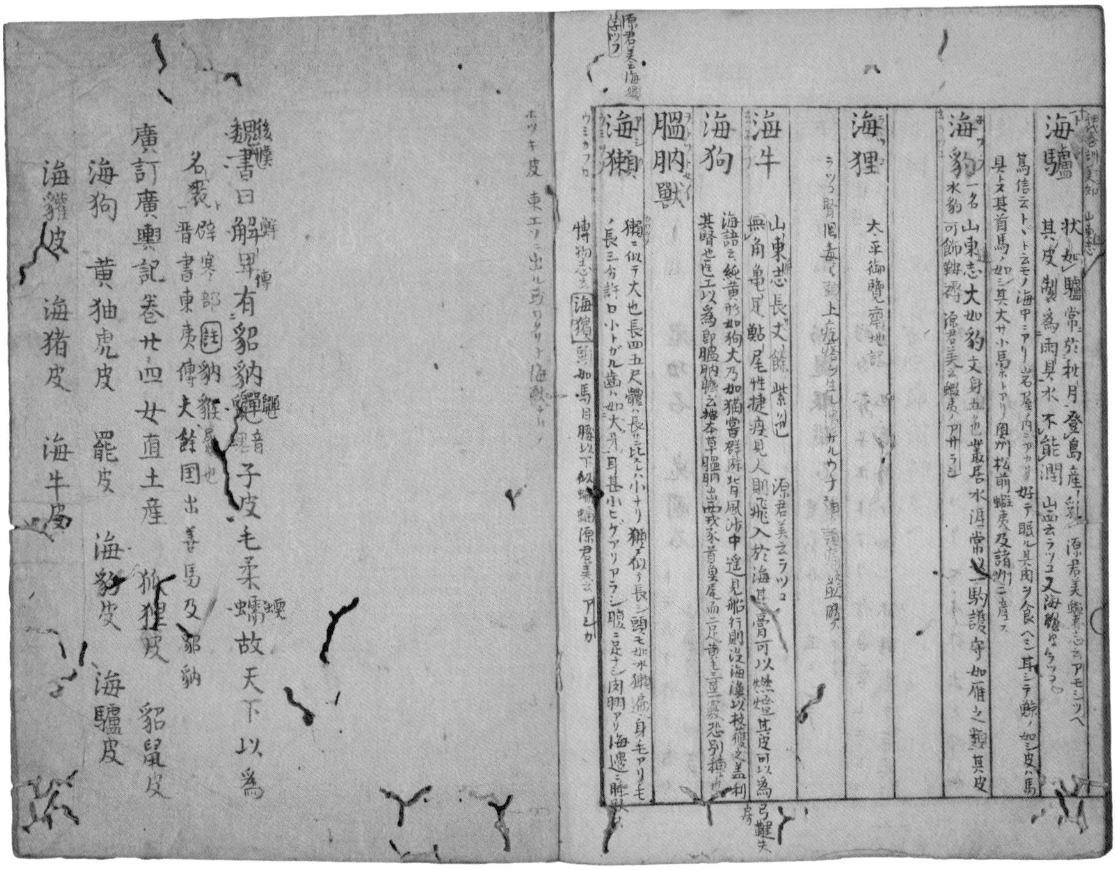

海驢　状如驢常於秋月登島産乳　其皮製爲雨具水不能潤
海豹　一名水豹　山東志大如豹文身五色叢居水涯常以一駒護守如雁之類其皮可飾鞍韀
海狸　太平御覽寧地記
海牛　山東志長丈餘紫色無角亀足鮎尾性捷疾見人則飛入於海其膏可以燃燈其皮可以爲弓鞬
海狗　海語云純黄形如狗大乃如猫常群游背風沙中遥見船行則没海漁以技獲之
膃肭獸
海獺　獺ニ似テ大也長四五尺

魏書曰解卑有貂豽鼲子皮毛柔蠕故天下以爲名裘
晋書東夷傳夫餘国出善馬及貂豽
廣訂廣輿記巻廿四女直土産
海狗　黄狆虎皮　羆皮　海豹皮　狐狸皮　海驢皮　貂鼠皮
海獺皮　海猪皮　海牛皮

（裏表紙裏）

二十六ウ

裏表紙

12

「本草稿本」

【書誌情報】

①外題：本草稿本（付箋貼付）内題：無　②装丁：袋綴　③表紙：色／茶、文様／無、寸法／24・0×16・2　④丁数：五十八丁　⑤序跋：無　⑥刊記：無　奥書：無　⑦書入：有　二十六オに貼り込み有り　⑧蔵書印：表紙…「蒹葭堂印」（白文方印）　表紙裏…「蒹葭堂」（朱文長方印）　五十八ウ…「永田文庫」（朱文長方印）　⑨伝来：永田有翠→辰馬悦蔵→辰馬考古資料館

【解題】

蒹葭堂自筆本。表紙に題箋はなく、「本草稿本」と墨書した付箋が貼られ右下に「蒹葭堂印」（白文方印）を捺す。表紙裏には墨筆で「蒹葭堂自筆」とあり、左下に「蒹葭堂」（朱文長方印）を捺す。最終丁（五十八丁）裏には「永田文庫」の蔵書印があることから、明治・大正期の大阪の蒐集家・永田有翠の蔵書であったことがわかる（菅宗次「永田有翠と永田文庫」『文学』第二巻・第三号、二〇〇一年）。本書は、植物、鳥類、海獣、鉱物等に関する記述を収めるが、全体的な内容および用紙や字体に統一がなく、蒹葭堂のノートブック的なものと考えられる。

一オから十六ウには、植物図が墨線で簡略に描かれており、植物の名称、ときには生息地や産地、形の特性や薬草としての効用を記す。一ウの「水竹草」の箇所には『本草綱目』第十七巻草部六毒草類の「牛篇」に載る「虱建草（シツケンソウ）」の文を書き写す。

二十一オから四十二ウにかけては、「宿砂（シュクシャ）」や「橘類」「甘草（カンゾウ）」「犀角」「鯨」などについて「唐人」が述べた内容を書き記す。いずれも享保四年（一七七五）から同八年の内容であり、文中には「朱来章」といった渡来人の名や、唐通事の「彭城藤治右衛門」、長崎奉行役人の「松永市兵衛門」、儒者で長崎奉行に招かれ書物改役を務めた「向井元成」の名がみえる。蒹葭堂は安永六年（一七七七）に妻と妾を連れて長崎に下り、唐通事の林三郎太梅皐らと交流したことが知られるが、そういった人物から仕入れた情報を書き留めた可能性も考えられる。

酒造業を営んでいた蒹葭堂は自家薬園の柑橘で「みかん酒」を開発したことが知られるが（水田紀久「坪井屋のみかん酒」『江戸文学』第三二号、二〇〇五年）、本書には多様な柑橘類の情報を記し、果実の形状を簡略な筆致で図示する。各産地の橘類への関心の高さが窺える点で興味深い。

五十一丁から五十三丁の「海獺（ウミウソ）」「膃肭獣（オットツジュウ）」「胡獱（トド）」「水豹（アザラシ）」「猟虎（ラッコ）」の図および記述は寺島中良編『和漢三才図会』第十八巻を写したものである。しかし、五十四オのアザラシのような海獣の図には『和漢三才図会』にはみられない詳細な書き入れがあり、そこには安永三年（一七七四）に佐渡国雑太郡二見村（現・新潟県佐渡市）の漁師の網にかかり引きあげられた、とある。なお、『蒹葭堂雑録』（安政六年（一八五九）刊）巻三には、「海獺」の図とそれに関する記述がある点も指摘しておきたい。

博物学等に関する情報を、文献や人脈といった他方面から博捜する蒹葭堂の姿が垣間見える貴重な一冊である。

（波瀬山祥子）

「本草稿本」影印

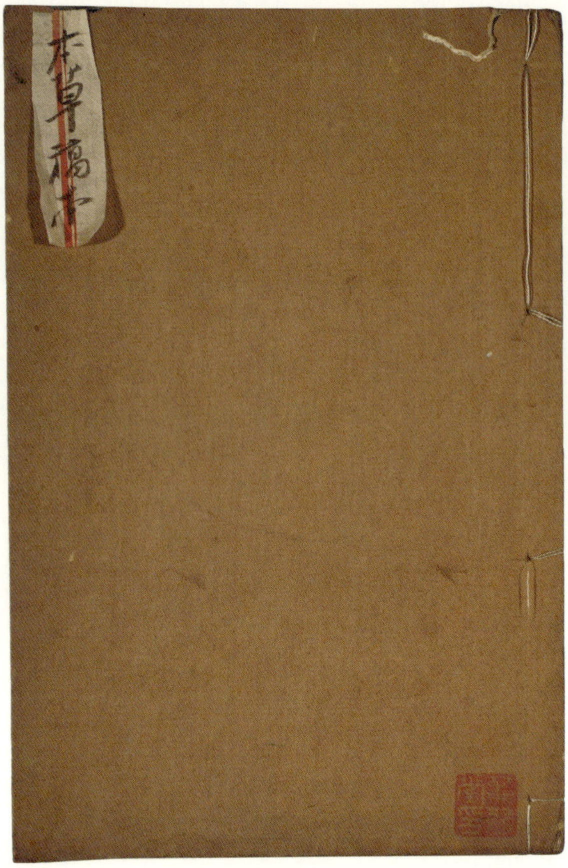

表紙

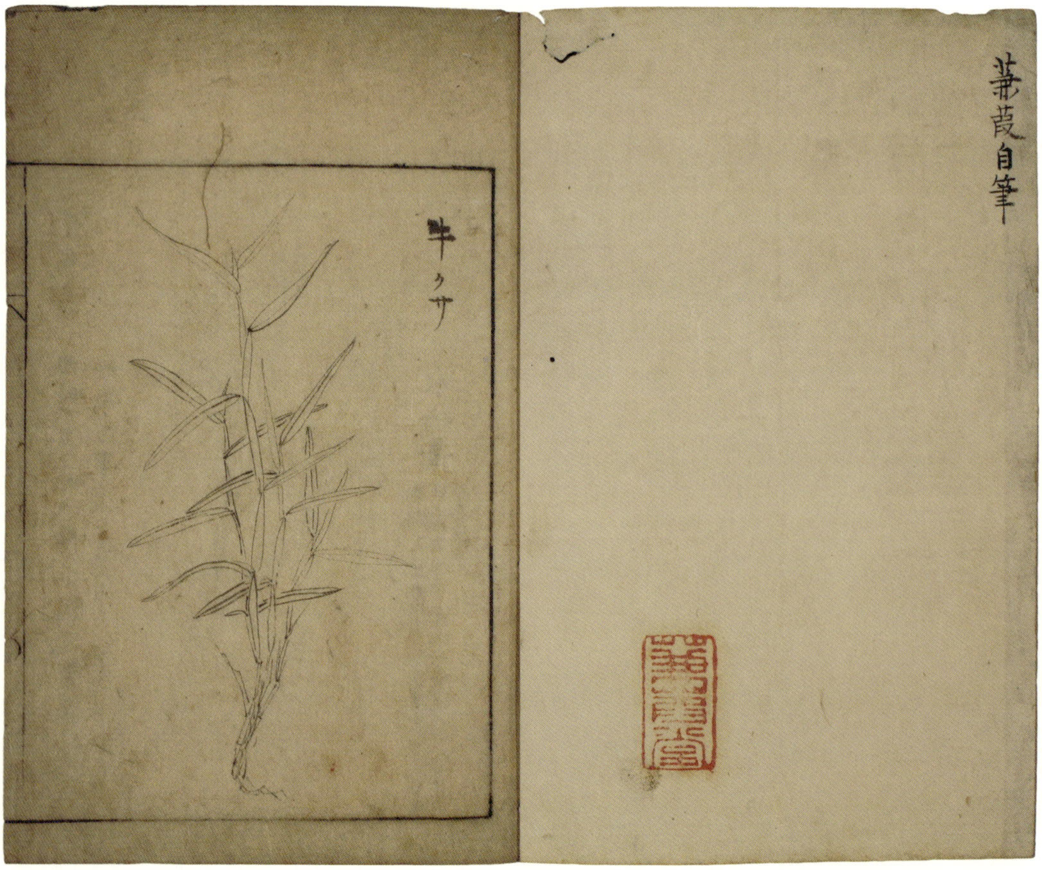

一オ　　（表紙裏）

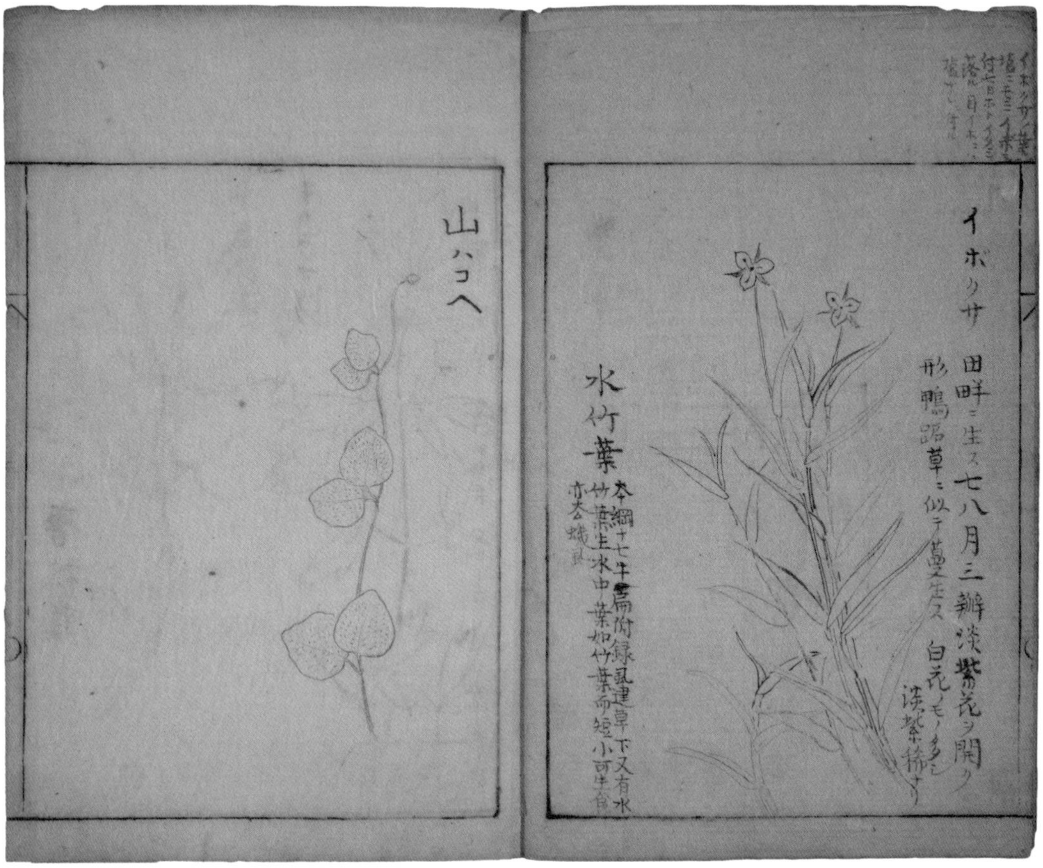
山ハコヘ
イボクサ
水竹葉

二オ　　一ウ

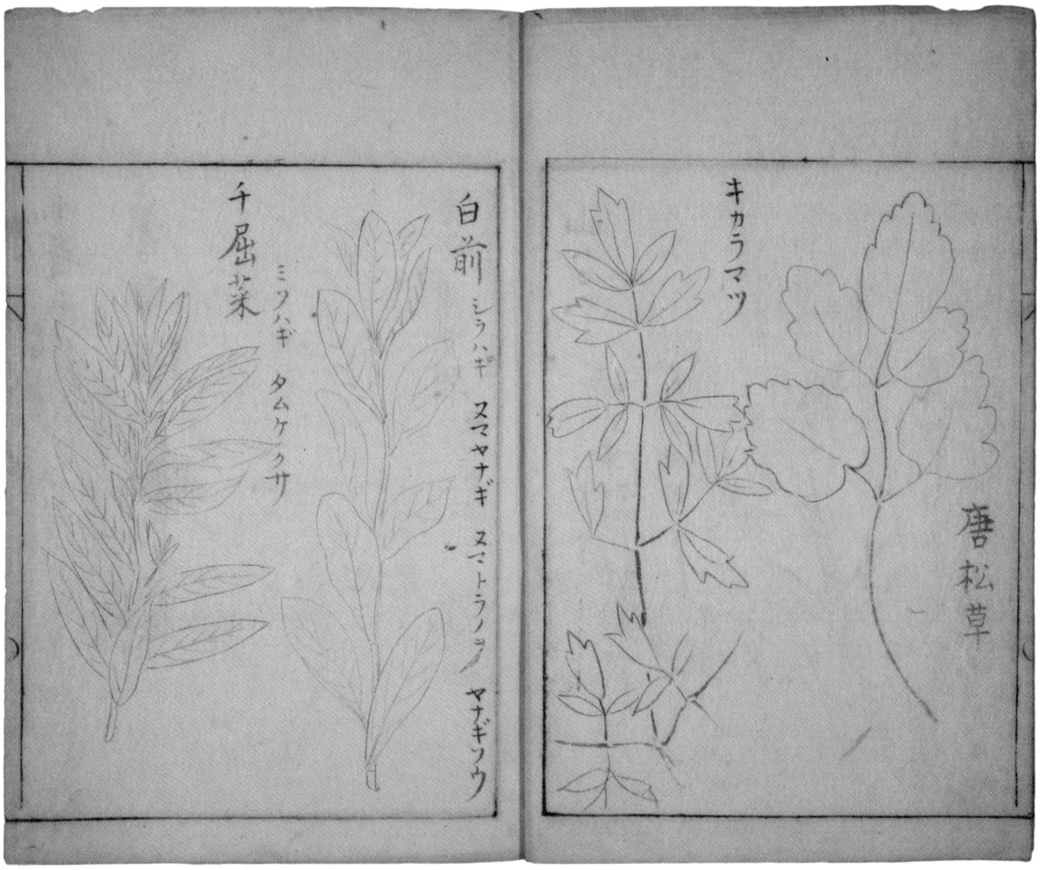
千屈菜
ミソハギ　タムケクサ
白前
シラハギ　スマヤナギ　スマトラノヲ　ヤナギソウ
キカラマツ
唐松草

三オ　　二ウ

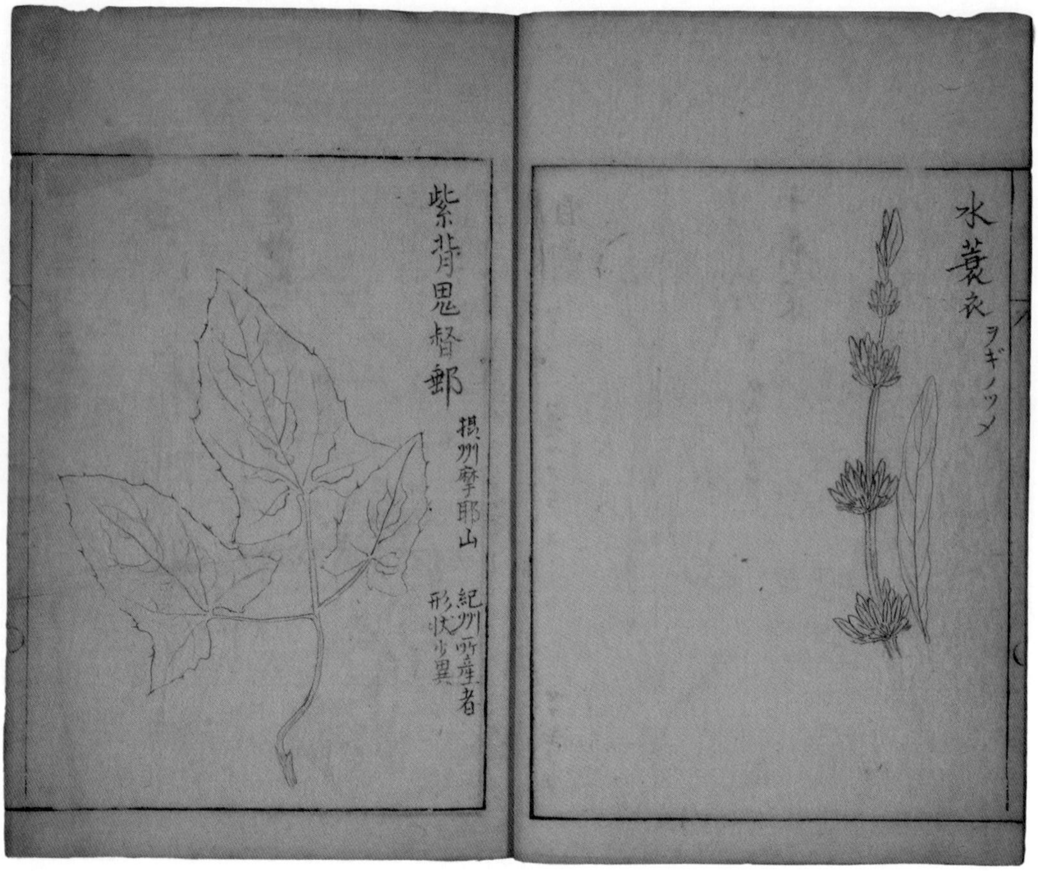
水蓑衣
ヲギノツメ
紫背鬼督郵
摂州摩耶山
紀州所産者
形状少異

四オ

三ウ

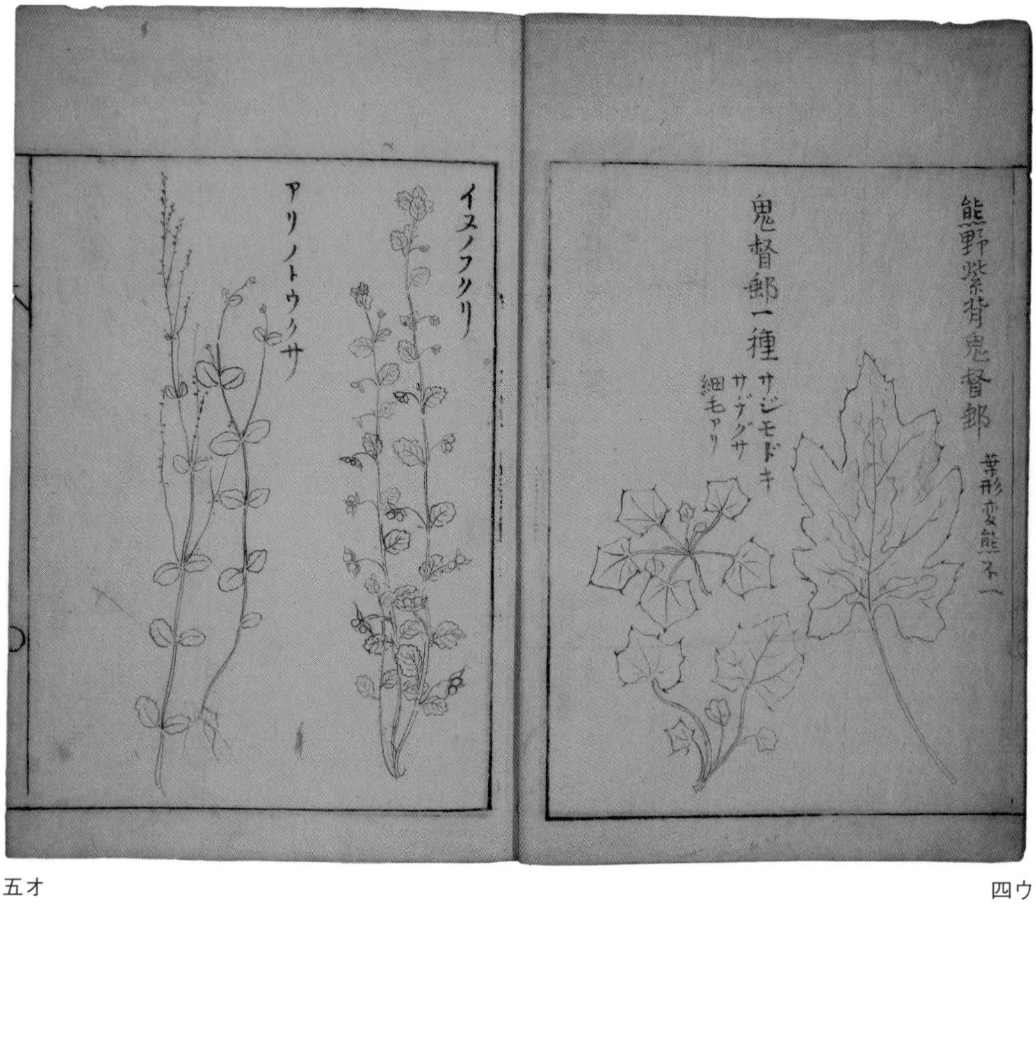
熊野紫背鬼督郵
茎形変態不一
鬼督郵一種
サジモドキ
サジグサ
細毛アリ
イヌノフグリ
アリノトウグサ

五オ

四ウ

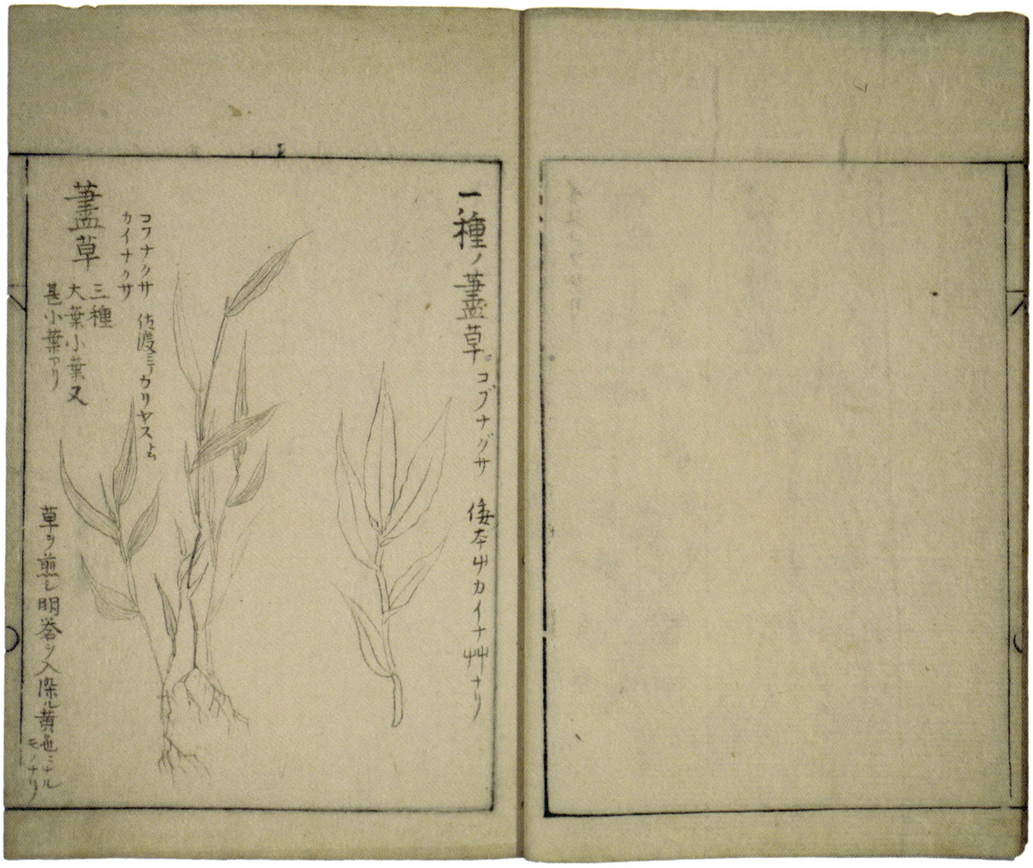

六オ 五ウ

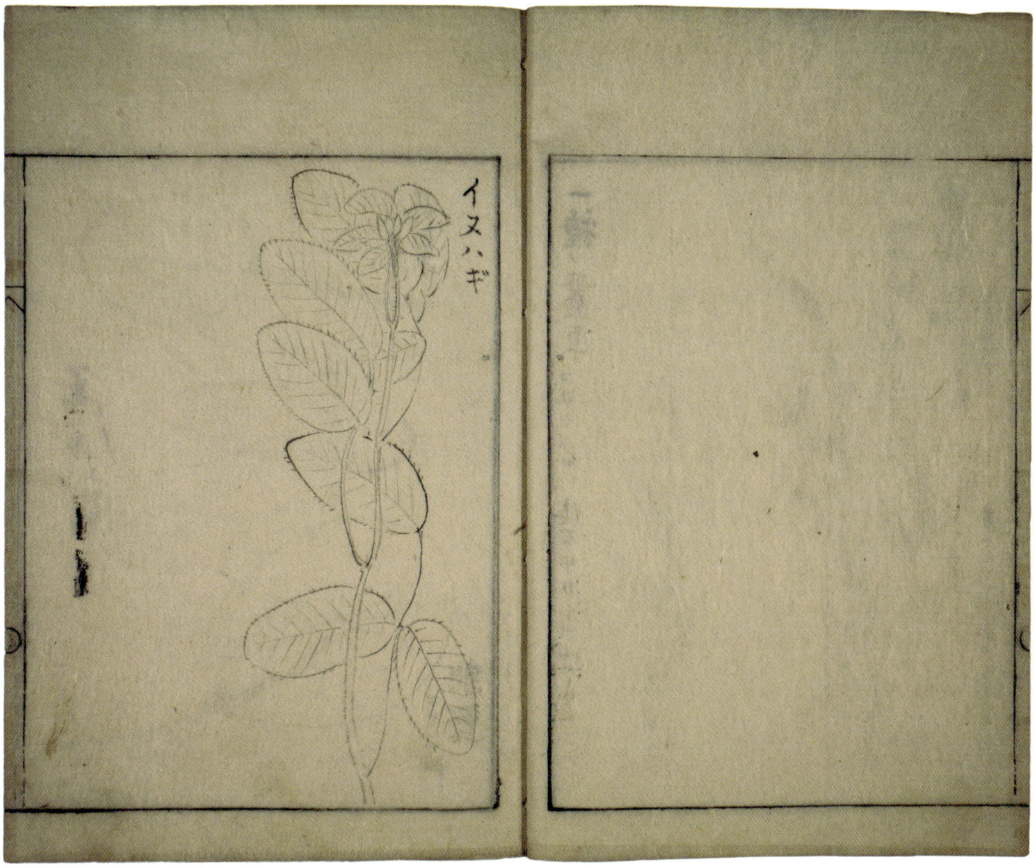

七オ 六ウ

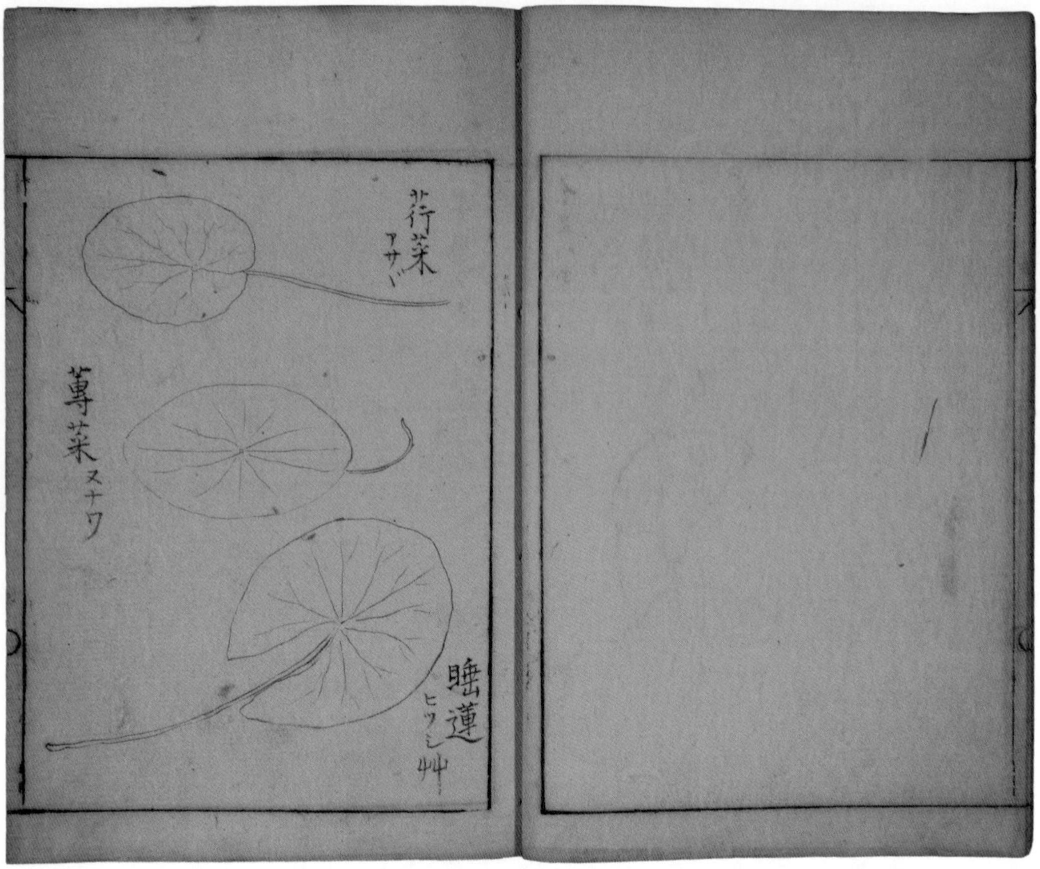

八オ　　七ウ

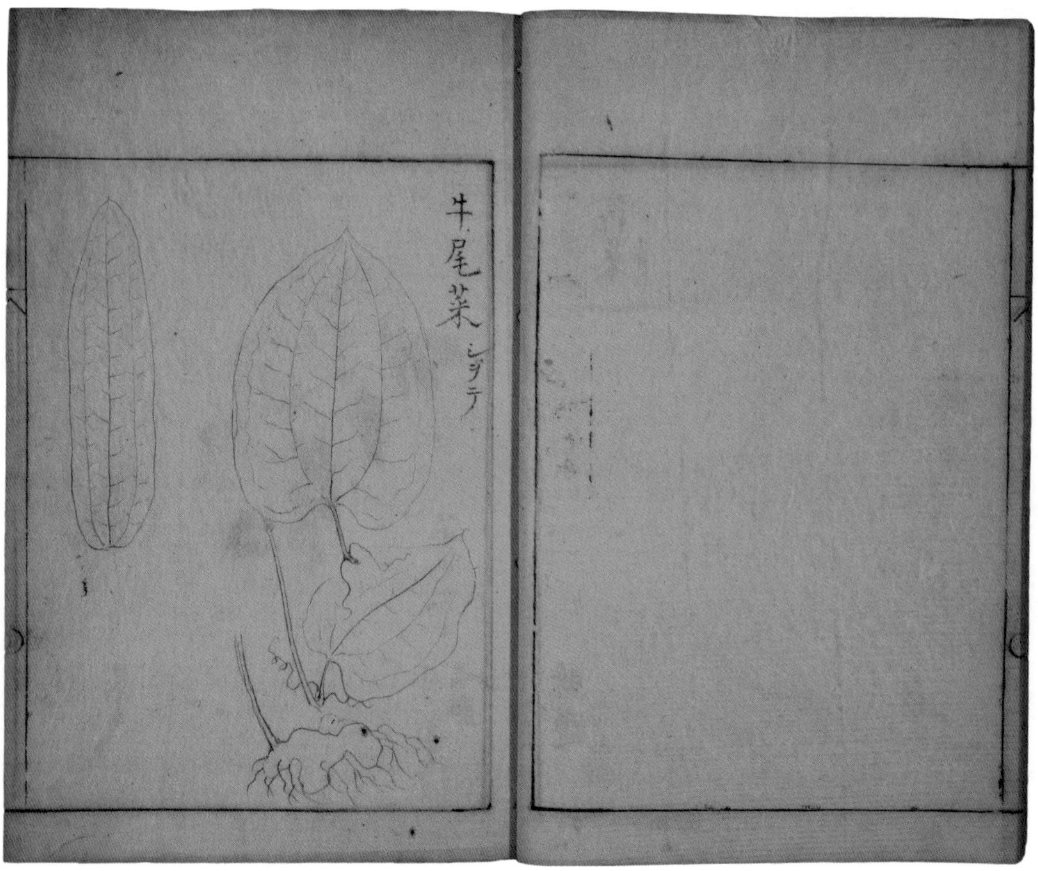

九オ　　八ウ

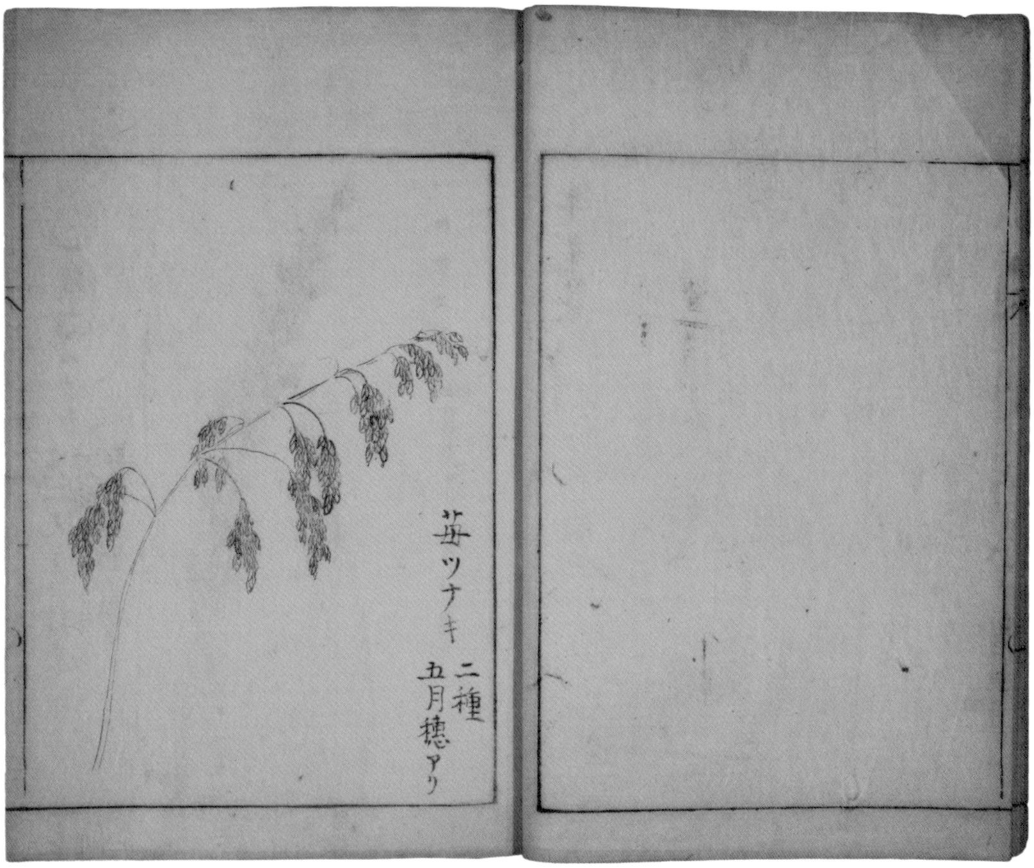
莓ツナキ
二種
五月穂アリ

十オ　九ウ

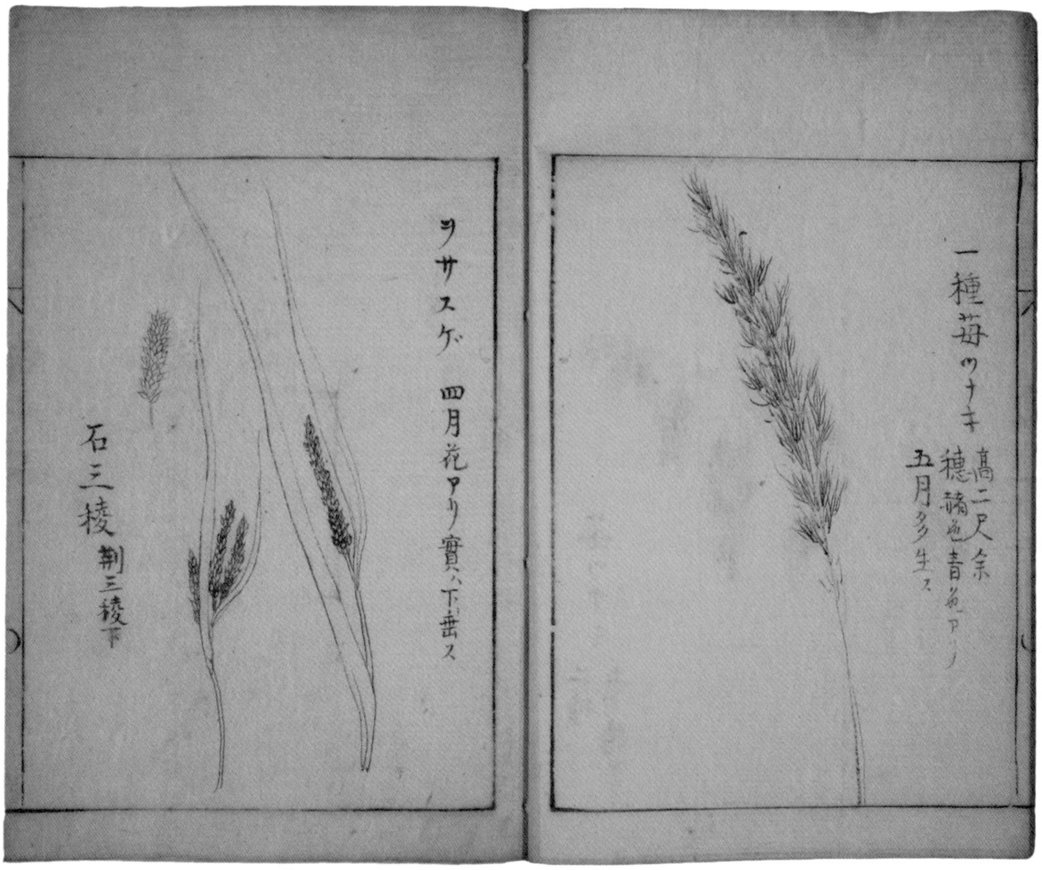
一種莓ツナキ
高二尺余
穂緑色青花アリ
五月多生ス
ヨサスゲ
四月花アリ
實ハ下垂ス
石三稜
荊三稜下

十一オ　十ウ

十二オ　　十一ウ

十三オ　　十二ウ

十四オ　十三ウ

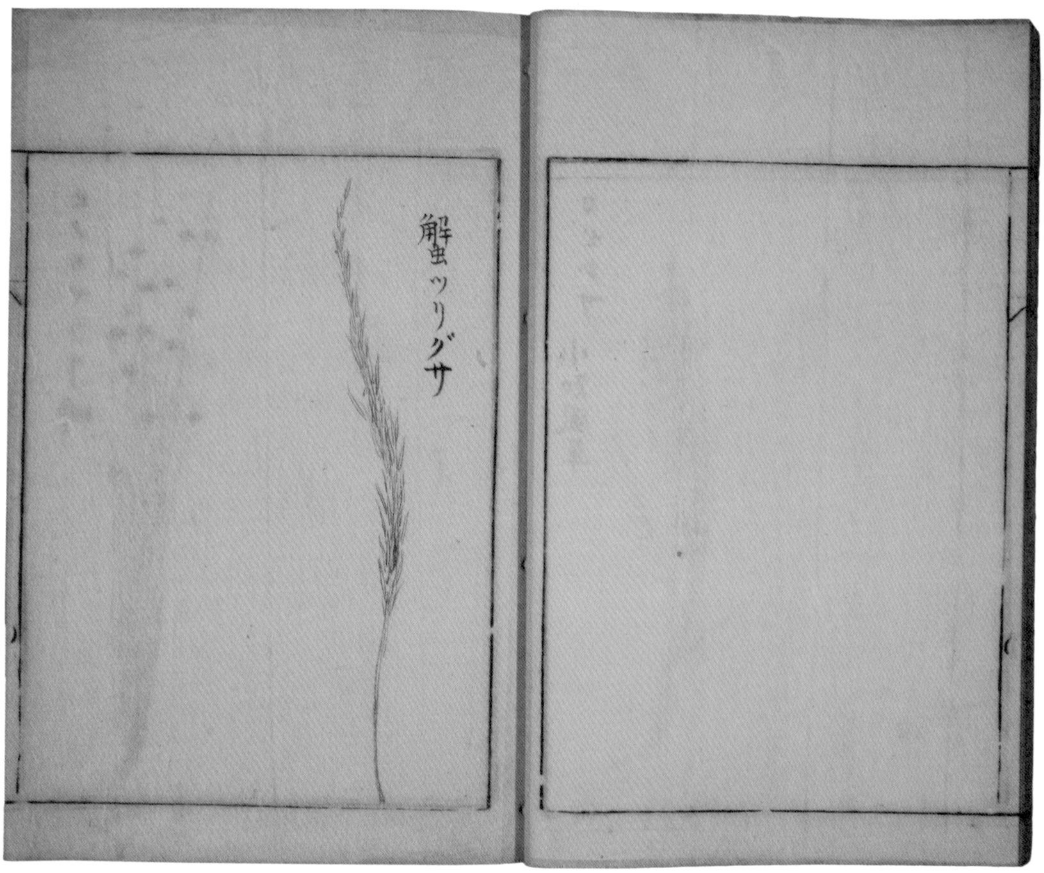

十五オ　十四ウ

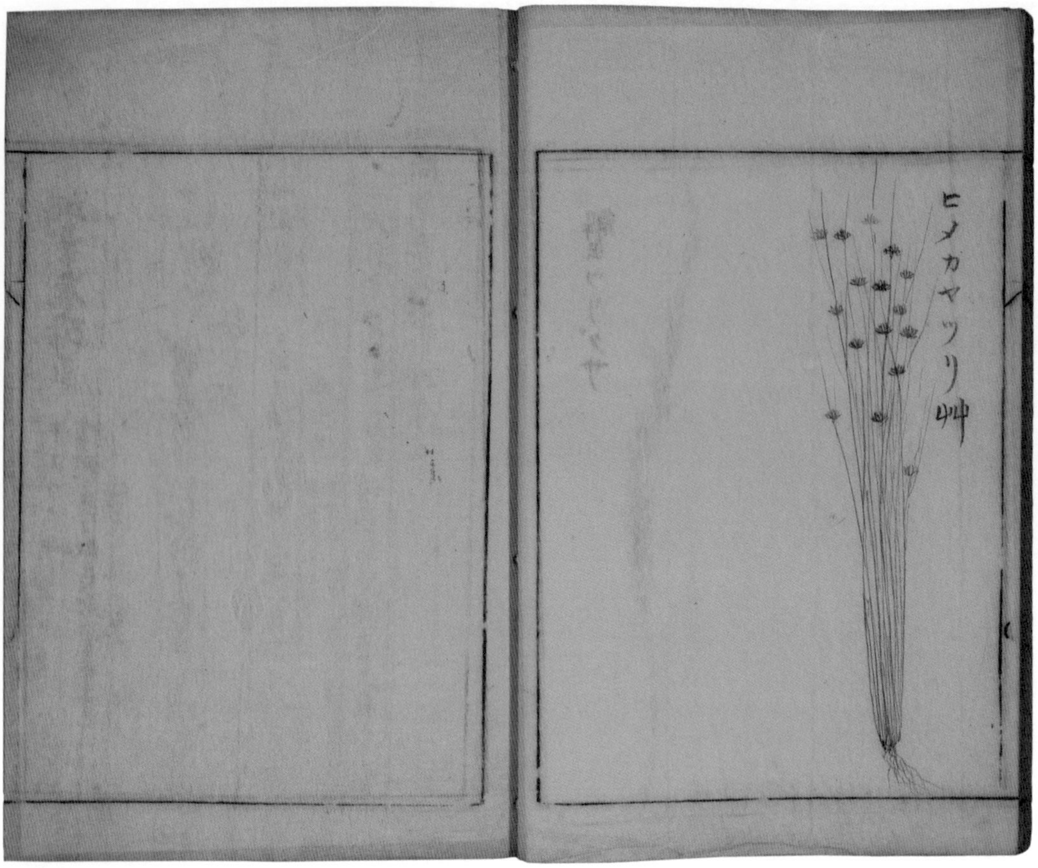

十六オ　　十五ウ

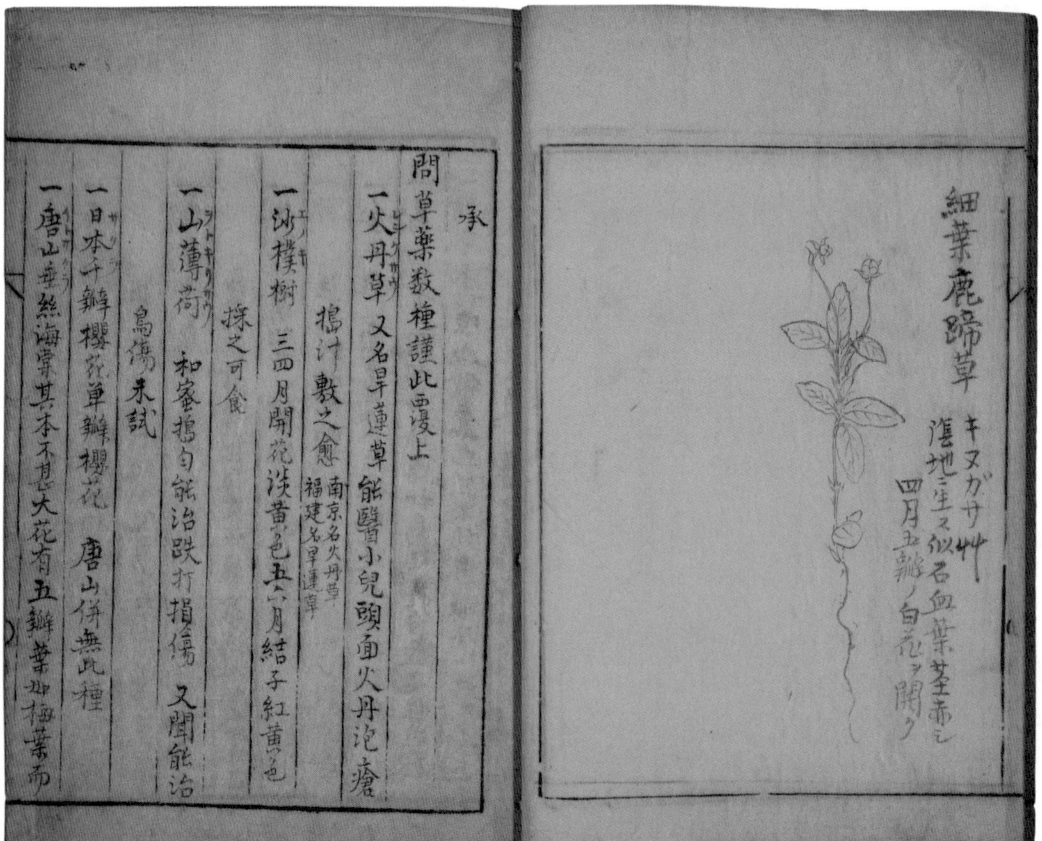

細葉鹿蹄草　キヌガサ艸
湿地ニ生ス似石血葉茎赤シ
四月五瓣ノ白花ヲ開ク

承
問草薬数種謹此画漫上
一火丹草　又名旱蓮草　能医小児頭面火丹泡瘡
搗汁敷之愈　南京名火丹草　福建名旱蓮草
一沙樸樹　三四月開花淡黄色五六月結子紅黄色
採之可食
一山薄荷　和蜜搗勻能治跌打損傷　又聞能治
烏傷未試
一日本千瓣櫻花単瓣櫻花　唐山併無此種
一唐山垂絲海棠其本不甚大花有五瓣葉如梅葉而

十七オ　　十六ウ

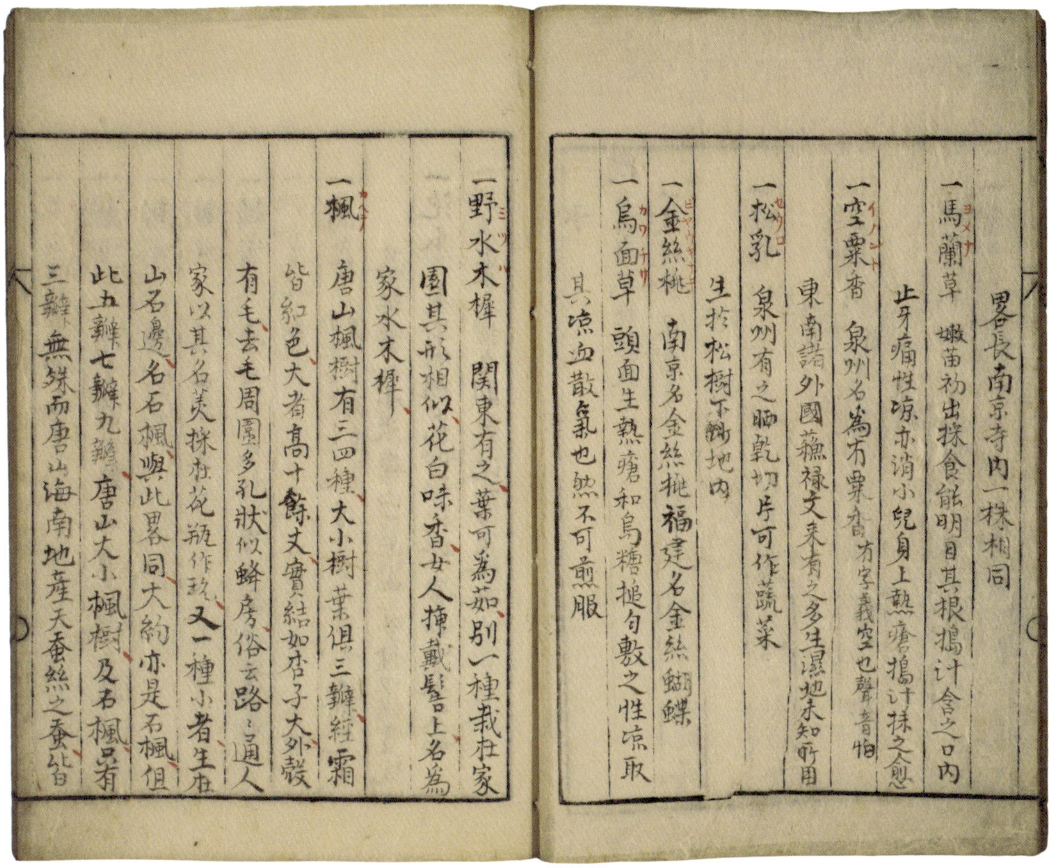

畧長南京寺内一株相同
一馬蘭草　嫩苗初出採食能明目其根搗汁含之口内
止牙痛性涼亦消小兒身上熱瘡搗汁抹之愈
一空粟香　泉州名為冇粟香　冇字義空也聲音怕
東南諸外國蘊禄文来有之多生濕地未知所用
一松乳　泉州有之晒乾切片可作蔬菜
生於松樹下鋤地内
一金絲桃　南京名金絲桃福建名金絲蝴蝶
一烏面草　頭面生熱瘡和烏糖搥句敷之性涼取
其涼血散氣也然不可煎服

一野水木樨　関東有之葉可為茹別一種栽在家
園其形相似花白味香女人插戴髻上名為
家水木樨
一楓　唐山楓樹有三四種大小樹葉俱三瓣經霜
皆紅色大者高十餘丈實結如杏子大外殼
有毛去毛周圍多孔狀似蜂房俗云路〻通人
家以其名美採在花瓶作玩又一種小者生在
山名邊名石楓與此畧同大約亦是石楓但
此五瓣七瓣九瓣唐山大小楓樹及石楓只有
三瓣無殊而唐山海南地産天蚕絲之蚕皆

十八オ　十七ウ

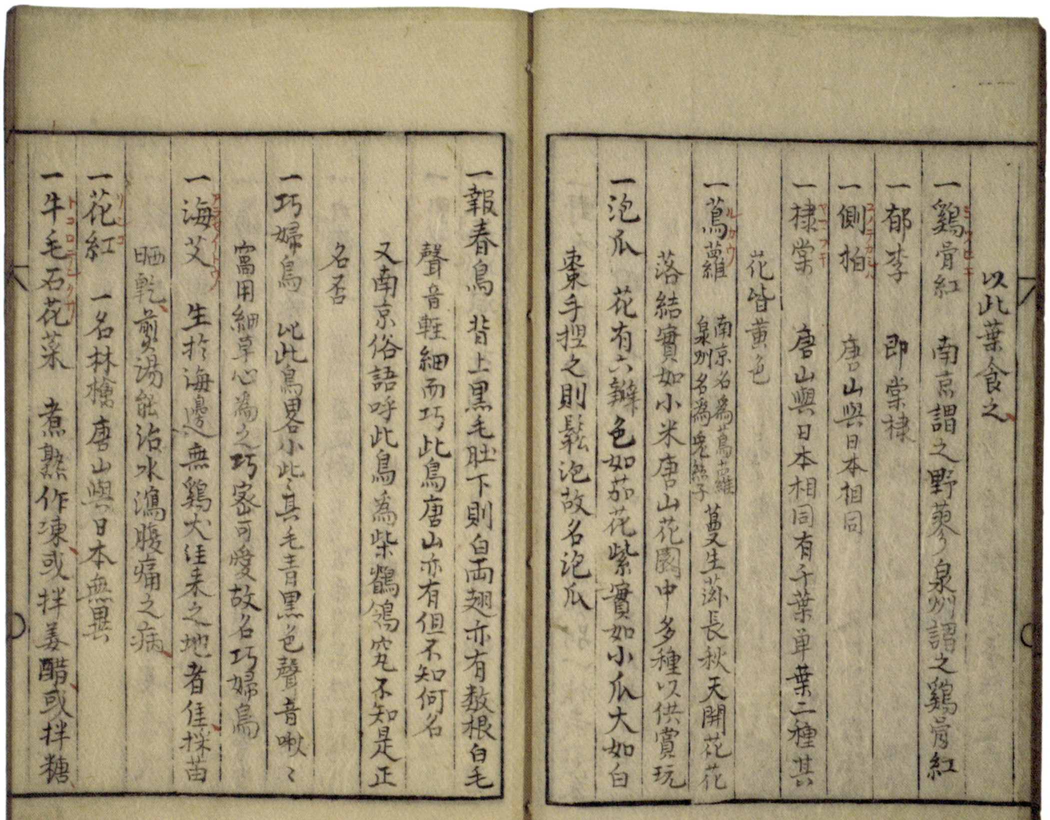

以此葉食之
一鶏骨紅　南京謂之野蓼泉州謂之鶏骨紅
一郁李　即棠棣
一側柏　唐山與日本相同
一棣棠　唐山與日本相同有千葉単葉二種其
花皆黄色
一蔦蘿　南京名為蔦蘿　泉州名為鬼絲子　蔓生莖長秋天開花花
落結實如小米唐山花園中多種以供賞玩
一泡瓜　花有六瓣色如茄花紫實如小瓜大如白
棗手捏之則鬆泡故名泡瓜

一報春鳥　背上黒毛肚下則白両翅亦有数根白毛
聲音輕細而巧此鳥唐山亦有但不知何名
又南京俗語呼此鳥為紫鷸鴒究不知是正
名否
一巧婦鳥　此此鳥畧小些〻其毛青黒色聲音啾〻
窩用細草心為之巧密可愛故名巧婦鳥
一海艾　生於海邊無鶏犬往来之地者佳採苗
晒乾煎湯能治水瀉腹痛之病
一花紅　一名林檎唐山與日本無異
一牛毛石花菜　煮熟作凍或拌姜醋或拌糖

十九オ　十八ウ

十九ウ

素齋多用之、其性涼不宜多食、唐山無此菜、
唐山名花菜與此不同、
一鶏栂刺　又名六月霜、處々皆有、大者長三四尺
其根搗汁可醫疥瘡、根即威霊仙
一蒲公英　處々皆有、可敷疔瘡、又同金銀花等分
煎服、能消乳癰、
一九節草　泉州有之、南京地方未見、若跌打損傷
煎酒服之愈、　鮮的更験、
一野菊　處々有之
一八面威風　江南徽州有樹名九鑽刺、其樹不甚

二十オ

高大、其葉有八刺、亦有九刺者、其樹皮刮下搗
爛、水洗出筋、膜如膠、以粘取飛鳥、其嫩芽當
月間取之、焙乾可為茶、泡飲、性涼、能治喉痛、非
海桐之類、或謂海桐、另是一種、
一十大功労　樹似八面威風、但葉每片俱有十刺、
開花豆緑色、秋間結子、紅色、如女貞子大、其葉
治跌打損傷、煎酒服、亦非海桐之類、

二十ウ

奇楠香有幾種、一則鴨頭緑、其次大虎斑、小虎斑、金
絲黄、諸色、出在廣南新州府浦門地方、別處者不佳
沈香亦有幾種、換以凝結而重、其色黒者佳、若軽鬆
而浮、不足重矣、出在廣南王府順化山
奇楠沈香物類各別、非一種
承問覆盆子、藥中所用者、係陝西山西所出、今看此
果、唐山處々皆有、可當果食、實非藥内之覆盆
子也、俗呼虎苺、想懸鉤子、即此種也

二十一オ

一去丑年拾八番船ゟ持渡候宿砂ニ葉唐人ゟ見せ候桐
葉ニ而宿砂ハ本草ニハ草之由ニ候処、持渡候宿砂ハ木ニ而其上
葉ノ形も本草ニハ長八九寸闊半寸と有之候、此葉ハ大ニ圓ニ而各
別之相違ニ而候、真之宿砂ニハ有之間敷候、宿砂ニ而無之候ハゝ何と
申木ニ而候哉、葉ニ而用功等も有之候哉、但又唐山ニ而ハ此木を
宿砂と申来候哉、本草ニ載候趣ハ却而相違ニ而候、桐等吟
味仕候処、不知即宿砂持渡候、去年拾八番船主郡聚文と申者
渡来候節、申候ハ宿砂ハ多廣西ゟ出申候、持渡候宿砂ハ親
類之中ニ廣西之通判官之者御座候ニ付、此者ニ頼遣候而取寄
申候、去年二月比福州ニ持来候而花を開き、其後実を結

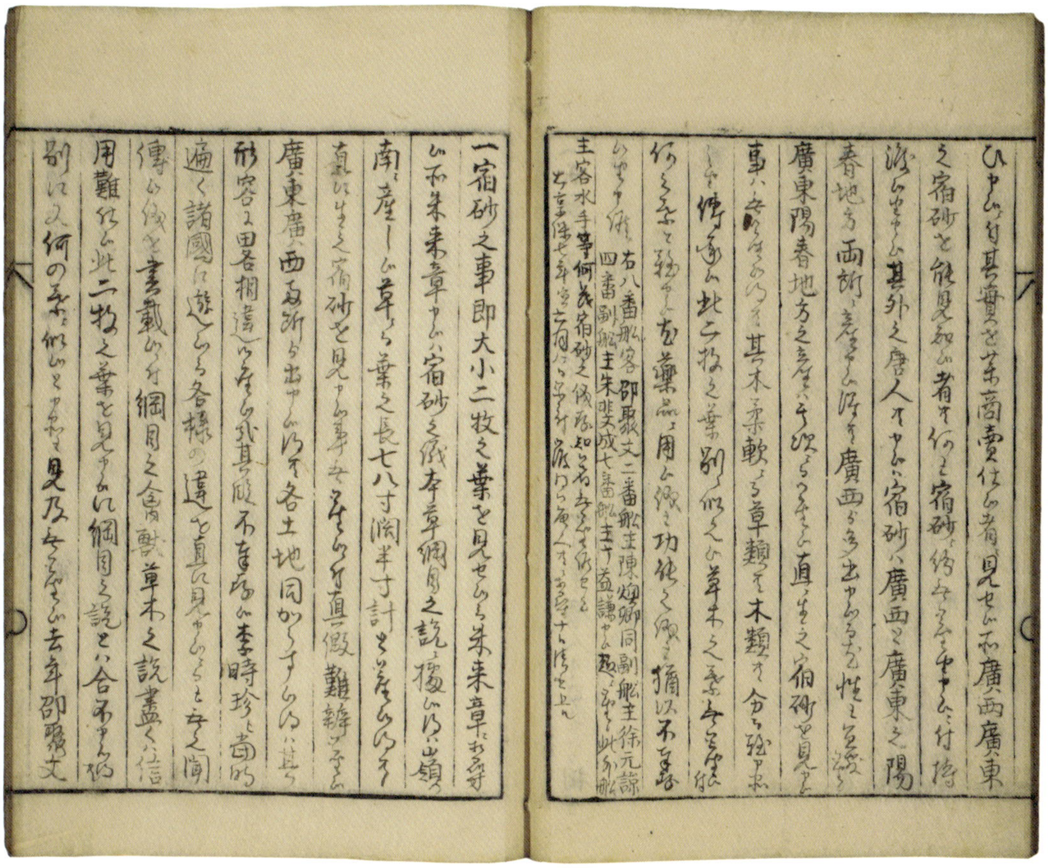

二十二オ　　二十一ウ

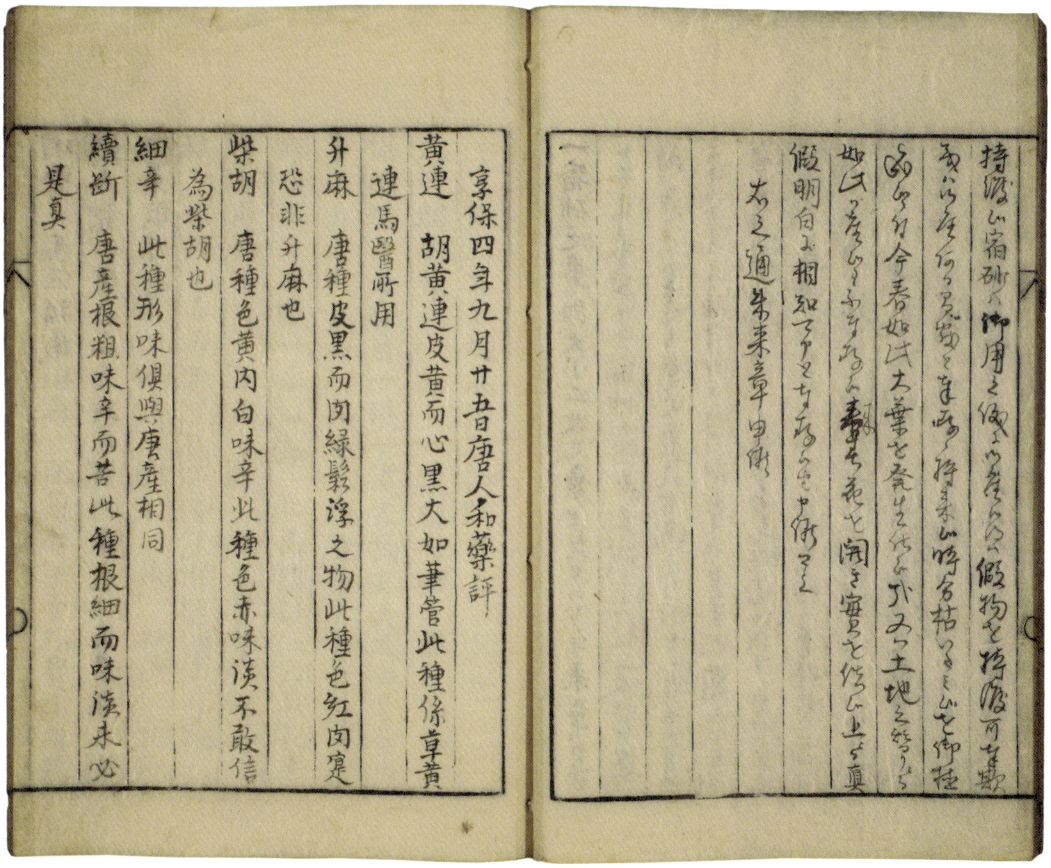

享保四年九月廿五日唐人和藥評

黃連　胡黃連皮黃而心黑大如筆管此種係草黃
連馬醫所用

升麻　唐種皮黑而肉緑鬆浮之物此種色紅肉寔
恐非升麻也

柴胡　唐種色黃肉白味辛此種色赤味淡不敢信
為柴胡也

細辛　此種形味俱與唐產相同

續斷　唐產根粗味辛而苦此種根細而味淡未必
是真

二十三オ　　二十二ウ

川骨　不能辨識
欵冬花　唐産小而此花獨大其色亦有黄黒之別
不敢信也

二十三ウ

享保五年彭城藤治右衛門書上
大清朝服様式與袍子一般腰有襴四圍邊并袖口
倶織成二色金龍一淡一濃不拘文武大小官員倶
穿此上朝不分品級朝服外加補套其套前後用二
補分品級文職一品仙鶴　二品錦鶏　三品孔雀
四品飛雁帯雲　五品白鷴　六品鷺鷥　七品鸂
鶒　八品九品并雜職鵪鶉練雀黄鸝諸鳥不拘
武職　公　侯　麒麟　駙馬　伯　白澤　一品
二品繡獅子　三品虎　四品豹　五品熊羆　六
品七品彪　八品海馬　九品犀牛套外肩上用披

二十四オ

肩亦織成二色金龍不分品級倶尚石青色龍倶四
爪
天子五爪龍　太上皇三爪龍或皇太子亦用或宰
相大臣賜五爪龍衣者亦可穿至各色蟒龍袍前後
立龍二條宗室皇親侍衛太監以及文武内外大臣
受賜者倶可穿　　着此四件衣倶大清様式内三
件石青色織成金龍有副織成金龍披肩者二是朝
服也一件秋香色通身織成金鶴此與文職一品補
套仙鶴不同恐是褻服非朝服也大清衣式四圍有
邊小袖腰下有襴武職穿此為便于騎射耳

二十四ウ

漳州ザボンハ柚ニ似タリ

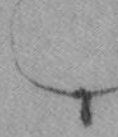

漳州ニ抛ト云ズ名 柚ニ似テ頭圓三寸 ×大ニナルモノ一尺 余ノ樹横ニナルモノ 大抵弐三年ニ熟ス 三尺三寸 大サ一尺五六寸

生之橘彭見ゆる者人共ニ云と覚ヘ
一サホン　柚　唐山ニ柚三種アリ其一種ハ文旦ト云頂上微
至テ甚大ニシテ皮厚ク肉白ク味甚酸シ其一種ハ此柚ハ
惟漳州斗ニアリ其一種ハ人栽ト云頭圓シテ底尖
是文旦ヨリ小ニ大ニ肉紅ニ味甘酸ニアリ此柚ハ漳州ニ産ス
一種ハ抛ト云抛トハ西字ヲ毎ニ何ヤラ侍ルヤウ
スル依之亦匏共云抛匏ハ音ノ近キ故ナリ此柚ハ
形ハ至テ圓ク大ニ皮厚ク肉少ク味酸シ柚類下
品ナリ
一クネンホ　柑　柑類ニモ亦多クアリ一種ハ蜜羅柑ト云

二十五オ

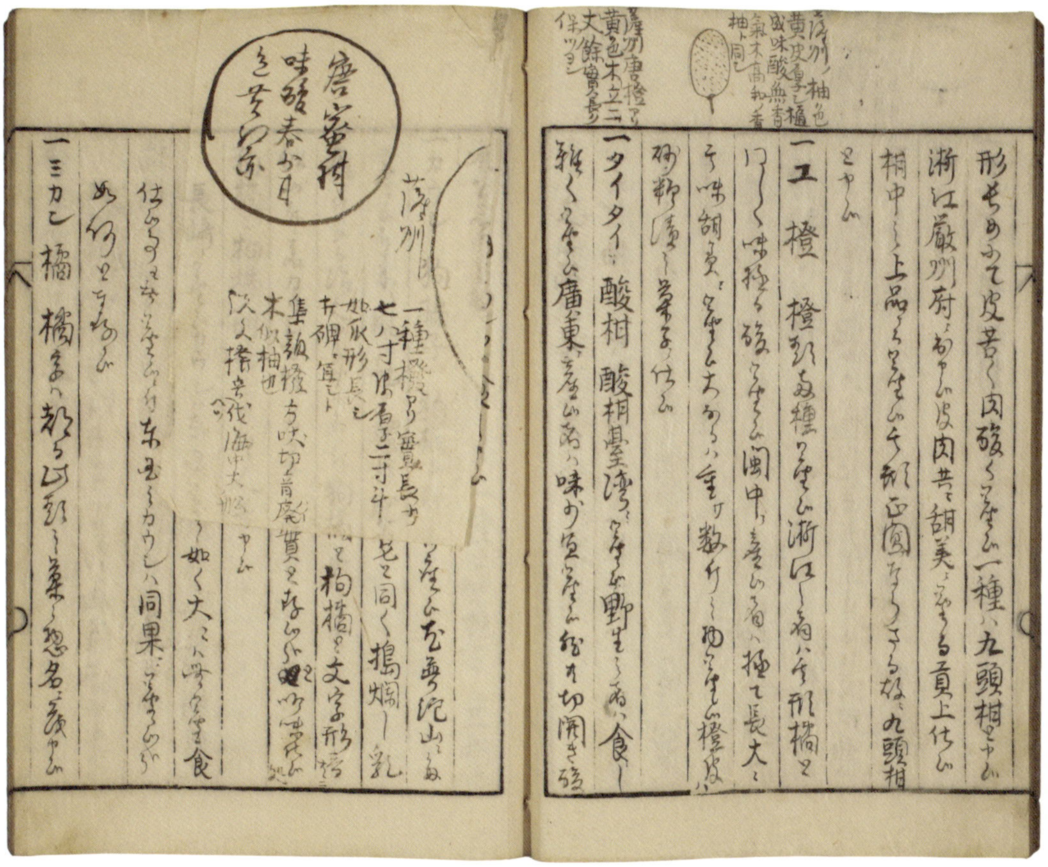

二十六オ　（貼り込みあり）　二十五ウ

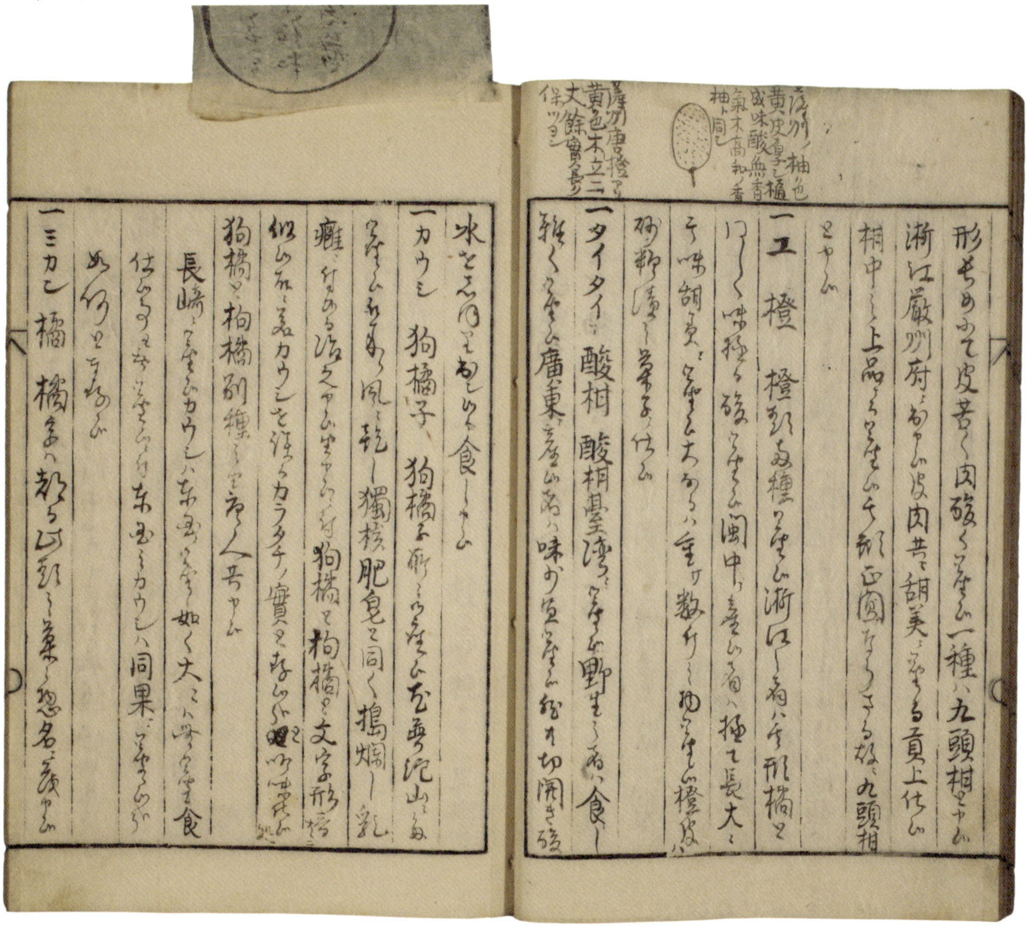

二十六オ　（貼り込みを上にあげた状態）　二十五ウ

似たる事にてミカンノ事を申候也
右享保五子年江戸ニて松平何某ゟ相尋候ニ付彼草木御尋書
一昨六月一日ニ上ル
狗橘子　カウヒ　彭城斎説右写候
此種唐山名為狗橘子取来風乾同獨核肥
皂搗爛敷上能治乳癰

筑前ノトウミカンハ方言ハシヤカタラナリ　薩州ニテ唐九年木
薩州唐タイ／＼黄色ニテ大ナリト

二十六ウ

一山梔　山梔ニ三種御座候一種ハ薬梔と申候其樹低
く葉も花も小く實も亦小く御座候是を薬種ニ用申候一
種ハ色梔と申候其樹高く葉も花も大く實も亦大く御座候
是ハ物を染候ニ用候薬用ニハ入不申候一種ハ花梔と申候
其樹高く葉大く花も亦大ニて千葉ニて實ハ結び不申候
其花香を賞翫仕候日本ニ山梔ハ見及候不色梔
ニ御座候其功効薬梔ニ劣り候ニ付御尋の薬種ニハ用不
申候今度持来候ハ花梔ニて御座候然に御座候三十六種
之内の薬種の品ニハ持参仕候事難時分眞ニ
薬梔持来り候右三種共ニ植候ハ二八月ニ根を分植
申候

二十七オ

實植ハ朽やすく御座候植候土ハ薬梔ハ山之黄土ニ宜敷
肥しハ燼申候色梔ハ平地之黄黒土ニ宜敷肥しハ
宜敷御座候花梔ハ畠土之黒きニ宜敷肥しハ宜敷座
一蘄艾　此薬湖廣之蘄州府ニ産候を上と仕候其外之地ニ
産候ハ土蘄艾と申候香味不同薬ニハ入不申候功効劣申候今度
持来候ハ即蘄州府之蘄艾ニて御座候毎年四月時分根を分
ケ植申候土ハ黒土ニて宜敷肥しハ不宜候
一青木香　毎年三四月比根を分ケ植申候山之黄土ニて宜敷肥
しハ不宜候
一山茱萸　浙江之臨安於潜昌化餘杭等之縣ニ産候宜敷

二十七ウ

御座候今度持来候ハ即昌化縣之山茱萸ニて御座候毎年
二八月比根を分ケ植申候是亦山之黄土ニて宜敷肥しハ不
宜候
右之通李言謀說茗園陳振先申上候

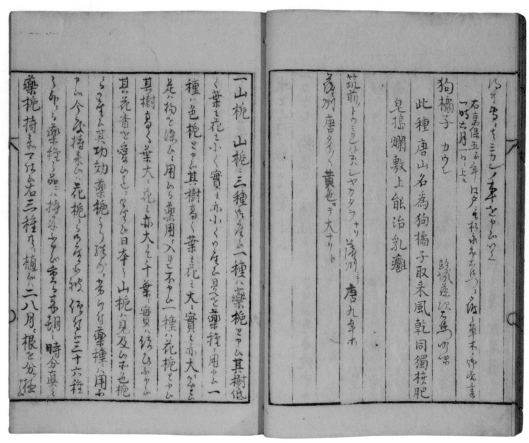

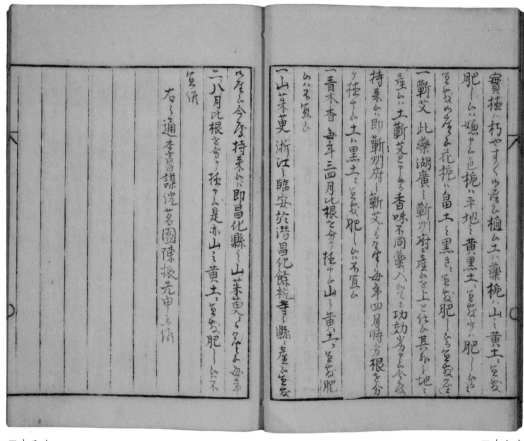

二十八オ

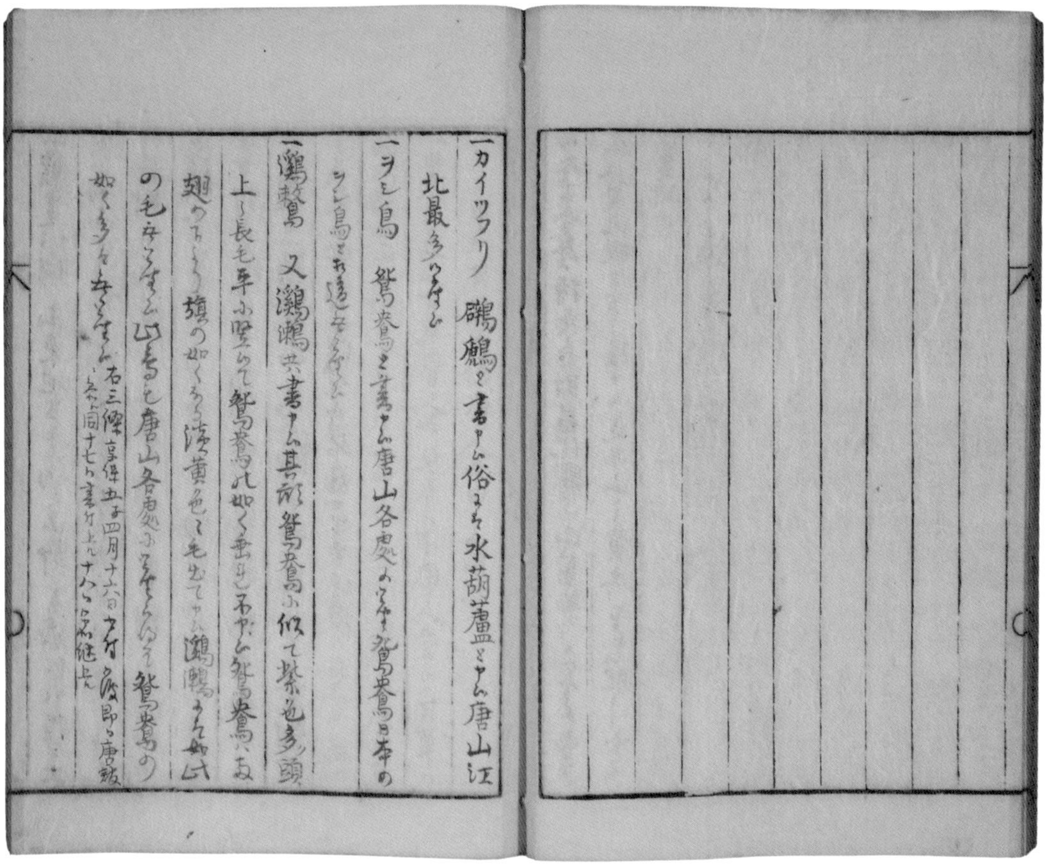

二十九オ　　二十八ウ

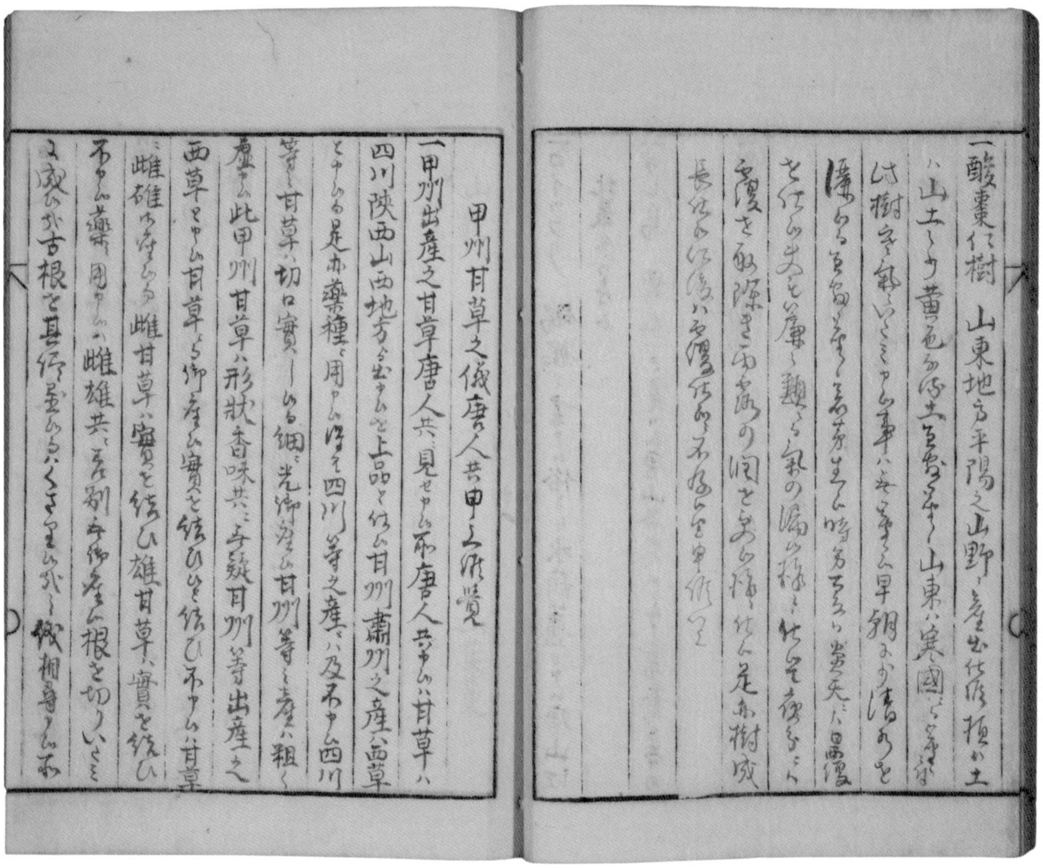

三十オ　　二十九ウ

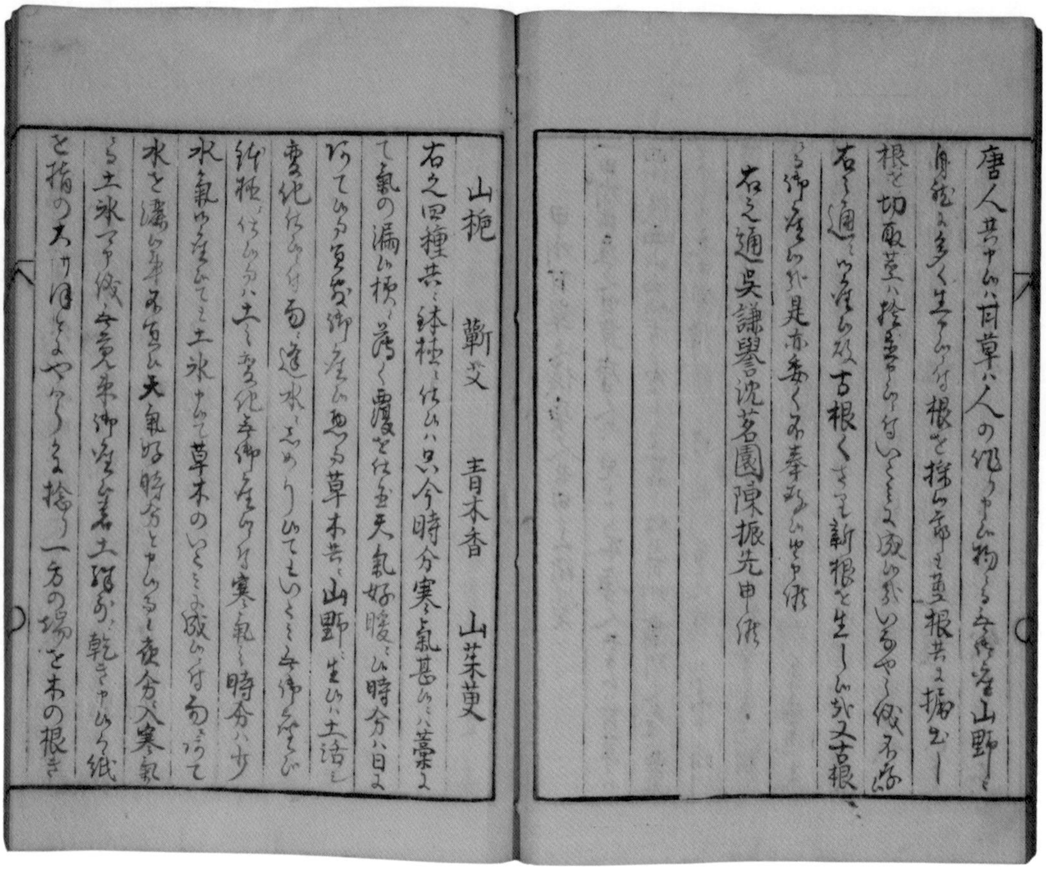
唐人共申候ハ右草ハ人の作り申候物にて無御座山野に
自然と多く生申候付根を採候節も茎根共に掘出し
根を切取茎ハ捨申候付いよ〳〵成候得ハ能やう成不申候
右之通ニ御座候故古根くさり新根を生し候故又古根
ニ御座候外是亦無く不奉存候由申候
右之通呉謙譽沈茗園陳振先申候

山梔　蘄艾　青木香　山茱萸
右之四種共ニ鉢植ニ仕候ハ只今時分寒気甚候ハ藁ニ而
て気の漏候様ニ蔵く覆を仕置天気好暖ニ候時分ハ日ニ
当て申候且又御座候処草木共ニ山野ニ生候ハ土詰も
無之仕候付而進水ニ而ありてもいよ〳〵無御座候
鉢植ニ仕候ハ土ニ無之候御座候得寒気ニ時分ハ少
水気も無候てハ土氷申て草木のいよ〳〵成候付而
水を濡候事不宜候天気好時分と申候も夜分ニ入寒気
にて土氷申候故無覚束御座候土詰候ハ乾き申候ハ紙
を指の大サ程ニよりて捨り一方の端を木の根き

三十一オ

三十ウ

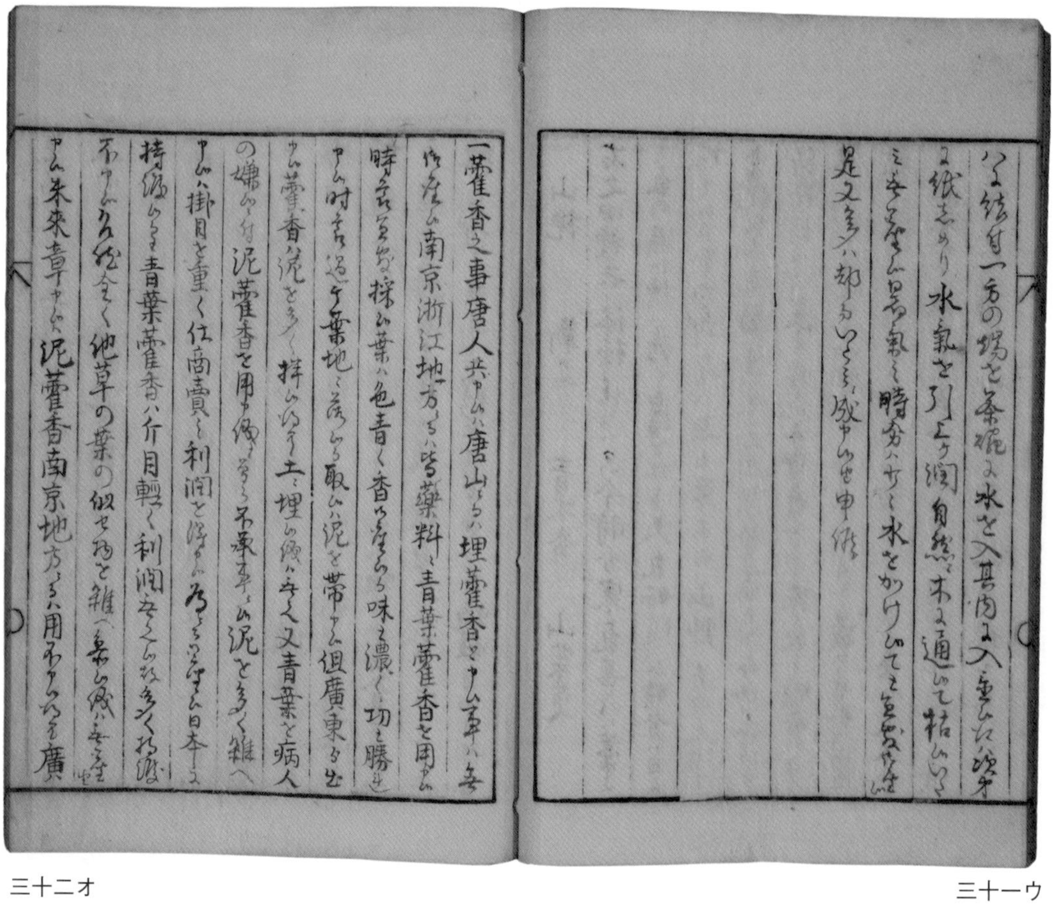
ハよ結付一方の端を茶碗ニ水を入其内ニ入置候ハ紙子
ニ紙ニあり水気を引土を潤自然と木ニ通候て枯候事
無之候由暑気ニ時分ハ少く水をかけ候てもよく御座
是又多ハ却而いよ〳〵成申候由申候

一藿香之事唐人共申候ハ唐山ニ而ハ埋藿香と申候草ハ無
御座候南京浙江地方にてハ皆薬料ニ青葉藿香を用申候
時分を不違採候葉ハ色青く香も宜味も濃く功も勝れ
申候时分過候て葉地に落候を取候ハ泥を帯申候但廣東ニ而
申候藿香泥を多く持候ニ付土ニ埋候儀ハ無之又青葉を病人
の嫌候ニ付泥藿香を用申候ニ付不承事ニ候泥を多く雑へ
申候ハ掛目を重く仕商賣ニ利潤を得申候為と存候日本ニ
持渡候も青葉藿香ハ斤目軽く利潤無之候故多く持渡
不申候乃纔ニ全く他草の葉の似寄候を雑へ置候儀ハ無之由
申候未來章申候ハ泥藿香南京地方にてハ用不申候廣

三十二オ

三十一ウ

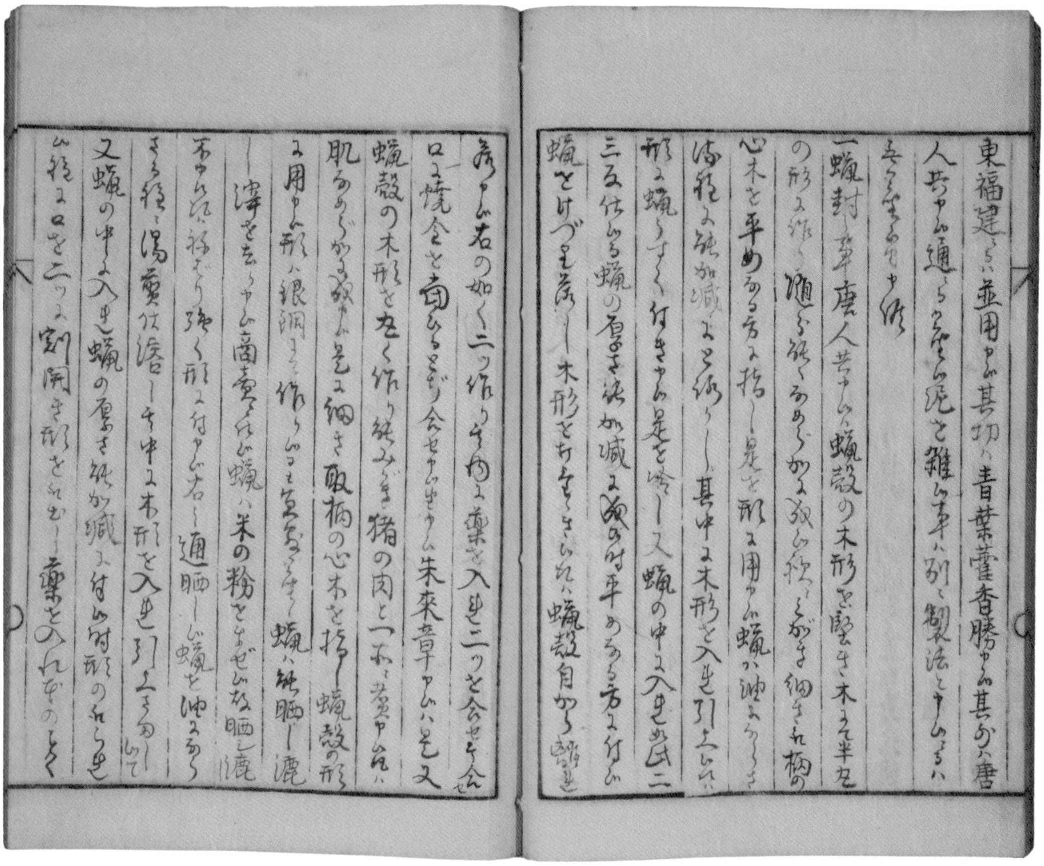

三十三オ　三十二ウ

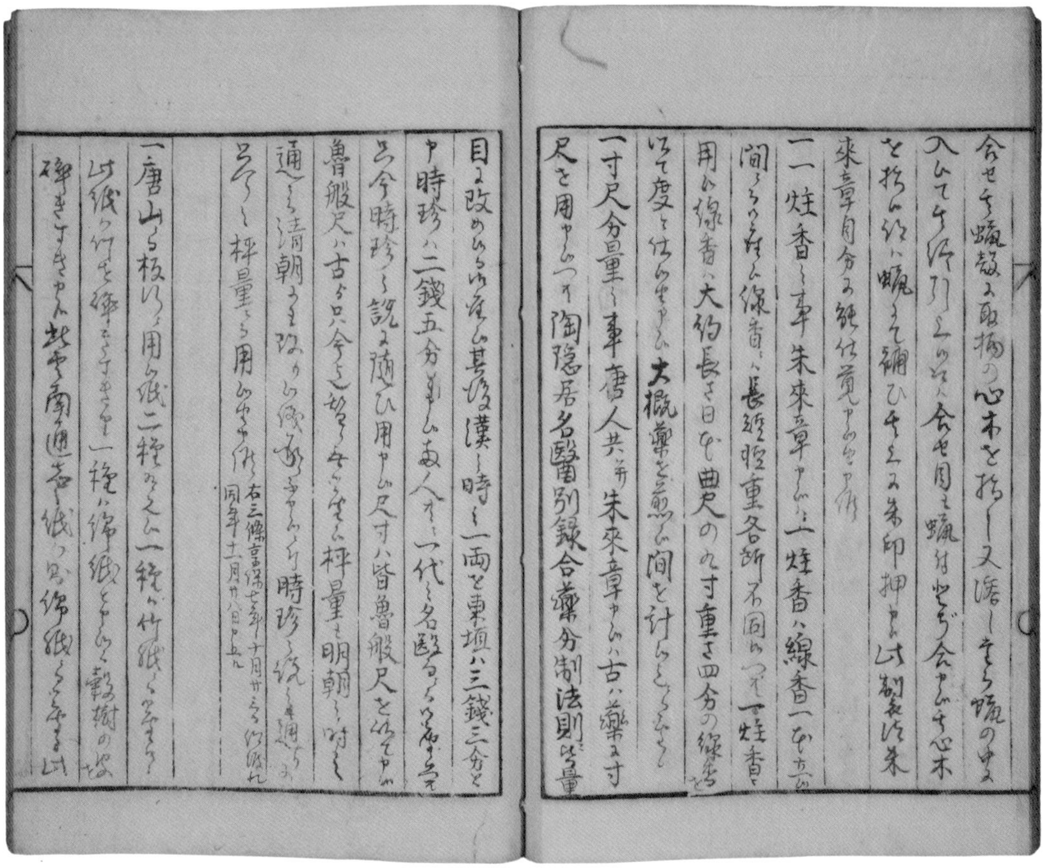

三十四オ　三十三ウ

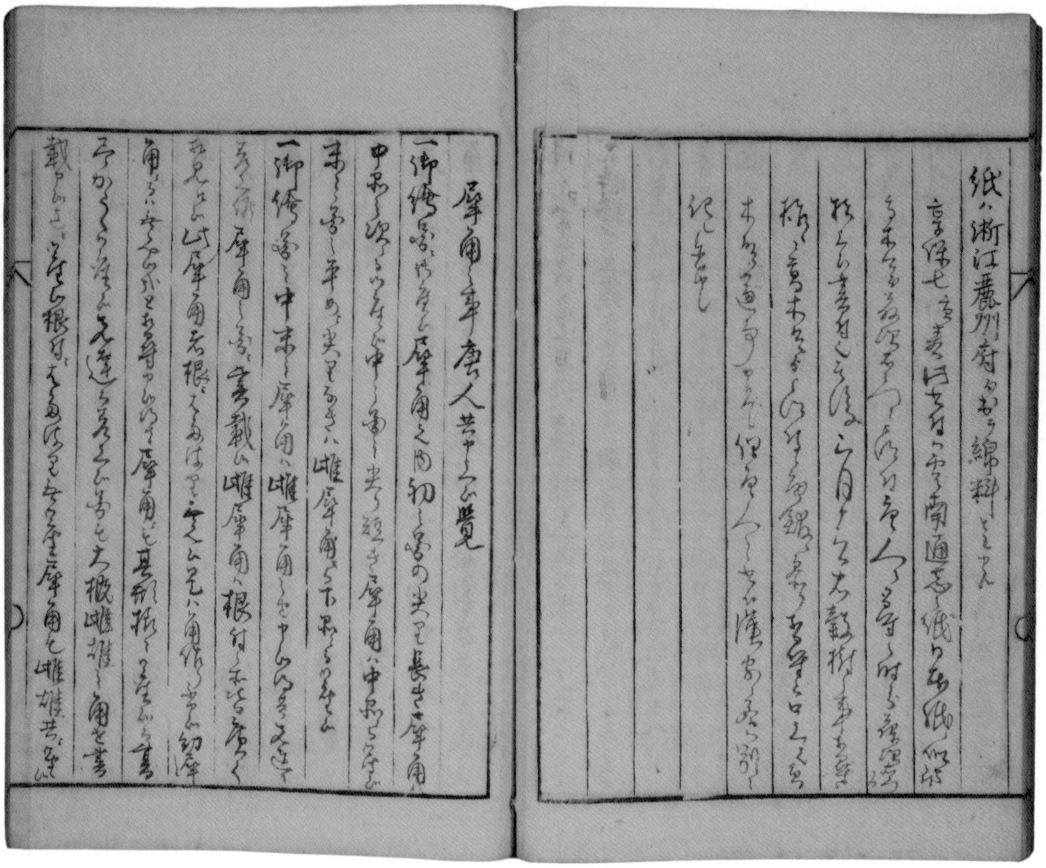

三十五オ　三十四ウ

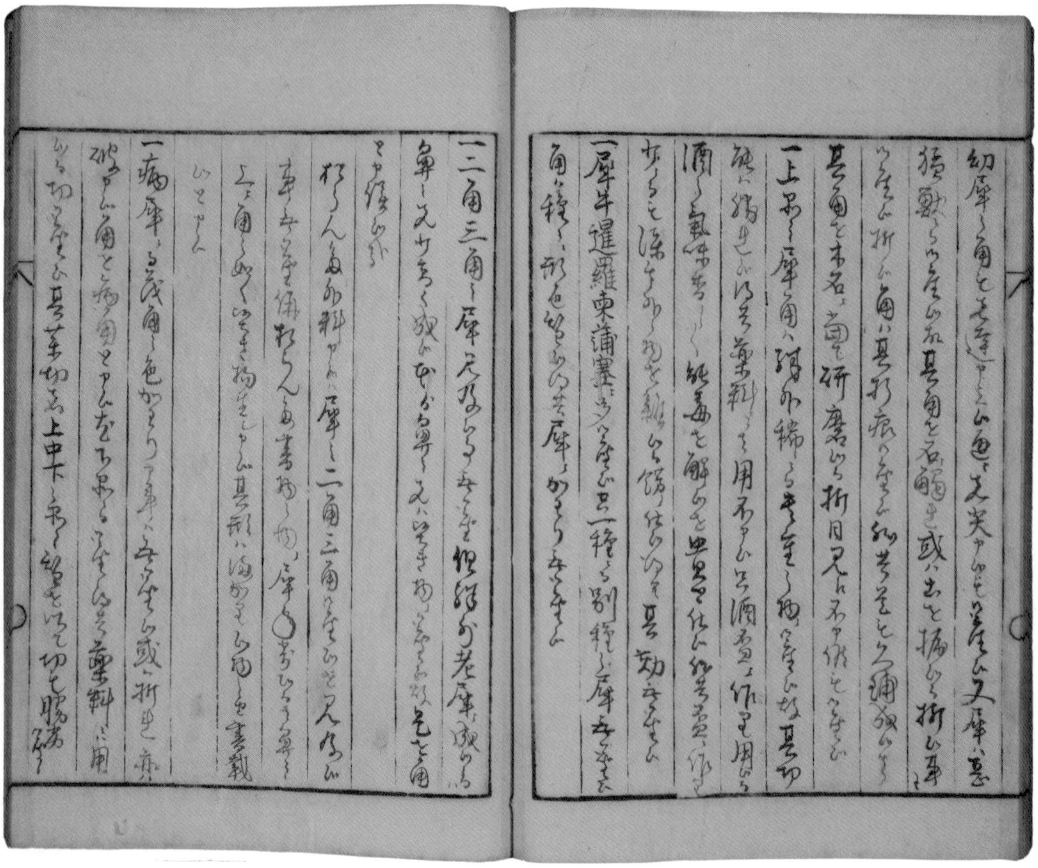

三十六オ　三十五ウ

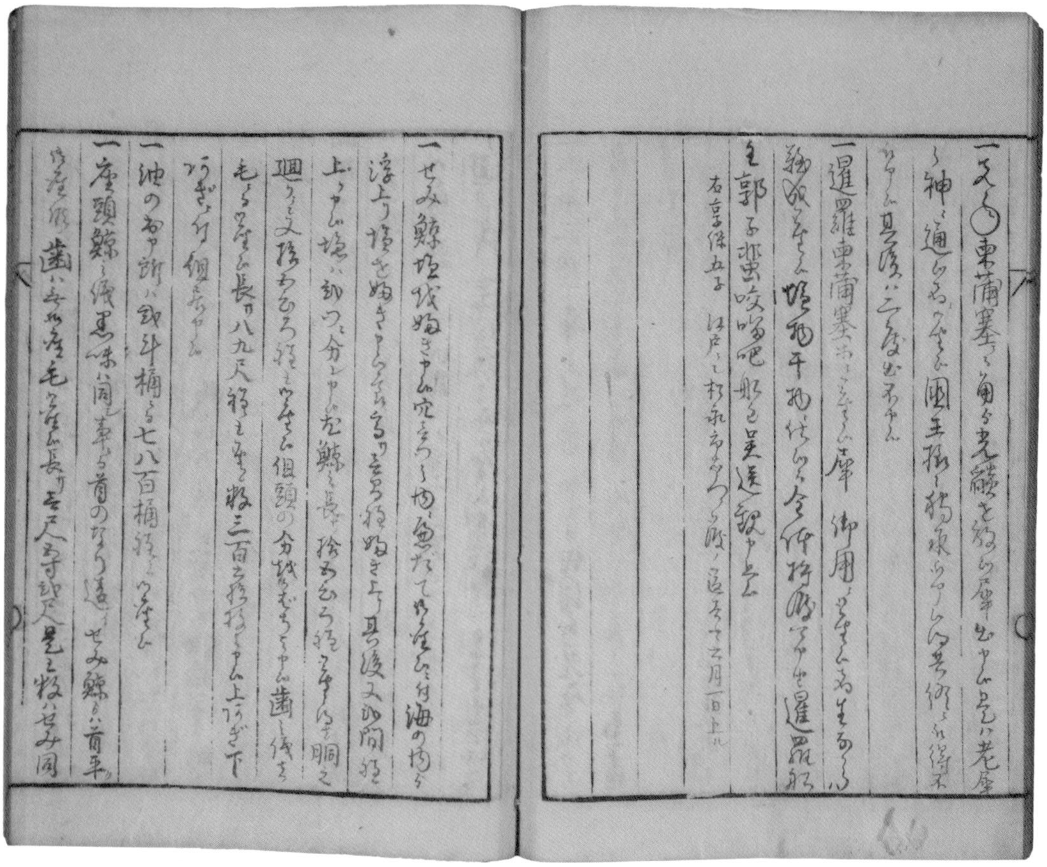

三十七オ　三十六ウ

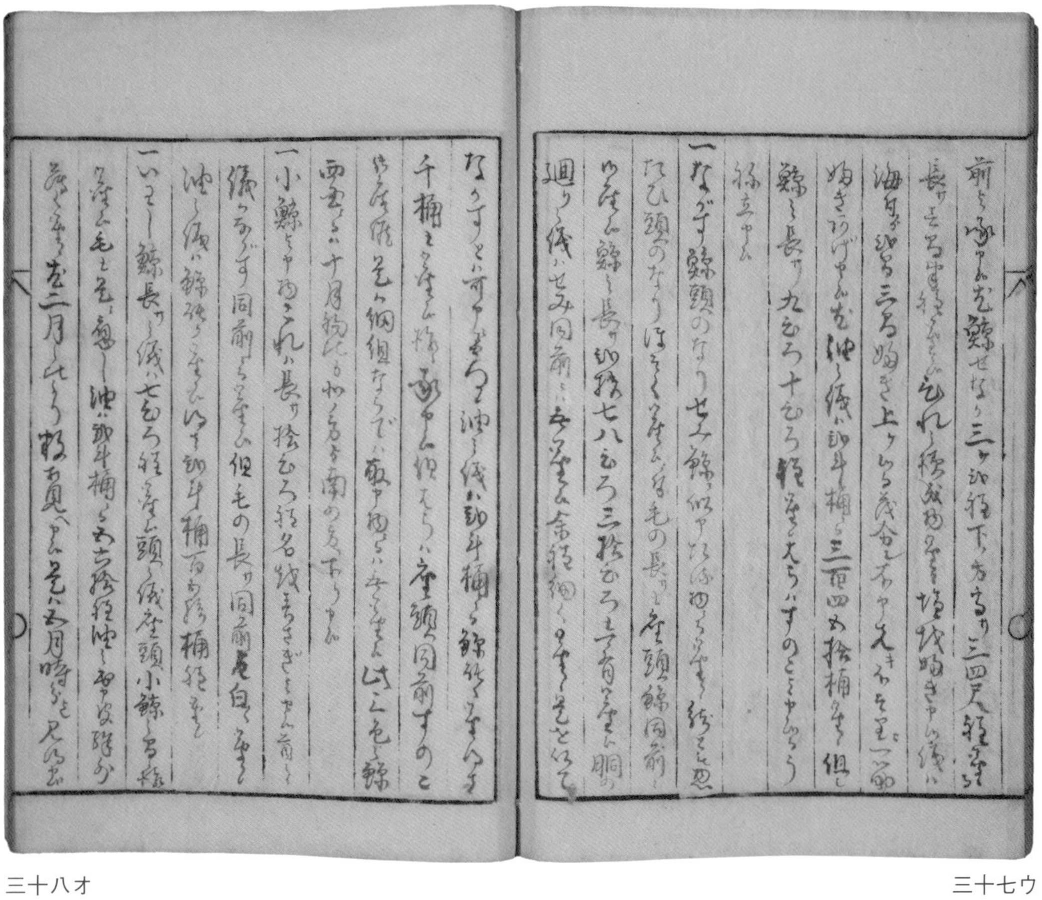

三十八オ　三十七ウ

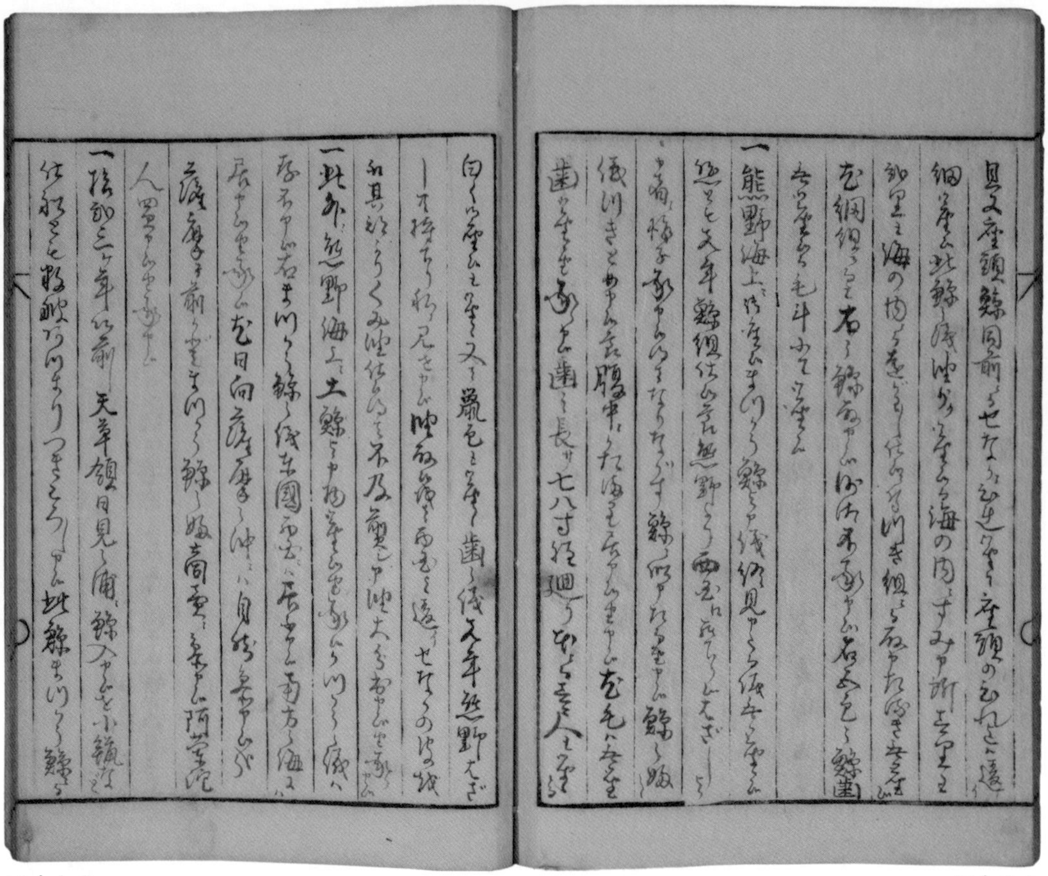

三十九オ　三十八ウ

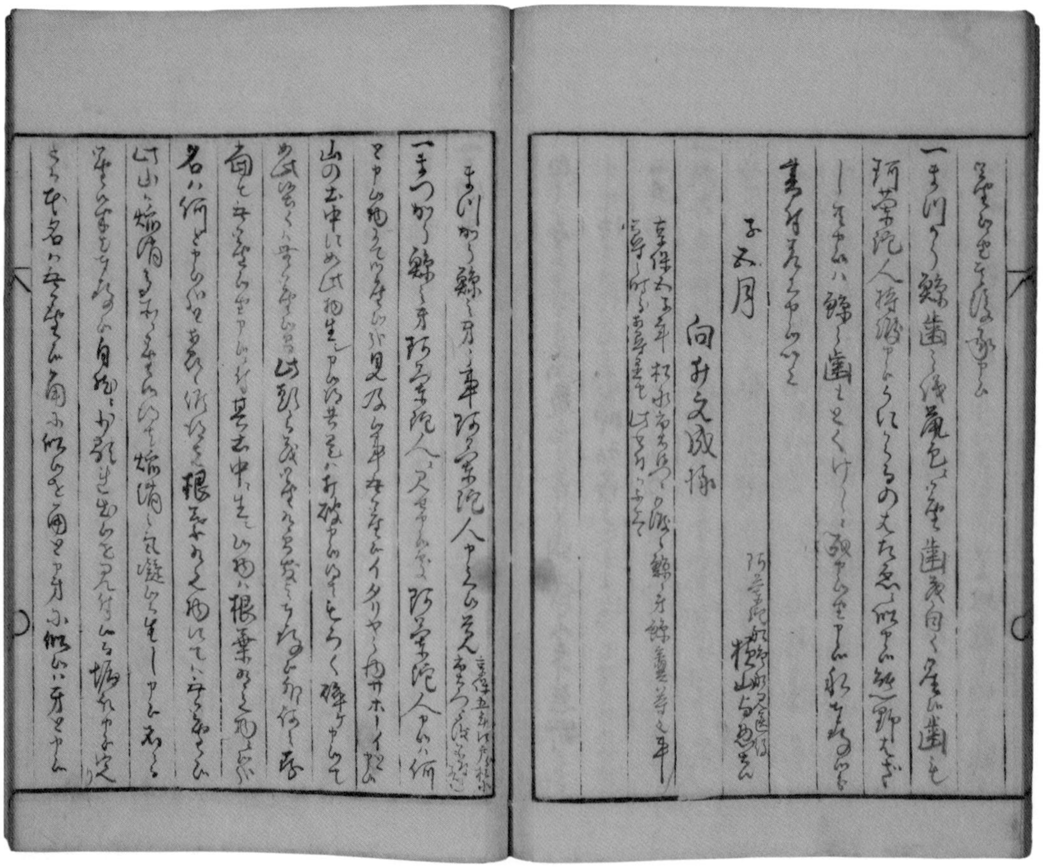

四十オ　三十九ウ

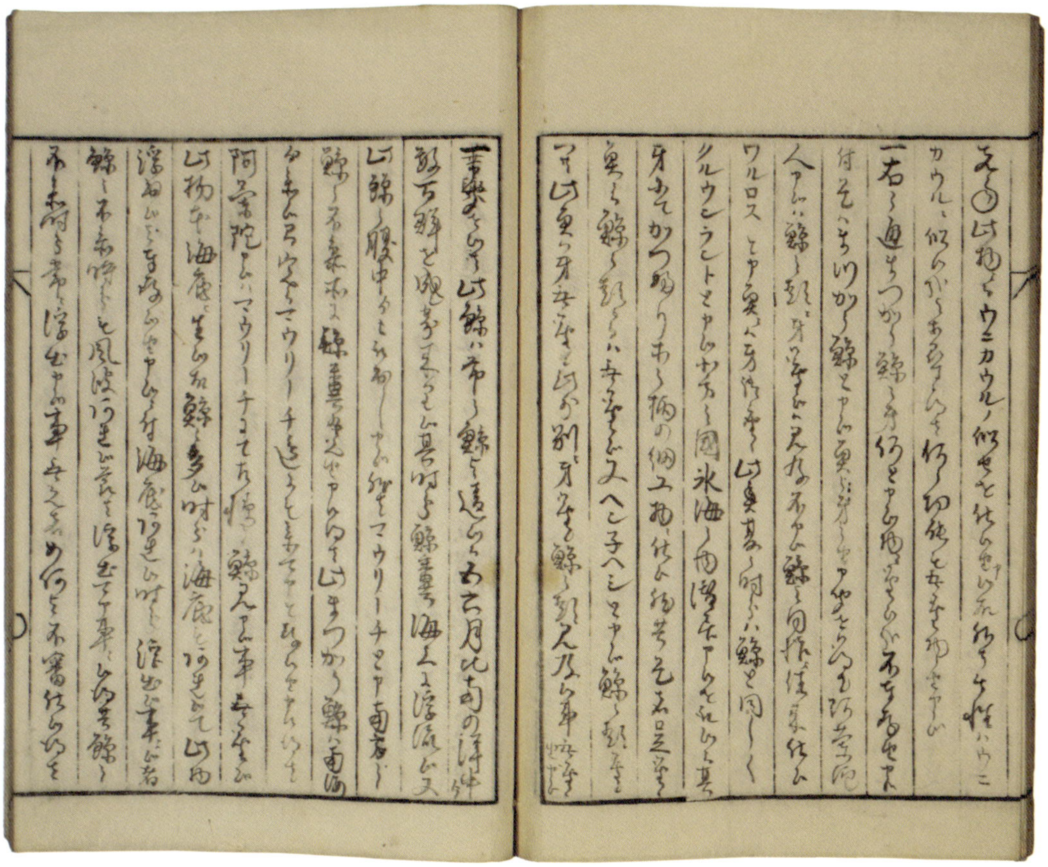

四十一オ　四十ウ

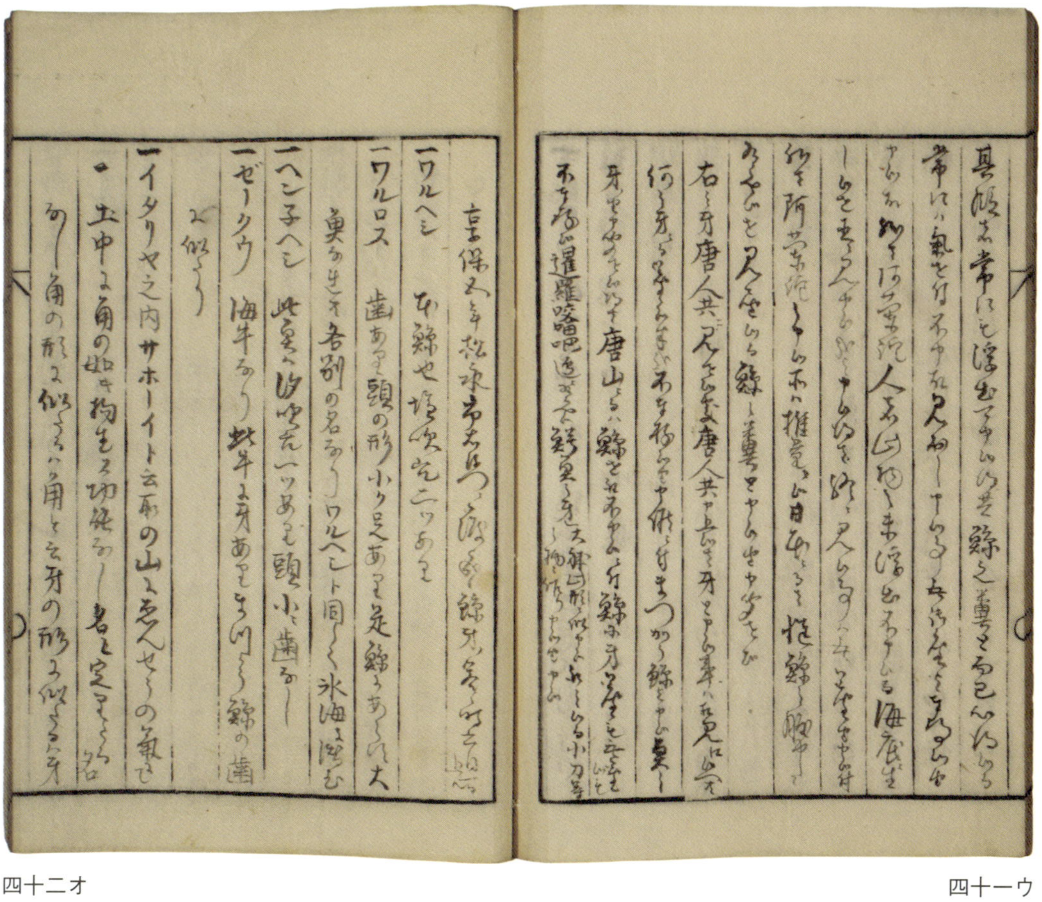

四十二オ　四十一ウ

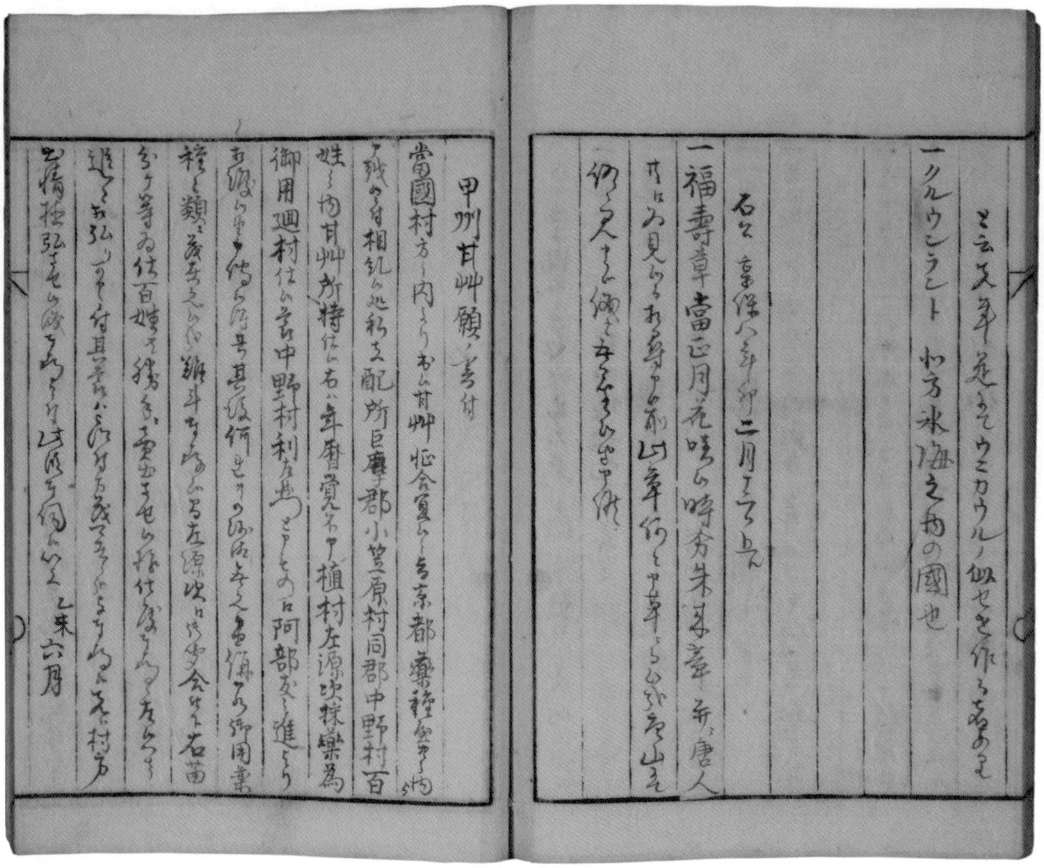

と云又草花ニテウニカウルノ似セを作ル者あり
一クルウンラント　北方氷海之内の國也

右ハ　享保八年卯二月上旬
一福壽草　當正月花咲候時分朱封章ニ而唐人
共ニ為見候處 [illegible] 此草 [illegible] 唐山ニ
何も人も知不申候

甲州甘草願之書付
當國村方之内ニおゐて甘草 [illegible] 京都藥種 [illegible]
[illegible] 相 [illegible] 配所巨摩郡小笠原村同郡中野村百
姓ニ而甘草所持仕候右ハ年暦覚不申植村左源次様藥為
御用廻村仕候 [illegible] 中野村利左衛門 [illegible] 阿部友之進より
[illegible] 甚 [illegible] 御用
種之類 [illegible] 左源次 [illegible] 右苗
[illegible] 百姓 [illegible]
進 [illegible] 村方
[illegible] 乙未 六月

四十三オ

四十二ウ

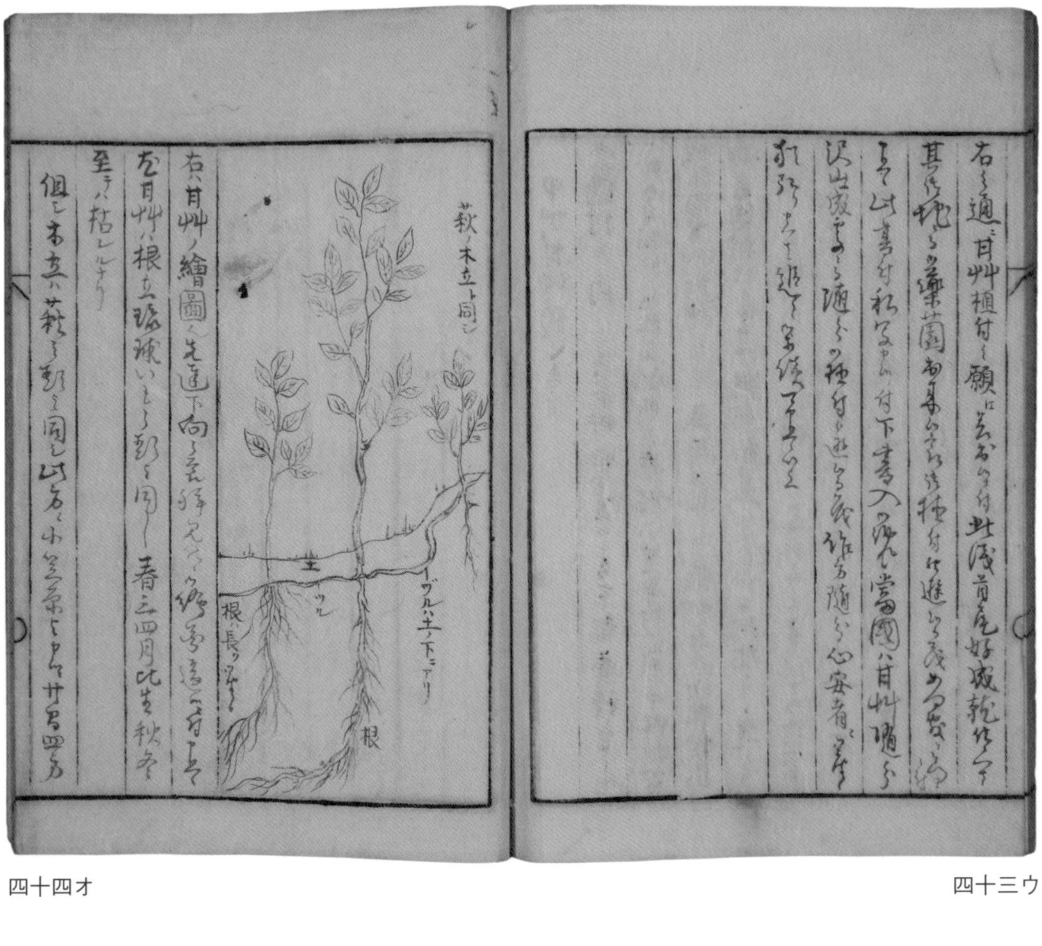

右之通甘草植付之願ハ [illegible]
甚 [illegible] 藥園 [illegible]
[illegible] 下書 [illegible] 當國ハ甘草 [illegible]
[illegible] 心安 [illegible]
[illegible]

右ハ甘草繪圖ニ先達而下向之 [illegible]
右甘草ハ根土ニ [illegible] 春三四月比生秋冬
至テハ枯レ申候
但シ木立ハ萩ノ [illegible] 小笠原 [illegible]

四十四オ

四十三ウ

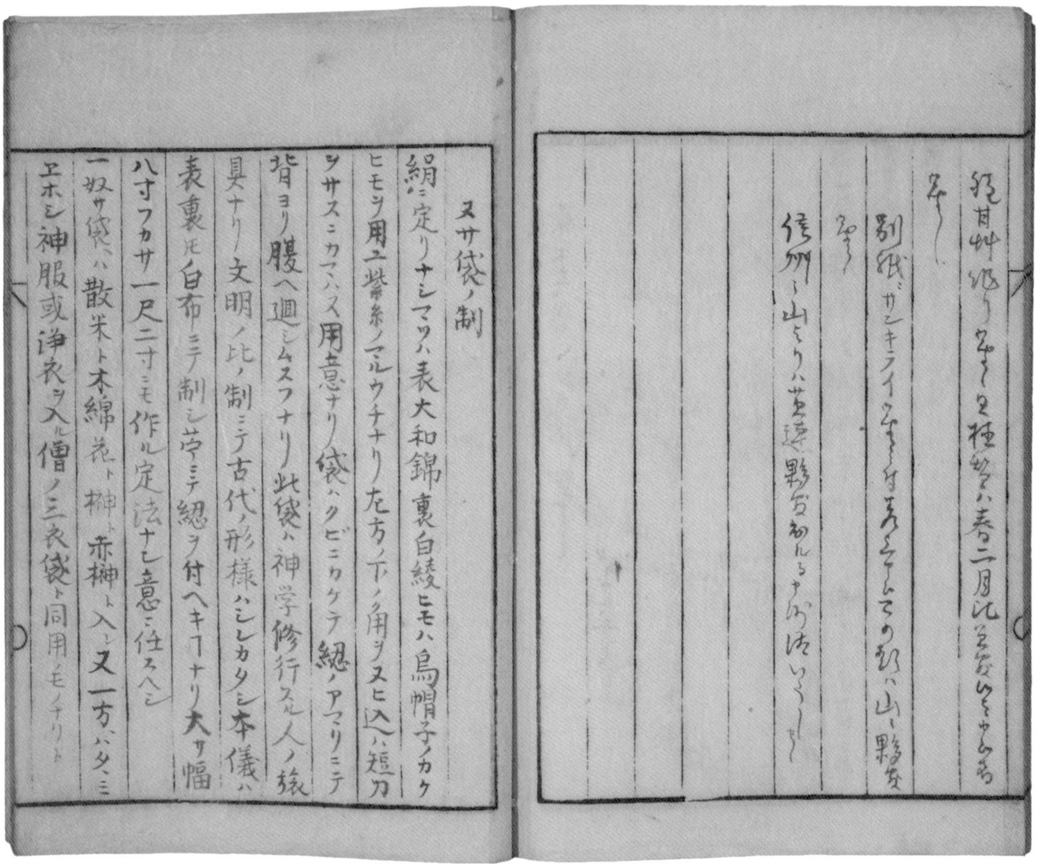
四十四ウ

[illegible]種[illegible]春二月[illegible]
[illegible]
別紙ガンキライ[illegible]山ニ[illegible]
[illegible]
信州ニ山[illegible]

四十五オ

ヌサ袋ノ制
絹ニ定リナシマツハ表大和錦裏白綾ヒモハ烏帽子ノカク
ヒモヲ用ユ紫糸ノマルウチナリ左方ノ下ノ角ヲヌヒ込ハ短刀
ヲサスニカマハス用意ナリ袋ハクビニカケテ緫ノアマリニテ
背ヨリ腰ヘ廻シムスフナリ此袋ハ神学修行スル人ノ旅
具ナリ文明ノ比ノ制ニテ古代ノ形様ハシレカタシ本儀ハ
表裏ﾄﾓ白布ニテ制シ苧ニテ緫ヲ付ヘキヿナリ大サ幅
八寸フカサ一尺二寸ニモ作ル定法ナシ意ニ任スヘシ
一奴サ袋ハ散米ト木綿花ト榊ト赤榊ト入レ又一方ハ夕ニ
エホシ神服或浄衣ヲ入ル僡ノ三衣袋ト同用ノモノナリト

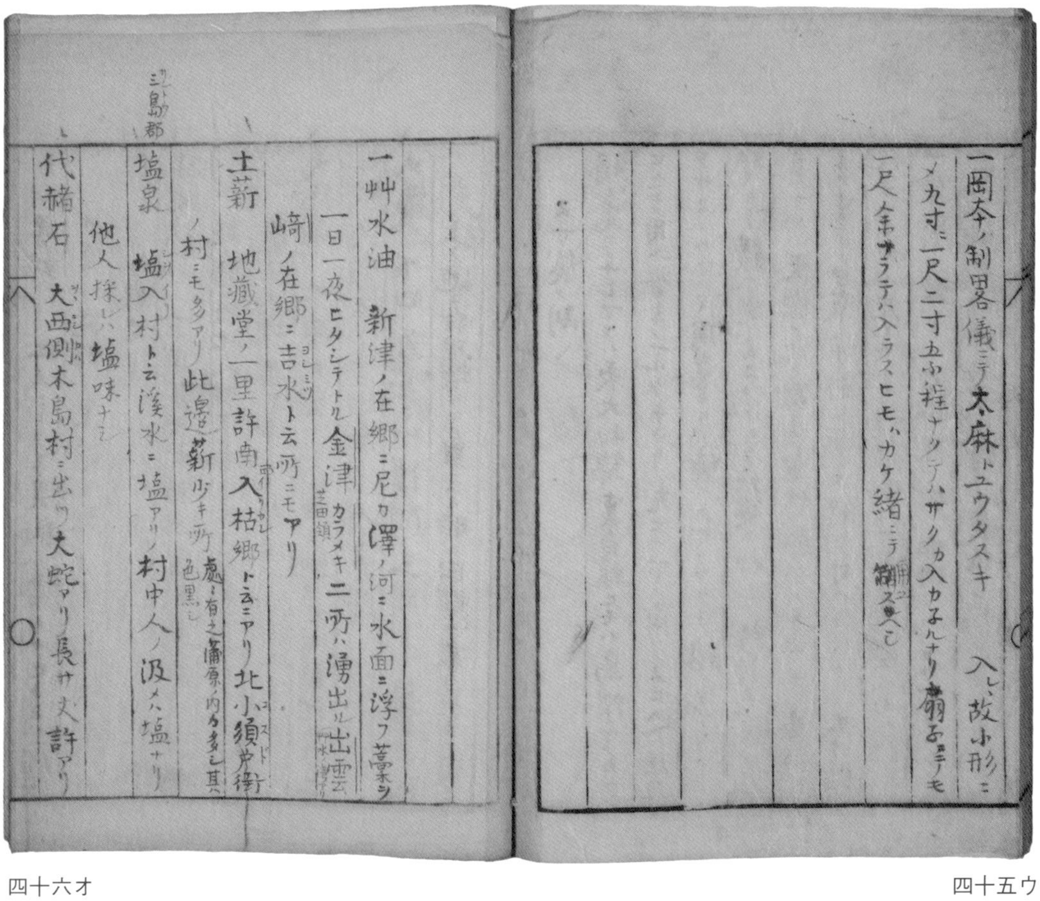
四十五ウ

一岡本ノ制畧儀ニテ木麻トユウタスキ　入レ、故小形ニ
メ九寸ニ一尺二寸五ふ程ナクテハサクカ入カ子ルナリ扇子ニテモ
一尺余サラテハ入ラスヒモハカケ緒ニテ[illegible]スヘシ

四十六オ

一艸水油　新津ノ在郷ニ尼カ澤ノ河ニ水面ニ浮フ藁ヲ
一日一夜ヒタシテトル金津カラメキ（芝田領）二所ハ湧出ル出雲
崎ノ在郷ニ吉水（ヨシミヅ）ト云所ニモアリ
土薪　地蔵堂ノ一里許南入枯郷（イリカレ）ト云ニアリ北小須戸街
ノ村ニモ多アリ此邊薪少キ所（色黒シ）處ニ有之蒲原ノ内ニ多シ其ハ
（三島郡）塩泉　塩入村ト云渓水ニ塩アリ村中人ノ汲メハ塩ナリ
他人採レハ塩味ナシ
代赭石　大西側木島村ニ出ツ大蛇アリ長サ丈許アリ

茅蛇トヨフ土人コレヲ不畏獅子舞ヲナセトスヘハ蛇頭
ヲアケテ宛轉ス黒蛇ニテ頭ニ長毛ヲ被ル女ノ髪ノ如
シト云蛟ナルベシ
小文次石　下田飯田村社地ノ両岐ノ杉樹アリ其樹
枝ノ間ニ六七人許ヲ挙ルホトノ石掛ル土人云コレハ五十
嵐小文次ノ挙置ナリト故ニ名ク
大泥鰌　下田ノ大良ト云山中ノ池アリ泥鰌池アリ二
丈許ノモノアリコレヲ見タル人ハ多死ス
大蘆　下田ノ蘆平山ノ渓間ニ三間ハカリ蘆生ス山
上ノ池ニ白田螺アリ旱スル時ハ田螺ヲ取リ来テ家ニ

四十六ウ

火消製方
一人家牀下ノ土ニ生ス何國ニテモ人家十年余ニナレハ必硝ヲ生ス
雨湿ノナキ地水ナト流レ名ル牀下ニハナシ山中ノ穴下ノ土ニモ生ルヨシ

一右ノ土ヲアク桶ニイレ水ヲソヽキアクノ如クタラシ又別ノ桶ニ灰
ヲ入レ右ノアク水ヲ灰ニテコス此ヲ灰コシト云灰ノアクナケレハ硝カタマラス
鍋ニ入レ文火ニテ煎ス水ツマリテ陶盆ニ落シテ玉ノ如クナルヲ
度トシ別ノ釜ニ入レサマス也蓋ヲセス其マヽナリ内ニテ結シ硝モ
ナルナリ是ヲアク正セウト云ナリ　漢渡ノ灰ホウセウ　又是ニ水ヲヒタ
く入レテ文火ニテタク　桶ニ入レ蓋ヲシテサマス又硝ト

四十七オ

ナル此ヲ中烹ト云又是ヲ同シク烹カヤシ硝ヲ取ル三度烹
ト云上品ニナルナリ
正セウノ中ヨリノ　キリ塩ト云モノアリ　自然銅ノ如ツ方六八塩
ナリト

四十七ウ

紫竹林
越後國蒲原郡彌彦庄鳥屋野ニアリ南北凡三十五間東西二十間許ナリ此地
親鸞上人三年居住弘法ノ所ナリ其始末皈伏者多シ上人携ル所ノ紫竹
ノ杖ヲ地ニ挿テ我ス、ムル所ノ念佛宗佛意ニ愜ハヽコノ竹活生スヘシト果テ
不日ニ繁茂ス枝葉ナヲ倒ニ生ルカ如シ今ニ存ス
八房梅
同郡白川庄小嶋村ニ小嶋佐五助ト云モノアリ此庭ニ八房ノ梅アリ相傳
テ云親鸞上人鳥屋野ニ止住シタマヒシ時民家ニ入タモフ其家ノ亭主
饗應シテ且塩漬ノ梅ヲ奉ル上人是ヲ吃シタマヒテ其核ヲ庭園
ニ投シ我ナル所ノ法モシ繁昌スヘクハスナハチ此核活生スヘシト果シテ

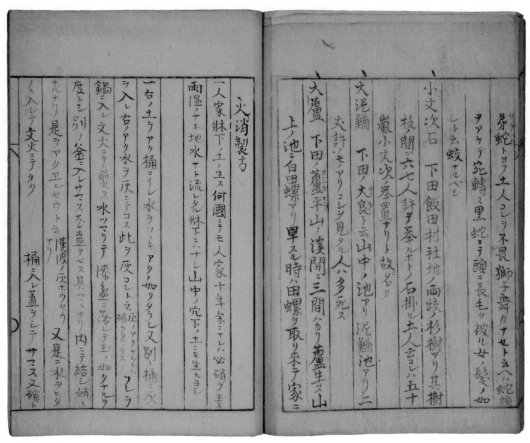

四十八オ

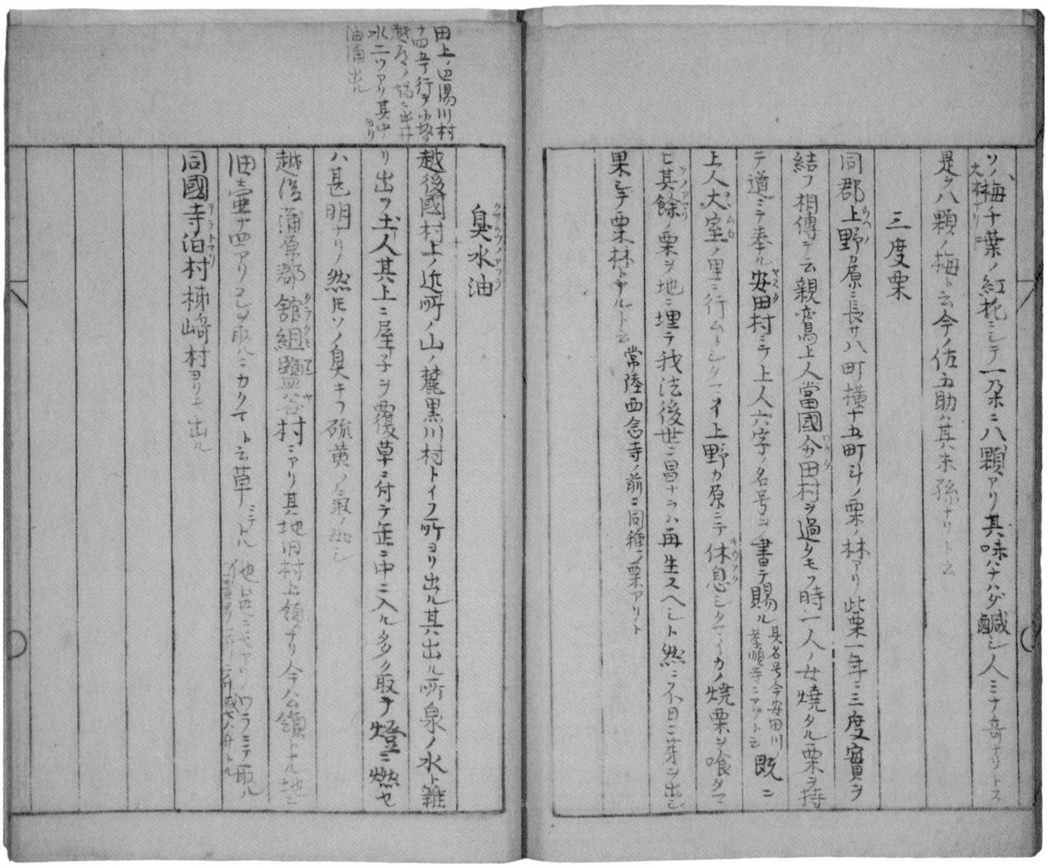
ソノ梅千葉ノ紅梅ニシテ一朶ニ八顆アリ其味ナハダ鹹シ人ミナ奇トナリトス
是ヲ八顆ノ梅ト云今ノ佐五助ハ其末孫ナリト云
三度栗
同郡上野原ニ長サ八町横十五町斗ノ栗ノ林アリ此栗一年ニ三度實ヲ
結ブ相傳テ云親鸞上人當國分田村ヲ過タモフ時一人ノ女焼タル栗ヲ持
テ道ニテ奉ル安田村ニテ上人六字ノ名号ヲ書テ賜ル 既ニ
上人大室ノ里ニ行カントシタマイ上野ケ原ニテ休息シタマイカノ焼栗ヲ喰タマ
ヒ其餘ノ栗ヲ地ニ埋テ我法後世ニ昌ナラハ再生スヘシト然ニ不日ニ芽ヲ出シ
果テ栗林トナルト云 常陸西念寺ノ前ニ同種ノ栗アリト

臭水油
越後國村上ノ近所ノ山ノ麓黒川村トイフ所ヨリ出ル其出ル所泉ノ水ニ雜
リ出ツ土人其上ニ屋子ヲ覆草ニ付テ盆ノ中ニ入ル多ク取テ燈ニ燃セ
ハ甚明ナリ然ドモソノ臭キコト硫黄ノ氣ノ如シ
越後蒲原郡館組塩谷村ニアリ其地旧村上領ナリ今公領トナル地
田壷十四アリ之ヲ取ルニカクテト云草ニテ取ル
同國寺泊村柿崎村ヨリモ出ル

四十九オ　　四十八ウ

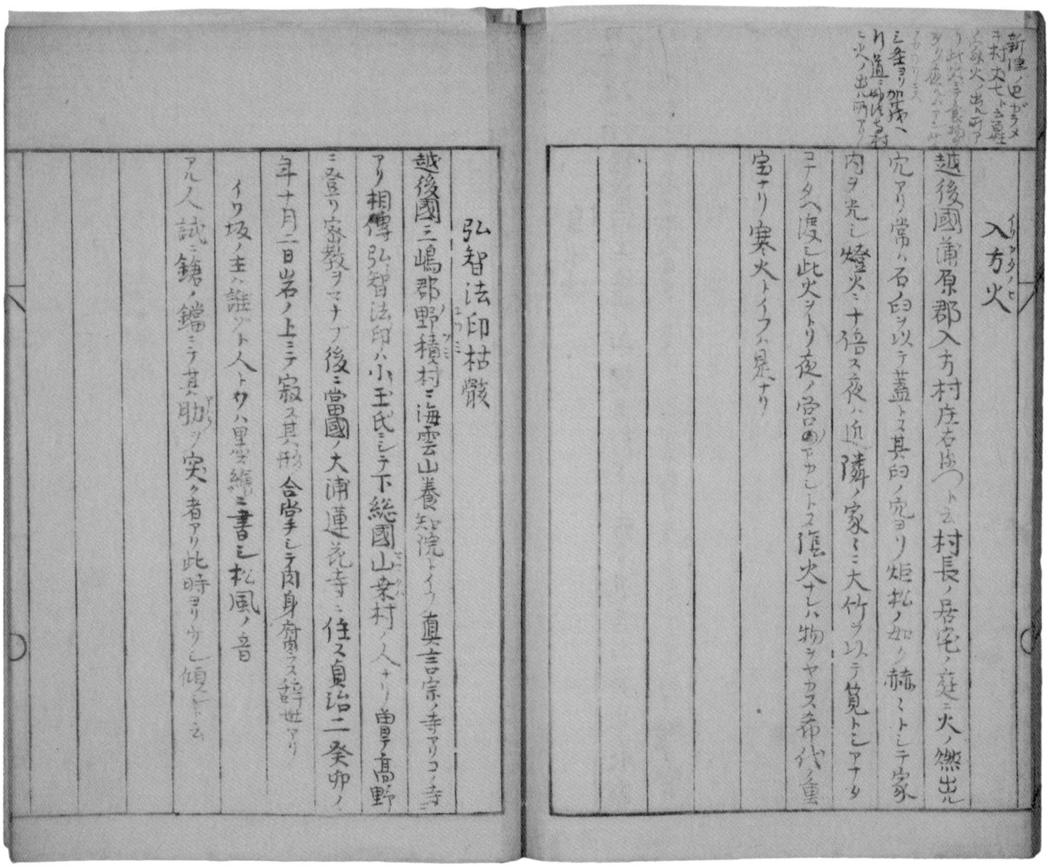
入方火
越後國蒲原郡入方村庄右衛門ト云村長ノ居宅ノ庭ニ火ノ燃出ル
穴アリ常ハ石臼ヲ以テ蓋トス其臼ノ穴ヨリ炬松ノ如ク熾ミトシテ家
内ヲ光シ燈火ニ十倍ス夜ハ近隣ノ家ミニ大竹ヲ以テ筧トシアナタ
コナタヘ渡シ此火ヲトリ夜ノ宮ヲナシトス陰火ナレハ物ヲヤカス希代ノ重
宝ナリ寒火トイフハ是ナリ

弘智法印枯骸
越後國三嶋郡野積村ニ海雲山養智院トイフ真言宗ノ寺アリコノ寺
アリ相傳弘智法印ハ小玉氏ニシテ下総國山家村ノ人ナリ曽テ高野
ニ登リ密教ヲマナブ後ニ當國ノ大浦蓮光寺ニ住ス貞治二癸卯ノ
年十月二日岩ノ上ニテ寂ス其形合掌シテ肉身腐ラス辞世アリ
イワ坂ノ主ノ誰ソト人トワハ墨染ニ書シ松風ノ音
アル人試ニ鏡ノ鑹ニテ其肋ヲ突ク者アリ此時ヨリ今ニ傾クト云

五十オ　　四十九ウ

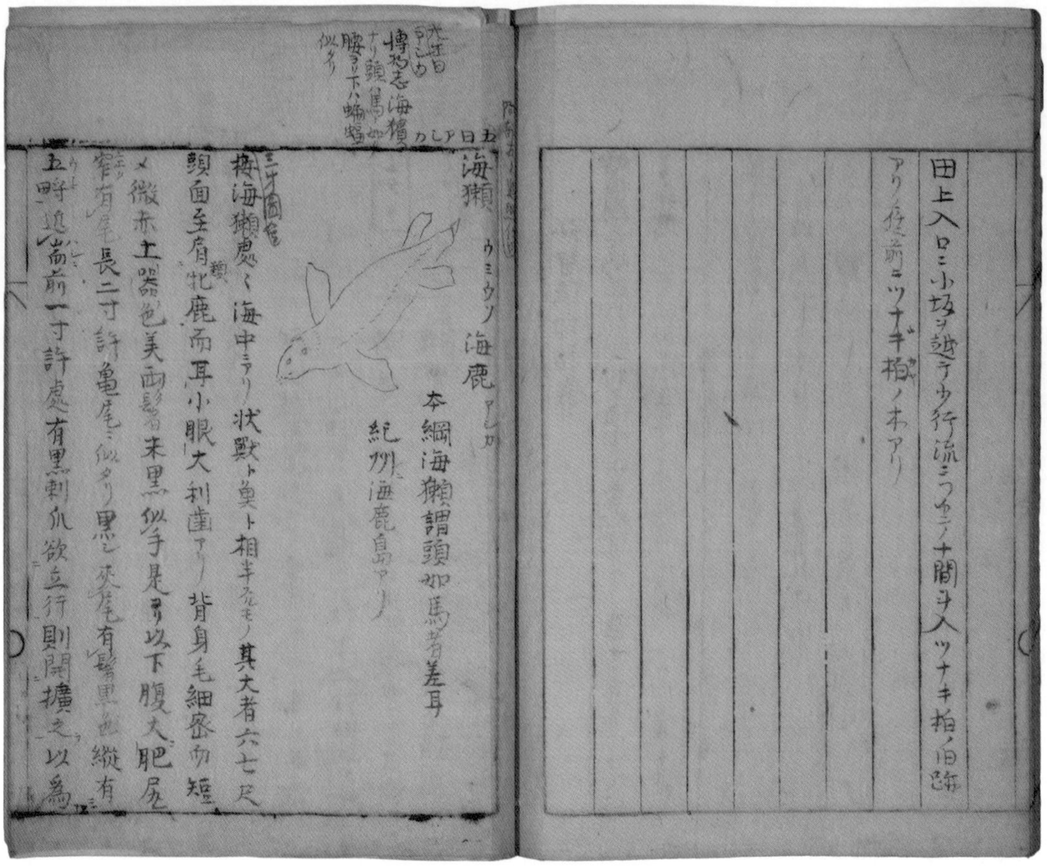

田上入口ニ小坂ヲ越テ少行流ニつゝテ十間斗入ツナキ抱ノ旧跡
アリ左之前ニツナギ榧ノ木アリ

大ハ按日 博物志海獺ナリ頭馬ノ如腰ヨリ下ハ蝙蝠ニ似タリ

五日 アシカ

海獺 ウミウソ 海鹿 アシカ

本綱海獺謂頭如馬者差耳

紀州ニ海鹿島アリ

三才図会 海獺處々海中ニアリ状獣ト魚ト相半スルモノ其大者六七尺
頭面全肖牝鹿而耳小眼大利歯アリ背身毛細密而短
メ微赤土器色美而鬣末黒似手足是ヨリ以下腹大肥尻
窄有尾長二寸許亀尾ニ似タリ黒色尖尾有鬣黒色縦有
五野追歯前一寸許處有黒刺爪欲立行則開擴之以為

五十一オ

五十ウ

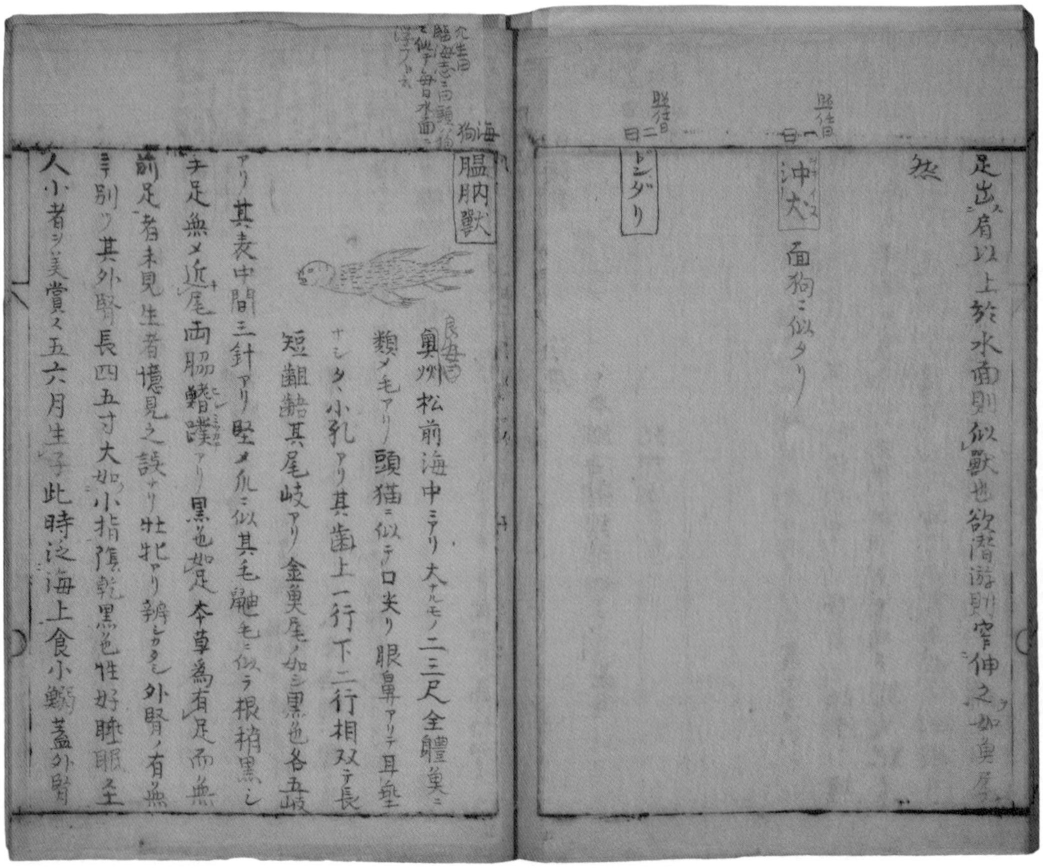

足出ス肩以上於水面則似獣也欲潜游則穿伸之如魚尾

然

一日 沖ノ大ノ 面狗ニ似タリ

二日 ドンダリ

海狗

膃肭獣

奥州松前海中ニアリ大ナルモノ二三尺全體魚ニ
類メ毛アリ頭猫ニ似テ口尖リ眼鼻アリテ耳並
ナシタヽ小孔アリ其歯上一行下二行相双テ長
短齟齬其尾岐アリ金魚尾ノ如シ黒色各五岐
アリ其表中間三針アリ堅メ爪ニ似其毛鼬毛ニ似テ根梢黒シ
手足無メ近尾両脇鰭アリ黒色也是本草為有足而無
前足者未見生者臆見之誤ナリ牡牝アリ雌ヲカタシ外腎ノ有無
ニテ別ツ其外腎長四五寸大如小指脆乾黒色性好睡眠至
人小者ヲ美賞ス五六月生子此時泛海上食小鰯蓋外腎

五十二オ

五十一ウ

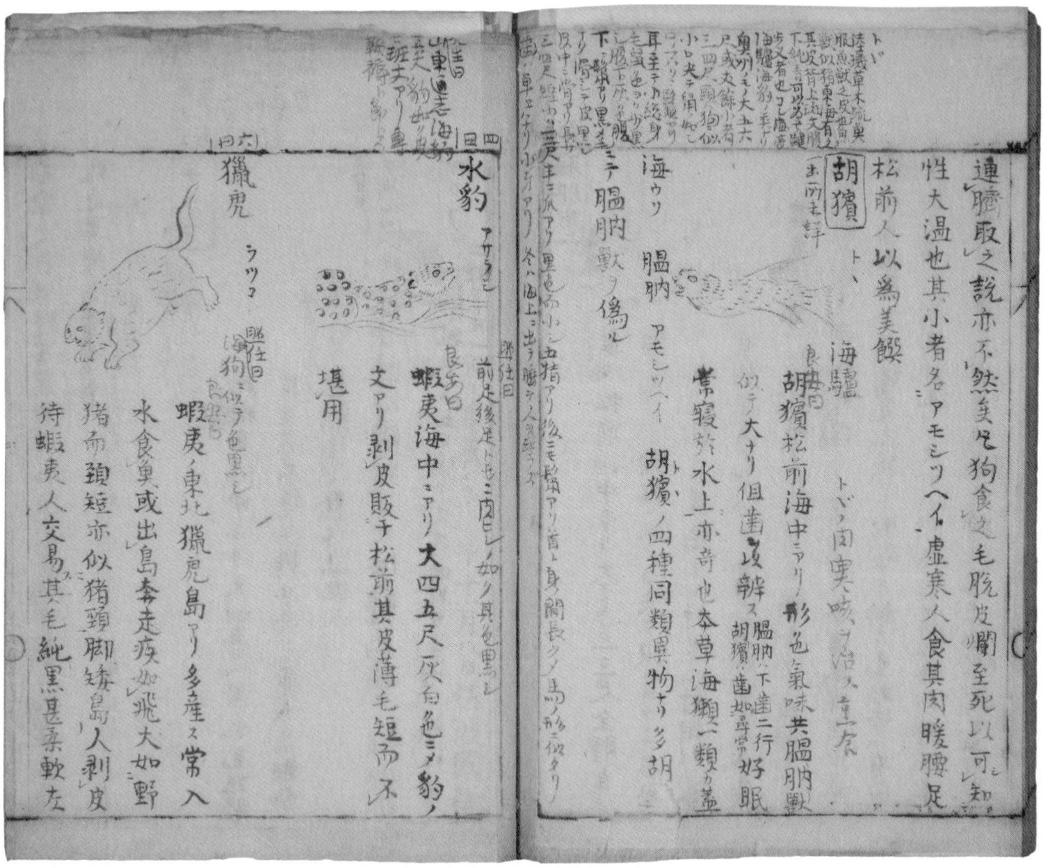

五十三オ　　五十二ウ

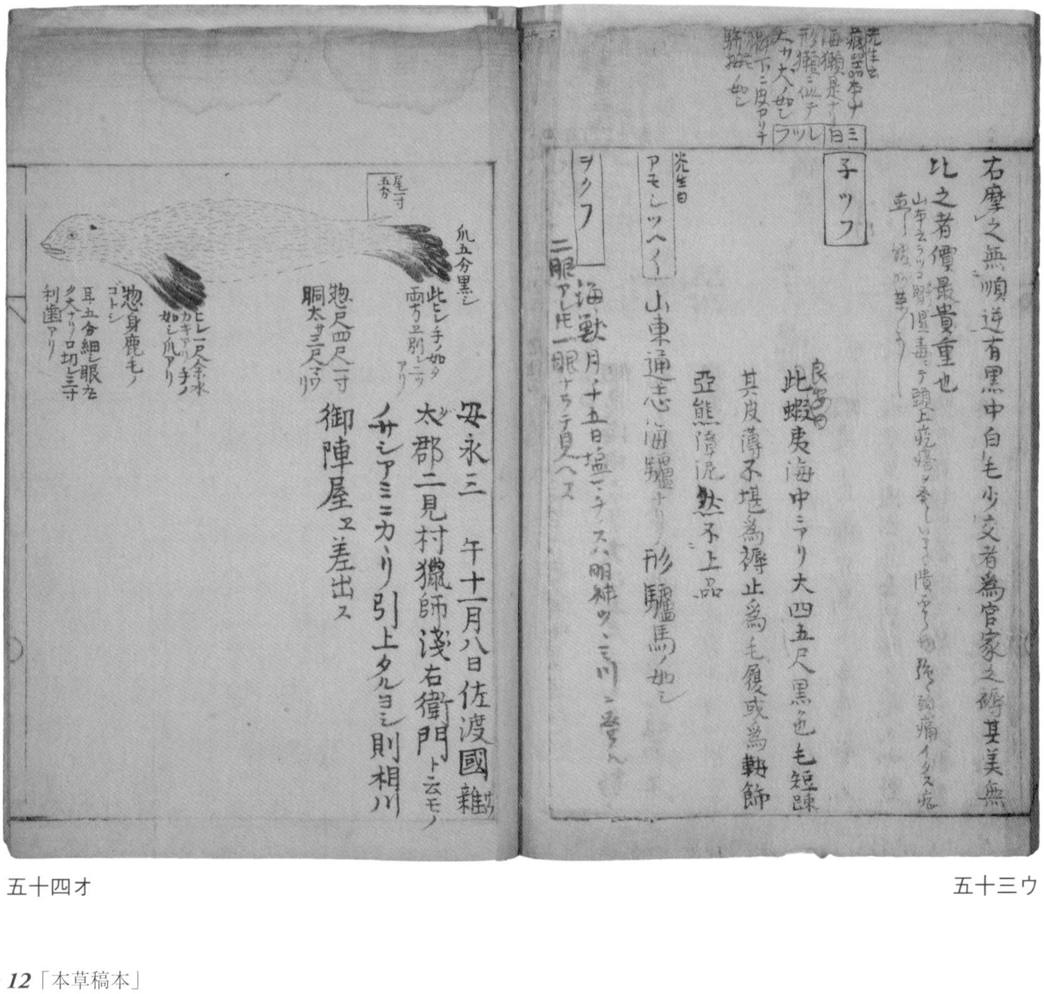

五十四オ　　五十三ウ

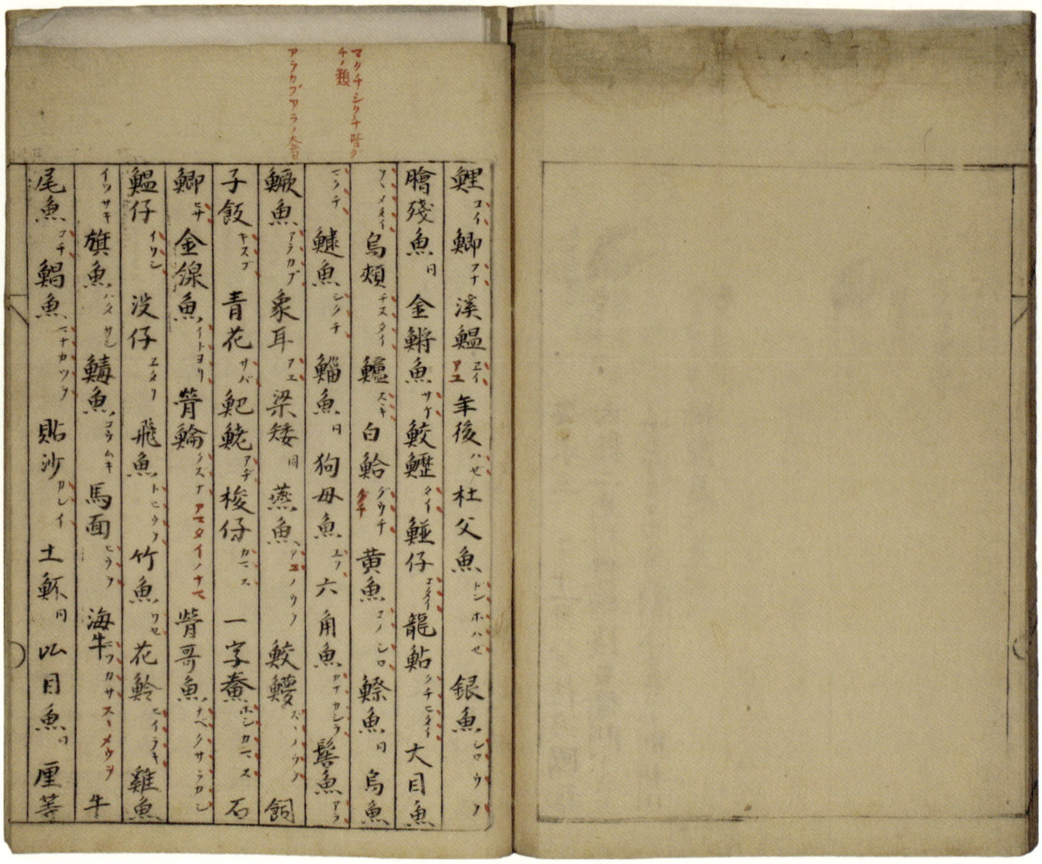
マツチ シクチ 皆クチノ類
アラカブ アラノ大者
鯉　鯽　渓鰮　年後　杜父魚　銀魚
膾殘魚　金鱗魚　鮫鱧　鱸仔　龍鮎　大目魚
烏頬　鱸　白鯰　黄魚　鰶魚　烏魚
鯷魚　鯔魚　狗母魚　六角魚　髭魚
鰔魚　象耳　梁矮　燕魚　鮫鰻　飼
子飯　青花　鮀鮀　梭仔　一字奮　石
鯽　金線魚　背鯑　背哥魚
鰮仔　没仔　飛魚　竹魚　花鯰　雑魚
旗魚　鰣魚　馬面　海牛　牛
尾魚　鯧魚　貼沙　土魴　比目魚　厘等

五十五オ

五十四ウ

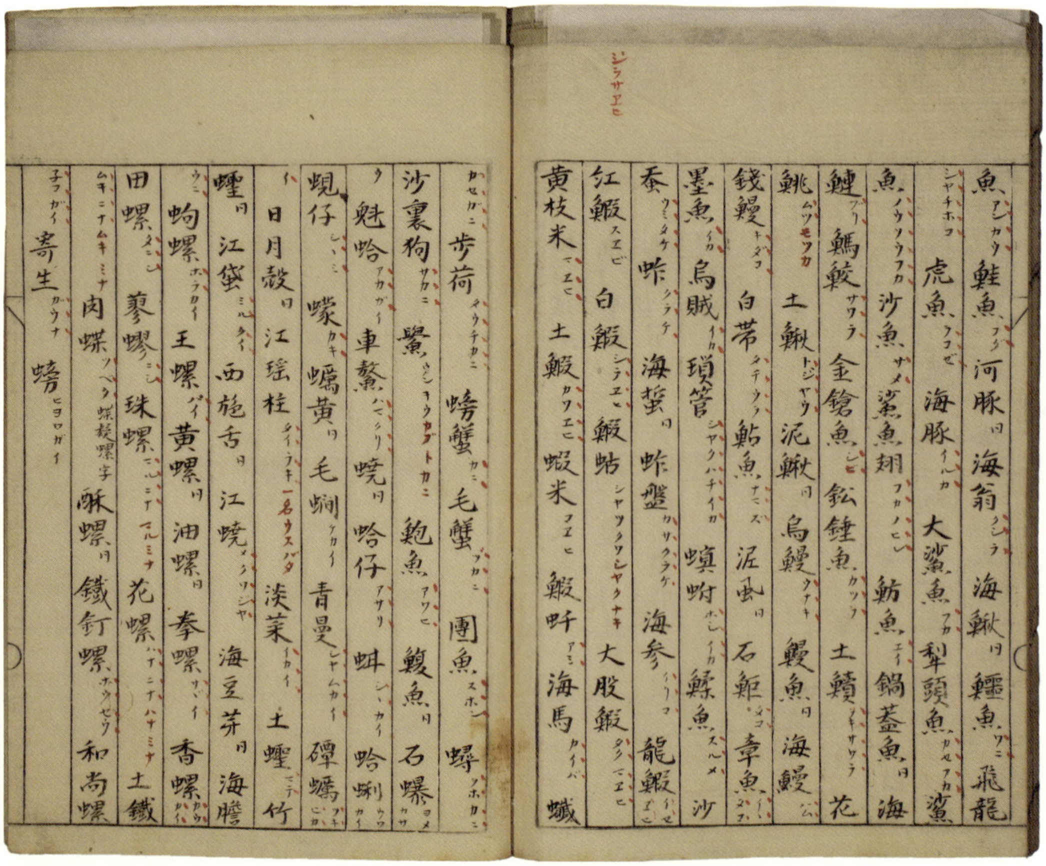
ジラサエビ
魚　鮭魚　河豚　海翁　海鰍　鱷魚　飛龍
虎魚　海豚　大鯊魚　犁頭魚　鯊
魚　沙魚　鯊魚翅　魴魚　鍋蓋魚　海
鰤　鰢鮫　金鎗魚　鉛錘魚　土鯖　花
鮴　土鰍　泥鰍　烏鰻　鰻魚　海鰻
銭鰻　白帯　鮎魚　泥蚶　石鮔　章魚
墨魚　烏賊　瑣管　螟蛸　鯪魚　沙
柔　蚱　海蜇　蚱盤　海参　龍鰕
紅鰕　白鰕　鰕蛄　大股鰕
黄枝米　土鰕　蝦米　鰕蚶　海馬　蟣
歩荷　蟛蟹　毛蟹　團魚　蟳
沙裏狗　鱟　鮑魚　鰒魚　石蟝
魁蛤　車鰲　蟯　蛤仔　蚶　蛤蜊
蜆仔　蠔　蠣黄　毛蚶　青曼　磾蠣
日月殻　江瑤柱　淡菜　土蟶　竹
蟶　江蜐　西施舌　江蛯　海豆芽　海膽
蚼螺　王螺　黄螺　油螺　拳螺　香螺
田螺　蓼螺　珠螺　花螺　土鐵
肉蝶　蝶疑螺字　酥螺　鐵釘螺　和尚螺
寄生　螃

五十六オ

五十五ウ

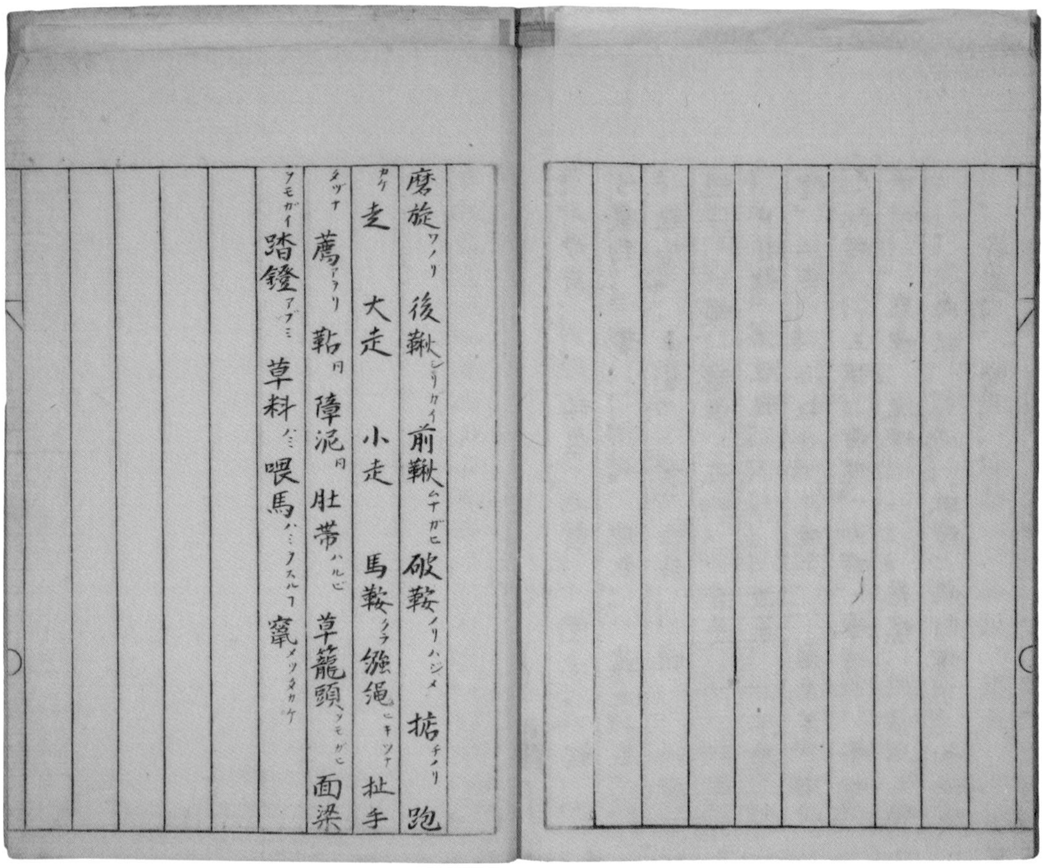

磨旋(ワノリ) 後鞦(シリガイ) 前鞦(ムナガヒ) 破鞍(ノリハジメ) 掂(チノリ) 跑
(カケ)走 大走 小走 馬鞍(クラ) 繳縄(ヒキツナ) 扯手
(タヅナ)韉(アフリ) 韂(同) 障泥(同) 肚帯(ハルビ) 草籠頭(ツモガヒ) 面梁
(ツモガイ)踏鐙(アブミ) 草料(ハミ) 喂馬(ハミノスルコ) 竄(メツタカケ)

五十七オ

五十六ウ

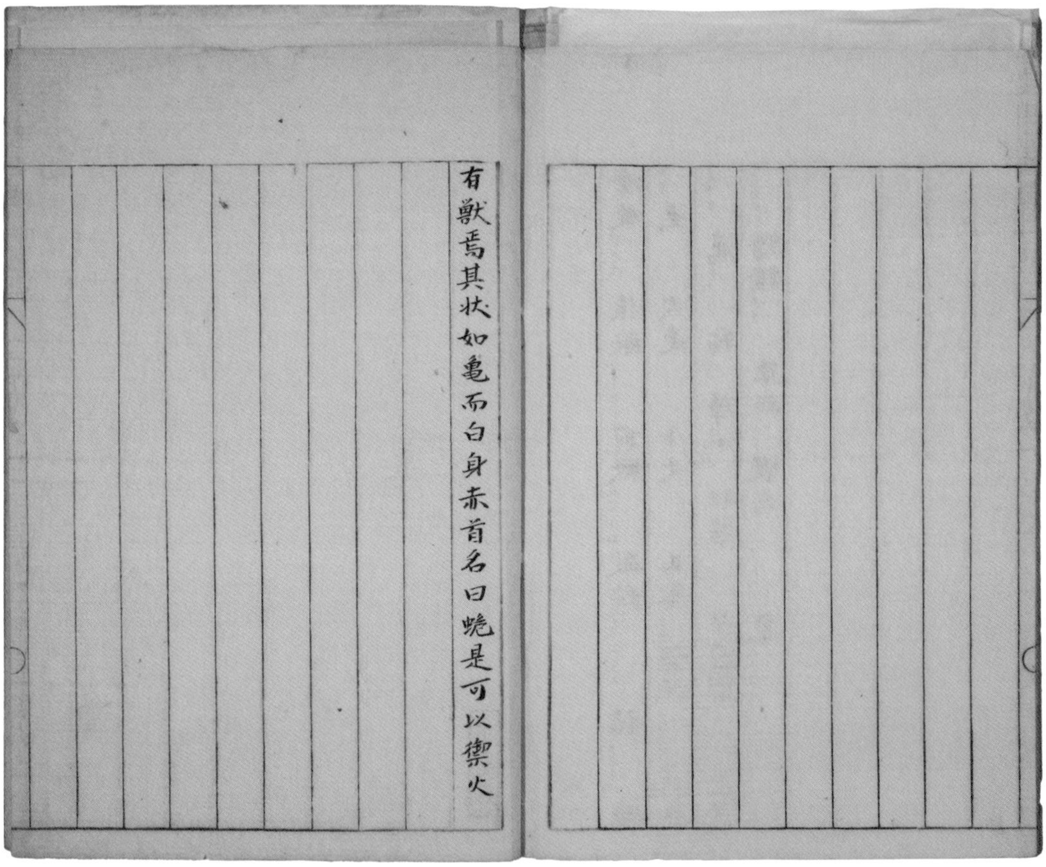

有獸焉其狀如亀而白身赤首名曰蛫是可以禦火

五十八オ

五十七ウ

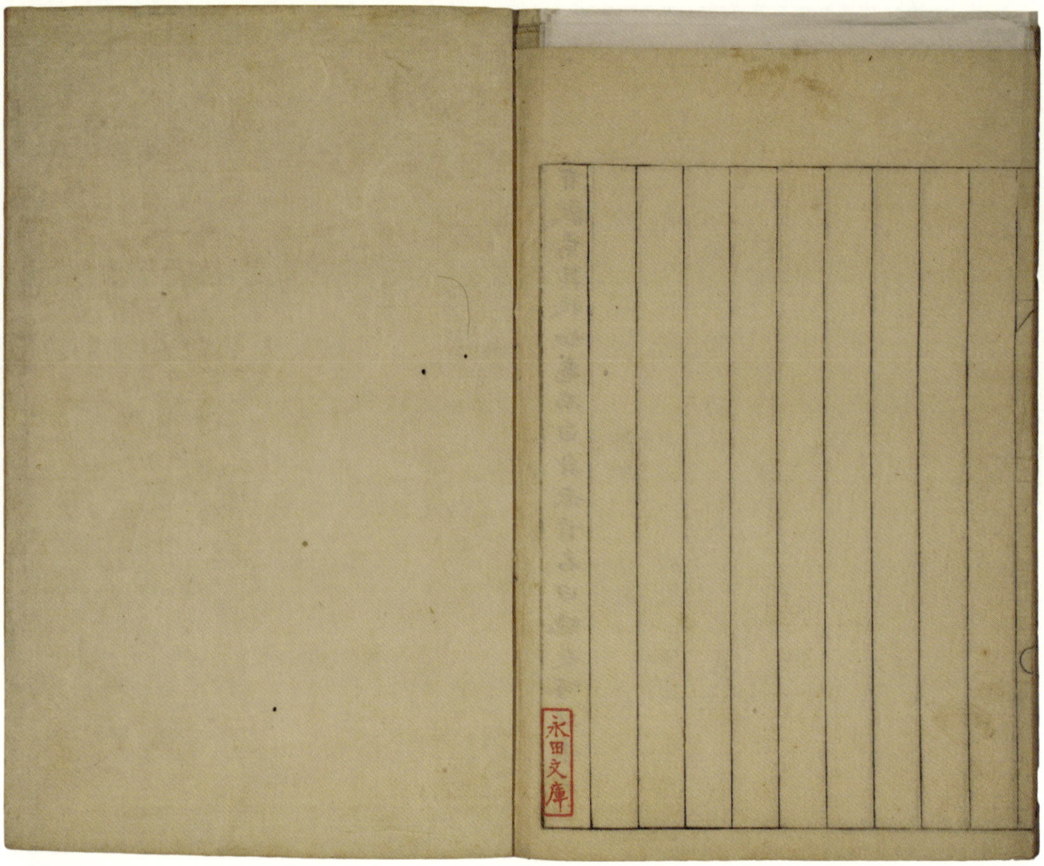

（裏表紙裏）　　五十八ウ

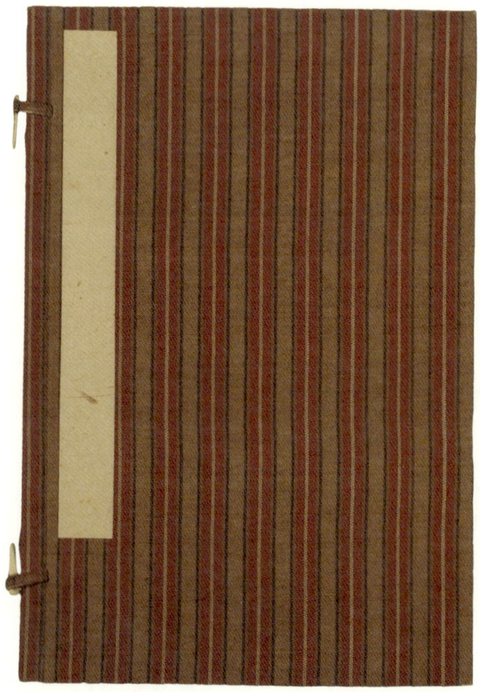

帙（表）

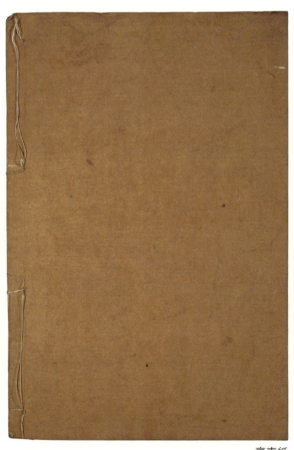

裏表紙

13

「本草」

【書誌情報】

①外題：本草　稲若水先生　内題：無　②装丁：袋綴　③表紙：色／茶、文様／無、寸法／23・8×16・3　④丁数：三十五丁　⑤序跋：無　⑥刊記：無　奥書：無　⑦書入：有　⑧蔵書印：無　⑨伝来：辰馬悦蔵→辰馬考古資料館　⑩備考：小口に墨書「稲若水雑事」

【解題】

木村蒹葭堂自筆本。題簽はなく、表紙には「本草」、「稲若水先生」と墨書がある。蔵書印は表紙、本文ともに見られない。

表紙にある稲若水とは、本草学者稲生若水（一六五五～一七一五）のことで、自ら中国風の一字姓である稲と称していた。若水は加賀藩に儒者として仕え、博物書『庶物類纂』の編纂に携わったことで知られる。木村蒹葭堂の本草学の師である津島桂庵は、若水の弟子である。

本書の主な内容は、宝永三年に琉球に尋ねた草木録、稲生若水が所蔵していた竹化石についての記述、稲生若水からの書簡への松岡恕庵（玄達、一六六八～一七四六）の返答、古林温故問答、などのほか、複数の項目からなっており、稲生若水によるまとまった著作ではないことが知られる。

さらに内容を見ていると、例えば十五オ～同ウにある黄鶴に関する記述には、「黄鶴ノコト山城淀ノ城ヨリ西二里許ノ所に下集リタルヲ十二三年以前其所ヲ通リ遠望スト　（中略）　若水ハ一羽ハカリ見ラレタルヨシ正月廿五日丹羽七郎左衛門宛書状ニアリ」というような記述も見られる。従って本書は、若水と同時代、または後の時代に彼の研究に関する断片等を編集、考察したものを集めたノートブック的な性格であることが伺える。従って、本書に収められているものが断片的な内容であるがゆえに、稲生若水の研究過程が窺える貴重な資料と位置付けることができよう。

では、本書の編集者は誰であろうか。残念ながら表紙、本文ともに編集者を明確に示す記述は見られないが、考えられるのは、若水の弟子であった松岡恕庵か、または恕庵の弟子であった小野蘭山（一七二九～一八一〇）である。

小野蘭山の編集と考えた場合、師の恕庵から教えられた内容をまとめた上で、蒹葭堂に伝えられたというルートが想像できる。

一方、松岡恕庵の編集とすれば、二つのルートが考えられる。一つめは、松岡恕庵から小野蘭山を経て、蒹葭堂へ伝えられたルートであり、二つめは松岡恕庵の家系から直接蒹葭堂へ伝えられたルートである。前者は同じ学統の流れとして自然とも受け取れる。しかし、後者の可能性も否定できない。というのも、近年、蒹葭堂が恕庵の遺稿、旧蔵書類を複数所蔵していたことが指摘されており、それらはいずれも恕庵の自筆写本あるいは刊本とは別系統の写本であるという（太田由佳『松岡恕庵本草学の研究』、思文閣出版、二〇一二年）。また、恕庵の嗣子定庵（生没年不詳）が木村蒹葭堂と交流を持っていたらしいことも指摘されている（同上）。そうであるならば、定庵の許可を得た蒹葭堂が写本を製作した可能性も考えられる。

（嘉数次人）

「本草」影印

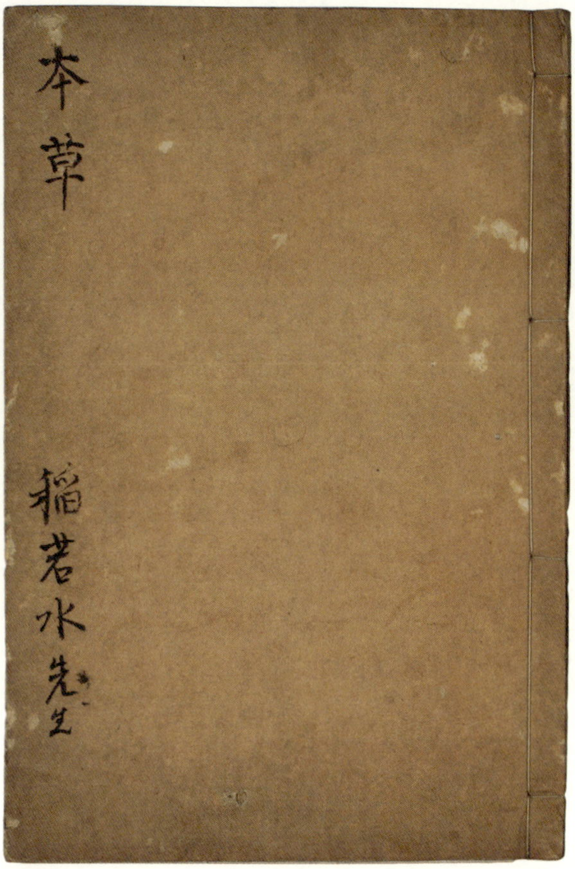
本草
稲若水先生

表紙

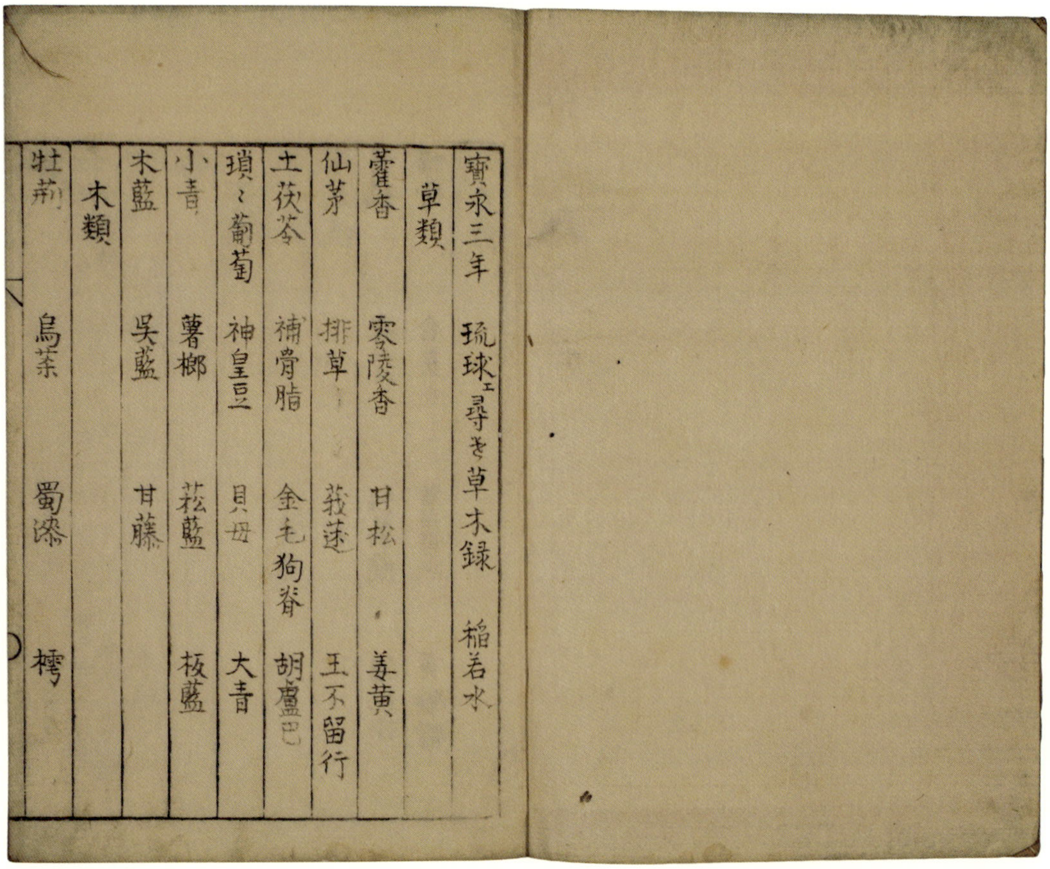
寶永三年　琉球ヱ尋き草木録　稲若水

草類

藿香　零陵香　甘松　姜黄
仙茅　排草　莪蒁　王不留行
土茯苓　補骨脂　金毛狗脊　胡盧巴
瑣々葡萄　神皇豆　貝母　大青
小青　薯榔　菘藍　板藍
木藍　呉藍　甘藤

木類

牡荊　烏茶　蜀漆　樗

一オ　（表紙裏）

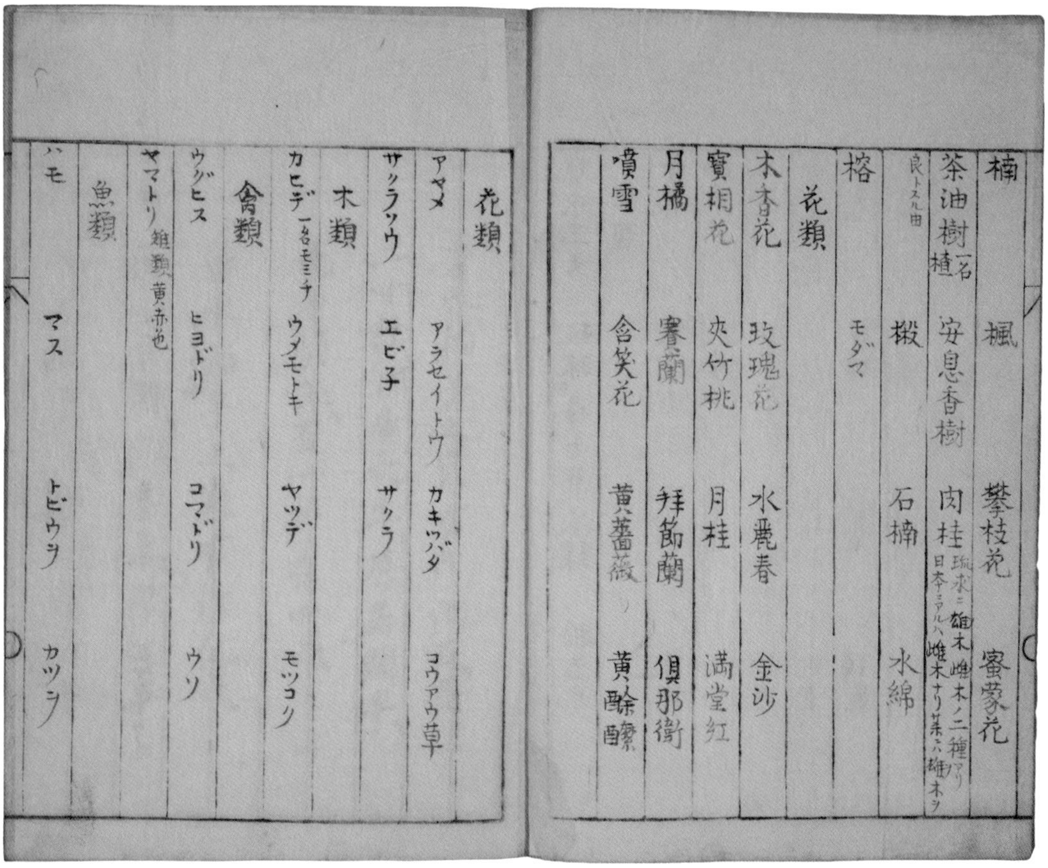
楠　楓　攀枝花　蜜蒙花
茶油樹一名植　安息香樹　肉桂琉球ニ雄木雌木ノ二種アリ日本ニアルハ雌木ナリ葉ハ雄木ヲ
良トスル田　撥　石楠　水綿
榕　モダマ
花類
木香花　玫瑰花　水麗春　金沙
寶相花　夾竹桃　月桂　満堂紅
月橘　賽蘭　拜節蘭　倶那衛
噴雪　含笑花　黄薔薇　黄酴醿

花類
アヤメ　アラセイトウ　カキツバタ　コウアウ草
サツラツウ　エビ子　サクラ
木類
カヒデ一名モミチ　ウメモトキ　ヤツデ　モツコク
禽類
ウグヒス　ヒヨドリ　コマドリ　ウソ
ヤマトリ雉類黄赤色
魚類
ハモ　マス　トビウヲ　カツヲ

二オ　　一ウ

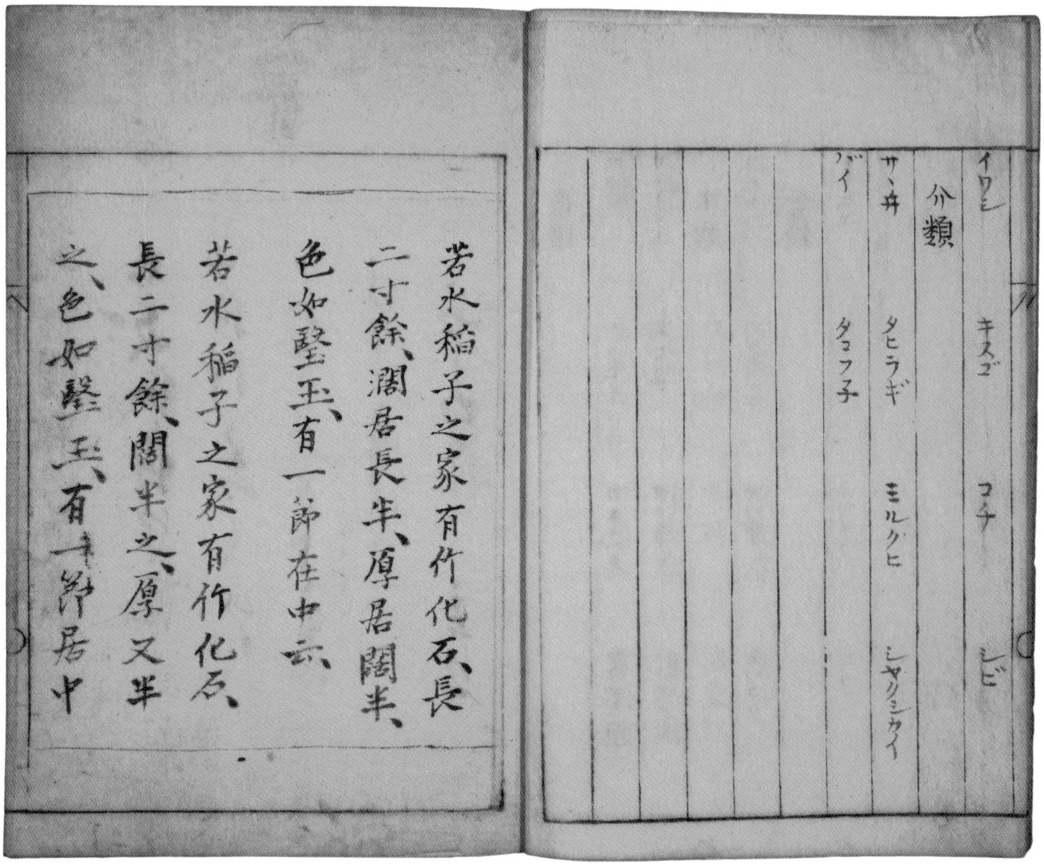
イワシ　キスゴ　コチ　シビ
介類
サヽヰ　タヒラギ　ミルクヒ　シヤクシカイ
バイ　タコフ子

若水稲子之家有竹化石、長二寸餘、濶居長半、厚居闊半、色如瑩玉、有一節在中云、
若水稲子之家有竹化石、長二寸餘、闊半之、厚又半之、色如瑩玉、有一節居中

三オ　　二ウ

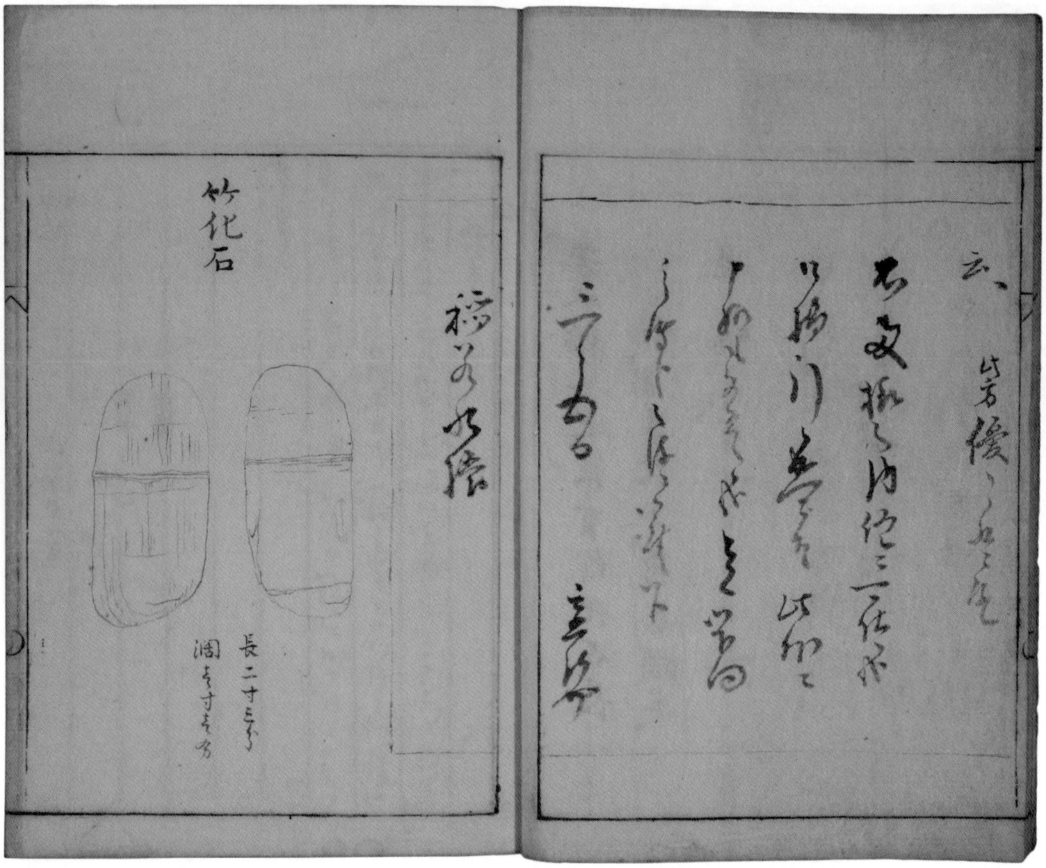

四オ　三ウ

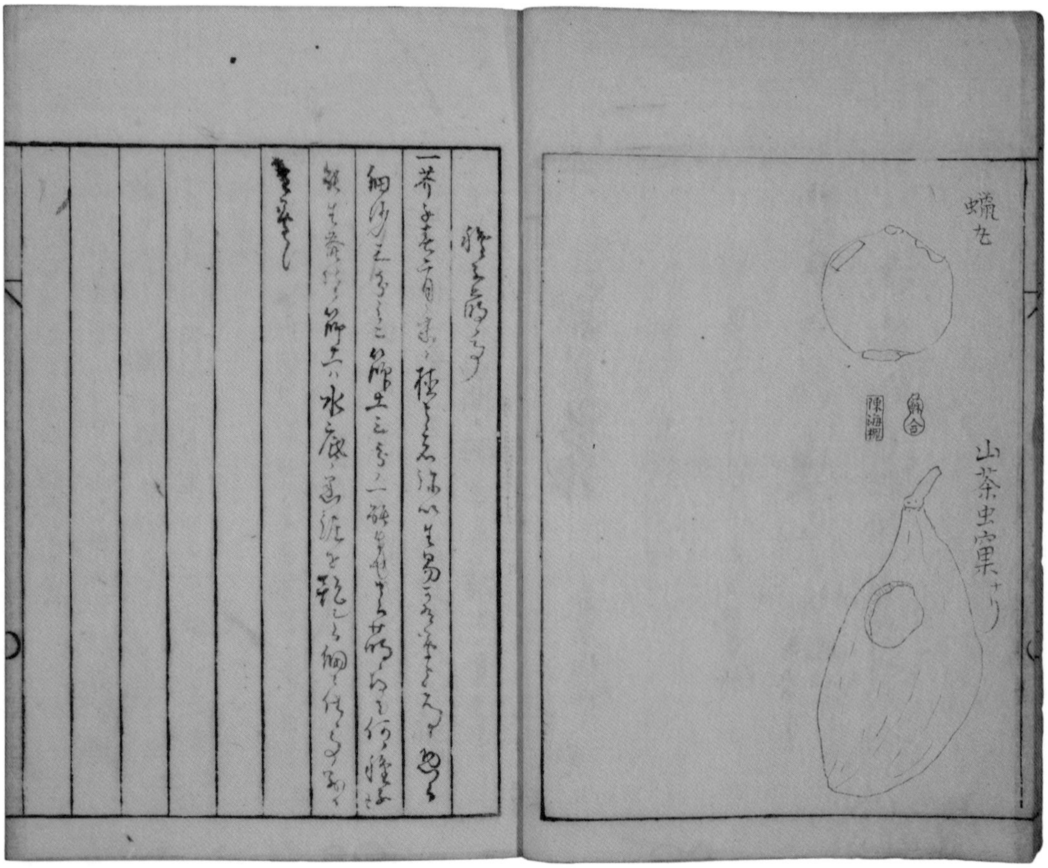

五オ　四ウ

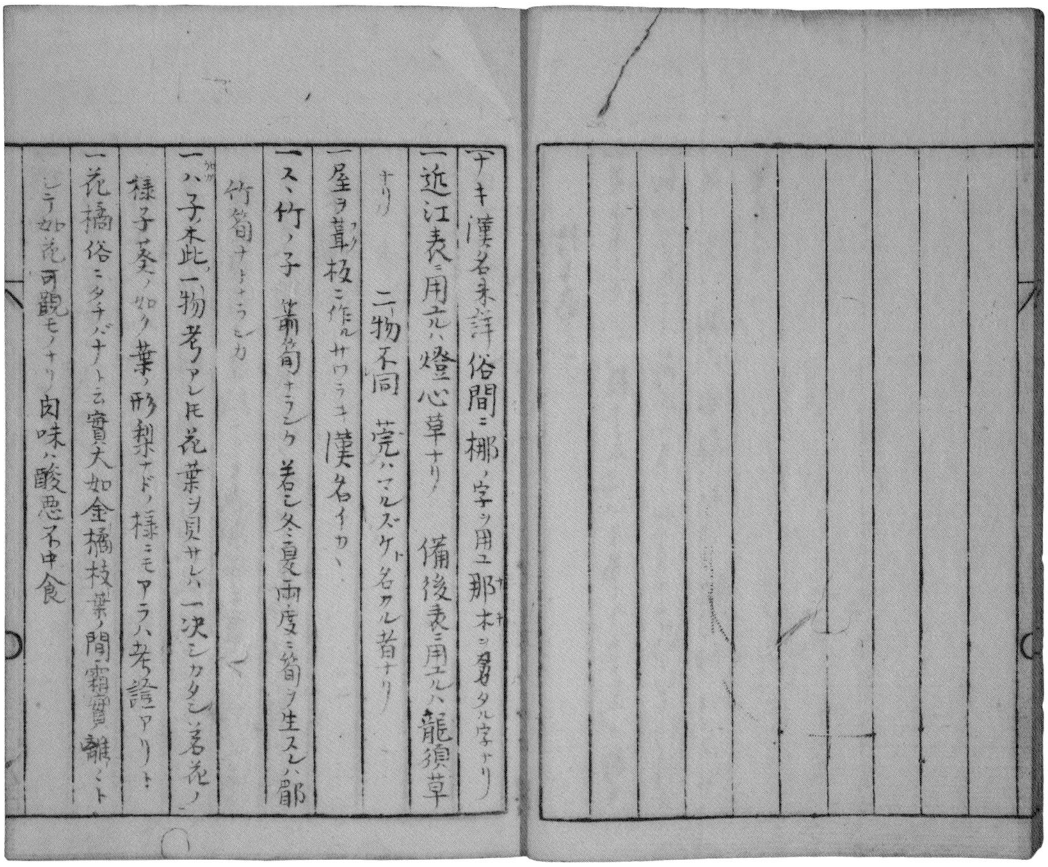

ナキ漢名未詳 俗間ニ梛ノ字ヲ用ユ 那木ヲ合タル字ナリ
一近江表ニ用ユルハ燈心草ナリ 備後表ニ用ユルハ龍須草
ナリ 二物不同 莞ハマルスゲト名クル者ナリ
一屋ヲ葺枝ニ作ルサワラナリ 漢名イカヽ
一スヽ竹ノ子 箣筍ナラシク 若ヽ冬ヽ夏雨度ニ筍ヲ生スレハ節
竹筍ナトナラシカ
一ハ子木加州 此ハ一物ナレトモ花葉ヲ見サレハ一決シカタシ 若花ノ
様子葵ノ如ク 葉ノ形梨ナトノ様ニモアラハ考證アリト
一花橘 俗ニタチバナト云 實大如金橘 枝葉ノ間霜實離ヽト
シテ如花可観モノナリ 肉味ハ酸悪不中食

六オ

五ウ

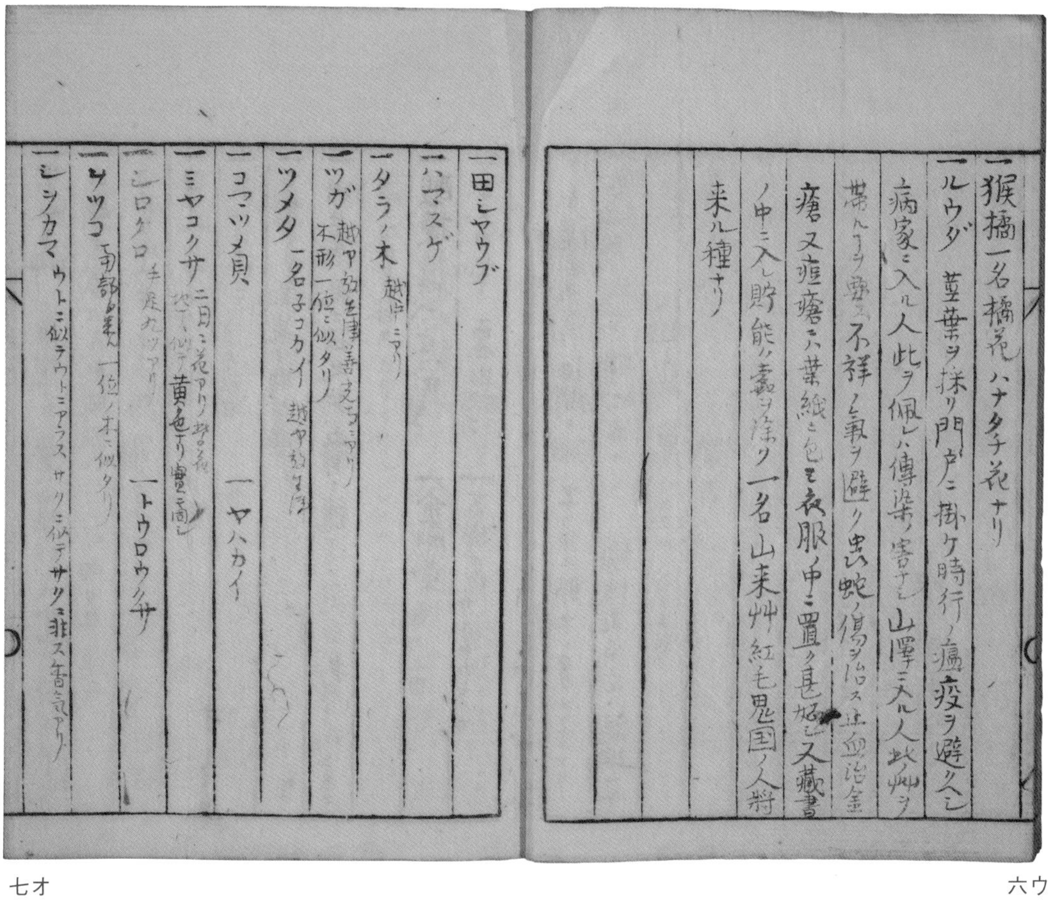

一猴橘 一名橘花 ハナタチ花ナリ
一ルウダ 茎葉ヲ採リ門戸ニ掛ケ時行ノ瘟疫ヲ避ク 又ヽ
病家ニ入ル人此ヲ佩レハ傳染ノ害ナシ 山澤ニ入ル人此草ヲ
帯ルトキハ毒ヲ不祥ノ氣ヲ避ク 虫蛇ノ傷ヲ治ス 止血 治金
瘡 又疽瘡ニハ葉紙ニ包ミ衣服中ニ置ク甚妙ナリ 又藏書
ノ中ニ入レ貯フ能ク蠹ヲ除ク 一名山来草 紅毛国ノ人将
来ル種ナリ

一田ヽヤウブ
一ハマスゲ
一タラノ木 越中ニアリ
一ツガ 越中弥彦善光寺ニアリ 木形一位ニ似タリ
一ツメタ 一名子コカイ 越中弥彦ニアリ
一コヽツメ貝 一ヤハカイ
一ミヤコクサ 二月ニ花アリ 花ノ色似テ黄色アリ 豊ニ同シ
一シロクロ 手足丸ツアリ 一トウロウクサ
一ツツコ 南部ニアリ 一位ノ木ニ似タリ
一シヽシカマ ウトニ似テウトニアラス サクニ似テサクニ非ス 香氣アリ

七オ

六ウ

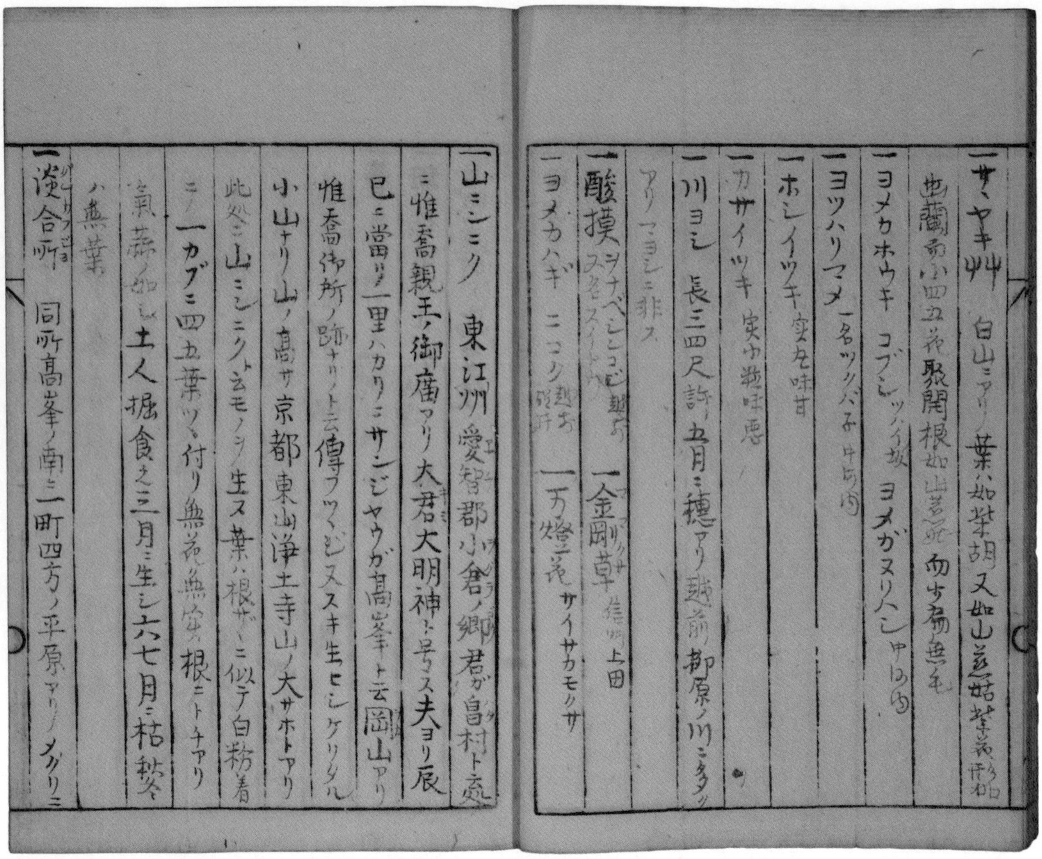

一サヽヤキ艸 白山ニアリ 葉ハ如柴胡又如山慈姑 [illegible]
[illegible]小四五花聚開根如山慈姑 [illegible]
一ヨメカホウキ コブシ [illegible] ヨメガヌリ [illegible]
一ヨツハリマメ 一名ツクバ子 [illegible]
一ホシイツキ 実ハ味甘
一カサイツキ 実ハ [illegible] 味悪
一川ヨシ 長三四尺許 五月ニ穂アリ 越前 [illegible] 原ノ川ニ多シ
アリマヨシニ非ス
一酸摸 スイバ [illegible]
一金剛草 [illegible] 上田
一ヨメカハギ ニコク [illegible]
一万燈花 サイサカモクサ

一山ミシミク 東江州愛智郡小倉ノ郷君ガ畑村ト云
ニ惟喬親王ノ御廟アリ大君大明神ト号ス夫ヨリ辰
巳ニ當リ一里ハカリニサンジヤウガ高峯ト云岡山アリ
惟喬御所ノ跡ナリト云傳フツヽジススキ生ヒシゲリタル
小山ナリ山ノ高サ京都東山浄土寺山ノ大サホトアリ
此処ニ山ミシミクト云モノ多ク生ス葉ハ根ザシニ似テ白粉着
ニノ一カブニ四五葉ツヽ付リ無花無実根ニトチアリ
氣蒜ノ如シ土人掘食之三月ニ生シ六七月ニ枯ル秋冬
ハ無葉
一淡合所 同所高峯ノ南ニ一町四方ノ平原アリノメグリニ

八オ

七ウ

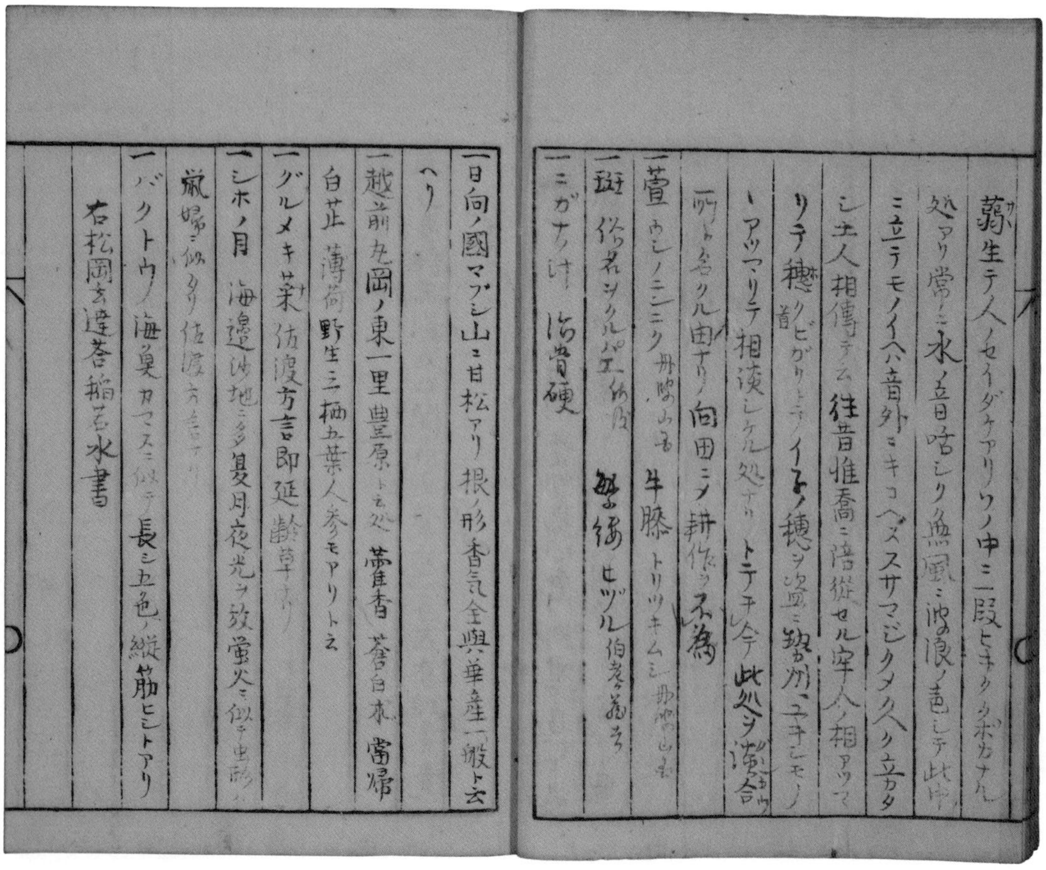

蒻生テ人ノセイダケアリウノ中ニ一段ヒクキクボカナル
処アリ常ニ水ノ音喑シク無風ニ波浪ノ色シテ此中
ニ立テモノイヘハ音外ニキコヘズスサマジクメグ入ク立カタ
シ土人相傳テ云往昔惟喬ニ陪従セル宰人ノ相アツマ
リテ穂首クビガリトテノイネノ穂ヲ盗ミ鋸ニテ刈モノ
ヽアツマリテ相談シケル処ナリトテチ今此処ヲ談合
所ト名クル由ナリノ向田ニメ耕作ヲ不為
一萱 [illegible] 牛膝 トリツキムシ [illegible]
一斑 [illegible] 蟹 [illegible] ヒツル [illegible]
一ニガナ汁 [illegible] 硬

一日向ノ國マブシ山ニ甘松アリ根ノ形香気全與華産一般ト云
ヘリ
一越前丸岡ノ東一里豊原ト云処 藿香 蒼白朮 當帰
白芷 薄荷野生ニ栖五葉人参モアリト云
一グルメキ菜 佐渡方言即延齢草ナリ
一シホノ月 海邊沙地ニ多ク夏月夜光ヲ放螢火ニ似テ虫形
嵐蝸ニ似タリ佐渡方言ナリ
一バクトウノ海草カマスニ似テ長シ五色ノ縦筋ヒヒトアリ
右松岡玄達答稲若水書

九オ

八ウ

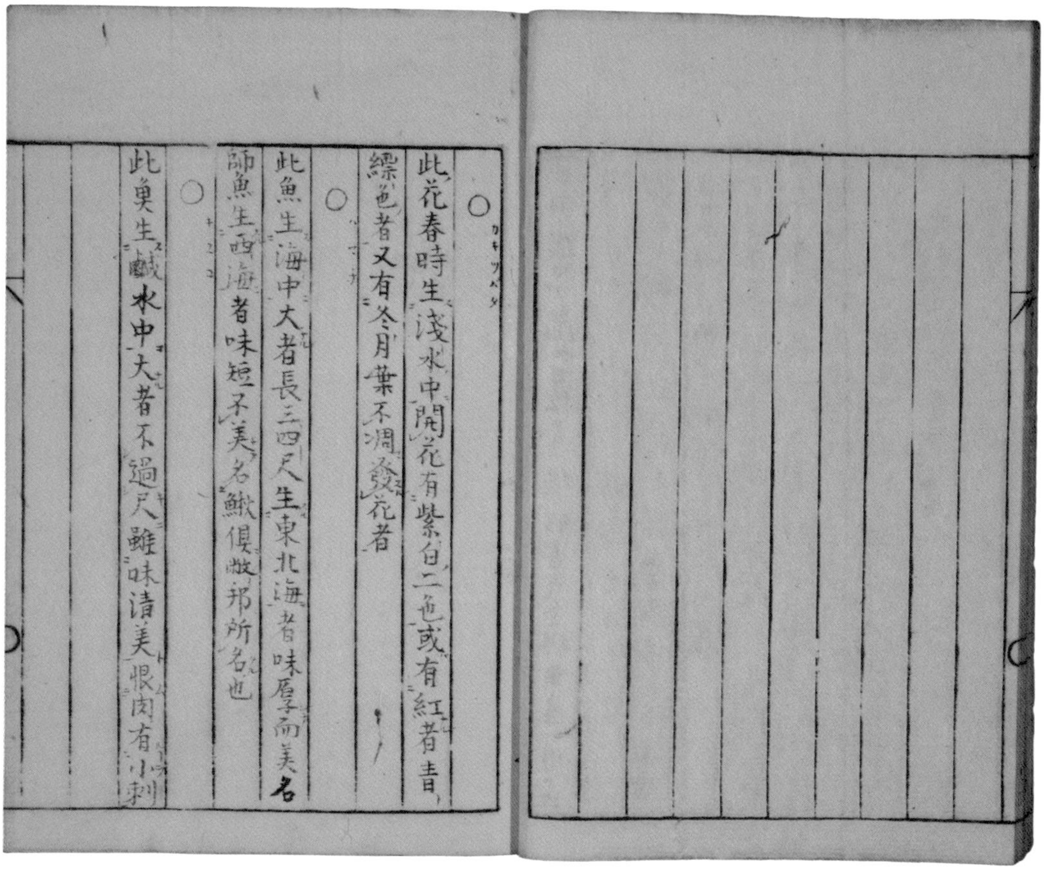
○カキツバタ
此花春時生淺水中開花有紫白二色或有紅者青
綵色者又有冬月葉不凋發花者
○
此魚生海中大者長三四尺生東北海者味厚而美名
鰤魚生西海者味短不美名鰍俍敝邦所名也
○
此魚生鹹水中大者不過尺雖味清美根肉有小刺

十オ　　九ウ

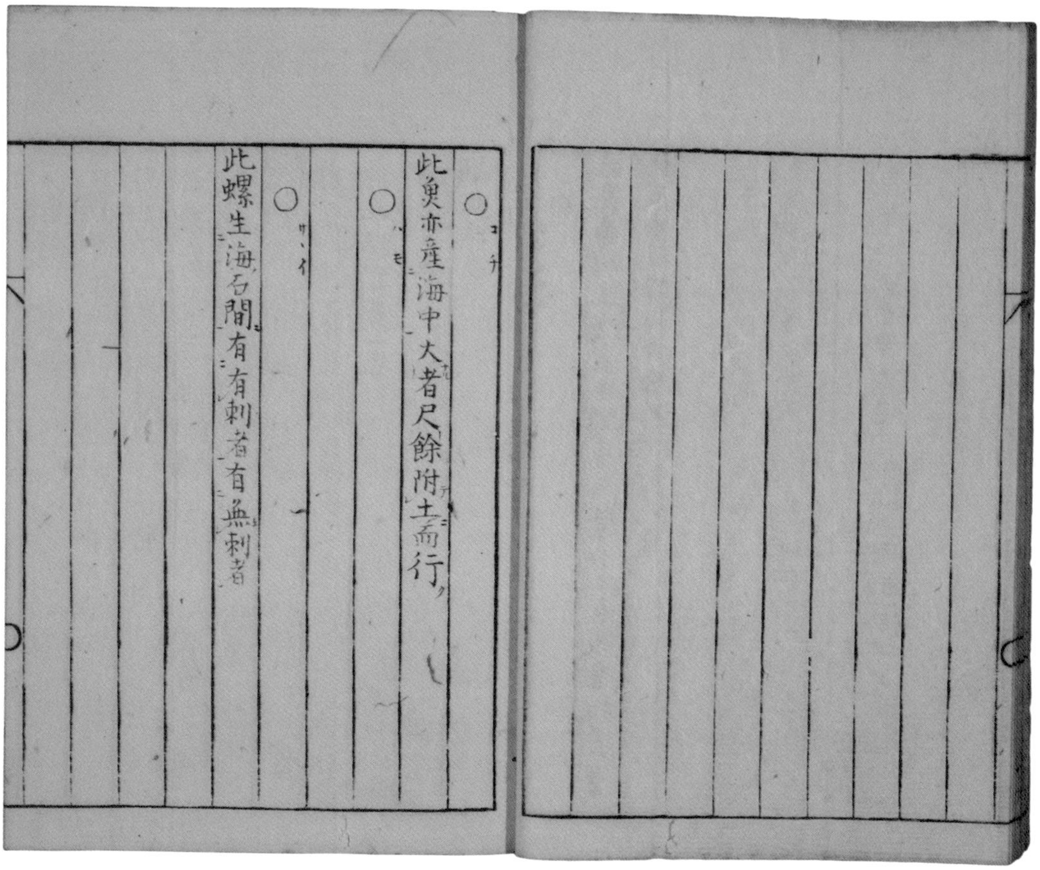
○コチ
此魚亦產海中大者尺餘附土而行
○ハモ
○サヽイ
此螺生海石間有有刺者有無刺者

十一オ　　十ウ

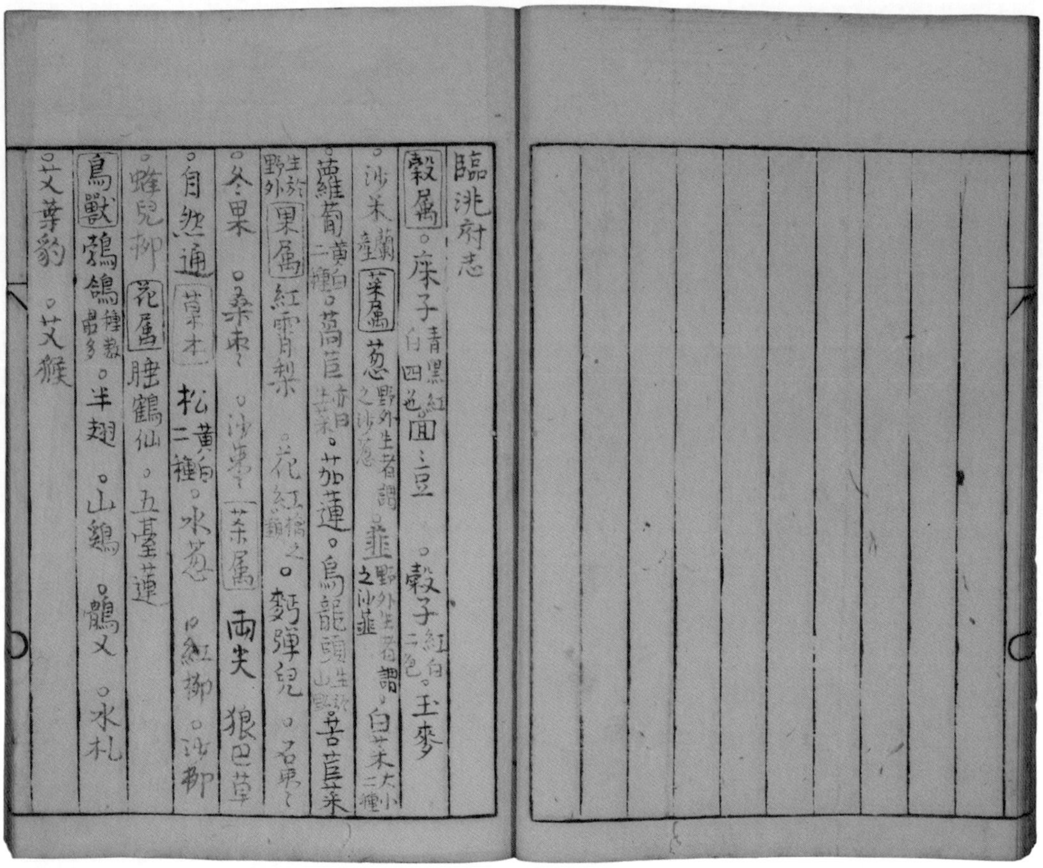

臨洮府志
穀属 ○糜子青黒紅白四色 ○回回豆 ○穀子紅白二色 ○玉麥
○沙米産蘭 菜属 葱野外生者謂之沙葱 韮野外生者謂之沙韮 ○白菜大小二種
蘿蔔黄白二種 ○萵苣赤白生菜 ○茄蓮 ○烏龍頭生於山谷 ○苦苣菜
生於野外 果属 紅霄梨 ○花紅檎之類 ○麪弾兒 ○石兎兎
○冬果 ○桑棗 ○沙棗 菜属 両夫 狼巴草
○自然通 草木 松黄白二種 ○水葱 ○紅柳 ○沙柳
○蜂兒柳 花属 腫鶴仙 ○五臺蓮
鳥獣 鵓鴿鵯鶉多 ○半翅 ○山鶏 ○鶻叉 ○水札
○艾葉豹 ○艾猴

十二オ

十一ウ

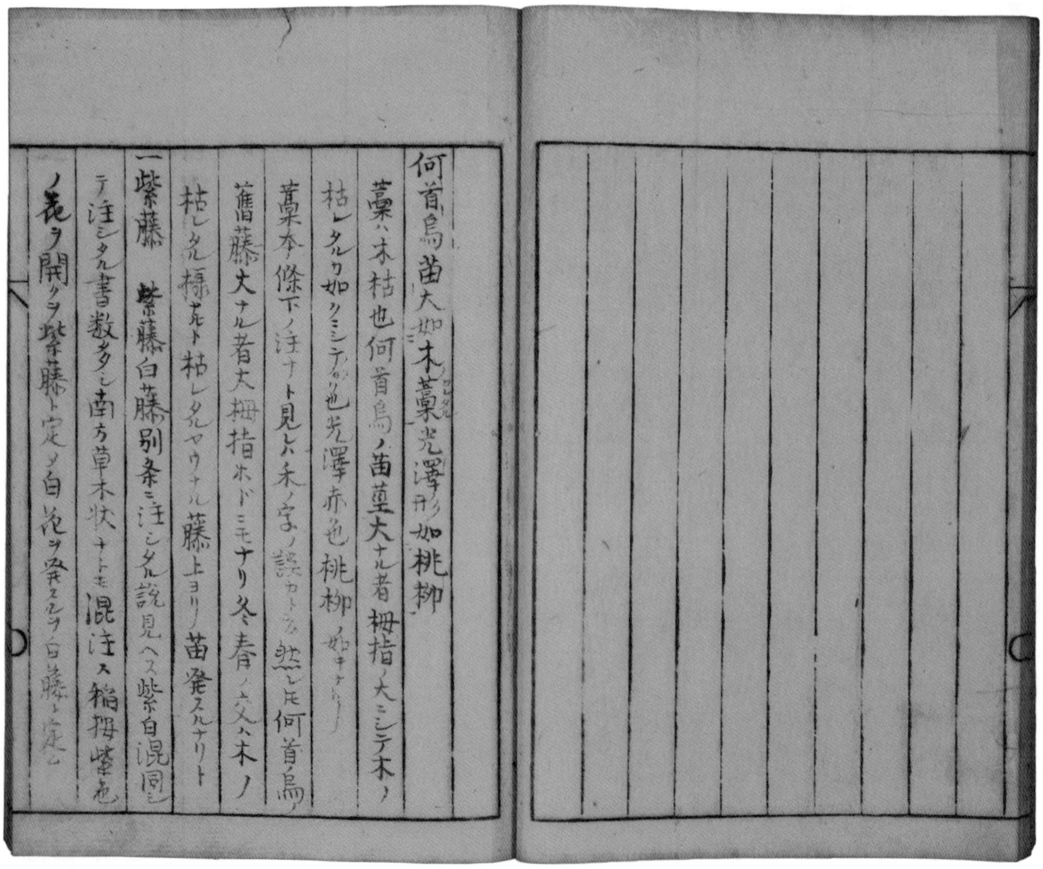

何首烏 苗大如木藁光澤形如桃柳
藁ハ木枯也何首烏ノ苗莖大ナル者栂指ノ大ニシテ木ノ
枯レタルカ如クニシテ色光澤赤色桃柳ノ如キナリ
藁本ノ條下ノ注ナト見レハ禾ノ字ノ誤カトス然レトモ何首烏
舊藤大ナル者大栂指ホトニモナリ冬春ノ交ハ木ノ
枯レタル様ナルト枯レタルヤウナル藤上ヨリノ苗発スルナリト
一紫藤 紫藤白藤別条ニ注シタル説見ヘス紫白混同
シテ注シタル書数多シ南方草木状ナトモ混注ス稍栂紫花
ノ花ヲ開クヲ紫藤ト定メ白花ヲ発スルヲ白藤ト定ム

十三オ

十二ウ

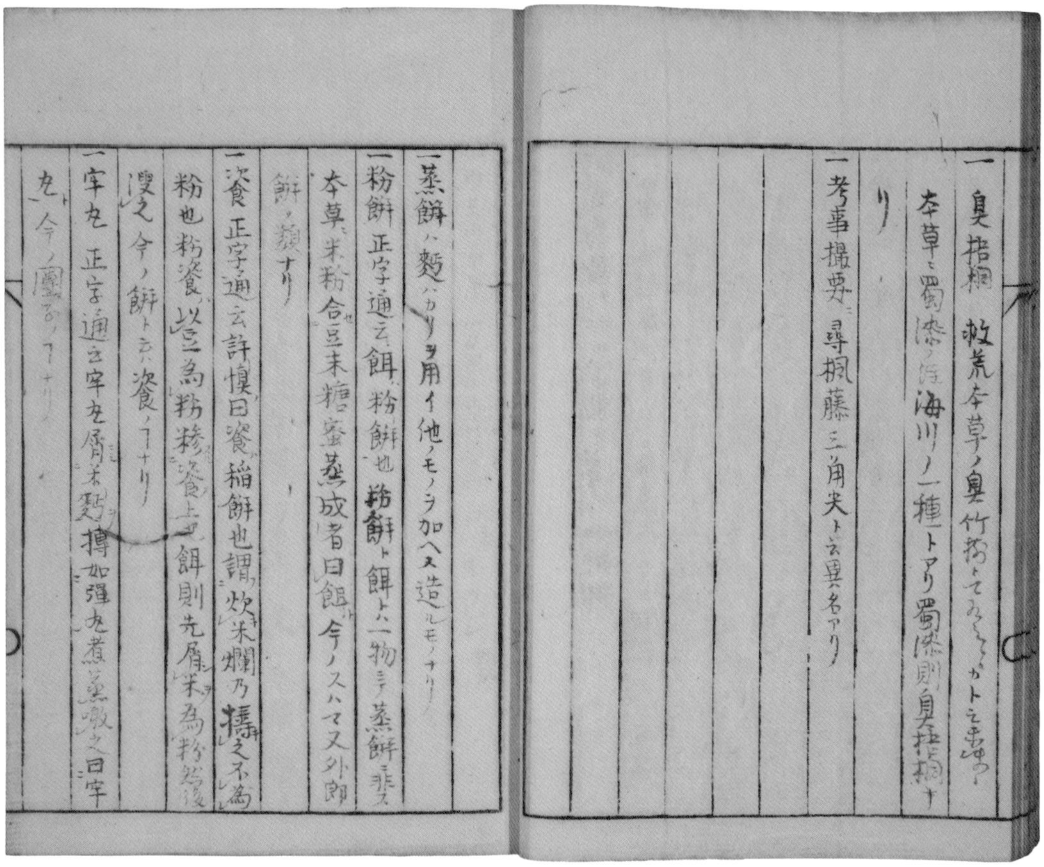

一臭梧桐 救荒本草ノ臭竹樹トてみゆるかトゆふ
本草ニ蜀漆ノ注海州ノ一種トアリ蜀漆則臭梧桐ナ
リ
一考事撮要ニ尋楓藤 三角矢ト云異名アリ

一蒸餅ハ麪バカリヲ用イ他ノモノヲ加ヘズ造ルモノナリ
一粉餅 正字通ニ云餌ハ粉餅也 粉餅ト餌トハ一物ニテ蒸餅ニ非ズ
本草ニ米粉合豆末糖蜜蒸成者曰餌 今ノスハマ又外郎
餅ノ類ナリ
一餈 正字通云許愼曰餈稲餅也謂炊米爛乃擣之不爲
粉也粉餈以豆爲粉糝餈上也餌則先屑米爲粉然後
溲之 今ノ餅ト云ハ餈ノコトナリ
一牢丸 正字通云牢丸屑米麪搏如彈丸煮而啖之曰牢
丸 今ノ團子ノコトナリ

十四オ

十三ウ

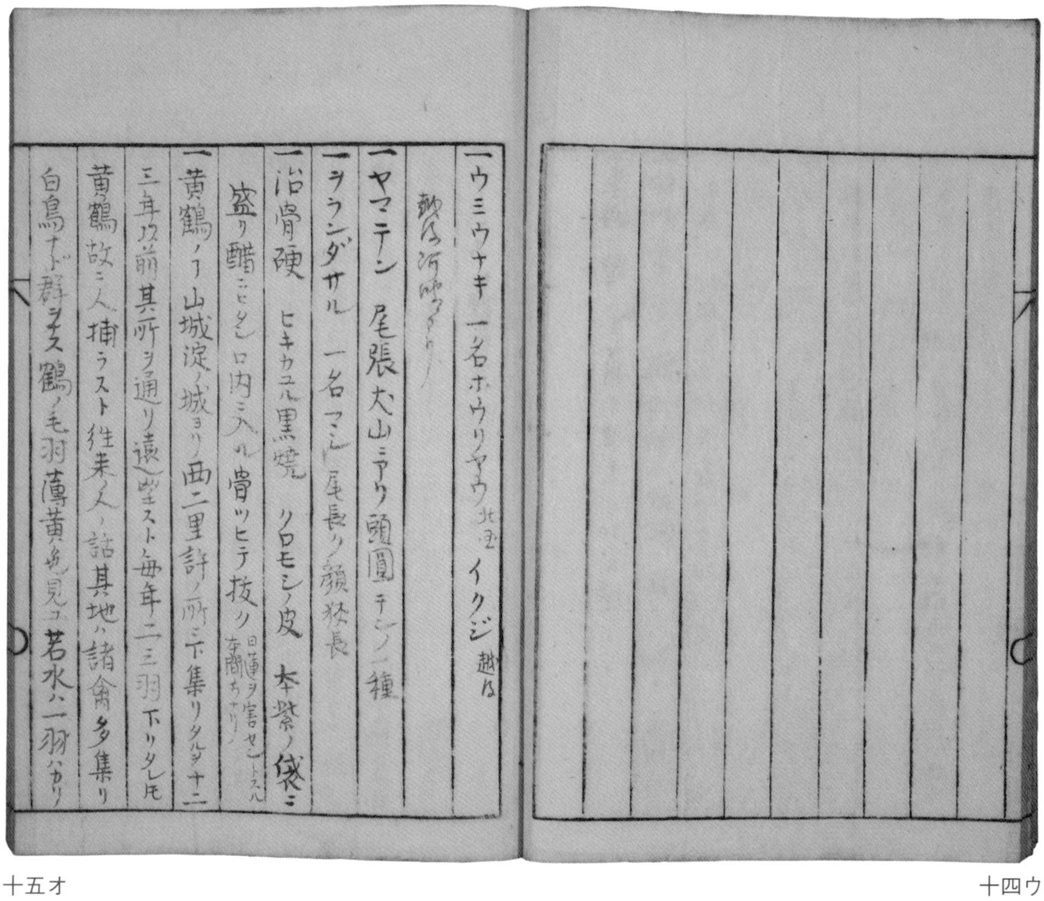

一ウミウナギ 一名ホウリヤウ 北国 イクジ 越后
勢州河豚ナリ
一ヤマテン 尾張大山ニアリ頭圓テンノ一種
一ヲランダサル 一名マシ 尾長ク顔狭長
一治骨硬 ヒキガエル黒焼 クロモジノ皮 本草紫ノ條ニ
盛リ醋ニヒタシ口内ニ入ル骨ツヒテ抜ク 日蓮ヲ害セントスル本間ガ方ナリ
一黄鶴ノコト 山城淀ノ城ヨリ西二里許ノ所ニ下集リタルヲ十二
三年以前其所ヲ通リ遠望スト毎年二三羽下リタル由
黄鶴故ニ人捕ラスト往来人ノ話 其地ハ諸禽多集リ
白鳥ナド群ヲナス 鶴ノ毛羽薄黄色ニ見ユ 若水ハ一羽バカリ

十五オ

十四ウ

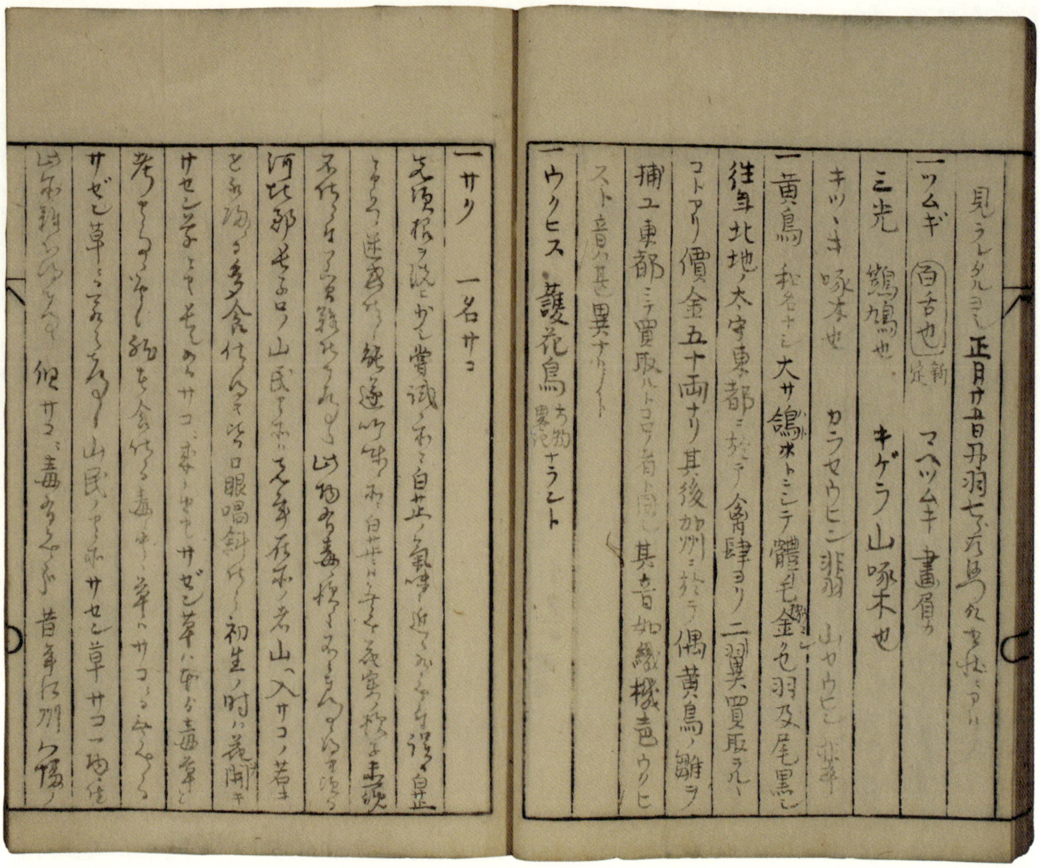

一ツムギ　百舌也　マヘツムギ　畫眉ヲ
三光　鷦鷯也　キゲラ　山啄木也
キツヽキ　啄木也　カラセウビン　翡翠　山セウビン　赤翠
一黄鳥　和名ナシ　大サ鵯ホトニシテ體毛金色羽及尾毛黒シ
往年北地ノ太守東都ニ於テ禽肆ヨリ二翼買取ラル
コトアリ價金五十兩ナリ其後加州ニ於テ偶黄鳥ノ雛ヲ
捕ユ東都ニテ買取ハトコロノ者ト同シ其音如鐵撥琶ウクヒ
ストノ音ニハ甚異ナリトイフ
一ウクヒス　護花鳥　古物異名ナラント

一サソ　一名サコ

十六オ　十五ウ

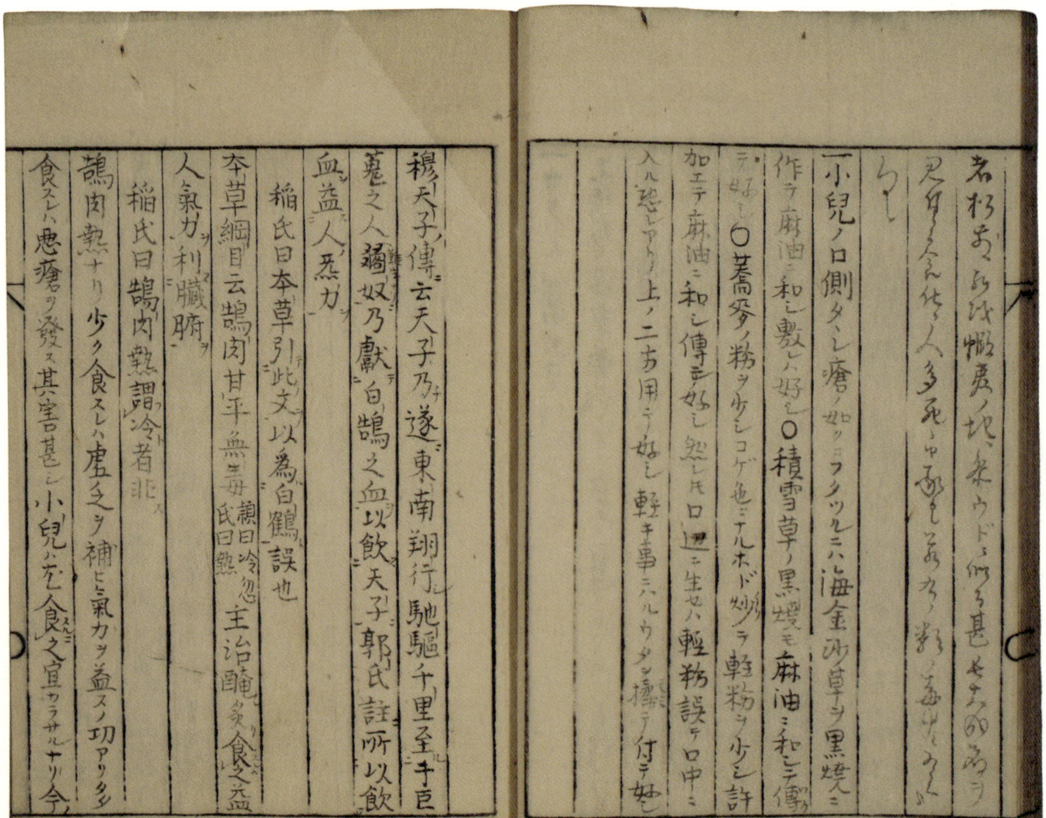

一小兒ノ口側タヽレ瘡ノ如クニフクツルニハ海金沙草ヲ黒焼ニ
作テ麻油ニ和シ敷レハ好シ○積雪草ノ黒焼モ麻油ニ和シテ傅
テ好シ○蕎麥ノ粉ヲ少シコゲ色ニナルホド炒ラ軽粉ヲ少シ許
加エテ麻油ニ和シ傳テ好シ然レトモ口邊ニ生セハ軽粉誤テ口中ニ
入ル恐レアリ上ノ二方用テ好シ軽キ事ニハルウタン擣テ付テ好シ

穆天子傳ニ云天子乃遂東南翔行馳驅千里至于巨
蒐之人𤟤奴乃獻白鵠之血以飲天子郭氏註所以飲
血益人炁力
稲氏曰本草引此文以為白鶴誤也
本草綱目云鵠肉甘平無毒　穎曰冷　忽氏曰熱　主治醃炙食之益
人氣力利臟腑
稲氏曰鵠肉熱謂冷者非ス
鵠肉熱ナリ少ク食スレハ虚乏ヲ補ヒ氣力ヲ益スノ功アリ多
食スレハ悪瘡ヲ發ス其害甚シ小兒ハ尤食スルニ宜カラサルナリ今

十七オ　十六ウ

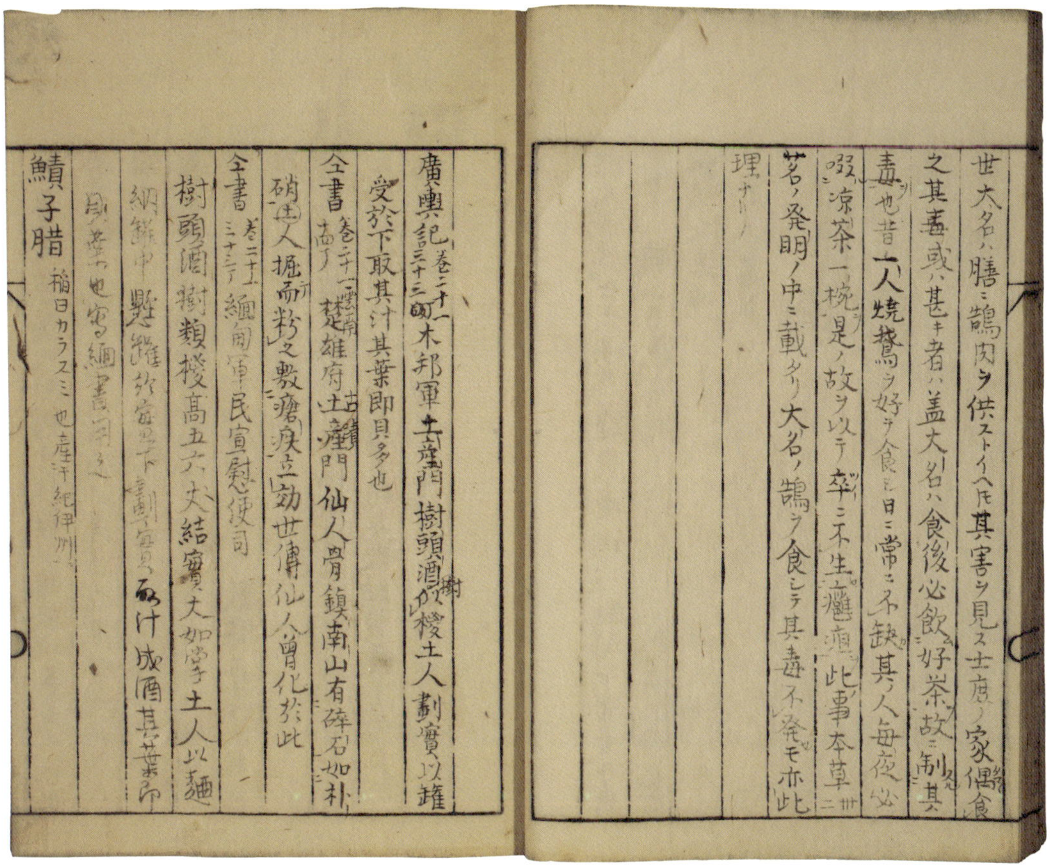
世大名ハ膳ニ鵠肉ヲ供ストイヘトモ其害ヲ見ス士庶ノ家偶食
之其毒或ハ甚キ者ハ蓋大名ハ食後必飲好茶故ニ制其
毒也昔一人焼鵞ヲ好テ食ス日ニ常ニ不缺其人毎夜必
啜涼茶一椀是ノ故ヲ以テ卒ニ不生癰疽此事本草ニ
茗ノ発明ノ中ニ載タリ大名ノ鵠ヲ食シテ其毒不発モ亦此
理ナリ

廣輿記巻二十一三十三丁木邦軍民土産門樹頭酒樹似椶土人劊實以罐
受於下取其汁其葉即貝多也
全書巻二十一雲南楚雄府土産門仙人骨鎮南山有碎石如朴
硝土人掘而粉之敷瘡疾立効世傳仙人曾化於此
全書巻二十五三十三丁緬甸軍民宣慰使司
樹頭酒樹類椶高五六丈結實大如掌土人以麺
納罐中懸罐於實下劃實取汁成酒其葉可
以葉也寫緬書用之
鱝子腊 稲日カラスミ也産于紀伊州

十八オ

十七ウ

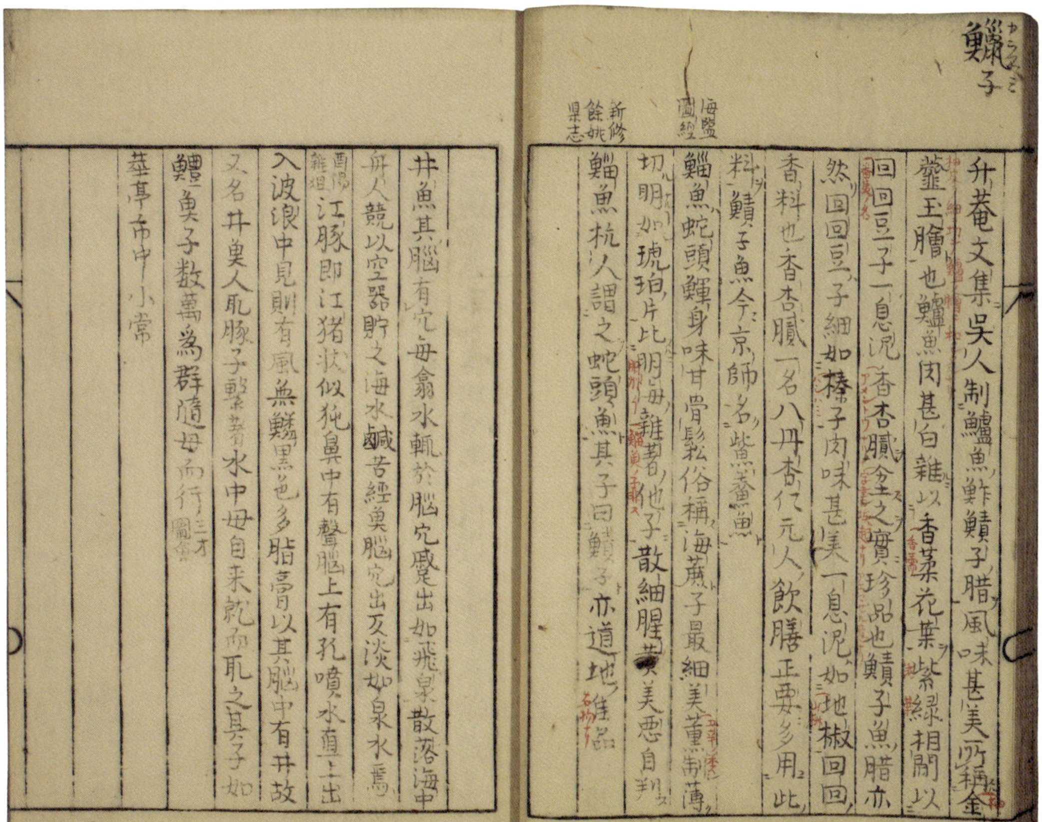
鱲子 カラスミ

海鹽圖經

新修餘姚縣志

升菴文集呉人制鱸魚鮓鱝子腊風味甚美所稱金
虀玉膾也鱲魚肉甚白雜以香菜花葉紫緑相間以
回回豆子一息泥香杏膩金之實珍品也鱝子魚腊亦
然回回豆子細如榛子肉味甚美一息泥如地椒回回
香料也杏膩一名八丹杏仁元人飲膳正要多用此
料鱝子魚今京師名鯗鯗魚
鯔魚蛇頭鱓身味甘骨鬆俗稱海蕪子最細美薫而薄
切明如琥珀片比明海雜著他子散細腥黄美悪自判
鯔魚杭人謂之蛇頭魚其子曰鱝子亦道地雑品

井魚其腦有穴毎翕水輒於腦穴蹙出如飛泉散落海中
舟人競以空器貯之海水鹹苦經魚腦穴出反淡如泉水焉
酉陽雜俎 江豚即江猪狀似純鼻中有聲腦上有孔噴水直上出
入波浪中見則有風無鱗黒色多脂膏以其腦中有井故
又名井魚人取豚子繫著水中母自來就而取之其子如
鱧魚子數萬爲群隨母而行 三才圖會
華亭市中小常

十九オ

十八ウ

謹按脳有竅吸海水噴從竅出如飛泉者海豚及海鰍也第未知其所噴之水味淡否也（海幢小品）

十九ウ

一肉蓯蓉ノ事 馬牧ノ地ニアルヘキカ 本草原始ノ説ハ義明ナリ 二酉委譚ニモ出ツ

一南京蕎麦ト云モノアリ 未詳

一チヤウロギ 根形長キモノト短キモノト両種アリ 長キモノハ二寸余モアリ

一筑前ノ白イモ 本草ノ白芋ナラシカ

一紀州熊野ニアルホウシノ事 可考

一サントコロ ニ及

一カヘデ 未詳 長崎来ル漳州舩ノ唐人 機樹ト云ヨシ 以前水戸様ニアリ 僧ニ成ル 竹窓ト云モノノ説ナリト

二十オ

書籍ノ中ニ明白ノ説ナシ

一クヤ 本草水果部ノ烏芋ナリ

一サクラ 垂絲海棠ナリ イトサクラヲ垂絲海棠ト云ナリ 蓮花海棠ナト云ハ只今ノ江戸櫻ナラント

一アスナロウ 側柏ナリ 此木和名（山城）テガシワ 一名（備前）千手 京都官園ニ誤テ白檀ト云 上方ニテ云アスナロウハ此ノ木トハ少シ別ナリ 此品モアリ 圓柏 イブキナリ

一アテノ木 金澤方言 一名アスナロウ 山城 謹按 羅漢柏ナリ 柏側葉赤皮別一種葉大而扁曰羅漢柏 其木理堅（臨江志） 俗呼アスナラウ 一名千手（畫墨苑詩注） 曰仙人柏

二十ウ

一食物傳信纂

五穀屬 菽豆屬 蔬茹屬 瓜瓠屬 艸屬

木屬 果實屬 竹屬 海菜屬 芝栭屬

鱗屬 介屬 羽屬 毛屬 造釀屬

雜屬 蜜食鹽之類

一外集纂

吾邦ニ産不申候品 并ニ唐人 [illegible] 米燕

[illegible] 唐人 [illegible]

[illegible] 中ニ [illegible] 金

針ニ [illegible]

二十一オ

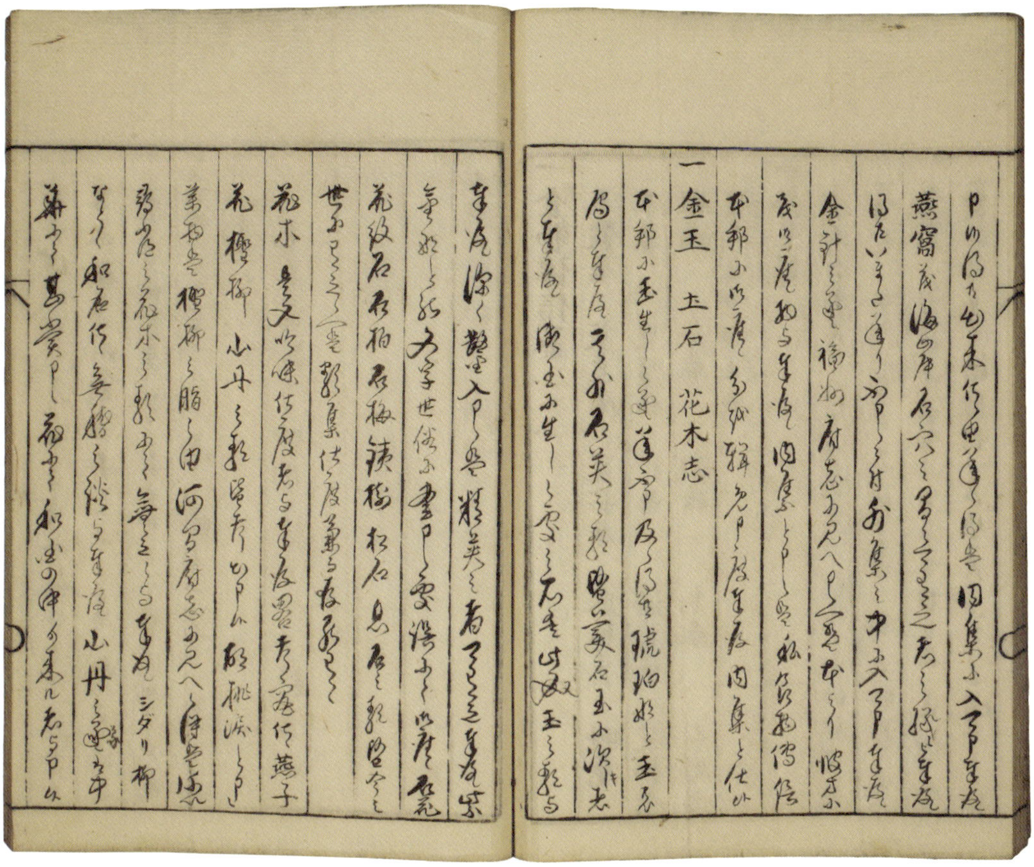

一金玉　土石　花木志

二十二オ　　二十一ウ

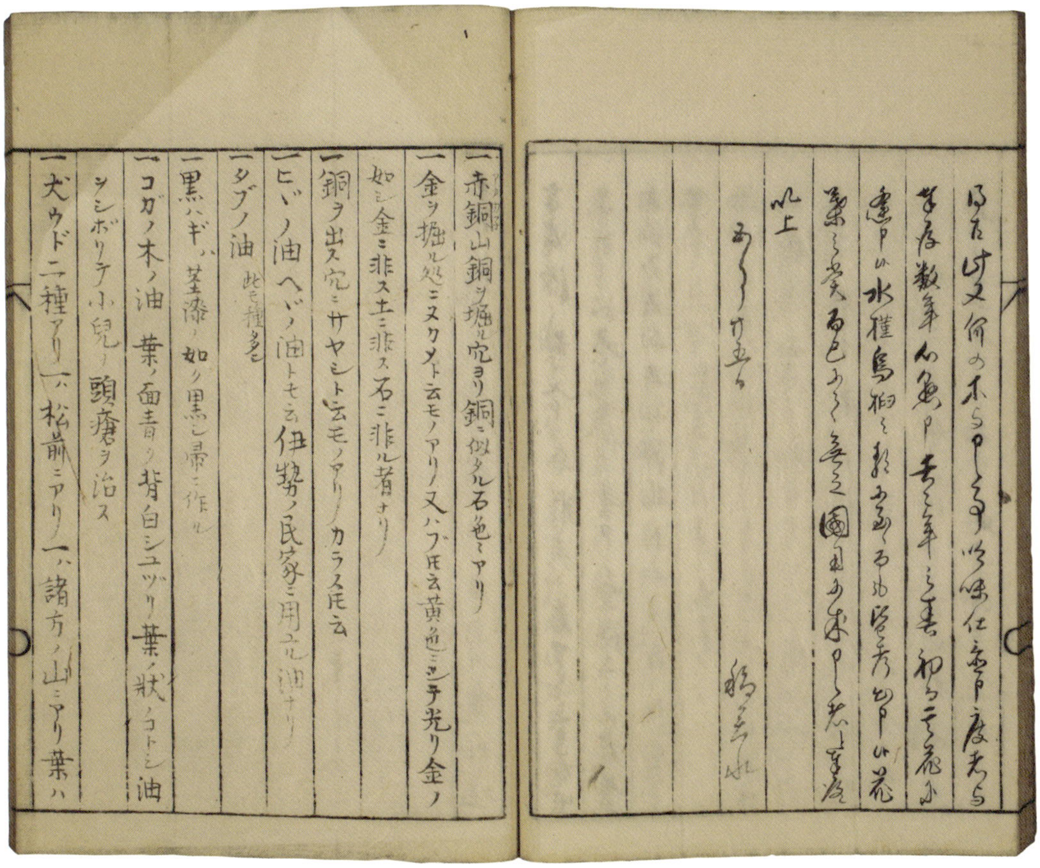

一赤銅山銅ヲ掘ル穴ヨリ銅ニ似タル石色々アリ
一金ヲ掘ル処ニヌクメト云モノアリ又ハブ共云黄色ニシテ光リ金ノ
如シ金ニ非ス土ニ非ス石ニ非ル者ナリ
一銅ヲ出ス穴ニサヤシト云モノアリ カラス共云
一ヒヾノ油 ヘビノ油トモ云 伊勢ノ民家ニ用ル油ナリ
一タブノ油 此モ種多シ
一黒ハギハ茎漆ノ如ク黒シ帚ニ作ル
一コガノ木ノ油 葉ノ面青ク背白シユヅリ葉ノ状ノコトシ油
ヲシボリテ小児ノ頭瘡ヲ治ス
一犬ウド二種アリ 一ハ松前ニアリ 一ハ諸方ノ山ニアリ 葉ハ

二十三オ　　二十二ウ

芍薬ニ似タリ根ハ牛蒡ノ如ク花ハ胡蘿蔔ニ似タリ
一鹿ウド
一穢多ウド　蔓ヲ成ス花ハ白ク胡莱菔ニ似タリ丹波ニアリ
一ボウル　葉ハ楤木獨活ノ葉ニ類ス花実ナシ根ハ芋ノ如シ味美ナリ年深キハ一二升アリ北丹波山ノ村ヅクモ村ノ方ニ多アリ
一蝦夷ノ内ホロ山ト云地ニ自生ノ大根アリ其ノ地ニ身ノ色黒ク変シ死スル病アリ此ハ大根ヲ食シ身ニ塗ルトキハ愈ユ
一松前ノ款冬茎ノ高サ丈餘ニ至リ葉ノ廣サ傘ノ如シ塩

二十三ウ

ニ蔵シ佐渡敦賀ノ地面ニ来ル
一アシダ草一名嶋人参蝦夷ニ多アリ葉獨活ニ似タリ初生ハ三葉芹ノ如シ茎葉ノ間遠クノビヤカニシテ柔軟愛ベシ高サ二三尺細花白色冬枯ル蝦夷ノ人此草ヲ喫スル故ニ疱瘡ヲ病ズト云伊豆ノ大嶋ニハアシタバト名ク
一蛇骨老樹地ニ入テ久シク後ニ朽腐シテ木心バカリ存シ其ノ数百載ヲ経ルヲ以テ変シテ石ノ如ク成リ扣之金声ヲ作ス形大蛇ノ如シ
一龍骨大峯ノ山中ニ多クアリ龍大樹ノ中ノウゲタル処ニ居リ自ラ火生シテ焼ケ死シテ其骨存ス

二十四オ

一飛弾ノ國益田郡山口ト云地面ニ煙草ニ代テ吹クモノアリ葉ノ形チ烟草ヨリ小ク味モ亦タ柔ナリ加賀ノ國川勝ト云地ニ玄香ト云草アリ烟ニ代テ吹ク
一丁子草　葉ハ大根ニ似根ハ細辛ノ如シ丁子ノ香ト同シ長崎立山ニ多アリ
一胡椒ノ木備前駿河ニ有之葉ハ冬モ青ノ如シ子ノ赤キコト朱ノ如シ核甚辣シワサビノ味ニ似タリ

一目木ハ枝葉ムハラセウヒシニ似タリ赤刺アリ高サ五三尺木ニ非ズ草ニ非ス風眼赤痛ヲ洗フニ太佳ナリ丹波ニアリ
一山葵一名一輪草越後山中ニアリ初生ハ玉簪花ノ苗ノ

二十四ウ

如ク後ニ葉ノ状戎葵ノ如シ茎ヲ抽テ一花ヲ開ク琥珀色ナリ
一阿波ヨリ紫璁ノ水仙花アリト
一大坂花舗ニ濱芭蕉アリ
一近江ニスピヒク花ト云アリ
一瓜ノ木近江ニアリ其實瓜ノ如シ
一ヒヤウタンノ木近江大河原ニアリ水ニ沈マザル木ナリ
一茎葉桔梗ニ似テ又桔梗ニ非ズ根ノ状人参ニ似タルモノ泉州住吉ニアリ
一葉状葛ノ葉ノ大サホドニシテ三尖アリテ霜ヲ経テ丹ク色ツキ実ノ大サ雞蛋ノ如クナル者楓ナリ

二十五オ

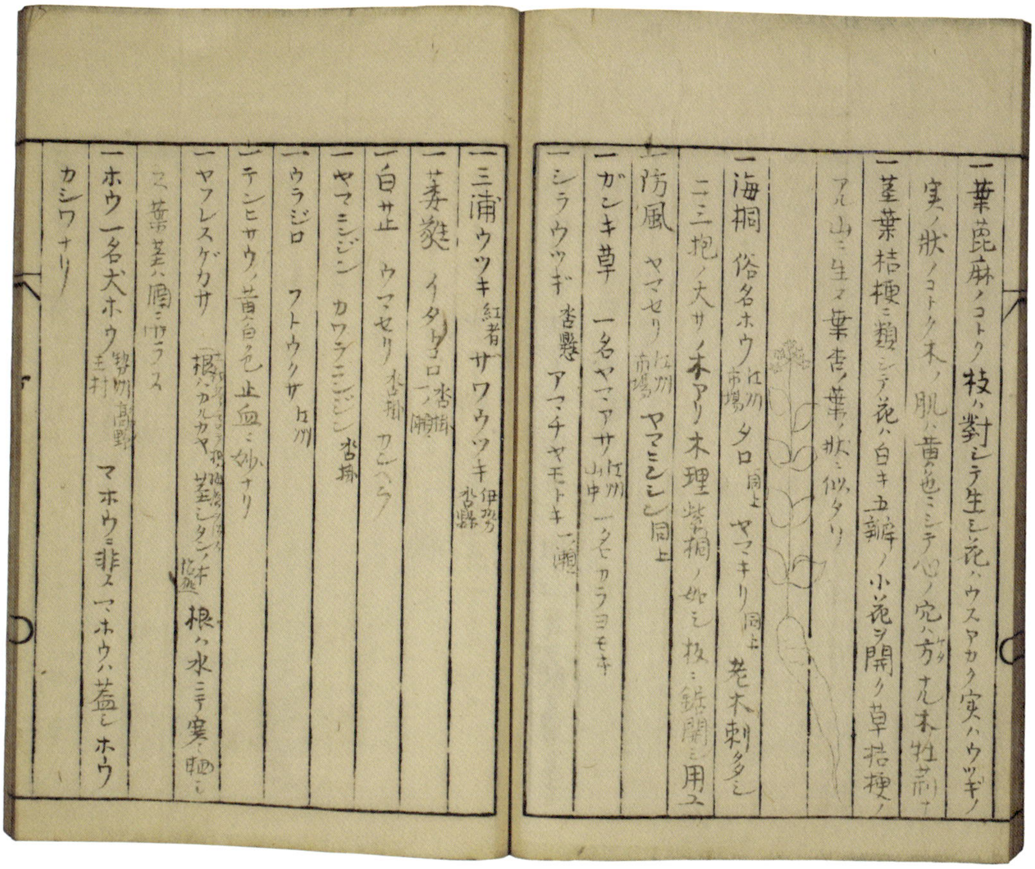

一葉蓖麻ノコトク枝ハ對シテ生ス花ハウスアカク実ハウツギノ
実ノ状ノコトク木ノ肌ハ黄色ニシテ心ノ穴ハ方ナリ丸木ハ牡荊ナ
一茎葉桔梗ニ類シテ花ハ白キ五瓣ノ小花ヲ開ク草桔梗ノ
アル山ニ生ス葉杏ノ葉ノ状ニ似タリ
一海桐 俗名ホウ 江州市場 タロ 同上 ヤマキリ 同上 老木刺多シ
二三抱ノ大サノ木アリ木理紫桐ノ如シ板ニ鋸開シ用ユ
一防風 ヤマセリ 江州市場 ヤマニンジン 同上
一ガシキ草 一名ヤマアサ 江州山中 一名カラヨモギ
一シラウツギ 杏縣 アマチヤモトキ 一瀬

二十五ウ

一三浦ウツキ 紅者 サワウツキ 伊勢杏縣
一萎蕤 イタドコロ 杏掛瀬
一白芷 ウマセリ 杏掛 カシヘラ
一ヤマニンジン カワラニンジン 杏掛
一ウラジロ フトウクサ 江州
一テンヒサウ ノ黄白色 止血ニ妙ナリ
一ヤフレスゲカサ 根ハカルカヤ 茎ニシタンノ木 根ハ水ニテ実ヲ晒シ
又葉茎ハ風ニカラス
一ホウ 一名犬ホウ 勢州高野 マホウニ非ス マホウハ蓋シホウ
カシワナリ

二十六オ

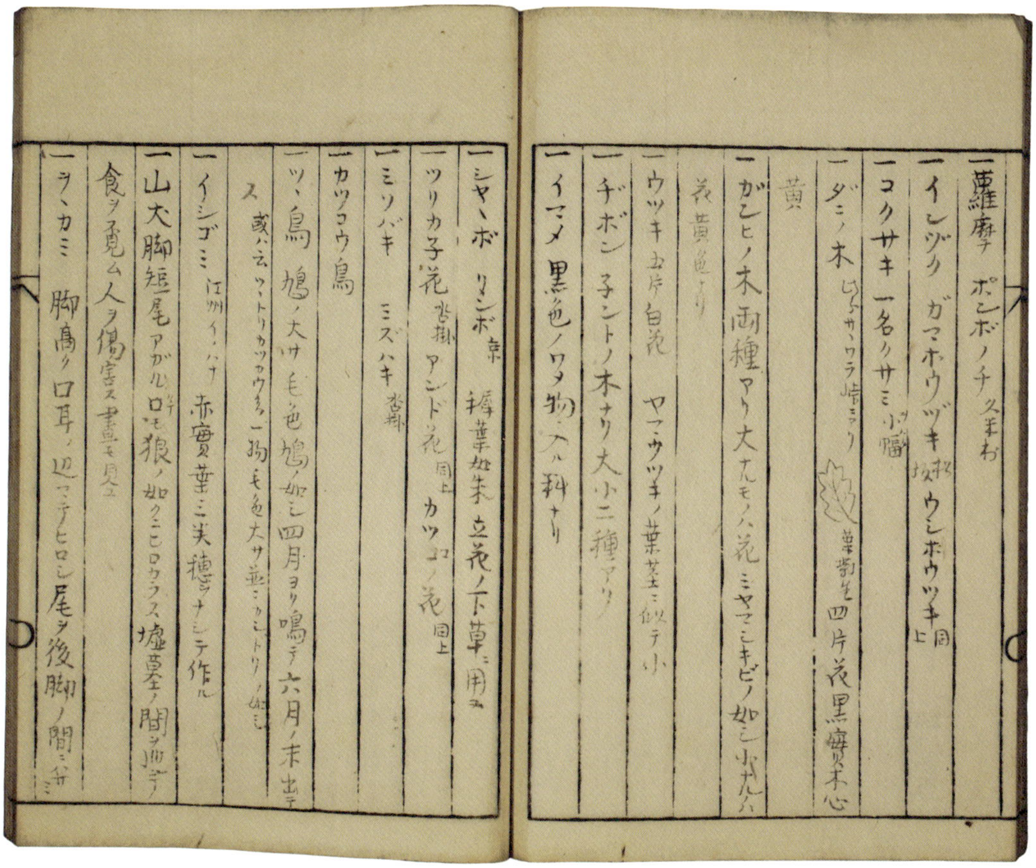

一菴羅摩 ポンポノチ
一イシヅク ガマホウヅキ 杏掛 ウシホウツキ 同上
一コクサキ 一名クサミ 小幡
一ダニノ木 葉對生 四片花 黒実木心
黄
一ガンヒノ木 両種アリ大ナルモノハ花ミヤマニキビノ如シ小ナルハ
花黄色ナリ
一ウツギ 五片白花 ヤマウツギノ葉茎ニ似テ小
一チボン 子ントノ木ナリ大小二種アリ
一イマメ 黒色ノワタ物ヘ入ル料ナリ

二十六ウ

一シヤヽボ リンボ 京 藤葉如朱 立花ノ下草ニ用ユ
一ツリカ子花 杏掛 アンドウ花 同上 カツコノ花 同上
一ミソバギ ミズハギ 杏掛
一カツコウ鳥
一ツヽ鳥 鳩ノ大サ毛色鳩ノ如シ四月ヨリ鳴テ六月ノ末出テ
又 或ハ云ウトリカツコウ鳥一物毛色大サ並ニカシトリノ如シ
一イシゴミ 江州 イノハナ 赤實葉ニ実穂ヲナシテ作ル
一山犬 脚短ク尾アガル 口モ狼ノ如クニシロカラス 墟墓ノ間ヲ掘テ
食ヲ覓ム人ヲ傷害ス 晝モ見ユ
一ヲヽカミ 脚高ク口耳ノ辺マテヒロシ尾ヲ後脚ノ間ニ挟ミ

二十七オ

行ク人ノ方ヨリ觸犯サレハ傷害スル意ナリ書ニ云ズ山間ノ白キ子バ芽ヲ以テ食トス杏ニ全不部ノ餘ノ治

一ヤマウト華 五花木ニ刺間ニアリ五加ニ似テ別ナリノ不中食

一野豌豆 キツ子花 二見備

一ハマヨモギ 茵蔯ノ葉ニ粗大ナリ茎紫色 朝熊ヨリ二見ノ備ニ行ク路ニ多アリ此ノ所ニ茵蔯黄花蒿青蒿モアリ

一アカザ 葉厚ク長尖味甚苦不中食 煠テ水ニ久ク浸シ苦味ヲ去レハ可食此ノ所ヲ塩ヤ善識スルモノ二十人計居ル其中ノ人云アカザノヲハ云トナリ此所ニ常ノ藜モ多アリ

一此辺ニ杉菜モアリト云

二十七ウ

一カモノツル 一名カラスノハシ 山城

一タビラ 一名カメントウ 中国 一名ムシブチ 同上

一モロコ 一名ムギハヘ 備前

一ヲヤニラミ 一名カワニラミ 又ハカル 備前

一アカペソ 備前 ヲイカワナリ

一子リヲボコ 日向 スハシリ ワシラ ヤイキヤウ コテツホウ 日向

一摂州能勢郡チシウト云所ニ梅ハチ立春ヨリ開キ春中開ナリ

一木曽ノ山中流水ノ中碧石アサカヲニ似タル花アリ一リニ花咲水ロヨリ石部ニテ中ノミゾニモアリ

二十八オ

一アカギノツヽチ 木曽路ナラ廣ト（ミトク）馬屋間ニアリ

一シラヽ 佐土 エナガヒシヤク

一レビユウカウ 一名マツムシリ

一カルモ 野猪子ヲ産スル時ニ芝ヲアツメテ揃ヒツクル事 カルモカキ 依テイノトコモイシヤスミ サマソ子ラレソ リ

一ミノゴメ 屠者ノトリテ食スルモノナリ カンラスモカナリ

一タヒキホウ 一名スナホリ 佐土 一名トウホウ 佐才 一名カワキ ス

一メイタ メタマキ タヒキホウ

二十八ウ

茶梅祁廣生外科大成加味五宝丹條 丹一両 既飛羅麪五銭 如下部易 菉豆粉五銭 如中部則飛麪豆粉各用 二銭 十三巻九十五丁

古林温故問答

一飛白霜 五宝丹ノ中ニ入ル世ニウンドンノコヲ用如何 飛白霜ハ飛羅麪ノコ歟何書ニ出歟

荅未詳疑是レハ水飛過スル鉛白霜ナリ

一鎮鍮 銅鐵ヲ忌ノ薬多ーヲ用テ剉ムノコ如何ーー漢名何書ニ出歟

荅鍮ハ銅亞鉛ノ二物ヲ以テ煉化シタル者ナリ故ニ銅ヲ忌ムノ薬ハ鍮ヲモ忌ムヘシ凡ソ薬物鐵器ヲ忌ムノ文アリテモ必拘ルヘカラス大抵鐵刀ヲ以テ薬材ヲ切リテ甚色忽チ黒ク変スル類ハ皆忌ムベシ柿實石榴皮ノ類ナ

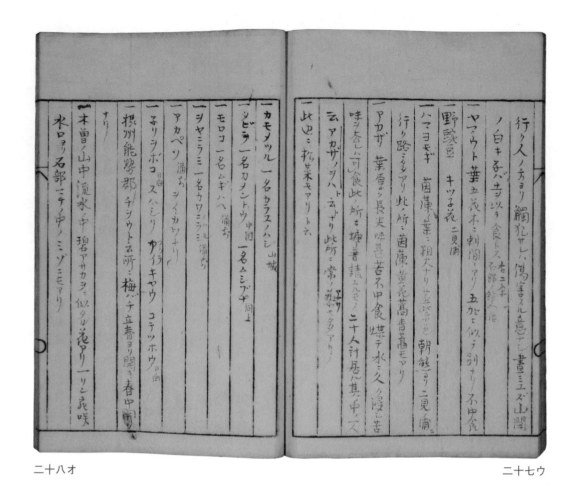

二十九オ

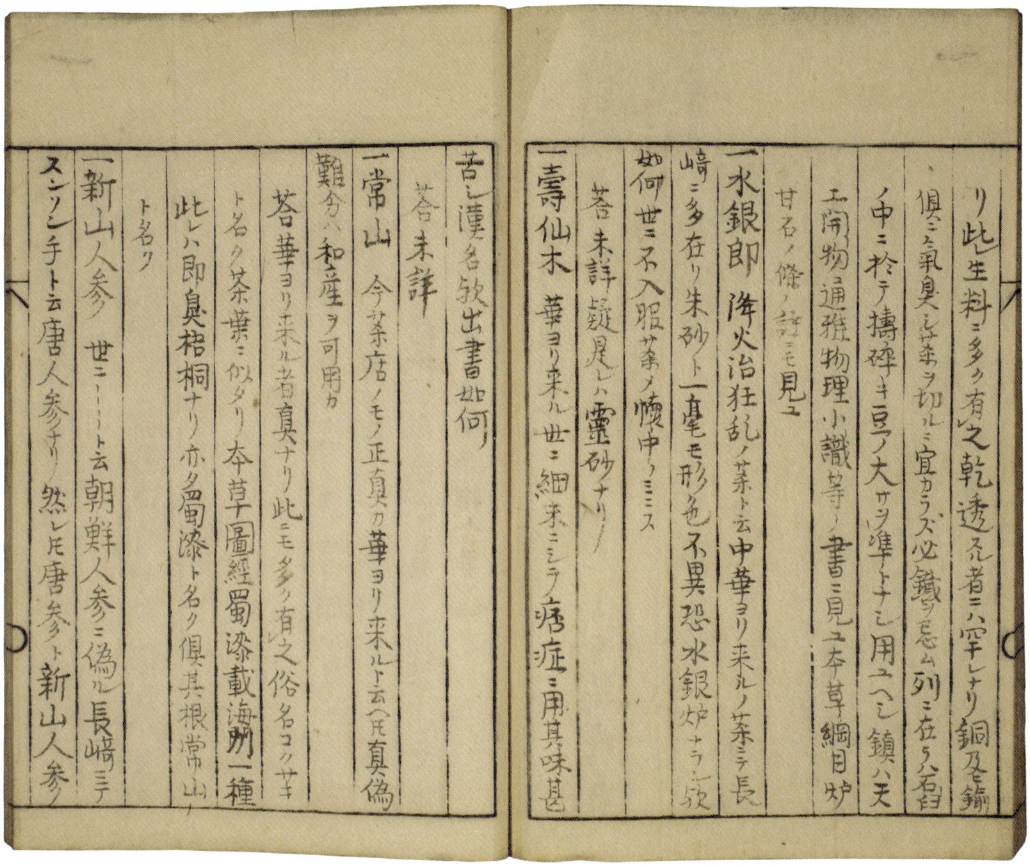
リ此生料ニ多ク有之乾透スル者ニハ窂レナリ銅及ヒ鍮
倶ニ氣臭アリ薬ヲ切ルニ宜カラズ必鐵ヲ忌ム列ニ在ラハ石臼
ノ中ニ於テ擣碎キ豆ノ大サ準トナシ用ユヘシ鎮ハ天
工開物通雅物理小識等ノ書ニ見ユ本草綱目炉
甘石ノ條ノ註ニモ見ユ
一水銀郎 降火治狂乱ノ薬ト云中華ヨリ来ルノ薬ニテ長
崎ニ多在リ朱砂ト一毫モ形色不異恐水銀炉ナラン歟
如何世ニ不入服薬ノ懐中ノミニス
答未詳疑是レハ霊砂ナリ
一壽仙木 華ヨリ来ル世ニ細末ニシテ痔疵ニ用其味甚

二十九ウ

苦シ漢名欤出書如何
答未詳
一常山 今薬店ノモノ正真カ華ヨリ来ルト云ヘ圧真偽
難分ハ和産ヲ可用カ
答華ヨリ来ル者真ナリ此ニモ多ク有之俗名コクサキ
ト名ク茶葉ニ似タリ本草圖經蜀漆載海州一種
此レハ即臭梧桐ナリ亦名蜀漆ト名ク倶其根常山
ト名ク
一新山人参 世ニ｜｜｜｜ト云朝鮮人参ニ偽ル長崎ニテ
スンソン手ト云唐人参ナリ然レ圧唐参ト新山人参

三十オ

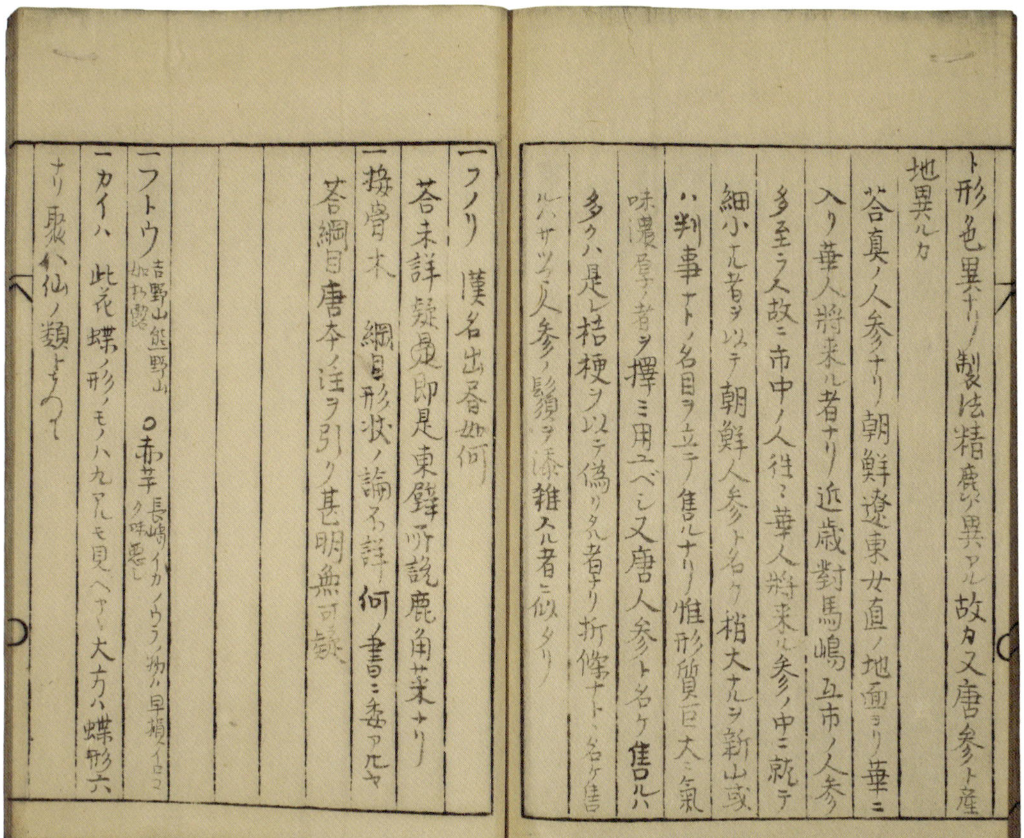
ト形色異ナリ製法精麁ノ異アル故カ又唐参ト産
地異ルカ
答真ノ人参ナリ朝鮮遼東女直ノ地面ヨリ華ニ
入リ華人將来ル者ナリ近歳對馬嶋互市ノ人参
多至ラス故ニ市中ノ人往ニ華人將来ル参ノ中ニ就テ
細小ナル者ヲ以テ朝鮮人参ト名ク稍大ナルヲ新山或
ハ判事ナトノ名目ヲ立テ售ルナリ惟形質巨大ニ氣
味濃厚ノ者ヲ擇ミ用ユベシ又唐人参ト名ケ售ルハ
多クハ是レ桔梗ヲ以テ偽リタル者ナリ折傷ナトヽ名ケ售
ルハサツマノ人参ノ髭須ヲ漆雑スル者ニ似タリ

三十ウ

一フノリ 漢名出否如何
答未詳疑是即是東壁所説鹿角菜ナリ
一接骨木 綱目形状ノ論不詳何ノ書ニ委アルヤ
答綱目唐本ノ注ヲ引ク甚明無可疑
一フトウ 吉野山熊野山 如杉露 ○赤芋 長嵜イカノウラノ物ハ早損シイロコク味悪シ
一カイハ 此花蝶ノ形ノモノハ九アルモ見ヘヤン大方ハ蝶形六
ナリ聚八仙ノ類よみて

三十一オ

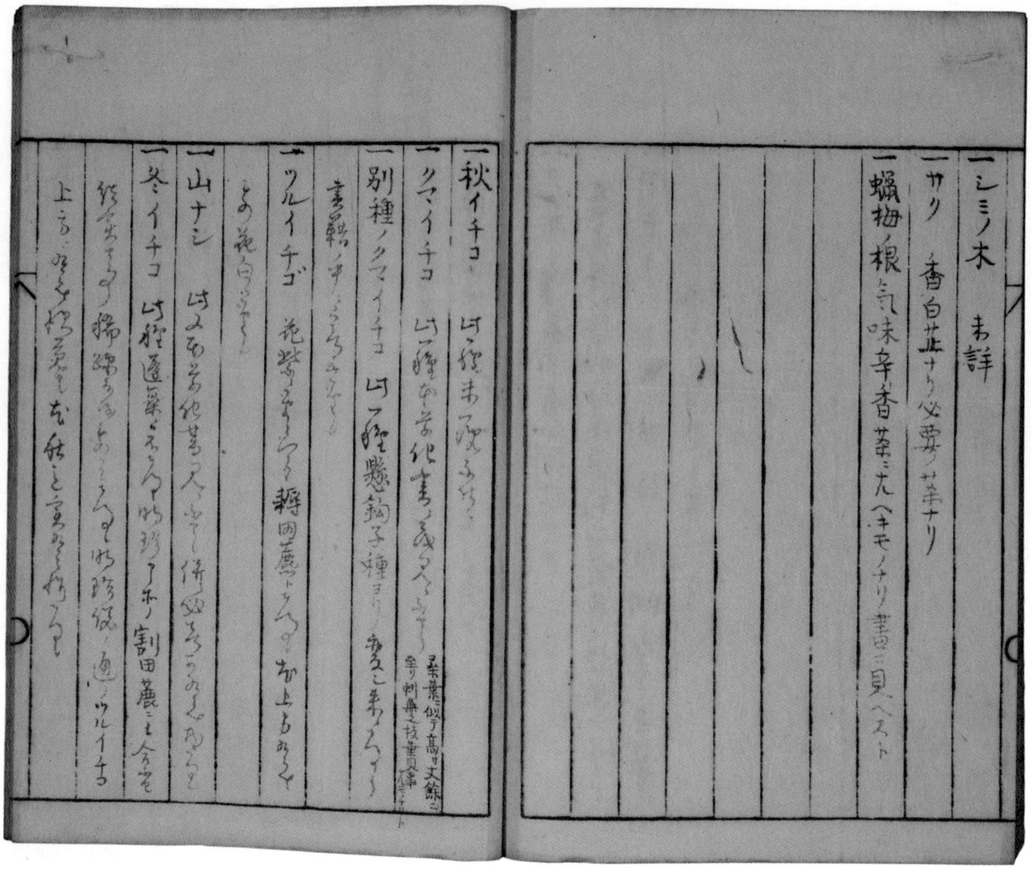
一シミノ木　未詳
一サク　香白芷ナリ必要ノ草ナリ
一蝋梅根　氣味辛香薬ニ入ルヘキモノナリ書ニ見ヘズト

一秋イチコ　此實未[illegible]
一クマイチコ　此ノ種[illegible]
一別種ノクマイチコ　此ノ種懸鉤子種ナリ[illegible]
一ツルイチゴ　花紫[illegible]葎田藨[illegible]
一山ナシ　[illegible]
一冬イチコ　此種蓬蘽[illegible]割田藨[illegible]ツルイチ子

三十二オ

三十一ウ

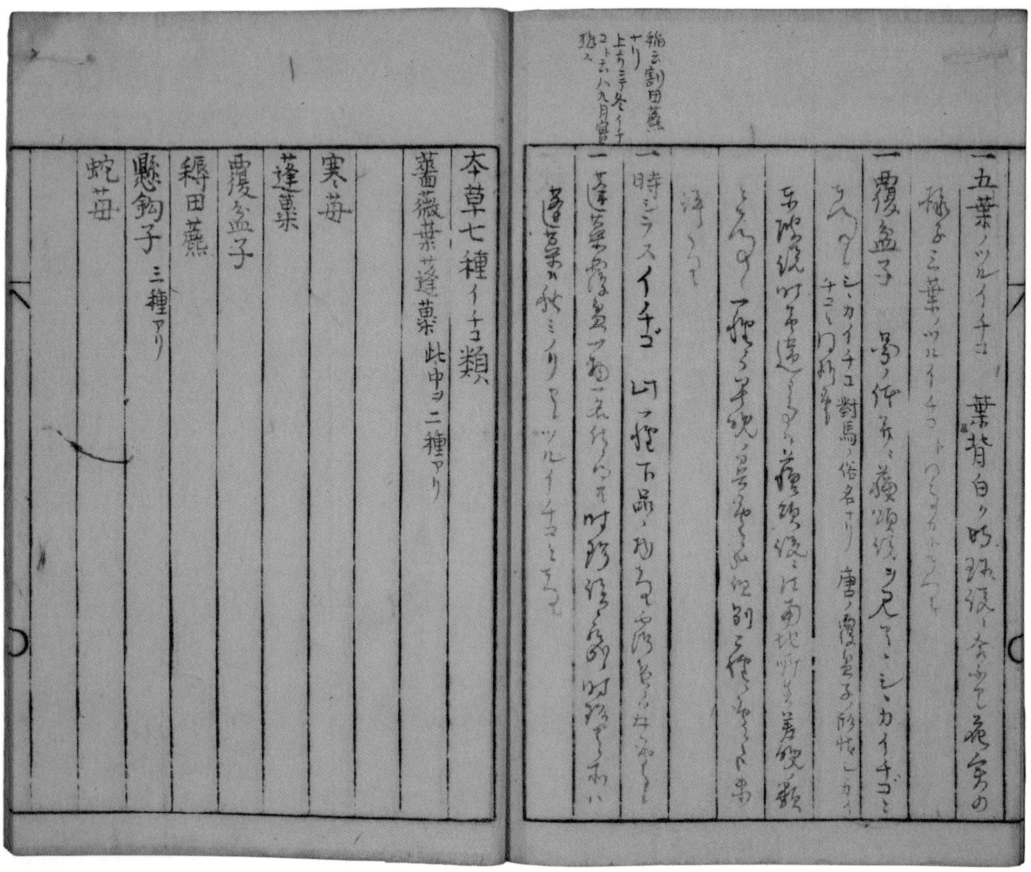
一五葉ノツルイチコ　葉背白ク[illegible]
一覆盆子　[illegible]シヽカイチコ対馬ノ俗名ナリ　唐ノ覆盆子[illegible]
一時ミラスイチゴ　此ノ種下品[illegible]

本草七種イチコ類
薔薇苺　蓬蘽　此中ニ二種アリ
寒苺
蓬蘽
覆盆子
葎田藨
懸鉤子　三種アリ
蛇苺

三十三オ

三十二ウ

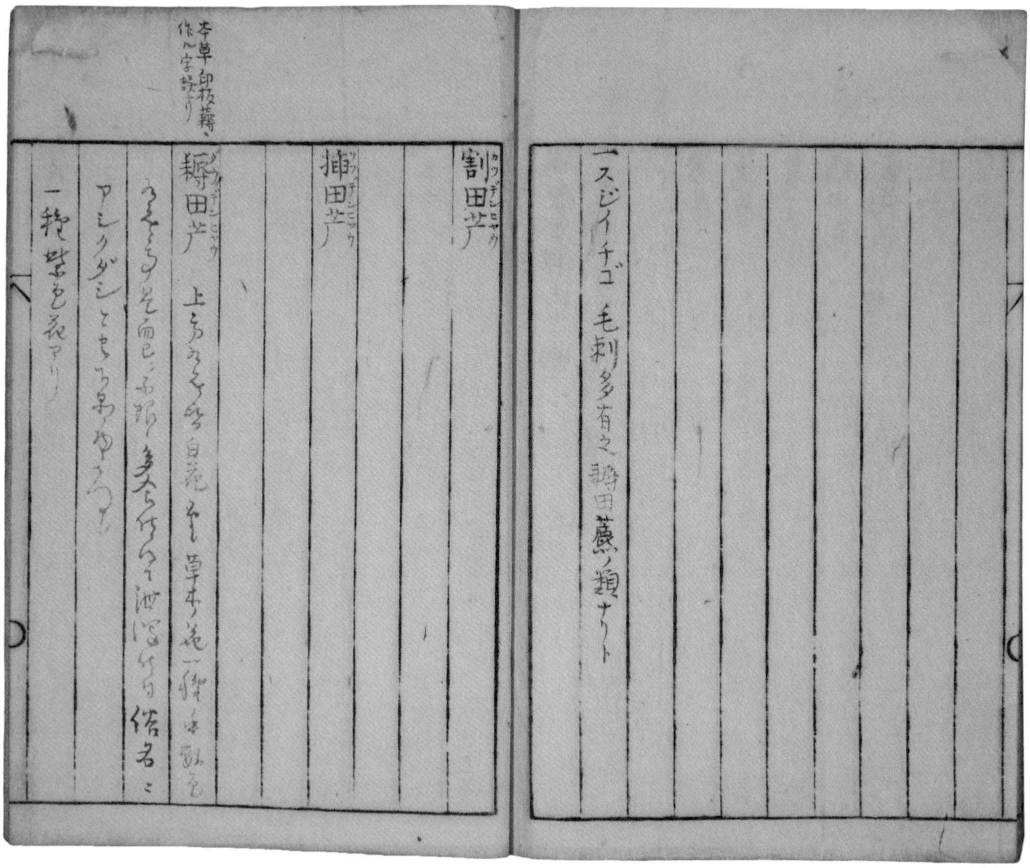
一スジイチゴ 毛刺多有之 田藨ノ類ナリト

本草印板耨作ヘ字誤リ
割田芹
揷田芹
耨田芹 上 白花
佸名ニ
アシクダシ
一種紫色花アリ

三十四オ　　三十三ウ

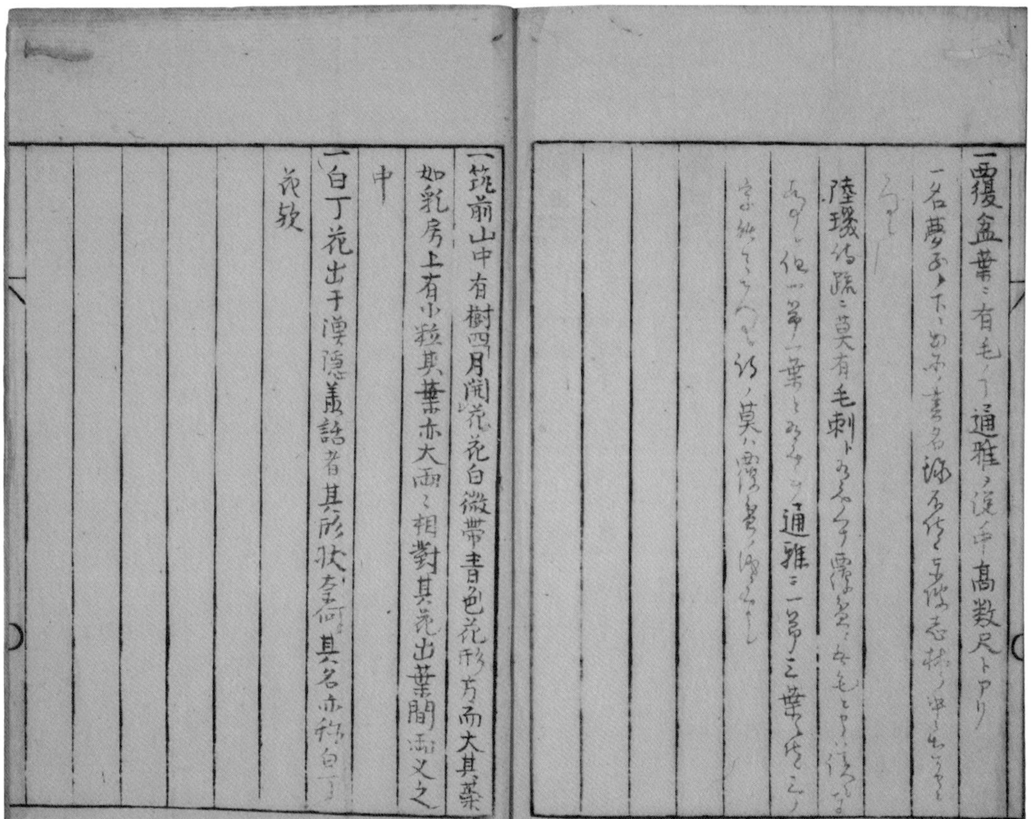
一覆盆葉ニ有毛ノ 通雅ノ説 高数尺トアリ
一名
陸璣詩疏ニ莫有毛刺ト
通雅ニ一節ニ葉
莫ハ

一莵前山中有樹四月開花花白微帯青色花形方而大其蘂
如乳房上有小粒其葉亦大両々相對其花出葉間両又之
中
一白丁花出于漢隠義語者其形状奈何 其名亦称白丁
花歟

三十五オ　　三十四ウ

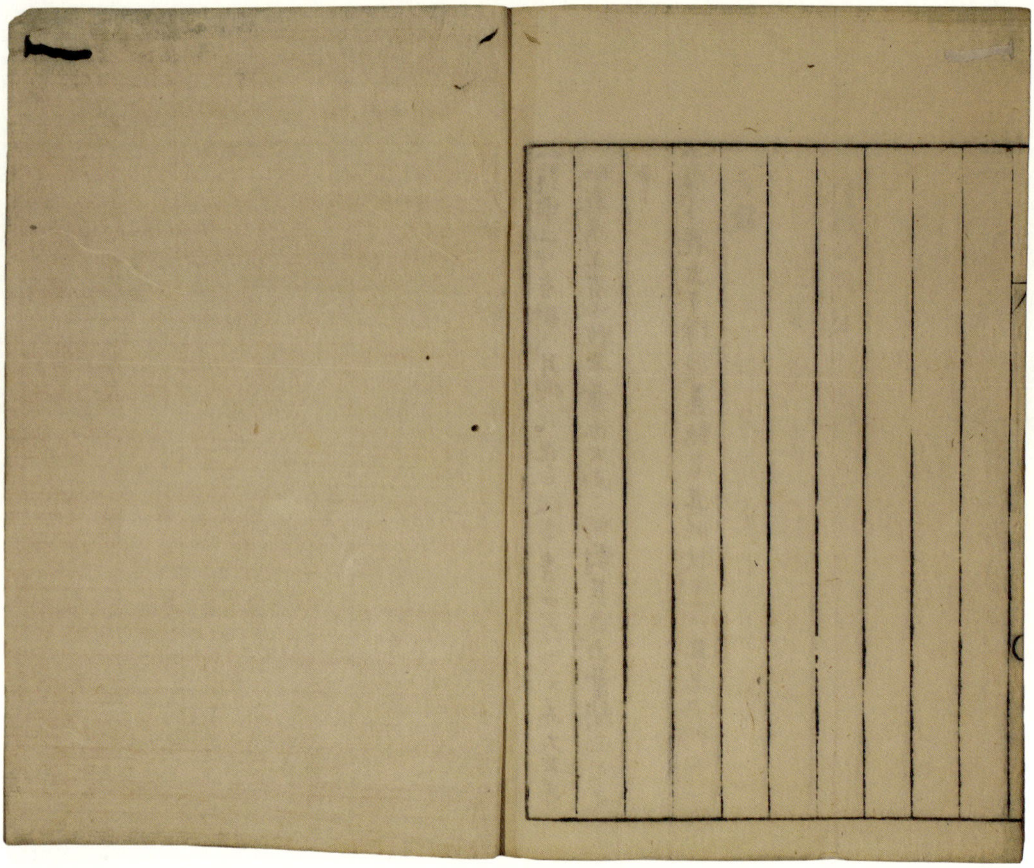

（裏表紙裏）　三十五ウ

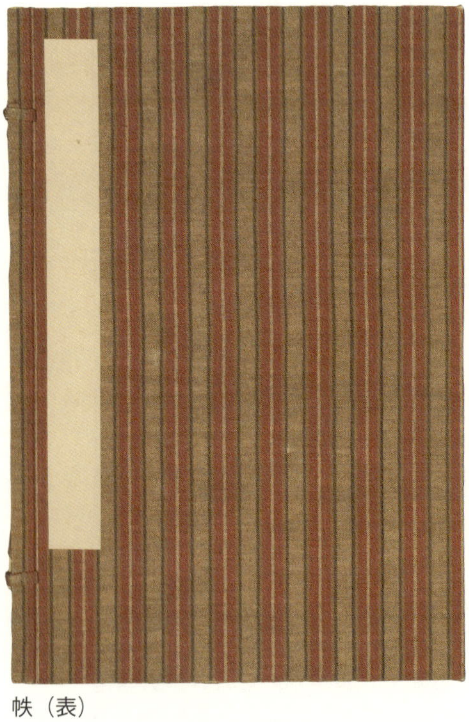

帙（表）

裏表紙

14

木村蒹葭堂旧蔵鏡　方格規矩鏡

【資料情報】

○鏡の法量

直径は十四・〇センチ、重量三三五グラム、鈕は半円形状の無文で、鈕頭は鋳造後の研磨で径一・二五センチほどの平坦をなす。

「泉」、「馬」、「清」の文字が鏡背に鋳込まれる。

○収納箱

外箱・内箱の重ね箱。外箱は縦十八・一五×横十八・〇五センチ、高四・九センチで、和紙による包みが施される。内箱は縦十五・六五×横十五・六センチで、高三・一五センチである。内箱単独では高二・六五センチで、下方向にスライドさせて開閉する。表面には「神代かゝ美」の書き入れと蒹葭堂の蔵印が、裏面には和紙に書き込まれた書き入れが貼り込まれる。

【解題】

本資料の概要および書入、収蔵印等については、本書論攷篇・青木政幸「辰馬考古資料館所蔵の木村蒹葭堂旧蔵鏡」参照。

箱書（中箱外面）

箱書（外箱外面）

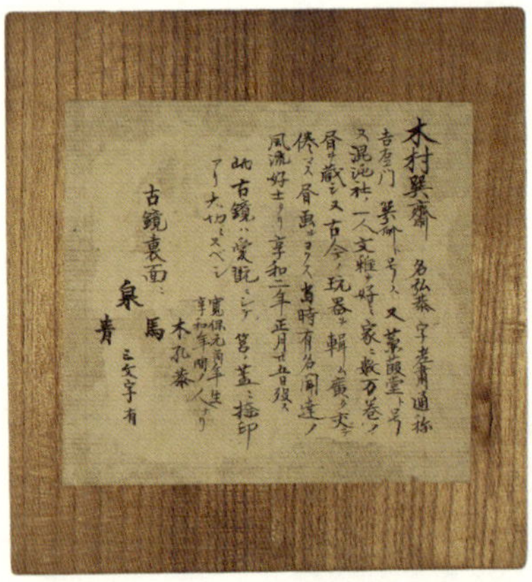

箱書（中箱内面）

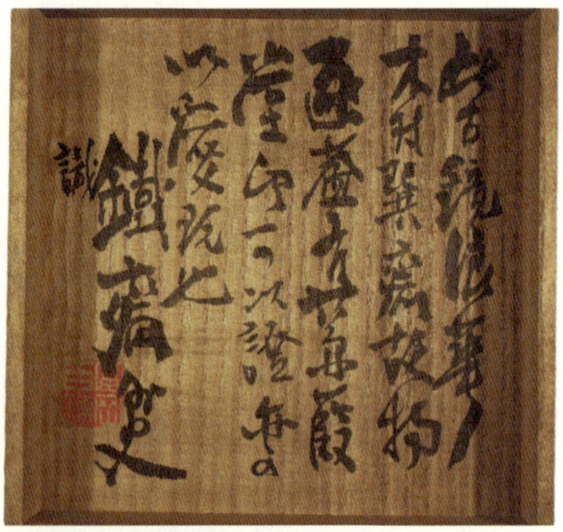

箱書（外箱内面）

15 影印未収録　辰馬考古資料館所蔵・木村蒹葭堂資料

書誌情報については、本書論攷篇・青木政幸「辰馬考古資料館所蔵の木村蒹葭堂資料」表1を参照。

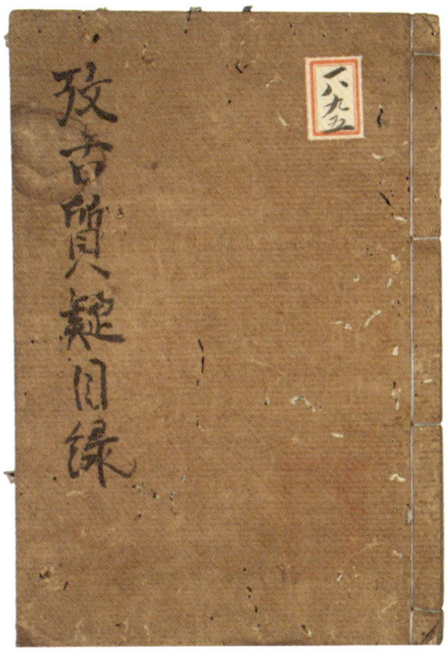

a　攷古質疑目録（自筆本）

b　心喪集語（自筆本）

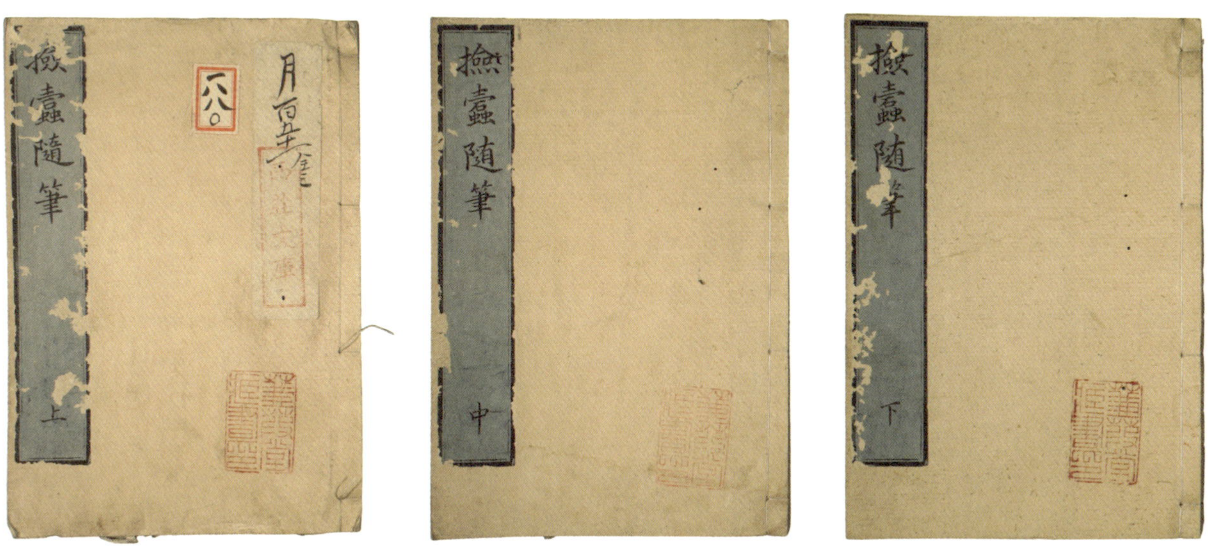

c　検蠹随筆（自筆本、左より上巻・中巻・下巻）

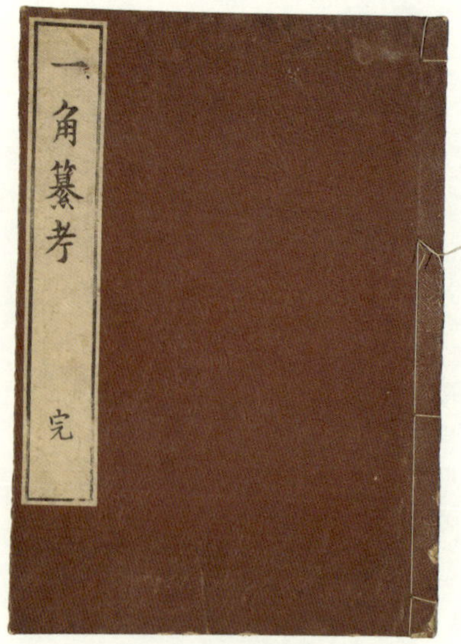

d　一角纂考

e　六物新志

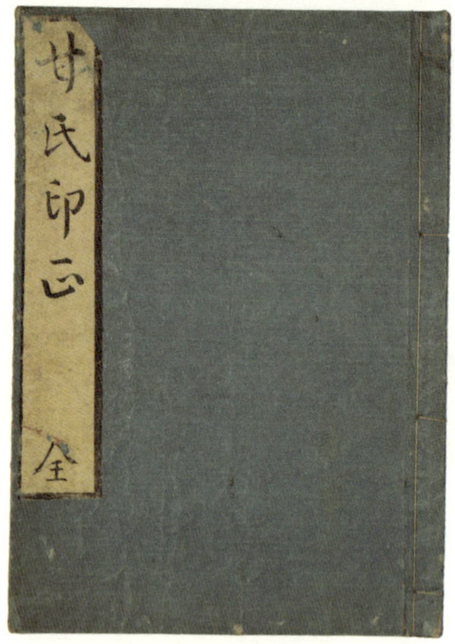

f　甘氏印正

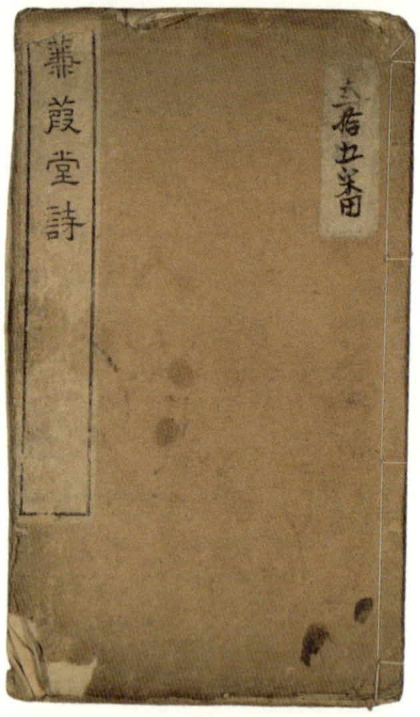

g　蒹葭堂詩

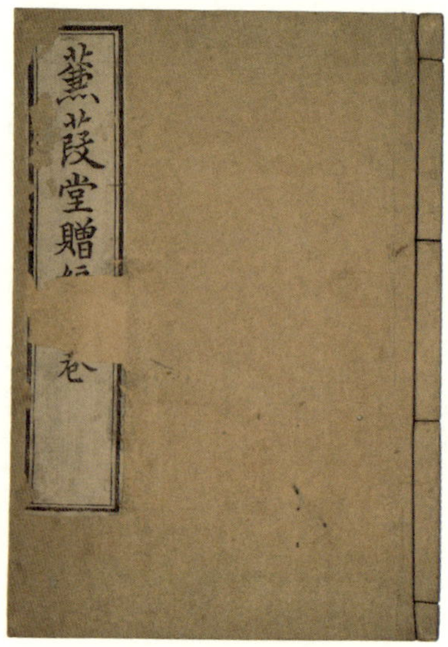

h　蒹葭堂贈編

i　産家達生編

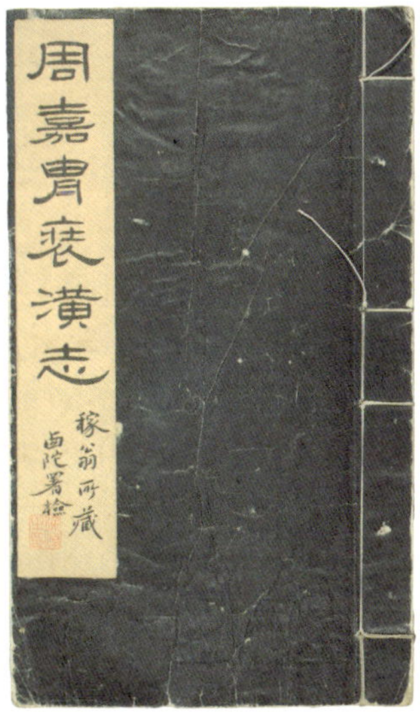

j　周嘉冑装潢志

k　煎茶署説

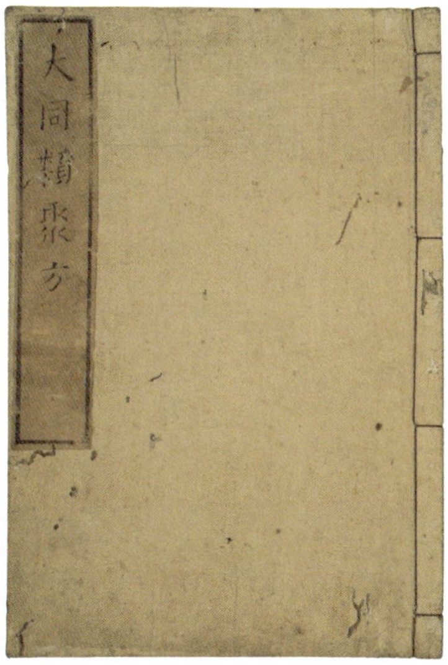

l　大同類聚方

m　沈氏畫麈

n　蒹葭堂誌（右は同袋）

■参考資料㈠　『乃木宗』（第五拾四號）附録　大正十三年二月二十一日先賢遺書遺墨展覧会

参考資料㈠㈡については、本書論攷篇・青木政幸「辰馬考古資料館所蔵の木村蒹葭堂資料」参照。

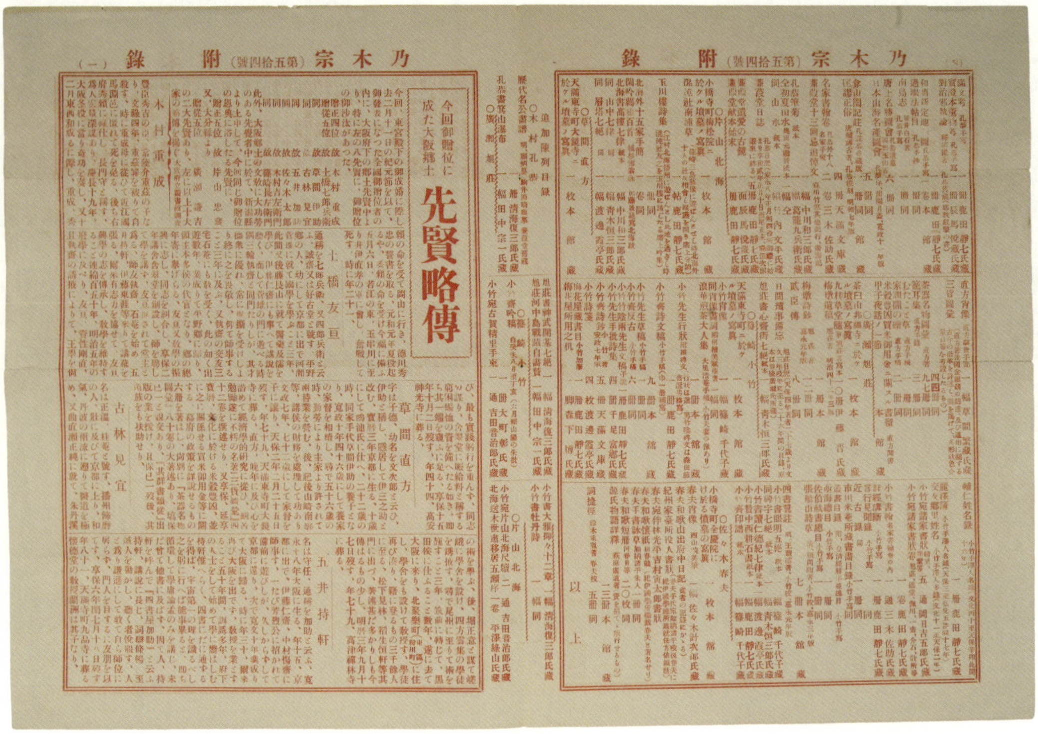

1頁　　4頁

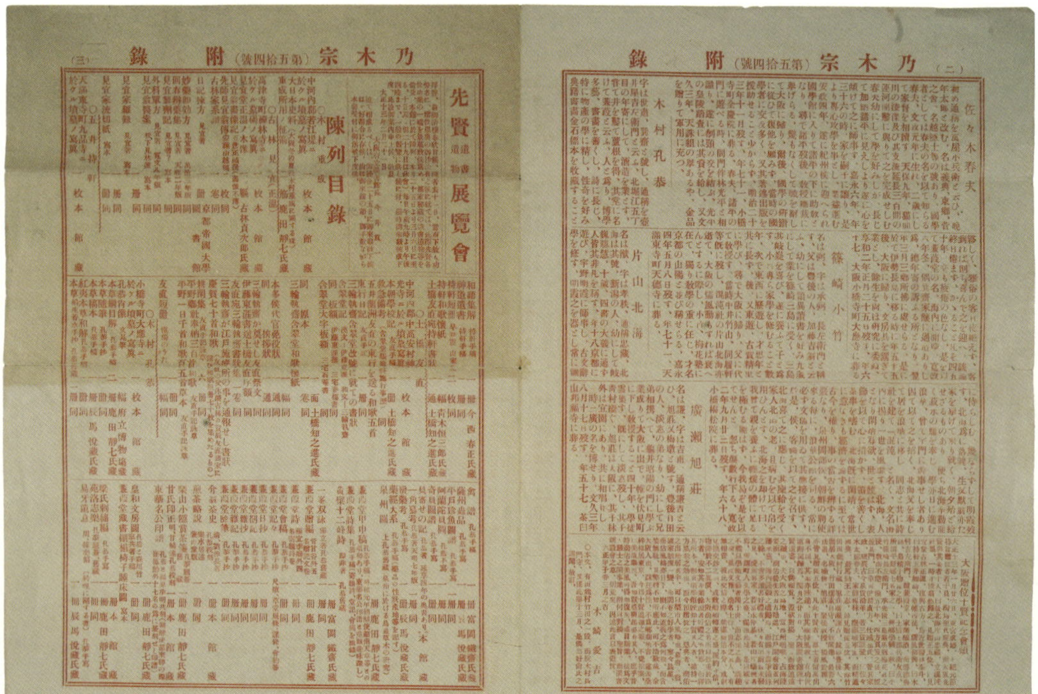

3頁　　2頁

■参考資料(二) 永田有翠蔵書第一回入札目録

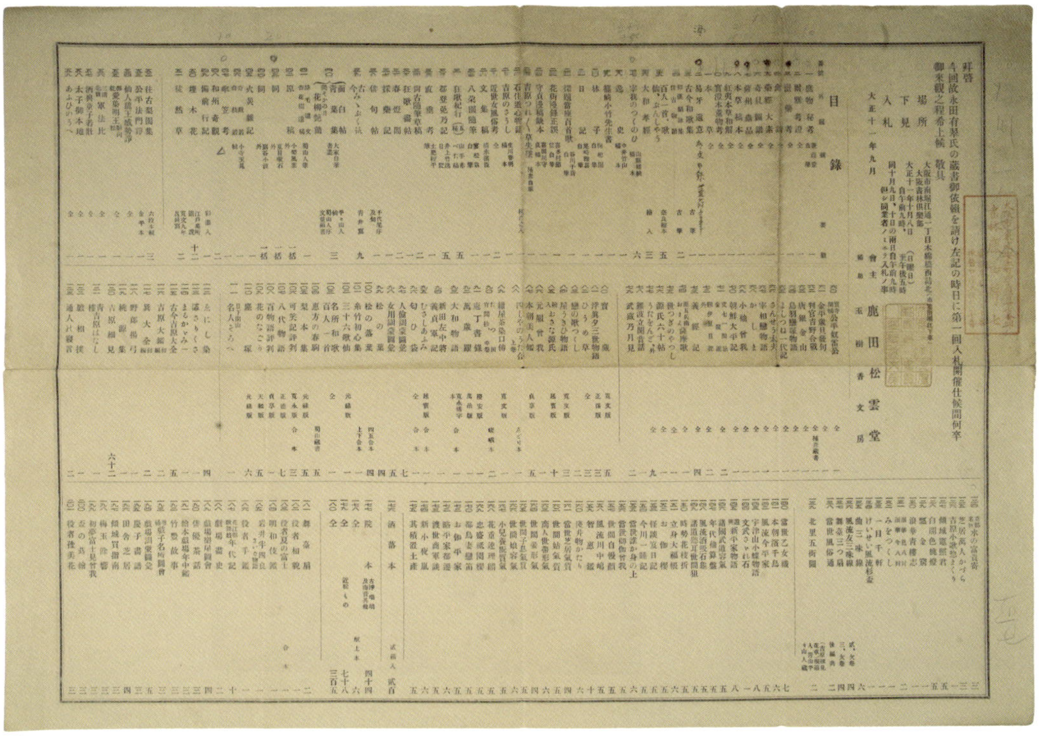

表

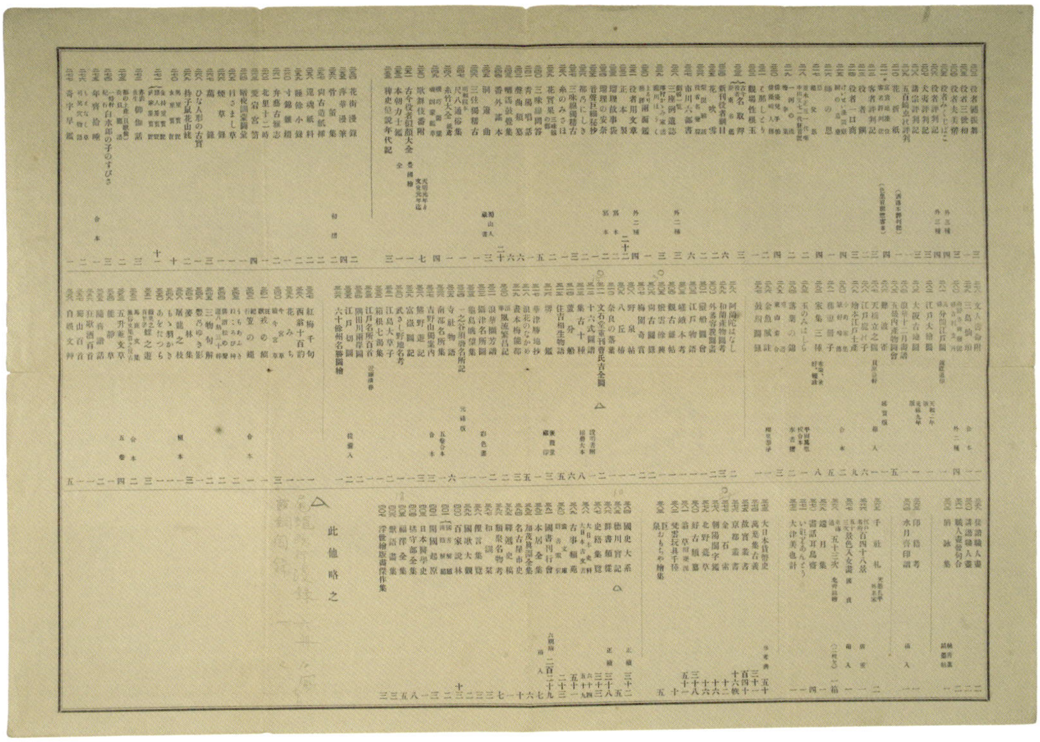

裏

■参考資料㈢　玉置家蔵「貝類標本」・浄恩寺蔵「貝類標本」

参考資料㈢については本書論攷篇・袴田　舞「木村蒹葭堂「奇貝圖譜」の成立背景――紀州の人々との関わりを中心に」参照。

浄恩寺蔵「貝類標本」第三重

玉置家蔵「貝類標本」第二重

浄恩寺蔵「貝類標本」

玉置家蔵「貝類標本」

論攷篇

辰馬考古資料館所蔵の木村蒹葭堂資料

青木政幸

はじめに

辰馬考古資料館は、清酒「白鷹」醸造元三代目にあたる辰馬悦蔵（一八九二～一九八〇）によって設立された資料館である。当館が所蔵する資料の中に、木村蒹葭堂が著した書物や所蔵していた資料があるが、これまで当館で展示することは思いのほか少なかった。というのも、当館は名前の通り、一般に在野の考古学者として知られる辰馬悦蔵のコレクションをもとに設立されており、銅鐸を中心とする考古資料と、悦蔵祖父・悦叟が収集した富岡鉄斎作品を展示することが基本となっている。そのため、これら蒹葭堂資料は一般の来館者にはなじみの少ない、それでいて他の博物館で行われる特別展に何度か出品されていることでその存在を知られているという、館にとって少々風変わりな収蔵品である。本巻は館蔵の木村蒹葭堂資料を掲載していることから、本稿にてコレクションの概要を報告するとともに、その蒐集経緯についても現状の理解を書き留めておきたい。

辰馬考古資料館所蔵の蒹葭堂資料の概要

当館が所蔵する木村蒹葭堂に関わる資料を【表1】にまとめた。すべて辰馬悦蔵の収集品で、おおよそ自筆の著作類、刊行に関わった書物、蒹葭堂が蒐集した蔵書類、そして考古資料に分けられる。後述する書簡類の記録からは、他にも所蔵していたとみられるが、現時点で当館で確認できている資料はこの表に掲げたものが全てである。*1 六段重ねの木箱に数冊ずつ分けて収められており、一部「薩州蟲品」、「本草稿本」、「本草」、「奇貝圖譜」が別の木箱に収められている。これは、資料調査等で問い合わせが多いために便宜的に分けたというより、資料の分量的に先述の木箱には収まらず、当初から別途保管されていたとみられる。

辰馬家所蔵の経緯

辰馬考古資料館が所蔵する木村蒹葭堂資料について、その蒐集経緯を伺い知ることのできる記録は、数点の書簡、受領証の一部が全てであり、断片的な状況証拠から推測を立てるほかない。ただし、大半の資料に蔵書印が捺されており、一定の手がかりが遺されている。また、上記資料に付随して、入手時期を絞り込める資料も確認できるので、以上の点について、まず整理を行う。

史料の一つは、大正十三年（一九二四）三月八日付で今井貫一氏（大阪府立図書館・当時）から辰馬悦蔵に送られた、「先賢遺書遺物展覧会」への出品に対する礼状である。礼状に記載された資料一覧は以下の通りである（列挙順）。

『薩州蟲品』
『平戸珍魚圖譜』
『阿蘭陀貝圖』
『蠻薬考』
『本草稿本』
『本草』
『實澄本薫物考』
『紅夷本草和解』

【表1】 辰馬考古資料館蔵の木村蒹葭堂資料一覧

	書　名	法量 （縦×横・cm）	蒹葭堂 蔵書印	鹿田 静七 蔵書印	永田 有翠 蔵書印	山中 信天翁 蔵書印	他 蔵書印	備　考
自筆本・書写本	蒹葭堂記々	22.8×15.6		○				図版篇1 鹿田静七書入
	蒹葭堂甲申稿	22.5×16.1		○		○		図版篇2 書入あり
	蒹葭堂雑記	23.8×16.3		○		○		図版篇3
	蒹葭堂詩集	21.9×15.9		○		○		図版篇4
	蒹葭堂随筆	22.5×16.3	○	○			○	図版篇5 書入あり
	蒹葭堂劄記	23.5×16.6	○	○			○	図版篇6
	蒹葭堂日抄	23.4×16.4	○	○		○		図版篇7
	奇貝圖譜	24.5×16.8	○		○		○	図版篇8
	薩州蟲品	27.5×19.3	○					図版篇10
	秘物産品目	23.1×16.4	○					図版篇11 「函248-1」 書入あり
	本草稿本	23.6×15.7	○		○			図版篇12
	本草	24.1×16.2						図版篇13
全集2・影印未掲載自筆本	攷古質疑目録	23.9×16.4	○					図版篇15-a 「一八九五」
	心喪集語	23.4×16.35	○					図版篇15-b 「一八九八」
	検蠹随筆	22.9×16.2	○					図版篇15-c 「一八八〇」西荘文庫
		22.9×16.2						
		22.9×16.2					○	
刊行本・蔵書	奇貝圖譜	22.2×16.2						図版篇9 富岡鉄斎旧蔵
	一角纂考	25.6×18.0						図版篇15-d
	六物新志	26.0×17.7						図版篇15-e 「尚陰堂蔵書」
	甘氏印正	25.1×17.9						図版篇15-f
	蒹葭堂詩	27.4×16.1		○				図版篇15-g
	蒹葭堂贈編	22.1×15.5					○	図版篇15-h 朱文楕円印
	産家達生編	17.5×12.3						図版篇15-i 書入あり
	周嘉冑装潢志	24.2×14.6						図版篇15-j 富岡鉄斎書入
	煎茶畧説	22.6×15.6						図版篇15-k
	大同類聚方	25.2×17.6						図版篇15-l 富岡文庫御蔵書 第二回入札目録掲載カ
	沈氏畫塵	27.0×17.9					○	図版篇15-m 「亀井家」「楠正直文庫」
	蒹葭堂誌	15.5×10.2 袋（15.3×11.0）						図版篇15-n
考古資料	方格規矩鏡	径14.0						図版篇14 富岡鉄斎旧蔵

『奇貝圖譜』
『薬経大系』
『易牙遺意』
蒹葭堂遺愛古鏡

以上のように、悦蔵は自らの所蔵品から蒹葭堂関連十一冊と考古資料一点を出品していたことがわかる。これを裏付ける史料として、館には『乃木宗』第五拾四號附録が遺されている（本書図版篇・参考資料（一）参照）。これに拠れば、東宮殿下（昭和天皇）の御成婚に際し、大阪にゆかりの深い先学に対し贈位があったことと[*2]、これにちなんだ展観を行ったことを、先の今井氏が記している。また、この展観時のものと思われる手書きキャプションが銅鏡の木箱内に遺されている。なお、銅鏡の入手経緯等の詳細については、別稿（本書論攷篇「辰馬考古資料館所蔵の木村蒹葭堂旧蔵鏡」）を用意している。

上記目録に挙げられた資料の大半は現在確認できていないが、少なくとも「薩州蟲品」、「本草稿本」、「本草」、「奇貝圖譜」および銅鏡の五点が、この段階で辰馬悦蔵の所蔵となっており、その入手は大正十三年以前ということになる。また、この『乃木宗』には、後に悦蔵が入手する「蒹葭堂記々」なども出品されていることが記載されており、その当時の所蔵は鹿田静七氏となっていることも確認できる。

これらの資料のうち、「本草稿本」、「奇貝圖譜」には「永田文庫」の印が捺されており、永田有翠（ながた ゆうすい）氏（一八六七〜一九二一）旧蔵を示すとみて間違いない。これを手がかりとして、永田有翠氏の旧蔵書入札会を辿ってみると、二回開催されたうちの第一回の入札目録が、史料として当館に遺されている（本書図版篇・参考資料（二）参照）。この回は、会主を鹿田松雲堂、補助を玉樹香文房として、大正十一年（一九二二）十月八日に大阪書林倶楽部にて行われた。この目録には先に挙げた四冊の書籍のうち、「薩州蟲品」、「本草稿本」が掲載されており、その他の購入品に誤記が一箇所あるものの、目録番号と対応した領収書を確認することができた。

三『蠻薬考』
四『薬系大系』（ただし　実際は目録番号五）
七『薩州蟲品』
八『本草稿本』
十一『本草』
十二『易牙遺意』

そしてこの領収書には、大正十一年十月の記載と購入資料が岩永文禎氏旧蔵品で、岩永家から永田氏の手に渡ったとする鹿田氏の所見が記載される。また永田氏の第一回入札目録に掲載されており、かつ先の一覧で挙げられていた、六『奇貝圖譜』と九『紅夷本草和解』が、この領収書からは漏れているが、大正十一年十月のはがきでは購入のやりとりが確認できた。したがって、当館が所蔵するこれら蒹葭堂資料は、時間軸からみてもこの入札会以後に悦蔵が入手したものとして間違いない。

これについて他の史料を確認したところ、西宮在住の某氏と鹿田松雲堂・鹿田静七氏との購入に関する書簡が遺されていた。日付や記載内容から蒹葭堂資料の購入に関するやりとりと判断して間違いない。先程の大正十一年十月の消印のあるはがきの宛名もこの某氏である。この書簡類の同封資料に「木村蒹葭堂遺書遺墨展目録　大正十年一月三十日於懐徳堂」というものがあり、『平戸珍魚圖譜』は鹿田静七氏蔵として挙げられている。同じく、某氏宛の領収書に、十一年十二月九日付で『平戸珍魚圖譜』および『阿蘭陀貝圖』が挙げられていることから、この二点については大正十一年十二月の入手と限定していいものと考える。

ただ一点、上記の入札目録に「但シ同業者ノミニテ入札ノ事」が但し書きとしてあることを考えると、悦蔵が直接入札に参加できたのかは疑問が残る。その一方で、この某氏から二年余りで、何の記録も遺さずこれら蒹葭堂資料のすべてを購入したと考えるのも現実的ではない。一つの推測ではあるが、この某氏とは、悦蔵の意向を受けて入札会に参加した業者ではないだろうか。悦蔵は、また資料購入に関して気心の知れた業者に仲介を任せるという手法を後の考古資料の蒐集において頻繁に取っており、奇異に感じるものではない。また余談ではあるが、この入札目録には山片蟠桃の「宰我のつくのひ（ママ）」が掲載されており、悦蔵は併せてこちらも入手したものと思われる。先の受領書等には併記されていないが、この本単独で購入に関する書翰のやりとりが確認できている。問い合わせの多い資料でもあり、この場を借りて報告しておきたい。

　話を戻し、先述の『乃木宗』第五拾四號附録で触れているが、その時点で鹿田氏所蔵となっていた当館資料には「蒹葭堂記々」、「蒹葭堂随筆」、「蒹葭堂剳記」、「蒹葭堂日抄」、「蒹葭堂甲申稿」、「蒹葭堂雑記」、「蒹葭堂詩集」、「蒹葭堂詩」（刊本）がある。これら資料の入手については、受領証が遺されていたのを確認することができた。購入先は鹿田静七その人で、昭和七年九月五日の日付が記される。この書面では宛名は辰馬悦蔵本人となっていることから、この時には直接の交渉を行っていたようである。領収書に記載された書名を先と同様に列挙順に挙げておく。

「蒹葭堂記」
「同　會稿」
「蒹葭堂詩集」
「同　甲申稿」
「同　剳記」
「同　日抄」
「同　雑抄」
「同　雑記」
「同　随筆」
「同　本草随筆」

以上は蒹葭堂手稿本十種として記載されていたもの。

『泉州図』上
蒹葭堂記刊本
蒹葭堂記刊本
蒹葭堂誌

これらの点から『乃木宗』第五拾四號附録に記載されていた蒹葭堂資料がこのときにすべてそろうこととなったようである。

　以上のように館蔵の蒹葭堂資料は、永田有翠氏旧蔵資料が大正十一年秋、鹿田静七氏旧蔵資料が昭和七年初秋に入手したものとみて間違いない。

　このような蔵書印を手がかりとして、当館所蔵資料をさらに見ていくと、それ以前の所蔵者の印と思われる蔵書印の組み合わせとして「蒹葭堂剳記」と「蒹葭堂随筆」の組み合わせ、「蒹葭堂詩集」・「蒹葭堂甲申稿」と「蒹葭堂雑記」の組み合わせを見いだせる。このうち後者に共通して捺された蔵書印は山中信天翁のものであると判明しており、さらに信天翁の蔵書印は先に挙げた資料の他にも「静」「逸静」とするものがあり、前者は「蒹葭堂記々」、後者は「蒹葭堂詩集」で確認できる。これを裏付けるものとして「蒹葭堂記々」への書き込みがあり、裏表紙内面に「明治十九年六月　山中信天翁旧蔵ヲ求ル乃内松雲堂静」とあり、明治十九年（一八八六）に鹿田氏が入手した経緯が記されている。*3

　当館の蒹葭堂関連資料は、本巻に掲載されている自筆本の他にも、このような蔵書印から蒹葭堂の所蔵であったものが伺える資料がある。

　蒹葭堂の蔵書印が捺されている書写本には「秘物産品目」「巧古質疑目録」「心喪集語」があり、いずれも同じ印種である。その他の蒹葭堂に関わる資料にも『沈氏畫塵』に蒹葭堂の所蔵印が確認できる。

　このような蔵書印から判明している旧蔵者情報等では、「検蠹随筆」が西荘文庫旧蔵、『沈氏畫塵』が楠正直文庫亀井家文庫の所蔵シール、『六物新志』に「古陰堂」蔵書印、『煎茶畧説』や『六物新志』にも旧蔵者不明の蔵書印が捺されている。また「心喪集語」「攷古質疑目録」「検蠹随筆」には表紙に四桁の数字が記されたシールが貼られており、同一の入札会等で入手した可能性が高い。

　以上のように、辰馬悦蔵の蒹葭堂資料の収集は、旧「鹿田文庫」・「永田文庫」の自筆本を核として、蒹葭堂の刊行本についても意欲的であったと思われる。旧蔵者や入札記録等が複数確認できるのも、逆にいえば、悦蔵の蒐集に対する思い入れの反映といえるのだろう。

　このような収集に関わる悦蔵の嗜好は旧蔵者の情報から伺える。富岡鉄斎旧蔵の蒹葭堂資料が目立つ点である。鉄斎旧蔵の蒹葭堂資料の中には、特に入手の状況が明確なものがある。鉄斎旧蔵の『奇貝圖譜』である。これには入札票が挟み込まれており、富岡家蔵書の売立会の目録である『富岡文庫御蔵書入札目録』（昭和十三年〔一九三八〕）および『富岡文庫御蔵書第二回入札目録』

（昭和十四年〔一九三九〕）のうち、第二回の目録番号と同じ数字が確認できる。他にも『大同類聚方』など書名の一致するものがあるが、こちらは入札票が遺っておらず詳細は不明である。『周嘉冑装潢志』にも鉄斎の書き入れが確認できる。

蒹葭堂からは離れるが、同じくこの『富岡文庫御蔵書第二回入札目録』に掲載されている蔵書で、現在当館が所蔵している資料に『（元版）考古図』がある。さらに当館のコレクションの主体をなす考古資料には、袈裟襷文銅鐸（伝京都府京北町下弓削出土）等が鉄斎旧蔵品として記録されている。*4

辰馬悦蔵のコレクション形成

以上の点を踏まえ、一般的に考古資料（銅鐸）の収集家として知られている悦蔵が、なぜこれらの資料を集めていたのか、二つの視点から検討してみたい。

一つ目は、辰馬家としてのコレクションから受けた影響である。これはとりもなおさず、富岡鉄斎を中心とした関係性に収斂される。悦蔵が幼少の頃より目に触れてきたものといえば、祖父である辰馬悦叟（たつうまえつそう）（一八三五～一九二〇）が蒐集してきた書画である。先の伝下弓削出土銅鐸等考古資料がないわけではないが、箱書といった記録から鑑みると、銅鐸そのものへの関心より旧蔵者の来歴に鉄斎が名を連ねた面からの蒐集である。その主体が既に触れてきた富岡鉄斎作品や、当館が所蔵する辰馬家家宝の「山碧水明印」を手がけた頼春水・山陽父子の遺墨類である。この中に、頼春水による「題蒹葭堂贈」と題された一幅があり、二三万の書を蔵し、酒を醸すといった蒹葭堂の暮らしぶりに触れている。おそらくは悦蔵が「蒹葭堂」という名を目にした最初の資料なのではないかと思われる。そして辰馬悦蔵が白鷹三代目の当主であることはすでに述べた。悦蔵が当主となったのは、父である二代目悦蔵（一八六一～一九一七）の死によるもので、京都帝國大学大学院に在籍中のことである。実際大正七年（一九一八）に自身の銅鐸に関する著作「淡路松帆村の銅鐸に就て」を執筆していることから、家業を継いだことで研究を断念したわけではない。自身を取り巻く状況の変化は理解していたとして、それでも本意ではない部分を抱えながら酒造業者として歩み始めた悦蔵にとって、蒹葭堂の生き様に対するあこがれを強めていたことは想像に難くない。

二つ目は悦蔵自身を取り巻く環境の変化による影響である。先代急逝の後もまだ初代悦叟、母もんは健在であり、また自身が中心メンバーでもあった西宮史談会での活動記録も残る。例えば、西宮史談会が開催した第三回展示会（大正八年〔一九一九〕）には悦蔵が蒐集した銅鐸が出品されている。しばらくは研究活動にも時間を割くことができたのであったのだろう。しかし、大正九年（一九二〇）に初代悦叟が逝去、翌大正十年（一九二一）に西宮史談会が解散となると、これ以後、悦蔵が遠方へ出かけることは少なくなったとみられる（京大等、京阪神内では確認できる）。実際、酒造業の面でも大正十三年（一九二四）には「白鷹」が神宮御料酒に選ばれ、また西宮では宮水保護調査会が発足している。この時期の白鷹は、製造量が増加の一途をたどる急成長を遂げた時期にあたり、悦蔵が考古学の活動に費やす時間的余裕はなかったのであろう。

したがって、この頃の資料蒐集は、西宮史談会で知己を得た田村政二郎氏の仲介によるものがほとんどであり、例外が蒹葭堂資料（旧永田本）であった。仲介者を信じ、ある程度交渉を任せるというスタンスは、悦蔵自身の置かれた状況に即したものであった。

田村氏に限らないルートで資料蒐集に再び熱を入れ出すのは昭和五年（一九三〇）以後とみられる。これは前年に白鷹を株式会社化しており、物理的・心理的に余裕が生じたのだろう。前述のように、旧鹿田氏所蔵本の入手がこの時期に当たる。

そして戦争による被害と復興のなか、再結成された西宮史談会は西宮文化協会へと名を変え、歴史等の分野に限らない活動を進めていく。一方で悦蔵の蒐集は考古資料に限られていくが、この両者はむしろ対として捉えるものであり、文化協会の発展を軌を一にするように、海外流出の危機に直面していた資料とりわけ銅鐸への関心に軸足を置いたのだろう（銅鐸への関心は梅原末治との交流も大きな要素である）。

こうして戦後には考古資料の収集家として知られるようになった悦蔵の下には、その後の散逸を恐れ、自らのコレクションを託す者も現れ、現在の辰馬考古資料館のコレクションの母体が形成されていった。

　辰馬悦蔵にとって木村蒹葭堂資料は、悦蔵の蒐集活動の経緯を反映した思い入れの深い資料であり、彼自身が目指したであろう世界へと誘う存在であったのだろう。

註

1 本稿で言及しているように、辰馬悦蔵が他にも木村蒹葭堂資料を入手していた可能性は高い。しかしながら、現時点で辰馬考古資料館に収蔵されている資料は【表1】記載のものが全てである。売却・戦災焼失の可能性も併せて、考古資料の入手を含めた辰馬悦蔵の蒐集活動の実態を再検討する必要があるが、この点については稿を改めたい。

2 このとき贈位されたのは、木村重成（正四位）、土橋七郎兵衛・草間伊助・古林見宜・五井加助・佐々木太郎・木村吉左衛門・篠崎長左衛門（以上七名、従五位）の各氏である。この他にも新潟県から片山忠蔵（正五位）、大分県から廣瀬謙吉（従五位）の二名についても言及されている（廣瀬氏を除き故人）。

3 山中信天翁については、二〇〇九年十月十一日、水田紀久先生が来館された折にもご教示を頂いた。この場を借りて厚くお礼申し上げます。

4 梅原末治『銅鐸の研究　資料編』（一九二七年、大岡山書店、二二九～二三一頁）。

【参考文献】

財団法人辰馬考古資料館、高井悌三郎ほか『考古資料目録』（一九八八年）。

四元弥寿著、飯倉洋一・柏木隆雄・山本和明・山本はるみ・四元大計視編『なにわ古書肆鹿田松雲堂五代のあゆみ』（和泉書院、二〇一二年）。

松本順司『原老柳の生涯』（創元社、二〇〇二年）。

【補註】

　脱稿後、本稿の内容と関連して『蒹葭堂遺物』（『木村蒹葭堂全集』第八巻〔藝華書院、二〇一五年〕一六五頁掲載）に「奇貝圖譜」が故辰馬悦叟所蔵である旨の記載があることを知った。一般に悦叟とは北辰馬家初代を指し、本稿で取り上げた辰馬考古資料館設立者である三代悦蔵とは別人である。したがって、先の記述にある辰馬悦叟が初代を指し示すのか、再検討する必要がある。

　北辰馬家初代悦叟の没年は、一九二〇年で、本稿で触れた永田文庫売立についての入札は一九二二年である。また北辰馬家二代悦蔵は一九一七年に亡くなっており、時系列上、永田有翠所蔵後に入手できたのは三代悦蔵だけである。

　この点から可能性として想定できるのは、①永田有翠氏が入手する以前に初代悦叟が所蔵していた時期がある、②初代悦叟と三代悦蔵の読み違いがあるとみる、の二点となろう。まず①について検討してみる。そもそも辰馬悦蔵とは白鷹醸造元である北辰馬家の当主が代々名乗っていた名称であり、悦叟とは蔵の運営を二代悦蔵に託して隠居した後の初代の号である。二代悦蔵が当主となったのは一八九七年であり、亡くなる一九一七年までの二十年ほどが初代が悦叟を名乗っていた時期にあたる。旧蔵者である岩永文禎の没年は一八六六年であることから、①の可能性が成立するのは、未だ未確認の所蔵者の手を経て初代が悦叟を号していた二十年ほどの間に入手し、かつ生前に手放した場合である。よって永田有翠氏等の所蔵記録などによってこの時期の所蔵者の時間軸が明確になれば、この可能性の当否がはっきりとする。次に②の可能性としては、管宗次の記述（「永田有翠と永田文庫」、『文学』第二巻第三号、岩波書店、二〇〇一年）から推測される。管氏は永田文庫の売立後「奇貝圖譜」は辰馬悦叟蔵となったと記している。先に述べたように初代二代ともに亡くなっている時期にあたることから、この悦叟を悦蔵の誤記とみるものである。この年、三代悦蔵はまだ三十歳となったばかりで、二代悦蔵の早世により当主となって四年、初代悦叟が亡くなって二年というタイミングである。辰馬といえばまだ悦叟という理解がのこっていたのであろう。高島屋での展覧会時には、借用交渉は三代悦蔵があたったはずであり、『蒹葭堂遺物』あとがきには故人としての表記となったと思われる。この案の場合、三代悦蔵は初代の墓碑銘揮毫のため鉄斎とも密に連絡を取っていた時期でもあり、蒹葭堂に関する知見も鉄斎から得ていたととらえることも可能である。本稿で述べた、仲介者を介した取引も資料の入手に関しての三代悦蔵自身の信用を蓄えていく段階のものとしてみるならば、②案の可能性が高いと判断できるのではないか。

　以上、補註として現状で確認できる記録から「奇貝圖譜」の伝来に関する可能性を検討した。

木村蒹葭堂「奇貝圖譜」の成立背景――紀州の人々との関わりを中心に

袴田　舞

はじめに

辰馬考古資料館は「奇貝圖譜」を二種類所蔵する。蒹葭堂が出版を企図して制作した図入りの稿本（未刊。以下、「奇貝圖譜」稿本）と、蒹葭堂没後に養子の木村石居（一七七六～一八三八）が刊行した、文字だけからなる蒹葭堂蔵板[*1]の板本（以下、『奇貝圖譜』板本）である。

「奇貝圖譜」稿本は、図を中心として貝[*2]の特徴を視覚的に示した前半部と、貝の名称のリストを中心として、分類や産地、方言などを記した後半部からなる。解題（本書図版篇8）でも触れたように、「奇貝圖譜」稿本は数種の用箋に書いた原稿がまとめられており、現状の体裁に整った時期は明らかでない。ただし、辰馬考古資料館が所蔵する「奇貝圖譜」稿本の現状に若干の増補・整理を加えて転写した写本（西尾市岩瀬文庫〔以下、岩瀬文庫〕蔵）が一点知られ、転写の頃までには、「奇貝圖譜」稿本は現状の形をとっていたと思われる。「奇貝圖譜」稿本は、蔵書印から、医師・本草家の岩永文楨（一八〇二～六六）旧蔵と判明する。[*3]

他方の『奇貝圖譜』板本は、日本、中国、オランダの書物に掲載された貝についての記述をまとめて考証を加えたもので、書物の引用や蒹葭堂の論文を主体とし、図は一切なく、図入り・リスト中心の「奇貝圖譜」稿本とは内容が重ならない。序文は「押照浪速なる蒹葭堂のこと葉」を残す加藤宇万伎（かとううまき）（一七二一～七七）が安永四年（一七七五）に記したが、一章で触れるように刊行は蒹葭堂没後となる。伝来については、蔵書印および表紙に貼付された朱紙から、富岡鉄斎（一八三六～一九二四）旧蔵と考えられる。ところで、『奇貝圖譜』板本は、『渚の玉』や『貝よせの記』と呼ばれる場合がある。これらの名称は、宇万伎の序に続いて蒹葭堂が記した「奈伎左乃玉（なぎさのたま）」の末尾に、この書物を「渚の玉」と名付けるという旨が記されることや、明治期になって大阪の前川善兵衛（文栄堂）より名前を改めて再刊された際の『貝よせの記』という書名によるが、本稿では版心題（「奇貝圖譜」）および題簽に従い、『奇貝圖譜』板本と呼ぶこととする。

さて、近代の研究史において「奇貝圖譜」は、稿本部分の影印を収める『蒹葭堂遺物』（高島屋蒹葭堂会、大正十五年〔一九二六〕刊[*4]）で、希少な貝を詳細な図解で世に示した早い例として紹介された。動物学者の岩川友太郎氏（一八五五～一九三三）は同書において、生きた化石として名高いオキナエビス（「奇貝圖譜」稿本五丁表に「無名介」として載る）など世界的にも希少な貝が、当時にして百年以上前の書物に紹介されることに驚きと賞賛を寄せる。[*5]昭和十年（一九三五）の『日本貝類学史』では、金丸但馬氏が「蒹葭堂の選んだ奇貝の中には上記の外ホウワウガヒ（中略）等があって、今日も珍らしい物に属し其の大部分は本書が初めて其の図を出したものである」と指摘するなど[*6]、蒹葭堂の博識や「奇貝圖譜」稿本の先進性が注目された。

その後磯野直秀氏は、「奇貝圖譜」稿本・板本を、十七世紀末頃からの貝類収集の流行を受けて制作されたもので、最初の貝類書刊本として上梓された大枝流芳『貝尽浦の錦』（宝暦元年〔一七五一〕刊）を補うものと位置付けた。[*7]

これらの他にも、「奇貝圖譜」は稿本巻頭の鮮やかな彩色図を中心に、多くの書籍に掲載されてきた。蒹葭堂は、同じく辰馬考古資料館が所蔵する「薩州蟲品」のほか、「竹譜」「禽譜」「菌譜」『山海名産図会』「本草綱目解」などの博物図譜の制作に携わっている。なかでも「奇貝圖譜」は、蒹葭堂旧蔵と推定される「貝石標本」（大阪市立自然史博物館蔵）とともに、蒹葭堂の博物学的関心を示す代表的な資料の一つとしてたびたび取り上げられている。

このように、特に冒頭の彩色図の精密さや貝の珍しさが注目されてきたが、後述するように、『奇貝圖譜』板本に記される出版の目的が「とりわきめづらしき貝の形をうつして、木にほり世につたへて、好る人のためにす」であることを考えても、稿本冒頭の図は「奇貝圖譜」の中で重要な位置を占める。「奇貝圖譜」稿本冒頭一丁～七丁の彩色図は、貝殻の形態を多方向から描き、慎重な描線と丁寧な賦彩で複雑な凹凸や突起、斑模様を生真面目に写し取っており、言葉では表現しきれない特徴を伝えている。標本の所蔵者名が併記されることとあわせて、他の図譜はじめ書物からの転写ではなく、実物を前にして観察、写生した可能性が高い。画風や筆致を比較できるだけの、蒹葭堂自筆と確定可能な本草博物関係の絵画資料が乏しいため、「奇貝圖譜」稿本が自筆かどうかの判断は慎重にしたいが、実物の観察・記録に基づく蒹葭堂の研究姿勢を示すことは疑いないといえよう。蒹葭堂の所蔵した実物標本が残る点からも、蒹葭堂の貝類への関心を追求することは、蒹葭堂の博物学者（本草学者）としての側面を理解するうえで重要であろう。

そこで本稿では、「奇貝圖譜」の成立経緯を整理したうえで、稿本冒頭の図と、参照したと思われる実物標本を確認する。そして、標本の持ち主として記される紀伊田辺（現在の和歌山県田辺市）の人々と、紀伊藩主の母にして貝類の収集家でもあった清信院に注目し、「奇貝圖譜」執筆に際する、蒹葭堂と紀州の人々の交流の様相を探ってみたい。

一、出版を予定された二冊の「奇貝圖譜」

まずは、「奇貝圖譜」稿本と板本の成立経緯を整理する。『奇貝圖譜』板本の中の「奈伎左乃玉」と題した蒹葭堂の文章には、制作背景について次のように書かれている。

このくにｎにある貝ども、もろこしよりもしなまさりかずおほかれば、行きてこれに心をとむるより、遠きくにぐにまでもたづねもとむる事、としごろになりぬれば、（中略）世にありがたき貝ども、おほくあつまりぬ。其中にて、とりわきめづらしき貝の形をうつして、木にほり世につたへて、好る人のためにす。そのついで、おほよそ和漢の書のなかに、あるほどの貝の事ども、しれる人にとひきつるも、みづからのかうがへ出づるも、其證となるべきを、あつめて一巻とす。

（『奇貝圖譜』板本　三丁裏～四丁表）

これによれば「めづらしき貝の形をうつし」た図を集めることが本書の主な目的で、それに付随して現状の『奇貝圖譜』板本に載る、和漢の書に見られる貝の記述、識者に教示された内容[*8]、蒹葭堂自らが考察した内容などを、証左となる引用とともに記すというのが、当初出版を予定した「奇貝圖譜」全体の内容だったと考えられる。

刊行された『奇貝圖譜』板本に図が一つもないにもかかわらず、序で「貝の形をうつして、木にほり世につたへて」と述べているのは、『奇貝圖譜』の出版が複雑な経緯を辿っていることによる。この加藤宇万伎の序文は安永四年正月（一七七五）の年紀を持つが、『奇貝圖譜』板本は、その年に刊行されたわけではなかった。蒹葭堂は、図と説明を合わせて「奇貝図説」として出版を期したが生前に果たせなかったことが、次の三つの文献からわかる。

一つ目が、上田秋成（一七三四～一八〇九）の「文反古稿」である[*9]。その中で秋成は、『奇貝圖譜』板本の加藤宇万伎序文の前半を書写し、その前書きとして次のように記す。

ふる郷の友、木村孔恭の家にあつめられし、渚の玉と云ふみのはし書を、先比難波の役立におはせし年もとめて成し文也。せうそこの中には取ましへ（「ふ」ト改）ましきを、彼書木村のいまそかりしほとには、世におしひろめたまはらさりしかは、此はし書もいたつらものにてなんあるを、あたらしさに、此度写出てくはふる者也。

（上田秋成「文反古稿」[*10]）

「渚の玉」すなわち『奇貝圖譜』板本とその序文は、蒹葭堂が亡くなったので世に広められず、惜しいのでここに写す、という趣旨である。

二つ目に、最晩年の蒹葭堂と親しく交流した大田南畝は、大坂銅座赴任中の享和元年（一八〇一）七月から同二年五月に録した「蜀山余録」で次のように記す。[*11]

蒹葭堂が蔵むる所の奇石奇貝数品、ことに貝はすぐれたるもの也。相貝経などに見えしは、わづかなる事にして、海国の産は日本に過たるはなしといへり。奇貝図説を著し置るが、大かた梓行なりて、図の所いまだ成らずといへり。

（大田南畝「蜀山余録」[*12]）

「蜀山余録」には書き記した日付が打たれ、右の条には「十月八日夜」とある。「日記」享和元年十月八日条にも、南畝が蒹葭堂を訪れたことが記されて「蜀山余録」の日付と一致し、右の内容は、同日に蒹葭堂から直接聞いたと推測できる。すなわち、蒹葭堂は「奇貝図説」なる書物を著し、おおかた梓行（板木まで彫りあがったという意味か）がなったが、享和元年十月の時点で付図の部分が出来上がっていなかったらしい。蒹葭堂は翌享和二年一月二十五日に没している。

三つ目が、武蔵石寿（むさしせきじゅ）（一七六六〜一八六〇）の「目八譜」巻一である（国立国会図書館蔵稿本による。カタカナは漢字に改め、句読点を補った）。

又介貝の古説は、城州住蒹葭堂石居著たる渚の玉と云書に委し。此書は介殻の名義古実を眼目としてかきたるもの也。故に古実の事は此書に譲て爰に省く。

（武蔵石寿「目八譜」巻一　凡例[*13]）

武蔵石寿は幕臣であり博物学者で、その著書「目八譜」（弘化二年〔一八四五〕序）は、江戸時代貝類書の最高峰と称される。同書凡例では、貝類に関する古説は「渚の玉」に譲るとし、その著者を城州（山城国）の蒹葭堂石居、すなわち蒹葭堂養子の二代蒹葭堂であるとする。[*14]

秋成や南畝の証言と、『奇貝圖譜』板本「奈伎左乃玉」では「恭」（蒹葭堂の名「弘恭」の意）と自称していることをふまえると、『奇貝圖譜』板本は初代蒹葭堂本人の著作であることは疑いない。それでもなお石寿が二代蒹葭堂の著作であると認識していることからは、『奇貝圖譜』板本が初代蒹葭堂没後、二代蒹葭堂石居在世中の刊行になることが読み取れる。

整理すると、蒹葭堂生前に大かた完成していたものの、刊行に至っていなかった文章部分が現在の『奇貝圖譜』板本に当たり、のちに石居によって刊行された。一方の、享和元年（一八〇一）十月時点でいまだできあがっていなかった図の部分の原稿が、辰馬考古資料館の所蔵する「奇貝圖譜」稿本に当たり、これは現在まで刊行に至っていない。ただし、蒹葭堂自身が著作の中心に据えたかったのは、珍しい貝を写した図の部分であった。

二、「奇貝圖譜」前史

蒹葭堂はなぜ、珍しい貝を写した図譜を作ろうとしたのだろうか。蒹葭堂が「奇貝圖譜」の出版を企図した背景には、江戸時代における貝類収集の流行や、貝類書の相次ぐ出版があった。本章では、「奇貝圖譜」の制作に影響を与えたであろう先行資料を見ていきたい。

（一）大枝流芳『貝尽浦の錦』

まず、「奇貝圖譜」の制作目的を記した、『奇貝圖譜』板本「奈伎左乃玉」には次のようにある。

大枝流芳といへる人、貝をこのみて、あまたあつめおき、其形を図し、その品をわかち、浦の錦といふ書をあらはし梓にしてすでに世にひらかりぬ。（中略）さきの浦の錦におちたるをひろひぬれば、催馬楽の詞をとり、名つけて渚の玉といへり。

（『奇貝圖譜』板本　三丁表～四丁裏）

これによると「奇貝圖譜」は、大坂の香道家である大枝流芳[*15]（生年未詳～一七五〇頃）著『貝尽浦の錦』の遺漏を拾ったものだという。『貝尽浦の錦』は、日本で最初の、印刷刊行された総合的な貝類書として知られる。[*16]寛延二年（一七四九）の序があり、同四年（一七五一）正月に江戸の西村源六、大坂の渋川清右衛門および伊和惣兵衛から出版された。現存する冊数は多く、『奇貝圖譜』板本同様に漢字にかなを振るなど、幅広い読者を想定したらしい。『貝尽浦の錦』は二巻本で、「目録」によると、上巻には諸説・和歌の浦真図・歌仙貝遺漏百余品・住吉浦潮干の図・前歌仙貝三十六品評・但馬竹野浦真図・後歌仙会三十六品評・源氏貝配当目録・新撰六歌仙介を収め、下巻には百介図・追補介図・前歌仙介歌并図・後歌仙介歌并図・貝蓋図式并貝あはせやう指南・相貝経を収録する。[*17]源氏貝（源氏物語の五十四帖になぞらえた五十四種の貝）や歌仙貝、貝覆いなどの文学や遊戯と結びついた貝の解説や、貝の産地・採集に適した時期や収集の注意、名所や人物を含めた図などを掲載する。本草博物書からの引用を採録せず、自身の観察による簡便な記載にとどまるものの、貝を形状から蚌、蛤、螺、無対、異、貝の六種に分けた分類は、以後の貝類書に引き継がれた。[*18]

蒹葭堂は、『奇貝圖譜』板本では諸国の書物を博捜して、『貝尽浦の錦』に足りなかった過去の文献による裏付けを集め、「奇貝圖譜」稿本では『貝尽浦の錦』が貝を小さく図示するに止まるのに対して詳細な貝殻のスケッチを記しており、まさに同書の遺漏を補おうとしたといえよう。なお岩瀬文庫には、蒹葭堂が校正を加えた『貝尽浦の錦』を、山本亡羊の次男である榕室（一八〇九～六四）が書写した本[*19]が所蔵されている。蒹葭堂が『貝尽浦の錦』の内容を吟味した様子が具体的にわかり興味深い。

（二）「五百介図」

「五百介図」は、京都の富商である吉文字屋浄貞が集めて天皇に献上した五百種類に及ぶ貝を描いた図譜で、貞享年間（一六八四～八七）または元禄初年（一六八八）の作といわれる。[*20]磯野直秀氏によれば「五百介図」は収集家側から現れた最初の著作で、五百もの品数を集めた図譜はそれまで皆無だったため、写し継がれて後世に少なからぬ影響を与えた。原本は所在不明だが少なくとも五件の写本がある。[*21]このうち、蒹葭堂蔵本による山本読書室転写本[*22]（岩瀬文庫蔵）および平賀源内（一七二八～八〇）転写本（東京大学史料編纂所蔵）、ならびに磯野氏の解説[*23]を参照する限り、解説文や分類を施さず、墨のみで簡単な陰影を付けた図を載せたものである。

蒹葭堂は、この「五百介図」を「奇貝圖譜」の中で参照している。『奇貝圖譜』板本「二之事」には、「高野山にある貝の図」は「浄貞といへる人」が自ら図示したもので、その貝が「五百種」あり、「霊元太上法皇に奉」ったものであるなどの記述がある（六丁裏～七丁裏）。また、「奇貝圖譜」稿本六丁表に描かれる茶色の巻貝の脇に「蜀紅螺　五百介チヽ螺」とあるのは「五百介図」記載の名称を併記したものと見られ、稿本の制作にあたって参照していたと考えられる。

本草学や蘭学に精通した平賀源内も、「五百介図」を整理した図入りの貝類書「浄貞五百介図」の出版を企図しており、明和元年（一七六四）十月付の源内自序と、渡辺主税による序、さらに賀茂真淵による添削を得た写本が残っている。[*24]同書序文によれば源内は、貝の正確な同定のために「五百介図」を探し求め、蒹葭堂とも親しく交流した大坂天満宮社家の渡辺主税のもとでようやく「五百介図」を写すことができたという。このことからも、おびただしい数の貝の図を主体とした「五百介図」は、博物家たちに刺激を与えたことがわかる。蒹葭堂が図を主体とした「奇貝圖譜」を刊行しようとした背景には、「五百介図」の影響があったと思われる。

また、後述するように「五百介図」は後に渡辺主税によって紀伊国に献上され、その際に蒹葭堂が関わっていたと思われる点でも重要である。

（三）『アンボイナ奇品室』

さらに蒹葭堂は、「奇貝圖譜」稿本の制作に当たって、舶来の図譜も参照して正確な描写を期していたと思われる。例えば、三丁表の彩色の貝（「海兎介」ならびに名称未記載の貝）と同じ種類の貝が八丁表に墨一色で描かれているが、後者の墨画の方は、線描と点描を用いて銅版画のような陰影表現をとる。西洋の文物に関しても博識であった蒹葭堂は、オランダの博物学者G・E・ルンフィウス（G. E. Rumphius, 1628–1701）がインドネシアのアンボイナ島で調査した海の生物や化石をまとめた『アンボイナ奇品室』[*25]（原題 *D'Amboinsche rariteitkamer*. 一七〇五年、一七四〇年、一七四一年版がある）を書写して「阿蘭陀貝品」[*26]を記している。

同時代においては平賀源内も『アンボイナ奇品室』を所蔵していたことが知られる。彩色を施した精細な図を交えた同書は、「五百介図」や『貝尽浦の錦』の後に出すべき貝類書の方針を、蒹葭堂や源内に示したと考えられる。

ただし「奇貝圖譜」稿本においては、全ての図に西洋風の描法を用いているわけではなく、和漢の本草書を参照しつつ、試行錯誤して図を描いていた様子が窺える。例えば、「奇貝圖譜」稿本十三丁以降にみられる、貝をやや小さく描き名称と短い解説を附す形式は本章（一）で触れた『貝尽浦の錦』に近い。また、「奇貝圖譜」稿本の、半丁を二枡から六枡の格子に区切って図を配する方法（十一〜十二丁）は、『本草綱目』（明・万暦十八年〔一五九〇〕序）や『訓蒙図彙』（寛文六年〔一六六六〕序）などのベストセラーにも見られるとともに、小野蘭山の師である松岡玄達（恕庵・怡顔斎、一六六八〜一七四六）著『怡顔斎介品』（元文五年〔一七四〇〕序、宝暦八年〔一七五八〕刊）でも採用されている。[*27]『怡顔斎介品』は上下二巻本で、下巻末尾に図が附される。その図は卓抜とは言えないものの、二種類の貝を描くのに半丁を用いて大きく描き、表裏両面を示すなどの態度は、「奇貝圖譜」稿本と共通する。

宮下三郎氏は、蒹葭堂が「伝統的な本草書は、中国という一つの地域の物産をカバーするにすぎないという認識をもち、中国以外の地域の研究には、ヨーロッパの物産書の必要を痛感した」と指摘する。[*28]蒹葭堂は、和漢の先例を踏襲しつつも、実際に標本に接し、オランダの書物も参照して、より詳細に対象の姿を伝えられる描法を模索していたのであろう。このような蒹葭堂の姿勢は、後に出る江戸時代貝類書の白眉・武蔵石寿「目八譜」（弘化二年〔一八四五〕序）の、「介の説諸所に出と雖も其真物を知らずして無用の論多し、故証とするに足らず」[*29]という考えの萌芽とも言えるのではないだろうか。

三、「奇貝圖譜」に描かれる貝と蒹葭堂との接点

それでは実際に、図の部分を見ていきたい。「奇貝圖譜」稿本は一丁から七丁までが同一の用箋で、彩色の図が掲載される。八丁からは用箋が変わり同時に無彩色となるため、巻頭の彩色の図は、七丁裏までをひとまとまりとして考えておく（詳しくは本書図版篇8の書誌情報を参照されたい）。

一丁表に「紀州田辺玉置喜市所蔵五品」と記して玉置喜市所蔵の貝が描かれ、二丁表まで三葉に渡って「ネシヌキ」「比翼介」「海兎介」「風鳥介」「トチベタ」が図示される。「比翼介」「風鳥介」は一方向から各一図、「ネシヌキ」「海兎介」「トチベタ」は表裏二方向から見て各二図を描き、全体で五種・八図が掲載される。続く二丁裏からは「田辺浄恩寺」など所蔵家名を記し、品数は記さないものの玉置喜市所蔵品と同様の方式で配列されていると考えられ、次の所蔵家名が記載されるまでは、丁をまたいでも同一人物の所蔵品を写したものであろう。

ここに記される所蔵家四名のうち、出身・居住地が記されない福田柳圃を除く三名（玉置喜市、浄恩寺、岡田安貞）は、紀州田辺（現在の和歌山県田辺市）の人物である。大坂に住んだ蒹葭堂は、いかにして彼らの所蔵品を見ることができたのか。

大坂の蒹葭堂邸は、「日記」から知られるように、多くの同好の士が訪れるサロンで遠方の人も立ち寄っており、紀州田辺の人が貝見物に訪れることもあった。「日記」天明四年（一七八四）十月十三日条には「紀州田辺吉野家惣兵衛　貝見物」とあり、紀州田辺の吉野屋惣兵衛なる人物が、貝見物に蒹葭堂を訪れている。このとき蒹葭堂に紀州の貝を持参したとも考えられよう。

一方、蒹葭堂は現時点では五度、紀州を訪れたことが確認され、交流した人

物は約八十名に上るという。[30] 一回目は寛政六年（一七九四）九月十六日〜二十四日。二回目は同年閏十一月三十日〜十二月七日。三回目は同九年（一七九七）二月頃。四回目は同年八月頃。五回目は寛政十二年（一八〇〇）五月七日〜二十一日である。このうち寛政九年の二回分については、「日記」が現存しないが、[31] 蒹葭堂と親交のあった文人画家である桑山玉洲の「珂雪堂画記」と、木村蒹葭堂筆「崖下泛舟図」（和歌山市立博物館蔵、寛政九年〔一七九七〕）から和歌山訪問が判明する。[32]

「奇貝圖譜」に登場する紀州田辺の所蔵家たちは「日記」に名が見えないが、それは蒹葭堂と直接の交流がなかったことを示すとは言えず、むしろ「日記」が現存しない期間の蒹葭堂の行動を知るよすがとなる。

そこで本章では、彼らと蒹葭堂の接点を探ってみたい。ここで、あらためて「奇貝圖譜」稿本巻頭に登場する所蔵家四名について、貝類標本の名称・点数等を記すとともに、所蔵家の概要を記す。なお、この四名以外にも本稿末尾の【表1】に、「奇貝圖譜」稿本掲載の人名と付随する情報を翻刻し、「日記」への登場の有無を記したので、併せて参照されたい。

（一）玉置喜市

「紀州田辺玉置喜市所蔵五品」計五種・八図

一丁表：ネシヌキ（二図）
一丁裏：比翼介（一図）、海兎介（表裏二図）、風鳥介（一図）
二丁表：トチベタ（二図、「表」「裏」の注記あり）

玉置喜市所蔵品（一丁表〜二丁表）は、和歌山でよく採れるとされる「海兎介」など、五種八図である。一丁表の螺旋階段のように渦を巻いた薄紅色の巻き貝「ネシヌキ」は、金丸氏によれば「後に目八譜が此の貝を図しチマキボラ（千巻法螺）なる和名を命じた以外、前後に何人も図し得なかった珍品」で、「今日でも甚だ少なく近年和歌山、徳島、高知の各県の深海部から僅少の標本が採集された外あまり多く採れた事を聞かない」希少な貝だという。[33] チマキボラは、生きているときの殻表は淡紅色で鮮やかだが月日が経つと淡い藁色になるので、[34] 薄紅色をした「奇貝圖譜」稿本の図は、採集後ほどなく写したと思われ興味深い。「比翼介」はニシキヒヨク、「海兎介」はウミウサギ、「風鳥介」は後述の標本と比較するならばシギノハシと思われる。[35]

玉置喜市については、罫紙に貝の所蔵家を一覧に表す三十四丁表において、「玉置　干鰯屋喜市」（欄外に「△ネシヌキ大貝／トチベタ介／ヒヨク介」）とあり、田辺で干鰯屋を営んだ人物とわかる。「日記」天明五年（一七八五）二月二十五日条には「紀州干鰯屋茂兵衛」とあり、蒹葭堂が、寛政六年（一七九四）九月に初めて紀州を訪れる約九年前から、紀州の干鰯屋と交流があったことを示している。

玉置氏は田辺の名家で、二代喜三郎（生年不詳〜一六七六）の子である喜市が分家して干鰯屋となり、本家・分家からその後も数家に分かれ、大年寄を勤めることもあった。[36] 干鰯とは、脂をしぼった鰯や鰊を乾燥させた肥料で、田辺地方においても農業生産に使用され、農民の干鰯購入もかなりの量にのぼったと考えられている。[37] 玉置家も富裕であったのだろう。干鰯屋（大干）玉置氏は、第五代（生年不詳〜一八〇〇）まで代々「喜市」を襲名しており、現時点で十分な情報はないが、「日記」の「干鰯屋茂兵衛」は玉置家のいずれかの人物の通称である可能性も想定される。

玉置氏は文人も輩出している。蒹葭堂と同世代の玉置香風（通称喜平次、一七三七〜一八〇三）は俳諧に長じ、「田辺六俳仙」に数えられる。[38] 香風は、天明三年（一七八三）には松尾芭蕉の「奥の細道」をたどる俳諧行脚の旅に出て、京都では与謝蕪村など俳人に句を寄せてもらい、大坂にも立ち寄るなど、京坂の文人と交流した。蒹葭堂や周辺の人物との交流も想像されよう。なお香風は、町大年寄や砂糖方も務めていた。玉置氏は本家・分家ともに次に述べる浄恩寺の檀徒で総代も務めた。[39]

（二）浄恩寺

「田辺浄恩寺所蔵」計四種・五図

二丁裏：隠嚢介（二図）、菱介（一図）、紅シホリ介（一図）、紅セコ介（一図）

浄恩寺所蔵品（二丁裏）は、橙色で、大きな外唇が特徴的な「隠蓑介」（オニムシロ）、絞り染めのような紅色の模様がある「紅シホリ介」（ベニシボリ）、日本の三美螺の一つ・寿星螺に同定される「紅セコ介」（ジュセイラ）などの巻貝と、「菱介」の計四種五図である。[*40] 隠蓑介（オニムシロ）は、田辺の堺屋喜右衛門が文化十一年（一八一四）に記した「田辺介価録」[*41]によれば一両の高値が付き、珍重されていたとわかる。

浄恩寺についても、玉置喜市と同様、「奇貝圖譜」稿本巻頭と三十四丁裏に記載がある。三十四丁裏欄外に「△カクレミノ介／紅シホリ介／紅セコ介」とある他は、住持の名などの情報は記されず、「日記」にも確認できない。

教主山浄恩寺は、浄土宗知恩院の末寺で、田辺城下の会津川河口右岸に位置する漁師町・江川にあり、隣接する西方寺・龍泉寺とともに「江川三か寺」と呼ばれた。[*42] 現住所は和歌山県田辺市古尾。浄恩寺は紀伊徳川家とのつながりが深い。浄恩寺第六世の玄恕魯洞は初代紀伊藩主頼宣（よりのぶ）（一六〇二〜七一）が帰依した高僧で、頼宣に随従して和歌山へ行き、大智寺・大恩寺両寺を開創した。[*43] 蒹葭堂も五章で述べるように紀伊徳川家との交流があり、浄恩寺と紀伊徳川家とのつながりの深さは、蒹葭堂と浄恩寺の接点を考える上で興味深い。

浄恩寺は会津川を望む風光明媚な地にある。『田辺町誌』によれば、浄恩寺・西方寺の門前は、明治中期までは芝生の小公園で「浄恩寺の芝」と呼ばれ、明治維新当時には会津川を臨む料亭があり、文人墨客はこれを暾流亭と呼んで常に宴遊したという。[*44] 蒹葭堂が紀州を訪れた頃から暾流亭があったかはともかく、江戸時代から文人たちが訪れる景勝地であった可能性があり、文人同士の交流という観点からも、蒹葭堂が立ち寄っていたとしても不思議ではない。

この玉置家および浄恩寺に貝類標本が現存することを新たに確認したので紹介しておきたい。[*45]（本書図版篇・参考資料（三）参照）。

玉置家の標本は六段の漆塗重箱に収められる。箱の下部に穴を開け緑色の組紐を通し、側面（長辺）には波形に切り込んだ材を用いる。接合部は木を組み竹釘を打つ。蓋を含めた重箱の総高は三〇・九センチ、幅二三・四センチ、奥行三五・二センチ。総体透漆塗として木目を残し、底面は内外とも白木のままとする。枡目は設けず、底に和紙と綿を敷いてその上に貝を並べる。貝の点数は、二枚貝が分離しているものなどは二点と数えるなど、個体数ではなく、確認できる破片一枚につき一点と数えた結果、全部で一三一点となる。

各段の高さは、上段（一段目）から下段（六段目）に向かって深くなり、収められる貝も、最上段（高二・四センチ）に最も小さいもの六十六点、二段目（高二・八センチ）にやや小さいもの二十三点、三段目（高四・三センチ）にやや大きいもの十四点、四段目（高四・八センチ）にさらに大きいもの十三点、五段目（高六・七センチ）に八点、六段目（高九・三センチ）に非常に大きいものを七点と、大きさごとに明確に分けられている。ただし、大きさが異なるだけの同種の貝が別々の段に収められている場合もあり、種による厳密な分類よりも、美しさを重視した収納方法となっているようだ。二段目のみ、漉き込み料紙を用いた短冊状の種名札が七点、標本の上に載せられているが、他の段には種名札は見られない。

次に、浄恩寺の標本は、七段の漆塗重箱に収められる。蓋を含めた重箱の総高は約四十八センチ、幅三十二・〇センチ、奥行四十五・二センチ。総体黒漆塗とし、表面には木目を残して、縁部を朱漆塗とする。蓋裏は全面黒漆塗で、身内側は側面を黒漆塗とし底面は白木のままとして、各段の裏面を墨塗とする。枡目は設けず、箱の身に綿を敷き、その上に貝を並べる。各段の高さは、玉置家標本箱同様に上段から下段に向かって深くなり、最上段（高三・五センチ）に最も小さいもの百二十六点、二段目（高四・二センチ）にやや小さいもの八十四点、三段目（高五・七センチ）にやや大きいもの四十点、四段目（高六・六センチ）にさらに大きいもの四十三点、五段目（高七・九センチ）に三十点、六段目（高八・七センチ）により大きいものを十七点、七段目（高一〇・六センチ）に非常に大きいものを十一点収納している。玉置家標本と同じ数え方で貝は全部で三五一点あり、これも同様に同種の貝が、大きさにより異なる段に分けて収められている場合がある。

浄恩寺標本は玉置家標本とは異なり、各段の標本上に目録が載る（図1）。標本箱に合わせた実物大の和紙に枡目を引き、その中に貝名を記したもので、

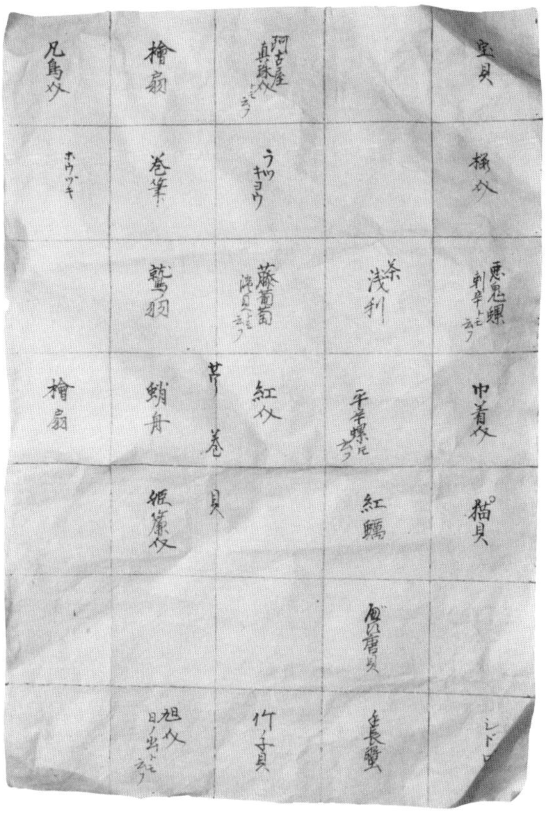

図1　浄恩寺蔵「貝類標本」第三重、標本上に載る目録

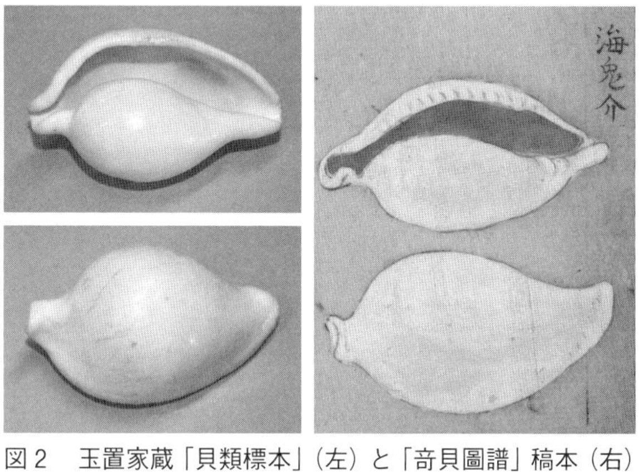

図2　玉置家蔵「貝類標本」（左）と「奇貝圖譜」稿本（右）の比較

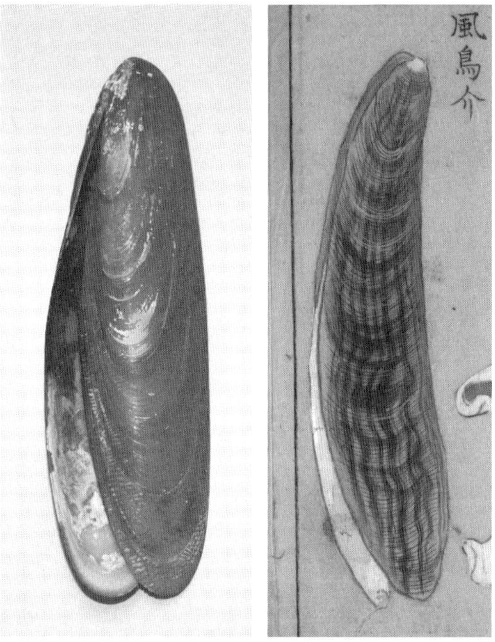

図3　玉置家蔵「貝類標本」（左）と「奇貝圖譜」稿本（右）の比較

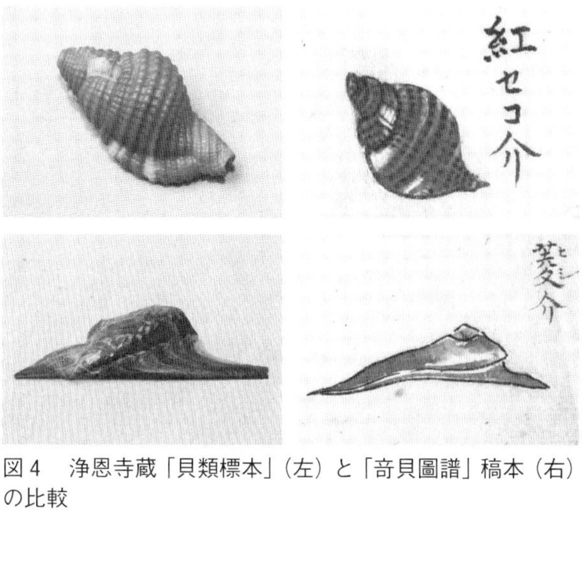

図4　浄恩寺蔵「貝類標本」（左）と「奇貝圖譜」稿本（右）の比較

標本の内容とほぼ一致するようである。標本があるものの枡目が空欄の部分は、その筆者が貝名を推定できなかった部分か、目録作成より後に加えられた標本だろう。なお、最下段の目録中央部に「南洋カロリン郡島／ポナペ島産／高瀬貝／小井栄吉氏寄附」として新たに貼紙された部分は近代の追加である。

玉置家、浄恩寺所蔵標本ともに、「奇貝圖譜」稿本の図と近しい形姿の貝がいくつか見られ（図2～4）、実際に蒹葭堂がこれらの標本を見た可能性が想定される。「奇貝圖譜」稿本に載るものの現存の標本箱に含まれない貝もあるため、散逸の可能性もあり、標本箱が形成された時期についてもなお検討を要するが、蒹葭堂が見た可能性のある標本が現在も当地に伝わる点は重視すべきであろう。

（三）岡田安貞

「田辺岡田安貞所蔵」計十一種（「波斯介」と「波斯国介」を同一とみなす）・十七図

三丁表：九輪介（二図）、海兎介（一図）、波斯介（一図）、名称記載なし一種（一図）

三丁裏：紅巻介（二図）、タカヤサン介（一図）、糸掛介（一図）、銀杏介（一図）、セン螺（一図、「玉子色」の注記）、金魚介（一図、「五百介ニ禿介」の注記）

四丁表：名称記載なし一種（二図）

四丁裏：波斯国介（三図、「水吸介」の注記、無彩色）

岡田安貞所蔵品（三丁表～四丁裏）は、多くの突起と長い水管溝が特徴的な「九輪介」（イトグルマ）、陶器のように白くなめらかな「海兎介」（ウミウサギ）、殻頂からつながる縦肋が糸を掛けたような「糸掛介」（オオイトカケ）など、十一種十七図の貝である。*46「田辺介価録」によれば、糸掛貝は最高価の「金五両以下」、海兎はついで高い「一両以下」の値が付けられている。ここでも浄恩寺所蔵品と同様、当時稀少とされたであろう貝が掲げられている。

岡田安貞も、前二者と同様「奇貝圖譜」稿本三十四丁表を見ると、罫紙の枠内に「有隣軒　芝仙煌々翁　岡田安貞」の名が有り、その真上の欄外に「△海兎介　九輪介／猩々介」など貝の名称が記されている。岡田安貞は、「五枝軒　広沢仁左衛門（右脇に「久右」）　善香　二文字屋仁左衛門隠居」、「不磷斎　嶋田宗淳　戎屋八郎右衛門隠居」（欄外に「△モ、ヨ介／セウラ」）、「連州　奥田重固　百足屋仁兵衛」、「鑑古堂　釈僧辨字大訥号白須　順照寺」（欄外に「△波斯国介／△朝鮮セコ介」）などの所蔵家と並んで記されている。

岡田安貞の名は「日記」には確認できないものの、暁晴翁撰『蒹葭堂雑録』*47巻之二、二十二丁裏の鑑古堂物産会の記事には「紀州田辺　岡田伊左衛門」なる人物がみえる。同書によると鑑古堂物産会は宝暦十三年（一七六三）に京都の東山芙蓉楼で催され、紀州田辺の岡田伊左衛門は、「銀蛇　鏡魚　漢渡大蘆(ヨシノカ)籜(ハ)　変生ノ松花二品　海松毬(テウセンノマツカサ)　李章治　レイシキ螺　竜宮蛍介　鴨脚螺(イチヤウガイ)」を出品した。

「奇貝圖譜」稿本に記される岡田安貞所蔵の貝類と、鑑古堂物産会の出品物とは名称上一致しないが、「奇貝圖譜」稿本三十四丁表に安貞と並んで列挙された所蔵家のうち、不磷斎・嶋田宗淳と順照寺の鑑古堂・釈僧辨は、同じく宝暦十三年の鑑古堂物産会の会主である。会主二名など鑑古堂物産会の出品者が「奇貝圖譜」に名を連ねていることをふまえれば、岡田安貞が鑑古堂物産会出品者の岡田伊左衛門である可能性は高い。

岡田安貞は、多くの珍貝の所蔵家として知られる。岩瀬文庫が所蔵する「岡田安貞原蔵介品録」は、弘化四年（一八四七）六月に伊勢の好貝家西村廣休(にしむらひろよし)（一八一六～八九）の有に帰した、*48岡田安貞収集の貝目録である。内容は五つに区分され、珍記（九重・四百七十九品）、妙記（七重・百九十七品）、絶記（七重・二百二十一品）、稀記（六重・百一品）、奇記（五重・百品）の五記合計三十四重一千九百八品の多きに上る。

物産会の記録と「奇貝圖譜」所載の貝名が一致しないのは、単に別称で記すためか、蒹葭堂が物産会とは別の機会に新たな貝を見たためか判断できないが、あるいは「日記」の現存が確認できない時期などに、蒹葭堂がその膨大な貝のコレクションを閲覧していたとも考えられよう。

（四）福田柳圃

「福田柳圃所蔵」計十九種・三十一図

五丁表：無名介（二図、「按アケマキノ一種ナラン」「無穴」の注記）
五丁裏：山伏介（三図）、藻塩介（一図）、巻銀露介（一図）、丁字介（二図）、棕櫚ノ花介（一図）、カイキヤウ（一図）、薙刀馬刀（二図）、啄木介（一図）、コジドメ介（二図）、蓑介（二図）、無名介（一図）
六丁表：筍介（二図）、蜀紅螺（二図、「五百介チ、螺」の注記）、亀介（二図）
六丁裏：錦螺（一図）、芭蕉介（二図）、綾纏螺（二図）
七丁表：蜘蛛介（一図、「雌介ナリ」の注記）
七丁裏：名称記載なし（一図、七丁表「蜘蛛介」の裏面を描く）

福田柳圃については不詳だが、「日記」天明三年七月二十五日条には「柳圃ノ子」として「福田市左衛門」が登場しており、柳圃と蒹葭堂も何かしら交流があったと考えられる。福田柳圃の所蔵品は四者の中で最も数が多い。なかでも、現生オキナエビス類の最古のスケッチである可能性が高い「無名介」（ベニオキナエビス）が描かれており、先行研究でも注目を集めてきた。[*49] 本図には、この種の特徴であるといわれる口縁の切れ込みが正確に描かれている。ベニオキナエビスは、外房、紀伊半島～沖縄、台湾、フィリピンに分布し、日本でも採取が可能だが、水深一五〇～三〇〇メートルという深さの岩礫底に生息するため、目にする機会は少ない。オキナエビスガイ類は五億年前に遡る古い系統の貝で「生きている化石」として知られ、その稀少さゆえにかつては標本も少なく、一九六四年に台湾でリュウグウオキナエビスが再発見された際は、現在の価値で三百万円近くの高値が付けられたという。[*50] 蒹葭堂は「無名介」としており、当時においても珍しく、名前が知られていなかったと考えられる。

筆者の知識の及ぶ範囲が限られるためすべての貝について記述することは叶わないが、右の四者の所蔵する貝は、現在もその見た目の鮮やかさや希少性から珍品として知られるものが多く含まれる。産地については、日本よりも南方でのみ生息する貝もあるものの、多くは、房総半島または紀伊半島以南に分布する日本近海産の貝らしい。「奇貝圖譜」稿本に載る紀州の人々の所蔵品は、紀州で自ら採集した貝を中心に、旅先での採集や、交換により集めたものも含むのであろう。紀州の所蔵家は、採集にも海運にも適した地の利を生かしてこれらの貝を集めたと想像される。

こうして見ていくと、「奇貝圖譜」稿本に図が載る貝の所蔵家はいずれも、蒹葭堂と直接交流を持ち得た人物である。玉置家と浄恩寺には標本が現存し、岡田安貞については所蔵した貝の目録が残ることから、彼らは実際に多数の貝を集めていたことがわかった。玉置家と浄恩寺の所蔵品の中には「奇貝圖譜」稿本の図とよく似た形姿の貝があることからも、蒹葭堂は何らかの手段で彼らの所蔵品を見たと考えられる。ただし、いつどこで彼らの所蔵品を見たかという問題は、明確にはしえなかった。これについては今後の課題としたい。

四、紀州田辺と貝

なぜ、田辺に貝のコレクターが多くおり、彼らの所蔵品に蒹葭堂が注目したのだろうか。その理由の一つは、紀州の貝が古来著名であったことにあるのかもしれない。

温暖な気候に恵まれ多種多様な貝類が生息した紀州は、貝を愛好する者にとって常に関心の対象であったようである。[*51] 紀州の貝についての記述は記紀以来文献に現れ、十八世紀には貝類愛好の広がりとともに本格的な研究・紹介が始まって、蒹葭堂以前にも大枝流芳『貝尽浦の錦』（二章参照）や平賀源内「紀州産物志」（宝暦十二年〔一七六二〕）など、紀州の貝を多く取り上げた書物が作られた。[*52]

磯野氏は、「享保元文産物帳」に載る貝類の品数が、紀伊藩は飛び抜けて多いことを指摘する。[*53]「享保元文産物帳」は、幕府が享保末年（一七三六）全国に通達を出し、各藩から提出された動植鉱物に係る報告書である。[*54] 磯野氏によれば、海に接する十六の藩から提出された貝類の品数は平均が四十で、十二～

六十八品に収まるが、紀伊藩が提出した「紀伊産物帳」に記される貝は百六十四品にものぼる。これは、紀伊国が貝の名産地として古来貝類愛玩家に名高いため、「紀伊産物帳」には月日貝、梅の花貝のような雅名をもつ貝が百三十以上記され、そのために紀伊国の貝の品数が他藩を圧倒的に上回ったと分析されている。[*55] このように、紀伊国の人々自身も貝への関心が高いため多くの貝を見分けることができ、他国の人々にも、紀州の貝は注目されていた。

蒹葭堂自身も紀州を貝の名産地と捉えている。「奇貝圖譜」板本では八丁裏から九丁表にかけて貝の産地を列記し、例えば伊勢では二見浦と白子濱の二箇所、対馬では久太村・けち村・高濱の三箇所など一～四箇所の地名を記す。その中で紀伊については最も多く五つの地名を挙げ、その内訳は、和歌浦・加太浜・千里浜・田辺浦・目良浦である。蒹葭堂は、他の国に比して紀伊国に貝の産地が多いと認識し、さらに、その産地に田辺が含まれると認識していた。

また、平賀源内は、源内が仕えた五代高松藩主松平頼恭（一七一一～七一）の命を受けて田部（田辺）に三十日あまりも逗留して貝を採集したことや、同じく頼恭の命で貝の採集を行った相模の海辺よりもさらに、紀伊国の海辺が興味深かった旨を「浄貞五百介図序」に記している（傍線は筆者による。濁点、句読点を補い、旧字を新字に改めた）。

> 同じ年（筆者注：宝暦十年〔一七六〇〕）の見な月ばかり、君がさぬきにかへります時も、またしたがひまいりぬ。山城の伏見のやどりにいたりてのたまはすらく、紀の海こそよにいつくしき貝らさはなりと聞り、なほ行てとりてこよ、とておほくのこがねをたひてけり。若の浦、加太、塩津、由良、日井、印南などいふ海辺をば行もとほり、田部てふ所に三十日まりぞやどれりける。そのちかき浦々はいたらぬくまもあらず、ひろはぬかひもくかたまもさはにつみかさねつれば、相模の海のちひろのそこもあさくなん覚えける。
>
> （平賀源内「浄貞五百介図序[*56]」）

紀州における貝の豊富さは高松藩主の耳にも聞こえており、実際に赴いた源内も、紀伊国、特に田部（田辺）で見るべき貝が多く採れたことに感嘆している。

源内がこのときの調査を受けて記した「紀州産物志」でも、紀州の貝について、「貝之儀は甚宜き物御座候。其上種類多き事、他国之可比も無御座候。天下第一之名産と奉存候。[*57]」と、その種類の多さは天下第一だと述べる。ほかに、紀州の貝所蔵家について述べた箇所も、本稿に関わり興味深い（傍線は筆者による。旧字を新字に、カタカナを一部ひらがなに改めた）。

> 御国に而近世貝すきの名を得候者、田辺龍泉寺　干鰯屋喜市、加賀屋吉兵衛、瀬戸本覚寺、南辺山内勘右門、湯浅林蔵なとに而御座候。干鰯屋喜市、山内勘右門は物故仕、龍泉寺は及老衰候、只今に而は瀬戸本覚寺、かゝ屋吉兵衛、湯浅林蔵のみ、貝の名を相伝へ居候。
>
> （平賀源内「紀州産物志」）

源内は、近年の紀伊国における貝に詳しい人物の名を列挙し、ここに、「干鰯屋喜市」すなわち三章（一）で触れた玉置喜市を含んでいる。「干鰯屋喜市」は「物故」と書いており、「紀州産物志」を記した宝暦十二年（一七六二）の時点で没していたことがわかる。ただし先に述べたように玉置家は代々喜市を襲名しているので、蒹葭堂が出会ったのは、源内が見知った喜市の次の世代と考えれば、年代に齟齬はない。また、源内は「田辺龍泉寺」にも触れているが、龍泉寺は、三章（二）で述べた浄恩寺に隣接する、いわゆる江川三か寺の一つである。このことからも、田辺地域には貝に詳しい人物が複数おり、紀州を歩いた源内の耳に入っていたことがわかる。

さらに田辺地域についての情報を集めてみたい。『田辺町誌』によると、天明三年（一七八三）十月、紀伊藩の御国名物類取調により、田辺大庄屋田所八郎衛門らが連署で書き上げた田辺付近の名物に「貝類」が含まれており、[*58] 田辺地域の人々自身も、貝殻を名物と捉えていたことがわかる。文化十年（一八一三）に、田辺江川浦網屋惣兵衛と同浦堺屋喜右衛門らが書き上げ、町奉行所に提出した「紀州介品書上」には、当時田辺で知られた貝類三百二十種、その他石花十五種、海松五種が目録に書き上げられる。[*59] その「口上」には「御国内ニテ者田辺領貝類別テ多有之故貝商仕候者モ多有之」とある。田辺地域は紀州でもとりわけ貝が多く採れ、貝を商う者も多いと述べられている。

この「紀州介品書上」を担当したのが、三章で触れた浄恩寺の所在地であり玉置喜市の拠点でもあった、江川浦の人物である点も興味深い。さらに、書上を担当したうちの堺屋喜右衛門は、別名を濤華仙といい天保年間（一八三〇～四三）に活躍した貝類標本商で、貝類を携え京都に上って、蒹葭堂と同門でもあった山本亡羊一門の間に出入りしていたという。[*60] そこから考えると、田辺を訪れた蒹葭堂の口利きで堺屋喜右衛門が亡羊門に出入りするようになった可能性や、反対に彼らが京や大坂へ行き、蒹葭堂に貝を披露したために蒹葭堂が田辺の貝に注目したとも考えられ、蒹葭堂と田辺地域の関わりを考えるうえで興味深い。三章で前出の「田辺介価録」（岩瀬文庫蔵）の作成にも、堺屋喜右衛門が関与している。[*61] このように、紀伊国、特に田辺地域は、貝を多く産し、所蔵家や貝について造詣の深い人物も輩出していた。

五、紀伊徳川家・清信院と「六百貝品」

「奇貝圖譜」の成立経緯と江戸時代貝類書における位置付けを考える際、蒹葭堂と紀伊国との関係について、もう一つ注目しておきたいことがある。蒹葭堂は紀州の文人と親しく交流しただけでなく、藩主やその周辺人物との交流も深かったという点である。「日記」には、十代紀伊藩主徳川治寶（とくがわはるとみ）（一七七一～一八五二）を指す「紀州様」やその大坂における居邸の「紀州邸」がたびたび登場する。その回数は「紀州様」で八回、「紀州邸」で十回、「紀邸」で八回、使者が派遣されたと思われる「紀州使」で二回など数多い。

蒹葭堂は五度紀州を訪れたが、確認できる最初の紀州旅行（寛政六年〔一七九四〕九月十六日～二十四日）では、八代紀伊藩主徳川重倫（しげのり）の実母で、十代藩主治寶の祖母である清信院（せいしんいん）（一七一八～一八〇〇）の居所「吹上御殿」で、「御貝拝見」をしている（「日記」九月二十一日条）。近藤壮氏は、これは蒹葭堂が一方的に貝の閲覧を申し出たのではなく、紀伊藩側からの要請があったためと指摘する。[*62] その根拠は「日記」から、吹上御殿に参上する二十一日までほぼ連日藩の役人と面会し、詳細に打ち合わせをした様子が看取されること、以前にも「日記」天明九年（一七八九）閏六月二十日条に、藩役人「猪飼虎五郎」が「紀国清信院御用」で蒹葭堂を訪ねたと記され、蒹葭堂が清信院の御用を仰せつかっていたことによる。天明九年（一七八九）の「紀国清信院御用」について近藤氏は次のように推察する。「御貝拝見」の約五年前の寛政二年（一七九〇）、蒹葭堂は酒類の過醸事件で謹慎中であった。しかし同年蒹葭堂が親しく交際していた大坂天満宮の社家・渡辺主税（わたなべちから）が、[*63]「五百介図」（二章（二）参照）に解説を付けた貝類書「五百介図幷辯」を清信院に献上したことが小原桃洞撰『桃洞遺筆』（第二輯「白蟶」）より判明する。[*64] 蒹葭堂が受けた「御用」とは「五百介図幷辯」を作成することであり、主税は謹慎の身となった蒹葭堂に後を託され、同書を代わりに献上したものではないか。[*65]

蒹葭堂が「御貝拝見」の前から清信院と関わり、「御貝拝見」が公的な御用の一環だったとして、清信院が蒹葭堂に貝を見せ、渡辺主税に「五百介図幷辯」を献上させたのは何のためだったのだろうか。結論からいえば、その目的は、清信院が編纂に関与した「六百貝品」に反映するためだったと考える。

現存する「六百介図」（六百貝品）は、文字通り約六百品を集めた貝類図譜である。磯野氏は「六百介図」の意義について次のように述べる。「六百介図」は、先行する「五百介図」の墨図よりも正確かつ全品が彩色されていたため博物家や愛好家の注目の的となった。原本の姿を厳密に伝える資料は現時点では見つかっていないが、「六百介図」を使いやすく改変した貝類書が次々に生まれ、その系列本は二十五点を数える。そして、「六百介図」は幕末に現れる武蔵石寿「甲介群分品彙」に結実し、江戸時代最高の貝類書である石寿自身の「目八譜」へとつながっていく。その意味で「六百介図」は、江戸時代に多数作られた貝類の図譜や解説書の中でも非常に重要な位置を占める。[*66] さらに、いずれの転写本にも序跋や年紀はないものの、清信院が集めた貝石とそれに関する書物などを清信院没後に紀伊藩で調べた目録「若山江戸御蔵物貝品幷石類調帳」（写本、杏雨書屋蔵）により、制作経緯が判明するという点でも重要である。[*67]

「若山江戸御蔵物貝品并石類調帳」に記載される貝類標本は約三千点に上る。全八十九丁のうち前半四十丁までが若山（和歌山）の部、後半四十一～八十六丁が江戸の部、その後八十七～八十九丁に追記があり、図および序跋はない。八十六丁表に「文化五年辰十一月調之」とあるのが調査終了のときと推定される。江戸赤坂の中屋敷に保管された貝箱のうち主要な三組は、文政元年（一八一八）八月の火災で焼失した旨の追記があるが、清信院収集品の一部と思われる紀伊徳川家旧蔵の貝類標本が現存して和歌山県立博物館の所蔵となっており、その姿を伝えている。*68

磯野氏は、この清信院の目録中に、①「六百貝品御書物」あるいは「六百貝品絵図」という書物が登場し、②同目録所収の収集品貝箱の数組に「六百貝品の内」の付記があり、③同目録中の貝名と現存する図譜「六百介図」の中の名称がよく一致するという点と、④武蔵石寿篇「甲介群分品彙」に「南紀公六百貝品」と記した箇所があることから、「六百貝品」は清信院の収集品を描かせた図譜であり、現存の多様な「六百介図」の原本であると考察されている。*69

「若山江戸御蔵物貝品并石類調帳」中に、「六百貝品御書物」や「六百貝品絵図」という書名が出る部分には次のようにあり、「六百貝品」への清信院の関与が想定される（傍線は筆者による）。

> 六百貝品御書物　三冊／竹田慶安定前撰并書／中村耕雲邦幹画／右は清信院様御遺言にて、御卒去後御表江被進に相成（後略）
>
> （「若山江戸御蔵物貝品并石類調帳」二十五丁裏～二十六丁表〔若山の部〕）
>
> 六百貝品絵図并御序跋　三巻　桐白木御箱入／但／御序　治宝卿御作／かな序　柏　諸成（田安家臣野田帯刀、隠居号助教）作／御跋　桑名侯遊心院殿御作／右一軸　井田主膳忠順書之／絵図　中村耕雲筆／右は清信院様御遺言にて、御卒去後御表江被進に相成（後略）
>
> （「若山江戸御蔵物貝品并石類調帳」八十七丁裏～八十八丁表〔江戸の部〕）

「六百貝品」と名の付く書物（中村耕雲による絵図入り）が、いずれも清信院の遺言で、院没後に、私的な居住空間から表へ、すなわち江戸城御殿の公的空間へ置かれるようになった旨が記されている。「六百貝品」の制作には清信院が関わった可能性が非常に高いといえよう。

「六百貝品」はどのような状況で編まれたのだろうか。ここで改めて、平賀源内「紀州産物志」の紀州の貝に関する評価を確認しておく。

> 日本に而中古諸之貝を集め、高貴之人之玩と相成候儀、甚雅遊に而御座候。近き頃　東山帝御宇、京師之衛士浄貞勅を蒙り、国々之貝を尋候、其書を私方に相伝居申候。此書も御国之御産も多く相見へ、古歌にも貝を詠候は、御国と伊勢を専に詠候。貝之品類多き事は諸書に而も見当り不申候。御国を世界第一之名産と奉存候。右貝を玩候儀、漸おとろえ候ゆへ、只今にては名なとも間違多御座候。御国に而好候而集候者も、五六十年以前迄は多く御座候へ共、只今に而は夫さへ古人に相成、貝之名も古きを失申候。御国に而近世貝すきの名を得候者、（中略）只今に而は瀬戸本覚寺、かゝ屋吉兵衛、湯浅林蔵のみ、貝の名を相伝へ居候。就中かゝ屋吉兵衛能覚居候。最早及老年、今此者相果候へは、貝の正名永く亡可申義可惜事に御座候。私儀貝品絵画仕、彼者とも覚へ、和名を相正し、漢名等一々相考申上度存念御座候得共、是又力不足御座候故、打捨置候、是等は薬用に而無御座候得共、風雅之一助に而御座候。
>
> （平賀源内「紀州産物志」）

大意は次のようなものである。すなわち、貝を集め愛でるのは古来貴人の風雅な遊びであった。紀州は「世界第一」の貝の名産地で、「京師之衛士浄貞」が「勅を蒙り」著した書物、すなわち浄貞「五百介図」にも紀伊国に産する貝が多く見え、古歌でも貝を詠んだものは紀伊と伊勢がもっぱらである。だが、貝を愛でる文化も衰え、貝の名の間違いも多くなった。紀州でも、五、六十年以前は貝に詳しい人が多くいたが、その人たちも古人となり、古い貝の名も失われつつある。近年の紀州において貝を好む人の中では、今は瀬戸本覚寺、かゝ屋吉兵衛、湯浅林蔵のみが貝の名を伝える。とりわけかゝ屋吉兵衛はよく貝の名を知っているが、老年ゆえ、彼が没したならば、貝の古い名は失われてしまうだろうことが惜しい。私は貝の絵を描き、彼らとともに和名を正し、漢名と付き合わせて考証したいが、力不足で果たせない。これらは薬用ではないが、風雅の一助になる。

紀州を「御国」と呼び、丁寧な言葉を用いた「紀州産物志」は、おそらく紀伊藩に献上されたものであろう。[*70]

宝暦年間には『貝尽浦の錦』（宝暦元年〔一七五一〕刊）、『怡顔斎介品』（宝暦八年〔一七五八〕刊）など貝類書の出版が相次ぎ、貝類愛好の気運が高まっていた。そのような中で源内は「紀州産物志」（宝暦十二年〔一七六二〕）を著す。その三年後（明和二年〔一七六五〕）には清信院の子である重倫が紀伊藩主に就任し、同七年（一七七〇）には清信院も紀州に入国、和歌山城西の丸で生活するようになる。清信院自身の貝収集の動機を明らかにすることはできないが、貝類愛好熱が高まるとともに正しい図譜や名称の考証が求められるような時期に、清信院は、「世界第一」の貝の名産地である紀州に入国した。「六百貝品」は、こうした状況の下に生まれたのである。

清信院は、源内が記す「瀬戸本覚寺」（現在の和歌山県西牟婁郡白浜町瀬戸）に『貝尽浦の錦』を下賜するとともに、珍しい貝が手に入れば献上するように申し渡してもいた。[*71] また清信院が手に入れようとした「五百介図」も、源内が「紀州産物志」で触れている。源内自身、「五百介図」に解説を付した「浄貞五百介図」を刊行しようとして明和元年（一七六四）に序を記しているが、上梓には至らず安永八年（一七七九）に没している。そのような中、先述のように清信院は、大坂天満宮社家の渡辺主税が「五百介図」を写して解説を添えた「五百介図并辯」を献上させる。そしてそれを紀伊藩で写し、「六百貝品」作成にあたって参照したらしいことが、「若山江戸御蔵物貝品并石類調帳」の次の二つの記述からわかる。

　五百貝の図　壱巻　此絵図は先年大坂天神社家所持候にて御借寄せ／御写しに相成候物。

（「若山江戸御蔵物貝品并石類調帳」二十七丁表〔若山の部〕）

小野蘭山門下で紀伊藩医の小原桃洞（おはらとうどう）（一七四六～一八二五）撰、小原良直（おはらよしなお）（一七九七～一八五四）録の『桃洞遺筆』第二緝（嘉永三年〔一八五〇〕刊）では、桃洞が『五百介図』の内容を批判した部分がある。

　白蟶（ゆきのあした）

　寛政二年庚戌の夏、浪華天神の社家某者、五百介図、并辨各三巻を作りて、我　吹上の□□□□（※約五文字分未刻とする）に献る、其書、蚌蛤を混雑し、或は一物にして数名のもの重出し、或は偶変生し、或は瑣砕の介、形いまだ備はらざる物等をして、強て名を異にし（後略）

（『桃洞遺筆』第二緝巻下）[*72]

「吹上の□□□□□」とは、吹上御殿の清信院について名を記すことを憚ったものであろう。右の記述から、清信院は主税の献上した「五百介図」を桃洞に読ませたものと推察される。おそらくは桃洞もその内容を踏まえ、「六百貝品」の編纂に協力した一人だったのではなかろうか。なお、桃洞は後に、「介譜」（岩瀬文庫蔵）という貝類書を著している。このように、主税が献上した「五百介図并辯」は紀伊藩内で内容を精細に吟味され、「六百貝品」編集にあたって批判的に参照されたようだ。

蒹葭堂は、「六百貝品」の編纂にどう関わったのだろうか。「若山江戸御蔵物貝品并石類調帳」から、蒹葭堂は清信院に、七点のアンボイナ産イモガイと「渚の玉乙本　壱冊」を献上したことが判明する。該当部分を次に記す（傍線筆者）。アンボイナ貝についての記述は七点分あるが、代表して一点を挙げる）。

一　黒塗御文庫内
一　怡顔齋介品　弐冊
一　渚の玉乙本　壱冊〔蒹葭堂著述のにて差上候〕
一　貝和哥　　壱冊

一　貝の書　四冊〔大坂天満社家より差上〕
（「若山江戸御蔵物貝品并石類調帳」二十二丁裏〔若山の部〕）

舞の裡〔アンホイナ貝蒹葭堂上／此御品格別御秘蔵被遊候〕
（「若山江戸御蔵物貝品并石類調帳」六十二丁裏〔江戸の部〕）

蒹葭堂は、幅広い人脈を通じて外国産の珍しい貝を手に入れていた。八尾（現在の大阪府八尾市）の在村医である田中元緝（たなかもとつぐ）（一七六七～一八二五）に宛てた蒹葭堂書状（年次不明、九月十八日付）には、オランダのカピタンからアンボイナ（現在のインドネシア・モルッカ諸島）産のオウム貝の盃を贈られたので、元緝の来坂の折にぜひ見に来て欲しいことなどが書かれ、[*73] 蒹葭堂がオランダ人からも貝製品を贈られていたことがわかる。詳細は本全集の別の巻で改めて紹介されることと思うが、蒹葭堂の、奇石標本と貝類標本の二種類から成る「木村蒹葭堂貝石標本」（大阪市立自然史博物館蔵、大阪府指定有形文化財）のうち貝類標本は、七段重ねの漆塗の重箱に収められ、貝類収納のために重箱のなかを仕切った枡は、七段全部で五百六十七枡が数えられる。梶山彦太郎氏によれば、本標本は、中世からの伝統を持った本格的な源氏貝および歌仙貝と、ヨーロッパより日本にもたらされた最初の貝類標本を含む、きわめて広範で特異なコレクションである。[*74] 蒹葭堂旧蔵の貝類を山本榕室が記した「蒹葭堂原蔵介品録」（嘉永二年〔一八四九〕岩瀬文庫蔵）[*75] にも「アンボイナ」産の貝が二十七点書き上げられ、清信院に献上してなお手元に残るほど、蒹葭堂は外国産の貝を豊富に集めていたのである。

本稿にとって重要なのは、「蒹葭堂著述」の「渚の玉乙本　壱冊」が、清信院の所蔵品に含まれることが明らかになった点である。蒹葭堂が記した「渚の玉」と言えば、蒹葭堂自身が「渚の玉」と名づけると語った、本稿でいう『奇貝圖譜』板本である可能性が高い。「乙本」となっていることから、他に「甲本」が存在すると考えられ、甲乙合わせて献上していないのは、「甲本」に当たる「奇貝圖譜」の絵図の部分が未完で、献上できる状態になかったためと考えられる。蒹葭堂は、広い交友関係の中で手に入れた外国産の貝や最新の知見を記した著作を提供することで、清信院の「六百貝品」編纂に協力したようである。

ここで再度、清信院の居所・吹上御殿における「御貝拝見」について検討する。「日記」を見れば、蒹葭堂の「御貝拝見」の際には、近藤氏も注意喚起されているように、蒹葭堂とも親しい藩絵師・中村耕雲が同席している。[*76] 先に見たように「若山江戸御蔵物貝品并石類調帳」によれば、耕雲は「六百貝品」の図を担当していた。また次の記述によれば、おそらく耕雲は、清信院が貝を出すたびに生写する指示を受けていた（傍線は筆者による）。

桐春慶塗御筆筒　壱／内御貝本御控貝絵図（中略）
右御筆筒御入組の内、御絵図は／清信院様思召にて（中略）御貝出候節々生写／致置候様にとの御事にて（後略）
（「若山江戸御蔵物貝品并石類調帳」二十五丁表～同裏〔若山の部〕）

ここまでの事柄を整理して、「御貝拝見」の状況を次のように想定したい。清信院は、「六百貝品」作成に関する助言を得るため、蒹葭堂に「吹上御殿」で「御貝拝見」をさせる許可を下した。その際に、耕雲も同席して「六百貝品」を作るために貝の生写を行った。あるいは同じ時に、清信院は蒹葭堂から「渚の玉乙本」や「アンボイナ貝」を受けとった可能性もあろう。想像をたくましくするならば、清信院は未完の「奇貝圖譜」絵図部分を完成させるために配慮し、蒹葭堂にも院の所蔵品を写すことを許したかもしれない。

清信院が蒹葭堂を重用したのは特殊なことだったのだろうか。蒹葭堂が関わった貴顕は紀伊徳川家だけではない。蒹葭堂が酒類過醸の摘発を受けた際に、伊勢長島藩主の増山正賢（雪斎）が知友として蒹葭堂を招いたことはよく知られるほか、貝の収集に関わる人物に限っても土佐藩侯との交流があり、蒹葭堂が藩主たちにも一目置かれていた様子が垣間見える。

「日記」天明二年（一七八二）二月十日条には、蒹葭堂が貴重書とともに「鳳羽一匣、文貝七重、卵子餅、善知鳥」などを蒹葭堂邸に近い土佐藩邸に持参し、大坂滞在中の藩公（寛政元年に没するまで在任した山内豊雍（一七五〇～一七八九カ）[*77]の御覧の栄に浴したことが記される。このうち「文貝七重」は、先述した「木村蒹葭堂貝石標本」のうち貝類標本にあたると考えられる。

　この「貝類標本」の手提げ箱は漆と螺鈿できらびやかに装飾され、天明二年の土佐藩侯御覧に備えて箱に加飾した可能性が高い。ヴォルフガング・ミヒェル氏は、信州飯田・市岡家の標本を紹介する中で、中身との関連性を示した箪笥や、貴重な材料を使い、豊富な装飾を施した箱などが、標本披露の演出効果を高めることを示している[*78]。また、阿波蜂須賀家に伝来し、藩主のために作られたと考えられる飯塚桃葉（生年不詳～一七九〇）作「百草蒔絵薬箪笥」（明和八年（一七七一）根津美術館蔵[*79]）は、箱の外側に様々な吉祥文様をつなぎ合わせ、蓋裏には薬効のある草花を九十六種散らして一つ一つに金蒔絵の小さな字で名を添えた豪華かつ知的興趣の強いもので、町人であった蒹葭堂と持ち主の立場は違えど、蒹葭堂の「貝類標本」と近しい趣向の資料である。

　このように標本箱へ加飾することは、「巽齋翁遺筆」（『蒹葭堂雑録』）で語られる、収集のため倹約に心がけていた平素の蒹葭堂の態度とは、若干の相違を感じさせる。橋爪節也氏は、土佐藩侯御覧に備えて箱に加飾した可能性が高いことを認めながら、手提げ箱の意匠が伊藤若冲（一七一六～一八〇〇）筆「貝甲図」を連想させることと、天明の大火より九ヶ月後の天明八年（一七八八）十月二十一日、同じく焼け出されて大坂に移り、蒹葭堂の親友である天学家・間重富（一七五六～一八一六）の依頼で天体測量機器を作成した金工師・戸田東三郎に伴われ、若冲が蒹葭堂を訪ねていることなどから、大火で窮した若冲を多少とも援助する意図で、後年に蒹葭堂が箱の意匠を若冲に託した可能性を示唆している[*80]。

　ともあれ、右の例からも蒹葭堂が自らの所蔵品と知識を通じて藩主や周辺の人物と交流を持っていたことがわかる。紀伊国清信院の場合、蒹葭堂との会見は公務として行われたようだが、蒹葭堂がどのような立場で紀伊藩に関わっていたのかは明らかでない。ただ、「御貝拝見」と同年の十二月には「御前松砂唐場」を視察しており、寛政十二年（一八〇〇）五月には登城して藩主治寶と謁見するなど、一介の町人として片付けられぬほど紀伊藩に関わっているように見える。このことは江戸時代の社会に蒹葭堂が果たした役割を考える上で興味深い問題だと考えられる。

おわりに

「奇貝圖譜」は、その書名の通り、珍しい貝の図の紹介を第一義として出版を企図したものであった。和漢の書の引用や蒹葭堂自身の考察からなる文章編は蒹葭堂没後に刊行されたが、図の部分はついに『蒹葭堂遺物』の複製に至るまで刊行されることはなく、辰馬考古資料館の所蔵する、稀少な貝の彩色図を伴う稿本が、蒹葭堂の遺志を伝えている。

　奇貝の所蔵家は、主に貝の名産地として名高い紀州田辺の素封家や名刹で、彼らと蒹葭堂は、物産会や、文人同士の交流、さらには蒹葭堂も親交のあった紀伊徳川家との縁を通じて出会った可能性がある。そのうち玉置家と浄恩寺には貝類標本が現存することが判明した。

　蒹葭堂が田辺まで足を伸ばしたことのわかる確実な資料は、管見の限り未だ確認できないが、蒹葭堂は「日記」の現存しない時期も含めて紀州を五度訪れ、最初の旅行では、吹上御殿で、清信院の収集する「御貝」を拝見していた。蒹葭堂自身も外国産の貝をも含む珍しい貝類標本を所蔵し、その一部は清信院に献上された。また、大坂天満宮の社家・渡辺主税とともに、清信院からの「御用」を承ることもあり、その中で「渚の玉」（『奇貝圖譜』板本）も献上されていた。彼らは知識人として、清信院が主導した「六百貝品」の編纂、ひいては紀伊藩の学問や、江戸時代貝類書の発展に貢献するとともに、趣味人としての交流も行ったのであろう。ただしその実態についてはさらなる検討を要する。

　「奇貝圖譜」の制作状況については、梶山氏や近藤氏が問題提起しているように、貝の図を「いつ、どこで」写したのか、判然としない。現状では、実際に田辺で所蔵家と対面、物産会等で閲覧、「御貝拝見」の際に吹上御殿に集められたものを記録、大坂の蒹葭堂邸に持ち込まれた貝を写すという四つのパターンが想定され、いずれに該当するかは今後の検討課題である。ただ、『奇貝圖譜』板本の「奈伎左乃玉」で蒹葭堂が述べた、「遠きくにぐにまでもたづねもとむる事、としごろになりぬれば」が実際に遠方まで足を運んだことを示すならば、当該年の「日記」が現存していない寛政九年（一七九七）に蒹葭堂は絵筆を携えて紀州を訪れているという近藤氏の指摘と併せ、[*81]田辺の地を踏んでいると考えたい。蒹葭堂が交流した人物や寺院の詳細と相互の関係を一つずつ読み解くことで、「日記」以外の資料から明らかになることは多い。

　また、今後も、蒹葭堂が実際に目にした標本が新たに発見される可能性がある。梶山氏は、明治三十四年（一九〇一）の蒹葭堂百回忌の目録である鹿田静七編『蒹葭堂誌』に挙がる「介品　二百七十種　七函　政岡氏蔵」や、大正十五年の百二十五回忌に行われた蒹葭堂遺墨遺品展覧会の図録に載る加賀豊三郎氏所蔵「石類標本ノ内蒹葭堂遺愛」「介類標本ノ内蒹葭堂遺愛」なども、現存の貝石標本とは別の、蒹葭堂旧蔵品であった可能性を指摘する。[*82]本稿で紹介した玉置家、浄恩寺の貝類標本や、近藤氏によってその存在が紹介された「紀伊徳川家旧蔵貝類標本」[*83]（和歌山県立博物館蔵）、紀州の旧家で発見された貝類標本（和歌山県立紀伊風土記の丘蔵）など、蒹葭堂が閲覧した可能性のあるものを含め、数々の標本が近年発見されている。これらの標本は、紀伊徳川家清信院のコレクション形成や蒹葭堂との関係を考える上で基礎的な情報を提供するものと思われる。検討を重ねて別稿を期したい。

註

1　蒹葭堂が出資して蔵板主となり、書肆がその委託を受けて出版した書物。江戸時代に蔵板書は一般的であったが、蒹葭堂の知識や交友関係を強く反映した蒹葭堂蔵板は、蒹葭堂を深く知るために不可欠の資料としてとりわけ注目されている。多治比郁夫「蒹葭堂版」（『杏雨』（一）、武田科学振興財団、一九九八年）を参照。

2　江戸時代には、貝の多くは「介」と表記され、「貝」は宝貝や子安貝など一部を指していたが、本稿では現在一般的に使用されている「貝」字を用いる。

3　文楨は、蒹葭堂と同じく小野蘭山（一七二九～一八一〇）門下であった山本亡羊（一七七八～一八五九）の弟子である。岩瀬文庫所蔵の「奇貝圖譜」転写本は、蔵書印等はないものの、体裁は亡羊らが主宰した山本読書室旧蔵品と共通しており、「西尾市岩瀬文庫古典書誌データベース（URL：https://trc-adeac.trc.co.jp/WJ11C0/WJJS02U/2321315100、最終閲覧日：二〇一七年一月十四日）でも山本読書室本ヵとされている。文楨は、山本読書室を通じて「奇貝圖譜」稿本を手に入れた可能性がある。

「蒹葭堂日記」（以下、「日記」）によると亡羊は、享和元年（一八〇一）二月四日と五日に蒹葭堂を訪ねている。以下、本稿において「日記」は、本全集別巻、水田紀久・野口隆・有坂道子編著『完本　蒹葭堂日記』（藝華書院、二〇〇九年）を参照した。小野蘭山一門における蒹葭堂旧蔵本の伝本状況や山本読書室については、本書論攷篇・中村真菜美「「薩州蟲品」について」に詳しい。

4　蒹葭堂旧蔵の「禽譜」「植物図」「奇貝圖譜」三冊の複製からなる。蒹葭堂没後百二十五年を記念して「蒹葭堂遺墨遺品展覧会」が開かれ、その際高島屋蒹葭堂会から、『蒹葭堂小伝』『蒹葭堂遺墨遺品展覧会図録』とともに『蒹葭堂遺物』が刊行された。水田紀久・橋爪節也監修『木村蒹葭堂全集』第八巻（藝華書院、二〇一五年）を参照。

5　岩川友太郎「奇貝圖譜序説」（谷上隆介編集・発行『蒹葭堂遺物』蒹葭堂会、一九二六年）。

嘉数次人氏は、「この岩川の序文は、専門家の目から『奇貝圖譜』を研究した最初の例ではないかと思う」とされる（嘉数次人氏による『蒹葭堂遺物』解題、前掲註4同書、二二六頁）。

6　金丸但馬「日本貝類学史（十七）」（『ヴヰナス』五（四）、日本貝類学会、一九三五年）。

7　磯野直秀「江戸時代介類書考」（『慶應義塾大学日吉紀要』自然科学二十号、一九九六年）。

8　「奇貝圖譜」執筆過程で、蒹葭堂は、四十九歳のとき入門した小野蘭山の意見を仰いだらしく、蘭山は書状（年次不明、五月十六日付）で蒹葭堂からの「文殊貝」についての質問に対し、丹後では鏡貝と呼ばれ、筑前ではミル貝の短小なるものをいうと答えている。大阪歴史博物館編『木村蒹葭堂　なにわ知の巨人：特別展没後200年記念』（思文閣出版、二〇〇三年）一五〇番「小野蘭山書状」（大阪歴史博物館蔵）九三頁図版および一八八頁井上智勝氏による解説を参照。

9　前掲註1同論文参照。

10　中村幸彦編『上田秋成全集』第十巻（中央公論社、一九九一年、五一〇頁）。

11　前掲註9同論文参照。

12　濱田義一郎・中野三敏・揖斐高編『大田南畝全集』第十巻（岩波書店、一九八六年、一三三頁）。

13　国立国会図書館デジタルコレクション（http://dl.ndl.go.jp/info:ndljp/pid/1286773、最終閲覧日：二〇一七年一〇月一日）。

14　城州は山城国（現在の京都府）を指すが、石居在世中の京都の人名録『平安人物志』に石居の名は認められない。一方、大坂の著名人を記した『新刻浪華人物志』（文政七年版）、『浪華金襴集』（文政六年跋版）、『続浪華郷友録』（文政六年序版・天保八年版）には石居の名が載り、石居は一般に大坂の人物として認識されていたと考えられる。武蔵石寿が石居を「城州住」とするのは、誤写あるいは、京都の物産会で出会うなどしたためか。各人名録は、森銑三・中島理壽編著『近世人名録集成』第一巻（勉誠社、一九七六年）を参照。

15 大枝流芳については、翠川文子「大枝流芳（岩田信安）小考」（『川村学園女子大学研究紀要 十五（二）』、川村学園女子大学、二〇〇四年）に詳しい。

16 金丸但馬「日本貝類学史（十四）」（『ヴヰナス』四（四）、日本貝類学会、一九三四年）。

17 前掲註13国立国会図書館デジタルコレクション（http://dl.ndl.go.jp/info:ndljp/pid/2610536、最終閲覧日：二〇一七年一月十四日）所収の、紀伊徳川家旧蔵本（「南葵文庫」印あり）を参照。

18 前掲註7同論文参照。

19 巻頭に「藍書浪華蒹葭堂木村世肅孔恭校正」、巻末に「嘉永四年辛亥夏四月初五以蒹葭堂自筆之本写焉／榕室山本錫夫」との書入がある。

20 「五百介図」については、前掲註7同論文ならびに上野益三『日本博物学史』（平凡社、一九七三年）一六八八年・一七六四年・一七九〇年の項を参照。

21 五つの現存写本は、磯野氏が註7前掲論文で紹介する三件および東京大学史料編纂所蔵本二件で、内訳は渡辺主税旧蔵本の転写一巻（杏雨書屋蔵）、蒹葭堂旧蔵本の転写一冊と図譜類の残闕を集めたもの一冊（以上岩瀬文庫蔵）、平賀源内転写本一冊と源内による改訂が加わった稿本一冊（東京大学史料編纂所蔵）。平賀源内転写本は、次の文献を参照。

東京都江戸東京博物館・東北歴史博物館・岡崎市美術博物館・福岡市博物館・香川県歴史博物館・東京新聞編『平賀源内展』（東京新聞、二〇〇三年、一〇九頁）。

22 扉に「墨書蒹葭堂原本　藍書蒹葭堂加筆／朱書読書室続書」と書入がある。

23 前掲註7同論文参照。

24 序文は平賀源内「浄貞五百介図序」（平賀源内先生顕彰会編『平賀源内全集』上巻、名著刊行会、一九八九年、五八九頁）で見ることができる。

25 大阪歴史博物館編『木村蒹葭堂：なにわ知の巨人：特別展没後200年記念』（思文閣出版、二〇〇三年）、一四六番『アンボイナ奇品室』（一七〇五年版、神戸市立博物館蔵）九一頁図版および一八八頁嘉数次人氏による解説を参照。『アンボイナ奇品室』は、Biodiversity Heritage Library（http://www.biodiversitylibrary.org/item/127485#page/11/mode/1up、最終閲覧日：二〇一七年一月十七日）で見ることができる。

26 原本の所在は未確認だが、岩瀬文庫に、題簽に「阿蘭貝品　蒹葭堂本」と記された写本がある。前掲註3岩瀬文庫データベース（https://trc-adeac.trc.co.jp/WJ11F0/WJJS07U/2321315100/2321315100100010/mp00415200/?Word=%E9%98%BF%E8%98%AD%E8%B2%9D%E5%93%81、最終閲覧日：二〇一七年一月十三日）では山本読書室写本とされている。

27 『怡顔斎介品』は、前掲註13国立国会図書館デジタルコレクション（http://dl.ndl.go.jp/info:ndljp/pid/2609036、最終閲覧日：二〇一七年一月十四日）参照。

28 宮下三郎「木村蒹葭堂所蔵の『マラバル本草』」（有坂隆道編『日本洋学史の研究Ⅷ』創元社、一九八七年）。

29 前掲註13国立国会図書館デジタルコレクション（http://dl.ndl.go.jp/info:ndljp/pid/1287071、最終閲覧日：二〇一八年七月十五日）、ならびに石井寿美子「武蔵石壽の貝類図譜と分類への志向—近世後期における博物学の受容と伝播—」（『法政史学』六十三号、二〇〇五年、二二頁）参照。

30 近藤壮「木村蒹葭堂の和歌山来訪について」（『和歌山市立博物館研究紀要』二十五、和歌山市教育委員会、二〇一〇年）。

なお、蒹葭堂が親しんだ文人画家・桑山玉洲や野呂介石を中心とした紀州の人々との交流については、次のような先学の研究がある。

高松良幸「描かれた和歌浦」（『特別展　和歌浦—その景とうつりかわり—』和歌山市立博物館、二〇〇五年）、近藤壮「桑山玉洲の絵画制作記録—『珂雪堂画記』をめぐって—（附・翻刻資料）」（『和歌山市立博物館研究紀要』二十一号、二〇〇七年）、近藤壮「寛政九年の桑山玉洲」（『木の国』三十二号、木国文化財協会、二〇〇七年）、安永拓世「きのくに文人交遊録」（『特別展　文人墨客—きのくにをめぐる—』和歌山県立博物館、二〇〇七年）、近藤壮「大坂紀州往還の絵画—大坂画壇と紀伊・泉南のネットワーク—」（『美術フォーラム』十七号、醍醐書房、二〇〇八年）、近藤壮「桑山玉洲研究」（『國華』一三五〇、國華社、二〇〇八年）、安永拓世「野呂介石の画業と文人交流」（『特別展　野呂介石—紀州の豊かな山水を描く—』和歌山県立博物館、二〇〇九年）、安永拓世「玉洲のアトリエへの誘い」（『特別展　桑山玉洲のアトリエ—紀州三大文人画家の一人、その制作現場に迫る—』和歌山県立博物館、二〇一三年）。

31 「日記」が現存するのは、蒹葭堂四十四歳にあたる安永八年（一七七九）から六十七歳で亡くなる享和二年（一八〇二）正月二十五日までの足かけ二十四年間のうち、十九年と十日分である。欠けているのは天明元年（一七八一）、寛政四年（一七九二）、同七年（一七九五）、同九年（一七九七）である（有坂道子「『完本　蒹葭堂日記』解題」〔前掲註3同書〕五一五～五二四頁）。

32 前掲註30近藤氏同論文「木村蒹葭堂の和歌山来訪について」および、近藤壮「桑山玉洲の絵画制作記録―『珂雪堂画記』をめぐって―（附・翻刻資料）」を参照。

33　前掲註6同論文二一八～二一九頁参照。

34　以下、貝の分布や生態上の特徴などは、注記のない限り次の文献による。奥谷喬司編著『日本近海産貝類図鑑』（東海大学出版会、二〇〇〇年）。

35　貝の同定は、池辺進一氏（日本貝類学会会員）のご教示による。

36　田辺町誌篇纂委員会編『和歌山県田辺町誌』（多屋孫書店、一九七一年〔一九三〇年に田辺町誌編纂委員会によって編纂・刊行された同名書籍の覆刻版〕、一〇四〇頁）。

37　田辺市史編さん委員会編『田辺市史　第二巻　通史編Ⅱ』（田辺市、二〇〇三年、四二〇頁）。

38　以下、玉置香風については前掲註37同書四九九～五〇二頁参照。

39　前掲註36同書一〇四〇頁には、玉置家系図を記すに当り「浄恩寺過去帳等を参考し」とあり、浄恩寺の檀徒であったことが推察される。また、同書八一六頁～八二〇頁掲載の「明治二十九年四月調寺院宝物古器物古文書台帳　西牟婁郡役所書類」浄恩寺の部分には、末尾に記された「檀徒総代」の中に「玉置三七郎」とあり、また、八一五頁には「檀徒総代昭和三年現在は玉置繁吉（以下略）」とあって、玉置家が浄恩寺の檀徒総代を務めることがあったと考えられる。

40　ここでの同定は前掲註6同論文による。

41　山本楮室による転写本「紀州介品諸録」（岩瀬文庫蔵）収載のものを参照した。

42　前掲註37同書六〇頁。

43　前掲註36同書八一一頁。同書によれば浄恩寺は、第十世空誉知雲（享保十二・一七二七年没）の代、正徳四年（一七一四）から標準時を示す時鐘を鳴らし始めて、藩公から時鐘料として毎年米二十石を賜ったという。

44　前掲註36同書一二一〇頁。

45　これらの標本の存在は、中川貴氏（田辺市教育委員会）にご教示いただいた。

46　ここでの貝の同定は前掲註6同論文による。

47　前掲註4同書参照。

48　前掲註7同論文九頁参照。原本には「歴木園蔵介目録／原蔵岡田吉左衛門安貞蔵品弘化丁未六月帰西村氏之家　楮室山本錫夫記」（一丁表）、「弘化丁未六月亡羊先生鑒定」（二十一丁表）との記述がある。山本亡羊が岡田安貞の貝を鑑定し、それを楮室が記録したことがわかる。なお西村廣休は、辰馬考古資料館蔵「薩州蟲品」諸本のうち国立国会図書館所蔵A本（宍戸昌旧蔵本）の旧蔵者でもある（本書論攷篇の中村真菜美「『薩州蟲品』について」を参照）。

49　前掲註5岩川氏同論文など。

50　奥谷喬司監修・松下清編『学研の図鑑　美しい貝殻』（学研教育出版、二〇一五年、五四～五五頁）。

51　金丸氏は「紀州は南海道に属し、森林の国、温暖の土地であって、海陸共にかかる土地には貝が豊かに産することはいふまでもなからう」（金丸但馬「紀州貝類採集史」（日本貝類学会創立二十周年記念大会関西の部講演要旨）〔『貝類学雑誌ヴヰナス』十六、日本貝類学会、一九五〇年〕）とする。

52　前掲註7同論文、前掲註51同論文。

53　前掲註7同論文三～六頁。

54　盛永俊太郎・安田健編『享保元文諸国産物帳集成』全十九巻（科学書院、一九八五～一九九五年）で見ることができる。

55　前掲註7同論文三～六頁。

56　平賀源内先生顕彰会編『平賀源内全集』上巻（名著刊行会、一九八九年、五八九頁）。

57　前掲註56同書一九三～一九七頁。以下、「紀州産物志」の引用は本書による。

58　前掲註36同書五三四～五三五頁参照。

59　山本楮室による転写本「紀州介品諸録」中の「紀州介品書上」（岩瀬文庫蔵）所載。この「口上」によると「紀州介品書上」は「新選風土記御調御用」にあたって調査した際の書上だという。「新選風土記」は、幕府の命によって文化三年（一八〇六）より紀伊藩が編纂させ天保十年（一八三九）に成立した地誌「紀伊続風土記」を指すと思われる。「紀伊続風土記」巻九十七には、物産第五として「介貝部」が設けられ、紀州で産する貝が非常に多く列記されるが、その中にも田辺の地名がよく登場する。なお、「紀州介品書上」は文化十年正月付だが、これとほぼ同文の「文化十年酉十月貝類名寄書上帳」（前掲註36同書一二二七～一二三一頁に翻刻が掲載）では「正月」付ではなく「十月」となっている。

60　金丸但馬「日本貝類学史（十九）第九章　地方的貝類調査と標本商の出現」（『ヴヰナス』八（一）日本貝類学会、一九三八年）。

61　前掲註60同論文四八頁。

62　前掲註30近藤氏同論文「木村蒹葭堂の和歌山来訪について」。

63　渡辺主税・信濃父子については、有坂道子「木村蒹葭堂の交遊―大坂・京都の文人たち―」（『大阪の歴史』四十六号、大阪史資料調査会、一九九五年）に詳しい。

64　渡辺主税（「浪華天神の社家某者」）が吹上御殿に「五百介図幷辯」を献上したことについては、小原桃洞撰『桃洞遺筆』第二輯の「白蟶」の項に見られる。『桃洞遺筆』は、早稲田大学図書館古典籍総合データベース（http://www.wul.waseda.ac.jp/kotenseki/html/ni01/ni01_04263_0004/index.html、最終閲覧日：二〇一七年一月十七日）で見られる。
65 前掲註30近藤氏同論文「木村蒹葭堂の和歌山来訪について」。
66 前掲註7同論文八頁。
67 前掲註7同論文八頁、一六〜二一頁。
68 前掲註30近藤氏同論文「木村蒹葭堂の和歌山来訪について」参照。紀伊藩では、清信院収集品の他に、院の孫である十代藩主治宝の側室・栄恭院が集めた貝もあった（畔田翠山「写真介録」〔現所在不明〕、上野益三「『写真介録』のゆくえ」〔『草を手にした肖像画』八坂書房、一九八六年、一一八〜一二〇頁〕）。
69 前掲註7同論文八頁。
70 磯野氏は「紀州産物志」について、「いきさつはわからないが、紀伊藩に差し出したものらしい」と述べている（磯野直秀『日本博物誌総合年表〔総合年表編〕』平凡社、二〇一二年、三一二頁）。
71 清信院と本覚寺の関わりは、前掲註30近藤氏同論文「木村蒹葭堂の和歌山来訪について」で指摘される。寛政四年（一七九二）九月の本覚寺寺社調書上帳に、天明元年（一七八一）に田辺龍泉寺末より京都知恩院末に改められたと記される。また、同じく文久二年（一八六二）十二月の寺社書上帳に、「清信院様之依御取立」により知恩院末に改められた旨と、その恩に報いるため、毎年春秋の二回、和歌山の吹上御殿へご機嫌伺いに行くこと、珍しい貝があった節は献上することを例としていた旨が記される。書上の本文は白浜町誌編さん委員会編『白浜町誌　本編下巻二』（白浜町、一九八四年、四八五頁〜四九三頁）を参照。本覚寺は現在も「貝寺」と呼ばれている。
72 前掲註64同データベース参照。
73 『木村蒹葭堂　なにわ知の巨人：特別展没後200年記念』（思文閣出版、二〇〇三年）一四七番「木村蒹葭堂書状　田中元緝宛　九月十八日付」（個人蔵）、九一頁図版および一八八頁嘉数次人氏による解説を参照。
74 梶山彦太郎「木村蒹葭堂蒐集と推定される貝類標本について」（『大阪市立自然史博物館収蔵資料目録第十四集　木村蒹葭堂貝石標本　江戸時代中期の博物コレクション』大阪市立自然史博物館、一九八二年）。
75 本文冒頭に「嘉永二年三月西村氏求之／榕室山本錫夫記」の識語がある。巻末には「石八重／凡三百九十九品」と総数を記す。
76 前掲註30近藤氏同論文「木村蒹葭堂の和歌山来訪について」。
77 木村礎・藤野保・村上直編『藩史大事典』第六巻中国・四国編（雄山閣出版、一九九〇年）。
78 ヴォルフガング・ミヒェル「万物の魅力─信州飯田・市岡家の『標本コレクション』について」（特集：二〇〇四年度シンポジウム報告『日本科学史学会生物学史分科会生物学史研究』七十五号、二〇〇五年）。
79 根津美術館学芸部編『根津美術館　百華撰』（根津美術館発行、二〇〇九年、一二一頁）。
80 橋爪節也「木村蒹葭堂のイメージについての三つのメモ─知の巨人・視覚人間・若冲」（『民族藝術』二十九、二〇一三年）。
81 前掲註30近藤氏同論文「木村蒹葭堂の和歌山来訪について」。
82 前掲註74梶山氏同論文参照。
83 前掲註30近藤氏同論文「木村蒹葭堂の和歌山来訪について」。

【附記】
本稿を成すにあたり、玉置家、浄恩寺、田辺市教育委員会中川貴氏に格別のご高配を賜りました。また、武田科学振興財団杏雨書屋、東京大学史料編纂所、西尾市岩瀬文庫には、資料の閲覧で大変お世話になりました。執筆にあたっては、大阪大学教授橋爪節也先生に、終始懇切なご指導を賜り、貝の同定に当たっては、日本貝類学会会員池辺進一氏にご教示いただきました。調査および写真撮影には、大阪大学総合学術博物館伊藤謙氏、和歌山県立自然博物館楫善継氏、和歌山県立博物館大河内智之氏に、資料翻刻にあたっては和歌山県立博物館前田正明氏・坂本亮太氏にご協力いただきました。末筆ながら、記して心より御礼申し上げます。
なお、本研究は二〇一七年度「杏雨書屋研究奨励」の成果の一部です。

【表1】「竒貝圖譜」稿本　所載人名・寺社名ならびに「蒹葭堂日記」との対照一覧

［凡例］・「竒貝圖譜」稿本中の割注や注記は〔　〕で表し、筆者による注は〈　〉で表した。
・「竒貝圖譜」稿本から引用した部分の表記は、できるだけ原文通りとし、人名部分は見やすさを考慮して太字とした。
・「蒹葭堂日記」（以下「日記」）は、水田紀久・野口隆・有坂道子編著『完本　蒹葭堂日記』（藝華書院、二〇〇九年）を参照した。
・「日記」登場年月日は、和暦年／月・日のように略記した。例：天明5年2月25日→天明5／2・25
・「日記」に記載を確認できなかった人物・寺社、該当項目を斜線とした。
・人物の同定に疑問が残る場合は、人名の末尾に「ヵ」を附した。
・「掲載名」以下の欄で記した番号（「3に同じ」など）は、表最上段の「番号」による。

番号	「竒貝圖譜」稿本 丁数	「竒貝圖譜」稿本 人名を含む記載内容（人名部分を太字）	「竒貝圖譜」稿本 欄外	参考：「蒹葭堂日記」 掲載名	参考：「蒹葭堂日記」 登場年月日	備考
1	1オ	ネシヌキ　紀州田邊**玉置喜市**所藏五品		紀州干鰯屋茂兵衛ヵ	天明5／2・25	「日記」同日に「田辺行」との記載がある。
2	2ウ	田邊**浄恩寺**所藏／隠蓑〈右脇に「カクレミノ」〉介／菱〈右脇に「ヒシ」〉介／紅シホリ介／紅セコ介		／	／	
3	3オ	田邊**岡田安貞**所藏／九輪介／海兎介／波斯介		岡田玄貞ヵ	天明9／8・14	暁晴翁撰『蒹葭堂雑録』巻之二22ウ、宝暦十三年（一七六三）鑑古堂物産会の記事中の「紀州田辺　岡田伊左衛門」と一致するか。なお「日記」には、天明8／2・29に「順慶丁一丁目南かわ［岡定］印」、寛政12／閏4・22に「伊勢岡田伊三右衛門」が記されるが、記載内容からいずれも紀州田辺の人ではないと思われる。
4	5オ	**福田柳圃**所藏／無名介〔按アケマキノ一種ナラン〕		柳圃	天明3／7・25	「日記」には「柳圃ノ子／福田市左衛門〔同伴／来〕」とある。福田市左衛門は、天明3／7・25の他、天明3／10・10、天明4／7・3に出る。
5	33オ	田辺ニテ鏡介月日介食スト〔以上**小川恕庵**話〕		／	／	
6	34オ	**五枝軒**〔**廣沢仁左衛**〈右脇に「久右」〉**門　善香**〔**二文字屋仁左衛門隠居**〕〕	△水吹介	二文字屋久右衛門	天明2／4・18	
7	34オ	**不磷齋**〔**嶋田宗淳　戎屋八郎右衛門隠居**〕	△モ、ヨ介／セウラ	戎屋宗淳	天明2／4・18	
8	34オ	**連州**〔**奥田重固　百足屋仁兵衛**〕	△ヒヨケ介／花セン	百足仁 百足屋仁兵衛	（百足仁）安永8／9・17 （百足屋仁兵衛）安永8／9・19、天明2／4・18	天明2／4・18には面会していない（百足屋仁兵衛の下に「不遇」とある）。
9	34オ	**鑑古堂**〔**釈僧辨字大訥号白須　順照寺**〕	△波斯国介／△朝鮮セコ介	順照寺 順正寺ヵ	（順照寺）安永8／9・5、安永8／9・24、天明2／4・18 （順正寺）享和1／5・25	安永8／9・5には「蘭山同伴」とある。
10	34オ	**有隣軒**〔**芝仙煌々翁　岡田安貞**〕	△海兎介　九輪介／猩々介	3に同じ	3に同じ	3に同じ

11	34オ	**玉置**〔**干鰯屋喜市**〕	△ネシヌキ大貝／トチベタ介／ヒヨク介	1に同じ	1に同じ	1に同じ
12	34オ	**浄恩寺**	△カクレミノ介／紅シホリ介／紅セコ介	2に同じ	2に同じ	2に同じ
13	34オ	**大覺寺**〔芥子介／猩々介　土佐鳴海介　海兎介　天女クハン介　チヤウセンヲマキ介　ヒヨク介〕				
14	34ウ	**貫玉亭**〔**馬来　鈴川甚介**〕		鈴川（河）甚介（助） 鈴川（河） 鈴甚	（鈴川（河）甚介（助））安永9／10・29、天明2／10・2、天明2／10・7、天明2／10・10、天明2／10・19、天明2／10・21、天明3／5・6、天明3／9・28、天明3／10・2、天明4／6・28、天明4／6・30、天明4／7・4、天明5／6・27、天明5／6・29、天明6／5・20、天明6／ウ10・7、天明6／ウ10・22、天明6／11・28、天明7／4・29、天明7／5・14、天明8／2・23、天明8／2・26、天明8／4・7、天明8／7・28、天明8／8・2、寛政8／7・11、寛政8／7・26、寛政8／8・26（同日に再出）、寛政8／9・12 （鈴川（河））天明7／4・29、寛政8／8・25 （鈴甚）天明2／10・11	鈴川甚介は尾州の人。
15	34ウ	**影馴亭**〔**渡邊主税**〕	△蜀紅螺／不滅介	渡辺（部）主税	安永8／3・21、安永8／8・27	
16	34ウ	**福田柳圃**	△アケマキ　コジトメ／啄木	4に同じ	4に同じ	4に同じ
17	34ウ	△ツブコブリ　琉球貝ノヨシ〔**清水**〕**垣阪七右衛門**〔私に来ル〕				
18	46ウ	平嶋足利庶子　**土岐昌達**〔**岡白駒**門人〕		土岐・土岐新甫・土岐又兵衛など土岐姓の人物がいるが、該当するかは不明。		
19	46ウ	〔徳斎門人〕**廣田庄次郎**〔住吉嶋〕		広田七平・広田内膳など広田姓の人物がいるが、該当するかは不明。		「阿波津田流　流土岐高弟」のうち

20	46ウ	**小出代右衛門**		（阿州屋敷）小出代右衛門	寛政12／12・4（同日欄外に再出）	「阿波津田流　流土岐高弟」のうち。「日記」には「阿州屋敷小出代右衛門」、欄外に「阿邸米方小出代右衛門始来」とある。
21	46ウ	**吉成又左衛門**〔才所也〕				「阿波津田流　流土岐高弟」のうち
22	46ウ	**牧　官五郎**				「阿波津田流　流土岐高弟」のうち
23	46ウ	**掛橋　匡**〈右脇に「マサシ」〉		梯（かけはし）平左衛門カ	寛政8／6・16	「阿波津田流　流土岐高弟」のうち。「日記」には「十六日阿邸奉行／梯平左衛門殿へ初逢申候」とある。
24	46ウ	〔町〕**文木桂次**				「阿波津田流　流土岐高弟」のうち
25	46ウ	**徳島屋万五郎**				「阿波津田流　流土岐高弟」のうち
26	46ウ	**紀伊国屋次兵衛**		紀伊国屋を名乗るのは紀伊国屋甚右衛門・直右衛門・嘉兵衛・長七・彦九郎・利兵衛の七名が挙がるが、該当するか不明。		「阿波津田流　流土岐高弟」のうち
27	46ウ	〔紀州／門人〕**青山宇四兵衛**		青山二万ノ介（助）カ	寛政2／8・21、享和1／2・24、享和1／2・26	「阿波津田流　流土岐高弟」のうち。「青山二万ノ介」は、「日記」寛政2／8・21で紀伊藩士（役人・清信院付）猪飼虎五郎の下に記され、同伴した可能性がある。他の二回も、紀州様と面会する前後の日付で蒹葭堂を訪れている。
28	46ウ	〔紀州／門人〕**大田牛之助**		太田久左衛門カ 太田吟平カ 太田次郎左衛門カ	（太田久左衛門）寛政12／6・25、寛政12／7・1（太田吟平）寛政12／5・8、寛政12／5・10、寛政12／5・12、寛政12／5・14、寛政12／5・18、寛政12／5・19（太田次郎左衛門）寛政12／5・18、寛政12／5・19	「阿波津田流　流土岐高弟」のうち。太田久左衛門は、「日記」からは阿波の人と読み取れる。太田吟平・次郎左衛門の二名は、蒹葭堂が紀州旅行中に頻繁に面会している。
29	46ウ	〔土岐門人〕**佐渡采女**〔介多持〕		佐渡姓の人物が四名いるが、該当するか不明。		「阿波津田流　流土岐高弟」のうち
30	46ウ	**片山令太**		片山姓の人物が十二名いるが、該当するか不明。		「田辺流」のうち
31	46ウ	**山田権大良**		山田姓の人物が二十一名いるが、該当するか不明。		「田辺流」のうち

32	46ウ	**富田御隠居**御船流多くハ紀州ノ名ヲ用ユ				
33	47オ	アゲマキ　**津田氏**ノ説ハ陽極星他説ハ馬刀				『国書総目録』は、『本草書目』（第十五回日本動物学会大会展覧会部編、昭和十四年）から引用し、津田信伴なる人物が著した「歌仙貝」という本を載せるが、詳細未詳。
34	47オ	東都　**鈴木和道**〔石介好キノヨシ〕		鈴木姓の人物が二十八名いるが、該当するか不明。		
35	47オ	小田嶋　**上村老之助**〔不好医師〕		上村・植村姓の人物が七名いるが、該当するか不明。		
36	48ウ	新撰哥仙卅六種　**津田直長撰**		33に同じ	33に同じ	33に同じ
37	53オ	介師　**津田協**		33に同じ	33に同じ	33に同じ
38	56オ	續歌仙貝三十六種　**長谷川真緒先撰**				『国書総目録』は、『本草書目』から引用して長谷川真緒著「続歌仙貝三十六種」を載せるが、詳細不詳。
39	56オ	源氏貝五十三種〔出于享保二年／刻本姓名不伝〕**津田氏**撰列		33に同じ	33に同じ	33に同じ
40	58オ	**廣田庄次郎**所藏介記／小石決明〔紅色者ヘニインコ／但馬〕　舟介〔田辺ニテ／ワシノハトモ〕／ミツナ柏　蓮花　白ワシ　ワシ介／ユキ介　一重介アサリ〔紅黄二品尤妙〕／ヒワヒトデ〔海燕ノ足ニ巻柏ノ如モノツク〕／石帆類〔黄紅青黒アリ／右二種阿州産〕		19に同じ	19に同じ	19に同じ

「薩州蟲品」について

中村真菜美

はじめに

辰馬考古資料館所蔵の資料は、木村蒹葭堂が生涯をかけて取り組んだ本草・博物・物産の諸学に関するものが多く、その活動範囲の広さと学問に対する姿勢を知る上で極めて重要である。例えば、小野蘭山（一七二九〜一八一〇）の講義に使用したと考えられる稲生若水著『本草』や松岡玄達著『秘物産品目』の自筆写本には膨大な書き込みがあり、蒹葭堂自身の見解も多い。植物・魚介類・鉱物などについて記した「本草稿本」や、中国文物を取り上げる「蒹葭堂箚記」なども、興味の引くものを片端から書き留めた手控えと考えられ、その知的探究心の強さや分野横断的な知識構築のあり方を伝える。貝類研究の成果である「奇貝圖譜」も、綿密な観察に裏付けられた精緻で色彩の美しいスケッチが目をひく。[*1]

同館所蔵の資料群のうち、本稿で取り上げる「薩州蟲品」は、薩摩および、当時薩摩が支配した大隅、大隅諸島、日向、トカラ列島、琉球諸島、奄美群島で採取された「蟲品」の図に名称や色、大きさ、採集場所等を記載した博物図譜である。[*2] 学術的に現在、「昆虫（節足動物門汎甲殻類六脚亜門昆虫綱）」と定義される以外に、当時の分類概念に即し、カエルやヘビ、ムカデ、クモ、サソリ等を「蟲品」に含む。江戸時代において動植物や鉱物の種類は「品類」と称され、その中の小グループを虫品・魚品・介品などと表現した。[*3] 本草家は中国の本草書などから各「品類」の漢名を考証し、異名や方言を網羅することを研究の基本としていた。「薩州蟲品」はその名のとおり、当時情報の乏しかった薩摩・琉球地域の「蟲品」三七六種を図解し、考察するものであり、同時代の中でも傑出した一冊である。本稿では「薩州蟲品」の伝本状況を整理するとともに、その成立過程について検討する。最後に辰馬考古資料館所蔵本の翻刻を付す。

一、「薩州蟲品」の伝本状況——小野蘭山一門との関わり

「薩州蟲品」は公刊された様子はなく、本稿筆者は五本の写本を確認した。辰馬考古資料館所蔵本（辰馬本）、杏雨書屋所蔵本（杏雨本）、西尾市岩瀬文庫所蔵本（岩瀬文庫本）、国立国会図書館所蔵A本（宍戸昌旧蔵本）、国立国会図書館所蔵B本の五本である。まず、各本の書誌情報を整理する。

（一）辰馬考古資料館所蔵本（辰馬本）

写本一冊。縦二七・五、横一九・三センチ。外題は「薩州蟲品　附日向大隅琉球諸島」、内題は「薩摩州蟲品　附日向大隅琉球諸島」。表紙および一丁表に蒹葭堂の蔵書印「蒹葭堂」（朱文長方印）を捺す。各頁に縦・四マス、横・三マスの格子線を引き、一マスごとに一匹の虫を描くが、名称のみの記載で図を伴わないものも多い（本稿では便宜上、各マスに番号をふり、例えば、一丁表2-①は一丁表二行目一列目のマスを意味する）。

各項には採取場所と観察記録が記され、図は彩色されず、各部位の色が記述されている。五丁裏2-①「琉球　フモ虫」を例に挙げれば、「脊　茶色」、「ヘリウス茶」、「ハラクロ」といった色の記録とともに、「ナメクジリの如脊皮ヲ覆たる如」といった所見が確認される。さらに五丁表3-③「同（筆者註：琉球）コガ子ボウ〱」のように体表の光沢具合や、八丁裏2-③「琉球

イモリ」のように毒の有無も重要な記載項目の一つであった。大きさは四丁裏2－①「大嶋　カラスヘヒ」の「一尺八寸」のように文字情報で記録されるものは稀であった。主に図の大小で視覚的に表現されるため、一丁表3－③「同（筆者註：琉球）　シラミ」などは極めて小さく描かれ、細部の省略も多い図となっている。本著の特徴は各昆虫類の名称に産地での呼称が用いられる点で、「ハヘルハ惣名」、「イスハ惣名」といった記述から蝶が「ハヘル」、蜻蛉が「イス」と呼ばれていたことなどがわかり、方言学の観点からも貴重な資料である。また、当時の琉球および周辺地域の生物分布を理解する上でも重要であり、三丁裏3－①・②に詳解される「大嶋　ヘヒリ」は、奄美大島をはじめ亜熱帯に生息する希少な生物「アマミサソリモドキ」のことと考えられる。[*4]なお、当時の分類概念においても「蟲品」とは認識されていなかった動物が含まれている点は注意しておきたい。例えば、コウモリ（九丁表1－④「同（筆者註：琉球）蝙蝠」）や、ヤドカリ（三丁裏2－④「同（筆者註：薩州）中之嶋　カトウシ」、八丁裏2－④「同（筆者註：琉球）アマン」）などが挙げられる。

その筆跡や図の描写から丁寧に清書した印象は受けず、他本にはない書き損じの修正や朱入れがある。朱での修正は十五丁裏に集中して現れ、十六丁表の欄外上部には「〇袋ト」という他本には見当たらない注記が確認される。

（二）杏雨書屋所蔵本（杏雨本）

写本一冊。縦二七・一、横一九・一センチ。紀伊の本草学者、畔田翠山（一七九二～一八五九）による写本。外題は「薩州蟲品」、内題は「薩摩州蟲品　附日向大隅琉球諸島」。辰馬本同様、半丁十二コマの枠内に無彩色の略画と所見が配される。巻末に「蟲品図蒹葭堂所図也」と記しており、「薩州蟲品」の著者を蒹葭堂その人と見做している。

蒹葭堂が没した享和二年（一八〇二）に翠山はわずか十歳であったため、直接面識があったとは思われないが、翠山の師、小原桃洞（一七四六～一八二五）と蒹葭堂は交流があったようである。桃洞は本草学を小野蘭山に、医学を吉益東洞[*5]（一七〇二～七三）に学び、寛政四年（一七九二）には和歌山藩主徳川治寶（一七七一～一八五二）の命で藩の医学館・本草局の主宰として勤める傍ら、熊野など藩内での動植物の調査に注力した。「蒹葭堂日記」には「小原源三郎」の名で桃洞が登場し、寛政十一年五月に蒹葭堂が和歌山を旅した際にはほぼ毎日面会している。[*6]「奇貝圖譜」に紀伊田辺の蔵貝家によるコレクションが掲載されることからも、蒹葭堂は紀伊地方と縁が深く、当地における本草学の進展との関係は注目される。

（三）西尾市岩瀬文庫所蔵本（岩瀬文庫本）

写本一冊。縦二六・二、横一八・五センチ。外題は「薩州蟲品」、内題は「薩摩州蟲品　附日向大隅琉球諸嶌」。辰馬本や杏雨本同様、半丁十二コマの枠内に無彩色の挿図に併せて名称、簡略な観察結果が記される。挿図は位置、寸法、細部の描写に至るまで辰馬本と殆ど同じであるが、岩瀬文庫本の二丁表2－③「鬼界　ウシハイ」が右前足途中から先が描かれていないのに対し、辰馬本の同図ではすべて描かれているなど、一部異なる部分もある。各項に記載された観察記録についても、辰馬本と概ね相違ないが、一丁表2－③「琉球　ゴチヤハ虫」について辰馬本が「青腰蟲ニ類スカ」と断言を避けているのに対し、岩瀬文庫本では「青腰虫に類ス」と言い切っているなど、ニュアンスが異なっている箇所もあり、書写の段階で間違いが生じた可能性が考えられる。

序跋や所蔵印等はないが、山本読書室旧蔵品として伝わっている。山本読書室は、江戸時代後期から明治にかけて儒医山本家が京都油小路五条において主宰した塾であり、平安読書室や亡羊読書室などとも称された。山本亡羊（一七七八～一八五九）は小野蘭山に師事し、本草学を修めた人物であった。先代の封山が経書の講義を行う学問所として始めた「読書室」を引き継ぎ、邸内に薬草園を備えて本草学・医学・儒学の講義や物産会を行い、蘭山の江戸下向後の上方の本草学をリードした。亡羊は優秀な五子とともに、本草学、医学、薬学、儒学、国学、史学、文学、地誌などの書物を和漢洋問わず写し、膨大な蔵書を構築しており、「薩州蟲品」もそうした事業の一環として写されたものであろうか。

（四）国立国会図書館所蔵A本（宍戸昌旧蔵本）

写本一冊。縦二四・〇センチ。外題は「薩摩州蟲品　抄」、内題は「薩摩州蟲品　附日向大隈琉球諸島」。一丁表に朱文方印「宍戸昌蔵書記」を捺し、柱に「海雲楼處蔵」とあることから、旧蔵者は元刈谷藩士で、明治維新後には大蔵省国債局長などを務めた宍戸昌（一八四一～一九〇〇）であることがわかる。海雲楼は宍戸の号である。宍戸は、近代植物学の先駆者、伊藤圭介（一八〇三～一九〇一）や博物学者、田中芳男（一八三八～一九一六）と交流が深く、その蔵書には本草、博物や琉球に関わる資料が多く含まれる。朱書きによる跋文には「薩摩州蟲品一巻係於伊勢西村廣休遺本、書肆文淵堂携来而示之、原本皆有圖画、然一足看者故不模之但抄其名耳　明治廿三年七月卅一日也」（句点は筆者による）とあり、本書の原本は伊勢の本草学者、西村廣休（一八一六～八九）の旧蔵本であったことがわかる。廣休は伊勢相可において両替商を営む大和屋第十一代にあたり、商売の傍ら本草学者として活躍し、邸内に薬園を設け、二千種近い植物を栽培、研究した。本書は他の四本と異なり、挿図はなく文字の部分のみ抜き書きされるが、宍戸が写した原本には図が存在したようである。朱で宍戸の手による注釈が付され、「同（筆者註：薩州）中之嶋　カトウシ」（四丁表）には「寄居蟲」、「同（筆者註：鬼界）イヌケラ」（四丁表）には「馬毛蜂？」などと記し、同定を試みている。ちなみに宍戸は明治十年（一八七七）に、畔田翠山による魚類図譜『水族志』を刊行し、当時忘れ去られていた翠山の再評価に貢献したことでも著名である。*7

（五）国立国会図書館所蔵B本

写本一冊。縦二九・〇センチ。外題および扉には「薩州蟲品　全」、内題は「薩摩州蟲品　附日向大隈琉球諸嶌」。序跋等はなく、旧蔵者も不明である。*8 辰馬本、杏雨本、岩瀬文庫本と同様の体裁をとり、内容はほぼ相違ない。一部所見に省略があり、例えば九丁裏3－③「隈州始羅郡　アワツケ」では辰馬本にある「全ヒハ子キ虫」という所見が書き落とされている。宍戸昌旧蔵本を除く四本は、本書も含めて、外題が「薩州蟲品」、内題が「薩摩州蟲品　附日向大隈琉球諸嶌」と表記が一致していない点は注意しておきたい。

「薩州蟲品」はしばしば蒹葭堂の著作として紹介されるが、辰馬本にはあくまで蒹葭堂の蔵書印が捺されるのみで、蒹葭堂が著者その人かどうかは慎重を期す必要がある。しかし、杏雨本で畔田翠山が「蟲品図蒹葭堂所図也」と記すことに加え、大坂の本草家・岩永文楨（一八〇二～六六）による「重修本草綱目啓蒙増補抄録」*9（国立国会図書館蔵）「蛺蝶」の項に、蒹葭堂が薩摩藩主・島津重豪より日向大隅琉球三国の虫類の標本を賜り、その形状を自ら写して「蟲品」という名の一冊にまとめたとする次の注記があることが指摘されている。*10

【資料1】

蝶ノ類品類数フベカラズ。文政年薩州侯御蔵品蝶蛾ノ類数百品二箱ヲ拝見ス。其後新見伊賀守蔵品蝶類百廿余品。一見京滋野井家御蔵品蝶類。山本氏物産会ニ出品有リ、是ハ一見セズ。丹波亀山在農家、蟲類数百ヲ集メテ楽トセシ人有。其蟲品ノ内ニモ蝶類数品アリ。其貯フ法ヲ見ルニ、樟脳ヲ薄ク箱一面ニ敷、其上ニ紙ヲ敷テ、蟲品ヲ鱗次セシメ、其上ニ又紙ヲ敷、又樟脳ヲ一面ニ薄ク敷、又樟脳ヲ一面ニ薄ク敷、其上ニ亦紙ヲ敷ク也。恰モ樟脳結ノ如クス。左有レ共数年ノ後ハ粉如ク砕ケテ保チ兼ルト云。蒹葭堂木世肅、薩州侯ヨリ、日向大隅琉球三国蟲品ヲ拝領セリ。皆竹筒ニ納メ有リ。一ヶ年ニシテ虫又虫トナリ、形状ヲ失ス。其形状可ナリナルモノヲ自筆ニ写シ、蟲品ト名ヅケ一冊有リ。多クハ名有モノ稀ナリ。

（岩永文楨「重修本草綱目啓蒙増補抄録四」、傍線・句読点は本稿筆者による）

畔田翠山や岩永文楨はどちらも蒹葭堂より一世代後の人物であるため、証言の信憑性には注意が必要であり、即座に蒹葭堂を「薩州蟲品」の著者とみなすことはできない。ただし、辰馬考古資料館に所蔵される蒹葭堂自筆「奇貝圖譜」の表紙に文楨の所蔵印（白文長方印「藿斎珍蔵」および朱文長方印「玄昌堂図書記」）が確認できるなど、文楨が蒹葭堂の著作に関心をもち、学習していたことは間違いない。

「薩州蟲品」の伝本状況からは小野蘭山に端を発す師弟関係が読み取れる。岩瀬文庫本を所蔵した平安読書室の創始者、山本亡羊は蒹葭堂と同様に蘭山の直弟子であり、宍戸昌旧蔵本の原本を写した西村廣休と「薩州蟲品」を蒹葭堂の著作と指摘する岩永文楨は亡羊の弟子、つまり蘭山の孫弟子にあたる。さらに杏雨本の書写者である畔田翠山も、蘭山の弟子であった小原桃洞に習ったため、蘭山の孫弟子となる。このように「薩州蟲品」は小野蘭山門下の間で受容された書物として想定される。

杉本つとむ氏は、蘭山のライフワーク『本草綱目啓蒙』の重要な特徴として「方言をもっとも優先して配置したこと」を指摘する。[*11] 蘭山は寛政十一年（一七九九）江戸に下向し、没するまで幕府医学館で講述を続けた。その際の『本草綱目』講義をもとに孫と門人によって編集されたのが『本草綱目啓蒙』全四十八巻・二十七冊であり、享和三年（一八〇三）から文化三年（一八〇六）に私家版として出版された。[*12] 杉本氏は特に虫部目録において琉球の方言が採録されていることについて「蘭山がどのような方法によったのか、琉球方言を入手している経緯をしりたいものである」[*13] と述べているが、『本草綱目啓蒙』の特に〈巻之三十六　虫之二・卵生類〉、〈巻之三十七　虫之三・化生類〉、〈巻之三十八　虫之四・湿生類〉に集録される琉球・薩州・大隅の方言による昆虫の名は「薩州蟲品」に記載されるものと多くが一致する。『本草綱目啓蒙』[*14] の記載を「薩州蟲品」と対照させていくと本論文末に掲げた【表1】のようになる。

蘭山による講義の覚え書き「本草綱目草稿」（国立国会図書館蔵）は二種類の覚書から成り、ひとつは宝暦七年（一七五七）十月頃に完成し、再度作成されたものは宝暦十三年頃に完成したとされるが、[*15] その後も朱筆や墨筆での加筆が行われた。磯野直秀氏によれば最新の書入れは「文化丁卯（筆者註：文化四年）九月四日」の日付を持つという。[*16]「本草綱目草稿」の虫部に確認される琉球・薩摩・大隅の方言は後で加筆されたものが多く、蘭山が増補を試みる中で「薩州蟲品」と何らかの接点を有した可能性が浮上する。その接点がいかなるものであったかは判然としないが、「薩州蟲品」はその伝本状況からも蘭山一門に重視された書物であったことは間違いなさそうである。

二、島津重豪の標本収集事業

文楨の証言によれば「薩州蟲品」に収録される虫品は「薩州侯」こと薩摩藩第八代藩主、島津(しまづ)重豪(しげひで)（一七四五〜一八三三）から下賜されたものである。重豪は「博物大名」「蘭癖大名」の代表格としてよく知られ、自らオランダ語を学んだほか、菜園の設置に努め、『質問本草』、『鳥名便覧』、『成形図冊』など多数の博物図譜や百科事典の編纂を企てた開明的な人物であった。[*17] 高津孝氏は、重豪の命で琉球において実施された植物・昆虫の標本収集事業について、以下二つの資料を提示する。[*18]

【資料2】

乾隆三十三年戊子十月十二日。憲令任産物調奉行。原是本国無此職。今自薩州以琉球諸虫草木葛竹等、于丑寅年献納等由書輸到国。因此我同毛氏大城里之子親雲上盛睦領筆者両人帮手二十一人移文書于国中諸島使集納之。于己丑年祭得虫数百五十九般、草木葛竹之数六百七般。博覧書史皆以漢字冊記其名共献納。至庚寅年亦集虫数十六般、草木葛之数二百四十一般献納。如此後世亦思有此事以漢字記其名又記所有之村簿籍五冊　十月十日納。評定所公事完竣。

（『毛姓支流家譜』十世津波古親雲上雲敷（毛孰）条、傍線は本稿筆者による）

【資料3】

乾隆三十三年十二月自薩州本国諸虫及諸草木葛等因有献納令奉憲令為取調奉行題請産物之名

（『翁姓家譜』玉城親雲上盛照（翁允温）条）

これらの資料によれば、乾隆三十三年（明和五年〈一七六八〉）十月に薩摩藩からの命令で、琉球王府に「産物調奉行」の職が設置され、琉球の各地に昆虫植物の献納が求められた。「己丑年」（明和六年）には虫一五九種、草木葛竹六〇七種が、「庚寅年」（明和七年）には虫一六種、草木葛二四一種が献納され、採集品には漢名をつけられ、採取場所も記録されたという。この調査にかかる植物標本は田村藍水（一七一八〜七六）に渡り、「琉球産物志」（全十五巻附録全三巻、明和七年〔一七七〇〕序）にまとめられた。一方、昆虫標本は何らかの事情で蒹葭堂のもとへ渡り「薩州蟲品」にまとめられたと考えられている。さらに、「薩州蟲品」が薩摩本土部から南西諸島全域におよぶ地域で採取された昆虫を含むことから、高津氏は、同様の命令が琉球だけでなく、薩摩、大隅、日向、奄美にも発布されていたのであろうと推察している。[*19]

　高津氏が指摘するとおり、重豪の命で明和五年から約三年間、琉球とその周辺で実施された昆虫標本収集の成果こそが「薩州蟲品」であろう。辰馬本十二丁表2-②「日州諸縣郡　アヤコ」の所見に「包ニ松山ト有」と記されるところをみると、各標本は現地で採集場所や名前などの情報が書き付けられた包みに封じられ、「薩州蟲品」の著者のもとへ届けられたようである。

　植物標本をまとめた田村藍水は宝暦十三年（一七六三）に町医から幕府医官に任ぜられ、幕命により諸州に採薬し物産を調査した本草・物産学の権威であり、蒹葭堂の師、蘭山と並び称される人物であった。[*20]しかも藍水の次男、栗本丹洲（一七五六〜一八三四）は、寛政六年（一七九四）から医学館講書になり、薬品鑑定の一環として虫類を採取、その成果を「千蟲譜（栗氏蟲譜）」（文化八年〔一八一一〕自序）にまとめている。[*21]藍水と蒹葭堂の間には、古くから交流があったことが「巽斎翁遺筆」などから知られており、蒹葭堂の蔵書にも「琉球産物志」のほか「中山伝信録物産考」（明和六年〔一七六九〕成立）といった藍水の琉球に関わる著作が含まれている。[*22]

　重豪が昆虫標本を蒹葭堂に与えたと仮定すると、当時本草家としての木村蒹葭堂に対する評価は極めて高かったと言えるだろう。蒹葭堂は十四歳の時、松岡玄達の門人であった津島桂庵（一七〇一〜一七五五）に入門するも、十九歳の時には桂庵と死別している。[*23]それ以降、天明四年（一七八四）に蘭山門下に入るまでは特定の師につかなかったとされるが、[*24]桂庵没後は藍水のほかにも、桂庵と同門の戸田旭山（一六九六〜一七六九）や直海元周（生没年不詳）との往復書簡によって学問に励んだことが知られている。[*25]独学期間の安永六年（一七七七）刊『難波丸綱目』でも本草者としてその名が記載されており、[*26]物産会や薬品会などに多数出品するなど精力的な活動が確認できるため、蘭山入門以前も蒹葭堂が本草家として著名であったことは間違いない。他の写本が何らかの原本を丁寧に写した印象を受けるのに対し、辰馬本には他本にない符丁の書入れや書き損じなどが散見され、辰馬本こそが「薩州蟲品」の祖本である可能性も十分考えられる。蒹葭堂と藍水の交流関係や、次節で詳しく述べるが、蒹葭堂が薩摩藩関係者と親交が深かったことも重視すべきであろう。しかし、『本草綱目啓蒙』に琉球の方言による昆虫の名が多数採録されていることや「薩州蟲品」の写本が蘭山の弟子系統に伝わる事実は、蒹葭堂が琉球の昆虫に関する知識を蘭山にもたらした可能性と同時に、昆虫標本が直接、蘭山に渡された可能性も浮上させる。そのため、繰り返しになるが、現段階では昆虫標本が薩摩藩から蒹葭堂に渡ったと断定することは控えたい。

　文楨の証言「皆竹筒ニ納メ有リ。一ヶ年ニシテ虫又虫トナリ、形状ヲ失ス」（【資料1】）を信じれば、重豪が収集した昆虫の標本は、それほど長くはその形を保たなかったようである。「薩州蟲品」には虫の名だけを記し、図を含まない箇所も多い。これは、標本の保存に問題が生じ、詳細な挿図の制作が叶わなかったことによると想像される。「薩州蟲品」の編纂経緯が不明瞭なのも、そもそも本書自体が未完成だからなのかもしれない。

　島津重豪がのち文政九年（一八二六）に、ドイツ人医師で博物学者としても活躍したシーボルト（Philipp Franz Balthasar von Siebold, 1846-1911）に謁見した際に直接、虫を保存する方法を尋ねていることは注目される。

【資料4】

　四月一〇日、（中略）大森村では薩摩と中津の両侯が江戸から来て待っておられ、（中略）両侯は薩摩の若君と共に、たいそうな好意でわれわれを迎えてくださった。（中略）薩摩侯は八四歳のお年寄りであったが、たいへん話がお好きで、耳も目も全く衰えをみせず強壮な体格をしておられたので、せいぜい六五歳にしか見えない。対談中にはところどころでオランダの言葉を使い、侯の注目を集めたいろいろな品物の名をたずねられた。使節との話が終わると、こちらに向き直って私の名を呼び、自分は動物や天産物の大の愛好家で、四足の獣や鳥を剥製にしたり、昆虫を保存する方法を習いたいと言われたので、私は喜んで助力を申し出た。[*27]

（シーボルト『江戸参府紀行』[*28]、傍線は筆者による）

重豪が鳥獣と昆虫の保存方法を尋ね、植物について言及していないことの意図を深読みすれば、琉球の草木を「琉球産物志」という満足いく形でまとめられたのに対し、琉球の虫類をまとめる目論みは失敗したという認識があったのかもしれない。昆虫標本の制作・保存は当時の本草学者の頭を悩ませた問題の一つだったようで、現存する江戸時代の昆虫標本はわずか二例である。[*29] 文楨も「薩州蟲品」に言及した注記【資料1】の冒頭で、防虫・防腐剤として高い効能が期待される樟脳を用いて丁寧に処理したとしても「数年ノ後ハ粉如ク砕ケテ保チ兼ル」と嘆いている。江戸期を通じて、植物学の進展に対し動物学が後塵を拝せざるを得なかったのも保存の問題が大きかったと言われ[*30]、重豪はシーボルトが有した西洋の進んだ技術に大きな期待を寄せていたと思われる。翻って「薩州蟲品」について考えたとき、その取り組み自体は成功したとは言い難い。しかし長期の保存に堪えうる昆虫標本の制作という問題を重豪に強く意識させ、西洋由来の技術への関心を高めた点でも、日本の本草・博物学の発展に寄与した重要な取り組みであったと総括できよう。

三、蒹葭堂と琉球

滝川義一氏は、江戸時代中期において、琉球は貿易の主要地として重視されたのみならず、同時に南方由来の本草や物産に関する研究上からも高い関心を集め、長崎や薩摩を中継した情報をもとに知識人の間で調査がすすめられていたことを指摘する。さらに蒹葭堂も琉球理解の進展に大いに貢献したことを、その交流関係や「蒹葭堂書目」などに確認される琉球由来の物産や書籍といった所蔵品から明らかにしている。[*31]

蒹葭堂は様々な人脈を駆使し、琉球に関する情報収集に努力を惜しまなかった。例えば、「大島筆記」の閲覧を巡る土佐藩とのやりとりは注目される。[*32] 宝暦十二年（一七六二）七月、土佐幡多郡栢島沖に琉球船が漂着し、土佐藩儒、戸部良熙（一七一三〜九六）が「頭役」の潮平親雲上から聞き取った調査記録が「大島筆記」全三冊である。本書は漂着の記録に留まらず、第一、第三巻は地理、風俗、年中行事、管制、冠服、物産、言語、文学など多岐にわたる琉球情報を、「雑話」と題された第二巻は琉球の進貢使が福州から北京に至るまでの行程や名所についてなど中国情報を含む。蒹葭堂から、土佐藩儒、谷真潮（一七二七あるいは一七二九〜九七）に宛てた明和六年（一七六九）十二月二十七日付の手紙（個人蔵）から、蒹葭堂が真潮所蔵の「大島筆記」三冊を貸借し、書写したことが知られている。

【資料5】

（前略）
一兼而拜借仕置申候大島筆記三本
漸、卒業仕候間、此度返上仕候、
御収入可被下候、久々渇望ニ奉存候處、
貴庇ニて寛覧、大慶不過之奉存候、
甚た奇説とも多く御坐候而、面白御事ニ
奉存知候、（中略）
十二月廿七日　木村吉右衛門（印）
谷丹内様
玉案下

（木村蒹葭堂「明和六年十二月二十七日付　谷真潮宛書簡」[*33]、傍線は筆者による）

同書状は「大島筆記」の閲覧を長らく希望していた蒹葭堂が、真潮の仲介で閲覧が許されたことを感謝し、初めて知る情報に大いに興味がそそられた旨を伝えている。[34]「大島筆記」に対する関心は、本書に中国と直接的な交流がある琉球人が伝える中国の最新情報が多分に含まれることにもよるだろう。琉球という新たな情報源を得て、蒹葭堂の中国研究はさらなる発展を遂げたと思われる。そして、蒹葭堂が「大島筆記」を真潮に返却した明和六年にはまさに薩摩藩による琉球での標本収集が進められており、同時代的な琉球への関心の高まりが看取できる点は注意しておきたい。安永七年（一七七八）、蒹葭堂は長崎を訪れているが、そこでも何らかの琉球に関する情報を耳にしたのかもしれない。さらに、当時の大坂には諸国と結びついた問屋や船宿があり、北堀江にて酒造業を生業とし、町年寄役まで務めた蒹葭堂のもとには町人ならではのネットワークを通じて様々な情報がもたらされたと想像される。

　さて、蒹葭堂と薩摩との関係はどのようなものであっただろうか。すでに滝川氏が詳細に検討されているが、十八年分の自筆交友録「蒹葭堂日記」を再度紐解くと、重豪が上坂した折には侯所蔵の「紫水晶」などの珍品の閲覧を許されたり（享和元年〔一八〇一〕四月十六日）[35]、重豪の命を受けた薩摩藩御用絵師、山路採英[36]の訪問（天明八年〔一七八八〕三月二十三日）[37]をうけたりしていることが確認でき、その交流はひとかたならぬものであったと言える。特に寛政八年十一月朔日から五日にかけて、蒹葭堂が薩摩藩邸に出向き、江戸参府途次の琉球謝恩使を見物していることは興味深い。[38]三日には御殿にて「芝居」を、五日には謝恩使による「川登」を見る機会を得たようだ。この時の琉球使節と島津重豪との問答は、薩摩藩の儒者、赤崎海門（あかざきかいもん）（一七三九あるいは一七四二〜一八〇二あるいは一八〇五）が「琉客記談」[39]にまとめているが、海門は「赤崎源介（助）」の名で「蒹葭堂日記」に頻繁に登場するほか、「寄題蒹葭堂詩文」（大阪大学総合学術博物館蔵）に詩文を寄せるなど蒹葭堂と親密であった。[40]

　こうした薩摩藩邸へ頻繁な出入りや藩関係者による格別な取り計らいは、当時、身分制度上は一介の町人に過ぎなかった蒹葭堂が知識人としていかに大きな名声を得ていたかを物語るものであろう。また、蒹葭堂は蝦夷など当時情報に乏しい遠隔地について知るために、各地の研究者や役人たちに自身の有する情報を提供することで、見返りに新たな情報を得ていたと考えられているが、[41]蒹葭堂の存在は薩摩藩にとって利するところが大きかったのかもしれない。「虫豸帖」（東京国立博物館蔵）のような虫譜を自ら手掛けた伊勢長島藩主、増山雪斎（ましやませっさい）（一七五四〜一八一九）や蘭癖大名として名高い肥前平戸藩主、松浦静山（まつらせいざん）（一七六〇〜一八四一）らがこぞって蒹葭堂を厚遇した事実も、その大名文化圏との密接な関係を裏付けよう。特に静山は天保三年（一八三二）に「保辰琉聘録」を著し「日琉同祖論」を唱えるなど琉球に政治的な関心を持っていたことが指摘されている。[42]蒹葭堂と各大名達の関係は共通の学問的な興味によって結びつくのみならず、何らかの利害関係も絡んでいたと想定すべきであろう。

　このように蒹葭堂は琉球に関する最新情報を入手できる環境にあり、収集した資料をもとに琉球文化を紹介する重要な役割を果たした人物であった。そして琉球に関する情報の流入源、薩摩と蒹葭堂との関係は「薩州蟲品」の筆者を考える上で示唆深いように思われる。上野益三氏は、重豪の侍医で博物誌『成形図説』を著した曾槃（そうはん）（一七五八〜一八三四）が寛政六年（一七九四）頃から蒹葭堂のもとを訪れていること、そしてその後、寛政末年以降に重豪が江戸との往還の途次、大坂の薩摩藩邸で蒹葭堂と面会していることに注目して、曾槃の計らいで重豪が蒹葭堂に昆虫標本を下賜した可能性を提起された。[43]しかし一方で、明和五年から七年に採集された標本が二十年以上経過した寛政期まで良好に保存できたとは考えがたい。そこで上野氏は右の自説を修正し、「蒹葭堂日記」の安永九年（一七八〇）十一月一日に名前が確認される薩州薬園方の山瀬治周などが架け橋となり、「薩州蟲品」が編まれた可能性を改めて提示された。依然「薩州蟲品」の筆者としては明言できないものの、蒹葭堂と薩摩藩の関係が早い段階から確認され、長期に渡って継続していたことは留意すべきであろう。

おわりに——蒹葭堂と図譜

　最後に「薩州蟲品」の図譜としての側面に注目したい。辰馬本の挿図が果たして蒹葭堂の手によるかは判断が難しいが、現存する自筆博物図譜から考えて、蒹葭堂にはそれをなせるだけの画力があったことは間違いない。宝暦年間に松岡玄達による『魚鳥写生図』や『怡顔齋介品』を写したと考えられる「珍魚図[*44]」（国立国会図書館蔵）、宝暦九年（一九五九）と明和八年（一七七一）の款記を持つ「蒹葭堂草木写生」（杏雨書屋蔵）、晩年に介品研究の成果をまとめた「奇貝圖譜」（辰馬考古資料館蔵）などを見ると、描写の巧拙には差があるものの対象を丹念に観察し写そうとする謹直な姿勢が共通する。また彩色の施されている図が多く、微妙な濃淡の差なども丁寧に表現されている。

大坂の著作家、暁鐘成（一七九三～一八六一）編纂の『蒹葭堂雑録』（安政六年〔一八五九〕刊）に収録される蒹葭堂の自伝「巽斎翁遺筆」は幼少期から蒹葭堂の知的好奇心がどのように育まれてきたかを伝える好資料である。それによれば、蒹葭堂は体の弱かった幼少期、草木花樹を植えながら養生しており、薬屋を営む親族から「物産ノ学」の存在や本草学者の名を聞かされ、十二、三歳で津島桂庵に入門したというが、それよりも早く五、六歳の時には画事に関心を示し、大岡春卜（一六八〇～一七六三）が手掛けた彩色絵本『明朝紫硯』から「唐絵ノ望」を得、その後は柳沢淇園（一七〇四～五八）との交流に始まり、鶴亭（一七二二～八五）から花鳥画を、池大雅（一七二三～七六）からは山水画を学んだという。[*45]橋爪節也氏は「巽斎翁遺筆」の記述を踏まえ、蒹葭堂の知的好奇心が形成される過程において、ビジュアルへの興味が多分に作用したと指摘されている。[*46]その画技への目を開いた春卜の『明朝紫硯』が明の画帖から花卉図や草虫図を抜き描きしたものであることや、若い頃に手掛けた「珍魚図」が先人の博物図譜を模写したものであることは示唆深い。蒹葭堂の本草・博物学への興味は画技への嗜好と密接に結びついており、テクスト主体の学問ではなく、ビジュアル的な要素が大きかったと言えよう。

評論家の種村季弘氏が、蒹葭堂を「幻想と即物性、東と西、今と昔のような相反する世界と世界との間を結びつけ、しかも自家のサロン的特性を活用して人間関係をも媒介し、とりわけ芸術と学問との間を媒介した」人物として賞賛したように[*47]、蒹葭堂が実践した学問と芸術との不可分な関係は周囲と刺激し合いながら時代の一つの風潮にさえなっていったと想定される。無論、橋爪氏も問題提起されているように[*48]、鑑賞絵画と本草図譜の制作では蒹葭堂の中でも意識の使い分けがあったと思われる。そのため、それらを無差別に語るべきではないが、現代の感覚よりも柔軟かつ密接に画家と学者が関わっていたことは間違いない。

例えば、「木村蒹葭堂像[*49]」（享和二年〔一八〇二〕、大阪府教育委員会蔵）を描くなど親交の厚かった画家、谷文晁（一七六三～一八四〇）も、小野蘭山の門人であったことが「蘭山翁画像[*50]」（文化六年〔一八〇九〕、国立国会図書館蔵）の署名「門人谷文晁沐手敬繪」から知られる。文晁もまた学問と芸術の間を往還した人物であった。文晁の縮図帖『畫學齋過眼藁　上』（大東急記念文庫蔵）には「驢馬　蛮名エイセリス　御本丸御厩繋之　寛政之初和蘭特使日本未有之云也　濟儒館藥品翻定集會日寫之」（五十四裏）との注記とともに、驢馬の馬屋に繋がれた姿や顔の側面観、目の拡大図などを描く一連のスケッチが見いだせる。[*51]オランダ使節からもたらされた貴重な動物を目の前にした的確で臨場感ある描写からは、画家としての技術の高さが感じられる。一方で、実際の観察をもとに様々な角度から写そうとする態度は本草・物産・博物といった諸学の学者たちとも通じるであろう。注記にある「濟儒館」とは幕府の奥医師を勤めた多紀家の私塾「躋寿館」の音通だと考えられる。「藥品翻定集會」とは、躋寿館において天明元年（一七八一）からほぼ毎年開催された薬種や産物の展示会、薬品会のことと推察され、そこに参加していた文晁は学者としての一面も有していたと言えよう。

そして、この驢馬のスケッチは山本亡羊の四男で本草学者の山本渓山[*52]（一八二七～一九〇三）自筆の『介品　獣品[*53]』（西尾市岩瀬文庫蔵）に「原圖谷文晁画」の「驢　ウサギムマ」図として模写されており、学術的にもその価値が認められていたと推察される。文晁は古画の模写と同時に写生の重要性を弟子に説いたことが知られるが[*54]、孫弟子に関根雲停[*55]（一八〇四～七七）、服部雪斎[*56]（一八〇七～没年不詳）、齋田雪岱[*57]（一八〇一～五八）のような日本近代の動植物研究に多大なる影響を与えた本草・博物画家を次々と輩出したことは決して偶然ではないだろう。

また渓山の同図譜には、京都で活躍した原派二代、原在明（一七七八～一八四四）による「玄猿」図の模写も含まれており、本草学者の渓山が、画家の描いたものを区別するのではなく柔軟に活用していることは興味深い。渓山は十五歳の時から四条派の画家、蒲生竹山[*58]（一七八九～一八六七）と、動物画を得意とし『蒹葭堂雑録』所収の蒹葭堂の肖像画を描いたことでも知られる大坂の画家、森徹山[*59]（一七七五～一八四一）に師事したとされる。[*60]その精密で色彩鮮やかな本草図譜は専門の絵師から何らかの手ほどきを受けたことを想像させよう。

一方、渓山の写生図を参考にしようと岸岱（一七八二あるいは一七八五～一八六五）、中島来章（一七九六～一八七一）、塩川文鱗（一八〇八～七七）ら専門の画家がこぞって渓山のもとを訪ねたという逸話があるほか、[*61]今尾景年（一八四五～一九二四）やその弟子、木島櫻谷（一八七七～一九三八）は実際に山本読書室で学んだことが指摘されており、[*62]画家もまた本草家に刺激を受けていたことを示す好例である。渓山が晩年の明治二十七年（一八九四）以降、京都府美術学校で教鞭をとっていたことも示唆深い。[*63]景年や櫻谷は維新後も活躍する画家ではあるが、こうした学問と芸術が互いに刺激し合い展開する風潮の形成には、分野横断的と評される蒹葭堂の学習姿勢や人的繋がりが大いに影響を与え、近世から近代へと受け継がれていったと想定することができるだろう。

蒹葭堂の死後、養子の木村石居が刊行した『奇貝圖譜（奈伎左乃玉）』は貝に関する古今東西の文献を示すに留まらず、貝の鑑賞方法とその歴史、貝を題材にする古歌にまで言及しており、科学的態度のみでは解決できない要素を多分に含んでいる。このように、蒹葭堂のなかでは様々な興味関心が複雑に絡み合い、その成果には決して単一な視点では読み解けない奥深さがある。著者であるかは別として、少なくとも「薩州蟲品」を所持していた蒹葭堂にとって、虫品に対して抱いた興味もまた多角的な視点に依っていたことであろう。おそらく、その思考の範疇には本草・博物学的観点や古典的態度に加えて、中国・宋代から明代にかけて大流行した草虫図から、はたまた同時代に活躍した伊藤若冲（一七一六～一八〇〇）が「動植綵絵」（宮内庁三の丸尚蔵館蔵）などに描いた群虫に至るまで様々な絵画作品も混在していたのではないだろうか。そして、蒹葭堂研究の進展はそうした思考体系のあり方を一つ一つ紐解くという困難だが、興味深い作業とともにあると言えるだろう。

註

1 「奇貝圖譜」については、本書論攷篇・袴田舞氏の論攷を参考されたい。

2 「薩州蟲品」に記載される地名は、薩摩では薩州・薩州出水郡・薩州伊佐郡・薩州日置郡・薩州渓山郡・薩州指宿郡。大隅で隅州始羅郡・隅州桑原郡・隅州噌唹郡・隅州肝屬郡・隅州熊毛郡。大隅諸島で竹島・薩州川邊黒島。日向で日州諸縣郡。トカラ諸島で薩州川邊郡口島・薩州川邊郡中之島・中島・薩州川邊郡臥蛇村・臥蛇島。琉球諸島で琉球・石垣。奄美群島で大島・喜界・鬼島である。

3 長谷川仁「自然の文化誌　昆虫篇－5－虫品と虫譜」（『Nature』三一号五冊、一九七六年、一八～一九頁）。

4 描かれた昆虫の同定は、上野益三『薩摩博物学史』（島津出版会、一九八二年、一七五～一八一頁）に詳しい。また、大阪大学総合学術博物館・伊藤謙講師から、三丁裏3－①・②「大嶋　ヘヒリ」がヨーロッパ・オーストラリア大陸を除く世界各地の熱帯・亜熱帯に分布するサソリモドキ目（Thelyphonida）の一種で、特に「大嶋」と記載されることから、奄美大島産とみられ、九州南部から沖縄にかけて生息するアマミサソリモドキ（*Typopeltis stimpsonii*）と考えられること、さらに九丁表2－①「同（筆者註：琉球）山亀」は日本固有種で沖縄島北部、久米島、渡嘉敷島のみに分布するリュウキュウヤマガメ（*Geoemyda japonica*）であり、その特徴である背甲外縁全体に見られる鋸歯、椎甲板上の三列のキール（隆条）等が「薩州蟲品」の図からも確認できることをご教示いただいた。

5 亡羊の父、山本封山（一七四二～一八一三）もまた東洞から医学を学んでおり、封山と桃洞は同門になる。

6 「小原源三郎」の名が最後に確認されるのは、享和元年（一八〇一）十月二十七日条であり、「江戸登来」途次の桃洞が蒹葭堂を訪ねてきていることがわかる（水田紀久・野口隆・有坂道子編著『完本　蒹葭堂日記』〈藝華書院、二〇〇九年〉五〇六頁参照）。

7 畔田翠山著・宍戸昌序『水族志』（文会舎、一八八四年）参照。

8 安田健編『江戸後期諸国産物帳集成　第十七巻　肥前・日向・大隅・薩摩』（科学書院、二〇〇四年）に木村孔恭「薩摩州蟲品（附日向大隅琉球諸嶌）」として収録される影印は国立国会図書館所蔵B本である。

9 『重修本草綱目啓蒙増補抄録』（国立国会図書館蔵、請求記号：特7－499）。国立国会図書館デジタルコレクション掲載の磯野直秀氏による解題によれば「『重修本草綱目啓蒙』は梯南洋による増訂版であるが、大坂の医師岩永文楨がその増補部分だけを抜き書き（墨筆）し、自身の増補（朱筆）も加えた」ものである。http://dl.ndl.go.jp/in

fo:ndljp/pid/2607644　参照（最終閲覧日：二〇一六年十一月二十三日）。

10 矢野宗幹「蒹葭堂の「薩州虫品」」（『大阪史談』二号、一九五七年、一～六頁）参照。

11 杉本つとむ『江戸の博物学者たち』（講談社、二〇〇六年、一五九頁）参照。

12 『本草綱目啓蒙』の刊行状況については、前掲註11同書一五二～一五九頁および木村陽二郎「小野蘭山と本草綱目啓蒙」（『東洋文庫531　本草綱目啓蒙1』平凡社、一九九一年、三七～四一頁）に詳しい。『本草綱目啓蒙』は享和三年（一八〇三）から文化三年（一八〇六）にかけて四十八巻二十七冊の形で出版されたものを初版とする。文化三年の江戸大火で初版の版木が失われた後、文化八年から文政十二年（一八二九）に再版本が出版された。その後、弘化元年（一八四四）に梯南洋（生没年不詳）による補正版『重修本草綱目啓蒙』（全三十五巻全三十六冊）が発刊されるも、これは蘭山の孫、小野職孝（生年未詳～一八五二）に無断で行われた。さらに嘉永二年（一八四九）には職孝の訴えから、泉州岸和田藩藩主、岡部長慎（一七八七～一八五九）が藩医、井口望之に校正を命じ『重訂本草綱目啓蒙』（全四十八巻全十二冊）を出版している。

13 前掲註11同書一七九頁参照。　杉本氏は『本草綱目啓蒙』に蛺蝶の一種として〈アヤハヘル〉が記されていることに着目し、「〈アヤハヘル〉は『沖縄語辞典』（国立国語研究所編）に〈?: ajahaberu（名）[文] 蝶の美称。美しい蝶〉とあるのと同一であろう（アヤは縞の意）。」と比定している。

14 本稿では、『本草綱目啓蒙』（国立国会図書館蔵、文化二年版、請求記号：特1－109）を用いた。本書は蘭山の門下生で加賀藩の産物方植物主付になった村松標左衛門（一七六二～一八四一）の旧蔵本である。文化二年の跋文を附し、いわゆる初版本にあたる。

15 「第五十一回貴重書等指定委員会報告　重要文化財指定資料紹介　小野蘭山関係資料」（『国立国会図書館月報』六六三号、二〇一六年、七～八頁）参照。

16 磯野直秀「小野蘭山の『本草綱目草稿』（『本草綱目』講義用覚え書）」（『参考書誌研究』六四号、二〇〇六年、三頁）参照。

17 島津重豪については、村野守治「島津重豪」（『彩色江戸博物学集成』平凡社、一九九四年、一三四～一四四頁）参照。

18 高津孝『博物学と書物の東アジア：薩摩・琉球と海域交流（琉球弧叢書二三）』（榕樹書林、二〇一〇年、二二～二五頁）参照。

19 前掲註18同書二四～二五頁参照。

20 田村藍水については、前掲註18同書一六～一七頁参照。

21 栗本丹州については、田中誠「栗本丹州」（前掲註17同書一八九～二〇七頁）参照。

22 滝川義一「木村蒹葭堂の琉球に対する関心」（『國學院雜誌』七八号六冊、一九七七年、二二～三二頁）。

23 「木村蒹葭堂略年譜」（大阪歴史博物館編『木村蒹葭堂　なにわ知の巨人：特別展没後200年記念』展図録、思文閣出版、二〇〇三年、二〇一頁）参照。

24 蒹葭堂が蘭山に入門した際の誓盟書では、「御内門規則」を固く守ること、講義録は他者に見せず、同門でもみだりに貸し借りしないこと、本草学の勉強をやめるときは入門以来の一切の書写記録を返却すること、「名物之書」を刊行する時には許可をとること、「名物」の呼称について何か意見があるときには必ず蘭山の意見をうかがうこと、「別伝秘説」はたとえ父子にでも伝授しないことを約束させられている。その内容については、前掲註11同書一〇七～一一一頁および嘉数次人「蒹葭堂の本草学・物産学管見」（前掲註23同図録一四四頁）参照。また、蘭山の『本草綱目』講義用覚え書『本草綱目草稿』第三冊には、「浪華木村氏」からキノコ（蕈）に関する質問をうけ、「天明巳年（筆者註：五年）十月六日」に返答したという旨のメモ書きが挟まれていることが磯野直秀氏によって確認されており、入門後の蒹葭堂の学習態度を知る上で貴重な資料である（前掲註16同論文六頁参照）。

25 橋爪節也「木村蒹葭堂のイメージについての三つのメモ―知の巨人・視覚人間・若冲」（『民族藝術』二九号、二〇一三年、五六頁）参照。

26 「木村蒹葭堂略年譜」（前掲註23同図録二〇二頁）参照。

27 シーボルトが重豪に教えた虫の保存方法は記されていないが、尾張の本草学研究会「嘗百社」において、文政十一年（一八二八）前後に実践されていた「虫ハソノ脊ノ正中ヲ布鍼ニテ刺」すという昆虫標本の製作法は、会の同人、水谷豊文（一七七九～一八三三）が文政九年（一八二六）にシーボルトと面会した際に伝授された可能性が指摘されている（小西正泰「江戸末期と明治前半の昆虫標本　東京大学の所蔵品を中心に」（東京大学編『学問の過去・現在・未来〈第一部〉学問のアルケオロジー』東京大学出版会、一九九七年、五三頁）参照）。重豪も同様の方法を習ったのではないだろうか。

28 シーボルト著・斎藤信訳『東洋文庫87　江戸参府紀行』（平凡社、一九六七年、一八五～一八六頁）参照。シーボルトは、文化九年（一八二六）一月に長崎出島を出発し、三月に江戸到着、将軍に拝謁して、四月に帰路につき、途中京都や大坂に滞在し、六月に出島に戻った。ここでの「中津侯」とは島津重豪の次子で豊前中津藩を継いだ奥平昌高（一七八一～一八五五）、「薩摩の若君」とは重豪のひ孫で薩摩藩十一代藩主島津斉彬（一八〇九～五八）である。どちらも蘭癖大名として名高い。

29 一例は、幕末の旗本、武蔵石寿（一七六六～一八六一）によって天保年間に制作された昆虫標本で現在、東京大学農学部標本室に保管される。もう一例は讃岐金比羅で活躍した絵師、合葉文山（一七九七〜一八五七）による約二百五十点の紙包標本で、私立尽誠高等学校（香川県善通寺市）が所蔵する（前掲註27同論文五〇〜五三頁参照）。

30 前掲註3同論文一八頁および前掲註27同論文五〇頁参照。

31 前掲註22同論文、同頁参照。

32 『大嶋筆記』については、島村幸一「土佐漂着の「琉球人」—志田伯親雲上・潮平親雲上・伊良皆親雲上を中心に—」（『沖縄文化研究』三四号、二〇〇八年、八九〜一四五頁）参照。

33 滝川義一・佐藤卓弥『木村蒹葭堂資料集　校訂と解説（1）』（蒼土舎、一九八八年、一八四頁）参照。

34 前掲註33同書一八四〜一八五頁および前掲註23同図録一九一頁掲載、井上智勝氏による『大島筆記（蒹葭堂旧蔵）』および『大島筆記（谷真潮旧蔵）』作品解説参照。

35 前掲註6同書四九四頁参照。

36 井上良吉編『薩藩画人伝備考』（一九一五年）の山路探英の項には「探定守行ノ子ニシテ畫ヲ父ニ学ブ」とある。父の「探定守行」とは山路探定のことであり、同書の探定の項には「名ハ通咏初名通虎喜平太ト称ス、都城ノ家臣ナリ、畫ヲ木村探元ニ学ヒ、後テ江戸ニ赴キ、狩野探林ノ門ニ入ル、畫名ヲ松石子、守行、探渓、探陽、探定ト改ム本府ノ士ニ挙ラレ、奥医師格ト為リ、大進法橋ニ叙ス、寛政五年癸丑十月二十三日逝去ス、松原山中ニ葬ル（後略）」とある（句点は本稿筆者が補った）。

37 前掲註6同書二二三頁参照。

38 前掲註6同書四〇一頁参照。

39 『琉客談記』については、鹿児島純心女子大学国際文化研究センター編『新薩摩学　薩摩・奄美・琉球』（南方新社、二〇〇四年、一〇九〜一一三頁）参照。

40 橋爪節也（研究代表者）『科学研究費助成事業　研究成果報告書　博物学標本資料に基づく大阪学の確立　木村蒹葭堂と交遊ネットワークによる包括的研究（課題番号：25580032）』（二〇〇五年、三頁）参照。https://kaken.nii.ac.jp/ja/file/KAKENHI-PROJECT-25580032/25580032seika.pdf（最終閲覧日：二〇一八年七月二十二日）。

41 前掲註24同図録嘉数氏論文一四五頁。

42 前掲註22同論文二八頁参照。

43 上野益三『薩摩博物学史』（岩書房、一九八二年、一七二〜一七三頁）参照。

44 『珍魚図』については、前掲註33同書七〜八頁および二二一〜二二三頁参照。

45 蒹葭堂の画業については、橋爪節也「木村蒹葭堂と懐徳堂」（奥平俊六編『懐徳堂ゆかりの絵画』大阪大学出版会、二〇一二年、二七七〜二八八頁）参照。

46 前掲註25同論文五六〜五七頁参照。

47 種村季弘「木村蒹葭堂」（前掲註17同書一三二頁）参照。

48 前掲註25同論文五七頁参照。

49 一幅、絹本著色、六九・〇×四二・〇センチ。蒹葭堂の没後、遺族の依頼によって、生前のスケッチをもとに制作され、画中には「享和二年三月廿五日社弟文晁稽首拜写」の墨書がある。

50 一幅、絹本著色、一六六・五×三九・八センチ。文化六年（一八〇九）に当時八十一歳の蘭山を描いたもの。上部に蘭山自筆の賛が附されている。全図が国立国会図書館デジタルコレクション（info:ndljp/pid/1288400）で確認できる（最終閲覧日：二〇一八年七月十二日）。

51 谷文晁『書學齋過眼藁』大東急記念文庫蔵「書學齋」は文晁の画号。寛政期から文政期までの年号の確認される写生帳で上下二冊。富岡鉄斎旧蔵品。細野正信解題『大東急記念文庫　善本叢刊　第十四巻　美術書集二』（財団法人大東急記念文庫、一九七八年）参照。寛政初頭に蘭人から贈られ、本丸の厩で飼われたという驢馬については、松浦静山『甲子夜話』巻之二でも寛政十一年（一七九九）に御馬預鶴見清五郎の談として、驢馬が「蛮名エーシルスと云」ことやその生態が詳しく記されており『書學齋過眼藁』の記述との類似が注目される（中村幸彦・中野三敏校訂『甲子夜話1』平凡社、一九七七年、二八頁参照）。

52 山本渓山については、上野益三「山本渓愚」（前掲註17同書四四八〜四六三頁）参照。また、大正期に編纂された伝記、真下正太郎編『渓愚山本章夫先生小伝』（山本読書室、一九二二年）がある。

53 山本渓山書写本、一冊、折帖、二七・三×一九・六センチ、幕末頃成立、西尾市岩瀬文庫蔵。

54 武田庸二郎「解説　斎田雲岱の博物図譜と彼の生きた時代」（『江戸の博物図譜：世田谷の本草画家斎田雲岱の世界』展図録、斎田記念館・世田谷区立郷土資料館、一九九六年、七七頁）参照。

55 関根雲亭については、小林忠「関根雲亭」（前掲註17同書三七一〜三八四頁）参照。奇しくも雲亭もアメリカからもたらされたという驢馬を文久三年（一八六三）にスケッチしており、『博物館獣譜』（東京国立博物館蔵）におさめられている。

56 服部雪齋については、児島薫「服部雪齋」（前掲註17同書四一三〜四二八頁）参照。

57 斎田雲岱については、前掲註54同図録に詳しい。

58 蒲生竹山については『京の絵師は百花繚乱『平安人物志』にみる江戸時代の京都画壇』展図録（京都文化文化博物館、一九九八年）参照。天保十三年に発刊された動植物、岩石の薬効や用法の解説書、内藤蕉園編著『古方薬品考』は当時京画壇で活躍した百名以上の画家が挿絵を寄せており、徹山や竹山によるものも確認できる。
59 ただし、森徹山は渓山が十五歳の天保十二年（一八四一）五月には没しているため、師弟関係の有無については慎重を期す必要がある。
60 前掲註52真下正太郎編同書一頁および一九頁参照。
61 前掲註52真下正太郎編同書一一～一二頁参照。
62 『江戸の植物図』展図録（京都文化博物館、二〇一六年、四四、四六頁）参照。
63 前掲註52真下正太郎編同書二五頁参照。

【附記】
本稿の執筆にあたり、橋爪節也教授（大阪大学総合学術博物館／大学院文学研究科兼任）に終始ご指導賜りました。伊藤謙氏（大阪大学総合学術博物館講師）には資料の読解にご教示を賜りました。末筆ながら厚く御礼申し上げます。

【表1】『本草綱目啓蒙』と「薩州蟲品」との比較

［凡例］

・本表においては、文化二年版『本草綱目啓蒙』（国立国会図書館蔵、請求記号：特1－109）および辰馬本を用いた。『東洋文庫531・536・540・552　本草綱目啓蒙1・2・3・4』（平凡社）も参照し、適宜句読点および仮名の濁点を補った。

・動植物の方言には、差別用語を含むものもあるが、歴史的資料を提供する目的から、あえて改めていない。本表の使用にあたっては、十分に注意されたい。

『本草綱目啓蒙』〈巻之三十六　虫之二　卵生類〉	「薩州蟲品」（辰馬本）
蛺蝶 テフ　カラテフ古歌　チヨテフ京　テフテフ江戸　テフゴ阿州　カツカベ南部　テイコウナ津軽　テコナ　カ、ベ共同上　**ハヘル琉球**　テフマベツトウ越後　アマビラ信州　カハビラコ　テフテフバコ野州　ヘラコ秋田（中略） 蛺蝶一種形大ニシテ翅淡褐色ニシテ黒色ノ竪条網様ノ文アル者ヲ、アゲハノテフト呼。［一名］テフマカツカベ南部、**アヤハヘル琉球　コレハ大小ニ拘ラズ斑アル蝶ノ總名ナリ**、津軽ニテハ単ニ、テフト呼。是鳳子蝶三才図会ナリ。又鳳車事物紺珠、鬼車、鬼蛺共同上トモ云。山中ニハ背に碧色或ハ緑色ヲ帯ルモノアリ。（後略）	四丁裏1－②「喜界　ハヘル」、四丁裏3－①「ハヘル数品」、四丁裏3－②「ハヘル」、五丁裏3－④「同（筆者註：琉球）黄ハヘル」、十四丁表3－②「同（筆者註：琉球）黒ハヘル」
蜻蛉 トンボウ　トンボ　アキツムシ古歌　アキツハ同上　アキツ南部　アケヅ同上　カゲロフ和名鈔　エムマ和名鈔　筑前　エムバ同上　西国　エンブウ筑前　エンボウヤンマ共同上　ヘンボウ筑後　ヘンボ同上　**ボウリ薩州　アカイス琉球**　タンボ能州　ダンブリ佐州　津軽　ダアブリ松前　ダブリ同上　ゲンザ常州　上州　野州 （中略）	七丁裏3－②「同（筆者註：隅州）始羅　赤ボウリ」、五丁裏1－①「同（筆者註：琉球）カウシアカイス」、十三丁裏3－①「琉球　芋ノツベアカイス」、十三丁裏3－②「同（筆者註：琉球）黄アカイス」、十三丁裏3－③「同（琉球）玉アカイス」
蜻蛉品類甚多シ。ソノ薬用ニ入者ハ蜻蜓ナリ。 蜻蜓　ヤンマ　ヤマトンボウ　ヤマトンボ越後　ヤマアケズ南部　ヲンジヤウ上総　ホンボウリ薩摩　ホノボウリ同上　**ミヤコアカイス琉球**　ホンヤ大坂　［一名］青亭事物異名　青弁使者同上　青虰山東通志　青衣使者通雅　青卒同上　青鵐娘福州府志　是ハ形最大ニシテ、青緑色、黒ヲ挾ザルモノナリ。（中略）	五丁裏3－③「同（筆者註：琉球）ミヤコアカイス」
胡黎　キユムバ和名鈔　セウレウトンボ作州　防州　セウレウヘンボウ筑後　セウレウエンバ筑前　セウレイヤンマ同上　セウレウ大和本草　キトンボウ　キヤンマイナトンボ津軽　ムギトンボ雲州　ミソトンボ同上　ミソカイ加州　ヲドリトンボ同上　**セウレウボウリ薩州**　ホトケトンボ土州　此品形青卒ヨリ小ニシテ、紅黄色、七月ニ多ク出飛。（中略）	十六丁表1－④「セウロウボウリ」と同一か。
又一種ヤナギジヨウロウアリ。［一名］カネツケジヨウロウ　カネツケトンボウ加州　カハラトンボ同上　**カネウチ薩州**　カハボウリ　チゴボウリ共同上　カウヤトンボ濃州　メクラトンボ雲州　クロトンボ土州　ハグロトンボ同上　ヤネトンボ防州　カゲロウ江州　カネカネトンボ同上　此品身甚瘠細ク、緑色ニシテ光アリ。翅深黒色、水辺ニ飛翔ス。草木ニ止ルトキハ四翅一ニ重テ、尋常ノ蜻蛉ノ四翅排列スルニ異ナリ。（中略）	六丁裏3－②「薩州日置郡　カ子ウチ」

又一種身甚瘠小ク長一寸許ニシテ緑色夏秋ノ間草菜上ニ飛ブモノアリ小トンボト云 ［一名］カゲロウ東雅　石州　予州　筑前　タナバタトンボ越前　トノサマトンボ 同上　カンナ津軽　カトンボ加州同名アリ　メクラトンボ江戸　イトトンボ江州 **コアカイス琉球**　ヂゴクアケズ南部　ヌイゴトンボ　是、五雑組ニ、北人指七月間 小蜻蛉為処暑ト云モノナリ。処暑ハ七月ノ中ナリ。（後略）	五丁表1－①「琉球　小アカイス」
樗雞 詳ナラズ　［一名］　暗虫事物紺珠（中略） コノ一種ニ形大ニシテタニ臨ンデ飛翔シ、好ンデ草木ノ花蕊ヲ吸、殊ニ壺盧花ニ集 ルモノアリ。ユフガホマダラ筑前ト云。［一名］ユフガホベツトウ　ユウガフマン ダラ備前　**ツフルハヘル琉球**　長サ一寸余、形瘠テ褐色、鳥頭鳥尾、甚ダ雀ノ形ニ 似タリ。是天蛾ナリ。大倉州志ニ、善払燈火夜飛、謂之飛蛾、又有大而黄或斑者、 謂之天蛾、乃鳳仙匾豆葉間大青黒虫所化ト云。	四丁裏3－④「同（筆者註：琉球）ツフルハヘル」
蜘蛛 クモ和名鈔　サ、ガニ古歌　クボ越中　コブ薩州　イシコブ同上　マルグモ　オホ ハラグモ　ダンゴグモ江州　オニグモ石州（中略）	
絡新婦ハ、ジヨロウグモ京　ジヤウログモ同上　ジヤウラグモ筑後　テラグモ和州 ハタオリグモ予州　**コガネグモ琉球**　此蛛ハ身瘠長ク一寸許、黄色ニシテ黒青赤斑 アリテ美ハシ。足ニモ黒黄斑アリ。庭樹ノ間ニ巣ヲハリ、昼夜ムシヲ取食フ。其糸 黄色ニシテ甚ツヨシ。（中略）	六丁表1－④「同（筆者註：琉球）コガ子クモ」
又一種山中ニ、身ハ小豆ノ大サニシテ脚甚ダ長ク四寸バカリ、全身淡黄黒色ニシテ 脚ノ節白キアリ。此蛛人目ニシテ糸ナシ。地上ヲ行コト瞽者ノ杖ニテサグリ行状ニ 似タリ。故ニ俗ニ、ザトウグモト呼。［一名］チヤヒキグモ筑後　チヤヒキムシ薩 州　大ナル者ヲ**ゲジゲジ**ト云同上。	八丁裏2－①「同（筆者註：薩州）谿山郡　ゲシ〳〵」は図を欠くが、同一か。
又一種**ミヤマグモ琉球**ト呼アリ。［一名］四方グモヤマコブ薩州　ヒトモシ江州 ツリガネグモ同上　山中樹枝ノ間ニ円ナル網ヲ張コト尋常ノ蜘蛛網ノ形ニ異ナラズ。 只昼モ徹セズ。網ノ中央ニフトキ糸ヲ四隅ニ出ス。（後略）	六丁裏1－②「同（筆者註：琉球）ミヤマクモ」
水蛭 ヒル和名鈔　ビル讃州　ヒイル石州　備前　備後　作州　**アマカク琉球**（中略） 水蛭ハ水中ニ生ズ。溝渠中尤多シ。長サ一寸許、色黄褐ニシテ黒色ノ間道アリ。 （後略）	六丁表3－②「同（筆者註：琉球）アマカク」

『本草綱目啓蒙』〈巻之三十七　虫之三　化生類〉	「薩州蟲品」（辰馬本）
蚱蟬 アカゼミ　サトゼミ　クロゼミ江戸　アキゼミ　ヒグラシ古歌　阿州　オホゼミ江州　ユウゼミ筑前　ミヤマセミ播州　ヤシロセミ肥前　**ナベカキセミ琉球**　ジイラセミ仙台　総　［一名］　玄虫典籍便覧　斉如名物法言　嬴女事物紺珠　青林楽同上　□（虫偏に戔）正字通　蚱蟬　［一名］　秋蟬附方　蚱蜩事物異名　秋涼児訓蒙字会 蚱蟬ハ形大ニシテ翅ノ色黄赤ク、スキトホラズ。八月ニ至リ未ノ刻以後多ク鳴。（中略）	九丁表1－①「同（筆者註：琉球）ナベカキセミ」
蛁蟟ハ　ミンミン　ミイミイ作州　メンメン加州　オイハセミ同上　ミヤマセミ　**ヒミキセミ　琉球**　コロモセミ江戸　石州　ビイドロ勢州　形大ニシテ馬蜩ノ如ク、羽スキトホレリ。秋末盛ニ鳴テ自ラ呼。（後略）	五丁表2－①「同（筆者註：琉球）ヒミキ蝉」
天牛 カミキリムシ和名鈔　**ツノムシ薩州**　［一名］　桑蠹事物紺珠　牽牛芥子園画伝　木蠹虫、春夏ノ交リニ至リ木中ニテ羽化シ、木ヲ穿チ穴シテ出ルモノナリ。山中ニ多シ。長サ一寸余、径四分許、腹ニ六足アリ、背ニ硬キ甲アリ。（中略）	八丁裏2－②「同（筆者註：薩州）日置郡　角虫」
又一種形状同クシテ、栗殻色ニシテ白点ナク、角ニハ褐ト黒トノ斑アル者アリ。**薩州**ニテ**枇杷ムシ**同名アリト呼。（中略）	七丁表3－④「同所（筆者註：薩州日置郡）ヒワムシ」
一種カブトムシニ似テ狭細、頭ニ角ナク、両牙長ク対シ出テ手ノ如キアリ。ダイメウムシ播州ト云。又ハサミムシ江戸、**オミタラカシ虫薩州**等ノ名アリ。此外数品アリ。	九丁裏3－①「薩州伊佐郡　ヲミダラカシ虫」
螻蛄 ケラ和名鈔　作州ニテケラト呼モノハ別物ナリ　コマムシ関東　ゴキアラヒムシ予州　**アマニヨカア琉球**　ヲケラ越前（中略）夏月、土中四五分ノ下ニ穴居ス。長サ一寸半許、鼠螽ニ似テ首円長ナリ。全身黒褐色。雄ナル者ハ翅アリ。夜飛燈光ニ就。土中ニアル時ヨク鳴。雌ナル者ハ鳴ズ、翅甚ダ短ク飛コトアタハズ。冬月ハ皆深ク土中三四尺ノ下ニ入、泥中ニ蟄ス。	六丁裏1－①「同（筆者註：琉球）アマニヨカア」
蜚蠊 ツノムシ和名鈔　アブラムシ　ゴキカブリ筑前　筑後　伯州　雲州　ゴキクラヒムシ勢州　**アマメ**同上山田　**薩州**　肥前　ゴキカブラウ肥前　ゴゼムシ土州　平八アマメ紀州　マ、クヒムシ越前　ゴキアラヒムシ丹後　（中略） 夏秋ノ間、竈ノ辺、厨篋ニ甚ダ多シ。長サ一寸余、径六七分、翼アリ、夜飛。全身褐色、微黒油色ノ如ク、兼テ油臭アリ。口ニ利歯アリテ器物ヲ囓損シ、食物ヲ敗リ、大ニ害ヲナス。（後略）	二丁裏3－②「鬼界　アマメ」

竈馬　イ、キリゴ備前　イ、ギリ　ハダカコホロギ加州　センチコホロギ　イヒゴ共同上　筑紫　キリゴ備前　備後　作州　イゴ筑前　カマウサギ土州　カマドムシ　アマムシ勢州　カマゴ同上　伯州　四国　ヲカマゴ河州　讃州　カマギリス尾州　カマドウマ播州　ウサギムシ同上　コホロギ予州　越前　オカマコホロギ江戸　シツケコホロギ　エビコホロギ　シツコホロギ共同上　カマコ大黒ノヒゲ雲州　イトジ和州郡山　ヨマシクヒ同上越村　ムロムシ紀州　イトヾ城州八幡　ネコトチ丹波　秋夜竈辺及ビ洗椀ノ処ニ出テ、米麦ノ残食ヲ拾ヒ啖フ。昼ハ陰僻ニ隠レテ出ズ。体、長サ七分許、首ハ小ク、身ハ大ニシテ背隆シ。（中略）	
促織　イトヾ京　コホロギ和名鈔　紀州　江戸　水戸　ハタオリメ和名鈔　キリギリス同上　和州　伯州　南部　信州　武州ノ府中　ハヤマル古歌　チクロ　サセマクラノシタノキリギリス　チ、ロムシ共同上　イトムシ　ヘイジ尾州　トクリヘンジ　ケヅリムシ　イトウシ共同上　**ギメ薩州**　イトジ城州八幡　コロ和州　ウタキリギリス地錦抄　クロツムシ筑後　クロツヾ　クロツ、　クロヅチ共同上　クロンボ四国　カタサセ南部　ツヾリサセ越後　コウコウ江戸　テヅ、オドシ詩経　名物弁解　ノデツムシ同上　コロンボウ土州油胡盧モ通ジテヨブ（中略）イトドハ秋中庭間瓦石ノ下ニ、微シ土ヲ凹ニシテ其中ニ住ス。長サ六七分、潤サ三四分、両鬚六足、足ト身トハ油色ナリ。（中略）	七丁裏2－③「同所（筆者註：隅州始羅郡）ギメ」
古書ニ、コホロギト云ルハ皆蟋蟀ニシテ今ノイトドナリ。故ニ今モ、イトドヲコホロギト呼国モアリ。水府ニテハ二物通ジテコホロギト云。今ノコホロギハ、オニコホロギ紀州　ホロホロ勢州　コロコロシ和州　**イツ、薩州**　コロコロ備前　コロロン大坂　ユンマコホロギ江戸　カラスコホロギ同上　ノコホロギ等ノ名アリ。其鳴声清高ニシテ抑揚アリ。コロコロノ声六七返モ重ヌル者ヲ上トス。（後略）	八丁表2－①「同所（筆者註：薩州日置郡）イツ、」
螽蟴 オホイナゴ　ヲイタチ京　トノサマバツタ江戸　タカ同上　薩州　**イナタカ琉球**　**ヒヱツケ隅州**（中略）秋時多ク出。形ハ螽斯ニ似テ首円、目大ナリ。身、長サ一寸余、翼アリ。其色或ハ緑、或ハ褐、其鳴コト股ヲ以テ相撃テ声ヲナス。	七丁表1－③「同（筆者註：薩州）日置郡　稲タカ」、八丁表1－①「隅州始羅郡ヒエツケ」
又一種大ナル者アリ。クルマバツタ江戸ト云、又キチキチバツタ同上　タカイナゴ薩州　**クサタカ隅州**　ダイコクハタ、阿州等ノ名アリ。	八丁表3－③「（筆者註：隅州）始羅郡　草たか」
又一種至テ大ナル者アリ。**モンキヤウサイ琉球**ト云。	八丁裏3－②「同（筆者註：琉球）モンキユルサイ」と同一か。
又一種形小ニシテ長サ七八分許ナル者アリ。イナゴ京ト云。又コタカ薩州　**タイモサイ琉球**　イナハツタギ南部松前ハツタギハコノ類ノ総名ナリ等ノ称アリ。（中略）	六丁表2－④「同（筆者註：琉球）田イモサイ」

蠜螽ハ、イナゴマロ和名鈔　イネツキコマロ和名鈔　セウライムシ京　オシヲライ ネギムシ共同上　ネギソ勢州　ネギドノ同上　エボシダカ同上山田　ネギネギ江州 ハタオリ土州　ハタトウ同上　ガチ江戸　セウレウバツタ　バツタ共同上　バタ上野　ホツタ信州　ハタハタ和名鈔　阿州　ハタ阿州　ハタ、讃州　**フエフキムシ薩州　トウシンタカ同上　アハツゲ隅州**　イネウラシ播州　ガタキ駿州　ハツタギタ長崎　フネムシ　キチキチムシ越前（中略）	八丁裏1－③「同（筆者註：薩州日置郡）　フエフキトモ　トウシンタカトモ」、九丁裏3－③「隈州始羅郡　アワッケ」
吉丁虫　タマムシ　**マツボウボウ琉球雌者**　山中ニ生ズ。叩頭虫ニ似タリ。長サ一寸許ニシテ、濶サ三四分、背ニ硬甲アリ。碧色ト緑色トノヒロキ間道竪ニアリテ、金光アリ。腹ハ緑色ニシテ金光アリ。女人取リテ粉匣ニ収ム。久クシテ敗レズ。	十五丁表1－③「同（筆者註：琉球）松ボウ〳〵」
［一名］緑金蟬通雅	
金亀子　コガネムシ　ブトウ筑紫　ナツムシ南部　カネブウブウ肥前　アブラムシ防州　ホンカナ讃州　ブイブイ共同上　備前　備後　**ヒトリムシ隅州**　ナシムシ同上　ブイバラ予州　オニムシ奥州桶田　形状蜣蜋ニ同ジク、緑色ニシテ金光アリ。或ハ光アラズ。夜燈光ヲ慕ヒ来リ、或ハ誤テ油ニ入。昼ハ草木ノ花葉ヲ食ヒ、桃実或ハ葡萄ニ集リ食フ。形ニ大小数品アリ。（中略）	七丁裏2－①「隅州始羅郡　ヒトリムシ」
叩頭虫　ヲカヅキムシ和名鈔　キコリムシ古歌　播州　雲州　石州　備後　防州作州　キ、リムシ大和本草　キワリムシ南部　ハタオリムシ京　ガテンムシ同上ガツテンムシ筑後　ガツテイムシ　カネタタキ　**ナタムシ隅州**　コメフミムシ讃州高松　コメツキムシ同上香西　阿州　トビムシ備後　ツメハジキ筑前　ツマハジキ同上　［一名］擣碓虫揚州府志　此モ木蠹虫ノ羽化スル者ナリ。其品数多シ。大ナル者ハ長サ一寸余、形状タマムシニ似リ。茶褐色ニシテ金光アリ。（後略）	九丁裏3－④「同（筆者註：隅州）桒原郡　ナタ虫」
木蝱 蝱［一名］□（虫偏に能）音那正字通　集解ニ説トコロ一ナラズ。蘇恭ノ説ノ木蝱ハ、オホウシバイ　サンネンアブ北近江。形蒼蠅ノ如クニシテ微緑色ヲ帯、大サ蟪蛄ノ如シ。利觜アリ。牛馬ニ附テ血ヲ吸ヒ害ヲナス。鹿蝱ハ、ウシバイ。蒼蠅ノ形ニシテ牛馬ノ血ヲ吸。一種血ヲ噉ハズ、只草木ノ花ニ集ル者ヲ、ハナアブト云。此ニモ大小数品アリ。大ナル者ハ大黄蜂ノ形ニ似テ、鬚ナク、刺ナク、色黄ナリ。好デ花ヲ吸。コレヲ、**ヅンヅンバイ薩州**　ブイブイ備後ト云。是、黄蝱ナリ類書纂要ナリ。（後略）	七丁表3－③「薩州日置郡　ヅン〳〵ハイ」
蜚蝱 コアブ古名　アツアブ　**アダムシ隅州**　［一名］蜚□（虫偏に鹿）蘇氏韻輯　登外郷薬本草　秋日稀ニ来ル。形黄蝱ヨリ瘠細ク、蜜蜂ヨリ大ナリ。長サ六分許、緑頭ニシテ利觜アリ。（中略）	七丁表2－③「薩州谿山郡　亡（アダ）虫」
浮塵子ハ、ウンカ丹後　**ヌカバイ薩州**　セ、リ雲州　肥前　カツボ土州　大サ半分許、身黒ク、翅白ク、首ニ絜アリ。簷下ニ群飛ス。（後略）	十二丁裏3－②「同（筆者註：薩州日置郡）　ヌカハイ」

『本草綱目啓蒙』〈巻之三十八　虫之四　湿生類〉	「薩州蟲品」（辰馬本）
蝦蟇 カヘル和名鈔　ツチガヘル同上　カハキヾス古歌　カハズ京　カイル同上　佐州　カツタイガヘル北江州　エツタガヘル和州　コツトイカヘル防州　ミツチヤガヘル　ヘンドガヘル讃州　コジキヒキ土州　オンビキ　シヤクタラフ　クソヒキ　ヒキ共同上　クソガヘル備前　**オホワタ琉球**　**クロヒキ隅州**　タンナンビキ肥前　ビキ西国　ビツキ仙台　ガツト能州（後略）	八丁裏3－④「同（筆者註：琉球）芋おわた」、七丁裏1－①「日州諸縣郡　クロヒキ」
山蛤 ヤマガヘル　アカヾヘル京　ウヅラヒキ予州ニテハ鶉斑アル故名ト云　土州ニテハ鶉ニ化スル故名クト云　ホトケビキ筑前　肥前　佐賀ニテハ雨蛤ヲホトケビキト云　アカガマ越前　**アカヒキ**土州　**隅州**　ハタケドリ勢州（中略）山谷ニ多シ。形鼃ノ如クシテ淡黄赤色、前脚ハ短ク、後脚ハ長クシテ跳ルコト捷クシテ捉ヘガタシ。人コレヲ捉ヘ、皮ト腸トヲ去、醤油ニテ炙リ、小児ニ与ヘ食ハシメ、疳疾ヲ治ス。此主治ニモ此コトヲイヘリ。広輿記ニモ、可治疳疾ト云。	七丁表2－①「同所（筆者註：隅州始羅郡）赤ヒキ」
蝸牛 カタツブリ古名　マイマイツブリ江戸　マエマエ筑前　マイマイ同上　遠州　越前　防州　作州　備後　カサパチマイマイ駿州　デヾムシ京　デムシ　デブシ予州松山　デツポロ　カタヽ共同上吉田　デゴナ勢州津　デバノ桑名　デイデイ同上松阪　デンデンコボシ和州　デンデンゴウ讃州高松　デンデンムシ同上丸亀　阿州　備前　デンノムシ播州立野　デノムシ同上赤穂　四国　九州　デンボウラク相州　ヤマダニシ隅田川辺　マイボロ常州　オホボロ下野　ヘビノテマクラ仙台　ヘビノタマクラ　ツノダシムシ共同上　メンメン涌谷　タマクラ同上　ダイダイムシ雲州　モウイ石州　デンガラムシ能州　**クソヘヒヤウ隅州**　**ツンナン琉球**（中略）	八丁表2－②「隅州始羅　クワヘヒヤウ」には注記に「出虫カ」とあり、『本草綱目啓蒙』に言う「クソヘヒヤウ隅州」と同一か。 十四丁裏1－①「同（筆者註：琉球）ツンナン」
其形円ナル者ハ、**ツンナン琉球**ト云、扁ナル者ハ、**ヒラツンナン同上**ト云。	六丁裏2－①「同（筆者註：琉球）ヒラツンナン」
深山ニハ極テ扁クシテ褐毛アル者アリ。ユフガホト云。其殊ニ高キ者ハ、マキアゲユフガホト云。此厚殻ナルヲ、**バフツンナン中山**ト云。尋常ノ蝸牛ノ厚キ者ヲ、**ヤマミナ薩州竹島**ト云。又殻厚クシテ尾トガリ、斑文アリテ円厴アル者ヲ、**フタツンナン琉球**ト云。（後略）	五丁表3－④「同（筆者註：琉球）ハフツンナン」、四丁裏2－③「竹島　山ミナ」、十四丁表2－②「同（筆者註：琉球）フタツンナン」
緑桑蠃 モノアラガヒ　ゲラ勢州　**タヒスコウツンナン琉球**（中略）本経逢原ニ、其形尖小、而緑桑上者、謂之緑桑蠃ト云。卑湿ノ処ニ生ズ。冬ハ石下或ハ土中ニ蟄シ、春雨ノ後出テ草木ニ縁上リ葉ヲ食フ。形狭ク尖リテ槌子ノ如ク、微黒色、長サ三分許。一頭ハ潤サ二分許、一頭ハ尖レリ。桑枝上ニ在モノヲ採、薬用ニ入。（後略）	六丁表1－③「同（筆者註：琉球）田ヒスコウツンナン」

水黽

ミヅクモ江戸　ガハクモ　アメンボウ備後　府中　テフマ共同上　水戸　ミヅスマシ水戸　畿内　サンテンボウ備後東城　カツホムシ畿内　シホクミ丹後　シホノミ越後　シホ高田　アメヤカンザウ共同上　新潟　加州　トビトビムシ加州　シケ同上　アメ城州伏見　アメムシ加州　勢州　シホタ勢州山田　シホフリ山田　サメ亀山　ナベトリムシ津　ナベツカミ共同上津　ジヤウセン江州　アメンド共同上　予州大洲　センドウ予州西条　タイコウチ松山　チヤウタ大洲　庄太郎大洲　アメンボ共同上吉田　讃州丸亀　ナエトリ讃州丸亀　アメキリ同上高松　アメタカ筑前　アメタカウソウ同上　シホウリ西国　若州　アメダカ　アメカタ　ジヨウセンカヨウ共同上　シホカラ若州　シホトリムシ播州酒見　北条　アミダ姫路　権兵衛ゴンニヤク明石　シホカイ小谷　雲州　シホハイ共同上立野　備後　シホカ雲州　シホタキ土州　アメカス遠州　アメソ薩州　アメンドウ　**カハセンドウ共同上**　アシタカ信州　**ギメ隅州**　アメシホハイ　ノマ南部　アマムシ能州　**エビノウマ日州**　ドンドンムシ　カモ佐州　カイカキムシ同上　ギヤウセン豊前　アメヤノオカツ同上小倉　カツパムシ仙台　マンコ同上　[一名] 水秀才物理小識　水虫ナリ。身長サ五六分、濶サ一分余、淡黒色ニシテ小白斑アリ。四足長クシテ蜘蛛ノ如ク、後足最モ長シ。常ニ緩流ノ水面ニ住シ、旋流レ、旋跳リ帰リ、蠅及小虫ヲ取食フ。背ニ翼アリ。若水涸ルトキハ飛去、他水ニ移ル。コレヲ握レバ其臭膠飴ノ如シ。甚ダ毒アリ。雞犬モコレヲ食ヘバ死ス。

七丁表2－②「薩州出水郡　川舩（セン）トウ」、七丁裏2－③「同所（筆者註：隅州始羅郡）ギメ」、九丁裏3－②「日州諸縣郡　エビノムマ」

水爬虫ハ、事物紺珠ニ水爬虫ニ作ル。カウヤヒジリ同名アリニ近シ。其虫［一名］トングハムシ　テガボ南部　**ウヲハサミ日州**　丹波　ドンガメムシ播州　ダンガメムシ同上　ガゴウジ備前　グハンゴウジ同上　ガゴ備前　タウチガメ肥前　カツパムシ江戸　カイルハサミ同上　**タハサミヤ琉球**　池沢溝渠中ニ生ズ。長サ二寸許、濶サ八九分、淡黒色、背ニ翅アリ。甚秋蟬ノ形ニ似テ、扁ク六足アリ。蟷蜋ノ如シ。前ノ二足長クシテ、末ニ各鉗アリテ小魚ヲ狭ミ食フ。若水涸ルトキハ飛去。（中略）

九丁裏2－④「同（筆者註：日州）諸縣郡　魚ハサミ」、六丁表2－②「同（筆者註：琉球）田ハサミヤ」

水蠆ハ、ヤマメ　タウメ大和本草　ヤゴ江戸　ヤモメムシ信州　**田サウサウ琉球**　水虫ナリ。形蝎ニ似テ、尾ナク、六足、鋸口アリ。初夏水ヲ出テ蘆茎、水楊等ニ縁リ上リ、背裂テ蜻蛉出テ飛去。水蠆ハ蜻蛉ノ子ノ長ジタルナリ。蜻蛉ニ大小数品アリ。故ニ水蠆モ大小一ナラズ。

五丁表2－③「同（筆者註：琉球）田サウ〳〵」

『本草綱目啓蒙』〈巻之四十二　介之二　蚌蛤類〉

寄居虫

カミナ和名鈔蟹蜷ノ意　ガウナ今名　ヤドカリ大和本草　カニノヤドカリ　カニモリ佐州　イソモノ豆州　駿州　カナヅウ上総　ホウザイカニ肥前　サゞイノヤドカリ　**カトウシ薩州**　**アマン琉球**（中略）海涯ニ生ズ。潮已ニ去、余水凹地域ハ石間ニ残リタル処ニ多シ。頭ハ蝦ニ似テ両螯ニ鉗アリ。足ニ爪アリ。腹ハ微長クシテ草蜘蛛ノ如シ。空螺殻中ニ寄居シ、此ヲ負テ走ルコト甚早シ。生螺ノ行コト遅クシテ蝸牛ニ似タルニ異ナリ。若是ニ触バ深ク殻内ニ縮入ス。其身漸ク長ズレバ巨殻ヲ択テ遷ル。（後略）

「薩州蟲品」（辰馬本）

三丁裏2－④「同（筆者註：薩州）中之嶋　カトウシ」、八丁裏2－④「同（筆者註：琉球）アマン」

■辰馬本翻刻

[凡例]

一丁表2－①は一丁表二行目一列目のマスを意味する。

一丁表

2－① 琉球　ホタル

2－② 喜界　床虫
キチヤニトビノフ　ハラチヤ　腹　脊

2－③ 琉球　ゴチヤハ虫
青腰蟲ニ類スカ

2－④ 同　アメス

3－① 同　川ムメ
大小アリ

3－② 同　カツマル虫
首クロ　全ウスチヤ

3－③ 同　シラミ
脊

3－④ 同　竹シラミ　ハカリ虫
如此

一丁裏

1－① 琉球　桑木虫
チヤ　腹

1－② 同　ハナイダア
羽有モアリ　カウロキカ

1－③ 同　サシ虫
チヤ　大小有

1－④ 鬼界嶌　螢

2－① 琉球　ムメ
トビ虫カ　脊ヨリウスベニ　ハラ足白
ハラニ少クロ有

2－② 同　ヲクダラ虫
脊全黒トモチヤ

2－③ 同　黄毛虫
毛綿ノゴトクキチヤ　腹足クロ

2－④ 同　赤アリ

3－① 同　ヌイハイ

3－② 同　石垣赤マヤア
脊首チヤ　ツヤ有　ハラ足全クロ

3－③ 同　大頭蟻

3－④ 同　角蜘
百廿七

二丁表

1－① 同　キシヤノ木虫
脊凢色

1－② 同　川ハイ

1－③ 同　芋カツラ虫

1－④ 同　スコブヒイラア

2－① 同　石垣アヤマヤア
如螢

2－② 同　尾ウジ

2－③ 鬼界　ウシハイ

2－④ 琉球　蚊

3－① 鬼界　ハイ
首赤　尾黄

3－② 琉球　バンダマ虫

3－③ 同　樫木虫
頭尻カキ色　ウスク全凢　色文クロ　足
カキ

3－④ 同　ハイ

二丁裏

1－① 同　赤ツベハイ
脊クロ光

1－② 同　螢

1－③ 同　サヾイ蟻

1－④ 同　田小カメ

2－① 喜界　シラミ

2－② 琉球　ウジ
凢色

2－③ 同　ヒラツカ虫

2－④ 同　大ばい

3－① 同　山蚊

3－② 鬼界　アマメ
油土ノコトク脊ニ點有　千一

3－③ 琉球　カウガア虫

3－④ 同　赤毛虫

三丁表

1－① 琉球　竹シラミ

1－② 鬼界　アイニ

1－③ 同　トヾル虫

1－④ 同　ビキヤ

2－① 同　蜂

2－② 同　コボ

蜘也
2－③ 琉球 ハナカキ虫
2－④ 同 ヤマタニ
3－① 同 スイキヤ
小虫也
3－② 同 粉虫
3－③ 鬼界 モカゼ
3－④ 大嶋 蜈蚣
全クロ ハラキチヤ

三丁裏

1－① 鬼界 黒虫
1－② 同 アイズ
1－③ 大嶋 地蜂
全黒
1－④ 鬼界 ミソノヌザツカヤ
此余不見 色チヤ
2－① 同 アマム
全赤
2－② 大嶋 セミ
大ナリ トモクロノ文有 無文ノトモ
下羽 上羽
2－③ 薩州河邉郡口嶋 カサ虫
2－④ 同中之嶋 カトウシ
3－① 大嶋 ヘヒリ
3－② (大嶋 ヘヒリ)
上同腹方 如鋏ナルモノ如此曲 全クロ
ハラ全赤鳶ニ光ル
3－③ 大嶋 蜂
常通也
3－④ 鬼界 イヌケラ

四丁表

1－① 薩州河邉郡臥蛇村 宿マモリ
全ヒハイロ
1－② 同河邉黒嶋 ヘヒリ アブ
1－③ 同中嶋 カサ虫
1－④ 鬼界 ヘツコ
2－① 同黒嶋 アブラ虫
2－② 大嶋 ツンタリ
2－③ 同 キリムシ
コガ虫ニ同 ハラアシクロ セカシラ
羽ミドリコク セイシツノ如光ル
2－④ 鬼界 戸カギリ
3－① 大嶋 アタン蛙
3－② 黒嶋 ハツ
3－③ 喜界 カアタ
ハタヲリノ如羽細長ク
3－④ 同 ミヽズス

四丁裏

1－① 黒嶋 メツ
1－② 喜界 ハヘル
ハヘルハ蝶也
1－③ 大嶋 ハブ
1－④ 臥蛇嶋 カシラブト
毛虫類 全クロク 首毛チヤ
2－① 大嶋 カラスヘヒ
一尺八寸
2－② 同 青ナキ蛇
二尺三寸
2－③ 竹島 山ミナ
螺類
2－④ (空白)
3－① ハヘル数品
羽先ヨリトヒ文白 脊首モトクロ白点
ハヘルハ惣名
3－② ハヘル
全白目トヒ色 頭白毛有文クロ 此間丹
色表斗裏白
3－③ 琉球 ハウチ虫
3－④ 同 ツフルハヘル
ウチス、メ類

五丁表

1－① 琉球 小アカイス
脊蜂ノ如 カシラ目トヒイロ 尻クロク
羽白玉ノゴトク光ル
1－② 薩州 ヘヒリ
大小有如常 クロ黄文
1－③ 琉球 ヌカ蜂
1－④ 同 百足
首尾赤 セトヒ
2－① 同 ヒミキ蝉
羽文如蝶大キシ
2－② 同 アダヒキ
2－③ 同 田サウ〳〵

2-④ 上同ヵ

3-① 同 青蜂
羽黒光 全身玉虫のごとく光

3-② 同 ミチハタサイ
全茶鳶色文 足赤黒文 形イナゴニ同
サイハ惣名也

3-③ 同 コガ子ボウ〳〵
コカ子ヨリヒカリツヨク玉虫の如

3-④ 同 ハフツンナン
筋ナキ有 フジ色 白貝如圖黒キ筋

五丁裏

1-① 同 カウシアカイス
羽白如玉 イスハ惣名

1-② 石垣 黒マアヤ
全光ル 茶 クロ

1-③ 琉球 ヤク虫
芋虫

1-④ 同 ホウ〳〵
コカ子ヨリ小ク セイシツ色光リ少

2-① 琉球 フモ虫
脊茶色 ヘリウス茶 ハラクロ ナメク
ジリノ如脊皮ヲ覆たる如

2-② 同 人くひひいらわ ヒイラアトモ
茶色 脊 腹

2-③ 同 ユタリ虫
毛虫類 頭コキチヤ 全毛ウス茶

2-④ 同 シヤクロウムマ ○

3-① 同 マツ虫

毒 全毛有

3-② 同 九年母木虫
芋虫形

3-③ 同 ミヤコアカイス
全黄ニ黒文 羽白如玉

3-④ 同 黄ハヘル
全黄色

六丁表

1-① 同 青ハイ
ギンハイノ大キナル

1-② 同 田カメ
全身黒光 脊羽ヘリ 黄筋有 腹

1-③ 同 田ヒスコウツンナン
貝白茶色大小有

1-④ 同 コガ子クモ

2-① 同 コウヒ虫
全茶毛

2-② 同 田ハサミヤ
脊腹トモ全ウス茶色

2-③ (同 田ハサミヤ)
腹

2-④ 同 田イモ(芋)サイ

3-① 同 ウロマサイ

3-② 同 アマカク

3-③ 同 木喰虫
堅シ 全チヤ

3-④ 同 アメノ子

六丁裏

1-① 同 アマニヨカア
ケラ

1-② 同 ミヤマクモ

1-③ 同 蚕サトイミヤ

1-④ 同 トノハラア
ヲサムシカ

2-① 同 ヒラツンナン
出虫ノ平者

2-② 同 ハイトリクモ

2-③ 同 ~~川ツンハウラア~~ ジカハチ

2-④ 同 川ツンハウラア

3-① 同 ケシモノサイ
羽小ク モ、黄ニ黒文 爪先ヨリ朱

3-② 薩州日置郡 カ子ウチ
全クロルリニ光

3-③ 同所 黒蜻蛉
全黒

3-④ 同谿山郡 セミ

七丁表

1-① 同所
黒身黄文多シ

1-② 同所 ヒゲ虫
全濃黒茶色毛多

1-③ 同日置郡 稲(イナ)タカ
頭青ク 身羽チヤ 黒文鷹文

1-④ 隅州始羅郡 蜈蚣
脊如圖三角 全黒足首黄赤色

2－① 同所　赤ヒキ
大ナリ
2－② 薩州出水郡　川舩(セン)トウ
カツヲ虫カ
2－③ 薩州谿山郡　亡(アダ)虫
茶黒文
2－④ 同日置郡　ヘヒリ
不変　黒身黄文
3－① 隅州始羅郡　松虫
3－② 同所　芋虫
3－③ 薩州日置郡　ヅン〳〵ハイ
クロ毛有
3－④ 同所　ヒワムシ
全黒　鬚節有リ

七丁裏

1－① 日州諸縣郡　クロヒキ
全黒　腹ウスクロ
1－② 薩州日置　ハタヲリトモ　キリ〳〵ストモ
全ヒハイロ
1－③ 同所　日クラシ
1－④ 同所　キウリ虫
色キチヤ
2－① 隅州始羅郡　ヒトリムシ
コカ子ニ同光
2－② 隅州始羅郡　竹ブシ
全ミドリ　コト〳〵ク如節
2－③ 同所　ギメ
形方也
2－④ 薩州谿山　ヲトフウ
トビチヤ色
3－① 隅州噌唹郡　魚(ウヲ)ハチ
3－② 同始羅　赤ボウリ
全赤羽白
3－③ 同　アチス
全黒
3－④ 薩州日置　山蚓
尺七寸許

八丁表

1－① 隅州始羅郡　ヒエツケ
如鳶色文
1－② 同噌唹郡　ナシ虫
全コガ子虫
1－③ 薩州日置郡　クマハチ
黄黒文
1－④ 同所　コキアラヒ
毒　全黒
2－① 同所　イツヽ
羽短小　イトジノ如
2－② 隅州始羅　クワヘヒヤウ
出虫カ
2－③ 薩州日置郡　トウロウ　ヲンカメトモ云
カマキリトモ
全ヒハ
2－④ 同所　蜻蛉
全クロトヒ
3－① 隅州始羅郡　蝶
全白　黒点
3－② 薩州日置郡　ヲヂノフグリ
全白茶色　全アメ色
3－③ 始羅郡　草たか
如鷹文色
3－④ 噌唹郡　橙虫
全黒

八丁裏

1－① 薩州伊佐郡　茶引虫
1－② 日置郡　ジカ蜂
全黒
1－③ 同　フエフキトモ　トウシンタカトモ
子ギ虫カ　全ミトリ
1－④ 同出水郡　鐵炮虫
2－① 同谿山郡　ゲシ〳〵
2－② 同日置郡　角(ツノ)虫
全真黒　白文ノ点　脊形
2－③ 琉球　イモリ
毒　子ツミ色
2－④ 同　アマン
貝サヽイノ如短角ノ有　貝色種々
3－① 同　田ニシ
フタクロ　色茶
3－② 同モンキユルサイ
首ヨリ羽先迄三寸　鷹羽文
3－③ 同　ヤモリ
毒　脊黒　腹茶
3－④ 同　苧おわた

毒青

九丁表

1-① 同 ナベカキセミ
不変

1-② 同 カンギアタク
ウロコトガル 全黒全身爪先迄ウロコ有

1-③ 同 アンマク
三種

1-④ 同 蝙蝠
ノブスマ

2-① 同 山亀

2-② 同 こはあ
蛇也毒 地コキチヤ 文白 四尺

2-③ 同 あおな蛇
毒 細鱗コキ子ヅミ 三尺

2-④ 同 カラスヘビ
毒 二尺

3-① 同 ヒヤカア
毒 茶黒文 二尺五寸

3-② 隈州始羅郡 カラス蛇
アカキ 脊胤黒文 三尺

3-③ 同 クチナハ
全黒 三尺

3-④ 同 ヤワタリ
三尺五寸

九丁裏

1-① 同所 マムシ
アサキニ黒点

1-② 日州諸縣郡 トフシ蛇
小也 一尺七寸 コキ子ツミチャグマ

1-③ 隈州始羅郡 アセモチ
小蛇 茶色 二尺

1-④ 薩州谿山郡 ヒヤカリ蛇
二尺三寸 茶無紋 同 茶飛紋

2-① 始羅郡 イモリ
後足ヨリ末 四寸五分 全コキ子ツミ
脊トカルウロコ有

2-② 隅州肝屬郡 イモライ
尾鯰如 脊真黒 腹朱黒文少

2-③ 同始羅郡 礒ムシ
全クロチヤ

2-④ 同諸縣郡 魚ハサミ
全茶色 羽非如羽 前ノタハサミニ同

3-① 薩州伊佐郡 ヲミダラカシ虫
全黒漆如

3-② 日州諸縣郡 エビノムマ
カツヲ虫カ 全クロハラアサキ

3-③ 隈州始羅郡 アワツケ
全ヒハ子キ虫

3-④ 同 桒原郡 ナタ虫
米搗虫カ

十丁表

1-① 薩州出水郡 平瀬虫
大小有 平脊カ 平成虫也 全茶トビグ
マ

1-② 同 谿山郡 アフラ虫

1-③ 日州諸縣郡 モムシ

1-④ 隅州熊毛郡 髪切虫

2-① 薩州指宿郡 ゴキ虫
茶色

2-② 諸縣郡 コウロギ

2-③ 薩州谿山郡 シリハサミ

2-④ 隅州始羅郡 クサキ虫
老若

3-① 日州諸縣 赤トンボウ
全赤 羽白

3-② 隅州始羅郡 糠トウ虫

3-③ 薩州川邊郡 夏蛛

3-④ 日州諸縣郡 庭ハラウ
少毒 アイ子ツミ色 目赤羽黒点

十丁裏

1-① 薩州伊佐郡 鳶シラミ
少毒

1-② 同 胡摩虫

1-③ 日州諸縣郡 トウカルイ
黒赤文

1-④ 同 トカキ

2-① 隅州熊毛郡 毒虫

2-② 同 フツミ

2-③ 薩州川邊郡 夕蛛
鳶色黒文

2-④ 同 ハシリ蛛

3-① 同 戸タテ蛛

鳶色
3-② 田蜂
3-③ 同 川百足
茶 黒
3-④ 同 テヤ虫

十一丁表

1-① 同 鏡虫
1-② 同 白蛛
1-③ 隅州始羅郡 玉虫
1-④ 同 サバイ
白ニ鳶色文 細虫
2-① 同 竹虫
2-② 同 人サシ蟻
少毒
2-③ 同 イヒコ
2-④ 同 イチトシキ
3-① 同 カノウバ
鳶色 カトンボウ類
3-② 日州諸縣郡 カスヒル
3-③ 同 クツワ虫
羽トビ
3-④ 同 瀬虫

十一丁裏

1-① 薩州谿山郡 トコ虫
1-② 同 キヽリ虫
1-③ 同 衰虫
1-④ 同日置郡 ミツ蜂
茶色 大サ如圖
2-① 同 青はい
大サ如圖 常ノはいのことく目赤脊ギン
ハイノ如光
2-② 同肝屬郡 カイタ
脊キチヤ 点黒
2-③ 同 指宿郡 佛ノ馬
紫緑ニ光ル
2-④ 隈州熊毛 ホウ
3-① 同 風虫
黒黄土色
3-② 同 ゲンジキ
脊半首不見 脊甲カツキ有
3-③ 同 虫螢
クロチヤクマ
3-④ 同 田虫

十二丁表

1-① 薩州谷山 柳虫
1-② 同噌唹郡 キクスイ
1-③ 同指宿郡 ズイ
首脊クロ 羽茶ニ白カスリ
1-④ 同川邊郡 サラゲ
2-① 同出水郡 ノロセ虫
2-② 日州諸縣郡 アヤコ
包ニ松山ト有 黒鳶色
2-③ 同 シヽタニ
2-④ 隈州伊佐郡 アシマキ
真黒平也
3-① 同伊佐郡 目クジリハイ
鼡色 目バイヵ
3-② 薩州伊佐郡 山イラ
毒有 大サ如圖 形如此 ダニノ類
3-③ 隈州伊佐郡 針通し
羽有全子ツミ色
3-④ 薩州日置郡 アメノドウシ

十二丁裏

1-① 同 トウ虫
黄ニ黒文
1-② 同 牛ハヒ
常のはいのことくシラケ色
1-③ 無名
上牛ハイノ中ニ入有 首ナシ クロキ中
ニ白文有 アシクロ コキミトリ
1-④ 上同 椎虫
ベニイロ綿虫似ル
2-① 同 木綿虫
不変
2-② 同 シミ
首赤全身玉子色
2-③ 同 ブト
2-④ 同 栗虫
3-① 同 ゼニ蛛
3-② 同 ヌカハイ
3-③ 同 穴蜂
3-④ 同 山枡虫
真黒光

十三丁表

1－① 同 テントウノ駒
毒虫
1－② 同 蜉蝣
黒身羽白
1－③ 同 ス虫
首赤身チヤ
1－④ 同 ダニ
2－① （枠外上に○）
同 ナカコサシ
2－② 隈州始羅郡 ヒケシロ
2－③ 同 ムマ蛭
2－④ 同 ソウリ虫
3－① 同 大コン虫
真黒光
3－② 同 アンクワウ
百足口也
3－③ 同 ヌリ
3－④ 同 ホタル

十三丁裏

1－① 同 トウクヅシ（崩）
全白目クロ 尻白ヒカル 脊如錦 大サ
如此
1－② 同 シヽナ
頭茶身鼡
1－③ 同 イナコ
1－④ 同 ホツカウ虫
2－① 同 ヌカ虫
鳶色 首赤
2－② 同 ホウ虫
2－③ 同 （無名）
茶黒文
2－④ 同 タナコブ
3－① 琉球 芋ノツベアカイス
3－② 同 黄アカイス
全赤
3－③ 同 玉アカイス
上同大也
3－④ 同 ハブアダヒキ

十四丁表

1－① 同 キリ虫
全茶（チヤ）身細毛
1－② 同 ツフル蜂
常蜂色
1－③ 同 コハクウ
光ル
1－④ 同 エボシサイ
茶色
2－① 同 ホゾクジリ
2－② 同 フタツンナン
茶鳶文 貝厚シ フタ
2－③ 同 サトイミヤ
全アメ色光
2－④ 同 ミノ虫
木葉包
3－① 同 山ムカテ
毒 長足
3－② 同 黒ハヘル
全黒
3－③ 同 ウシ（牛）ツンナン
油貝の色ごとく
3－④ 同 馬ハイ

十四丁裏

1－① 同 ツンナン
色白 貝薄 大小有 モリ上高シ
1－② 同 山イケ虫
毒 全黒 白毛 首黄 黒文
1－③ 同 蚕
1－④ 同 大ワタ蛛
茶色
2－① 同 コカ子セミ
羽筋赤 首尻迄黒漆
2－② 同 マメナサイ
2－③ 同 アカクチウロマサイ
全ヒハ ハラ尻口迄赤
2－④ 同 トウロウ
毒
3－① 同 小ヘンフク
3－② 同 カラスクヒ虫
正面 茶肩 黒点
3－③ 同 野アンタキヤ
白ト鼡茶筋 四足短
3－④ 同 コトウイロハヘル

十五丁表

1－① 同　アンダキヤ
　毒
1－② 同　牛ダニ
1－③ 同　松ボウ〳〵
　如玉虫光　黒筋有
1－④ 同　田芋虫　~~イナクラサイ~~
　モヘキ
2－① 同　イナクラサイ
2－② 同　クチナシ虫
　鼡色
2－③ 同　蜂
　毒　常色ゟコク光黄　毛全身ニ有
2－④ 同　丸ハイ
　キクロ毛
3－① 同　山蛛
3－② 同　アンハイ
　鼡茶色
3－③ 同　シベリ虫
　形半也　首堅ク足向回出
3－④ 同　ホムシ

十五丁裏

1－① 同　田イラア
1－② 同　石蛛
1－③ 同　クハ虫
　全身白堅ク貝如　脊如此
1－④ 同　カアヤマア
　毒　カツヲ虫カ
2－① 同　由ドク蛇
　白
2－② 上同
　黒点文
2－③ 上同
　鼡ニ鼡ノ飛文
2－④ ・同　アカマダア　三品
　黒大飛文
3－① 青ヘビ
　脊ヨリウスアイ鼡クマ　腹同文　脊腹ト
　モ如圖黒文
3－② ・琉球　トカラ蛇
　大三品　一丈一尺斗　脊　腹
3－③ 同　アンマク
3－④ （空白）

十六丁表

1－① （枠外上部に「○袋ト」）チムシ
　毒
1－② ホムシ
　赤茶色
1－③ ・イノコ虫
　蒲生　飛虫形　赤
1－④ セウロウボウリ
　不変
2－① ツナキ虫
　蒲生　ホ虫同
2－② ケラ
2－③ 舟虫
　毒
2－④ ツヽミ虫
　包虫カ　ミノ虫類　鼡色細黒点
3－① アツキ虫
　黒光
3－② 山蛭
3－③ ナカリ虫
3－④ シジウ虫
　鳶色蛛

十六丁裏

1－① 礒アマメ
　船虫也
1－② イワウカ蔦　イボシリ
　ヒハ色
1－③ ・穴蜂
　クロ
1－④ 尺取虫
2－① ボウフリ
2－② カス
　黒鳶
2－③ クダマキ
　下羽長　全ヒハ色
2－④ ハゼ
　首赤　全クロ羽ニ白　筋二筋
3－① （空白）
3－② （空白）
3－③ （空白）
3－④ （空白）

辰馬考古資料館所蔵の木村蒹葭堂旧蔵鏡

青木政幸

一、はじめに

辰馬考古資料館が収蔵する銅鏡に一点、木村蒹葭堂旧蔵品がある（本書図版篇14参照）。後述するように、いわゆる仿古鏡であり、取り上げられることの少ない資料である。しかしながら、後に富岡鉄斎も旧蔵していた考古資料という、館にとっては所縁の深い資料である。

二、鏡の概要

鏡の直径は十四・〇センチ、重量三三五グラム、鏡背全体が漆黒色を呈する。外区は二・〇センチ前後の幅で平坦に内傾する。崩れた流雲文を主体とする文様を巡らせ、内区側に五ミリに満たない幅で列点文と一部、流雲文の組み合わせが連なる。全体を磨いており、その文様は非常に不鮮明である。ところどころ確認できる円周状の擦痕はそのあたりの状況を示す。

内区は一・一センチ前後の右下がりの斜線文が巡るなかに、メインとなる四・五センチほどの正方形を二重線で描き、その四隅に乳、斜線文の二点から乳に向かって出会うL字形を配置する。正方形の各辺中央にはT字を、このT字と対応するようにL字形が並び、その隙間に崩れた神獣像が正方形の頂点と乳に対して向き合うように置かれる。

正方形内部には、二・七センチほどの正方形が鈕端部の円周を接するように囲み、その外側には四十五度回転した状態の十字状の方形が飾られる。隙間にも細かな模様が配置される。加えて、この資料には文字が鋳込まれており、メインの正方形の外側、十二時方向に泉、三時方向に馬、九時方向に清、どれもTとLに挟まれる位置に置かれる。文字の下に本来の文様がのこっていることから、本来は文字の鋳込みは想定していなかったと考えられる。内区も外区同様に研磨を行っているが、外区ほどの摩滅は確認できない。

鈕は半円形状の無文で、鈕頭は径一・二五センチほどの平坦をなす。鋳造後の研磨によるもので、現状の鈕高は九ミリを下回る。

鏡面はわずかに光沢をのこし、外縁附近を主として黄色系の皮膜がのる。

後漢時代の鏡をモデルにしているのであろうが同じ向きに鋳込まれた文字、外区に施された唐草文の影響を受けたかのような変形した流雲文の表現、鋳込み後の研磨の有り様、鏡面の色味などからみて、後世に製作された仿古鏡であろう。また色味を指摘する理由については後述する。

3、由来と箱書

先に述べたように、この資料は木村蒹葭堂および富岡鉄斎旧蔵品である。当館創設者である辰馬悦蔵が購入した際の書類はのこっておらず、その詳細は不明であるが、

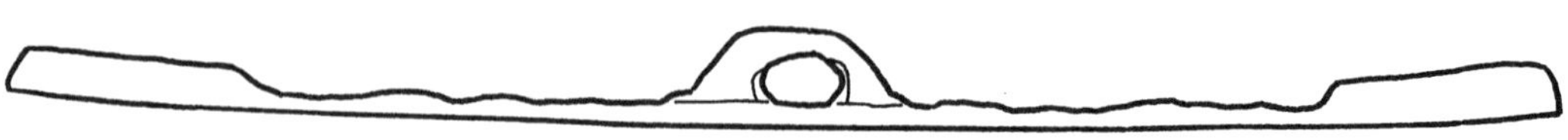

方格規矩鏡（辰馬518号）実測図

箱書にその手がかりが遺されている。収納箱は重ね箱で、外箱蓋表面に「古鏡」、裏面に富岡鉄斎による箱書を遺す。次に外箱および内箱内面の書き入れを掲げる。

（外箱内面）

此古鏡浪華ノ木村巽斎故物函蓋ニテ蒹葭堂印可以證この御愛玩也

鉄斎外史　識【富岡百錬・白文方印】

内箱表面には「神代か丶美」の書き入れと蒹葭堂の蔵印（朱文長方印）が、裏面には和紙に書き込まれた書き入れが貼り込まれる。同封品に「木村蒹葭堂遺愛古鏡　出品者辰馬悦蔵氏」と二行に分けて記入された札があり、別稿（本書論攷篇「辰馬考古資料館所蔵の木村蒹葭堂資料」）で取り上げた、大正十三年（一九二四）開催の先賢遺書遺物展覧会時のものであると推測できる。

（内箱内面）

木村巽斎　名弘恭　字孝粛　通称
吉右ヱ門　巽斎ト号ス　又　蒹葭堂ト号
ス　混沌社ノ一人　文雅ヲ好ミ　家ニ數万巻ノ
書ヲ蔵シ　又古今ノ玩器ヲ輯ム廣ク交テ
倦マス　書画ヲヨクス　当時有名聞達ノ
風流好士タリ　享和二年正月二十五日没ス
此古鏡ハ愛玩シテ　筥ノ蓋ニ捺印
アリ大切ニスベシ　寛保元酉年生
享和年間ノ人　ナリ
馬　木孔恭
古鏡裏面ニ　泉　三文字有
青

以上の記載内容から、まず内箱表に捺された蒹葭堂の印が古く、次いでこの印について記した箇所のある内箱内面、蒹葭堂旧蔵を記した外箱内面が新しいということになる。内箱内面の書は、鉄斎の書とは筆跡等も異なる。これを他者によるものと考えれば、蒹葭堂所蔵から鉄斎所蔵となる間、あるいは鉄斎所蔵から辰馬悦蔵所蔵となる間の所蔵者の手によるものとなる。どちらを先と捉えるかは決定的な根拠に乏しいが、外箱に記した鉄斎のものが後とみるのが自然であろう。鉄斎から直に辰馬悦蔵が入手した記録はなく、蒹葭堂および鉄斎の旧蔵品という点が悦蔵の蒐集意欲に触れたとみて間違いないのだろう。

四、蛍光X線分析

先に触れた鏡面の黄色味を理解するため、蛍光X線分析を行った。

測定資料に対しX線を照射することで発生した蛍光X線は、元素によって固有のエネルギーを持つ。この値を測定することで、測定試料を構グラフが示すスペクトルの横軸は、蛍光X線のエネルギーを表し、単位はkeVで表す。縦軸は蛍光X線強度を示し、そのエネルギーを持った蛍光X線がどれだけ検出されたかを記録したものである。単位はcps（Count Per Second）である。

今回の測定は、米国オリンパスイノベックス社製ハンドベルド蛍光X線分析計DELTAPremiumDP-6000を測定機器として使用した。測定条件は、ターゲット（対陰極物質）：ロジウム（Rh）、分光系：エネルギー分散型、X線検出器：シリコンドリフト検出器（SDD）、大気条件下、管電圧40keVに設定した。測定箇所は①鈕、②鏡面中央、③鏡面端（黄色部分）の三箇所を対象とし、得られた結果を表およびグラフに示した。

結果からは、測定箇所によって銅鏡そのものの主要成分である三元素、銅・スズ・鉛の測定値に若干の差異を

方格規矩鏡（辰馬518号）の蛍光X線分析測定値

測定箇所	Cu	Sn	Pb	Zn	Fe	Hg	LE
	銅	スズ	鉛	亜鉛	鉄	水銀	軽元素
鈕	52.79	20.19	5.086	0.216	0.178	1.31	13
鏡面・中央	69.96	15.58	5.616	0.287	0.045	1.69	
鏡面・端	70.7	15.26	5.472	0.34	0.025	1.58	

見て取れる。具体的には鈕と鏡面側において、銅の数値が十五ポイント以上低く、スズが五ポイント弱高くなる。先に指摘した、鋳造後の研磨が影響しているかは不明であるが、微量元素として検出された他の、水銀・亜鉛・鉄では測定箇所による有意差と断言できない程度の微細な数値差が、鈕と鏡面で現れる。また水銀の存在は鏡面表面の様態から想定した仕上げないし後世の処理に関係するものと考えており、先に述べた仿古鏡であるとする根拠のひとつとしてみているが、非破壊の定性分析であり、可能性の提示にとどめておく。

五、おわりに

以上のように、この鏡は中国北宋以後、おそらく明代の間に製作された方格規矩鏡のひとつであり、明代に仿古の流行する点を考慮すると、上記期間のなかでも遅い時期の作となろう。ただ、先に触れたように、辰馬悦蔵は資料そのものより、箱書に示される先人たちの来歴に惹かれ、これを入手したと考えられる。この点については別途、江戸・明治における文人・学者たちによる古美術・考古学に対する理解の中で再論されるべきものであろう。

最後に、資料の蛍光X線分析に関しては、公益財団法人黒川古文化研究所・川見典久氏、杉本欣久氏（当時・現東北大学）のご高配を得た。末尾ながら改めて感謝の意を表します。

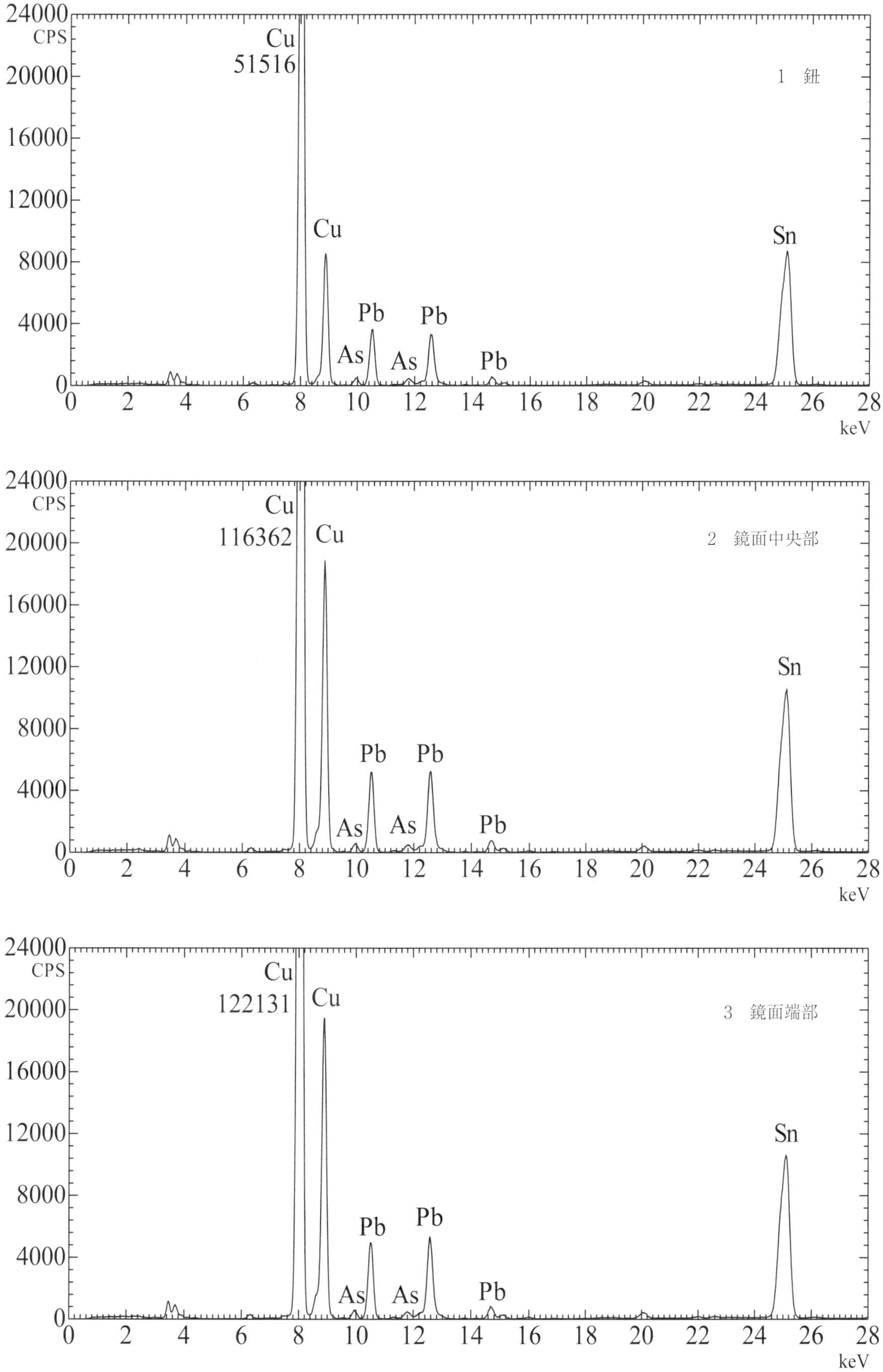

方格規矩鏡（辰馬518号）の蛍光Ｘ線スペクトル

監修・執筆者

水田紀久　関西大学名誉教授
橋爪節也　大阪大学総合学術博物館教授／大学院文学研究科（兼任）
青木政幸　公益財団法人辰馬考古資料館学芸員
有坂道子　京都橘大学文学部教授
嘉数次人　大阪市立科学館学芸課長
中村真菜美　大阪大学大学院文学研究科招聘研究員
袴田　舞　和歌山県立博物館学芸員
波瀬山祥子　大阪大学大学院文学研究科

撮影

大橋哲郎

本書は、2017 ～ 2019 年度、科学研究費補助金　基盤研究（B）「木村蒹葭堂〝知〟のネットワークの解析―絵画・本草学資料から探る歴史文化の再構成―」（研究代表者・橋爪節也）研究課題／領域番号 17H02293 の研究成果による。

木村蒹葭堂全集　第二巻

本草・博物学（辰馬考古資料館所蔵）

二〇一九年十二月二十四日初版第一刷印刷
二〇一九年十二月三十一日初版第一刷発行

監修――**水田紀久・橋爪節也**
発行者――**岸本健治**
発行所――**株式会社藝華書院**
広島県広島市安佐北区亀山七―七―三十二　〒七三一―〇二三一
電話〇八二―八一二―二六八六
ファクシミリ〇八二―八四七―二六四四
URL：http://www.geika.co.jp
E-mail：info@geika.co.jp

装幀――**山田英春**
編集――**今井佐和子**
組版――**佐藤タスク**
印刷――**株式会社中本本店**
製本所――**日宝総合製本株式会社**

Printed in Japan
ISBN978-4-904706-13-8　C3321